INTRODUÇÃO À TERMODINÂMICA DA ENGENHARIA QUÍMICA

INTRODUÇÃO À TERMODINÂMICA DA ENGENHARIA QUÍMICA

OITAVA EDIÇÃO

J. M. Smith
Late Professor of Chemical Engineering
University of California, Davis

H. C. Van Ness
Late Professor Emeritus of Chemical Engineering
Rensselaer Polytechnic Institute

M. M. Abbott
Late Professor of Chemical Engineering
Rensselaer Polytechnic Institute

M. T. Swihart
UB Distinguished Professor of Chemical and Biological Engineering
University of Buffalo, The State University of New York

Tradução e Revisão Técnica

Eduardo Mach Queiroz
Professor Titular
Departamento de Engenharia Química (DEQ)/Escola de Química
Universidade Federal do Rio de Janeiro (UFRJ)

Fernando Luiz Pellegrini Pessoa
Professor Titular
Centro Universitário SENAI/CIMATEC

gen | LTC

Apesar dos melhores esforços dos autores, dos tradutores, do editor e dos revisores, é inevitável que surjam erros no texto. Assim, são bem-vindas as comunicações de usuários sobre correções ou sugestões referentes ao conteúdo ou ao nível pedagógico que auxiliem o aprimoramento de edições futuras. Os comentários dos leitores podem ser encaminhados à **LTC — Livros Técnicos e Científicos Editora** pelo e-mail faleconosco@grupogen.com.br.

Traduzido de
Translation of the Eighth edition in English of
INTRODUCTION TO CHEMICAL ENGINEERING THERMODYNAMICS

ISBN: 978-1-259-69652-7

Travessa do Ouvidor, 11
Rio de Janeiro, RJ – CEP 20040-040
Tels.: 21-3543-0770 / 11-5080-0770
Fax: 21-3543-0896
faleconosco@grupogen.com.br
www.grupogen.com.br

Imagem de capa: © Roger Asbury | iStockphoto.com
Editoração Eletrônica: Edel

CIP-BRASIL. CATALOGAÇÃO NA PUBLICAÇÃO
SINDICATO NACIONAL DOS EDITORES DE LIVROS, RJ

I48
8. ed.

Introdução à termodinâmica da engenharia química / J. M. Smith ... [et al.]. ; tradução e revisão técnica Eduardo Mach Queiroz, Fernando Luiz Pellegrini Pessoa. - 8. ed. - Rio de Janeiro : LTC, 2020.
; 28 cm.

Tradução de: Introduction to chemical engineering thermodynamics
Apêndice
Inclui bibliografia e índice
ISBN 978-85-216-3680-9

1. Engenharia química. 2. Termodinâmica. I. Smith, J. M. II. Queiroz, Eduardo Mach. III. Pessoa, Fernando Luiz Pellegrini.

19-59463 CDD: 621.4021
CDU: 621.43.016

Meri Gleice Rodrigues de Souza - Bibliotecária - CRB-7/6439

Sumário

Lista de Símbolos

A	Área
A	Energia de Helmholtz molar ou específica $\equiv U - TS$
A	Parâmetro, equações empíricas, por exemplo, Eqs. (4.4), (6.89) e (13.29)
a	Aceleração
a	Área molar, fase adsorvida
a	Parâmetro, equações de estado cúbicas
$\bar{a}_i$	Parâmetro parcial, equações de estado cúbicas
B	Segundo coeficiente virial, expansão na massa específica
B	Parâmetro, equações empíricas, por exemplo, Eqs. (4.4) e (6.89)
$\hat{B}$	Segundo coeficiente virial reduzido, definido pela Eq. (3.58)
B'	Segundo coeficiente virial, expansão na pressão
B^0, B^1	Funções, correlação generalizada para o segundo coeficiente virial
B_{ij}	Segundo coeficiente virial de interação
b	Parâmetro, equações de estado cúbicas
$\bar{b}_i$	Parâmetro parcial, equações de estado cúbicas
C	Terceiro coeficiente virial, expansão na massa específica
C	Parâmetro, equações empíricas, por exemplo, Eqs. (4.4) e (6.90)
$\hat{C}$	Terceiro coeficiente virial reduzido, definido pela Eq. (3.64)
C'	Terceiro coeficiente virial, expansão na pressão
C^0, C^1	Funções, correlação generalizada para o terceiro coeficiente virial
C_P	Capacidade calorífica molar ou específica, pressão constante
C_V	Capacidade calorífica molar ou específica, volume constante
C_P°	Capacidade calorífica no estado padrão, pressão constante
ΔC_P°	Variação da capacidade calorífica padrão de reação
$\langle C_P \rangle_H$	Capacidade calorífica média, cálculos de entalpia
$\langle C_P \rangle_S$	Capacidade calorífica média, cálculos de entropia
$\langle C_P^\circ \rangle_H$	Capacidade calorífica padrão média, cálculos de entalpia
$\langle C_P^\circ \rangle_S$	Capacidade calorífica padrão média, cálculos de entropia
c	Velocidade do som
D	Quarto coeficiente virial, expansão na massa específica
D	Parâmetro, equações empíricas, por exemplo, Eqs. (4.4) e (6.91)
D'	Quarto coeficiente virial, expansão na pressão
E_K	Energia cinética
E_P	Energia potencial
F	Graus de liberdade, regra das fases
F	Força
$\mathcal{F}$	Constante de Faraday
f_i	Fugacidade, espécie i pura
f_i°	Fugacidade no estado padrão
$\hat{f}_i$	Fugacidade, espécie i em solução
G	Energia de Gibbs molar ou específica $\equiv H - TS$
G_i°	Energia de Gibbs no estado padrão, espécie i
$\bar{G}_i$	Energia de Gibbs parcial, espécie i em solução
G^E	Energia de Gibbs em excesso $\equiv G - G^{id}$
G^R	Energia de Gibbs residual $\equiv G - G^{gi}$
ΔG	Variação da energia de Gibbs com a mistura, energia de Gibbs de mistura
ΔG°	Variação da energia de Gibbs na reação, energia de Gibbs de reação
ΔG_f°	Variação da energia de Gibbs na formação, energia de Gibbs de formação
g	Aceleração da gravidade local
g_c	Constante dimensional = 32, 1740 $(\text{lb}_m)(\text{ft})(\text{lb}_f)^{-1}(\text{s})^{-2}$
H	Entalpia molar ou específica $\equiv U + PV$
$\mathcal{H}_i$	Constante de Henry, espécie i em solução
H_i°	Entalpia no estado padrão, espécie i pura
$\bar{H}_i$	Entalpia parcial, espécie i em solução
H^E	Entalpia em excesso $\equiv H - H^{id}$
H^R	Entalpia residual $\equiv H - H^{gi}$
$(H^R)^0$, $(H^R)^1$	Funções, correlação generalizada para a entalpia residual
ΔH	Variação de entalpia na mistura ("calor" de mistura); também, calor latente de transição de fase
$\widetilde{\Delta H}$	Calor de solução
ΔH°	Variação de entalpia padrão na reação, calor de reação padrão
ΔH_0°	Calor de reação padrão na temperatura de referência T_0

ΔH_f°	Variação de entalpia padrão na formação, entalpia padrão de formação
I	Representa uma integral, definida, por exemplo, pela Eq. (13.71)
K_j	Constante de equilíbrio, reação química j
K_i	Razão líquido/vapor no equilíbrio, espécie $i \equiv y_i/x_i$
k	Constante de Boltzmann
k_{ij}	Parâmetro de interação empírico, Eq. (10.71)
$\mathcal{L}$	Fração molar do sistema que é líquida
l	Comprimento
l_{ij}	Parâmetro de interação da equação de estado, Eq. (15.31)
$\mathbf{M}$	Número de Mach
$\mathcal{M}$	Massa molar (peso molecular)
M	Valor molar ou específico, propriedade termodinâmica extensiva
$\bar{M}_i$	Propriedade parcial, espécie i em solução
M^E	Propriedade em excesso $\equiv M - M^{id}$
M^R	Propriedade residual $\equiv M - M^{gi}$
ΔM	Variação da propriedade na mistura, propriedade de mistura
ΔM°	Variação da propriedade padrão na reação, propriedade padrão de reação
ΔM_f°	Variação da propriedade padrão na formação, propriedade padrão de formação
m	Massa
$\dot{m}$	Vazão mássica
N	Número de espécies químicas, regra das fases
N_A	Número de Avogadro
n	Número de mols
$\dot{n}$	Vazão molar
$\tilde{n}$	Mols de solvente por mols de soluto
n_i	Número de mols, espécie i
P	Pressão absoluta
P°	Pressão do estado padrão
P_c	Pressão crítica
P_r	Pressão reduzida
P_r^0, P_r^1	Funções, correlação generalizada para a pressão de vapor
P_0	Pressão de referência
p_i	Pressão parcial, espécie i
P_i^{sat}	Pressão de vapor na saturação (pressão de saturação), espécie i
Q	Calor
$\dot{Q}$	Taxa de transferência de calor
q	Vazão volumétrica
q	Parâmetro, equações de estado cúbicas
q	Carga elétrica
$\bar{q}_i$	Parâmetro parcial, equações de estado cúbicas
R	Constante universal dos gases (Tabela A.2)
r	Razão de compressão
r	Número de reações químicas independentes, regra das fases
S	Entropia molar ou específica
$\bar{S}_i$	Entropia parcial, espécie i em solução
S^E	Entropia em excesso $\equiv S - S^{id}$
S^R	Entropia residual $\equiv S - S^{gi}$
$(S^R)^0, (S^R)^1$	Funções, correlação generalizada para a entropia residual
S_G	Geração de entropia por unidade de quantidade de fluido
$\dot{S}_G$	Taxa de geração de entropia
ΔS	Entropia padrão de mistura
ΔS°	Entropia padrão de reação
ΔS_f°	Entropia padrão de formação
T	Temperatura absoluta, kelvin ou rankine
T_c	Temperatura crítica
T_n	Temperatura do ponto normal de ebulição
T_r	Temperatura reduzida
T_0	Temperatura de referência
T_σ	Temperatura absoluta da vizinhança
T_i^{sat}	Temperatura de saturação, espécie i
t	Temperatura, °C ou (°F)
t	Tempo
U	Energia interna molar ou específica
u	Velocidade
V	Volume molar ou específico
$\mathcal{V}$	Fração do sistema que é vapor, base molar
$\bar{V}_i$	Volume parcial, espécie i em solução
V_c	Volume crítico
V_r	Volume reduzido
V^E	Volume em excesso $\equiv V - V^{id}$
V^R	Volume residual $\equiv V - V^{gi}$
ΔV	Variação de volume na mistura; também, variação de volume na transição de fases
W	Trabalho
$\dot{W}$	Taxa de trabalho (potência)
W_{ideal}	Trabalho ideal
$\dot{W}_{ideal}$	Taxa de trabalho ideal
$W_{perdido}$	Trabalho perdido
$\dot{W}_{perdido}$	Taxa de trabalho perdido
W_e	Trabalho de eixo em processos contínuos (com escoamentos)
$\dot{W}_e$	Potência de eixo em processos contínuos (com escoamento)
x_i	Fração molar, espécie i, em fase líquida ou geral
x^v	Qualidade
y_i	Fração molar, espécie i, fase vapor
Z	Fator de compressibilidade $\equiv PV/RT$
Z_c	Fator de compressibilidade crítico, $\equiv P_cV_c/RT_c$
Z^0, Z^1	Funções, correlação generalizada para o fator de compressibilidade
z	Fator de compressibilidade da fase adsorvida, definido pela Eq. (15.38)
z	Elevação acima de um nível de referência
z_i	Fração molar global ou fração molar em uma fase sólida

Sobrescritos

E	Indica propriedade termodinâmica em excesso
av	Indica transição de fase da fase adsorvida para vapor
id	Indica valor para uma solução ideal

gi	Indica valor para um gás ideal
l	Indica fase líquida
lv	Indica transição de fase da fase líquida para vapor
R	Indica propriedade termodinâmica residual
s	Indica fase sólida
sl	Indica transição de fase da fase sólida para a líquida
t	Indica um valor total de uma propriedade termodinâmica extensiva
v	Indica fase vapor
∞	Indica um valor à diluição infinita

Letras Gregas

α	Função, equações de estado cúbicas (Tabela 3.1)
α, β	Como sobrescritos, identificam fases
$\alpha\beta$	Como sobrescritos, indicam transição de fases da fase α para a fase β
β	Expansividade volumétrica
β	Parâmetros, equações de estado cúbicas
Γ_i	Constante de integração
γ	Razão das capacidades caloríficas C_P/C_V
γ_i	Coeficiente de atividade, espécie *i* em solução
δ	Expoente politrópico
ε	Constante, equações de estado cúbicas
ε	Coordenada de reação
η	Eficiência
κ	Compressibilidade isotérmica
Π	Pressão de espalhamento, fase adsorvida
Π	Pressão osmótica
π	Número de fases, regra das fases
μ	Coeficiente de Joule/Thomson
μ_i	Potencial químico, espécie *i*
ν_i	Número estequiométrico, espécie *i*
ρ	Densidade (massa específica) ou densidade molar $\equiv 1/V$
ρ_c	Densidade crítica
ρ_r	Densidade reduzida
σ	Constante, equações de estado cúbicas
Φ_i	Razão dos coeficientes de fugacidade, definida pela Eq. (13.14)
ϕ_i	Coeficiente de fugacidade, espécie *i* pura
$\hat{\phi}_i$	Coeficiente de fugacidade, espécie *i* em solução
ϕ^0, ϕ^1	Funções, correlação generalizada para o coeficiente de fugacidade
Ψ, Ω	Constantes, equações de estado cúbicas
ω	Fator acêntrico

Notas

vc	Como um subscrito, indica um volume de controle
ce	Como um subscrito, indica correntes em escoamento
$\circ$	Como um sobrescrito, indica o estado padrão
$-$	Barra sobre o símbolo indica uma propriedade parcial
$\cdot$	Ponto sobre o símbolo indica uma taxa temporal
^	Circunflexo indica uma propriedade em solução
Δ	Operador diferença

Prefácio

Termodinâmica, uma componente-chave de vários campos da Ciência e da Engenharia, é baseada em leis de aplicabilidade universal. Entretanto, a aplicação mais importante dessas leis e os materiais e processos de maior atenção diferem de um campo da Ciência ou da Engenharia para o outro. Assim, acreditamos que existe relevância em apresentar este material do ponto de vista da Engenharia Química, focando na aplicação dos princípios da Termodinâmica aos materiais e processos com maior possibilidade de serem objetos de trabalho por parte de engenheiros químicos.

Apesar de *introdutório* em sua essência, este texto não deve ser considerado simples. Na realidade, não existe forma de torná-lo simples. Um estudante novato no assunto encontrará pela frente uma árdua tarefa de descobertas. Novos conceitos, palavras e símbolos aparecem com uma frequência exorbitante, e algum nível de memorização e de organização mental é requerido. Um desafio maior é desenvolver a capacidade de argumentar no contexto da Termodinâmica, de modo que possa aplicar princípios termodinâmicos na solução de problemas práticos. Nós nos esforçamos para evitar uma complexidade matemática desnecessária, porém mantendo o rigor característico da análise termodinâmica. Além disso, tentamos estimular o entendimento ao escrever sentenças simples no presente e na voz ativa. Podemos, com dificuldades, fornecer a motivação requerida, mas o nosso objetivo, como o foi em todas as edições anteriores, é um tratamento que possa ser entendido por qualquer aluno que deseje se exercitar com a devida atenção.

O texto está estruturado para alternar entre o desenvolvimento de princípios da Termodinâmica e a correlação e utilização das propriedades termodinâmicas, assim como entre teoria e aplicações. Em seus dois primeiros capítulos são apresentados as definições básicas e o desenvolvimento da Primeira Lei da Termodinâmica. Os Capítulos 3 e 4 tratam do comportamento pressão-volume-temperatura dos fluidos e os efeitos térmicos associados à variação da temperatura, mudança de fases e reação química, permitindo uma aplicação imediata da Primeira Lei em problemas reais. A Segunda Lei é desenvolvida no Capítulo 5, no qual suas aplicações mais básicas são também introduzidas. Um tratamento completo das propriedades termodinâmicas de fluidos puros no Capítulo 6 permite a aplicação geral das Primeira e Segunda Leis, e prepara para um tratamento de processos contínuos mais abrangente no Capítulo 7. Os Capítulos 8 e 9 lidam com a produção de potência e com processos de refrigeração. O restante do livro, envolvido com misturas fluidas, trata de tópicos característicos do domínio da termodinâmica da engenharia química. O Capítulo 10 introduz a estrutura da termodinâmica de soluções, que fundamenta as aplicações nos capítulos seguintes. Já o Capítulo 12 descreve a análise do equilíbrio de fases, de maneira, majoritariamente, qualitativa. O Capítulo 13 fornece um tratamento completo do equilíbrio líquido/vapor. O equilíbrio de reações químicas é extensamente abordado no Capítulo 14. O Capítulo 15 trata de tópicos sobre o equilíbrio de fases, incluindo líquido/líquido, sólido/líquido, sólido/vapor, adsorção de gases e equilíbrio osmótico. O Capítulo 16 trata da análise termodinâmica de processos reais, propiciando uma revisão de muitos assuntos práticos da Termodinâmica.

O conteúdo desses 16 capítulos é mais do que adequado para um curso de graduação, e a discrição, condicionada pelo conteúdo de outras disciplinas, é necessária na escolha do que será coberto. Os 14 primeiros capítulos incluem material considerado necessário para qualquer curso de Engenharia Química. Em locais onde há somente uma disciplina semestral em termodinâmica da engenharia química, estes 14 capítulos podem representar conteúdo suficiente.

O livro é suficientemente abrangente para torná-lo uma referência útil tanto para curso de pós-graduação como na prática profissional. Contudo, considerações referentes ao conteúdo coberto tornam necessária uma prudente seletividade. Dessa forma, não incluímos certos tópicos que merecem atenção, mas têm uma natureza especializada. Esses tópicos incluem aplicações em polímeros, eletrólitos e biomateriais.

Estamos em dívida com muitas pessoas – alunos, professores, revisores – que contribuíram, direta ou indiretamente, de várias maneiras para a qualidade desta oitava edição, por meio de questões e comentários, elogios e críticas, ao longo das sete edições anteriores que se estende por mais de 65 anos.

Gostaríamos de agradecer a McGraw-Hill Education e a todas as equipes que contribuíram para o desenvolvimento e suporte deste projeto. Em particular, gostaríamos de agradecer aos seguintes membros da produção e editoração por suas contribuições essenciais para esta oitava edição: Thomas Scaife, Chelsea Haupt, Nick McFadden e Laura Bies. Gostaríamos também de agradecer ao Professor Bharat Bhatt por seus bem-vindos comentários e conselhos durante a cuidadosa revisão.

A todos nós estendemos nossos agradecimentos.

J. M. Smith
H. C. Van Ness
M. M. Abbott
M. T. Swihart

Uma breve explicação da autoria da oitava edição

Em dezembro de 2003, recebi um e-mail inesperado de Hank Van Ness, que iniciava da seguinte maneira: "Tenho certeza que esta mensagem é uma surpresa para você; assim vou logo declarar qual é a intenção dela: gostaríamos de convidá-lo a se juntar a nós como o quarto autor... do *Introduction to Chemical Engineering Thermodynamics*." Encontrei-me com Hank e com Mike Abbott no verão de 2004 e comecei a trabalhar a sério com eles na oitava edição quase imediatamente após a sétima edição ter sido publicada em 2005. Infelizmente, nos anos seguintes testemunhei as mortes em sequência de Michael Abbott (2006), Hank Van Ness (2008) e Joe Smith (2009). Nos meses anteriores a sua morte, Hank Van Ness trabalhou diligentemente na revisão deste livro-texto. A reordenação do conteúdo e da estrutura geral desta oitava edição reflete sua visão sobre o livro.

Tenho certeza que Joe, Hank e Michael teriam prazer de ver esta oitava edição impressa. Sinto-me humildemente honrado por eles terem acreditado em mim para a tarefa de revisar este livro-texto clássico, que desde quando eu nasci já era utilizado por uma geração de estudantes de Engenharia Química. Espero que as mudanças que fizemos, desde a revisão no conteúdo e reordenamento até a adição de introduções mais estruturadas nos capítulos e uma sinopse concisa ao final de cada um, tenham melhorado a experiência na utilização deste texto para a próxima geração de estudantes, ao mesmo tempo em que tenham mantido a característica essencial do texto, que o tornou o mais utilizado texto em Engenharia Química de todos os tempos. Espero receber seus comentários sobre as mudanças que foram feitas e sobre aquelas que você gostaria que fossem feitas no futuro, assim como quais recursos adicionais seriam de grande valor para ajudá-lo a usar o presente texto.

Mark T. Swihart, Março 2016

Material Suplementar

Este livro conta com os seguintes materiais suplementares:

- Amostra de Arquivos de Programas: material em formato (.pdf) (restrito a docentes);
  1. Funções Definidas
     - Descrição das Funções Definidas
     - Planilhas Excel
     - Arquivos .M (Matlab)
  2. Programas-Exemplo
     - Descrição dos Programas-Exemplo
     - Planilhas Excel
     - Arquivos .M (Matlab)
- Ilustrações da obra em formato de apresentação em (.pdf) (restrito a docentes).
- Lecture PowerPoints: apresentações para uso em sala de aula em formato (.ppt), em inglês (restrito a docentes);
- Solutions Manual: arquivo em formato (.pdf) que contém o manual de soluções em inglês (restrito a docentes).

O acesso aos materiais suplementares é gratuito. Basta que o leitor se cadastre em nosso *site* (www.grupogen.com.br), faça seu *login* e clique em GEN-IO, no menu superior do lado direito. É rápido e fácil.

Caso haja alguma mudança no sistema ou dificuldade de acesso, entre em contato conosco (gendigital@grupogen.com.br).

Videoaulas

Este livro contém videoaulas exclusivas. Foram criadas e desenvolvidas pela LTC Editora para auxiliar os estudantes no aprimoramento de seu aprendizado.

As videoaulas são ministradas por professores com grande experiência nas disciplinas que apresentam em vídeo. ***Introdução à Termodinâmica da Engenharia Química*** conta com videoaulas para os seguintes capítulos:*

- Capítulo 1 (Introdução).
- Capítulo 2 (A Primeira Lei e Outros Conceitos Básicos).
- Capítulo 3 (Propriedades Volumétricas de Fluidos Puros).
- Capítulo 5 (A Segunda Lei da Termodinâmica).
- Capítulo 6 (Propriedades Termodinâmicas de Fluidos).
- Capítulo 9 (Refrigeração e Liquefação).
- Capítulo 10 (A Estrutura da Termodinâmica de Soluções).
- Capítulo 12 (Equilíbrio de Fases: Introdução).
- Capítulo 13 (Formulações Termodinâmicas para o Equilíbrio Líquido/Vapor).

genio
GEN | Informação Online

GEN-IO (GEN | Informação Online) é o ambiente virtual de aprendizagem do GEN | Grupo Editorial Nacional, maior conglomerado brasileiro de editoras do ramo científico-técnico-profissional, composto por Guanabara Koogan, Santos, Roca, AC Farmacêutica, Forense, Método, Atlas, LTC, E.P.U. e Forense Universitária.

Os materiais suplementares ficam disponíveis para acesso durante a vigência das edições atuais dos livros a que eles correspondem.

*As instruções para o acesso às videoaulas encontram-se na orelha deste livro.

CAPÍTULO

1

Introdução

De forma introdutória, neste capítulo apresentamos a origem da Termodinâmica e seu escopo atual. Revisaremos, também, alguns conceitos científicos e familiares, mas básicos, essenciais ao assunto:

- Dimensões e unidades de medidas;
- Força e pressão;
- Temperatura;
- Trabalho e calor;
- Energia mecânica e sua conservação.

1.1 O ESCOPO DA TERMODINÂMICA

A ciência da Termodinâmica foi desenvolvida no século XIX, como resultado da necessidade de descrever os princípios básicos da operação das recém-inventadas máquinas à vapor e fornecer a base para relacionar o trabalho produzido com o calor fornecido. Por isso, o nome, por si próprio, denota potência desenvolvida a partir do calor. A partir do estudo das máquinas a vapor, surgiram as duas primeiras generalizações da ciência: *a Primeira e a Segunda Leis da Termodinâmica*, nas quais toda a Termodinâmica clássica está implícita. Seus enunciados são muito simples, mas suas implicações são profundas.

A Primeira Lei simplesmente diz que a *energia* é conservada, o que significa que ela não é criada nem destruída. Ela não fornece uma definição de energia geral e precisa. Nenhuma ajuda vem de seu uso comum e informal, no qual a palavra tem significados imprecisos. Entretanto, nos contextos científico e da Engenharia, a energia é reconhecida como presente em várias formas, o que é útil, pois cada forma tem definição matemática como uma *função* de algumas características reconhecíveis e mensuráveis do mundo real. Assim, a energia cinética é definida como uma função da velocidade e a energia potencial gravitacional como uma função da elevação.

A conservação implica na transformação de uma forma de energia em outra. Moinhos de vento têm operado há tempos para transformar a energia cinética do vento em trabalho, o qual é utilizado para elevar água de locais que se encontram abaixo do nível do mar. O efeito global é transformar energia cinética do vento em energia potencial da água. Atualmente, a energia do vento é mais amplamente convertida em energia elétrica. De forma similar, a energia potencial da água vem, ao longo do tempo, sendo transformada em trabalho utilizado para moer grãos ou serrar madeira. Plantas hidroelétricas são, atualmente, uma fonte significativa de potência elétrica.

A Segunda Lei é mais difícil de compreender porque ela depende da *entropia*, uma palavra e um conceito de uso não corrente. Suas consequências na vida cotidiana são significativas em relação à conservação do meio ambiente e ao uso eficiente de energia. Um tratamento formal é adiado até que tenhamos uma base adequada.

Essas duas leis da Termodinâmica não têm prova do ponto de vista matemático. Entretanto, observa-se que são universalmente obedecidas. Um grande volume de evidências experimentais demonstra suas validades. Sendo assim, a Termodinâmica compartilha com a Mecânica e o Eletromagnetismo o fato de estar fundamentada em leis básicas.

Tais leis levam por meio de deduções matemáticas a um conjunto de equações que encontram aplicações em todos os campos da ciência e da Engenharia. Entre elas estão o cálculo das necessidades de calor e de trabalho para processos físicos, químicos e biológicos, e a determinação das condições de equilíbrio para reações químicas e para a transferência de espécies químicas entre fases. A aplicação prática dessas equações quase sempre necessita de informações sobre as propriedades dos materiais e das substâncias. Com isso, o estudo e a aplicação da Termodinâmica estão intrincadamente ligados com a tabulação, a correlação e a predição de propriedades das substâncias. A Figura 1.1 ilustra esquematicamente como as duas leis da Termodinâmica são combinadas com as informações das propriedades dos materiais para fornecer análises de, e predições sobre, sistemas físicos, químicos e biológicos. Ela também informa os capítulos deste texto que tratam de cada assunto.

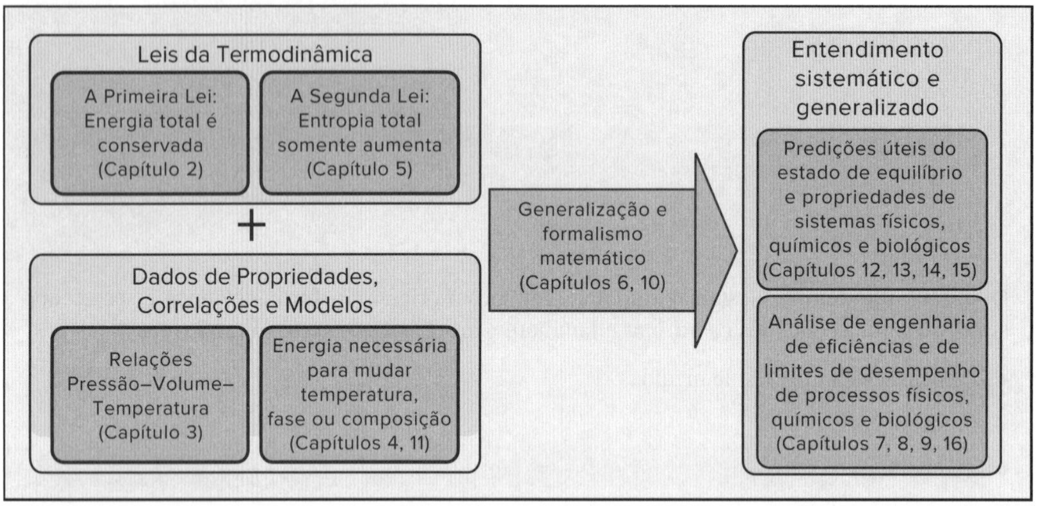

Figura 1.1 Esquema ilustrando a combinação das leis da Termodinâmica com dados de propriedades dos materiais para produzir análises e predições úteis.

A seguir os exemplos de questões que podem ser respondidas com base nas leis da Termodinâmica combinadas com informações de propriedades:

- Quanta energia é liberada quando um litro de etanol é queimado (ou metabolizado)?
- Qual temperatura de chama máxima pode ser alcançada quando o etanol é queimado no ar?
- Qual fração máxima do calor liberado em uma chama de etanol pode ser convertida em energia elétrica ou trabalho?
- Como as respostas para as duas questões anteriores são alteradas, se o etanol for queimado com oxigênio puro no lugar do ar?
- Qual quantidade máxima de energia elétrica pode ser produzida quando um litro de etanol reage com O_2 para produzir CO_2 e água em uma célula combustível?
- Na destilação de uma mistura água/etanol, como estão relacionadas as composições do líquido e do vapor?
- Qual é a composição das fases resultantes quando água e etileno reagem em altas pressão e temperatura para produzir etanol?
- Qual é a quantidade de etileno contida em um cilindro de gás de alta pressão para valores especificados de temperatura, pressão e volume?
- Qual é a quantidade de etanol que precisa ser adicionada a um sistema de duas fases que contém tolueno e água?
- Se uma mistura água/etanol é parcialmente congelada, quais são as composições das fases líquida e sólida resultantes?
- Que volume de solução resulta de uma mistura de um litro de água e um litro de etanol? (*Não são* exatamente 2 litros!)

A aplicação da Termodinâmica em qualquer problema real inicia com a identificação de uma região específica do espaço ou corpo de matéria designada como *sistema*. Tudo fora do sistema é chamado de *vizinhança*. O sistema e a vizinhança interagem por meio da transferência de massa e de energia através das fronteiras do sistema, mas o sistema é o foco da atenção. Muitos sistemas termodinâmicos diferentes são de interesse. Um vapor puro, como vapor d'água, é o meio de trabalho de uma planta que gera eletricidade. Uma mistura reativa de combustível e ar fornece energia para um motor de combustão interna. Um líquido vaporizando fornece refrigeração. Gases em expansão através de bocal impulsionam um foguete. O metabolismo da alimentação fornece a nutrição para a vida.

Uma vez selecionado um sistema, devemos descrever seu *estado*. Existem dois pontos de vista, o *macroscópico* e o *microscópico*. O primeiro está relacionado com grandezas como composição, densidade, temperatura e pressão. Essas *coordenadas macroscópicas* não necessitam de considerações relacionadas com a estrutura da matéria. Elas são poucas em número, são sugeridas por nossas percepções sensoriais e são medidas com relativa facilidade. Assim, uma descrição macroscópica requer a especificação de *poucas propriedades mensuráveis fundamentais*. O ponto de vista macroscópico, como adotado na Termodinâmica clássica, não se envolve com os mecanismos microscópicos (moleculares) dos processos físicos, químicos ou biológicos.

Uma descrição microscópica depende da existência e do comportamento das moléculas, não estando relacionada diretamente com nossas percepções sensoriais, e trata com grandezas que não podem ser direta e rotineiramente medidas. Apesar disso, ela oferece uma visão do comportamento do material e contribui para a avaliação das propriedades termodinâmicas. Fazendo uma ponte entre as escalas de tempo e o comprimento do comportamento microscópico das moléculas e o mundo macroscópico está a disciplina *Mecânica Estatística* ou *Termodinâmica Estatística*, que aplica as leis da mecânica quântica e da mecânica clássica em grandes conjuntos (*ensembles*) de átomos, moléculas ou outros objetos elementares para predizer e interpretar o comportamento macroscópico. Apesar de fazermos referências ocasionais à base molecular das propriedades observadas dos materiais, o assunto termodinâmica estatística não é tratado neste livro.[1]

1.2 SISTEMA INTERNACIONAL DE UNIDADES

As descrições dos estados termodinâmicos dependem das *dimensões* fundamentais da ciência, das quais comprimento, tempo, massa, temperatura e quantidade da substância são mais relevantes aqui. Essas dimensões são *primitivas*, reconhecidas pela nossa percepção sensorial e não definíveis de alguma forma mais simples. Entretanto, sua utilização requer a definição de escalas arbitrárias de medida, divididas em *unidades* de tamanho específicas. Unidades primárias foram especificadas por acordo internacional e são codificadas como o Sistema Internacional de Unidades (abreviatura SI, para Système International).[2] Este é o sistema base de unidades utilizado ao longo de todo este livro.

O *segundo*, símbolo *s*, a unidade SI de tempo, é a duração de 9.192.631.770 ciclos da radiação associada com uma transição especificada do átomo de césio. O *metro*, símbolo *m*, é a unidade fundamental de comprimento, definido como a distância que a luz atravessa no vácuo em um intervalo de tempo de 1/299.792.458 de segundo. O *quilograma*, símbolo *kg*, é a unidade básica de massa, definida como a massa de um cilindro de platina/irídio mantido no International Bureau of Weights and Measures em Sèvres, França.[3] (O grama, símbolo *g*, é 0,001 kg.) A temperatura é uma dimensão característica da Termodinâmica e é medida na escala Kelvin, como descrita na Seção 1.4. O *mol*, símbolo *mol*, é definido como a quantidade de substância que contém um número de entidades elementares (por exemplo, moléculas) igual ao número de átomos presentes em 0,012 kg de carbono-12.

A unidade SI de força é o *newton*, símbolo *N*, derivada a partir da Segunda Lei de Newton, que expressa força F como o produto da massa m pela aceleração a: $F = ma$. Assim, um newton é a força que, quando aplicada a uma massa de 1 kg, produz uma aceleração de $1 \text{ m} \cdot \text{s}^{-2}$; sendo, dessa forma, uma unidade que representa $1 \text{ kg} \cdot \text{m} \cdot \text{s}^{-2}$. Isso ilustra um fator-chave do sistema SI, nominalmente, que unidades derivadas sempre são obtidas da combinação de unidades primárias. A pressão P (Seção 1.5), definida como a força normal exercida por um fluido sobre uma unidade de área da superfície é representada em *pascal*, símbolo *Pa*. Com a força em newtons e a área em m^2 (metros quadrados), 1 Pa é equivalente a $1 \text{ N} \cdot \text{m}^{-2}$ ou $1 \text{ kg} \cdot \text{m}^{-1} \cdot \text{s}^{-2}$. Essencial para a Termodinâmica é a unidade derivada para energia, o *joule*, símbolo *J*, definido como $1 \text{ N} \cdot \text{m}$ ou $1 \text{ kg} \cdot \text{m}^2 \cdot \text{s}^{-2}$.

Múltiplos e frações decimais das unidades SI são designados por prefixos, com abreviações dos símbolos, como estão listados na Tabela 1.1. Exemplos comuns de sua utilização são o *centímetro*, $1 \text{ cm} = 10^{-2} \text{ m}$, e o *quilopascal*, $1 \text{ kPa} = 10^3 \text{ Pa}$, e o *quilojoule*, $1 \text{ kJ} = 10^3 \text{ J}$.

[1] Encontram-se disponíveis muitos textos introdutórios sobre Termodinâmica Estatística. O leitor interessado pode consultar K. A. Dill and S. Bromberg, *Molecular Driving Forces: Statistical Thermodynamics in Chemistry & Biology*, Garland Science, 2010, e muitos livros nele citados.

[2] Informações mais aprofundadas sobre o SI são fornecidas pelo National Institute of Standards and Technology (NIST), *on-line* em <http://physics.nist.gov/cuu/Units/index.html>.

[3] Durante a elaboração deste texto, o Comitê Internacional de Pesos e Medidas (International Committee on Weights and Measures) recomendou mudanças que eliminariam a necessidade de referência-padrão para um quilograma e tomariam como base para todas as unidades, incluindo massa, constantes físicas fundamentais.

TABELA 1.1 Prefixos para as Unidades SI

Múltiplo	Prefixo	Símbolo
10^{-15}	femto	f
10^{-12}	pico	p
10^{-9}	nano	n
10^{-6}	micro	μ
10^{-3}	milli	m
10^{-2}	centi	c
10^{2}	hecto	h
10^{3}	kilo	k
10^{6}	mega	M
10^{9}	giga	G
10^{12}	tera	T
10^{15}	peta	P

Duas unidades amplamente utilizadas em Engenharia que não são parte do SI, mas que são aceitáveis para serem utilizadas com ele, são o *bar*, uma unidade de pressão igual a 10^2 kPa, e o *litro*, uma unidade de volume igual a 10^3 cm^3. O bar é aproximadamente igual à pressão atmosférica. Outras unidades aceitáveis são o *minuto*, símbolo *min*; a hora, símbolo h; o dia, símbolo d; e a tonelada métrica, símbolo t; igual a 10^3 kg.

O *peso* se refere propriamente à força da gravidade sobre um corpo, expresso em newtons, e não à sua massa, expressa em quilogramas. Força e massa estão diretamente relacionadas pela Lei de Newton, com o peso de um corpo definido como sua massa vezes a aceleração da gravidade local. A comparação de massas utilizando uma balança é chamada "pesagem" porque ela também compara forças gravitacionais. Uma balança de mola fornece uma leitura correta de massa somente quando utilizada no campo gravitacional de sua calibração.

Apesar do SI estar bem estabelecido em grande parte do mundo, a utilização do sistema americano de unidades (U.S. Customary System) persiste no comércio do dia a dia nos Estados Unidos. Mesmo na ciência e na Engenharia, a conversão para o sistema SI está incompleta, apesar da globalização ser um grande incentivo. As unidades do sistema americano estão relacionadas com as unidades do SI por meio de fatores de conversão fixos. As unidades que parecem mais úteis estão definidas no Apêndice A. Os fatores de conversão estão listados na Tabela A.1.

■ Exemplo 1.1

Um astronauta pesa 730 N em Houston, Texas, onde a aceleração da gravidade local é $g = 9{,}792\ \text{m} \cdot \text{s}^{-2}$. Qual é a massa do astronauta e o seu peso na Lua, onde $g = 1{,}67\ \text{m} \cdot \text{s}^{-2}$?

Solução 1.1

Pela lei de Newton, com a aceleração igual a aceleração da gravidade, g,

$$m = \frac{F}{g} = \frac{730\ \text{N}}{9{,}792\ \text{m} \cdot \text{s}^{-2}} = 74{,}55\ \text{N} \cdot \text{m}^{-1} \cdot \text{s}^{2}$$

Como $1\ \text{N} = 1\ \text{kg} \cdot \text{m} \cdot \text{s}^{-2}$,

$$m = 74{,}55\ \text{kg}$$

A *massa* do astronauta independe da localização, mas o *peso* depende da aceleração da gravidade local. Assim, o peso do astronauta na Lua é:

$$F(\text{lua}) = m \times g(\text{lua}) = 74{,}55\ \text{kg} \times 1{,}67\ \text{m} \cdot \text{s}^{-2}$$

ou

$$F(\text{lua}) = 124{,}5\ \text{kg} \cdot \text{m} \cdot \text{s}^{-2} = 124{,}5\ \text{N}$$

1.3 MEDIDAS DE QUANTIDADE OU TAMANHO

Três medidas de quantidade ou tamanho de um material homogêneo são de uso comum:

- Massa, m
- Número de mols, n
- Volume total, V^t

Essas medidas, para um sistema específico, têm proporção direta entre elas. A massa pode ser dividida pela *massa molar* $\mathscr{M}$ (anteriormente chamada de peso molecular) para fornecer o número de mols:

$$n = \frac{m}{\mathscr{M}} \qquad \text{ou} \qquad m = \mathscr{M}n$$

O volume total, representando o tamanho de um sistema, é uma grandeza definida obtida pelo produto de três comprimentos. Ele pode ser dividido pela massa ou pelo número de mols do sistema, fornecendo o volume *específico* ou o volume *molar*:

- Volume específico $\quad V \equiv \dfrac{V^t}{m} \quad$ ou $\quad V^t = mV$
- Volume molar $\quad V \equiv \dfrac{V^t}{n} \quad$ ou $\quad V^t = nV$

A densidade específica, ou densidade molar, é definida como o inverso do volume específico ou do volume molar: $\rho \equiv V^{-1}$.

Essas grandezas (V e ρ) independem do tamanho de um sistema e são exemplos de variáveis termodinâmicas *intensivas*. Para determinado estado da matéria (sólido, líquido ou gasoso) elas são funções da temperatura, da pressão e da composição de um sistema, que, por sua vez, são grandezas adicionais independentes do tamanho do sistema. Em geral, ao longo deste texto os mesmos símbolos serão utilizados tanto para as quantidades específicas, como para as quantidades molares. A maioria das equações da Termodinâmica se aplica para ambas as grandezas e, quando a distinção é necessária, ela pode ser realizada com base no contexto. A alternativa de introduzir uma notação separada para cada grandeza leva a uma ainda maior proliferação de variáveis, já inerente ao contexto do estudo de Termodinâmica Química.

1.4 TEMPERATURA

A noção de temperatura, baseada na percepção sensorial de quente e frio, não necessita de explicações. Trata-se de uma questão de simples experiência. Entretanto, ao se dar um papel científico para a temperatura ocorre a necessidade de uma escala que fixe números para a percepção de quente e frio. Essa escala deve também se estender além da faixa de temperaturas da experiência e da percepção do dia a dia. Seu estabelecimento e a elaboração de instrumentos de medição com base nela têm uma longa e intrigante história. Um instrumento simples é o termômetro comum envolvendo um líquido dentro do vidro, no qual o líquido se expande quando aquecido. Assim, um tubo uniforme, parcialmente cheio de mercúrio, álcool ou algum outro fluido e conectado a um bulbo contendo uma grande quantidade do fluido, indica o grau de aquecimento através do comprimento da coluna de fluido.

A escala necessita de definição e o instrumento necessita de calibração. A escala Celsius[4] foi inicialmente estabelecida e permanece em uso na maior parte do mundo. Essa escala é definida fixando o zero igual ao *ponto de gelo* (ponto de congelamento da água saturada com ar na pressão atmosférica padrão) e 100 igual ao *ponto de vapor* (ponto de ebulição da água pura na pressão atmosférica padrão). Então, quando um termômetro é imerso em um banho de gelo marca-se o zero e quando ele é colocado no interior de água em ebulição marca-se o 100. A distância entre as duas marcas é dividida em 100 espaços iguais chamados de *graus*, fornecendo uma escala, que pode estender a faixa de medida do termômetro com outros espaços do mesmo tamanho abaixo do zero e acima do 100.

A prática industrial e científica depende da *Escala Internacional de Temperatura de 1990* (ITS-90).[5] Ela é a escala Kelvin, baseada em determinados valores de temperatura para um número de *pontos fixos* reprodutíveis, isto é, estados de substâncias puras como os pontos de gelo e de vapor, e em *instrumentos padrões* calibrados nessas temperaturas. A interpolação entre as temperaturas dos pontos fixos é fornecida por fórmulas que estabelecem a relação entre leituras nos instrumentos padrões e valores na ITS-90. O termômetro de resistência de platina é um exemplo de instrumento-padrão; ele é usado em temperaturas desde –259,35 °C (o ponto triplo do hidrogênio) até 961,78 °C (o ponto de congelamento da prata).

[4] Anders Celsius, astrônomo sueco (1701–1744). Ver: <http://en.wikipedia.org/wiki/Anders_Celsius>.

[5] O texto em língua inglesa que descreve a ITS-90 é fornecido por H. Preston-Thomas, *Metrologia*, vol. 27, pp. 3-10, 1990. Encontra-se também disponível em: <http://www.its-90.com/its-90.html>.

A escala Kelvin, que indicamos com o símbolo T, fornece as temperaturas SI. Como *escala absoluta*, ela está baseada no conceito de limite inferior de temperatura, chamado de zero absoluto. Sua unidade é *kelvin*, símbolo K. As temperaturas Celsius, com o símbolo t, são definidas em relação às temperaturas Kelvin:

$$t\,°\text{C} = T\,\text{K} - 273{,}15$$

A unidade da temperatura Celsius é o grau Celsius, °C, que é igual em tamanho ao kelvin.[6] Contudo, temperaturas na escala Celsius são 273,15 graus menores do que na escala Kelvin. Sendo assim, o zero absoluto na escala Celsius ocorre a –273,15 °C. Temperaturas Kelvin são utilizadas nos cálculos termodinâmicos. Temperaturas Celsius podem somente ser utilizadas em cálculos termodinâmicos envolvendo *diferenças de temperatura*, que têm, é claro, os mesmos valores em ambas unidades, Celsius e kelvin.

1.5 PRESSÃO

O principal padrão para a medida de pressão é o manômetro a contrapeso, no qual uma força conhecida é equilibrada por uma pressão exercida por um fluido atuando sobre uma área conhecida: $P \equiv F/A$. Um esquema simples é mostrado na Figura 1.2. Objetos de massa conhecida ("pesos") são colocados sobre a plataforma até que a pressão do óleo, que impulsiona o pistão para cima, seja equilibrada pela força da gravidade no pistão e em tudo que ele suporta. Com a força dada pela lei de Newton, a pressão exercida pelo óleo é:

$$P = \frac{F}{A} = \frac{mg}{A}$$

com m sendo a soma das massas do pistão, da plataforma e dos "pesos"; g a aceleração da gravidade local; e A a área da seção reta do pistão. Essa fórmula fornece *pressões manométricas*, a diferença entre a pressão de interesse e a pressão atmosférica da vizinhança. Elas são convertidas em *pressões absolutas* pela adição da pressão barométrica local. Manômetros de uso comum, como os manômetros de Bourdon, são calibrados por comparação com os manômetros a contrapeso. As pressões absolutas são utilizadas nos cálculos termodinâmicos.

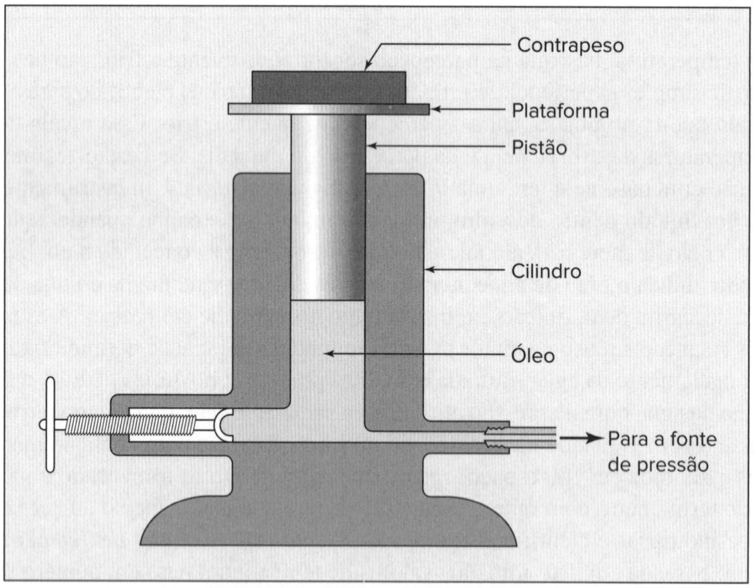

Figura 1.2 Manômetro a contrapeso.

Como uma coluna vertical de fluido, sob ação da gravidade, exerce uma pressão em sua base diretamente proporcional à sua altura, que também pode ser representada pela altura equivalente de uma coluna de fluido. Essa é a base para o uso de manômetros para medidas de pressão. A conversão da altura para força por unidade de área provêm da

[6] Note que nem a palavra *grau*, nem o *sinal do grau* são utilizados para temperaturas em kelvin e que a palavra *kelvin* como unidade não é escrita com letra maiúscula.

lei de Newton aplicada à força da gravidade atuando sobre a massa de fluido na coluna. A massa é dada por: $m = Ah\rho$, na qual A é a área da seção reta da coluna, h é a sua altura, e ρ é a densidade do fluido. Em consequência,

$$P = \frac{F}{A} = \frac{mg}{A} = \frac{Ah\rho g}{A}$$

Assim,

$$P = h\rho g \tag{1.1}$$

A pressão correspondente a uma altura de fluido é determinada pela densidade do fluido (que é função de sua identidade e sua temperatura) e da aceleração da gravidade local.

A unidade de pressão de uso comum (que não é uma unidade SI) é a *atmosfera-padrão*, representando a pressão média exercida pela atmosfera da Terra ao nível do mar e definida como 101,325 kPa.

▪ Exemplo 1.2

Um manômetro a contrapeso, com um pistão de 1 cm de diâmetro, é usado para medições precisas de pressão. Se com uma massa de 6,14 kg (incluindo o pistão e a plataforma) o equilíbrio é alcançado, sendo $g = 9{,}82\ \text{m}\cdot\text{s}^{-2}$, qual é a pressão *manométrica* medida? Para uma pressão barométrica igual a 0,997 bar, qual é a pressão *absoluta*?

Solução 1.2

A força exercida pela gravidade sobre o pistão, a plataforma e os "pesos" é:

$$F = mg = 6{,}14\ \text{kg} \times 9{,}82\ \text{m}\cdot\text{s}^{-2} = 60{,}295\ \text{N}$$

$$\text{Pressão manométrica} = \frac{F}{A} = \frac{60{,}295}{(1/4)(\pi)(0{,}01)^2} = 7{,}677 \times 10^5\ \text{N}\cdot\text{m}^{-2} = 767{,}7\ \text{kPa}$$

A pressão absoluta é, então:

$$P = 7{,}677 \times 10^5 + 0{,}997 \times 10^5 = 8{,}674 \times 10^5\ \text{N}\cdot\text{m}^{-2}$$

ou

$$P = 867{,}4\ \text{kPa}$$

▪ Exemplo 1.3

A 27 °C, a leitura em um manômetro com mercúrio é de 60,5 cm. A aceleração da gravidade local é de $9{,}784\ \text{m}\cdot\text{s}^{-2}$. Qual é pressão dessa coluna de mercúrio?

Solução 1.3

Como discutido anteriormente e resumido na Eq. (1.1): $P = h\rho g$. A 27 °C, a densidade do mercúrio é de 13,53 $\text{g}\cdot\text{cm}^{-3}$. Então,

$$\begin{aligned} P &= 60{,}5\ \text{cm} \times 13{,}53\ \text{g}\cdot\text{cm}^{-3} \times 9{,}784\ \text{m}\cdot\text{s}^{-2} = 8009\ \text{g}\cdot\text{m}\cdot\text{s}^{-2}\cdot\text{cm}^{-2} \\ &= 8{,}009\ \text{kg}\cdot\text{m}\cdot\text{s}^{-2}\cdot\text{cm}^{-2} = 8{,}009\ \text{N}\cdot\text{cm}^{-2} \\ &= 0{,}8009 \times 10^5\ \text{N}\cdot\text{m}^{-2} = 0{,}8009\ \text{bar} = 80{,}09\ \text{kPa} \end{aligned}$$

1.6 TRABALHO

Trabalho, W, é realizado sempre que uma força atua ao longo de uma distância. Por definição, a quantidade de trabalho é dada pela equação:

$$dW = F\,dl \tag{1.2}$$

na qual F é o componente da força que age ao longo da linha de deslocamento dl. A unidade SI de trabalho é o newton-metro ou joule, símbolo J. Quando integrada, a Eq. (1.2) fornece o trabalho de um processo finito. Por convenção, o trabalho é considerado positivo quando o deslocamento ocorre no mesmo sentido da força aplicada, e negativo quando eles estão em sentidos opostos.

O trabalho é realizado quando a pressão atua em uma superfície e desloca um volume de fluido. Um exemplo é o movimento de um pistão em um cilindro, que causa a compressão ou a expansão de um fluido contido neste cilindro. A força exercida pelo pistão sobre o fluido é igual ao produto entre a área do pistão e a pressão do fluido. O deslocamento do pistão é igual à variação do volume total do fluido dividida pela área do pistão. A Eq. (1.2) torna-se, então:

$$dW = -PA\,d\frac{V^t}{A} = -P\,dV^t \tag{1.3}$$

Sua integração fornece:

$$W = -\int_{V_1^t}^{V_2^t} P\,dV^t \tag{1.4}$$

O sinal de menos é incluído nessas equações para que elas se tornem compatíveis com a convenção de sinais adotada para o trabalho. Quando o pistão se move no cilindro, comprimindo o fluido, a força aplicada e o seu deslocamento estão no mesmo sentido; consequentemente, o trabalho é positivo. O sinal de menos é necessário em função de a variação do volume ser negativa. Em um processo de expansão, a força aplicada e o deslocamento estão em sentidos opostos. A variação do volume, nesse caso, é positiva e o sinal de menos é necessário para fazer o trabalho negativo.

A Eq. (1.4) expressa o trabalho efetuado por um processo finito de compressão ou expansão.[7] A Figura 1.3 mostra uma trajetória para a compressão de um gás do ponto 1, com volume inicial V_1^t na pressão P_1, até o ponto 2, com volume V_2^t na pressão P_2. Essa trajetória relaciona a pressão, em qualquer ponto ao longo do processo, com o volume. O trabalho necessário é fornecido pela Eq. (1.4) e é proporcional à área sob a curva na Figura 1.3.

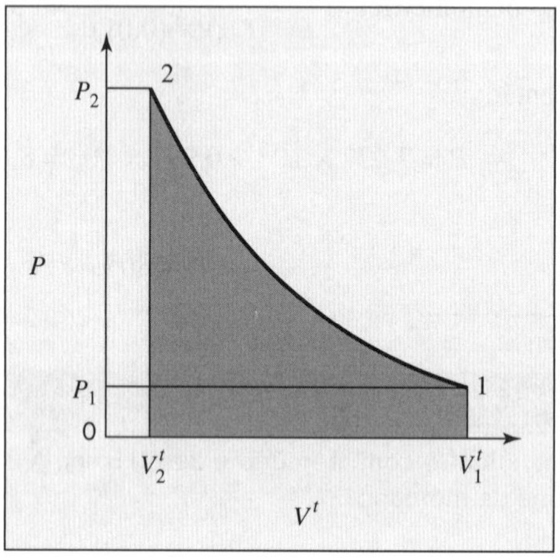

Figura 1.3 Diagrama mostrando uma trajetória P *vs.* V^t.

1.7 ENERGIA

O princípio geral da conservação de energia foi estabelecido por volta de 1850. A origem desse princípio, conforme ele se aplica na Mecânica, estava implícita nos trabalhos de Galileo (1564-1642) e de Isaac Newton (1642-1726). Na verdade, ele resulta diretamente da Segunda Lei do Movimento de Newton, uma vez que o trabalho é definido como o produto da força pelo deslocamento.

Energia Cinética

Quando um corpo com massa m, sofrendo a ação de uma força F, é deslocado ao longo de uma distância dl durante um intervalo infinitesimal de tempo dt, o trabalho realizado é dado pela Eq. (1.2). Em combinação com a Segunda Lei de Newton, essa equação se torna:

$$dW = ma\,dl$$

[7] Entretanto, como explicado na Seção 2.6, existem limitações importantes em seu uso.

Por definição, a aceleração é $a \equiv du/dt$, em que u é a velocidade do corpo. Assim,

$$dW = m\frac{du}{dt}dl = m\frac{dl}{dt}du$$

Em função da definição de velocidade ser $u \equiv dl/dt$, essa expressão para o trabalho se reduz a:

$$dW = mu\ du$$

A integração para uma variação finita da velocidade de u_1 a u_2 fornece:

$$W = m\int_{u_1}^{u_2} u\ du = m\left(\frac{u_2^2}{2} - \frac{u_1^2}{2}\right)$$

ou

$$W = \frac{mu_2^2}{2} - \frac{mu_1^2}{2} = \Delta\left(\frac{mu^2}{2}\right) \tag{1.5}$$

Cada uma das grandezas (1/2) mu^2 na Eq. (1.5) é uma *energia cinética*, um termo introduzido por Lord Kelvin[8] em 1856. Assim, por definição,

$$E_K \equiv \frac{1}{2}mu^2 \tag{1.6}$$

A Eq. (1.5) mostra que o trabalho efetuado *sobre* um corpo para acelerá-lo de uma velocidade inicial u_1 até uma velocidade final u_2 é igual à variação da energia cinética do corpo. Inversamente, se um corpo em movimento é desacelerado pela ação de uma força resistiva, o trabalho realizado *pelo* corpo é igual à variação de sua energia cinética. Com massa em quilogramas e velocidade em metros/segundo, a energia cinética E_K é em joules, com $1\ \text{J} = 1\ \text{kg} \cdot \text{m}^2 \cdot \text{s}^{-2} = 1\ \text{N} \cdot \text{m}$. De acordo com a Eq. (1.5), essa é a unidade de trabalho.

Energia Potencial

Quando um corpo com massa m é elevado de uma altura inicial z_1 a uma altura final z_2, uma força direcionada para cima, pelo menos igual ao peso do corpo, é exercida sobre ele e essa força age ao longo da distância $z_2 - z_1$. Como o peso do corpo é a força da gravidade sobre ele, a força mínima requerida é fornecida pela lei de Newton:

$$F = ma = mg$$

na qual g é a aceleração da gravidade local. O trabalho mínimo requerido para elevar o corpo é igual ao produto entre essa força e a variação de altura:

$$W = F(z_2 - z_1) = mg(z_2 - z_1)$$

ou

$$W = mz_2g - mz_1g = mg\Delta z \tag{1.7}$$

Vemos na Eq. (1.7) que o trabalho realizado *sobre* um corpo ao elevá-lo é igual à variação da grandeza mzg. Inversamente, se um corpo descer contra uma força resistiva igual ao seu peso, o trabalho efetuado *pelo* corpo é igual à variação da grandeza mzg. Cada uma das grandezas mzg na Eq. (1.7) é uma *energia potencial*.[9] Dessa forma, por definição:

$$E_P = mzg \tag{1.8}$$

Com a massa em kg, a elevação em m e a aceleração da gravidade em $\text{m} \cdot \text{s}^{-2}$, E_P está em joules, com $1\ \text{J} = 1\ \text{kg} \cdot \text{m}^2 \cdot \text{s}^{-2} = 1\ \text{N} \cdot \text{m}$. De acordo com a Eq. (1.7), essa é a unidade de trabalho.

[8] Lord Kelvin, ou William Thomson (1824-1907), foi um físico inglês, que, com o físico alemão Rudolf Clausius (1822-1888), consolidou os fundamentos para a moderna ciência da Termodinâmica. Vide: <http://en.wikipedia.org/wiki/Willian_Thomson,_1st_Baron_Kelvin>. Veja também <http://en.wikipedia.org/wiki/Rudolf_Clausius>.

[9] Este termo foi proposto em 1853 pelo engenheiro escocês William Rankine (1820-1872). Vide: <http:/en.wikipedia.org/wiki/William_John_Macquorn_Rankine>.

Conservação de Energia

A utilidade do princípio da conservação de energia foi mencionada na Seção 1.1. As definições de energia cinética e de energia potencial gravitacional nas seções anteriores preparam aplicações quantitativas limitadas. A Eq. (1.5) mostra que o trabalho realizado ao acelerar um corpo produz uma variação em sua *energia cinética*:

$$W = \Delta E_K = \Delta\left(\frac{mu^2}{2}\right)$$

De forma similar, a Eq. (1.7) mostra que o trabalho realizado ao elevar um corpo produz uma variação em sua *energia potencial*:

$$W = E_P = \Delta(mzg)$$

Uma consequência simples dessas definições é que um corpo elevado, ao cair em queda livre (isto é, sem atrito ou outra resistência) ganha em energia cinética o que ele perde em energia potencial. Matematicamente,

$$\Delta E_K + \Delta E_P = 0$$

ou

$$\frac{mu_2^2}{2} - \frac{mu_1^2}{2} + mz_2g - mz_1g = 0$$

A validade dessa equação foi confirmada por um número incontável de experimentos. Assim, o desenvolvimento do conceito de energia levou, logicamente, ao princípio da conservação de energia para todos os *processos puramente mecânicos*, isto é, processos sem atrito ou transferência de calor.

Outras formas de energia mecânica são possíveis. Entre as mais óbvias está a energia potencial de configuração. Quando uma mola é comprimida, o trabalho é realizado por uma força externa. Como a mola pode, posteriormente, realizar esse trabalho contra uma força resistiva, ela tem energia potencial de configuração. A energia da mesma forma existe em uma fita de borracha esticada ou em uma barra de metal deformada na região elástica.

A generalidade do princípio da conservação de energia na Mecânica é ampliada se olharmos o trabalho como uma forma de energia. Isso é claramente possível, uma vez que tanto a variação da energia cinética quanto a variação da energia potencial são iguais ao trabalho realizado ao produzi-las [Eqs. (1.5) e (1.7)]. Contudo, trabalho é energia *em trânsito* e nunca é tomado como residente em um corpo. Quando o trabalho é realizado e não aparece simultaneamente como trabalho em algum lugar, ele é convertido em outra forma de energia.

Com o corpo ou o conjunto de corpos sobre o qual a atenção é focalizada como um *sistema* e todo o resto como a *vizinhança*, o trabalho representa a energia transferida das vizinhanças para o sistema, ou o inverso. É somente durante essa transferência que a forma de energia conhecida como trabalho existe. Em contraste, as energias cinética e potencial estão presentes no sistema. Entretanto, seus valores são medidos tomando como referência a vizinhança; isto é, a energia cinética depende da velocidade em relação à vizinhança e a energia potencial é função da elevação em relação a um nível de referência. As *variações* nas energias cinética e potencial não dependem dessas condições de referência, desde que elas sejam fixas.

■ Exemplo 1.4

Um elevador, com massa de 2500 kg, encontra-se em um nível 10 m acima da base do poço do elevador. Ele é elevado a 100 m acima da base do poço, onde o cabo de sustentação se rompe. O elevador cai em queda livre até a base do poço onde colide com uma forte mola. A mola é projetada para desacelerar o elevador até o repouso e, por intermédio de um dispositivo de captura, mantê-lo na posição de máxima compressão da mola. Supondo que não haja atrito em todo o processo e considerando $g = 9{,}8 \text{ m} \cdot \text{s}^{-2}$, calcule:

(*a*) A energia potencial do elevador na sua posição inicial em relação à base do poço do elevador.

(*b*) O trabalho realizado para elevar o elevador.

(*c*) A energia potencial do elevador em sua posição mais elevada.

(*d*) A velocidade e a energia cinética do elevador no instante anterior à sua colisão com a mola.

(*e*) A energia potencial da mola comprimida.

(*f*) A energia do sistema formado pelo elevador e pela mola (1) no início do processo, (2) quando o elevador atingir sua altura máxima, (3) no momento anterior à colisão do elevador com a mola, e (4) após o elevador ficar em repouso, ao final do processo.

Solução 1.4

Considere que o subscrito 1 represente as condições iniciais; o subscrito 2 as condições quando o elevador está na sua altura máxima; e o subscrito 3 o estado no momento anterior à colisão do elevador com a mola, conforme indicado na figura.

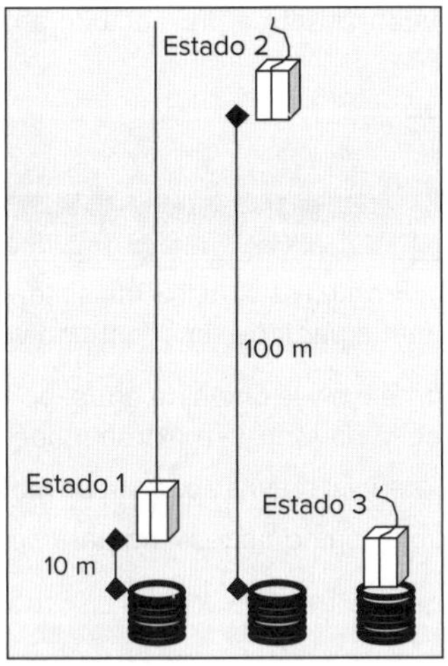

(*a*) A energia potencial é definida pela Eq. (1.8):

$$E_{P_1} = mz_1g = 2500 \text{ kg} \times 10 \text{ m} \times 9{,}8 \text{ m} \cdot \text{s}^{-2}$$
$$= 245.000 \text{ kg} \cdot \text{m}^2 \cdot \text{s}^{-2} = 245.000 \text{ J}$$

(*b*) O trabalho é calculado pela Eq. (1.7). As unidades são como no cálculo anterior:

$$W = mg(z_2 - z_1) = (2500)(9{,}8)(100 - 10)$$
$$= 2.205.000 \text{ J}$$

(*c*) Novamente, pela Eq. (1.8),

$$E_{P_2} = mz_2g = (2500)(100)(9{,}8) = 2.450.000 \text{ J}$$

Note que $W = E_{P2} - E_{P1}$.

(*d*) A soma das variações das energias cinética e potencial durante o processo entre os estados 2 e 3 é zero; isto é,

$$\Delta E_{K_{2\to3}} + \Delta E_{P_{2\to3}} = 0 \quad \text{ou} \quad E_{K_3} - E_{K_2} + E_{P_3} - E_{P_2} = 0$$

Contudo, E_{K2} e E_{P_3} são zero; consequentemente, $E_{K3} = E_{P_2} = 2.450.000$ J.

Com $E_{K_3} = \frac{1}{2}mu_3^2$

$$u_3^2 = \frac{2E_{K_3}}{m} = \frac{2 \times 2.450.000 \text{ J}}{2500 \text{ kg}} = \frac{2 \times 2.450.000 \text{ kg} \cdot \text{m}^2 \cdot \text{s}^{-2}}{2500 \text{ kg}} = 1960 \text{m}^2 \cdot \text{s}^{-2}$$

e

$$u_3 = 44{,}272 \text{ m} \cdot \text{s}^{-1}$$

(*e*) As variações nas energias potencial da mola e cinética do elevador devem somar zero,

$$\Delta E_P \text{ (mola)} + \Delta E_K \text{ (elevador)} = 0$$

A energia potencial inicial da mola e a energia cinética final do elevador são nulas; consequentemente, a energia potencial final da mola é igual à energia cinética do elevador no momento anterior à sua colisão com a mola. Assim, a energia potencial final da mola é de 2.450.000 J.

(*f*) Com o elevador e a mola sendo o sistema, a energia inicial do sistema é a energia potencial do elevador, ou 245.000 J. A única variação de energia do sistema ocorre quando o trabalho é realizado para elevar o elevador. O valor desse trabalho é de 2.205.000 J e a energia do sistema quando o elevador atinge sua altura máxima é de 245.000 + 2.205.000 = 2.450.000 J. As variações posteriores ocorrem somente no interior do sistema, sem interações com a vizinhança, e a energia total do sistema permanece constante em 2.450.000 J. Ocorre transformações meramente da energia potencial de posição (elevação) do elevador para energia cinética do elevador, e desta para energia potencial de configuração da mola.

Este exemplo ilustra a aplicação da lei de conservação da energia mecânica. Entretanto, considera-se que o processo completo ocorra sem a presença do atrito; os resultados obtidos somente são exatos para tal processo idealizado.

▪ Exemplo 1.5

Uma equipe dos Engenheiros Sem Fronteiras constrói um sistema para fornecer água para uma vila na montanha localizada a 1800 m acima do nível do mar a partir de uma fonte no vale próximo localizado a 1500 m acima do nível do mar.

(*a*) Estando a tubulação entre a fonte e a vila cheia de água, porém sem água escoando, qual é a diferença de pressão entre a extremidade da tubulação na fonte e a extremidade da tubulação na vila?

(*b*) Qual é a variação da energia potencial gravitacional de um litro de água quando ele é bombeado da fonte para a vila?

(*c*) Qual é a quantidade mínima de trabalho necessária para bombear um litro de água da fonte para a vila?

Solução 1.5

(*a*) Considerando a densidade da água igual a 1000 kg · m^{-3} e a aceleração da gravidade como 9,8 m · s^{-2}, pela Eq. (1.1) tem-se:

$$P = h\rho g = 300 \text{ m} \times 1000 \text{ kg} \cdot \text{m}^{-3} \times 9{,}8 \text{ m} \cdot \text{s}^{-2} = 29{,}4 \times 10^5 \text{ kg} \cdot \text{m}^{-1} \cdot \text{s}^{-2}$$

Em que P = 29,4 bar ou 2940 kPa.

(*b*) A massa de um litro de água é aproximadamente 1 kg e a sua variação de energia potencial é:

$$\Delta E_P = \Delta(mzg) = mg\Delta z = 1 \text{ kg} \times 9{,}8 \text{ m} \cdot \text{s}^{-2} \times 300 \text{ m} = 2940 \text{ N} \cdot \text{m} = 2940 \text{ J}$$

(*c*) A quantidade mínima de trabalho necessária para elevar cada litro de água através de uma variação de elevação de 300 m é igual à variação da energia potencial da água. Este é o valor mínimo porque não leva em conta o atrito no fluido que resulta do escoamento na tubulação com velocidade diferente de zero.

1.8 CALOR

Quando o princípio de conservação de energia mecânica surgiu, o calor era considerado um fluido indestrutível chamado *calórico*. Esse conceito estava firmemente estabelecido e limitou a aplicação da conservação de energia para processos mecânicos sem atrito. Essa limitação já não existe mais. O calor, da mesma maneira que o trabalho, é reconhecido como energia em trânsito. Um exemplo simples é o ato de frear um automóvel. Quando sua velocidade é reduzida pela aplicação dos freios, o calor gerado pelo atrito é transferido para a vizinhança em uma quantidade igual à variação da energia cinética do veículo.[10]

Sabemos, na prática, que um objeto quente em contato com um objeto frio torna-se mais frio, enquanto o objeto frio torna-se mais quente. Uma visão aceitável é que alguma coisa é transferida do objeto quente para o frio, e chamamos essa coisa de calor Q.[11] Assim, dizemos que o calor sempre flui de uma temperatura mais alta para uma mais baixa. Isso leva ao conceito de temperatura como a *força motriz* para a transferência de energia como calor. Quando não há diferença de temperaturas, a transferência de calor espontânea não ocorre, uma condição do equilíbrio térmico. Do ponto de vista da Termodinâmica, o calor nunca é visto como algo estocado no interior de um corpo. Da mesma maneira que o trabalho, ele existe somente como energia *em trânsito* de um corpo para o outro; no caso da Termodinâmica, de um sistema e sua vizinhança. Quando a energia na forma de calor é adicionada a um sistema, ela é armazenada não como calor e sim como energia cinética e potencial dos átomos e moléculas que formam o sistema.

[10] Muitos carros modernos, híbridos ou elétricos, empregam *freios regenerativos*, um processo no qual uma parte da energia cinética do veículo é convertida em energia elétrica e armazenada em uma bateria ou em um capacitor para uso posterior, ao invés de simplesmente ser transferida para a vizinhança como calor.

[11] Uma visão igualmente aceitável consideraria algo chamado *frio* sendo transferido do objeto frio para o quente.

Uma geladeira acionada por energia elétrica deve transferir essa energia como calor para a vizinhança. Isso pode parecer contraintuitivo, pois o interior da geladeira é mantido a temperaturas mais baixas do que as da vizinhança, o que resulta na transferência de calor *para dentro* da geladeira. Porém, (normalmente) escondido da visão está um trocador de calor que transfere calor para a vizinhança em uma quantidade igual à soma da energia elétrica fornecida para a geladeira e da transferência de calor para dentro da geladeira. Assim, o resultado líquido é o aquecimento da cozinha. Um ar condicionado em uma sala, operando da mesma forma, extrai o calor da sala, mas o trocador de calor é externo, extraindo calor para o ar externo, dessa forma resfriando a sala.

Apesar da natureza transiente do calor, ele é frequentemente percebido em função dos seus efeitos no sistema do qual ou para o qual é transferido. Até por volta de 1930, as definições de unidades de calor estavam baseadas em variações da temperatura de uma unidade de massa de água. Assim, a *caloria* foi definida como a quantidade de calor que, quando transferida para um grama de água, elevava sua temperatura em um grau Celsius.[12] Com o calor agora entendido como uma forma de energia, sua unidade no SI é o joule. A unidade SI de potência é o watt, símbolo W, definido como uma taxa de energia de um joule por segundo. As Tabelas do Apêndice A fornecem fatores de conversão relevantes.

1.9 SINOPSE

Após estudar este capítulo, incluindo os problemas no seu final, devemos estar habilitados a:

- Descrever qualitativamente o escopo e a estrutura da Termodinâmica;
- Resolver problemas envolvendo a pressão exercida por uma coluna de fluido;
- Resolver problemas envolvendo conservação de energia mecânica;
- Utilizar as unidades do sistema SI e fazer conversões de unidades do sistema americano para unidades do SI;
- Aplicar o conceito de trabalho como a transferência de energia concomitante com a ação de uma força ao longo de uma distância e, por extensão, para a ação da pressão (força por área) atuando em um volume (distância vezes área).

1.10 PROBLEMAS

1.1. A *corrente elétrica* é a dimensão elétrica fundamental no sistema SI, tendo o *ampere* (A) como sua unidade. Determine as unidades das seguintes grandezas como combinações das unidades fundamentais do SI.

(*a*) Potência elétrica;
(*b*) Carga elétrica;
(*c*) Diferença de potencial elétrico;
(*d*) Resistência elétrica;
(*e*) Capacitância elétrica.

1.2. A pressão de saturação líquido/vapor, P^{sat}, é frequentemente representada como uma função da temperatura pela equação de Antoine, que pode ser escrita da seguinte maneira:

$$\log_{10} P^{sat}/(\text{torr}) = a - \frac{b}{t/°\text{C} + c}$$

Aqui, os parâmetros *a*, *b* e *c* são constantes específicas para cada substância. Suponha que seja necessário reescrever esta equação na forma equivalente:

$$\ln P^{sat}/\text{kPa} = A - \frac{B}{T/\text{K} + C}$$

Mostre como os parâmetros nas duas equações estão relacionados.

1.3. A Tabela B.2 no Apêndice B fornece parâmetros para calcular a pressão de vapor de muitas substâncias pela equação de Antoine (veja Problema 1.2). Para uma dessas substâncias, prepare dois gráficos de P^{sat} *versus* T no intervalo de temperaturas no qual os parâmetros são válidos. Um gráfico deve representar P^{sat} em uma escala linear e o outro deve apresentar P^{sat} em uma escala log.

[12] Uma unidade refletindo a teoria calórica de calor, mas não em uso com o sistema SI. A caloria utilizada por nutricionistas para medir a energia contida nos alimentos é 1000 vezes maior.

1.4. Em qual temperatura absoluta as escalas de temperatura Celsius e Fahrenheit fornecem o mesmo valor numérico? Qual é esse valor?

1.5. A unidade SI de *intensidade luminosa* é a candela (símbolo cd), que é uma unidade primária. A unidade SI derivada para *fluxo luminoso* é o lúmen (símbolo lm). Estes são baseados na sensibilidade do olho humano à luz. As fontes de luz são frequentemente avaliadas com base na sua *eficácia luminosa*, que é definida como o fluxo luminoso dividido pela energia consumida, e é medida em ($lm \cdot W^{-1}$). Em uma loja física ou virtual, encontre as especificações do fabricante para lâmpadas representativas dos tipos incandescente, halogênica, descarga de alta temperatura, LED e fluorescente, para o fluxo luminoso similar e compare suas eficácias luminosas.

1.6. Pressões de até 3000 bar são medidas com um manômetro a contrapeso. O diâmetro do pistão é de 4 mm. Qual é a massa aproximada, em kg, dos contrapesos requeridos?

1.7. Pressões de até 3000(atm) são medidas com um manômetro a contrapeso. O diâmetro do pistão é de 0,17(in). Qual é a massa aproximada, em (lb_m), dos contrapesos necessários?

1.8. A leitura em um manômetro de mercúrio a 25 °C (aberto para a atmosfera em uma extremidade) é de 56,38 cm. A aceleração da gravidade local é de 9,832 $m \cdot s^{-2}$. A pressão atmosférica é de 101,78 kPa. Qual é a pressão absoluta, em kPa? A densidade do mercúrio a 25 °C é igual a 13,534 $g \cdot cm^{-3}$.

1.9. A leitura em um manômetro de mercúrio a 70 (°F) (aberto para a atmosfera em uma extremidade) é de 25,62(in). A aceleração da gravidade local é de 32,243(ft)$(s)^{-2}$. A pressão atmosférica é de 29,86(in Hg). Qual é a pressão absoluta, em (psia)? A densidade do mercúrio a 70 (°F) é igual a 13,543 $g \cdot cm^{-3}$.

1.10. Um monômetro para pressão absoluta é submerso 50 m (1979 polegadas) abaixo da superfície do oceano e faz a leitura de pressão igual a P = 6,064 bar. Isso equivale a P = 2434 (polegadas de H_2O), de acordo com o conversor de unidades de uma calculadora particular. Explique a aparente discrepância entre a pressão medida e a profundidade real de submersão.

1.11. Líquidos, nos quais a ebulição ocorre em temperaturas relativamente baixas, são frequentemente estocados como líquidos sob suas pressões de vapor, que na temperatura ambiente podem ter um valor bem alto. Dessa forma, o *n*-butano estocado como um sistema líquido-vapor encontra-se na pressão de 2,581 bar para uma temperatura de 300 K. Estocagem em larga escala (> 50 m^3) desse tipo é, algumas vezes, feita em tanques *esféricos*. Sugira duas razões para que isso ocorra.

1.12. As primeiras medidas precisas das propriedades de gases a altas pressão foram efetuadas por E. H. Amagat, na França, entre 1869 e 1893. Antes de desenvolver o manômetro a contrapeso, ele trabalhou em um poço de acesso a uma mina e utilizou um manômetro de mercúrio para medir pressões acima de 400 bar. Estime a altura requerida para o manômetro.

1.13. Um instrumento para medir a aceleração da gravidade em Marte é construído com uma mola na qual fica suspenso um corpo de massa igual a 0,40 kg. Em um lugar da Terra, onde a aceleração da gravidade local é 9,81 $m \cdot s^{-2}$, a mola se estende em 1,08 cm. Quando a sonda com o instrumento pousa no planeta Marte, a informação transmitida via rádio é de que a mola se encontra estendida em 0,40 cm. Qual é a aceleração da gravidade marciana?

1.14. A variação da pressão de um fluido com a altura é descrita pela equação diferencial:

$$\frac{dP}{dz} = -\rho g$$

Aqui, ρ é a massa específica e g é a aceleração de gravidade local. Para um *gás ideal*, $\rho = \mathcal{M}P/RT$, sendo $\mathcal{M}$ a massa molar e R a constante universal dos gases. Modelando a atmosfera como uma coluna isotérmica de gás ideal na temperatura de 10 °C, estime a pressão ambiente em Denver, em que z = 1(milha) em relação ao nível do mar. Para o ar, considere $\mathcal{M}$ = 29 $g \cdot mol^{-1}$; valores de R são fornecidos no Apêndice A.

1.15. Um grupo de engenheiros posou na Lua e deseja determinar a massa de algumas rochas. Eles possuem uma balança de mola calibrada para ler libras *massa* em um local onde a aceleração da gravidade é igual a 32,186(ft)$(s)^{-2}$. Uma das rochas lunares fornece uma leitura de 18,76 nessa escala. Qual é a sua massa? Qual é o seu peso na lua? Considere g(lua) = 5,32(ft)$(s)^{-2}$.

1.16. No contexto médico, a *pressão sanguínea* é frequentemente fornecida como um número sem unidades.

(*a*) Ao tomar a pressão sanguínea, qual é a quantidade física que realmente está sendo medida?
(*b*) Quais são as unidades nas quais a pressão sanguínea é tipicamente reportada?
(*c*) A pressão sanguínea informada é uma pressão absoluta ou manométrica?

(*d*) Suponha que um guarda do zoológico meça a pressão sanguínea de uma girafa adulta macho de pé (18 pés de altura), na sua perna frontal, logo acima do casco, e em seu pescoço, logo abaixo da mandíbula. Que diferença pode se esperar entre as duas medidas?

(*e*) O que acontece com a pressão sanguínea no pescoço da girafa quando ela se inclina para beber?

(*f*) Quais as adaptações que as girafas têm que permitem a elas suportarem diferenças de pressão relacionadas com sua altura?

1.17. Uma lâmpada de segurança de outdoor de 70 W fica acesa, em média, 10 horas por dia. Um bulbo novo para a lâmpada custa \$5,00 e seu tempo de uso é de aproximadamente 1000 horas. Se o custo da eletricidade for de \$0,10 por kW · h, qual é o custo anual da "segurança", por lâmpada?

1.18. Um gás é confinado em um cilindro com 1,25(ft) de diâmetro por um pistão, sobre o qual repousa um contrapeso. Juntos, o pistão e o contrapeso têm massa igual a 250(lb_m). A aceleração da gravidade local é de 32,169(ft)(s)$^{-2}$ e a pressão atmosférica é de 30,12(in Hg).

(*a*) Qual é a força em (lb_f) exercida no gás pela atmosfera, pistão e contrapeso, considerando que não há atrito entre o pistão e o cilindro?

(*b*) Qual é a pressão do gás em (psia)?

(*c*) Se o gás no cilindro for aquecido, ele se expande, empurrando para cima o pistão e o contrapeso. Se o pistão e o contrapeso forem erguidos em 1,7(ft), qual é o trabalho realizado pelo gás em (ft lb_f)? Qual é a variação da energia potencial do pistão e do contrapeso?

1.19. Um gás está confinado em um cilindro com 0,47 m de diâmetro por um pistão, sobre o qual repousa um contrapeso. Juntos, o pistão e o contrapeso têm massa 150 kg. A aceleração da gravidade local é de 9,813 m · s^{-2} e a pressão atmosférica é 101,57 kPa.

(*a*) Qual é a força em newtons exercida sobre o gás pela atmosfera, pelo pistão e pelo contrapeso, considerando que não há atrito entre o pistão e o cilindro?

(*b*) Qual é a pressão do gás em kPa?

(*c*) Se o gás no cilindro for aquecido, ele se expande, empurrando para cima o pistão e o contrapeso. Se o pistão e o contrapeso forem erguidos em 0,83 m, qual é o trabalho realizado pelo gás em kJ? Qual é a variação da energia potencial do pistão e do contrapeso?

1.20. Mostre que a unidade SI para energia cinética e energia potencial é o joule.

1.21. Um automóvel, com massa de 1250 kg, está viajando a 40 m · s^{-1}. Qual é a sua energia cinética em kJ? Quanto trabalho deverá ser realizado para fazê-lo parar?

1.22. As turbinas de uma usina hidroelétrica são acionadas por água que cai de uma altura de 50 m. Considerando uma eficiência de 91 % para a conversão de energia potencial em elétrica e 8 % de perdas na transmissão da potência resultante, qual é a vazão mássica de água necessária para manter acesa uma lâmpada de 200 W?

1.23. Uma turbina eólica com um diâmetro do rotor de 77 m produz 1,5 MW de potência elétrica para uma velocidade do vento de 12 m · s^{-1}. Qual é a fração de energia cinética do ar passando através da turbina que é convertida em energia elétrica? Você pode considerar uma densidade do ar igual a 1,25 kg · m^{-3} nas condições de operação.

1.24. A média anual de insolação (energia da luz solar por unidade de área) incidindo em um painel solar fixo em Buffalo, New York, é de 200 W · m^{-2}, enquanto em Phoenix, Arizona, é de 270 W · m^{-2}. Em cada local, o painel solar converte 15 % da energia incidente em eletricidade. A energia elétrica média anual usada em Buffalo é de 6000 kW · h com um custo médio de \$0,15 kW · h, enquanto em Phoenix é de 11.000 kW · h como um custo médio de \$0,09 kW · h.

(*a*) Em cada cidade, qual tamanho precisa ter a área do painel solar para alcançar a necessidade de energia de uma residência?

(*b*) Em cada cidade, qual é o custo anual médio atual da eletricidade?

(*c*) Se o painel solar tem um tempo de vida útil de 20 anos, qual deve ser o preço médio por metro quadrado de painel solar em cada local? Considere que o aumento futuro no preço da energia elétrica compensa o custo do empréstimo inicial para compra do painel solar, de tal forma que você não precisa calcular o valor do dinheiro ao longo do tempo nesta análise.

1.25. A seguir se encontra uma lista de fatores de conversão aproximados, úteis para "rápidas" estimativas. Nenhum deles é exato, mas a maioria tem uma precisão de aproximadamente ±10 %. Use a Tabela A.1 (Apêndice A) para estabelecer as conversões exatas.

- 1 (atm) ≈ 1 bar
- 1 (Btu) ≈ 1 kJ
- 1 (hp) ≈ 0,75 kW

- 1 (polegada) ≈ 2,5 cm
- 1 (lb_m) ≈ 0,5 kg
- 1 (milha) ≈ 1,6 km
- 1 (quart) ≈ 1 litro
- 1 (jarda) ≈ 1 m

Adicione seus próprios itens à lista. A ideia é manter os fatores de conversão simples e fáceis de lembrar.

1.26. Considere a proposta a seguir para um calendário decimal. A unidade fundamental é o ano decimal (Ad), igual ao número necessário de segundos SI convencionais para a Terra completar uma volta ao redor do Sol. Outras unidades são definidas na tabela a seguir. Desenvolva, onde for possível, fatores para converter unidades do calendário decimal para unidades do calendário convencional. Discuta os prós e os contras da proposta.

Unidade do Calendário Decimal	Símbolo	Definição
Segundo	Sg	10^{-6} Ad
Minuto	Mn	10^{-5} Ad
Hora	Hr	10^{-4} Ad
Dia	Di	10^{-3} Ad
Semana	Se	10^{-2} Ad
Mês	Me	10^{-1} Ad
Ano	Ad	

1.27. Custos de energia variam muito com a fonte da energia: carvão @ \$ 35,00/ton, gasolina @ preço na bomba de \$ 2,75/gal, e eletricidade @ \$ 0,100/kW · h. A prática convencional é colocar esses preços em uma base comum, expressando-os em \$ GJ^{-1}. Com esse propósito, considere os valores aproximados para o poder de aquecimento superior de 29 MJ · kg^{-1} para o carvão e 37 GJ · m^{-3} para a gasolina.

(*a*) Coloque as três fontes de energia em ordem crescente de custo de energia em \$ GJ^{-1}.

(*b*) Explique a grande disparidade nos resultados numéricos do item (*a*). Discuta as vantagens e desvantagens das três fontes de energia.

1.28. Os custos de equipamentos para uma planta química raramente variam proporcionalmente ao tamanho. No caso mais simples, o custo C varia com o tamanho S de acordo com a equação *alométrica*

$$C = \alpha S^{\beta}$$

O expoente do tamanho β está tipicamente entre 0 e 1. Para uma grande variedade de tipos de equipamentos ele é aproximadamente 0,6.

(*a*) Para $0 < \beta < 1$, mostre que o custo por *unidade de tamanho* diminui com o aumento do equipamento. ("Economia de escala".)

(*b*) Considere o caso de um tanque de estocagem esférico. O tamanho é normalmente medido pelo volume interno V_i^t. Mostre por que deveríamos esperar um valor de $\beta = 2/3$. De que parâmetros ou propriedades você acha que a grandeza α depende?

1.29. Um laboratório reporta os seguintes dados de pressão de vapor (P^{sat}) para determinado composto químico orgânico:

t/°C	P^{sat}/kPa
−18,5	3,18
−9,5	5,48
0,2	9,45
11,8	16,9
23,1	28,2
32,7	41,9
44,4	66,6
52,1	89,5
63,3	129,0
75,5	187,0

Correlacione os dados ajustando-os à equação de Antoine:

$$\ln P^{\text{sat}}/\text{kPa} = A - \frac{B}{T/\text{K} + C}$$

Isto é, encontre os valores numéricos dos parâmetros A, B e C utilizando um procedimento de regressão apropriado. Discuta a comparação entre os valores experimentais e os correlacionados. Qual é o ponto de ebulição normal previsto (isto é, a temperatura na qual a pressão de vapor é igual a 1 (atm)) para esse composto químico?

CAPÍTULO

2

A Primeira Lei e Outros Conceitos Básicos

Neste capítulo apresentaremos e aplicaremos a Primeira Lei da Termodinâmica, uma das duas leis fundamentais nas quais toda a Termodinâmica se baseia. Então, neste capítulo:

- Apresentaremos o conceito de energia interna, isto é, a energia armazenada em uma substância;
- Apresentaremos a Primeira Lei da Termodinâmica, que afirma que a energia não é criada nem destruída;
- Desenvolveremos os conceitos de equilíbrio termodinâmico, de funções de estado e de estado termodinâmico de um sistema;
- Desenvolveremos o conceito de processos reversíveis conectando estados de equilíbrio;
- Apresentaremos a *entalpia*, outra medida para a quantidade de energia armazenada em uma substância, particularmente útil na análise de sistemas abertos;
- Usaremos capacidades caloríficas para relacionar variações na energia interna e na entalpia de uma substância com variações em sua temperatura;
- Ilustraremos a construção do balanço de energia para sistemas abertos.

2.1 EXPERIMENTOS DE JOULE

O conceito atual de calor foi desenvolvido a partir de importantes experimentos realizados na década de 1840 por James P. Joule.[1] Na sua mais famosa série de medições, ele colocou quantidades conhecidas de água, óleo ou mercúrio em um recipiente isolado e agitou o fluido com um agitador rotativo. As quantidades de trabalho realizadas pelo agitador sobre cada fluido e suas respectivas variações de temperatura foram medidas com precisão e acurácia. Por meio da agitação dos fluidos, Joule observou que cada um deles necessitava de uma quantidade fixa de trabalho por unidade de massa para ter sua temperatura elevada em um grau e que a temperatura inicial era restabelecida pela transferência de calor a partir do simples contato com um corpo mais frio. Essas experiências demonstraram a existência de uma relação quantitativa entre trabalho e calor; e que este, consequentemente, é uma forma de energia.

2.2 ENERGIA INTERNA

Em experimentos como os realizados por Joule, energia adicionada a um fluido como trabalho é posteriormente retirada do fluido como calor. Onde essa energia reside após sua adição e antes de sua transferência para fora do fluido? Uma resposta racional para essa questão é que ela está contida no interior do fluido sob outra forma, a qual chamamos de *energia interna*.

A energia interna de uma substância não inclui a energia que ela tem em função de sua posição ou movimento macroscópico. Ela se refere à energia das moléculas que compõem a substância. Em função de seu movimento incessante,

[1] <http://en.wikipedia.org/wiki/James_Prescott_Joule>. Acesse também: *Encyclopaedia Britannica*, 1992, Vol. 28, p. 612.

todas as moléculas possuem energia cinética de translação (movimento através do espaço); excetuando-se as substâncias monoatômicas, elas também têm energia cinética de rotação e de vibração interna. A adição de calor a uma substância aumenta o movimento molecular e assim causa um acréscimo a sua energia interna. Trabalho realizado sobre a substância pode ter o mesmo efeito, conforme mostrado por Joule. A energia interna de uma substância também inclui a energia potencial resultante das forças intermoleculares. As moléculas se atraem ou se repelem umas das outras, e energia potencial é armazenada por meio dessas interações, da mesma forma que energia potencial de configuração é armazenada em uma mola esticada ou comprimida. Em uma escala submolecular, a energia está associada às interações dos elétrons e núcleos dos átomos, que incluem a energia de ligações químicas que mantêm os átomos agrupados como moléculas.

Essa energia é chamada de *interna* para distingui-la das energias cinética e potencial associadas a uma substância em função de sua posição, configuração ou movimento macroscópicos, as quais podem ser consideradas como formas *externas* de energia.

Energia interna não tem uma definição termodinâmica concisa. Ela é um conceito termodinâmico *primitivo*. Ela não pode ser medida diretamente; não há medidores de energia interna. Como resultado, valores absolutos são desconhecidos. Entretanto, isso não é uma desvantagem na análise termodinâmica, pois somente são necessárias *variações* na energia interna. No contexto da Termodinâmica Clássica, os detalhes de como a energia interna é armazenada são imateriais. Esse é o campo da Termodinâmica Estatística, que trata das relações entre as propriedades macroscópicas, tal como energia interna, com as interações e os movimentos moleculares.

2.3 A PRIMEIRA LEI DA TERMODINÂMICA

O reconhecimento do calor e da energia interna como formas de energia torna possível a generalização da lei da conservação da energia mecânica (Seção 1.7) para incluir o calor e a energia interna, além do trabalho e das energias potencial e cinética externas. Na verdade, a generalização pode ser estendida a outras formas, como a energia superficial, a energia elétrica e a energia magnética. Evidências irrefutáveis da validade dessa generalização a elevaram ao *status* de uma lei da natureza, conhecida como a Primeira Lei da Termodinâmica. Um enunciado formal é:

Embora a energia assuma várias formas, a quantidade total de energia é constante e, quando energia em uma forma desaparece, ela reaparece simultaneamente em outras formas.

Na aplicação dessa lei a um dado processo, a esfera de influência do processo é dividida em duas partes, o *sistema* e sua *vizinhança*. A região na qual o processo ocorre é separada e considerada o sistema; tudo com o que o sistema interage é a sua vizinhança. Um sistema pode ser de qualquer tamanho; sua fronteira pode ser real ou imaginária, rígida ou flexível. Frequentemente, um sistema é formado por uma substância simples; em outros casos, ele pode ser complexo. Em qualquer evento, as equações da Termodinâmica são escritas com referência a um sistema bem definido. Isso direciona a atenção para o processo de interesse em questão e para o equipamento e o material diretamente envolvidos no processo. Contudo, a Primeira Lei se aplica ao sistema *e* sua vizinhança; não unicamente ao sistema. Para qualquer processo, a Primeira Lei exige que:

$$\Delta(\text{Energia do sistema}) + \Delta(\text{Energia da vizinhança}) = 0 \tag{2.1}$$

com o operador de diferença "Δ" significando variações finitas das quantidades entre parênteses. O sistema pode mudar na sua energia interna, na sua energia potencial ou cinética e na energia cinética ou potencial de suas partes finitas.

No contexto da Termodinâmica, calor e trabalho representam energia *em trânsito através da fronteira* que separa o sistema de sua vizinhança e nunca estão *armazenados* ou *contidos* no sistema. Por outro lado, as energias potencial, cinética e interna encontram-se no interior do sistema, estando armazenadas com a matéria. Calor e trabalho representam *escoamentos de energia* para um sistema ou a partir dele, enquanto as energias potencial, cinética e interna representam *quantidades de energia* associadas a um sistema. Na prática, a Eq. (2.1) assume formas de acordo com a sua aplicação específica. O desenvolvimento dessas formas e a sua subsequente aplicação são os assuntos do restante deste capítulo.

2.4 BALANÇO DE ENERGIA EM SISTEMAS FECHADOS

Se a fronteira de um sistema não permite a transferência de matéria entre o sistema e a sua vizinhança, diz-se que o sistema é *fechado*, e a sua massa é necessariamente constante. O desenvolvimento de conceitos básicos em termodinâmica é facilitado por meio de um exame cuidadoso de sistemas fechados. Por essa razão, esses sistemas são tratados aqui em detalhes. Muito mais importantes na prática industrial são os processos nos quais a matéria atravessa a fronteira do sistema, como correntes que entram e saem dos equipamentos de processo. Tais sistemas são considerados *abertos*, tratados mais adiante no presente capítulo, após a apresentação do material fundamental necessário.

Como nenhuma corrente entra ou sai de um sistema fechado, nenhuma energia associada à matéria é transportada através da fronteira que separa o sistema de sua vizinhança. Toda a troca de energia entre um sistema fechado e a sua vizinhança é feita na forma de calor e trabalho, e a variação da energia total da vizinhança é igual à energia líquida transferida da vizinhança ou para ela como calor e trabalho. Portanto, a segunda parcela da Eq. (2.1) pode ser substituída por variáveis representando calor e trabalho, fornecendo

$$\Delta(\text{Energia da vizinhança}) = \pm\, Q \pm W$$

Calor Q e trabalho W sempre estão referenciados ao sistema, e a escolha dos sinais utilizados para os valores numéricos dessas grandezas depende do sentido no qual a transferência de energia em relação ao sistema é considerada como positiva. Adotamos a convenção de sinais que indica valores numéricos positivos das duas grandezas para a transferência da vizinhança *para dentro* do sistema. As quantidades correspondentes, tomando como referência a vizinhança, Q_{viz} e W_{viz}, têm o sinal oposto, isto é, $Q_{\text{viz}} = -\,Q$ e $W_{\text{viz}} = -\,W$. Com esse entendimento:

$$\Delta(\text{Energia da vizinhança}) = Q_{\text{viz}} + W_{\text{viz}} = -Q - W$$

A Eq. (2.1) agora se torna:[2]

$$\Delta(\text{Energia do sistema}) = Q + W \tag{2.2}$$

Essa equação enuncia que a variação total de energia de um sistema fechado é igual à energia líquida transferida para o seu interior como calor e trabalho.

Sistemas fechados frequentemente passam por processos durante os quais somente a sua energia *interna* muda. Para tais processos, a Eq. (2.2) se reduz a:

$$\boxed{\Delta U^t = Q + W} \tag{2.3}$$

na qual U^t é a energia interna total do sistema. A Eq. (2.3) se aplica a processos envolvendo variações *finitas* da energia interna do sistema. Para variações *diferenciais* em U^t:

$$\boxed{dU^t = dQ + dW} \tag{2.4}$$

Os símbolos Q, W e U^t nas Eqs. (2.3) e (2.4) são pertinentes a todo o sistema, que pode ter qualquer tamanho e deve ser claramente definido. Todos os termos devem ser expressos na mesma unidade de energia. No sistema SI, a unidade é o joule.

O volume total V^t e a energia interna total U^t dependem da quantidade de matéria no sistema e são chamadas de propriedades *extensivas*. Em contraste, temperatura e pressão, as principais coordenadas termodinâmicas para fluidos puros homogêneos, são independentes da quantidade de matéria e são conhecidas como propriedades *intensivas*. Para um sistema homogêneo, uma forma alternativa de expressar as propriedades extensivas, como V^t e U^t, é:

$$V^t = mV \quad \text{ou} \quad V^t = nV \quad \text{e} \quad U^t = mU \quad \text{ou} \quad U^t = nU$$

nas quais os símbolos sem índice V e U representam o volume e a energia interna de uma quantidade unitária de matéria, podendo ser uma unidade de massa ou 1 mol. Essas são, respectivamente, propriedades *específicas* ou *molares* e são *intensivas*, independentes da quantidade de matéria efetivamente presente.

Ainda que V^t e U^t de um sistema homogêneo de tamanho arbitrário sejam propriedades extensivas, o volume específico e o volume molar V e a energia interna específica e a energia interna molar U são intensivos.

Note que as coordenadas intensivas T e P não têm correspondentes extensivas.

Para um sistema fechado com n mols, as Eqs. (2.3) e (2.4) podem ser agora escritas na forma:

$$\boxed{\Delta(nU) = n\,\Delta U = Q + W} \tag{2.5}$$

$$\boxed{d(nU) = n\,dU = dQ + dW} \tag{2.6}$$

Nessa forma, essas equações mostram explicitamente a quantidade de matéria que compõe o sistema.

[2] A convenção de sinais aqui usada é recomendada pela International Union of Pure and Applied Chemistry. Contudo, a escolha original do sinal para o trabalho, que foi a utilizada nas quatro primeiras edições deste texto, é oposta; assim, o lado direito da Eq. (2.2) era escrito na forma $Q - W$.

As equações da Termodinâmica são frequentemente escritas para uma quantidade unitária representativa de matéria, uma unidade de massa ou 1 mol. Assim, para $n = 1$, as Eqs. (2.5) e (2.6) se tornam:

$$\Delta U = Q + W \quad \text{e} \quad dU = dQ + dW$$

A *base* de Q e W está sempre implícita pela massa ou pelo número de mols associada ao lado esquerdo da equação da energia.

Essas equações não fornecem uma *definição* da energia interna. Na verdade, elas presumem uma afirmação prévia da existência da energia interna, como enunciada pelo seguinte axioma:

***Axioma 1*: Existe uma forma de energia, conhecida como energia interna *U*, que é uma propriedade intrínseca de um sistema, relacionada funcionalmente às coordenadas mensuráveis que caracterizam o sistema. Para um sistema fechado em repouso, variações nessa propriedade são fornecidas pelas Eqs. (2.5) e (2.6).**

As Eqs. (2.5) e (2.6) não somente fornecem os meios para os cálculos das *variações* na energia interna a partir de medidas experimentais, mas também nos possibilitam derivar outras *relações de propriedades* que prontamente conectam a energia interna a grandezas mensuráveis (por exemplo, temperatura e pressão). Adicionalmente, elas têm um duplo propósito, porque, uma vez que conhecidos os valores da energia interna, elas fornecem o caminho para o cálculo das quantidades de calor e trabalho em processos práticos. Tendo aceitado o axioma anterior e associado as definições de sistema e sua vizinhança, podemos enunciar de forma concisa a Primeira Lei da Termodinâmica em um segundo axioma:

***Axioma 2*: (A Primeira Lei da Termodinâmica) A energia total de qualquer sistema e sua vizinhança é conservada.**

Esses dois axiomas não podem ser provados nem podem ser expressos de forma mais simples. Quando variações na energia interna são calculadas de acordo com o Axioma 1, então o Axioma 2 é universalmente considerado como verdadeiro. A maior importância desses axiomas é que eles são a base para a formulação do balanço de energia aplicável a um grande número de processos. Sem exceção, eles predizem o comportamento de sistemas reais.[3]

▪ Exemplo 2.1

O rio Niágara, que separa os Estados Unidos do Canadá, escoa do Lago Erie para o Lago Ontario. Esses lagos têm uma diferença de elevação de cerca de 100 m. A maior parte dessa diferença está na queda que ocorre nas Cataratas do Niágara e nas corredeiras logo abaixo e acima das quedas, criando uma oportunidade natural para a geração de energia hidroelétrica. A planta hidroelétrica de geração de energia Robert Moses retira água do rio bem acima das quedas e descarrega bem abaixo delas. Ela tem um pico de capacidade de 2.300.000 kW em um escoamento máximo de água igual a 3.100.000 kg · s^{-1}. Na sequência, tome 1 kg de água como o sistema.

(*a*) Qual é a energia potencial da água saindo do Lago Eire em relação à da superfície do Lago Ontario?

(*b*) No pico de capacidade, qual fração dessa energia potencial é convertida em energia elétrica na planta de energia Robert Moses?

(*c*) Se a temperatura da água não mudar no processo como um todo, qual a quantidade de calor que escoa dela ou para ela?

Solução 2.1

(*a*) A energia potencial gravitacional está relacionada com a altura pela Eq. (1.8). Com g igual ao seu valor-padrão, essa equação fornece:

$$E_P = mzg = 1 \text{ kg} \times 100 \text{ m} \times 9{,}81 \text{ m} \cdot \text{s}^{-2}$$
$$= 981 \text{ kg} \cdot \text{m}^2 \cdot \text{s}^{-2} = 981 \text{ N} \cdot \text{m} = 981 \text{ J}$$

(*b*) Lembrando que 1 kW = 1000 J · s^{-1}, constatamos que a energia elétrica gerada por kg de água é:

$$\frac{2{,}3 \times 10^6 \text{ kW}}{3{,}1 \times 10^6 \text{ kg} \cdot \text{s}^{-1}} = 0{,}742 \text{ kW} \cdot \text{s} \cdot \text{kg}^{-1} = 742 \text{ J} \cdot \text{kg}^{-1}$$

A fração da energia potencial convertida para energia elétrica é igual a 742/981 = 0,76.

[3] Para um tratamento mais "pé no chão" desenvolvido para ajudar o aluno nos difíceis estágios iniciais de uma introdução à Termodinâmica, ver o pequeno livro escrito por H. C. Van Ness, *Understanding Thermodynamics*; DoverPublications.com.

Essa eficiência de conversão poderia ser maior, pois houve dissipação de energia potencial a montante e a jusante da usina elétrica.

(*c*) Se a água deixa o processo na mesma temperatura na qual ela entra, sua energia interna não se altera. Desprezando também qualquer variação na energia cinética, escrevemos a Primeira Lei a partir da Eq. (2.2), como

$$\Delta(\text{Energia do sistema}) = \Delta E_p = Q + W$$

Para cada quilograma de água, $W = -742$ J e $\Delta E_P = -981$ J. Então

$$Q = \Delta E_p - W = -981 + 742 = -239 \text{ J}$$

Esse é o calor perdido pelo sistema.

▪ Exemplo 2.2

Uma típica turbina eólica em escala industrial tem o pico de eficiência em torno de 0,44 para uma velocidade do vento igual a 9 m · s^{-1}. Isto é, ela converte aproximadamente 44 % da energia cinética do vento em energia elétrica utilizável. O escoamento total do ar colidindo com a turbina, que tem um diâmetro do rotor igual a 43 m, é de 15.000 kg · s^{-1} para a velocidade do vento dada.

(*a*) Quanta energia elétrica é produzida quando 1 kg de ar passa através da turbina?

(*b*) Qual é a potência de saída da turbina?

(*c*) Se não houver calor transferido para o ar e se a sua temperatura permanecer inalterada, qual é a variação de sua velocidade ao passar através da turbina?

Solução 2.2

(*a*) A energia cinética do vento com base em 1 kg de ar é:

$$E_{K_1} = \frac{1}{2}mu^2 = \frac{(1 \text{ kg})(9 \text{ m} \cdot \text{s}^{-1})^2}{2} = 40{,}5 \text{ kg} \cdot \text{m}^2 \cdot \text{s}^{-2} = 40{,}5 \text{ J}$$

Assim, a energia elétrica produzida por quilograma de ar é igual a $0{,}44 \times 40{,}5 = 17{,}8$ J.

(*b*) A potência na saída da turbina é:

$$17{,}8 \text{ J} \cdot \text{kg}^{-1} \times 15.000 \text{ kg} \cdot \text{s}^{-1} = 267.000 \text{ J} \cdot \text{s}^{-1} = 267 \text{ kW}$$

(*c*) Se a temperatura e a pressão do ar se mantêm inalteradas, então a sua energia interna não muda. Variações na energia potencial gravitacional também podem ser desprezadas. Assim, sem transferência de calor, a Primeira Lei se torna:

$$\Delta(\text{Energia do sistema}) = \Delta E_K = E_{K_2} - E_{K_1} = W = -17{,}8 \text{ J} \cdot \text{kg}^{-1}$$

$$E_{K_2} = 40{,}5 - 17{,}8 = 22{,}7 \text{ J} \cdot \text{kg}^{-1} = 22{,}7 \text{ N} \cdot \text{m} \cdot \text{kg}^{-1} = 22{,}7 \text{ m}^2 \cdot \text{s}^{-2}$$

$$E_{K_2} = \frac{u_2^2}{2} = 22{,}7 \text{ m}^2 \cdot \text{s}^{-2} \quad \text{e} \quad u_2 = 6{,}74 \text{ m} \cdot \text{s}^{-1}$$

O decréscimo na velocidade do ar é: $9{,}00 - 6{,}74 = 2{,}26$ m · s^{-1}.

2.5 EQUILÍBRIO E ESTADO TERMODINÂMICO

A palavra *equilíbrio* significa uma condição estática, a ausência de mudanças. Na Termodinâmica, ela implica não somente a ausência de mudanças, mas também a ausência de qualquer *tendência* para mudanças em uma escala macroscópica. Como toda tendência de mudança é causada por uma força motriz de algum tipo, a ausência de tal tendência indica também a ausência de qualquer força motriz. Assim, em um sistema em equilíbrio, todas as forças se encontram perfeitamente equilibradas.

Diferentes tipos de forças motrizes tendem a causar diferentes tipos de modificações. Por exemplo, a ausência de equilíbrio de forças mecânicas, como a pressão sobre um pistão, tende a causar transferência de energia como trabalho; diferenças de temperatura tendem a causar transferência de calor; diferenças de potenciais químicos[4] tendem a causar a transferência de substâncias de uma fase para outra. No equilíbrio, todas essas forças encontram-se equilibradas.

Para ocorrer efetivamente uma mudança em um sistema que *não* está em equilíbrio, ela depende tanto da resistência quanto da força motriz. Sistemas sujeitos a forças motrizes apreciáveis podem mudar com uma taxa desprezível se a resistência à mudança for muito grande. Por exemplo, uma mistura de oxigênio e hidrogênio, em condições normais, não está em equilíbrio químico em função da grande força motriz para a formação de água. Contudo, se a reação química não for iniciada, esse sistema pode existir por muito tempo em equilíbrio térmico e mecânico, e processos puramente físicos podem ser analisados sem levar em consideração a possível reação química.

Da mesma forma, organismos vivos estão inerentemente muito longe do equilíbrio termodinâmico global. Eles estão constantemente passando por mudanças dinâmicas governadas pelas *taxas* de reações bioquímicas concorrentes, que estão fora do escopo da análise termodinâmica. Não obstante, muitos equilíbrios locais nos organismos são acessíveis à análise termodinâmica. Exemplos incluem a desnaturação (perda de conformação) de proteínas e a ligação das enzimas com seus substratos.

Os sistemas mais comumente encontrados na tecnologia química são fluidos, para os quais as características primárias (propriedades) são temperatura T, pressão P, volume molar ou específico V e composição. Tais sistemas são conhecidos como sistemas *PVT*. Eles existem em equilíbrio *interno* quando suas propriedades são uniformes através do sistema e cumprem o seguinte axioma:

***Axioma 3*: As propriedades macroscópicas de um sistema *PVT* homogêneo em equilíbrio interno podem ser enunciadas como uma função de sua temperatura, pressão e composição.**

Esse axioma prescreve uma idealização, um modelo que exclui a influência dos campos (em geral, elétrico, magnético e gravitacional), assim como os efeitos de superfície e outros efeitos menos comuns. Isso é inteiramente satisfatório em inúmeras aplicações práticas.

Associado ao conceito de equilíbrio interno está o conceito de *estado termodinâmico,* no qual um sistema *PVT* tem um conjunto de propriedades identificáveis e reprodutíveis, incluindo não somente P, V e T mas também a energia interna. Entretanto, a forma de escrever as Eqs. (2.3) a (2.6) sugere que os termos no lado esquerdo relativos à energia interna têm natureza diferente dos termos no lado direito. Os termos no lado esquerdo refletem *variações* no estado termodinâmico do sistema, como refletido por suas propriedades. Para uma substância homogênea pura, a experiência mostra que a especificação de duas dessas propriedades fixa todas as outras e assim determina seu estado termodinâmico. Por exemplo, nitrogênio gasoso a uma temperatura de 300 K e a uma pressão de 10^5 kPa (1 bar) tem determinado valor para seu volume específico ou sua densidade e determinada energia interna. Na verdade, ele possui um conjunto completo de propriedades termodinâmicas intensivas. Se esse gás for aquecido ou resfriado, comprimido ou expandido, e então retornar às suas condições iniciais de temperatura e pressão, suas propriedades intensivas retornarão aos seus valores iniciais. Essas propriedades não dependem do histórico da substância, nem dos meios pelos quais ela atinge um dado estado. Elas dependem somente das condições presentes, qualquer que seja a forma de atingi-las. Tais grandezas são conhecidas como *funções de estado*. Para uma substância homogênea pura, quando duas dessas funções são mantidas em valores fixos, o *estado termodinâmico* da substância está completamente determinado.[5] Isso significa que uma função de estado, tal como a energia interna específica, é uma propriedade que sempre tem um valor; consequentemente, ela pode ser representada matematicamente como uma função de coordenadas como temperatura e pressão ou temperatura e densidade, e os seus valores podem ser identificados como pontos em um gráfico.

Por outro lado, os termos no lado direito das Eqs. (2.3) a (2.6), representando quantidades de calor e de trabalho, não são propriedades; eles levam em conta variações de energia que ocorrem na vizinhança. Eles dependem da natureza do processo e podem ser associados a áreas em vez de pontos em um gráfico, conforme sugerido na Figura 1.3. Embora o tempo não seja uma coordenada termodinâmica, a passagem de tempo é inevitável sempre que calor é transferido ou trabalho é realizado.

O diferencial de uma função de estado representa uma *variação* infinitesimal do seu valor. A integração de tal diferencial resulta em uma diferença finita entre dois de seus valores. Por exemplo:

$$\int_{V_1}^{V_2} dV = V_2 - V_1 = \Delta V \quad \text{e} \quad \int_{U_1}^{U_2} dU = U_2 - U_1 = \Delta U$$

[4] Potencial químico é uma propriedade termodinâmica tratada no Capítulo 10.

[5] Para sistemas com mais complexidade, o número de funções de estado que deve ser especificado de forma a definir o estado do sistema pode ser diferente de dois. O método para determinar esse número encontra-se na Seção 3.1.

Os diferenciais de calor e de trabalho não são *variações*, e sim *quantidades* infinitesimais. Quando integrados, esses diferenciais não fornecem variações finitas, e sim quantidades finitas. Assim,

$$\int dQ = Q \qquad \text{e} \qquad \int dW = W$$

Para um sistema fechado passando pela mesma mudança de estado por meio de vários processos, a experiência mostra que as quantidades necessárias de calor e de trabalho diferem de processo para processo, porém a soma $Q + W$ [Eqs. (2.3) e (2.5)] é a mesma para todos os processos.

Essa é a base para identificar a energia interna como uma função de estado. O mesmo valor de ΔU^t é dado pela Eq. (2.3), independentemente do processo, desde que a mudança no sistema ocorra sempre do mesmo estado inicial para o mesmo estado final.

▪ Exemplo 2.3

Um gás encontra-se confinado em um cilindro por um pistão. A pressão inicial do gás é de 7 bar e o seu volume, de 0,10 m^3. O pistão é mantido imóvel por presilhas localizadas na parede do cilindro.

(*a*) O equipamento completo encontra-se em um vácuo total. Qual é a variação de energia do equipamento se as presilhas forem removidas de tal forma que o gás se expanda subitamente para o dobro do seu volume inicial, com o pistão sendo retido por outras presilhas ao final do processo?

(*b*) O processo descrito em (*a*) é repetido, mas no ar a 101,3 kPa, em vez de no vácuo. Qual é a variação de energia do equipamento? Considere que a taxa de troca de calor entre o equipamento e o ar da vizinhança seja lenta comparada com a taxa na qual o processo ocorre.

Solução 2.3

Como a questão diz respeito ao equipamento completo, o sistema é tomado como o gás, o pistão e o cilindro.

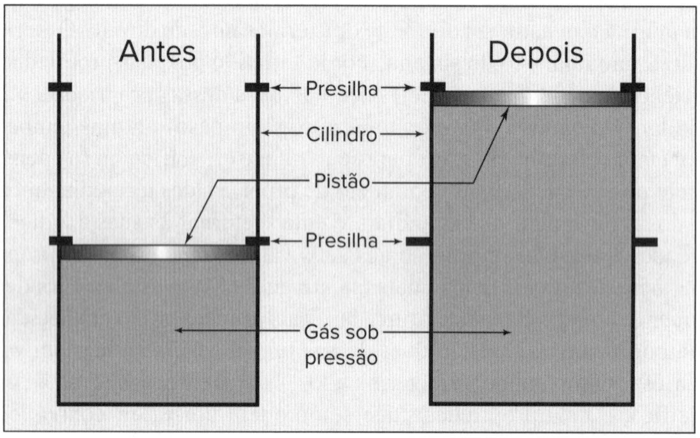

(*a*) Não é realizado trabalho durante o processo, porque nenhuma força externa atua sobre o sistema, e calor não é transferido através do vácuo que circunda o equipamento. Assim, Q e W são nulos, e a energia total do sistema permanece inalterada. Na ausência de mais informações, não se pode dizer alguma coisa sobre a distribuição da energia entre as partes do sistema. Ela pode ser diferente da distribuição inicial.

(*b*) Aqui, trabalho é realizado pelo sistema ao empurrar a atmosfera. Esse trabalho é determinado pelo produto entre a força exercida pela pressão atmosférica sobre a parte posterior do pistão, $F = P_{atm} A$, e o deslocamento do pistão, $\Delta l = \Delta V^t/A$, com A sendo a área do pistão e ΔV^t a variação do volume do gás. Esse é o trabalho realizado pelo sistema sobre a vizinhança e tem um valor negativo; então,

$$W = -F\,\Delta l = -P_{atm}\,\Delta V^t = -(101{,}3)(0{,}2 - 0{,}1)\ \text{kPa} \cdot \text{m}^3 = -10{,}13\frac{\text{kN}}{\text{m}^2} \cdot \text{m}^3$$

ou

$$W = -10{,}13\ \text{kN} \cdot \text{m} = -10{,}13\ \text{kJ}$$

Nesse caso, também é possível a transferência de calor entre o sistema e a vizinhança, porém os cálculos são realizados para o instante posterior à ocorrência do processo, antes de haver tempo para ocorrer uma transferência de calor apreciável. Dessa forma, Q é considerado igual a zero na Eq. (2.2), fornecendo:

$$\Delta(\text{Energia do sistema}) = Q + W = 0 - 10{,}13 = -10{,}13 \text{ J}$$

A energia total do sistema *diminuiu* em uma quantidade igual ao trabalho realizado sobre a vizinhança.

▪ Exemplo 2.4

Quando um sistema é levado do estado *a* para o estado *b*, ao longo da trajetória *acb*, 100 J de calor fluem para dentro do sistema e ele realiza 40 J de trabalho.

(*a*) Qual a quantidade de calor que flui para dentro do sistema ao longo da trajetória *aeb* se o trabalho realizado pelo sistema for de 20 J?

(*b*) O sistema retorna de *b* para *a* pela trajetória *bda*. Se o trabalho realizado sobre o sistema for de 30 J, o sistema absorverá ou liberará calor? Qual a quantidade?

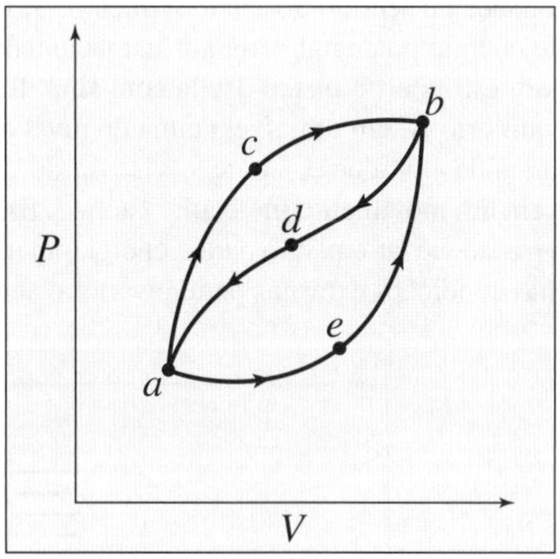

Solução 2.4

Admita que as modificações no sistema ocorram somente na sua energia interna e que a Eq. (2.3) se aplica. Para a trajetória *acb* e então para qualquer trajetória levando de *a* para *b*,

$$\Delta U^t_{ab} = Q_{acb} + W_{acb} = 100 - 40 = 60 \text{ J}$$

(*a*) Para a trajetória *aeb*,

$$\Delta U^t_{ab} = 60 = Q_{aeb} + W_{aeb} = Q_{aeb} - 20 \quad \text{em que} \quad Q_{aeb} = 80 \text{ J}$$

(*b*) Para a trajetória *bda*,

$$\Delta U^t_{ba} = -\Delta U^t_{ab} = -60 = Q_{bda} + W_{bda} = Q_{bda} + 30$$

e

$$Q_{bda} = -60 - 30 = -90 \text{ J}$$

Portanto, calor é transferido do sistema para a vizinhança.

2.6 O PROCESSO REVERSÍVEL

O desenvolvimento da Termodinâmica é facilitado pela introdução de um tipo especial de processo em sistemas fechados caracterizado como *reversível*:

Um processo é reversível quando o seu sentido pode ser revertido em qualquer ponto por uma variação infinitesimal nas condições externas.

O processo reversível é ideal porque produz o melhor resultado possível; ele fornece, para determinado processo, o mínimo de entrada de trabalho necessário ou o máximo de realização de trabalho. Ele representa um limite para o desempenho de um processo real, que nunca é completamente realizado. Trabalho é frequentemente calculado para processos reversíveis hipotéticos, porque a escolha é entre tal cálculo ou nenhum. O trabalho reversível como valor-limite pode ser combinado com uma *eficiência* apropriada para fornecer uma aproximação aceitável para o trabalho requerido ou produzido por um processo real.[6]

O conceito dos processos reversíveis também desempenha um papel fundamental na derivação de relações termodinâmicas. Nesse contexto, frequentemente calculamos variações nas funções de estado termodinâmicas ao longo da trajetória de um processo reversível hipotético. Se o resultado é uma relação envolvendo apenas funções de estado, então essa relação é válida para *qualquer* processo que resulta na mesma *mudança de estado*. Na verdade, o principal uso do conceito de processo reversível é para a derivação de relações geralmente válidas entre funções de estado.

Expansão Reversível de um Gás

O pistão na Figura 2.1 confina o gás a uma pressão suficiente para equilibrar o peso do pistão e tudo que ele suporta. Nessa condição de equilíbrio, o sistema não apresenta tendência para mudanças. Imagine que uma massa m seja removida do pistão e posta sobre uma prateleira (no mesmo nível). O pistão acelera para cima, atingindo sua máxima velocidade no ponto em que a força ascendente sobre o pistão se iguala ao seu peso. O seu *momentum* então o leva ao nível mais alto, onde há mudança no sentido do seu movimento. Se o pistão fosse mantido nessa posição de máxima elevação, o seu aumento de energia potencial seria aproximadamente igual ao trabalho de expansão realizado pelo gás. Entretanto, não havendo restrições, o pistão oscila com amplitude decrescente, atingindo finalmente o repouso em uma nova posição de equilíbrio Δl em um nível acima do nível da sua posição inicial.

As oscilações são amortecidas, porque a natureza viscosa do gás gradualmente converte o movimento global direcionado das moléculas em um movimento molecular caótico. Esse processo *dissipativo* reverte parte do trabalho inicialmente efetuado pelo gás ao elevar o pistão para a energia interna do gás. Uma vez iniciado o processo, nenhuma variação infinitesimal nas condições externas pode inverter o seu sentido; o processo é *irreversível*.

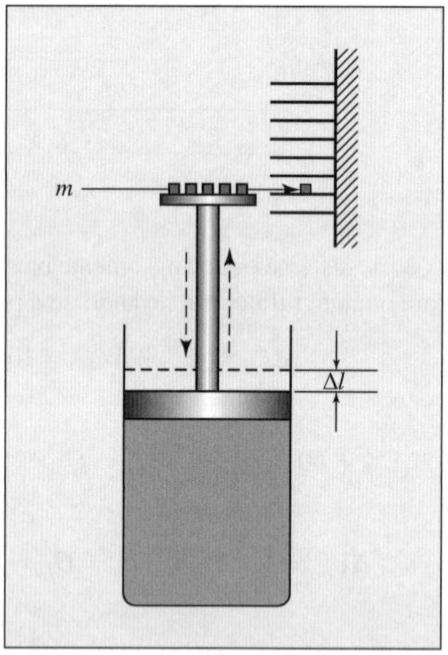

Figura 2.1 Expansão de um gás. A natureza de processos reversíveis é ilustrada pela expansão do gás em um arranjo pistão/cilindro idealizado. O equipamento mostrado se encontra hipoteticamente em um espaço onde há vácuo. O gás retido dentro do cilindro é escolhido como sistema; todo o resto é a vizinhança. A expansão ocorre quando massa é removida do pistão. Por simplicidade, considere que o pistão desliza no cilindro sem atrito e que o pistão e o cilindro não absorvem nem transmitem calor. Adicionalmente, como a densidade do gás no interior do cilindro é baixa e a sua massa é pequena, ignoramos os efeitos da gravidade no conteúdo do cilindro. Isso significa que os gradientes de pressão induzidos no gás pela gravidade são muito pequenos em relação a sua pressão total e que as variações na energia potencial do gás são desprezíveis em comparação com a variação na energia potencial do pistão.

[6] A análise quantitativa das relações entre eficiência e irreversibilidade necessitam da utilização da Segunda Lei da Termodinâmica, o que é tratado no Capítulo 5.

Os efeitos dissipativos do processo têm suas origens na remoção súbita de uma massa finita do pistão. O desequilíbrio resultante das forças agindo sobre o pistão causa a sua aceleração e leva a sua posterior oscilação. A retirada de quantidades inferiores de massa reduz, mas não elimina, esses efeitos dissipativos. Mesmo a retirada de uma massa infinitesimal leva o pistão a oscilar com amplitude infinitesimal e, consequentemente, a um efeito dissipativo. Entretanto, pode-se *imaginar* um processo no qual pequenas quantidades de massa são removidas uma após a outra a uma taxa tal na qual a elevação do pistão é contínua, com diminuta oscilação somente no final do processo.

O caso-limite de remoção de uma sucessão de massas infinitesimais do pistão é aproximado quando a massa m na Figura 2.1 é substituída por um monte de pó, retirado do pistão por uma tênue corrente de ar. Durante esse processo, o pistão sobe a uma taxa uniforme muito pequena e o pó é coletado e armazenado a cada nível mais elevado. O sistema nunca é mais do que infinitesimalmente deslocado, tanto do equilíbrio interno quanto do equilíbrio com sua vizinhança. Se a remoção do pó de cima do pistão for interrompida e o sentido da transferência do pó for invertido, o processo inverte o seu sentido e prossegue no sentido contrário ao longo da sua trajetória original. Tanto o sistema quanto sua vizinhança por fim retornam virtualmente às suas condições iniciais. O processo original se aproxima da *reversibilidade*.

Sem a hipótese de um pistão sem atrito, não se pode imaginar um processo reversível. Se o pistão parar em função do atrito, uma massa finita deve ser retirada antes que ele se torne livre. Dessa forma, a condição de equilíbrio necessária para a reversibilidade não é mantida. Além disso, o atrito entre duas partes deslizantes é um mecanismo para a dissipação de energia mecânica em energia interna.

Essa discussão esteve focada em um único processo em sistema fechado, a expansão de um gás no interior de um cilindro. O processo inverso, compressão de um gás no interior de um cilindro, é descrito exatamente da mesma forma. Entretanto, há vários processos que são induzidos pelo não equilíbrio de outras forças, distintas das mecânicas. Por exemplo, calor flui quando há uma diferença de temperaturas, eletricidade escoa sob a influência de uma força eletromotiva e reações químicas ocorrem em resposta a forças motrizes que surgem em função de diferenças nas forças e configurações das ligações químicas nas moléculas. As forças motrizes para reações químicas e para a transferência de substâncias entre fases são funções complexas da temperatura, da pressão e da composição, como é descrito em detalhes nos últimos capítulos. Em geral, um processo é reversível quando a sua força motriz líquida tem tamanho infinitesimal. Assim, calor é transferido reversivelmente quando ele escoa de um corpo a temperatura T para outro a temperatura $T - dT$.

Reação Química Reversível

O conceito de uma reação química reversível é ilustrado pela decomposição do carbonato de cálcio sólido, formando óxido de cálcio sólido e dióxido de carbono gasoso. No equilíbrio, para uma dada temperatura, esse sistema exerce uma pressão de decomposição específica de CO_2. A reação química é mantida em equilíbrio pela pressão do CO_2. Qualquer mudança nas condições, mesmo que pequena, perturba o equilíbrio e causa uma evolução da reação em uma direção ou em outra.

Se a massa m na Figura 2.2 for levemente aumentada, a pressão de CO_2 aumenta e CO_2 se combina com CaO para formar $CaCO_3$, permitindo que o peso desça. O calor liberado por essa reação aumenta a temperatura no cilindro e calor flui para o banho. A diminuição do peso gera uma sequência invertida desses eventos. Os mesmos resultados são obtidos se a temperatura do banho for aumentada ou diminuída. O aumento suave da temperatura do banho causa transferência de calor para o interior do cilindro, e carbonato de cálcio se decompõe. O CO_2 gerado causa um

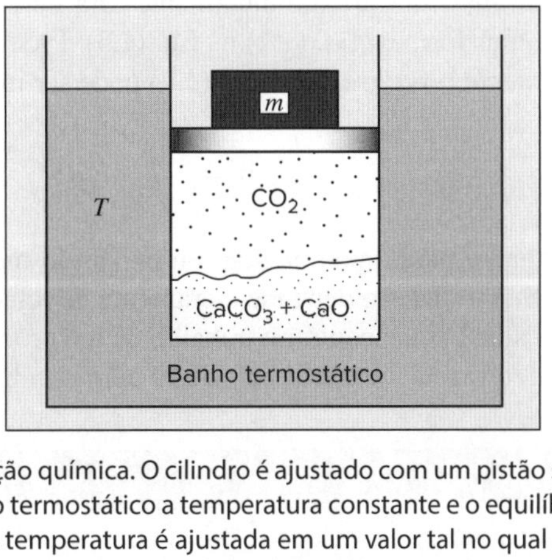

Figura 2.2 Reversibilidade de uma reação química. O cilindro é ajustado com um pistão sem atrito e contém $CaCO_3$, CaO e CO_2 em equilíbrio. Ele está imerso em um banho termostático a temperatura constante e o equilíbrio térmico assegura a igualdade da temperatura do sistema com a do banho. A temperatura é ajustada em um valor tal no qual a pressão de decomposição é justamente suficiente para equilibrar o peso sobre o pistão, uma condição de equilíbrio mecânico.

aumento da pressão, o que, por sua vez, eleva o pistão e o peso. O processo continua até que o $CaCO_3$ esteja completamente decomposto. Uma diminuição da temperatura do banho causa o retorno do sistema ao seu estado inicial. A imposição de variações infinitesimais causa somente diminutos deslocamentos do sistema em relação ao equilíbrio e o processo resultante é extremamente lento e reversível.

Algumas reações químicas podem ser realizadas em uma célula eletrolítica e, nesse caso, elas podem ser mantidas em equilíbrio pela aplicação de uma diferença de potenciais. Por exemplo, quando uma célula possui dois eletrodos, um de zinco e o outro de platina, imersos em uma solução aquosa de ácido clorídrico, a reação que ocorre é:

$$Zn + 2HCl \rightleftharpoons H_2 + ZnCl_2$$

A célula é mantida sob condições fixas de temperatura e pressão, e os eletrodos são conectados, externamente, a um potenciômetro. Se a força eletromotiva (fem) produzida pela célula for equilibrada precisamente pela diferença de potenciais do potenciômetro, a reação é mantida em equilíbrio. Pode-se fazer a reação avançar com uma leve diminuição na diferença de potenciais contrária, e ela pode ser revertida por um aumento correspondente da diferença de potenciais acima da fem da célula.

Notas Resumidas sobre Processos Reversíveis

Um processo reversível:

- Pode ser revertido em qualquer ponto por uma variação infinitesimal nas condições externas.
- Nunca está afastado mais do que diminutamente do equilíbrio.
- Passa por uma sucessão de estados de equilíbrio.
- Não tem atrito.
- É causado por forças cujo não equilíbrio é infinitesimal em magnitude.
- Avança infinitesimalmente lento.
- Quando revertido, percorre no sentido inverso a mesma trajetória, restaurando o estado inicial do sistema e da vizinhança.

Calculando Trabalho para Processos Reversíveis

A Eq. (1.3) fornece o trabalho de compressão ou de expansão de um gás causado pelo deslocamento de um pistão em um cilindro:

$$dW = -P\,dV^t \tag{1.3}$$

O trabalho realizado sobre o sistema é dado, de fato, por essa equação somente quando certas características do processo reversível são consideradas. A primeira exigência é que o sistema esteja não mais do que infinitesimalmente afastado do estado de equilíbrio *interno*, caracterizado pela uniformidade da temperatura e da pressão. Portanto, o sistema tem um conjunto identificável de propriedades, incluindo a pressão P. A segunda exigência é que o sistema esteja não mais do que infinitesimalmente afastado do equilíbrio mecânico com a sua vizinhança. Nesse caso, a pressão interna P nunca está mais do que diminutamente fora de equilíbrio com a força externa e pode-se fazer a substituição $F = P\,A$, que transforma a Eq. (1.2) na Eq. (1.3). Processos nos quais essas exigências são satisfeitas são considerados *mecanicamente reversíveis*, e a Eq. (1.3) pode ser integrada:

$$W = -\int_{V_1^t}^{V_2^t} P\,dV^t \tag{1.4}$$

Essa equação fornece o trabalho para a compressão ou expansão mecanicamente reversível de um fluido em um dispositivo pistão/cilindro. Sua utilização depende claramente da relação entre P e V^t, isto é, da "trajetória" do processo, que deve ser especificada. Para encontrar o trabalho de um processo *irreversível* para a mesma variação de V^t, precisa-se de uma *eficiência*, que relaciona o trabalho real com o trabalho reversível.

▪ Exemplo 2.5

Um dispositivo horizontal cilindro/pistão é colocado em um banho termostático. O pistão desliza no cilindro com atrito desprezível, e uma força externa o mantém em posição contra a pressão inicial do gás de 14 bar. O volume inicial do gás é de 0,03 m^3. A força externa sobre o pistão é gradualmente reduzida, permitindo a expansão isotérmica do gás até que o seu volume dobre. Se o volume do gás estiver relacionado com a sua pressão de tal forma que o produto PV^t seja constante, qual o trabalho realizado pelo gás ao deslocar a força externa?

Solução 2.5

O processo descrito é mecanicamente reversível e a Eq. (1.4) se aplica. Se $PV^t = k$, uma constante, então $P = k/V^t$. Isso define a trajetória do processo e leva a:

$$W = -\int_{V_1^t}^{V_2^t} P\,dV^t = -k\int_{V_1^t}^{V_2^t} \frac{dV^t}{V^t} = -k\ln\frac{V_2^t}{V_1^t}$$

O valor de k é dado por:

$$k = PV^t = P_1V_1^t = 14 \times 10^5\,\text{Pa} \times 0{,}03\,\text{m}^3 = 42.000\ \text{J}$$

Com $V_1^t = 0{,}03$ m^3 e $V_2^t = 0{,}06$ m^3.

$$W = -42.000 \ln 2 = -29.112\ \text{J}$$

A pressão final é

$$P_2 = \frac{k}{V_2^t} = \frac{42.000}{0{,}06} = 700.000\ \text{Pa} \qquad \text{ou} \qquad 7\ \text{bar}$$

Fosse a eficiência desse tipo de processo conhecida e igual a aproximadamente 80 %, poderíamos multiplicar o trabalho reversível por esse valor para obter uma estimativa do trabalho irreversível, sendo o resultado – 23.290 J.

2.7 PROCESSOS REVERSÍVEIS EM SISTEMAS FECHADOS; ENTALPIA

Apresentaremos aqui a análise de processos mecanicamente reversíveis em sistemas fechados – tais processos não são comuns. Na verdade, eles são de pouco interesse para a aplicação prática. Seu valor reside na simplicidade que fornecem para o cálculo de variações nas funções de estado de uma mudança de estado específica. Em um processo industrial complexo que produz uma mudança de estado particular, os cálculos das variações das funções de estado não são realizados para a trajetória do processo real. Alternativamente, eles são realizados para um processo reversível simples em sistema fechado que produz a mesma mudança de estado. Isso é possível porque variações nas funções de estado são independentes do processo. O processo mecanicamente reversível em sistema fechado é útil e importante para esse propósito, apesar de na prática não haver com frequência processos que se aproximem desse processo hipotético.

Para 1 mol de um fluido homogêneo contido em um sistema fechado, o balanço de energia da Eq. (2.6) é escrito na forma:

$$dU = dQ + dW$$

O trabalho para um processo mecanicamente reversível em um sistema fechado é dado pela Eq. (1.3), aqui escrita na forma $dW = -PdV$. Fazendo a substituição na equação anterior, obtém-se:

$$dU = dQ - PdV \tag{2.7}$$

Esse é o balanço de energia geral para 1 mol ou uma unidade de massa de um fluido homogêneo em um sistema fechado passando por um processo mecanicamente reversível.

Para uma mudança de estado com volume constante, o único trabalho mecânico possível é aquele associado à agitação ou à mistura, que está excluído porque é inerentemente irreversível. Então,

$$du = dQ \quad (V\ \text{const.}) \tag{2.8}$$

A integração fornece:

$$\Delta U = Q \quad (V\ \text{const.}) \tag{2.9}$$

A variação da energia interna em um processo mecanicamente reversível, a volume constante e em um sistema fechado, é igual à quantidade de calor transferida para dentro do sistema.

Para uma mudança de estado a pressão constante:

$$dU + PdV = d(U + PV) = dQ$$

O grupo $U + PV$ aparece naturalmente aqui e em muitas outras aplicações. Isso sugere a definição, por conveniência, dessa combinação como uma nova propriedade termodinâmica. Assim, a **definição** (somente) matemática de entalpia[7] é:

$$\boxed{H \equiv U + PV} \tag{2.10}$$

na qual H, U e V são valores molares ou por unidade de massa. O balanço de energia anterior pode agora ser escrito na forma:

$$dH = dQ \quad (P \text{ const.}) \tag{2.11}$$

A integração fornece:

$$\Delta H = Q \quad (P \text{ const.}) \tag{2.12}$$

A variação de entalpia em um processo mecanicamente reversível, a pressão constante e em um sistema fechado é igual à quantidade de calor transferida para dentro do sistema. A comparação das Eqs. (2.11) e (2.12) com as Eqs. (2.8) e (2.9) mostra que a entalpia desempenha um papel análogo, em processos a pressão constante, ao da energia interna em processos a volume constante.

A utilidade da *entalpia* é sugerida pelas Eqs. (2.11) e (2.12), mas sua maior utilização fica completamente aparente com sua presença em balanços de energia em *processos com escoamento*, como os balanços em trocadores de calor, reatores químicos e bioquímicos, colunas de destilação, bombas, compressores, turbinas, motores etc. para o cálculo de calor e trabalho.

A tabulação de valores de Q e W para a lista infinita de possíveis processos é impossível. Entretanto, *funções de estado* intensivas como volume específico ou molar, energia interna e entalpia são propriedades intrínsecas da matéria. Uma vez determinadas para uma substância particular, seus valores podem ser tabulados como funções de T e P para uso futuro em cálculos de Q e W em qualquer processo envolvendo tal substância. A determinação de valores numéricos para essas funções de estado e sua correlação e utilização são tratadas nos capítulos posteriores.

Todas as parcelas da Eq. (2.10) têm de ser representadas nas mesmas unidades. O produto PV tem unidades de energia por mol ou por unidade de massa, da mesma forma que U; portanto, H tem unidades de energia por mol ou por unidade de massa. No sistema SI, a unidade básica de pressão é o pascal ($= 1\ \text{N} \cdot \text{m}^{-2}$), e a de volume molar é o metro cúbico por mol ($= 1\ \text{m}^3 \cdot \text{mol}^{-1}$). Para o produto PV, tem-se $1\ \text{N} \cdot \text{m} \cdot \text{mol}^{-1} = 1\ \text{J} \cdot \text{mol}^{-1}$.

Em virtude de U, P e V serem todas funções de estado, H, como definida pela Eq. (2.10), é também uma função de estado. Como U e V, H é uma propriedade intensiva da matéria. A forma diferencial da Eq. (2.10) é:

$$dH = dU + d(PV) \tag{2.13}$$

Essa equação se aplica a qualquer mudança infinitesimal no sistema. Com a sua integração, transforma-se em uma equação para mudanças finitas no sistema:

$$\Delta H = \Delta U + \Delta(PV) \tag{2.14}$$

As Eqs. (2.10), (2.13) e (2.14) aplicam-se a uma unidade de massa ou a 1 mol da substância.

■ Exemplo 2.6

Calcule ΔU e ΔH para 1 kg de água quando ele é vaporizado à temperatura constante de 100 °C e à pressão constante de 101,33 kPa. Nessas condições, os volumes específicos da água líquida e do vapor d'água são 0,00104 e 1,673 $\text{m}^3 \cdot \text{kg}^{-1}$, respectivamente. Para essa mudança, 2256,9 kJ de calor é adicionado à água.

[7] Originalmente e mais apropriadamente pronunciada en-**tal**'-pia (*en-**thal**'-py*) para se diferenciar claramente de *entropia* (*entropy*), uma propriedade apresentada no Capítulo 5 e pronunciada **en**'-tro-pia (***en**'-tro-py*). A palavra *entalpia* foi proposta por H. Kamerlingh Onnes, que recebeu o Prêmio Nobel de Física em 1913. (Acesse: <http://nobelprize.org/nobel_prizes/physics/laureates/1913/onnes-bio.html>.)

Solução 2.6

Tomamos o 1 kg de água como o sistema, uma vez que há interesse somente nele. Imaginemo-lo no interior de um cilindro, provido de um pistão sem atrito que exerce uma pressão constante de 101,33 kPa. À medida que calor é adicionado, a água evapora, expandindo-se do seu volume inicial para o seu volume final. A Eq. (2.12), escrita para um sistema de 1 kg, fornece:

$$\Delta H = Q = 2256{,}9 \text{ kJ}$$

Pela Eq. (2.14),

$$\Delta U = \Delta H - \Delta(PV) = \Delta H - P\,\Delta V$$

Para a última parcela:

$$\begin{aligned} P\,\Delta V &= 101{,}33 \text{ kPa} \times (1{,}673 - 0{,}001) \text{ m}^3 \\ &= 169{,}4 \text{ kPa} \cdot \text{m}^3 = 169{,}4 \text{ kN} \cdot \text{m}^{-2} \cdot \text{m}^3 = 169{,}4 \text{ kJ} \end{aligned}$$

Então

$$\Delta U = 2256{,}9 - 169{,}4 = 2087{,}5 \text{ kJ}$$

2.8 CAPACIDADE CALORÍFICA

Nosso reconhecimento do calor como energia em trânsito foi precedido historicamente pela ideia de que gases, líquidos e sólidos têm uma *capacidade* para o calor. Quanto menor for a variação de temperatura em um corpo causada pela transferência de determinada quantidade de calor, maior será sua capacidade. Na verdade, uma *capacidade calorífica* pode ser definida como $C \equiv dQ/dT$. A dificuldade que essa definição traz é o fato de considerar C, como Q, uma quantidade dependente do processo, em vez de uma função de estado. Contudo, ela sugere a definição de duas grandezas que, apesar de manterem esse nome antiquado, são de fato funções de estado, inequivocamente relacionadas com outras funções de estado. A presente discussão é preliminar para um tratamento mais completo no Capítulo 4.

Capacidade Calorífica a Volume Constante

A capacidade calorífica a volume constante de uma substância é **definida** como:

$$C_V \equiv \left(\frac{\partial U}{\partial T}\right)_V \tag{2.15}$$

Observe cuidadosamente a notação utilizada aqui com a derivada parcial. O parêntese e o subscrito V indicam que a derivada é obtida considerando o volume constante; isto é, U é considerado uma função de T e V. Essa notação é amplamente utilizada neste texto e na Termodinâmica em geral. Ela é necessária porque funções de estado termodinâmicas, como U, podem ser escritas como funções de diferentes conjuntos de variáveis independentes. Assim, podemos escrever $U(T, V)$ e $U(T, P)$. Geralmente, em cálculos com múltiplas variáveis, um conjunto de variáveis independentes é inequívoco, e a derivada parcial em relação a uma variável implica que as outras ficam constantes. Como a Termodinâmica reflete a realidade física, podemos trabalhar com conjuntos alternativos de variáveis independentes, introduzindo ambiguidades, a menos que as variáveis consideradas constantes sejam explicitamente especificadas.

A definição da Eq. (2.15) contempla tanto a capacidade calorífica molar quanto a capacidade calorífica específica (usualmente chamada de calor específico), a depender de U corresponder à energia interna molar ou específica. Embora essa definição não faça referência a qualquer processo, ela se relaciona de forma especialmente simples a processos a volume constante em sistemas fechados, para o qual a Eq. (2.15) pode ser escrita na forma:

$$dU = C_V\,dT \quad (V \text{ const.}) \tag{2.16}$$

A integração fornece:

$$\Delta U = \int_{T_1}^{T_2} C_V\,dT \quad (V \text{ const.}) \tag{2.17}$$

Esse resultado, a partir da Eq. (2.9) para um processo mecanicamente reversível a volume constante (condições que não consideram trabalho de agitação), fornece:

$$Q = \Delta U = \int_{T_1}^{T_2} C_V \, dT \quad (V \text{ const.}) \tag{2.18}$$

Se o volume varia ao longo do processo, mas ao fim retorna ao seu valor inicial, o processo não pode ser corretamente classificado como um processo a volume constante, apesar de $V_2 = V_1$ e $\Delta V = 0$. Contudo, variações nas funções de estado são fixadas pelas condições iniciais e finais, independentes da trajetória e, consequentemente, podem ser calculadas por equações para um processo de fato a volume constante, independentemente do processo real. Portanto, a Eq. (2.17) tem uma validade *geral* porque U, C_V, T e V são todas funções de estado. Por outro lado, Q e W dependem da trajetória. Assim, a Eq. (2.18) é uma expressão válida para Q, e W é em geral nulo somente em um processo a *volume constante*. Essa é a razão da distinção entre funções de estado e grandezas que dependem da trajetória do processo, como Q e W. O princípio de que as funções de estado são independentes da trajetória e do processo é um conceito essencial na Termodinâmica.

Para o cálculo de variações de propriedades, mas não para Q e W, um processo real pode ser substituído por qualquer outro processo que realize a mesma mudança de estado. A escolha é realizada baseada na conveniência, tendo a simplicidade como a grande vantagem.

Capacidade Calorífica a Pressão Constante

A capacidade calorífica a pressão constante é **definida** como:

$$C_P \equiv \left(\frac{\partial H}{\partial T} \right)_P \tag{2.19}$$

Novamente, a definição contempla tanto a capacidade calorífica molar quanto a capacidade calorífica específica, a depender de H corresponder à entalpia molar ou específica. Essa capacidade calorífica se relaciona de forma especialmente simples a processos a pressão constante em sistemas fechados, para o qual a Eq. (2.19) é escrita na forma:

$$dH = C_p \, dT \quad (P \text{ const.}) \tag{2.20}$$

Em que

$$\Delta H = \int_{T_1}^{T_2} C_P \, dT \quad (P \text{ const.}) \tag{2.21}$$

Para um processo mecanicamente reversível a pressão constante, esse resultado pode ser combinado com a Eq. (2.12):

$$Q = \Delta H = \int_{T_1}^{T_2} C_P \, dT \quad (P \text{ const.}) \tag{2.22}$$

Como H, C_P, T e P são funções de estado, a Eq. (2.21) se aplica a qualquer processo no qual $P_2 = P_1$, sendo ele na realidade conduzido ou não a pressão constante. Entretanto, somente para o processo mecanicamente reversível a pressão constante a quantidade de calor transferida pode ser calculada pela Eq. (2.22), e o trabalho, pela Eq. (1.3), aqui escrita para 1 mol, $W = -P \, \Delta V$.

▪ Exemplo 2.7

Ar a 1 bar e 298,15 K é comprimido até 3 bar e 298,15 K, por meio de dois diferentes processos mecanicamente reversíveis em sistema fechado:

(*a*) Resfriamento a pressão constante seguido por aquecimento a volume constante.

(*b*) Aquecimento a volume constante seguido de resfriamento a pressão constante.

Calcule o calor e o trabalho necessários, e ΔU e ΔH do ar para cada trajetória. As capacidades caloríficas do ar a seguir podem ser consideradas independentes da temperatura:

$$C_V = 20{,}785 \quad \text{e} \quad C_P = 29{,}100 \text{ J} \cdot \text{mol}^{-1} \cdot \text{K}^{-1}$$

Admita também que o ar permaneça um gás no qual PV/T é uma constante independente das mudanças pelas quais ele passe. A 298,15 K e 1 bar, o volume molar do ar é de 0,02479 $m^3 \cdot mol^{-1}$.

Solução 2.7

Em cada caso, tome como sistema 1 mol de ar contido em um dispositivo cilindro/pistão imaginário. Como os processos são mecanicamente reversíveis, considera-se que o pistão se desloca no cilindro sem atrito. O volume final é:

$$V_2 = V_1 \frac{P_1}{P_2} = 0{,}02479\left(\frac{1}{3}\right) = 0{,}008263 \text{ m}^3$$

As duas trajetórias são mostradas no diagrama V *versus* P da Figura 2.3(I) e no diagrama T *versus* P da Figura 2.3(II).

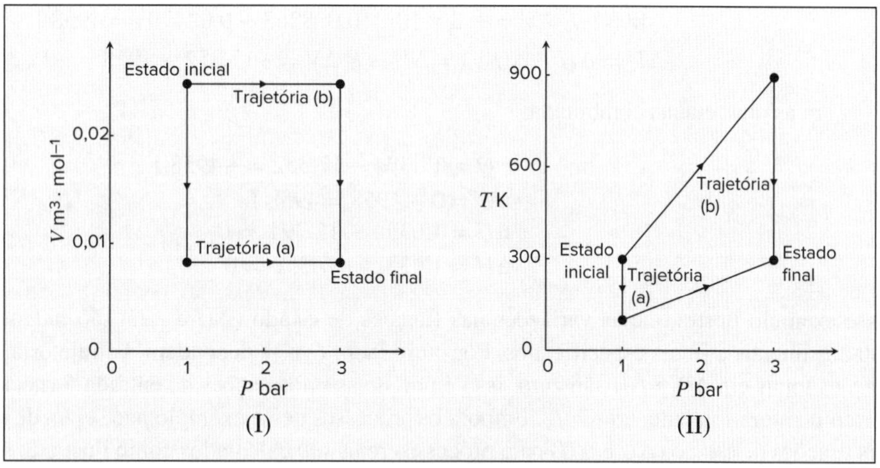

Figura 2.3 Diagramas V *versus* P e T *versus* P para o Exemplo 2.7.

(*a*) Ao longo da primeira etapa dessa trajetória, o ar é resfriado a uma pressão constante de 1 bar até que o volume final de 0,008263 m^3 seja alcançado. A temperatura do ar ao fim dessa etapa de resfriamento é:

$$T' = T_1 \frac{V_2}{V_1} = 298{,}15\left(\frac{0{,}008263}{0{,}02479}\right) = 99{,}38 \text{ K}$$

Assim, para a primeira etapa,

$$\begin{aligned} Q &= \Delta H = C_P \Delta T = (29{,}100)(99{,}38 - 298{,}15) = -5784 \text{ J} \\ W &= -P\,\Delta V = -1 \times 10^5 \text{ Pa} \times (0{,}008263 - 0{,}02479) \text{ m}^3 = 1653 \text{ J} \\ \Delta U &= \Delta H - \Delta(PV) = \Delta H - P\,\Delta V = -5784 + 1653 = -4131 \text{ J} \end{aligned}$$

Ao longo da segunda etapa, o volume é mantido constante a V_2, enquanto o ar é aquecido até o seu estado final. O trabalho é $W = 0$, e, para essa etapa,

$$\begin{aligned} \Delta U &= Q = C_V \Delta T = (20{,}785)(298{,}15 - 99{,}38) = 4131 \text{ J} \\ V\,\Delta P &= 0{,}008263 \text{ m}^3 \times (2 \times 10^5) \text{ Pa} = 1653 \text{ J} \\ \Delta H &= \Delta U + \Delta(PV) = \Delta U + V\,\Delta P = 4131 + 1653 = 5784 \text{ J} \end{aligned}$$

Para o processo completo:

$$\begin{aligned} Q &= -5784 + 4131 = -1653 \text{ J} \\ W &= 1653 + 0 = 1653 \text{ J} \\ \Delta U &= -4131 + 4131 = 0 \\ \Delta H &= -5784 + 5784 = 0 \end{aligned}$$

Note que a Primeira Lei, $\Delta U = Q + W$, aplicada ao processo completo, é satisfeita.

(*b*) Duas etapas diferentes são utilizadas para atingir o mesmo estado final do ar. Na primeira etapa, o ar é aquecido a volume constante, igual ao seu valor inicial V_1, até que a pressão final de 3 bar seja atingida. A temperatura do ar ao fim dessa etapa é:

$$T' = T_1 \frac{P_2}{P_1} = 298{,}15\left(\frac{3}{1}\right) = 894{,}45 \text{ K}$$

Para essa primeira etapa a volume constante, $W = 0$ e

$$Q = \Delta U = C_V \, \Delta T = (20{,}785)(894{,}45 - 298{,}15) = 12.394 \text{ J}$$
$$V\,\Delta P = (0{,}02479)(2 \times 10^5) = 4958 \text{ J}$$
$$\Delta H = \Delta U + V\,\Delta P = 12.394 + 4958 = 17.352 \text{ J}$$

Na segunda etapa, o ar é resfriado a $P = 3$ bar até o seu estado final:

$$Q = \Delta H = C_P \, \Delta T = (29{,}10)(298{,}15 - 894{,}45) = -17.352 \text{ J}$$
$$W = -P\,\Delta V = -(3 \times 10^5)(0{,}008263 - 0{,}02479) = 4958 \text{ J}$$
$$\Delta U = \Delta H - \Delta(PV) = \Delta H - P\,\Delta V = -17.352 + 4958 = -12.394 \text{ J}$$

Para as duas etapas combinadas,

$$Q = 12.394 - 17.352 = -4958 \text{ J}$$
$$W = 0 + 4958 = 4958 \text{ J}$$
$$\Delta U = 12.394 - 12.394 = 0$$
$$\Delta H = 17.352 - 17.352 = 0$$

Esse exemplo ilustra que as variações nas funções de estado (ΔU e ΔH) são independentes da trajetória para estados iniciais e finais especificados. Por outro lado, Q e W dependem da trajetória. Note, também, que as variações totais em ΔU e ΔH são zero. Isso é porque as informações de entrada fornecidas tornam U e H funções da temperatura somente, e $T_1 = T_2$. Embora os processos desse exemplo não sejam de interesse prático, variações nas funções de estado (ΔU e ΔH) para processos reais *são* calculados como ilustrado nesse exemplo para processos que são de interesse prático. Isso é possível porque as variações nas funções de estado são as mesmas para processos reversíveis, como os utilizados aqui, e para processos reais que conectem os mesmos estados.

▪ Exemplo 2.8

Calcule as variações que ocorrem na energia interna e na entalpia quando ar é levado de um estado inicial a 5 °C e 10 bar, no qual seu volume molar é de $2{,}312 \times 10^{-3}$ m$^3 \cdot$ mol^{-1}, para um estado final a 60 °C e 1 bar. Admita também que o ar permaneça gás para o qual PV/T é constante e que $C_V = 20{,}785$ e $C_P = 29{,}100$ J $\cdot$ mol$^{-1} \cdot$ K^{-1}.

Solução 2.8

Como as variações das propriedades são independentes do processo que as produz, os cálculos podem ser baseados em qualquer processo que cause a mesma mudança. Aqui, escolhemos um processo mecanicamente reversível com duas etapas, no qual 1 mol de ar é (*a*) resfriado a volume constante até a pressão final e (*b*) aquecido a pressão constante até a temperatura final. Outras trajetórias, é claro, poderiam ser escolhidas e forneceriam o mesmo resultado.

$$T_1 = 5 + 273{,}15 = 278{,}15 \text{ K}$$
$$T_2 = 60 + 273{,}15 = 333{,}15 \text{ K}$$

Com $PV = kT$, a razão T/P é constante na etapa (*a*). Consequentemente, a temperatura intermediária entre as duas etapas é:

$$T' = (278{,}15)(1/10) = 27{,}82 \text{ K}$$

e as variações de temperatura nas duas etapas são:

$$\Delta T_a = 27{,}82 - 278{,}15 = -250{,}33 \text{ K}$$
$$\Delta T_b = 333{,}15 - 27{,}82 = 305{,}33 \text{ K}$$

Para a etapa (*a*), a partir das Eqs. (2.17) e (2.14),

$$\Delta U_a = C_V\,\Delta T_a = (20{,}785)(-250{,}33) = -5203{,}1\ \text{J}$$
$$\Delta H_a = \Delta U_a + V\,\Delta P_a$$
$$= -5203{,}1\ \text{J} + 2{,}312 \times 10^{-3}\ \text{m}^3 \times \left(-9 \times 10^5\right)\ \text{Pa} = -7283{,}9\ \text{J}$$

Para a etapa (*b*), o volume final do ar é:

$$V_2 = V_1 \frac{P_1 T_2}{P_2 T_1} = 2{,}312 \times 10^{-3}\left(\frac{10 \times 333{,}15}{1 \times 278{,}15}\right) = 2{,}769 \times 10^{-2}\ \text{m}^3$$

Utilizando as Eqs. (2.21) e (2.14),

$$\Delta H_b = C_P\,\Delta T_b = (29{,}100)(305{,}33) = 8885{,}1\ \text{J}$$
$$\Delta U_b = \Delta H_b - P\,\Delta V_b$$
$$= 8885{,}1 - (1 \times 10^5)(0{,}02769 - 0{,}00231) = 6347{,}1\ \text{J}$$

Para as duas etapas em conjunto,

$$\Delta U = -5203{,}1 + 6347{,}1 = 1144{,}0\ \text{J}$$
$$\Delta H = -7283{,}9 + 8885{,}1 = 1601{,}2\ \text{J}$$

Esses valores seriam os mesmos para *qualquer* processo que resultasse nas mesmas mudanças de estado.[8]

2.9 BALANÇOS DE MASSA E ENERGIA EM SISTEMAS ABERTOS

Embora o foco das seções anteriores tenha sido nos sistemas fechados, os conceitos apresentados encontram aplicações muito mais amplas. As leis de conservação da massa e da energia se aplicam a *todos* os processos, tanto em sistemas abertos quanto em sistemas fechados. Na realidade, o sistema aberto inclui o sistema fechado como um caso particular. O restante deste capítulo é dedicado ao tratamento de sistemas abertos e, dessa forma, ao desenvolvimento de equações de aplicabilidade prática mais ampla.

Medidas de Escoamentos

Sistemas abertos são caracterizados por correntes nas quais há escoamento; existem quatro medidas de escoamento usuais:

- Vazão mássica, $\dot{m}$
- Vazão molar, $\dot{n}$
- Vazão volumétrica, q
- Velocidade, u

As medidas de escoamento mantêm relação entre si:

$$\dot{m} = \mathcal{M}\dot{n} \quad \text{e} \quad q = uA$$

sendo $\mathcal{M}$ a massa molar e A a área da seção transversal do escoamento. É marcante a relação das vazões mássica e molar com a velocidade:

$\dot{m} = uA\rho$	(2.23a)	$\dot{n} = uA\rho$	(2.23b)

Para o escoamento, a área A é a área da seção transversal do condutor e ρ é a densidade específica ou molar. Embora a velocidade seja uma grandeza vetorial, seu módulo escalar u é aqui usado como a velocidade média da corrente na direção normal a A. Vazões $\dot{m}$, $\dot{n}$ e q representam medidas de quantidades por unidade de tempo.

[8] Você pode estar preocupado porque a trajetória aqui selecionada atravessa um estado intermediário no qual, na realidade, o ar não seria um gás, mas condensaria. Trajetórias para cálculos termodinâmicos frequentemente passam por tais estados *hipotéticos* que não podem se concretizar fisicamente, mas são, não obstante, úteis e apropriados para os cálculos. Mais estados como esse serão encontrados repetidamente nos capítulos a seguir.

A velocidade u é bem diferente em natureza, pois ela não indica o tamanho do escoamento. No entanto, ela é um importante parâmetro de projeto.

▪ Exemplo 2.9

Em uma importante artéria humana com um diâmetro interno de 5 mm, o fluxo de sangue, como uma média em relação ao ciclo cardíaco, é de 5 $cm^3 \cdot s^{-1}$. A artéria bifurca-se em dois vasos sanguíneos idênticos com diâmetros iguais a 3 mm. Quais são as velocidades médias e as vazões mássicas a montante e a jusante da bifurcação? A densidade do sangue é igual a 1,06 $g \cdot cm^{-3}$.

Solução 2.9

A velocidade média é obtida pela divisão entre a vazão volumétrica e a área para o escoamento. Assim, a montante da bifurcação, na qual o diâmetro do vaso é de 0,5 cm,

$$u_{\text{mon.}} = \frac{q}{A} = \frac{5 \text{ cm}^3 \cdot \text{s}^{-1}}{(\pi/4)(0{,}5^2 \text{ cm}^2)} = 25{,}5 \text{ cm} \cdot \text{s}^{-1}$$

A jusante da bifurcação, a vazão volumétrica em cada vaso é de 2,5 $cm^3 \cdot s^{-1}$ e o diâmetro do vaso é de 0,3 cm. Assim,

$$u_{\text{jus.}} = \frac{2{,}5 \text{ cm}^3 \cdot \text{s}^{-1}}{(\pi/4)(0{,}3^2 \text{ cm}^2)} = 35{,}4 \text{ cm} \cdot \text{s}^{-1}$$

A vazão mássica no vaso a montante é obtida pela vazão volumétrica vezes a densidade específica:

$$\dot{m}_{\text{mon.}} = 5 \text{ cm}^3 \cdot \text{s}^{-1} \times 1{,}06 \text{ g} \cdot \text{cm}^{-3} = 5{,}30 \text{ g} \cdot \text{s}^{-1}$$

Similarmente, para cada vaso a jusante:

$$\dot{m}_{\text{jus.}} = 2{,}5 \text{ cm}^3 \cdot \text{s}^{-3} \times 1{,}06 \text{ g} \cdot \text{cm}^{-3} = 2{,}65 \text{ g} \cdot \text{s}^{-1}$$

que naturalmente é a metade do valor a jusante.

Balanço de Massa em Sistemas Abertos

A região do espaço identificada para a análise de um sistema aberto é chamada de *volume de controle*; ela é separada de sua vizinhança por uma *superfície de controle*. O fluido no interior do volume de controle é o sistema termodinâmico para o qual os balanços de massa e energia são escritos. Como a massa é conservada, a taxa de variação de massa no interior do volume de controle, dm_{vc}/dt, é igual à taxa líquida de escoamento de massa para dentro do volume de controle. A convenção é de que o escoamento é positivo quando direcionado para dentro do volume de controle e negativo quando direcionado para fora. O balanço de massa é representado matematicamente por:

$$\boxed{\frac{dm_{vc}}{dt} + \Delta(\dot{m})_{\text{cor}} = 0} \tag{2.24}$$

Para o volume de controle da Figura 2.4, o segundo termo é:

$$\Delta(\dot{m})_{\text{cor}} = \dot{m}_3 - \dot{m}_1 - \dot{m}_2$$

Aqui, o operador de diferença Δ diz respeito à diferença entre escoamentos saindo e entrando, e o subscrito "cor" indica que a parcela se aplica a todas as correntes com escoamento. Note que esse é um uso diferente para esse operador, em relação ao das seções anteriores, nas quais a diferença era entre um estado inicial e um estado final. Ambas as utilizações do operador de diferença são comuns e deve ser tomado cuidado para assegurar que o sentido correto do seu uso esteja entendido.

Quando a vazão mássica $\dot{m}$ é dada pela Eq. (2.23a), a Eq. (2.24) se torna:

$$\frac{dm_{vc}}{dt} + \Delta(\rho u A)_{\text{cor}} = 0 \tag{2.25}$$

Nessa forma, a equação do balanço de massa é frequentemente chamada de equação da continuidade.

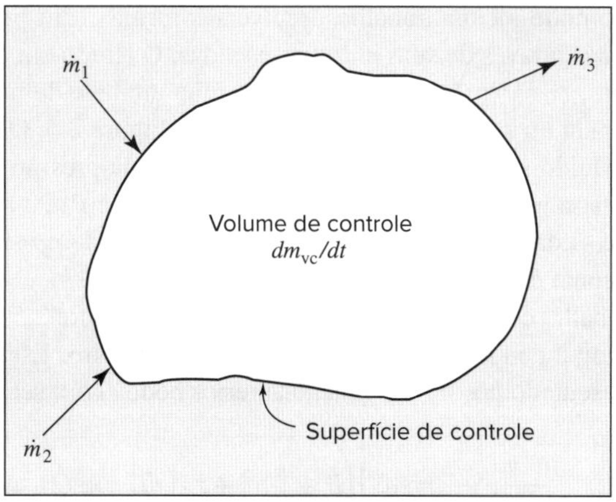

Figura 2.4 Representação esquemática de um volume de controle. Ele é separado de sua vizinhança por uma superfície de controle extensível. Duas correntes com vazões $\dot{m}_1$ e $\dot{m}_2$ são mostradas direcionadas para dentro do volume de controle e uma corrente com vazão $\dot{m}_3$ está saindo do volume de controle.

Processos com escoamento em *estado estacionário* são aqueles nos quais as condições no interior do volume de controle não variam com o tempo. Eles representam uma classe importante de processos com escoamento frequentemente encontrados na prática. Em um processo em estado estacionário, o volume de controle contém uma massa constante de fluido, e a primeira parcela ou termo de *acúmulo* da Eq. (2.24) é nulo, reduzindo a Eq. (2.25) a:

$$\Delta\,(\rho u A)_{\text{cor}} = 0$$

O termo "estado estacionário" não implica necessariamente vazões *constantes*, simplesmente indica que a entrada de massa é exatamente igual à saída de massa.

Quando há uma única corrente de entrada e outra única corrente de saída, a vazão mássica $\dot{m}$ é a mesma em ambas as correntes; então,

$$\dot{m} = \text{const} = \rho_2 u_2 A_2 = \rho_1 u_1 A_1$$

Como o volume específico é o inverso da densidade específica,

$$\boxed{\dot{m} = \frac{u_1 A_1}{V_1} = \frac{u_2 A_2}{V_2} = \frac{uA}{V}} \tag{2.26}$$

Essa forma da equação da continuidade é usada frequentemente.

O Balanço de Energia Geral

Como a energia, da mesma forma que a massa, é conservada, a taxa de variação de energia no interior de um volume de controle é igual ao transporte líquido de energia para dentro desse volume. Correntes escoando para dentro e para fora do volume de controle têm associada a elas energia em suas formas interna, potencial e cinética, e todas contribuem para a variação na energia do sistema. Cada unidade de massa de uma corrente carrega consigo uma energia total $U + \frac{1}{2}u^2 + zg$, com u sendo a velocidade média da corrente, z a sua elevação em relação a um nível de referência e g a aceleração da gravidade local. Dessa forma, cada corrente transporta energia na taxa $\left(U + \frac{1}{2}u^2 + zg\right)\dot{m}$. O transporte líquido de energia *para dentro* do sistema pelas correntes com escoamento é, consequentemente, $-\Delta\left[\left(U + \frac{1}{2}u^2 + zg\right)\dot{m}\right]_{\text{cor}}$, em que o objetivo do sinal negativo em "Δ" é fazer o termo representar *para dentro – para fora*. A taxa de acúmulo de energia no interior do volume de controle inclui essa grandeza adicionada à taxa de transferência de calor $\dot{Q}$ e à taxa de trabalho:

$$\frac{d(mU)_{\text{vc}}}{dt} = -\Delta\left[\left(U + \frac{1}{2}u^2 + zg\right)\dot{m}\right]_{\text{cor}} + \dot{Q} + \text{taxa de trabalho}$$

A taxa de trabalho pode incluir trabalho de diversas formas. Em primeiro lugar, o trabalho está associado ao movimento das correntes através de suas entradas e saídas. O fluido em qualquer entrada ou saída tem um conjunto de propriedades médias, P, V, U, H etc. Imagine que uma unidade de massa de fluido com essas propriedades encontre-se em uma entrada ou saída, como demonstrado na Figura 2.5. O fluido da corrente atua sobre essa unidade de massa. Aqui, esse fluido substitui um pistão que exerce uma pressão constante P. O trabalho realizado por esse "pistão", ao movimentar a unidade de massa através da entrada é PV, e a taxa de trabalho é $(PV)\dot{m}$. Como Δ representa a diferença entre saída e entrada, o trabalho líquido realizado *no* sistema quando todas as seções de entrada e saída são levadas em conta é $-\Delta[(PV)\dot{m}]_{\text{cor}}$.

Outra forma de trabalho é o trabalho no eixo,[9] indicado na Figura 2.5 pela taxa $\dot{W}_e$. Além disso, trabalho pode ser associado à expansão ou à contração do volume de controle inteiro. Essas formas de trabalho estão todas incluídas no termo de taxa representado por $\dot{W}$. A equação anterior pode agora ser escrita na forma:

$$\frac{d(mU)_{\text{vc}}}{dt} = -\Delta\left[\left(U + \frac{1}{2}u^2 + zg\right)\dot{m}\right]_{\text{cor}} + \dot{Q} - \Delta[(PV)\dot{m}]_{\text{cor}} + \dot{W}$$

A combinação de termos tendo em mente a definição de entalpia, $H = U + PV$, leva a:

$$\frac{d(mU)_{\text{vc}}}{dt} = -\Delta\left[\left(H + \frac{1}{2}u^2 + zg\right)\dot{m}\right]_{\text{cor}} = \dot{Q} + \dot{W}$$

que é usualmente escrita na forma:

$$\boxed{\frac{d(mU)_{\text{vc}}}{dt} + \Delta\left[\left(H + \frac{1}{2}u^2 + zg\right)\dot{m}\right]_{\text{cor}} = \dot{Q} + \dot{W}} \tag{2.27}$$

A velocidade u nas parcelas da energia cinética do balanço de energia é a velocidade média como definida pela equação $u = \dot{m}/(\rho A)$. Fluidos escoando em tubos apresentam um perfil de velocidade que vai de zero, na parede (condição de aderência), até um máximo, no centro do tubo. A energia cinética de um fluido em um tubo depende do seu perfil de velocidade. Para o caso de escoamento laminar, o perfil é parabólico, e a integração ao longo da seção do tubo mostra que o termo da energia cinética deveria ser propriamente u^2. No escoamento turbulento totalmente desenvolvido, o caso mais comum na prática, a velocidade através da maior porção da seção do tubo é praticamente uniforme, e a expressão $u^2/2$, como usada nas equações da energia, prevê um valor mais próximo do correto.

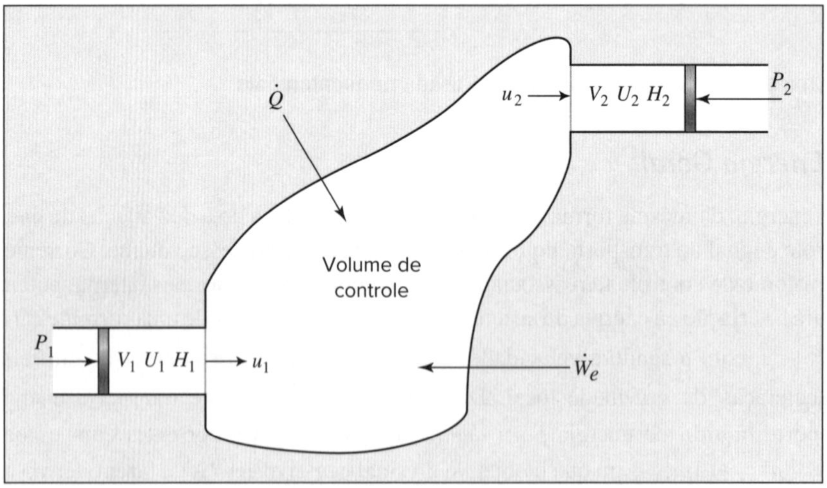

Figura 2.5 Volume de controle com uma entrada e uma saída.

[9] O trabalho mecânico adicionado ao sistema ou removido dele sem transferência de massa é chamado trabalho de eixo porque é frequentemente transferido por meio de um eixo rotativo, como em uma turbina ou um compressor. Entretanto, esse termo é utilizado mais amplamente para incluir trabalho transferido, também, por outros meios mecânicos.

Embora a Eq. (2.27) seja um balanço de energia com generalidade razoável, ela possui limitações. Particularmente, ela reflete a tácita consideração de que o centro de massa do volume de controle está estacionário. Assim, não são incluídas parcelas para variações das energias cinética e potencial do fluido no interior do volume de controle. Para virtualmente todas as aplicações de interesse do engenheiro químico, a Eq. (2.27) é adequada. Em muitas (mas não em todas) aplicações, variações nas energias cinética e potencial das correntes são também desprezíveis, e então a Eq. (2.27) assume a forma mais simples:

$$\frac{d(mU)_{\text{vc}}}{dt} + \Delta(H\dot{m})_{\text{cor}} = \dot{Q} + \dot{W} \tag{2.28}$$

▪ Exemplo 2.10

Mostre que a Eq. (2.28) se reduz à Eq. (2.3) no caso de um sistema fechado.

Solução 2.10

A segunda parcela da Eq. (2.28) é omitida na ausência de correntes com escoamento:

$$\frac{d(mU)_{\text{vc}}}{dt} = \dot{Q} + \dot{W}$$

Integrando no tempo:

$$\Delta(mU)_{\text{vc}} = \int_{t_1}^{t_2} \dot{Q}\,dt + \int_{t_1}^{t_2} \dot{W}\,dt$$

ou

$$\Delta U^t = Q + W$$

As parcelas Q e W são definidas pelas integrais na equação anterior.

Note que aqui Δ indica uma variação ao longo do tempo, não de uma entrada para uma saída. Deve-se estar ciente desse contexto para discernir seu significado.

▪ Exemplo 2.11

Um tanque para água quente, isolado e aquecido eletricamente contém 190 kg de água líquida a 60 °C. Imagine que você está tomando banho usando a água desse tanque quando ocorre uma interrupção no fornecimento de energia. Se a água for retirada do tanque a uma taxa constante de $\dot{m} = 0{,}2\ \text{kg}\cdot\text{s}^{-1}$, em quanto tempo a temperatura da água no tanque cairá de 60 °C para 35 °C? Admita que água fria a 10 °C seja alimentada no tanque e que as perdas para o ambiente sejam desprezíveis. Aqui, uma excelente hipótese para a água líquida é que $C_P = C_V = C$, independente de T e P.

Solução 2.11

Esse é um exemplo da aplicação da Eq. (2.28) em um processo transiente, no qual $\dot{Q} = \dot{W} = 0$. Consideramos uma mistura ideal no interior do tanque; isso implica que as propriedades da água deixando o tanque são as mesmas da água no seu interior. Com a vazão alimentada no tanque igual à vazão retirada, m_{vc} é constante; além disso, a diferença entre as energias cinética e potencial na entrada e na saída pode ser desprezada. Consequentemente, a Eq. (2.28) é escrita na forma:

$$m\frac{dU}{dt} + \dot{m}(H - H_1) = 0$$

com as grandezas sem subscrito se referindo ao conteúdo do tanque (e, por isso, à água deixando o tanque), e H_1 é a entalpia específica da água entrando no tanque. Com $C_P = C_V = C$,

$$\frac{dU}{dt} = C\frac{dT}{dt} \qquad \text{e} \qquad H - H_1 = C(T - T_1)$$

Desse modo, o balanço de energia se torna, após reorganização,

$$dt = -\frac{m}{\dot{m}} \cdot \frac{dT}{T - T_1}$$

A integração de $t = 0$ (quando $T = T_0$) até um tempo arbitrário t fornece:

$$t = -\frac{m}{\dot{m}} \ln\left(\frac{T - T_1}{T_0 - T_1}\right)$$

A substituição dos valores numéricos na equação fornece, para as condições do presente problema,

$$t = -\frac{190}{0{,}2} \ln\left(\frac{35 - 10}{60 - 10}\right) = 658{,}5 \text{ s}$$

Assim, após aproximadamente 11 minutos, a temperatura da água no tanque cai de 60 para 35 °C.

Balanços de Energia em Processos com Escoamento em Estado Estacionário

Processos com escoamento nos quais o termo de acúmulo da Eq. (2.27), $d(mU)_{vc}/dt$, é nulo ocorrem em *estado estacionário*. Conforme discutido em relação ao balanço de massa, isso significa que a massa do sistema no interior do volume de controle é constante; isso também significa que não ocorrem variações ao longo do tempo nas propriedades do fluido no interior do volume de controle nem nas entradas e nas saídas. Sob essas circunstâncias, não é possível a expansão do volume de controle. O único trabalho do processo é o trabalho no eixo, e o balanço de energia geral, Eq. (2.27), se torna:

$$\boxed{\Delta\left[\left(H + \frac{1}{2}u^2 + zg\right)\dot{m}\right]_{\text{cor}} = \dot{Q} + \dot{W}_e} \tag{2.29}$$

Embora "estado estacionário" não implique necessariamente "escoamento estacionário", a aplicação normal dessa equação é realizada em processos com escoamento estacionário, em estado estacionário, pois tais processos representam a norma industrial.[10]

Uma maior particularização ocorre quando o volume de controle tem uma entrada e uma saída. Nesse caso, a mesma vazão mássica $\dot{m}$ se aplica às duas correntes, e a Eq. (2.29) se reduz a:

$$\Delta\left(H + \frac{1}{2}u^2 + zg\right)\dot{m} = \dot{Q} + \dot{W}_e \tag{2.30}$$

na qual o subscrito "cor" foi omitido e Δ representa a variação da entrada à saída. A divisão por $\dot{m}$ fornece:

$$\Delta\left(H + \frac{1}{2}u^2 + zg\right) = \frac{\dot{Q}}{\dot{m}} + \frac{\dot{W}_e}{\dot{m}} = Q + W_e$$

ou

$$\boxed{\Delta H + \frac{\Delta u^2}{2} + g\Delta z = Q + W_e} \tag{2.31}$$

Essa equação é a expressão matemática da Primeira Lei para um processo com escoamento estacionário, em estado estacionário, entre uma entrada e uma saída. Todas as parcelas representam energia por unidade de massa do fluido. A unidade de energia é normalmente o joule.

Em muitas aplicações, as parcelas referentes às energias cinética e potencial são omitidas, pois são desprezíveis quando comparadas às outras parcelas.[11] Em tais situações, a Eq. (2.31) se reduz a:

$$\Delta H = Q + W_e \tag{2.32}$$

Essa expressão da Primeira Lei para um processo com escoamento estacionário, em estado estacionário, é análoga à Eq. (2.3) para processos sem escoamento. Entretanto, na Eq. (2.32), a entalpia, em vez da energia interna, é a propriedade termodinâmica relevante, e Δ refere-se à variação da entrada até a saída, em vez de antes para depois de um evento.

[10] Um exemplo de um processo em estado estacionário sem escoamento estacionário é um aquecedor de água, no qual as variações na vazão são exatamente compensadas por mudanças na taxa de transferência de calor, de tal forma que as temperaturas no sistema se mantenham constantes.

[11] Exceções notáveis incluem aplicações em ejetores, medidores de vazão, túneis de vento e estações de potência hidroelétrica.

Um Calorímetro de Fluxo para Medidas de Entalpia

A utilização das Eqs. (2.31) e (2.32) na solução de problemas práticos requer valores de entalpia. Como H é uma função de estado, seus valores dependem somente de condições pontuais; uma vez determinados, eles podem ser organizados em uma tabela para uso posterior no mesmo conjunto de condições. Com esse objetivo, a Eq. (2.32) pode ser aplicada em processos em laboratório projetados para a medição de entalpia.

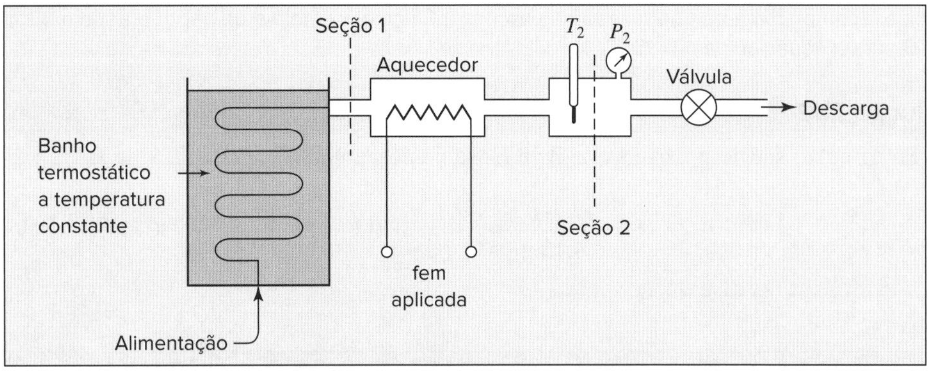

Figura 2.6 Calorímetro de fluxo.

Um calorímetro de fluxo simples é ilustrado esquematicamente na Figura 2.6. Sua parte essencial é um aquecedor de resistência elétrica imerso em um fluido em escoamento. O equipamento é projetado de tal forma que as variações de velocidade e elevação da seção 1 até a seção 2 sejam mínimas, fazendo com que as variações nas energias cinética e potencial do fluido sejam desprezíveis. Sem a entrada de trabalho no eixo no sistema, a Eq. (2.32) se reduz a $\Delta H = H_2 - H_1 = Q$. A taxa de transferência de calor para o fluido é determinada a partir da resistência do aquecedor e da corrente que o atravessa. Na prática, vários detalhes necessitam de atenção, porém, em princípio, a operação do calorímetro de fluxo é simples. Medidas da taxa de transferência de calor e da vazão do fluido permitem o cálculo da variação ΔH entre as seções 1 e 2.

Por exemplo, entalpias da água líquida e vapor são prontamente determinadas. O banho a temperatura constante (banho termostático) é cheio com uma mistura de gelo picado e água para manter a temperatura em 0 °C. Água líquida é alimentada no equipamento, e a serpentina, por meio da qual a água atravessa o banho, é longa o suficiente para garantir que sua temperatura na saída seja necessariamente 0 °C. A temperatura e a pressão na seção 2 são medidas com instrumentos apropriados. Valores da entalpia da H_2O, para várias condições na seção 2, são dados por:

$$H_2 = H_1 + Q$$

na qual Q é o calor adicionado por unidade de massa de água escoando.

A pressão pode variar de corrida para corrida, porém, na faixa característica desses experimentos, ela tem um efeito desprezível na entalpia da água alimentada e, para fins práticos, H_1 é uma constante. Valores absolutos de entalpia, assim como valores absolutos da energia interna, são desconhecidos. Consequentemente, um valor arbitrário para H_1 pode ser especificado como *base* para todos os outros valores de entalpia. A especificação de $H_1 = 0$ para a água líquida a 0 °C leva a:

$$H_2 = H_1 + Q = 0 + Q = Q$$

Valores de entalpia podem ser apresentados na forma de tabelas para a temperatura e a pressão existentes na seção 2 em um grande número de experimentos. Adicionalmente, medições do volume específico podem ser efetuadas nessas mesmas condições, e seus resultados, adicionados à tabela com os correspondentes valores da energia interna calculados pela Eq. (2.10), $U = H - PV$. Dessa forma, tabelas de propriedades termodinâmicas são compiladas abrangendo toda a faixa útil de condições. A tabela desse tipo mais utilizada é a da água, sendo conhecida como a *tabela de vapor*.[12]

A entalpia pode ser tomada como nula em algum outro estado diferente do líquido a 0 °C. A escolha é arbitrária. As equações da Termodinâmica, tais como as Eqs. (2.31) e (2.32), são aplicáveis em *mudanças* de estados, nas quais as *diferenças* de entalpia são independentes da localização do ponto zero. Contudo, uma vez selecionado um ponto zero arbitrário para a entalpia, uma escolha arbitrária para a energia interna não pode ser feita, pois a energia interna está relacionada com a entalpia por meio da Eq. (2.10).

[12] Tabelas de vapor adequadas para vários objetivos são fornecidas no Apêndice E. O Chemistry WebBook do NIST inclui uma calculadora para as propriedades dos fluidos, que pode gerar tabelas para a água e mais 75 outras substâncias: <http://webbook.nist.gov/chemistry/fluid/>.

■ Exemplo 2.12

No calorímetro de fluxo anteriormente discutido, os seguintes dados foram obtidos usando a água como fluido:

Vazão = 4,15 g · s^{-1} $\quad t_1 = 0$ °C $\quad t_2 = 300$ °C $\quad P_2 = 3$ bar

Taxa de energia adicionada pelo aquecedor resistivo = 12.740 W

A água é completamente vaporizada no processo. Calcule a entalpia do vapor d'água a 300 °C e 3 bar, com base em $H = 0$ para a água líquida a 0 °C.

Solução 2.12

Se Δz e Δu^2 são desprezíveis e se W_e e H_1 são nulos, então $H_2 = Q$, e

$$H_2 = \frac{12.740 \text{ J} \cdot \text{s}^{-1}}{4{,}15 \text{ g} \cdot \text{s}^{-1}} = 3070 \text{ J} \cdot \text{g}^{-1} \qquad \text{ou} \qquad 3070 \text{ kJ} \cdot \text{kg}^{-1}$$

■ Exemplo 2.13

Ar a 1 bar e 25 °C entra em um compressor com baixa velocidade. Ele é descarregado a 3 bar e entra em um ejetor no qual sofre uma expansão, atingindo uma velocidade final de 600 m · s^{-1}, em condições de pressão e temperatura iguais às iniciais. Se o trabalho de compressão for de 240 kJ por quilograma de ar, qual quantidade de calor deve ser removida durante a compressão?

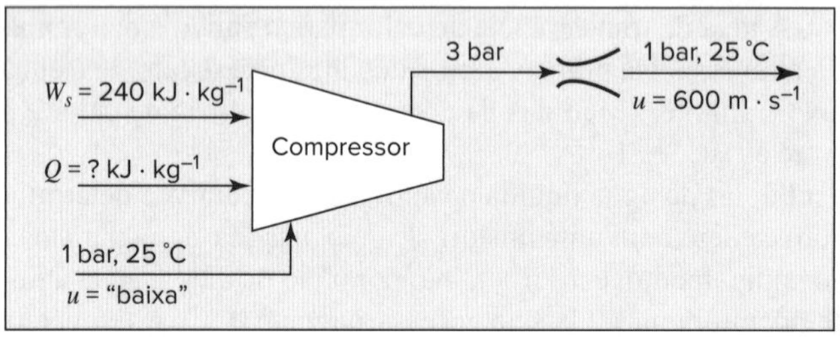

Solução 2.13

Como o ar retorna às suas condições iniciais de T e P, o processo global não produz variação na sua entalpia. Além disso, a variação da energia potencial do ar é presumidamente desprezível. Desprezando também a energia cinética inicial do ar, escrevemos a Eq. (2.31) na forma:

$$\Delta H + \frac{\Delta u^2}{2} + g\Delta z = 0 + \frac{u_2^2}{2} + 0 = Q + W_e$$

Então

$$Q = \frac{u_2^2}{2} - W_e$$

A parcela da energia cinética é avaliada como segue:

$$\frac{1}{2}u_2^2 = \frac{1}{2}\left(600\frac{\text{m}}{\text{s}}\right)^2 = 180.000\frac{\text{m}^2}{\text{s}^2} = 180.000\frac{\text{m}^2}{\text{s}^2}\cdot\frac{\text{kg}}{\text{kg}}$$
$$= 180.000 \text{ N} \cdot \text{m} \cdot \text{kg}^{-1} = 180 \text{ kJ} \cdot \text{kg}^{-1}$$

Então

$$Q = 180 - 240 = -60 \text{ kJ} \cdot \text{kg}^{-1}$$

Calor, em uma quantidade de 60 kJ, tem de ser removido por quilograma de ar comprimido.

■ Exemplo 2.14

Água a 90 °C é bombeada de um tanque de armazenamento a uma vazão de 3 L · s^{-1}. O motor da bomba fornece trabalho a uma taxa de 1,5 kJ · s^{-1}. A água atravessa um trocador de calor, onde libera calor a uma taxa de 670 kJ · s^{-1}, sendo então descarregada em um segundo tanque posicionado 15 m acima do primeiro. Qual é a temperatura da água descarregada no segundo tanque?

Solução 2.14

Esse é um processo com escoamento estacionário, em estado estacionário, no qual a Eq. (2.31) se aplica. As velocidades inicial e final da água nos tanques de armazenamento são desprezíveis, e o termo $\Delta u^2/2$ pode ser omitido. As parcelas restantes são expressas nas unidades kJ · kg^{-1}. A 90 °C, a densidade da água é de 0,965 kg · L^{-1}, e a vazão mássica é:

$$\dot{m} = (3)(0{,}965) = 2{,}895 \text{ kg} \cdot \text{s}^{-1}$$

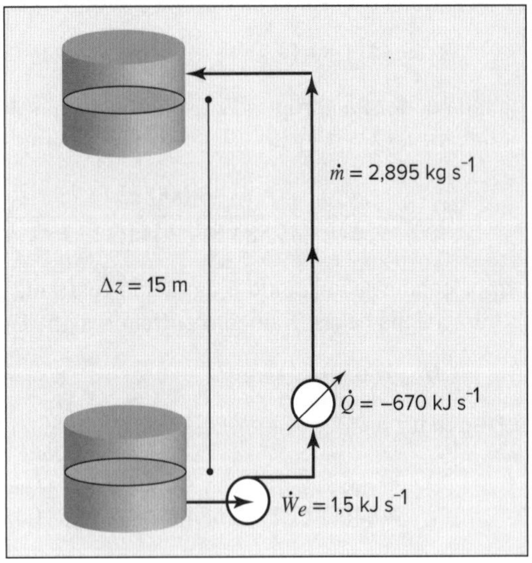

Para o trocador de calor,

$$Q = -670/2{,}895 = -231{,}4 \text{ kJ} \cdot \text{kg}^{-1}$$

Para o trabalho no eixo da bomba,

$$W_e = 1{,}5/2{,}895 = 0{,}52 \text{ kJ} \cdot \text{kg}^{-1}$$

Se g for tomada como igual ao valor-padrão de 9,8 m · s^{-2}, o termo da energia potencial se torna:

$$g\Delta z = (9{,}8)(15) = 147 \text{ m}^2 \cdot \text{s}^{-2}$$
$$= 147 \text{ J} \cdot \text{kg}^{-1} = 0{,}147 \text{ kJ} \cdot \text{kg}^{-1}$$

Agora, a Eq. (2.31) fornece:

$$\Delta H = Q + W_s - g\Delta z = -231{,}4 + 0{,}52 - 0{,}15 = -231{,}03 \text{ kJ} \cdot \text{kg}^{-1}$$

O valor na tabela de vapor para a entalpia da água líquida a 90 °C é:

$$H_1 = 376{,}9 \text{ kJ} \cdot \text{kg}^{-1}$$

Assim,

$$\Delta H = H_2 - H_1 = H_2 - 376{,}9 = -231{,}0$$

e

$$H_2 = 376{,}9 - 231{,}0 = 145{,}9 \text{ kJ} \cdot \text{kg}^{-1}$$

A temperatura da água que tem essa entalpia é encontrada na tabela de vapor:

$$t = 34{,}83\ °C$$

Nesse exemplo, W_e e $g\Delta z$ são pequenos em relação ao valor de Q; assim, para objetivos práticos, eles podem ser desprezados.

▪ Exemplo 2.15

Uma turbina a vapor opera adiabaticamente com uma produção de potência de 4000 kW. Vapor entra na turbina a 2100 kPa e 475 °C. O vapor que sai é vapor saturado a 10 kPa, que entra em um condensador, sendo condensado e resfriado até 30 °C. Nessas condições, qual é a vazão mássica do vapor e em que taxa a água de resfriamento deve ser fornecida para o condensador, com essa água entrando a 15 °C e sendo aquecida até 25 °C?

Solução 2.15

As entalpias do vapor na entrada e na saída da turbina foram obtidas nas tabelas de vapor, sendo:

$$H_1 = 3411{,}3\ \text{kJ} \cdot \text{kg}^{-1} \qquad \text{e} \qquad H_2 = 2584{,}8\ \text{kJ} \cdot \text{kg}^{-1}$$

Para uma turbina projetada de forma apropriada, as variações nas energias cinética e potencial são desprezíveis, e, em uma operação adiabática, $Q = 0$. A Eq. (2.32) torna-se, simplesmente, $W_e = \Delta H$. Então $\dot{W}_e = \dot{m}(\Delta H)$, e

$$\dot{m}_{\text{vapor}} = \frac{\dot{W}_e}{\Delta H} = \frac{-4000\ \text{kJ} \cdot \text{s}^{-1}}{(2584{,}8 - 3411{,}3)\ \text{kJ} \cdot \text{kg}^{-1}} = 4{,}840\ \text{kg} \cdot \text{s}^{-1}$$

No condensador, o vapor condensado saindo é água sub-resfriada a 30 °C, para a qual (das tabelas de vapor) $H_3 = 125{,}7\ \text{kJ} \cdot \text{kg}^{-1}$. Para a água de resfriamento entrando a 15 °C e saindo a 25 °C, as entalpias são

$$H_{\text{ent.}} = 62{,}9\ \text{kJ} \cdot \text{kg}^{-1} \qquad \text{e} \qquad H_{\text{sai}} = 104{,}8\ \text{kJ} \cdot \text{kg}^{-1}$$

Aqui, a Equação (2.29) se reduz a

$$\dot{m}_{\text{vapor}}(H_3 - H_2) + \dot{m}_{\text{água}}(H_{\text{sai}} - H_{\text{ent.}}) = 0$$
$$4{,}840(125{,}7 - 2584{,}8) + \dot{m}_{\text{água}}(104{,}8 - 62{,}9) = 0$$

A solução fornece,

$$\dot{m}_{\text{água}} = 284{,}1\ \text{kg} \cdot \text{s}^{-1}$$

2.10 SINOPSE

Após estudar este capítulo, incluindo os problemas no final do capítulo, você deve estar habilitado a:

- Enunciar e aplicar a Primeira Lei da Termodinâmica, fazendo uso das convenções de sinais apropriadas;
- Explicar e aplicar os conceitos de energia interna, entalpia, função de estado, equilíbrio e processo reversível;
- Explicar as diferenças entre funções de estado e grandezas dependentes da trajetória, tais como calor e trabalho;
- Calcular variações em variáveis de estado para um processo real por meio da sua substituição por um processo reversível hipotético conectando os mesmos estados;
- Relacionar variações na entalpia e na energia interna de uma substância às variações de temperatura, com os cálculos baseados na capacidade calorífica apropriada;
- Construir e aplicar balanços de massa e energia para sistemas abertos.

2.11 PROBLEMAS

2.1. Um recipiente não condutor que contém 25 kg de água a 20 °C tem um agitador impulsionado pela ação da gravidade sobre um peso de massa igual a 35 kg. O peso desce vagarosamente uma distância de 5 m, acionando o agitador.

Admitindo que todo o trabalho realizado sobre o peso é transferido para a água e que a aceleração da gravidade local é de 9,8 m · s^{-2}, determine:

(*a*) A quantidade de trabalho realizado sobre a água.
(*b*) A variação na energia interna da água.
(*c*) A temperatura final da água, que tem $C_P = 4{,}18$ kJ · kg^{-1} · $°C^{-1}$.
(*d*) A quantidade de calor que deve ser removida da água para retorná-la à sua temperatura inicial.
(*e*) A variação da energia total do universo causada (1) pelo processo de descida do peso, (2) pelo processo de resfriamento da água, levando-a até sua temperatura inicial, e (3) pelos dois processos em conjunto.

2.2. Refaça o Problema 2.1, considerando um recipiente isolado termicamente que varie sua temperatura juntamente à água e que tenha uma capacidade calorífica equivalente a 5 kg de água. Resolva o problema de duas maneiras:

(*a*) Considere a água e o recipiente como o sistema.
(*b*) Considere somente a água como o sistema.

2.3. Um ovo, inicialmente em repouso, cai em uma superfície de concreto e quebra. Com o ovo considerado como o sistema,

(*a*) Qual é o sinal de W?
(*b*) Qual é o sinal de ΔE_P?
(*c*) Qual é o valor de ΔE_K?
(*d*) Qual é o valor de ΔU^t?
(*e*) Qual é o sinal de Q?

Na modelagem desse processo, considere tempo suficiente para o ovo quebrado retornar à sua temperatura inicial. Qual é a origem da transferência de calor na parte (*e*)?

2.4. Um motor elétrico atuando sob carga constante consome 9,7 amperes a 110 volts, fornecendo 1,25(hp) de energia mecânica. Qual é a taxa de transferência de calor saindo do motor em kW?

2.5. Um misturador elétrico de mão utiliza 1,5 ampere a 110 volts. Ele é usado para misturar 1 kg de massa de biscoito por 5 minutos. Após a mistura, a temperatura da massa de biscoito tem um aumento de 5 °C. Se a capacidade calorífica da massa é de 4,2 kJ · kg^{-1} · K^{-1}, qual a fração da energia elétrica utilizada pelo misturador que é convertida em energia interna da massa? Discuta o destino do restante da energia.

2.6. Um mol de gás, em um sistema fechado, passa por um ciclo termodinâmico de quatro etapas. Utilize os dados fornecidos na tabela a seguir para determinar os valores numéricos para as grandezas que faltam, isto é, "preencha os espaços vazios".

Etapa	ΔU^t/J	Q/J	W/J
12	−200	?	−6000
23	?	−3800	?
34	?	−800	300
41	4700	?	?
12341	?	?	−1400

2.7. Comente sobre a possibilidade de resfriar a sua cozinha no verão abrindo a porta de uma geladeira elétrica.

2.8. Um tanque contendo 20 kg de água a 20 °C é equipado com um agitador que realiza trabalho na água a uma taxa de 0,25 kW. Quanto tempo será necessário para a temperatura da água atingir 30 °C se não houver perda de calor da água para a vizinhança? Para a água, $C_P = 4{,}18$ kJ · kg^{-1} · $°C^{-1}$.

2.9. Uma quantidade de 7,5 kJ de calor é adicionada a um sistema fechado, enquanto a sua energia interna diminui de 12 kJ. Qual a quantidade de energia transferida na forma de trabalho? Para um processo com trabalho nulo, causando a mesma mudança de estado, que quantidade de calor é transferida?

2.10. Uma peça de 2 kg de aço encontra-se a uma temperatura inicial de 500 °C; 40 kg de água, inicialmente a 25 °C, estão no interior de um tanque de aço que pesa 5 kg, perfeitamente isolado. A peça de aço é imersa na água e permite-se que o sistema atinja o equilíbrio. Qual é a sua temperatura final? Ignore qualquer efeito de expansão ou contração e admita calores específicos constantes de 4,18 kJ · kg^{-1} · $°C^{-1}$ para a água e 0,50 kJ · kg^{-1} · $°C^{-1}$ para o aço.

2.11. Um cilindro isolado, equipado com um pistão sem atrito, tem em seu interior um fluido incompressível (ρ = constante). Energia na forma de trabalho pode ser transferida para o fluido? Qual é a variação na energia interna do fluido quando a pressão é aumentada de P_1 para P_2?

2.12. Um kg de água líquida a 25 °C, para o qual $C_P = 4{,}18$ kJ · kg^{-1} · °C^{-1}:

(*a*) Passa por um aumento de 1 K na temperatura. Qual é o valor de ΔU^t em kJ?
(*b*) Passa por uma variação na elevação de Δz. A variação na energia potencial ΔE_P é igual à variação ΔU^t na parte (*a*). Qual é o valor de Δz em metros?
(*c*) É acelerado do repouso até uma velocidade final u. A variação na energia cinética ΔE_K é igual à variação ΔU^t na parte (*a*). Qual é o valor de u em m · s^{-1}?

Compare e discuta os resultados dos três itens anteriores.

2.13. Um motor elétrico sob carga opera "quente" em função de suas irreversibilidades internas. Foi sugerido que a perda associada de energia poderia ser minimizada por meio do isolamento térmico da carcaça do motor. Comente criticamente essa sugestão.

2.14. Uma turbina hidráulica opera como uma coluna de 50 m de água. As tubulações de entrada e saída têm 2 m de diâmetro. Estime a potência mecânica desenvolvida pela turbina para uma velocidade de saída de 5 m · s^{-1}?

2.15. Uma turbina eólica com um rotor de diâmetro igual a 40 m produz 90 kW de energia elétrica quando a velocidade do vento é de 8 m · s^{-1}. A densidade do ar incidindo na turbina é de 1,2 kg · m^{-3}. Que fração da energia cinética do vento que incide na turbina é convertida em energia elétrica?

2.16. A bateria de um notebook fornece 11,1 V e tem uma capacidade de 56 W · h. Em uso normal, ela descarrega após 4 horas. Qual é a corrente média utilizada pelo notebook e qual é a taxa média de dissipação de calor dele? Você pode considerar que a temperatura do notebook permanece constante.

2.17. Suponha que o notebook do Problema 2.16 seja colocado em uma maleta isolada, com a bateria completamente carregada, mas não entra no modo de "economia de energia" e então descarrega como estivesse em uso. Se o calor não deixar a maleta, a capacidade calorífica da maleta for desprezível e o computador tiver massa de 2,3 kg e um calor específico médio igual a 0,8 kJ · kg^{-1} · °C^{-1}, estime a temperatura do notebook após sua bateria ficar completamente descarregada.

2.18. Em adição aos escoamentos de calor e trabalho, energia pode ser transferida na forma de luz, como em um dispositivo fotovoltaico (célula solar). A energia contida na luz depende do comprimento de onda (cor) e de sua intensidade. Quando a luz do sol incide na célula solar, uma parte é refletida, outra é absorvida e convertida em trabalho elétrico e outra é absorvida e convertida em calor. Considere um painel de células solares com uma área de 3 m^2. A potência de energia solar incidente sobre o painel é de 1 kW · m^{-2}. O painel converte 17 % da potência incidente em trabalho elétrico e reflete 20 % da luz incidente. Em estado estacionário, qual é a taxa de calor removida do painel de células solares?

2.19. Água líquida a 180 °C e 1002,7 kPa tem uma energia interna (em uma escala arbitrária) de 762,0 kJ · kg^{-1} e um volume específico de 1,128 cm^3 · g^{-1}.

(*a*) Qual é a sua entalpia?
(*b*) A água é levada ao estado vapor a 300 °C e 1500 kPa, no qual sua energia interna é de 2784,4 kJ · kg^{-1} e seu volume específico é igual a 169,7 cm^3 · g^{-1}. Calcule ΔU e ΔH para esse processo.

2.20. Um corpo sólido na temperatura inicial T_0 é imerso em um banho de água a uma temperatura inicial T_{a0}. Calor é transferido do sólido para a água a uma taxa $\dot{Q} = K \cdot (T_a - T)$, em que K é uma constante e T_a e T valores *instantâneos* das temperaturas da água e do sólido. Desenvolva uma expressão para T como uma função do tempo τ. Verifique o seu resultado nos casos limites, $\tau = 0$ e $\tau = \infty$. Despreze efeitos de expansão ou contração e considere calores específicos constantes para a água e para o sólido.

2.21. Segue uma lista de operações unitárias comuns:

(*a*) Trocador de calor com um tubo.
(*b*) Trocador de calor bitubular.
(*c*) Bomba.
(*d*) Compressor de gás.
(*e*) Turbina a gás.
(*f*) Válvula de restrição.
(*g*) Bocal.

Desenvolva uma forma simplificada do balanço de energia geral, em estado estacionário, apropriada para cada operação. Apresente detalhadamente e justifique cada consideração feita por você.

2.22. O número de Reynolds Re é um grupo adimensional que caracteriza a intensidade do escoamento. Com valores altos de Re, um escoamento é turbulento; com valores pequenos de Re, ele é laminar. Para escoamento em tubulações, Re $\equiv u\rho D/\mu$, sendo D o diâmetro da tubulação e μ a viscosidade dinâmica do fluido.

(*a*) Se D e μ tiverem valores fixos, qual é o efeito sobre Re se aumentarmos o valor da vazão mássica $\dot{m}$?
(b) Se $\dot{m}$ e μ tiverem valores fixos, qual é o efeito sobre Re se aumentarmos o valor de D?

2.23. Um líquido incompressível (ρ = constante) escoa, em estado estacionário, através de um duto de seção transversal circular que aumenta em diâmetro ao longo de seu comprimento. Na posição 1, o diâmetro equivale a 2,5 cm e a velocidade é de 2 m · s^{-1}; na posição 2, o diâmetro é igual a 5 cm.

(*a*) Qual é o valor da velocidade na posição 2?

(*b*) Qual é o valor da variação da energia cinética (J · kg^{-1}) do fluido entre as posições 1 e 2?

2.24. Uma corrente de água morna é produzida em um processo de mistura, em estado estacionário, combinando 1,0 kg · s^{-1} de água fria a 25 °C com 0,8 kg · s^{-1} de água quente a 75 °C. Durante a mistura, calor é perdido para a vizinhança na taxa de 30 kJ · s^{-1}. Qual é a temperatura da corrente de água morna? Considere o calor específico da água constante e igual a 4,18 kJ · kg^{-1} · K^{-1}.

2.25. Gás é retirado de um tanque. Desprezando a transferência de calor entre o gás e o tanque, mostre que os balanços de massa e de energia produzem a equação diferencial:

$$\frac{dU}{H' - U} = \frac{dm}{m}$$

Aqui, U e m referem-se ao gás remanescente no interior do tanque; H' é a entalpia específica do gás saindo do tanque. Em quais condições pode-se considerar $H' = H$?

2.26. Água a 28 °C escoa em um tubo reto horizontal, no qual não há transferência de calor ou de trabalho com a vizinhança. Sua velocidade é de 14 m · s^{-1} em uma seção do tubo com diâmetro interno de 2,5 cm. A água passa dessa seção para outra seção onde ocorre um aumento brusco do diâmetro. Qual será a variação da temperatura da água se o diâmetro da segunda seção for de 3,8 cm? E se ele for de 7,5 cm? Qual é a máxima variação de temperatura para um aumento do diâmetro do tubo?

2.27. Cinquenta kmol por hora de ar são comprimidos de P_1 = 1,2 bar para P_2 = 6,0 bar em um compressor, em escoamento estacionário. A potência mecânica fornecida é de 98,8 kW. As temperaturas e velocidades são:

$$T_1 = 300 \text{ K} \qquad T_2 = 520 \text{ K}$$
$$u_1 = 10 \text{ m} \cdot \text{s}^{-1} \qquad u_2 = 3{,}5 \text{ m} \cdot \text{s}^{-1}$$

Estime a taxa de transferência de calor saindo do compressor. Considere que $C_P = (7/2)R$ para o ar e que a entalpia seja independente da pressão.

2.28. Nitrogênio escoa em estado estacionário através de um tubo horizontal, isolado termicamente, com diâmetro interno de 1,5(in). Há uma queda de pressão resultante da passagem por uma válvula parcialmente aberta. Logo a montante da válvula, a pressão é de 100(psia), a temperatura é de 120(°F) e a velocidade média é de 20(ft)(s)$^{-1}$. Sendo a pressão logo a jusante da válvula igual a 20(psia), qual é a temperatura? Admita para o nitrogênio que PV/T seja constante, $C_V = (5/2)R$ e $C_P = (7/2)R$. (Valores de R, a constante do gás ideal, são fornecidos no Apêndice A.)

2.29. Ar escoa em estado estacionário através de uma tubulação isolada, horizontal, com diâmetro interno igual a 4 cm. Uma queda de pressão resulta da passagem por uma válvula parcialmente aberta. Justamente a montante da válvula, a pressão é de 7 bar, a temperatura é de 45 °C e a velocidade média é de 20 m · s^{-1}. Se a pressão logo a jusante da válvula for de 1,3 bar, qual é a temperatura? Considere para o ar que PV/T seja constante, $C_V = (5/2)R$ e $C_P = (7/2)R$. (Valores para R, a constante do gás ideal, são fornecidas no Apêndice A.)

2.30. Água escoa através de uma serpentina horizontal aquecida pelo lado externo por gases de exaustão a alta temperatura. Ao atravessar a serpentina, a água muda de estado, passando de líquido a 200 kPa e 80 °C para vapor a 100 kPa e 125 °C. Sua velocidade na entrada da serpentina é de 3 m · s^{-1}, e na saída, 200 m · s^{-1}. Determine o calor transferido através da parede da serpentina por unidade de massa de água. As entalpias das correntes de entrada e saída são:

Entrada: 334,9 kJ · kg^{-1}; Saída: 2726,5 kJ · kg^{-1}

2.31. Vapor d'água escoa, em estado estacionário, através de um bocal convergente, isolado termicamente, com 25 cm de comprimento e 5 cm de diâmetro na entrada. Na entrada do bocal (estado 1), a temperatura e a pressão são 325 °C e 700 kPa, respectivamente, e a velocidade é de 30 m · s^{-1}. Na saída do bocal (estado 2), a temperatura e a pressão do vapor d'água são 240 °C e 350 kPa. Os valores das propriedades são:

$$H_1 = 3112{,}5 \text{ kJ} \cdot \text{kg}^{-1} \qquad V_1 = 388{,}61 \text{ cm}^3 \cdot \text{g}^{-1}$$
$$H_2 = 2945{,}7 \text{ kJ} \cdot \text{kg}^{-1} \qquad V_2 = 667{,}75 \text{ cm}^3 \cdot \text{g}^{-1}$$

Qual é a velocidade do vapor na saída do bocal e qual é o diâmetro nessa saída?

2.32. A seguir, considere $C_V = 20{,}8$ e $C_P = 29{,}1$ J · mol^{-1} · °C^{-1} para o nitrogênio gasoso:

(*a*) Três mols de nitrogênio a 30 °C, contidos em um vaso rígido, são aquecidos até 250 °C. Que quantidade de calor é requerida se o vaso tiver capacidade calorífica desprezível? Se o vaso tiver massa igual a 100 kg, com capacidade calorífica de 0,5 kJ · kg^{-1} · °C^{-1}, que quantidade de calor será necessária?

(*b*) Quatro mols de nitrogênio a 200 °C estão no interior de um dispositivo pistão/cilindro. Que quantidade de calor deve ser extraída desse sistema, que é mantido a pressão constante, para resfriá-lo até 40 °C se a capacidade calorífica do pistão/cilindro for desprezível?

2.33. A seguir, considere $C_V = 5$ e $C_P = 7$(Btu)(lbmol)$^{-1}$ (°F)$^{-1}$ para o nitrogênio gasoso:

(*a*) Três libra-mols de nitrogênio a 70(°F), contidos em um vaso rígido, são aquecidos até 350(°F). Que quantidade de calor será necessária se o vaso tiver capacidade calorífica desprezível? Se o vaso tiver massa igual a 200(lb$_m$), com capacidade calorífica de 0,12(Btu)(lb$_m$)$^{-1}$(°F)$^{-1}$, que quantidade de calor será necessária?

(*b*) Quatro libra-mols de nitrogênio a 400(°F) estão no interior de um dispositivo pistão/cilindro. Que quantidade de calor deve ser extraída desse sistema, que é mantido a pressão constante, para resfriá-lo até 150(°F) se a capacidade calorífica do pistão/cilindro for desprezível?

2.34. Deduza a equação para o trabalho na compressão isotérmica reversível de 1 mol de gás em um dispositivo pistão/cilindro, sendo o volume molar do gás dado por

$$V = \frac{RT}{P} + b$$

na qual b e R são constantes positivas.

2.35. Vapor d'água a 200(psia) e 600(°F) [estado 1] entra em uma turbina através de um tubo com 3 polegadas de diâmetro, a uma velocidade de 10(ft)(s)$^{-1}$. A exaustão da turbina é feita através de um tubo com 10 polegadas de diâmetro e encontra-se a 5(psia) e 200 (°F) [estado 2]. Qual é a potência da turbina?

$$H_1 = 1322{,}6(\text{Btu})(\text{lb}_m)^{-1} \qquad V_1 = 3{,}058(\text{ft})^3(\text{lb}_m)^{-1}$$
$$H_2 = 1148{,}6(\text{Btu})(\text{lb}_m)^{-1} \qquad V_2 = 78{,}14(\text{ft})^3(\text{lb}_m)^{-1}$$

2.36. Vapor d'água a 1400 kPa e 350 °C [estado 1] entra em uma turbina através de um tubo com 8 cm de diâmetro, com uma vazão mássica de 0,1 kg · s^{-1}. A exaustão da turbina é feita através de um tubo com 25 cm de diâmetro e encontra-se a 50 kPa e 100 °C [estado 2]. Qual é a potência da turbina?

$$H_1 = 3150{,}7 \text{ kJ} \cdot \text{kg}^{-1} \qquad V_1 = 0{,}20024 \text{ m}^3 \cdot \text{kg}^{-1}$$
$$H_2 = 2682{,}6 \text{ kJ} \cdot \text{kg}^{-1} \qquad V_2 = 3{,}4181 \text{ m}^3 \cdot \text{kg}^{-1}$$

2.37. Dióxido de carbono gasoso entra em um compressor resfriado a água, nas condições iniciais $P_1 = 1$ bar e $T_1 = 10$ °C, e é descarregado nas condições $P_2 = 36$ bar e $T_2 = 90$ °C. O CO_2 alimentado escoa através de um tubo com 10 cm de diâmetro a uma velocidade média de 10 m · s^{-1} e é descarregado em um tubo de 3 cm de diâmetro. A potência fornecida para o compressor é igual a 12,5 kJ · mol^{-1}. Qual é a taxa de transferência de calor saindo do compressor?

$$H_1 = 21{,}71 \text{ kJ} \cdot \text{mol}^{-1} \qquad V_1 = 23{,}40 \text{ L} \cdot \text{mol}^{-1}$$
$$H_2 = 23{,}78 \text{ kJ} \cdot \text{mol}^{-1} \qquad V_2 = 0{,}7587 \text{ L} \cdot \text{mol}^{-1}$$

2.38. Dióxido de carbono gasoso entra em um compressor resfriado a água, nas condições iniciais P_1 = 15(psia) e T_1 = 50(°F), e é descarregado nas condições P_2 = 520(psia) e T_2 = 200(°F). O CO_2 alimentado escoa através de um tubo com 4 polegadas de diâmetro a uma velocidade de 20(ft)(s)$^{-1}$ e é descarregado através de um tubo de 1 polegada de diâmetro. O trabalho de eixo fornecido ao compressor é igual a 5360(Btu)(lbmol)$^{-1}$. Qual é a taxa de transferência de calor saindo do compressor em (Btu)(h)$^{-1}$?

$$H_1 = 307(\text{Btu})(\text{lb}_m)^{-1} \qquad V_1 = 9{,}25(\text{ft})^3(\text{lb}_m)^{-1}$$
$$H_2 = 330(\text{Btu})(\text{lb}_m)^{-1} \qquad V_2 = 0{,}28(\text{ft})^3(\text{lb}_m)^{-1}$$

2.39. Mostre que W e Q para um processo *arbitrário*, sem escoamento e mecanicamente reversível são dados por:

$$W = \int V\,dp - \Delta(PV) \qquad Q = \Delta H - \int V\,dp$$

2.40. Um quilograma de ar é aquecido reversivelmente, a pressão constante, de um estado inicial de 300 K e 1 bar até que seu volume triplique. Calcule W, Q, ΔU e ΔH para o processo. Admita que o ar obedeça à relação $PV/T = 83{,}14$ bar · cm^3 · mol^{-1} · K^{-1} e que $C_P = 29$ J · mol^{-1} · K^{-1}.

2.41. As condições de um gás em um processo com escoamento, em estado estacionário, variam de 20 °C e 1000 kPa para 60 °C e 100 kPa. Idealize um processo reversível sem escoamento (com qualquer número de etapas) para cumprir essa mudança de estado e calcule ΔU e ΔH para o processo com base em 1 mol de gás. Admita para o gás que PV/T seja constante, $C_V = (5/2)R$ e $C_P = (7/2)R$.

2.42. Um calorímetro de fluxo, como o da Figura 2.6, é utilizado com uma vazão de 20 g · min^{-1} do fluido sendo testado e com uma temperatura constante igual a 0 °C deixando o banho termostático. A temperatura em estado estacionário na seção dois (T_2) é medida com uma função da energia fornecida ao aquecedor (P) para obter os dados mostrados na tabela a seguir. Qual é o calor específico médio da substância testada na faixa de temperatura de 0 °C a 10 °C? Qual é o calor específico médio da substância testada na faixa de temperatura de 90 °C a 100 °C? Qual é o calor específico médio da substância testada em toda a faixa de temperatura utilizada? Descreva como você usaria esses dados para obter uma expressão para o calor específico em função da temperatura.

T_2/°C	10	20	30	40	50	60	70	80	90	100
P/W	5,5	11,0	16,6	22,3	28,0	33,7	39,6	45,4	51,3	57,3

2.43. Como o calorímetro de fluxo da Figura 2.6, uma cafeteira elétrica utiliza, para uma só xícara de café, um elemento de aquecimento elétrico para aquecer água, em escoamento estacionário, de 22 °C para 88 °C. Ele aquece 8 onças de água (com uma massa de 237 g) em 60 s. Estime a energia requerida pelo aquecedor durante esse processo. Você pode considerar que o calor específico da água é constante e igual a 4,18 J · g^{-1} · °C^{-1}.

2.44. (*a*) Um fluido incompressível (ρ = constante) escoa através de uma tubulação com área de seção transversal constante. Se o escoamento for estacionário, mostre que a velocidade u e a vazão volumétrica q são constantes.

(*b*) Considere uma corrente gasosa quimicamente reativa em escoamento estacionário através de uma tubulação com área de seção transversal constante. A temperatura e a pressão variam ao longo do comprimento da tubulação. Quais das seguintes grandezas são necessariamente constantes: $\dot{m}$, $\dot{n}$, q, u?

2.45. O *balanço de energia mecânica* fornece uma base para a estimativa da queda de pressão em um escoamento em virtude do atrito. Para o escoamento estacionário de um fluido incompressível em um tubo horizontal com área de seção transversal constante, ele pode ser escrito na forma:

$$\frac{\Delta P}{\Delta L} + \frac{2}{D} f_F \rho u^2 = 0$$

sendo f_F o *fator de atrito de Fanning*. Churchill[13] fornece a seguinte expressão a f_F para o escoamento turbulento:

$$f_F = 0{,}3305 \left\{ \ln\left[0{,}27\frac{\in}{D} + \left(\frac{7}{\text{Re}}\right)^{0{,}9}\right] \right\}^{-2}$$

Aqui, Re é o número de Reynolds e $\in/D$ é a rugosidade adimensional da tubulação. Para escoamento em tubulações, Re $\equiv u\,\rho\,D/\mu$, sendo D o diâmetro da tubulação e μ a viscosidade dinâmica. O escoamento é turbulento para Re > 3000.

Considere o escoamento de água líquida a 25 °C. Para um dos conjuntos de condições fornecidos a seguir, determine $\dot{m}$ (em kg · s^{-1}) e $\Delta P/\Delta L$ (em kPa · m^{-1}). Considere $\in/D = 0{,}0001$. Para a água líquida a 25 °C, $\rho = 996$ kg · m^{-3} e $\mu = 9{,}0 \times 10^{-4}$ kg · m^{-1} · s^{-1}. Verifique se o escoamento é turbulento.

(*a*) D = 2 cm, u = 1 m · s^{-1}
(*b*) D = 5 cm, u = 1 m · s^{-1}
(*c*) D = 2 cm, u = 5 m · s^{-1}
(*d*) D = 5 cm, u = 5 m · s^{-1}

2.46. Etileno entra em uma turbina a 10 bar e 450 K, e sai a 1 (atm) e 325 K. Para $\dot{m} = 4{,}5$ kg · s^{-1}, determine o custo C da turbina. Enuncie suas considerações.

Dados: $H_1 = 761{,}1$ $\quad H_2 = 536{,}9$ kJ · kg^{-1} $\quad C/\$ = (15.200)\,(|\dot{W}|/\text{kW})^{0{,}573}$

[13] *AIChE J.*, vol. 19, pp. 375-376, 1973.

2.47. O aquecimento de uma casa, para elevar sua temperatura, deve ser modelado como um sistema aberto, porque a expansão do ar contido na casa a pressão constante resulta no seu vazamento para o exterior. Considerando que as propriedades molares do ar deixando a casa são as mesmas daquelas do ar dentro da casa, mostre que os balanços molar e de energia fornecem a seguinte equação diferencial:

$$\dot{Q} = -PV\frac{dn}{dt} + n\frac{dU}{dt}$$

Aqui, $\dot{Q}$ é a taxa de transferência de calor para o ar dentro da casa e t é o tempo. As grandezas P, V, n e U referem-se ao ar dentro da casa.

2.48. (*a*) Água escoa através de um bocal de uma mangueira de jardim. Encontre uma expressão para $\dot{m}$ em função da pressão na mangueira P_1, da pressão ambiente P_2, do diâmetro interno da mangueira D_1 e do diâmetro na saída do bocal D_2. Considere escoamento estacionário e operação isotérmica e adiabática. Para a água líquida modelada como um fluido incompressível, $H_2 - H_1 = (P_2 - P_1)/\rho$ a temperatura constante.

(*b*) De fato, o escoamento não pode ser verdadeiramente isotérmico: esperamos que $T_2 > T_1$ em função do atrito no fluido. Por isso, $H_2 - H_1 = C(T_2 - T_1) + (P_2 - P_1)/\rho$, sendo C o calor específico da água. Como a inclusão da variação de temperatura afeta diretamente o valor de $\dot{m}$ encontrado na Parte (*a*)?

CAPÍTULO

3

Propriedades Volumétricas de Fluidos Puros

As equações apresentadas nos capítulos anteriores fornecem os meios para calcular as quantidades de calor e de trabalho associadas a vários processos, mas elas são inúteis sem o conhecimento dos valores de propriedades como a energia interna e a entalpia. Tais propriedades diferem de uma substância para outra, e as leis da Termodinâmica não fornecem, por si só, qualquer descrição ou modelo para o comportamento do material. Os valores das propriedades são obtidos por meio de experimentos, resultados correlacionados a partir de experimentos ou modelos baseados em experimentos e por eles validados. Como não há medidores de energia interna ou de entalpia, a regra é a medida indireta. Para fluidos, o procedimento mais utilizado necessita de medidas experimentais do volume molar como uma função da temperatura e da pressão. Os dados resultantes de pressão/volume/temperatura (*PVT*) são mais úteis quando correlacionados por *equações de estado*, nas quais o volume molar (ou densidade), a temperatura e a pressão são funcionalmente relacionados.

Neste capítulo, nós:

- Apresentamos a regra das fases, que relaciona o número de variáveis independentes necessário para fixar o estado termodinâmico de um sistema com o número de espécies químicas e de fases presentes;
- Descrevemos qualitativamente a natureza geral do comportamento *PVT* de substâncias puras;
- Fornecemos um tratamento detalhado do estado do gás ideal;
- Tratamos de equações de estado, que são formulações matemáticas do comportamento *PVT* de fluidos;
- Apresentamos correlações generalizadas que permitem a predição do comportamento *PVT* de fluidos para os quais não há disponibilidade de dados experimentais.

3.1 A REGRA DAS FASES

Como mencionado na Seção 2.5, o estado de um fluido puro homogêneo é determinado sempre que duas propriedades termodinâmicas intensivas são fixadas em valores definidos. Por outro lado, quando *duas* fases da mesma espécie pura estão em equilíbrio, o estado do sistema é determinado quando apenas uma propriedade é especificada. Por exemplo, um sistema de vapor d'água e água líquida em equilíbrio a 101,33 kPa pode existir somente a 100 °C. É impossível variar a temperatura sem também modificar a pressão, se o equilíbrio entre as fases vapor e líquido tiver de ser mantido. Há uma única variável independente.

Em um sistema multifásico em equilíbrio, o número de variáveis independentes que devem ser especificadas arbitrariamente para estabelecer o seu estado *intensivo* é chamado de número de *graus de liberdade* do sistema. Esse número é fornecido pela regra das fases de J. Willard Gibbs.[1] Ela é apresentada aqui sem provas, na forma que se aplica a sistemas não reativos:[2]

$$\boxed{F = 2 - \pi + N} \qquad (3.1)$$

[1] Josiah Willard Gibbs (1839-1903), físico, químico e matemático americano que demonstrou a regra das fases em 1875. Ver <http://en.wikipedia.org/wiki/Willard_Gibbs>.

[2] A justificativa teórica da regra das fases em sistemas não reativos é dada na Seção 12.2, e a regra das fases para sistemas reativos é analisada na Seção 14.8.

na qual F é o número de graus de liberdade, π é o número de fases e N é o número de espécies químicas presentes no sistema.

O estado *intensivo* de um sistema em equilíbrio é estabelecido quando sua temperatura, sua pressão e a composição de todas as suas fases são especificadas. Essas são as variáveis da regra das fases, porém elas não são totalmente independentes. A regra das fases fornece o número de variáveis desse conjunto que devem ser especificadas para fixar todas as outras variáveis intensivas e, assim, o estado intensivo do sistema.

Uma *fase* é uma região homogênea da matéria. Um gás ou uma mistura de gases, um líquido ou uma solução líquida e um sólido cristalino são exemplos de fases. Uma variação brusca nas propriedades sempre ocorre na fronteira entre fases. Várias fases podem coexistir, mas elas *devem estar em equilíbrio* para que a regra das fases possa ser aplicada. Uma fase não é necessariamente contínua; exemplos de fases descontínuas são: um gás disperso como bolhas em um líquido, um líquido disperso na forma de gotas em outro líquido com o qual é imiscível e cristais sólidos dispersos em um líquido ou em um gás. Em cada exemplo, uma fase dispersa encontra-se distribuída em uma fase contínua.

Como exemplo, a regra das fases pode ser aplicada em uma solução aquosa de etanol em equilíbrio com seu vapor. Nesse caso, $N = 2$, $\pi = 2$ e

$$F = 2 - \pi + N = 2 - 2 + 2 = 2$$

Esse é um sistema em equilíbrio líquido/vapor com dois graus de liberdade. Se o sistema existe com T e P especificadas (considerando que isso é possível), suas composições nas fases líquida e vapor são fixadas por essas condições. Uma especificação mais comum é a composição da fase líquida e T; nesse caso, a composição da fase vapor e P estão fixas.

As variáveis intensivas são independentes do tamanho do sistema e de suas fases individuais. Dessa forma, a regra das fases dá a mesma informação para grandes e pequenos sistemas e para as diferentes quantidades relativas das fases presentes. Além disso, a regra das fases se aplica somente para as composições das fases individuais, e não para a composição global de um sistema multifásico. Note também que, para uma fase, somente $N - 1$ composições são independentes, porque a soma das frações mássicas ou molares de uma fase deve ser igual a 1.

O número mínimo de graus de liberdade para qualquer sistema é zero. Quando $F = 0$, o sistema é *invariante*; a Eq. (3.1) se torna $\pi = 2 + N$. Esse valor de π é o número máximo de fases que podem coexistir em equilíbrio em um sistema contendo N espécies químicas. Quando $N = 1$, esse limite é alcançado para $\pi = 3$, característica de um ponto triplo (Seção 3.2). Por exemplo, o ponto triplo da água, no qual líquido, vapor e a forma comum do gelo encontram-se juntos em equilíbrio, ocorre a 0,01 °C e 0,0061 bar. Qualquer variação dessas condições causa o desaparecimento de, pelo menos, uma fase.

▪ Exemplo 3.1

Quantas variáveis da regra das fases devem ser especificadas para fixar o estado termodinâmico de cada um dos sistemas a seguir?

(*a*) Água líquida em equilíbrio com seu vapor;

(*b*) Água líquida em equilíbrio com uma mistura de vapor d'água e nitrogênio;

(*c*) Um sistema com três fases de uma solução aquosa saturada de sal em ponto de ebulição com excesso de cristais do sal.

Solução 3.1

(*a*) O sistema contém uma única espécie química. Existem duas fases (líquida e vapor). Assim,

$$F = 2 - \pi + N = 2 - 2 + 1 = 1$$

Esse resultado está de acordo com o fato de que, para uma dada pressão, a água possui um único ponto de ebulição. A temperatura ou a pressão, mas não as duas, pode ser especificada para um sistema composto por água em equilíbrio com seu vapor.

(*b*) Duas espécies químicas estão presentes. Novamente, há duas fases e

$$F = 2 - \pi + N = 2 - 2 + 2 = 2$$

A adição de um gás inerte a um sistema formado por água em equilíbrio com seu vapor altera as características do sistema. Agora, temperatura e pressão podem ser independentemente variadas, porém, uma vez especificadas, o sistema descrito pode existir em equilíbrio somente com determinada composição da fase vapor. (Se a solubilidade do nitrogênio for considerada desprezível em água, a fase líquida é água pura.)

(*c*) As três fases ($\pi = 3$) são sal cristalino, solução aquosa saturada e vapor gerado no ponto de ebulição. As duas espécies químicas ($N = 2$) são água e sal. Para esse sistema,

$$F = 2 - 3 + 2 = 1$$

3.2 COMPORTAMENTO *PVT* DE SUBSTÂNCIAS PURAS

A Figura 3.1 mostra as condições de equilíbrio de P e T nas quais as fases sólida, líquida e gasosa de uma substância pura existem. As linhas 1-2 e 2-C representam as condições nas quais as fases sólida e líquida existem em equilíbrio com uma fase vapor. As linhas *pressão de vapor versus* temperatura descrevem estados de equilíbrio sólido-vapor (linha 1-2) e líquido-vapor (linha 2-C). Como indicado no Exemplo 3.1(*a*), tais sistemas têm apenas um grau de liberdade. De forma similar, o equilíbrio sólido-líquido é representado pela linha 2-3. As três linhas mostram condições de P e T nas quais duas fases podem coexistir e dividem o diagrama em regiões nas quais há uma única fase. A linha 1-2, a *curva de sublimação*, separa as regiões do sólido e do gás; a linha 2-3, a *curva de fusão*, separa as regiões do sólido e do líquido; a linha 2-C, a *curva de vaporização*, separa as regiões do líquido e do gás. O ponto C é conhecido como *ponto crítico*, suas coordenadas P_c e T_c são a maior pressão e a maior temperatura nas quais uma espécie química pura pode existir em equilíbrio vapor-líquido.

A inclinação positiva da linha de fusão (2-3) representa o comportamento da vasta maioria das substâncias. Água, uma substância bem comum, tem algumas propriedades incomuns e exibe uma linha de fusão com inclinação negativa.

As três linhas se encontram no *ponto triplo*, onde as três fases coexistem em equilíbrio. De acordo com a regra das fases, o ponto triplo é invariante ($F = 0$). Se o sistema existir nas condições representadas ao longo de quaisquer das linhas bifásicas da Figura 3.1, ele é univariante ($F = 1$). E, nas regiões que apresentam uma única fase, ele é bivariante ($F = 2$). Os estados invariante, univariante e bivariante aparecem como pontos, curvas e áreas, respectivamente, em um diagrama *PT*.

Mudanças de estado podem ser representadas por linhas no diagrama *PT*: uma mudança com T constante por uma linha vertical; uma mudança com P constante por uma linha horizontal. Quando uma dessas linhas cruza uma fronteira entre fases, ocorre uma brusca variação nas propriedades do fluido a P e T constantes; por exemplo, a vaporização para a transição do líquido ao vapor.

Água em um recipiente aberto se trata obviamente de um líquido em contato com o ar. Se o recipiente for fechado e o ar retirado, a água vaporiza para ocupar o espaço anteriormente ocupado pelo ar e haverá somente H_2O no interior do recipiente. Embora haja uma significativa redução na pressão no interior do recipiente, tudo parece inalterado. A água líquida ocupa a parte inferior do recipiente, porque sua densidade é maior do que a densidade do vapor d'água,

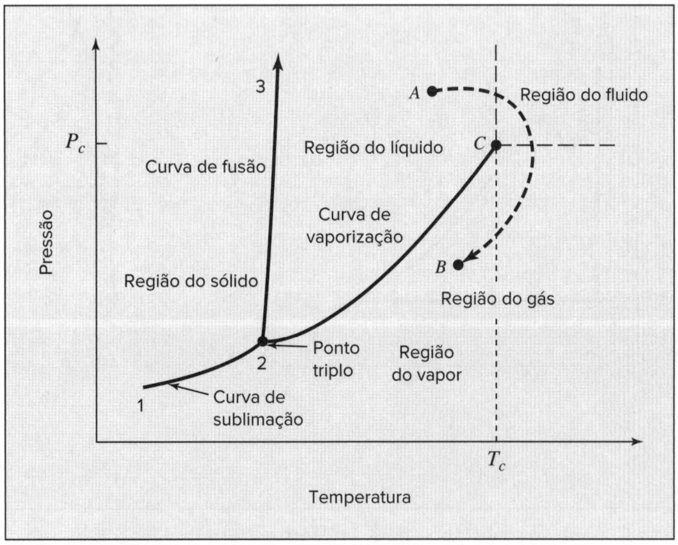

Figura 3.1 Diagrama *PT* para uma substância pura.

e as duas fases estão em equilíbrio nas condições representadas por um ponto na curva 2-*C* na Figura 3.1. Longe do ponto *C*, as propriedades do líquido e do vapor são muito diferentes. Entretanto, se a temperatura for elevada de modo que o estado de equilíbrio se desloque para cima, ao longo da curva 2-*C*, as propriedades das duas fases se tornarão cada vez mais próximas; no ponto *C*, elas ficam idênticas e o menisco desaparece. Uma consequência é que a transição de líquido para vapor pode ocorrer ao longo de trajetórias que não cruzam a curva de vaporização 2-*C*, isto é, de *A* para *B*. A transição de líquido para gás é gradual, não incluindo a etapa usual de vaporização.

A região com temperaturas e pressões superiores a T_c e P_c encontra-se delimitada por linhas tracejadas na Figura 3.1; elas não representam transições de fases, sendo limites fixados pelos significados aceitos das *palavras* líquido e gás. Uma fase geralmente é considerada um líquido se puder ser vaporizada pela redução da pressão a uma temperatura constante. Uma fase é considerada um gás se puder ser condensada pela redução da temperatura a uma pressão constante. Como nenhum desses processos pode ser iniciado na região além das linhas tracejadas, ela é chamada *região do fluido*.

Às vezes, a região do gás é dividida em duas partes, conforme indicado pela linha vertical pontilhada na Figura 3.1. Um gás (à esquerda da linha) que pode ser condensado tanto por compressão a temperatura constante quanto por resfriamento a pressão constante é um vapor. Um fluido a uma temperatura superior a T_c é considerado *supercrítico*. Um exemplo é o ar atmosférico.

Diagrama *PV*

A Figura 3.1 não fornece qualquer informação sobre volume; ela simplesmente mostra as fronteiras entre regiões de fase única. Em um diagrama *PV* [Fig. 3.2(*a*)], essas fronteiras se tornam *regiões* nas quais duas fases – sólido/líquido, sólido/vapor ou líquido/vapor – coexistem em equilíbrio. As curvas que definem essas regiões de duas fases representam fases simples (únicas) que estão em equilíbrio. Suas quantidades relativas determinam o volume molar (ou específico) na região de duas fases. O ponto triplo da Figura 3.1 aqui se torna uma *linha* tripla, na qual as três fases com diferentes valores de *V* coexistem em uma única temperatura e pressão.

A Figura 3.2(*a*), como a Figura 3.1, representa o comportamento da grande maioria das substâncias em que a transição de líquido para sólido (congelando) é acompanhada pela diminuição do volume específico (aumento da densidade) e a fase sólida afunda na fase líquida. Aqui, novamente, a água mostra um comportamento não usual, no qual a transição de líquido para sólido resulta em um aumento no volume específico (diminuição da densidade), e na Figura 3.2(*a*) as linhas *sólido* e *líquido* são permutadas para a água. Consequentemente, o gelo flutua na água líquida. Se não fosse assim, as condições na superfície da Terra seriam muito diferentes.

A Figura 3.2(*b*) é uma visão expandida das regiões líquido, líquido/vapor e vapor de um diagrama *PV* com quatro isotermas (trajetórias a *T* constante). As isotermas na Figura 3.1 são linhas verticais e não cruzam fronteiras entre fases em temperaturas maiores que T_c. Na Figura 3.2(*b*), a isoterma identificada por $T > T_c$ é consequentemente uma curva suave.

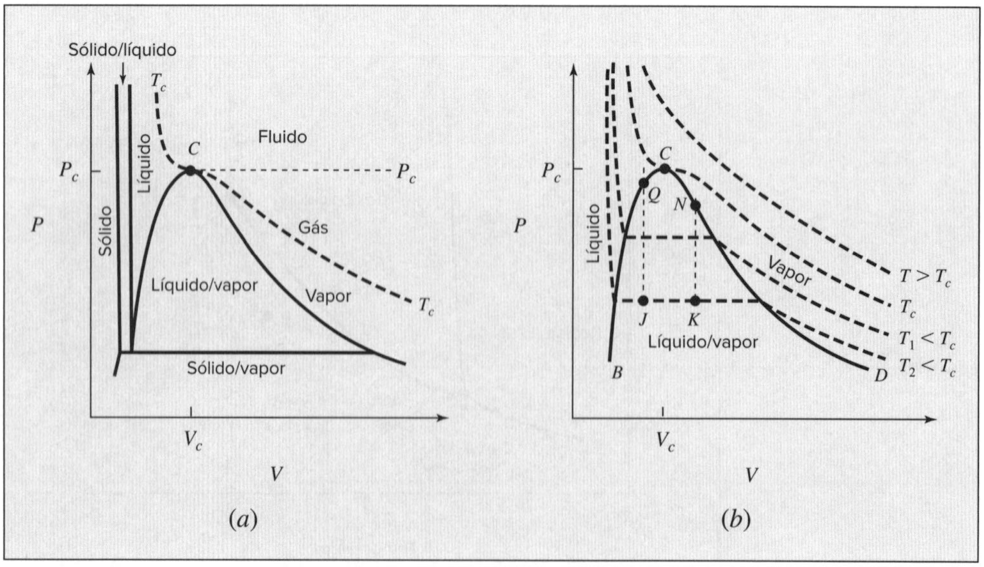

Figura 3.2 Diagrama *PV* para uma substância pura. (*a*) Mostrando as regiões sólido, líquido e gás. (*b*) Mostrando as regiões líquido, líquido/vapor e vapor com isotermas.

As linhas T_1 e T_2 correspondem às temperaturas subcríticas e são formadas por três segmentos. O segmento horizontal de cada isoterma representa todas as misturas possíveis de líquido e vapor em equilíbrio, de 100 % líquido no extremo esquerdo a 100 % vapor no extremo direito. O lugar geométrico desses pontos extremos é a curva em forma de domo identificada por *BCD*, da qual a metade esquerda (de *B* a *C*) representa líquidos em fase única (região monofásica) em suas temperaturas de vaporização (ebulição), e a metade direita (de *C* a *D*), vapores em fase única (região monofásica) em suas temperaturas de condensação. Líquidos e vapores representados por *BCD* são considerados *saturados,* e as fases em coexistência são conectadas pelo segmento horizontal da isoterma em sua respectiva *pressão de saturação*. Também chamada de pressão de vapor, ela é fornecida por um ponto na Figura 3.1 no qual uma isoterma (linha vertical) cruza a curva de vaporização.

A região bifásica líquido/vapor encontra-se abaixo do domo *BCD*; a região do líquido *sub-resfriado* encontra-se à esquerda da curva do líquido saturado *BC*, e a região do *vapor superaquecido* encontra-se à direita da curva do vapor saturado *CD*. Para uma dada pressão, existe líquido sub-resfriado a temperaturas *inferiores* e vapor superaquecido a temperaturas *superiores* à do ponto de ebulição. Isotermas na região do líquido sub-resfriado são bastante inclinadas, porque o volume de líquidos varia pouco com grandes variações na pressão.

Na região bifásica, os segmentos horizontais das isotermas tornam-se progressivamente menores à medida que a temperatura aumenta, sendo finalmente reduzidos a um ponto em *C*. Assim, a isoterma crítica, identificada por T_c, exibe uma inflexão horizontal no ponto crítico *C* no topo do domo, quando as fases líquido e vapor se tornam indistinguíveis.

Comportamento Crítico

Um melhor discernimento sobre a natureza do ponto crítico é obtido a partir de uma descrição das mudanças que ocorrem quando uma substância pura é aquecida no interior de um tubo vertical hermeticamente fechado com volume constante. Na Figura 3.2(*b*), as linhas verticais pontilhadas indicam tais processos. Elas também podem ser traçadas no diagrama *PT* da Figura 3.3, em que a linha contínua é a curva de vaporização (Figura 3.1) e as linhas tracejadas são trajetórias a volume constante nas regiões monofásicas. Se o tubo estiver cheio de líquido ou de vapor, o processo de aquecimento produz mudanças que se encontram ao longo das linhas tracejadas na Figura 3.3, por exemplo, pela mudança de *E* para *F* (líquido sub-resfriado) e pela mudança de *G* para *H* (vapor superaquecido). As linhas verticais correspondentes na Figura 3.2(*b*) não são mostradas, mas estão posicionadas à esquerda e à direita de *BCD*, respectivamente.

Se o tubo estiver somente parcialmente cheio de líquido (o restante sendo preenchido por vapor em equilíbrio com o líquido), o aquecimento primeiramente causa mudanças descritas pela curva da pressão de vapor (linha contínua na Figura 3.3). Para o processo indicado pela linha *JQ* na Figura 3.2(*b*), o menisco está inicialmente próximo ao topo do tubo (ponto *J*) e o líquido se expande com o aquecimento o suficiente para encher completamente o tubo (ponto *Q*). Na Figura 3.3, o processo traça uma trajetória de (*J*, *K*) para *Q* e, com aquecimento adicional, deixa a curva de pressão de vapor ao longo da linha com volume molar constante, V_2^l.

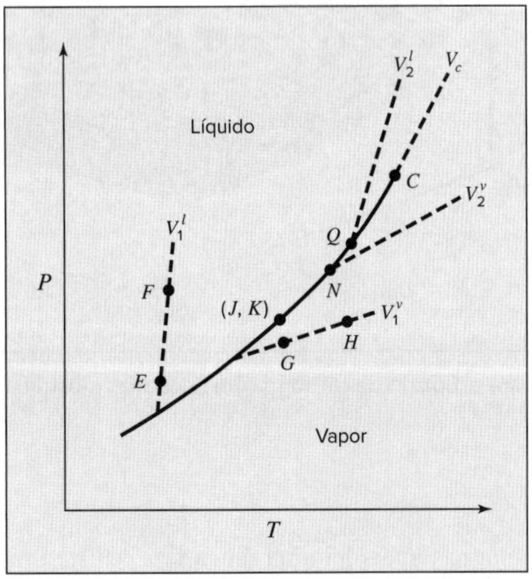

Figura 3.3 Diagrama *PT* para um fluido puro, mostrando a curva da pressão de vapor e linhas a volume constante nas regiões monofásicas.

O processo representado pela linha *KN* na Figura 3.2(*b*) inicia com o menisco em um nível próximo ao fundo do tubo (ponto *K*), e o aquecimento vaporiza o líquido até que o menisco retroceda para o fundo do tubo (ponto *N*). Na Figura 3.3, o processo traça uma trajetória de (*J*,*K*) até *N*. Com aquecimento adicional, a trajetória continua ao longo da linha com volume molar constante, V_2^v.

Para uma única forma de enchimento do tubo, com o menisco em um nível intermediário específico, o processo de aquecimento segue uma linha vertical que atravessa o ponto crítico *C* na Figura 3.2(*b*). Fisicamente, o aquecimento não causa modificação significativa no nível do menisco. À medida que o ponto crítico se aproxima, o menisco se torna indefinido, depois uma névoa e finalmente desaparece. Na Figura 3.3, a trajetória primeiramente segue a curva da pressão de vapor, saindo do ponto (*J*, *K*) e indo para o ponto crítico *C*, onde ela entra na região monofásica do fluido e segue V_c, a linha de volume molar constante igual ao volume crítico do fluido.

Superfícies PVT

Para uma substância pura em fase única simples (monofásica), a regra das fases nos diz que duas variáveis de estado devem ser especificadas para determinar o estado intensivo da substância. Quaisquer duas variáveis, entre *P*, *V* e *T*, podem ser especificadas, ou variáveis independentes, e a terceira pode ser vista como uma função das duas especificadas. Então, a relação entre *P*, *V* e *T* para uma substância pura pode ser representada como uma superfície em três dimensões. Os diagramas *PT* e *PV*, como aqueles ilustrados nas Figuras 3.1, 3.2 e 3.3, representam fatias ou projeções da superfície *PVT* tridimensional. A Figura 3.4 apresenta uma visão da superfície *PVT* para o dióxido de carbono sobre uma região contendo os estados líquido, vapor e fluido supercrítico. Isotermas estão traçadas sobre essa superfície. A curva de equilíbrio líquido-vapor é mostrada em cor branca, com as porções vapor e líquido conectadas pelos segmentos verticais das isotermas. Note que, para facilitar a visualização, o volume molar é fornecido em uma escala logarítmica, porque o volume do vapor em baixas pressões é várias ordens de grandeza maior que o volume do líquido.

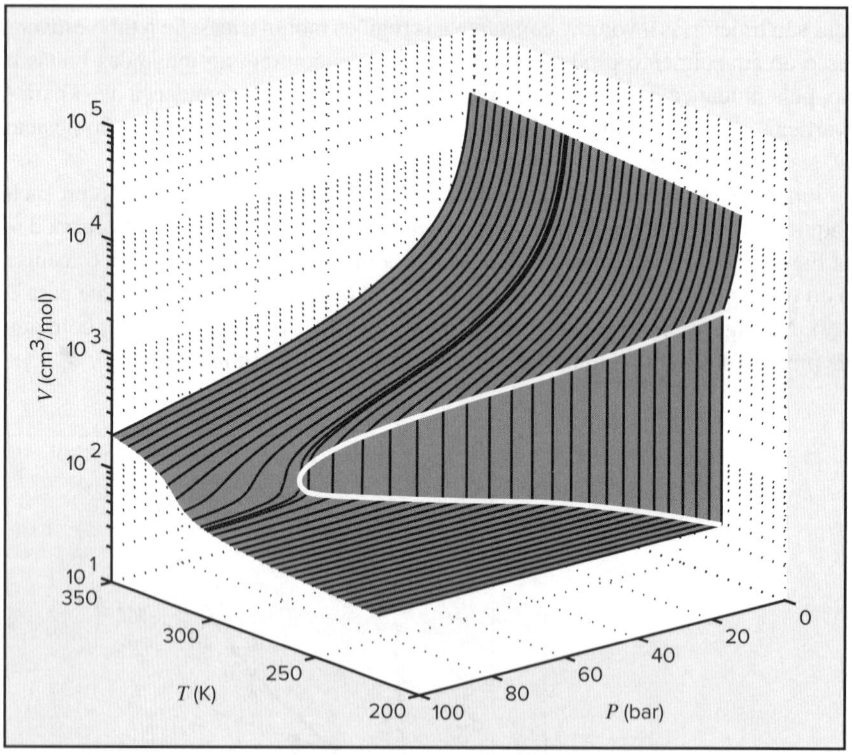

Figura 3.4 Superfície *PVT* para o dióxido de carbono com isotermas mostradas em preto e a curva de equilíbrio líquido-vapor em branco.

Regiões Monofásicas

Para as regiões do diagrama nas quais há uma única fase, existe uma única relação conectando *P*, *V* e *T*. Expressa analiticamente como $f(P, V, T) = 0$, tal relação é conhecida como uma *equação de estado PVT*. Ela relaciona pressão, volume molar ou específico e temperatura para um fluido homogêneo puro em equilíbrio. O exemplo mais simples, a equação para o estado de gás ideal, $PV = RT$, tem validade aproximada na região do gás a baixas pressões e é discutida em detalhes na seção a seguir.

Uma equação de estado pode ser feita para qualquer uma das três grandezas P, V ou T, sendo fornecidos valores para as outras duas. Por exemplo, se V for considerado uma função de T e P, então $V = V(T, P)$ e

$$dV = \left(\frac{\partial V}{\partial T}\right)_P dT + \left(\frac{\partial V}{\partial P}\right)_T dP \tag{3.2}$$

As derivadas parciais nessa equação possuem significados físicos bem conhecidos e estão relacionadas a duas propriedades usualmente presentes em tabelas de propriedades de líquidos, sendo definidas como segue:

- ***Expansividade volumétrica***:

$$\beta \equiv \frac{1}{V}\left(\frac{\partial V}{\partial T}\right)_P \tag{3.3}$$

- ***Compressibilidade isotérmica***:

$$\kappa \equiv -\frac{1}{V}\left(\frac{\partial V}{\partial P}\right)_T \tag{3.4}$$

A combinação das Eqs. (3.2) a (3.4) fornece:

$$\frac{dV}{V} = \beta\, dT - \kappa\, dP \tag{3.5}$$

As isotermas para a fase líquida no lado esquerdo da Figura 3.2(*b*) são muito inclinadas e próximas. Assim, tanto $(\partial V/\partial T)_P$ quanto $(\partial V/\partial P)_T$ são pequenas. Consequentemente, β e κ são pequenos. Esse comportamento característico dos líquidos (fora da região crítica) sugere uma idealização usualmente empregada na Mecânica dos Fluidos e conhecida como *fluido incompressível*, para o qual β e κ são nulos. Nenhum fluido real é verdadeiramente incompressível, mas a idealização é útil, pois fornece um modelo suficientemente realístico para o comportamento de líquidos em muitas aplicações práticas. Não há equação de estado para um fluido incompressível, pois V é independente de T e P.

Para líquidos, β é quase sempre positivo (água líquida entre 0 °C e 4 °C é uma exceção) e κ é necessariamente positivo. Em condições afastadas do ponto crítico, β e κ são funções pouco sensíveis em relação à temperatura e à pressão. Assim, para pequenas variações em T e P, um pequeno erro é introduzido se as considerarmos constantes. Então, a integração da Eq. (3.5) fornece:

$$\ln\frac{V_2}{V_1} = \beta(T_2 - T_1) - \kappa(P_2 - P_1) \tag{3.6}$$

Essa é uma aproximação menos restritiva do que a suposição de fluido incompressível.

▪ Exemplo 3.2

Para acetona líquida a 20 °C e 1 bar,

$$\beta = 1{,}487 \times 10^{-3}\ °C^{-1} \quad \kappa = 62 \times 10^{-6}\ \text{bar}^{-1} \quad V = 1{,}287\ \text{cm}^3 \cdot \text{g}^{-1}$$

Para a acetona, determine:

(*a*) O valor de $(\partial P/\partial T)_V$ a 20 °C e 1 bar.

(*b*) A pressão gerada pelo aquecimento a V constante, de 20 °C e 1 bar até 30 °C.

(*c*) A variação no volume quando T e P vão de 20 °C e 1 bar para 0 °C e 10 bar.

Solução 3.2

(*a*) A derivada $(\partial P/\partial T)_V$ é determinada pela aplicação da Eq. (3.5) no caso para o qual V é constante e $dV = 0$:

$$\beta\, dT - \kappa\, dP = 0 \quad (V \text{ const})$$

(*b*) Se β e κ forem consideradas constantes no intervalo de temperatura de 10 °C, então, para volume constante, a Eq. (3.6) pode ser escrita na forma:

$$\left(\frac{\partial P}{\partial T}\right)_V = \frac{\beta}{\kappa} = \frac{1{,}487 \times 10^{-3}}{62 \times 10^{-6}} = 24\ \text{bar} \cdot °\text{C}^{-1}$$

(*c*) A substituição direta na Eq. (3.6) fornece:

$$\ln\frac{V_2}{V_1} = \left(1{,}487 \times 10^{-3}\right)(-20) - \left(62 \times 10^{-6}\right)(9) = -0{,}0303$$

$$\frac{V_2}{V_1} = 0{,}9702 \quad \text{e} \quad V_2 = (0{,}9702)(1{,}287) = 1{,}249 \text{ cm}^3 \cdot \text{g}^{-1}$$

Então,

$$\Delta V = V_2 - V_1 = 1{,}249 - 1{,}287 = -0{,}038 \text{ cm}^3 \cdot \text{g}^{-1}$$

O exemplo anterior ilustra o fato de que o aquecimento de um líquido que enche completamente um vaso fechado pode causar um aumento substancial na pressão. Por outro lado, o volume do líquido diminui muito devagar com o aumento da pressão. Desse modo, as pressões muito altas no vaso, geradas pelo aquecimento de um líquido sub-resfriado a volume constante, podem ser aliviadas por um aumento muito pequeno no volume ou por um vazamento muito pequeno de volume constante.

3.3 O GÁS IDEAL E O ESTADO DE GÁS IDEAL

No século XIX, cientistas desenvolveram um conhecimento experimental aproximado do comportamento *PVT* de gases em condições moderadas de temperatura e pressão, levando à equação $PV = RT$, na qual V é o volume molar e R é uma constante universal. Essa equação descreve adequadamente o comportamento *PVT* de gases para muitos objetivos práticos próximos das condições ambientes de T e P. Entretanto, medidas mais precisas mostram que, para pressões apreciavelmente acima e temperaturas apreciavelmente abaixo das condições ambientes, os desvios se tornam importantes. Por outro lado, os desvios se tornam cada vez menores quando a pressão diminui e a temperatura aumenta.

A equação $PV = RT$ é agora utilizada para definir um *gás ideal* e para representar um modelo de comportamento mais ou menos aproximado ao dos gases reais. Ela é chamada de *Lei do Gás Ideal*, mas é de fato válida somente para pressões próximas de zero e temperaturas próximas do infinito. Ela é, portanto, uma *lei* somente em condições limítrofes. Quando se aproximam desses limites, as moléculas que formam um gás se tornam cada vez mais separadas e o próprio volume das moléculas se torna uma fração cada vez menor do volume total ocupado pelo gás. Adicionalmente, a força de atração entre as moléculas se torna cada vez menor por causa do aumento da distância entre elas. No limite de pressão zero, as moléculas são separadas por uma distância infinita. Seus volumes se tornam desprezíveis quando comparados com o volume total do gás, e as forças intermoleculares se aproximam de zero. O conceito de gás ideal extrapola esse comportamento para todas as condições de temperatura e pressão.

A energia interna de um gás real depende da pressão e da temperatura. A dependência da pressão resulta das forças entre as moléculas. Se essas forças não existissem, nenhuma energia seria necessária para alterar as distâncias intermoleculares e nenhuma energia seria requerida para causar variações no volume e na pressão em um gás a temperatura constante. Dessa forma, na ausência de interações moleculares, a energia interna dependeria somente da temperatura.

Essas observações são a base para o conceito de um estado hipotético da matéria chamado de *estado de gás ideal*. Ele é o estado do gás composto de moléculas reais que têm volume molecular desprezível e no qual não existem forças intermoleculares em todas as temperaturas e pressões. Embora relacionado ao gás ideal, ele apresenta uma perspectiva diferente. Não é o gás que é ideal, mas o estado, e isso tem vantagens práticas. Duas equações são fundamentais para esse estado, a saber, a Lei do Gás Ideal e uma expressão mostrando que a energia interna depende somente da temperatura:

- A equação de estado:

$$\boxed{PV^{gi} = RT} \tag{3.7}$$

- Energia interna:

$$\boxed{U_{gi} = U\,(T)} \tag{3.8}$$

O sobrescrito *gi* denota propriedades para o estado de gás ideal.

As relações de propriedades para esse estado são muito simples e, em condições apropriadas de T e P, elas podem servir como aproximações adequadas em aplicações diretas para o estado de gás real. Entretanto, elas têm muito mais importância como parte de um procedimento geral de três etapas para o cálculo de variações de propriedades de gases reais que incluem uma etapa importante no estado de gás ideal. As três etapas são as seguintes:

1. Avaliar variações das propriedades para a transformação *matemática* de um estado inicial de gás real para um estado de gás ideal nas mesmas T e P.
2. Calcular variações das propriedades no estado de gás ideal para variações de T e P do processo.
3. Avaliar variações das propriedades para a transformação *matemática* do estado de gás ideal de volta para o estado de gás real nos valores finais de T e P.

Esse procedimento calcula as variações primárias nos valores das propriedades, resultantes de mudanças em T e P, por meio de equações simples para o estado do gás ideal, mas exatas. As variações nos valores das propriedades para transições entre os estados de gás real e ideal são, normalmente, correções de menor importância. Os cálculos para essas transições são tratados no Capítulo 6. Aqui desenvolvemos cálculos dos valores das propriedades para o estado de gás ideal.

Relações de Propriedades para o Estado de Gás Ideal

A definição de capacidade calorífica a volume constante, Eq. (2.15), leva à conclusão de que, para o estado de gás ideal, C_V^{gi} é uma função somente da temperatura:

$$C_V^{gi} \equiv \left(\frac{\partial U^{gi}}{\partial T}\right)_V = \frac{dU^{gi}(T)}{dT} = C_V^{gi}(T) \tag{3.9}$$

A equação que define entalpia, Eq. (2.10), aplicada ao estado de gás ideal, leva à conclusão de que H^{gi} também é uma função somente da temperatura:

$$H^{gi} \equiv U^{gi} + PV^{gi} = U^{gi}(T) + RT = H^{gi}(T) \tag{3.10}$$

A capacidade calorífica a pressão constante C_P^{gi}, definida pela Eq. (2.19), como C_V^{gi}, é uma função somente da temperatura:

$$C_P^{gi} \equiv \left(\frac{\partial H^{gi}}{\partial T}\right)_P = \frac{dH^{gi}(T)}{dT} = C_P^{gi}(T) \tag{3.11}$$

Uma relação útil entre C_P^{gi} e C_V^{gi} para o estado de gás ideal vem da diferenciação da Eq. (3.10):

$$C_P^{gi} \equiv \frac{dH^{gi}}{dT} = \frac{dU^{gi}}{dT} + R = C_V^{gi} + R \tag{3.12}$$

Essa equação não implica que C_P^{gi} e C_V^{gi} sejam constantes para o estado de gás ideal, mas somente que variam com a temperatura de tal forma que sua *diferença* é igual a R. Para qualquer variação no estado de gás ideal, as Eqs. (3.9) e (3.11) levam a:

$dU^{gi} = C_V^{gi} dT$ (3.13a)	$\Delta U^{gi} = \int C_V^{gi} dT$ (3.13b)
$dH^{gi} = C_P^{gi} dT$ (3.14a)	$\Delta H^{gi} = \int C_P^{gi} dT$ (3.14b)

Como tanto a energia interna, U^{gi}, quanto a C_V^{gi} são, para o estado de gás ideal, funções somente da temperatura, ΔU^{gi} é, para o estado de gás ideal, *sempre* dada pela Eq. (3.13b), independentemente do tipo de processo que causa a mudança. Isso é ilustrado na Figura 3.5, que mostra um gráfico da energia interna como uma função de V^{gi} em duas temperaturas diferentes.

A linha tracejada ligando os pontos a e b representa um processo a volume constante, no qual a temperatura aumenta de T_1 para T_2 e a energia interna varia em $\Delta U^{gi} = U_2^{gi} - U_1^{gi}$. Essa variação na energia interna é dada pela Eq. (3.13b) como $\Delta U^{gi} = \int C_V^{gi} dT$. As linhas tracejadas ligando os pontos a e c e os pontos a e d representam outros processos que não ocorrem a volume constante, mas que também levam da temperatura inicial T_1 para a temperatura

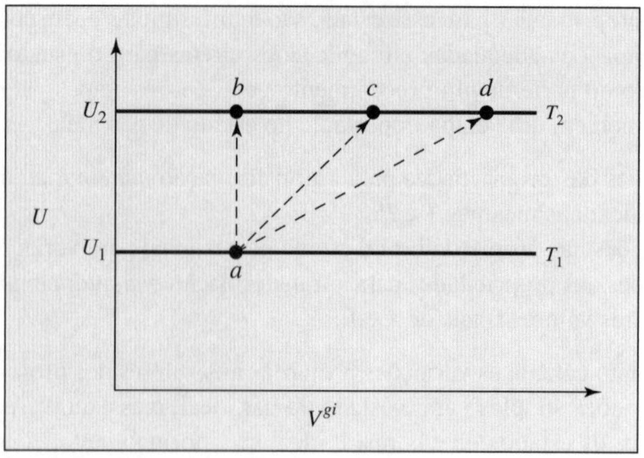

Figura 3.5 Variações na energia interna para o estado de gás ideal. Como U^{gi} é independente de V^{gi}, o gráfico de U^{gi} *versus*. V^{gi} é uma linha horizontal a temperatura constante. Para temperaturas diferentes, U^{gi} tem diferentes valores, com uma linha separada para cada temperatura. Duas dessas linhas são mostradas, uma para a temperatura T_1 e outra para uma temperatura maior, T_2.

final T_2. O gráfico mostra que a variação na U^{gi} para esses processos é a mesma que no processo a volume constante e que, consequentemente, é dada pela mesma equação, ou seja, $\Delta U^{gi} = \int C_V^{gi} dT$. Contudo, ΔU^{gi} *não* é igual a Q nesses processos, porque Q não depende somente de T_1 e T_2, mas também da trajetória do processo. Uma discussão inteiramente análoga se aplica à entalpia H^{gi} no estado de gás ideal.

Cálculos de Processos para o Estado de Gás Ideal

Cálculos de processos fornecem quantidades de calor e trabalho. O trabalho de um processo mecanicamente reversível em um sistema fechado é dado pela Eq. (1.3), aqui escrita:

$$dW = -P\, dV^{gi} \tag{1.3}$$

Para o estado de gás ideal em qualquer processo em sistema fechado, a primeira lei, representada pela Eq. (2.6), escrita para uma unidade de massa ou um mol, pode ser combinada com a Eq. (3.13a) para fornecer:

$$dQ + dW = C_V^{gi}\, dT$$

Substituindo dW pela Eq. (1.3) e explicitando dQ, obtém-se uma equação válida para o estado de gás ideal em qualquer processo mecanicamente reversível em sistema fechado:

$$dQ = C_V^{gi} dT + P dV^{gi} \tag{3.15}$$

Essa equação contém as variáveis P, V^{gi} e T, das quais somente duas são independentes. Equações de trabalho para dQ e dW dependem de qual par dessas variáveis é tomado como independente; isto é, de qual variável é eliminada pelo uso da Eq. (3.7). Nós consideramos dois casos, eliminando primeiramente P e depois eliminando V^{gi}. Com $P = RT/V^{gi}$, as Eqs. (3.15) e (1.3) se tornam:

$dQ = C_V^{gi} dT + RT\dfrac{dV^{gi}}{V^{gi}}$ (3.16)	$dW = -RT\dfrac{dV^{gi}}{V^{gi}}$ (3.17)

Para $V^{gi} = RT/P$, $dV^{gi} = \dfrac{R}{P}\left(dT - T\dfrac{dP}{P}\right)$. A substituição de dV^{gi} e de $C_P^{gi} = C_V^{gi} - R$ transforma as Eqs. (3.15) e (1.3) em:

$dQ = C_P^{gi} dT - RT\dfrac{dP}{P}$ (3.18)	$dW = -RdT + RT\dfrac{dP}{P}$ (3.19)

Essas equações se aplicam ao estado de gás ideal para vários cálculos de processos. As hipóteses implícitas na sua dedução são que o sistema é fechado e que o processo é mecanicamente reversível.

Processo Isotérmico

Pelas Eqs. (3.13b) e (3.14b),

$$\Delta U^{gi} = \Delta H^{gi} = 0 \quad (T \text{ const})$$

Pelas Eqs. (3.16) e (3.18),

$$Q = RT \ln \frac{V_2^{gi}}{V_1^{gi}} = RT \ln \frac{P_1}{P_2}$$

Pelas Eqs. (3.17) e (3.19),

$$W = RT \ln \frac{V_1^{gi}}{V_2^{gi}} = RT \ln \frac{P_2}{P_1}$$

Como $Q = -W$, um resultado que também pode ser obtido da Eq. (2.3), podemos escrever, em resumo:

$$Q = -W = RT \ln \frac{V_2^{gi}}{V_1^{gi}} = RT \ln \frac{P_1}{P_2} \quad (T \text{ const}) \tag{3.20}$$

Processo Isobárico

Pelas Eqs. (3.13b) e (3.19), com $dP = 0$,

$$\Delta U^{gi} = \int C_V^{gi} dT \quad \text{e} \quad W = -R(T_2 - T_1)$$

Pelas Eqs. (3.14b) e (3.18),

$$Q = \Delta H^{gi} = \int C_P^{gi} dT \quad (P \text{ const}) \tag{3.21}$$

Processo Isocórico (V Constante)

Com $dV^{gi} = 0$, $W = 0$, e pelas Eqs. (3.13b) e (3.16),

$$Q = \Delta U^{gi} = \int C_V^{gi} dT \quad (V^{gi} \text{ const}) \tag{3.22}$$

Processo Adiabático; Capacidades Caloríficas Constantes

Um processo adiabático é aquele no qual não há transferência de calor entre o sistema e sua vizinhança; isto é, $dQ = 0$. Consequentemente, cada uma das Eqs. (3.16) e (3.18) pode ser igualada a zero. Então, a integração com C_V^{gi} e C_P^{gi} constantes fornece relações simples entre as variáveis T, P e V^{gi}, válidas para a compressão ou expansão adiabática, mecanicamente reversível, em um estado de gás ideal com capacidades caloríficas constantes. Por exemplo, a Eq. (3.16) se torna:

$$\frac{dT}{T} = -\frac{R}{C_V^{gi}} \frac{dV^{gi}}{V^{gi}}$$

A integração com C_V^{gi} constante fornece:

$$\frac{T_2}{T_1} = \left(\frac{V_1^{gi}}{V_2^{gi}} \right)^{R/C_V^{gi}}$$

Analogamente, a Eq. (3.18) leva a:

$$\frac{T_2}{T_1} = \left(\frac{P_2}{P_1} \right)^{R/C_P^{gi}}$$

Essas equações também podem ser escritas nas formas:

$T(V^{gi})^{\gamma-1} = \text{const}$ (3.23a)	$TP^{(1-\gamma)/\gamma} = \text{const}$ (3.23b)	$P(V^{gi})^{\gamma} = \text{const}$ (3.23c)

nas quais a Eq. (3.23c) resulta da combinação das Eqs. (3.23a) e (3.23b) e, por **definição**,[3]

$$\gamma \equiv \frac{C_P^{gi}}{C_V^{gi}} \tag{3.24}$$

As Eqs. (3.23) têm aplicação no estado de gás ideal com capacidades caloríficas constantes e estão restritas a expansões ou compressões adiabáticas e mecanicamente reversíveis.

A primeira lei para um processo adiabático em um sistema fechado combinada com a Eq. (3.13a) fornece:

$$dW = dU = C_V^{gi}\,dT$$

Para C_V^{gi} constante,

$$W = \Delta U^{gi} = C_V^{gi}\,\Delta T \tag{3.25}$$

Formas alternativas da Eq. (3.25) são obtidas se C_V^{gi} for eliminada em favor da razão entre capacidades caloríficas γ:

$$\gamma \equiv \frac{C_P^{gi}}{C_V^{gi}} = \frac{C_V^{gi}+R}{C_V^{gi}} = 1 + \frac{R}{C_V^{gi}} \quad \text{ou} \quad C_V^{gi} = \frac{R}{\gamma - 1}$$

e

$$W = C_V^{gi}\,\Delta T = \frac{R\Delta T}{\gamma - 1}$$

Como $RT_1 = P_1V_1^{gi}$ e $RT_2 = P_2V_2^{gi}$, essa expressão pode ser escrita na forma:

$$W = \frac{RT_2 - RT_1}{\gamma - 1} = \frac{P_2V_2^{gi} - P_1V_1^{gi}}{\gamma - 1} \tag{3.26}$$

As Eqs. (3.25) e (3.26) são gerais para processos adiabáticos de compressão e de expansão em sistemas fechados, reversíveis ou não, pois P, V^{gi} e T são funções de estado, independentes da trajetória. Entretanto, T_2 e V_2^{gi} são normalmente desconhecidos. A eliminação de V_2^{gi} da Eq. (3.26), utilizando a Eq. (3.23c), válida somente para processos mecanicamente reversíveis, leva à expressão:

$$W = \frac{P_1V_1^{gi}}{\gamma - 1}\left[\left(\frac{P_2}{P_1}\right)^{(\gamma-1)/\gamma} - 1\right] = \frac{RT_1}{\gamma - 1}\left[\left(\frac{P_2}{P_1}\right)^{(\gamma-1)/\gamma} - 1\right] \tag{3.27}$$

O mesmo resultado é obtido quando a relação entre P e V^{gi}, dada pela Eq. (3.23c), é usada na integração $W = -\int P\,dV^{gi}$.

A Eq. (3.27) é válida somente para o estado de gás ideal, com capacidades caloríficas constantes, em processos adiabáticos mecanicamente reversíveis, em sistemas fechados.

Quando aplicadas para gases reais, as Eqs. (3.23) a (3.27) frequentemente fornecem aproximações satisfatórias, desde que o afastamento da idealidade seja relativamente pequeno. Para gases monoatômicos, $\gamma = 1{,}67$; valores aproximados de γ são 1,4 para gases diatômicos e 1,3 para gases poliatômicos simples, como CO_2, SO_2, NH_3 e CH_4.

Processos Irreversíveis

Todas as equações desenvolvidas nesta seção foram *deduzidas* para processos mecanicamente reversíveis, em sistemas fechados, para o estado de gás ideal. Contudo, as equações para *variações de propriedades* – dU^{gi}, dH^{gi}, ΔU^{gi} e

[3] Se C_p^{gi} e C_v^{gi} forem constantes, γ é necessariamente constante. A consideração de γ constante é equivalente à consideração de que as capacidades caloríficas são por si só constantes. Essa é a única forma na qual a razão C_p^{gi}/C_v^{gi} e a diferença $C_p^{gi} - C_v^{gi} = R$ são constantes. Com exceção dos gases monoatômicos, C_p^{gi} e C_v^{gi} na realidade aumentam com a temperatura, mas a razão γ é menos sensível em relação à temperatura do que as capacidades caloríficas isoladamente.

ΔH^{gi} – são válidas para o estado de gás ideal, *qualquer que seja o processo*. Elas podem ser utilizadas igualmente em processos reversíveis e irreversíveis, tanto em sistemas fechados quanto em abertos, pois as variações nas propriedades somente dependem dos estados inicial e final do sistema. Por outro lado, uma equação para Q ou W, a menos que seja igual a uma variação de propriedade, está sujeita às restrições de sua dedução.

O trabalho em um processo *irreversível* é normalmente calculado por meio de um procedimento em duas etapas. Em primeiro lugar, W é determinado para um processo mecanicamente reversível, que realiza a mesma mudança de estado que o processo real irreversível. Em segundo lugar, esse resultado é multiplicado ou dividido por uma eficiência para fornecer o trabalho real. Se o processo produz trabalho, o valor absoluto para o processo reversível é maior do que o valor para o processo real irreversível e deve ser multiplicado por uma eficiência. Se o processo requer trabalho, o valor para o processo reversível é menor do que o valor para o processo real irreversível e deve ser dividido por uma eficiência.

Aplicações dos conceitos e equações desta seção são ilustradas nos exemplos a seguir. Em particular, o trabalho em processos irreversíveis é tratado no Exemplo 3.5.

▪ Exemplo 3.3

Ar é comprimido de um estado inicial de 1 bar e 298,15 K até um estado final de 3 bar e 298,15 K, por meio de três diferentes processos mecanicamente reversíveis em um sistema fechado:

(*a*) Aquecimento a volume constante seguido de resfriamento a pressão constante.

(*b*) Compressão isotérmica.

(*c*) Compressão adiabática seguida de resfriamento a volume constante.

Esses processos são mostrados na figura. Nós consideramos que o ar está em seu estado de gás ideal e que as capacidades caloríficas são constantes, C_V^{gi} = 20,785 e C_P^{gi} = 29,100 J · mol^{-1} · K^{-1}. Calcule o trabalho necessário, o calor transferido e as variações na energia interna e na entalpia do ar para cada processo.

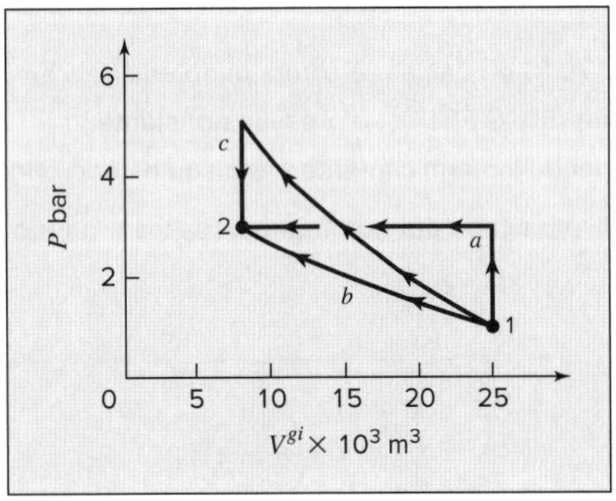

Solução 3.3

Escolha o sistema como formado por 1 mol de ar. Os estados inicial e final do ar são idênticos aos do Exemplo 2.7. Os volumes molares lá fornecidos são:

$$V_1^{gi} = 0{,}02479 \text{ m}^3 \qquad V_2^{gi} = 0{,}008263 \text{ m}^3$$

Como T é a mesma no início e no final do processo, em todos os casos,

$$\Delta U^{gi} = \Delta H^{gi} = 0$$

(*a*) O processo aqui é exatamente o do Exemplo 2.7(*b*), para o qual:

$$Q = -4958 \text{ J} \quad \text{e} \quad W = 4958 \text{ J}$$

(*b*) A Eq. (3.20) para a compressão isotérmica se aplica nesse caso. Aqui, o valor apropriado de R (da Tabela A.2 do Apêndice A) é R = 8,314 J · mol^{-1} · K^{-1}:

$$Q = -W = RT \ln \frac{P_1}{P_2} = (8{,}314)(298{,}15) \ln \frac{1}{3} = -2723 \text{ J}$$

(*c*) A etapa inicial de compressão adiabática leva o ar ao seu volume final de 0,008263 m^3. Pela Eq. (3.23a), a temperatura nesse ponto é:

$$T' = T_1\left(\frac{V_1^{gi}}{V_2^{gi}}\right)^{\gamma-1} = (298{,}15)\left(\frac{0{,}02479}{0{,}008263}\right)^{0{,}4} = 462{,}69 \text{ K}$$

Para essa etapa, $Q = 0$, e pela Eq. (3.25) o trabalho de compressão é:

$$W = C_V^{gi}\,\Delta T = C_V^{gi}(T' - T_1) = (20{,}785)\,(462{,}69 - 298{,}15) = 3420 \text{ J}$$

Para a etapa a volume constante, nenhum trabalho é realizado; a transferência de calor é:

$$Q = \Delta U^{gi} = C_V^{gi}(T_2 - T') = 20{,}785\,(298{,}15 - 462{,}69) = -3420 \text{ J}$$

Assim, para o processo (*c*),

$$W = 3420 \text{ J} \quad \text{e} \quad Q = -3420 \text{ J}$$

Embora as variações das propriedades ΔU^{gi} e ΔH^{gi} sejam zero para cada processo, Q e W dependem da trajetória, e aqui $Q = -W$. A figura mostra cada processo em um diagrama PV^{gi}. Como o trabalho para cada um desses processos mecanicamente reversíveis é dado por $W = -\int P dV^{gi}$, o trabalho para cada processo é proporcional à área total abaixo das trajetórias no diagrama PV^{gi}, de 1 para 2. Os tamanhos relativos dessas áreas correspondem aos valores numéricos de W.

▪ Exemplo 3.4

Um gás em seu estado de gás ideal passa pela seguinte sequência de processos mecanicamente reversíveis em um sistema fechado:

(*a*) De um estado inicial a 70 °C e 1 bar, ele é comprimido adiabaticamente até 150 °C.

(*b*) Ele é então resfriado de 150 °C a 70 °C, a pressão constante.

(*c*) Finalmente, ele se expande isotermicamente até o seu estado original.

Calcule W, Q, ΔU^{gi} e ΔH^{gi} para cada um dos três processos e para o ciclo completo. Considere C_V^{gi} = 12,471 e C_P^{gi} = 20,785 J · mol^{-1} · K^{-1}.

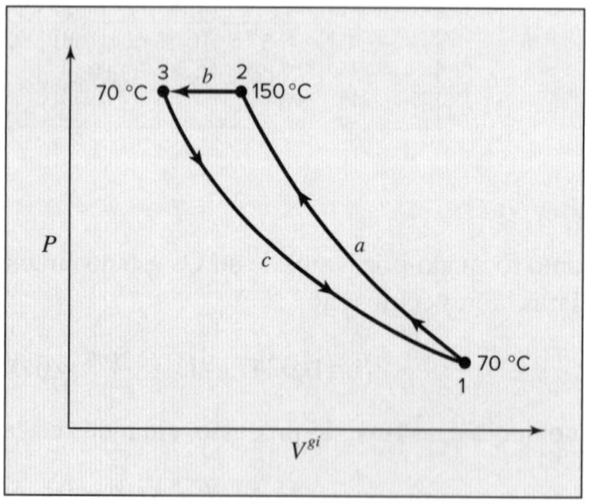

Solução 3.4

Tome como base 1 mol de gás.

(*a*) Para compressão adiabática, $Q = 0$; e

$$\Delta U^{gi} = W = C_V^{gi}\,\Delta T = (12{,}471)(150 - 70) = 998 \text{ J}$$

$$\Delta H^{gi} = C_P^{gi}\,\Delta T = (20{,}785)(150 - 70) = 1663 \text{ J}$$

a pressão P_2 é determinada pela Eq. (3.23b):

$$P_2 = P_1\left(\frac{T_2}{T_1}\right)^{\gamma/(\gamma-1)} = (1)\left(\frac{150 + 273{,}15}{70 + 273{,}15}\right)^{2{,}5} = 1{,}689 \text{ bar}$$

(*b*) Para esse processo a pressão constante,

$$Q = \Delta H^{gi} = C_P^{gi}\,\Delta T = (20{,}785)(70 - 150) = -1663 \text{ J}$$
$$\Delta U = C_V^{gi}\,\Delta T = (12{,}471)(70 - 150) = -998 \text{ J}$$
$$W = \Delta U^{gi} - Q = -998 - (-1663) = 665 \text{ J}$$

(*c*) Para esse processo isotérmico, ΔU^{gi} e ΔH^{gi} são zero; a Eq. (3.20) fornece:

$$Q = -W = RT\ln\frac{P_3}{P_1} = RT\ln\frac{P_2}{P_1} = (8{,}314)(343{,}15)\ln\frac{1{,}689}{1} = 1495 \text{ J}$$

Para o ciclo completo,

$$Q = 0 - 1663 + 1495 = -168 \text{ J}$$
$$W = 998 + 665 - 1495 = 168 \text{ J}$$
$$\Delta U^{gi} = 998 - 998 + 0 = 0$$
$$\Delta H^{gi} = 1663 - 1663 + 0 = 0$$

As variações das propriedades ΔU^{gi} e ΔH^{gi} são ambas nulas para o ciclo completo, porque os estados inicial e final são idênticos. Note também que $Q = -W$ para o ciclo. Isso vem da primeira lei com $\Delta U^{gi} = 0$.

▪ Exemplo 3.5

Se os processos do Exemplo 3.4 ocorrerem *irreversivelmente*, mas de tal forma que causem exatamente as mesmas *mudanças de estado* – as mesmas variações em P, T, U^{gi} e H^{gi} –, então resultarão valores diferentes para Q e W. Calcule Q e W se cada etapa for realizada com uma eficiência de trabalho de 80 %.

Solução 3.5

Se as mesmas mudanças de estado realizadas no Exemplo 3.4 forem efetuadas por processos irreversíveis, as variações nas propriedades para cada etapa são idênticas às do Exemplo 3.4. Entretanto, os valores de Q e W são diferentes.

(*a*) Para a compressão adiabática mecanicamente reversível, o trabalho é $W_{\text{rev}} = 998$ J. Se o processo for 80 % eficiente quando comparado ao reversível, o trabalho real é maior, e $W = 998/0{,}80 = 1.248$ J. Essa etapa não pode mais ser adiabática. Pela primeira lei,

$$Q = \Delta U^{gi} - W = 998 - 1248 = -250 \text{ J}$$

(*b*) O trabalho necessário no processo de resfriamento mecanicamente reversível é de 665 J. Para o processo irreversível, $W = 665/0{,}80 = 831$ J. Do Exemplo 3.4(*b*), $\Delta U^{gi} = -998$ J, e

$$Q = \Delta U^{gi} - W = -998 - 831 = -1829 \text{ J}$$

(*c*) Como o trabalho é realizado *pelo* sistema nessa etapa, o valor absoluto do trabalho irreversível é menor do que o trabalho reversível de –1495 J, e o trabalho real realizado é:

$$W = (0{,}80)(-1495) = -1196 \text{ J}$$
$$Q = \Delta U^{gi} - W = 0 + 1196 = 1196 \text{ J}$$

Para o ciclo completo, ΔU^{gi} e ΔH^{gi} são nulos, com

$$Q = -250 - 1829 + 1196 = -883 \text{ J}$$
$$W = 1248 + 831 - 1196 = 883 \text{ J}$$

Um resumo desses resultados e dos obtidos no Exemplo 3.4 é dado na tabela a seguir; os valores estão em joules.

	Mecanicamente reversível, Ex. 3.4				Irreversível, Ex. 3.5			
	ΔU^{gi}	ΔH^{gi}	Q	W	ΔU^{gi}	ΔH^{gi}	Q	W
(*a*)	998	1663	0	998	998	1663	-250	1248
(*b*)	-998	-1663	-1663	665	-998	-1663	-1829	831
(*c*)	0	0	1495	-1495	0	0	1196	-1196
Ciclo	0	0	-168	168	0	0	-883	883

Esse ciclo é do tipo que necessita de trabalho e produz uma quantidade igual de calor. A característica marcante da comparação mostrada na tabela é que o trabalho total requerido quando o ciclo é constituído por três etapas irreversíveis é mais do que cinco vezes o trabalho total requerido quando as etapas são mecanicamente reversíveis, mesmo com o fato de cada etapa irreversível ter uma eficiência de 80 %.

■ Exemplo 3.6

Ar escoa, em estado estacionário, por um tubo horizontal, atravessando uma válvula parcialmente fechada. O tubo que deixa a válvula é suficientemente maior do que o tubo de entrada, de modo que a variação da energia cinética do ar ao passar pela válvula é desprezível. A válvula e os tubos são bem isolados. As condições do ar a montante da válvula são 20 °C e 6 bar, e a pressão a jusante é de 3 bar. Se o ar está em seu estado de gás ideal, qual é a sua temperatura a certa distância a jusante da válvula?

Solução 3.6

O escoamento através de uma válvula parcialmente fechada é conhecido como *processo de estrangulamento*. O sistema está isolado, tornando Q desprezível; além disso, as variações da energia potencial e da energia cinética são desprezíveis. Não há a realização de trabalho de eixo e $W_e = 0$. Dessa forma, a Eq. (2.31) se reduz a:

$\Delta H^{gi} = H_2^{gi} - H_1^{gi} = 0$. Como H^{gi} é uma função somente da temperatura, isso requer que $T_2 = T_1$. O resultado de $\Delta H^{gi} = 0$ é geral para um processo de estrangulamento, pois as considerações de transferência de calor e variações das energias cinética e potencial desprezíveis são usualmente válidas. Para um fluido no seu estado de gás ideal, não ocorre variação de temperatura. O processo de estrangulamento é inerentemente irreversível, mas isso pouco importa para os cálculos, pois a Eq. (3.14b) é válida para o estado de gás ideal qualquer que seja o processo.[4]

■ Exemplo 3.7

Se no Exemplo 3.6 a vazão do ar for de 1 mol · s^{-1} e os diâmetros internos dos tubos a montante e a jusante da válvula forem de 5 cm, qual será a variação da energia cinética do ar e sua variação de temperatura? Para o ar, C_P^{gi} = 29,100 J · mol^{-1} e a massa molar é $\mathscr{M}$ = 29 g · mol^{-1}.

Solução 3.7

Pela Eq. (2.23b),

$$u = \frac{\dot{n}}{A\rho} = \frac{\dot{n}V^{gi}}{A}$$

[4] O estrangulamento de gases reais pode resultar em aumento ou redução de temperatura relativamente pequenos, o que é conhecido como efeito Joule-Thompson. Uma discussão mais detalhada é encontrada no Capítulo 7.

na qual

$$A = \frac{\pi}{4}D^2 = \left(\frac{\pi}{4}\right)(5 \times 10^{-2})^2 = 1{,}964 \times 10^{-3}\ \text{m}^2$$

Aqui, o valor apropriado da constante do gás para o cálculo do volume molar a montante é $R = 83{,}14 \times 10^{-6}$ bar · m^3 · mol^{-1} · K^{-1}. Então

$$V_1^{gi} = \frac{RT_1}{P_1} = \frac{(83{,}14 \times 10^{-6})(293{,}15\ \text{K})}{6\ \text{bar}} = 4{,}062 \times 10^{-3}\ \text{m}^3 \cdot \text{mol}^{-1}$$

Então

$$u_1 = \frac{(1\ \text{mol} \cdot \text{s}^{-1})(4{,}062 \times 10^{-3}\ \text{m}^3 \cdot \text{mol}^{-1})}{1{,}964 \times 10^{-3}\text{m}^2} = 2{,}069\ \text{m} \cdot \text{s}^{-1}$$

Desse modo, se a temperatura a jusante tem pouca diferença em relação à temperatura a montante, com uma boa aproximação:

$$V_2^{gi} = 2V_1^{gi} \qquad \text{e} \qquad u_2 = 2u_1 = 4{,}138\ \text{m} \cdot \text{s}^{-1}$$

Consequentemente, a taxa de variação da energia cinética é:

$$\dot{m}\Delta\left(\frac{1}{2}u^2\right) = \dot{n}\mathcal{M}\Delta\left(\frac{1}{2}u^2\right)$$

$$= (1 \times 29 \times 10^{-3}\ \text{kg} \cdot \text{s}^{-1})\frac{(4{,}138^2 - 2{,}069^2)\text{m}^2 \cdot \text{s}^{-2}}{2}$$

$$= 0{,}186\ \text{kg} \cdot \text{m}^2 \cdot \text{s}^{-3} = 0{,}186\ \text{J} \cdot \text{s}^{-1}$$

Na ausência de transferência de calor e trabalho, o balanço de energia, Eq. (2.30), torna-se:

$$\Delta\left(H^{gi} + \frac{1}{2}u^2\right)\dot{m} = \dot{m}\Delta H^{gi} + \dot{m}\Delta\left(\frac{1}{2}u^2\right) = 0$$

$$(\dot{m}/\mathcal{M})C_P^{gi}\Delta T + \dot{m}\Delta\left(\frac{1}{2}u^2\right) = \dot{n}C_P^{gi}\Delta T + \dot{m}\Delta\left(\frac{1}{2}u^2\right) = 0$$

Então

$$(1)(29{,}100)\Delta T = -\dot{m}\Delta\left(\frac{1}{2}u^2\right) = -0{,}186$$

e

$$\Delta T = -0{,}0064\ \text{K}$$

Portanto, a consideração de variação desprezível de temperatura através da válvula é claramente justificada. Mesmo para uma pressão a montante de 10 bar e uma pressão a jusante de 1 bar, e para a mesma vazão, a variação de temperatura é de somente –0,076 K. Concluímos que, exceto para condições muito fora do comum, $\Delta H^{gi} = 0$ representa um balanço de energia satisfatório.

3.4 EQUAÇÕES DE ESTADO DO TIPO VIRIAL – EQUAÇÃO VIRIAL

Dados volumétricos para fluidos são úteis para várias propostas de trabalho, desde a medição de fluidos até o dimensionamento de tanques. Dados para V, como uma função de P e T, podem, é claro, ser fornecidos por tabelas. Entretanto, a expressão da relação funcional $f(P, V, T) = 0$ como equações é muito mais compacta e conveniente. As equações de estado do tipo virial para gases são adequadas especificamente para esta proposta.

As isotermas para gases e vapores, posicionadas à direita da curva de vapor saturado CD na Figura 3.2(b), são curvas relativamente simples nas quais V diminui à medida que P aumenta. Aqui, o produto PV, para uma dada T, varia muito mais devagar do que qualquer uma de suas parcelas e, por consequência, é mais facilmente analiticamente representado como uma função de P. Isso sugere a representação de PV, para uma isoterma, por meio de uma série de potências em P:

$$PV = a + bP + cP^2 + \ldots$$

Se definirmos $b \equiv aB'$, $c \equiv aC'$ etc., então

$$PV = a(1 + B'P + C'P^2 + D'P^3 + \ldots) \tag{3.28}$$

na qual B', C' etc. são constantes para uma dada temperatura e uma dada substância.

Temperatura de Gás Ideal; Constante Universal dos Gases

Os parâmetros B', C' etc. na Eq. (3.28) são funções da temperatura e dependem da espécie química; mas observa-se a partir de experimentos que o parâmetro a tem uma mesma função de temperatura para todas as espécies químicas. Isso é mostrado por medidas de volume como função da P para vários gases a temperatura constante. Extrapolações do produto PV para pressão zero, nas quais a Eq. (3.28) se reduz a $PV = a$, mostram que a é a mesma função de T para todos os gases. Identificando esse limite de pressão zero por um asterisco, obtém-se:

$$(PV)^* = a = f(T)$$

Essa propriedade dos gases serve como base para o estabelecimento de uma escala de temperatura absoluta. Ela é definida pela fixação arbitrária da relação funcional $f(T)$ e pela definição de um valor específico para um único ponto na escala. Este é o procedimento mais simples, adotado internacionalmente para definir a escala Kelvin (Seção 1.4):

- Faça $(PV)^*$ diretamente proporcional a T, sendo R a constante de proporcionalidade:

$$(PV)^* = a \equiv RT \tag{3.29}$$

- Estabeleça o valor de 273,16 K para a temperatura do ponto triplo da água (identificada pelo subscrito t):

$$(PV)_t^* = R \times 273{,}16 \text{ K} \tag{3.30}$$

A divisão da Eq. (3.29) pela Eq. (3.30) fornece:

$$T \text{ K} = 273{,}16 \frac{(PV)^*}{(PV)_t^*}$$

Essa equação estabelece a base experimental para a *escala de temperatura de gás ideal* ao longo da faixa de temperaturas na qual os valores de $(PV)^*$ são acessíveis experimentalmente. A escala de temperatura Kelvin é definida de modo a estar em concordância o máximo possível com essa escala.

A constante de proporcionalidade R nas Eqs. (3.29) e (3.30) é chamada de *constante universal dos gases*. O seu valor numérico é obtido a partir da Eq. (3.30):

$$R = \frac{(PV)_t^*}{273{,}16 \text{ K}}$$

O valor experimental aceito para $(PV)_t^*$ é de 22.711,8 bar · cm^3 · mol^{-1}, levando ao seguinte valor para R:[5]

$$R = \frac{22.711{,}8 \text{ bar} \cdot \text{cm}^3 \cdot \text{mol}^{-1}}{273{,}16 \text{ K}} = 83{,}1446 \text{ bar} \cdot \text{cm}^3 \cdot \text{mol}^{-1} \cdot \text{K}^{-1}$$

Utilizando fatores de conversão, R pode ser expressa em várias unidades. Valores normalmente utilizados são fornecidos na Tabela A.2 do Apêndice A.

Duas Formas da Equação Virial

Uma propriedade termodinâmica auxiliar útil é **definida** pela equação:

$$\boxed{Z \equiv \frac{PV}{RT} = \frac{V}{V^{gi}}} \tag{3.32}$$

[5] Veja: <http://physics.nist.gov/constants>.

Essa razão adimensional é chamada de *fator de compressibilidade*. Ela é uma medida do desvio do volume molar do gás real do seu valor como gás ideal. Para o estado de gás ideal, $Z = 1$. Em temperaturas moderadas, seu valor é normalmente < 1, embora em elevadas temperaturas ele possa ser > 1. A Figura 3.6 mostra o fator de compressibilidade do dióxido de carbono como uma função de T e P. Essa figura apresenta as mesmas informações da Figura 3.4, exceto que ela é plotada com Z no lugar de V. Ela mostra que Z se aproxima de 1 em baixas pressões e, em pressões moderadas, diminui mais ou menos linearmente com a pressão.

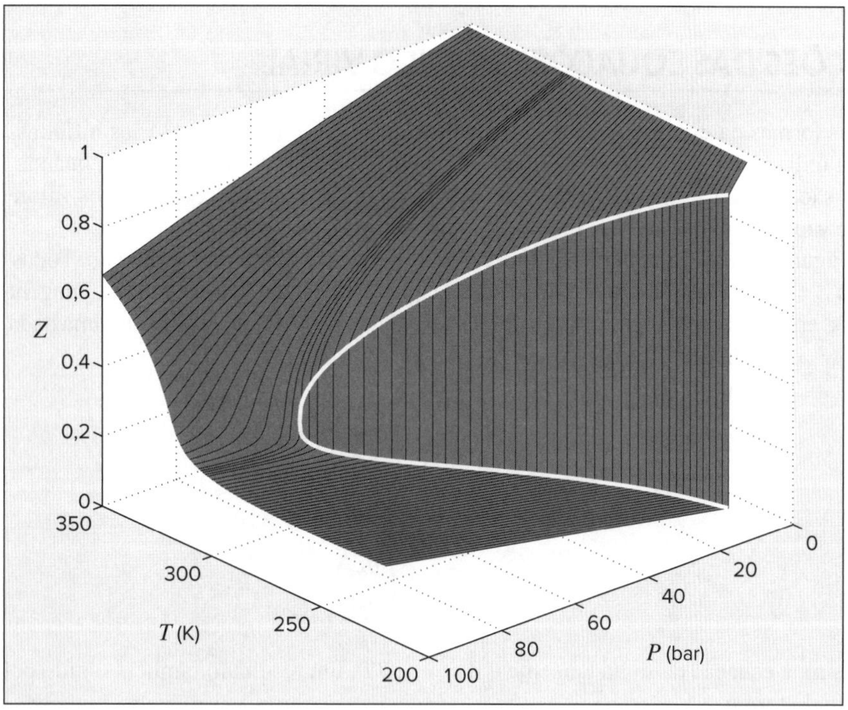

Figura 3.6 Superfície *PZT* para o dióxido de carbono, com isotermas mostradas em preto e a curva de equilíbrio líquido-vapor em branco.

Com Z definido pela Eq. (3.32) e com $a = RT$ [Eq. (3.29)], a Eq. (3.28) se torna:

$$\boxed{Z = 1 + B'P + C'P^2 + D'P^3 + \ldots} \tag{3.33}$$

Uma expressão alternativa para Z normalmente também é utilizada:[6]

$$\boxed{Z = 1 + \frac{B}{V} + \frac{C}{V^2} + \frac{D}{V^3} + \ldots} \tag{3.34}$$

Essas duas expressões são chamadas de *expansões virial*, e os parâmetros B', C', D' etc. e B, C, D etc. são chamados de *coeficientes virial*. Os parâmetros B' e B são os *segundos* coeficientes virial; C' e C são os *terceiros* coeficientes virial etc. Para um dado gás, os coeficientes virial são somente funções de temperatura.

Os dois conjuntos de coeficientes nas Eqs. (3.33) e (3.34) estão relacionados como segue:

$B' = \dfrac{B}{RT}$ (3.35a)	$C' = \dfrac{C - B^2}{(RT)^2}$ (3.35b)	$D' = \dfrac{D - 3BC + 2B^3}{(RT)^3}$ (3.35c)

Para deduzir essas relações, fazemos $Z = PV/RT$ na Eq. (3.34) e resolvemos para P. Isso permite a eliminação de P no lado direito da Eq. (3.33). A equação resultante se reduz a uma série de potências em $1/V$, que pode ser comparada termo a termo com a Eq. (3.34) para fornecer as relações apresentadas. Elas se mantêm *exatas* somente para as duas expansões virial como séries infinitas, mas as formas truncadas utilizadas na prática são aproximações aceitáveis.

[6] Proposta por H. Kamerlingh Onnes, "Expression of the Equation of State of Gases and Liquids by Means of Series." *Communications from the Physical Laboratory of the University of Leiden*, n. 71, 1901.

Muitas outras equações de estado foram propostas para gases, mas as equações virial são as únicas com uma firme base na Mecânica Estatística, que fornece significado físico para os coeficientes virial. Assim, na expansão em $1/V$, o termo B/V surge em função das interações entre pares de moléculas; o termo C/V^2 surge em função das interações entre três corpos etc. Como em densidades típicas dos gases as interações entre dois corpos são muitas vezes mais comuns do que as interações entre três corpos, e as interações entre três corpos são muitas vezes mais numerosas do que as interações entre quatro corpos etc., as contribuições dos termos com ordens sucessivamente superiores para Z diminuem rapidamente.

3.5 APLICAÇÕES DAS EQUAÇÕES DO TIPO VIRIAL

As duas formas da expansão virial dadas pelas Eqs. (3.33) e (3.34) são séries infinitas. Para propósitos de engenharia, sua utilização é útil somente quando a convergência é muito rápida, isto é, quando não mais do que dois ou três termos são necessários para fornecer aproximações razoavelmente próximas aos valores das séries. Isso ocorre para gases e vapores em pressões de baixas a moderadas.

A Figura 3.7 mostra um gráfico do fator de compressibilidade para o metano. Todas as isotermas se originam nos valores $Z = 1$ e $P = 0$ e são quase linhas retas a pressões baixas. Dessa forma, a tangente a uma isoterma em $P = 0$ é uma boa aproximação para a isoterma de $P \to 0$ até determinada pressão. Para uma dada temperatura, a diferenciação da Eq. (3.33) fornece:

$$\left(\frac{\partial Z}{\partial P}\right)_T = B' + 2C'P + 3D'P^2 + \ldots$$

da qual,

$$\left(\frac{\partial Z}{\partial P}\right)_{T;P=0} = B'$$

Assim, a equação da linha tangente é $Z = 1 + B'P$, um resultado também obtido pelo truncamento da Eq. (3.33) no segundo termo.

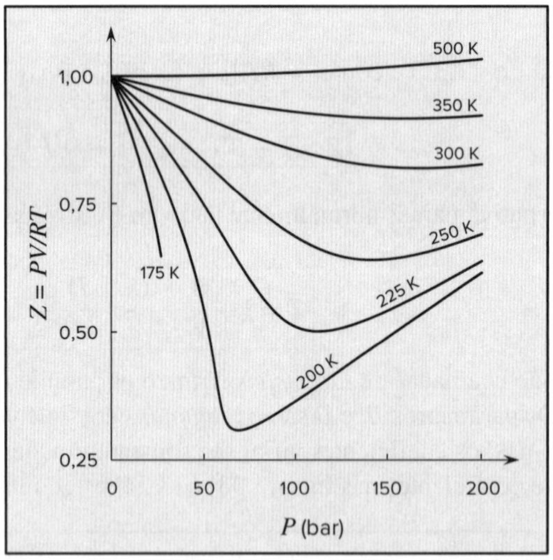

Figura 3.7 Gráfico do fator de compressibilidade do metano. São mostradas isotermas do fator de compressibilidade Z calculadas a partir dos dados *PVT* para o metano pela equação de definição $Z = PV/RT$. Elas são plotadas *versus* pressão para um número de temperaturas constantes e mostram graficamente o que a expansão virial em P representa analiticamente.

Uma forma mais comum dessa equação resulta da substituição de B' pela Eq. (3.35a):

$$\boxed{Z = \frac{PV}{RT} = 1 + \frac{BP}{RT}} \qquad (3.36)$$

Essa equação expressa uma proporcionalidade direta entre Z e P e é frequentemente utilizada para vapores em temperaturas subcríticas até suas pressões de saturação. Em temperaturas mais elevadas, ela frequentemente fornece uma aproximação razoável para gases até pressões de vários bars, com a faixa de pressão aumentando à medida que a temperatura aumenta.

Da mesma forma, a Eq. (3.34) pode ser truncada em dois termos para utilização em baixas pressões:

$$Z = \frac{PV}{RT} = 1 + \frac{B}{V} \tag{3.37}$$

Contudo, a Eq. (3.36) é mais conveniente e geralmente no mínimo tão acurada quanto a Eq. (3.37). Dessa forma, quando a equação virial é truncada em dois termos, a Eq. (3.36) é preferida.

O segundo coeficiente virial B depende da substância e é uma função de temperatura. Valores experimentais estão disponíveis para alguns gases.[7] Além disso, a estimação do segundo coeficiente virial é possível quando não há disponibilidade de dados, conforme discutido na Seção 3.7.

Para pressões acima da faixa de aplicabilidade da Eq. (3.36), mas inferiores à pressão crítica, a equação virial truncada no terceiro termo frequentemente fornece resultados excelentes. Nesse caso, a Eq. (3.34), a expansão em $1/V$, é muito superior à Eq. (3.33). Assim, quando a equação virial é truncada no terceiro termo, a forma apropriada é:

$$\boxed{Z = \frac{PV}{RT} = 1 + \frac{B}{V} + \frac{C}{V^2}} \tag{3.38}$$

Essa equação é explícita na pressão, mas é cúbica no volume. Soluções analíticas são possíveis para V, mas são mais convenientemente encontradas por meio de um procedimento iterativo, como ilustrado no Exemplo 3.8.

Os valores de C, assim como os de B, dependem do gás e da temperatura. Conhece-se muito menos sobre o terceiro coeficiente virial do que sobre o segundo, embora existam dados para alguns gases na literatura. Como os coeficientes virial acima do terceiro são raramente conhecidos e como a expansão virial com mais de três termos se torna de difícil utilização, seu uso não é comum.

A Figura 3.8 ilustra o efeito da temperatura sobre os coeficientes virial B e C para o nitrogênio; embora os valores numéricos sejam diferentes para outros gases, as tendências são similares. A curva na Figura 3.8 sugere que B aumenta monotonicamente com T; contudo, em temperaturas muito acima das mostradas, B atinge um ponto máximo e então diminui lentamente. A dependência de C à temperatura é mais difícil de ser estabelecida experimentalmente, mas suas principais características são claras: C é negativo em baixas temperaturas, passa por um ponto máximo em uma temperatura próxima à crítica e depois diminui suavemente com o aumento de T.

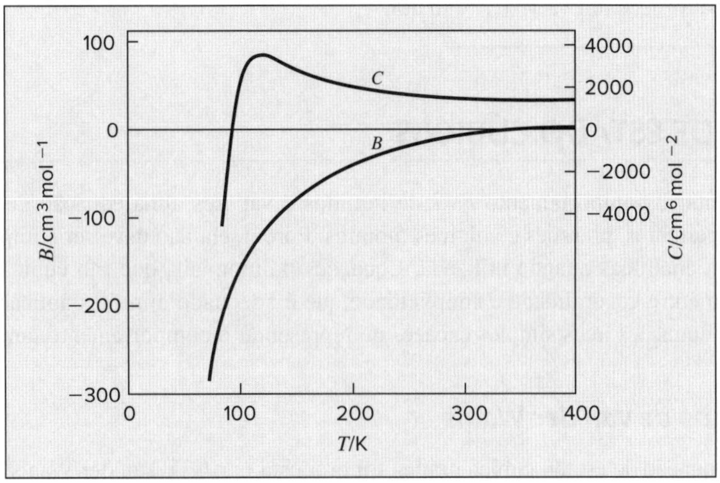

Figura 3.8 Coeficientes virial B e C para o nitrogênio.

▪ Exemplo 3.8

Valores divulgados para os coeficientes virial do vapor de isopropanol a 200 °C são:

$$B = -388 \text{ cm}^3 \cdot \text{mol}^{-1} \quad C = -26.000 \text{ cm}^6 \cdot \text{mol}^{-2}$$

[7] J. H. Dymond e E. B. Smith, *The Virial Coefficients of Pure Gases and Mixtures*, Clarendon Press, Oxford, 1980.

Calcule V e Z para o vapor de isopropanol, a 200 °C e 10 bar:

(*a*) No estado de gás ideal.

(*b*) Usando a Eq. (3.36).

(*c*) Usando a Eq. (3.38).

Solução 3.8

A temperatura absoluta é $T = 473{,}15$ K e o valor apropriado da constante dos gases é $R = 83{,}14\ \text{cm}^3\ \text{bar} \cdot \text{mol}^{-1} \cdot \text{K}^{-1}$.

(*a*) No estado de gás ideal, $Z = 1$, e

$$V^{gi} = \frac{RT}{P} = \frac{(83{,}14)(473{,}15)}{10} = 3934\ \text{cm}^3 \cdot \text{mol}^{-1}$$

(*b*) Da segunda igualdade da Eq. (3.36), temos:

$$V = \frac{RT}{P} + B = 3934 - 388 = 3546\ \text{cm}^3 \cdot \text{mol}^{-1}$$

e

$$Z = \frac{PV}{RT} = \frac{V}{RT/P} = \frac{V}{V^{gi}} = \frac{3546}{3934} = 0{,}9014$$

(*c*) Se preferir a solução por iteração, a Eq. (3.38) pode ser escrita na forma:

$$V_{i+1} = \frac{RT}{P}\left(1 + \frac{B}{V_i} + \frac{C}{V_i^2}\right)$$

na qual o subscrito i indica o número da iteração. A iteração é iniciada com o valor para o estado de gás ideal V^{gi}. A solução fornece:

$$V = 3488\ \text{cm}^3 \cdot \text{mol}^{-1}$$

da qual $Z = 0{,}8866$. Comparado com esse resultado, o valor para o estado de gás ideal é 13 % maior e a Eq. (3.36) fornece um valor 1,7 % maior.

3.6 EQUAÇÕES DE ESTADO CÚBICAS

Para representar o comportamento PVT de líquidos e vapores, uma equação de estado deve abranger uma ampla faixa de temperaturas, pressões e volumes molares. Porém, ela não deve ser complexa de modo a gerar dificuldades numéricas ou analíticas quando utilizada. Equações polinomiais, que são cúbicas no volume molar, oferecem um compromisso entre generalidade e simplicidade que é adequado a muitas aplicações. As equações cúbicas são, na realidade, as equações mais simples capazes de representar o comportamento tanto de líquidos quanto de vapores.

A Equação de Estado de van der Waals

A primeira equação de estado cúbica prática foi proposta por J. D. van der Waals[8] em 1873:

$$\boxed{P = \frac{RT}{V - b} - \frac{a}{V^2}} \qquad (3.39)$$

Nessa equação, a e b são constantes positivas, específicas para uma espécie em particular; quando elas são nulas, a equação do estado de gás ideal é resgatada. O objetivo do termo a/V^2 é levar em consideração as forças atrativas

[8] Johannes Diderik van der Waals (1837–1923), físico holandês que ganhou o Prêmio Nobel de Física em 1910. Ver: <http://www.nobelprize.org/physics/laurates/1910/waals-bio.html>.

entre as moléculas, que tornam a pressão menor do que aquela que seria exercida no estado de gás ideal. O objetivo da constante b é levar em consideração o tamanho finito de moléculas, que torna o volume maior que o do estado de gás ideal.

Com valores fornecidos para a e b de determinado fluido, pode-se calcular P como uma função de V para vários valores de T. A Figura 3.9 é um diagrama PV esquemático que mostra três dessas isotermas. A linha mais forte, em forma de "domo", representa a curva dos estados de líquido saturado e de vapor saturado.[9] Para a isoterma $T_1 > T_c$, a pressão decresce com o aumento do volume molar. A isoterma crítica (identificada por T_c) apresenta a inflexão horizontal em C característica do ponto crítico. Para a isoterma $T_2 < T_c$, na região do líquido sub-resfriado, a pressão decresce rapidamente com o aumento do volume, V. Após cruzar a linha do líquido saturado, ela atravessa um ponto mínimo, sobe até um ponto máximo e então desce, cruzando a linha de vapor saturado e continuando para baixo, na região do vapor superaquecido.

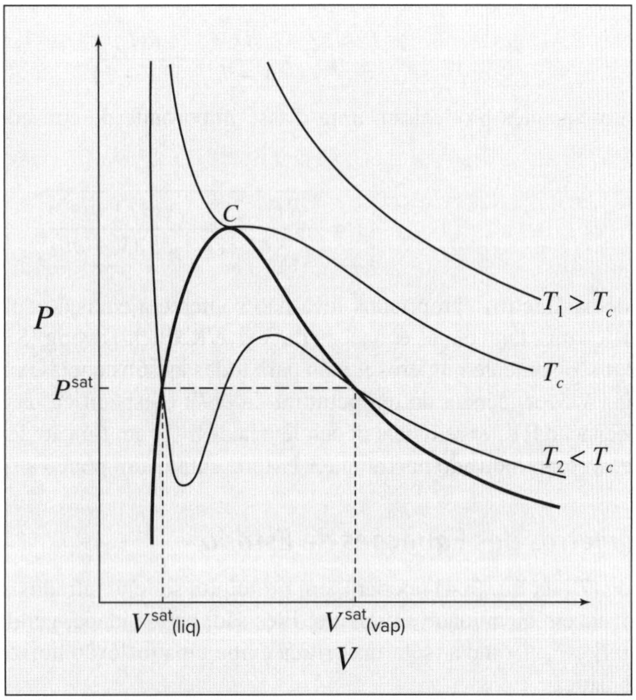

Figura 3.9 Isotermas *PV* fornecidas por uma equação de estado cúbica, para *T* abaixo da temperatura crítica, nela e acima dela. A curva sobreposta mais escura mostra o lugar geométrico dos volumes de líquido e de vapor saturado.

As isotermas experimentais não exibem essa transição suave da região do líquido saturado para a região do vapor saturado característica das equações de estado; em vez disso, na região bifásica, elas apresentam um segmento horizontal no qual líquido saturado e vapor saturado coexistem em proporções variadas, na pressão de saturação (ou de vapor). Esse comportamento, mostrado pela linha tracejada na Figura 3.9, não pode ser representado por uma equação de estado e aceitamos como inevitável o comportamento irreal das equações de estado na região bifásica.

Na verdade, o comportamento PV previsto na região de duas fases por equações de estado cúbicas apropriadas não é totalmente fictício. Se a pressão em um líquido saturado isento de pontos de nucleação de vapor for diminuída em um experimento cuidadosamente controlado, não ocorre vaporização e o líquido permanece sozinho até pressões bem abaixo de sua pressão de vapor. Analogamente, o aumento da pressão em um vapor saturado ao longo de um experimento adequado não causa condensação, e o vapor permanece sozinho até pressões bem acima da pressão de vapor. Esses estados de não equilíbrio ou estados metaestáveis de líquido superaquecido e vapor sub-resfriado são aproximados por aquelas partes das isotermas PV que caem nas regiões bifásicas adjacentes aos estados de líquido saturado e de vapor saturado.[10]

Equações de estado cúbicas apresentam três raízes para o volume, das quais duas podem ser complexas. Os valores de V com significado físico são sempre reais, positivos e maiores do que os da constante b. Para uma isoterma

[9] Embora longe de ser óbvia, a equação de estado também fornece a base para o cálculo dos volumes para as fases vapor e líquido saturados que determina a localização do "domo". Isso é explicado na Seção 13.7.

[10] O aquecimento de líquidos em micro-ondas pode levar à condição perigosa de líquido superaquecido, que pode "flashear" de forma explosiva.

a $T > T_c$, a Figura 3.9 mostra que a solução para V, em qualquer valor de P, fornece somente uma raiz real positiva. Para a isoterma crítica ($T = T_c$), isso também é verdadeiro, exceto na pressão crítica, na qual há três raízes iguais ao V_c. Para isotermas a $T < T_c$, a equação pode exibir uma ou três raízes reais, dependendo da pressão. Embora essas raízes sejam reais e positivas, elas não são estados físicos estáveis para a porção de uma isoterma localizada entre o líquido saturado e o vapor saturado (sob o "domo"). Somente para a pressão de *saturação* P^{sat} as raízes V^{sat}(liq) e V^{sat}(vap) são estáveis, localizadas nos extremos da porção horizontal da isoterma verdadeira. Para qualquer outra pressão diferente de P^{sat}, existe somente uma raiz com significo físico, correspondendo a um volume molar do líquido ou a um volume molar do vapor.

Uma Equação de Estado Cúbica Genérica

Em metade do século XX, um desenvolvimento de equações de estado cúbicas foi iniciado em 1949 pela publicação da equação de Redlich/Kwong (RK):[11]

$$P = \frac{RT}{V - b} - \frac{a(T)}{V(V + b)} \tag{3.40}$$

Melhoramentos subsequentes produziram uma classe importante de equações, representada por uma *equação de estado cúbica genérica*:

$$\boxed{P = \frac{RT}{V - b} - \frac{a(T)}{(V + \varepsilon b)(V + \sigma b)}} \tag{3.41}$$

A atribuição de parâmetros apropriados leva não somente à equação de van der Waals (vdW) e à equação de Redlich/Kwong (RK), mas também às equações de Soave/Redlich/Kwong (SRK)[12] e de Peng/Robinson.[13] Para uma dada equação, ε e σ são somente números iguais para todas as substâncias, enquanto os parâmetros $a(T)$ e b dependem da substância. A dependência da temperatura de $a(T)$ é específica para cada equação de estado. A equação SRK é idêntica à equação RK, exceto pela dependência de $a(T)$ em função de T. A equação de PR considera valores diferentes para ε e σ, como indicado na Tabela 3.1, apresentada um pouco à frente.

Determinação de Parâmetros das Equações de Estado

Os parâmetros b e $a(T)$ da Eq. (3.41) podem, em princípio, ser encontrados a partir de dados PVT, mas estes estão raramente disponíveis em quantidade suficiente. Eles são, na realidade, geralmente obtidos a partir dos valores das constantes críticas T_c e P_c. Como a isoterma crítica exibe uma inflexão horizontal no ponto crítico, podemos impor as condições matemáticas:

$$\boxed{\left(\frac{\partial P}{\partial V}\right)_{T;\mathrm{cr}} = 0 \quad (3.42)} \qquad \boxed{\left(\frac{\partial^2 P}{\partial V^2}\right)_{T;\mathrm{cr}} = 0 \quad (3.43)}$$

O subscrito "cr" indica o ponto crítico. A diferenciação da Eq. (3.41) fornece expressões para ambas as derivadas, que podem ser igualadas a zero para $P = P_c$, $T = T_c$ e $V = V_c$. A própria equação de estado pode ser escrita para as condições críticas. Essas três equações contêm cinco constantes: P_c, V_c, T_c, $a(T_c)$ e b. Entre as várias formas de tratar essas equações, a mais apropriada é a eliminação de V_c, gerando expressões relacionando $a(T_c)$ e b a P_c e T_c. A razão é porque P_c e T_c estão normalmente mais disponíveis e os valores são mais precisos do que V_c.

A álgebra é intrincada, mas leva finalmente às seguintes expressões para os parâmetros b e $a(T_c)$:

$$\boxed{b = \Omega \frac{RT_c}{P_c}} \tag{3.44}$$

e

$$a(T_c) = \Psi \frac{R^2 T_c^2}{P_c}$$

[11] Otto Redlich e J. N. S. Kwong, *Chem. Rev.*, vol. 44, pp. 233–244, 1949.

[12] G. Soave, *Chem. Eng. Sci.*, vol. 27, pp. 1197–1203, 1972.

[13] D.-Y. Peng e D. B. Robinson, *Ind. Eng. Chem. Fundam.*, vol. 15, pp. 59–64, 1976.

Esse resultado é estendido para temperaturas diferentes da crítica pela introdução da função adimensional $\alpha(T_r;\ \omega)$, que se torna igual a 1 na temperatura crítica:

$$a(T) = \Psi\frac{\alpha(T_r;\ \omega)R^2T_c^2}{P_c} \tag{3.45}$$

Nessas equações, Ω e Ψ são somente números, independentes da substância e específicos para determinada equação de estado. A função $\alpha(T_r;\ \omega)$ é uma expressão empírica na qual, por definição, $T_r \equiv T/T_c$ e ω é um parâmetro específico para determinada espécie química, o que será definido e discutido em uma seção posterior.

Essa análise também mostra que cada equação de estado fornece um valor para o fator de compressibilidade crítico Z_c, que é o mesmo para todas as substâncias. Valores diferentes são encontrados para diferentes equações. Infelizmente, os valores de Z_c calculados a partir dos valores experimentais de T_c, P_c e V_c diferem de uma espécie para outra e não concordam, em geral, com os valores fixos previstos pelas equações de estado cúbicas comuns. Os valores experimentais são quase todos menores do que qualquer um dos valores previstos.

Raízes da Equação de Estado Cúbica Genérica

As equações de estado são normalmente transformadas em expressões para o fator de compressibilidade. Uma equação para Z equivalente à Eq. (3.41) é obtida substituindo $V = ZRT/P$. Além disso, nós **definimos** duas grandezas adimensionais que levam à simplificação:

$$\beta \equiv \frac{bP}{RT} \tag{3.46}$$

$$q \equiv \frac{a(T)}{bRT} \tag{3.47}$$

Com essas substituições, a Eq. (3.41) assume a forma adimensional:

$$Z = 1 + \beta - q\beta\frac{Z - \beta}{(Z + \varepsilon\beta)(Z + \sigma\beta)} \tag{3.48}$$

Embora as três raízes dessa equação possam ser determinadas analiticamente, na prática elas geralmente são calculadas por meio de procedimentos iterativos implementados em pacotes computacionais matemáticos. Problemas de convergência são praticamente evitados quando a equação é escrita de forma adequada para a determinação de uma raiz particular.

A Eq. (3.48) está particularmente adaptada para a determinação de raízes do vapor ou do tipo-vapor. A solução iterativa inicia com o valor $Z = 1$ substituído no lado direito. O valor de Z calculado é recolocado no lado direito e o processo continua até a convergência. O valor final de Z fornece a raiz do volume por meio de $V = ZRT/P = ZV^{gi}$.

Uma equação alternativa para Z é obtida quando a Eq. (3.48) é resolvida para o Z no numerador da fração final, fornecendo:

$$Z = \beta + (Z + \varepsilon\beta)(Z + \sigma\beta)\left(\frac{1 + \beta - Z}{q\beta}\right) \tag{3.49}$$

Essa equação é particularmente adequada para determinar raízes do líquido ou do tipo-líquido. A solução iterativa começa com um valor inicial $Z = \beta$ substituído no lado direito. Uma vez conhecido Z, a raiz do volume é novamente $V = ZRT/P = ZV^{gi}$.

Dados experimentais do fator de compressibilidade mostram que os valores de Z para diferentes fluidos exibem comportamento similar quando correlacionados como uma função da *temperatura reduzida* T_r e da *pressão reduzida* P_r, que são por **definição** $T_r \equiv T/T_c$ e $P_r \equiv P/P_c$. Por isso, é comum determinar parâmetros da equação de estado por meio dessas variáveis adimensionais. Dessa forma, a Eq. (3.46) e a Eq. (3.47) em combinação com as Eqs. (3.44) e (3.45) fornecem:

$$\beta = \Omega\frac{P_r}{T_r} \tag{3.50}$$

$$q = \frac{\Psi\alpha(T_r;\ \omega)}{\Omega T_r} \tag{3.51}$$

Com os parâmetros β e q determinados por essas equações, Z se torna uma função de T_r e P_r, e a equação de estado é considerada *generalizada* em razão de sua aplicabilidade geral para todos os gases e líquidos. As atribuições numéricas aos parâmetros ε, σ, Ω e Ψ para as equações de interesse estão resumidas na Tabela 3.1. Expressões de $\alpha(T_r;\omega)$ para as equações SRK e PR são também fornecidas.

TABELA 3.1 Avaliação dos Parâmetros das Equações de Estado

Eq. de Estado	$\alpha(T_r)$	σ	ε	Ω	Ψ	Z_c
vdW (1873)	1	0	0	1/8	27/64	3/8
RK (1949)	$T_r^{-1/2}$	1	0	0, 08664	0, 42748	1/3
SRK (1972)	$\alpha_{SRK}(T_r; \omega)^\dagger$	1	0	0, 08664	0, 42748	1/3
PR (1976)	$\alpha_{PR}(T_r; \omega)^\ddagger$	$1 + \sqrt{2}$	$1 - \sqrt{2}$	0, 07780	0, 45724	0,30740

$^\dagger\alpha_{SRK}(T_r; \omega) = [1 + (0{,}480 + 1{,}574\,\omega - 0{,}176\,\omega^2)(1 - T_r^{1/2})]2$

$^\ddagger\alpha_{PR}(T_r; \omega) = [1 + (0{,}37464 + 1{,}54226\,\omega - 0{,}26992\,\omega^2)(1 - T_r^{1/2})]^2$

■ Exemplo 3.9

Sabendo que a pressão de vapor do *n*-butano a 350 K é igual a 9,4573 bar, encontre os volumes molares (*a*) do vapor saturado e (*b*) do líquido saturado de *n*-butano nessas condições, dados pela equação de Redlich/Kwong.

Solução 3.9

Com os valores de T_c e P_c do *n*-butano obtidos no Apêndice B, tem-se:

$$T_r = \frac{350}{425{,}1} = 0{,}8233 \quad \text{e} \quad P_r = \frac{9{,}4573}{37{,}96} = 0{,}2491$$

O parâmetro q é dado pela Eq. (3.51), com Ω, Ψ e $\alpha(T_r)$ para a equação RK fornecidos na Tabela 3.1:

$$q = \frac{\Psi T_r^{-1/2}}{\Omega T_r} = \frac{\Psi}{\Omega} T_r^{-3/2} = \frac{0{,}42748}{0{,}08664}(0{,}8233)^{-3/2} = 6{,}6048$$

O parâmetro β é encontrado a partir da Eq. (3.50):

$$\beta = \Omega \frac{P_r}{T_r} = \frac{(0{,}08664)(0{,}2491)}{0{,}8233} = 0{,}026214$$

(*a*) Para o vapor saturado, escreva a forma RK da Eq. (3.48), que se obtém após a substituição dos valores apropriados para ε e σ retirados da Tabela 3.1:

$$Z = 1 + \beta - q\beta \frac{(Z - \beta)}{Z(Z + \beta)}$$

ou

$$Z = 1 + 0{,}026214 - (6{,}6048)(0{,}026214)\frac{(Z - 0{,}026214)}{Z\,(Z + 0{,}026214)}$$

A solução fornece $Z = 0{,}8305$, e

$$V^v = \frac{ZRT}{P} = \frac{(0{,}8305)(83{,}14)(350)}{9{,}4573} = 2555 \text{ cm}^3 \cdot \text{mol}^{-1}$$

Um valor experimental é de 2482 $\text{cm}^3 \cdot \text{mol}^{-1}$.

(*b*) Para o líquido saturado, use a Eq. (3.49) na forma RK:

$$Z = \beta + Z(Z + \beta)\left(\frac{1 + \beta - Z}{q\beta}\right)$$

ou

$$Z = 0{,}026214 + Z(Z + 0{,}026214)\,\frac{(1{,}026214 - Z)}{(6{,}6048)(0{,}026214)}$$

A solução fornece o valor $Z = 0{,}04331$, e

$$V^l = \frac{ZRT}{P} = \frac{(0{,}04331)(83{,}14)(350)}{9{,}4573} = 133{,}3 \text{ cm}^3 \cdot \text{mol}^{-1}$$

Um valor experimental é de 115,0 $\text{cm}^3 \cdot \text{mol}^{-1}$.

Para comparação, os valores de V^v e V^l calculados para as condições do Exemplo 3.9 com as quatro equações de estado cúbicas aqui consideradas são resumidos a seguir:

$V^v/\text{cm}^3 \cdot \text{mol}^{-1}$					$V^l/\text{cm}^3 \cdot \text{mol}^{-1}$				
Exp.	vdW	RK	SRK	PR	Exp.	vdW	RK	SRK	PR
2482	2667	2555	2520	2486	115,0	191,0	133,3	127,8	112,6

Estados Correspondentes; Fator Acêntrico

As coordenadas termodinâmicas adimensionais T_r e P_r fornecem a base para a forma mais simples das *correlações dos estados correspondentes*:

Todos os fluidos, quando comparados na mesma temperatura reduzida e na mesma pressão reduzida, têm aproximadamente o mesmo fator de compressibilidade e todos se desviam do comportamento do gás ideal aproximadamente da mesma forma.

Correlações dos estados correspondentes de *dois parâmetros* para Z requerem o uso de somente dois parâmetros redutores, T_c e P_c. Embora essas correlações estejam bem próximas de serem exatas para os *fluidos simples* (argônio, criptônio e xenônio), desvios sistemáticos são observados para fluidos mais complexos. Melhoras apreciáveis resultam da introdução de um terceiro parâmetro dos estados correspondentes (em adição a T_c e P_c), característico da estrutura molecular. O parâmetro mais popular para tal melhora é o *fator acêntrico*, ω, introduzido por K. S. Pitzer e colaboradores.[14]

O fator acêntrico para uma espécie química pura é definido em relação à sua pressão de vapor. O logaritmo da pressão de vapor de um fluido puro é aproximadamente linear em relação ao inverso da temperatura absoluta. Essa linearidade pode ser representada por

$$\frac{d \log P_r^{\text{sat}}}{d(1/T_r)} = S$$

em que P_r^{sat} é a pressão de vapor reduzida, T_r é a temperatura reduzida e S é a inclinação da representação gráfica do log P_r^{sat} *versus*. $1/T_r$. Note que aqui "log" representa o logaritmo na base 10.

Se as correlações dos estados correspondentes envolvendo dois parâmetros fossem válidas de forma geral, a inclinação S seria a mesma para todos os fluidos puros. Observa-se que isso não é verdade; dentro de uma faixa limitada, cada fluido possui o seu próprio valor característico de S, o qual poderia, em princípio, servir como um terceiro parâmetro dos estados correspondentes. Entretanto, Pitzer observou que todos os dados de pressão de vapor dos fluidos simples (Ar, Kr, Xe) se encontram sobre uma mesma linha quando representados graficamente como log P_r^{sat} *versus* $1/T_r$, e que essa linha vai de log $P_r^{\text{sat}} = -1$ para $T_r = 0{,}7$. Isso está ilustrado na Figura 3.10. Dados de outros fluidos definem outras linhas, cujas localizações podem ser determinadas em relação à linha dos fluidos simples (FS) pela diferença:

$$\log P_r^{\text{sat}}(\text{FS}) - \log P_r^{\text{sat}}$$

O fator acêntrico é **definido** como esta diferença determinada em $T_r = 0{,}7$:

$$\boxed{\omega \equiv -1{,}0 - \log(P_r^{\text{sat}})_{T_r = 0{,}7}} \tag{3.52}$$

Consequentemente, ω pode ser determinado para qualquer fluido a partir de T_c, P_c e uma única medida da pressão de vapor efetuada na $T_r = 0{,}7$. Valores de ω e das constantes críticas T_c, P_c e V_c para um conjunto de substâncias estão listados no Apêndice B.

[14] Totalmente descrito em K. S. Pitzer, *Thermodynamics*, 3ª ed., Apêndice 3, McGraw-Hill, New York, 1995.

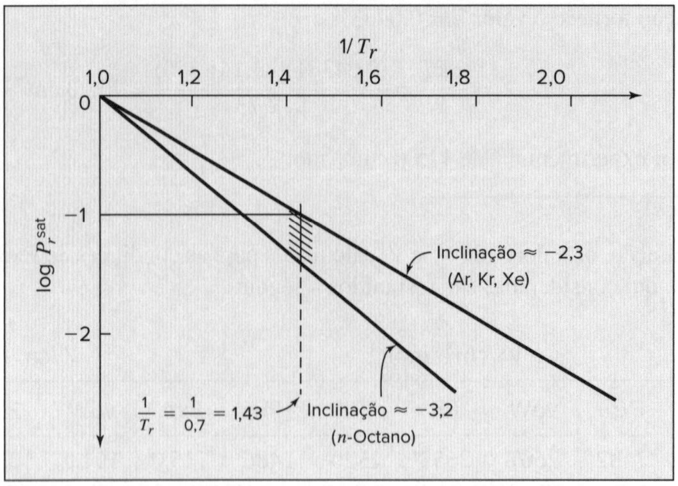

Figura 3.10 Dependência aproximada da pressão de vapor reduzida com a temperatura.

A definição de ω o torna nulo para o argônio, o criptônio e o xenônio, e dados experimentais fornecem fatores de compressibilidade para todos os três fluidos que são correlacionados pelas mesmas curvas quando Z é representado graficamente como uma função de T_r e P_r. Esta é a premissa básica das *correlações dos estados correspondentes a três parâmetros*:

Todos os fluidos que possuem o mesmo valor de fator acêntrico, ω, quando comparados na mesma temperatura reduzida, T_r, e na mesma pressão reduzida, P_r, têm aproximadamente o mesmo fator de compressibilidade, Z, e todos se desviam do comportamento do gás ideal da mesma forma.

Equações de estado que representam Z como uma função somente de T_r e P_r fornecem correlações dos estados correspondentes de dois parâmetros. As equações de van der Waals e de Redlich/Kwong são exemplos. As equações de Soave/Redlich/Kwong (SRK) e de Peng/Robinson, nas quais o fator acêntrico entra por meio da função $\alpha(T_r; \omega)$ como um parâmetro adicional, fornecem correlações dos estados correspondentes a três parâmetros.

3.7 CORRELAÇÕES GENERALIZADAS PARA GASES

Correlações generalizadas são usadas em muitas aplicações. As mais populares são correlações do tipo desenvolvido por Pitzer e colaboradores para o fator de compressibilidade Z e para o segundo coeficiente virial B.[15]

Correlações de Pitzer para o Fator de Compressibilidade

A correlação para Z é:

$$Z = Z^0 + \omega Z^1 \qquad (3.53)$$

na qual Z^0 e Z^1 são funções tanto de T_r quanto de P_r. Quando $\omega = 0$, como é o caso dos fluidos simples, a segunda parcela desaparece e Z^0 se torna idêntico a Z. Assim, uma correlação generalizada para Z como uma função de T_r e P_r, baseada em dados somente do argônio, criptônio e xenônio, fornece a relação $Z^0 = F^0(T_r, P_r)$. Essa relação representa uma correlação dos estados correspondentes de dois parâmetros para Z.

A Eq. (3.53) é uma relação linear simples entre Z e ω para valores especificados de T_r e P_r. Em realidade, dados experimentais de Z para fluidos não simples representados graficamente *versus* ω, a T_r e P_r constantes, fornecem aproximadamente linhas retas, e suas inclinações fornecem valores para Z^1, a partir dos quais a função generalizada $Z^1 = F^1(T_r, P_r)$ pode ser construída.

Das correlações do tipo Pitzer disponíveis, a desenvolvida por Lee e Kesler[16] é a mais usada. Ela é apresentada em forma de tabelas que fornecem valores de Z^0 e Z^1 como funções de T_r e P_r. Elas são fornecidas no Apêndice D, nas Tabelas D.1 até D.4. O uso dessas tabelas requer interpolação, como demonstrado no início do Apêndice E. A natureza da correlação é indicada na Figura 3.11, uma representação gráfica de Z^0 *versus* P_r para seis isotermas.

[15] Ver Pitzer, *op. cit.*

[16] B. I. Lee e M. G. Kesler, *AIChE J.*, vol. 21, pp. 510–527, 1975.

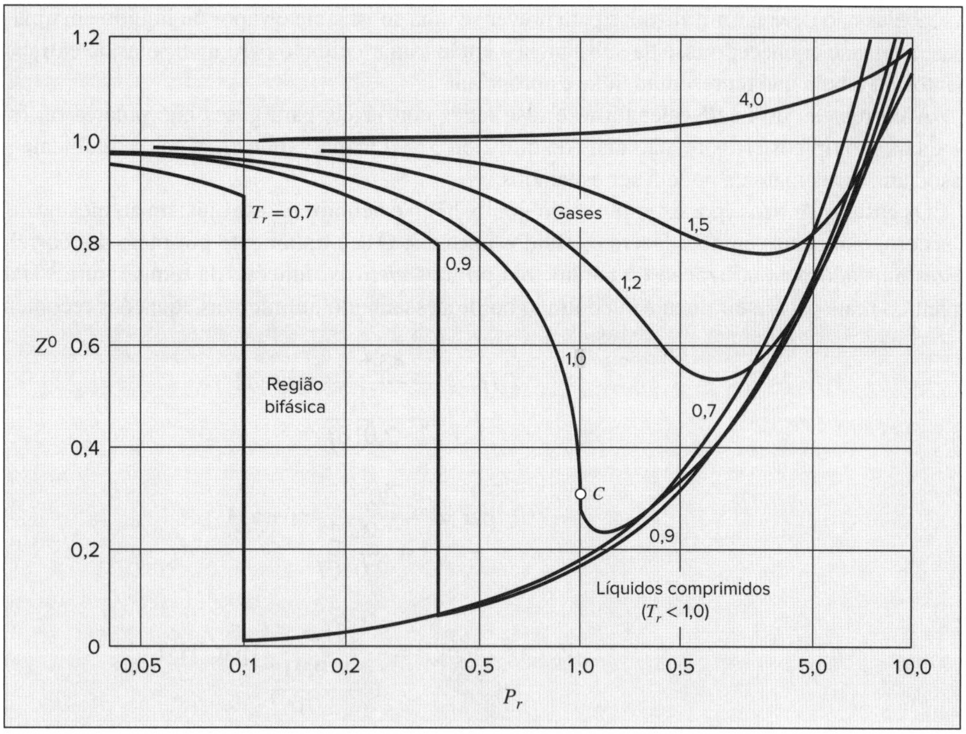

Figura 3.11 A correlação de Lee/Kesler para $Z^0 = F^0(T_r, P_r)$.

A Figura 3.12 mostra Z^0 *versus* P_r e T_r como uma superfície tridimensional com isotermas e isóbaras representadas. A curva de saturação, na qual existe uma descontinuidade em Z, não é definida precisamente nesse gráfico, que está baseado nos dados das Tabelas D.1 e D.3. Deve-se proceder com cautela quando aplicar as tabelas de Lee/Kesler em condições próximas às da curva de saturação. Apesar das tabelas apresentarem valores para as fases líquido e vapor, a fronteira entre elas não será, em geral, a mesma da curva de saturação para determinada substância real.

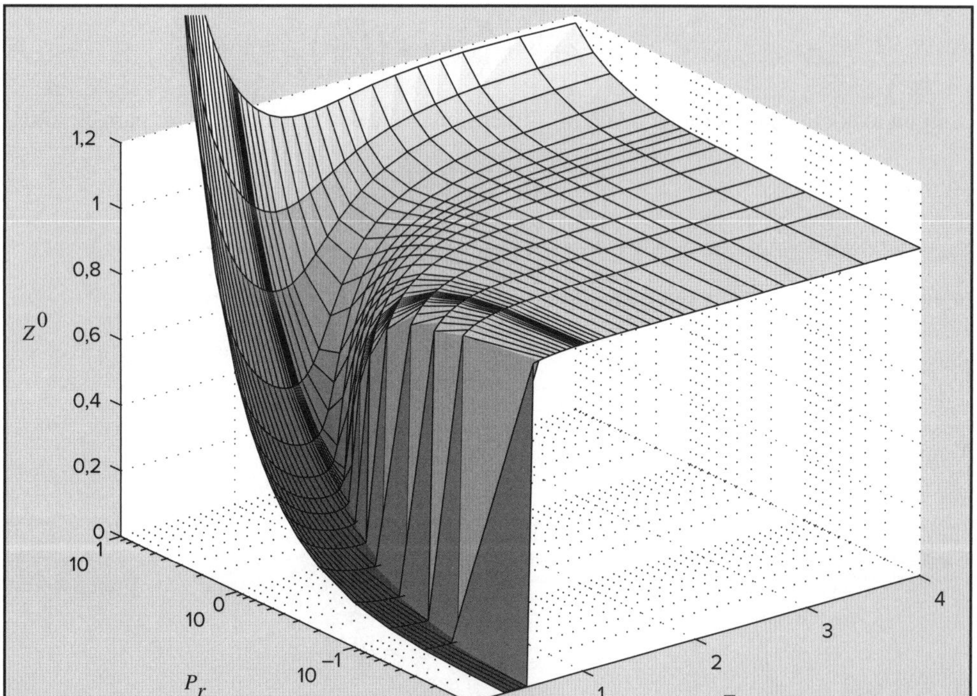

Figura 3.12 Gráfico tridimensional da correlação de Lee/Kesler para $Z^0 = F^0(T_r, P_r)$ como fornecida nas Tabelas D.1 e D.3.

As tabelas não devem ser utilizadas para prever se uma substância é vapor ou líquido em uma dada condição. Em vez disso, deve-se conhecer a fase da substância e então tomar cuidado para interpolar ou extrapolar somente a partir de pontos na tabela que representam a fase apropriada.

A correlação de Lee/Kesler fornece resultados confiáveis para gases não polares ou fracamente polares, para os quais são típicos erros de não mais do que 2 ou 3 %. Quando aplicada a gases altamente polares ou gases que se associam, erros maiores podem ser esperados.

Os gases quânticos (por exemplo, hidrogênio, hélio e neônio) não se ajustam ao mesmo comportamento dos estados correspondentes como o fazem os fluidos normais. O seu tratamento por meio das correlações usuais é algumas vezes ajustado pela utilização de parâmetros críticos *efetivos*, funções da temperatura.[17] Para o hidrogênio, o gás quântico mais corriqueiramente encontrado no processamento químico, as equações recomendadas são:

$$T_c/\mathrm{K} = \frac{43{,}6}{1 + \dfrac{21{,}8}{2{,}016T}} \quad (\text{para } H_2) \tag{3.54}$$

$$P_c/\mathrm{bar} = \frac{20{,}5}{1 + \dfrac{44{,}2}{2{,}016T}} \quad (\text{para } H_2) \tag{3.55}$$

$$V_c/\mathrm{cm^3 \cdot mol^{-1}} = \frac{51{,}5}{1 - \dfrac{9{,}91}{2{,}016T}} \quad (\text{para } H_2) \tag{3.56}$$

nas quais T é a temperatura absoluta em kelvin. O uso desses parâmetros críticos *efetivos* para o hidrogênio requer também a especificação adicional $\omega = 0$.

Correlações de Pitzer para o Segundo Coeficiente Virial

A natureza tabular da correlação generalizada para o fator de compressibilidade é uma desvantagem, porém a complexidade das funções Z^0 e Z^1 impede as suas representações de forma acurada por meio de equações simples. Contudo, podemos fornecer expressões analíticas aproximadas para essas funções em um intervalo limitado de pressões. A base para tais expressões é a Eq. (3.36), a forma mais simples da equação virial:

$$Z = 1 + \frac{BP}{RT} = 1 + \left(\frac{BP_c}{RT_c}\right)\frac{P_r}{T_r} = 1 + \hat{B}\frac{P_r}{T_r} \tag{3.57}$$

O segundo coeficiente virial reduzido (e adimensional) e a correlação de Pitzer para ele são:

$\hat{B} \equiv \dfrac{BP_c}{RT_c}$ (3.58)	$\hat{B} = B^0 + \omega B^1$ (3.59)

Juntando as Eqs. (3.57) e (3.59), obtém-se:

$$Z = 1 + B^0\frac{P_r}{T_r} + \omega B^1\frac{P_r}{T_r}$$

A comparação dessa equação com a Eq. (3.53) permite as seguintes identificações:

$$Z^0 = 1 + B^0\frac{P_r}{T_r} \tag{3.60}$$

e

$$Z^1 = B^1\frac{P_r}{T_r}$$

[17] J. M. Prausnitz, R. N. Lichtenthaler e E. G. de Azevedo, *Molecular Thermodynamics of Fluid-Phase Equilibria*, 3. ed., pp. 172-173, Prentice-Hall PTR, Upper Hall River, NJ, 1999.

Os segundos coeficientes virial são funções somente da temperatura e, analogamente, B^0 e B^1 são funções somente da temperatura reduzida. Eles são representados adequadamente pelas equações de Abbott:[18]

$B^0 = 0{,}083 - \dfrac{0{,}422}{T_r^{1{,}6}}$ (3.61)	$B^1 = 0{,}139 - \dfrac{0{,}172}{T_r^{4{,}2}}$ (3.62)

A forma mais simples da equação virial tem validade somente na faixa de pressões baixas a moderadas, na qual Z é linear com a pressão. A correlação generalizada para o coeficiente virial é, consequentemente, útil apenas quando Z^0 e Z^1 são, ao menos aproximadamente, funções lineares da pressão reduzida. A Figura 3.13 compara a relação linear entre Z^0 e P_r, como dada pelas Eqs. (3.60) e (3.61), com valores de Z^0 obtidos pela correlação de Lee/Kesler para o fator de compressibilidade, dados pelas Tabelas D.1 e D.3 do Apêndice D. As duas correlações diferem em menos de 2 % na região acima da linha tracejada na figura. Para temperaturas reduzidas maiores do que $T_r \approx 3$, parece não haver limitação na pressão. Para valores inferiores a esse, o intervalo de pressões permitidas diminui com a diminuição da temperatura. Entretanto, um ponto é atingido em $T_r \approx 0{,}7$ no qual o intervalo de pressões é limitado pela pressão de saturação.[19] Isso está indicado pelo segmento mais à esquerda da linha tracejada. As contribuições menos significativas de Z^1 para as correlações são aqui desprezadas. Em vista da incerteza associada a qualquer correlação generalizada, desvios de não mais do que 2 % em Z^0 não são significativos.

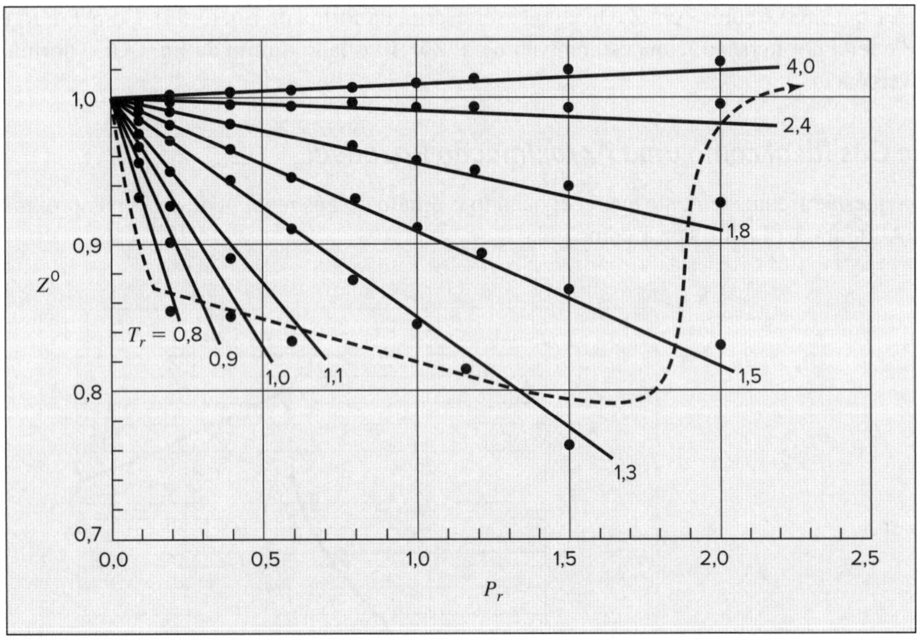

Figura 3.13 Comparação de correlações para Z^0. As linhas retas representam a correlação do coeficiente virial; os pontos, a correlação de Lee/Kesler. Na região acima da linha tracejada, as duas correlações diferem em menos de 2 %.

A relativa simplicidade da correlação generalizada para o segundo coeficiente virial faz mais do que recomendá-la. Além disso, as temperaturas e pressões da maioria das operações de processamento químico encontram-se na região adequada à correlação para o fator de compressibilidade. Como a correlação original, ela é mais precisa para espécies não polares e menos precisa para moléculas altamente polares e que se associam.

Correlações para o Terceiro Coeficiente Virial

Dados precisos para o terceiro coeficiente virial são muito menos comuns do que para o segundo. Todavia, correlações generalizadas para terceiros coeficientes virial aparecem na literatura.

[18] Essas correlações apareceram pela primeira vez em 1975, na terceira edição deste livro, atribuídas a uma comunicação pessoal com M. M. Abbott, que as desenvolveu.

[19] Embora as tabelas de Lee/Kesler do Apêndice D listem valores para o vapor superaquecido e o líquido sub-resfriado, elas não fornecem valores nas condições de saturação.

A Eq. (3.38) pode ser escrita na forma reduzida como:

$$Z = 1 + \hat{B}\frac{P_r}{T_r Z} + \hat{C}\left(\frac{P_r}{T_r Z}\right)^2 \tag{3.63}$$

na qual o segundo coeficiente virial reduzido $\hat{B}$ é definido pela Eq. (3.58). O terceiro coeficiente virial reduzido (e adimensional) e a correlação de Pitzer para ele são:

$\hat{C} \equiv \frac{CP_c^2}{R^2 T_c^2}$ (3.64)	$\hat{C} = C^0 + \omega C^1$ (3.65)

Uma expressão para C^0 como uma função da temperatura reduzida é dada por Orbey e Vera:[20]

$$C^0 = 0{,}01407 + \frac{0{,}02432}{T_r} - \frac{0{,}00313}{T_r^{10,5}} \tag{3.66}$$

A expressão para C^1 fornecida por Orbey e Vera é aqui substituída por uma que é algebricamente mais simples, mas numericamente equivalente em sua essência:

$$C^1 = -0{,}02676 + \frac{0{,}05539}{T_r^{2,7}} - \frac{0{,}00242}{T_r^{10,5}} \tag{3.67}$$

A Eq. (3.63) é cúbica em Z e não pode ser escrita na forma da Eq. (3.53). Com T_r e P_r especificadas, a obtenção de Z é feita por iteração. Uma estimativa inicial $Z = 1$ no lado direito da Eq. (3.63) normalmente leva a uma rápida convergência.

O Estado de Gás Ideal como uma Aproximação Razoável

Uma questão frequentemente aparece: quando o estado de gás ideal pode ser uma aproximação razoável da realidade? A Figura 3.14 pode servir como guia.

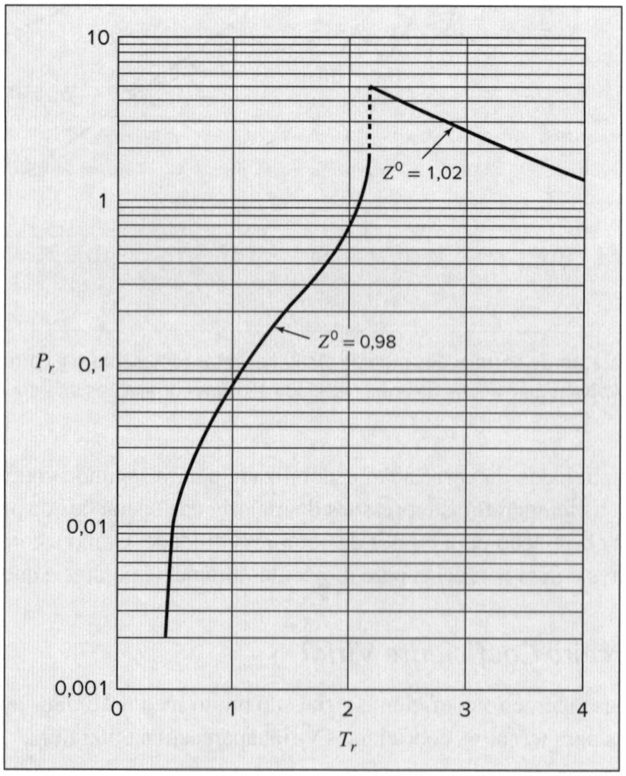

Figura 3.14 Na região abaixo das curvas, na qual Z^0 encontra-se entre 0,98 e 1,02, o estado de gás ideal é uma aproximação razoável.

[20] H. Orbey e J. H. Vera, *AIChE J.*, vol. 29, pp. 107–113, 1983.

■ Exemplo 3.10

Determine o volume molar do *n*-butano a 510 K e 25 bar por meio dos seguintes procedimentos:

(*a*) O estado de gás ideal.

(*b*) A correlação generalizada para o fator de compressibilidade.

(*c*) Eq. (3.57), com a correlação generalizada para $\hat{B}$.

(*d*) Eq. (3.63), com a correlação generalizada para $\hat{B}$ e $\hat{C}$.

Solução 3.10

(*a*) Para o estado de gás ideal,

$$V = \frac{RT}{P} = \frac{(83{,}14)(510)}{25} = 1696{,}1 \text{ cm}^3 \cdot \text{mol}^{-1}$$

(*b*) Com os valores de T_c e P_c dados na Tabela B.1 do Apêndice B,

$$T_r = \frac{510}{425{,}1} = 1{,}200 \qquad P_r = \frac{25}{37{,}96} = 0{,}659$$

Uma interpolação nas Tabelas D.1 e D.2 então fornece:

$$Z^0 = 0{,}865 \qquad Z^1 = 0{,}038$$

Pela Eq. (3.53), com $\omega = 0{,}200$,

$$Z = Z^0 + \omega Z^1 = 0{,}865 + (0{,}200)(0{,}038) = 0{,}873$$

$$V = \frac{ZRT}{P} = \frac{(0{,}873)(83{,}14)(510)}{25} = 1480{,}7 \text{ cm}^3 \cdot \text{mol}^{-1}$$

Se Z^1, a parcela secundária, for desprezada, $Z = Z^0 = 0{,}865$. Essa correlação dos estados correspondentes de dois parâmetros fornece $V = 1467{,}1$ cm$^3 \cdot$ mol^{-1}, que é menos do que 1 % inferior ao valor dado pela correlação a três parâmetros.

(*c*) Valores de B^0 e B^1 são fornecidos pelas Eqs. (3.61) e (3.62):

$$B^0 = -0{,}232 \qquad B^1 = 0{,}059$$

Então, as Eqs. (3.59) e (3.57) fornecem:

$$\hat{B} = B^0 + \omega B^1 = -0{,}232 + (0{,}200)(0{,}059) = -0{,}220$$

$$Z = 1 + (-0{,}220)\frac{0{,}659}{1{,}200} = 0{,}879$$

sendo $V = 1489{,}1$ cm$^3 \cdot$ mol^{-1}, um valor menos do que 1 % superior ao fornecido pela correlação do fator de compressibilidade.

(*d*) Valores de C^0 e C^1 são fornecidos pelas Eqs. (3.66) e (3.67):

$$C^0 = 0{,}0339 \qquad C^1 = 0{,}0067$$

Então, a Eq. (3.65) fornece:

$$\hat{C} = C^0 + \omega C^1 = 0{,}0339 + (0{,}200)(0{,}0067) = 0{,}0352$$

Com esse valor de $\hat{C}$ e o valor de $\hat{B}$ obtido na parte (*c*), a Eq. (3.63) se torna:

$$Z = 1 + (-0{,}220)\left(\frac{0{,}659}{1{,}200Z}\right) + (0{,}0352)\left(\frac{0{,}659}{1{,}200Z}\right)^2$$

A solução para Z fornece $Z = 0{,}876$ e $V = 1485{,}8$ cm$^3 \cdot$ mol^{-1}. O valor de V difere do obtido na parte (*c*) em aproximadamente 0,2 %. Um valor experimental para V é de 1480,7 cm$^3 \cdot$ mol^{-1}. De forma marcante, os resultados das partes (*b*), (*c*) e (*d*) estão em excelente concordância. A concordância nessas condições é sugerida pela Figura 3.13.

■ Exemplo 3.11

Qual pressão é gerada quando 500 mols de metano são armazenados em um volume de 0,06 m^3 a 50 °C? Tome como base para os cálculos cada uma das seguintes opções:

(*a*) O estado de gás ideal.

(*b*) A equação de Redlich/Kwong.

(*c*) Uma correlação generalizada.

Solução 3.11

O volume molar do metano é $V = 0{,}06/500 = 0{,}0012 \text{ m}^3 \cdot \text{mol}^{-1}$.

(*a*) Para o estado de gás ideal, com $R = 8{,}314 \times 10^{-5} \text{ bar} \cdot \text{m}^3 \cdot \text{mol}^{-1} \cdot \text{K}^{-1}$:

$$P = \frac{RT}{V} = \frac{(8{,}314 \times 10^{-5})(323{,}15)}{0{,}00012} = 223{,}9 \text{ bar}$$

(*b*) A pressão fornecida pela equação de Redlich/Kwong é:

$$P = \frac{RT}{V - b} - \frac{a(T)}{V(V + b)} \tag{3.40}$$

Os valores de b e $a(T)$ são obtidos pelas Eqs. (3.44) e (3.45), com Ω, Ψ e $\alpha(T_r) = T_r^{-1/2}$ obtidos na Tabela 3.1. Com os valores de T_c e P_c obtidos na Tabela B.1, tem-se:

$$T_r = \frac{323{,}15}{190{,}6} = 1{,}695$$

$$b = 0{,}08664 \, \frac{(8{,}314 \times 10^{-5})(190{,}6)}{45{,}99} = 2{,}985 \times 10^{-5} \text{ m}^3 \cdot \text{mol}^{-1}$$

$$a = 0{,}42748 \, \frac{(1{,}695)^{-0{,}5}(8{,}314 \times 10^{-5})^2(190{,}6)^2}{45{,}99} = 1{,}793 \times 10^{-6} \text{ bar} \cdot \text{m}^6 \cdot \text{mol}^{-2}$$

Agora, a substituição dos valores numéricos na equação de Redlich/Kwong fornece:

$$P = \frac{(8{,}314 \times 10^{-5})(323{,}15)}{0{,}00012 - 2{,}985 \times 10^{-5}} - \frac{1{,}793 \times 10^{-6}}{0{,}00012(0{,}00012 + 2{,}985 \times 10^{-5})} = 198{,}3 \text{ bar}$$

(*c*) Como a pressão aqui é alta, a correlação generalizada para o fator de compressibilidade é a escolha apropriada. Na ausência de valor conhecido para P_r, um procedimento iterativo é baseado na seguinte equação:

$$P = \frac{ZRT}{V} = \frac{Z(8{,}314 \times 10^{-5})(323{,}15)}{0{,}00012} = 223{,}9\, Z$$

Como $P = P_c P_r = 45{,}99\, P_r$, essa equação se torna:

$$Z = \frac{45{,}99\, P_r}{223{,}9} = 0{,}2054\, P_r \qquad \text{ou} \qquad P_r = \frac{Z}{0{,}2054}$$

Agora admite-se um valor inicial para Z; por exemplo, $Z = 1$. Isso fornece $P_r = 4{,}68$ e permite o cálculo de um novo valor para Z pela Eq. (3.53) a partir de valores interpolados nas Tabelas D.3 e D.4 na temperatura reduzida de $T_r = 1{,}695$. Com esse novo valor de Z, um novo valor de P_r é calculado e o procedimento continua até que não haja variação significativa de uma etapa para a seguinte. O valor final de Z, assim obtido, é de 0,894 na $P_r = 4{,}35$. Isso pode ser confirmado pela substituição, na Eq. (3.53), dos valores de Z^0 e Z^1 das Tabelas D.3 e D.4, interpolados a $P_r = 4{,}35$ e $T_r = 1{,}695$. Com $\omega = 0{,}012$,

$$Z = Z^0 + \omega Z^1 = 0{,}891 + (0{,}012)(0{,}268) = 0{,}894$$

$$P = \frac{ZRT}{V} = \frac{(0{,}894)(8{,}314 \times 10^{-5})(323{,}15)}{0{,}00012} = 200{,}2 \text{ bar}$$

Como o fator acêntrico é pequeno, as correlações para o fator de compressibilidade a dois e a três parâmetros apresentam uma pequena diferença. Tanto a equação de Redlich/Kwong quanto a correlação generalizada para o fator de compressibilidade fornecem respostas com 2 % de desvio em relação ao valor experimental de 196,5 bar.

■ Exemplo 3.12

Uma massa de 500 g de amônia gasosa é armazenada em um vaso com 30.000 cm^3, imerso em um banho à temperatura constante de 65 °C. Calcule a pressão do gás usando:

(*a*) O estado de gás ideal.

(*b*) Uma correlação generalizada.

Solução 3.12

O volume molar da amônia no vaso é:

$$V = \frac{V^t}{n} = \frac{V^t}{m/\mathcal{M}} = \frac{30.000}{500/17{,}02} = 1021{,}2 \text{ cm}^3 \cdot \text{mol}^{-1}$$

(*a*) Para o estado de gás ideal,

$$P = \frac{RT}{V} = \frac{(83{,}14)(65 + 273{,}15)}{1021{,}2} = 27{,}53 \text{ bar}$$

(*b*) Como a pressão reduzida é baixa ($P_r \approx 27{,}53/112{,}8 = 0{,}244$), a correlação generalizada do coeficiente virial deve ser suficiente. Os valores de B^0 e B^1 são dados pelas Eqs. (3.61) e (3.62). Com $T_r = 338{,}15/405{,}7 = 0{,}834$:

$$B^0 = -0{,}482 \qquad B^1 = -0{,}232$$

A substituição na Eq. (3.59) com $\omega = 0{,}253$ fornece:

$$\hat{B} = -0{,}482 + (0{,}253)(-0{,}232) = -0{,}541$$

$$B = \frac{\hat{B}RT_c}{P_c} = \frac{-(0{,}541)(83{,}14)(405{,}7)}{112{,}8} = -161{,}8 \text{ cm}^3 \cdot \text{mol}^{-1}$$

Pela segunda igualdade da Eq. (3.36):

$$P = \frac{RT}{V - B} = \frac{(83{,}14)(338{,}15)}{1021{,}2 + 161{,}8} = 23{,}76 \text{ bar}$$

Uma solução iterativa não é necessária, porque B é independente da pressão. A pressão calculada corresponde a uma pressão reduzida de $P_r = 23{,}76/112{,}8 = 0{,}211$. Uma verificação na Figura 3.13 confirma a adequação da correlação generalizada do coeficiente virial.

Dados experimentais indicam que a pressão é de 23,82 bar nas condições fornecidas. Dessa forma, o estado de gás ideal fornece uma resposta que é maior em aproximadamente 15 %, enquanto a correlação dos coeficientes virial fornece uma resposta em boa concordância com o dado experimental, mesmo a amônia sendo uma molécula polar.

3.8 CORRELAÇÕES GENERALIZADAS PARA LÍQUIDOS

Embora os volumes molares de líquidos possam ser calculados por meio das equações de estado cúbicas generalizadas, os resultados frequentemente não têm grande precisão. Entretanto, a correlação de Lee/Kesler inclui dados para líquidos sub-resfriados e a Figura 3.11 ilustra curvas para líquidos e gases. Valores para ambas as fases são fornecidos nas Tabelas D.1 a D.4 no Apêndice D. Lembre-se, entretanto, de que essa correlação é mais adequada para fluidos não polares ou levemente polares.

Adicionalmente, equações generalizadas estão disponíveis para a estimativa de volumes molares de líquidos *saturados*. A equação mais simples, proposta por Rackett,[21] é um exemplo:

$$V^{\text{sat}} = V_c Z_c^{(1-T_r)^{2/7}} \tag{3.68}$$

[21] H. G. Rackett, *J. Chem. Eng. Data*, vol. 15, pp. 514–517, 1970; ver também C. F. Spencer e S. B. Adler, *ibid.*, vol. 23, pp. 82–89, 1978, para uma revisão das equações disponíveis.

Uma forma alternativa dessa equação é algumas vezes útil:

$$Z^{sat} = \frac{P_r}{T_r} Z_c^{[1+(1-T_r)^{2/7}]} \tag{3.69}$$

Os únicos dados necessários são as constantes críticas, dadas na Tabela B.1 do Apêndice B. Os resultados são usualmente precisos na faixa de 1 a 2 %.

Lydersen, Greenkorn e Hougen[22] desenvolveram uma correlação dos estados correspondentes de dois parâmetros para a estimativa do volume de líquidos. Ela fornece uma correlação da densidade reduzida ρ_r como função da temperatura e da pressão reduzidas. Por definição:

$$\rho_r \equiv \frac{\rho}{\rho_c} = \frac{V_c}{V} \tag{3.70}$$

sendo ρ_c a densidade no ponto crítico. A correlação generalizada é mostrada na Figura 3.15. Essa figura pode ser utilizada diretamente com a Eq. (3.70) para a determinação de volumes de líquidos se o valor do volume crítico for conhecido. Um procedimento melhor é usar um único volume de líquido conhecido (estado 1) por meio da identidade:

$$V_2 = V_1 \frac{\rho_{r_1}}{\rho_{r_2}} \tag{3.71}$$

em que

V_2 = volume requerido
V_1 = volume conhecido
ρ_{r_1}, ρ_{r_2} = densidades reduzidas lidas na Figura 3.15

Esse método fornece bons resultados e necessita somente de dados experimentais que geralmente estão disponíveis. A Figura 3.15 deixa claros os efeitos crescentes tanto da temperatura quanto da pressão na densidade do líquido à medida que o ponto crítico se aproxima.

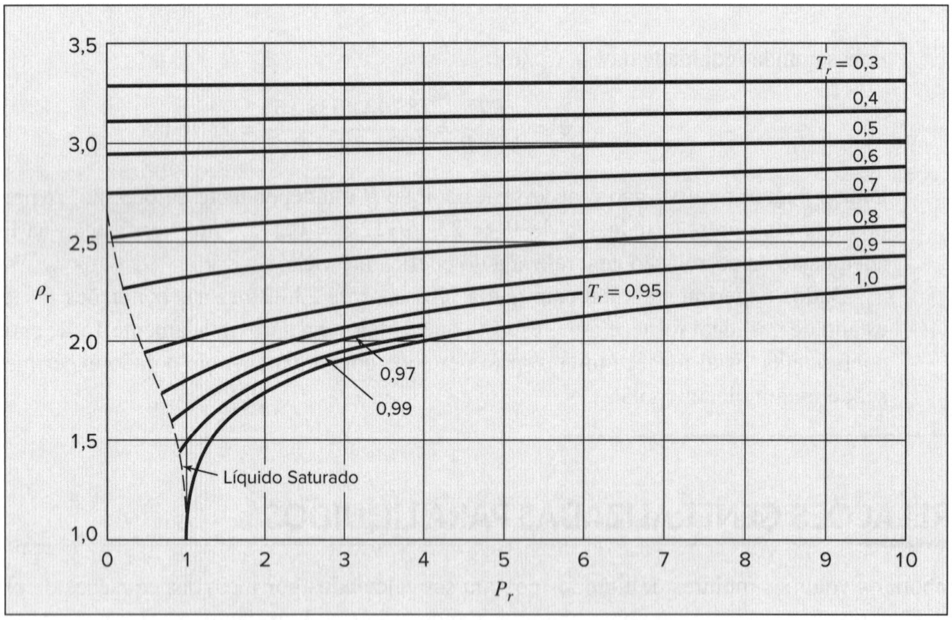

Figura 3.15 Correlação generalizada para a densidade de líquidos.

Correlações para as densidades molares como funções da temperatura para vários líquidos puros são fornecidas por Daubert e colaboradores.[23]

[22] A. L. Lydersen, R. A. Greenkorn e O. A. Hougen, "Generalized Thermodynamic Properties of Pure Fluids", *Univ. Wisconsin, Eng. Expt. Sta. Rept.* 4, 1955.

[23] T. E. Daubert, R. P. Danner, H. M. Sibul e C. C. Stebbins, *Physical and Thermodynamic Properties of Pure Chemicals: Data Compilation*, Taylor & Francis, Bristol, PA, 1995.

▪ Exemplo 3.13

Para a amônia a 310 K, estime a densidade:

(*a*) Do líquido saturado.

(*b*) Do líquido a 100 bar.

Solução 3.13

(*a*) Use a equação de Rackett na temperatura reduzida, $T_r = 310/405{,}7 = 0{,}7641$. Com $V_c = 72{,}47$ e $Z_c = 0{,}242$ (da Tabela B.1),

$$V^{\text{sat}} = V_c Z_c^{(1-T_r)^{2/7}} = (72{,}47)(0{,}242)^{(0{,}2359)^{2/7}} = 28{,}33 \text{ cm}^3 \cdot \text{mol}^{-1}$$

Para comparação, o valor experimental é de 29,14 $\text{cm}^3 \cdot \text{mol}^{-1}$, havendo uma diferença de 2,7 %.

(*b*) As condições reduzidas são:

$$T_r = 0{,}764 \qquad P_r = \frac{100}{112{,}8} = 0{,}887$$

Substituindo o valor, $\rho_r = 2{,}38$ (da Figura 3.15), e V_c na Eq. (3.70), tem-se

$$V = \frac{V_c}{\rho_r} = \frac{72{,}47}{2{,}38} = 30{,}45 \text{ cm}^3 \cdot \text{mol}^{-1}$$

Em comparação com o valor experimental de 28,6 $\text{cm}^3 \cdot \text{mol}^{-1}$, esse resultado é superior em 6,5 %.

Se iniciarmos com o valor experimental de 29,14 $\text{cm}^3 \cdot \text{mol}^{-1}$ para o líquido saturado a 310 K, a Eq. (3.71) pode ser usada. Para o líquido saturado a $T_r = 0{,}764$, $\rho_{r1} = 2{,}34$ (da Figura 3.15). A substituição dos valores conhecidos na Eq. (3.71) fornece:

$$V_2 = V_1 \frac{\rho_{r_1}}{\rho_{r_2}} = (29{,}14)\left(\frac{2{,}34}{2{,}38}\right) = 28{,}65 \text{ cm}^3 \cdot \text{mol}^{-1}$$

Esse resultado está perfeitamente de acordo com o valor experimental.

A aplicação direta da correlação de Lee/Kesler, com valores de Z^0 e Z^1 obtidos por interpolação nas Tabelas D.1 e D.2, leva ao valor de 33,87 $\text{cm}^3 \cdot \text{mol}^{-1}$, que possui um erro significativo, sem dúvida por causa da natureza altamente polar da amônia.

3.9 SINOPSE

Após estudar este capítulo, incluindo os exercícios ao fim do capítulo, deve-se estar habilitado a:

- Enunciar e aplicar a regra das fases em sistemas não reativos;
- Interpretar diagramas *PT* e *PV* para uma substância pura, identificando as regiões de fluido, gás, líquido e sólido; as curvas de fusão, sublimação e vaporização; e os pontos crítico e triplo;
- Desenhar isotermas em um diagrama *PV* para temperaturas acima e abaixo da temperatura crítica;
- Definir compressibilidade isotérmica e expansividade volumétrica e usá-las nos cálculos para sólidos e líquidos;
- Utilizar-se do fato de que, para o estado de gás ideal, U^{gi} e H^{gi} dependem somente de T (não de P e V^{gi}) e $C_P^{gi} = C_V^{gi} + R$;
- Calcular as necessidades de calor e trabalho e as mudanças de propriedades em processos isotérmicos, isobáricos, isocóricos e adiabáticos mecanicamente reversíveis;
- Definir e utilizar o fator de compressibilidade Z;

- Selecionar, inteligentemente, uma equação de estado ou correlação generalizada apropriada para aplicação em uma dada situação, como indicado pelo quadro a seguir:

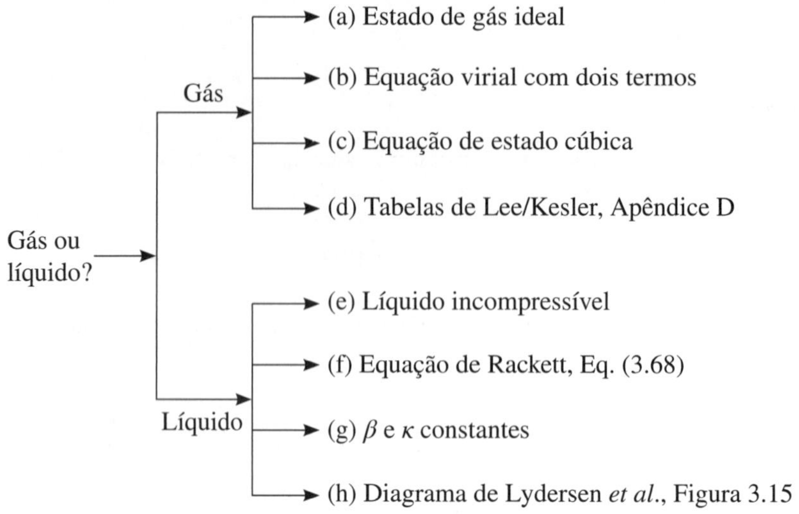

- Aplicar a equação de estado virial de dois termos, escrita em função da pressão ou da densidade molar;
- Relacionar o segundo e o terceiro coeficientes viriais com a inclinação e a curvatura do gráfico do fator de compressibilidade *versus* densidade molar;
- Escrever as equações de estado cúbicas de van der Waals e a genérica, explicando como os parâmetros das equações de estado estão relacionados com as propriedades críticas;
- Definir e utilizar T_r, P_r e ω;
- Explicar a base para as correlações dos estados correspondentes de dois e três parâmetros;
- Calcular os parâmetros para as equações de estado Redlich/Kwong, Soave/Redlich/Kwong e Peng/Robinson a partir das propriedades críticas;
- Resolver qualquer equação de estado cúbica, quando apropriada, para determinar volumes molares do vapor ou do tipo-vapor e/ou do líquido ou do tipo-líquido em valores fornecidos de T e P;
- Aplicar a correlação de Lee/Kesler com dados do Apêndice D;
- Determinar se a correlação de Pitzer para o segundo coeficiente virial é aplicável para valores fornecidos de T e P e usá-la quando for apropriado;
- Estimar volumes molares para a fase líquida com correlações generalizadas.

3.10 PROBLEMAS

3.1. Quantas variáveis da regra das fases devem ser especificadas para fixar o estado termodinâmico de cada um dos seguintes sistemas?

(*a*) Um frasco selado contendo uma mistura líquida água-etanol em equilíbrio com seu vapor.
(*b*) Um frasco selado contendo uma mistura líquida água-etanol em equilíbrio com seu vapor e nitrogênio.
(*c*) Um frasco selado contendo etanol, tolueno e água formando duas fases líquidas mais vapor.

3.2. Um renomado laboratório reporta coordenadas quádruplas (quatro pontos) a 10,2 Mbar e 24,1 °C para o equilíbrio de quatro fases de formas sólidas alotrópicas da substância química exótica β-miasmone. Avalie a afirmação.

3.3. Um sistema fechado, não reativo, contém as espécies 1 e 2 em equilíbrio líquido-vapor. A espécie 2 é um gás muito leve, essencialmente insolúvel na fase líquida. A fase vapor contém as duas espécies 1 e 2. Alguns mols adicionais da espécie 2 são colocados no sistema, que é então restaurado às suas condições iniciais de T e P. Como resultado do processo, o número total de mols do líquido aumenta, diminui ou permanece inalterado?

3.4. Um sistema contendo clorofórmio, 1,4-dioxano e etanol existe com duas fases, líquido-vapor, a 50 °C e 55 kPa. Após a adição de certa quantidade de etanol puro, o sistema pode retornar ao equilíbrio de duas fases nas T e P iniciais. O que mudou no sistema e o que não mudou?

3.5. Para o sistema descrito no Problema 3.4:

(*a*) Quantas variáveis da regra das fases em adição a T e P devem ser escolhidas de modo a fixar a composição das duas fases?

(*b*) Se a temperatura e a pressão devem permanecer as mesmas, pode a composição *global* do sistema ser mudada (pela adição ou remoção de material) sem afetar a composição das fases líquida e vapor?

3.6. Expresse a expansividade volumétrica e a compressibilidade isotérmica como funções da densidade ρ e de suas derivadas parciais. Para a água a 50 °C e 1 bar, $\kappa = 44{,}18 \times 10^{-6}$ bar^{-1}. Até qual pressão a água deve ser comprimida, a 50 °C, para variar a sua densidade em 1 %? Admita que κ seja independente de P.

3.7. Geralmente, a expansividade volumétrica β e a compressibilidade isotérmica κ dependem de T e P. Prove que:

$$\left(\frac{\partial \beta}{\partial P}\right)_T = -\left(\frac{\partial \kappa}{\partial T}\right)_P$$

3.8. A equação de Tait para líquidos é escrita, para uma isoterma, como:

$$V = V_0\left(1 - \frac{AP}{B + P}\right)$$

na qual V é o volume molar ou específico, V_0 é o volume molar ou específico hipotético na pressão igual a zero, e A e B são constantes positivas. Encontre uma expressão para a compressibilidade isotérmica consistente com essa equação.

3.9. Para a água líquida, a compressibilidade isotérmica é dada por:

$$\kappa = \frac{c}{V(P + b)}$$

em que c e b são funções somente da temperatura. Se 1 kg de água for comprimido isotermicamente e reversivelmente de 1 a 500 bar, a 60 °C, que quantidade de trabalho será necessária? A 60 °C, b = 2700 bar e c = 0,125 cm$^3 \cdot$ g^{-1}.

3.10. Calcule o trabalho reversível efetuado na compressão de 1(ft)^3 de mercúrio, a uma temperatura constante de 32(°F), de 1(atm) a 3000(atm). A compressibilidade isotérmica do mercúrio, a 32(°F), é:

$$\kappa/(\text{atm})^{-1} = 3{,}9 \times 10^{-6} - 0{,}1 \times 10^{-9}\, P/(\text{atm})$$

3.11. Cinco quilogramas de tetracloreto de carbono líquido passam por uma mudança de estado isobárica a 1 bar, mecanicamente reversível, durante a qual a temperatura varia de 0 °C a 20 °C. Determine ΔV^t, W, Q, ΔH^t e ΔU^t. As propriedades do tetracloreto de carbono líquido, a 1 bar e 0 °C, podem ser consideradas independentes da temperatura: $\beta = 1{,}2 \times 10^{-3}$ K^{-1}, $C_P = 0{,}84$ kJ $\cdot$ kg$^{-1} \cdot$ K^{-1} e $\rho = 1590$ kg $\cdot$ m^{-3}.

3.12. Várias espécies de enguias do lodo vivem no fundo do mar, onde se escondem dentro de outros peixes, comendo-os de dentro para fora e secretando grandes quantidades de lodo. Sua pele é amplamente utilizada para fazer acessórios e carteiras de pele de enguia. Suponha que uma enguia é capturada em uma armadilha a uma profundidade de 200 m abaixo da superfície do oceano, onde a temperatura da água é de 10 °C, sendo então levada para a superfície, onde a temperatura é de 15 °C. Se a compressibilidade isotérmica e a expansividade volumétrica forem consideradas constantes e iguais aos valores para a água,

$$(\beta = 10^{-4}\,\text{K}^{-1} \quad \text{e} \quad \kappa = 4{,}8 \times 10^{-5}\,\text{bar}^{-1})$$

qual é a mudança relativa, em percentagem, no volume da enguia quando ela é trazida para a superfície?

A Tabela 3.2 fornece o volume específico, a compressibilidade isotérmica e a expansividade volumétrica de vários líquidos a 20 °C e 1 bar[24] para uso nos Problemas 3.13 a 3.15, com β e κ podendo ser consideradas constantes.

[24] *CRC Handbook of Chemistry and Physics*, 90. ed., pp. 6-140–6-141 e p. 15–25, CRC Press, Boca Raton, Florida, 2010.

TABELA 3.2 Propriedades Volumétricas de Líquido a 20 °C

Fórmula Molecular	Nome Químico	Volume Específico V/L · kg^{-1}	Compressibilidade Isotérmica $\kappa/10^{-5}$ bar^{-1}	Expansividade Volumétrica $\beta/10^{-3}\cdot °C^{-1}$
$C_2H_4O_2$	Ácido Acético	0,951	9,08	1,08
C_6H_7N	Anilina	0,976	4,53	0,81
CS_2	Dissulfeto de Carbono	0,792	9,38	1,12
C_6H_5Cl	Clorobenzeno	0,904	7,45	0,94
C_6H_{12}	Ciclo-hexano	1,285	11,3	1,15
$C_4H_{10}O$	Dimetil Éter	1,401	18,65	1,65
C_2H_5OH	Etanol	1,265	11,19	1,40
$C_4H_8O_2$	Etil Acetato	1,110	11,32	1,35
C_8H_{10}	*m*-Xileno	1,157	8,46	0,99
CH_3OH	Metanol	1,262	12,14	1,49
CCl_4	Tetraclorometano	0,628	10,5	1,14
C_7H_8	Tolueno	1,154	8,96	1,05
$CHCl_3$	Triclorometano	0,672	9,96	1,21

3.13. Para uma das substâncias presentes na Tabela 3.2, calcule a variação no volume e o trabalho realizado quando um quilograma da substância é aquecida de 15 °C para 25 °C a uma pressão constante de 1 bar.

3.14. Para uma das substâncias na Tabela 3.2, calcule a variação no volume e o trabalho realizado quando um quilograma da substância é comprimido de 1 bar para 100 bar a uma temperatura constante de 20 °C.

3.15. Para uma das substâncias na Tabela 3.2, calcule a pressão final quando a substância é aquecida de 15 °C e 1 bar até 25 °C, a volume constante.

3.16. Uma substância com κ constante passa por um processo isotérmico, mecanicamente reversível, de um estado inicial (P_1, V_1) para um estado final (P_2, V_2), no qual V é o volume molar.

(*a*) Partindo da definição de κ, mostre que a trajetória do processo é descrita por:

$$V = A(T)\exp(-\kappa P)$$

(*b*) Determine uma expressão exata que forneça o trabalho isotérmico efetuado sobre 1 mol dessa substância com κ constante.

3.17. Um mol de um gás ideal com $C_P = (7/2)R$ e $C_V = (5/2)R$ sofre uma expansão de $P_1 = 8$ bar e $T_1 = 600$ K para $P_2 = 1$ bar por meio das seguintes trajetórias:

(*a*) Volume constante.
(*b*) Temperatura constante.
(*c*) Adiabaticamente.

Admitindo reversibilidade mecânica, calcule W, Q, ΔU e ΔH para cada processo. Esboce cada trajetória em um único diagrama PV.

3.18. Um mol de um gás ideal com $C_P = (5/2)R$ e $C_V = (3/2)R$ sofre uma expansão de $P_1 = 6$ bar e $T_1 = 800$ K para $P_2 = 1$ bar por meio das seguintes trajetórias:

(*a*) Volume constante.
(*b*) Temperatura constante.
(*c*) Adiabaticamente.

Admitindo reversibilidade mecânica, calcule W, Q, ΔU e ΔH para cada processo. Esboce cada trajetória em um único diagrama PV.

3.19. Um gás ideal, inicialmente a 600 K e 10 bar, passa por um ciclo mecanicamente reversível de quatro etapas em um sistema fechado. Na etapa 12, a pressão diminui isotermicamente para 3 bar; na etapa 23, a pressão diminui a volume constante para 2 bar; na etapa 34, o volume diminui a pressão constante; e na etapa 41, o gás retorna adiabaticamente ao seu estado inicial. Considere $C_P = (7/2)R$ e $C_V = (5/2)R$.

(*a*) Esboce o ciclo em um diagrama *PV*.
(*b*) Determine (quando desconhecidos) os valores de P e T para os estados 1, 2, 3 e 4.
(*c*) Calcule W, Q, ΔU e ΔH para cada etapa do ciclo.

3.20. Um gás ideal, inicialmente a 300 K e 1 bar, passa por um ciclo mecanicamente reversível de três etapas em um sistema fechado. Na etapa 12, a pressão aumenta isotermicamente para 5 bar; na etapa 23, a pressão aumenta a volume constante; e na etapa 31, o gás retorna adiabaticamente ao seu estado inicial. Considere $C_P = (7/2)R$ e $C_V = (5/2)R$.

(*a*) Esboce o ciclo em um diagrama *PV*.
(*b*) Determine (quando desconhecidos) os valores de V, T e P para os estados 1, 2 e 3.
(*c*) Calcule W, Q, ΔU e ΔH para cada etapa do ciclo.

3.21. O estado de um gás ideal com $C_P = (5/2)R$ é transformado de $P = 1$ bar e $V_1^t = 12$ m^3 para $P_2 = 12$ bar e $V_2^t = 1$ m^3 por intermédio dos seguintes processos mecanicamente reversíveis:

(*a*) Compressão isotérmica.
(*b*) Compressão adiabática, seguida por resfriamento a pressão constante.
(*c*) Compressão adiabática, seguida por resfriamento a volume constante.
(*d*) Aquecimento a volume constante, seguido por resfriamento a pressão constante.
(*e*) Resfriamento a pressão constante, seguido por aquecimento a volume constante.

Calcule W, Q, ΔU^t e ΔH^t em cada um desses processos e esboce as trajetórias de todos os processos em um único diagrama *PV*.

3.22. A *taxa de decaimento da temperatura ambiental* (*environmental lapse rate*) dT/dz caracteriza a variação local da temperatura com a elevação na atmosfera terrestre. A pressão atmosférica varia com a elevação de acordo com a equação da hidrostática,

$$\frac{dP}{dz} = -\mathcal{M}\rho g$$

na qual $\mathcal{M}$ é a massa molar, ρ é a densidade molar e g é a aceleração de gravidade local. Considere que a atmosfera é um gás ideal, com T relacionado com P pela fórmula politrópica:

$$TP^{(1-\delta)/\delta} = \text{constante}$$

Desenvolva uma expressão para a taxa de decaimento da temperatura ambiental como função de $\mathcal{M}$, g, R e δ.

3.23. Um tanque inicialmente sob condições de vácuo é alimentado com gás vindo de uma linha a pressão constante. Desenvolva uma expressão relacionando a temperatura do gás no tanque com a temperatura T' do gás na linha. Considere o gás com o comportamento ideal, com as capacidades caloríficas constantes e despreze a transferência de calor entre o gás e o tanque.

3.24. Um tanque com um volume de 0,1 m^3 contém ar a 25 °C e 101,33 kPa. O tanque está conectado a uma linha de ar comprimido que fornece ar em condições constantes de 45 °C e 1500 kPa. Uma válvula na linha encontra-se rachada, de modo que o ar escoa lentamente para dentro do tanque até que a pressão em seu interior fique igual à pressão da linha de ar comprimido. Se o processo é lento o suficiente para que a temperatura no tanque permaneça a 25 °C, que quantidade de calor é perdida pelo tanque? Considere o ar como um gás ideal para o qual $C_P = (7/2)R$ e $C_V = (5/2)R$.

3.25. Um gás a T e P constantes está contido em uma linha de suprimento conectada, por uma válvula, a um tanque fechado contendo o mesmo gás a uma pressão inferior. A válvula é aberta para permitir o escoamento do gás para dentro do tanque, e então é fechada de novo.

(*a*) Desenvolva uma equação geral relacionando n_1 e n_2, os números de mols (ou massa) de gás no tanque no início e no final do processo, com as propriedades U_1 e U_2, as energias internas do gás no início e no final do processo, com H', a entalpia do gás na linha de suprimento, e com Q, o calor transferido para o material no tanque durante o processo.
(*b*) Reduza a equação geral a sua forma mais simples para o caso particular de um gás ideal com capacidades caloríficas constantes.
(*c*) A seguir, simplifique a equação do item (*b*) para o caso de $n_1 = 0$.
(*d*) A seguir, simplifique a equação do item (*c*) para o caso no qual, em adição, $Q = 0$.
(*e*) Considerando o nitrogênio como um gás ideal, com $C_P = (7/2)R$, use a equação apropriada para o caso no qual um suprimento de nitrogênio a 25 °C e 3 bar escoa, em estado estacionário, para o interior de um tanque de 4 m^3 de

volume, inicialmente sob vácuo. Calcule para as duas situações o número de mols de nitrogênio que escoa para o interior do tanque de forma a igualar a pressão:

1. Admita que não exista transferência de calor do gás para o tanque ou através das paredes do tanque.
2. Admita que o tanque esteja perfeitamente isolado, tenha uma massa de 400 kg, encontre-se inicialmente a uma temperatura de 25 °C, com um calor específico de 0,46 kJ · kg^{-1} · K^{-1} e é aquecido pelo gás de modo que sempre esteja a uma temperatura igual à do gás no tanque.

3.26. Desenvolva equações que possam ser resolvidas para fornecer a temperatura final do gás que permanece no interior do tanque após o seu esvaziamento parcial, de uma pressão inicial P_1 até uma pressão final P_2. As grandezas conhecidas são: a temperatura inicial, o volume do tanque, a capacidade calorífica do gás, a capacidade calorífica total do material do tanque, P_1 e P_2. Considere que o tanque esteja sempre com a temperatura igual à do gás que permanece em seu interior e que ele esteja perfeitamente isolado.

3.27. Um tanque rígido não condutor, com um volume de 4 m^3, é dividido em duas partes desiguais por uma membrana delgada. Um lado da membrana, representando 1/3 do volume do tanque, contém nitrogênio gasoso a 6 bar e 100 °C. No outro lado, que representa 2/3 do volume do tanque, há vácuo. A membrana rompe e o gás preenche todo o tanque.

(*a*) Qual é a temperatura final do gás? Qual é o trabalho efetuado? O processo é reversível?

(*b*) Descreva um processo reversível por meio do qual o gás possa ser recolocado no seu estado inicial. Qual é o trabalho efetuado?

Admita que o nitrogênio seja um gás ideal com $C_P = (7/2)R$ e $C_V = (5/2)R$.

3.28. Um gás ideal, inicialmente a 30 °C e 100 kPa, passa pelo seguinte processo cíclico em um sistema fechado:

(*a*) Em processos mecanicamente reversíveis, ele primeiramente é comprimido adiabaticamente até 500 kPa, então resfriado à pressão constante de 500 kPa até 30 °C e, finalmente, expandido isotermicamente ao seu estado original.

(*b*) O ciclo passa exatamente pelas mesmas mudanças de estado, porém cada etapa é irreversível, com uma eficiência de 80 % comparada ao processo mecanicamente reversível correspondente. *Nota*: A etapa inicial não pode permanecer adiabática.

Calcule Q, W, ΔU e ΔH para cada etapa do processo e para cada ciclo. Considere $C_P = (7/2)R$ e $C_V = (5/2)R$.

3.29. Um metro cúbico de um gás ideal a 600 K e 1000 kPa sofre uma expansão para cinco vezes o seu volume inicial, como segue:

(*a*) Por meio de um processo isotérmico, mecanicamente reversível.

(*b*) Por meio de um processo adiabático, mecanicamente reversível.

(*c*) Por meio de um processo adiabático irreversível, no qual a expansão ocorre contra uma pressão de 100 kPa.

Em cada caso, calcule a temperatura e a pressão finais e o trabalho realizado pelo gás. $C_P = 21$ J · mol^{-1} · K^{-1}.

3.30. Um mol de ar, inicialmente a 150 °C e 8 bar, sofre as seguintes modificações mecanicamente reversíveis: ele expande isotermicamente até uma pressão tal que, quando resfriado a volume constante até 50 °C, sua pressão final é de 3 bar. Admitindo o ar como um gás ideal com $C_P = (7/2)R$ e $C_V = (5/2)R$, calcule Q, W, ΔU e ΔH.

3.31. Um gás ideal escoa através de um tubo horizontal em estado estacionário. Não há adição de calor nem a realização de trabalho de eixo. A área da seção transversal do tubo varia com o comprimento, o que causa variação na velocidade. Deduza uma equação relacionando a temperatura com a velocidade do gás. Se nitrogênio a 150 °C escoa através de uma seção do tubo a uma velocidade de 2,5 m · s^{-1}, qual será a sua temperatura em outra seção, na qual a sua velocidade é de 50 m · s^{-1}? Considere $C_P = (7/2)R$.

3.32. Um mol de um gás ideal, inicialmente a 30 °C e 1 bar, é levado a 130 °C e 10 bar por três processos diferentes, mecanicamente reversíveis:

- Primeiramente, o gás é aquecido a volume constante até que sua temperatura seja igual a 130 °C; então é comprimido isotermicamente até sua pressão atingir 10 bar.
- Primeiramente, o gás é aquecido a pressão constante até que sua temperatura seja igual a 130 °C; então é comprimido isotermicamente até sua pressão atingir 10 bar.
- Primeiramente, o gás é comprimido isotermicamente até 10 bar; então é aquecido a pressão constante até 130 °C.

Calcule Q, W, ΔU e ΔH em cada caso. Considere $C_P = (7/2)R$ e $C_V = (5/2)R$. Alternativamente, considere $C_P = (5/2)R$ e $C_V = (3/2)R$.

3.33. Um mol de um gás ideal, inicialmente a 30 °C e 1 bar, passa pelas seguintes mudanças mecanicamente reversíveis: ele é comprimido isotermicamente até um ponto no qual, quando aquecido a volume constante até 120 °C, sua pressão final é de 12 bar. Calcule Q, W, ΔU e ΔH para o processo.

3.34. Um mol de um gás ideal em um sistema fechado, inicialmente a 25 °C e 10 bar, é primeiro expandido adiabaticamente, então aquecido isocoricamente para alcançar o estado final de 25 °C e 1 bar. Considerando que esses processos são mecanicamente reversíveis, calcule P e T após a expansão adiabática e calcule Q, W, ΔU e ΔH para cada etapa e para o processo global. Considere $C_P = (7/2)R$ e $C_V = (5/2)R$.

3.35. Um processo é formado por duas etapas: (1) Um mol de ar a $T = 800$ K e P = 4 bar é resfriado a volume constante até $T = 350$ K; (2) o ar é então aquecido a pressão constante até sua temperatura atingir 800 K. Se esse processo for substituído por uma única expansão isotérmica do ar de 800 K e 4 bar para alguma pressão final P, qual é o valor de P que faz o trabalho ser o mesmo nos dois processos? Admita a reversibilidade mecânica e o ar com comportamento de gás ideal com $C_P = (7/2)R$ e $C_V = (5/2)R$.

3.36. Um metro cúbico de argônio é levado de 1 bar e 25 °C para 10 bar e 300 °C por meio de cada uma das seguintes trajetórias com duas etapas. Para cada trajetória, calcule Q, W, ΔU e ΔH para cada etapa e para o processo global. Admita a reversibilidade mecânica e o argônio como um gás ideal com $C_P = (5/2)R$ e $C_V = (3/2)R$.

(*a*) Compressão isotérmica seguida por aquecimento isobárico.
(*b*) Compressão adiabática seguida por aquecimento ou resfriamento isobárico.
(*c*) Compressão adiabática seguida por aquecimento ou resfriamento isocórico.
(*d*) Compressão adiabática seguida por compressão ou expansão isotérmica.

3.37. Um procedimento para determinar o volume interno V_B^t de um cilindro de gás é constituído pelas seguintes etapas: um gás é colocado no cilindro até atingir uma pressão baixa igual a P_1 e o cilindro é conectado, através de um pequeno tubo com uma válvula, a um tanque de referência com volume conhecido V_A^t, no qual há vácuo. A válvula é aberta e o gás escoa através do tubo para o tanque de referência. Após o sistema retornar à sua temperatura inicial, um transdutor de pressão sensível fornece um valor para a variação de pressão ΔP no cilindro. Determine o volume do cilindro V_B^t a partir dos seguintes dados:

- $V_A^t = 256$ cm^3
- $\Delta P/P_1 = -0{,}0639$

3.38. Um cilindro fechado horizontal e não condutor é equipado com um êmbolo não condutor móvel, que desliza sem atrito, e que divide o cilindro em duas seções, A e B. As duas seções contêm massas iguais de ar, inicialmente nas mesmas condições, $T_1 = 300$ K e $P_1 = 1$(atm). Um aquecedor elétrico na seção A é ativado e a temperatura do ar aumenta lentamente: T_A, na seção A, por causa da transferência de calor e T_B, na seção B, por causa da compressão adiabática causada pela lenta movimentação do êmbolo. Considere o ar como um gás ideal, com $C_P = (7/2)R$, e n_A como o número de mols de ar na seção A. Para o processo como descrito, avalie um dos seguintes conjuntos de grandezas:

(*a*) T_A, T_B e Q/n_A, se P(final) = 1,25(atm).
(*b*) T_B, Q/n_A e P(final), se $T_A = 425$ K.
(*c*) T_A, Q/n_A e P(final), se $T_B = 325$ K.
(*d*) T_A, T_B e P(final), se $Q/n_A = 3$ kJ · mol^{-1}.

3.39. Um mol de um gás ideal com capacidades caloríficas constantes sofre um processo arbitrário mecanicamente reversível. Mostre que:

$$\Delta U = \frac{1}{\gamma - 1}\Delta(PV)$$

3.40. Deduza uma equação para o trabalho na compressão isotérmica, mecanicamente reversível, de 1 mol de um gás de uma pressão inicial P_1 até uma pressão final P_2, quando a equação de estado é a expansão virial [Eq. (3.33)] truncada, com a seguinte forma:

$$Z = 1 + B'P$$

Como esse resultado se compara ao resultado obtido considerando o gás um gás ideal?

3.41. O comportamento de determinado gás é descrito pela equação de estado:

$$PV = RT + \left(b - \frac{\theta}{RT}\right)P$$

Aqui, b é uma constante e θ é uma função somente de T. Para esse gás, determine expressões para a compressibilidade isotérmica κ e para o coeficiente de pressão térmica $(\partial P/\partial T)_V$. Essas expressões devem conter somente T, P, θ, $d\theta/dT$ e constantes.

3.42. Para o cloreto de metila a 100 °C, o segundo e o terceiro coeficientes virial são:

$$B = -242{,}5 \text{ cm}^3 \cdot \text{mol}^{-1} \quad C = 25.200 \text{ cm}^6 \cdot \text{mol}^{-2}$$

Calcule o trabalho na compressão isotérmica, mecanicamente reversível, de 1 mol de cloreto de metila de 1 bar até 55 bar, a 100 °C. Tome como base para os cálculos as seguintes formas da equação virial:

(*a*)
$$Z = 1 + \frac{B}{V} + \frac{C}{V^2}$$

(*b*)
$$Z = 1 + B'P + C'P^2$$

em que
$$B' = \frac{B}{RT} \quad \text{e} \quad C' = \frac{C - B^2}{(RT)^2}$$

Por que as duas equações não fornecem exatamente o mesmo resultado?

3.43. Qualquer equação de estado válida para gases no limite de pressão igual a zero leva a um conjunto completo de coeficientes viriais. Mostre que, ao se utilizar a equação de estado cúbica genérica, Eq. (3.41), obtém-se o segundo e o terceiro coeficientes viriais na forma:

$$B = b - \frac{a(T)}{RT} \quad C = b^2 + \frac{(\varepsilon + \sigma)ba(T)}{RT}$$

Particularize o resultado de B para a equação de estado de Redlich/Kwong, forneça a expressão na forma reduzida e compare numericamente com o resultado B obtido por meio da correlação generalizada para fluidos simples, Eq. (3.61). Discuta o que você encontrou.

3.44. Calcule Z e V para o etileno a 25 °C e 12 bar, com as seguintes equações:

(*a*) Equação virial truncada [Eq. (3.38)], com os seguintes valores experimentais dos coeficientes virial:

$$B = -140 \text{ cm}^3 \cdot \text{mol}^{-1} \quad C = 7200 \text{ cm}^6 \cdot \text{mol}^{-2}$$

(*b*) Equação virial truncada [Eq. (3.36)], com um valor de B obtido com a correlação de Pitzer generalizada [(Eqs. (3.58)–(3.62)].
(*c*) Equação de Redlich/Kwong.
(*d*) Equação de Soave/Redlich/Kwong.
(*e*) Equação de Peng/Robinson.

3.45. Calcule Z e V para o etano a 50 °C e 15 bar, com as seguintes equações:

(*a*) Equação virial truncada [Eq. (3.38)], com os seguintes valores experimentais dos coeficientes virial:

$$B = -156{,}7 \text{ cm}^3 \cdot \text{mol}^{-1} \quad C = 9650 \text{ cm}^6 \cdot \text{mol}^{-2}$$

(*b*) Equação virial truncada [Eq. (3.36)], com um valor de B obtido com a correlação de Pitzer generalizada [(Eqs. (3.58)–(3.62)].
(*c*) Equação de Redlich/Kwong.
(*d*) Equação de Soave/Redlich/Kwong.
(*e*) Equação de Peng/Robinson.

3.46. Calcule Z e V para o hexafluoreto de enxofre a 75 °C e 15 bar, com as seguintes equações:

(*a*) Equação virial truncada [Eq. (3.38)], com os seguintes valores experimentais dos coeficientes virial:

$$B = -194 \text{ cm}^3 \cdot \text{mol}^{-1} \quad C = 15.300 \text{ cm}^6 \cdot \text{mol}^{-2}$$

(*b*) Equação virial truncada [Eq. (3.36)], com um valor de B obtido com a correlação de Pitzer generalizada [(Eqs. (3.58)–(3.62)].
(*c*) Equação de Redlich/Kwong.
(*d*) Equação de Soave/Redlich/Kwong.
(*e*) Equação de Peng/Robinson.

Para o hexafluoreto de enxofre, $T_c = 318{,}7$ K; $P_c = 37{,}6$ bar; $V_c = 198 \text{ cm}^3 \cdot \text{mol}^{-1}$ e $\omega = 0{,}286$.

3.47. Calcule Z e V para a amônia a 320 K e 15 bar, com as seguintes equações:

(*a*) Equação virial truncada [Eq. (3.38)], com os seguintes valores dos coeficientes virial:

$$B = -208 \text{ cm}^3 \cdot \text{mol}^{-1} \quad C = 4378 \text{ cm}^6 \cdot \text{mol}^{-2}$$

(*b*) Equação virial truncada [Eq. (3.36)], com um valor de B obtido com a correlação de Pitzer generalizada [(Eqs. (3.58)–(3.62)].
(*c*) Equação de Redlich/Kwong.
(*d*) Equação de Soave/Redlich/Kwong.
(*e*) Equação de Peng/Robinson.

3.48. Calcule Z e V para o tricloreto de boro a 300 K e 1,5 bar, com as seguintes equações:

(*a*) Equação virial truncada [Eq. (3.38)], com os seguintes valores dos coeficientes virial:

$$B = -724 \text{ cm}^3 \cdot \text{mol}^{-1} \quad C = -93.866 \text{ cm}^6 \cdot \text{mol}^{-2}$$

(*b*) Equação virial truncada [Eq. (3.36)], com um valor de B obtido com a correlação de Pitzer generalizada [(Eqs. (3.58)–(3.62)].
(*c*) Equação de Redlich/Kwong.
(*d*) Equação de Soave/Redlich/Kwong.
(*e*) Equação de Peng/Robinson.

Para o BCl_3, $T_c = 452$ K; $P_c = 38{,}7$ bar e $\omega = 0{,}086$.

3.49. Calcule Z e V para o trifluoreto de nitrogênio a 300 K e 95 bar, com as seguintes equações:

(*a*) Equação virial truncada [Eq. (3.38)], com os seguintes valores dos coeficientes virial:

$$B = -83{,}5 \text{ cm}^3 \cdot \text{mol}^{-1} \quad C = -5592 \text{ cm}^6 \cdot \text{mol}^{-2}$$

(*b*) Equação virial truncada [Eq. (3.36)], com um valor de B obtido com a correlação de Pitzer generalizada [(Eqs. (3.58)–(3.62)].
(*c*) Equação de Redlich/Kwong.
(*d*) Equação de Soave/Redlich/Kwong.
(*e*) Equação de Peng/Robinson.

Para o NF_3, $T_c = 234$ K; $P_c = 44{,}6$ bar; e $\omega = 0{,}126$.

3.50. Calcule Z e V para o vapor d'água a 250 °C e 1800 kPa, das seguintes formas:

(*a*) Equação virial truncada [Eq. (3.38)], com os seguintes valores experimentais dos coeficientes virial:

$$B = -152{,}5 \text{ cm}^3 \cdot \text{mol}^{-1} \quad C = -5800 \text{ cm}^6 \cdot \text{mol}^{-2}$$

(*b*) Equação virial truncada [Eq. (3.36)], com um valor de B obtido com a correlação de Pitzer generalizada [(Eqs. (3.58)–(3.62)].
(*c*) Tabelas de vapor (Apêndice E).

3.51. Com relação às expansões virial, Eqs. (3.33) e (3.34), mostre que:

$$B' = \left(\frac{\partial Z}{\partial P}\right)_{T,P=0} \quad \text{e} \quad B = \left(\frac{\partial Z}{\partial \rho}\right)_{T,\rho=0}$$

em que $\rho \equiv 1/V$.

3.52. A Eq. (3.34), quando truncada em *quatro* termos, representa com precisão dados volumétricos do metano gasoso a 0 °C com:

$$B = -53{,}4 \text{ cm}^3 \cdot \text{mol}^{-1} \quad C = 2620 \text{ cm}^6 \cdot \text{mol}^{-2} \quad D = 5000 \text{ cm}^9 \cdot \text{mol}^{-3}$$

(*a*) A partir dessas informações, prepare um gráfico Z *versus* P para o metano a 0 °C de 0 a 200 bar.
(*b*) Até que pressões as Eqs. (3.36) e (3.37) fornecem boas aproximações?

3.53. Calcule o volume molar do líquido saturado e o volume molar do vapor saturado com a equação de Redlich/Kwong para uma das opções a seguir e compare os resultados com os valores obtidos por meio de correlações generalizadas adequadas.

(*a*) Propano a 40 °C, para o qual $P^{sat} = 13{,}71$ bar.
(*b*) Propano a 50 °C, para o qual $P^{sat} = 17{,}16$ bar.
(*c*) Propano a 60 °C, para o qual $P^{sat} = 21{,}22$ bar.

(*d*) Propano a 70 °C, para o qual $P^{sat} = 25{,}94$ bar.
(*e*) *n*-Butano a 100 °C, para o qual $P^{sat} = 15{,}41$ bar.
(*f*) *n*-Butano a 110 °C, para o qual $P^{sat} = 18{,}66$ bar.
(*g*) *n*-Butano a 120 °C, para o qual $P^{sat} = 22{,}38$ bar.
(*h*) *n*-Butano a 130 °C, para o qual $P^{sat} = 26{,}59$ bar.
(*i*) Isobutano a 90 °C, para o qual $P^{sat} = 16{,}54$ bar.
(*j*) Isobutano a 100 °C, para o qual $P^{sat} = 20{,}03$ bar.
(*k*) Isobutano a 110 °C, para o qual $P^{sat} = 24{,}01$ bar.
(*l*) Isobutano a 120 °C, para o qual $P^{sat} = 28{,}53$ bar.
(*m*) Cloro a 60 °C, para o qual $P^{sat} = 18{,}21$ bar.
(*n*) Cloro a 70 °C, para o qual $P^{sat} = 22{,}49$ bar.
(*o*) Cloro a 80 °C, para o qual $P^{sat} = 27{,}43$ bar.
(*p*) Cloro a 90 °C, para o qual $P^{sat} = 33{,}08$ bar.
(*q*) Dióxido de enxofre a 80 °C, para o qual $P^{sat} = 18{,}66$ bar.
(*r*) Dióxido de enxofre a 90 °C, para o qual $P^{sat} = 23{,}31$ bar.
(*s*) Dióxido de enxofre a 100 °C, para o qual $P^{sat} = 28{,}74$ bar.
(*t*) Dióxido de enxofre a 110 °C, para o qual $P^{sat} = 35{,}01$ bar.
(*u*) Tricloreto de boro a 400 K, para o qual $P^{sat} = 17{,}19$ bar.
Para o BCl_3, $T_c = 452$ K, $P_c = 38{,}7$ bar e $\omega = 0{,}086$.
(*v*) Tricloreto de boro a 420 K, para o qual $P^{sat} = 23{,}97$ bar.
(*w*) Tricloreto de boro a 440 K, para o qual $P^{sat} = 32{,}64$ bar.
(*x*) Trimetil gálio a 430 K, para o qual $P^{sat} = 13{,}09$ bar.
Para o $Ga(CH_3)_3$, $T_c = 510$ K, $P_c = 40{,}4$ bar e $\omega = 0{,}205$.
(*y*) Trimetil gálio a 450 K, para o qual $P^{sat} = 18{,}27$ bar.
(*z*) Trimetil gálio a 470 K, para o qual $P^{sat} = 24{,}55$ bar.

3.54. Use a equação de Soave/Redlich/Kwong para calcular os volumes molares do líquido saturado e do vapor saturado da substância na condição fornecida em um dos itens do Problema 3.53 e compare os resultados com os valores obtidos por meio de correlações generalizadas apropriadas.

3.55. Use a equação de Peng/Robinson para calcular os volumes molares do líquido saturado e do vapor saturado da substância na condição fornecida em um dos itens do Problema 3.53 e compare os resultados com os valores obtidos com correlações generalizadas apropriadas.

3.56. Estime o solicitado a seguir:

(*a*) O volume ocupado por 18 kg de etileno a 55 °C e 35 bar.
(*b*) A massa de etileno contida em um cilindro de 0,25 m^3, a 50 °C e 115 bar.

3.57. O volume molar da fase vapor de um composto particular é reportado como igual a 23.000 $cm^3 \cdot mol^{-1}$ a 300 K e 1 bar. Nenhum outro dado está disponível. Sem considerar o comportamento de um gás ideal, forneça uma estimativa razoável para o volume molar do vapor a 300 K e 5 bar.

3.58. Com uma boa aproximação, qual é o volume molar do vapor de etanol a 480 °C e 6000 kPa? Compare este resultado com o valor obtido considerando comportamento de gás ideal.

3.59. Um vaso com 0,35 m^3 é utilizado para armazenar propano líquido na sua pressão de vapor. As instruções de segurança orientam que, na temperatura de 320 K, o líquido deve ocupar não mais do que 80 % do volume total do vaso. Nessas condições, determine a massa de vapor e a massa de líquido no interior do vaso. A 320 K, a pressão de vapor do propano é de 16 bar.

3.60. Um tanque com 30 m^3 contém 14 m^3 de *n*-butano líquido em equilíbrio com o seu vapor a 25 °C. Estime a massa de vapor de *n*-butano no tanque. A pressão de vapor do *n*-butano na temperatura fornecida é de 2,43 bar.

3.61. Estime:

(*a*) A massa de etano contida em um vaso de 0,15 m^3, a 60 °C e 14.000 kPa.
(*b*) A temperatura na qual 40 kg de etano armazenados em um vaso de 0,15 m^3 exercem uma pressão de 20.000 kPa.

3.62. Um cilindro de gás comprimido de tamanho D tem um volume interno de 2,4 litros. Estime a pressão do cilindro de tamanho D se ele contiver 454 g de um dos seguintes gases de processo semicondutores a 20 °C:

(*a*) Fosfina, PH_3, para o qual $T_c = 324{,}8$ K, $P_c = 65{,}4$ bar e $\omega = 0{,}045$.
(*b*) Trifluoreto de boro, BF_3, para o qual $T_c = 260{,}9$ K, $P_c = 49{,}9$ bar e $\omega = 0{,}434$.
(*c*) Silano, SiH_4, para o qual $T_c = 269{,}7$ K, $P_c = 48{,}4$ bar e $\omega = 0{,}094$.

(*d*) Germano, GeH_4, para o qual $T_c = 312,2$ K, $P_c = 49,5$ bar e $\omega = 0,151$.
(*e*) Arsina, AsH_3, para o qual $T_c = 373$ K, $P_c = 65,5$ bar e $\omega = 0,011$.
(*f*) Trifluoreto de nitrogênio, NF_3, para o qual $T_c = 234$ K, $P_c = 44,6$ bar e $\omega = 0,120$.

3.63. Para uma das substâncias no Problema 3.62, estime a massa da substância contida no cilindro de tamanho D a 20 °C e 25 bar.

3.64. O mergulho recreativo usando cilindro de ar é limitado a profundidades de 40 m. Mergulhadores profissionais utilizam diferentes misturas de gases em diferentes profundidades, permitindo que explorem maiores profundidades. Considerando um volume pulmonar de 6 litros, estime a massa de ar nos pulmões de:

(*a*) Uma pessoa nas condições atmosféricas.
(*b*) Um mergulhador amador respirando ar a uma profundidade de 40 m em relação à superfície do oceano.
(*c*) Um mergulhador profissional, em condições próximas ao recorde mundial, a uma profundidade de 300 m em relação à superfície do oceano, respirando 10 mol % de oxigênio, 20 mol % de nitrogênio e 70 mol % de hélio.

3.65. Até que pressão deve-se encher um vaso, com 0,15 m^3 a 25 °C, para armazenar 40 kg de etileno em seu interior?

3.66. Se 15 kg de H_2O em um recipiente com 0,4 m^3 forem aquecidos até 400 °C, qual será a pressão alcançada?

3.67. Um vaso de 0,35 m^3 armazena vapor de etano a 25 °C e 2200 kPa. Se ele for aquecido até 220 °C, qual será a pressão alcançada?

3.68. Qual é a pressão em um vaso de 0,5 m^3 carregado com 10 kg de dióxido de carbono a 30 °C?

3.69. Um vaso rígido, cheio até a metade do seu volume com nitrogênio líquido no seu ponto normal de ebulição, é aquecido até 25 °C. Qual a pressão desenvolvida? O volume molar do nitrogênio líquido no seu ponto normal de ebulição é de 34,7 $cm^3 \cdot mol^{-1}$.

3.70. O volume específico do isobutano líquido a 300 K e 4 bar é igual a 1,824 $cm^3 \cdot g^{-1}$. Estime o volume específico a 415 K e 75 bar.

3.71. A massa específica do *n*-pentano líquido a 18 °C e 1 bar é de 0,630 $g \cdot cm^{-3}$. Estime sua massa específica a 140 °C e 120 bar.

3.72. Estime a massa específica do etanol líquido a 180 °C e 200 bar.

3.73. Estime a variação de volume na vaporização da amônia a 20 °C. Nessa temperatura, a pressão de vapor da amônia é de 857 kPa.

3.74. Dados *PVT* podem ser obtidos por meio do seguinte procedimento: uma massa m de uma substância com massa molar $\mathscr{M}$ é introduzida em um vaso termostático com volume total V^t conhecido. Permite-se que o sistema entre em equilíbrio, medindo-se então a temperatura T e a pressão P.

(*a*) Quais erros percentuais, aproximadamente, são permitidos nas variáveis medidas (m, $\mathscr{M}$, V^t, T e P) se o erro máximo aceitável no fator de compressibilidade Z calculado for de ±1 %?
(*b*) Quais erros percentuais, aproximadamente, são permitidos nas variáveis medidas se o erro máximo aceitável no valor calculado do segundo coeficiente virial B for de ±1 %? Considere $Z \cong 0,9$ e os valores de B calculados pela Eq. (3.37).

3.75. Para um gás descrito pela equação de Redlich/Kwong e para uma temperatura superior a T_c, desenvolva expressões para as duas inclinações limite:

$$\lim_{P\to 0}\left(\frac{\partial Z}{\partial P}\right)_T \qquad \lim_{P\to \infty}\left(\frac{\partial Z}{\partial P}\right)_T$$

Note que, no limite, quando $P \to 0$, $V \to \infty$; e, quando $P \to \infty$, $V \to b$.

3.76. Se $140(\text{ft})^3$ de metano gasoso a 60(°F) e 1(atm) são equivalentes a 1(gal) de gasolina como combustível para um motor de automóvel, qual deveria ser o volume do tanque necessário para armazenar, a 3000(psia) e 60(°F), uma quantidade de metano equivalente a 10(gal) de gasolina?

3.77. Determine uma boa estimativa para o fator de compressibilidade Z do vapor saturado de hidrogênio a 25 K e 3,213 bar. Para comparação, um valor experimental é $Z = 0,7757$.

3.78. A *temperatura Boyle* ("*Boyle temperature*") é a temperatura para a qual:

$$\lim_{P\to 0}\left(\frac{\partial Z}{\partial P}\right)_T = 0$$

(*a*) Mostre que o segundo coeficiente virial B é igual a zero na temperatura Boyle.
(*b*) Utilize a correlação generalizada para B, Eqs. (3.58)–(3.62), e estime a temperatura Boyle *reduzida* para fluidos simples.

3.79. Gás natural (considere metano puro) é enviado para uma cidade através de gasoduto a uma vazão volumétrica de 150 milhões de pés cúbicos padrão por dia. As condições médias de envio são 50(°F) e 300(psia). Determine:

(*a*) A taxa volumétrica de envio em pés cúbicos *reais* por dia.
(*b*) A taxa molar de envio em kmol por hora.
(*c*) A velocidade do gás nas condições de envio em $m \cdot s^{-1}$.

O tubo é de aço, 24(in)sch40, com diâmetro interno de 22,624(in). As condições-padrão são 60(°F) e 1(atm).

3.80. Algumas correlações dos estados correspondentes usam o fator de compressibilidade crítico Z_c, em vez do fator acêntrico ω, como um terceiro parâmetro. Os dois tipos de correlação (uma com base em T_c, P_c e Z_c e a outra com base em T_c, P_c e ω) seriam equivalentes, existindo uma correspondência de um para um entre Z_c e ω. Os dados do Apêndice B permitem um teste dessa correspondência. Prepare um gráfico de Z_c *versus* ω para certificar a boa correlação entre Z_c e ω. Desenvolva uma correlação linear ($Z_c = a + b\omega$) para substâncias apolares.

3.81. A Figura 3.3 sugere que as isocóricas (trajetórias a volume constante) são aproximadamente linhas retas em um diagrama P–T. Mostre que os modelos a seguir fornecem isocóricas lineares.

(*a*) β constante, equação de κ para líquidos.
(*b*) Equação do gás ideal.
(*c*) Equação de van der Waals.

3.82. Um gás ideal, inicialmente a 25 °C e 1 bar, passa pelo seguinte processo cíclico em um sistema fechado:

(*a*) Em processos mecanicamente reversíveis, ele é primeiramente comprimido adiabaticamente até 5 bar, então é resfriado à pressão constante de 5 bar até 25 °C e finalmente expandido isotermicamente até sua pressão original.
(*b*) O ciclo é irreversível e cada etapa tem uma eficiência de 80 % comparada com o processo mecanicamente reversível correspondente. O ciclo continua constituído por uma etapa de compressão adiabática, uma etapa de resfriamento isobárico e uma etapa de expansão isotérmica.

Calcule Q, W, ΔU e ΔH para cada etapa do processo e para o ciclo. Considere $C_P = (7/2)R$ e $C_V = (5/2)R$.

3.83. Mostre que o segundo coeficiente virial em uma expansão em série da densidade pode ser obtido a partir de dados volumétricos isotérmicos por meio da expressão:

$$B = \lim_{\rho \to 0} (Z - 1)/\rho \qquad \rho(\text{densidade molar}) \equiv 1/V$$

3.84. Utilize a equação do problema anterior e os dados da Tabela E.2 do Apêndice E para obter um valor de B para a água em cada uma das seguintes temperaturas:

(*a*) 300 °C
(*b*) 350 °C
(*c*) 400 °C

3.85. Obtenha os valores de Ω, Ψ e Z_c dados na Tabela 3.1 para:

(*a*) A equação de estado Redlich/Kwong.
(*b*) A equação de estado Soave/Redlich/Kwong.
(*c*) A equação de estado Peng/Robinson.

3.86. Suponha que os dados Z *versus* P_r estão disponíveis a T_r constante. Mostre que o segundo coeficiente virial de uma série de densidades reduzidas pode ser obtido a partir de tais dados por meio da expressão:

$$\hat{B} = \lim_{P_r \to 0} (Z - 1) Z T_r / P_r$$

Sugestão: Faça o seu desenvolvimento com base na expansão virial completa em densidade, Eq. (3.34).

3.87. Utilize o resultado do problema anterior e os dados da Tabela D.1 do Apêndice D para obter um valor de $\hat{B}$ para fluidos simples, sendo $T_r = 1$. Compare o resultado com o valor obtido por meio da Eq. (3.61).

3.88. A seguinte conversa foi ouvida nos corredores de uma grande empresa de Engenharia.

Engenheiro novo: "Olá, chefe. Por que esse sorriso de orelha a orelha?"

Engenheiro experiente: "Eu finalmente ganhei uma aposta com Harry Carey, do Departamento de Pesquisa. Ele apostou comigo que eu não conseguiria obter uma estimativa rápida e precisa para o volume molar do argônio a 30 °C e 300 bar. Que nada! Eu usei a equação do gás ideal e obtive um valor em torno de 83 $cm^3 \cdot mol^{-1}$. Harry contestou, mas pagou a aposta. O que você acha disso?"

Engenheiro novo (consultando seu livro de Termodinâmica): "Eu acho que você deve estar certo."

O argônio nas condições citadas *não* é um gás ideal. Demonstre numericamente por que o engenheiro experiente ganhou a aposta.

3.89. Cinco mols de carbeto de cálcio são misturados com 10 mols de água em um vaso de alta pressão, rígido e fechado, com volume interno de 1800 cm^3. Gás acetileno é produzido pela reação:

$$CaC_2(s) + 2H_2O(l) \rightarrow C_2H_2(g) + Ca(OH)_2(s)$$

O vaso contém recheio com uma porosidade de 40 % para prevenir uma decomposição explosiva do acetileno. As condições iniciais são 25 °C e 1 bar, e a reação ocorre até estar completa. A reação é exotérmica, mas, em função da transferência de calor, a temperatura final é de somente 125 °C. Determine a pressão final no vaso.

Nota: A 125 °C, o volume molar do $Ca(OH)_2$ é de 33 $cm^3 \cdot mol^{-1}$. Despreze os efeitos de qualquer gás (por exemplo, ar) presente inicialmente no vaso.

3.90. É feito um pedido para estocagem de 35.000 kg de propano, recebido como gás a 10 °C e 1(atm). Duas propostas foram feitas:

(*a*) Estocar o propano como gás a 10 °C e 1(atm).
(*b*) Estocar o propano como líquido em equilíbrio com seu vapor a 10 °C e 6,294(atm). Para essa forma de estocagem, 90 % do volume do tanque é ocupado pelo líquido.

Compare as duas propostas, discutindo os prós e contras de cada uma. Seja quantitativo, quando possível.

3.91. A definição do fator de compressibilidade Z, Eq. (3.32), pode ser escrita na forma mais intuitiva:

$$Z \equiv \frac{V}{V(\text{gás ideal})}$$

na qual os volumes estão nas mesmas T e P. Relembre que um gás ideal é uma substância-modelo contendo partículas sem forças intermoleculares. Utilize a definição intuitiva de Z para debater os seguintes itens:

(*a*) Atrações intermoleculares promovem valores para $Z < 1$.
(*b*) Repulsões intermoleculares promovem valores para $Z > 1$.
(*c*) Um equilíbrio entre atração e repulsão implica $Z = 1$. (Note que um gás ideal é um caso particular no qual *não* existe atração ou repulsão.)

3.92. Escreva a forma geral de uma equação de estado como:

$$Z = 1 + Z_{rep}(\rho) - Z_{attr}(T, \rho)$$

na qual $Z_{rep}(\rho)$ representa contribuições advindas de repulsões e $Z_{atr}(T, \rho)$ representa contribuições advindas de atrações. Quais são as contribuições repulsivas e atrativas na equação de estado de van der Waals?

3.93. Quatro propostas de modificações da equação de estado de van der Waals são fornecidas a seguir. Alguma destas modificações é *razoável*? Explique detalhadamente. Afirmativas como "Ela não é cúbica no volume" não são válidas.

(*a*) $P = \dfrac{RT}{V - b} - \dfrac{a}{V}$

(*b*) $P = \dfrac{RT}{(V - b)^2} - \dfrac{a}{V}$

(*c*) $P = \dfrac{RT}{V(V - b)} - \dfrac{a}{V^2}$

(*d*) $P = \dfrac{RT}{V} - \dfrac{a}{V^2}$

3.94. Com relação ao Problema 2.47, considere o ar como um gás ideal e desenvolva uma expressão que represente a temperatura do ar no interior da casa como uma função do tempo.

3.95. Uma mangueira de jardim com a torneira de água fechada e o bocal de esguicho fechado encontra-se exposta ao sol e cheia de água líquida. Inicialmente, a água está a 10 °C e 6 bar. Após algum tempo, a temperatura da água aumenta para 40 °C. Devido ao aumento na temperatura e na pressão, e em função da elasticidade da mangueira, seu diâmetro interno aumenta em 0,35 %. Estime a pressão final da água na mangueira.

Dados: β(médio) = 250×10^{-6} K^{-1}; κ(médio) = 45×10^{-6} bar^{-1}.

CAPÍTULO

4

Efeitos Térmicos

Efeitos térmicos referem-se aos fenômenos físicos e químicos que estão associados à transferência de calor para ou a partir de um sistema ou que resultam em mudanças de temperatura dentro de um sistema, ou ambos. O exemplo mais simples de um efeito térmico é o aquecimento ou o resfriamento de um fluido por uma transferência de calor direta, unicamente física, para ou a partir do fluido. As variações de temperatura que ocorrem são conhecidas como efeitos de calor *sensível*, porque podem ser detectadas pelo nosso senso de percepção da temperatura. Mudanças de fase, processos físicos que ocorrem em uma substância pura a temperatura e pressão constantes, são acompanhadas por calores *latentes*. Reações químicas são caracterizadas por *calores de reação*, que liberam calor para reações de combustão. Todo processo químico ou bioquímico está associado a um ou mais efeitos térmicos. O metabolismo do corpo humano, por exemplo, gera um calor que é transferido para sua vizinhança ou utilizado para manter ou aumentar a temperatura do corpo.

Processos químicos produtivos podem incluir vários efeitos térmicos. O etilenoglicol (um refrigerante e agente anticongelante) é produzido por meio da oxidação catalítica parcial do etileno para formar óxido de etileno, seguida por uma reação de hidratação.

$$C_2H_4 + \tfrac{1}{2}O_2 \rightarrow C_2H_4O$$
$$C_2H_4O + H_2O \rightarrow C_2H_4(OH)_2$$

A reação de oxidação é conduzida em temperaturas próximas a 250 °C, e os reagentes devem ser aquecidos até essa temperatura, um efeito do calor sensível. A reação de oxidação contribui para o aumento da temperatura e o calor de reação é removido do reator para manter a temperatura próxima aos 250 °C. O óxido de etileno é hidratado a glicol por absorção em água. Calor é desprendido não somente em função da mudança de fase e da dissolução, mas também em razão da reação de hidratação. Finalmente, o glicol é purificado por destilação, um processo de vaporização e condensação que resulta na separação do glicol da solução. Virtualmente todos os efeitos térmicos importantes estão incluídos nesse processo. A maioria desses efeitos é tratada no presente capítulo, embora os efeitos térmicos relacionados aos processos de mistura tenham de ser deixados para o Capítulo 11, após a apresentação da termodinâmica de soluções no Capítulo 10. Os seguintes efeitos térmicos importantes serão considerados neste capítulo:

- Efeitos do calor sensível, caracterizado pela variação de temperatura;
- Capacidades caloríficas como uma função da temperatura e seu uso por meio de funções definidas;
- Calores de transição de fase, isto é, calores latentes de substâncias puras;
- Calores de reação, combustão e formação;
- Calores de reação como uma função da temperatura;
- O cálculo de efeitos térmicos em reações industriais.

4.1 EFEITOS TÉRMICOS SENSÍVEIS

A transferência de calor para ou a partir de um sistema, no qual não haja transições de fases, reações químicas e mudanças na composição, causa um efeito térmico sensível, isto é, uma variação na temperatura do sistema. A necessidade aqui é de uma relação entre a quantidade de calor transferida e a variação de temperatura resultante.

Quando o sistema é uma substância homogênea com composição constante, a regra das fases indica que a fixação dos valores de duas propriedades intensivas estabelece o seu estado. Consequentemente, a energia interna molar ou específica de uma substância pode ser representada como uma *função de duas outras variáveis de estado*. A variável-chave na Termodinâmica é a temperatura. Escolhendo arbitrariamente o volume molar ou específico, temos $U = U(T,V)$. Então,

$$dU = \left(\frac{\partial U}{\partial T}\right)_V dT + \left(\frac{\partial U}{\partial V}\right)_T dV$$

Com a definição de C_V dada pela Eq. (2.15), ela se torna:

$$dU = C_V dT + \left(\frac{\partial U}{\partial V}\right)_T dV$$

A última parcela é zero em duas circunstâncias:

- Em qualquer processo a volume constante em sistema fechado.
- Sempre que a energia interna for independente do volume, como para o estado de gás ideal e do líquido incompressível.

Em ambos os casos, $$dU = C_V dT$$

e $$\Delta U = \int_{T_1}^{T_2} C_V dT \tag{4.1}$$

Apesar de líquidos reais terem algum grau de compressibilidade, bem abaixo de suas temperaturas críticas eles podem, frequentemente, ser tratados como fluidos incompressíveis. O estado de gás ideal também tem interesse, pois gases reais em baixas pressões se aproximam da idealidade. O único processo mecanicamente reversível possível a volume constante é o aquecimento simples (o trabalho de agitação é inerentemente irreversível), no qual $Q = \Delta U$ e a Eq. (2.18), escrita para uma unidade de massa ou um mol, torna-se:

$$Q = \Delta U = \int_{T_1}^{T_2} C_V dT$$

Analogamente, podemos expressar a entalpia molar ou específica mais convenientemente como uma função da temperatura e da pressão. Então, $H = H(T, P)$, e

$$dH = \left(\frac{\partial H}{\partial T}\right)_P dT + \left(\frac{\partial H}{\partial P}\right)_T dP$$

Com a definição de C_P dada pela Eq. (2.19),

$$dH = C_P dT + \left(\frac{\partial H}{\partial P}\right)_T dP$$

Novamente, duas circunstâncias permitem igualar a última parcela a zero:

- Em qualquer processo a pressão constante.
- Quando a entalpia for independente da pressão, qualquer que seja o processo. Isso é totalmente verdadeiro para o estado de gás ideal e aproximadamente verdadeiro para gases reais a baixas pressões e altas temperaturas.

Em ambos os casos, $$dH = C_P dT$$

e $$\Delta H = \int_{T_1}^{T_2} C_P dT \tag{4.2}$$

Além disso, $Q = \Delta H$ para processos em sistemas fechados, a pressão constante e mecanicamente reversíveis [Eq. (2.22)], e para a transferência de calor em processos com escoamento em regime estacionário, nos quais ΔE_P e ΔE_K são desprezíveis e $W_e = 0$ [Eq. (2.32)]. Em ambos os casos,

$$Q = \Delta H = \int_{T_1}^{T_2} C_P dT \tag{4.3}$$

Essa equação é aplicada com frequência em processos com escoamento designados para o simples resfriamento e aquecimento de gases, líquidos e sólidos.

Dependência com a Temperatura da Capacidade Calorífica

O cálculo da integral na Eq. (4.3) requer o conhecimento da dependência da capacidade calorífica com a temperatura. Essa dependência é normalmente fornecida por uma equação empírica; as duas expressões mais simples com valor prático são:

$$\frac{C_P}{R} = \alpha + \beta T + \gamma T^2 \qquad \text{e} \qquad \frac{C_P}{R} = a + bT + cT^{-2}$$

na quais α, β e γ e a, b e c são constantes características de uma substância específica. Com exceção da última parcela, essas equações apresentam a mesma forma. Por isso, nós as combinamos para gerar uma única expressão:

$$\frac{C_P}{R} = A + BT + CT^2 + DT^{-2} \tag{4.4}$$

na qual C ou D é normalmente zero, dependendo da substância considerada.[1] Como a razão C_P/R é adimensional, as unidades de C_P são governadas pela escolha do R. Os parâmetros são independentes da temperatura, mas, no mínimo, em princípio, dependem do valor da pressão constante. Entretanto, para líquidos e sólidos, o efeito de pressão é normalmente muito pequeno. Os valores das constantes para líquidos e sólidos selecionados são fornecidos nas Tabelas C.2 e C.3 do Apêndice C. As capacidades caloríficas de sólidos e líquidos são encontradas geralmente por meio de medidas diretas. Correlações para as capacidades caloríficas de muitos sólidos e líquidos são fornecidas em Perry e Green e em *DIPPR Project 801 Collection*).[2]

Capacidade Calorífica no Estado de Gás Ideal

Verificamos na Seção 3.3 que, quando $P \to 0$, um gás se aproxima do estado de gás ideal, no qual os volumes moleculares e as forças intermoleculares são desprezíveis. Se essas condições persistissem com o aumento da pressão, um estado hipotético de gás ideal continua a existir a pressões diferentes de zero. O gás continua tendo propriedades que são reflexos de sua configuração molecular interna da mesma forma que um gás real, mas sem a influência das interações intermoleculares. Consequentemente, as capacidades caloríficas do estado de gás ideal, designadas por C_P^{gi} e C_V^{gi}, são funções da temperatura, mas independentes da pressão, facilitando a correlação. A Figura 4.1 ilustra a dependência da temperatura de C_P^{gi} para várias substâncias representativas.

A Mecânica Estatística fornece uma equação básica para a dependência da temperatura da energia interna do estado de gás ideal:

$$U^{gi} = \frac{3}{2}RT + f(T)$$

A Eq. (3.10) para o estado do gás ideal, $H^{gi} = U^{gi} + RT$, torna-se:

$$H^{gi} = \frac{5}{2}RT + f(T)$$

Tendo em vista a Eq. (2.19),

$$C_P^{gi} \equiv \left(\frac{\partial H^{gi}}{\partial T}\right)_P = \frac{5}{2}R + \left(\frac{\partial f(T)}{\partial T}\right)_P$$

O primeiro termo no lado direito representa a energia cinética de translação da molécula, enquanto o segundo termo combina todas as energias cinéticas vibracionais e rotacionais associadas à molécula. Como as moléculas de um gás monoatômico não têm energias de rotação ou vibração, $f(T)$ é zero na equação anterior. Assim, na Figura 4.1, o valor de C_P^{gi}/R do argônio é constante e igual a 5/2. Para gases diatômicos e poliatômicos, $f(T)$ contribui fortemente em todas as temperaturas de importância prática. Moléculas diatômicas têm uma contribuição igual à RT de seus dois modos de movimento rotacional. Dessa forma, na Figura 4.1, C_P^{gi}/R do N_2 é cerca de 7/2 R em temperaturas moderadas e aumenta em temperaturas mais altas, quando as vibrações intramoleculares começam a contribuir. Moléculas poliatômicas não lineares têm uma contribuição de 3/2 R de seus três modos rotacionais de movimento e, além

[1] O *NIST Chemistry Webbook*, <http://webbook.nist.gov/>, usa a equação de Shomate para capacidades caloríficas, que também inclui um termo T^3, assim como todos os quatro termos da Eq. (4.4).

[2] R. H. Perry and D. Green, *Perry's Chemical Engineers' Handbook*, 8ª ed., Sec. 2, McGraw-Hill, New York, 2008; Design Institute for Physical Properties, Project 801, <http://www.aiche.org/dippr/projects/801>.

disto, normalmente têm modos vibracionais de baixa frequência que contribuem adicionalmente em temperaturas moderadas. A contribuição torna-se maior quanto mais complexa for a molécula e aumenta monotonicamente com a temperatura, conforme demonstrado pelas curvas da Figura 4.1 para a H_2O e o CO_2. A tendência com o tamanho molecular e sua complexidade pode ser vista pelos valores de C_P^{gi}/R a 298 K na Tabela C.1 do Apêndice C.

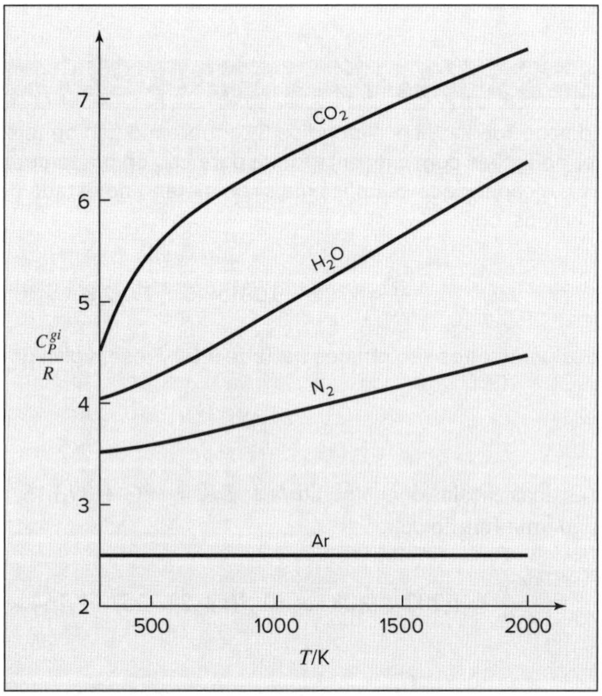

Figura 4.1 Capacidades caloríficas no estado de gás ideal do argônio, do nitrogênio, da água e do dióxido de carbono. Capacidades caloríficas no estado de gás ideal aumentam suavemente com o aumento da temperatura até um limite superior, que é alcançado quando todos os modos de movimento molecular (translacional, rotacional e vibracional) estão completamente excitados.

A dependência com relação à temperatura de C_P^{gi} ou C_V^{gi} é determinada por experimentos, mais frequentemente a partir de dados espectroscópicos e do conhecimento da estrutura molecular por meio de cálculos com base em métodos da Mecânica Estatística.[3] Cada vez mais, cálculos da química quântica, em vez de experimentos espectroscópicos, são utilizados para fornecer a estrutura molecular e frequentemente permitem o cálculo das capacidades caloríficas com precisão comparável às medidas experimentais. Quando dados experimentais não estão disponíveis e a química quântica não é garantida, métodos de estimação são empregados, conforme descrito por Prausnitz, Poling e O'Connell.[4]

A dependência da temperatura é representada analiticamente por equações como a Eq. (4.4), aqui escrita na forma:

$$\frac{C_P^{gi}}{R} = A + BT + CT^2 + DT^{-2} \tag{4.5}$$

Os valores das constantes são fornecidos na Tabela C.1 do Apêndice C para um numeroso conjunto de gases comuns orgânicos e inorgânicos. Equações mais precisas, porém mais complexas, são encontradas na literatura.[5] Como resultado da Eq. (3.12), as duas capacidades caloríficas do estado de gás ideal estão relacionadas:

$$\frac{C_V^{gi}}{R} = \frac{C_P^{gi}}{R} - 1 \tag{4.6}$$

A dependência com a temperatura de C_V^{gi}/R é decorrente da dependência com a temperatura de C_P^{gi}/R.

[3] D. A. McQuarie, *Statistical Mechanics*, pp. 136-137, HarperCollins, New York, 1973.

[4] E. Poling, J. M. Prausnitz, e J. P. O'Connell, *The Properties of Gases and Liquids*, 5ª ed., Cap. 3, McGraw-Hill, New York, 2001.

[5] Veja F. A. Aly e L. L. Lee, *Fluid Phase Equilibria*, vol. 6, pp. 169-179, 1981, e sua bibliografia; veja também Design Institute for Physical Properties, Project 801, <http://www.aiche.org/dippr/projects/801>, e a equação Shomate empregada pelo *NIST Chemistry Webbook*, <http://webbook.nist.gov>.

Embora as capacidades caloríficas do estado de gás ideal sejam exatas para gases reais somente na pressão igual a zero, o afastamento da idealidade dos gases reais é raramente significativo a pressões abaixo de vários bar e, nesse caso, C_P^{gi} e C_V^{gi} são normalmente boas aproximações para suas capacidades caloríficas verdadeiras. Dados da Figura 3.14 indicam uma ampla faixa de condições a $P_r < 0,1$, na qual a consideração de estado de gás ideal é normalmente uma aproximação adequada. Para a maioria das substâncias, P_c excede 30 bar; portanto, o comportamento de estado de gás ideal é frequentemente uma boa aproximação até uma pressão de no mínimo 3 bar.

▪ Exemplo 4.1

Os parâmetros listados na Tabela C.1 do Apêndice C requerem o uso de temperaturas em kelvin na Eq. (4.5). Pode-se também desenvolver equações com a mesma forma para uso com a temperatura em °C, porém os valores dos parâmetros são diferentes. A capacidade calorífica molar do metano no estado de gás ideal é fornecida como uma função da temperatura, em kelvins, por:

$$\frac{C_P^{gi}}{R} = 1{,}702 + 9{,}081 \times 10^{-3}\, T - 2{,}164 \times 10^{-6}\, T^2$$

na qual os valores dos parâmetros são obtidos na Tabela C.1. Desenvolva uma equação para C_P^{gi}/R para temperaturas em °C.

Solução 4.1

A relação entre as duas escalas de temperatura é: T K = t °C + 273,15.

Por isso, como uma função de t,

$$\frac{C_P^{gi}}{R} = 1{,}702 + 9{,}081 \times 10^{-3}(t + 273{,}15) - 2{,}164 \times 10^{-6}(t + 273{,}15)^2$$

ou

$$\frac{C_P^{gi}}{R} = 4{,}021 + 7{,}899 \times 10^{-3}\, t - 2{,}164 \times 10^{-6}\, t^2$$

Misturas gasosas com composição constante se comportam exatamente como os gases puros. No estado de gás ideal, não há influência de uma molécula sobre a outra e cada gás existe na mistura de forma independente dos outros. Consequentemente, a capacidade calorífica de gás ideal da mistura é a soma ponderada pelas frações molares das capacidades caloríficas de cada gás da mistura. Dessa forma, para os gases A, B e C, a capacidade calorífica molar de uma mistura no estado de gás ideal é:

$$C_{P_{\text{mistura}}}^{gi} = y_A C_{P_A}^{gi} + y_B C_{P_B}^{gi} + y_C C_{P_C}^{gi} \tag{4.7}$$

em que $C_{P_A}^{gi}$, $C_{P_B}^{gi}$ e $C_{P_C}^{gi}$ são as capacidades caloríficas molares de A, B e C puros no estado de gás ideal, e y_A, y_B e y_C são as frações molares. Como a polinomial da capacidade calorífica, Eq. (4.5), é linear nos coeficientes, os coeficientes A, B, C e D para uma mistura de gases são similarmente fornecidos pela soma ponderada pelas frações molares dos coeficientes para as espécies puras.

Avaliação da Integral do Calor Sensível

A avaliação da integral $\int C_P dT$ é efetuada com a substituição de uma expressão para C_P como uma função de T, como a Eq. (4.4), seguida de uma integração formal. Para limites de temperatura T_0 e T, o resultado é:

$$\int_{T_0}^{T} \frac{C_P}{R} dT = A(T - T_0) + \frac{B}{2}(T^2 - T_0^2) + \frac{C}{3}(T^3 - T_0^3) + D\left(\frac{T - T_0}{T T_0}\right) \tag{4.8}$$

Dados T_0 e T, o cálculo de Q ou ΔH é direto. Menos direto é o cálculo de T quando fornecidos T_0 e Q ou ΔH. Nesse caso, um procedimento iterativo pode ser útil. Colocando em evidência $(T - T_0)$ no lado direito da Eq. (4.8), tem-se:

$$\int_{T_0}^{T} \frac{C_P}{R} dT = \left[A + \frac{B}{2}(T + T_0) + \frac{C}{3}(T^2 + T_0^2 + T T_0) + \frac{D}{T T_0}\right](T - T_0)$$

Identificamos a grandeza entre colchetes como $\langle C_P \rangle_H/R$, em que $\langle C_P \rangle_H$ é definida como uma *capacidade calorífica média* para o intervalo de temperatura de T_0 a T:

$$\frac{\langle C_P \rangle_H}{R} = A + \frac{B}{2}(T + T_0) + \frac{C}{3}(T^2 + T_0^2 + TT_0) + \frac{D}{TT_0} \tag{4.9}$$

Consequentemente, a Eq. (4.2) pode ser escrita como:

$$\Delta H = \langle C_P \rangle_H (T - T_0) \tag{4.10}$$

Os parênteses na forma ⟨ ⟩ que circundam o C_P o identificam como um valor médio; o subscrito H indica um valor médio específico para cálculos de entalpias e distingue essa capacidade calorífica média de uma grandeza similar a ser apresentada no próximo capítulo.

Explicitando T na Eq. (4.10), tem-se:

$$T = \frac{\Delta H}{\langle C_P \rangle_H} + T_0 \tag{4.11}$$

Com um valor inicial para T, pode-se primeiramente avaliar $\langle C_P \rangle_H$ por meio da Eq. (4.9). A substituição desse valor na Eq. (4.11) fornece um novo valor para T a partir do qual se pode reavaliar $\langle C_P \rangle_H$. A iteração continua até que haja convergência em um valor final de T. Obviamente, tal procedimento iterativo é facilmente automatizado com funções incorporadas em uma planilha ou em um pacote computacional de análise numérica.

▪ Exemplo 4.2

Calcule o calor necessário para elevar a temperatura de 1 mol de metano de 260 °C a 600 °C em um processo com escoamento em regime estacionário a uma pressão suficientemente pequena para que o metano possa ser considerado no estado de gás ideal.

Solução 4.2

As Eqs. (4.3) e (4.8) em conjunto fornecem o resultado requerido. Os parâmetros para C_P^{gi}/R vêm da Tabela C.1; $T_0 = 533{,}15$ K e $T = 873{,}15$ K.

Então

$$Q = \Delta H = R \int_{533,15}^{873,15} \frac{C_P^{gi}}{R} dT$$

$$Q = (8{,}314)\left[1{,}702(T - T_0) + \frac{9{,}081 \times 10^{-3}}{2}(T^2 - T_0^2) - \frac{2{,}164 \times 10^{-6}}{3}(T^3 - T_0^3)\right] = 19.778 \text{ J}$$

Uso de Funções Definidas

A integral $\int (C_P/R)dT$ frequentemente aparece em cálculos termodinâmicos. Consequentemente, por conveniência definimos o lado direito da Eq. (4.8) como a função, ICPH(T_0, T; A, B, C, D), e presumimos a disponibilidade de uma rotina computacional para seu cálculo. Desse modo, a Eq. (4.8) pode ser escrita na forma:

$$\int_{T_0}^{T} \frac{C_P}{R} dT \equiv \text{ICPH}(T_0, T; \text{A, B, C, D})$$

O nome da função é ICPH (I indica integral) e as grandezas entre parênteses são as variáveis T_0 e T, seguidas pelos parâmetros A, B, C e D. Quando essas grandezas recebem valores numéricos, a notação representa um valor para a integral. Dessa forma, para o cálculo de Q no Exemplo 4.2:

$$Q = 8.314 \times \text{ICPH}(533.15, 873.15; 1.702, 9.081 \times 10^{-3}, -2.164 \times 10^{-6}, 0.0) = 19.778 \text{ J}$$

Também útil é a função definida pela grandeza adimensional $\langle C_P \rangle_H / R$ dada pela Eq. (4.9). O nome da função é MCPH (M indica uma média). O lado direito dessa equação define a função, MCPH(T_0, T; A, B, C, D). Com essa definição, a Eq. (4.9) é escrita na forma:

$$\frac{\langle C_P \rangle_H}{R} = \text{MCPH}(T_0, T; \text{A, B, C, D})$$

Um valor numérico específico dessa função é:

$$\text{MCPH}(533.15, 873.15; 1.702, 9.081 \times 10^{-3}, -2.164 \times 10^{-6}, 0.0) = 6{,}9965$$

que representa $\langle C_P \rangle_H / R$ do metano no cálculo do Exemplo 4.2. A partir da Eq. (4.10),

$$\Delta H = (8{,}314)(6{,}9965)(873{,}15 - 533{,}15) = 19.778 \text{ J}$$

▪ Exemplo 4.3

Qual é a temperatura final quando uma quantidade de calor igual a 400×10^6 J é adicionada a 11×10^3 mol de amônia, inicialmente a 530 K, em um processo com escoamento em regime estacionário a 1 bar?

Solução 4.3

Se ΔH for a variação da entalpia de 1 mol, $Q = n\,\Delta H$ e

$$\Delta H = \frac{Q}{n} = \frac{400 \times 10^6}{11.000} = 36.360 \text{ J} \cdot \text{mol}^{-1}$$

Então, para qualquer valor de T, com parâmetros obtidos da Tabela C.1 e $R = 8{,}314$ J · mol^{-1} · K^{-1}:

$$\frac{\langle C_P \rangle_H}{R} = \text{MCPH}(530, T; 3.578, 3.020 \times 10^{-3}, 0.0, -0.186 \times 10^5)$$

Essa equação e a Eq. (4.11) podem ser resolvidas para T, fornecendo $T = 1234$ K.

Um procedimento por tentativas é uma abordagem alternativa para obter a solução desse problema. Configura-se uma equação para Q pela combinação das Eqs. (4.3) e (4.8), com T como uma incógnita no lado direito. Com Q conhecido, meramente substitui-se uma sucessão racional de valores para T até que o valor de Q seja reproduzido. A função Goal Seek da planilha Microsoft Excel é um exemplo de uma versão automatizada desse procedimento.

4.2 CALORES LATENTES DE SUBSTÂNCIAS PURAS

Quando uma substância pura é liquefeita a partir do estado sólido ou vaporizada a partir do líquido ou do sólido, a pressão constante, não ocorre variação de temperatura; contudo, esses processos requerem a transferência de certa quantidade finita de calor para a substância. Esses efeitos térmicos são chamados de *calores latentes*: de fusão, de vaporização e de sublimação. Analogamente, há calores de transição acompanhando a mudança de uma substância de um estado sólido alotrópico para outro; por exemplo, o calor absorvido quando o enxofre cristalino rômbico muda para a estrutura monocíclica a 95 °C e 1 bar é de 11,3 J · g^{-1}.

O fator característico de todos esses processos é a coexistência de duas fases. De acordo com a regra das fases, o estado intensivo de um sistema bifásico constituído por uma única espécie é fixado pela especificação de apenas uma propriedade intensiva. Dessa forma, o calor latente vinculado a uma mudança de fase é uma função somente da temperatura e está relacionado às outras propriedades do sistema por uma equação termodinâmica exata:

$$\boxed{\Delta H = T \Delta V \frac{dP^{\text{sat}}}{dT}} \tag{4.12}$$

na qual, para uma espécie pura à temperatura T,

ΔH = calor latente = variação de entalpia vinculada à mudança de fase.
ΔV = variação de volume vinculada à mudança de fase.
P^{sat} = pressão de saturação, isto é, a pressão na qual a mudança de fase ocorre, que é uma função apenas de T.

A dedução dessa equação, conhecida como **equação de Clapeyron**, é apresentada na Seção 6.5.

Quando a Eq. (4.12) é aplicada à vaporização de um líquido puro, dP^{sat}/dT é a inclinação da curva pressão de vapor *versus* temperatura na temperatura de interesse, ΔV é a diferença entre os volumes molares do vapor saturado e do líquido saturado e ΔH é o calor latente de vaporização. Assim, os valores de ΔH podem ser calculados a partir de dados de pressão de vapor e volumétricos, fornecendo um valor de energia com unidades de pressão × volume.

Calores latentes também são medidos calorimetricamente. Valores experimentais para muitas substâncias estão disponíveis em temperaturas selecionadas.[6] Correlações empíricas para os calores latentes de muitos compostos como funções da temperatura são fornecidas por Perry e Grenn e em *DIPPR Project 801 Collection*.[7] Quando os dados necessários não estão disponíveis, métodos aproximados podem ser utilizados para a estimativa dos efeitos térmicos que acompanham uma mudança de fase. Como os calores de vaporização são, de longe, os mais importantes do ponto de vista prático, eles têm recebido uma maior atenção. As predições são mais frequentemente feitas por métodos de contribuição de grupos.[8] Métodos empíricos alternativos servem para um destes dois propósitos:

- Predição do calor de vaporização no ponto normal de ebulição, isto é, a uma pressão de 1 atmosfera-padrão, definida como 101.325 Pa.
- Estimação do calor de vaporização a qualquer temperatura, a partir de um valor conhecido em uma única temperatura.

Estimativas aproximadas de calores latentes de vaporização para líquidos puros em seus pontos normais de ebulição (indicados pelo subscrito n) são dadas pela *regra de Trouton*:

$$\frac{\Delta H_n}{RT_n} \sim 10$$

na qual T_n é a temperatura absoluta do ponto normal de ebulição. As unidades de ΔH_n, R e T_n devem ser escolhidas de modo que $\Delta H_n/RT_n$ seja adimensional. Datada de 1884, essa regra empírica fornece uma referência de fácil utilização para verificar se os valores calculados por outros métodos são razoáveis. Valores experimentais representativos para essa razão são: Ar: 8,0; N_2: 8,7; O_2: 9,1; HCl: 10,4; C_6H_6: 10,5; H_2S: 10,6; e H_2O: 13,1. O valor alto para a água reflete a existência de pontes de hidrogênio intermoleculares que se rompem durante a vaporização.

Embora não tão simples, há também, para o ponto normal de ebulição, a equação proposta por Riedel:[9]

$$\frac{\Delta H_n}{RT_n} = \frac{1{,}092(\ln P_c - 1{,}013)}{0{,}930 - T_{r_n}} \tag{4.13}$$

na qual P_c é a pressão crítica em bar e T_{r_n} é a temperatura reduzida a T_n. A Eq. (4.13), apesar de empírica, é surpreendentemente precisa; erros raramente ultrapassam os 5 %. Aplicada à água, ela fornece:

$$\frac{\Delta H_n}{RT_n} = \frac{1{,}092(\ln 220{,}55 - 1{,}013)}{0{,}930 - 0{,}577} = 13{,}56$$

da qual $$\Delta H_n = (13{,}56)(8{,}314)(373{,}15) = 42.065 \text{ J} \cdot \text{mol}^{-1}$$

Isso corresponde a 2334 $\text{J} \cdot \text{g}^{-1}$; o valor na tabela de vapor é de 2257 $\text{J} \cdot \text{g}^{-1}$, sendo 3,4 % menor.

A estimativa do calor latente de vaporização de um líquido puro a qualquer temperatura, a partir de um valor conhecido a determinada temperatura, é dada pelo método de Watson.[10] A base pode ser um valor experimental conhecido ou um valor previsto pela Eq. (4.13):

$$\frac{\Delta H_2}{\Delta H_1} = \left(\frac{1 - T_{r_2}}{1 - T_{r_1}}\right)^{0{,}38} \tag{4.14}$$

Essa equação empírica é simples e relativamente precisa, e sua utilização é ilustrada no exemplo a seguir.

---

[6] V. Majer e V. Svoboda, IUPAC Chemical Data Series No. 32, Blackwell, Oxford, 1985; R. H. Perry e D. Green, *Perry's Chemical Engineers' Handbook*, 8ª ed., Seção 2, McGraw-Hill, New York, 2008.

[7] R. H. Perry e D. Green, *Perry's Chemical Engineers' Handbook*, 8ª ed., Seção 2, McGraw-Hill, New York, 2008; Design Institute for Physical Properties, Project 801, <http://www.aiche.org/dippr/projects/801>.

[8] Veja, por exemplo, M. Klüppel, S. Schulz, e P. Ulbig, *Fluid Phase Equilibria*, vol. 102, pp. 1-15, 1994.

[9] L. Riedel, *Chem. Ing. Tech.*, vol. 26, pp. 679-683, 1954.

[10] K. M. Watson, *Ind. Eng. Chem.*, vol. 35, pp. 398-406, 1943.

■ Exemplo 4.4

Sabendo que o calor latente de vaporização da água a 100 °C é igual a 2257 J · g^{-1}, estime o calor latente a 300 °C.

Solução 4.4

Sejam, ΔH_1 = calor latente a 100°C = 2257 J · g^{-1}

ΔH_2 = calor latente a 300°C

$T_{r_1} = 373{,}15/647{,}1 = 0{,}577$

$T_{r_2} = 573{,}15/647{,}1 = 0{,}886$

Então pela Eq. (4.14),

$$\Delta H_2 = (2257)\left(\frac{1-0{,}886}{1-0{,}577}\right)^{0{,}38} = (2257)(0{,}270)^{0{,}38} = 1371 \text{ J} \cdot \text{g}^{-1}$$

O valor dado nas tabelas de vapor é de 1406 J · g^{-1}.

4.3 CALOR DE REAÇÃO PADRÃO

Os efeitos térmicos são tão importantes para os processos químicos quanto o são para os processos físicos. Reações químicas são acompanhadas de transferência de calor, de variações de temperatura durante o curso da reação, ou por ambas. A causa básica está na diferença entre as configurações moleculares dos produtos e dos reagentes. Para uma reação de combustão *adiabática*, reagentes e produtos possuem a mesma energia, necessitando de uma temperatura elevada para os produtos. Para a reação *isotérmica* correspondente, calor é necessariamente transferido para a vizinhança. Entre esses dois extremos, uma combinação infinita de efeitos é possível. Cada reação realizada de uma forma particular é acompanhada por um efeito térmico específico. A sua organização e apresentação em tabelas é impossível. Por isso, nosso objetivo é conceber métodos de cálculo dos efeitos térmicos de reações conduzidas de diversas formas a partir de dados para reações realizadas de uma forma arbitrária *padrão*, levando, assim, a *calores de reação padr*ões. Isso reduz os dados necessários a uma quantidade mínima.

Calores de reação são baseados em medidas experimentais. As medidas mais fáceis são as dos *calores de combustão*, em função da natureza de tais reações. Um procedimento simples é o método do calorímetro de fluxo. O combustível é misturado com o ar a determinada temperatura T e a mistura escoa para o interior de uma câmara de combustão, onde ocorre a reação. Os produtos da combustão entram em uma seção encamisada, resfriada com água, na qual são resfriados até a temperatura T. Como não há a produção de trabalho de eixo pelo processo e o calorímetro é construído de tal forma que as variações nas energias cinética e potencial são desprezíveis, o balanço global de energia, Eq. (2.32), se reduz a

$$\Delta H = Q$$

Assim, a variação de entalpia causada pela reação de combustão é igual em grandeza ao calor transferido dos produtos da reação para a água e pode ser calculado a partir do aumento de temperatura e da vazão da água. A variação de entalpia na reação ΔH é chamada de *calor de reação*. Se os reagentes e os produtos estão nos seus *estados-padrões*, então o efeito térmico é o *calor de reação* **padrão**.

A definição de um *estado-padrão* é direta. Para uma dada temperatura,

Um estado-padrão é *definido* como o estado de uma substância em condições específicas de pressão, de composição e de condição física, como, por exemplo, gás, líquido ou sólido.

Os estados-padrões em uso ao redor do mundo foram estabelecidos por acordo global. Eles estão baseados em uma *pressão de estado-padrão* de 1 bar (10^5 Pa). Com relação à composição, os estados-padrões utilizados neste capítulo são estados de espécies *puras*. Para líquidos e sólidos, esse é o estado real das espécies puras na pressão de estado-padrão. Nada poderia ser mais simples. Entretanto, há uma pequena complicação para os gases, pois o estado físico escolhido é o estado de gás ideal, para o qual nós já estabelecemos as capacidades caloríficas. Em resumo, os estados-padrões utilizados neste capítulo são:

- *Gases*: A substância pura no estado de gás ideal a 1 bar.
- *Líquidos e sólidos*: O líquido ou sólido real puro a 1 bar.

Deve-se entender que estados-padrões aplicam-se *em qualquer temperatura*. Não há especificação de temperatura para qualquer estado-padrão. *Temperaturas de referência*, também em uso com calores de reação, são completamente independentes dos estados-padrões.

Com relação à reação química aA + bB → lL + mM, o calor de reação *padrão* a temperatura T é definido como a variação de entalpia quando a mols de A e b mols de B em seus *estados-padrões na temperatura* T reagem para formar l mols de L e m mols de M em seus *estados-padrões na mesma temperatura* T. O mecanismo dessa variação é imaterial para o cálculo da variação de entalpia. Pode-se ver o processo mostrado na Figura 4.2 como se ocorresse em uma "caixa de mágicas". Se as propriedades dos reagentes e dos produtos em seus estados-padrões não são significativamente diferentes das propriedades reais dos reagentes e produtos, o calor de reação padrão é uma aproximação razoável para o calor de reação real. Se esse não for o caso, então etapas adicionais devem ser incorporadas ao esquema de cálculo para levar em consideração quaisquer diferenças. A diferença mais comum é causada pelas pressões mais altas que as apropriadas para o estado de gás ideal (como para a reação de síntese de amônia). Nesse caso, variações de entalpia para transformações dos estados de gás real para os estados de gás ideal e a transformação inversa são necessárias. Estas são prontamente efetuadas, como será mostrado no Capítulo 6.

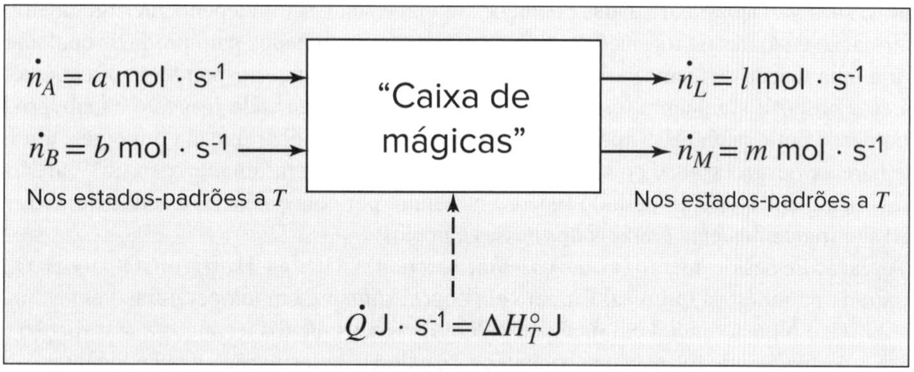

Figura 4.2 Representação esquemática do calor de reação padrão na temperatura T.

Os valores das propriedades no estado-padrão são identificados por um símbolo de grau (°). Por exemplo, C_P° é a capacidade calorífica no estado-padrão. Como o estado-padrão dos gases é o estado de gás ideal, C_P° é idêntico ao C_P^{gi}, e os dados na Tabela C.1 se aplicam para o estado-padrão dos gases.

Todas as condições para um estado-padrão são fixadas, com exceção da temperatura, que sempre é a temperatura do sistema. Consequentemente, as propriedades do estado-padrão são funções somente da temperatura.

O estado-padrão escolhido para os gases é hipotético ou fictício, pois a 1 bar os gases reais desviam do estado de gás ideal. Contudo, eles raramente se desviam muito da idealidade e, para a maioria dos objetivos, as entalpias no estado de gás real a 1 bar e no estado de gás ideal apresentam diferença desprezível.

Quando um calor de reação é fornecido para uma reação particular, ele se aplica para os coeficientes estequiométricos conforme escritos. Se cada coeficiente estequiométrico for duplicado, o calor de reação dobra. Por exemplo, duas versões da reação de síntese da amônia são apresentadas a seguir:

$$\tfrac{1}{2}N_2 + \tfrac{3}{2}H_2 \rightarrow NH_3 \qquad \Delta H_{298}^\circ = -46.110 \text{ J}$$
$$N_2 + 3H_2 \rightarrow 2NH_3 \qquad \Delta H_{298}^\circ = -92.220 \text{ J}$$

O símbolo ΔH_{298}° indica que o calor de reação é o valor *padrão* na temperatura de 298,15 K (25 °C) e para a reação como está escrita.

4.4 CALOR DE FORMAÇÃO PADRÃO

A construção de tabelas com a apresentação de dados somente para uma temperatura e somente para os calores de reação *padrões* para todo o grande número de reações possíveis é impraticável. Afortunadamente, o calor-padrão de qualquer reação na temperatura T pode ser calculado se forem conhecidos, na mesma temperatura T, os *calores de formação padrões* dos compostos que participam da reação. Uma reação de *formação* é **definida** como uma reação que forma um único composto *a partir dos elementos que o constituem*. Por exemplo, a reação C + 1/2 O_2 + 2 H_2 → CH_3OH é uma reação de formação para o metanol. A reação $H_2O + SO_3 \rightarrow H_2SO_4$ *não* é uma reação de formação, porque ela forma o ácido sulfúrico não a partir dos elementos, mas, sim, a partir de outros compostos. Entende-se que as reações de formação produzem 1 mol do produto; consequentemente, o calor de formação é baseado em 1 mol *do composto formado*.

Calores de reação a qualquer temperatura podem ser calculados a partir de dados das capacidades caloríficas se o valor a uma temperatura for conhecido; consequentemente, a preparação de tabelas de dados se reduz à compilação de *calores de formação padrões a uma única temperatura*. A escolha usual dessa temperatura de **referência** é de 298,15 K ou 25 °C. O calor de formação padrão de um composto nessa temperatura é representado pelo símbolo $\Delta H^\circ_{f_{298}}$. O símbolo de grau indica o valor no estado-padrão, o subscrito *f* identifica um calor de formação e o 298 é a temperatura absoluta aproximada em kelvins. Tabelas com esses valores para substâncias comuns podem ser encontradas em manuais padrões, porém as compilações disponíveis mais extensas encontram-se em trabalhos de referência especializados.[11] Uma lista reduzida de valores é fornecida na Tabela C.4 no Apêndice C e valores para outros compostos são fornecidos em bancos de dados públicos disponíveis on-line.[12]

Quando reações químicas são combinadas por adição, os calores de reação padrões podem também ser somados para fornecer o calor de reação padrão da reação resultante. Isso é possível porque a entalpia é uma função de estado e suas variações, para dadas condições inicial e final, são independentes da trajetória. Em particular, reações de formação e calores de formação padrões podem ser combinados para produzir qualquer reação desejada (não ela própria uma reação de formação) e seu calor de reação padrão correspondente. Frequentemente, as reações escritas com esse propósito incluem uma indicação do estado físico de cada reagente e cada produto, isto é, a letra *g*, *l* ou *s* é colocada entre parênteses após a fórmula química para indicar que ela é um gás, um líquido ou um sólido. Isso pode parecer desnecessário, pois uma espécie química pura, em uma temperatura particular e a 1 bar, pode existir normalmente em apenas um estado físico. Entretanto, por conveniência, estados fictícios (em geral, o estado de gás ideal) são frequentemente empregados nesses cálculos.

A reação de deslocamento (*water-gas-shift reaction*) $CO_2(g) + H_2(g) \rightarrow CO(g) + H_2O(g)$ a 25 °C é normalmente encontrada na indústria química. Embora ela ocorra somente em temperaturas bem acima dos 25 °C, os dados são para 25 °C, e o passo inicial em qualquer cálculo dos seus efeitos térmicos é a avaliação do calor de reação padrão a 25 °C. As reações de formação pertinentes e os calores de formação correspondentes, obtidos na Tabela C.4, são:

$$\begin{aligned}
CO_2(g):&\quad C(s) + O_2(g) \rightarrow CO_2(g) &\quad \Delta H^\circ_{f_{298}} &= -393.509\ \text{J}\\
H_2(g):&\quad \text{Como hidrogênio é um elemento,} &\quad \Delta H^\circ_{f_{298}} &= 0\\
CO(g):&\quad C(s) + \tfrac{1}{2}O_2(g) \rightarrow CO(g) &\quad \Delta H^\circ_{f_{298}} &= -110.525\ \text{J}\\
H_2O(g):&\quad H_2(g) + \tfrac{1}{2}O_2(g) \rightarrow H_2O(g) &\quad \Delta H^\circ_{f_{298}} &= -241.818\ \text{J}
\end{aligned}$$

Como, na realidade, a reação é inteiramente conduzida na fase gasosa a alta temperatura, a conveniência indica que os estados-padrões de todos os produtos e reagentes a 25 °C sejam tomados como o estado de gás ideal a 1 bar, mesmo que, na realidade, a água não possa existir como um gás nessas condições.[13]

Escrever as reações de formação de modo que a soma dessas equações forneça a reação desejada requer que a reação de formação do CO_2 seja escrita com o sentido invertido; o sinal do calor de reação é então o inverso do sinal do calor de formação padrão:

$$\begin{aligned}
CO_2(g) \rightarrow C(s) + O_2(g) &\qquad \Delta H^\circ_{298} = 393.509\ \text{J}\\
C(s) + \tfrac{1}{2}O_2(g) \rightarrow CO(g) &\qquad \Delta H^\circ_{298} = -110.525\ \text{J}\\
H_2(g) + \tfrac{1}{2}O_2(g) \rightarrow H_2O(g) &\qquad \Delta H^\circ_{298} = -241.818\ \text{J}\\
\hline
CO_2(g) + H_2(g) \rightarrow CO(g) + H_2O(g) &\qquad \Delta H^\circ_{298} = 41.166\ \text{J}
\end{aligned}$$

---

[11] Por exemplo, veja *TRC Thermodynamic Tables – Hydrocarbons e TRC Thermodynamic Tables – Non-Hydrocarbons*, série de publicações do Thermodynamics Research Center, Texas A & M Univ. System, College Station, Texas; "The NBS Tables of Chemical Thermodynamic Properties", *J. Physical and Chemical Reference Data*, vol. 11, sup. 2, 1982; e Banco de Dados do DIPPR Project 801, <http://www.aiche.org/dippr/projects/801>. Quando os dados não estão disponíveis, estimativas baseadas somente na estrutura molecular podem ser encontradas pelos métodos de S. W. Benson, *Thermochemical Kinetics*, 2ª ed., John Wiley & Sons, New York, 1976. Uma versão melhorada desse método está implementada on-line em <http://webbook.nist.gov/chemistry/grp-add/>.

[12] Valores para mais de 7000 compostos estão disponíveis em <http://webbook.nist.gov/>.

[13] Deve-se pensar sobre a origem dos dados para tais estados hipotéticos, pois pareceria difícil fazer medidas para estados que não podem existir. Para o caso de água vapor no estado de gás ideal, a 25 °C e 1 bar, a obtenção do valor da entalpia é um cálculo direto. Enquanto a água não pode existir como um gás nessas condições, ela é um gás a 25 °C em uma pressão suficientemente baixa. No estado de gás ideal, a entalpia é independente da pressão, portanto, a entalpia medida no limite de baixas pressões é exatamente a entalpia no estado hipotético desejado.

O significado desse resultado é que a entalpia de 1 mol de CO somada à de 1 mol de H_2O é maior do que a entalpia de 1 mol de CO_2 somada à de 1 mol de H_2 em 41.166 J, quando cada produto e cada reagente é tomado como gás puro a 25 °C no seu estado de gás ideal a 1 bar.

Nesse exemplo, o calor de formação padrão da H_2O encontra-se disponível para o seu estado de gás ideal padrão hipotético a 25 °C. Poderíamos esperar que o valor do calor de formação da água fosse apresentado para o seu estado real, como um líquido a 1 bar e 25 °C. De fato, os valores para ambos os estados são fornecidos na Tabela C.4, pois são frequentemente utilizados. Esse é o caso para muitos compostos que normalmente existem como líquidos a 25 °C e 1 bar. Contudo, há casos em que é fornecido apenas um valor para o estado-padrão líquido ou para o estado de gás ideal, quando outro valor é necessário. Suponha que esse seja o caso no exemplo anterior, com somente o calor de formação padrão da H_2O líquida disponível. Deveríamos então incluir uma equação para a mudança física que transforma a água do seu estado-padrão líquido para o seu estado-padrão de gás ideal. A variação de entalpia nesse processo físico é a diferença entre os calores de formação da água nos seus dois estados-padrões:

$$-241.818 - (-285.830) = 44.012 \text{ J}$$

Esse valor é aproximadamente o calor latente de vaporização da água a 25 °C. A sequência de etapas é agora:

$$\begin{array}{rl}
CO_2(g) \rightarrow C(s) + O_2(g) & \Delta H^\circ_{298} = 393.509 \text{ J} \\
C(s) + \frac{1}{2}O_2(g) \rightarrow CO(g) & \Delta H^\circ_{298} = -110.525 \text{ J} \\
H_2(g) + \frac{1}{2}O_2(g) \rightarrow H_2O(l) & \Delta H^\circ_{298} = -285.830 \text{ J} \\
H_2O(l) \rightarrow H_2O(g) & \Delta H^\circ_{298} = 44.012 \text{ J} \\
\hline
CO_2(g) + H_2(g) \rightarrow CO(g) + H_2O(g) & \Delta H^\circ_{298} = 41.166 \text{ J}
\end{array}$$

Obviamente, esse resultado coincide com a resposta anterior.

■ Exemplo 4.5

Calcule o calor de reação padrão, a 25 °C, da seguinte reação:

$$4HCl(g) + O_2(g) \rightarrow 2H_2O(g) + 2Cl_2(g)$$

Solução 4.5

Os calores de formação padrões a 298,15 K retirados da Tabela C.4 são:

$$HCl(g): -92.307 \text{ J} \qquad H_2O(g): -241.818 \text{ J}$$

A seguinte combinação fornece o resultado desejado:

$$\begin{array}{rll}
4HCl(g) & \rightarrow 2H_2(g) + 2Cl_2(g) & \Delta H^\circ_{298} = (4)(92.307) \\
2H_2(g) + O_2(g) & \rightarrow 2H_2O(g) & \Delta H^\circ_{298} = (2)(-241.818) \\
\hline
4HCl(g) + O_2(g) & \rightarrow 2H_2O(g) + 2Cl_2(g) & \Delta H^\circ_{298} = -114.408 \text{ J}
\end{array}$$

4.5 CALOR DE COMBUSTÃO PADRÃO

Somente um pequeno número de reações de *formação* pode ser realmente realizado nas condições de interesse e, consequentemente, os dados para essas reações normalmente são determinados de forma indireta. Um tipo de reação que remete ao trabalho experimental é a reação de combustão, e muitos calores de formação padrões vêm de calores de combustão padrões medidos calorimetricamente. Uma reação de combustão é **definida** como uma reação entre um elemento ou composto e o oxigênio para formar produtos de combustão especificados. Para compostos orgânicos, formados por somente carbono, hidrogênio e oxigênio, os produtos são dióxido de carbono e água, porém o estado da água pode ser tanto o vapor quanto o líquido. O valor é chamado de *calor de combustão superior* quando se tem água líquida como produto e de *calor de combustão inferior* quando se tem como produto a água vapor. Os dados são sempre baseados em *1 mol da substância queimada*.

Uma reação como a de formação do *n*-butano:

$$4C(s) + 5H_2(g) \rightarrow C_4H_{10}(g)$$

não é possível na prática. Entretanto, essa equação resulta da combinação das seguintes reações de combustão:

$$\begin{array}{ll}
4C(s) + 4O_2(g) \rightarrow 4CO_2(g) & \Delta H^\circ_{298} = (4)(-393.509) \\
5H_2(g) + 2\tfrac{1}{2}O_2(g) \rightarrow 5H_2O(l) & \Delta H^\circ_{298} = (5)(-285.830) \\
4CO_2(g) + 5H_2O(l) \rightarrow C_4H_{10}(g) + 6\tfrac{1}{2}O_2(g) & \Delta H^\circ_{298} = 2{,}877.396 \\
\hline
4C(s) + 5H_2(g) \rightarrow C_4H_{10}(g) & \Delta H^\circ_{298} = -125.790\ \text{J}
\end{array}$$

Esse resultado é o calor de formação padrão do *n*-butano apresentado na Tabela C.4 do Apêndice C.

4.6 DEPENDÊNCIA DE ΔH° COM A TEMPERATURA

Nas seções anteriores, foram discutidos calores de reação padrões para uma temperatura de referência arbitrária de 298,15 K. Nesta seção, tratamos do cálculo de calores de reação padrões em outras temperaturas a partir do conhecimento dos valores na temperatura de referência.

A reação química geral pode ser escrita na forma:

$$|\nu_1|A_1 + |\nu_2|A_2 + \ldots \rightarrow |\nu_3|A_3 + |\nu_4|A_4 + \ldots$$

na qual ν_i é um coeficiente estequiométrico e A_i representa uma fórmula química. As espécies à esquerda são os reagentes; à direita, os produtos. A convenção para o sinal de ν_i é a seguinte:

positivo (+) para os produtos e negativo (−) para os reagentes

Por exemplo, quando a reação de síntese da amônia é escrita:

$$N_2 + 3H_2 \rightarrow 2NH_3$$

então $\qquad \nu_{N_2} = -1 \quad \nu_{H_2} = -3 \quad \nu_{NH_3} = 2$

Essa convenção de sinal permite expressar matematicamente a definição do calor de reação padrão pela equação simples:

$$\Delta H^\circ \equiv \sum_i \nu_i H_i^\circ \tag{4.15}$$

na qual H_i° é a entalpia da espécie i no seu estado-padrão e o somatório abrange todos os produtos e reagentes. A entalpia no estado-padrão de um *composto* químico é igual ao seu calor de formação somado às entalpias no estado-padrão dos seus elementos constituintes. Se estipularmos arbitrariamente que as entalpias no estado-padrão de todos os *elementos* são iguais a zero, como base de cálculo, então a entalpia no estado-padrão de cada composto será simplesmente o seu calor de formação. Nesse caso, $H_i^\circ = \Delta H_{f_i}^\circ$ e a Eq. (4.15) transforma-se em:

$$\Delta H^\circ = \sum_i \nu_i \Delta H_{f_i}^\circ \tag{4.16}$$

com o somatório envolvendo todos os produtos e os reagentes. Isso formaliza o procedimento descrito na seção anterior para o cálculo dos calores-padrões de outras reações a partir de calores de formação padrões. Aplicado à reação

$$4HCl(g) + O_2(g) \rightarrow 2H_2O(g) + 2Cl_2(g)$$

a Eq. (4.16) é escrita na forma:

$$\Delta H^\circ = 2\Delta H^\circ_{f_{H_2O}} - 4\Delta H^\circ_{f_{HCl}}$$

Com dados da Tabela C.4 do Apêndice C para 298,15 K, tem-se

$$\Delta H^\circ_{298} = (2)(-241.818) - (4)(-92.307) = -114.408\ \text{J}$$

em concordância com o resultado do Exemplo 4.5. Note que, para os gases elementares puros que normalmente existem na forma de dímeros (por exemplo, O_2, N_2, H_2), é nessa forma que arbitrariamente é fixada uma entalpia no estado-padrão igual a zero.

Para reações-padrões, os produtos e os reagentes estão sempre na pressão do estado-padrão igual a 1 bar. Consequentemente, as entalpias no estado-padrão são funções somente da temperatura e, pela Eq. (2.20),

$$dH_i^\circ = C_{P_i}^\circ \, dT$$

com o subscrito i identificando um produto ou reagente específico. Multiplicando por ν_i e somando todos os produtos e os reagentes, tem-se:

$$\sum_i \nu_i \, dH_i^\circ = \sum_i \nu_i C_{P_i}^\circ \, dT$$

Como ν_i é uma constante, ele pode ser posicionado dentro do diferencial:

$$\sum_i d(\nu_i H_i^\circ) = \sum_i \nu_i C_{P_i}^\circ \, dT \quad \text{ou} \quad d\sum_i \nu_i H_i^\circ = \sum_i \nu_i C_{P_i}^\circ \, dT$$

O termo $\sum_i \nu_i H_i^\circ$ é o calor de reação padrão, definido pela Eq. (4.15) como ΔH°. Analogamente, a variação da capacidade calorífica padrão da reação é definida como:

$$\Delta C_P^\circ \equiv \sum_i \nu_i C_{P_i}^\circ \tag{4.17}$$

A partir dessas definições,

$$\boxed{d\Delta H^\circ = \Delta C_P^\circ dT} \tag{4.18}$$

Essa é a equação fundamental relacionando calores de reação à temperatura.

Após a integração, a Eq. (4.18) se torna:

$$\Delta H^\circ - \Delta H_0^\circ = \int_{T_0}^{T} \Delta C_P^\circ dT$$

na qual ΔH° e ΔH_0° são os calores de reação padrões na temperatura T e na temperatura de referência T_0, respectivamente. Essa equação é expressa de forma mais conveniente como:

$$\Delta H^\circ = \Delta H_0^\circ + R \int_{T_0}^{T} \frac{\Delta C_P^\circ}{R} dT \tag{4.19}$$

A temperatura de referência T_0 deve ser a temperatura na qual o calor da reação é conhecido, frequentemente 298,15 K, ou pode ser calculado como descrito nas duas seções anteriores. O que a Eq. (4.19) fornece é o meio para o cálculo do calor de reação em uma temperatura T a partir de um valor conhecido na temperatura T_0.

Se a dependência com a temperatura das capacidades caloríficas de cada produto e de cada reagente for dada pela Eq. (4.5), então o resultado da integral é análogo à Eq. (4.8):

$$\int_{T_0}^{T} \frac{\Delta C_P^\circ}{R} dT = \Delta A(T - T_0) + \frac{\Delta B}{2}(T^2 - T_0^2) + \frac{\Delta C}{3}(T^3 - T_0^3) + \Delta D\left(\frac{T - T_0}{TT_0}\right) \tag{4.20}$$

no qual, por definição, $\quad \Delta A \equiv \sum_i \nu_i A_i$

com definições análogas para ΔB, ΔC e ΔD.

Uma formulação alternativa aparece quando uma variação da capacidade calorífica da reação média é definida em analogia à Eq. (4.9):

$$\frac{\langle \Delta C_P^\circ \rangle_H}{R} = \Delta A + \frac{\Delta B}{2}(T + T_0) + \frac{\Delta C}{3}(T^2 + T_0^2 + TT_0) + \frac{\Delta D}{TT_0} \tag{4.21}$$

Desse modo, a Eq. (4.19) se torna:

$$\Delta H^\circ = \Delta H_0^\circ + \langle \Delta C_P^\circ \rangle_H (T - T_0) \tag{4.22}$$

A integral na Eq. (4.20) tem a mesma forma da integral na Eq. (4.8) e, por analogia, pode ser igualada à função:

$$\int_{T_0}^{T} \frac{\Delta C_P^\circ}{R} dT = \text{IDCPH (T0, T; DA, DB, DC, DD)}$$

na qual "D" indica "Δ". A analogia requer a simples troca de C_P por ΔC_P° e de A, B etc. por ΔA, ΔB etc. A mesma rotina computacional serve para a avaliação das duas integrais. A única diferença é o nome da função.

Como a função MCPH é definida para representar $\langle C_P \rangle_H / R$, a função MDCPH, por analogia, é definida para representar $\langle \Delta C_P^\circ \rangle_H / R$, assim,

$$\frac{\langle \Delta C_P^\circ \rangle_H}{R} = \text{MDCPH (T0, T; DA, DB, DC, DD)}$$

O cálculo representado pelas Eqs. (4.19) e (4.22) é representado esquematicamente na Figura 4.3.

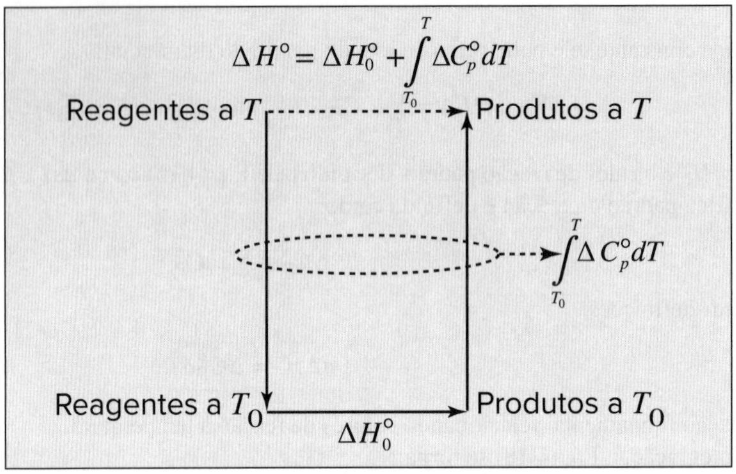

Figura 4.3 Etapas representando o procedimento para o cálculo do calor de reação padrão na temperatura T a partir do valor na temperatura de referência T_0.

▪ Exemplo 4.6

Calcule o calor-padrão da seguinte reação de síntese do metanol a 800 °C:

$$CO(g) + 2H_2(g) \rightarrow CH_3OH(g)$$

Solução 4.6

Use a Eq. (4.16) para essa reação na temperatura de referência $T_0 = 298{,}15$ K, com os dados dos calores de formação fornecidos pela Tabela C.4:

$$\Delta H_0^\circ = \Delta H_{298}^\circ = -200.660 - (-110.525) = -90.135 \text{ J}$$

A avaliação dos parâmetros na Eq. (4.20) está baseada nos dados retirados da Tabela C.1:

i	ν_i	A	$10^3 B$	$10^6 C$	$10^{-5} D$
CH_3OH	1	2,211	12,216	−3,450	0,000
CO	−1	3,376	0,557	0,000	−0,031
H_2	−2	3,249	0,422	0,000	0,083

A partir de suas definições,

$$\Delta A = (1)(2{,}211) + (-1)(3{,}376) + (-2)(3{,}249) = -7{,}663$$

Analogamente,

$$\Delta B = 10{,}815 \times 10^{-3} \quad \Delta C = -3{,}450 \times 10^{-6} \quad \Delta D = -0{,}135 \times 10^{5}$$

O valor da integral da Eq. (4.20), para $T = 1073{,}15$ K, é representado por:

$$\text{IDCPH}(298.15,\ 1073.15;\ -7.663,\ 10.815 \times 10^{-3},\ -3.450 \times 10^{-6},\ -0.135 \times 10^{5})$$

O valor dessa integral é −1615,5 K e, pela Eq. (4.19),

$$\Delta H^\circ = -90.135 + 8{,}314(-1615{,}5) = -103.566 \text{ J}$$

4.7 EFEITOS TÉRMICOS DE REAÇÕES INDUSTRIAIS

As seções anteriores trataram do calor de reação *padrão*. Reações nas indústrias raramente são conduzidas em condições de estado-padrão. Além disso, em reações reais os reagentes podem não estar presentes em proporções estequiométricas, a reação pode não ser completa e a temperatura final pode diferir da temperatura inicial. Em adição, pode haver a presença de espécies inertes e várias reações podem ocorrer simultaneamente. Todavia, cálculos dos efeitos térmicos de reações reais estão baseados nos princípios já considerados e são mais bem ilustrados nos exemplos a seguir, **nos quais o estado de gás ideal é considerado para todos os gases**.

▪ Exemplo 4.7

Qual é a temperatura máxima que pode ser alcançada pela combustão do metano com 20 % de excesso de ar? O metano e o ar são alimentados no queimador a 25 °C.

Solução 4.7

A reação é $CH_4 + 2\,O_2 \rightarrow CO_2 + 2\,H_2O(g)$, para a qual,

$$\Delta H^\circ_{298} = -393.509 + (2)\,(-241.818) - (-74.520) = -802.625 \text{ J}$$

Como o objetivo é descobrir a temperatura máxima que pode ser alcançada (chamada de *temperatura de chama teórica*), considere que a reação de combustão seja completa e adiabática ($Q = 0$). Se as variações das energias cinética e potencial forem desprezíveis e $W_e = 0$, o balanço global de energia no processo se reduz a $\Delta H = 0$. Com o objetivo de calcular a temperatura final, qualquer trajetória conveniente entre os estados inicial e final pode ser utilizada. A trajetória escolhida está mostrada no diagrama.

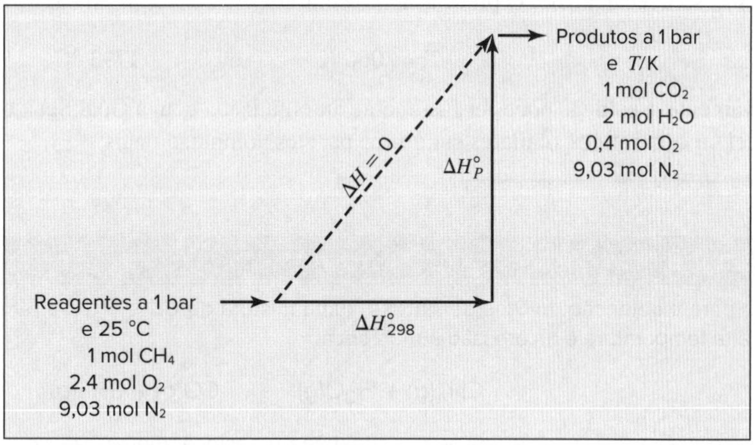

Quando um mol de metano queimado é a base para todos os cálculos, as seguintes quantidades de oxigênio e nitrogênio são fornecidas pelo ar alimentado:

$$\text{Mols de } O_2 \text{ requeridos} = 2{,}0$$
$$\text{Mols de } O_2 \text{ em excesso} = (0{,}2)(2{,}0) = 0{,}4$$
$$\text{Mols de } N_2 \text{ entrando} = (2{,}4)(79/21) = 9{,}03$$

O número de mols n_i dos gases na corrente de produto deixando o queimador são 1 mol de CO_2; 2 mols de $H_2O(g)$; 0,4 mol de O_2 e 9,03 mols de N_2. Como a variação de entalpia deve ser independente da trajetória,

$$\Delta H^\circ_{298} + \Delta H^\circ_P = \Delta H = 0 \qquad (A)$$

em que todas as entalpias estão na base de 1 mol de CH_4 queimado. A variação da entalpia dos produtos, quando aquecidos de 298,15 K até T é:

$$\Delta H^\circ_P = \langle C^\circ_P \rangle_H \,(T - 298{,}15) \qquad (B)$$

em que definimos $\langle C_P^\circ \rangle_H$ como a capacidade calorífica média da corrente de produto *total*:

$$\langle C_P^\circ \rangle_H \equiv \sum_i n_i \langle C_{P_i}^\circ \rangle_H$$

Aqui o procedimento mais simples é somar as equações das capacidades caloríficas médias dos produtos, cada qual multiplicada pelo seu número de mols apropriado. Como $C = 0$ para cada produto gasoso (Tabela C.1), a Eq. (4.9) fornece:

$$\langle C_P^\circ \rangle_H = \sum_i n_i \langle C_{P_i}^\circ \rangle_H = R\left[\sum_i n_i A_i + \frac{\sum_i n_i B_i}{2}(T - T_0) + \frac{\sum_i n_i D_i}{T T_0}\right]$$

Os dados da Tabela C.1 são combinados como segue:

$$A = \sum_i n_i A_i = (1)(5{,}457) + (2)(3{,}470) + (0{,}4)(3{,}639) + (9{,}03)(3{,}280) = 43{,}471$$

Similarmente, $B = \sum_i n_i B_i = 9{,}502 \times 10^{-3}$ e $D = \sum_i n_i D_i = -0{,}645 \times 10^5$.

A corrente de produto $\langle C_P^\circ \rangle_H / R$ é, consequentemente, representada por:

MCPH(298.15, T; 43.471, 9.502 × 10^{-3}, 0.0, −0.645 × 10^5)

As Eqs. (A) e (B) são combinadas e T explicitado:

$$T = 298{,}15 - \frac{\Delta H_{298}^\circ}{\langle C_P^\circ \rangle_H}$$

Como as capacidades caloríficas médias dependem de T, em primeiro lugar, avalie $\langle C_P^\circ \rangle_H$ para um valor admitido de $T > 298{,}15$ K e então substitua o resultado na equação anterior. Isso fornecerá um novo valor de T, a partir do qual $\langle C_P^\circ \rangle_H$ será recalculado. O procedimento continua até convergir no valor final,

$$T = 2066 \text{ K} \qquad \text{ou} \qquad 1793\ °\text{C}$$

Novamente, a solução pode ser facilmente automatizada com a Goal Seek ou a função Solver em uma planilha Excel ou com rotinas similares em outros pacotes computacionais.

■ Exemplo 4.8

Um método para a obtenção do "gás de síntese" (uma mistura de CO e H_2) é a reforma catalítica do CH_4 com vapor d'água em alta temperatura e na pressão atmosférica:

$$CH_4(g) + H_2O(g) \rightarrow CO(g) + 3H_2(g)$$

A única outra reação a ser considerada aqui é a reação de deslocamento (*water-gas-shift reaction*):

$$CO(g) + H_2O(g) \rightarrow CO_2(g) + H_2(g)$$

Os reagentes são alimentados na razão de 2 mol de vapor d'água para 1 mol de CH_4 e calor é fornecido ao reator para que os produtos atinjam uma temperatura de 1300 K. O CH_4 é completamente convertido e a corrente de produtos contém 17,4 % em base molar de CO. Admitindo que os reagentes são preaquecidos até 600 K, calcule a quantidade de calor que deve ser adicionada ao reator.

Solução 4.8

Os calores de reação padrões a 25 °C para as duas reações são calculados a partir dos dados da Tabela C.4:

$$CH_4(g) + H_2O(g) \rightarrow CO(g) + 3H_2(g) \qquad \Delta H_{298}^\circ = 205.813 \text{ J}$$

$$CO(g) + H_2O(g) \rightarrow CO_2(g) + H_2(g) \qquad \Delta H_{298}^\circ = -41.166 \text{ J}$$

Essas duas reações podem ser somadas para fornecer uma terceira reação:

$$CH_4(g) + 2H_2O(g) \rightarrow CO_2(g) + 4H_2(g) \qquad \Delta H_{298}^\circ = 164.647 \text{ J}$$

Qualquer par composto por duas dessas três equações forma um conjunto independente. A terceira reação não é independente, e sim obtida pela combinação das outras duas. As duas equações mais convenientes para o presente trabalho são a primeira e a terceira:

$$CH_4(g) + H_2O(g) \rightarrow CO(g) + 3H_2(g) \qquad \Delta H^\circ_{298} = 205.813 \text{ J} \qquad (A)$$

$$CH_4(g) + 2H_2O(g) \rightarrow CO_2(g) + 4H_2(g) \qquad H^\circ_{298} = 164.647 \text{ J} \qquad (B)$$

Em primeiro lugar, deve-se determinar a fração de CH_4 convertida por cada uma dessas reações. Como base de cálculo, tome 1 mol de CH_4 e 2 mols de vapor d'água alimentados no reator. Se x mol de CH_4 reagem pela Eq. (A), então $(1 - x)$ reagem segundo a Eq. (B). Nessa base, os produtos da reação são:

CO:	x
H_2:	$3x + 4(1 - x) = 4 - x$
CO_2:	$1 - x$
H_2O:	$2 - x - 2(1 - x) = x$
Total:	5 mols de produtos

A fração molar de CO na corrente de produtos é $x/5 = 0{,}174$; donde $x = 0{,}870$. Assim, na base adotada, 0,870 mol de CH_4 reage segundo a Eq. (A) e 0,130 mol reage pela Eq. (B). Além disso, as quantidades das espécies na corrente de produtos são:

$$\text{Mols CO} = x = 0{,}87$$
$$\text{Mols } H_2 = 4 - x = 3{,}13$$
$$\text{Mols } CO_2 = 1 - x = 0{,}13$$
$$\text{Mols } H_2O = x = 0{,}87$$

Com o objetivo de efetuar os cálculos, agora planejamos a trajetória entre os reagentes a 600 K e os produtos a 1300 K. Como os dados dos calores de reação padrões estão disponíveis a 25 °C, a trajetória mais conveniente é aquela que inclui as reações a 25 °C (298,15 K). Ela é mostrada esquematicamente no diagrama a seguir. A linha tracejada representa a trajetória real para a qual a variação de entalpia é ΔH. Como essa variação de entalpia é independente da trajetória,

$$\Delta H = \Delta H^\circ_R + \Delta H^\circ_{298} + \Delta H^\circ_P$$

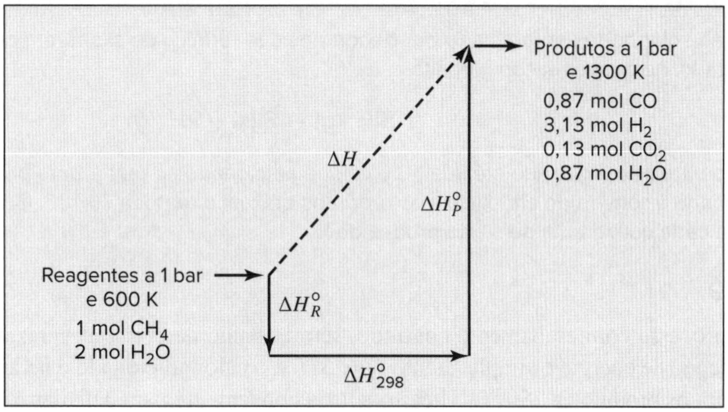

Para o cálculo de ΔH°_{298}, as reações (A) e (B) devem ser levadas em consideração. Como 0,87 mol de CH_4 reage segundo (A) e 0,13 mol segundo (B),

$$\Delta H^\circ_{298} = (0{,}87)(205.813) + (0{,}13)(164.647) = 200.460 \text{ J}$$

A variação da entalpia dos reagentes quando resfriados de 600 K até 298,15 K é:

$$\Delta H^\circ_R = \left(\sum_i n_i \langle C^\circ_{P_i} \rangle_H \right) (298{,}15 - 600)$$

em que o subscrito i denota os reagentes. Os valores de $\langle C_{P_i}^\circ \rangle_H / R$ são:

CH_4: MCPH(298.15, 600; 1.702, 9.081 × 10^{-3}, −2.164 × 10^{-6}, 0.0) = 5,3272
H_2O: MCPH(298.15, 600; 3.470, 1.450 × 10^{-3}, 0.0, 0.121 × 10^5) = 4,1888

e

$$\Delta H_R^\circ = (8{,}314)[(1)(5{,}3272)+(2)(4{,}1888)](298{,}15 - 600) = -34.390 \text{ J}$$

A variação de entalpia dos produtos quando aquecidos de 298,15 para 1300 K é calculada de forma similar:

$$\Delta H_P^\circ = \left(\sum_i n_i \langle C_{P_i}^\circ \rangle_H \right) (1300 - 298{,}15)$$

em que o subscrito i denota, aqui, os produtos. Os valores de $\langle C_{P_i}^\circ \rangle_H / R$ são:

CO: MCPH(298.15, 1300; 3.376, 0.557 × 10^{-3}, 0.0, −0.031 × 10^5) = 3,8131
H_2: MCPH(298.15, 1300; 3.249, 0.422 × 10^{-3}, 0.0, −0.083 × 10^5) = 3,6076
CO_2: MCPH(298.15, 1300; 5.457, 1.045 × 10^{-3}, 0.0, −1.157 × 10^5) = 5,9935
H_2O: MCPH(298.15, 1300; 3.470, 1.450 × 10^{-3}, 0.0, 0.121 × 10^5) = 4,6599

Donde

$$\begin{aligned}\Delta H_P^\circ &= (8{,}314)[(0{,}87)(3{,}8131) + (3{,}13)(3{,}6076) \\ &\quad + (0{,}13)(5{,}9935) + (0{,}87)(4{,}6599)] \times (1300 - 298{,}15) \\ &= 161.940 \text{ J}\end{aligned}$$

Consequentemente,

$$\Delta H = -34.390 + 200.460 + 161.940 = 328.010 \text{ J}$$

O processo apresenta escoamento estacionário com W_e, Δz e $\Delta u^2/2$ considerados desprezíveis. Assim,

$$Q = \Delta H = 328.010 \text{ J}$$

Esse resultado está na base de 1 mol de CH_4 alimentado no reator.

▪ Exemplo 4.9

Silício com grau solar pode ser fabricado por decomposição térmica de silano em pressões moderadas em um reator de leito fluidizado, no qual a reação global é:

$$SiH_4(g) \rightarrow Si(s) + 2H_2(g)$$

Quando silano puro é preaquecido até 300 °C e calor é adicionado ao reator para promover uma taxa de reação razoável, 80 % do silano é convertido em silício e os produtos deixam o reator a 750 °C. Quanto de calor deve ser adicionado ao reator para cada quilograma de silício produzido?

Solução 4.9

Para um processo com escoamento contínuo, sem trabalho de eixo e desprezando as energias cinética e potencial, o balanço de energia é simplesmente $Q = \Delta H$, e o calor adicionado é a variação de entalpia dos reagentes a 300 °C para os produtos a 750 °C. Uma trajetória conveniente para calcular a variação de entalpia é (1) resfriar os reagentes até 298,15 K, (2) realizar a reação a 298,15 K e (3) aquecer os produtos até 750 °C.
Com base em 1 mol de SiH_4, os produtos são 0,2 mol de SiH_4, 0,8 mol de Si e 1,6 mol de H_2. Assim, para as três etapas, temos:

$$\Delta H_1 = \int_{573{,}15\text{K}}^{298{,}15\text{K}} C_P^\circ(SiH_4)\, dT$$

$$\Delta H_2 = 0{,}8 \times \Delta H_{298}^\circ$$

$$\Delta H_3 = \int_{298{,}15\text{K}}^{1023{,}15\text{K}} [0{,}2 \times C_P^\circ(SiH_4) + 0{,}8 \times C_P^\circ(Si) + 1{,}6 \times C_P^\circ(H_2)]\, dT$$

Os dados necessários para esse exemplo não estão presentes no Apêndice C, mas são prontamente encontrados no livro virtual *NIST Chemistry Webbook* (http://webbook.nist.gov). A reação que ocorre aqui é a reversa da reação de formação do silano, e seu calor de reação padrão a 298,15 K é $\Delta H^\circ_{298} = -34.310$ J. Portanto, a reação é levemente exotérmica.

A capacidade calorífica é expressa no livro de exercícios *NIST Chemistry Workbook* pela equação de Shomate, uma forma polinomial diferente daquela utilizada neste livro. Ela inclui um termo T^3 e é escrita em função de $T/1000$ com T em K:

$$C^\circ_P = A + B\left(\frac{T}{1000}\right) + C\left(\frac{T}{1000}\right)^2 + D\left(\frac{T}{1000}\right)^3 + E\left(\frac{T}{1000}\right)^{-2}$$

A integração formal dessa equação fornece a variação de entalpia:

$$\Delta H = \int_{T_0}^{T} C^\circ_P dT$$

$$\Delta H = 1000\left[A\left(\frac{T}{1000}\right) + \frac{B}{2}\left(\frac{T}{1000}\right)^2 + \frac{C}{3}\left(\frac{T}{1000}\right)^3 + \frac{D}{4}\left(\frac{T}{1000}\right)^4 - E\left(\frac{T}{1000}\right)^{-1}\right]_{T_0}^{T}$$

As três primeiras linhas da tabela que acompanha a resolução apresentam os parâmetros fornecidos na base molar para SiH_4, silício cristalino e hidrogênio. A última linha é para os produtos com todos os compostos, determinados como segue:

$$A(\text{produtos}) = (0,2)(6,060) + (0,8)(22,817) + (1,6)(33,066) = 72,3712$$

Equações correspondentes calculam os valores de *B*, *C*, *D* e *E*.

Espécies	*A*	*B*	*C*	*D*	*E*
$SiH_4(g)$	6,060	139,96	−77,88	16,241	0,1355
Si(*s*)	22,817	3,8995	−0,08289	0,04211	−0,3541
$H_2(g)$	33,066	−11,363	11,433	−2,773	−0,1586
Produtos	72,3712	12,9308	2,6505	−1,1549	−0,5099

Para esses parâmetros e com *T* em kelvins, a equação para ΔH fornece valores em joules. Seguindo as três etapas propostas para a resolução desse problema, os seguintes resultados são obtidos:

1. A substituição dos parâmetros para 1 mol de SiH_4 na equação para ΔH leva ao seguinte resultado: $\Delta H_1 = -14.860$ J.
2. Aqui, $\Delta H_2 = (0,8)(-34.310) = -27.450$ J.
3. A substituição dos parâmetros para a corrente de produtos na equação para ΔH leva ao seguinte resultado: $\Delta H_3 = 58.060$ J.

Para as três etapas juntas, a soma fornece:

$$\Delta H = -14.860 - 27.450 + 58.060 = 15.750 \text{ J}$$

Essa variação de entalpia é igual ao calor adicionado por mol de SiH_4 alimentado no reator. Um quilograma de silício com a massa molar de 28,09 são 35,60 mols. Consequentemente, a produção de um quilograma de silício requer uma alimentação de 35,60/0,8 ou de 44,50 mols de SiH_4. O calor necessário por quilograma de silício produzido é, portanto, (15.750)(44,5) = 700.900 J.

■ Exemplo 4.10

Queima-se em uma caldeira um óleo combustível de boa qualidade (composto somente por hidrocarbonetos) com um calor de combustão padrão de −43.515 J · g^{-1} a 25 °C, com $CO_2(g)$ e $H_2O(l)$ como produtos. A temperatura do combustível e do ar ao entrarem na câmara de combustão é de 25 °C. Admite-se que o ar esteja seco. Os gases de combustão saem a 300 °C e sua análise média (em base seca) é de 11,2 % de CO_2, 0,4 % de CO, 6,2 % de O_2 e 82,2 % de N_2. Calcule a fração do calor de combustão do óleo que é transferida como calor para a caldeira.

Solução 4.10

Tomando como base 100 mols dos gases de combustão, em base seca, temos para sua constituição:

CO_2	11,2 mol
CO	0,4 mol
O_2	6,2 mol
N_2	82,2 mol
Total	100,0 mol

Essa análise, em uma base seca, não leva em consideração o vapor de H_2O presente nos gases de combustão. A quantidade de H_2O formada pela reação de combustão é determinada a partir de um balanço de oxigênio. O O_2 fornecido pelo ar representa 21 %, em base molar, da corrente de ar. Os 79 % restantes são N_2, que passam pelo processo de combustão sem sofrer modificações. Assim, os 82,2 mols de N_2 que aparecem nos 100 mols de gases de combustão na base seca são fornecidos pelo ar, e o O_2 acompanhando esse N_2 é:

$$\text{Mols de } O_2 \text{ entrando no ar} = (82,2)(21/79) = 21,85$$

e

$$\text{Mols totais de } O_2 \text{ nos gases de combustão, em base seca} = 11,2 + 0,4/2 + 6,2 = 17,60$$

A diferença entre esses dois valores é o número de mols de O_2 que reagem para formar H_2O. Consequentemente, na base de 100 mols de gases de combustão, em base seca,

$$\text{Mols de } H_2O \text{ formados} = (21,85 - 17,60)(2) = 8,50$$

$$\text{Mols de } H_2 \text{ no combustível} = \text{mols de água formados} = 8,50$$

A quantidade de C no combustível é dada por um balanço de carbono:

$$\text{Mols de C nos gases de combustão} = \text{mols de C no combustível} = 11,2 + 0,4 = 11,60$$

Essas quantidades de C e de H_2 em conjunto fornecem:

$$\text{Massa de combustível queimado} = (8,50(2) + (11,6)(12) = 156,2 \text{ g}$$

Se essa quantidade de combustível for completamente queimada com $CO_2(g)$ e $H_2O(l)$ a 25 °C, o calor de combustão é:

$$\Delta H^\circ_{298} = (-43.515)\,(156,2) = -6.797.040 \text{ J}$$

Contudo, a reação que realmente ocorre não representa uma combustão completa e a H_2O é formada como vapor, e não como líquido. Os 156,2 g de combustível, constituídos por 11,6 mols de C e 8,5 mols de H_2, são representados pela fórmula empírica $C_{11,6}H_{17}$. Omita os 6,2 mols de O_2 e os 82,2 mols de N_2, que entram e saem do reator sem modificações, e escreva a reação:

$$C_{11,6}H_{17}(l) + 15,65\,O_2(g) \rightarrow 11,2\,CO_2(g) + 0,4\,CO(g) + 8,5\,H_2O(g)$$

Esse resultado é obtido pela soma das seguintes reações, que têm seus calores de reação padrões a 25 °C conhecidos:

$$C_{11,6}H_{17}(l) + 15,85\,O_2(g) \rightarrow 11,6\,CO_2(g) + 8,5\,H_2O(l)$$
$$8,5\,H_2O(l) \rightarrow 8,5\,H_2O(g)$$
$$0,4\,CO_2(g) \rightarrow 0,4\,CO(g) + 0,2\,O_2(g)$$

A soma dessas reações fornece a reação real, e a adição dos valores do ΔH°_{298} fornece o calor-padrão da reação ocorrendo a 25 °C:

$$\Delta H^\circ_{298} = -6.797.040 + (44.012)\,(8,5) + (282.984)\,(0,4) = -6.309.740 \text{ J}$$

O processo real, levando dos reagentes a 25 °C aos produtos a 300 °C, é representado pela linha tracejada no diagrama a seguir. Com o objetivo de calcular o ΔH para esse processo, podemos utilizar qualquer trajetória conveniente. A trajetória desenhada com linhas contínuas é uma opção lógica: o $\Delta H°_{298}$ já foi calculado e ΔH_P° é facilmente avaliado.

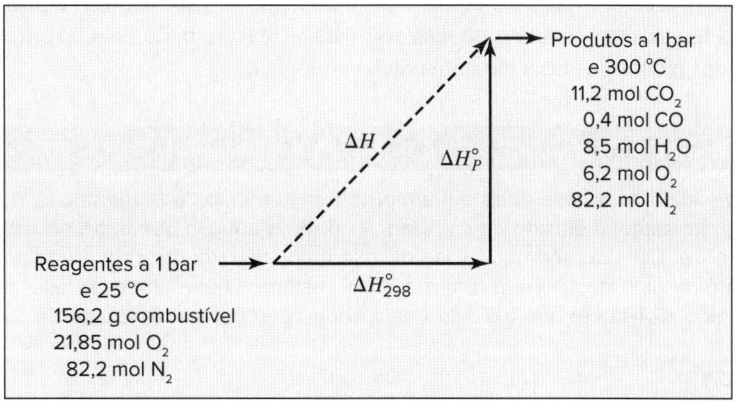

A variação de entalpia causada pelo aquecimento dos produtos da reação de 25 °C a 300 °C é:

$$\Delta H_P^\circ = \left(\sum_i n_i \langle C_{P_i}^\circ \rangle_H\right)(573{,}15 - 298{,}15)$$

com o subscrito i denotando os produtos. Os valores de $\langle C_{P_i}^\circ \rangle_H / R$ são:

CO_2: MCPH(298.15, 573.15; 5.457, 1.045 × 10^{-3}, 0.0, −1.157 × 10^5) = 5,2352

CO: MCPH(298.15, 573.15; 3.376, 0.557 × 10^{-3}, 0.0, −0.031 × 10^5) = 3,6005

H_2O: MCPH(298.15, 573.15; 3.470, 1.450 × 10^{-3}, 0.0, 0.121 × 10^5) = 4,1725

O_2: MCPH(298.15, 573.15; 3.639, 0.506 × 10^{-3}, 0.0, −0.227 × 10^5) = 3,7267

N_2: MCPH(298.15, 573.15; 3.280, 0.593 × 10^{-3}, 0.0, 0.040 × 10^5) = 3,5618

Donde,

$$\Delta H_P^\circ = (8{,}314)[(11{,}2)(5{,}2352) + (0{,}4)(3{,}6005) + (8{,}5)(4{,}1725) + (6{,}2)(3{,}7267) + (82{,}2)(3{,}5618)](573{,}15 - 298{,}15) = 940.660 \text{ J}$$

e

$$\Delta H = \Delta H_{298}^\circ + \Delta H_P^\circ = -6.309.740 + 940.660 = -5.369.080 \text{ J}$$

Como o processo é com escoamento estacionário, no qual o trabalho no eixo e as energias cinética e potencial no balanço de energia [Eq. (2.32)] são iguais a zero ou desprezíveis, $\Delta H = Q$. Assim, $Q = -5369$ kJ e essa quantidade de calor é transferida para a caldeira a cada 100 mols, em base seca, de gases de combustão formados. Isso representa

$$\frac{5.369.080}{6.797.040}(100) = 79{,}0\ \%$$

do calor de combustão superior do combustível.

Nos exemplos anteriores, envolvendo reações que ocorrem a aproximadamente 1 bar, admitimos implicitamente que os efeitos térmicos das reações são os mesmos, sendo os gases misturas ou puros, o que é um procedimento aceitável para baixas pressões. Para reações a elevadas pressões, isso pode não ser verdadeiro e pode haver a necessidade de levar em conta os efeitos da pressão e da mistura no calor de reação. Entretanto, esses efeitos são normalmente pequenos. Para reações na fase líquida, os efeitos de mistura são geralmente mais importantes. Eles serão tratados em detalhes no Capítulo 11.

Para reações biológicas em solução aquosa, os efeitos de mistura são particularmente importantes. As entalpias e outras propriedades das biomoléculas na solução geralmente não dependem somente da temperatura e da pressão, mas também do pH, da força iônica e da concentração de íons específicos na solução. A Tabela C.5, no Apêndice C, fornece entalpias de formação de uma variedade de moléculas em solução aquosa diluídas com força iônica igual a zero. Elas podem ser utilizadas para estimar efeitos térmicos de reações enzimáticas ou biológicas envolvendo tais espécies. Entretanto, correções para os efeitos de pH, força iônica e concentrações diferentes de zero podem ser significativas.[14] As capacidades caloríficas são normalmente desconhecidas para tais espécies, mas, em soluções aquosas diluídas, o calor específico global é normalmente bem aproximado em relação ao calor específico da água. Além disso, a faixa de temperaturas de interesse para as reações biológicas é bem estreita. O exemplo a seguir ilustra a estimativa dos efeitos térmicos em uma reação biológica.

■ Exemplo 4.11

Uma solução diluída de glicose entra em um processo contínuo de fermentação, no qual células de levedura convertem a glicose em etanol e dióxido de carbono. A corrente aquosa que entra no reator está a 25 °C e contém 5 % em massa de glicose. Considerando que essa glicose é completamente convertida para etanol e dióxido de carbono, e que a corrente de produtos deixa o reator a 35 °C, estime a quantidade de calor adicionado ou removido por kg de etanol produzido. Considere que o dióxido de carbono permanece dissolvido na corrente de produtos.

Solução 4.11

Para esse processo a pressão constante, sem trabalho de eixo, o efeito térmico é simplesmente igual à variação da entalpia entre a corrente de alimentação e a corrente de produtos. A reação de fermentação é:

$$C_6H_{12}O_6(aq) \rightarrow 2C_2H_5OH(aq) + 2CO_2(aq)$$

A entalpia-padrão da reação a 298 K, obtida utilizando os calores de formação em solução aquosa diluída a partir da Tabela C.5, é:

$$\Delta H^\circ_{298} = (2)(-288{,}3) + (2)(-413{,}8) - (-1262{,}2) = -142{,}0 \text{ kJ} \cdot \text{mol}^{-1}$$

Um kg de etanol são $1/(0{,}046069 \text{ kg} \cdot \text{mol}^{-1}) = 21{,}71$ mols de etanol. Cada mol de glicose produz dois mols de etanol, então 10,85 mols devem reagir para produzirem 1 kg de etanol. A entalpia-padrão da reação, por kg de etanol, é então $(10{,}85)(-142{,}0) = -1541 \text{ kJ} \cdot \text{kg}^{-1}$. A massa de glicose necessária para produzir 1 kg de etanol é $10{,}85 \text{ mols} \times 0{,}18016 \text{ kg} \cdot \text{mol}^{-1} = 1{,}955$ kg de glicose. Se a corrente de alimentação tem 5 % em massa de glicose, então a massa total da solução alimentada no reator por kg de etanol produzido é 1,955/0,05 = 39,11 kg. Considerando que a corrente de produtos tem o calor específico da água, aproximadamente $4{,}184 \text{ kJ} \cdot \text{kg}^{-1} \cdot \text{K}^{-1}$, então a variação de entalpia por kg de etanol para aquecer a corrente de produtos de 25 °C para 35 °C é:

$$4{,}184 \text{ kJ} \cdot \text{kg}^{-1} \cdot \text{K}^{-1} \times 10 \text{ K} \times 39{,}11 \text{ kg} = 1636 \text{ kJ}.$$

Somando esse valor ao calor de reação por kg de etanol, obtém-se a variação de entalpia total entre a alimentação e o produto, que é também o efeito térmico total:

$$Q = \Delta H = -1541 + 1636 = 95 \text{ kJ} \cdot (\text{kg etanol})^{-1}$$

Essa estimativa leva à conclusão de que uma pequena quantidade de calor deve ser adicionada ao reator, pois a exotermicidade da reação não é suficiente para aquecer a corrente de alimentação até a temperatura dos produtos. Em um processo real, a glicose não seria convertida totalmente em etanol. Uma fração da glicose deve ser direcionada para outros produtos no metabolismo celular. Isso significa que alguma coisa a mais do que 1,955 kg de glicose será necessária por kg de etanol produzido. A liberação de calor por outras reações pode ser mais alta ou mais baixa que a liberação para a produção do etanol, o que mudaria a estimativa. Se algum CO_2 deixar o reator na forma de gás, então o calor necessário será levemente maior, porque a entalpia do $CO_2(g)$ é maior do que a do CO_2 aquoso.

4.8 SINOPSE

Depois de estudar este capítulo, incluindo os problemas ao final, deve-se estar habilitado a:

- Definir efeitos do calor sensível, do calor latente, do calor de reação, do calor de formação e do calor de combustão;
- Formular uma integral da capacidade calorífica, decidir quando se utiliza C_P ou C_V na integral e avaliar essa integral com a capacidade calorífica expressa como uma polinomial da temperatura;

[14] Para a análise desses efeitos, ver Robert A. Alberty, *Thermodynamics of Biochemical Reactions*, John Wiley & Sons, Hoboken, NJ, 2003.

- Utilizar uma integral de capacidade calorífica no balanço de energia para determinar a entrada de energia necessária para atingir uma mudança de temperatura ou para determinar a mudança na temperatura que resultará a partir de uma dada quantidade de calor fornecida;
- Estimar ou avaliar calores latentes de mudança de fase e utilizá-los no balanço de energia;
- Aplicar a equação de Clayperon;
- Calcular um calor de reação padrão a uma temperatura arbitrária a partir de calores de formação e de capacidades caloríficas;
- Calcular calores de reação padrões a partir de calores de combustão padrões;
- Calcular o calor necessário para um processo com reações químicas especificadas, assim como temperaturas de entrada e de saída.

4.9 PROBLEMAS

4.1. Qual é a quantidade de calor transferida em um trocador de calor operando com escoamento em regime estacionário, aproximadamente a pressão atmosférica, nos seguintes casos:

(*a*) Quando 10 mols de SO_2 são aquecidos de 200 para 1100 °C?
(*b*) Quando 12 mols de propano são aquecidos de 250 a 1200 °C?
(*c*) Quando 20 kg de metano são aquecidos de 100 a 800 °C?
(*d*) Quando 10 mols de *n*-butano são aquecidos de 150 a 1150 °C?
(*e*) Quando 1000 kg de ar são aquecidos de 25 a 1000 °C?
(*f*) Quando 20 mols de amônia são aquecidos de 100 a 800 °C?
(*g*) Quando 10 mols de água são aquecidos de 150 a 300 °C?
(*h*) Quando 5 mols de cloro são aquecidos de 200 a 500 °C?
(*i*) Quando 10 kg de etilbenzeno são aquecidos de 300 a 700 °C?

4.2. Qual é a temperatura final em um trocador de calor com escoamento em regime estacionário, aproximadamente a pressão atmosférica, nos seguintes casos:

(*a*) Quando 800 kJ de calor é adicionado a 10 mols de etileno, inicialmente a 200 °C?
(*b*) Quando 2500 kJ de calor é adicionado a 15 mols de 1-buteno, inicialmente a 260 °C?
(*c*) Quando 10^6(BTU) de calor é adicionado a 40(lb mol) de etileno, inicialmente a 500(°F)?

4.3. Para um trocador de calor com escoamento em estado estacionário e uma alimentação na temperatura de 100 °C, calcule a temperatura da corrente de saída quando o calor adicionado é de 12 kJ · mol^{-1} para as seguintes substâncias:

(*a*) metano
(*b*) etano
(*c*) propano
(*d*) *n*-butano
(*e*) *n*-hexano
(*f*) *n*-octano
(*g*) propileno
(*h*) 1-penteno
(*i*) 1-hepteno
(*j*) 1-octeno
(*k*) acetileno
(*l*) benzeno
(*m*) etanol
(*n*) estireno
(*o*) formaldeído
(*p*) amônia
(*q*) monóxido de carbono
(*r*) dióxido de carbono
(*s*) dióxido de enxofre
(*t*) água
(*u*) nitrogênio
(*v*) cianeto de hidrônio

4.4. Se $250(\text{ft})^3(\text{s})^{-1}$ de ar, a 122(°F) e aproximadamente a pressão atmosférica, devem ser preaquecidos até 932(°F) para um processo de combustão, qual é a taxa de transferência de calor necessária?

4.5. Qual a quantidade de calor necessária quando 10.000 kg de $CaCO_3$ são aquecidos, à pressão atmosférica, de 50 °C a 880 °C?

4.6. Se a capacidade calorífica de uma substância for corretamente representada por uma equação com a forma

$$C_P = A + BT + CT^2$$

mostre que o erro resultante quando se considera $\langle C_P \rangle_H$ igual a C_P, avaliado na média aritmética das temperaturas inicial e final, é $C(T_2 - T_1)^2/12$.

4.7. Se a capacidade calorífica de uma substância for corretamente representada por uma equação com a forma

$$C_P = A + BT + DT^{-2}$$

mostre que o erro resultante quando se considera $\langle C_P \rangle_H$ igual a C_P, avaliado na média aritmética das temperaturas inicial e final, é:

$$\frac{D}{T_1 T_2}\left(\frac{T_2 - T_1}{T_2 + T_1}\right)^2$$

4.8. Calcule a capacidade calorífica de uma amostra de gás a partir das seguintes informações: a amostra entra em equilíbrio em um frasco a 25 °C e 121,3 kPa. Uma válvula é aberta por pouco tempo, permitindo que a pressão caia para 101,3 kPa. Com a válvula fechada, o frasco aquece, retornando a 25 °C e a pressão medida é de 104,0 kPa. Determine C_P, em $J \cdot mol^{-1} \cdot K^{-1}$, admitindo que o gás seja ideal e que a expansão do gás remanescente no frasco seja reversível e adiabática.

4.9. Uma corrente de processo é aquecida como um gás de 25 °C para 250 °C, à pressão constante P. Uma rápida estimativa da energia necessária é obtida a partir da Eq. (4.3), com C_P considerado constante e igual ao seu valor a 25 °C. O valor estimado de Q pode ser considerado alto ou baixo? Por quê?

4.10. (*a*) Para um dos compostos listados na Tabela B.2 do Apêndice B, calcule o calor latente de vaporização ΔH_n usando a Eq. (4.13). Compare esse resultado com o valor listado na Tabela B.2.

(b) Valores obtidos na literatura para o calor latente de vaporização a 25 °C de quatro compostos são fornecidos na tabela a seguir. Para uma dessas substâncias, calcule ΔH_n usando a Eq. (4.14) e compare esse resultado com o valor fornecido na Tabela B.2.

Calores latentes de vaporização a 25 °C, em $J \cdot g^{-1}$

n-Pentano	366,3	Benzeno	433,3
n-Hexano	366,1	Ciclo-hexano	392,5

4.11. A Tabela 9.1 lista as propriedades termodinâmicas do líquido e do vapor saturado de tetrafluoroetano. Fazendo uso das pressões de vapor como funções da temperatura e dos volumes do líquido e do vapor saturados, calcule o calor latente de vaporização usando a Eq. (4.12) em uma das seguintes temperaturas e compare o resultado com o valor calculado a partir dos valores das entalpias fornecidos na tabela.

(*a*) −16 °C, (*b*) 0 °C, (*c*) 12 °C, (*d*) 26 °C, (*e*) 40 °C.

4.12. Valores obtidos na literatura para o calor latente de vaporização, em $J \cdot g^{-1}$, são fornecidos na tabela a seguir para três líquidos puros a 0 °C.

	ΔH^{lv} a 0 °C
Clorofórmio	270,9
Metanol	1189,5
Tetraclorometano	217,8

Para uma dessas substâncias, calcule:

(*a*) O valor do calor latente a T_n usando a Eq. (4.14), dado o valor a 0 °C.
(*b*) O valor do calor latente a T_n usando a Eq. (4.13).

Qual é o desvio percentual desses valores em relação aos valores listados na Tabela B.2 do Apêndice B?

4.13. A Tabela B.2 do Apêndice B apresenta parâmetros para uma equação que fornece P^{sat} em função da temperatura para um conjunto de compostos puros. Para um deles, determine o calor de vaporização na sua temperatura normal de ebulição com a Eq. (4.12), a equação de Clapeyron. Calcule dP^{sat}/dT a partir da equação de pressão de vapor dada e utilize as equações generalizadas do Capítulo 3 para estimar ΔV. Compare os valores calculados com os valores de ΔH_n listados na Tabela B.2. Note que as temperaturas normais de ebulição estão listadas na última coluna da Tabela B.2.

4.14. Um método para determinação do segundo coeficiente virial de um gás puro é baseado na equação de Clapeyron e nas medições do calor latente de vaporização ΔH^{lv}, do volume molar do líquido saturado V^l e da pressão de vapor P^{sat}. Determine B em $cm^3 \cdot mol^{-1}$ para a metil-etil-cetona a 75 °C a partir das informações a seguir:

$$\Delta H^{lv} = 31.600 \text{ J} \cdot \text{mol}^{-1} \qquad V^l = 96{,}49 \text{ cm}^3 \cdot \text{mol}^{-1}$$

$$\ln P^{sat}/\text{kPa} = 48{,}158 - 5623/T - 4{,}705 \ln T \qquad [T = \text{K}]$$

4.15. Cem kmol por hora de líquido sub-resfriado a 300 K e 3 bar são superaquecidos para 500 K em um trocador de calor em escoamento estacionário. Estime a carga térmica (em kW) do trocador para um dos casos a seguir:

(*a*) Metanol, para o qual $T^{sat} = 368{,}0$ K a 3 bar.
(*b*) Benzeno, para o qual $T^{sat} = 392{,}3$ K a 3 bar.
(*c*) Tolueno, para o qual $T^{sat} = 426{,}9$ K a 3 bar.

4.16. Para cada uma das seguintes substâncias, calcule a temperatura final quando 60 kJ · mol^{-1} de calor é adicionado ao líquido sub-resfriado a 25 °C, à pressão atmosférica.

(*a*) metanol
(*b*) etanol
(*c*) benzeno
(*d*) tolueno
(*e*) água

4.17. Benzeno na forma de líquido saturado à pressão $P_1 = 10$ bar ($T_1^{sat} = 451{,}7$ K) é expandido através de um estrangulamento, em um processo em escoamento estacionário, para uma pressão $P_2 = 1{,}2$ bar ($T_2^{sat} = 358{,}7$ K), na qual se torna uma mistura líquido/vapor. Estime a fração molar da corrente de saída, que é vapor. Para o benzeno líquido, $C_P = 162$ J · mol^{-1} · K^{-1}. Despreze o efeito da pressão na entalpia do benzeno líquido.

4.18. Estime $\Delta H^\circ_{f_{298}}$ para um dos seguintes compostos como um *líquido* a 25 °C.

(*a*) Acetileno
(*b*) 1,3-Butadieno
(*c*) Etilbenzeno
(*d*) *n*-Hexano
(*e*) Estireno.

4.19. Uma compressão reversível de 1 mol de um gás ideal em um dispositivo pistão/cilindro resulta em um aumento de pressão de 1 bar para P_2 e em um aumento de temperatura de 400 K a 950 K. A trajetória seguida pelo gás ao longo do processo é representada por $PV^{1,55}$ = constante, e a capacidade calorífica molar do gás é dada por:

$$C_P/R = 3{,}85 + 0{,}57 \times 10^{-3} T \qquad [T = \text{K}]$$

Determine o calor transferido ao longo do processo e a pressão final.

4.20. Combustíveis formados por hidrocarbonetos podem ser produzidos a partir do metanol por reações como a apresentada a seguir, que produz 1-hexeno:

$$6CH_3OH(g) \rightarrow C_6H_{12}(g) + 6H_2O(g)$$

Compare o calor de combustão padrão, a 25 °C, de 6 $CH_3OH(g)$ com o calor de combustão padrão, a 25 °C, de $C_6H_{12}(g)$. Em ambos os casos, os produtos da reação são $CO_2(g)$ e $H_2O(g)$.

4.21. Calcule a temperatura de chama teórica quando etileno, a 25 °C, é queimado com:

(*a*) A quantidade teórica de ar a 25 °C.
(*b*) 25 % de excesso de ar a 25 °C.
(*c*) 50 % de excesso de ar a 25 °C.
(*d*) 100 % de excesso de ar a 25 °C.
(*e*) 50 % de excesso de ar, preaquecido até 500 °C.
(*f*) A quantidade teórica de oxigênio puro.

4.22. Qual é o calor de combustão padrão de cada um dos seguintes gases a 25 °C se os produtos de combustão forem $H_2O(l)$ e $CO_2(g)$? Calcule os calores de combustão específico e molar em cada caso.

(*a*) metano
(*b*) etano
(*c*) etileno
(*d*) propano
(*e*) propileno
(*f*) *n*-butano
(*g*) 1-buteno
(*h*) óxido de etileno
(*i*) acetaldeído
(*j*) metanol
(*k*) etanol

4.23. Determine o calor-padrão de cada uma das seguintes reações a 25 °C:

(*a*) $N_2(g) + 3H_2(g) \rightarrow 2NH_3(g)$
(*b*) $4NH_3(g) + 5O_2(g) \rightarrow 4NO(g) + 6H_2O(g)$
(*c*) $3NO_2(g) + H_2O(l) \rightarrow 2HNO_3(l) + NO(g)$
(*d*) $CaC_2(s) + H_2O(l) \rightarrow C_2H_2(g) + CaO(s)$
(*e*) $2Na(s) + 2H_2O(g) \rightarrow 2NaOH(s) + H_2(g)$
(*f*) $6NO_2(g) + 8NH_3(g) \rightarrow 7N_2(g) + 12H_2O(g)$
(*g*) $C_2H_4(g) + \frac{1}{2}O_2(g) \rightarrow \langle(CH_2)_2\rangle O(g)$
(*h*) $C_2H_2(g) + H_2O(g) \rightarrow \langle(CH_2)_2\rangle O(g)$
(*i*) $CH_4(g) + 2H_2O(g) \rightarrow CO_2(g) + 4H_2(g)$
(*j*) $CO_2(g) + 3H_2(g) \rightarrow CH_3OH(g) + H_2O(g)$
(*k*) $CH_3OH(g) + \frac{1}{2}O_2(g) \rightarrow HCHO(g) + H_2O(g)$
(*l*) $2H_2S(g) + 3O_2(g) \rightarrow 2H_2O(g) + 2SO_2(g)$
(*m*) $H_2S(g) + 2H_2O(g) \rightarrow 3H_2(g) + SO_2(g)$
(*n*) $N_2(g) + O_2(g) \rightarrow 2NO(g)$
(*o*) $CaCO_3(s) \rightarrow CaO(s) + CO_2(g)$
(*p*) $SO_3(g) + H_2O(l) \rightarrow H_2SO_4(l)$
(*q*) $C_2H_4(g) + H_2O(l) \rightarrow C_2H_5OH(l)$
(*r*) $CH_3CHO(g) + H_2(g) \rightarrow C_2H_5OH(g)$
(*s*) $C_2H_5OH(l) + O_2(g) \rightarrow CH_3COOH(l) + H_2O(l)$
(*t*) $C_2H_5CH{:}CH_2(g) \rightarrow CH_2{:}CHCH{:}CH_2(g) + H_2(g)$
(*u*) $C_4H_{10}(g) \rightarrow CH_2{:}CHCH{:}CH_2(g) + 2H_2(g)$
(*v*) $C_2H_5CH{:}CH_2(g) + \frac{1}{2}O_2(g) \rightarrow CH_2{:}CHCH{:}CH_2(g) + H_2O(g)$
(*w*) $4NH_3(g) + 6NO(g) \rightarrow 6H_2O(g) + 5N_2(g)$
(*x*) $N_2(g) + C_2H_2(g) \rightarrow 2HCN(g)$
(*y*) $C_6H_5C_2H_5(g) \rightarrow C_6H_5CH{:}CH_2(g) + H_2(g)$
(*z*) $C(s) + H_2O(l) \rightarrow H_2(g) + CO(g)$

4.24. Determine o calor-padrão de uma das reações do Problema 4.23: item (*a*) a 600 °C, item (*b*) a 50 °C, item (*f*) a 650 °C, item (*i*) a 700 °C, item (*j*) a 590(°F), item (*l*) a 770(°F), item (*m*) a 850 K, item (*n*) a 1300 K, item (*o*) a 800 °C, item (*r*) a 450 °C, item (*t*) a 860(°F), item (*u*) a 750 K, item (*v*) a 900 K, item (*w*) a 400 °C, item (*x*) a 375 °C, item (*y*) a 1490(°F).

4.25. Desenvolva uma equação geral para o calor de reação padrão como uma função da temperatura para uma das reações dadas nos itens (*a*), (*b*), (*e*), (*f*), (*g*), (*h*), (*j*), (*k*), (*l*), (*m*), (*n*), (*o*), (*r*), (*t*), (*u*), (*v*), (*w*), (*x*), (*y*) e (*z*) do Problema 4.23.

4.26. Calcule o calor de reação padrão para cada uma das seguintes reações ocorrendo a 298,15 K em solução aquosa diluída com força iônica igual a zero:

(*a*) D-Glicose + ATP^{2-} → D-Glicose 6-Fosfato$^-$ + ADP^-
(*b*) D-Glicose 6-Fosfato$^-$ → D-Frutose 6-Fosfato$^-$
(*c*) D-Frutose 6-Fosfato$^-$ + ATP^{2-} → D-Frutose 1,6-Bifosfato^{2-} + ADP^-
(*d*) D-Glicose + 2 ADP^- + $2H_2PO_4^-$ + 2 NAD^+ → 2 Piruvato$^-$ + 2 ATP^{2-} + 2 NADH + $4H^+$ + $2H_2O$
(*e*) D-Glicose + 2 ADP^- + $2H_2PO_4^-$ → 2 Lactato$^-$ + 2 ATP^{2-} + $2H^+$ + $2H_2O$
(*f*) D-Glicose + 2 ADP^- + $2H_2PO_4^-$ → $2CO_2$ + 2 Etanol + 2 ATP^{2-} + 2 H_2O
(*g*) 2 NADH + O_2 + $2H^+$ → 2 NAD^+ + $2H_2O$

(*h*) $ADP^- + H_2PO_4^- \rightarrow ATP^{2-} + H_2O$
(*i*) $2\ NADH + 2\ ADP^- + 2H_2PO_4^- + O_2 + 2H^+ \rightarrow 2\ NAD^+ + 2\ ATP^{2-} + 4H_2O$
(*j*) D-Frutose + 2 $ADP^- + 2H_2PO_4^- \rightarrow 2CO_2$ + 2 Etanol +2 $ATP^{2-} + 2H_2O$
(*k*) D-Galactose + 2 $ADP^- + 2H_2PO_4^- \rightarrow 2CO_2 + 2$
(*l*) Etanol + 2 $ATP^{2-} + 2H_2O$
NH_4^+ + L-aspartato$^-$ + $ATP^{2-} \rightarrow$ L-asparagina + $ADP^- + H_2PO_4^-$

4.27. A primeira etapa no metabolismo de etanol é a desidrogenação pela reação com nicotinamida adenina dinucleotídeo [*nicotidamine-adenine dinucleotide* (NAD)]:

$$C_2H_5OH + NAD^+ \rightarrow C_2H_4O + NADH$$

Qual é o efeito térmico dessa reação na metabolização de 10 g de etanol de um coquetel típico? Qual é o efeito térmico total para o metabolismo completo de 10 g de etanol indo a CO_2 e água? Como é, caso exista, a percepção de aquecimento que acompanha o consumo de etanol com relação a esses efeitos térmicos? Para calcular os efeitos térmicos, despreze a dependência da entalpia de reação à temperatura, ao pH e à força iônica (isto é, use as entalpias de formação da Tabela C.5 do Apêndice C nas condições fisiológicas).

4.28. Gás natural (considere metano puro) é transportado para uma cidade através de uma tubulação com uma vazão volumétrica de 150 milhões de pés cúbicos padrão por dia. Se o preço de venda do gás é de US$ 5,00 por GJ de poder calorífico superior, qual é a receita esperada em dólares por dia? As condições-padrões são 60(°F) e 1(atm).

4.29. Gases naturais raramente são formados de metano puro; normalmente, eles também contêm outros hidrocarbonetos leves e nitrogênio. Determine uma expressão para o calor de combustão superior padrão como uma função da composição para um gás natural contendo metano, etano, propano e nitrogênio. Considere a água líquida como um produto da combustão. Qual dos seguintes gases naturais tem o maior calor de combustão?

(*a*) $y_{CH_4} = 0{,}95, y_{C_2H_6} = 0{,}02, y_{C_3H_8} = 0{,}02, y_{N_2} = 0{,}01.$
(*b*) $y_{CH_4} = 0{,}90, y_{C_2H_6} = 0{,}05, y_{C_3H_8} = 0{,}03, y_{N_2} = 0{,}02.$
(*c*) $y_{CH_4} = 0{,}85, y_{C_2H_6} = 0{,}07, y_{C_3H_8} = 0{,}03, y_{N_2} = 0{,}05.$

4.30. Se o calor de combustão da ureia, $(NH_2)_2CO(s)$, a 25 °C for igual a 631.660 J · mol^{-1} quando os produtos são $CO_2(g)$, $H_2O(l)$ e $N_2(g)$, qual será o $\Delta H^\circ_{f_{298}}$ da ureia?

4.31. O *poder calorífico superior* (PCS) de um combustível é seu calor de combustão padrão a 25 °C com água líquida como produto; ou seu *poder calorífico inferior* (PCI) com água vapor como produto.

(*a*) Explique as origens desses termos.
(*b*) Determine o PCS e o PCI para o gás natural, modelado como metano puro.
(*c*) Determine o PCS e o PCI para um óleo usado para aquecimento caseiro, modelado como *n*-decano líquido puro. Para o *n*-decano na forma líquida:

$$\Delta H^\circ_{f_{298}} = -249.700 \text{ J} \cdot \text{mol}^{-1}.$$

4.32. Um óleo combustível leve, com uma composição química média de $C_{10}H_{18}$, é queimado com oxigênio em uma bomba calorimétrica. O calor liberado na reação, realizada a 25 °C, é medido, sendo igual a 43.960 J · g^{-1}. Calcule o calor de combustão padrão do óleo combustível a 25 °C com $H_2O(g)$ e $CO_2(g)$ como produtos. Note que a reação na bomba ocorre a volume constante, forma água líquida como produto e é total (completa).

4.33. Gás metano é completamente queimado com 30 % de excesso de ar, aproximadamente a pressão atmosférica. Tanto o metano quanto o ar entram na fornalha a 30 °C, saturados com vapor d'água, enquanto os gases de combustão deixam a fornalha a 1500 °C. Após saírem da fornalha, os gases de combustão passam por um trocador de calor do qual saem a 50 °C. Com base em 1 mol de metano, qual é a quantidade de calor perdido na saída da fornalha e de calor transferido no trocador?

4.34. Amônia gasosa entra no reator de uma planta de ácido nítrico misturada com 30 % a mais do que o ar seco necessário para a conversão completa da amônia em óxido nítrico e vapor d'água. Se os gases entram no reator a 75 °C, se a conversão é de 80 %, se não ocorrem reações paralelas e se o reator opera adiabaticamente, qual é a temperatura dos gases ao deixarem o reator? Admita gases ideais.

4.35. Etileno gasoso e vapor d'água, a 320 °C e a pressão atmosférica, são alimentados em um processo com reação como uma mistura equimolar. O processo produz etanol pela reação:

$$C_2H_4(g) + H_2O(g) \rightarrow C_2H_5OH(l)$$

O etanol líquido sai do processo a 25 °C. Qual é a transferência de calor associada ao processo global por mol de etanol produzido?

4.36. Uma mistura gasosa de metano e vapor d'água, a pressão atmosférica e a 500 °C, é alimentada em um reator no qual ocorrem as seguintes reações:

$$CH_4 + H_2O \rightarrow CO + 3H_2 \quad \text{e} \quad CO + H_2O \rightarrow CO_2 + H_2$$

A corrente de produtos deixa o reator a 850 °C com a seguinte composição (frações molares):

$$y_{CO_2} = 0{,}0275 \quad y_{CO} = 0{,}1725 \quad y_{H_2O} = 0{,}1725 \quad y_{H_2} = 0{,}6275$$

Determine a quantidade de calor adicionada ao reator por mol do gás produzido.

4.37. Um combustível constituído por 75 % de metano e 25 % de etano, em base molar, entra em uma fornalha acompanhado de ar com um excesso de 80 %, a 30 °C. Se 8×10^5 kJ · kmol^{-1} de combustível são transferidos como calor para os tubos da caldeira, a que temperatura os gases de combustão deixam a fornalha? Considere a combustão completa do combustível.

4.38. A corrente gasosa que deixa um queimador de enxofre é constituída por 15 % de SO_2, 20 % de O_2 e 65 % de N_2, em base molar. Essa corrente gasosa, na pressão atmosférica e a 400 °C, entra em um conversor catalítico no qual 86 % do SO_2 são oxidados a SO_3. Com base em 1 mol de gás entrando no conversor, qual a quantidade de calor que deve ser adicionada ou removida do conversor de tal modo que o gás que deixa o equipamento atinja 500 °C?

4.39. Hidrogênio é produzido segundo a reação: $CO(g) + H_2O(g) \rightarrow CO_2(g) + H_2(g)$. A corrente alimentada no reator é uma mistura equimolar de monóxido de carbono e vapor d'água que entra no reator a 125 °C e a pressão atmosférica. Se 60 % da H_2O são convertidos em H_2 e se a corrente de produtos deixa o reator a 425 °C, qual a quantidade de calor que deve ser transferida para ou a partir do reator?

4.40. Um secador de fogo direto queima um óleo combustível com um poder calorífico inferior de 19.000(BTU)(lb$_m$)$^{-1}$. [Produtos da combustão são $CO_2(g)$ e $H_2O(g)$]. A composição do óleo, em massa, é: 85 % de carbono, 12 % de hidrogênio, 2 % de nitrogênio e 1 % de água. Os gases de combustão deixam o secador a 400(°F) e uma análise parcial mostra que eles contêm 3 % em mols de CO_2 e 11,8 % em mols de CO em base seca. O combustível, o ar e o material a ser seco entram no secador a 77(°F). Se o ar alimentado estiver saturado com água e se 30 % do valor de aquecimento líquido do óleo forem direcionados para as perdas térmicas (incluindo o calor sensível transportado com o produto seco), que quantidade de água será evaporada no secador por (lb$_m$) de óleo queimado?

4.41. Uma mistura equimolar de nitrogênio e acetileno entra em um reator de escoamento em regime estacionário a 25 °C e na pressão atmosférica. A única reação ocorrendo é: $N_2(g) + C_2H_2(g) \rightarrow 2\,HCN(g)$. Os gases produzidos deixam o reator a 600 °C e contêm 24,2 % de HCN em base molar. Que quantidade de calor é fornecida ao reator por mol de produto gasoso?

4.42. Cloro é produzido segundo a reação: $4\,HCl(g) + O_2(g) \rightarrow 2\,H_2O(g) + 2\,Cl_2(g)$. A corrente alimentada no reator contém 60 % de HCl, 36 % de O_2 e 4 % de N_2 em base molar e entra no reator a 550 °C. Se a conversão do HCl for igual a 75 % e se o processo for isotérmico, que quantidade de calor deverá ser retirada ou adicionada ao reator por mol da mistura gasosa que entra no reator?

4.43. Um gás constituído somente de CO e N_2 é produzido passando uma mistura de gás de exaustão e ar através de um leito de carvão incandescente (considere carbono puro). As duas reações que ocorrem no processo são completas:

$$CO_2 + C \rightarrow 2CO \quad \text{e} \quad 2C + O_2 \rightarrow 2CO$$

A composição do gás de exaustão, em base molar, é de 12,8 % de CO; 3,7 % de CO_2; 5,4 % de O_2 e 78,1 % de N_2. A mistura gás de exaustão/ar é preparada de tal forma que os calores das duas reações se anulam e, consequentemente, a temperatura do leito de carvão é constante. Se essa temperatura é de 875 °C, se a corrente de alimentação é preaquecida até 875 °C e se o processo é adiabático, qual é a razão necessária entre mols do gás de exaustão e mols do ar? E qual é a composição do gás produzido?

4.44. Um gás combustível constituído de 94 % de metano e 6 % de nitrogênio, em base molar, é queimado com 35 % de excesso de ar em um aquecedor de água contínuo. Tanto o gás combustível quanto o ar entram secos a 77(°F). Uma vazão de água de 75(lb$_m$)(s)$^{-1}$ é aquecida de 77(°F) a 203(°F). Os gases de exaustão deixam o aquecedor a 410(°F). Do metano alimentado, 70 % queimam até dióxido de carbono e 30 % queimam até monóxido de carbono. Qual é a vazão volumétrica de gás combustível necessária se não houver perda de calor para a vizinhança?

4.45. Um processo para a produção de 1,3-butadieno resulta da desidrogenação catalítica, a pressão atmosférica, do 1-buteno de acordo com a reação:

$$C_4H_8(g) \rightarrow C_4H_6(g) + H_2(g)$$

Para evitar reações paralelas, a corrente de alimentação do 1-buteno é diluída com vapor d'água na razão de 10 mols de vapor d'água por mol de 1-buteno. A reação é conduzida *isotermicamente* a 525 °C e, nessa temperatura, 33 % do 1-buteno são convertidos em 1,3-butadieno. Que quantidade de calor é transferida para ou a partir do reator por mol de 1-buteno alimentado?

4.46. (*a*) Um condensador resfriado a ar transfere calor na taxa de 12(BTU) · s^{-1} para o ar ambiente a 70(°F). Se a temperatura do ar aumenta em 20(°F), qual é a vazão volumétrica de ar necessária?
(*b*) Refaça o item (*a*) para uma taxa de transferência de calor igual a 12 kJ · s^{-1}, temperatura do ar ambiente igual a 24 °C e um aumento de temperatura de 13 °C.

4.47. (*a*) Uma unidade de ar-condicionado resfria $50(ft)^3 \cdot s^{-1}$ de ar a 94(°F) para 68(°F). Qual é a taxa de transferência de calor requerida em (BTU) · s^{-1}?
(*b*) Refaça o item (*a*) para uma vazão de 1,5 $m^3 \cdot s^{-1}$, uma variação de temperatura de 35 °C para 25 °C e unidade de kJ · s^{-1}.

4.48. Um aquecedor de água que utiliza propano como combustível fornece 80 % do calor de combustão padrão do propano [a 25 °C, com $CO_2(g)$ e $H_2O(g)$ como produtos] para a água. Se o preço do propano for de US$ 2,20 por galão, medido a 25 °C, qual é o custo de aquecimento em US$ por milhão de (BTU)? E em US$ por MJ?

4.49. Determine a transferência de calor (J · mol^{-1}) quando um dos gases identificados a seguir é aquecido em um processo com escoamento em regime estacionário de 25 °C para 500 °C na pressão atmosférica.

(*a*) Acetileno; (*b*) Amônia; (*c*) *n*-Butano; (*d*) Dióxido de carbono; (*e*) Monóxido de carbono; (*f*) Etano; (*g*) Hidrogênio; (*h*) Cloreto de hidrogênio; (*i*) Metano; (*j*) Óxido nítrico; (*k*) Nitrogênio; (*l*) Dióxido de nitrogênio; (*m*) Óxido nitroso; (*n*) Oxigênio; (*o*) Propileno.

4.50. Determine a temperatura final para um dos gases do problema anterior, se 30.000 J · mol^{-1} de calor for transferido para o gás, inicialmente a 25 °C, em um processo com escoamento em regime estacionário, a pressão atmosférica.

4.51. A análise térmica quantitativa foi sugerida como uma técnica para monitorar a composição de uma corrente gasosa binária. Para ilustrar o princípio, resolva um dos seguintes problemas:

(*a*) Uma mistura gasosa metano/etano é aquecida de 25 °C para 250 °C a 1(atm) em um processo de escoamento em regime estacionário. Se $Q = 11.500$ J · mol^{-1}, qual é a composição da mistura?
(*b*) Uma mistura gasosa benzeno/ciclohexano é aquecida de 100 °C para 400 °C a 1(atm) em um processo de escoamento em regime estacionário. Se $Q = 54.000$ J · mol^{-1}, qual é a composição da mistura?
(*c*) Uma mistura gasosa tolueno/etilbenzeno é aquecida de 150 °C para 250 °C a 1(atm) em um processo de escoamento em regime estacionário. Se $Q = 17.500$ J · mol^{-1}, qual é a composição da mistura?

4.52. Vapor d'água saturado a 1 (atm) e 100 °C é continuamente gerado a partir de água líquida a 1 (atm) e 25 °C pelo contato térmico com ar quente em um trocador de calor em contracorrente. O ar escoa em regime estacionário a 1 (atm). Determine os valores para (vapor)/(ar) para dois casos:

(*a*) Ar entrando no trocador a 1000 °C.
(*b*) Ar entrando no trocador a 500 °C.
Para os dois casos, considere um ΔT mínimo de projeto na extremidade do trocador de calor de 10 °C.

4.53. Vapor saturado de água, isto é, *vapor d'água*, é normalmente usado como uma fonte de calor nas aplicações envolvendo trocadores de calor. Por que vapor *saturado*? Por que vapor de *água* saturado? Em uma planta de qualquer tamanho razoável, vários tipos de vapor saturado estão normalmente disponíveis; por exemplo, vapor saturado a 4,5; 9; 17 e 33 bar. Mas, quanto maior a pressão, menor a quantidade de energia útil disponível (por quê?) e maior o custo unitário. Por que, então, o vapor de alta pressão é utilizado?

4.54. A oxidação da glicose é a principal fonte de energia para as células animais. Considere que os reagentes são glicose [$C_6H_{12}O_6(s)$] e oxigênio [$O_2(g)$]. Os produtos são $CO_2(g)$ e $H_2O(l)$.

(*a*) Escreva uma equação balanceada para a oxidação da glicose e determine o calor de reação padrão a 298 K.
(*b*) Durante um dia uma pessoa normal consome cerca de 150 kJ de energia por kg de massa corporal. Considerando que a glicose é a única fonte de energia, estime a massa (gramas) de glicose necessária diariamente para sustentar uma pessoa de 57 kg.
(*c*) Para uma população de 275 milhões de pessoas, que massa de CO_2 (um gás do efeito estufa) é produzida diariamente por mera respiração? *Dados*: para glicose, $\Delta H^\circ_{f298} = -1274{,}4$ kJ · mol^{-1}. Despreze o efeito da temperatura sobre o calor de reação.

4.55. Um combustível de gás natural contém 85 % de metano, 10 % de etano e 5 % de nitrogênio em base molar.

(*a*) Qual é o calor de combustão padrão (kJ · mol^{-1}) do combustível a 25 °C com $H_2O(g)$ como um produto?
(*b*) O combustível é fornecido para uma fornalha com 50 % de excesso de ar, ambos entrando a 25 °C. Os produtos deixam a fornalha a 600 °C. Se a combustão for completa e se não ocorrem reações laterais ou paralelas, qual a quantidade de calor (kJ por mol de combustível) transferida na fornalha?

CAPÍTULO

5

A Segunda Lei da Termodinâmica

A Termodinâmica trata os princípios das transformações de energia, e as leis da Termodinâmica estabelecem os limites nos quais se observa a ocorrência dessas transformações. A Primeira Lei enuncia o Princípio da Conservação da Energia, levando a balanços de energia nos quais o trabalho e o calor são incluídos como simples termos aditivos, embora, de alguma forma, eles sejam bem diferentes. O trabalho é propriamente útil em situações nas quais o calor não o é, por exemplo, para a elevação de um peso ou na aceleração de uma massa. Indiscutivelmente, o trabalho é uma forma de energia intrinsecamente mais valiosa do que uma quantidade equivalente de calor. Essa diferença é refletida em uma segunda lei fundamental que, juntamente com a primeira, são a base sobre a qual a Termodinâmica é construída. O propósito deste capítulo é:

- Introduzir o conceito de entropia, uma propriedade termodinâmica essencial;
- Apresentar a Segunda Lei da Termodinâmica, que reflete a observação de que limites existem para o que pode ser realizado mesmo por processos reversíveis;
- Aplicar a Segunda Lei em alguns processos corriqueiros;
- Relacionar a variação de entropia com T e P para substâncias no estado de gás ideal;
- Apresentar balaços de entropia em sistemas abertos;
- Demonstrar o cálculo do trabalho ideal e do trabalho perdido em processos com escoamento;
- Relacionar entropia ao mundo microscópico das moléculas.

5.1 ENUNCIADOS AXIOMÁTICOS DA SEGUNDA LEI

Os dois axiomas apresentados no Capítulo 2 em relação à Primeira Lei têm contrapartidas em relação à Segunda Lei. São elas:

***Axioma 4*: Existe uma propriedade chamada entropia[1] *S*, que, para sistemas em equilíbrio interno, é uma intrínseca, funcionalmente relacionada com variáveis de estado mensuráveis que caracterizam o sistema. Variações diferenciais desta propriedade são fornecidas pela equação:**

$$\boxed{dS^t = dQ_{\text{rev}}/T} \tag{5.1}$$

na qual S^t é a entropia do *sistema* (ao invés da molar).

***Axioma 5*: (A Segunda Lei da Termodinâmica) A variação da entropia de qualquer sistema e sua vizinhança, consideradas juntas, resultante de qualquer processo real, é positiva, aproximando-se de zero quando o processo se aproxima da reversibilidade. Matematicamente,**

$$\boxed{\Delta S_{\text{total}} \geq 0} \tag{5.2}$$

[1] Pronunciado **en'**-tro-pia para distinguir claramente de en-**tal'**-pia.

A Segunda Lei afirma que todo processo prossegue em um sentido no qual a variação de entropia *total* associada com ele é positiva, com o valor limite de zero sendo atingido somente pelo processo reversível. Nenhum processo no qual a entropia *total* diminui é possível. A utilidade prática da Segunda Lei é ilustrada por sua aplicação em dois processos bem comuns. No primeiro, mostra-se sua ligação com nossa experiência do dia a dia, na qual o calor flui do quente para o frio. No segundo processo mostra-se como a Segunda Lei estabelece limites para a conversão de calor em trabalho em qualquer dispositivo.

Aplicação da Segunda Lei na Transferência de Calor Simples

Primeiramente, considere a transferência de calor direta entre dois *reservatórios de calor*, corpos com capacidade imaginada de absorver ou rejeitar quantidades de calor ilimitadas sem haver variação em suas temperaturas.[2] A equação para a variação de entropia de um reservatório de calor vem da Eq. (5.1). Como T é constante, a integração fornece:

$$\Delta S = \frac{Q}{T}$$

Uma quantidade de calor Q é transferida para ou a partir de um reservatório a temperatura T. Do ponto de vista do reservatório a transferência é reversível, porque seu efeito sobre ele é o mesmo, independentemente de ser fonte ou sumidouro de calor.

Considere as temperaturas dos reservatórios iguais a T_Q e T_F com $T_Q > T_F$. A quantidade de calor Q, transferida de um reservatório para outro, é a mesma para os dois reservatórios. Entretanto, Q_Q e Q_F têm sinais opostos; positivo para o calor adicionado a um reservatório e negativo para o calor extraído do outro reservatório. Por isso, $Q_Q = -Q_F$, e as variações da entropia dos reservatórios a T_Q e a T_F são:

$$\Delta S_Q^t = \frac{Q_Q}{T_Q} = \frac{-Q_F}{T_Q} \qquad \text{e} \qquad \Delta S_F^t = \frac{Q_F}{T_F}$$

Essas duas variações de entropia são somadas para fornecer:

$$\Delta S_{\text{total}} = \Delta S_Q^t + \Delta S_F^t = \frac{-Q_F}{T_Q} + \frac{Q_F}{T_F} = Q_F\left(\frac{T_Q - T_F}{T_Q T_F}\right)$$

Como o processo de transferência de calor é irreversível, a Eq. (5.2) requer um valor positivo para ΔS_{total} e, por isso,

$$Q_F(T_Q - T_F) > 0$$

Com a diferença de temperaturas positiva, Q_F deve também ser positiva, o que significa que o calor flui *para dentro* do reservatório a T_F, isto é, da maior para a menor temperatura. Este resultado está em conformidade com a experiência universal de que calor flui da maior para a menor temperatura. Um enunciado formal transmite este resultado:

Nenhum processo que consista *unicamente* na transferência de calor de um nível de temperatura para um nível de temperatura superior é possível.

Note também que ΔS_{total} torna-se menor quando a diferença de temperatura diminui. Quando T_Q é apenas infinitesimalmente maior do que T_F, a transferência de calor é reversível e ΔS_{total} se aproxima de zero.

Aplicação da Segunda Lei em Máquinas Térmicas

O calor pode ser utilizado de uma forma mais útil do que através de uma transferência simples de um nível de temperatura para um nível menor. Na verdade, o trabalho útil é produzido por incontáveis máquinas que empregam o escoamento de calor como suas fontes de energia. Os exemplos mais comuns são o motor de combustão interna e a planta de potência a vapor. Coletivamente, elas são *máquinas térmicas*. Todas dependem de uma fonte de calor a alta temperatura e descartam calor no ambiente.

A Segunda Lei impõe restrições sobre o quanto, da quantidade de calor entrando, pode ser convertido em trabalho e nosso objeto agora é estabelecer quantitativamente essa relação. Imaginamos que a máquina recebe calor de um reservatório a temperatura mais alta T_Q e descarta calor para um reservatório a uma temperatura menor T_F. A máquina é tomada como o sistema e os dois reservatórios de calor englobam a vizinhança. As quantidades de calor e de trabalho em relação à máquina e aos reservatórios são mostradas na Figura 5.1(a).

[2] A região de chama de uma fornalha é, na prática, um reservatório quente e a atmosfera vizinha um reservatório frio.

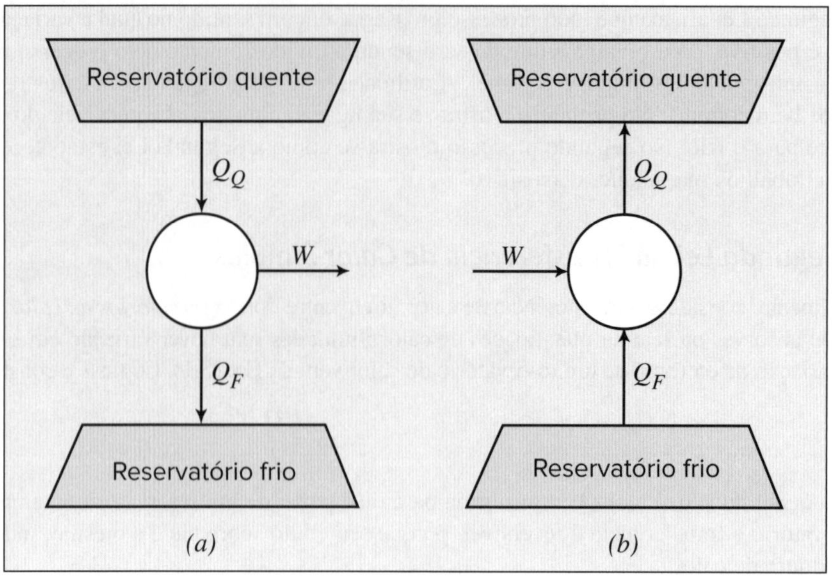

Figura 5.1 Diagrama esquemático: (*a*) Máquina de Carnot; (*b*) Refrigerador ou bomba de calor de Carnot.

Em relação à máquina, a Primeira Lei, conforme fornecida pela Equação (2.3), torna-se:

$$\Delta U = Q + W = Q_Q + Q_F + W$$

Como a máquina inevitavelmente opera em ciclos, suas propriedades em um ciclo não mudam. Consequentemente, $\Delta U = 0$ e $W = -Q_Q - Q_F$.

A variação de entropia da vizinhança se iguala à soma das variações de entropia dos reservatórios. Como a variação de entropia da máquina em um ciclo é zero, a variação total de entropia é a dos reservatórios de calor. Dessa forma,

$$\Delta S_{\text{total}} = -\frac{Q_Q}{T_Q} - \frac{Q_F}{T_F}$$

Note que Q_F em relação à *máquina* é um número negativo, enquanto Q_Q é positivo. Combinando esta equação com a equação para W para eliminar Q_Q, tem-se:

$$W = T_Q \Delta S_{\text{total}} + Q_F\left(\frac{T_Q - T_F}{T_F}\right)$$

Este resultado fornece o trabalho fornecido por uma máquina térmica entre os dois limites. Se a máquina for totalmente não efetiva, $W = 0$; a equação, então, é reduzida ao resultado obtido pela transferência de calor simples entre os dois reservatórios de calor, isto é:

$$\Delta S_{\text{total}} = -Q_F\left(\frac{T_Q - T_F}{T_Q T_F}\right)$$

Aqui, a diferença no sinal simplesmente reflete o que Q_F é em relação à máquina, enquanto, anteriormente, ele estava em relação ao reservatório de menor temperatura.

Se o processo for reversível em todos os aspectos, então $\Delta S_{\text{total}} = 0$, e a equação se reduz a:

$$W = Q_F\left(\frac{T_Q}{T_F} - 1\right) \tag{5.3}$$

Uma máquina térmica operando, como descrito, na forma completamente reversível é muito especial e é chamada uma *máquina de Carnot*. As características de tal máquina ideal foram primeiramente descritas por N. L. S. Carnot,[3] em 1824.

Note, novamente, que Q_F é um número negativo, pois representa o calor transferido *a partir* da máquina. Isto torna W negativo, de acordo com o fato de que o trabalho não é adicionado para, mas *produzido pela* máquina. Claramente, para qualquer valor finito de W, Q_F é também finito, o que significa que uma porção do calor transferido de

[3] Nicolas Leonard Sadi Carnot (1796–1832), engenheiro francês. Veja <http://en.wikipedia.org/wiki/Nicolas_Leonard_Sadi_Carnot>.

um reservatório de maior temperatura deve ser inevitavelmente exaurida para o reservatório de menor temperatura. Essa observação pode ser dada pelo enunciado formal:

É impossível construir uma máquina que, operando através de um processo cíclico, produza *nenhum outro* efeito (sobre o sistema e a vizinhança) além da extração de calor de um reservatório e a realização de uma quantidade equivalente de trabalho.

A Segunda Lei não proíbe a produção contínua de trabalho a partir de calor, mas coloca um limite na quantidade de calor adicionada em um processo cíclico, que pode ser convertida em trabalho.

Combinando esta equação com $W = -Q_Q - Q_F$, para eliminar primeiro W e depois Q_F, chega-se às *Equações de Carnot*:

$$\frac{-Q_F}{T_F} = \frac{Q_Q}{T_Q} \tag{5.4}$$

$$\frac{W}{Q_Q} = \frac{T_F}{T_Q} - 1 \tag{5.5}$$

Note que na aplicação para uma máquina de Carnot, Q_Q, representando o calor transferido para a máquina, é um número positivo, tornando o trabalho produzido (W) negativo. Na Eq. (5.4), o menor valor possível de Q_F é zero; o valor correspondente de T_F é o zero absoluto na escala Kelvin, que corresponde a −273,15 °C.

A eficiência *térmica* de uma máquina térmica é **definida** como a razão entre o trabalho produzido e o calor fornecido para a máquina. Em relação à máquina, o trabalho W é negativo. Então,

$$\eta \equiv \frac{-W}{Q_Q} \tag{5.6}$$

Tendo em vista a Eq. (5.5), a eficiência térmica de uma máquina de Carnot é:

$$\eta_{\text{Carnot}} = 1 - \frac{T_F}{T_Q} \tag{5.7}$$

Apesar de a máquina de Carnot operar reversivelmente em todos os aspectos e não poder ser melhorada, sua eficiência se aproxima da unidade somente quando T_Q se aproxima do infinito ou T_F se aproxima de zero. Nenhuma dessas condições existe na Terra; assim, todas as máquinas térmicas terrestres operam com eficiências térmicas menores que a unidade. Os reservatórios frios disponíveis na Terra são a atmosfera, lagos, rios e oceanos, para os quais $T_F \simeq 300$ K. Os reservatórios quentes são equipamentos como fornalhas, nos quais a temperatura é mantida pela combustão de combustíveis fósseis ou pela fissão de elementos radioativos, e para os quais $T_Q \simeq 600$ K. Com esses valores, $\eta = 1 - 300/600 = 0{,}5$; um limite aproximado realístico para a eficiência térmica de uma máquina de Carnot. Máquinas térmicas reais são irreversíveis e η raramente excede 0,35.

■ Exemplo 5.1

Uma planta que gera potência, com capacidade nominal de 800.000 kW, produz vapor d'água a 585 K e descarrega calor para um rio a 295 K. Se a eficiência térmica da planta é 70 % do valor máximo possível, que quantidade de calor é descarregada para o rio na operação com a capacidade nominal?

Solução 5.1

A eficiência térmica máxima possível é dada pela Eq. (5.7). Com T_Q como a temperatura de geração do vapor e T_F como a temperatura do rio:

$$\eta_{\text{Carnot}} = 1 - \frac{295}{585} = 0{,}4957 \quad \text{e} \quad \eta = (0{,}7)(0{,}4957) = 0{,}3470$$

em que η é a eficiência térmica real. Combinando a Eq. (5.6) com a Primeira Lei, escrita como $W = -Q_Q - Q_F$, para eliminar Q_Q, tem-se:

$$Q_F = \left(\frac{1-\eta}{\eta}\right)W = \left(\frac{1-0{,}347}{0{,}347}\right)(-800.000) = -1.505.475 \text{ kW}$$

Esta taxa de transferência de calor causaria uma elevação de temperatura de alguns graus Celsius em um rio de pequeno tamanho.

5.2 MÁQUINAS TÉRMICAS E BOMBAS DE CALOR

As seguintes etapas formam o ciclo de Carnot de qualquer máquina de Carnot:

- **Etapa 1:** Um sistema a uma temperatura inicial igual a temperatura de um reservatório frio a T_F passa por um processo *adiabático reversível*, que causa uma elevação de sua temperatura até a temperatura de um reservatório quente a T_Q;
- **Etapa 2:** O sistema mantém contato com o reservatório quente a T_Q e sofre um processo *isotérmico reversível* durante o qual uma quantidade de calor Q_Q é absorvida a partir do reservatório quente;
- **Etapa 3:** O sistema passa por um processo *adiabático reversível* no sentido oposto ao da Etapa 1, que traz sua temperatura novamente para a temperatura do reservatório frio T_F;
- **Etapa 4:** O sistema mantém contato com o reservatório a T_F e sofre um processo *isotérmico reversível* no sentido oposto ao da Etapa 2, que o retorna ao seu estado inicial com a rejeição de uma quantidade de calor Q_F para o reservatório frio.

Este conjunto de processos pode, em princípio, ser realizado em qualquer tipo de sistema, porém somente uns poucos, a serem descritos a seguir, são de interesse prático.

Uma máquina de Carnot opera entre dois reservatórios de calor de tal forma que todo o calor absorvido é transferido na temperatura constante do reservatório quente e todo calor descartado é transferido na temperatura constante do reservatório frio. Qualquer máquina *reversível* operando entre dois reservatórios de calor é uma máquina de Carnot; uma máquina operando em um ciclo diferente deve necessariamente transferir calor através de diferenças de temperaturas não nulas e finitas e, consequentemente, não pode ser reversível. Duas conclusões importantes, inevitavelmente, surgem a partir da natureza da máquina Carnot:

- **Sua eficiência térmica depende somente dos níveis de temperatura e não da substância de trabalho utilizada na máquina.**
- **Para dois reservatórios de calor dados, nenhuma máquina pode possuir uma eficiência térmica superior a de uma máquina de Carnot.**

Forneceremos tratamento adicional sobre as máquinas térmicas práticas no Capítulo 8.

Como uma máquina de Carnot é reversível, ela pode ser operada de forma invertida; assim o ciclo de Carnot é percorrido no sentido oposto e se transforma em uma *bomba de calor* reversível, operando entre os mesmos níveis de temperatura e Q_Q, Q_F e W são as mesmas das do ciclo da máquina, mas possuem sentido oposto, como na Figura 5.1(b). Aqui, trabalho é necessário e é utilizado para "bombear" calor do reservatório de calor de temperatura menor para o reservatório de calor de maior temperatura. Refrigeradores são bombas de calor com a "caixa fria" como o reservatório de mais baixa temperatura e uma porção do meio ambiente como o reservatório de temperatura mais alta. A medida usual da qualidade da bomba de calor é o *coeficiente de desempenho*, **definido** como o calor extraído na temperatura mais baixa dividido pelo trabalho necessário, sendo ambos grandezas positivas em relação à bomba de calor:

$$\omega \equiv \frac{Q_F}{W} \tag{5.8}$$

Para uma bomba de calor de Carnot, este coeficiente pode ser obtido pela combinação das Eqs. (5.4) e (5.5), eliminando Q_Q:

$$\omega_{\text{Carnot}} \equiv \frac{T_F}{T_Q - T_F} \tag{5.9}$$

Para um refrigerador a 4 °C e transferência de calor para um meio ambiente a 24 °C, a Eq. (5.9) tem-se:

$$\omega_{\text{Carnot}} = \frac{4 + 273{,}15}{24 - 4} = 13{,}86$$

Qualquer refrigerador real operaria irreversivelmente com um valor menor de ω. Os aspectos práticos da refrigeração são tratados no Capítulo 9.

5.3 MÁQUINA DE CARNOT COM FLUIDO DE TRABALHO NO ESTADO DE GÁS IDEAL

O ciclo percorrido por um fluido de trabalho em seu estado de gás ideal em uma máquina de Carnot é mostrado em um diagrama *PV* na Figura 5.2. Ele é constituído por quatro processos *reversíveis*, correspondentes às etapas de 1 a 4 do ciclo de Carnot geral, descrito na seção anterior:

- $a \rightarrow b$ Compressão adiabática com a temperatura subindo de T_F para T_Q.
- $b \rightarrow c$ Expansão isotérmica até um ponto arbitrário c, com absorção de calor Q_Q.
- $c \rightarrow d$ Expansão adiabática com a temperatura diminuindo até T_F.
- $d \rightarrow a$ Compressão isotérmica até o estado inicial, com descarte de calor Q_F.

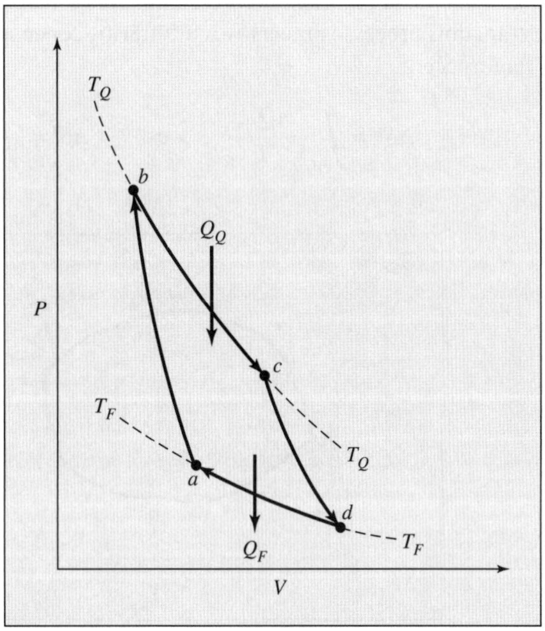

Figura 5.2 Diagrama *PV* mostrando um ciclo de Carnot para um fluido de trabalho no estado de gás ideal.

Nesta análise, o fluido de trabalho no estado de gás ideal é tomado como o sistema. Para as etapas isotérmicas $b \rightarrow c$ e $d \rightarrow a$, a Eq. (3.20) fornece:

$$Q_Q = RT_Q \ln \frac{V_c^{gi}}{V_b^{gi}} \qquad \text{e} \qquad Q_F = RT_F \ln \frac{V_a^{gi}}{V_d^{gi}}$$

Dividindo a primeira equação pela segunda, obtém-se:

$$\frac{Q_Q}{Q_F} = \frac{T_H \ln\left(V_c^{gi}/V_b^{gi}\right)}{T_F \ln\left(V_a^{gi}/V_d^{gi}\right)}$$

Para um processo adiabático, a Eq. (3.16) com $dQ = 0$ torna-se:

$$-\frac{C_V^{gi}}{R}\frac{dT}{T} = \frac{dV^{gi}}{V^{gi}}$$

Para as etapas $a \rightarrow b$ e $c \rightarrow d$, a integração fornece:

$$\int_{T_F}^{T_Q} \frac{C_V^{gi}}{R}\frac{dT}{T} = \ln \frac{V_a^{gi}}{V_b^{gi}} \qquad \text{e} \qquad \int_{T_F}^{T_Q} \frac{C_V^{gi}}{R}\frac{dT}{T} = \ln \frac{V_d^{gi}}{V_c^{gi}}$$

Como os lados esquerdos dessas duas equações são os mesmos, as etapas adiabáticas estão relacionadas por:

$$\ln \frac{V_d^{gi}}{V_c^{gi}} = \ln \frac{V_a^{gi}}{V_b^{gi}} \quad \text{ou} \quad \ln \frac{V_c^{gi}}{V_b^{gi}} = -\ln \frac{V_a^{gi}}{V_d^{gi}}$$

A combinação da segunda expressão com a equação que relaciona as duas etapas isotérmicas fornece:

$$\frac{Q_Q}{Q_F} = -\frac{T_Q}{T_F} \quad \text{ou} \quad \frac{-Q_F}{T_F} = \frac{Q_Q}{T_Q}$$

Esta última equação é idêntica à Eq. (5.4).

5.4 ENTROPIA

Os pontos A e B no diagrama PV^t da Figura 5.3 representam dois estados de equilíbrio de um certo fluido e as trajetórias ACB e ADB mostram dois processos *reversíveis* arbitrários conectando esses dois pontos. A integração da Eq. (5.1) para cada trajetória fornece:

$$\Delta S^t = \int_{ACB} \frac{dQ_{\text{rev}}}{T} \quad \text{e} \quad \Delta S^t = \int_{ADB} \frac{dQ_{\text{rev}}}{T}$$

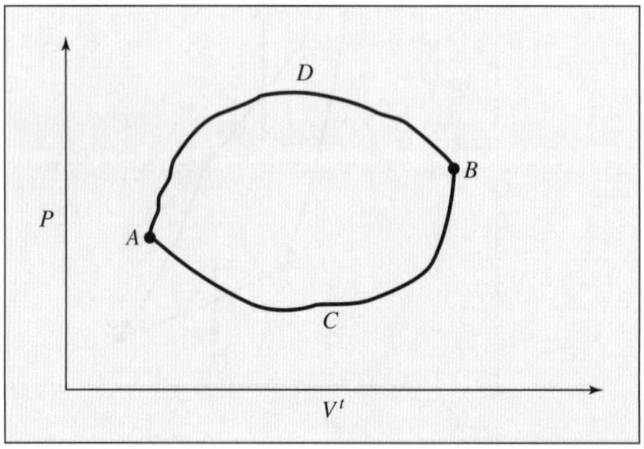

Figura 5.3 Duas trajetórias reversíveis ligando dois estados de equilíbrio *A* e *B*.

Como ΔS^t é uma variação de propriedade, ele é independente da trajetória, sendo dada por $S_B^t - S_A^t$.

Se o fluido for levado do estado A para o estado B por meio de um processo *irreversível*, a variação de entropia é novamente $\Delta S^t = S_B^t - S_A^t$, porém a experiência mostra que este resultado *não* é mais dado por $\int dQ/T$, avaliada para o próprio processo irreversível, pois o cálculo de variações de entropia por intermédio desta integral deve, em geral, ser ao longo de trajetórias reversíveis.

Entretanto, a variação de entropia de um *reservatório de calor* é sempre dada por Q/T, em que Q é a quantidade de calor transferida para ou a partir do reservatório na temperatura T, sendo a transferência reversível ou irreversível. Como observado anteriormente, a razão é o fato de que o efeito da transferência de calor no reservatório é o mesmo, independente da temperatura da fonte ou do sumidouro de calor.

Se um processo for reversível e adiabático, $dQ_{\text{rev}} = 0$; então, pela Eq. (5.1), $dS^t = 0$. Assim, a entropia de um sistema é constante ao longo de um processo reversível adiabático e o processo é dito *isentrópico*.

As características da entropia podem ser resumidas conforme segue:

- A relação da entropia com a Segunda Lei é semelhante à da energia interna com a Primeira Lei. A Eq. (5.1) é a fonte primária de todas as equações que relacionam a entropia com as grandezas mensuráveis. Ela não representa uma definição de entropia; não há tal definição no contexto da Termodinâmica Clássica. O que ela fornece são os meios para o cálculo de *variações* dessa propriedade;
- A variação da entropia de qualquer sistema passando por um processo *reversível* não infinitesimal é fornecida pela forma integral da Eq. (5.1). Quando um sistema passa por um processo *irreversível* entre dois estados de equilíbrio, a variação da entropia do sistema ΔS^t é avaliada com a utilização da Eq. (5.1) para *um processo reversível*

arbitrariamente escolhido que efetue a mesma mudança de estado do processo real. A integração *não* é efetuada ao longo da trajetória irreversível. Como a entropia é uma função de estado, suas variações nos processos reversível e irreversível são idênticas;

- No caso particular de um processo *mecanicamente reversível* (Seção 2.8), a variação de entropia do sistema é corretamente determinada por $\int dQ/T$ aplicada ao processo real, mesmo que a *transferência de calor* entre o sistema e a vizinhança represente uma irreversibilidade *externa*. A razão é que, no que se refere ao sistema, não é significativo se a diferença de temperaturas que causa a transferência de calor é infinitesimal (fazendo o processo externamente reversível) ou finita. A variação de entropia de um sistema *causada somente pela transferência de calor* pode sempre ser calculada por $\int dQ/T$, sendo a transferência de calor efetuada reversivelmente ou irreversivelmente. Entretanto, quando um processo é irreversível em função de diferenças finitas em outras forças motrizes, como a pressão, a variação de entropia não é somente causada pela transferência de calor, e para seu cálculo deve-se definir uma forma mecanicamente reversível de efetuar a mesma mudança de estado.

5.5 VARIAÇÕES DA ENTROPIA PARA O ESTADO DE GÁS IDEAL

Para um mol ou para uma unidade de massa de um fluido passando por um processo mecanicamente reversível em um sistema fechado, a Primeira Lei, Eq. (2.7), torna-se:

$$dU = dQ_{\text{rev}} - PdV$$

A diferenciação da equação de definição da entalpia, $H = U + PV$, fornece:

$$dH = dU + PdV + VdP$$

A eliminação de dU fornece:

$$dH = dQ_{\text{rev}} - PdV + PdV + VdP$$

ou

$$dQ_{\text{rev}} = dH - VdP$$

Para o estado de gás ideal, $dH^{gi} = C_P^{gi} dT$ e $V^{gi} = RT/P$. Com estas substituições e dividindo por T,

$$\frac{dQ_{\text{rev}}}{T} = C_P^{gi}\frac{dT}{T} - R\frac{dP}{P}$$

Como resultado da Eq. (5.1), esta equação torna-se:

$$dS^{gi} = C_P^{gi}\frac{dT}{T} - R\frac{dP}{P} \qquad \text{ou} \qquad \frac{dS^{gi}}{R} = \frac{C_P^{gi}}{R}\frac{dT}{T} - d\ln P$$

na qual S^{gi} é a entropia molar para o estado de gás ideal. A integração de um estado inicial, nas condições T_0 e P_0, até um estado final, nas condições T e P, fornece:

$$\frac{\Delta S^{gi}}{R} = \int_{T_0}^{T}\frac{C_P^{gi}}{R}\frac{dT}{T} - \ln\frac{P}{P_0} \tag{5.10}$$

Embora *deduzida* para um processo mecanicamente reversível, esta equação somente relaciona propriedades e é independente do processo que causa a mudança de estado, e é, por isso, uma equação *geral* para o cálculo de variações da entropia no estado de gás ideal.

■ Exemplo 5.2

Para o estado de gás ideal e capacidades caloríficas constantes, a Eq. (3.23b) para um processo reversível e adiabático (e, consequentemente, isentrópico) pode ser escrita da seguinte maneira:

$$\frac{T_2}{T_1} = \left(\frac{P_2}{P_1}\right)^{(\gamma-1)/\gamma}$$

Mostre que essa mesma equação resulta da utilização da Eq. (5.10) com $\Delta S^{gi} = 0$.

Solução 5.2

Como C_P^{gi} é constante, a Eq. (5.10) pode ser escrita:

$$0 = \frac{C_P^{gi}}{R} \ln \frac{T_2}{T_1} - \ln \frac{P_2}{P_1} = \ln \frac{T_2}{T_1} - \frac{R}{C_P^{gi}} \ln \frac{P_2}{P_1}$$

A partir da Eq. (3.12) para o estado de gás ideal, com $\gamma = C_P^{gi} - C_V^{gi}$:

$$C_P^{gi} = C_V^{gi} + R \qquad \text{ou} \qquad \frac{R}{C_P^{gi}} = \frac{\gamma - 1}{\gamma}$$

Em que,

$$\ln \frac{T_2}{T_1} = \frac{\gamma - 1}{\gamma} \ln \frac{P_2}{P_1}$$

Aplicando exponencial nos dois lados desta equação, o resultado leva à equação fornecida.

A Eq. (4.5) para a dependência com a temperatura da capacidade calorífica molar C_P^{gi} permite a integração da primeira parcela do lado direito da Eq. (5.10). O resultado pode ser escrito da seguinte maneira:

$$\int_{T_0}^{T} \frac{C_P^{gi}}{R} \frac{dT}{T} = A \ln \frac{T}{T_0} + \left[B + \left(C + \frac{D}{T_0^2 T^2} \right) \left(\frac{T + T_0}{2} \right) \right] (T - T_0) \tag{5.11}$$

Assim como a integral $\int (C_P/R) dT$ da Eq. (4.8), essa integral é frequentemente calculada; assim, com objetivos computacionais definimos o lado direito da Eq. (5.11) como a função, ICPS(T_0, T; A, B, C, D) e presume-se a existência de uma rotina computacional para sua avaliação. Então, a Eq. (5.11) transforma-se em:

$$\int_{T_0}^{T} \frac{C_P^{gi}}{R} \frac{dT}{T} = \text{ICPS}(T_0, T; \text{A, B, C, D})$$

Também é útil a *capacidade calorífica média*, aqui **definida** na forma:

$$\langle C_P^{gi} \rangle_S = \frac{\int_{T_0}^{T} C_P^{gi} dT/T}{\ln(T/T_0)} \tag{5.12}$$

De acordo com esta equação, a divisão da Eq. (5.11) por $\ln(T/T_0)$ fornece:

$$\frac{\langle C_P^{gi} \rangle_S}{R} = A + \left[B + \left(C + \frac{D}{T_0^2 T^2} \right) \left(\frac{T + T_0}{2} \right) \right] \frac{T - T_0}{\ln(T/T_0)} \tag{5.13}$$

O lado direito desta equação é definido como outra função, MCPS(T_0, T; A, B, C, D). Então, a Eq. (5.13) torna-se:

$$\frac{\langle C_P^{gi} \rangle_S}{R} = \text{MCPS}(T_0, T; \text{A, B, C, D})$$

O subscrito S denota um valor médio específico para os cálculos de entropia. A comparação desse valor médio com o valor médio específico para os cálculos de entalpia, conforme definido pela Eq. (4.9), mostra que as duas médias são bem diferentes. Isto é inevitável, pois eles são definidos com objetivo de avaliar integrais completamente diferentes.

Resolvendo para a integral na Eq. (5.12), obtém-se:

$$\int_{T_0}^{T} C_P^{gi} \frac{dT}{T} = \langle C_P^{gi} \rangle_S \ln \frac{T}{T_0}$$

e a Eq. (5.10) se transforma em:

$$\frac{\Delta S^{gi}}{R} = \frac{\langle C_P^{gi} \rangle_S}{R} \ln \frac{T}{T_0} - \ln \frac{P}{P_0} \tag{5.14}$$

Esta forma da equação para variações da entropia para o estado de gás ideal é frequentemente útil em cálculos iterativos nos quais a temperatura final é desconhecida.

▪ Exemplo 5.3

O metano gasoso, a 550 K e 5 bar, sofre uma expansão reversível e adiabática até 1 bar. Considerando o metano no estado de gás ideal, determine sua temperatura final.

Solução 5.3

Para este processo $\Delta S^{gi} = 0$, e a Eq. (5.14) torna-se:

$$\frac{\langle C_P^{gi} \rangle_S}{R} \ln \frac{T_2}{T_1} = \ln \frac{P_2}{P_1} = \ln \frac{1}{5} = -1{,}6094$$

Como $\langle C_P^{gi} \rangle_S$ depende de T_2, rearranjamos essa equação para uma solução iterativa:

$$\ln \frac{T_2}{T_1} = \frac{-1{,}6094}{\langle C_P^{gi} \rangle_S / R} \qquad \text{ou} \qquad T_2 = T_1 \exp\left(\frac{-1{,}6094}{\langle C_P^{gi} \rangle_S / R} \right)$$

Com as constantes obtidas na Tabela C.1 do Apêndice C, $\langle C_P^{gi} \rangle_S / R$ é calculado pela Eq. (5.13) escrita em sua forma funcional:

$$\frac{\langle C_P^{ig} \rangle_S}{R} = \mathsf{MCPS}(550, T_2;\ 1{,}702,\ 9{,}081 \times 10^{-3},\ -2{,}164 \times 10^{-6},\ 0{,}0)$$

Para um valor inicial de $T_2 < 550$, calcule um valor de $\langle C_P^{gi} \rangle_S / R$ para substituição na equação para T_2. Esse novo valor de T_2 permite calcular novamente $\langle C_P^{gi} \rangle_S / R$ e o processo continua até convergir em um valor final de $T_2 = 411{,}34$ K.

Como no Exemplo (4.3), um procedimento de tentativa e erro é uma abordagem alternativa, com o *Microsoft Goal Seek* do Excel, fornecendo um protótipo da versão automatizada.

▪ Exemplo 5.4

Um molde de aço (C_P = 0,5 kJ · kg^{-1} · K^{-1}), com 40 kg e a uma temperatura de 450 °C, é resfriado por imersão em 150 kg de óleo (C_P = 2,5 kJ · kg^{-1} · K^{-1}) a 25 °C. Se não houver perdas térmicas, qual será a variação da entropia (*a*) do molde, (*b*) do óleo e (*c*) do conjunto molde/óleo?

Solução 5.4

A temperatura final t do óleo e do molde de aço é encontrada com o uso de um balanço de energia. Em função da variação da energia do conjunto óleo e aço dever ser nula,

$$(40)(0{,}5)(t - 450) + (150)(2{,}5)(t - 25) = 0$$

A solução fornece $t = 46{,}52$ °C.

(*a*) A variação da entropia do molde:

$$\Delta S^t = m \int \frac{C_P dT}{T} = m C_P \ln \frac{T_2}{T_1}$$

$$= (40)(0{,}5) \ln \frac{273{,}15 + 46{,}52}{273{,}15 + 450} = -16{,}33 \text{ kJ} \cdot \text{K}^{-1}$$

(*b*) A variação da entropia do óleo:

$$\Delta S^t = (150)(2{,}5)\ln\frac{273{,}15+46{,}52}{273{,}15+25} = 26{,}13\text{ kJ}\cdot\text{K}^{-1}$$

(*c*) A variação total da entropia:

$$\Delta S_{\text{total}} = -16{,}33 + 26{,}13 = 9{,}80\text{ kJ}\cdot\text{K}^{-1}$$

Note que, embora a variação total da entropia seja positiva, a entropia do molde diminuiu.

5.6 BALANÇO DE ENTROPIA EM SISTEMAS ABERTOS

Da mesma maneira que um balanço de energia é escrito para processos nos quais há entrada, saída ou escoamento de fluido através de um volume de controle (Seção 2.9), também pode ser escrito um balanço de entropia. Há, contudo, uma importante diferença: *Entropia não é conservada.* A Segunda Lei afirma que a variação *total* da entropia associada a qualquer processo tem de ser positiva, com um valor limite igual a zero para um processo reversível. Essa exigência é levada em conta escrevendo-se o balanço de entropia para o sistema e a sua vizinhança considerados em conjunto, e com a inclusão de um termo de *geração de entropia* para levar em conta as irreversibilidades do processo. Esse termo é a soma de três outros: um para a diferença na entropia entre as correntes de saída e de entrada, um para a variação de entropia no interior do volume de controle e um para a variação de entropia na vizinhança. Se o processo é reversível, a soma desses três termos é nula, fazendo $\Delta S_{\text{total}} = 0$. Se o processo é irreversível, a soma gera uma quantidade positiva, o termo de geração de entropia.

Consequentemente, o enunciado do balanço expresso em taxas é:

$$\left\{\begin{array}{c}\text{Taxa}\\\text{dinâmica}\\\text{de variação}\\\text{da entropia}\\\text{no volume}\\\text{de controle}\end{array}\right\} + \left\{\begin{array}{c}\text{Taxa}\\\text{líquida de}\\\text{variação da}\\\text{entropia}\\\text{das correntes}\\\text{escoando}\end{array}\right\} + \left\{\begin{array}{c}\text{Taxa}\\\text{dinâmica de}\\\text{variação da}\\\text{entropia na}\\\text{vizinhança}\end{array}\right\} = \left\{\begin{array}{c}\text{Taxa}\\\text{total de}\\\text{geração da}\\\text{entropia}\end{array}\right\}$$

A *equação do balanço de entropia* equivalente é

$$\frac{d(mS)_{\text{vc}}}{dt} + \Delta(S\dot{m})_{\text{ce}} + \frac{dS^t_{\text{viz}}}{dt} = \dot{S}_G \geq 0 \tag{5.15}$$

na qual $\dot{S}_G$ é a taxa de geração de entropia. Esta equação é a forma geral do balanço de entropia em termos de *taxa*, aplicável em qualquer instante. Cada termo pode variar com o tempo. O primeiro termo é a taxa dinâmica da variação da entropia total do fluido contido no interior do volume de controle. O segundo termo é a taxa líquida de ganho em entropia das correntes em escoamento, isto é, a diferença entre a entropia total transportada para fora pelas correntes que saem e a entropia total transportada para dentro pelas correntes que entram no volume de controle. O terceiro termo é a taxa dinâmica da variação da entropia da vizinhança, resultante da transferência de calor entre o sistema e a vizinhança.

Considere que $\dot{Q}_j$ é a taxa de transferência de calor em relação a uma parte específica da superfície de controle associada com $T_{\sigma,j}$ no qual o subscrito σ,j indica uma temperatura na vizinhança. A taxa de variação da entropia na vizinhança resultante dessa transferência é, portanto, $-\dot{Q}_j/T_{\sigma,j}$. O sinal negativo converte $\dot{Q}_j$, definida em relação ao sistema, para uma taxa de transferência de calor em relação à vizinhança. Consequentemente, o terceiro termo na Eq. (5.15) é a soma de todas essas quantidades:

$$\frac{dS^t_{\text{viz}}}{dt} = -\sum_j \frac{\dot{Q}_j}{T_{\sigma,j}}$$

A Eq. (5.15) passa a ser escrita da seguinte maneira:

$$\frac{d(mS)_{\text{vc}}}{dt} + \Delta(S\dot{m})_{\text{ce}} - \sum_j \frac{\dot{Q}_j}{T_{\sigma,j}} = \dot{S}_G \geq 0 \tag{5.16}$$

O último termo, representando a *taxa de geração de entropia* $\dot{S}_G$, reflete a exigência da Segunda Lei de que ele seja positivo para processos irreversíveis. Há duas fontes de irreversibilidades: (*a*) aquelas *dentro* do volume de controle, isto é, irreversibilidades *internas*, e (*b*) aquelas resultantes da transferência de calor vinculada às diferenças de temperatura finitas entre o sistema e a vizinhança, isto é, irreversibilidades térmicas *externas*. O caso limite no qual $\dot{S}_G = 0$ aplica-se quando o processo é *completamente reversível*, o que implica em:

- **O processo ser internamente reversível no interior do volume de controle.**
- **A transferência de calor entre o volume de controle e sua vizinhança ser reversível.**

O segundo item significa que reservatórios de calor são incluídos na vizinhança com temperaturas iguais àquelas da superfície de controle ou que máquinas de Carnot produtoras de trabalho são posicionadas na vizinhança entre as temperaturas da superfície de controle e as temperaturas dos reservatórios de calor.

Para um processo com escoamento em *estado estacionário*, a massa e a entropia do fluido no interior do volume de controle são constantes e $d(mS)_{vc}/dt$ é zero. Então, a Eq. (5.16) torna-se:

$$\boxed{\Delta(\dot{S}\dot{m})_{ce} - \sum_j \frac{\dot{Q}_j}{T_{\sigma,j}} = \dot{S}_G \geq 0} \tag{5.17}$$

Se, adicionalmente, somente houver uma entrada e uma saída, $\dot{m}$ é a mesma para as duas correntes, e uma divisão por $\dot{m}$ fornece:

$$\boxed{\Delta S - \sum_j \frac{Q_j}{T_{\sigma,j}} = S_G \geq 0} \tag{5.18}$$

Cada parcela da Eq. (5.18) está baseada em uma quantidade unitária de massa do fluido escoando através do volume de controle.

■ Exemplo 5.5

Em um processo com escoamento em estado estacionário, operado a pressão atmosférica, 1 mol · s^{-1} de ar a 600 K é continuamente misturado com 2 mol · s^{-1} de ar a 450 K. A corrente de produto está a 400 K e 1 atm. Uma representação esquemática do processo é mostrada na Figura 5.4. Determine a taxa de transferência de calor e a taxa de geração de entropia neste processo. Considere o estado de gás ideal para o ar com $C_P^{gi} = (7/2)R$, que a vizinhança esteja a 300 K e que as variações nas energias cinética e potencial são desprezíveis.

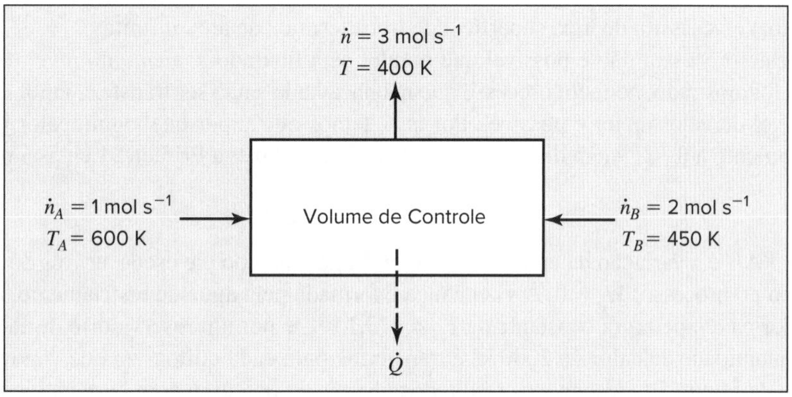

Figura 5.4 Processo descrito no Exemplo 5.5.

Solução 5.5

Comecemos pela aplicação do balanço de energia para determinar a taxa de transferência de calor, que precisaremos conhecer para calcular a taxa de geração de entropia. Escrevemos o balanço de energia, Eq. (2.29), com $\dot{m}$ substituída por $\dot{n}$ e depois substituímos $\dot{n}$ por $\dot{n}_A + \dot{n}_B$,

$$\dot{Q} = \dot{n}H^{gi} - \dot{n}_A H_A^{gi} - \dot{n}_B H_B^{gi} = \dot{n}_A\left(H^{gi} - H_A^{gi}\right) + \dot{n}_B\left(H^{gi} - H_B^{gi}\right)$$

$$\dot{Q} = \dot{n}_A C_P^{gi}(T - T_A) + \dot{n}_B C_P^{gi}(T - T_B) = C_P^{gi}[\dot{n}_A(T - T_A) + \dot{n}_B(T - T_B)]$$
$$= (7/2)(8{,}314)[(1)(400 - 600) + (2)(400 - 450)] = -8729{,}7 \text{ J} \cdot \text{s}^{-1}$$

O balanço de entropia em estado estacionário, Eq. (5.17), com $\dot{m}$ novamente substituída por $\dot{n}$, pode ser, de forma similar, escrito como:

$$\dot{S}_G = \dot{n}S^{gi} - \dot{n}_A S_A^{gi} - \dot{n}_B S_B^{gi} - \frac{\dot{Q}}{T_\sigma} = \dot{n}_A\left(S^{gi} - S_A^{gi}\right) + \dot{n}_B\left(S^{gi} - S_B^{gi}\right) - \frac{\dot{Q}}{T_\sigma}$$

$$= \dot{n}_A C_P^{gi} \ln\frac{T}{T_A} + \dot{n}_B C_P^{gi} \ln\frac{T}{T_B} - \frac{\dot{Q}}{T_\sigma} = C_P^{gi}\left(\dot{n}_A \ln\frac{T}{T_A} + \dot{n}_B \ln\frac{T}{T_B}\right) - \frac{\dot{Q}}{T_\sigma}$$

$$= (7/2)(8{,}314)\left[(1)\ln\frac{400}{600} + (2)\ln\frac{400}{450}\right] + \frac{8729{,}7}{300} = 10{,}446\ \mathrm{J\cdot K^{-1}\cdot s^{-1}}$$

A taxa de geração de entropia é positiva, como tem de ser para qualquer processo real.

▪ Exemplo 5.6

Um inventor afirma ter imaginado um processo que se for alimentado somente por vapor d'água saturado a 100 °C, por meio de uma complicada série de estágios, torna o calor continuamente disponível em um nível de temperatura de 200 °C, com 2000 kJ de energia disponível a 200 °C para cada quilograma de vapor alimentado no processo. Mostre se esse processo é possível ou não. Para dar a ele as condições mais favoráveis, considere que uma quantidade ilimitada de água de resfriamento esteja disponível a uma temperatura de 0 °C.

Solução 5.6

Para qualquer processo ser, ao menos teoricamente, possível, ele deve satisfazer às exigências da Primeira e da Segunda Lei da Termodinâmica. Não há necessidade de conhecer detalhadamente o mecanismo para determinar se isto é verdade, pois apenas o resultado global é necessário. Se a afirmação do inventor satisfizer às leis da Termodinâmica, os meios para a realização do processo serão teoricamente possíveis. A determinação do mecanismo é então um caso de criatividade. De outra forma, o processo é impossível e nenhum mecanismo para efetuá-lo pode ser imaginado.

No presente exemplo, um processo contínuo recebe vapor saturado a 100 °C e o calor Q é disponibilizado continuamente em um nível de temperatura 200 °C. Como a água de resfriamento encontra-se disponível a 0° C, a máxima utilização possível do vapor é efetuada se o vapor é condensado, resfriado (sem congelar) para temperatura de saída e descarregado do processo na pressão atmosférica. Este é o caso limite (mais favorável para o inventor) e necessita de uma superfície de troca térmica de área infinita.

Neste processo, não é possível que o calor seja liberado *somente* no nível de temperatura de 200 °C, pois, como foi mostrado, nenhum processo que não faça nada a não ser transferir calor de um nível de temperatura para um nível de valor maior é possível. Por isso, temos que supor que algum calor Q_σ é transferido para a água de resfriamento a 0 °C. Além disso, o processo deve satisfazer a Primeira Lei; assim, pela Eq. (2.32):

$$\Delta H = Q + Q_\sigma + W_e$$

na qual ΔH é a variação da entalpia do vapor d'água quando ele escoa através do sistema. Como não há trabalho no eixo no processo, $W_e = 0$. A vizinhança é formada pela água de resfriamento, que atua como um reservatório de calor na temperatura constante de $T_\sigma = 273{,}15$ K, e por um reservatório de calor a $T = 473{,}15$ K, para o qual uma quantidade de calor de 2000 kJ é transferida para cada quilograma de vapor alimentado no sistema. O diagrama da Figura 5.5 descreve os resultados globais do processo com base na ideia do inventor.

Os valores de H e S, mostrados na Figura 5.5, do vapor d'água saturado a 100 °C e da água líquida a 0 °C são retirados de tabelas de vapor (Apêndice E). Note que os valores para a água líquida a 0 °C são para o líquido *saturado* ($P^{sat} = 0{,}61$ kPa), porém um aumento na pressão para a pressão atmosférica é insignificante. Com base em um 1 kg de vapor alimentado, a Primeira Lei torna-se:

$$\Delta H = H_2 - H_1 = 0{,}0 - 2676{,}0 = -2000 + Q_\sigma \qquad \text{e} \qquad Q_\sigma = -676{,}0\ \text{kJ}$$

O valor negativo para Q_σ indica que a transferência de calor é a partir do sistema para a água de resfriamento.

Agora examinemos este resultado com base na Segunda Lei para determinar se a geração de entropia é maior ou menor do que zero para o processo. Aqui, a Eq. (5.18) é escrita como:

$$\Delta S - \frac{Q_\sigma}{T_\sigma} - \frac{Q}{473{,}15} = S_G$$

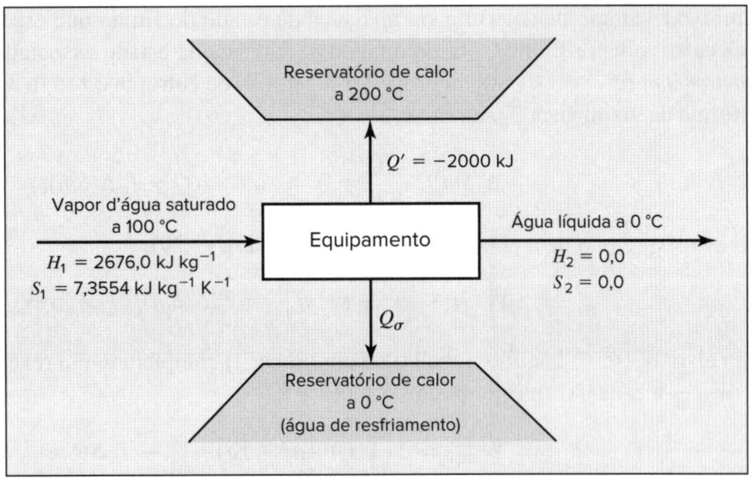

Figura 5.5 Processo descrito no Exemplo 5.6.

Para 1 kg de vapor d'água,

$$\Delta S = S_2 - S_1 = 0{,}0000 - 7{,}3554 = -7{,}3554 \text{ kJ} \cdot \text{K}^{-1}$$

Então, a geração de entropia é:

$$S_G = -7{,}3554 - \frac{-676{,}0}{273{,}15} - \frac{-2000}{473{,}15}$$
$$= -7{,}3554 + 4{,}2270 + 2{,}4748 = -0{,}6536 \text{ kJ} \cdot \text{K}^{-1}$$

Este resultado negativo significa que o processo, conforme descrito, é impossível; a Segunda Lei na forma da Eq. (5.18) exige que $S_G \geq 0$.

O resultado negativo do exemplo anterior não significa que todos os processos desta natureza em geral são impossíveis, mas somente que o inventor foi muito ousado. Na verdade, a quantidade máxima de calor que pode ser transferida para o reservatório quente a 200 °C é facilmente calculada. O balanço de energia é:

$$Q + Q_\sigma = \Delta H \qquad (A)$$

A transferência de calor máxima para o reservatório quente ocorre quando o processo é completamente reversível. Em tal situação $S_G = 0$ e a Eq. (5.18) torna-se:

$$\frac{Q}{T} + \frac{Q_\sigma}{T_\sigma} = \Delta S \qquad (B)$$

Combinando as Eqs. (*A*) e (*B*), e explicitando Q, tem-se:

$$Q = \frac{T}{T - T_\sigma}(\Delta H - T_\sigma \Delta S)$$

Em relação ao exemplo anterior,

$$Q = \frac{473{,}15}{200}\left[-2676{,}0 - (273{,}15)(-7{,}3554)\right] = -1577{,}7 \text{ kJ} \cdot \text{kg}^{-1}$$

Este valor de Q é *menor* do que os -2000 kJ · kg^{-1} anunciados.

5.7 CÁLCULO DE TRABALHO IDEAL

Em qualquer processo com escoamento em regime estacionário que requeira trabalho, há uma quantidade mínima absoluta de trabalho necessária para se produzir a mudança de estado desejada no fluido que escoa através do volume de controle. Em um processo produzindo trabalho, há uma quantidade máxima absoluta de trabalho que pode ser executada como o resultado de determinada mudança de estado do fluido que escoa através do volume de controle. Em ambos os casos, o valor limite é obtido quando a mudança de estado associada com o processo é executada de forma *completamente reversível*. Para tal processo, a geração de entropia é zero e a Eq. (5.17), escrita para uma temperatura uniforme da vizinhança T_σ, torna-se:

$$\Delta(S\dot{m})_{ce} - \frac{\dot{Q}}{T_\sigma} = 0 \qquad \text{ou} \qquad \dot{Q} = T_\sigma \Delta(S\dot{m})_{ce}$$

Substituindo essa expressão para $\dot{Q}$ no balanço de energia, Eq. (2.29):

$$\Delta\left[\left(H + \tfrac{1}{2}u^2 + zg\right)\dot{m}\right]_{ce} = T_\sigma \Delta(S\dot{m})_{ce} + \dot{W}_e(\text{rev})$$

O trabalho no eixo, $\dot{W}_e$(rev), é aqui o trabalho de um processo completamente reversível. Chamando $\dot{W}_e$(rev) de *trabalho ideal*, $\dot{W}_{ideal}$, a equação anterior pode ser reescrita:

$$\dot{W}_{ideal} = \Delta\left[\left(H + \tfrac{1}{2}u^2 + zg\right)\dot{m}\right]_{ce} - T_\sigma \Delta(S\dot{m})_{ce} \tag{5.19}$$

Na maioria das aplicações em processos químicos, os termos das energias cinética e potencial são desprezíveis quando comparados com os outros; neste caso a Eq. (5.19) se reduz a:

$$\boxed{\dot{W}_{ideal} = \Delta(H\dot{m})_{ce} - T_\sigma \Delta(S\dot{m})_{ce}} \tag{5.20}$$

Para o caso particular de uma única corrente escoando através do volume de controle, $\dot{m}$ pode ser fatorado. Então, a equação resultante pode ser dividida por $\dot{m}$ para representá-la na base de uma unidade de quantidade de fluido que escoa através do volume de controle. Assim,

$\dot{W}_{ideal} = \dot{m}(\Delta H - T_\sigma \Delta S)$ (5.21)	$W_{ideal} = \Delta H - T_\sigma \Delta S$ (5.22)

Um processo completamente reversível é hipotético, imaginado, aqui, somente para a determinação do trabalho ideal associado a determinada mudança de estado.

A única conexão entre um processo real e um processo reversível hipotético empregado para determinar o trabalho ideal é que ambos estão associados com a mesma *mudança de estado*.

Nosso objetivo é comparar o trabalho real de um processo $\dot{W}_e$ (ou W_e), conforme fornecido por um balanço de energia para o trabalho ideal dado pelas Eqs. (5.19) a (5.22) para um processo reversível hipotético que produz a mesma variação nas propriedades. Não há necessidade de descrever o processo hipotético, pois ele pode sempre ser imaginado (veja Exemplo 5.7).

Quando $\dot{W}_{ideal}$ (ou W_{ideal}) é positivo, ele é o *trabalho mínimo requerido* para produzir dada variação nas propriedades das correntes escoando e é menor do que $\dot{W}_e$. Neste caso, uma eficiência termodinâmica η_t é definida como a razão entre o trabalho ideal e o trabalho real:

$$\eta_t(\text{trabalho requerido}) = \frac{\dot{W}_{ideal}}{\dot{W}_e} \tag{5.23}$$

Quando $\dot{W}_{ideal}$ (ou W_{ideal}) é negativo, $|\dot{W}_{ideal}|$ é o *trabalho máximo obtenível* a partir de determinada variação nas propriedades das correntes que escoam e são maiores do que $|\dot{W}_e|$. Neste caso, a eficiência termodinâmica é definida como a razão entre o trabalho real e o trabalho ideal:

$$\eta_t(\text{trabalho produzido}) = \frac{\dot{W}_e}{\dot{W}_{ideal}} \tag{5.24}$$

■ Exemplo 5.7

Qual é o trabalho máximo que pode ser obtido em um processo com escoamento em regime estacionário a partir de 1 mol de nitrogênio no estado de gás ideal a 800 K e 50 bar? Tome a temperatura e a pressão da vizinhança como 300 K e 1,0133 bar.

Solução 5.7

O trabalho máximo possível é obtido a partir de qualquer processo completamente reversível que leve o nitrogênio para a temperatura e a pressão da vizinhança, isto é, para 300 K e 1,0133 bar. O que está sendo solicitado aqui é o cálculo do W_{ideal} pela Eq. (5.22), na qual ΔS e ΔH são as variações das entropia e entalpia molares do nitrogênio quando seu estado muda de 800 K e 50 bars para 300 K e 1,0133 bar. Para o estado de gás ideal, a entalpia é independente da pressão e sua variação é dada por:

$$\Delta H^{gi} = \int_{T_1}^{T_2} C_P^{gi} dT$$

O valor desta integral é encontrado a partir da Eq. (4.8) e é representado por:

$$8{,}314 \times \text{ICPH}(800, 300; 3{,}280, 0{,}593 \times 10^{-3}, 0{,}0, 0{,}040 \times 10^{-5}) = -15.060 \text{ J} \cdot \text{mol}^{-1}$$

em que os parâmetros para o nitrogênio vêm da Tabela C.1 do Apêndice C.

Analogamente, a variação de entropia é determinada usando a Eq. (5.10), escrita a seguir:

$$\Delta S^{gi} = \int_{T_1}^{T_2} C_P^{gi} \frac{dT}{T} - R \ln \frac{P_2}{P_1}$$

O valor da integral encontrado, usando a Eq. (5.11), é representado por:

$$8{,}314 \times \text{ICPS}(800, 300; 3{,}280, 0{,}593 \times 10^{-3}, 0{,}0, 0{,}040 \times 10^{-5}) = -29{,}373 \text{ J} \cdot \text{mol}^{-1} \cdot \text{K}^{-1}$$

Portanto, $\Delta S^{gi} = -29{,}373 - 8{,}314 \ln \dfrac{1{,}0133}{50} = 3{,}042 \text{ J} \cdot \text{mol}^{-1} \cdot \text{K}^{-1}$

Com esses valores de ΔH^{gi} e ΔS^{gi}, a Eq. (5.22) torna-se:

$$W_{ideal} = -15.060 - (300)(3{,}042) = -15.973 \text{ J} \cdot \text{mol}^{-1}$$

É possível se conceber facilmente um processo reversível específico para produzir a mudança de estado do exemplo anterior. Suponha que o nitrogênio seja, de forma contínua, mudado para o seu estado final a 1,0133 bar e $T_2 = T_\sigma =$ 300 K por meio do seguinte processo em duas etapas com escoamento em estado estacionário:

- **Etapa 1:** Expansão reversível e adiabática (como em uma turbina) do estado inicial P_1, T_1 e H_1 para 1,0133 bar. Considere que T' represente a temperatura na descarga;
- **Etapa 2:** Resfriamento (ou aquecimento se T' for inferior a T_2) até a temperatura final T_2, a pressão constante de 1,0133 bar.

Para a etapa 1, com $Q = 0$, o balanço de energia é $W_e = \Delta H = (H' - H_1)$, em que H' é a entalpia na temperatura intermediária T' e 1,0133 bar.

Para a máxima produção de trabalho, a etapa 2 também tem de ser reversível, com o calor transferido reversivelmente para a vizinhança a T_σ. Essas exigências são satisfeitas pelo uso de máquinas de Carnot que recebem calor do nitrogênio, produzem trabalho W_{Carnot} e descartam calor para a vizinhança a T_σ. Como a temperatura do nitrogênio decresce de T' para T_2, a Eq. (5.5) para o trabalho de uma máquina de Carnot é escrita na forma diferencial:

$$dW_{Carnot} = \left(\frac{T_\sigma}{T} - 1\right)(-dQ) = \left(1 - \frac{T_\sigma}{T}\right)dQ$$

Aqui, dQ se refere ao nitrogênio, que é tomado como o sistema, ao invés da máquina. A integração fornece:

$$W_{Carnot} = Q - T_\sigma \int_{T'}^{T_2} \frac{dQ}{T}$$

A primeira parcela no lado direito é o calor transferido em relação ao nitrogênio, dado por $Q = H_2 - H'$. A integral é a variação da entropia do nitrogênio ao ser resfriado pelas máquinas de Carnot. Como a etapa 1 ocorre a entropia constante, a integral também representa ΔS para as duas etapas em conjunto. Consequentemente,

$$W_{Carnot} = (H_2 - H') - T_\sigma \Delta S$$

A soma de W_e e W_{Carnot} fornece o trabalho ideal. Assim,

$$W_{ideal} = (H' - H_1) + (H_2 - H') - T_\sigma \Delta S = (H_2 - H_1) - T_\sigma \Delta S$$

ou

$$W_{\text{ideal}} = \Delta H - T_\sigma \Delta S$$

que é igual a Eq. (5.22).

Este desenvolvimento deixa clara a diferença entre W_e, o trabalho no eixo reversível e adiabático da turbina, e W_{ideal}. O trabalho ideal não é constituído somente por W_e, mas também por todo trabalho obtenível a partir de uma máquina de Carnot para a transferência reversível de calor com a vizinhança a T_σ. Na prática, o trabalho produzido por uma turbina pode ser até 80 % do trabalho adiabático reversível, mas normalmente nenhum mecanismo está presente para a extração de W_{Carnot}.[4]

▪ Exemplo 5.8

Refaça o Exemplo 5.6, utilizando a equação para o trabalho ideal.

Solução 5.8

O procedimento aqui é o cálculo do trabalho máximo possível W_{ideal} que pode ser obtido de 1 kg de vapor d'água em um processo com escoamento quando ele passa por uma mudança de estado de vapor saturado a 100 °C para água líquida a 0 °C. Agora o problema se reduz à pergunta se esta quantidade de trabalho é suficiente para operar um refrigerador de Carnot descartando 2000 kJ como calor a 200 °C e retirando calor de um suprimento ilimitado de água de resfriamento a 0 °C. Do Exemplo 5.6, tem-se,

$$\Delta H = -2676{,}0 \text{ kJ} \cdot \text{kg}^{-1} \qquad \text{e} \qquad \Delta S = -7{,}3554 \text{ kJ} \cdot \text{K}^{-1} \cdot \text{kg}^{-1}$$

Com os termos das energias cinética e potencial desprezíveis, a Eq. (5.22) fornece:

$$W_{\text{ideal}} = \Delta H - T_\sigma \Delta S = -2676{,}0 - (273{,}15)(-7{,}3554) = -666{,}9 \text{ kJ} \cdot \text{kg}^{-1}$$

Se esta quantidade de calor, numericamente o máximo que pode ser obtido do vapor, é usada para acionar um refrigerador de Carnot operando entre as temperaturas de 0 °C e 200 °C, o calor descartado é encontrado pela Eq. (5.5), explicitada para Q_Q:

$$Q_Q = W_{\text{ideal}}\left(\frac{T}{T_\sigma - T}\right) = 666{,}9\left(\frac{200 + 273{,}15}{200 - 0}\right) = 1577{,}7 \text{ kJ}$$

Como calculado no Exemplo 5.6, este é o descarte máximo possível de calor a 200 °C; ele é menor do que o valor anunciado de 2000 kJ. Como no Exemplo 5.6, concluímos que o processo descrito não é possível.

5.8 TRABALHO PERDIDO

O trabalho que é desperdiçado em virtude das irreversibilidades em um processo é chamado de *trabalho perdido*, W_{perdido}, e é definido como a diferença entre o trabalho real de uma mudança de estado e o trabalho ideal para a mesma mudança de estado. Assim, por definição,

$$W_{\text{perdido}} \equiv W_e - W_{\text{ideal}} \tag{5.25}$$

Em termos de taxas,

$$\dot{W}_{\text{perdido}} \equiv \dot{W}_e - \dot{W}_{\text{ideal}} \tag{5.26}$$

A taxa de trabalho real vem do balanço de energia, Eq. (2.29), e a taxa de trabalho ideal é dada pela Eq. (5.19):

$$\dot{W}_e = \Delta\left[\left(H + \frac{1}{2}u^2 + zg\right)\dot{m}\right]_{\text{ce}} - \dot{Q}$$

$$\dot{W}_{\text{ideal}} = \Delta\left[\left(H + \frac{1}{2}u^2 + zg\right)\dot{m}\right]_{\text{ce}} - T_\sigma \Delta(S\dot{m})_{\text{ce}}$$

[4] Uma *planta de cogeração* produz potência tanto a partir de uma turbina a gás, como de uma turbina a vapor operando com o vapor gerado do calor fornecido pela exaustão da turbina a gás.

Pela diferença, conforme fornecida pela Eq. (5.26),

$$\boxed{\dot{W}_{\text{perdido}} = T_\sigma \Delta(S\dot{m})_{\text{ce}} - \dot{Q}} \tag{5.27}$$

Para o caso de uma única temperatura na vizinhança T_σ, o balanço de entropia em estado estacionário, Eq. (5.17), torna-se:

$$\dot{S}_G = \Delta(S\dot{m})_{\text{ce}} - \frac{\dot{Q}}{T_\sigma} \tag{5.28}$$

A multiplicação por T_σ fornece: $\quad T_\sigma \dot{S}_G = T_\sigma \Delta(S\dot{m})_{\text{ce}} - \dot{Q}$

Os lados direitos desta equação e da Eq. (5.27) são idênticos. Consequentemente,

$$\boxed{\dot{W}_{\text{perdido}} = T_\sigma \dot{S}_G} \tag{5.29}$$

Em consequência da Segunda Lei, $\dot{S}_G \geq 0$, ≥ 0, da qual tem-se que $\dot{W}_{\text{perdido}} \geq 0$. Quando um processo é completamente reversível, a igualdade é válida e $\dot{W}_{\text{perdido}} = 0$. Para processos irreversíveis a desigualdade está presente e $\dot{W}_{\text{perdido}}$, isto é, a energia que se torna indisponível para o trabalho, é positivo.

A importância na Engenharia deste resultado é clara: quanto maior a irreversibilidade de um processo, maior a taxa de produção de entropia e maior a quantidade de energia que se torna indisponível para o trabalho. Assim, toda a irreversibilidade carrega consigo um preço. A minimização da produção de entropia é essencial para a conservação dos recursos da terra.

Para o caso específico de uma única corrente escoando através do volume de controle, $\dot{m}$ é colocada em evidência e se torna um multiplicador da diferença de entropia nas Eqs. (5.27) e (5.28). Então, uma divisão por $\dot{m}$ converte todos os termos para a base de uma unidade de quantidade de fluido escoando através do volume de controle. Dessa forma,

$\dot{W}_{\text{perdido}} = \dot{m} T_\sigma \Delta S - \dot{Q}$ (5.30)	$W_{\text{perdido}} = T_\sigma \Delta S - Q$ (5.31)
$\dot{S}_G = \dot{m}\Delta S - \frac{\dot{Q}}{T_\sigma}$ (5.32)	$S_G = \Delta S - \frac{Q}{T_\sigma}$ (5.33)

Relembrando que $\dot{Q}$ e Q representam transferência de calor com a vizinhança, mas com o sinal em relação ao sistema. As Eqs. (5.31) e (5.33) combinadas, para uma unidade de quantidade de fluido, levam a:

$$W\text{perdido} = T_\sigma S_G \tag{5.34}$$

Novamente, como $S_G \geq 0$, tem-se que $W_{\text{perdido}} \geq 0$.

▪ Exemplo 5.9

Os dois tipos básicos de trocadores de calor operando em regime estacionário são caracterizados pelos seus padrões de escoamento: *paralelo* e *contracorrente*. Os perfis de temperaturas para os dois tipos são mostrados na Figura 5.6. No escoamento em paralelo, o calor é transferido da corrente quente, escoando da esquerda para a direita, para uma corrente fria, escoando no mesmo sentido, conforme indicado pelas setas. No escoamento em contracorrente, a corrente fria, novamente escoando da esquerda para a direita, recebe calor da corrente quente, que escoa no sentido inverso.

As linhas relacionam as temperaturas das correntes quente e fria, T_Q e T_F, respectivamente, com $\dot{Q}_F$, a taxa cumulativa de adição de calor à corrente fria na medida em que ela atravessa o trocador da extremidade esquerda até uma posição arbitrária a jusante. As especificações a seguir se aplicam aos dois casos:

$$T_{Q_1} = 400 \text{ K} \qquad T_{Q_2} = 350 \text{ K} \qquad T_{F_1} = 300 \text{ K} \qquad \dot{n}_Q = 1 \text{ mol} \cdot \text{s}^{-1}$$

A diferença mínima de temperatura entre as correntes é de 10 K. Considere que ambas as correntes estejam no estado de gás ideal com $C_P = (7/2)R$. Encontre o trabalho perdido nos dois casos. Assuma $T_\sigma = 300$ K.

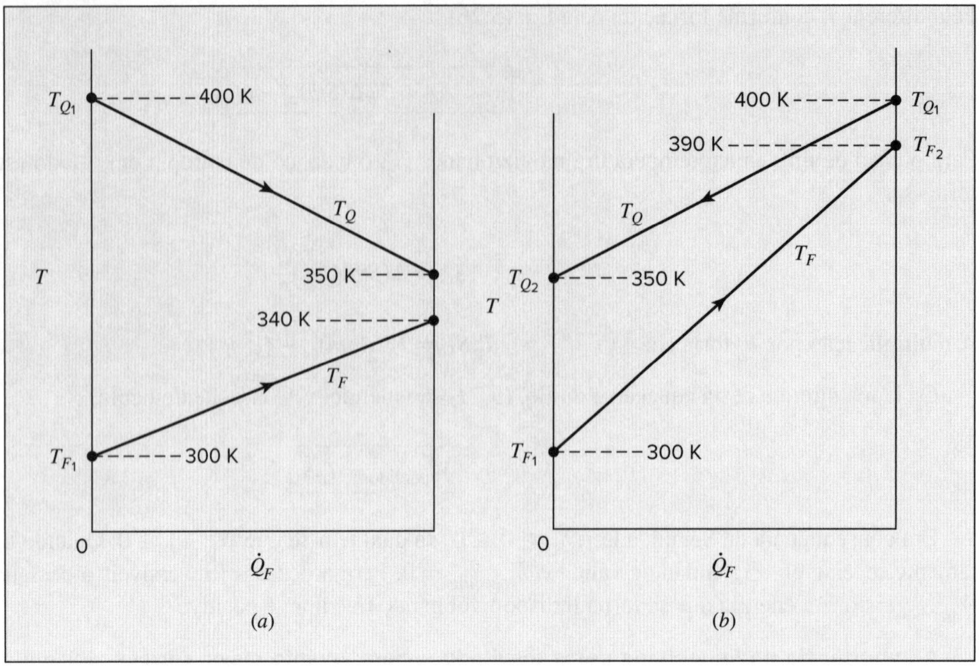

Figura 5.6 Trocadores de calor. (*a*) Caso I, paralelo. (*b*) Caso II, contracorrente.

Solução 5.9

Considerando as variações nas energias cinética e potencial desprezíveis, com $\dot{W}_e = 0$ e com $\dot{Q} = 0$ (não há troca de calor com a vizinhança), o balanço de energia [Eq. (2.29)] pode ser escrito na forma:

$$\dot{n}_Q(\Delta H^{gi})_Q + \dot{n}_F(\Delta H^{gi})_F = 0$$

Com as capacidades caloríficas molares constantes, esta se torna:

$$\dot{n}_Q C_P^{gi}\left(T_{Q_2} - T_{Q_1}\right) + \dot{n}_F C_P^{gi}\left(T_{F_2} - T_{F_1}\right) = 0 \qquad (A)$$

A taxa total de variação da entropia para as correntes é:

$$\Delta\,(S^{gi}\dot{n})_{ce} = \dot{n}_Q(\Delta S^{gi})_Q + \dot{n}_F(\Delta S^{gi})_F$$

Pela Eq. (5.10), com a hipótese de variação de pressão desprezível nas correntes em escoamento,

$$\Delta(S^{gi}\dot{n})_{ce} = \dot{n}_Q C_P^{gi}\left(\ln\frac{T_{Q_2}}{T_{Q_1}} + \frac{\dot{n}_F}{\dot{n}_Q}\ln\frac{T_{F_2}}{T_{F_1}}\right) \qquad (B)$$

Finalmente, pela Eq. (5.27), com $\dot{Q} = 0$,

$$\dot{W}_{perdido} = T_\sigma \Delta\,(S^{gi}\dot{n})_{ce} \qquad (C)$$

Estas equações se aplicam para os dois casos.

- **Caso I:** Escoamento paralelo. Usando as Eqs. (*A*), (*B*) e (*C*), respectivamente:

$$\frac{\dot{n}_F}{\dot{n}_Q} = \frac{400 - 350}{340 - 300} = 1{,}25$$

$$\Delta(S^{gi}\dot{n})_{ce} = (1)(7/2)(8{,}314)\left(\ln\frac{350}{400} + 1{,}25\ln\frac{340}{300}\right) = 0{,}667\ \text{J}\cdot\text{K}^{-1}\cdot\text{s}^{-1}$$

$$\dot{W}_{perdido} = (300)(0{,}667) = 200{,}1\ \text{J}\cdot\text{s}^{-1}$$

- **Caso II:** Escoamento contracorrente. Usando as Eqs. (A), (B) e (C), respectivamente:

$$\frac{\dot{n}_F}{\dot{n}_Q} = \frac{400 - 350}{390 - 300} = 0{,}5556$$

$$\Delta\,(S^{gi}\dot{n})_{ce} = (1)(7/2)(8{,}314)\left(\ln\frac{350}{400} + 0{,}5556\ln\frac{390}{300}\right) = 0{,}356\ \text{J}\cdot\text{K}^{-1}\cdot\text{s}^{-1}$$

$$\dot{W}_{\text{perdido}} = (300)(0{,}356) = 106{,}7\ \text{J}\cdot\text{s}^{-1}$$

Embora a taxa total de transferência de calor seja a mesma nos dois trocadores, a elevação da temperatura da corrente fria no escoamento em contracorrente é mais do que o dobro da do escoamento em paralelo. Dessa forma, o aumento de entropia por unidade de massa é maior do que no caso em paralelo. Contudo, sua vazão é menor do que a metade da corrente fria no escoamento paralelo, de modo que o aumento da entropia total da corrente fria é menor para o escoamento contracorrente. Do ponto de vista da Termodinâmica, o caso contracorrente é muito mais eficiente. Como $\Delta(S^{gi}\dot{n})_{ce} = \dot{S}_G$, a taxa de geração de entropia e o trabalho perdido para o caso do escoamento em contracorrente são ambos, aproximadamente, a metade dos valores para o caso paralelo. A maior eficiência no caso contracorrente seria antecipada com base na Figura 5.6, que mostra que o calor é transferido através de uma diferença menor de temperaturas (menos irreversibilidade) no caso contracorrente.

5.9 A TERCEIRA LEI DA TERMODINÂMICA

As medidas de capacidades caloríficas em temperaturas muito baixas fornecem dados para o cálculo de variações de entropias até 0 K, usando a Eq. (5.1). Quando esses cálculos são efetuados para diferentes formas cristalinas da mesma espécie química, a entropia a 0 K parece ser a mesma para todas as formas. Quando a forma é não cristalina, por exemplo, amorfa ou vítrea, os cálculos mostram que a entropia da forma mais desordenada é maior do que da forma cristalina. Tais cálculos, que estão resumidos em outros textos,[5] levam ao postulado que *a entropia absoluta é zero para todas as substâncias cristalinas perfeitas no zero absoluto de temperatura.* Embora essa ideia essencial tenha sido adiantada por Nernst e Planck no início do século XX, estudos mais recentes em temperaturas muito baixas aumentaram a confiança nesse postulado, que atualmente é aceito como a Terceira Lei da Termodinâmica.

Se a entropia é zero em $T = 0$ K, então a Eq. (5.1) pode ser utilizada no cálculo de entropias absolutas. Com $T = 0$ como o limite inferior da integração, a entropia absoluta de um gás na temperatura T, com base em dados calorimétricos, é:

$$S = \int_0^{T_f}\frac{(C_P)_s}{T}dT + \frac{\Delta H_f}{T_f} + \int_{T_f}^{T_v}\frac{(C_P)_l}{T}dT + \frac{\Delta H_v}{T_v} + \int_{T_v}^{T}\frac{(C_P)_g}{T}dT \qquad (5.35)$$

Esta equação[6] está baseada na suposição de que não ocorrerem transições no estado sólido e que, portanto, calores de transição não são necessários. Os únicos efeitos térmicos a temperatura constante são a fusão a T_f e a vaporização a T_v. Quando há uma transição na fase sólida, um termo $\Delta H_t/T_t$ é adicionado.

Note que apesar da Terceira Lei implicar que é possível se obter os valores absolutos de entropia, na maioria das análises termodinâmicas somente valores relativos são necessários. Como resultado, estados de referências diferentes do cristal perfeito a 0 K são normalmente utilizados. Por exemplo, nas tabelas de vapor d'água do Apêndice E, a água líquida saturada a 273,16 K é tomada como o estado de referência, tendo atribuído o valor zero para sua entropia. Entretanto a entropia absoluta ou "da Terceira Lei" da água líquida saturada a 273,16 K é igual a 3,515 kJ · kg^{-1} · K^{-1}.

5.10 ENTROPIA DO PONTO DE VISTA MICROSCÓPICO

Como as moléculas no estado de gás ideal não interagem, sua energia interna reside nas moléculas individuais. Isto não é verdade para a entropia, que é inerentemente uma propriedade coletiva de um grande número de moléculas ou outras entidades. A interpretação microscópica da entropia é sugerida pelo exemplo a seguir.

Suponha um vaso isolado, dividido em duas seções com volumes iguais, nas quais em uma há um número de Avogadro N_A de moléculas e na outra não há moléculas. Quando a divisória é retirada, as moléculas rapidamente se

[5] K. S. Pitzer, *Thermodynamics*, 3ª ed., cap. 6, McGraw-Hill, New York, 1995.

[6] A avaliação da primeira parcela no lado direito não é um problema para as substâncias cristalinas, pois C_P/T permanece finito quando $T \to 0$.

distribuem uniformemente no volume total. O processo é uma expansão adiabática, que não realiza trabalho. Consequentemente,

$$\Delta U = C_V^{gi} \Delta T = 0$$

e a temperatura não varia. Entretanto, a pressão do gás se reduz à metade e a variação da entropia, como fornecida pela Eq. (5.10), é:

$$\Delta S^{gi} = -R \ln \frac{P_2}{P_1} = R \ln 2$$

Como esta é a variação da entropia total, o processo é claramente irreversível.

No instante em que a divisória é retirada, as moléculas ocupam somente a metade do volume disponível para elas. Nesse estado inicial momentâneo, as moléculas não estão aleatoriamente distribuídas no volume total para o qual elas têm acesso, mas concentradas exatamente na metade do volume total. Nesse sentido, elas estão mais ordenadas do que no estado final de distribuição uniforme no volume inteiro. Assim, o estado final pode ser visto como um estado mais aleatório, ou mais desordenado, do que o estado inicial. Generalizando a partir desse exemplo e a partir de muitas outras observações similares, chegamos à noção de que o aumento da desordem (ou a desorganização da estrutura) em nível molecular corresponde a um aumento da entropia.

O meio para expressar desordem de uma forma quantitativa foi desenvolvido por L. Boltzmann e J. W. Gibbs por meio da grandeza Ω, definida como o *número de diferentes formas* nas quais as partículas microscópicas podem estar distribuídas entre os "estados" a elas acessíveis. Ela é dada pela fórmula geral:

$$\Omega = \frac{N!}{(N_1!)(N_2!)(N_3!)\ldots} \tag{5.36}$$

na qual N é o número total de partículas e N_1, N_2, N_3 etc. representam os números de partículas nos "estados" 1, 2, 3 etc. O termo "estado" significa a condição das partículas microscópicas e as aspas distinguem esta ideia de estado do significado usual na termodinâmica, como utilizado em um sistema macroscópico.

Em relação ao nosso exemplo, há somente dois "estados" para cada molécula, representando a localização de certa molécula em uma metade ou na outra do vaso. O número total de partículas é N_A moléculas e inicialmente elas estão todas em um único "estado". Assim,

$$\Omega_1 = \frac{N_A!}{(N_A!)(0!)} = 1$$

Este resultado confirma que, inicialmente, as moléculas podem ser distribuídas entre os dois "estados" acessíveis de uma única forma. Elas estão todas em determinado "estado", todas em somente uma metade do vaso. Para uma condição final admitida de distribuição uniforme das moléculas entre as duas metades do vaso, $N_1 = N_2 = N_A/2$, e

$$\Omega_2 = \frac{N_A!}{\left[(N_A/2)!\right]^2}$$

Esta expressão fornece um número muito grande para Ω_2, indicando que as moléculas podem ser uniformemente distribuídas entre os dois "estados" de diversas formas. Muitos outros valores para Ω_2 são possíveis, cada um deles está associado a uma distribuição específica *não uniforme* das moléculas entre as duas metades do vaso. A razão entre um valor específico de Ω_2 e a soma de todos os valores possíveis é a probabilidade dessa distribuição específica.

A conexão estabelecida por Boltzmann entre a entropia S e Ω é dada pela equação:

$$S = k \ln \Omega \tag{5.37}$$

A constante de Boltzmann k é igual a R/N_A. A diferença de entropia entre os estados 1 e 2 é:

$$S_2 - S_1 = k \ln \frac{\Omega_2}{\Omega_1}$$

A substituição dos valores de Ω_1 e Ω_2 do nosso exemplo nesta expressão fornece:

$$S_2 - S_1 = k \ln \frac{N_A!}{\left[(N_A/2)!\right]^2} = k[\ln N_A! - 2 \ln (N_A/2)!]$$

Como N_A é muito grande, podemos utilizar a fórmula de Stirling para logaritmos de fatoriais de números grandes:

$$\ln X! = X \ln X - X$$

Em que,

$$S_2 - S_1 = k\left[N_A \ln N_A - N_A - 2\left(\frac{N_A}{2}\ln\frac{N_A}{2} - \frac{N_A}{2}\right)\right]$$

$$= kN_A \ln \frac{N_A}{N_A/2} = kN_A \ln 2 = R \ln 2$$

Este valor para a variação da entropia do processo de expansão é o mesmo fornecido pela Eq. (5.10), a fórmula da Termodinâmica Clássica para o estado de gases ideais.

As Eqs. (5.36) e (5.37) fornecem uma base para relacionar propriedades termodinâmicas macroscópicas às configurações microscópicas de moléculas. Aqui, nós as aplicamos em uma situação muito simples e um pouco artificial, envolvendo moléculas no estado de gás ideal, com objetivo de oferecer uma ilustração simples desta conexão entre as configurações moleculares e propriedades macroscópicas. O campo da ciência e da Engenharia devotado para estudar e explorar essa conexão é chamado *Termodinâmica Estatística* ou *Mecânica Estatística*. Os métodos da Termodinâmica Estatística estão bem desenvolvidos e são, atualmente, rotineiramente aplicados, em combinação com a simulação computacional do comportamento de moléculas, para fazer predições úteis de propriedades termodinâmicas de substâncias reais sem necessitar de experimentos.[7]

5.11 SINOPSE

Após estudar este capítulo, incluindo os problemas no seu final, devemos estar habilitados a:

- Compreender a existência da entropia como uma função de estado, relacionada com as propriedades observáveis do sistema, cujas variações são calculadas por:

$$dS^t = dQ_{\text{rev}}/T \tag{5.1}$$

- Enunciar a Segunda Lei da Termodinâmica em palavras e como uma desigualdade em termos da entropia;
- Definir e distinguir eficiência térmica e eficiência termodinâmica;
- Calcular a eficiência térmica de uma máquina térmica reversível;
- Calcular as variações de entropia para o estado de gás ideal com a capacidade calorífica representada por uma polinomial na temperatura;
- Construir e aplicar os balanços de entropia em sistemas abertos;
- Determinar se um processo especificado viola a Segunda Lei;
- Calcular o trabalho ideal, o trabalho perdido e as eficiências termodinâmicas de processos.

5.12 PROBLEMAS

5.1. Prove que é impossível o cruzamento de duas linhas representando processos adiabáticos reversíveis, em um diagrama *PV*. (*Sugestão*: Suponha que elas se cruzem e complete o ciclo com uma linha representando um processo isotérmico reversível. Mostre que a realização desse ciclo viola a Segunda Lei.)

5.2. Uma máquina de Carnot recebe 250 kJ · s^{-1} de calor de um reservatório-fonte de calor a 525 °C e rejeita calor para um reservatório-sumidouro de calor a 50 °C. Quais são a potência desenvolvida e o calor rejeitado?

5.3. As máquinas térmicas a seguir produzem uma potência de 95.000 kW. Em cada um dos casos a seguir, determine as taxas nas quais o calor é absorvido de um reservatório quente e descarregado para um reservatório frio.

(*a*) Uma máquina de Carnot operando entre reservatórios de calor a 750 K e 300 K.
(*b*) Uma máquina real operando entre os mesmos reservatórios de calor com uma eficiência térmica η = 0,35.

---

[7] Muitos textos introdutórios sobre Termodinâmica Estatística estão disponíveis. Ao leitor interessado recomenda-se *Molecular Driving Forces: Statiscal Thermodynamics in Chemistry & Biology*, por K. A. Dill e S. Bromberg, Garland Science, 2010, e muitos livros por ele referenciados.

5.4. Uma planta geradora de potência opera com um reservatório-fonte de calor a 350 °C e um reservatório-sumidouro de calor a 30 °C. Ela possui uma eficiência térmica igual a 55 % da eficiência térmica de uma máquina de Carnot operando entre as mesmas temperaturas.

(*a*) Qual é a eficiência térmica da planta?
(*b*) Até qual valor deve a temperatura do reservatório-fonte de calor ser elevada para aumentar a eficiência térmica da planta para 35 %? Novamente, η é 55 % do valor da máquina de Carnot.

5.5. Um ovo, inicialmente em repouso, cai em uma superfície de concreto e quebra. Prove que o processo é irreversível. Na modelagem desse processo, considere o ovo como o sistema e admita que haja tempo suficiente para que ele retorne a sua temperatura inicial.

5.6. Qual é a melhor maneira de aumentar a eficiência térmica de uma máquina de Carnot: aumentar T_Q com T_F constante, ou diminuir T_F com T_Q constante? Para uma máquina real, qual seria a forma mais *factível*?

5.7. Grande quantidade de gás natural liquefeito (GNL) é transportada em navios-tanques. No porto de destino, a distribuição é efetuada após a vaporização do GNL, com ele sendo alimentado nas tubulações como gás. O GNL chega ao navio-tanque na pressão atmosférica e a 113,7 K, e representa um possível sumidouro de calor para utilização como um reservatório frio em uma máquina térmica. Para o descarregamento do GNL como vapor a uma vazão de 9000 $m^3 \cdot s^{-1}$, medida a 25 °C e 1,0133 bar, e admitindo a disponibilidade de uma fonte de calor adequada a 30 °C, determine a potência máxima possível que pode ser obtida e a taxa de transferência de calor retirada da fonte de calor? Suponha que o GNL a 25 °C e 1,0133 bar seja um gás ideal com massa molar igual a 17. Também suponha que o GNL somente vaporize, absorvendo apenas o seu calor latente de 512 $kJ \cdot kg^{-1}$, a 113,7 K.

5.8. Considerando 1 kg de água líquida:

(*a*) Inicialmente a 0 °C, ela é aquecida até 100 °C pelo contato com um reservatório de calor a 100 °C. Qual é a variação de entropia da água? E do reservatório de calor? Qual é o ΔS_{total}?
(*b*) Inicialmente a 0 °C, primeiramente ela é aquecida até 50 °C, pelo contato com um reservatório de calor a 50 °C, e depois até 100 °C, pelo contato com um reservatório a 100 °C. Qual é o ΔS_{total}?
(*c*) Explique como a água poderia ser aquecida de 0 °C a 100 °C com $\Delta S_{total} = 0$.

5.9. Um vaso rígido, com 0,06 m^3 de volume, contém um gás ideal, $C_V = (5/2)R$, a 500 K e 1 bar.

(*a*) Se uma quantidade de calor igual a 15.000 J for transferida para o gás, determine sua variação de entropia.
(*b*) Se o vaso possuir um agitador que gire acionado por um eixo de tal forma que seja realizada uma quantidade de trabalho de 15.000 J sobre o gás, qual é a variação da entropia do gás se o processo for adiabático? Qual é o ΔS_{total}? Qual é o fator de irreversibilidade do processo?

5.10. Um gás ideal, $C_P = (7/2)R$, é aquecido em um trocador de calor, operando em regime estacionário, de 70 °C até 190 °C por outra corrente do mesmo gás ideal, que entra a 320 °C. As vazões das duas correntes são iguais e as perdas térmicas no trocador são desprezíveis.

(*a*) Calcule as variações da entropia molar das duas correntes gasosas, para as configurações de escoamento no trocador em contracorrente e em paralelo.
(*b*) Em cada caso, qual é o ΔS_{total}?
(*c*) Para a configuração em contracorrente, repita as partes (*a*) e (*b*) com a corrente quente entrando a 200 °C.

5.11. Para um gás ideal com capacidades caloríficas constantes, mostre que:

(*a*) Para uma variação de temperatura de T_1 para T_2, o ΔS do gás é maior quando a variação ocorre à pressão constante do que quando ela ocorre a volume constante.
(*b*) Para uma variação de pressão de P_1 para P_2, o sinal de ΔS para uma variação isotérmica é oposto ao sinal em uma variação a volume constante.

5.12. Para um gás ideal, prove que:

$$\frac{\Delta S}{R} = \int_{T_0}^{T} \frac{C_V^{gi}}{R} \frac{dT}{T} + \ln \frac{V}{V_0}$$

5.13. Uma máquina de Carnot opera entre dois reservatórios de calor *finitos* com capacidades caloríficas totais C_Q^t e C_F^t.

(*a*) Desenvolva uma expressão relacionando T_F e T_Q em um tempo qualquer.
(*b*) Determine uma expressão para o trabalho obtido como uma função de C_Q^t, C_F^t, T_Q e das temperaturas iniciais T_{Q0} e T_{F0}.
(*c*) Qual é o *máximo* trabalho que pode ser obtido? Este valor corresponde ao tempo infinito, quando os reservatórios estão na mesma temperatura.

Na resolução deste problema, use a forma diferencial da equação de Carnot,

$$\frac{dQ_Q}{dQ_F} = -\frac{T_Q}{T_F}$$

e um balanço diferencial de energia para a máquina,

$$dW - dQ_F - dQ_Q = 0$$

Aqui, Q_F e Q_Q referem-se aos *reservatórios*.

5.14. Uma máquina de Carnot opera entre um reservatório quente infinito e um reservatório frio *finito* com capacidade calorífica total C_F^t.

(*a*) Determine uma expressão para o trabalho obtido como uma função de C_F^t, T_Q (= constante), T_F e da temperatura inicial do reservatório-frio T_{F0}.

(*b*) Qual é o *máximo* de trabalho que pode ser obtido? Este valor corresponde ao tempo infinito, quando T_F fica igual a T_Q.

A forma de resolução deste problema é a mesma da recomendada para o Problema 5.13.

5.15. Uma máquina térmica operando fora da atmosfera pode ser considerada equivalente a uma máquina de Carnot operando entre reservatórios a temperaturas T_Q e T_F. A única forma da máquina descartar calor é por radiação e a taxa em que isso ocorre é dada (aproximadamente) por:

$$\left|\dot{Q}_F\right| = kAT_F^4$$

em que k é uma constante e A é a área do emissor de radiação. Demonstre que, para uma potência produzida fixa $|\dot{W}|$ e para uma temperatura T_Q fixa, a área do emissor A é mínima quando a razão das temperaturas T_F/T_Q é igual a 0,75.

5.16. Imagine que uma corrente de fluido, escoando em regime estacionário, sirva como uma fonte de calor para uma série infinita de máquinas de Carnot, cada uma absorvendo uma quantidade diferencial de calor do fluido, causando uma diminuição em sua temperatura em uma quantidade diferencial, e rejeitando uma quantidade diferencial de calor para um reservatório a uma temperatura T_σ. Como resultado da operação das máquinas de Carnot, a temperatura do fluido diminui de T_1 para T_2. A Eq. (5.8) é utilizada aqui na forma diferencial, na qual η é definida como:

$$\eta \equiv dW/dQ$$

na qual Q é a transferência de calor em relação ao fluido em escoamento. Mostre que o trabalho total das máquinas de Carnot é dado por:

$$W = Q - T_\sigma \Delta S$$

na qual ΔS e Q se referem ao fluido. Em um caso particular, o fluido é um gás ideal, com $C_P = (7/2)R$, para o qual T_1 = 600 K e T_2 = 400 K. Se T_σ = 300 K, qual é o valor de W em J · mol^{-1}? Quanto calor é descarregado para o reservatório de calor a T_σ? Qual é a variação da entropia do reservatório de calor? Qual é o ΔS_{total}?

5.17. Uma máquina de Carnot opera entre os níveis de temperatura de 600 K e 300 K. Ela aciona um refrigerador de Carnot, que fornece resfriamento a 250 K e descarta calor a 300 K. Determine um valor numérico para a razão entre o calor extraído pelo refrigerador ("carga de resfriamento") e o calor cedido para a máquina ("carga de aquecimento").

5.18. Um gás ideal com capacidades caloríficas constantes passa por uma mudança de estado das condições T_1, P_1 para as condições T_2, P_2. Determine ΔH (J · mol^{-1}) e ΔS (J · mol^{-1} · K^{-1}) para cada um dos seguintes casos.

(*a*) T_1 = 300 K, P_1 = 1,2 bar, T_2 = 450 K, P_2 = 6 bar, C_P/R = 7/2.
(*b*) T_1 = 300 K, P_1 = 1,2 bar, T_2 = 500 K, P_2 = 6 bar, C_P/R = 7/2.
(*c*) T_1 = 450 K, P_1 = 10 bar, T_2 = 300 K, P_2 = 2 bar, C_P/R = 5/2.
(*d*) T_1 = 400 K, P_1 = 6 bar, T_2 = 300 K, P_2 = 1.2 bar, C_P/R = 9/2.
(*e*) T_1 = 500 K, P_1 = 6 bar, T_2 = 300 K, P_2 = 1.2 bar, C_P/R = 4.

5.19. Um gás ideal, $C_P = (7/2)R$ e $C_V = (5/2)R$, passa por um ciclo constituído pelas seguintes etapas, mecanicamente reversíveis:

- Uma compressão adiabática de P_1, V_1, T_1 para P_2, V_2, T_2.
- Uma expansão isobárica de P_2, V_2, T_2 para $P_3 = P_2$, V_3, T_3.
- Uma expansão adiabática de P_3, V_3, T_3 para P_4, V_4, T_4.
- Um processo a volume constante de P_4, V_4, T_4 para P_1, $V_1 = V_4$, T_1.

Esboce este ciclo em um diagrama PV e determine sua eficiência térmica se: T_1 = 200 °C, T_2 = 1000 °C e T_3 = 1700 °C.

5.20. O reservatório de calor infinito é uma abstração, normalmente aproximado nas aplicações em engenharia por grandes corpos de ar ou água. Use o balanço de energia para sistemas fechados [Eq. (2.3)] em tal reservatório, tratando-o como um sistema a volume constante. Como explicar que a transferência de calor de ou para tal reservatório pode ser diferente de zero, visto que sua temperatura permanece constante?

5.21. Um mol de um gás ideal, $C_P = (7/2)R$ e $C_V = (5/2)R$, é comprimido adiabaticamente em um dispositivo pistão/cilindro de 2 bar e 25 °C até 7 bar. O processo é irreversível e requer 35 % a mais de trabalho do que uma compressão adiabática reversível do mesmo estado inicial até a mesma pressão final. Qual é a variação da entropia do gás?

5.22. Uma massa m de água líquida a temperatura T_1 é misturada adiabaticamente e isobaricamente com uma igual massa de água líquida a temperatura T_2. Considerando C_P constante, mostre que

$$\Delta S^t = \Delta S_{\text{total}} = S_G = 2mC_P \ln \frac{(T_1 + T_2)/2}{(T_1\, T_2)^{1/2}}$$

e prove que esta diferença é positiva. Qual seria o resultado se as massas de água fossem *diferentes*, isto é, m_1 e m_2?

5.23. Processos adiabáticos reversíveis são *isentrópicos*. Os processos isentrópicos são necessariamente adiabáticos e reversíveis? Se sim, explique por que. Se não, forneça um exemplo ilustrativo.

5.24. Prove que as capacidades caloríficas médias $\langle C_P \rangle_H$ e $\langle C_P \rangle_S$ são inerentemente *positivas*, se $T > T_0$ ou $T < T_0$. Explique porque elas são definidas para $T = T_0$.

5.25. Um ciclo reversível, executado por 1 mol de um gás ideal com $C_P = (5/2)R$ e $C_V = (3/2)R$, é constituído por:

- Partindo de $T_1 = 700$ K e $P_1 = 1{,}5$ bar, o gás é resfriado a pressão constante para $T_2 = 350$ K;
- De 350 K e 1,5 bar, o gás é comprimido isotermicamente até uma pressão P_2;
- O gás retorna ao seu estado inicial ao longo de uma trajetória, sobre a qual o produto PT é constante.

Qual é a eficiência térmica do ciclo?

5.26. Um mol de um gás ideal é comprimido isotermicamente a 130 °C, porém irreversivelmente, de 2,5 bar a 6,5 bar em um dispositivo pistão-cilindro. O trabalho necessário é 30 % maior do que o trabalho da compressão isotérmica reversível. O calor retirado do gás durante a compressão escoa para um reservatório de calor a 25 °C. Calcule a variação das entropias do gás e do reservatório de calor, e o ΔS_{total}.

5.27. Para um processo com escoamento, em regime estacionário, e a uma pressão aproximadamente igual à atmosférica, qual é a variação de entropia do gás:

(*a*) Quando 10 mols de SO_2 são aquecidos de 200 para 1100 °C?
(*b*) Quando 12 mols de propano são aquecidos de 250 para 1200 °C?
(*c*) Quando 20 kg de metano são aquecidos de 100 para 800 °C?
(*d*) Quando 10 mols de *n*-butano são aquecidos de 150 para 1150 °C?
(*e*) Quando 1000 kg de ar são aquecidos de 25 para 1000 °C?
(*f*) Quando 20 mols de amônia são aquecidos de 100 para 800 °C?
(*g*) Quando 10 mols de água são aquecidos de 150 para 300 °C?
(*h*) Quando 5 mols de cloro são aquecidos de 200 para 500 °C?
(*i*) Quando 10 kg de etilbenzeno são aquecidos de 300 para 700 °C?

5.28. Qual é a variação de entropia do gás, aquecido em um processo com escoamento e em regime estacionário, a uma pressão aproximadamente igual à atmosférica,

(*a*) Quando 800 kJ são adicionados a 10 mols de etileno, inicialmente a 200 °C?
(*b*) Quando 2500 kJ são adicionados a 15 mols de 1-buteno, inicialmente a 260 °C?
(*c*) Quando 10^6(Btu) são adicionados a 40(lb mols) de etileno, inicialmente a 500(°F)?

5.29. Um equipamento sem partes móveis fornece, em regime estacionário, uma corrente de ar refrigerado a −25 °C e 1 bar. A alimentação do equipamento é feita com ar comprimido a 25 °C e 5 bar. Além da corrente de ar refrigerado, uma segunda corrente de ar aquecido sai do equipamento a 75 °C e 1 bar. Admitindo operação adiabática, qual é a razão entre o ar refrigerado e o ar aquecido que o equipamento produz? Suponha que o ar seja um gás ideal com $C_P = (7/2)R$.

5.30. Um inventor projetou um complicado processo sem escoamento, no qual 1 mol de ar é o fluido de trabalho. Afirma-se que os efeitos líquidos do processo são:

- Uma mudança de estado do ar de 250 °C e 3 bar para 80 °C e 1 bar;
- A produção de 1800 J de trabalho;

- A transferência de uma quantidade de calor, em aberto, para o reservatório de calor a 30 °C.

Determine se a performance indicada do processo é consistente com a Segunda Lei. Suponha que o ar seja um gás ideal com $C_P = (7/2)R$.

5.31. Seja o aquecimento de uma casa por um forno, que serve como um reservatório fonte de calor a uma temperatura alta T_F. A casa age como um reservatório sumidouro de calor a temperatura T, e uma quantidade de calor $|Q|$ deve ser adicionada à casa durante um certo intervalo de tempo para manter esta temperatura. Naturalmente, o calor $|Q|$ pode ser transferido diretamente do forno para a casa, como é comum. Entretanto, um terceiro reservatório de calor encontra-se facilmente acessível, a vizinhança a uma temperatura T_σ, que pode servir como outra fonte de calor, assim reduzindo a quantidade de calor necessária a partir do forno. Com $T_F = 810$ K, $T = 295$ K, $T_\sigma = 265$ K e $|Q| = 1000$ kJ, determine a quantidade mínima de calor $|Q_F|$ que deve ser extraída do reservatório fonte de calor (forno) a T_F. Nenhuma outra fonte de energia encontra-se disponível.

5.32. Considere o condicionamento do ar de uma casa com o uso de energia solar. Em certa localidade, experimentos mostraram que a radiação solar permite a manutenção de um grande tanque de água pressurizada a 175 °C. Durante determinado intervalo de tempo, uma quantidade de calor igual a 1500 kJ deve ser extraída da casa para manter sua temperatura a 24 °C, quando a temperatura da vizinhança é de 33 °C. Tratando o tanque de água, a casa e a vizinhança como reservatórios de calor, determine a quantidade mínima de calor que deve ser extraída do tanque de água por algum dispositivo construído para executar o resfriamento requerido da casa. Nenhuma outra fonte de energia encontra-se disponível.

5.33. Um sistema de refrigeração esfria uma vazão de 20 kg · s^{-1} de salmoura de 25 °C para −15 °C. O calor é descartado para a atmosfera na temperatura de 30 °C. Qual é a potência necessária se a eficiência termodinâmica do sistema for de 0,27? O calor específico da salmoura é igual a 3,5 kJ · kg^{-1} · °C^{-1}.

5.34. Um motor elétrico sob carga constante consume 9,7 amperes a 110 volts; ele fornece 1,25(hp) de energia mecânica. A temperatura da vizinhança é de 300 K. Qual é a taxa total de geração de entropia em W · K^{-1}?

5.35. Um resistor de 25 ohm, em estado estacionário, consome uma corrente de 10 amperes. Sua temperatura é de 310 K; a temperatura da vizinhança é de 300 K. Qual é a taxa total de geração de entropia $\dot{S}_G$? Qual é a sua origem?

5.36. Mostre como a forma geral do balanço de entropia em termos de taxa, Eq. (5.16), transforma-se na Eq. (5.2) para o caso de um sistema fechado.

5.37. Uma lista de operações unitárias comuns é apresentada a seguir:

(*a*) Trocador de calor com um único tubo;
(*b*) Trocador de calor bitubular;
(*c*) Bomba;
(*d*) Compressor de gás;
(*e*) Turbina a gás (expansor);
(*f*) Válvula de estrangulamento (garganta);
(*g*) Bico (Ejetor).

Desenvolva uma forma simplificada do balanço geral de entropia em estado estacionário, que seja apropriada para cada operação. Apresente cuidadosamente e justifique qualquer consideração que você faça.

5.38. Por um estrangulamento passam 10 kmol por hora de ar, de uma condição a montante de 25 °C e 10 bar para uma pressão a jusante de 1,2 bar. Considere o ar como um gás ideal com $C_P = (7/2)R$.
(*a*) Qual é o valor da temperatura a jusante?
(*b*) Qual é a variação da entropia do ar em J · mol^{-1} · K^{-1}?
(*c*) Qual é a taxa de geração de entropia em W · K^{-1}?
(*d*) Se a vizinhança estiver a 20 °C, qual é o valor do trabalho perdido?

5.39. Uma turbina (expansor) adiabática com escoamento em regime estacionário recebe gás nas condições T_1, P_1, e descarrega este gás nas condições T_2, P_2. Considerando o gás como ideal, determine (por mol de gás) W, W_{ideal}, $W_{perdido}$ e S_G para um dos casos a seguir, considerando $T_\sigma = 300$ K.

(*a*) $T_1 = 500$ K, $P_1 = 6$ bar, $T_2 = 371$ K, $P_2 = 1{,}2$ bar, $C_P/R = 7/2$.
(*b*) $T_1 = 450$ K, $P_1 = 5$ bar, $T_2 = 376$ K, $P_2 = 2$ bar, $C_P/R = 4$.
(*c*) $T_1 = 525$ K, $P_1 = 10$ bar, $T_2 = 458$ K, $P_2 = 3$ bar, $C_P/R = 11/2$.
(*d*) $T_1 = 475$ K, $P_1 = 7$ bar, $T_2 = 372$ K, $P_2 = 1{,}5$ bar, $C_P/R = 9/2$.
(*e*) $T_1 = 550$ K, $P_1 = 4$ bar, $T_2 = 403$ K, $P_2 = 1{,}2$ bar, $C_P/R = 5/2$.

5.40. Considere a transferência de calor direta de um reservatório quente a T_1 para outro reservatório a temperatura T_2, em que $T_1 > T_2 > T_\sigma$. Não está claro o motivo pelo qual o trabalho perdido desse processo deveria depender de T_σ, a temperatura da vizinhança, pois a vizinhança não está envolvida no processo real de transferência de calor. Mostre para a transferência de certa quantidade de calor igual a $|Q|$, por meio do uso apropriado da fórmula para a máquina de Carnot, que

$$W_{\text{perdido}} = T_\sigma |Q| \frac{T_1 - T_2}{T_1 T_2} = T_\sigma S_G$$

5.41. Um gás ideal a 2500 kPa passa por um estrangulamento adiabático atingindo 150 kPa a uma vazão de 20 mol · s^{-1}. Determine $\dot{S}_G$ e $\dot{W}_{\text{perdido}}$ se $T_\sigma = 300$ K.

5.42. Um inventor diz ter criado uma máquina cíclica que troca calor com reservatórios a 25 °C e 250 °C, e que produz 0,45 kJ de trabalho para cada kJ de calor extraído do reservatório quente. É possível acreditar nesta informação?

5.43. O calor, em uma quantidade de 150 kJ, é transferido diretamente de um reservatório quente a $T_Q = 550$ K para dois reservatórios mais frios a $T_1 = 350$ K e $T_2 = 250$ K. A temperatura da vizinhança é $T_\sigma = 300$ K. Se a transferência de calor para o reservatório a T_1 for a metade daquela transferida para o reservatório a T_2, calcule:

(*a*) A geração de entropia em kJ · K^{-1}.
(*b*) O trabalho perdido.

Como o processo poderia virar reversível?

5.44. Uma planta nuclear de potência gera 750 MW; a temperatura do reator é 315 °C e água de um rio está disponível na temperatura de 20 °C.

(*a*) Qual é a eficiência térmica máxima possível da planta e qual a mínima taxa de transferência de calor na qual o calor deve ser descartado para o rio?
(*b*) Se a eficiência térmica real da planta for de 60 % do valor máximo, em que taxa o calor deve ser descartado para o rio e qual é o aumento da temperatura do rio, se ele tiver uma vazão volumétrica de 165 m^3 · s^{-1}?

5.45. Uma única corrente de gás entra em um processo nas condições T_1, P_1, e o deixa na pressão de P_2. O processo é adiabático. Prove que a temperatura de saída T_2 para o processo adiabático real (irreversível) é maior do que para um processo adiabático *reversível*. Considere o gás como ideal com capacidades caloríficas constantes.

5.46. Um tubo vortex Hilsch opera sem partes mecânicas com movimento e divide uma corrente gasosa em duas correntes: uma mais quente e outra mais fria do que a corrente de gás nele alimentada. Há a informação de que um desses tubos opera com ar sendo alimentado a 5 bar e 20 °C e as correntes de ar que o deixam estão a 27 °C e −22 °C, ambas a 1(atm). A vazão mássica do ar quente que deixa o tubo é 6 vezes maior do que a do ar frio. Estes resultados são possíveis? Considere que o ar é um gás ideal nas condições informadas.

5.47. (*a*) Ar a 70(°F) e 1(atm) é resfriado na vazão volumétrica de 100.000(ft)^3(h)$^{-1}$ para 20(°F) por refrigeração. Para uma temperatura da vizinhança igual a 70(°F), qual é a potência mínima requerida em (hp)?
(*b*) O ar a 25 °C e 1(atm) é resfriado na vazão volumétrica de 3000 m^3 · h^{-1} para −8 °C por refrigeração. Para uma temperatura da vizinhança igual a 25 °C, qual é a potência mínima requerida em kW?

5.48. Um gás de exaustão é resfriado de 2000 para 300 (°F) e o calor é utilizado para gerar vapor saturado a 212 (°F) em uma caldeira. O gás de exaustão tem uma capacidade calorífica dada por:

$$\frac{C_P}{R} = 3{,}83 + 0{,}000306\, T/(R)$$

A água entra na caldeira a 212 (°F) e é vaporizada nesta temperatura; seu calor latente de vaporização é igual a 970,3(Btu)(lb$_m$)$^{-1}$.

(*a*) Tendo como referência a temperatura da vizinhança de 70(°F), qual é o valor do trabalho perdido deste processo em (Btu)(lb mol)$^{-1}$ de gás de exaustão?
(*b*) Tendo como referência a temperatura da vizinhança de 70(°F), qual é o valor do trabalho máximo em (Btu)(lb mol)$^{-1}$ de gás de exaustão que pode ser realizado pelo vapor saturado a 212(°F), se ele somente condensa, não se sub-resfriando?
(*c*) Como a resposta do item (*b*) se compara com o trabalho máximo teoricamente obtenível a partir do próprio gás de exaustão quando ele é resfriado de 2000 para 300(°F)?

5.49. Um gás de exaustão é resfriado de 1100 para 150 °C e o calor é utilizado para gerar vapor saturado a 100 °C em uma caldeira. O gás de exaustão tem uma capacidade calorífica dada por:

$$\frac{C_P}{R} = 3{,}83 + 0{,}000551\, T/K$$

A água entra na caldeira a 100 °C e é vaporizada nesta temperatura; seu calor latente de vaporização é de 2256,9 kJ · kg^{-1}.

(*a*) Tendo como referência a temperatura da vizinhança de 25 °C, qual é o valor do trabalho perdido deste processo em kJ · mol^{-1} de gás de exaustão?

(*b*) Tendo como referência a uma temperatura da vizinhança de 25 °C, qual é o valor do trabalho máximo, em kJ · mol^{-1} do gás de exaustão, que pode ser realizado pelo vapor saturado a 100 °C, se ele somente condensa, não se sub-resfria?

(*c*) Como a resposta do item (*b*) se compara com o trabalho máximo teoricamente obtenível a partir do próprio gás de exaustão quando ele é resfriado de 1100 para 150 °C?

5.50. O vapor de etileno é resfriado, na pressão atmosférica, de 830 para 35 °C pela transferência de calor direta para a vizinhança na temperatura de 25 °C. Em relação a essa temperatura da vizinhança, qual é o trabalho pedido do processo em kJ · mol^{-1}? Mostre que o mesmo resultado é obtido como o trabalho que pode ser gerado por máquinas térmicas reversíveis operando com o vapor de etileno como fonte de calor e a vizinhança como sumidouro. A capacidade calorífica de etileno é fornecida na Tabela C.1 do Apêndice C.

CAPÍTULO

6

Propriedades Termodinâmicas de Fluidos

A aplicação da Termodinâmica em problemas práticos requer valores numéricos das propriedades termodinâmicas. Um exemplo muito simples é o cálculo do trabalho necessário para um compressor de gás operando em regime estacionário. Se projetado para operar adiabaticamente com o objetivo de elevar a pressão de um gás de P_1 a P_2, esse trabalho pode ser determinado pelo balanço de energia [Eq. (2.32)], no qual as pequenas variações nas energias cinética e potencial do gás são desprezadas:

$$W_e = \Delta H = H_2 - H_1$$

O trabalho de eixo é simplesmente ΔH, a diferença entre os valores na entrada e na saída da entalpia do gás. Os valores de entalpia necessários devem vir de dados experimentais ou de estimativas. Neste capítulo, nossa proposta envolve:

- Desenvolver, a partir das Primeira e Segunda Leis, as relações fundamentais entre propriedades, que embasam a estrutura matemática da Termodinâmica aplicada em sistemas com composição constante;
- Deduzir equações que permitam o cálculo de valores de entalpia e de entropia a partir de dados *PVT* e de capacidades caloríficas;
- Ilustrar e discutir os tipos de diagramas e de tabelas usados para apresentar valores das propriedades para utilização conforme a conveniência;
- Desenvolver correlações generalizadas que forneçam estimativas de valores das propriedades na ausência de informações experimentais completas.

6.1 RELAÇÕES ENTRE PROPRIEDADES FUNDAMENTAIS

A Eq. (2.6), a Primeira Lei para um sistema fechado com n mols de uma substância, pode ser escrita para o caso particular de um processo reversível na forma:

$$d(nU) = dQ_{\text{rev}} + dW_{\text{rev}}$$

As Eqs. (1.3) e (5.1), quando aplicadas a esse processo, são:

$$dW_{\text{rev}} = -P\, d(nV) \qquad dQ_{\text{rev}} = T\, d(nS)$$

Combinadas, essas três equações fornecem:

$$\boxed{d(nU) = T\, d(nS) - P\, d(nV)} \tag{6.1}$$

em que U, S e V são valores molares da energia interna, da entropia e do volume. Todas as propriedades termodinâmicas *primárias* – P, V, T, U e S – estão presentes nessa equação. Ela é uma **relação de propriedades fundamentais** que conecta essas propriedades em sistemas *PVT* fechados. Todas as outras equações que relacionam propriedades de tais sistemas são derivadas dessa equação.

Propriedades termodinâmicas além das que aparecem na Eq. (6.1) são **definidas** convenientemente em relação a essas propriedades primárias. Portanto, a entalpia, definida e aplicada no Capítulo 2, é colocada aqui com outras duas. As três, todas com nomes reconhecidos e aplicações úteis, são:

$$\textbf{Entalpia} \quad H \equiv U + PV \tag{6.2}$$

$$\textbf{Energia de Helmholtz} \quad A \equiv U - TS \tag{6.3}$$

$$\textbf{Energia de Gibbs} \quad G \equiv U + PV - TS = H - TS \tag{6.4}$$

A energia de Helmholtz e a energia de Gibbs,[1] com suas origens aqui, encontram aplicações nos cálculos de equilíbrios químicos e de fases, assim como na Termodinâmica Estatística.

Após a multiplicação da Eq. (6.2) por n, seguida da diferenciação, obtém-se a expressão geral

$$d(nH) = d(nU) + P\,d(nV) + nV\,dP$$

A substituição de $d(nU)$ pela Eq. (6.1) reduz esse resultado a:

$$\boxed{d(nH) = T\,d(nS) + nV\,dP} \tag{6.5}$$

Os diferenciais de nA e nG são obtidos similarmente:

$$\boxed{d(nA) = -nS\,dT - P\,d(nV)} \tag{6.6}$$

$$\boxed{d(nG) = -nS\,dT + nV\,dP} \tag{6.7}$$

As Eqs. (6.1), (6.5), (6.6) e (6.7) são relações de propriedades fundamentais equivalentes e são *derivadas* para um processo reversível. Entretanto, tais equações contêm apenas *propriedades* do sistema, que dependem somente do estado dos sistemas, e não da trajetória pela qual ele alcança esse estado. Portanto, essas equações não estão restritas às *aplicações* em processos reversíveis, embora as restrições impostas sobre a *natureza do sistema* não possam ser afrouxadas.

A aplicação é para *qualquer* processo em um sistema fechado *PVT* resultando em uma variação diferencial de um estado de *equilíbrio* para outro.

O sistema pode consistir de uma fase única (um sistema homogêneo) ou conter várias fases (um sistema heterogêneo); pode ser quimicamente inerte ou sofrer uma reação química. A escolha de qual equação utilizar em uma aplicação em particular é ditada pela conveniência. Entretanto, a energia de Gibbs G é especial em razão de sua relação funcional única para T e P, as variáveis de interesse primário pela facilidade de serem medidas e controladas.

Uma utilização imediata dessas equações é para 1 mol (ou para uma unidade de massa) de um fluido homogêneo com composição constante. Nesse caso, $n = 1$, e elas assumem formas simplificadas:

$dU = T\,dS - P\,dV$ (6.8)	$dH = T\,dS + V\,dP$ (6.9)
$dA = -S\,dT - P\,dV$ (6.10)	$dG = -S\,dT + V\,dP$ (6.11)

Implícita em cada uma dessas equações é a relação funcional que expressa uma propriedade molar (ou por unidade de massa) como uma função de um par específico ou natural de variáveis independentes:

$$U = U(S, V) \quad H = H(S, P) \quad A = A(T, V) \quad G = G(T, P)$$

Essas variáveis são consideradas *canônicas*,[2] e uma propriedade termodinâmica tida como função de suas variáveis canônicas tem uma característica única:

Todas as outras propriedades termodinâmicas podem ser avaliadas com base nela por meio de operações matemáticas simples.

[1] Estas têm sido chamadas tradicionalmente de energia *livre* de Helmholtz e energia *livre* de Gibbs. A palavra *livre* tinha originalmente uma conotação de energia disponível para executar um trabalho útil, em condições apropriadas. Entretanto, no uso corrente, a palavra *livre* nada adiciona e é melhor ser omitida. Desde 1988, a terminologia recomendada pela IUPAC omite a palavra *livre*.

[2] Aqui, *canônica* significa que as variáveis estão em conformidade com uma regra geral que é simples e clara ao mesmo tempo.

Outro conjunto de equações é originado das Eqs. (6.8) a (6.11) porque elas são expressões diferenciais *exatas*. Em geral, se $F = F(x, y)$, então o diferencial total de F é definido como:

$$dF \equiv \left(\frac{\partial F}{\partial x}\right)_y dx + \left(\frac{\partial F}{\partial y}\right)_x dy$$

ou

$$dF = M\,dx + N\,dy \tag{6.12}$$

em que

$$M \equiv \left(\frac{\partial F}{\partial x}\right)_y \qquad N \equiv \left(\frac{\partial F}{\partial y}\right)_x$$

Então

$$\left(\frac{\partial M}{\partial y}\right)_x = \frac{\partial^2 F}{\partial y\,\partial x} \qquad \left(\frac{\partial N}{\partial x}\right)_y = \frac{\partial^2 F}{\partial x\,\partial y}$$

A ordem da diferenciação em derivadas segundas mistas é arbitrária; assim, essas duas equações se combinam para fornecer:

$$\left(\frac{\partial M}{\partial y}\right)_x = \left(\frac{\partial N}{\partial x}\right)_y \tag{6.13}$$

Como F é uma função de x e y, o lado direito da Eq. (6.12) é uma *expressão diferencial exata*, e a Eq. (6.13) relaciona corretamente as derivadas parciais. Essa equação serve, de fato, como critério de exatidão. Por exemplo, $y\,dx + x\,dy$ é uma expressão diferencial simples que é exata porque as derivadas da Eq. (6.13) são iguais, isto é, $1 = 1$. A função que produz essa expressão é claramente $F(x, y) = xy$. Por outro lado, $y\,dx - x\,dy$ é uma expressão diferencial igualmente simples, mas as derivadas da Eq. (6.13) não são iguais, isto é, $1 \neq -1$, e ela não é exata. *Não* existe função de x e y cuja diferencial forneça a expressão original.

As propriedades termodinâmicas U, H, A e G são *conhecidas* como funções das variáveis canônicas que estão no lado direito das Eqs. (6.8) a (6.11). Podemos escrever as relações representadas pela Eq. (6.13) para cada uma dessas expressões, produzindo as *relações de Maxwell*.[3]

$\left(\frac{\partial T}{\partial V}\right)_S = -\left(\frac{\partial P}{\partial S}\right)_V$	(6.14)	$\left(\frac{\partial T}{\partial P}\right)_S = \left(\frac{\partial V}{\partial S}\right)_P$	(6.15)
$\left(\frac{\partial S}{\partial V}\right)_T = \left(\frac{\partial P}{\partial T}\right)_V$	(6.16)	$-\left(\frac{\partial S}{\partial P}\right)_T = \left(\frac{\partial V}{\partial T}\right)_P$	(6.17)

Expressões de U, H, A e G como funções de suas variáveis canônicas não impossibilitam a validade de outras relações funcionais para aplicação em sistemas particulares. Na verdade, o Axioma 3 na Seção 2.5, aplicado a *sistemas PVT homogêneos de composição constante*, afirma sua dependência de T e P. As restrições excluem sistemas heterogêneos e com reações químicas, exceto para G, para a qual T e P são as variáveis canônicas. Um exemplo simples é um sistema contendo um líquido puro em equilíbrio com seu vapor. Sua energia interna molar depende da quantidade relativa de líquido e de vapor presentes no sistema, e isso não é refletido de forma alguma por T e P. Entretanto, as varáveis canônicas S e V também dependem das quantidades relativas das fases, fornecendo $U = U(S, V)$, sua maior generalização. Por outro lado, T e P são as variáveis canônicas para a energia de Gibbs, e $G = G(T, P)$ é geral. Então G tem um valor fixo para valores específicos de T e P, independentemente das quantidades relativas das fases, e fornece a base fundamental para as equações de trabalho do equilíbrio de fases.

As Eqs. (6.8) a (6.11) não levam somente às relações de Maxwell, mas também servem como base para um grande número de outras equações relacionando propriedades termodinâmicas. O restante desta seção desenvolve aquelas mais úteis para a avaliação de propriedades termodinâmicas a partir de dados experimentais.

Entalpia e Entropia como Funções de T e P

Na prática da Engenharia, frequentemente entalpia e entropia são as propriedades termodinâmicas de interesse, e T e P são as propriedades mensuráveis mais comuns de uma substância ou de um sistema. Portanto, suas conexões

[3] Em homenagem a James Clerk Maxwell (1831-1879). Acesse: <http://en.wikipedia.org/wiki/James_Clerk_Maxwell>.

matemáticas, expressando a variação de H e S com mudanças de T e P, são necessárias. Essa informação está contida nas derivadas $(\partial H/\partial T)_P$, $(\partial S/\partial T)_P$, $(\partial H/\partial P)_T$ e $(\partial S/\partial P)_T$, com as quais podemos escrever:

$$dH = \left(\frac{\partial H}{\partial T}\right)_P dT + \left(\frac{\partial H}{\partial P}\right)_T dP \qquad dS = \left(\frac{\partial S}{\partial T}\right)_P dT + \left(\frac{\partial S}{\partial P}\right)_T dP$$

Nosso objetivo é expressar essas quatro derivadas parciais em termos de propriedades mensuráveis.

A definição da capacidade calorífica a pressão constante é:

$$\left(\frac{\partial H}{\partial T}\right)_P = C_P \tag{2.19}$$

Outra expressão para essa grandeza é obtida pela aplicação da Eq. (6.9) às variações de T a P constante:

$$\left(\frac{\partial H}{\partial T}\right)_P = T\left(\frac{\partial S}{\partial T}\right)_P$$

A combinação dessa equação com a Eq. (2.19) fornece:

$$\left(\frac{\partial S}{\partial T}\right)_P = \frac{C_P}{T} \tag{6.18}$$

A derivada da entropia em relação à pressão vem diretamente da Eq. (6.17):

$$\left(\frac{\partial S}{\partial P}\right)_T = -\left(\frac{\partial V}{\partial T}\right)_P \tag{6.19}$$

A derivada correspondente à entalpia é obtida pela aplicação da Eq. (6.9) à variação de P a T constante:

$$\left(\frac{\partial H}{\partial P}\right)_T = T\left(\frac{\partial S}{\partial P}\right)_T + V$$

Como um resultado da Eq. (6.19), essa expressão se transforma em:

$$\left(\frac{\partial H}{\partial P}\right)_T = V - T\left(\frac{\partial V}{\partial T}\right)_P \tag{6.20}$$

Com expressões para as quatro derivadas parciais fornecidas pelas Eqs. (2.19) e (6.18) a (6.20), podemos escrever as relações funcionais requeridas como:

$$\boxed{dH = C_P\, dT + \left[V - T\left(\frac{\partial V}{\partial T}\right)_P\right] dP} \tag{6.21}$$

$$\boxed{dS = C_P \frac{dT}{T} - \left(\frac{\partial V}{\partial T}\right)_P dP} \tag{6.22}$$

Essas são equações gerais que relacionam a entalpia e a entropia com a temperatura e a pressão para *fluidos homogêneos de composição constante*. As Eqs. (6.19) e (6.20) ilustram a utilidade das relações de Maxwell, particularmente as Eqs. (6.16) e (6.17), que relacionam variações na entropia que não são experimentalmente acessíveis com os dados PVT que são experimentalmente mensuráveis.

O Estado de Gás Ideal

Os coeficientes de dT e dP nas Eqs. (6.21) e (6.22) são avaliados a partir de dados de capacidades caloríficas e dados PVT. O estado de gás ideal (denotado pelo sobrescrito gi) oferece um exemplo de comportamento PVT:

$$PV^{gi} = RT \qquad \left(\frac{\partial V^{gi}}{\partial T}\right)_P = \frac{R}{P}$$

Substituindo essas equações nas Eqs. (6.21) e (6.22), elas se reduzem a:

$$dH^{gi} = C_P^{gi}\,dT \quad (6.23) \qquad dS^{gi} = C_P^{gi}\frac{dT}{T} - R\frac{dP}{P} \quad (6.24)$$

Essas equações são simplesmente reapresentações das equações para o estado de gás ideal apresentadas nas Seções 3.3 e 5.5.

Formas Alternativas para Líquidos

Formas alternativas das Eqs. (6.19) e (6.20) são obtidas quando $(\partial V/\partial T)_P$ é substituída por βV [Eq. (3.3)]:

$$\left(\frac{\partial S}{\partial P}\right)_T = -\beta V \quad (6.25) \qquad \left(\frac{\partial H}{\partial P}\right)_T = (1 - \beta T)V \quad (6.26)$$

Essas equações que incorporam β, embora gerais, são geralmente utilizadas apenas para líquidos. Contudo, para líquidos em condições bem afastadas do ponto crítico, tanto o volume quanto β são pequenos. Assim, na maioria das condições, a pressão tem pequeno efeito sobre as propriedades dos líquidos. A idealização importante de um *fluido incompressível* (Seção 3.2) é analisada no Exemplo 6.2.

Substituindo $(\partial V/\partial T)_P$ nas Eqs. (6.21) e (6.22) com βV, obtém-se:

$$dH = C_P\,dT + (1 - \beta T)V\,dP \quad (6.27) \qquad dS = C_P\frac{dT}{T} - \beta V\,dP \quad (6.28)$$

Como β e V são funções fracas de pressão para líquidos, eles são usualmente considerados constantes em valores médios apropriados para a integração dos últimos termos.

Energia Interna como uma Função de P

A energia interna está relacionada com a entalpia pela Eq. (6.2) como $U = H - PV$. Diferenciando essa expressão, obtém-se:

$$\left(\frac{\partial U}{\partial P}\right)_T = \left(\frac{\partial H}{\partial P}\right)_T - P\left(\frac{\partial V}{\partial P}\right)_T - V$$

Então, pela Eq. (6.20),

$$\left(\frac{\partial U}{\partial P}\right)_T = -T\left(\frac{\partial V}{\partial T}\right)_P - P\left(\frac{\partial V}{\partial P}\right)_T$$

Uma forma alternativa resulta se as derivadas na direita são substituídas por βV [Eq. (3.3)] e $-\kappa V$ [Eq. (3.4)]:

$$\left(\frac{\partial U}{\partial P}\right)_T = (-\beta T + \kappa P)V \qquad (6.29)$$

▪ Exemplo 6.1

Determine as variações da entalpia e da entropia da água líquida para uma mudança de estado de 1 bar e 25 °C para 1000 bar e 50 °C. Os dados para a água são fornecidos na tabela a seguir.

t °C	P/bar	C_P/J · mol^{-1} · K^{-1}	V/cm^3 · mol^{-1}	β/K^{-1}
25	1	75,305	18,071	256×10^{-6}
25	1000	......	18,012	366×10^{-6}
50	1	75,314	18,234	458×10^{-6}
50	1000	......	18,174	568×10^{-6}

Solução 6.1

Para aplicação na mudança de estado descrita, as Eqs. (6.27) e (6.28) devem ser integradas. Entalpia e entropia são funções de estado, e a trajetória da integração é arbitrária. A trajetória mais adequada aos dados fornecidos é mostrada na Figura 6.1. Como os dados indicam que C_P é uma função fraca de T e que tanto V quanto β são funções fracas de P, a integração com médias aritméticas é satisfatória. As formas integradas das Eqs. (6.27) e (6.28) resultantes são:

$$\Delta H = \langle C_P \rangle (T_2 - T_1) + (1 - \langle \beta \rangle T_2) \langle V \rangle (P_2 - P_1)$$

$$\Delta S = \langle C_P \rangle \ln \frac{T_2}{T_1} - \langle \beta \rangle \langle V \rangle (P_2 - P_1)$$

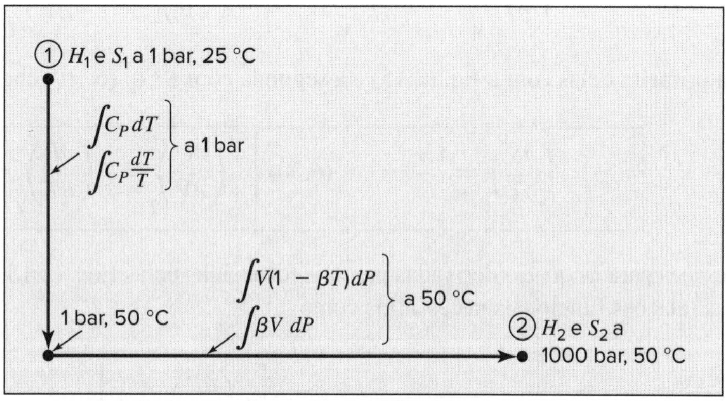

Figura 6.1 Trajetória para os cálculos do Exemplo 6.1.

Para $P = 1$ bar.

$$\langle C_P \rangle = \frac{75{,}305 + 75{,}314}{2} = 75{,}310 \text{ J} \cdot \text{mol}^{-1} \cdot \text{K}^{-1}$$

Para $t = 50$ °C

$$\langle V \rangle = \frac{18{,}234 + 18{,}174}{2} = 18{,}204 \text{ cm}^3 \cdot \text{mol}^{-1}$$

e

$$\langle \beta \rangle = \frac{458 + 568}{2} \times 10^{-6} = 513 \times 10^{-6} \text{ K}^{-1}$$

A substituição desses valores numéricos na equação para ΔH fornece:

$$\Delta H = 75{,}310(323{,}15 - 298{,}15) \text{ J} \cdot \text{mol}^{-1} + \frac{\left[1 - (513 \times 10^{-6})(323{,}15)\right](18{,}204)(1000 - 1) \text{ bar} \cdot \text{cm}^3 \cdot \text{mol}^{-1}}{10 \text{ bar} \cdot \text{cm}^3 \cdot \text{J}^{-1}}$$

$$= 1883 + 1517 = 3400 \text{ J} \cdot \text{mol}^{-1}$$

De forma análoga, para ΔS,

$$\Delta S = 75{,}310 \ln \frac{323{,}15}{298{,}15} \text{ J} \cdot \text{mol}^{-1} \cdot \text{K}^{-1} - \frac{(513 \times 10^{-6})(18{,}204)(1000 - 1) \text{ bar} \cdot \text{cm}^3 \cdot \text{mol}^{-1} \cdot \text{K}^{-1}}{10 \text{ bar} \cdot \text{cm}^3 \cdot \text{J}^{-1}}$$

$$= 6{,}06 - 0{,}93 = 5{,}13 \text{ J} \cdot \text{mol}^{-1} \cdot \text{K}^{-1}$$

Note que o efeito de uma variação de pressão de quase 1000 bar na entalpia e na entropia da água líquida é menor do que aquele de uma variação de temperatura de somente 25 °C.

Energia Interna e Entropia como Funções de T e V

Em algumas circunstâncias, a temperatura e o volume podem ser mais convenientes como variáveis independentes do que a temperatura e a pressão. Dessa forma, as relações de propriedades mais úteis são para a energia interna e a entropia. São então necessárias aqui as derivadas $(\partial U/\partial T)_V$, $(\partial U/\partial V)_T$, $(\partial S/\partial T)_V$ e $(\partial S/\partial V)_T$, com as quais podemos escrever:

$$dU = \left(\frac{\partial U}{\partial T}\right)_V dT + \left(\frac{\partial U}{\partial V}\right)_T dV \qquad dS = \left(\frac{\partial S}{\partial T}\right)_V dT + \left(\frac{\partial S}{\partial V}\right)_T dV$$

As derivadas parciais de U a partir da Eq. (6.8) são:

$$\left(\frac{\partial U}{\partial T}\right)_V = T\left(\frac{\partial S}{\partial T}\right)_V \qquad \left(\frac{\partial U}{\partial V}\right)_T = T\left(\frac{\partial S}{\partial V}\right)_T - P$$

Combinando a primeira delas com a Eq. (2.15) e a segunda com a Eq. (6.16), chegamos a:

$$\left(\frac{\partial S}{\partial T}\right)_V = \frac{C_V}{T} \quad (6.30) \qquad \left(\frac{\partial U}{\partial V}\right)_T = T\left(\frac{\partial P}{\partial T}\right)_V - P \quad (6.31)$$

Com expressões para as quatro derivadas parciais fornecidas pelas Eqs. (2.15), (6.31), (6.30) e (6.16), nós podemos escrever as relações funcionais necessárias como:

$$dU = C_V\, dT + \left[T\left(\frac{\partial P}{\partial T}\right)_V - P\right] dV \tag{6.32}$$

$$dS = C_V\frac{dT}{T} + \left(\frac{\partial P}{\partial T}\right)_V dV \tag{6.33}$$

Essas são equações gerais relacionando a energia interna e a entropia de fluidos homogêneos com composição constante à temperatura e ao volume.

A Eq. (3.5) aplicada a uma mudança de estado a volume constante se torna:

$$\left(\frac{\partial P}{\partial T}\right)_V = \frac{\beta}{\kappa} \tag{6.34}$$

Consequentemente, formas alternativas das Eqs. (6.32) e (6.33) são:

$$dU = C_V\, dT + \left(\frac{\beta}{\kappa}T - P\right)dV \quad (6.35) \qquad dS = \frac{C_V}{T}dT + \frac{\beta}{\kappa}dV \quad (6.36)$$

▪ Exemplo 6.2

Desenvolva as relações de propriedades apropriadas ao *fluido incompressível*, um fluido modelo para o qual β e κ são nulos (Seção 3.2). Essa é uma idealização empregada na Mecânica dos Fluidos.

Solução 6.2

As Eqs. (6.27) e (6.28), escritas para um fluido incompressível, tornam-se:

$$dH = C_P\, dT + V\, dP \tag{A}$$

$$dS = C_P\frac{dT}{T}$$

A entalpia de um fluido incompressível é consequentemente uma função da temperatura e da pressão, enquanto a entropia é uma função somente da temperatura, independente de P. Com $\kappa = \beta = 0$, a Eq. (6.29) mostra que a energia interna também é uma função somente da temperatura, sendo dada então pela equação, $dU = C_V\, dT$. A Eq. (6.13), o critério de exatidão, aplicada na Eq. (A), fornece:

$$\left(\frac{\partial C_P}{\partial P}\right)_T = \left(\frac{\partial V}{\partial T}\right)_P$$

Contudo, a definição de β, dada pela Eq. (3.3), mostra que a derivada no lado direito é igual a βV, que é zero para um fluido incompressível. Isso significa que C_P é uma função somente da temperatura, independente de P.

É de interesse a relação entre C_P e C_V de um fluido incompressível. Para uma dada mudança de estado, as Eqs. (6.28) e (6.36) têm de dar o mesmo valor para dS; consequentemente, elas podem ser igualadas. A expressão resultante, após um rearranjo, é:

$$(C_P - C_V)dT = \beta TV\, dP + \frac{\beta T}{\kappa} dV$$

Com a restrição de V constante, ela se reduz a:

$$C_P - C_V = \beta TV \left(\frac{\partial P}{\partial T}\right)_V$$

A eliminação da derivada com o uso da Eq. (6.34) fornece:

$$C_P - C_V = \beta TV \left(\frac{\beta}{\kappa}\right) \qquad (B)$$

Como $\beta = 0$, o lado direito dessa equação é zero, desde que a razão indeterminada β/κ seja finita. Essa razão é na realidade finita para fluidos reais, e uma hipótese em contrário para o fluido *modelo* seria irracional. Dessa forma, a definição do fluido incompressível presume que essa razão seja finita e concluímos que, para tal fluido, as capacidades caloríficas a V constante e a P constante são idênticas:

$$C_P = C_V = C$$

A Energia de Gibbs como uma Função Geradora

A relação fundamental entre propriedades para $G = G(T, P)$,

$$dG = V\, dP - S\, dT \qquad (6.11)$$

tem uma forma alternativa. Ela é originada na identidade matemática:

$$d\left(\frac{G}{RT}\right) \equiv \frac{1}{RT} dG - \frac{G}{RT^2} dT$$

A substituição de dG pela Eq. (6.11) e de G pela Eq. (6.4) fornece, após manipulação algébrica:

$$\boxed{d\left(\frac{G}{RT}\right) = \frac{V}{RT} dP - \frac{H}{RT^2} dT} \qquad (6.37)$$

A vantagem dessa equação é que todos os termos são adimensionais; além disso, em contraste com a Eq. (6.11), a entalpia, e não a entropia, aparece no lado direito.

Equações como as Eqs. (6.11) e (6.37) são aplicadas mais diretamente em formas restritas. Assim, da Eq. (6.37),

$$\frac{V}{RT} = \left[\frac{\partial (G/RT)}{\partial P}\right]_T \quad (6.38) \qquad \frac{H}{RT} = -T\left[\frac{\partial (G/RT)}{\partial T}\right]_P \quad (6.39)$$

Dado G/RT como uma função de T e P, V/RT e H/RT são obtidas por simples diferenciação. As propriedades restantes são dadas por equações de definição. Em particular,

$$\frac{S}{R} = \frac{H}{RT} - \frac{G}{RT} \qquad \frac{U}{RT} = \frac{H}{RT} - \frac{PV}{RT}$$

A energia de Gibbs, G ou G/RT, quando fornecida como uma função de suas variáveis canônicas T e P, serve como uma *função geradora* para as outras propriedades termodinâmicas por meio de matemática simples e, implicitamente, representa uma informação completa das propriedades.

Assim como a Eq. (6.11) leva a expressões para todas as propriedades termodinâmicas, a Eq. (6.10), a relação fundamental entre propriedades para a energia de Helmholtz $A = A(T, V)$, leva a equações para todas as propriedades termodinâmicas a partir do conhecimento de A como uma função de T e V. Ela é particularmente útil em conectar as propriedades termodinâmicas à Mecânica Estatística porque sistemas fechados com temperatura e volume fixos são, frequentemente, mais receptivos para tratamento pelos métodos teóricos da Mecânica Estatística e computacionais de simulação molecular com base na Mecânica Estatística.

6.2 PROPRIEDADES RESIDUAIS

Infelizmente, nenhum método experimental para a medição de valores numéricos de G ou de G/RT é conhecido, e as equações que relacionam outras propriedades à energia de Gibbs são de pouca utilidade prática e direta. Contudo, o conceito da energia de Gibbs como uma função geradora para outras propriedades termodinâmicas conduz a uma propriedade proximamente relacionada para a qual valores numéricos *são* facilmente obtidos. Assim, **por definição**, a energia de Gibbs *residual* é: $G^R \equiv G - G^{gi}$, em que G e G^{gi} são os valores real e do estado de gás ideal da energia de Gibbs nas mesmas temperatura e pressão. Outras propriedades residuais são definidas de forma análoga. Por exemplo, o volume residual é:

$$V^R \equiv V - V^{gi} = V - \frac{RT}{P}$$

Como $V = ZRT/P$, o volume residual e o fator de compressibilidade estão relacionados por:

$$V^R = \frac{RT}{P}(Z - 1) \tag{6.40}$$

A definição da propriedade residual genérica[4] é:

$$\boxed{M^R \equiv M - M^{gi}} \tag{6.41}$$

na qual M e M^{gi} são as propriedades real e no estado de gás ideal nas mesmas T e P. Elas representam valores molares para qualquer propriedade termodinâmica extensiva, por exemplo, V, U, H, S ou G.

A proposta subjacente desta definição é mais facilmente entendida quando escrita como:

$$M = M^{gi} + M^R$$

A partir de uma perspectiva prática, essa equação divide o cálculo da propriedade em duas partes: a primeira, cálculos simples para as propriedades no estado de gás ideal; a segunda, cálculos para as propriedades residuais, que têm a natureza de correções dos valores para o estado de gás ideal. As propriedades para o estado de gás ideal refletem as configurações moleculares, mas consideram a ausência de interações moleculares. As propriedades residuais levam em consideração o efeito de tais interações. Aqui, nossa proposta é desenvolver equações para o cálculo de propriedades residuais a partir de dados PVT ou de sua representação pelas equações de estado.

A Eq. (6.37), escrita para o estado de gás ideal, torna-se:

$$d\left(\frac{G^{gi}}{RT}\right) = \frac{V^{gi}}{RT}dP - \frac{H^{gi}}{RT^2}dT$$

Subtraindo essa equação da Eq. (6.37), obtém-se:

$$\boxed{d\left(\frac{G^R}{RT}\right) = \frac{V^R}{RT}dP - \frac{H^R}{RT^2}dT} \tag{6.42}$$

[4] Algumas vezes vista como uma função de partida. Aqui, *genérica* se refere a uma classe de propriedades com as mesmas características.

Essa *relação fundamental entre propriedades residuais* se aplica a fluidos com composição constante. Formas úteis com restrições são:

$$\frac{V^R}{RT} = \left[\frac{\partial(G^R/RT)}{\partial P}\right]_T \quad (6.43)$$	$$\frac{H^R}{RT} = -T\left[\frac{\partial(G^R/RT)}{\partial T}\right]_P \quad (6.44)$$

A Eq. (6.43) fornece uma ligação direta entre a energia de Gibbs residual e experimentos.

Escrevendo

$$d\left(\frac{G^R}{RT}\right) = \frac{V^R}{RT}dP \quad (T \text{ const.})$$

ela pode ser integrada de uma pressão nula até uma pressão arbitrária P, fornecendo:

$$\frac{G^R}{RT} = \left(\frac{G^R}{RT}\right)_{P=0} + \int_0^P \frac{V^R}{RT}dP \quad (T \text{ const.})$$

Por conveniência, define-se:

$$\left(\frac{G^R}{RT}\right)_{P=0} \equiv J$$

Com essa definição e a eliminação de V^R pela Eq. (6.40),

$$\frac{G^R}{RT} = J + \int_0^P (Z-1)\frac{dP}{P} \quad (T \text{ const.}) \tag{6.45}$$

Como explicado no Adendo deste capítulo, J é uma *constante* independente de T, e a derivada dessa equação, de acordo com a Eq. (6.44), fornece:

$$\boxed{\frac{H^R}{RT} = -T\int_0^P \left(\frac{\partial Z}{\partial T}\right)_P \frac{dP}{P} \quad (T \text{ const.})} \tag{6.46}$$

A equação de definição para a energia de Gibbs, $G = H - TS$, também pode ser escrita para o estado de gás ideal, $G^{gi} = H^{gi} - TS^{gi}$; por diferença, $G^R = H^R - TS^R$, e

$$\frac{S^R}{R} = \frac{H^R}{RT} - \frac{G^R}{RT} \tag{6.47}$$

Combinando essa equação com as Eqs. (6.45) e (6.46), obtém-se:

$$\frac{S^R}{R} = -T\int_0^P \left(\frac{\partial Z}{\partial T}\right)_P \frac{dP}{P} - J - \int_0^P (Z-1)\frac{dP}{P} \quad (T \text{ const.})$$

Em aplicações, a entropia sempre aparece em *diferenças*. De acordo com a Eq. (6.41), escrevemos $S = S^{gi} + S^R$ para dois estados diferentes. Então, por diferença:

$$\Delta S \equiv S_2 - S_1 = \left(S_2^{gi} - S_1^{gi}\right) + \left(S_2^R - S_1^R\right)$$

Como J é uma constante, ele desaparece na diferença de entropias residuais, e seu valor não tem influência. Consequentemente, o J constante é arbitrariamente igualado a zero, e a equação de trabalho para S^R se torna:

$$\boxed{\frac{S^R}{R} = -T\int_0^P \left(\frac{\partial Z}{\partial T}\right)_P \frac{dP}{P} - \int_0^P (Z-1)\frac{dP}{P} \quad (T \text{ const.})} \tag{6.48}$$

e a Eq.(6.45) é escrita na forma:

$$\frac{G^R}{RT} = \int_0^P (Z-1)\frac{dP}{P} \quad (T \text{ const.}) \tag{6.49}$$

Valores do fator de compressibilidade $Z = PV/RT$ e de $(\partial Z/\partial T)_P$ podem ser calculados a partir de dados experimentais PVT com as duas integrais nas Eqs. (6.46), (6.48) e (6.49), avaliadas por meio de métodos numéricos ou gráficos. Alternativamente, as duas integrais podem ser representadas analiticamente com Z dado como uma função de T e P por uma equação de estado explícita no volume. Essa conexão direta com os experimentos permite o cálculo das propriedades residuais H^R e S^R para uso no cálculo de valores da entalpia e da entropia.

Entalpia e Entropia a partir de Propriedades Residuais

Expressões gerais para H^{gi} e S^{gi} são obtidas pela integração das Eqs. (6.23) e (6.24) de um estado de gás ideal, nas condições de referência T_0 e P_0, até o estado de gás ideal a T e P:[5]

$$H^{gi} = H_0^{gi} + \int_{T_0}^{T} C_P^{gi}\, dT \qquad S^{gi} = S_0^{gi} + \int_{T_0}^{T} C_P^{gi}\, \frac{dT}{T} - R\ \ln\frac{P}{P_0}$$

Como $H = H^{gi} + H^R$ e $S = S^{gi} + S^R$:

$$H = H_0^{gi} + \int_{T_0}^{T} C_P^{gi}\, dT + H^R \tag{6.50}$$

$$S = S_0^{gi} + \int_{T_0}^{T} C_P^{gi}\, \frac{dT}{T} - R\ln\frac{P}{P_0} + S^R \tag{6.51}$$

Lembre-se (Seções 4.1 e 5.5) de que, com o objetivo de cálculo, as integrais nas Eqs. (6.50) e (6.51) são representadas por:

$$\int_{T_0}^{T} C_P^{gi} dT = R \times \mathsf{ICPH}(T_0, T; \mathsf{A, B, C, D})$$
$$\int_{T_0}^{T} C_P^{gi} \frac{dT}{T} = R \times \mathsf{ICPS}(T_0, T; \mathsf{A, B, C, D})$$

As Eqs. (6.50) e (6.51) têm formas alternativas quando as integrais são substituídas por termos equivalentes que incluem as capacidades caloríficas médias, definidas nas Seções 4.1 e 5.5:

$$H = H_0^{gi} + \langle C_P^{gi}\rangle_H (T - T_0) + H^R \tag{6.52}$$

$$S = S_0^{gi} + \langle C_P^{gi}\rangle_S \ln\frac{T}{T_0} - R\ln\frac{P}{P_0} + S^R \tag{6.53}$$

Nas Eqs. (6.50) a (6.53), H^R e S^R são dadas pelas Eqs. (6.46) e (6.48). Novamente, para a utilização das rotinas computacionais, as capacidades caloríficas médias são representadas por:

$$\langle C_P^{gi}\rangle_H = R \times \mathsf{MCPH}(T_0, T; \mathsf{A, B, C, D})$$
$$\langle C_P^{gi}\rangle_S = R \times \mathsf{MCPS}(T_0, T; \mathsf{A, B, C, D})$$

A aplicação da Termodinâmica requer somente *diferenças* na entalpia e na entropia, e estas não variam quando a escala de valores é deslocada por uma quantidade constante. Por isso, as condições no estado de referência T_0 e P_0 são selecionadas de forma conveniente, e valores para H_0^{gi} e S_0^{gi} são especificados arbitrariamente. A única informação necessária para a aplicação das Eqs. (6.52) e (6.53) são capacidades caloríficas no estado de gás ideal e dados

[5] Propriedades termodinâmicas para compostos orgânicos no estado de gás ideal são fornecidas por M. Frenkel, G. J. Kabo, K. N. Marsh, G. N. Roganov e R. C. Wilhoit, *Thermodynamics of Organic Compounds in the Gas State*, Thermodynamics Research Center, Texas A&M Univ. System, College Station, Texas, 1994. Para muitos compostos, esses dados estão também disponíveis no *e-book* NIST Chemistry Webbook: <http:/ webbook.nist.gov>.

PVT. Uma vez conhecidos V, H e S em uma dada condição de T e P, as outras propriedades termodinâmicas são obtidas a partir de equações de definição.

O grande valor prático do estado de gás ideal está agora evidente. Ele fornece a base para o cálculo das propriedades dos gases reais.

As propriedades residuais têm validade tanto para os gases quanto para os líquidos. Entretanto, a vantagem das Eqs. (6.50) e (6.51) na aplicação em gases é que H^R e S^R, os termos que envolvem todos os cálculos complexos, são *resíduos* geralmente pequenos. Eles agem como correções dos termos maiores, H^{gi} e S^{gi}. Para líquidos, essa vantagem é significativamente perdida, pois H^R e S^R devem incluir as grandes variações de entalpia e de entropia da vaporização. As variações nas propriedades dos líquidos são normalmente calculadas com formas integradas das Eqs. (6.27) e (6.28), como ilustrado no Exemplo 6.1.

▪ Exemplo 6.3

Calcule a entalpia e a entropia do vapor saturado de isobutano, a 360 K, a partir das seguintes informações:

1. A Tabela 6.1 fornece dados de fatores de compressibilidade (valores de Z) para o vapor de isobutano.
2. A pressão de vapor do isobutano a 360 K é igual a 15,41 bar.
3. Faça H_0^{gi} = 18.115,0 J · mol^{-1} e S_0^{gi} = 295,976 J · mol^{-1} · K^{-1} para o estado de referência a 300 K e 1 bar. [Esses valores estão de acordo com a base adotada por R. D. Goodwin e W. M. Haynes, Nat. Bur. Stand. (U.S.), Nota Técnica 1051, 1982.]
4. A capacidade calorífica no estado de gás ideal do vapor de isobutano nas temperaturas de interesse é:

$$C_P^{gi}/R = 1{,}7765 + 33{,}037 \times 10^{-3}T \quad (T \text{ K})$$

TABELA 6.1 Fatores de Compressibilidade Z para o Isobutano

P bar	340 K	350 K	360 K	370 K	380 K
0,10	0,99700	0,99719	0,99737	0,99753	0,99767
0,50	0,98745	0,98830	0,98907	0,98977	0,99040
2,00	0,95895	0,96206	0,96483	0,96730	0,96953
4,00	0,92422	0,93069	0,93635	0,94132	0,94574
6,00	0,88742	0,89816	0,90734	0,91529	0,92223
8,00	0,84575	0,86218	0,87586	0,88745	0,89743
10,0	0,79659	0,82117	0,84077	0,85695	0,87061
12,0	......	0,77310	0,80103	0,82315	0,84134
14,0	......	......	0,75506	0,78531	0,80923
15,41	......	......	0,71727		

Solução 6.3

O cálculo de H^R e S^R a 360 K e 15,41 bar com a utilização das Eqs. (6.46) e (6.48) requer a avaliação de duas integrais:

$$\int_0^P \left(\frac{\partial Z}{\partial T}\right)_P \frac{dP}{P} \qquad \int_0^P (Z-1)\frac{dP}{P}$$

A integração gráfica requer uma representação gráfica simples de $(\partial Z/\partial T)_P/P$ e de $(Z-1)/P$ em função de P. Os valores de $(Z-1)/P$ são calculados a partir dos dados para o fator de compressibilidade fornecidos a 360 K. A grandeza $(\partial Z/\partial T)_P/P$ requer a avaliação da derivada parcial $(\partial Z/\partial T)_P$, dada pela inclinação da representação gráfica de Z em função de T a pressão constante. Com esse propósito, são efetuadas representações de Z *versus* T para cada pressão, nas quais são fornecidos os dados para o fator de compressibilidade, e a inclinação a 360 K é determinada em cada uma das curvas (por exemplo, traçando uma tangente em 360 K). Os dados para a elaboração das representações gráficas necessárias são mostrados na Tabela 6.2.

Os valores das duas integrais, determinadas a partir dos gráficos, são:

$$\int_0^P \left(\frac{\partial Z}{\partial T}\right)_P \frac{dP}{P} = 26{,}37 \times 10^{-4}\ \text{K}^{-1} \qquad \int_0^P (Z-1)\frac{dP}{P} = -0{,}2596$$

TABELA 6.2 Valores dos Integrandos Necessários no Exemplo 6.3
Valores entre parênteses são obtidos por extrapolação.

P bar	$[(\partial Z/\partial T)_P/P] \times 10^4$ K^{-1} · bar^{-1}	$[-(Z-1)/P] \times 10^2$ bar^{-1}
0,00	(1,780)	(2,590)
0,10	1,700	2,470
0,50	1,514	2,186
2,00	1,293	1,759
4,00	1,290	1,591
6,00	1,395	1,544
8,00	1,560	1,552
10,0	1,777	1,592
12,0	2,073	1,658
14,0	2,432	1,750
15,41	(2,720)	(1,835)

Pela Eq. (6.46),

$$\frac{H^R}{RT} = -(360)(26{,}37 \times 10^{-4}) = -0{,}9493$$

Pela Eq. (6.48),

$$\frac{S^R}{R} = -0{,}9493 - (-0{,}2596) = -0{,}6897$$

Para $R = 8{,}314$ J · mol^{-1} · K^{-1},

$$H^R = (-0{,}9493)(8{,}314)(360) = -2841{,}3 \text{ J} \cdot \text{mol} -1$$
$$S^R = (-0{,}6897)(8{,}314) = -5{,}734 \text{ J} \cdot \text{mol} -1 \cdot \text{K} -1$$

Os valores das integrais nas Eqs. (6.50) e (6.51), com os parâmetros da equação dada para C_P^{gi}/R, são:

$$8{,}314 \times \text{ICPH}(300, 360; 1.7765, 33.037 \times 10^{-3}, 0.0, 0.0) = 6324{,}8 \text{ J} \cdot \text{mol}^{-1}$$
$$8{,}314 \times \text{ICPS}(300, 360; 1.7765, 33.037 \times 10^{-3}, 0.0, 0.0) = 19{,}174 \text{ J} \cdot \text{mol}^{-1} \cdot \text{K}^{-1}$$

A substituição dos valores numéricos nas Eqs. (6.50) e (6.51) fornece:

$$H = 18.115{,}0 + 6324{,}8 - 2841{,}3 = -21.598{,}5 \text{ J} \cdot \text{mol}^{-1}$$
$$S = 295{,}976 + 19{,}174 - 8{,}314 \ln 15{,}41 - 5{,}734 = 286{,}676 \text{ J} \cdot \text{mol}^{-1} \cdot \text{K}^{-1}$$

Embora os cálculos tenham sido efetuados aqui somente para um estado, entalpias e entropias podem ser avaliadas para qualquer número de estados, desde que sejam fornecidos dados adequados. Após ter completado um conjunto de cálculos, não estamos irrevogavelmente amarrados aos valores particulares especificados inicialmente para H_0^{gi} e S_0^{gi}. As escalas de valores tanto para a entalpia quanto para a entropia podem ser deslocadas pela adição de uma constante a todos os valores. Dessa maneira, pode-se especificar valores arbitrários para H e S em algum estado particular, de modo a criar escalas convenientes para determinado objetivo.

O cálculo preciso de propriedades termodinâmicas é uma tarefa exigente, raramente solicitada a um engenheiro. Contudo, engenheiros utilizam propriedades termodinâmicas na prática, e um entendimento dos métodos utilizados no seu cálculo deve sugerir que alguma incerteza está associada a todo valor de propriedade. Imprecisões aparecem parcialmente a partir de erros experimentais nos dados, que são também frequentemente incompletos e têm de ser estendidos por interpolação ou extrapolação. Além disso, mesmo com valores confiáveis de dados PVT, uma perda de precisão ocorre no processo de diferenciação necessário no cálculo de propriedades derivadas. Assim, dados com um alto grau de precisão são necessários para produzir valores de entalpias e de entropias adequados para cálculos de engenharia.

6.3 PROPRIEDADES RESIDUAIS A PARTIR DAS EQUAÇÕES DE ESTADO VIRIAL

A avaliação gráfica ou numérica de integrais, como nas Eqs. (6.46) e (6.48), é frequentemente tediosa e imprecisa. Uma alternativa atrativa é a sua determinação analítica com as equações de estado. O procedimento varia ao depender da equação, que pode ser *explícita em volume*, isto é, representar V (ou Z) como uma função de P a T constante, ou *explícita na pressão*, isto é, expressar P (ou Z) como uma função de V (ou ρ) a T constante.[6] As Eqs. (6.46) e (6.48) são aplicáveis diretamente somente para uma equação explícita em volume, tal como a equação virial truncada no segundo termo em P [Eq. (3.36)]. Para equações explícitas em P, tal como a expansão virial no inverso do volume [Eq. (3.38)], as Eqs. (6.46), (6.48) e (6.49) precisam ser reformuladas.

A Eq. (3.36), equação de estado virial com dois termos, é explícita no volume, $Z - 1 = BP/RT$. A diferenciação fornece $(\partial Z/\partial T)_P$. Portanto, temos as expressões necessárias para substituição nas Eqs. (6.46) e (6.48). A integração direta fornece H^R/RT e S^R/R. Um procedimento alternativo é avaliar G^R/RT pela Eq. (6.49):

$$\frac{G^R}{RT} = \frac{BP}{RT}$$

A partir desse resultado, H^R/RT é encontrada por meio da Eq. (6.44), e S^R/R é dada pela Eq. (6.47). De todo modo, obtemos:

$$\frac{H^R}{RT} = \frac{P}{R}\left(\frac{B}{T} - \frac{dB}{dT}\right) \qquad (6.55) \qquad\qquad \frac{S^R}{R} = -\frac{P}{R}\frac{dB}{dT} \qquad (6.56)$$

A avaliação de entalpias e entropias residuais com as Eqs. (6.55) e (6.56) é direta para valores especificados de T e P, desde que haja dados suficientes para determinar B e dB/dT. A faixa de aplicação dessas equações é a mesma utilizada para a Eq. (3.36), como discutido na Seção 3.5.

As Eqs. (6.46), (6.48) e (6.49) são incompatíveis com equações de estado explícitas na pressão e têm de ser reformuladas de tal forma que P não seja a variável de integração. Realizando essa reformulação, a densidade molar ρ é uma variável de integração mais conveniente do que V, porque ρ tende a zero, em vez de ao infinito, quando P tende para zero. Portanto, a equação $PV = ZRT$ é escrita alternativamente como:

$$P = Z\rho RT \qquad (6.57)$$

A diferenciação a T constante fornece:

$$dP = RT(Zd\rho + \rho dZ) \quad (T \text{ const.})$$

Dividindo essa equação pela Eq. (6.57), obtém-se:

$$\frac{dP}{P} = \frac{d\rho}{\rho} + \frac{dZ}{Z} \quad (T \text{ const.})$$

Com a substituição de dP/P, a Eq. (6.49) se torna:

$$\frac{G^R}{RT} = \int_0^\rho (Z - 1)\frac{d\rho}{\rho} + Z - 1 - \ln Z \qquad (6.58)$$

na qual a integral é avaliada a T constante. Note também que $\rho \to 0$ quando $P \to 0$.

Explicitando a Eq. (6.42) em relação ao seu último termo e substituindo V^R a partir da Eq. (6.40), tem-se:

$$\frac{H^R}{RT^2}dT = (Z - 1)\frac{dP}{P} - d\left(\frac{G^R}{RT}\right)$$

Aplicando essa equação para variações de T a ρ constante, tem-se:

$$\frac{H^R}{RT^2} = \frac{Z - 1}{P}\left(\frac{\partial P}{\partial T}\right)_\rho - \left[\frac{\partial(G^R/RT)}{\partial T}\right]_\rho$$

[6] A equação do gás ideal é explícita tanto na pressão quanto no volume.

A diferenciação da Eq. (6.57) fornece a primeira derivada no lado direito, e a diferenciação da Eq. (6.58), a segunda. A substituição leva a:

$$\frac{H^R}{RT} = -T\int_0^\rho \left(\frac{\partial Z}{\partial T}\right)_\rho \frac{d\rho}{\rho} + Z - 1 \tag{6.59}$$

A entropia residual é encontrada a partir da Eq. (6.47) em combinação com as Eqs. (6.58) e (6.59):

$$\frac{S^R}{R} = \ln Z - T\int_0^\rho \left(\frac{\partial Z}{\partial T}\right)_\rho \frac{d\rho}{\rho} - \int_0^\rho (Z-1)\frac{d\rho}{\rho} \tag{6.60}$$

Agora, aplicamos essa equação à equação virial com três termos explícita na pressão:

$$Z - 1 = B\rho + C\rho^2 \tag{3.38}$$

A substituição nas Eqs. (6.58) a (6.60) leva a:

$$\frac{G^R}{RT} = 2B\rho + \frac{3}{2}C\rho^2 - \ln Z \tag{6.61}$$

$$\frac{H^R}{RT} = T\left[\left(\frac{B}{T} - \frac{dB}{dT}\right)\rho + \left(\frac{C}{T} - \frac{1}{2}\frac{dC}{dT}\right)\rho^2\right] \tag{6.62}$$

$$\frac{S^R}{R} = \ln Z - T\left[\left(\frac{B}{T} + \frac{dB}{dT}\right)\rho + \frac{1}{2}\left(\frac{C}{T} + \frac{dC}{dT}\right)\rho^2\right] \tag{6.63}$$

A utilização dessas equações, úteis para gases até pressões moderadas, requer dados dos segundo e terceiro coeficientes virial.

6.4 CORRELAÇÕES GENERALIZADAS PARA PROPRIEDADES DE GASES

Dos dois tipos de dados necessários para a avaliação de propriedades termodinâmicas, capacidades caloríficas e dados *PVT*, os últimos estão com mais frequência ausentes. Felizmente, os métodos generalizados desenvolvidos na Seção 3.7 para o fator de compressibilidade são também aplicáveis para propriedades residuais.

As Eqs. (6.46) e (6.48) são colocadas na forma generalizada pela substituição das relações:

$$P = P_c P_r \qquad T = T_c T_r$$
$$dP = P_c dP_r \qquad dT = T_c dT_r$$

As equações resultantes são:

$$\frac{H^R}{RT_c} = -T_r^2 \int_0^{P_r} \left(\frac{\partial Z}{\partial T_r}\right)_{P_r} \frac{dP_r}{P_r} \tag{6.64}$$

$$\frac{S^R}{R} = -T_r \int_0^{P_r} \left(\frac{\partial Z}{\partial T_r}\right)_{P_r} \frac{dP_r}{P_r} - \int_0^{P_r} (Z-1)\frac{dP_r}{P_r} \tag{6.65}$$

Os termos no lado direito dessas equações dependem somente do limite superior P_r das integrais e da temperatura reduzida na qual eles são avaliados. Desse modo, os valores de H^R/RT_c e S^R/R podem finalmente ser determinados em qualquer pressão e temperatura reduzidas a partir de dados do fator de compressibilidade generalizados.

A correlação para *Z* está baseada na Eq. (3.53):

$$Z = Z^0 + \omega Z^1$$

Sua diferenciação fornece:

$$\left(\frac{\partial Z}{\partial T_r}\right)_{P_r} = \left(\frac{\partial Z^0}{\partial T_r}\right)_{P_r} + \omega\left(\frac{\partial Z^1}{\partial T_r}\right)_{P_r}$$

A substituição de Z e $(\partial Z/\partial T)\,P_r$ nas Eqs. (6.64) e (6.65) fornece:

$$\frac{H^R}{RT_c} = -T_r^2 \int_0^{P_r} \left(\frac{\partial Z^0}{\partial T_r}\right)_{P_r} \frac{dP_r}{P_r} - \omega T_r^2 \int_0^{P_r} \left(\frac{\partial Z^1}{\partial T_r}\right)_{P_r} \frac{dP_r}{P_r}$$

$$\frac{S^R}{R} = -\int_0^{P_r} \left[T_r \left(\frac{\partial Z^0}{\partial T_r}\right)_{P_r} + Z^0 - 1\right] \frac{dP_r}{P_r} - \omega \int_0^{P_r} \left[T_r \left(\frac{\partial Z^1}{\partial T_r}\right)_{P_r} + Z^1\right] \frac{dP_r}{P_r}$$

As primeiras integrais no lado direito dessas duas equações podem ser avaliadas numericamente ou graficamente para vários valores de T_r e P_r a partir dos dados para Z^0 fornecidos nas Tabelas D.1 e D.3 no Apêndice D, e as integrais que têm ω em cada equação podem ser similarmente avaliadas a partir de dados para Z^1 fornecidos nas Tabelas D.2 e D.4.

Se os primeiros termos no lado direito das equações anteriores (incluindo os sinais negativos) forem representados por $(H^R)^0/RT_c$ e $(S^R)^0/R$, e os termos que contêm ω precedidos pelo sinal negativo forem representados por $(H^R)^1/RT_c$ e $(S^R)^1/R$, então:

$$\frac{H^R}{RT_c} = \frac{(H^R)^0}{RT_c} + \omega \frac{(H^R)^1}{RT_c} \qquad (6.66)$$

$$\frac{S^R}{R} = \frac{(S^R)^0}{R} + \omega \frac{(S^R)^1}{R} \qquad (6.67)$$

Os valores calculados das grandezas $(H^R)^0/RT_c$, $(H^R)^1/RT_c$, $(S^R)^0/R$ e $(S^R)^1/R$ como determinado por Lee e Kesler são fornecidos como funções de T_r e P_r nas Tabelas D.5 a D.12. Esses valores, em conjunto com as Eqs. (6.66) e (6.67), permitem a estimativa de entalpias e entropias residuais com base no princípio dos estados correspondentes a três parâmetros como desenvolvido por Lee e Kesler (Seção 3.7).

As Tabelas D.5 e D.7 para $(H^R)^0/RT_c$ e as Tabelas D.9 e D.11 para $(S^R)^0/R$, utilizadas separadamente, fornecem correlações dos estados correspondentes a dois parâmetros, que por sua vez fornecem rapidamente uma estimativa grosseira das propriedades residuais. A natureza dessas correlações é indicada na Figura 6.2, que mostra um gráfico de $(H^R)^0/RT_c$ *versus* P_r para seis isotermas.

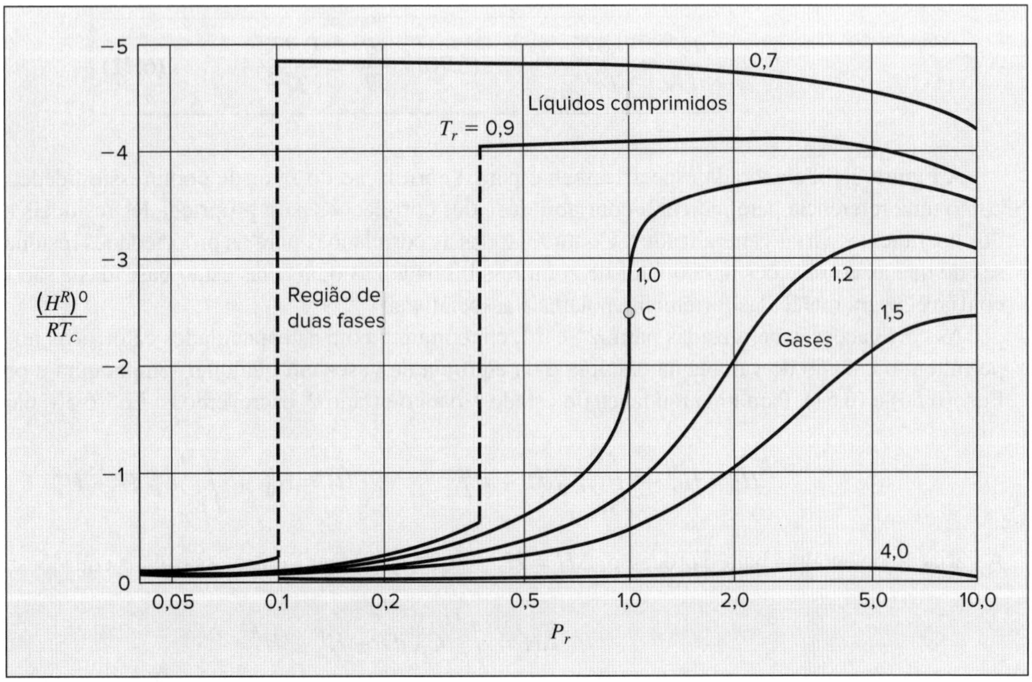

Figura 6.2 A correlação de Lee/Kesler para $(H^R)^0/RT_c$ como uma função de T_r e P_r.

Como com as correlações generalizadas para o fator de compressibilidade, a complexidade das funções $(H^R)^0/RT_c$, $(H^R)^1/RT_c$, $(S^R)^0/R$ e $(S^R)^1/R$ impossibilitam sua representação geral por uma equação simples. Entretanto, a correlação generalizada para o segundo coeficiente virial forma a base para as correlações analíticas das propriedades residuais a baixas pressões. Retomando as Eqs. (3.58) e (3.59):

$$\hat{B} = \frac{BP_c}{RT_c} = B^0 + \omega B^1$$

As grandezas $\hat{B}$, B^0 e B^1 são funções somente de T_r. Consequentemente,

$$\frac{d\hat{B}}{dT_r} = \frac{dB^0}{dT_r} + \omega \frac{dB^1}{dT_r}$$

As Eqs. (6.55) e (6.56) podem ser escritas:

$$\frac{H^R}{RT_c} = P_r\left(\hat{B} - T_r\frac{d\hat{B}}{dT_r}\right) \qquad \frac{S^R}{R} = -P_r\frac{d\hat{B}}{dT_r}$$

Combinando cada uma dessas equações com as duas equações anteriores, obtém-se:

$$\frac{H^R}{RT_c} = P_r\left[B^0 - T_r\frac{dB^0}{dT_r} + \omega\left(B^1 - T_r\frac{dB^1}{dT_r}\right)\right] \tag{6.68}$$

$$\frac{S^R}{R} = -P_r\left(\frac{dB^0}{dT_r} + \omega\frac{dB^1}{dT_r}\right) \tag{6.69}$$

As dependências de B^0 e B^1 à temperatura reduzida são dadas pelas Eqs. (3.61) e (3.62). A diferenciação dessas equações fornece expressões para dB^0/dT_r e dB^1/dT_r. Assim, as equações necessárias para a utilização das Eqs. (6.68) e (6.69) são:

$B^0 = 0{,}083 - \dfrac{0{,}422}{T_r^{1,6}}$ (3.61)	$B^1 = 0{,}139 - \dfrac{0{,}172}{T_r^{4,2}}$ (3.62)
$\dfrac{dB^0}{dT_r} = \dfrac{0{,}675}{T_r^{2,6}}$ (6.70)	$\dfrac{dB^1}{dT_r} = \dfrac{0{,}722}{T_r^{5,2}}$ (6.71)

A Figura 3.10, elaborada especificamente para a correlação do fator de compressibilidade, também é utilizada como uma referência para indicar a confiabilidade das correlações para propriedades residuais baseadas nos segundos coeficientes virial generalizados. Contudo, todas as correlações para as propriedades residuais são menos precisas do que as correlações para o fator de compressibilidade nas quais elas estão baseadas e são, obviamente, menos confiáveis para moléculas fortemente polares e associativas.

As correlações generalizadas para H^R e S^R, em conjunto com as capacidades caloríficas no estado de gás ideal, permitem o cálculo de valores da entalpia e da entropia de gases em qualquer temperatura e pressão por meio das Eqs. (6.50) e (6.51). Para uma mudança do estado 1 para o estado 2, escrevemos a Eq. (6.50) para os dois estados:

$$H_2 = H_0^{gi} + \int_{T_0}^{T_2} C_P^{gi} dT + H_2^R \qquad H_1 = H_0^{gi} + \int_{T_0}^{T_1} C_P^{gi} dT + H_1^R$$

A variação da entalpia para o processo, $\Delta H = H_2 - H_1$, é a diferença entre essas duas equações:

$$\Delta H = \int_{T_1}^{T_2} C_P^{gi}\, dT + H_2^R - H_1^R \tag{6.72}$$

Analogamente, com base na Eq. (6.51),

$$\Delta S = \int_{T_1}^{T_2} C_P^{gi} \frac{dT}{T} - R\ln\frac{P_2}{P_1} + S_2^R - S_1^R \tag{6.73}$$

Escritas em uma forma alternativa, essas equações se tornam:

$$\Delta H = \left\langle C_P^{gi} \right\rangle_H (T_2 - T_1) + H_2^R - H_1^R \tag{6.74}$$

$$\Delta S = \left\langle C_P^{gi} \right\rangle_S \ln\frac{T_2}{T_1} - R\ln\frac{P_2}{P_1} + S_2^R - S_1^R \tag{6.75}$$

Da mesma forma que demos nomes às funções usadas na avaliação das integrais nas Eqs. (6.72) e (6.73) e das capacidades caloríficas médias nas Eqs. (6.74) e (6.75), fazemo-lo para as funções úteis na avaliação de H^R e S^R. As Eqs. (6.68), (3.61), (6.70), (3.62) e (6.71), em conjunto, fornecem uma função para a determinação de H^R/RT_c, chamada de HRB(T_r, P_r, OMEGA):

$$\frac{H^R}{RT_c} = \text{HRB}\,(T_r, P_r, \text{OMEGA})$$

Consequentemente, um valor numérico para H^R é representado por:

$$RT_c \times \text{HRB}\,(T_r, P_r, \text{OMEGA})$$

Analogamente, as Eqs. (6.69) a (6.71) fornecem uma função para a determinação de S^R/R, chamada SRB(T_r, P_r, OMEGA):

$$\frac{S^R}{R} = \text{SRB}\,(T_r, P_r, \text{OMEGA})$$

Consequentemente, um valor numérico para S^R é representado por:

$$R \times \text{SRB}\,(T_r, P_r, \text{OMEGA})$$

As parcelas no lado direito das Eqs. (6.72) a (6.75) são facilmente associadas com etapas em uma *trajetória de cálculo*, levando um sistema de um estado inicial a um estado final. Dessa forma, na Figura 6.3, a trajetória real entre os estados 1 e 2 (linha tracejada) é substituída por uma trajetória de cálculo com três etapas:

- **Etapa** $1 \rightarrow 1^{gi}$: Um processo hipotético que transforma um gás real em um gás ideal a T_1 e P_1. As variações de entalpia e entropia nesse processo são:

$$H_1^{gi} - H_1 = -H_1^R \qquad\qquad S_1^{gi} - S_1 = -S_1^R$$

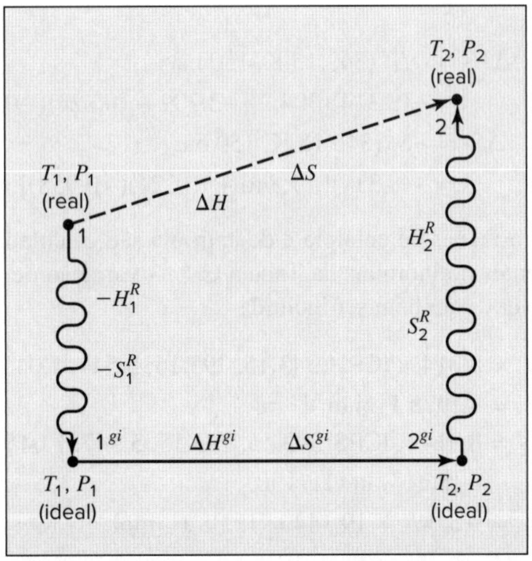

Figura 6.3 Trajetória de cálculo para as variações de propriedades ΔH e ΔS.

- **Etapa** $1^{gi} \rightarrow 2^{gi}$: Variações no estado de gás ideal de (T_1, P_1) para (T_2, P_2). Nesse processo,

$$\Delta H^{gi} = H_2^{gi} - H_1^{gi} = \int_{T_1}^{T_2} C_P^{gi}\, dT \tag{6.76}$$

$$\Delta S^{gi} = S_2^{gi} - S_1^{gi} = \int_{T_1}^{T_2} C_P^{gi} \frac{dT}{T} - R \ln \frac{P_2}{P_1} \tag{6.77}$$

- **Etapa** $2^{gi} \rightarrow 2$: Outro processo hipotético que transforma o gás ideal novamente em um gás real, a T_2 e P_2. Aqui,

$$H_2 - H_2^{gi} = H_2^R \qquad S_2 - S_2^{gi} = S_2^R$$

As Eqs. (6.72) e (6.73) resultam da adição das variações da entalpia e da entropia nas três etapas.

■ Exemplo 6.4

CO_2 supercrítico é cada vez mais utilizado como um solvente ambientalmente amigável para aplicações limpas, desde a limpeza a seco de roupas até o desengorduramento de partes de máquinas para decapagem fotorresistiva. A vantagem-chave do CO_2 é a facilidade com que se separa da "sujeira" e dos detergentes. Quando sua temperatura e pressão são reduzidas abaixo da temperatura crítica e da pressão de vapor, respectivamente, ele vaporiza, deixando a substância dissolvida para trás. Para uma mudança de estado do CO_2 de 70 °C e 150 bar para 20 °C e 15 bar, estime a variação de suas entalpia e entropia molares.

Solução 6.4

Seguiremos a trajetória de cálculo de três etapas da Figura 6.3. A Etapa 1 transforma o fluido real a 70 °C e 150 bar em seu estado de gás ideal nas mesmas condições. Na Etapa 2 são mudadas as condições iniciais de T e P no estado de gás ideal para as condições finais. A Etapa 3 transforma o fluido do seu estado de gás ideal para o estado final de gás real a 20 °C e 15 bar.

Os valores das propriedades residuais requeridos para os cálculos das variações nas primeira e terceira etapas dependem das condições reduzidas dos estados inicial e final. Com as propriedades críticas obtidas da Tabela B.1 do Apêndice B:

$$T_{r_1} = 1{,}128 \qquad P_{r_1} = 2{,}032 \quad T_{r_2} = 0{,}964 \quad P_{r_2} = 0{,}203$$

Uma verificação da Figura 3.10 indica que as tabelas de Lee/Kesler são necessárias para o estado inicial, enquanto a correlação para o segundo coeficiente virial seria adequada para o estado final.

Então, para a Etapa 1, a interpolação nas tabelas de Lee/Kesler D.7, D.8, D.11 e D.12 fornece os valores:

$$\frac{(H^R)^0}{RT_c} = -2{,}709, \quad \frac{(H^R)^1}{RT_c} = -0{,}921, \quad \frac{(S^R)^0}{R} = -1{,}846, \quad \frac{(S^R)^1}{R} = -0{,}938$$

Então:

$$\Delta H_1 = -H^R(343{,}15 \text{ K}, 150 \text{ bar})$$
$$= -(8{,}314)(304{,}2)[-2{,}709 + (0{,}224)(-0{,}921)] = 7372 \text{ J} \cdot \text{mol}^{-1}$$
$$\Delta S_1 = -S^R(343{,}15 \text{ K}, 150 \text{ bar})$$
$$= -(8{,}314)[-1{,}846 + (0{,}224)(-0{,}938)] = 17{,}09 \text{ J} \cdot \text{mol}^{-1} \cdot \text{K}^{-1}$$

Para a Etapa 2, as variações de entalpia e de entropia são calculadas pelas integrais usuais da capacidade calorífica, com coeficientes polinomiais da Tabela C.1. A variação de entropia no estado de gás ideal causada pela variação de pressão deve também ser incluída.

$$\Delta H_2 = 8{,}314 \times \text{ICPH}(343.15, 293.15; 5.547, 1.045 \times 10^{-3}, 0.0, -1.157 \times 10^5)$$
$$= -1978 \text{ J} \cdot \text{mol}^{-1}$$
$$\Delta S_2 = 8{,}314 \times \text{ICPS}(343.15, 293.15; 5.547, 1.045 \times 10^{-3}, 0.0, -1.157 \times 10^5)$$
$$-(8{,}314) \ln (15/150)$$
$$= -6{,}067 + 19{,}144 = 13{,}08 \text{ J} \cdot \text{mol}^{-1} \cdot \text{K}^{-1}$$

Finalmente, para a Etapa 3:

$$\Delta H_3 = H^R(293{,}15 \text{ K}, 15 \text{ bar})$$
$$= 8{,}314 \times 304{,}2 \times \text{HRB}(0.964, 0.203, 0.224) = -660 \text{ J} \cdot \text{mol}^{-1}$$
$$\Delta S_3 = S^R(293{,}15 \text{ K}, 15 \text{ bar})$$
$$= 8{,}314 \times \text{SRB}(0.964, 0.203, 0.224) = -1{,}59 \text{ J} \cdot \text{mol}^{-1} \cdot \text{K}^{-1}$$

A soma dos valores correspondentes às três etapas fornece a variação global, $\Delta H = 4734 \text{ J} \cdot \text{mol}^{-1}$ e $\Delta S = 28{,}6 \text{ J} \cdot \text{mol}^{-1} \cdot \text{K}^{-1}$. Aqui, a maior contribuição vem das propriedades residuais do estado inicial, porque a pressão reduzida é alta e o fluido supercrítico está longe do estado de gás ideal. Apesar da redução substancial na temperatura, a entalpia na realidade aumenta no processo global.

Para comparação, as propriedades fornecidas no banco de dados de propriedades de fluidos NIST, acessado por meio do *e-book* NIST Chemistry, são:

$$H_1 = 16.776 \text{ J} \cdot \text{mol}^{-1} \qquad S_1 = 67{,}66 \text{ J} \cdot \text{mol}^{-1} \cdot \text{K}^{-1}$$
$$H_2 = 21.437 \text{ J} \cdot \text{mol}^{-1} \qquad S_1 = 95{,}86 \text{ J} \cdot \text{mol}^{-1} \cdot \text{K}^{-1}$$

A partir desses valores, considerados precisos, as variações globais são $\Delta H = 4661 \text{ J} \cdot \text{mol}^{-1}$ e $\Delta S = 28{,}2 \text{ J} \cdot \text{mol}^{-1} \cdot \text{K}^{-1}$. Apesar das variações nas propriedades residuais formarem uma parte substancial do total, a predição com as correlações generalizadas concorda com os dados do NIST em 2 %.

Extensão para Misturas de Gases

Embora não haja base fundamental para a extensão das correlações generalizadas para misturas, resultados aproximados e úteis para misturas podem frequentemente ser obtidos a partir de *parâmetros pseudocríticos* resultantes de simples regras de mistura lineares, de acordo com as definições:

$\omega \equiv \sum_i y_i \omega_i$ (6.78)	$T_{pc} \equiv \sum_i y_i T_{c_i}$ (6.79)	$P_{pc} \equiv \sum_i y_i P_{c_i}$ (6.80)

Os valores assim obtidos são o ω da mistura e as temperatura e pressão pseudocríticas, T_{pc} e P_{pc}, que substituem T_c e P_c para a definição dos *parâmetros pseudoreduzidos*:

$T_{pr} = \dfrac{T}{T_{pc}}$ (6.81)	$P_{pr} = \dfrac{P}{P_{pc}}$ (6.82)

Esses parâmetros substituem T_r e P_r nas entradas das tabelas do Apêndice D e levam a valores de Z por meio da Eq. (3.57), de H^R/RT_{pc} por meio da Eq. (6.66) e de S^R/R por meio da Eq. (6.67).

▪ Exemplo 6.5

Estime V, H^R e S^R de uma mistura equimolar de dióxido de carbono (1) e propano (2) a 450 K e 140 bar, com as correlações de Lee/Kesler.

Solução 6.5

Os parâmetros pseudocríticos são encontrados usando as Eqs. (6.78) a (6.80), com as constantes críticas obtidas na Tabela B.1 do Apêndice B:

$$\omega = y_1\omega_1 + y_2\omega_2 = (0{,}5)(0{,}224) + (0{,}5)(0{,}152) = 0{,}188$$
$$T_{pc} = y_1 T_{c_1} + y_2 T_{c_2} = (0{,}5)(304{,}2) + (0{,}5)(369{,}8) = 337{,}0 \text{ K}$$
$$P_{pc} = y_1 P_{c_1} + y_2 P_{c_2} = (0{,}5)(73{,}83) + (0{,}5)(42{,}48) = 58{,}15 \text{ bar}$$

Então,

$$T_{pr} = \frac{450}{337{,}0} = 1{,}335 \qquad P_{pr} = \frac{140}{58{,}15} = 2{,}41$$

Os valores de Z^0 e Z^1 a partir das Tabelas D.3 e D.4 nessas condições reduzidas são:

$$Z^0 = 0{,}697 \quad \text{e} \quad Z^1 = 0{,}205$$

Pela Eq. (3.57),

$$Z = Z^0 + \omega Z^1 = 0{,}697 + (0{,}188)(0{,}205) = 0{,}736$$

Daí,

$$V = \frac{ZRT}{P} = \frac{(0,736)(83,14)(450)}{140} = 196,7 \text{ cm}^3 \cdot \text{mol}^{-1}$$

Analogamente, das Tabelas D.7 e D.8 e substituindo na Eq. (6.66):

$$\left(\frac{H^R}{RT_{pc}}\right)^0 = -1,730 \quad \left(\frac{H^R}{RT_{pc}}\right)^1 = -0,169$$

$$\frac{H^R}{RT_{pc}} = -1,730 + (0,188)(-0,169) = -1,762$$

e

$$H^R = (8,314)(337,0)(-1,762) = -4937 \text{ J} \cdot \text{mol}^{-1}$$

Das Tabelas D.11 e D.12 e substituindo na Eq. (6.67),

$$\frac{S^R}{R} = -0,967 + (0,188)(-0,330) = -1,029$$

e

$$S^R = (8,314)(-1,029) = -8,56 \text{ J} \cdot \text{mol}^{-1} \cdot \text{K}^{-1}$$

6.5 SISTEMAS BIFÁSICOS

As curvas mostradas no diagrama PT na Figura 3.1 representam fronteiras entre fases para uma substância pura. Uma transição de fase, a temperatura e pressão constantes, ocorre sempre que uma dessas curvas é cruzada e, como resultado, os valores molares ou específicos das propriedades termodinâmicas extensivas variam bruscamente. Dessa forma, o volume molar ou específico de um líquido saturado é muito diferente do volume molar ou específico do vapor saturado nas mesmas T e P. Isso também é verdade para a energia interna, para a entalpia e para a entropia. A exceção é a energia de Gibbs molar ou específica, que para uma espécie pura não varia durante uma transição de fase como a fusão, a vaporização ou a sublimação.

Considere um líquido puro em equilíbrio com seu vapor em um dispositivo pistão/cilindro no qual ocorre uma evaporação diferencial na temperatura T e na pressão de vapor P^{sat} correspondente. A Eq. (6.7) aplicada ao processo se reduz a $d(nG) = 0$. Como o número de mols n é constante, $dG = 0$, e isso requer que a energia de Gibbs molar (ou específica) do vapor seja idêntica à do líquido. Generalizando, para duas fases α e β de uma espécie pura coexistindo em equilíbrio,

$$G^\alpha = G^\beta \tag{6.83}$$

sendo G^α e G^β as energias de Gibbs molares ou específicas das fases individuais.

A equação de Clapeyron, representada pela Eq. (4.12), resulta dessa igualdade. Se a temperatura de um sistema bifásico for mudada, então a pressão também tem de variar de acordo com a relação entre a pressão de vapor e a temperatura, se as duas fases continuarem a coexistir em equilíbrio. Como a Eq. (6.83) mantém-se válida no decorrer dessa variação,

$$dG^\alpha = dG^\beta$$

A substituição de expressões para dG^α e dG^β, como dado pela Eq. (6.11), fornece:

$$V^\alpha dP^{\text{sat}} - S^\alpha dT = V^\beta dP^{\text{sat}} - S^\beta dT$$

que após um rearranjo se torna:

$$\frac{dP^{\text{sat}}}{dT} = \frac{S^\beta - S^\alpha}{V^\beta - V^\alpha} = \frac{\Delta S^{\alpha\beta}}{\Delta V^{\alpha\beta}}$$

As variações de entropia $\Delta S^{\alpha\beta}$ e de volume $\Delta V^{\alpha\beta}$ são variações que ocorrem quando uma quantidade unitária de uma espécie química pura é transferida da fase α para a fase β no equilíbrio T e P. A integração da Eq. (6.9) para essa mudança fornece o calor latente da transição de fase:

$$\Delta H^{\alpha\beta} = T\Delta S^{\alpha\beta} \tag{6.84}$$

Dessa forma, $\Delta S^{\alpha\beta} = \Delta H^{\alpha\beta}/T$, e a substituição na equação anterior fornece:

$$\frac{dP^{\text{sat}}}{dT} = \frac{\Delta H^{\alpha\beta}}{T\Delta V^{\alpha\beta}} \tag{6.85}$$

que é a equação de Clapeyron.

Para o caso particularmente importante da transição de fase do líquido l para o vapor v, a Eq. (6.85) é escrita na forma:

$$\frac{dP^{\text{sat}}}{dT} = \frac{\Delta H^{lv}}{T\Delta V^{lv}} \tag{6.86}$$

Mas

$$\Delta V^{lv} = V^v - V^l = \frac{RT}{P^{\text{sat}}}(Z^v - Z^l) = \frac{RT}{P^{\text{sat}}}\Delta Z^{lv}$$

A combinação das duas últimas equações fornece, após rearranjo:

$$\frac{d \ln P^{\text{sat}}}{dT} = \frac{\Delta H^{lv}}{RT^2\Delta Z^{lv}} \tag{6.87}$$

ou

$$\frac{d \ln P^{\text{sat}}}{d(1/T)} = -\frac{\Delta H^{lv}}{R\Delta Z^{lv}} \tag{6.88}$$

As Eqs. (6.86) a (6.88) são equivalentes, formas exatas da equação de Clapeyron para a vaporização de espécies puras.

▪ Exemplo 6.6

A equação de Clapeyron para a vaporização em baixas pressões pode ser simplificada pela introdução de aproximações aceitáveis, a saber, que a fase vapor é um gás ideal e que o volume molar do líquido é desprezível quando comparado ao volume molar do vapor. Como essas suposições alteram a equação de Clapeyron?

Solução 6.6

Para as suposições feitas:

$$\Delta Z^{lv} = Z^v - Z^l = \frac{P^{\text{sat}}V^v}{RT} - \frac{P^{\text{sat}}V^l}{RT} = 1 - 0 = 1$$

Então, pela Eq. (6.87),

$$\Delta H^{lv} = -R\frac{d \ln P^{\text{sat}}}{d(1/T)}$$

Essa equação, conhecida como equação de Clausius/Clapeyron, relaciona diretamente o calor latente de vaporização à curva da pressão de vapor. Especificamente, ela indica que ΔH^{lv} é diretamente proporcional à inclinação de uma representação gráfica do ln P^{sat} *versus* $1/T$. Tais representações de dados experimentais produzem linhas para muitas substâncias que são aproximadamente retas. De acordo com a equação de Clausius/Clapeyron, isso implica que ΔH^{lv} é quase constante, virtualmente independente de T. Isso não está de acordo com os experimentos; na verdade ΔH^{lv} diminui monotonicamente com o aumento da temperatura do ponto triplo ao ponto crítico, quando ela se torna igual a zero. As hipóteses nas quais a equação de Clausius/Clapeyron está baseada possuem validade aproximada somente a baixas pressões.

Dependência com a Temperatura da Pressão de Vapor de Líquidos

A equação de Clapeyron [Eq. (6.85)] é uma relação termodinâmica exata, fornecendo uma conexão vital entre as propriedades de fases diferentes. Quando usada no cálculo de calores latentes de vaporização, sua utilização pressupõe o conhecimento da relação pressão de vapor *versus* temperatura. Como a Termodinâmica não impõe modelos de comportamentos materiais, quer no geral ou para determinadas espécies, tais relações são empíricas. Como observado no Exemplo 6.6, uma representação gráfica de ln P^{sat} *versus* $1/T$ geralmente fornece uma linha que é aproximadamente reta:

$$\ln P^{sat} = A - \frac{B}{T} \tag{6.89}$$

sendo A e B constantes para uma dada espécie. Essa equação fornece um comportamento aproximado da relação da pressão de vapor na faixa de temperaturas, do ponto triplo ao ponto crítico. Além disso, ela representa uma base excelente para a interpolação entre valores de T razoavelmente espaçados.

A equação de Antoine, que é mais adequada para o uso geral, tem a forma:

$$\ln P^{sat} = A - \frac{B}{T + C} \tag{6.90}$$

A principal vantagem dessa equação é que os valores das constantes A, B e C são facilmente encontrados para um grande número de espécies.[7] Cada conjunto de constantes é válido para uma faixa específica de temperaturas e não deve ser utilizado muito fora dessa faixa. A equação de Antoine é algumas vezes escrita em termos do logaritmo de base 10, e os valores numéricos das constantes A, B e C dependem das unidades selecionadas para T e P. Portanto, devemos ter cuidado quando utilizarmos coeficientes de fontes diferentes para assegurar que a forma da equação e as unidades são claras e consistentes. Valores das constantes de Antoine para algumas substâncias selecionadas são fornecidos na Tabela B.2 do Apêndice B.

A representação mais exata dos dados de pressão de vapor em uma ampla faixa de temperatura requer uma equação com maior complexidade. A equação de Wagner é uma das melhores disponíveis; ela expressa a pressão de vapor reduzida como uma função da temperatura reduzida:

$$\ln P_r^{sat} = \frac{A\tau + B\tau^{1,5} + C\tau^3 + D\tau^6}{1 - \tau} \tag{6.91}$$

em que

$$\tau \equiv 1 - T_r$$

e A, B, C e D são constantes. Valores dessas constantes para essa equação ou para a equação de Antoine são dados por Prausnitz, Poling e O'Connell[8] para várias espécies.

Correlações dos Estados Correspondentes para Pressão de Vapor

Um número de correlações dos estados correspondentes está disponível para a pressão de vapor de líquidos não polares e não associativos. Uma das mais simples é a de Lee e Kesler.[9] Ela é uma correlação do tipo de Pitzer, com a forma:

$$\ln P_r^{sat}(T_r) = \ln P_r^0(T_r) + \omega \ln P_r^1(T_r) \tag{6.92}$$

em que

$$\ln P_r^0(T_r) = 5{,}92714 - \frac{6{,}09648}{T_r} - 1{,}28862 \ln T_r + 0{,}169347\, T_r^6 \tag{6.93}$$

$$\ln P_r^1(T_r) = 15{,}2518 - \frac{15{,}6875}{T_r} - 13{,}4721 \ln T_r + 0{,}43577\, T_r^6 \tag{6.94}$$

[7] S. Ohe, *Computer Aided Data Book of Vapor Pressure*, Data Book Publishing Co., Tokyo, 1976; T. Boublik, V. Fried e E. Hala, *The Vapor Pressures of Pure Substances*, Elsevier, Amsterdam, 1984; *e-book* NIST Chenistry Webbook, <http://webbook.nist.gov>.

[8] J. M. Prausnitz, B. E. Poling e J. P. O'Connell, *The Properties of Gases and Liquids*, 5ª ed., Apêndice A, McGraw-Hill, 2001.

[9] B. I. Lee e M. G. Kesler, *AIChE J.*, vol. 21, pp. 510-527, 1975.

Lee e Kesler recomendam que o valor de ω usado na Eq. (6.92) seja obtido de modo que *a correlação* reproduza o ponto normal de ebulição. Em outras palavras, ω para uma dada substância é calculado pela Eq. (6.92) explicitada em ω:

$$\omega = \frac{\ln P_{r_n}^{sat} - \ln P_r^0(T_{r_n})}{\ln P_r^1(T_{r_n})} \tag{6.95}$$

em que T_{r_n} a temperatura do ponto normal de ebulição reduzida e $P_{r_n}^{sat}$, a pressão de vapor reduzida correspondente a 1 atmosfera-padrão (1,01325 bar).

▪ Exemplo 6.7

Determine a pressão de vapor (em kPa) do *n*-hexano líquido a 0, 30, 60 e 90 °C:

(*a*) A partir de constantes apresentadas no Apêndice B.2.

(*b*) Usando a correlação de Lee/Kesler para P_r^{sat}.

Solução 6.7

(*a*) Com as constantes do Apêndice B.2, a equação de Antoine para o *n*-hexano é:

$$\ln P^{sat}/\text{kPa} = 13{,}8193 - \frac{2696{,}04}{t/°\text{C} + 224{,}317}$$

Substituindo as temperaturas obtêm-se os valores de P^{sat} sob o título "Antoine" na tabela a seguir. Consideramos que esses resultados sejam equivalentes a bons valores experimentais.

(*b*) Primeiramente, determinamos ω a partir da correlação de Lee/Kesler. No ponto normal de ebulição do *n*-hexano (Tabela B.1),

$$T_{r_n} = \frac{341{,}9}{507{,}6} = 0{,}6736 \qquad \text{e} \qquad P_{r_n}^{sat} = \frac{1{,}01325}{30{,}25} = 0{,}03350$$

A aplicação da Eq. (6.94) fornece então o valor de ω para o uso na correlação de Lee/Kesler: $\omega = 0{,}298$. Com esse valor, a correlação produz os valores de P^{sat} mostrados na tabela. A diferença média em relação aos valores de Antoine é de aproximadamente 1,5 %.

t °C	P^{sat} kPa (Antoine)	P^{sat} kPa (Lee/Kesler)	t °C	P^{sat} kPa (Antoine)	P^{sat} kPa (Lee/Kesler)
0	6,052	5,835	30	24,98	24,49
60	76,46	76,12	90	189,0	190,0

▪ Exemplo 6.8

Estime *V*, *U*, *H* e *S* do vapor de 1-buteno, a 200 °C e 70 bar, se *H* e *S* forem iguais a zero para o líquido saturado a 0 °C. Admita que os únicos dados disponíveis são:

$T_c = 420{,}0$ K $\quad P_c = 40{,}43$ bar $\quad \omega = 0{,}191$

$T_n = 266{,}9$ K (ponto normal de ebulição)

$C_P^{gi}/R = 1{,}967 + 31{,}630 \times 10^{-3}T - 9{,}837 \times 10^{-6}T^2 \quad (T\ \text{K})$

Solução 6.8

O volume do vapor de 1-buteno a 200 °C e 70 bar é calculado diretamente a partir da equação $V = ZRT/P$, com Z dado pela Eq. (3.53) e os valores de Z^0 e Z^1 interpolados nas Tabelas D.3 e D.4. Para as condições reduzidas,

$$T_r = \frac{200 + 273{,}15}{420{,}00} = 1{,}127 \qquad P_r = \frac{70}{40{,}43} = 1{,}731$$

o fator de compressibilidade e o volume molar são:

$$Z = Z^0 + \omega Z^1 = 0{,}485 + (0{,}191)(0{,}142) = 0{,}512$$

$$V = \frac{ZRT}{P} = \frac{(0{,}512)(83{,}14)(473{,}15)}{70} = 287{,}8 \text{ cm}^3 \cdot \text{mol}^{-1}$$

Para H e S, nós usamos uma trajetória de cálculo parecida com a da Figura 6.3, levando de um estado inicial de 1-buteno líquido saturado a 0 °C, no qual H e S são zero, para o estado final de interesse. Nesse caso, há necessidade de uma etapa de vaporização no início, o que leva à trajetória com quatro etapas mostrada na Figura 6.4. As etapas são:

(*a*) Vaporização a T_1 e $P_1 = P^{\text{sat}}$.
(*b*) Transição para o estado de gás ideal a (T_1, P_1).
(*c*) Mudança para (T_2, P_2) no estado de gás ideal.
(*d*) Transição para o estado real final a (T_2, P_2).

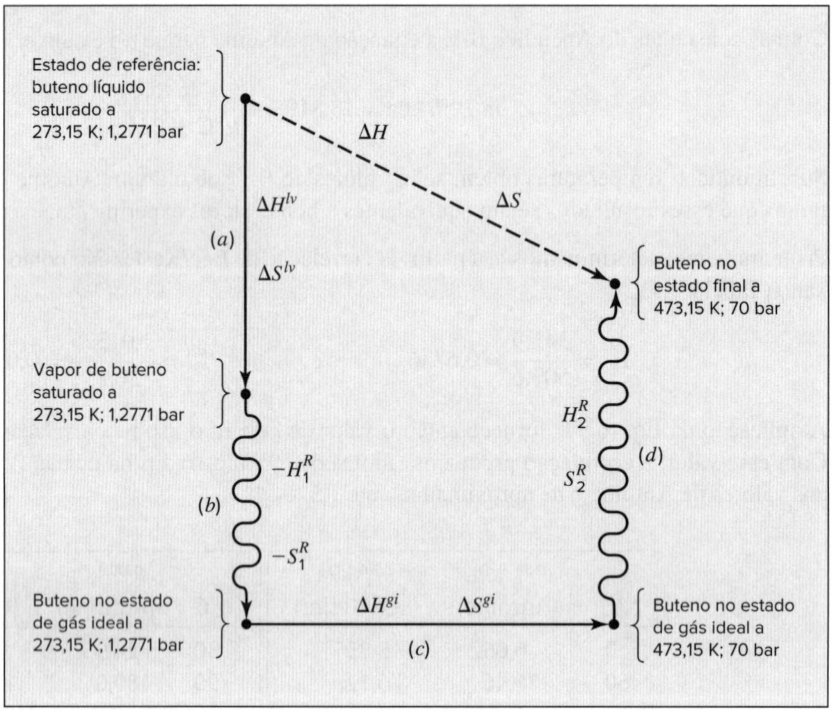

Figura 6.4 Trajetória de cálculo para o Exemplo 6.8.

- **Etapa (*a*)**: Vaporização do líquido saturado de 1-buteno a 0 °C. A pressão de vapor deve ser estimada, pois ela não foi dada. Um método está baseado na equação:

$$\ln P^{\text{sat}} = A - \frac{B}{T}$$

A curva da pressão de vapor contém tanto o ponto normal de ebulição, no qual $P^{\text{sat}} = 1{,}0133$ bar a 266,9 K, quanto o ponto crítico, no qual $P^{\text{sat}} = 40{,}43$ bar a 420,0 K. Para esses dois pontos,

$$\ln 1{,}0133 = A - \frac{B}{266{,}9} \qquad \ln 40{,}43 = A - \frac{B}{420{,}0}$$

Em que obtemos:

$$A = 10{,}1260 \quad B = 2699{,}11$$

Para 0 °C (273,15 K), P^{sat} = 1,2771 bar, um resultado usado nas etapas (*b*) e (*c*). Aqui, há necessidade do calor latente de vaporização. A Eq. (4.13) fornece uma estimativa no ponto normal de ebulição, em que T_{r_n} = 266,9/420,0 = 0,636:

$$\frac{\Delta H_n^{lv}}{RT_n} = \frac{1{,}092\,(\ln P_c - 1{,}013)}{0{,}930 - T_{r_n}} = \frac{1{,}092\,(\ln 40{,}43 - 1{,}013)}{0{,}930 - 0{,}636} = 9{,}979$$

e

$$\Delta H_n^{lv} = (9{,}979)(8{,}314)(266{,}9) = 22.137 \text{ J} \cdot \text{mol}^{-1}$$

O calor latente a T_r = 273,15/420,0 = 0,650 é dado pela Eq. (4.14):

$$\frac{\Delta H^{lv}}{\Delta H_n^{lv}} = \left(\frac{1 - T_r}{1 - T_{r_n}}\right)^{0,38}$$

ou

$$\Delta H^{lv} = (22.137)(0{,}350/0{,}364)^{0,38} = 21.810 \text{ J} \cdot \text{mol}^{-1}$$

Além disso, pela Eq. (6.84),

$$\Delta S^{lv} = \Delta H^{lv}/T = 21.810/273{,}15 = 79{,}84 \text{ J} \cdot \text{mol}^{-1} \cdot \text{K}^{-1}$$

- **Etapa (*b*)**: Transformação do vapor saturado de 1-buteno até seu estado de gás ideal nas condições iniciais (T_1, P_1). Como a pressão é relativamente baixa, os valores de H_1^R e S_1^R são estimados pelas Eqs. (6.68) e (6.69) para as condições reduzidas, T_r = 0,650 e P_r = 1,2771/40,43 = 0,0316. O procedimento computacional é representado por:

$$\mathsf{HRB}(0.650, 0.0316, 0.191) = -0{,}0985$$
$$\mathsf{SRB}(0.650, 0.0316, 0.191) = -0{,}1063$$

e

$$H_1^R = (-0{,}0985)(8{,}314)(420{,}0) = -344 \text{ J} \cdot \text{mol}^{-1}$$
$$S_1^R = (-0{,}1063)(8{,}314) = -0{,}88 \text{ J} \cdot \text{mol}^{-1} \cdot \text{K}^{-1}$$

Como indicado na Figura 6.4, as variações das propriedades nessa etapa são $-H_1^R$ e $-S_1^R$, pois a variação é do estado real para o estado de gás ideal.

- **Etapa (*c*)**: Variação no estado de gás ideal de (273,15 K; 1,2771 bar) para (473,15 K; 70 bar). Aqui, ΔH^{gi} e ΔS^{gi} são dadas pelas Eqs. (6.76) e (6.77), para as quais (Seções 4.1 e 5.5):

$$8{,}314 \times \mathsf{ICPH}(273.15, 473.15; 1.967, 31.630 \times 10^{-3}, -9.837 \times 10^{-6}, 0.0) = 20.564 \text{ J} \cdot \text{mol}^{-1}$$

$$8{,}314 \times \mathsf{ICPS}(273.15, 473.15; 1.967, 31.630 \times 10^{-3}, -9.837 \times 10^{-6}, 0.0) = 55{,}474 \text{ J} \cdot \text{mol}^{-1} \cdot \text{K}^{-1}$$

Assim, as Eqs. (6.76) e (6.77) fornecem:

$$\Delta H^{gi} = 20.564 \text{ J} \cdot \text{mol}^{-1}$$
$$\Delta S^{gi} = 55{,}474 - 8{,}314 \ln\frac{70}{1{,}2771} = 22{,}18 \text{ J} \cdot \text{mol}^{-1} \cdot \text{K}^{-1}$$

- **Etapa (*d*)**: Transformação do 1-buteno do estado de gás ideal para o estado de gás real a T_2 e P_2. As condições reduzidas finais são:

$$T_r = 1{,}127 \quad P_r = 1{,}731$$

Na maior pressão dessa etapa, H_2^R e S_2^R são encontrados por meio das Eqs. (6.66) e (6.67), em conjunto com a correlação de Lee/Kesler. Com valores interpolados a partir das Tabelas D.7, D.8, D.11 e D.12, essas equações fornecem:

$$\frac{H_2^R}{RT_c} = -2{,}294 + (0{,}191)(-0{,}713) = -2{,}430$$

$$\frac{S_2^R}{R} = -1{,}566 + (0{,}191)(-0{,}726) = -1{,}705$$

$$H_2^R = (-2{,}430)(8{,}314)(420{,}0) = -8485 \text{ J} \cdot \text{mol}^{-1}$$

$$S_2^R = (-1{,}705)(8{,}314) = -14{,}18 \text{ J} \cdot \text{mol}^{-1} \cdot \text{K}^{-1}$$

As somas das variações da entalpia e da entropia nas quatro etapas fornecem as variações totais para o processo que leva do estado de referência inicial (no qual H e S são iguais a zero) ao estado final:

$$H = \Delta H = 21.810 - (-344) + 20.564 - 8485 = 34.233 \text{ J} \cdot \text{mol}^{-1}$$

$$S = \Delta S = 79{,}84 - (-0{,}88) + 22{,}18 - 14{,}18 = 88{,}72 \text{ J} \cdot \text{mol}^{-1} \cdot \text{K}^{-1}$$

A energia interna é:

$$U = H - PV = 34.233 - \frac{(70)(287{,}8) \text{ bar} \cdot \text{cm}^3 \cdot \text{mol}^{-1}}{10 \text{ bar} \cdot \text{cm}^3 \cdot \text{J}^{-1}} = 32.218 \text{ J} \cdot \text{mol}^{-1}$$

As propriedades residuais nas condições finais fazem contribuições importantes para os valores finais.

Sistemas Bifásicos Líquido/Vapor

Quando um sistema é constituído pelas fases líquido saturado e vapor saturado coexistindo em equilíbrio, o valor total de qualquer propriedade extensiva do sistema bifásico é igual à soma das propriedades totais das fases. Escrita para o volume, essa relação é:

$$nV = n^l V^l + n^v V^v$$

sendo V o volume molar para um sistema que contém um número total de mols $n = n^l + n^v$. Dividindo por n, obtém-se:

$$V = x^l V^l + x^v V^v$$

com x^l e x^v representando as frações mássicas do sistema total que são líquido e vapor. Com $x^l = 1 - x^v$,

$$V = (1 - x^v)V^l + x^v V^v$$

Nessa equação, as propriedades V, V^l e V^v podem ser valores molares ou por unidade de massa. A fração molar ou mássica do sistema que é vapor x^v é chamada de *qualidade*, particularmente quando o fluido tratado é a água. Equações análogas podem ser escritas para as outras propriedades termodinâmicas extensivas. Todas essas relações são representadas pela equação genérica:

$$M = (1 - x^v)M^l + x^v M^v \tag{6.96a}$$

na qual M representa V, U, H, S etc. Uma forma alternativa é, às vezes, útil:

$$M = M^l + x^v \Delta M^{lv} \tag{6.96b}$$

6.6 DIAGRAMAS TERMODINÂMICOS

Um diagrama termodinâmico é um gráfico que mostra, para determinada substância, um conjunto de propriedades, tais como T, P, V, H e S. Os diagramas mais comuns são: TS, PH (normalmente ln P *versus* H) e HS (chamado de diagrama de *Mollier*). As designações se referem às variáveis escolhidas para as coordenadas. Outros diagramas são possíveis, mas são raramente utilizados.

As Figuras 6.5 a 6.7 mostram as características gerais desses diagramas. Embora baseados em dados para a água, suas características gerais são similares para todas as substâncias. Os estados bifásicos, representados por linhas no diagrama *PT* da Figura 3.1, são áreas nesses diagramas, e o ponto triplo da Figura 3.1 se transforma em uma *linha*. Linhas com qualidade constante em uma região líquido/vapor fornecem diretamente os valores das propriedades do sistema bifásico. O ponto crítico é identificado pela letra *C*, e a curva contínua passando através desse ponto representa os estados de líquido saturado (à esquerda de *C*) e de vapor saturado (à direita de *C*). O diagrama de Mollier (Fig. 6.7) geralmente não inclui dados de volume. Na região de vapor ou de gás, aparecem linhas de temperatura constante e de *superaquecimento* constante. O termo superaquecido designa a diferença entre a temperatura real e a temperatura de saturação na mesma pressão. Os diagramas termodinâmicos incluídos neste livro são o diagrama *PH*, para o metano e para o tetrafluoretano, e o diagrama de Mollier para o vapor d'água, no Apêndice F.

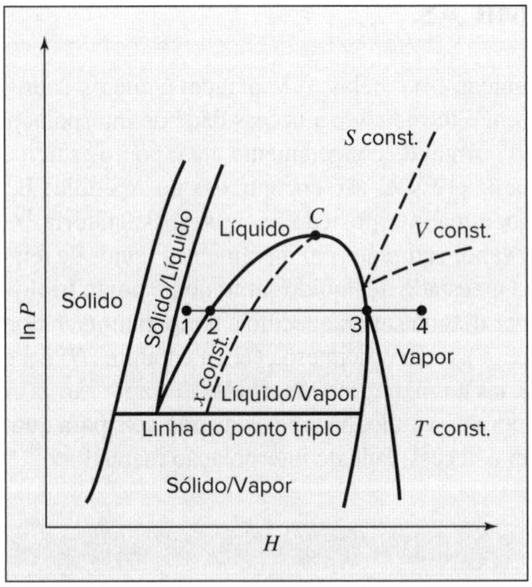

Figura 6.5 Diagrama *PH* simplificado representando os fatores gerais de tal gráfico.

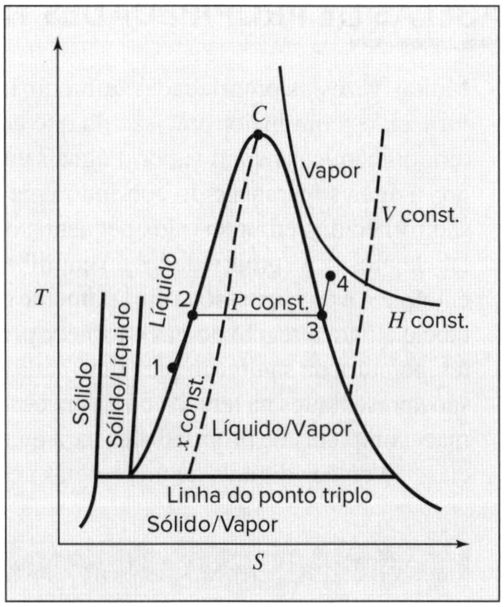

Figura 6.6 Diagrama *TS* simplificado representando os fatores gerais de tal gráfico.

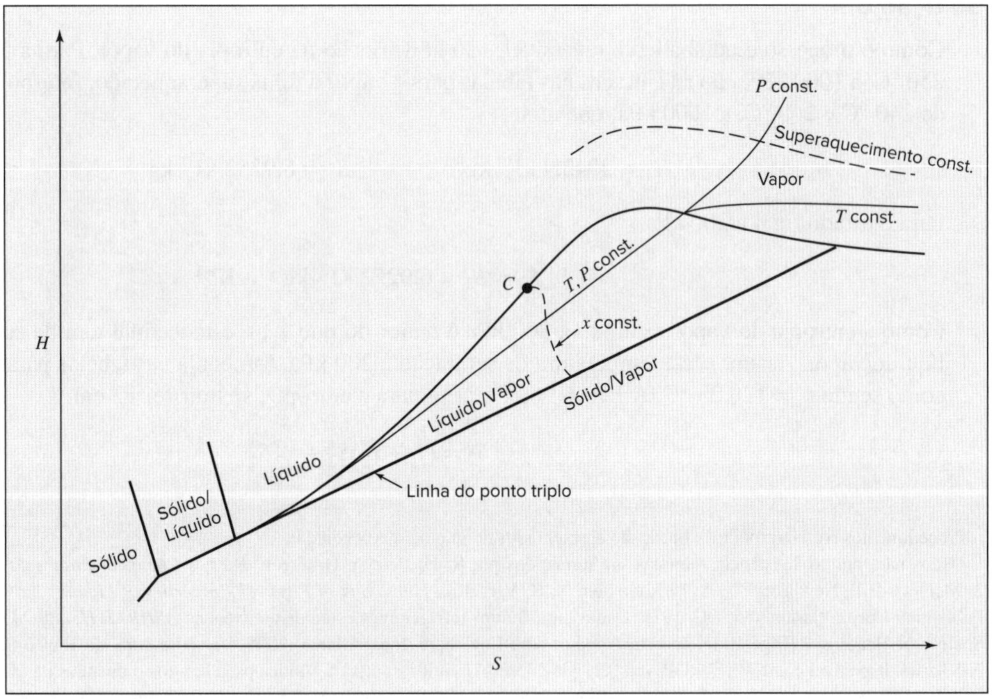

Figura 6.7 Diagrama de Mollier simplificado representando os fatores gerais de tal gráfico.

Algumas trajetórias de processos são traçadas facilmente em um dado diagrama termodinâmico. Por exemplo, a caldeira de uma planta termoelétrica tem água líquida como alimentação, a uma temperatura abaixo do seu ponto de ebulição, e vapor d'água superaquecido como produto. Dessa forma, a água é aquecida a *P* constante até sua temperatura de saturação (linha 1-2 nas Figuras 6.5 e 6.6), vaporizada a *T* e *P* constantes (linha 2-3) e superaquecida a *P* constante (linha 3-4). Em um diagrama *PH* (Fig. 6.5), o processo completo é representado por uma linha horizontal correspondente à pressão da caldeira. O mesmo processo é mostrado no diagrama *TS*, na Figura 6.6. A compressibilidade de um líquido é pequena em temperaturas bem abaixo de T_c, e as propriedades da fase líquida variam muito lentamente com a pressão. Consequentemente, as linhas de pressão constante na região do líquido nesse diagrama são muito próximas, e a linha 1-2 praticamente coincide com a curva de líquido saturado. A trajetória isentrópica de um fluido em uma turbina ou em um compressor reversível e adiabático é representada tanto no diagrama *TS* quanto no *HS* (Mollier) por uma linha vertical da pressão inicial até a pressão final.

6.7 TABELAS DE PROPRIEDADES TERMODINÂMICAS

Muitas vezes as propriedades termodinâmicas são apresentadas em tabelas. A vantagem é que os dados podem ser fornecidos com maior precisão do que nos diagramas, porém é introduzida a necessidade de interpolações. Tabelas termodinâmicas para o vapor d'água saturado do seu ponto normal de congelamento até o ponto crítico e para o vapor d'água superaquecido cobrindo uma significativa faixa de pressões são encontradas no Apêndice E. Os valores são fornecidos em intervalos pequenos o suficiente para que uma interpolação linear seja satisfatória.[10] A primeira tabela mostra as propriedades no equilíbrio do líquido e do vapor saturados em incrementos iguais de temperatura. A entalpia e a entropia são arbitrariamente consideradas nulas no estado de líquido saturado no ponto triplo. A segunda tabela é para a região do gás e fornece propriedades do vapor d'água superaquecido a temperaturas maiores do que a temperatura de saturação para uma dada pressão. O volume (*V*), a energia interna (*U*), a entalpia (*H*) e a entropia (*S*) são apresentados na tabela como funções da pressão, em várias temperaturas. As tabelas de vapor são as compilações mais completas de propriedades para qualquer substância pura. Contudo, há tabelas disponíveis para outras substâncias.[11] Versões digitais de tais tabelas geralmente eliminam a necessidade de interpolação manual.

▪ Exemplo 6.9

Vapor d'água superaquecido, inicialmente a P_1 e T_1, expande-se ao atravessar um bocal até uma pressão P_2 na descarga. Admitindo que o processo seja reversível e adiabático, determine o estado do vapor na saída do bocal e o ΔH para as seguintes condições: $P_1 = 1000$ kPa, $t_1 = 250$ °C e $P_2 = 200$ kPa.

Solução 6.9

Como o processo é adiabático e reversível, não há variação na entropia do vapor. Para a temperatura inicial de 250 °C, a 1000 kPa, não há entradas nas tabelas para o vapor d'água superaquecido. Interpolando entre os valores de 240 °C e 260 °C, a 1000 kPa, obtém-se:

$$H_1 = 2942{,}9 \text{ kJ} \cdot \text{kg}^{-1} \qquad S_1 = 6{,}9252 \text{ kJ} \cdot \text{kg}^{-1} \cdot \text{K}^{-1}$$

Para o estado final a 200 kPa,

$$S_2 = S_1 = 6{,}9252 \text{ kJ} \cdot \text{kg}^{-1} \cdot \text{K}^{-1}$$

Como a entropia do vapor saturado a 200 kPa é maior do que S_2, o estado final tem de estar na região bifásica líquido/vapor. Assim, t_2 é a temperatura de saturação a 200 kPa, fornecida nas tabelas para vapor superaquecido como sendo $t_2 = 120{,}23$ °C. A Eq. (6.96a), escrita para a entropia, se transforma em:

$$S_2 = (1 - x_2^v)S_2^l + x_2^v S_2^v$$

[10] Procedimentos para interpolação linear são apresentados no início do Apêndice E.

[11] Dados para muitas substâncias comuns são fornecidos por R. H. Perry e D. Green, *Perry's Chemical Engineers' Handbook*, 8ª ed., Seção 2, McGraw-Hill, New York, 2008. Veja também N. B. Vargaftik, *Handbook of Physical Properties of Liquids and Gases*, 2ª ed., Hemisphere Publishing Corp., Washington, DC, 1975. Dados para fluidos refrigerantes estão disponíveis no *ASHRAE Handbook: Fundamentals*, American Society of Heating, Refrigerating, and Air-Conditioning Engineers, Inc., Atlanta, 2005. Versão *e-book* do Banco de Dados de Referência do NIST está disponível como REFPROP, ver. 9.1, que cobre 121 fluidos puros, 5 fluidos pseudopuros e misturas de 20 componentes. Dados para muitos gases comuns, refrigerantes e hidrocarbonetos leves estão disponíveis no *e-book* NIST Chemistry Webbook, em: <http://webbook.nist.gov/chemistry/fluid/>.

Substituindo valores,

$$6{,}9252 = 1{,}5301(1 - x_2^v) + 7{,}1268x_2^v$$

sendo os valores 1,5301 e 7,1268 as entropias do líquido saturado e do vapor saturado a 200 kPa. Resolvendo,

$$x_2^v = 0{,}9640$$

A mistura é formada por 96,40 % de vapor e 3,60 % de líquido. Sua entalpia é obtida por meio de uma nova utilização da Eq. (6.96a):

$$H_2 = (0{,}0360)(504{,}7) + (0{,}9640)(2706{,}3) = 2627{,}0 \text{ kJ} \cdot \text{kg}^{-1}$$

Finalmente,

$$\Delta H = H_2 - H_1 = 2627{,}0 - 2942{,}9 = -315{,}9 \text{ kJ} \cdot \text{kg}^{-1}$$

Para um bocal sob as condições especificadas, o balanço de energia com escoamento em regime estacionário, Eq. (2.31), torna-se:

$$\Delta H + \frac{1}{2}\Delta u^2 = 0$$

Assim, a diminuição da entalpia é compensada exatamente por um aumento na energia cinética do fluido. Em outras palavras, a velocidade de um fluido aumenta quando ele escoa através de um bocal, o que é seu propósito usual. Bocais são tratados com mais detalhes na Seção 7.1.

▪ Exemplo 6.10

Um tanque de 1,5 m³ contém 500 kg de água líquida em equilíbrio com vapor d'água puro, que ocupa o espaço restante do tanque. A temperatura e a pressão são 100 °C e 101,33 kPa. A partir de uma linha de abastecimento de água, a temperatura constante de 70 °C e a uma pressão constante um pouco acima de 101,33 kPa, 750 kg de líquido são colocados no tanque. Se a temperatura e a pressão no interior do tanque não devem variar como resultado do processo, quanta energia, na forma de calor, tem de ser transferida para o tanque?

Solução 6.10

Tome o tanque como volume de controle. Não há trabalho e variações das energias cinética e potencial são consideradas desprezíveis. Consequentemente, a Eq. (2.28) é escrita:

$$\frac{d(mU)_{\text{tanque}}}{dt} - H'\dot{m}' = \dot{Q}$$

na qual a linha indica o estado da corrente de entrada. O balanço de massa, $\dot{m}' = dm_{\text{tanque}}/dt$, pode ser combinado com o balanço de energia para fornecer:

$$\frac{d(mU)_{\text{tanque}}}{dt} - H'\frac{dm_{\text{tanque}}}{dt} = \dot{Q}$$

Multiplicando por dt e integrando no tempo (com H' constante), tem-se:

$$Q = \Delta(mU)_{\text{tanque}} - H'\,\Delta m_{\text{tanque}}$$

A definição de entalpia pode ser aplicada para o conteúdo completo do tanque para fornecer:

$$\Delta(mU)_{\text{tanque}} = \Delta(mH)_{\text{tanque}} - \Delta(PmV)_{\text{tanque}}$$

Como o volume total do tanque mV e P são constantes, $\Delta(PmV)_{\text{tanque}} = 0$. Então, com $\Delta(mH)_{\text{tanque}} = (m_2H_2)_{\text{tanque}} - (m_1H_1)_{\text{tanque}}$, as duas equações anteriores se combinam para dar:

$$Q = (m_2H_2)_{\text{tanque}} - (m_1H_1)_{\text{tanque}} - H'\,\Delta m_{\text{tanque}} \qquad (A)$$

sendo Δm_{tanque} os 750 kg de água alimentados no tanque, e os subscritos 1 e 2, referentes às condições no tanque ao início e ao fim do processo. Ao fim do processo, no interior do tanque, continua havendo líquido saturado e vapor saturado em equilíbrio a 100 °C e 101,33 kPa. Assim, m_1H_1 e m_2H_2 são formados por dois termos, um para a fase líquida e outro para a fase vapor.

A solução numérica usa as entalpias a seguir, obtidas em tabelas de vapor:

$$H' = 293{,}0 \text{ kJ} \cdot \text{kg}^{-1}\text{; líquido saturado a 70 °C}$$
$$H^l_{\text{tanque}} = 419{,}1 \text{ kJ} \cdot \text{kg}^{-1}\text{; líquido saturado a 100 °C}$$
$$H^l_{\text{tanque}} = 2676{,}0 \text{ kJ} \cdot \text{kg}^{-1}\text{; líquido saturado a 100 °C}$$

O volume de vapor no tanque, no início, é de 1,5 m^3 menos o volume ocupado pelos 500 kg de água líquida. Assim:

$$m_1^v = \frac{1{,}5 - (500)(0{,}001044)}{1{,}673} = 0{,}772 \text{ kg}$$

na qual 0,001044 e 1,673 m$^3 \cdot$ kg^{-1} são os volumes específicos do líquido saturado e do vapor saturado a 100 °C, obtidos nas tabelas de vapor. Então,

$$(m_1H_1)_{\text{tanque}} = m_1^l H_1^l + m_1^v H_1^v = 500(419{,}1) + 0{,}722(2676{,}0) = 211.616 \text{ kJ}$$

Ao fim do processo, as massas de líquido e de vapor são determinadas por um balanço de massa e pelo fato de que o volume total do tanque continua sendo 1,5 m^3:

$$m_2 = 500 + 0{,}722 + 750 = m_2^v + m_2^l$$
$$1{,}5 = 1{,}673 m_2^v + 0{,}001044 m_2^l$$

A solução fornece:

$$m_2^l = 1250{,}65 \text{ kg} \quad \text{e} \quad m_2^v = 0{,}116 \text{ kg}$$

Então, com $H_2^l = H_1^l$ e $H_2^V = H_1^V$,

$$(m_2H_2)_{\text{tanque}} = (1250{,}65)(419{,}1) + (0{,}116)(2676{,}0) = 524.458 \text{ kJ}$$

A substituição dos valores apropriados na Eq. (A) fornece:

$$Q = 524.458 - 211.616 - (750)(293{,}0) = 93.092 \text{ kJ}$$

Antes de realizar a análise rigorosa demonstrada aqui, poderia ser feita uma estimativa razoável do calor necessário considerando-o igual à variação de entalpia para o aquecimento de 750 kg de água de 70 °C a 100 °C. Essa abordagem daria 94.575 kJ, que é levemente maior que o resultado rigoroso, porque ele despreza o efeito do calor na condensação do vapor d'água para acomodar o líquido adicionado.

6.8 SINOPSE

Após estudar este capítulo, incluindo múltiplas leituras e trabalhando nos exemplos e problemas no fim do capítulo, deve-se estar habilitado a:

- Escrever e aplicar as relações fundamentais entre as propriedades para a energia interna, a entalpia, a energia de Gibbs e a energia de Helmholtz na forma geral aplicável em qualquer sistema *PVT* fechado [Eqs. (6.1), (6.5), (6.6) e (6.7)] e em uma forma aplicável para 1 mol de uma substância homogênea [Eqs. (6.8)–(6.11)];
- Escrever as relações de Maxwell [Eqs. (6.14)–(6.17)] e aplicá-las para substituir derivadas parciais não mensuráveis envolvendo entropia por derivadas parciais que podem ser determinadas a partir de dados *PVT*;
- Reconhecer que o conhecimento de qualquer medida de energia termodinâmica como uma função de suas variáveis canônicas [$U(S, V)$, $H(S, P)$, $A(T, V)$ ou $G(T, P)$] fornece implicitamente informações completas das propriedades;
- Obter qualquer propriedade termodinâmica a partir de G/RT como uma função de T e P;

- Escrever funções termodinâmicas em formas alternativas, com variáveis não canônicas, incluindo $H(T, P)$, $S(T, P)$, $U(T, V)$ e $S(T, V)$, e aplicar formas específicas destas para líquidos, utilizando compressibilidade isotérmica e expansividade volumétrica;
- Definir e aplicar propriedades residuais e as relações entre elas (por exemplo, as relações fundamentais de propriedades residuais);
- Estimar propriedades residuais usando:

  A equação de estado do virial explícita no volume com dois termos, Eqs. (6.54)–(6.56);
  A equação de estado do virial explícita na pressão com três termos, Eqs. (6.61)–(6.63);
  As correlações completas de Lee/Kesler, Eqs. (6.66) e (6.67) e Apêndice D;
  A equação de estado do virial com dois termos e com os coeficientes a partir das equações de Abbott, Eqs. (6.68)–(6.71).
- Explicar a origem da equação de Clapeyron e usá-la para estimar a variação na pressão de transição de fases com a temperatura a partir de calor latente e vice-versa;
- Reconhecer as igualdades da energia de Gibbs, da temperatura e da pressão como um critério para o equilíbrio de fases de uma substância pura;
- Ler diagramas termodinâmicos usuais e traçar as trajetórias de processos neles;
- Aplicar a equação de Antoine e equações similares para determinar a pressão de vapor a uma dada temperatura e a entalpia de vaporização via a equação de Clapeyron;
- Construir trajetórias de cálculo com múltiplas etapas que permitam calcular variação de propriedades para mudanças arbitrárias de estado de uma substância pura, fazendo uso de dados ou correlações para propriedades residuais, capacidades caloríficas e calores latentes.

6.9 ADENDO. PROPRIEDADES RESIDUAIS NO LIMITE DE PRESSÃO ZERO

A constante J, desconsiderada nas Eqs. (6.46), (6.48) e (6.49), é o valor de G^R/RT no limite quando $P \to 0$. Sua origem fica clara a partir de uma análise geral de propriedades residuais nesse limite. Como um gás se torna ideal quando $P \to 0$ (no sentido de que $Z \to 1$), pode-se supor que, nesse limite, todas as propriedades residuais sejam zero. Em geral, isso não é verdade, como é facilmente demonstrado para o volume residual.

Escrita para V^R no limite de pressão tendendo a zero, a Eq. (6.41) se torna,

$$\lim_{P\to 0} V^R = \lim_{P\to 0} V - \lim_{P\to 0} V^{gi}$$

Ambas as parcelas no lado direito dessa equação são infinitas e a sua diferença é indeterminada. Uma visão experimental é fornecida pela Eq. (6.40):

$$\lim_{P\to 0} V^R = RT \lim_{P\to 0} \left(\frac{Z-1}{P}\right) = RT \lim_{P\to 0} \left(\frac{\partial Z}{\partial p}\right)_T$$

A expressão central surge diretamente da Eq. (6.40), e a expressão mais à direita é obtida pela aplicação da regra de L'Hôpital. Assim, V^R/RT, no limite em que $P \to 0$ e a uma dada T, é proporcional à inclinação da isoterma Z *versus* P, em $P = 0$. A Figura 3.7 mostra claramente que esses valores são finitos, e não, em geral, iguais a zero.

Para a energia interna, $U^R \equiv U - U^{gi}$. Como U^{gi} é uma função somente de T, um gráfico de U^{gi} *versus* P, para uma dada T, é uma linha horizontal que se estende até $P = 0$. Para um gás real com forças intermoleculares, uma expansão isotérmica para $P \to 0$ resulta em um aumento em U, porque as moléculas se afastam em oposição às forças de atração intermolecular. A expansão para $P = 0$ ($V = \infty$) reduz essas forças a zero, exatamente como em um gás ideal, e, consequentemente, em todas as temperaturas.

$$\lim_{P\to 0} U = U^{gi} \quad \text{e} \quad \lim_{P\to 0} U^R = 0$$

A partir da definição de entalpia,

$$\lim_{P\to 0} H^R = \lim_{P\to 0} U^R + \lim_{P\to 0} (PV^R)$$

Como ambas as parcelas da direita são nulas, $\lim_{P\to 0} H^R = 0$ para todas as temperaturas.

Para a energia de Gibbs, pela Eq. (6.37):

$$d\left(\frac{G}{RT}\right) = \frac{V}{RT}dP \quad (T \text{ const.})$$

Para o estado de gás ideal, $V = V^{gi} = RT/P$, e a equação anterior se torna:

$$d\left(\frac{G^{gi}}{RT}\right) = \frac{dP}{P} \quad (T \text{ const.})$$

A integração de $P = 0$ até uma pressão P fornece:

$$\frac{G^{gi}}{RT} = \left(\frac{G^{gi}}{RT}\right)_{P=0} + \int_0^P \frac{dP}{P} = \left(\frac{G^{gi}}{RT}\right)_{P=0} + \ln P + \infty \quad (T \text{ const.})$$

Para valores finitos de G^{gi}/RT a $P > 0$, temos de ter $\lim_{P\to 0}(G^{gi}/RT) = -\infty$. Não podemos, razoavelmente, esperar um resultado diferente para $\lim_{P\to 0}(G/RT)$, e concluímos que:

$$\lim_{P\to 0}\frac{G^R}{RT} = \lim_{P\to 0}\frac{G}{RT} - \lim_{P\to 0}\frac{G^{gi}}{RT} = \infty - \infty$$

Assim, G^R/RT (e naturalmente G^R) é, como V^R, indeterminado no limite $P \to 0$. Nesse caso, contudo, não há meios experimentais para determinar o valor-limite. Entretanto, não temos razão para presumir que esse valor seja zero e, consequentemente, nós o tomamos da mesma forma que $\lim_{P\to 0} V^R$ como finito, não sendo em geral igual a zero.

A Eq. (6.44) fornece uma oportunidade a mais para análise. Nós a escrevemos para o caso-limite de $P = 0$:

$$\left(\frac{H^R}{RT^2}\right)_{P=0} = -\left[\frac{\partial(G^R/RT)}{\partial T}\right]_{P=0}$$

Como já mostrado, $H^R(P = 0) = 0$, e, consequentemente, a derivada na equação anterior é zero. Como um resultado,

$$\left(\frac{G^R}{RT}\right)_{P=0} = J$$

em que J é uma constante de integração, independente de T, justificando a dedução da Eq. (6.46).

6.10 PROBLEMAS

6.1. Partindo da Eq. (6.9), mostre que isóbaras na região do vapor em um diagrama de Mollier (*HS*) devem apresentar inclinação e curvatura positivas.

6.2. (*a*) Fazendo uso do fato de que a Eq. (6.21) é uma expressão diferencial exata, mostre que:

$$(\partial C_P/\partial P)_T = -T\left(\partial^2 V/\partial T^2\right)_P$$

Qual é o resultado da aplicação dessa equação para um gás ideal?

(*b*) As capacidades caloríficas C_V e C_P são definidas como derivadas, respectivamente, de U e H em relação à temperatura. Como essas propriedades estão relacionadas entre si, espera-se que as capacidades caloríficas também estejam relacionadas. Mostre que a expressão geral conectando C_V e C_P é:

$$C_P = C_V + T\left(\frac{\partial P}{\partial T}\right)_V \left(\frac{\partial V}{\partial T}\right)_P$$

Mostre que a Eq. (*B*) do Exemplo 6.2 é outra forma dessa expressão.

6.3. Se U é considerada uma função de T e P, a capacidade calorífica "natural" não é nem C_V, nem C_P, mas a derivada $(\partial U/\partial T)_P$. Desenvolva as seguintes conexões entre $(\partial U/\partial T)_P$, C_P e C_V:

$$\left(\frac{\partial U}{\partial T}\right)_P = C_P - P\left(\frac{\partial V}{\partial T}\right)_P = C_P - \beta PV$$

$$= C_V + \left[T\left(\frac{\partial P}{\partial T}\right)_V - P\right]\left(\frac{\partial V}{\partial T}\right)_P = C_V + \frac{\beta}{\kappa}(\beta T - \kappa P)V$$

Para um gás ideal, quais são as formas particulares dessas expressões? E para um líquido incompressível?

6.4. O comportamento PVT de um dado gás é descrito pela equação de estado:

$$P(V - b) = RT$$

na qual b é uma constante. Se, além disto, C_V for constante, mostre que:

(*a*) U é uma função somente de T.
(*b*) γ = constante.
(*c*) Para um processo mecanicamente reversível, $P(V - b)^\gamma$ = constante.

6.5. Um fluido puro é descrito pela *equação de estado canônica*: $G = \Gamma(T) + RT \ln P$, na qual $\Gamma(T)$ é uma função de temperatura para uma dada substância. Determine para tal fluido expressões para V, S, H, U, C_P e C_V. Esses resultados são consistentes com aqueles para um importante modelo de comportamento de fase gasosa. Qual é o modelo?

6.6. Um fluido puro é descrito pela *equação de estado canônica*: $G = F(T) + KP$, na qual $F(T)$ é uma função de temperatura para uma dada substância, e K é uma constante que depende da substância. Determine, para tal fluido, expressões para V, S, H, U, C_P e C_V. Esses resultados são consistentes com aqueles para um importante modelo de comportamento de fase líquida. Qual é o modelo?

6.7. Estime as variações na entalpia e na entropia quando amônia líquida a 270 K é comprimida de sua pressão de saturação de 381 kPa até 1200 kPa. Para a amônia líquida saturada a 270 K, $V^l = 1{,}551 \times 10^{-3}$ m$^3 \cdot$ kg^{-1} e $\beta = 2{,}095 \times 10^{-3}$ K^{-1}.

6.8. Isobutano líquido é expandido através de uma válvula de estrangulamento de um estado inicial a 360 K e 4000 kPa para uma pressão final de 2000 kPa. Estime a variação da temperatura e a variação da entropia do isobutano. O calor específico do isobutano líquido a 360 K é igual a 2,78 J $\cdot$ g$^{-1} \cdot$ °C^{-1}. Estimativas de V e β podem ser efetuadas a partir da Eq. (3.68).

6.9. Em um dispositivo pistão/cilindro, 1 kg de água (V_1 = 1003 cm$^3 \cdot$ kg^{-1}), inicialmente a 1 bar e 25 °C, é comprimido em um processo isotérmico mecanicamente reversível até 1500 bar. Determine Q, W, ΔU, ΔH e ΔS, dados $\beta = 250 \times 10^{-6}$ K^{-1} e $\kappa = 45 \times 10^{-6}$ bar^{-1}. Uma consideração satisfatória é que V seja constante e igual ao seu valor médio aritmético.

6.10. Água líquida a 25 °C e 1 bar enche completamente um recipiente rígido. Se calor for adicionado à água até que sua temperatura atinja 50 °C, qual é a pressão final atingida? O valor médio de β entre 25 e 50 °C é de $36{,}2 \times 10^5$ K^{-1}. O valor de κ, a 1 bar e 50 °C, é de $4{,}42 \times 10^{-5}$ bar^{-1} e pode ser considerado independente de P. O volume específico da água líquida a 25 °C é igual a 1,0030 cm$^3 \cdot$ g^{-1}.

6.11. Obtenha expressões para G^R, H^R e S^R utilizando a equação virial com três termos em volume, Eq. (3.38).

6.12. Obtenha expressões para G^R, H^R e S^R utilizando a equação de estado van der Waals, Eq. (3.39).

6.13. Obtenha expressões para G^R, H^R e S^R utilizando a equação de Dieterici:

$$P = \frac{RT}{V - b}\exp\left(-\frac{a}{VRT}\right)$$

Aqui, os parâmetros a e b são funções somente da composição.

6.14. Estime a variação da entropia na vaporização de benzeno a 50 °C. A pressão de vapor do benzeno é dada pela equação:

$$\ln P^{\text{sat}}/\text{kPa} = 13{,}8858 - \frac{2788{,}51}{t/°\text{C} + 220{,}79}$$

(*a*) Use a Eq. (6.86) com um valor estimado de ΔV^{lv}.
(*b*) Use a equação de Clausius/Clapeyron mostrada no Exemplo 6.6.

6.15. P_1^{sat} e P_2^{sat} são os valores da pressão de vapor de saturação de um líquido puro nas temperaturas absolutas T_1 e T_2. Justifique a seguinte fórmula de interpolação para a determinação da pressão de vapor P^{sat} a uma temperatura intermediária T:

$$\ln P^{sat} = \ln P_1^{sat} + \frac{T_2(T - T_1)}{T(T_2 - T_1)} \ln \frac{P_2^{sat}}{P_1^{sat}}$$

6.16. Supondo a validade da Eq. (6.89), deduza a *fórmula de Edmister* para a estimativa do fator acêntrico:

$$\omega = \frac{3}{7}\left(\frac{\theta}{1 - \theta}\right) \log P_c - 1$$

na qual $\theta \equiv T_n/T_c$. T_n é o ponto normal de ebulição e P_c encontra-se em (atm).

6.17. Água líquida muito pura pode ser sub-resfriada a pressão atmosférica até temperaturas bem abaixo de 0 °C. Admita que 1 kg de água líquida tenha sido resfriado até –6 °C. Um pequeno cristal de gelo (com massa desprezível) é adicionado para "semear" o líquido sub-resfriado. Se a mudança posterior à adição ocorrer adiabaticamente e a pressão atmosférica, quais serão a fração do sistema que congelará e a temperatura final? Qual é o valor do ΔS_{total} para o processo e qual é a sua característica irreversível? O calor latente de fusão da água a 0 °C é igual a 333,4 J · g^{-1}, e o calor específico da água líquida sub-resfriada é igual a 4,226 J · g^{-1} · °C^{-1}.

6.18. O estado de 1(lb$_m$) de vapor d'água é mudado de vapor saturado a 20(psia) para vapor superaquecido a 50(psia) e 1000(°F). Quais são as variações da entalpia e da entropia do vapor? Quais seriam as variações da entalpia e da entropia se o vapor fosse um gás ideal?

6.19. Um sistema bifásico formado por água líquida e vapor d'água com volumes iguais de líquido e vapor encontra-se em equilíbrio a 8000 kPa. Se o volume total é de V^t = 0,15 m^3, qual é a entalpia total H^t e qual é a entropia total S^t do sistema?

6.20. Um recipiente contém 1 kg de água, com a presença de líquido e vapor em equilíbrio a 1000 kPa. Sabendo-se que o vapor ocupa 70 % do volume do recipiente, determine H e S para a massa total de H_2O (1 kg de H_2O).

6.21. Um vaso de pressão contém água líquida e vapor d'água em equilíbrio a 350(°F). A massa total de líquido e vapor é de 3(lb$_m$). Para um volume de vapor 50 vezes o volume do líquido, qual é a entalpia total do conteúdo do vaso?

6.22. Vapor d'água úmido a 230 °C possui uma densidade de 0,025 g · cm^{-3}. Determine x, H e S.

6.23. Um vaso com 0,15 m^3 de volume, contendo vapor d'água saturado a 150 °C, é resfriado até 30 °C. Determine o volume final e a massa de água *líquida* no vaso ao fim do resfriamento.

6.24. Vapor d'água úmido, a 1100 kPa, expande-se a entalpia constante (como em um processo de estrangulamento) para 101,33 kPa, atingindo uma temperatura de 105 °C. Qual é a qualidade do vapor no seu estado inicial?

6.25. Vapor d'água, a 2100 kPa e 260 °C, expande-se a entalpia constante (como em um processo de estrangulamento) para 125 kPa. Qual é a temperatura do vapor no seu estado final e qual é a variação de sua entropia? Quais seriam a temperatura final e a variação de entropia para um gás ideal?

6.26. Vapor d'água, a 300(psia) e 500(°F), expande-se a entalpia constante (como em um processo de estrangulamento) para 20(psia). Qual é a temperatura do vapor no seu estado final e qual é a variação de sua entropia? Quais seriam a temperatura final e a variação de entropia para um gás ideal?

6.27. Vapor d'água superaquecido, a 500 kPa e 300 °C, expande-se isentropicamente até 50 kPa. Qual é a sua entalpia final?

6.28. Qual é a fração molar de vapor d'água em ar que se encontra saturado de água a 25 °C e 101,33 kPa? E a 50 °C e 101,33 kPa?

6.29. Um recipiente rígido contém 0,014 m^3 de vapor d'água saturado em equilíbrio com 0,021 m^3 de água líquida saturada a 100 °C. Calor é transferido para o recipiente até o momento em que uma fase desaparece, restando uma única fase. Qual a fase (líquido ou vapor) que permanece e quais são as suas temperatura e pressão? Que quantidade de calor é transferida no processo?

6.30. Um vaso, com capacidade de 0,25 m^3, contém vapor d'água saturado a 1500 kPa. Se o vaso for resfriado até que haja a condensação de 25 % do vapor, determine a quantidade de calor transferida e qual é a sua pressão final.

6.31. Um vaso com capacidade de 2 m^3 contém 0,02 m^3 de água líquida e 1,98 m^3 de vapor d'água a 101,33 kPa. Que quantidade de calor deve ser adicionada aos constituintes do vaso para que haja a total evaporação da água líquida?

6.32. Um vaso rígido com 0,4 m^3 de volume encontra-se cheio de vapor d'água a 800 kPa e 350 °C. Que quantidade de calor deve ser retirada do vapor para levar sua temperatura a 200 °C?

6.33. Um quilograma de vapor d'água encontra-se no interior de um dispositivo pistão/cilindro a 800 kPa e 200 °C.

(*a*) Se houver uma expansão isotérmica mecanicamente reversível até 150 kPa, que quantidade de calor ele absorverá?
(*b*) Se houver uma expansão adiabática e reversível até 150 kPa, qual será sua temperatura final e que quantidade de trabalho será realizada?

6.34. Vapor d'água, a 2000 kPa e contendo 6 % de umidade, é aquecido a pressão constante até 575 °C. Qual a quantidade de calor necessária por quilograma?

6.35. Vapor d'água, a 2700 kPa e com uma qualidade de 0,90, passa por uma expansão adiabática e reversível até 400 kPa, em um processo sem escoamento. Depois é aquecido a volume constante até se tornar vapor saturado. Determine Q e W para esse processo.

6.36. Em um dispositivo pistão/cilindro, 4 kg de vapor d'água, inicialmente a 400 kPa e 175 °C, passam por compressão isotérmica mecanicamente reversível até uma pressão final na qual o vapor se torna saturado. Determine Q e W para esse processo.

6.37. Vapor d'água muda de um estado inicial a 450 °C e 3000 kPa para um estado final a 140 °C e 235 kPa. Determine ΔH e ΔS:

(*a*) A partir de dados da tabela de vapor.
(*b*) Com equações para um gás ideal.
(*c*) Com correlações generalizadas apropriadas.

6.38. Um dispositivo pistão/cilindro opera de forma cíclica, com vapor d'água como fluido de trabalho, executando as seguintes etapas:

- O vapor, a 550 kPa e 200 °C, é aquecido a volume constante até uma pressão de 800 kPa;
- Então o vapor se expande, reversível e adiabaticamente, até a temperatura inicial de 200 °C;
- Finalmente, o vapor é comprimido em um processo isotérmico mecanicamente reversível até a pressão inicial de 550 kPa.

Qual é a eficiência térmica do ciclo?

6.39. Um dispositivo pistão/cilindro opera de forma cíclica, com vapor d'água como fluido de trabalho, executando as seguintes etapas:

- Vapor d'água saturado a 300(psia) é aquecido, a pressão constante, até 900(°F);
- Então o vapor passa por uma expansão reversível e adiabática até a temperatura inicial de 417,35(°F);
- Finalmente, o vapor é comprimido em um processo isotérmico mecanicamente reversível até o estado inicial.

Qual é a eficiência térmica do ciclo?

6.40. Vapor d'água alimentado a 4000 kPa e 400 °C passa por uma expansão reversível e adiabática em uma turbina.

(*a*) Para qual pressão na descarga a corrente de saída é formada por vapor saturado?
(*b*) Para qual pressão na descarga a corrente de saída é formada por vapor úmido com qualidade igual a 0,95?

6.41. Uma turbina a vapor, operando reversível e adiabaticamente, recebe vapor d'água superaquecido a 2000 kPa e o descarrega a 50 kPa.

(*a*) Qual o mínimo superaquecimento necessário para que não haja umidade na exaustão?
(*b*) Qual é a potência produzida pela turbina se ela operar nessas condições e a vazão de vapor d'água for de 5 $\text{kg} \cdot \text{s}^{-1}$?

6.42. O teste operacional de uma turbina a vapor produz os resultados a seguir. Com o vapor d'água fornecido à turbina a 1350 kPa e 375 °C, a exaustão é vapor saturado a 10 kPa. Admitindo operação adiabática e variações desprezíveis nas energias cinética e potencial, determine a eficiência da turbina, isto é, a razão entre o trabalho real da turbina e o trabalho de uma turbina operando isentropicamente das mesmas condições iniciais até a mesma pressão de exaustão.

6.43. Uma turbina a vapor opera adiabaticamente com uma vazão de vapor de 25 $\text{kg} \cdot \text{s}^{-1}$. O vapor é fornecido a 1300 kPa e 400 °C e descarregado a 40 kPa e 100 °C. Determine a potência produzida pela turbina e a eficiência de sua operação em comparação com uma turbina que opere *reversível* e adiabaticamente das mesmas condições iniciais até a mesma pressão final.

6.44. A partir de dados da tabela de vapor, estime valores para as propriedades residuais V^R, H^R e S^R do vapor d'água a 225 °C e 1600 kPa e compare com valores obtidos por meio de correlações generalizadas adequadas.

6.45. A partir de dados das tabelas de vapor:

(*a*) Determine os valores de G^l e G^v para o líquido e o vapor saturados a 1000 kPa. Esses valores deveriam ser iguais?
(*b*) Determine os valores de $\Delta H^{lv}/T$ e ΔS^{lv} a 1000 kPa. Esses valores deveriam ser iguais?
(*c*) Encontre valores de V^R, H^R e S^R para o vapor saturado a 1000 kPa.
(*d*) Estime um valor para dP^{sat}/dT a 1000 kPa e utilize a equação de Clapeyron para avaliar ΔS^{lv} a 1000 kPa. Esse valor coincide com o valor das tabelas de vapor?

Utilize correlações generalizadas apropriadas para determinar V^R, H^R e S^R para o vapor saturado a 1000 kPa. Esses valores coincidem com os encontrados no item (*c*)?

6.46. A partir de dados das tabelas de vapor:

(*a*) Determine os valores de G^l e G^v para o líquido e o vapor saturados a 150(psia). Esses valores deveriam ser iguais?
(*b*) Determine os valores de $\Delta H^{lv}/T$ e ΔS^{lv} a 150(psia). Esses valores deveriam ser iguais?
(*c*) Encontre valores de V^R, H^R e S^R para o vapor saturado a 150(psia).
(*d*) Estime um valor para dP^{sat}/dT a 150(psia) e utilize a equação de Clapeyron para avaliar ΔS^{lv} a 150(psia). Esse valor coincide com o valor das tabelas de vapor?

Utilize correlações generalizadas apropriadas para determinar V^R, H^R e S^R para o vapor saturado a 150(psia). Esses valores coincidem com os encontrados no item (*c*)?

6.47. Gás propano, a 1 bar e 35 °C, é comprimido até um estado final de 135 bar e 195 °C. Estime o volume molar do propano no estado final e as variações de entalpia e de entropia para o processo. No seu estado inicial, o propano pode ser considerado um gás ideal.

6.48. Propano, a 70 °C e 101,33 kPa, é comprimido isotermicamente até 1500 kPa. Estime ΔH e ΔS para o processo utilizando correlações generalizadas adequadas.

6.49. Uma corrente de propano gasoso é parcialmente liquefeita através de sua expansão de 200 bar e 370 K para 1 bar, passando por uma válvula de estrangulamento. Qual é a fração do gás liquefeita nesse processo? A pressão de vapor do propano é dada pela Eq. (6.91), com os parâmetros: $A = -6{,}72219$; $B = 1{,}33236$; $C = -2{,}13868$; $D = -1{,}38551$.

6.50. Estime o volume molar, a entalpia e a entropia para o 1,3-butadieno como vapor saturado e como líquido saturado a 380 K. A entalpia e a entropia são iguais a zero no estado de gás ideal a 101,33 kPa e 0 °C. A pressão de vapor do 1,3-butadieno a 380 K é igual a 1919,4 kPa.

6.51. Estime o volume molar, a entalpia e a entropia para o *n*-butano como vapor saturado e como líquido saturado a 370 K. A entalpia e a entropia são iguais a zero no estado de gás ideal a 101,33 kPa e 273,15 K. A pressão de vapor do *n*-butano a 370 K é igual a 1435 kPa.

6.52. A demanda *total* de vapor d'água de uma planta por um período de uma hora é de 6000 kg, porém a demanda instantânea flutua de 4000 a 10.000 kg · h^{-1}. Uma operação em regime estacionário da caldeira é viabilizada pela inclusão de um *acumulador*, essencialmente um tanque contendo principalmente água líquida saturada que funciona como um "pulmão" entre a caldeira e a planta. A caldeira produz vapor saturado a 1000 kPa, e a planta opera com vapor a 700 kPa. Uma válvula de controle regula a pressão do vapor na entrada do acumulador (saída da caldeira), e uma segunda válvula de controle regula a pressão na saída do acumulador (alimentação da planta). Quando a demanda de vapor é menor do que a quantidade produzida na caldeira, vapor entra no acumulador e é condensado pelo líquido residente no seu interior, causando um aumento da pressão para valores superiores aos 700 kPa. Quando a demanda de vapor é maior do que a quantidade produzida pela caldeira, água no acumulador vaporiza e vapor escoa para fora do acumulador, reduzindo a pressão para valores inferiores aos 1000 kPa. Qual o volume necessário para o acumulador de modo que esse serviço seja realizado com não mais que 95 % de seu volume ocupado por líquido?

6.53. Propileno gasoso, inicialmente a 127 °C e 38 bar, passa por uma restrição em um processo com escoamento em regime estacionário e atinge 1 bar, podendo então ser considerado um gás ideal. Estime a temperatura final do propileno e a variação de sua entropia.

6.54. Propano gasoso, inicialmente a 22 bar e 423 K, passa por uma restrição em um processo com escoamento em regime estacionário e atinge 1 bar. Estime a variação da entropia do propano causada por esse processo. No seu estado final, o propano pode ser considerado um gás ideal.

6.55. Propano gasoso a 100 °C é comprimido isotermicamente de uma pressão inicial de 1 bar até uma pressão final de 10 bar. Estime ΔH e ΔS.

6.56. Sulfeto de hidrogênio gasoso é comprimido de um estado inicial de 400 K e 5 bar até um estado final de 600 K e 25 bar. Estime ΔH e ΔS.

6.57. Dióxido de carbono passa por uma expansão a entalpia constante (como em um processo de estrangulamento) de 1600 kPa e 45 °C para 101,33 kPa. Estime ΔS para esse processo.

6.58. Uma corrente de etileno gasoso, a 250 °C e 3800 kPa, sofre uma expansão isentrópica em uma turbina até 120 kPa. Determine a temperatura do gás expandido e o trabalho produzido, sendo as propriedades do etileno calculadas por meio de:

(*a*) Equações para um gás ideal.
(*b*) Correlações generalizadas apropriadas.

6.59. Uma corrente de etano gasoso, a 220 °C e 30 bar, sofre uma expansão isentrópica em uma turbina até 2,6 bar. Determine a temperatura do gás expandido e o trabalho produzido, sendo as propriedades do etano calculadas por meio de:

(*a*) Equações para um gás ideal.
(*b*) Correlações generalizadas apropriadas.

6.60. Estime a temperatura final e o trabalho necessário quando 1 mol de *n*-butano é comprimido isentropicamente, em um processo com escoamento em regime estacionário, de 1 bar e 50 °C para 7,8 bar.

6.61. Determine a quantidade máxima de trabalho que pode ser obtido a partir de 1 kg de vapor d'água a 3000 kPa e 450 °C, em um processo com escoamento, para condições na vizinhança de 300 K e 101,33 kPa.

6.62. Água líquida a 325K e 8000 kPa é alimentada em uma caldeira na vazão de 10 kg · s^{-1} e é vaporizada, produzindo vapor saturado a 8000 kPa. Qual é a fração máxima do calor adicionado à água na caldeira que pode ser convertida em trabalho em um processo cujo produto é água nas condições iniciais, se T_σ = 300 K? O que acontece com o restante do calor? Qual é a taxa de variação da entropia na vizinhança como resultado do processo de produção de trabalho? No sistema? Total?

6.63. Suponha que o calor adicionado à água na caldeira, no problema anterior, seja proveniente de uma fornalha a uma temperatura de 600 °C. Qual é a taxa total de geração de entropia resultante do processo de aquecimento? Qual é o $\dot{W}_{perdido}$?

6.64. Uma planta de gelo produz 0,5 kg · s^{-1} de flocos de gelo a 0 °C a partir de água a 20 °C (T_σ) em um processo contínuo. Sendo o calor latente de fusão da água igual a 333,4 kJ · kg^{-1}, e se a eficiência termodinâmica do processo for de 32 %, qual será a potência necessária para a planta?

6.65. Um inventor desenvolveu um processo complexo para tornar calor continuamente disponível a uma elevada temperatura. Vapor d'água saturado a 100 °C é a única fonte de energia. Considerando que há disponibilidade de uma grande quantidade de água de resfriamento a 0 °C, qual é o nível máximo de temperatura a partir do qual uma quantidade de calor de 2000 kJ pode ser disponibilizada para cada quilograma de vapor escoando por meio do processo?

6.66. Duas caldeiras, ambas operando a 200(psia), descarregam iguais quantidades de vapor d'água na mesma linha de vapor. O vapor da primeira caldeira é superaquecido a 420(°F), e o vapor da segunda caldeira é úmido, com uma qualidade de 96 %. Considerando mistura adiabática e desprezando as variações de energia cinética e potencial, qual é a condição de equilíbrio após a mistura e qual é o valor de S_G para cada (lb$_m$) de vapor na linha?

6.67. Um tanque rígido com capacidade de 80(ft)^3 contém 4180(lb$_m$) de água líquida saturada a 430(°F). Essa quantidade de líquido quase enche completamente o tanque, permanecendo um pequeno volume ocupado por vapor d'água saturado. Como se deseja um pequeno espaço a mais para o vapor no tanque, uma válvula é aberta no topo do tanque e vapor d'água saturado escapa para a atmosfera até a temperatura no tanque cair para 420(°F). Considerando que não há transferência de calor para o conteúdo do tanque, determine a massa de vapor que escapou para fora do tanque.

6.68. Um tanque com capacidade de 50 m^3 contém vapor d'água a 4500 kPa e 400 °C. Vapor sai do tanque através de uma válvula de alívio para a atmosfera até a pressão no tanque cair para 3500 kPa. Sendo o processo de retirada do vapor adiabático, calcule a temperatura final do vapor d'água no tanque e a massa de vapor que sai do tanque.

6.69. Um tanque com capacidade de 4 m^3 contém 1500 kg de água líquida a 250 °C em equilíbrio com o seu vapor, que ocupa o restante do tanque. Uma quantidade de 1000 kg de água a 50 °C é bombeada para o interior do tanque. Que quantidade de calor deve ser adicionada durante esse processo para que a temperatura no interior do tanque não varie?

6.70. Nitrogênio líquido é estocado em tanques de metal com capacidade de 0,5 m^3 que são completamente isolados termicamente. Considere o processo de enchimento de um tanque no qual inicialmente há vácuo e a temperatura é de 295 K. Ele é ligado a uma linha contendo nitrogênio líquido no seu ponto normal de ebulição, igual a 77,3 K, e a uma pressão de vários bars. Nessas condições, sua entalpia é de −120,8 kJ · kg^{-1}. Quando uma válvula na linha é aberta, o nitrogênio escoa para dentro do tanque, onde inicialmente evapora no processo de resfriamento do tanque. Se o tanque tem uma massa igual a 30 kg e o metal tem uma capacidade calorífica específica de 0,43 kJ · kg^{-1} · K^{-1}, que massa de nitrogênio deve escoar para o interior do tanque de modo a resfriá-lo até uma temperatura tal que nitrogênio *líquido* comece a acumular no tanque? Considere que o nitrogênio e o tanque estejam sempre na mesma temperatura. As propriedades do vapor de nitrogênio saturado em várias temperaturas são fornecidas na tabela a seguir:

T/K	P/bar	V^v/m$^3 \cdot$ kg^{-1}	H^v/kJ $\cdot$ kg^{-1}
80	1,396	0,1640	78,9
85	2,287	0,1017	82,3
90	3,600	0,06628	85,0
95	5,398	0,04487	86,8
100	7,775	0,03126	87,7
105	10,83	0,02223	87,4
110	14,67	0,01598	85,6

6.71. Um tanque bem isolado, com volume de 50 m^3, contém inicialmente 16.000 kg de água distribuída entre as fases líquida e vapor, a 25 °C. Vapor d'água saturado a 1500 kPa é alimentado no tanque até a pressão alcançar 800 kPa. Que massa de vapor é adicionada?

6.72. Um tanque isolado com volume igual a 1,75 m^3, onde inicialmente há vácuo, encontra-se ligado a uma linha contendo vapor d'água a 400 kPa e 240 °C. Vapor d'água escoa para o interior do tanque até que sua pressão interna alcance o valor de 400 kPa. Considerando que não há transferência de calor do vapor para o tanque, prepare gráficos mostrando o comportamento da massa de vapor no tanque e de sua temperatura em função da pressão no tanque.

6.73. Um tanque com capacidade de 2 m^3 contém, inicialmente, uma mistura de vapor d'água saturado e água líquida saturada na pressão de 3000 kPa. Da massa total, 10 % é vapor. Água líquida saturada é retirada do tanque através de uma válvula até que a massa total no tanque seja 40 % da massa total inicial. Se durante o processo a temperatura de todo o conteúdo do tanque for mantida constante, qual a quantidade de calor transferida?

6.74. Uma corrente de água a 85 °C, escoando a uma vazão de 5 kg · s^{-1}, é formada pela mistura de água a 24 °C com vapor d'água saturado a 400 kPa. Considerando operação adiabática, quais são as vazões da água e do vapor que alimentam o misturador?

6.75. Em um dessuperaquecedor, água líquida a 3100 kPa e 50 °C é pulverizada em uma corrente de vapor d'água superaquecido a 3000 kPa e 375 °C, em uma quantidade tal que uma única corrente de vapor saturado a 2900 kPa sai do dessuperaquecedor a uma vazão de 15 kg · s^{-1}. Considerando operação adiabática, qual é a vazão mássica da água? Qual é a $\dot{S}_G$ no processo? Qual é a característica irreversível do processo?

6.76. Vapor d'água superaquecido, a 700 kPa e 280 °C, escoando a uma vazão de 50 kg · s^{-1}, é misturado com água líquida a 40 °C para produzir vapor a 700 kPa e 200 °C. Considerando operação adiabática, em que vazão a água é alimentada no misturador? Qual é a $\dot{S}_G$ no processo? Qual é a característica irreversível do processo?

6.77. Uma corrente de ar a 12 bar e 900 K é misturada com outra corrente de ar a 2 bar e 400 K, com uma vazão mássica 2,5 vezes maior. Se esse processo fosse realizado reversível e adiabaticamente, quais seriam a temperatura e a pressão da corrente de ar resultante? Considere que o ar seja um gás ideal para o qual $C_P = (7/2)R$.

6.78. Nitrogênio gasoso aquecido, a 750(°F) e a pressão atmosférica, é alimentado em uma caldeira de recuperação de energia a uma vazão de 40(lb$_m$)(s)$^{-1}$ e transfere calor para a água em ebulição a 1(atm). A água é alimentada na caldeira como líquido saturado a 1(atm) e deixa a caldeira como vapor superaquecido a 1(atm) e 300(°F). Se o nitrogênio é resfriado até 325(°F) e se calor é perdido para a vizinhança a uma taxa de 60(Btu) para cada (lb$_m$) de vapor gerado, qual é a taxa de geração de vapor? Se a vizinhança está a 70(°F), qual é a $\dot{S}_G$ no processo? Considere o nitrogênio como um gás ideal para o qual $C_P = (7/2)R$.

6.79. Nitrogênio gasoso aquecido, a 400 °C e a pressão atmosférica, é alimentado em uma caldeira de recuperação de energia a uma vazão de 20 kg · s^{-1} e transfere calor para a água em ebulição a 101,33 kPa. A água é alimentada na caldeira como líquido saturado a 101,33 kPa e deixa a caldeira como vapor superaquecido a 101,33 kPa e 150 °C. Se o nitrogênio é resfriado até 170 °C e se calor é perdido para a vizinhança a uma taxa de 80 kJ para cada quilograma de vapor gerado, qual é a taxa de geração de vapor? Se a vizinhança está a 25 °C, qual é a $\dot{S}_G$ no processo? Considere o nitrogênio como um gás ideal para o qual $C_P = (7/2)R$.

6.80. Mostre que isóbaras e isocóricas têm inclinação positiva em regiões de uma só fase em um diagrama *TS*. Admita que $C_P = a + bT$, na qual a e b são constantes positivas. Mostre que a curvatura de uma isóbara é também positiva. Para valores especificados de T e S, qual é a mais inclinada: uma isóbara ou uma isocórica? Por quê? Note que $C_P > C_V$.

6.81. Partindo da Eq. (6.9), mostre que as isotermas na região do vapor em um diagrama de Mollier (*HS*) têm inclinação e curvatura dadas por:

$$\left(\frac{\partial H}{\partial S}\right)_T = \frac{1}{\beta}(\beta T - 1) \qquad \left(\frac{\partial^2 H}{\partial S^2}\right)_T = -\frac{1}{\beta^3 V}\left(\frac{\partial \beta}{\partial P}\right)_T$$

Aqui, β é a expansividade volumétrica. Se o vapor é descrito pela equação virial de dois termos em P, Eq. (3.36), o que pode ser dito sobre os *sinais* dessas derivadas? Considere que, para temperaturas normais, B é negativo e dB/dT é positivo.

6.82. A dependência do segundo coeficiente virial B em relação à temperatura é mostrada para o nitrogênio na Figura 3.8. Qualitativamente, a forma de $B(T)$ é a mesma para todos os gases; quantitativamente, a temperatura para a qual $B = 0$ corresponde à temperatura reduzida de cerca de $T_r = 2{,}7$ para muitos gases. Use essas observações para mostrar, usando as Eqs. (6.54) a (6.56), que as propriedades residuais G^R, H^R e S^R são *negativas* para a maioria dos gases a pressões moderadas e temperaturas normais. O que você pode dizer sobre os sinais de V^R e C_P^R?

6.83. Uma mistura equimolar de metano e propano é descarregada de um compressor a 5500 kPa e 90 °C, a uma vazão de 1,4 kg · s^{-1}. Se a velocidade na linha de descarga não pode exceder 30 m · s^{-1}, qual é o diâmetro mínimo da linha de descarga?

6.84. Estime V^R, H^R e S^R para um dos itens a seguir utilizando correlações generalizadas apropriadas:

(*a*) 1,3-Butadieno a 500 K e 20 bar.
(*b*) Dióxido de carbono a 400 K e 200 bar.
(*c*) Dissulfeto de carbono a 450 K e 60 bar.
(*d*) *n*-Decano a 600 K e 20 bar.
(*e*) Etilbenzeno a 620 K e 20 bar.
(*f*) Metano a 250 K e 90 bar.
(*g*) Oxigênio a 150 K e 20 bar.
(*h*) *n*-Pentano a 500 K e 10 bar.
(*i*) Dióxido de enxofre a 450 K e 35 bar.
(*j*) Tetrafluoretano a 400 K e 15 bar.

6.85. Estime Z, H^R e S^R para uma das misturas *equimolares* a seguir, utilizando as correlações de Lee/Kesler:

(*a*) Benzeno/ciclohexano a 650 K e 60 bar.
(*b*) Dióxido de carbono/Monóxido de carbono a 300 K e 100 bar.
(*c*) Dióxido de carbono/*n*-octano a 600 K e 100 bar.
(*d*) Etano/etileno a 350 K e 75 bar.
(*e*) Sulfeto de hidrogênio/metano a 400 K e 150 bar.
(*f*) Metano/nitrogênio a 200 K e 75 bar.
(*g*) Metano/*n*-pentano a 450 K e 80 bar.
(*h*) Nitrogênio/oxigênio a 250 K e 100 bar.

6.86. Para a compressão isotérmica e reversível de um líquido para o qual β e κ podem ser considerados independentes da pressão, mostre que:

(*a*) $W = P_1 V_1 - P_2 V_2 - \dfrac{V_2 - V_1}{\kappa}$

(*b*) $\Delta S = \dfrac{\beta}{\kappa}(V_2 - V_1)$

(*c*) $\Delta H = \dfrac{1 - \beta T}{\kappa}(V_2 - V_1)$

Não considere V constante com um valor médio, mas utilize a Eq. (3.6) para sua dependência em relação a P (com V_2 substituído por V). Aplique essas equações nas condições especificadas no Problema 6.9. O que os resultados sugerem em relação ao uso de um valor médio para V?

6.87. Para uma propriedade termodinâmica arbitrária de uma substância pura, em geral, $M = M(T, P)$; em que

$$dM = \left(\frac{\partial M}{\partial T}\right)_P dT + \left(\frac{\partial M}{\partial P}\right)_T dP$$

Para quais *duas* condições distintas a equação a seguir é verdadeira?

$$\Delta M = \int_{T_1}^{T_2} \left(\frac{\partial M}{\partial T}\right)_P dT$$

6.88. A entalpia de um gás ideal puro depende somente da temperatura. Por isso, H^{gi} é frequentemente considerado "independente de pressão" e escreve-se $(\partial H^{gi}/\partial P)_T = 0$. Deduza expressões para $(\partial H^{gi}/\partial P)_V$ e $(\partial H^{gi}/\partial P)_S$. Por que essas grandezas não são zero?

6.89. Prove que

$$dS = \frac{C_V}{T}\left(\frac{\partial T}{\partial P}\right)_V dP + \frac{C_P}{T}\left(\frac{\partial T}{\partial V}\right)_P dV$$

Para um gás ideal com capacidades caloríficas constantes, utilize esse resultado para deduzir a Eq. (3.23c).

6.90. A derivada $(\partial U/\partial V)_T$ é algumas vezes chamada de *pressão interna*, e o produto $T(\partial P/\partial T)_V$, de *pressão térmica*. Encontre equações para o seu cálculo para:

(*a*) Um gás ideal.
(*b*) Um fluido de van der Waals.
(*c*) Um fluido Redlich/Kwong.

6.91. (*a*) Uma substância pura é descrita por uma expressão para $G(T, P)$. Mostre como determinar Z, U e C_V como funções de G, T e P e/ou de derivadas de G em relação a T e P.
(*b*) Uma substância pura é descrita por uma expressão para $A(T, V)$. Mostre como determinar Z, H e C_P como funções de A, T e V e/ou de derivadas de A em relação a T e V.

6.92. Utilize as tabelas de vapor para calcular um valor para o fator acêntrico ω da água. Compare o resultado com o valor dado na Tabela B.1.

6.93. As coordenadas críticas do tetrafluoretano (refrigerante HFC-134a) são dadas na Tabela B.1, e a Tabela 9.1 mostra as propriedades na saturação para o mesmo refrigerante. A partir desses dados, determine o fator acêntrico ω do HFC-134a e o compare com o valor dado na Tabela B.1.

6.94. Como observado no Exemplo 6.6, ΔH^{lv} não é independente de T; de fato, ela se torna zero no ponto crítico. Também, *em geral*, os vapores saturados não podem ser considerados gases ideais. Por que, então, a Eq. (6.89) fornece uma aproximação razoável para o comportamento da pressão de vapor ao longo de toda a faixa de líquido?

6.95. Apresente razões para a utilização das seguintes expressões aproximadas para a pressão de saturação sólido/líquido:

(*a*) $P_{sl}^{\text{sat}} = A + BT$;
(*b*) $P_{sl}^{\text{sat}} = A + B\ln T$.

6.96. Como sugerido pela Figura 3.1, a inclinação da curva de sublimação no ponto triplo é geralmente maior que aquela da curva de vaporização no mesmo estado. Apresente razões para essa observação. Note que as pressões no ponto triplo são usualmente baixas; por isso, considere para este exercício que

$$\Delta Z^{sv} \approx \Delta Z^{lv} \approx 1.$$

6.97. Mostre que a equação de Clapeyron para o equilíbrio líquido/vapor pode ser escrita na forma reduzida:

$$\frac{d\ln P_r^{\text{sat}}}{dT_r} = \frac{\widehat{\Delta H}^{lv}}{T_r^2 \Delta Z^{lv}} \quad \text{na qual} \quad \widehat{\Delta H}^{lv} \equiv \frac{\Delta H^{lv}}{RT_c}$$

6.98. Utilize o resultado do problema anterior para calcular o calor de vaporização no ponto normal de ebulição de uma das substâncias listadas a seguir. Compare o resultado com o valor fornecido na Tabela B.2 do Apêndice B.

Regras básicas: Representar P_r^{sat} com as Eqs. (6.92), (6.93) e (6.94), com ω dado pela Eq. (6.95). Use as Eqs. (3.57), (3.58), (3.59), (3.61) e (3.62) para Z^v, e a Eq. (3.69) para Z^l. Propriedades críticas e pontos normais de ebulição são dados na Tabela B.1.

(*a*) Benzeno;
(*b*) *iso*-Butano;
(*c*) Tetracloreto de carbono;

(*d*) Ciclo-hexano;
(*e*) *n*-Decano;
(*f*) *n*-Hexano;
(*g*) *n*-Octano;
(*h*) Tolueno;
(*i*) *o*-Xileno.

6.99. Riedel propôs um terceiro parâmetro para estados correspondentes α_c, relacionado com a curva de pressão de vapor por:

$$\alpha_c \equiv \left[\frac{d \ln P^{sat}}{d \ln T}\right]_{T=T_c}$$

Para fluidos simples, experimentos mostram que $\alpha_c \approx 5{,}8$; para fluidos não simples, α_c aumenta com o aumento da complexidade molecular. Como a correlação de Lee/Kesler para P_r^{sat} leva em consideração essas observações?

6.100. As coordenadas do ponto triplo do dióxido de carbono são $T_t = 216{,}55$ K e $P_t = 5{,}170$ bar. Por isso, o CO_2 não tem ponto normal de ebulição. (Por quê?) Todavia, pode-se definir um ponto normal de ebulição *hipotético* por extrapolação da curva de pressão de vapor.

(*a*) Use a correlação de Lee/Kesler para P_r^{sat} em conjunto com as coordenadas do ponto triplo para calcular ω para o CO_2. Compare o resultado com o valor na Tabela B.1.
(*b*) Use a correlação de Lee/Kesler para calcular o ponto normal de ebulição hipotético do CO_2. Comente sobre a aparente razoabilidade deste resultado.

CAPÍTULO

7

Aplicação da Termodinâmica em Processos com Escoamento

A termodinâmica do escoamento está baseada em balanços de massa, de energia e de entropia, que foram desenvolvidos nos Capítulos 2 e 5. A utilização desses balanços em processos específicos é o assunto do presente capítulo. A disciplina voltada para o estudo do escoamento é a Mecânica dos Fluidos,[1] que engloba não somente os balanços da Termodinâmica mas também um balanço de momento que surge das leis da Mecânica Clássica (leis de Newton). Isso faz da Mecânica dos Fluidos um campo mais amplo de estudos. A distinção entre *problemas da Termodinâmica* e *problemas da Mecânica dos Fluidos* depende se o balanço de momento é necessário em sua solução. Aqueles problemas cujas soluções dependem somente da conservação da massa e das leis da Termodinâmica são normalmente deixados de lado no estudo da Mecânica dos Fluidos e tratados nos cursos de Termodinâmica. Assim, a Mecânica dos Fluidos lida com o amplo espectro de problemas que *requerem* a utilização do balanço de momento. Essa divisão é arbitrária, embora tradicional e conveniente.

Por exemplo, se os estados e as propriedades termodinâmicas de um gás na entrada e na saída de uma tubulação forem conhecidos, a utilização da Primeira Lei estabelece a quantidade da troca de energia com a vizinhança da tubulação. O mecanismo do processo, os detalhes do escoamento e a trajetória entre os estados efetivamente percorrida pelo fluido entre a entrada e a saída não são pertinentes para este cálculo. Por outro lado, se tivermos somente o conhecimento incompleto dos estados inicial ou final do gás, serão necessárias informações mais detalhadas sobre o processo. Uma possibilidade é a não especificação da pressão do gás na saída. Nesse caso, devemos utilizar o balanço de momento da Mecânica dos Fluidos, o que requer uma expressão empírica ou teórica para a tensão de cisalhamento na parede da tubulação.

O escoamento é causado por gradientes de pressão no interior do fluido, onde também podem estar presentes gradientes de temperatura, velocidade e mesmo de concentração. Isto contrasta com as condições uniformes que prevalecem em equilíbrio em sistemas fechados. A distribuição das condições em sistemas com escoamento requer que as propriedades sejam atribuídas a massas pontuais do fluido. Assim, consideramos que as propriedades intensivas, tais como densidade, entalpia específica, entropia específica etc., em certo ponto, são determinadas somente pelas temperatura, pressão e composição no ponto, não sendo influenciadas por gradientes que possam estar presentes no ponto. Consideramos também que o fluido exibe o mesmo conjunto de propriedades intensivas no ponto que houvesse equilíbrio nas mesmas temperatura, pressão e composição. A implicação é que uma equação de estado é aplicável local e instantaneamente em qualquer ponto em um sistema fluido, e que é possível invocar o conceito de *estado local*, independentemente do conceito de equilíbrio. A experiência mostra que isso leva a resultados práticos, de acordo com a observação em um amplo espectro de processos.

A análise termodinâmica de processos com escoamento frequentemente envolve gases ou fluidos supercríticos. Nesses processos de *escoamento compressível* as propriedades do fluido variam como um resultado de variações na pressão e a análise termodinâmica fornece relações entre essas variações. Então, a intenção deste breve capítulo é:

- Desenvolver as equações termodinâmicas aplicáveis para o escoamento unidimensional, em estado estacionário, de fluidos compressíveis em dutos;

[1] Noel de Nevers, *Fluid Mechanics for Chemical Engineers*, 3ª ed., McGraw-Hill, New York, 2005. A Mecânica dos Fluidos é tratada como uma parte completa dos processos de transporte por R. B. Bird, W. E. Stewart e E. N. Lightfoot em *Transport Phenomena*, 2ª ed., John Wiley, New York, 2001; por J. L. Plawsky em *Transport Phenomena Fundamentals*, 2ª ed., CRC Press, 2009; e por D. Welty, C. E. Wicks, G. L. Rorrer e R. E. Wilson, em *Fundamentals of Momentum, Heat and Mass Transfer*, 5ª ed., John Wiley, New York, 2007.

- Aplicar essas equações em escoamentos (tanto subsônicos como supersônicos) em tubulações e bocais;
- Tratar processos de estrangulamento, isto é, escoamentos através de restrições;
- Calcular o trabalho produzido por turbinas e expansores;
- Examinar processos de compressão como os produzidos por compressores, bombas, sopradores, ventiladores e bombas a vácuo.

As equações de balanço para os sistemas abertos, apresentadas nos Capítulos 2 e 5, são aqui resumidas na Tabela 7.1 para facilitar a consulta. São incluídas as Eqs. (7.1) e (7.2), formas específicas do balanço de massa. Estas são a base para a análise termodinâmica de *processos* neste e nos próximos dois capítulos. Quando combinadas com definições de *propriedades* termodinâmicas, elas permitem o cálculo do estado de sistemas e de necessidades de energia em processos.

TABELA 7.1 Equações de Balanço

Equações Gerais de Balanço	Equações de Balanço para Processos com Escoamento em Regime Estacionário	Equações de Balanço para Processos com Escoamento em Regime Estacionário Envolvendo uma Corrente
$\frac{dm_{vc}}{dt} + \Delta(\dot{m})_{cor} = 0$ (2.25)	$\Delta(\dot{m})_{cor} = 0$ (7.1)	$\dot{m}_1 = \dot{m}_2 = \dot{m}$ (7.2)
$\frac{d(mU)_{vc}}{dt} + \Delta\left[\left(H + \frac{1}{2}u^2 + zg\right)\dot{m}\right]_{cor} = \dot{Q} + \dot{W}$ (2.27)	$\Delta\left[\left(H + \frac{1}{2}u^2 + zg\right)\dot{m}\right]_{cor} = \dot{Q} + \dot{W}$ (2.29)	$\Delta H + \frac{\Delta u^2}{2} + g\Delta z = Q + W_e$ (2.31)
$\frac{d(mS)_{vc}}{dt} + \Delta(S\dot{m})_{cor} - \sum_j \frac{\dot{Q}_j}{T_{\sigma,j}} = \dot{S}_G \geq 0$ (5.16)	$\Delta(S\dot{m})_{cor} - \sum_j \frac{\dot{Q}_j}{T_{\sigma,j}} = \dot{S}_G \geq 0$ (5.17)	$\Delta S - \sum_j \frac{Q_j}{T_{\sigma,j}} = S_G \geq 0$ (5.18)

7.1 ESCOAMENTO DE FLUIDOS COMPRESSÍVEIS EM DUTOS

Problemas como o dimensionamento de tubulações e a definição da forma geométrica de bocais requerem a utilização do balanço de momento da Mecânica dos Fluidos e, consequentemente, não estão na área específica da Termodinâmica. Entretanto, a Termodinâmica fornece equações que inter-relacionam as variações que ocorrem na pressão, na velocidade, na área da seção reta, na entalpia, na entropia e no volume específico em um escoamento. Consideramos aqui o escoamento unidimensional, adiabático e em estado estacionário de um fluido compressível, na ausência de trabalho no eixo e de variações na energia potencial. Em primeiro lugar, as equações termodinâmicas pertinentes são deduzidas; então elas são utilizadas em escoamentos através de tubos e bocais.

O balanço de energia apropriado é representado pela Eq. (2.31). Com Q, W_e e Δz nulos,

$$\Delta H + \frac{\Delta u^2}{2} = 0$$

Na forma diferencial,

$$dH = -u\,du \tag{7.3}$$

A equação da continuidade, Eq. (2.26), também pode ser utilizada. Como $\dot{m}$ é constante, sua forma diferencial é:

$$d(uA/V) = 0$$

ou

$$\frac{dV}{V} - \frac{du}{u} - \frac{dA}{A} = 0 \tag{7.4}$$

A relação fundamental entre propriedade apropriada para esta aplicação é:

$$dH = T\,dS + V\,dP \tag{6.9}$$

Adicionalmente, o volume específico do fluido pode ser considerado uma função de sua entropia e da pressão: $V = V(S, P)$. Então,

$$dV = \left(\frac{\partial V}{\partial S}\right)_P dS + \left(\frac{\partial V}{\partial P}\right)_S dP$$

Essa equação é colocada em uma forma mais conveniente usando a identidade matemática:

$$\left(\frac{\partial V}{\partial S}\right)_P = \left(\frac{\partial V}{\partial T}\right)_P \left(\frac{\partial T}{\partial S}\right)_P$$

A substituição das duas derivadas parciais da direita pelas Eqs. (3.3) e (6.18) fornece:

$$\left(\frac{\partial V}{\partial S}\right)_P = \frac{\beta VT}{C_P}$$

na qual β é a expansividade volumétrica. A equação deduzida na Física para a velocidade do som c em um fluido é:

$$c^2 = -V^2 \left(\frac{\partial P}{\partial V}\right)_S \qquad \text{ou} \qquad \left(\frac{\partial V}{\partial P}\right)_S = -\frac{V^2}{c^2}$$

A substituição das duas derivadas parciais na equação para dV agora fornece:

$$\frac{dV}{V} = \frac{\beta T}{C_P} dS - \frac{V}{c^2} dP \tag{7.5}$$

As Eqs. (7.3), (7.4), (6.9) e (7.5) relacionam os seis diferenciais dH, du, dV, dA, dS e dP. Visto que existem quatro equações, adotamos dS e dA como variáveis independentes e desenvolvemos equações que expressam os diferenciais restantes como funções dessas duas variáveis. Em primeiro lugar, as Eqs. (7.3) e (6.9) são combinadas:

$$T\,dS + V\,dP = -u\,du \tag{7.6}$$

Eliminando dV e du da Eq. (7.4), usando as Eqs. (7.5) e (7.6), obtém-se após uma manipulação:

$$(1 - \mathbf{M}^2) V\,dP + \left(1 + \frac{\beta u^2}{C_P}\right) T\,dS - \frac{u^2}{A} dA = 0 \tag{7.7}$$

na qual $\mathbf{M}$ é o número de Mach, definido como a razão entre a velocidade do fluido no tubo e a velocidade do som no fluido, u/c. A Eq. (7.7) relaciona dP à dS e dA.

As Eqs. (7.6) e (7.7) são combinadas para eliminar $V\,dP$:

$$u\,du - \left(\frac{\dfrac{\beta u^2}{C_P} + \mathbf{M}^2}{1 - \mathbf{M}^2}\right) T\,dS + \left(\frac{1}{1 - \mathbf{M}^2}\right) \frac{u^2}{A} dA = 0 \tag{7.8}$$

Essa equação relaciona du a dS e dA. Combinada com a Eq. (7.3), ela vincula dH a dS e dA, e combinada com a Eq. (7.4) ela relaciona dV a aquelas mesmas variáveis independentes.

Os diferenciais nas equações anteriores representam variações no fluido quando ele percorre um comprimento diferencial de sua trajetória. Se esse comprimento for dx, cada uma das equações do escoamento pode ser dividida por dx. Então, as Eqs. (7.7) e (7.8) tornam-se:

$$V(1 - \mathbf{M}^2) \frac{dP}{dx} + T\left(1 + \frac{\beta u^2}{C_P}\right) \frac{dS}{dx} - \frac{u^2}{A} \frac{dA}{dx} = 0 \tag{7.9}$$

$$u \frac{du}{dx} - T \left(\frac{\dfrac{\beta u^2}{C_P} + \mathbf{M}^2}{1 - \mathbf{M}^2}\right) \frac{dS}{dx} + \left(\frac{1}{1 - \mathbf{M}^2}\right) \frac{u^2}{A} \frac{dA}{dx} = 0 \tag{7.10}$$

De acordo com a Segunda Lei, as irreversibilidades devido ao atrito no fluido em escoamentos adiabáticos causam um aumento da entropia no fluido no sentido do escoamento. No limite, quando o escoamento se aproxima da reversibilidade ele se aproxima de zero. Então, em geral,

$$\frac{dS}{dx} \geq 0$$

Escoamento em Tubos

Para o caso de escoamento adiabático em estado estacionário de fluidos compressíveis em um tubo horizontal com área de seção reta constante, $dA/dx = 0$, e as Eqs. (7.9) e (7.10) se reduzem a:

$$\frac{dP}{dx} = -\frac{T}{V}\left(\frac{1 + \dfrac{\beta u^2}{C_P}}{1 - \mathbf{M}^2}\right)\frac{dS}{dx} \qquad u\frac{du}{dx} = T\left(\frac{\dfrac{\beta u^2}{C_P} + \mathbf{M}^2}{1 - \mathbf{M}^2}\right)\frac{dS}{dx}$$

Para o escoamento subsônico, $\mathbf{M}^2 < 1$. Todas as parcelas nos lados direitos dessas equações são então positivas e

$$\frac{dP}{dx} < 0 \qquad \text{e} \qquad \frac{du}{dx} > 0$$

Assim, a pressão diminui e a velocidade aumenta no sentido do escoamento. Contudo, a velocidade não pode aumentar indefinidamente. Se a velocidade excedesse o valor sônico, haveria a inversão das desigualdades anteriores. Tal transição não é possível em um tubo com a área da seção reta constante. Para o escoamento subsônico, a velocidade do fluido máxima que pode ser obtida em um tubo, com seção reta constante, é a velocidade do som e este valor é atingido na *saída* do tubo. Nesse ponto, dS/dx alcança seu valor limite igual a zero. Dada uma pressão de descarga baixa o suficiente para o escoamento tornar-se sônico, o aumento do comprimento do tubo não altera esse resultado; a velocidade sônica continua a ser obtida na saída do tubo alongado.

As equações para o escoamento em tubos indicam que quando o escoamento é supersônico a pressão aumenta e a velocidade diminui no sentido desse escoamento. Entretanto, tal regime é instável, e quando uma corrente supersônica entra em um tubo com seção reta constante ocorre um choque de compressão, cujos resultados são um aumento repentino e finito na pressão e uma diminuição na velocidade para um valor subsônico.

▪ Exemplo 7.1

Considere o escoamento irreversível, adiabático e em estado estacionário de um líquido incompressível através de um tubo horizontal com área da seção reta constante. Demonstre que:

(*a*) A velocidade é constante.

(*b*) A temperatura aumenta no sentido do escoamento.

(*c*) A pressão diminui no sentido do escoamento.

Solução 7.1

(*a*) O volume de controle aqui é simplesmente um pequeno comprimento do tubo horizontal, com as seções de entrada e de saída identificadas como 1 e 2. Pela equação da continuidade, Eq. (2.26),

$$\frac{u_2 A_2}{V_2} = \frac{u_1 A_1}{V_1}$$

Contudo, $A_2 = A_1$ (área da seção reta constante) e $V_2 = V_1$ (fluido incompressível). Consequentemente, $u_2 = u_1$.

(*b*) O balanço de entropia da Eq. (5.18) aqui se torna simplesmente, $S_G = S_2 - S_1$. Para um líquido incompressível com capacidade calorífica C (veja Exemplo 6.2),

$$S_G = S_2 - S_1 = \int_{T_1}^{T_2} C\frac{dT}{T}$$

Porém, S_G é positiva (o escoamento é irreversível) e com isso, pela última equação, $T_2 > T_1$, a temperatura aumenta no sentido do escoamento.

(*c*) Como mostrado em (*a*), $u_2 = u_1$, e, consequentemente, o balanço de energia, Eq. (2.31), é reduzido, nas condições especificadas, para $H_2 - H_1 = 0$. Combinando essa igualdade com a forma integrada da Eq. (*A*) do Exemplo 6.2 escrita para um líquido incompressível, obtém-se:

$$H_2 - H_1 = \int_{T_1}^{T_2} C\,dT + V(P_2 - P_1) = 0$$

e

$$V(P_2 - P_1) = -\int_{T_1}^{T_2} C\,dT$$

Conforme mostrado em (*b*), $T_2 > T_1$; assim, pela última equação, $P_2 < P_1$, e a pressão diminui no sentido do escoamento.

A repetição deste exemplo para o caso de um escoamento adiabático *reversível* é instrutiva. Nesse caso, $u_2 = u_1$ como antes, porém $S_G = 0$. Então, o balanço de entropia mostra que $T_2 = T_1$, caso no qual o balanço de energia fornece $P_2 = P_1$. Concluímos que o aumento da temperatura determinado em (*b*) e a diminuição da pressão determinada em (*c*) *originam-se* das irreversibilidades do escoamento, especificamente das irreversibilidades associadas ao atrito no fluido.

Bocais

As limitações observadas para o escoamento de fluidos compressíveis em tubos não se estendem para bocais corretamente projetados, os quais propiciam a troca entre energia interna e energia cinética de um fluido como o resultado de uma variação na área da seção reta disponível para o escoamento. O projeto de bocais efetivos é um problema na Mecânica dos Fluidos, mas o escoamento através de um bocal bem projetado é suscetível a análise termodinâmica. Em um bocal corretamente projetado, a área varia ao longo do comprimento de forma a tornar o escoamento praticamente sem atrito. No limite do escoamento reversível, a taxa de aumento da entropia se aproxima de zero e $dS/dx = 0$. Neste caso, as Eqs. (7.9) e (7.10) se transformam em:

$$\frac{dP}{dx} = \frac{u^2}{VA}\left(\frac{1}{1 - \mathbf{M}^2}\right)\frac{dA}{dx} \qquad \frac{du}{dx} = -\frac{u}{A}\left(\frac{1}{1 - \mathbf{M}^2}\right)\frac{dA}{dx}$$

As características do escoamento dependem se ele é subsônico ($\mathbf{M} < 1$) ou supersônico ($\mathbf{M} > 1$). As possibilidades são resumidas na Tabela 7.2.

TABELA 7.2 Características do Escoamento em um Bocal

	Subsônico: **M** < 1		Supersônico: **M** > 1	
	Convergente	Divergente	Convergente	Divergente
$\frac{dA}{dx}$	–	+	–	+
$\frac{dP}{dx}$	–	+	+	–
$\frac{du}{dx}$	+	–	–	+

Dessa forma, no escoamento subsônico em um bocal convergente a velocidade aumenta e a pressão diminui na medida em que a área da seção reta diminui. A velocidade do fluido máxima que pode ser obtida é a velocidade do som, atingida na saída. Em função dessa característica, um bocal subsônico convergente pode ser usado para fornecer uma vazão constante para uma região de pressão variável. Suponha que um fluido compressível entre em um bocal convergente a uma pressão P_1 e seja descarregado em uma câmara com pressão variável P_2. Na medida em que a pressão na descarga diminui na faixa de valores inferiores a P_1, a vazão e a velocidade aumentam. Finalmente, a razão de pressões P_2/P_1 atinge um valor crítico no qual a velocidade na saída do bocal é sônica. Neste ponto, uma redução adicional de P_2 não causa efeito nas condições no bocal. O escoamento permanece constante e a velocidade na saída do bocal é sônica, não importando o valor de P_2/P_1, desde que esta razão se mantenha sempre inferior ao valor crítico. Para o vapor d'água, o valor crítico dessa razão é aproximadamente 0,55 em temperaturas e pressões moderadas.

Velocidades supersônicas são facilmente obtidas na seção divergente de um bocal convergente/divergente corretamente projetado (Figura 7.1). Com a velocidade sônica atingida na garganta, um aumento adicional na velocidade e diminuição da pressão requer um aumento na área da seção reta, ou seja, uma seção divergente para acomodar o volume crescente do escoamento. A transição ocorre na garganta, onde $dA/dx = 0$. As relações entre velocidade, área e pressão em um bocal convergente/divergente são ilustradas numericamente no Exemplo 7.2.

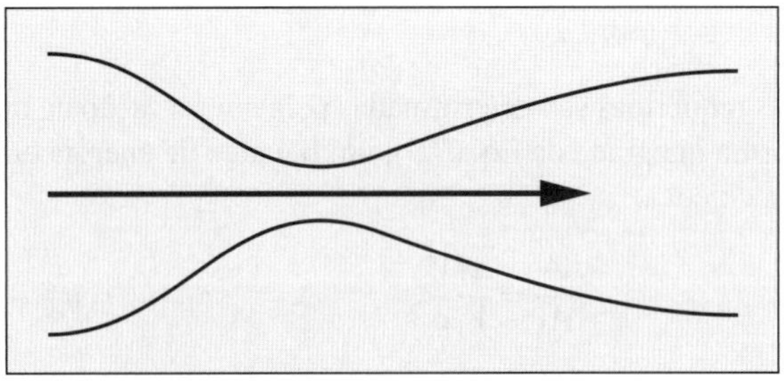

Figura 7.1 Bocal convergente/divergente.

A velocidade do som é atingida na garganta de um bocal convergente/divergente somente quando a pressão na garganta é baixa o suficiente para que o valor crítico de P_2/P_1 seja atingido. Se a queda de pressão disponível no bocal for insuficiente para a velocidade tornar-se sônica, a seção divergente do bocal age como um difusor. Isto é, após a garganta ser ultrapassada, a pressão aumenta e a velocidade diminui; este é o comportamento convencional de um escoamento subsônico em seções divergentes. Claro que, mesmo quando P_2/P_1 é baixa o bastante para alcançar o escoamento chocado, a velocidade não pode continuar aumentando indefinidamente. Enfim, ele retornará à velocidade subsônica através de uma onda de choque. Como P_2/P_1 diminui, a localização dessa onda de choque se desloca ao longo do bocal, afastando-se da garganta, até que o choque esteja fora do bocal e o escoamento saindo do bocal seja supersônico.

A relação da velocidade com a pressão em um bocal isentrópico pode ser representada analiticamente para o estado de gás ideal e com capacidades caloríficas constantes. A combinação das Eqs. (6.9) e (7.3) para o escoamento isentrópico fornece:

$$u\,du = -V\,dP$$

A integração, com as condições na entrada e na saída do bocal identificadas por 1 e 2, fornece:

$$u_2^2 - u_1^2 = -2\int_{P_1}^{P_2} V\,dP = \frac{2\gamma P_1 V_1}{\gamma - 1}\left[1 - \left(\frac{P_2}{P_1}\right)^{(\gamma-1)/\gamma}\right] \tag{7.11}$$

na qual a última parcela é obtida com a substituição de V pela Eq. (3.23c), $PV^\gamma = \text{const.}$

A Eq. (7.11) pode ser resolvida para determinar a razão de pressões P_2/P_1 na qual u_2 atinge a velocidade do som, isto é:

$$u_2^2 = c^2 = -V^2\left(\frac{\partial P}{\partial V}\right)_S$$

A derivada é encontrada pela diferenciação em relação à V de $PV^\gamma = \text{const.}$:

$$\left(\frac{\partial P}{\partial V}\right)_S = -\frac{\gamma P}{V}$$

A substituição na equação então fornece:

$$u_2^2 = \gamma P_2 V_2$$

Com esse valor para u_2^2 na Eq. (7.11) e com $u_1 = 0$, a explicitação da razão de pressões na garganta fornece:

$$\frac{P_2}{P_1} = \left(\frac{2}{\gamma + 1}\right)^{\gamma/(\gamma-1)} \tag{7.12}$$

■ Exemplo 7.2

Um bocal de alta velocidade é projetado para operar com vapor d'água a 700 kPa e 300 °C. Na entrada do bocal, a velocidade é de 30 m · s^{-1}. Calcule os valores da razão A/A_1 (em que A_1 é a área da seção reta na entrada do bocal) nas seções nas quais a pressão é de 600, 500, 400, 300 e 200 kPa. Considere que o bocal opera isentropicamente.

Solução 7.2

As razões de áreas requeridas são determinadas pela conservação da massa [Eq. (2.26)] e a velocidade u é encontrada usando a forma integrada da Eq. (7.3), um balanço de energia em regime estacionário que inclui termos de entalpia e energia cinética:

$$\frac{A}{A_1} = \frac{u_1 V}{V_1 u} \qquad \text{e} \qquad u^2 = u_1^2 - 2(H - H_1)$$

Com a unidade de velocidade m · s^{-1}, u^2 tem como unidades m^2 · s^{-2}. As unidades de J · kg^{-1} para H são coerentes, pois 1 J = 1 kg · m^2 · s^{-2} e 1 J · kg^{-1} = 1 m^2 · s^{-2}.

Os valores iniciais para a entropia, a entalpia e o volume específico obtidos nas tabelas de vapor, são:

$$S_1 = 7{,}2997 \text{ kJ} \cdot \text{kg}^{-1} \cdot \text{K}^{-1} \qquad H_1 = 3059{,}8 \text{ kJ} \cdot \text{kg}^{-1} \qquad V_1 = 371{,}39 \text{ cm}^3 \cdot \text{g}^{-1}$$

Assim,

$$\frac{A}{A_1} = \left(\frac{30}{371{,}39}\right)\frac{V}{u} \tag{A}$$

e

$$u^2 = 900 - 2\left(H - 3059{,}8 \times 10^3\right) \tag{B}$$

Como a expansão é isentrópica, $S = S_1$; valores da tabela de vapor para 600 kPa são:

$$S = 7{,}2997 \text{ kJ} \cdot \text{kg}^{-1} \cdot \text{K}^{-1} \qquad H = 3020{,}4 \text{ kJ} \cdot \text{kg}^{-1} \qquad V = 418{,}25 \text{ cm}^3 \cdot \text{g}^{-1}$$

A partir da Eq. (B), $\qquad u = 282{,}3 \text{ m} \cdot \text{s}^{-1}$

Com a Eq. (A), $\qquad \dfrac{A}{A_1} = \left(\dfrac{30}{371{,}39}\right)\left(\dfrac{418{,}25}{282{,}3}\right) = 0{,}120$

As razões de áreas para as outras pressões são determinadas da mesma maneira e os resultados estão resumidos na tabela a seguir.

P/kPa	V/cm^3 · g^{-1}	u/m · s^{-1}	A/A_1	P/kPa	V/cm^3 · g^{-1}	u/m · s^{-1}	A/A_1
700	371,39	30	1,0	400	571,23	523,0	0,088
600	418,25	282,3	0,120	300	711,93	633,0	0,091
500	481,26	411,2	0,095	200	970,04	752,2	0,104

A pressão na garganta do bocal é de aproximadamente 380 kPa. Em pressões menores, o bocal claramente diverge.

▪ Exemplo 7.3

Retome o bocal do Exemplo 7.2, considerando agora que o vapor d'água se comporta como um gás ideal e que a capacidade calorífica é constante. Calcule:

(*a*) A razão crítica de pressões e a velocidade na garganta.

(*b*) A pressão na descarga para um número de Mach de 2,0 na exaustão do bocal.

Solução 7.3

(*a*) A razão dos calores específicos do vapor d'água é aproximadamente 1,3. Substituindo na Eq. (7.12),

$$\frac{P_2}{P_1} = \left(\frac{2}{1{,}3+1}\right)^{1{,}3/(1{,}3-1)} = 0{,}55$$

A velocidade na garganta, igual a velocidade do som, é determinada pela Eq. (7.11), que contém o produto P_1V_1. Para o vapor d'água no seu estado de gás ideal:

$$P_1V_1 = \frac{RT_1}{\mathscr{M}} = \frac{(8{,}314)(573{,}15)}{0{,}01802} = 264.511 \text{ m}^2 \cdot \text{s}^{-2}$$

Nesta equação $R/\mathscr{M}$ tem as unidades:

$$\frac{\text{J}}{\text{kg} \cdot \text{K}} = \frac{\text{N} \cdot \text{m}}{\text{kg} \cdot \text{K}} = \frac{\text{kg} \cdot \text{m} \cdot \text{s}^{-2}\text{m}}{\text{kg} \cdot \text{K}} = \frac{\text{m}^2 \cdot \text{s}^{-2}}{\text{K}}$$

Assim $RT/\mathscr{M}$ e, consequentemente, P_1V_1 está em $\text{m}^2 \cdot \text{s}^{-2}$, as unidades de velocidade ao quadrado. A substituição na Eq. (7.11) fornece:

$$u^2_{\text{garganta}} = (30)^2 + \frac{(2)(1{,}3)(264.511)}{1{,}3-1}\left[1 - (0{,}55)^{(1{,}3-1)/1{,}3}\right] = 296.322$$

$$u_{\text{garganta}} = 544{,}35 \text{ m} \cdot \text{s}^{-1}$$

Este resultado apresenta uma boa concordância com o valor obtido no Exemplo 7.2, porque o comportamento do vapor d'água nessas condições é bem próximo ao do estado de gás ideal.

(*b*) Para um número de Mach igual a 2,0 (baseado na velocidade do som na garganta do bocal), a velocidade na descarga é:

$$2u_{\text{garganta}} = (2)(544{,}35) = 1088{,}7 \text{ m} \cdot \text{s}^{-1}$$

A substituição deste valor na Eq. (7.11) permite o cálculo da razão de pressões:

$$(1088{,}7)^2 - (30)^2 = \frac{(2)(1{,}3)(264.511)}{1{,}3-1}\left[1 - \left(\frac{P_2}{P_1}\right)^{(1{,}3-1)/1{,}3}\right]$$

$$\left(\frac{P_2}{P_1}\right)^{(1{,}3-1)/1{,}3} = 0{,}4834 \qquad \text{e} \qquad P_2 = (0{,}0428)(700) = 30{,}0 \text{ kPa}$$

Processos de Estrangulamento

Quando um fluido escoa através de uma restrição, como um orifício, uma válvula parcialmente fechada ou um tampão poroso, sem qualquer variação apreciável na energia cinética ou potencial, o resultado principal do processo é uma queda de pressão no fluido. Tal *processo de estrangulamento* não produz trabalho no eixo e, na ausência de transferência de calor, a Eq. (2.31) se reduz a:

$$\Delta H = 0 \qquad \text{ou} \qquad H_2 = H_1$$

Portanto, o processo ocorre em entalpia constante.

Como a entalpia no estado de gás ideal depende somente da temperatura, um processo de estrangulamento não modifica a temperatura nesse estado. Para a maioria dos gases reais em condições moderadas de temperatura e pressão, em entalpia constante, uma redução na pressão resulta em uma diminuição na temperatura. Por exemplo, se o vapor d'água a 1000 kPa e 300 °C for estrangulado para 101,325 kPa (pressão atmosférica),

$$H_2 = H_1 = 3052{,}1 \text{ kJ} \cdot \text{kg}^{-1}$$

Uma interpolação nas tabelas de vapor nessa entalpia e a uma pressão de 101,325 kPa indica uma temperatura a jusante de 288,8 °C. A temperatura diminuiu, mas o efeito é pequeno.

O estrangulamento de vapor d'água *úmido* para uma pressão suficientemente baixa ocasiona a evaporação do líquido e faz com que o vapor se torne superaquecido. Dessa forma, se o vapor d'água úmido a 1000 kPa (t^{sat} = 179,88 °C) e com uma qualidade de 0,96 for estrangulado para 101,325 kPa,

$$H_2 = H_1 = (0{,}04)(762{,}6) + (0{,}96)(2776{,}2) = 2695{,}7 \text{ kJ} \cdot \text{kg}^{-1}$$

A 101,325 kPa, o vapor d'água com essa entalpia possui uma temperatura de 109,8 °C; consequentemente ele está superaquecido (t^{sat} = 100 °C). Aqui, a queda de temperatura considerável ocorre em função da evaporação do líquido.

Se um líquido saturado for estrangulado para uma pressão mais baixa, parte dele vaporiza ou "*flasheia*", produzindo uma mistura de líquido e vapor saturados na pressão menor. Assim, se a água líquida saturada a 1000 kPa (t^{sat} = 179,88 °C) for "*flasheada*" para 101,325 kPa (t^{sat} = 100 °C),

$$H_2 = H_1 = 762{,}6 \text{ kJ} \cdot \text{kg}^{-1}$$

A 101,325 kPa, a qualidade do vapor d'água resultante é determinada pela Eq. (6.96a) com $M = H$:

$$762{,}6 = (1 - x)(419{,}1) + x(2676{,}0)$$
$$= 419{,}1 + x(2676{,}0 - 419{,}1)$$

Em que

$$x = 0{,}152$$

Dessa forma, 15,2 % do líquido original vaporiza no processo. Novamente, a grande queda de temperatura ocorre em função da evaporação do líquido. Processos de estrangulamento encontram aplicações frequentes em refrigeração (Capítulo 9).

■ Exemplo 7.4

O propano no estado gasoso, a 20 bar e 400K, é estrangulado para 1 bar em um processo com escoamento em regime estacionário. Estime a temperatura final do propano e sua variação de entropia. As propriedades do propano podem ser determinadas a partir de correlações generalizadas apropriadas.

Solução 7.4

Para começar, escrevemos a variação global de entalpia como a soma de três componentes: (1) remoção da entalpia residual no estado 1, (2) calor sensível para levar a substância do estado de gás ideal na temperatura inicial para o estado de gás ideal na temperatura final, e (3) adição da entalpia residual no estado 2. A soma desses três componentes deve ter como resultado o valor zero para este processo a entalpia constante:

$$\Delta H = -H_1^R + \langle C_P^{gi} \rangle_H (T_2 - T_1) + H_2^R = 0$$

Se o propano, no seu estado final a 1 bar, for considerado no seu estado de gás ideal, então $H_2^R = 0$ e a equação anterior, explicitada para T_2, torna-se

$$T_2 = \frac{H_1^R}{\langle C_P^{gi} \rangle_H} + T_1 \qquad (A)$$

Para o propano, $T_c = 369{,}8$ K $\quad P_c = 42{,}48$ bar $\quad \omega = 0{,}152$

Assim, para o estado inicial,

$$T_{r_1} = \frac{400}{369{,}8} = 1{,}082 \qquad P_{r_1} = \frac{20}{42{,}48} = 0{,}471$$

Nessas condições, a correlação generalizada baseada nos segundos coeficientes virial é satisfatória (Fig. 3.13) e o cálculo de H_1^R pelas Eqs. (6.68), (3.61), (6.70), (3.62) e (6.71) é representada por:

$$\frac{H_1^R}{RT_c} = \mathsf{HRB}(1.082, 0.471, 0.152) = -0{,}452$$

e

$$H_1^R = (8{,}314)(369{,}8)(-0{,}452) = -1390 \text{ J} \cdot \text{mol}^{-1}$$

A única grandeza restante na Eq. (*A*) para ser avaliada é $\langle C_P^{gi} \rangle_H$. Dados para o propano na Tabela C.1 no Apêndice C fornecem a equação para a capacidade calorífica:

$$\frac{C_P^{gi}}{R} = 1{,}213 + 28{,}785 \times 10^{-3}T - 8{,}824 \times 10^{-6}T^2$$

Para um cálculo inicial, considere que $\langle C_P^{gi} \rangle_H$ seja igual ao valor de C_P^{gi} na temperatura inicial de 400 K; isto é, $\langle C_P^{gi} \rangle_H = 94{,}07 \text{ J} \cdot \text{mol}^{-1} \cdot \text{K}^{-1}$.

Da Eq. (*A*), $$T_2 = \frac{-1390}{94{,}07} + 400 = 385{,}2 \text{ K}$$

Evidentemente, a variação de temperatura é pequena e $\langle C_P^{gi} \rangle_H$ é reavaliado com uma excelente aproximação como C_P^{gi} na temperatura média aritmética,

$$T_{am} = \frac{400 + 385{,}2}{2} = 392{,}6 \text{ K}$$

Isto dá: $$\langle C_P^{gi} \rangle_H = 92{,}73 \text{ J} \cdot \text{mol}^{-1} \cdot \text{K}^{-1}$$

e, calculando novamente T_2 com a Eq. (*A*), obtém-se o valor final: $T_2 = 385{,}0$ K.

A variação da entropia do propano é dada pela Eq. (6.75), que aqui se torna:

$$\Delta S = \langle C_P^{gi} \rangle_S \ln \frac{T_2}{T_1} - R \ln \frac{P_2}{P_1} - S_1^R$$

Em função da variação de temperatura ser bem pequena, com uma excelente aproximação,

$$\langle C_P^{gi} \rangle_S = \langle C_P^{gi} \rangle_H = 92{,}73 \text{ J} \cdot \text{mol}^{-1} \cdot \text{K}^{-1}$$

O cálculo de S_1^R, usando as Eqs. (6.69) a (6.71), é representado por:

$$\frac{S_1^R}{R} = \mathsf{SRB}(1.082, 0.471, 0.152) = -0{,}2934$$

Então, $$S_1^R = (8{,}314)(-0{,}2934) = -2{,}439 \text{ J} \cdot \text{mol}^{-1} \cdot \text{K}^{-1}$$

e $$\Delta S = 92{,}73 \ln \frac{385{,}0}{400} - 8{,}314 \ln \frac{1}{20} + 2{,}439 = 23{,}80 \text{ J} \cdot \text{mol}^{-1} \cdot \text{K}^{-1}$$

O valor positivo reflete a irreversibilidade dos processos de estrangulamento.

▪ Exemplo 7.5

O estrangulamento de um gás real a partir de condições de temperatura e pressão moderadas normalmente resulta em uma diminuição de temperatura. Sob quais condições deveria ser esperado um *aumento* de temperatura?

Solução 7.5

O sinal da variação de temperatura é determinado pelo sinal da derivada $(\partial T/\partial P)_H$, chamado de *coeficiente de Joule/Thomson*, μ:

$$\mu \equiv \left(\frac{\partial T}{\partial P}\right)_H$$

Quando μ é positivo, o estrangulamento resulta em uma diminuição de temperatura; quando negativo, em um aumento de temperatura.

Como $H = f(T, P)$, a equação a seguir relaciona o coeficiente de Joule/Thomson a outras propriedades termodinâmicas:[2]

$$\left(\frac{\partial T}{\partial P}\right)_H = -\left(\frac{\partial T}{\partial H}\right)_P \left(\frac{\partial H}{\partial P}\right)_T = -\left(\frac{\partial H}{\partial T}\right)_P^{-1} \left(\frac{\partial H}{\partial P}\right)_T$$

e pela Eq. (2.19),

$$\mu = -\frac{1}{C_P}\left(\frac{\partial H}{\partial P}\right)_T \qquad (A)$$

Como C_P é necessariamente positivo, o sinal de μ é determinado pelo sinal de $(\partial H/\partial P)_T$, que, por sua vez, está relacionado com o comportamento *PVT*:

$$\left(\frac{\partial H}{\partial P}\right)_T = V - T\left(\frac{\partial V}{\partial T}\right)_P \qquad (6.20)$$

Substituindo $V = ZRT/P$, essa equação pode ser escrita em termos de Z na forma:

$$\left(\frac{\partial H}{\partial P}\right)_T = -\frac{RT^2}{P}\left(\frac{\partial Z}{\partial T}\right)_P$$

na qual Z é o fator de compressibilidade. A substituição na Eq. (*A*) fornece:

$$\mu = \frac{RT^2}{C_P P}\left(\frac{\partial Z}{\partial T}\right)_P$$

Assim, $(\partial Z/\partial T)_P$ e μ têm o mesmo sinal. Quando $(\partial Z/\partial T)_P$ é zero, como para o estado de gás ideal, então $\mu = 0$ e nenhuma variação de temperatura acompanha o estrangulamento.

A condição $(\partial Z/\partial T)_P = 0$ pode ser satisfeita localmente para gases *reais*. Tais pontos definem a *curva de inversão* de Joule/Thomson, que separa a região de μ positivo da de μ negativo. A Figura 7.2 mostra curvas de inversão *reduzidas*, fornecendo a relação entre T_r e P_r para a qual $\mu = 0$. A linha contínua correlaciona dados para o Ar, CH_4, N_2, CO, C_2H_4, C_3H_8, CO_2 e NH_3.[3] A linha tracejada é calculada pela condição $(\partial Z/\partial T)_{P_r} = 0$ aplicada à equação de estado de Redlich/Kwong.

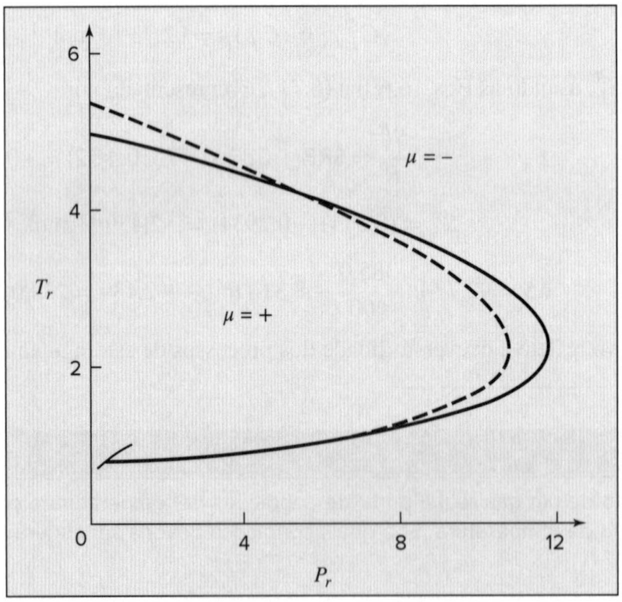

Figura 7.2 Curvas de inversão para coordenadas reduzidas. Cada linha representa um lugar geométrico para o qual $\mu = 0$. A curva contínua é a partir de uma correlação de dados; a curva tracejada é a partir da equação de Redlich/Kwong. Um aumento de temperatura resulta de um estrangulamento na região de μ negativo.

[2] Lembre-se da equação geral do cálculo diferencial, $\left(\frac{\partial x}{\partial y}\right)_z = -\left(\frac{\partial x}{\partial z}\right)_y \left(\frac{\partial z}{\partial y}\right)_x$

[3] D. G. Miller, *Ind. Eng. Chem. Fundam.*, vol.9, pp. 585-589, 1970.

7.2 TURBINAS (EXPANSORES)

A expansão de um gás em um bocal para produzir uma corrente com alta velocidade é um processo que converte energia interna em energia cinética. Por sua vez, esta energia cinética é convertida em trabalho no eixo quando a corrente colide sobre pás fixadas a um eixo que gira. Assim, uma turbina (ou expansor) é constituída por conjuntos alternados de bocais e pás giratórias através dos quais o vapor ou o gás escoa em um processo de expansão em estado estacionário. O resultado global é a conversão da energia interna de uma corrente a alta pressão em trabalho no eixo. Quando o vapor d'água fornece a força motriz, como na maioria das plantas de potência, o dispositivo é chamado turbina; quando é um gás a alta pressão, como amônia ou etileno em uma planta química, o dispositivo é normalmente chamado expansor. O processo é mostrado na Figura 7.3.

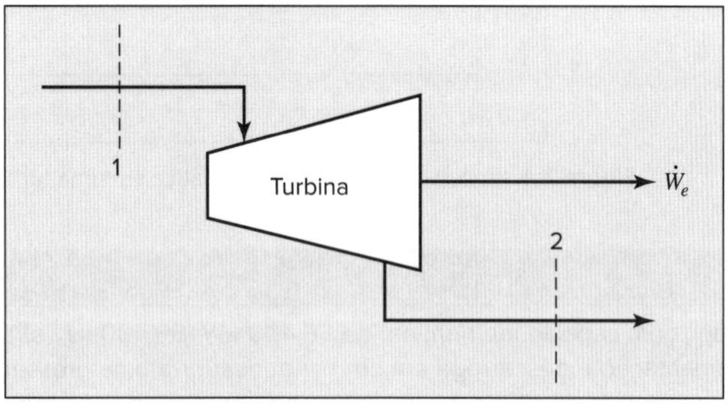

Figura 7.3 Escoamento em regime estacionário através de uma turbina ou de um expansor.

As Eqs. (2.30) e (2.31) são balanços de energia apropriados através de um expansor. Entretanto, a parcela da energia potencial pode ser omitida, pois há pequena variação de elevação. Além disso, em qualquer turbina corretamente projetada, a transferência de calor é desprezível e os tubos de entrada e de saída são dimensionados de modo a tornar as velocidades do fluido aproximadamente iguais. Para essas condições, as Eqs. (2.30) e (2.31) se reduzem a:

$\dot{W}_e = \dot{m}\,\Delta H = \dot{m}(H_2 - H_1)$ (7.13)	$W_e = \Delta H = H_2 - H_1$ (7.14)

Normalmente, as condições na entrada T_1 e P_1 e a pressão na descarga P_2 são fixadas. Dessa forma, na Eq. (7.14) somente H_1 é conhecida; ambos H_2 e W_e são desconhecidos e a equação do balanço de energia isoladamente não permite seu cálculo. Entretanto, se o fluido no interior da turbina se expandir *reversivelmente e adiabaticamente*, o processo é isentrópico e $S_2 = S_1$. Esta segunda equação fixa o estado final do fluido e determina H_2. Nesse caso em particular, W_e é dado pela Eq. (7.14), escrita na forma:

$$W_e(\text{isentrópico}) = (\Delta H)_S \tag{7.15}$$

O trabalho no eixo $|W_e|$(isentrópico) é o *máximo* que pode ser obtido em uma turbina adiabática com condições de entrada especificadas juntamente com a pressão na descarga. Turbinas reais produzem menos trabalho, pois o processo de expansão real é irreversível. Definimos uma *eficiência da turbina* como:

$$\eta \equiv \frac{W_e}{W_e(\text{isentrópico})}$$

sendo W_e o trabalho no eixo real. Pelas Eqs. (7.14) e (7.15),

$$\eta = \frac{\Delta H}{(\Delta H)_S} \tag{7.16}$$

Os valores de η normalmente estão na faixa de 0,7 a 0,8. O diagrama *HS* na Figura 7.4 mostra uma expansão real em uma turbina e uma expansão reversível, para as mesmas condições de entrada e a mesma pressão na descarga. A trajetória reversível é a linha tracejada vertical (entropia constante) do ponto 1, na pressão de entrada P_1, até o ponto 2′, na pressão de descarga P_2. A linha contínua, representando o processo real irreversível, inicia no ponto 1 e termina no ponto 2 sobre a isóbara para P_2. Como o processo é adiabático, as irreversibilidades causam um aumento na entropia do fluido e a trajetória é direcionada para o aumento da entropia. Quanto mais irreversível for o processo, mais o ponto 2 se afasta para a direita sobre a isóbara de P_2, e menor será a eficiência η do processo.

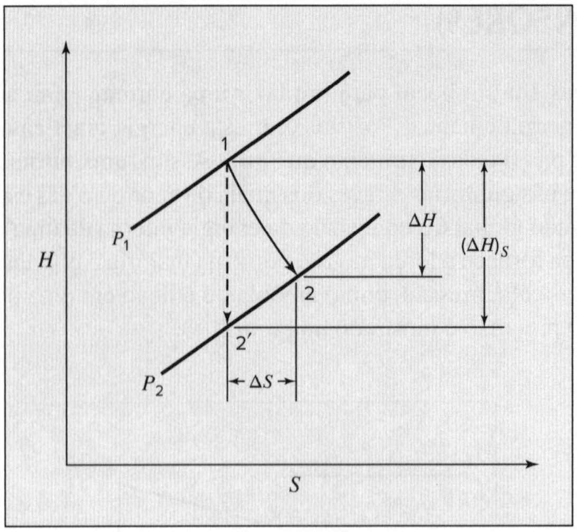

Figura 7.4 Processo de expansão adiabática em uma turbina ou expansor.

▪ Exemplo 7.6

Uma turbina a vapor, com capacidade nominal de 56.400 kW (56.400 kJ · s^{-1}), opera com vapor d'água a 8600 kPa e 500 °C em sua alimentação e descarrega em um condensador a uma pressão de 10 kPa. Supondo uma eficiência da turbina de 0,75; determine o estado do vapor d'água na descarga e sua vazão mássica.

Solução 7.6

Nas condições da alimentação, 8600 kPa e 500 °C, as tabelas de vapor fornecem:

$$H_1 = 3391{,}6 \text{ kJ} \cdot \text{kg}^{-1} \qquad S_1 = 6{,}6858 \text{ kJ} \cdot \text{kg}^{-1} \cdot \text{K}^{-1}$$

Se a expansão para 10 kPa for isentrópica, então, $S_2' = S_1 = 6{,}6858$ kJ · kg^{-1} · K^{-1}. O vapor d'água com esta entropia a 10 kPa está úmido. Aplicando a "regra da alavanca" [Eq. (6.96b), com $M = S$ e $x^v = x_2'$], a qualidade é obtida conforme segue:

$$S_2' = S_2^l + x_2'(S_2^v - S_2^l)$$

Então, $$6{,}6858 = 0{,}6493 + x_2'(8{,}1511 - 0{,}6493) \qquad x_2' = 0{,}8047$$

Essa é a qualidade (fração de vapor) da corrente de descarga no ponto 2′. A entalpia H_2' também é fornecida pela Eq. (6.96b), escrita na forma:

$$H_2' = H_2^l + x_2'(H_2^v - H_2^l)$$

Assim, $$H_2' = 191{,}8 + (0{,}8047)(2584{,}8 - 191{,}8) = 2117{,}4 \text{ kJ} \cdot \text{kg}^{-1}$$
$$(\Delta H)_S = H_2' - H_1 = 2117{,}4 - 3391{,}6 = -1274{,}2 \text{ kJ} \cdot \text{kg}^{-1}$$

e com a Eq. (7.16),

$$\Delta H = \eta(\Delta H)_S = (0{,}75)(-1274{,}2) = -955{,}6 \text{ kJ} \cdot \text{kg}^{-1}$$

Em que, $$H_2 = H_1 + \Delta H = 3391{,}6 - 955{,}6 = 2436{,}0 \text{ kJ} \cdot \text{kg}^{-1}$$

Assim, o vapor no seu estado final real está também úmido, com sua qualidade dada por:

$$2436{,}0 = 191{,}8 + x_2(2584{,}8 - 191{,}8) \qquad x_2 = 0{,}9378$$

Então, $S_2 = 0{,}6493 + (0{,}9378)(8{,}1511 - 0{,}6493) = 7{,}6846$ kJ · kg^{-1} · K^{-1}

Esse valor pode ser comparado com o valor inicial de $S_1 = 6{,}6858$.

A vazão de vapor $\dot{m}$ é determinada pela Eq. (7.13). Para uma taxa de trabalho de 56.400 kJ · s^{-1},

$$\dot{W}_e = -56.400 = \dot{m}(2436{,}0 - 3391{,}6) \qquad \dot{m} = 59{,}02 \text{ kg} \cdot \text{s}^{-1}$$

O Exemplo 7.6 foi resolvido com dados das tabelas de vapor. Quando um conjunto análogo de tabelas para o fluido de trabalho não se encontra disponível, as correlações generalizadas da Seção 6.4 podem ser utilizadas juntamente com as Eqs. (6.74) e (6.75), conforme ilustrado no exemplo a seguir.

■ Exemplo 7.7

Uma corrente de etileno gasoso, a 300 °C e 45 bar, é expandida adiabaticamente em uma turbina até 2 bar. Calcule o trabalho isentrópico produzido. Determine as propriedades do etileno usando:

(*a*) Equações para um gás ideal.

(*b*) Correlações generalizadas apropriadas.

Solução 7.7

As variações de entalpia e entropia no processo são:

$$\Delta H = \langle C_P^{gi} \rangle_H (T_2 - T_1) + H_2^R - H_1^R \tag{6.74}$$

$$\Delta S = \langle C_P^{gi} \rangle_S \ln \frac{T_2}{T_1} - R \ln \frac{P_2}{P_1} + S_2^R - S_1^R \tag{6.75}$$

Os valores fornecidos são: $P_1 = 45$ bar, $P_2 = 2$ bar e $T_1 = 300 + 273{,}15 = 573{,}15$ K.

(*a*) Se considerarmos o etileno em seu estado de gás ideal, então todas as propriedades residuais serão nulas e as equações anteriores se reduzirão a:

$$\Delta H = \langle C_P^{gi} \rangle_H (T_2 - T_1) \qquad \Delta S = \langle C_P^{gi} \rangle_S \ln \frac{T_2}{T_1} - R \ln \frac{P_2}{P_1}$$

Para um processo isentrópico, $\Delta S = 0$, e a segunda equação torna-se:

$$\frac{\langle C_P^{gi} \rangle_S}{R} \ln \frac{T_2}{T_1} = \ln \frac{P_2}{P_1} = \ln \frac{2}{45} = -3{,}1135$$

ou

$$\ln T_2 = \frac{-3{,}1135}{\langle C_P^{gi} \rangle_S / R} + \ln 573{,}15$$

Então,

$$T_2 = \exp\left(\frac{-3{,}1135}{\langle C_P^{gi} \rangle_S / R} + 6{,}3511 \right) \tag{A}$$

A Eq. (5.13) fornece uma expressão para $\langle C_P^{gi} \rangle_S / R$, que, para objetivos computacionais, é representada por:

$$\frac{\langle C_P^{gi} \rangle_S}{R} = \text{MCPS}(573.15, \text{T2}; 1.424, 14.394 \times 10^{-3}, -4.392 \times 10^{-6}, 0.0)$$

com as constantes para o etileno obtidas na Tabela C.1 do Apêndice C. A temperatura T_2 é determinada por iteração. Considere um valor inicial para o cálculo de $\langle C_P^{gi} \rangle_S / R$. Então, a Eq. (*A*) fornece um novo valor para T_2 com o qual se recalcula $\langle C_P^{gi} \rangle_S / R$ e o procedimento continua até convergir no valor final: $T_2 = 370{,}8$ K. O valor de $\langle C_P^{gi} \rangle_H / R$ dado pela Eq. (4.9), é, com objetivos computacionais, representado por:

$$\frac{\langle C_P^{gi} \rangle_H}{R} = \text{MCPH}(573.15, 370.8; 1.424, 14.394 \times 10^{-3}, -4.392 \times 10^{-6}, 0.0) = 7{,}224$$

Então,

$$W_e(\text{isentrópico}) = (\Delta H)_S = \langle C_P^{gi} \rangle_H (T_2 - T_1)$$

$$W_e(\text{isentrópico}) = (7{,}224)(8{,}314)(370{,}8 - 573{,}15) = -12.153 \text{ J} \cdot \text{mol}^{-1}$$

(*b*) Para o etileno,

$$T_c = 282{,}3 \text{ K} \qquad P_c = 50{,}4 \text{ bar} \qquad \omega = 0{,}087$$

No estado inicial,

$$T_{r_1} = \frac{573{,}15}{282{,}3} = 2{,}030 \qquad P_{r_1} = \frac{45}{50{,}4} = 0{,}893$$

De acordo com a Figura 3.13, as correlações generalizadas baseadas nos segundos coeficientes virial seriam satisfatórias. Os procedimentos computacionais das Eqs. (6.68), (6.69), (3.61), (3.62), (6.70) e (6.71) são representados por:

$$\frac{H_1^R}{RT_c} = \text{HRB}(2.030,\ 0.893,\ 0.087) = -0{,}234$$

$$\frac{S_1^R}{R} = \text{SRB}(2.030, 0.893, 0.087) = -0{,}097$$

Então, $$H_1^R = (-0{,}234)(8{,}314)(282{,}3) = -549 \text{ J} \cdot \text{mol}^{-1}$$

$$S_1^R = (-0{,}097)(8{,}314) = -0{,}806 \text{ J·mol}^{-1} \cdot \text{K}^{-1}$$

Para uma estimativa inicial de S_2^R, considere que $T_2 = 370{,}8$ K, o valor determinado na parte (*a*). Então,

$$T_{r_2} = \frac{370{,}8}{282{,}3} = 1{,}314 \qquad P_{r_2} = \frac{2}{50{,}4} = 0{,}040$$

e $$\frac{S_2^R}{R} = \text{SRB}(1.314, 0.040, 0.087) = -0{,}0139$$

Então, $$S_2^R = (-0{,}0139)(8{,}314) = -0{,}116 \text{ J} \cdot \text{mol}^{-1} \cdot \text{K}^{-1}$$

Se o processo de expansão for isentrópico, a Eq. (6.75) torna-se:

$$0 = \langle C_P^{gi} \rangle_S \ln \frac{T_2}{573{,}15} - 8{,}314 \ln \frac{2}{45} - 0{,}116 + 0{,}806$$

Em que, $$\ln \frac{T_2}{573{,}15} = \frac{-26{,}576}{\langle C_P^{gi} \rangle_S}$$

ou $$T_2 = \exp\left(\frac{-26{,}576}{\langle C_P^{gi} \rangle_S} + 6{,}3511\right)$$

Um processo iterativo exatamente igual ao da parte (*a*) fornece os resultados

$$T_2 = 365{,}8 \text{ K} \qquad \text{e} \qquad T_{r_2} = 1{,}296$$

Com este valor de T_{r2} e com $P_{r2} = 0{,}040$;

$$\frac{S_2^R}{R} = \text{SRB}(1.296, 0.040, 0.087) = -0{,}0144$$

e $$S_2^R = (-0{,}0144)(8{,}314) = -0{,}120 \text{ J} \cdot \text{mol}^{-1} \cdot \text{K}^{-1}$$

A diferença entre esse resultado e o valor da estimativa inicial é tão pequena que um novo cálculo de T_2 é desnecessário e H_2^R é determinado nas condições reduzidas já estabelecidas:

$$\frac{H_2^R}{RT_c} = \text{HRB}(1.296, 0.040, 0.087) = -0{,}0262$$

$$H_2^R = (-0{,}0262)(8{,}314)(282{,}3) = -61{,}0 \text{ J} \cdot \text{mol}^{-1}$$

Com a Eq. (6.74), $(\Delta H)_S = \langle C_P^{gi} \rangle_H (365{,}8 - 573{,}15) - 61{,}0 + 549$

A determinação de $\langle C_P^{gi} \rangle_H$, da mesma forma que na parte (*a*) com $T_2 = 365{,}8$ K, fornece:

$$\langle C_P^{gi} \rangle_H = 59{,}843 \text{ J} \cdot \text{mol}^{-1} \cdot \text{K}^{-1}$$

e
$$(\Delta H)_S = -11.920 \text{ J} \cdot \text{mol}^{-1}$$

Então,
$$W_e(\text{isentrópico}) = (\Delta H)_S = -11.920 \text{ J} \cdot \text{mol}^{-1}$$

Este resultado é diferente do valor para o estado de gás ideal em menos de 2 %.

7.3 PROCESSOS DE COMPRESSÃO

Enquanto os processos de expansão resultam em reduções na pressão em um fluido em escoamento, nos processos de compressão há aumentos nesta pressão. Compressores, bombas, ventiladores, sopradores e bombas de vácuo são todos equipamentos projetados para esse objetivo. Eles são vitais para o transporte de fluidos, para a fluidização de sólidos particulados, para a elevação da pressão em fluidos até o valor apropriado para reações ou processamentos etc. Aqui, não estamos preocupados com o projeto de tais equipamentos, mas sim com a especificação das necessidades energéticas para a compressão, em regime estacionário, que resulte no aumento na pressão do fluido.

Compressores

A compressão de gases pode ser realizada em equipamento com pás rotativas (parecido com uma turbina operando no sentido oposto) ou em cilindros com pistões com movimentação alternativa. Os equipamentos rotativos são utilizados para altas vazões volumétricas, nos quais a pressão na descarga não é tão alta. Para altas pressões, compressores alternativos são frequentemente requeridos. As equações da energia independem do tipo do equipamento; na verdade, elas são as mesmas para turbinas ou expansores, porque aqui também as variações nas energias cinética e potencial são presumidamente desprezíveis. Dessa forma, as Eqs. (7.13) a (7.15) podem ser utilizadas na compressão adiabática, um processo representado pela Figura 7.5.

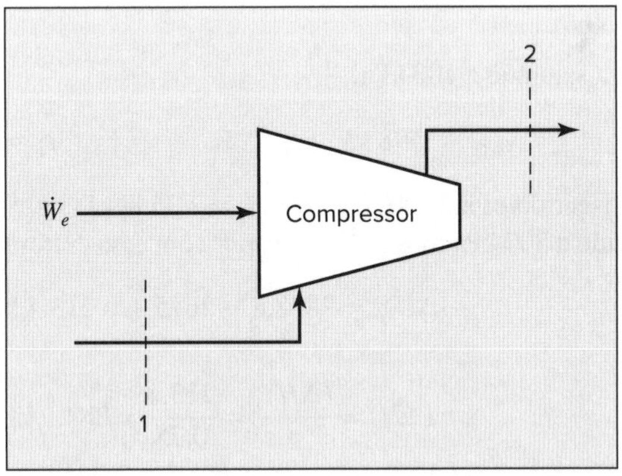

Figura 7.5 Processo de compressão em estado estacionário.

Em um processo de compressão, o trabalho isentrópico, conforme fornecido pela Eq. (7.15), é o trabalho no eixo *mínimo* necessário para a compressão de um gás de um dado estado inicial até determinada pressão de descarga. Assim, definimos uma eficiência do compressor como:

$$\eta \equiv \frac{W_e(\text{isentrópico})}{W_e}$$

Em função das Eqs. (7.14) e (7.15), ela também é dada por:

$$\eta \equiv \frac{(\Delta H)_S}{\Delta H} \tag{7.17}$$

As eficiências de compressores estão normalmente na faixa de 0,7 a 0,8.

O processo de compressão é mostrado em um diagrama *HS* na Figura 7.6. A linha tracejada vertical subindo do ponto 1 para o ponto 2′ representa o processo de compressão adiabático e reversível (entropia constante) de P_1 para P_2. O processo de compressão real irreversível segue a linha contínua ascendente e para direita, no sentido do aumento da entropia, a partir do ponto 1 e terminando no ponto 2. Quanto mais irreversível for o processo, mais à direita estará esse ponto na isóbara P_2 e menor será a eficiência η do processo.

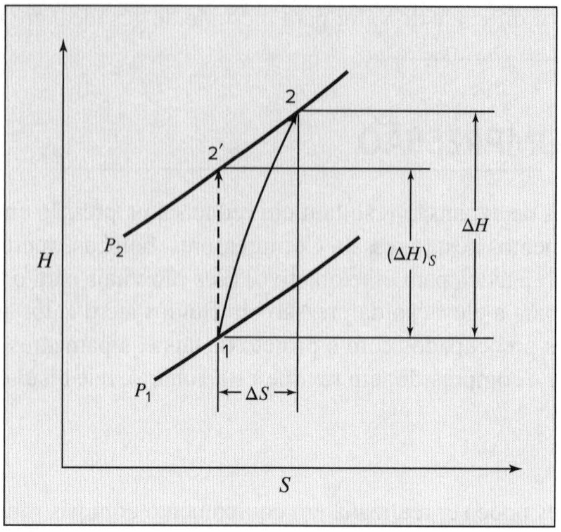

Figura 7.6 Processo de compressão adiabática.

▪ Exemplo 7.8

Vapor d'água saturado a 100 kPa (t^{sat} = 99,63 °C) é comprimido adiabaticamente até 300 kPa. Para uma eficiência do compressor de 0,75, qual é o trabalho necessário e quais são as propriedades da corrente de descarga?

Solução 7.8

Para o vapor d'água saturado a 100 kPa,

$$S_1 = 7{,}3598 \text{ kJ} \cdot \text{kg}^{-1} \cdot \text{K}^{-1} \qquad H_1 = 2675{,}4 \text{ kJ} \cdot \text{kg}^{-1}$$

Para a compressão isentrópica até 300 kPa, $S_2' = S_1 = 7{,}3598$ kJ · kg^{-1} · K^{-1}. A interpolação nas tabelas para vapor d'água superaquecido a 300 kPa mostra que o vapor com essa entropia possui a entalpia: $H_2' = 2888{,}8$ kJ · kg^{-1}.

Assim,
$$(\Delta H)_S = 2888{,}8 - 2675{,}4 = 213{,}4 \text{ kJ} \cdot \text{kg}^{-1}$$

Com a Eq. (7,17),
$$(\Delta H) = \frac{(\Delta H)_S}{\eta} = \frac{213{,}4}{0{,}75} = 284{,}5 \text{ kJ} \cdot \text{kg}^{-1}$$

e
$$H_2 = H_1 + \Delta H = 2675{,}4 + 284{,}5 = 2959{,}9 \text{ kJ} \cdot \text{kg}^{-1}$$

Para o vapor d'água superaquecido com essa entalpia, uma interpolação fornece:

$$T_2 = 246{,}1 \text{ °C} \qquad S_2 = 7{,}5019 \text{ kJ} \cdot \text{kg}^{-1} \cdot \text{K}^{-1}$$

Além disso, pela Eq. (7.14), o trabalho necessário é:

$$W_e = \Delta H = 284{,}5 \text{ kJ} \cdot \text{kg}^{-1}$$

A utilização direta das Eqs. (7.13) a (7.15) pressupõe a disponibilidade de tabelas de dados ou de um diagrama termodinâmico equivalente para o fluido sendo comprimido. Quando tal informação não se encontra disponível, as correlações generalizadas da Seção 6.4 podem ser usadas em conjunto com as Eqs. (6.74) e (6.75), exatamente conforme ilustrado no Exemplo 7.7 para um processo de expansão.

A hipótese de estado de gás ideal leva a equações de relativa simplicidade. Pela Eq. (5.14):

$$\Delta S = \langle C_P \rangle_S \ln \frac{T_2}{T_1} - R \ln \frac{P_2}{P_1}$$

na qual, por simplicidade de notação, o sobrescrito *gi* na capacidade calorífica média foi omitido. Se a compressão for isentrópica, $\Delta S = 0$, e esta equação torna-se:

$$T_2' = T_1 \left(\frac{P_2}{P_1} \right)^{R/\langle C_P' \rangle_S} \tag{7.18}$$

sendo T_2' a temperatura resultante quando a compressão de T_1 e P_1 para P_2 é *isentrópica*, e na qual $\langle C_P' \rangle_S$ é a capacidade calorífica média na faixa de temperaturas de T_1 a T_2'.

Usada para uma compressão isentrópica, a Eq. (4.10) aqui se torna:

$$(\Delta H)_S = \langle C_P' \rangle_H (T_2' - T_1)$$

De acordo com a Eq. (7.15),

$$W_e(\text{isentrópico}) = \langle C_P' \rangle_H (T_2' - T_1) \tag{7.19}$$

Este resultado pode ser combinado com a eficiência do compressor para fornecer:

$$W_e = \frac{W_e(\text{isentrópico})}{\eta} \tag{7.20}$$

A temperatura *real* na descarga T_2 resultante da compressão é também encontrada por meio da Eq. (4.10), reescrita na forma:

$$\Delta H = \langle C_P \rangle_H (T_2 - T_1)$$

Em que,

$$T_2 = T_1 + \frac{\Delta H}{\langle C_P \rangle_H} \tag{7.21}$$

na qual, pela Eq. (7.14), $\Delta H = W_e$. Aqui, C_{PH} é a capacidade calorífica média na faixa de temperaturas de T_1 a T_2.

Para o caso particular do estado de gás ideal com capacidades caloríficas constantes,

$$\langle C_P' \rangle_H = \langle C_P \rangle_H = \langle C_P' \rangle_S = C_P$$

Consequentemente, as Eqs. (7.18) e (7.19) tornam-se:

$$T_2' = T_1 \left(\frac{P_2}{P_1} \right)^{R/C_P} \quad \text{e} \quad W_e(\text{isentrópico}) = C_P(T_2' - T_1)$$

A combinação dessas equações fornece:[4]

$$W_e(\text{isentrópico}) = C_P T_1 \left[\left(\frac{P_2}{P_1} \right)^{R/C_P} - 1 \right] \tag{7.22}$$

Para gases monoatômicos, como o argônio e o hélio, $R/C_P = 2/5 = 0{,}4$. Para gases diatômicos, como o oxigênio, o nitrogênio e o ar a temperaturas moderadas, $R/C_P \approx 2/7 = 0{,}2857$. Para gases com maior complexidade molecular, a capacidade calorífica de gás ideal depende mais fortemente da temperatura e a Eq. (7.22) tem menos possibilidade de ser adequada. Pode-se mostrar facilmente que a hipótese de capacidades caloríficas constantes também leva ao resultado:

$$T_2 = T_1 + \frac{T_2' - T_1}{\eta} \tag{7.23}$$

[4]Como para um gás ideal $R = C_P - C_V$: $\frac{R}{C_P} = \frac{C_P - C_V}{C_P} = \frac{\gamma - 1}{\gamma}$. Consequentemente, uma forma alternativa da Eq. (7.22) é: W_e (isentrópico) = $\frac{\gamma R T_1}{\gamma - 1} \left[\left(\frac{P_2}{P_1} \right)^{(\gamma - 1)/\gamma} - 1 \right]$. Embora esta forma seja a mais encontrada, a Eq. (7.22) é mais simples e mais facilmente utilizada.

■ Exemplo 7.9

O metano (considerado que ele está no seu estado de gás ideal) é comprimido adiabaticamente de 20 °C e 140 kPa até 560 kPa. Estime o trabalho necessário e a temperatura do metano na descarga. A eficiência do compressor é de 0,75.

Solução 7.9

A aplicação da Eq. (7.18) requer a avaliação do expoente $R/\langle C_P^{\prime}\rangle_S$, o que é feito com a Eq. (5.13), no presente cálculo representada por:

$$\frac{\langle C_P^{\prime}\rangle_S}{R} = \text{MCPS}(293.15, \text{T}_2; 1.702, 9.081 \times 10^{-3}, -2.164 \times 10^{-6}, 0.0)$$

com as constantes para o metano retiradas da Tabela C.1 do Apêndice C. Escolha um valor para $T_2^{\prime}$ um pouco superior a temperatura inicial $T_1 = 293{,}15$ K. O expoente na Eq. (7.18) é o inverso de $\langle C_P^{\prime}\rangle_S/R$. Com $P_2/P_1 = 560/140 = 4{,}0$ e $T_1 = 293{,}15$ K; encontre um novo valor para $T_2^{\prime}$. O procedimento é repetido até que não haja variação significativa no valor de $T_2^{\prime}$. Esse processo produz:

$$\frac{\langle C_P^{\prime}\rangle_S}{R} = 4{,}5574 \qquad \text{e} \qquad T_2^{\prime} = 397{,}37 \text{ K}$$

Para as mesmas T_1 e $T_2^{\prime}$, determine $\langle C_P^{\prime}\rangle_H/R$ com a Eq. (4.9):

$$\frac{\langle C_P^{\prime}\rangle_H}{R} = \text{MCPH}(293.15, 397.37; 1.702, 9.081 \times 10^{-3}, -2.164 \times 10^{-6}, 0.0) = 4{,}5774$$

Em que, $\langle C_P^{\prime}\rangle_H = (4{,}5774)(8{,}314) = 38{,}506 \text{ J} \cdot \text{mol}^{-1} \cdot \text{K}^{-1}$

Então, com a Eq. (7.19),

$$W_e(\text{isentrópico}) = (38{,}056)(397{,}37 - 293{,}15) = 3966{,}2 \text{ J} \cdot \text{mol}^{-1}$$

O trabalho real é encontrado por meio da Eq. (7.20):

$$W_e = \frac{3966{,}2}{0{,}75} = 5288{,}3 \text{ J} \cdot \text{mol}^{-1}$$

A utilização da Eq. (7.21) para o cálculo de T_2 fornece:

$$T_2 = 293{,}15 + \frac{5288{,}3}{\langle C_P\rangle_H}$$

Como $\langle C_P\rangle_H$ depende de T_2, novamente é efetuado um processo iterativo. Com $T_2^{\prime}$ como valor inicial, ele leva aos resultados:

$$T_2 = 428{,}65 \text{ K} \qquad \text{ou} \qquad t_2 = 155{,}5 \text{ °C}$$

e $\langle C_P\rangle_H = 39{,}027 \text{ J} \cdot \text{mol}^{-1} \cdot \text{K}^{-1}$

Bombas

Os líquidos normalmente são movimentados por bombas, as quais costumam ser equipamentos rotativos. As mesmas equações se aplicam em bombas adiabáticas da mesma forma que em compressores adiabáticos. Assim, as Eqs. (7.13) a (7.15) e a Eq.(7.17) são válidas. Entretanto, a utilização da Eq. (7.14) para o cálculo de $W_e = \Delta H$ necessita de valores da entalpia do líquido comprimido (subresfriado), que raramente estão disponíveis. A relação fundamental de propriedades, Eq. (6.9), oferece uma alternativa. Para um processo isentrópico,

$$dH = V\,dP \qquad (S \text{ const.})$$

Combinando essa equação com a Eq. (7.15), obtém-se:

$$W_e(\text{isentrópico}) = (\Delta H)_S = \int_{P_1}^{P_2} V\,dP$$

A hipótese usual para líquidos (em condições bem afastadas do ponto crítico) é que V é independente de P. Então, a integração fornece:

$$W_e(\text{isentrópico}) = (\Delta H)_S = V(P_2 - P_1) \tag{7.24}$$

As seguintes equações do Capítulo 6 também são úteis:

$dH = C_P\, dT + V(1 - \beta T)dP$ (6.27)	$dS = C_P \dfrac{dT}{T} - \beta V\, dP$ (6.28)

nas quais a expansividade volumétrica β é definida pela Eq. (3.3). Como as variações de temperatura em fluidos bombeados são muito pequenas e como as propriedades dos líquidos são insensíveis à pressão (novamente em condições afastadas do ponto crítico), essas equações são normalmente integradas com as hipóteses de C_P, V e β constantes e usualmente determinadas nas condições iniciais. Assim, com uma boa aproximação:

$\Delta H = C_P \Delta T + V(1 - \beta T)\, \Delta P$ (7.25)	$\Delta S = C_P \ln \dfrac{T_2}{T_1} - \beta V\, \Delta P$ (7.26)

▪ Exemplo 7.10

A água, a 45 °C e 10 kPa, entra em uma bomba adiabática e é descarregada a uma pressão de 8600 kPa. Suponha que a eficiência da bomba seja de 0,75. Calcule o trabalho da bomba, a variação da temperatura da água e a variação da entropia da água.

Solução 7.10

As propriedades a seguir são da água líquida saturada a 45 °C (318,15 K):

$$V = 1010 \text{ cm}^3 \cdot \text{kg}^{-1} \qquad \beta = 425 \times 10^{-6} \text{ K}^{-1} \qquad C_P = 4{,}178 \text{ kJ} \cdot \text{kg}^{-1} \cdot \text{K}^{-1}$$

Pela Eq. (7.24),

$$W_e(\text{isentrópico}) = (\Delta H)_S = (1010)(8600 - 10) = 8{,}676 \times 10^6 \text{ kPa} \cdot \text{cm}^3 \cdot \text{kg}^{-1}$$

Como 1 kJ = 10^6 kPa · cm^3,

$$W_e(\text{isentrópico}) = (\Delta H)_S = 8{,}676 \text{ kJ} \cdot \text{kg}^{-1}$$

Com a Eq. (7.17),

$$\Delta H = \frac{(\Delta H)_S}{\eta} = \frac{8{,}676}{0{,}75} = 11{,}57 \text{ kJ} \cdot \text{kg}^{-1}$$

e

$$W_e = \Delta H = 11{,}57 \text{ kJ} \cdot \text{kg}^{-1}$$

A variação da temperatura da água durante o bombeamento é determinada pela Eq. (7.25):

$$11{,}57 = 4{,}178\, \Delta T + 1010\left[1 - (425 \times 10^{-6})(318{,}15)\right] \frac{8590}{10^6}$$

Resolvendo para ΔT, tem-se:

$$\Delta T = 0{,}97 \text{ K} \qquad \text{ou} \qquad 0{,}97 \text{ °C}$$

A variação da entropia da água é dada pela Eq. (7.26):

$$\Delta S = 4{,}178 \ln \frac{319{,}12}{318{,}15} - (425 \times 10^{-6})(1010)\frac{8590}{10^6} = 0{,}0090 \text{ kJ} \cdot \text{kg}^{-1} \cdot \text{K}^{-1}$$

7.4 SINOPSE

Após estudar este capítulo, incluindo a resolução dos exemplos e problemas no fim do capítulo, devemos estar habilitados a:

- Aplicar as relações entre as grandezas termodinâmicas em processos com escoamento, tais como escoamentos através de tubos e bocais;
- Entender o conceito de escoamento chocado e o mecanismo pelo qual os bocais convergente/divergente produzem escoamentos supersônicos;
- Analisar processos de estrangulamento e definir e aplicar o coeficiente Joule/Thomson;
- Calcular o trabalho produzido por uma turbina (ou expansor) com uma eficiência fornecida que expande um fluido de um estado inicial conhecido para uma pressão final conhecida;
- Definir e aplicar as eficiências isentrópicas tanto em processos que produzem trabalho quanto em processos que necessitam de adição de trabalho;
- Calcular o trabalho necessário para comprimir um gás de determinado estado inicial a uma pressão final, utilizando um compressor com eficiência conhecida;
- Determinar variações em todas as variáveis de estado termodinâmico em processos de compressão e de expansão;
- Calcular o trabalho necessário para o bombeamento de líquidos.

7.5 PROBLEMAS

7.1. O ar se expande adiabaticamente através de um bocal, de uma velocidade inicial desprezível até uma velocidade final de 325 m · s^{-1}. Qual é a queda de temperatura do ar, se o ar for considerado um gás ideal com $C_P = (7/2)R$?

7.2. No Exemplo 7.5, uma expressão é encontrada para o coeficiente de Joule/Thomson, $\mu = (\partial T/\partial P)_H$, que o relaciona a uma capacidade calorífica e a informações de uma equação de estado. Desenvolva expressões similares para as derivadas:

(*a*) $(\partial T/\partial P)_S$; (*b*) $(\partial T/\partial V)_U$.

O que você pode dizer sobre os *sinais* dessas derivadas? Para que tipos de processos elas podem ser importantes grandezas de referência?

7.3. A velocidade do som termodinâmica c é definida na Seção 7.1. Prove que:

$$c = \sqrt{\frac{VC_P}{\mathcal{M}C_V\kappa}}$$

sendo V o volume molar e $\mathcal{M}$ a massa molar. Considerando as situações a seguir, explique qual é a redução desse resultado geral no caso de: (*a*) Um gás ideal? (*b*) Um líquido incompressível? O que esses resultados sugerem qualitativamente sobre a velocidade do som em líquidos em relação aos gases?

7.4. O vapor d'água entra em um bocal, a 800 kPa e 280 °C, a uma velocidade desprezível, e é descarregado a uma pressão de 525 kPa. Supondo que ocorra uma expansão isentrópica do vapor no bocal, qual é a velocidade na saída e qual é a área da seção reta na saída do bocal para uma vazão de 0,75 kg · s^{-1}?

7.5. O vapor d'água entra em um bocal convergente a 800 kPa e 280 °C com uma velocidade desprezível. Se a expansão for isentrópica, qual é a pressão mínima que pode ser atingida nesse bocal e qual é a área da seção reta de sua garganta nessa pressão para uma vazão de 0,75 kg · s^{-1}?

7.6. Um gás entra em um bocal convergente a uma pressão P_1 e com velocidade desprezível, expande-se isentropicamente no bocal e é descarregado em uma câmara a uma pressão P_2. Esboce gráficos mostrando a velocidade na garganta e a vazão mássica como funções da razão de pressões P_2/P_1.

7.7. Para uma expansão isentrópica em um bocal convergente/divergente com velocidade na entrada desprezível, esboce gráficos da vazão mássica $\dot{m}$, da velocidade u e da razão de áreas A/A_1 *versus* a razão de pressões P/P_1. Aqui, A é a área da seção reta do bocal no ponto onde a pressão é P e o subscrito 1 indica a entrada do bocal.

7.8. Um gás ideal com capacidades caloríficas constantes entra em um bocal convergente/divergente com uma velocidade desprezível. Se ele se expande isentropicamente no interior do bocal, mostre que a velocidade na garganta é dada por:

$$u^2_{\text{garganta}} = \frac{\gamma R T_1}{\mathcal{M}} \left(\frac{2}{\gamma + 1} \right)$$

sendo T_1 a temperatura do gás na entrada do bocal, $\mathcal{M}$ sua massa molar e R a constante dos gases na base molar.

7.9. O vapor d'água passa por uma expansão isentrópica, em um bocal convergente/divergente, de uma condição na entrada de 1400 kPa, 325 °C e uma velocidade desprezível, para uma pressão na descarga de 140 kPa. Na garganta, a área da seção reta é de 6 cm^2. Determine a vazão mássica do vapor d'água e o estado do vapor na saída do bocal.

7.10. O vapor d'água se expande adiabaticamente em um bocal da condição na entrada de 130(psia), 420(°F) e uma velocidade de $230(\text{ft})(\text{s})^{-1}$, para uma pressão na descarga de 35(psia), onde sua velocidade é de $2000(\text{ft})(\text{s})^{-1}$. Qual é o estado do vapor na saída do bocal e qual é a $\dot{S}_G$ para o processo?

7.11. O ar sai de um bocal adiabático a 15 °C com uma velocidade de 580 $\text{m} \cdot \text{s}^{-1}$. Qual é a temperatura na entrada do bocal, se a velocidade nesse ponto for desprezível? Considere o ar um gás ideal com $C_P = (7/2)R$.

7.12. A água fria a 15 °C é estrangulada de 5(atm) para 1(atm), como em uma torneira de cozinha. Qual é a variação na temperatura da água? Qual é o trabalho perdido por quilograma de água para esse acontecimento doméstico diário? A 15 °C e 1(atm), a expansividade volumétrica β para a água líquida é aproximadamente $1{,}5 \times 10^{-4}$ K^{-1}. A temperatura da vizinhança T_σ é de 20 °C. Apresente cuidadosamente qualquer hipótese que você faça. As tabelas de vapor são uma fonte de dados.

7.13. Para uma equação de estado explícita na pressão, prove que a curva de inversão de Joule/Thomson é o lugar geométrico dos estados para os quais:

$$T \left(\frac{\partial Z}{\partial T} \right)_\rho = \rho \left(\frac{\partial Z}{\partial \rho} \right)_T$$

Aplique essa equação para (*a*) a equação de van der Waals; (*b*) a equação de Redlich/Kwong. Discuta os resultados.

7.14. Dois tanques não condutores, com capacidades caloríficas desprezíveis e igual volume, têm inicialmente no seu interior iguais quantidades do mesmo gás ideal, nas mesmas T e P. O tanque A descarrega para a atmosfera através de uma pequena turbina na qual o gás se expande isentropicamente; o tanque B descarrega para a atmosfera através de um tampão poroso. Os dois dispositivos operam até a descarga cessar.

(*a*) Quando a descarga cessa, a temperatura no tanque A é menor, igual ou maior do que a temperatura no tanque B?
(*b*) Quando a pressão nos dois tanques atingir a metade do seu valor inicial, a temperatura do gás na descarga da turbina é menor, igual ou maior do que a temperatura do gás na saída do tampão poroso?
(*c*) Durante o processo de descarga, a temperatura do gás ao deixar a turbina é menor, igual ou maior do que a temperatura do gás saindo do tanque A no mesmo instante?
(*d*) Durante o processo de descarga, a temperatura do gás ao deixar o tampão poroso é menor, igual ou maior do que a temperatura do gás saindo do tanque B no mesmo instante?
(*e*) Quando a descarga cessa, a massa do gás que permanece no tanque A é menor, igual ou maior do que a massa do gás que permanece no tanque B?

7.15. Uma turbina a vapor d'água opera adiabaticamente em um nível de potência de 3500 kW. O vapor d'água entra na turbina a 2400 kPa e 500 °C e sai da turbina como vapor saturado a 20 kPa. Qual é a vazão de vapor que atravessa a turbina e qual é a sua eficiência?

7.16. Uma turbina opera adiabaticamente com vapor superaquecido sendo alimentado a T_1 e P_1, com uma vazão mássica $\dot{m}$. A pressão na exaustão é P_2 e a eficiência da turbina é η. Para um dos conjuntos de condições operacionais a seguir, determine a potência produzida pela turbina, a entalpia e a entropia do vapor na exaustão.

(*a*) $T_1 = 450$ °C, $P_1 = 8000$ kPa, $\dot{m} = 80$ $\text{kg} \cdot \text{s}^{-1}$, $P_2 = 30$ kPa, $\eta = 0{,}80$.
(*b*) $T_1 = 550$ °C, $P_1 = 9000$ kPa, $\dot{m} = 90$ $\text{kg} \cdot \text{s}^{-1}$, $P_2 = 20$ kPa, $\eta = 0{,}77$.
(*c*) $T_1 = 600$ °C, $P_1 = 8600$ kPa, $\dot{m} = 70$ $\text{kg} \cdot \text{s}^{-1}$, $P_2 = 10$ kPa, $\eta = 0{,}82$.
(*d*) $T_1 = 400$ °C, $P_1 = 7000$ kPa, $\dot{m} = 65$ $\text{kg} \cdot \text{s}^{-1}$, $P_2 = 50$ kPa, $\eta = 0{,}75$.
(*e*) $T_1 = 200$ °C, $P_1 = 1400$ kPa, $\dot{m} = 50$ $\text{kg} \cdot \text{s}^{-1}$, $P_2 = 200$ kPa, $\eta = 0{,}75$.
(*f*) $T_1 = 900(°\text{F})$, $P_1 = 1100$ (psia), $\dot{m} = 150(\text{lb}_\text{m})(\text{s})^{-1}$, $P_2 = 2$(psia), $\eta = 0{,}80$.
(*g*) $T_1 = 800(°\text{F})$, $P_1 = 1000$ (psia), $\dot{m} = 100(\text{lb}_\text{m})(\text{s})^{-1}$, $P_2 = 4$(psia), $\eta = 0{,}75$.

7.17. Nitrogênio gasoso, inicialmente a 8,5 bar, expande-se isentropicamente até 1 bar e 150 °C. Considerando o nitrogênio um gás ideal, calcule a temperatura *inicial* e o trabalho produzido por mol de nitrogênio.

7.18. Os produtos de combustão oriundos de um queimador entram em uma turbina a gás a 10 bar e 950 °C e são descarregados a 1,5 bar. A turbina opera adiabaticamente com uma eficiência de 77 %. Considerando que os produtos de combustão formam uma mistura de gases ideais com uma capacidade calorífica de 32 J · mol^{-1} · K^{-1}, qual é o trabalho produzido na turbina por mol de gás e qual é a temperatura dos gases na saída da turbina?

7.19. O isobutano se expande adiabaticamente em uma turbina de 5000 kPa e 250 °C até 500 kPa, a uma vazão de 0,7 kmol · s^{-1}. Para uma eficiência da turbina de 0,80, determine a potência produzida pela turbina e a temperatura do isobutano ao deixá-la.

7.20. A vazão de vapor d'água em uma turbina de potência variável é controlada por uma válvula de estrangulamento na linha de entrada. O vapor é fornecido à válvula a 1700 kPa e 225 °C. Durante um teste, a pressão na entrada da turbina é de 1000 kPa, o vapor na exaustão encontra-se a 10 kPa e tem uma qualidade de 0,95; a vazão mássica do vapor é de 0,5 kg · s^{-1} e a potência produzida pela turbina é de 180 kW.

(*a*) Quais são as perdas de calor na turbina?
(*b*) Qual seria a potência produzida se o vapor alimentado na válvula fosse expandido isentropicamente até a pressão final?

7.21. O dióxido de carbono gasoso entra em um expansor adiabático a 8 bar e 400 °C e sai a 1 bar. Se a eficiência da turbina for de 0,75; qual é a temperatura na descarga e qual é a produção de trabalho por mol de CO_2? Nessas condições, considere o CO_2 um gás ideal.

7.22. Testes em uma turbina a gás adiabática (expansor) fornecem valores para condições na entrada (T_1, P_1) e na saída (T_2, P_2). Considerando os gases ideais com capacidades caloríficas constantes, determine a eficiência da turbina para um dos seguintes conjuntos de dados:

(*a*) $T_1 = 500$ K, $P_1 = 6$ bar, $T_2 = 371$ K, $P_2 = 1{,}2$ bar, $C_P/R = 7/2$.
(*b*) $T_1 = 450$ K, $P_1 = 5$ bar, $T_2 = 376$ K, $P_2 = 2$ bar, $C_P/R = 4$.
(*c*) $T_1 = 525$ K, $P_1 = 10$ bar, $T_2 = 458$ K, $P_2 = 3$ bar, $C_P/R = 11/2$.
(*d*) $T_1 = 475$ K, $P_1 = 7$ bar, $T_2 = 372$ K, $P_2 = 1{,}5$ bar, $C_P/R = 9/2$.
(*e*) $T_1 = 550$ K, $P_1 = 4$ bar, $T_2 = 403$ K, $P_2 = 1{,}2$ bar, $C_P/R = 5/2$.

7.23. A eficiência de uma série específica de turbinas adiabáticas a gás (expansores) se correlaciona com a potência produzida de acordo com a expressão empírica: $\eta = 0{,}065 + 0{,}080 \ln|\dot{W}|$. Nessa expressão, $|\dot{W}|$ é o valor absoluto da potência produzida *real* em kW. O nitrogênio gasoso deve ser expandido das condições iniciais de 550 K e 6 bar para uma pressão de saída de 1,2 bar. Para uma vazão molar de 175 mol · s^{-1}, qual é a potência produzida em kW? Qual é a eficiência da turbina? Qual é a taxa de geração de entropia $\dot{S}_G$? Considere o nitrogênio como um gás ideal com $C_P = (7/2)R$.

7.24. Uma turbina opera adiabaticamente com vapor d'água superaquecido alimentado a 45 bar e 400 °C. Se o vapor de exaustão tem de ser "seco", qual é a pressão de exaustão mínima permitida para uma eficiência da turbina $\eta = 0{,}75$? Se a eficiência for igual a 0,80, a pressão de exaustão mínima será maior ou menor? Por quê?

7.25. Turbinas podem ser utilizadas para recuperar energia de correntes líquidas em altas pressões. Entretanto, elas não são utilizadas quando a corrente a alta pressão é um líquido *saturado*. Por quê? Ilustre a resposta determinando o estado na saída para uma expansão isentrópica de água líquida saturada de 5 bar para uma pressão final de 1 bar.

7.26. A água líquida entra em uma hidroturbina adiabática a 5(atm) e 15 °C, e sai a 1(atm). Estime a potência de saída da turbina em J · kg^{-1} de água, se a eficiência for de $\eta = 0{,}55$. Qual é o valor da temperatura de saída da água? Considere a água como um líquido incompressível.

7.27. Um expansor opera adiabaticamente com nitrogênio sendo alimentado a T_1 e P_1, com uma vazão molar $\dot{n}$. A pressão na exaustão é P_2 e a eficiência do expansor é η. Determine a potência produzida pelo expansor e a temperatura na corrente de descarga para um dos conjuntos de condições operacionais a seguir.

(*a*) $T_1 = 480$ °C, $P_1 = 6$ bar, $\dot{n} = 200$ mol · s^{-1}, $P_2 = 1$ bar, $\eta = 0{,}80$.
(*b*) $T_1 = 400$ °C, $P_1 = 5$ bar, $\dot{n} = 150$ mol · s^{-1}, $P_2 = 1$ bar, $\eta = 0{,}75$.
(*c*) $T_1 = 500$ °C, $P_1 = 7$ bar, $\dot{n} = 175$ mol · s^{-1}, $P_2 = 1$ bar, $\eta = 0{,}78$.
(*d*) $T_1 = 450$ °C, $P_1 = 8$ bar, $\dot{n} = 100$ mol · s^{-1}, $P_2 = 2$ bar, $\eta = 0{,}85$.
(*e*) $T_1 = 900$(°F), $P_1 = 95$(psia), $\dot{n} = 0{,}5$(lb mol)(s)$^{-1}$, $P_2 = 15$(psia), $\eta = 0{,}80$.

7.28. Qual é a taxa de trabalho ideal para o processo de expansão do Exemplo 7.6? Qual é a eficiência termodinâmica do processo? Qual é a taxa de geração de entropia $\dot{S}_G$? Qual é o $\dot{W}_{perdido}$? Considere $T_\sigma = 300$ K.

7.29. Gases de exaustão de motores de combustão interna, a 400 °C e 1 bar, escoam a uma vazão de 125 mol · s^{-1} para uma caldeira de recuperação de calor na qual o vapor d'água saturado é gerado na pressão de 1200 kPa. A água entra na caldeira a 20 °C (T_σ) e os gases de exaustão são resfriados até uma diferença de 10 °C em relação à temperatura do vapor.

A capacidade calorífica dos gases de exaustão é $C_P/R = 3{,}34 + 1{,}12 \times 10^{-3}\ T/K$. O vapor é alimentado em uma turbina adiabática e sai na pressão de 25 kPa. Se a eficiência da turbina η for igual a 72 %,

(*a*) Qual é o $\dot{W}_e$, a potência produzida na turbina?
(*b*) Qual é a eficiência termodinâmica da combinação caldeira/turbina?
(*c*) Determine $\dot{S}_G$ para a caldeira e para a turbina.
(*d*) Expresse o $\dot{W}_{\text{perdido}}$ (caldeira) e o $\dot{W}_{\text{perdido}}$ (turbina) como frações do $|\dot{W}_{\text{ideal}}|$, o trabalho ideal do processo.

7.30. Um pequeno compressor de ar adiabático é utilizado para bombear ar para o interior de um tanque termicamente isolado com 20 m^3. Há, inicialmente, no tanque ar a 25 °C e 101,33 kPa, exatamente as condições nas quais o ar é alimentado no compressor. O processo de bombeamento continua até que a pressão no tanque atinja o valor de 1000 kPa. Se o processo for adiabático e a compressão isentrópica, qual é o trabalho no eixo do compressor? Suponha que o ar seja um gás ideal com $C_P = (7/2)R$ e $C_V = (5/2)R$.

7.31. O vapor d'água saturado a 125 kPa é comprimido adiabaticamente em um compressor centrífugo até 700 kPa, a uma vazão de 2,5 kg · s^{-1}. A eficiência do compressor é de 78 %. Qual é a potência necessária no compressor e quais são a entalpia e a entropia do vapor no seu estado final?

7.32. Um compressor opera adiabaticamente com ar sendo alimentado a T_1 e P_1, com uma vazão molar $\dot{n}$. A pressão na descarga é P_2 e a eficiência do compressor é η. Determine a potência requerida pelo compressor e a temperatura na corrente de descarga para um dos conjuntos de condições operacionais a seguir.

(*a*) T_1 = 25 °C, P_1 = 101,33 kPa, $\dot{n}$ = 100 mol · s^{-1}, P_2 = 375 kPa, η = 0,75.
(*b*) T_1 = 80 °C, P_1 = 375 kPa, $\dot{n}$ = 100 mol · s^{-1}, P_2 = 1000 kPa, η = 0,70.
(*c*) T_1 = 30 °C, P_1 = 100 kPa, $\dot{n}$ = 150 mol · s^{-1}, P_2 = 500 kPa, η = 0,80.
(*d*) T_1 = 100 °C, P_1 = 500 kPa, $\dot{n}$ = 50 mol · s^{-1}, P_2 = 1300 kPa, η = 0,75.
(*e*) T_1 = 80(°F), P_1 = 14,7 (psia), $\dot{n}$ = 0,5 (lb mol)(s)$^{-1}$, P_2 = 55 (psia), η = 0,75.
(*f*) T_1 = 150(°F), P_1 = 55 (psia), $\dot{n}$ = 0,5 (lb mol)(s)$^{-1}$, P_2 = 135 (psia), η = 0,70.

7.33. A amônia gasosa é comprimida em um compressor adiabático, com uma eficiência de 0,82, de 21 °C e 200 kPa para 1000 kPa. Determine a temperatura final, o trabalho requerido e a variação da entropia da amônia.

7.34. O propileno é comprimido adiabaticamente de 11,5 bar e 30 °C até 18 bar, a uma vazão de 1 kmol · s^{-1}. Para uma eficiência do compressor de 0,80; determine a potência necessária no compressor e a temperatura do proprileno na descarga.

7.35. O metano é comprimido adiabaticamente em uma estação de bombeamento de um gasoduto de 3500 kPa e 35 °C para 5500 kPa, a uma vazão de 1,5 kmol · s^{-1}. Para uma eficiência do compressor de 0,78, qual é a potência necessária no compressor e qual é a temperatura do metano na descarga?

7.36. Qual é o trabalho ideal para o processo de compressão do Exemplo 7.9? Qual é a eficiência termodinâmica do processo? Quais são a S_G e o W_{perdido}? Considere T_σ = 293,15 K.

7.37. Um *soprador* é (de fato) um compressor de gás que movimenta grandes volumes de ar a baixas pressões através de pequenas (1 a 15 kPa) diferenças de pressão. A equação usual de projeto é:

$$\dot{W} = \dot{n}\,\frac{RT_1}{\eta P_1}\,\Delta P$$

na qual o subescrito 1 indica condições na entrada e η é a eficiência em relação à operação isentrópica. Deduza essa equação. Mostre também como ela é obtida a partir da equação usual para a compressão de um gás ideal com capacidades caloríficas constantes.

7.38. Para um compressor de gás adiabático, a eficiência em relação à operação isentrópica η é uma medida de irreversibilidades internas; portanto, trata-se de uma taxa adimensional de geração de entropia $S_G/R \equiv \dot{S}_G/(\dot{n}R)$. Considerando que o gás é ideal com capacidades caloríficas constantes, mostre que η e S_G/R estão relacionados por meio da expressão:

$$\frac{S_G}{R} = \frac{C_P}{R}\ln\left(\frac{\eta + \pi - 1}{\eta\pi}\right)$$

em que

$$\pi \equiv (P_2/P_1)^{R/C_P}$$

7.39. O ar, a 1(atm) e 35 °C, é comprimido em um compressor alternativo com estágios (com resfriamento entre estágios) até uma pressão final de 50(atm). Em cada estágio, a temperatura do gás na entrada é de 35 °C e a temperatura de saída máxima permitida é de 200 °C. A potência mecânica é a mesma em todos os estágios e a eficiência isentrópica é de 65 % em cada estágio. A vazão volumétrica do ar é de 0,5 $m^3 \cdot s^{-1}$ na entrada do primeiro estágio.

(*a*) Quantos estágios são necessários?
(*b*) Qual é a potência mecânica necessária por estágio?
(*c*) Qual é a carga térmica em cada resfriador entre estágios?
(*d*) A água é o refrigerante para os resfriadores. Ela entra a 25 °C e sai a 45 °C. Qual é a vazão de água de resfriamento em cada resfriador?

Considere o ar como um gás ideal com $C_P = (7/2)R$.

7.40. Demonstre que a potência necessária para comprimir um gás é tanto menor, quanto maior for a complexidade do gás. Considere que os valores de $\dot{n}$, η, T_1, P_1 e P_2 são conhecidos e fixos e que o gás é ideal com capacidades caloríficas constantes.

7.41. Testes em um compressor de gás adiabático fornecem valores para condições na entrada (T_1, P_1) e na saída (T_2, P_2). Considerando os gases ideais com capacidades caloríficas constantes, determine a eficiência do compressor para um dos seguintes conjuntos de dados:

(*a*) $T_1 = 300$ K, $P_1 = 2$ bar, $T_2 = 464$ K, $P_2 = 6$ bar, $C_P/R = 7/2$.
(*b*) $T_1 = 290$ K, $P_1 = 1{,}5$ bar, $T_2 = 547$ K, $P_2 = 5$ bar, $C_P/R = 5/2$.
(*c*) $T_1 = 295$ K, $P_1 = 1{,}2$ bar, $T_2 = 455$ K, $P_2 = 6$ bar, $C_P/R = 9/2$.
(*d*) $T_1 = 300$ K, $P_1 = 1{,}1$ bar, $T_2 = 505$ K, $P_2 = 8$ bar, $C_P/R = 11/2$.
(*e*) $T_1 = 305$ K, $P_1 = 1{,}5$ bar, $T_2 = 496$ K, $P_2 = 7$ bar, $C_P/R = 4$.

7.42. O ar é comprimido em um compressor com escoamento em regime estacionário, entrando a 1,2 bar e 300 K e saindo a 5 bar e 500 K. A operação é *não* adiabática, com transferência de calor para a vizinhança que está a uma temperatura de 295 K. Para a mesma mudança no estado do ar, a potência mecânica necessária por mol de ar para a operação não adiabática é maior ou menor do que para a operação adiabática? Por quê?

7.43. Uma central de vapor produz um grande excesso de vapor d'água de baixa pressão [50(psig), 5(°F) de superaquecimento]. Uma melhora é proposta, e o primeiro passo seria passar o vapor de baixa pressão através de um compressor adiabático, operando em estado estacionário, produzindo vapor d'água de média pressão [150(psig)]. Um jovem engenheiro sugere que a compressão poderia resultar na formação de água líquida, danificando o compressor. Existe razão para a preocupação? *Sugestão*: consulte o diagrama de Mollier da Figura F.3 do Apêndice F.

7.44. Uma bomba opera adiabaticamente com água líquida sendo alimentada a T_1 e P_1, a uma vazão mássica de $\dot{m}$. A pressão na descarga é P_2 e a eficiência da bomba é η. Determine a potência requerida pela bomba e a temperatura da água na sua descarga, para um dos conjuntos de condições operacionais a seguir.

(*a*) $T_1 = 25$ °C, $P_1 = 100$ kPa, $\dot{m} = 20$ kg $\cdot$ s^{-1}, $P_2 = 2000$ kPa, $\eta = 0{,}75$, $\beta = 257{,}2 \times 10^{-6}$ K^{-1}.
(*b*) $T_1 = 90$ °C, $P_1 = 200$ kPa, $\dot{m} = 30$ kg $\cdot$ s^{-1}, $P_2 = 5000$ kPa, $\eta = 0{,}70$, $\beta = 696{,}2 \times 10^{-6}$ K^{-1}.
(*c*) $T_1 = 60$ °C, $P_1 = 20$ kPa, $\dot{m} = 15$ kg $\cdot$ s^{-1}, $P_2 = 5000$ kPa, $\eta = 0{,}75$, $\beta = 523{,}1 \times 10^{-6}$ K^{-1}.
(*d*) $T_1 = 70$(°F), $P_1 = 1$(atm), $\dot{m} = 50(\text{lb}_\text{m})(\text{s})^{-1}$, $P_2 = 20$(atm), $\eta = 0{,}70$, $\beta = 217{,}3 \times 10^{-6}$ K^{-1}.
(*e*) $T_1 = 200$(°F), $P_1 = 15$(psia), $\dot{m} = 80(\text{lb}_\text{m})(\text{s})^{-1}$, $P_2 = 1500$(psia), $\eta = 0{,}75$, $\beta = 714{,}3 \times 10^{-6}$ K^{-1}.

7.45. Qual é o trabalho ideal para o processo de bombeamento do Exemplo 7.10? Qual é a eficiência termodinâmica do processo? Qual é a S_G? Qual é o W_{perdido}? Considere $T_\sigma = 300$ K.

7.46. Mostre que os pontos sobre a curva de inversão de Joule/Thomson [para os quais $\mu = (\partial T/\partial P)_H = 0$] são também caracterizados por cada uma das relações a seguir:

(*a*) $\left(\dfrac{\partial Z}{\partial T}\right)_P = 0$; (*b*) $\left(\dfrac{\partial H}{\partial P}\right)_T = 0$; (*c*) $\left(\dfrac{\partial V}{\partial T}\right)_P = \dfrac{V}{T}$; (*d*) $\left(\dfrac{\partial Z}{\partial V}\right)_P = 0$;

(*e*) $V\left(\dfrac{\partial P}{\partial V}\right)_T + T\left(\dfrac{\partial P}{\partial T}\right)_V = 0$

7.47. De acordo com o Problema 7.3, a velocidade do som termodinâmica c depende da equação de estado PVT. Mostre como medidas isotérmicas da velocidade do som podem ser usadas para calcular o segundo coeficiente virial B de um gás. Considere que a Eq. (3.36) possa ser utilizada e que a razão C_P/C_V é dada pelo seu valor de gás ideal.

7.48. O comportamento de gases reais em turbomáquinas é algumas vezes levado em conta empiricamente por meio da expressão $\dot{W} = \langle Z \rangle \dot{W}^{gi}$, sendo $\dot{W}^{gi}$ a potência mecânica para o gás ideal e $\langle Z \rangle$ algum valor médio definido apropriadamente para o fator de compressibilidade.

(*a*) Apresente razões para a proposição dessa expressão.

(*b*) Crie um exemplo de uma turbina incorporando o comportamento de gás real via propriedades residuais e determine um valor numérico de $\langle Z \rangle$ para este exemplo.

7.49. Dados operacionais são obtidos em uma turbina a ar. Para uma corrida particular, P_1 = 8 bar, T_1 = 600 K e P_2 = 1,2 bar. Entretanto, a temperatura registrada na saída está parcialmente legível; ela poderia ser T_2 = 318, 348 ou 398 K. Qual desses deve ser o seu valor? Para as condições dadas, considere o ar um gás ideal com valor constante de $C_P = (7/2)R$.

7.50. O benzeno líquido, a 25 °C e 1,2 bar, é convertido em vapor, a 200 °C e 5 bar, em um processo em duas etapas com escoamento e em estado estacionário: compressão com uma bomba para 5 bar, seguida por vaporização em um trocador de calor operando em contracorrente. Determine a potência necessária na bomba e a carga térmica no trocador em $\text{kJ} \cdot \text{mol}^{-1}$. Considere uma eficiência da bomba igual a 70 % e trate o benzeno vapor como gás ideal com $C_P = 105\ \text{J} \cdot \text{mol}^{-1} \cdot \text{K}^{-1}$ constante.

7.51. O benzeno líquido, a 25 °C e 1,2 bar, é convertido em vapor, a 200 °C e 5 bar, em um processo em duas etapas com escoamento e em estado estacionário: a vaporização em trocador de calor operando em contracorrente a 1,2 bar, seguida por compressão como gás para 5 bar. Determine a carga térmica no trocador e a potência necessária no compressor em $\text{kJ} \cdot \text{mol}^{-1}$. Considere uma eficiência do compressor igual a 75 % e trate o benzeno vapor como um gás ideal com $C_P = 105\ \text{J} \cdot \text{mol}^{-1} \cdot \text{K}^{-1}$ constante.

7.52. Entre os processos propostos nos Problemas 7.50 e 7.51, qual você recomendaria? Por quê?

7.53. Os líquidos (identificados a seguir), a 25 °C, são completamente vaporizados a 1(atm) em um trocador de calor em contracorrente. O vapor d'água saturado é o fluido de aquecimento, disponível a quatro pressões: 4,5; 9; 17 e 33 bar. Qual tipo de vapor é mais apropriado para cada caso? Considere um valor mínimo para a diferença de temperatura ΔT entre fluido quente e frio no trocador de calor igual a 10 °C.

(*a*) Benzeno;

(*b*) *n*-Decano;

(*c*) Etileno glicol;

(*d*) *o*-Xileno.

7.54. Cem (100) $\text{kmol} \cdot \text{h}^{-1}$ de etileno são comprimidos de 1,2 bar e 300 K para 6 bar por um compressor acionado por um motor elétrico. Determine o custo de capital C da unidade. Trate o etileno como um gás ideal, com C_P constante e igual a $50{,}6\ \text{J} \cdot \text{mol}^{-1} \cdot \text{K}^{-1}$.

Dados: η(compressor) = 0,70

$$C(\text{compressor})/\$ = 3040(\dot{W}_S/\text{kW})^{0{,}952}$$

com $\dot{W}_e \equiv$ necessidade de potência *isentrópica* no compressor.

$$C(\text{motor})/\$ = 380(|\dot{W}_e|/\text{kW})^{0{,}855}$$

com $\dot{W}_e \equiv$ potência no eixo *fornecida* pelo motor.

7.55. Quatro diferentes tipos de acionadores de compressores de gás são: motores elétricos, expansores de gases, turbinas a vapor d'água e motores de combustão interna. Sugira quando cada um pode ser apropriado. Como você estimaria os custos operacionais para cada um desses acionadores? Ignore os itens adicionais em virtude de manutenção, mão de obra para operação e custos adicionais.

7.56. Duas possibilidades são propostas para a redução da pressão de etileno gasoso a 375 K e 18 bar para 1,2 bar, em um processo contínuo em regime estacionário:

(*a*) Passagem através de uma válvula de estrangulamento.

(*b*) Passagem por um expansor adiabático com 70 % de eficiência.

Para cada proposta, determine a temperatura à jusante e a taxa de geração de entropia em $\text{J} \cdot \text{mol}^{-1} \cdot \text{K}^{-1}$. Qual é a potência produzida na proposta (*b*) em $\text{kJ} \cdot \text{mol}^{-1}$? Discuta as vantagens e desvantagens das duas propostas. Não use a hipótese de gás ideal.

7.57. Uma corrente gasosa de um hidrocarboneto a 500 °C é resfriada continuamente pela sua mistura com uma corrente de óleo leve em uma torre adiabática. O óleo leve entra como um líquido a 25 °C; a corrente combinada sai como um gás a 200 °C.

(*a*) Desenhe um fluxograma do processo, indicando cuidadosamente as informações.

(*b*) Defina *F* e *D* para, respectivamente, representarem as vazões molares das correntes de hidrocarboneto gás e de óleo leve. Use os dados fornecidos a seguir para determinar um valor numérico para a razão óleo/gás, *D*/*F*. Explique sua análise.

(*c*) Qual é a vantagem de resfriar ("*quench*") o hidrocarboneto gás com um *líquido* ao invés de com outro gás (refrigerante)? Explique.

Dados: C_P^v (médio) = 150 J · mol^{-1} · K^{-1} para o hidrocarboneto gasoso.

C_P^v (médio) = 200 J · mol^{-1} · K^{-1} para o óleo vapor.

ΔH^{lv}(óleo) = 35.000 J · mol^{-1} a 25 °C.

CAPÍTULO

8

Produção de Potência a Partir de Calor

Na experiência do dia a dia, frequentemente falamos no "uso" de energia. Por exemplo, a conta dos serviços públicos é determinada pela quantidade de energia elétrica e de energia química (em geral, gás natural) "usada" em casa. Isto pode parecer um conflito com a conservação de energia expressa pela Primeira Lei da Termodinâmica. Entretanto, um exame mais atento mostra que quando nós falamos em "uso" de energia, geralmente, queremos dizer a conversão de energia de uma forma capaz de produzir trabalho mecânico em calor e/ou a transmissão de calor de uma fonte a uma temperatura mais alta para uma de temperatura mais baixa. Esses processos que "usam" energia, na realidade, são os que geram entropia. Tal geração de entropia é inevitável. Entretanto, nós "usamos" energia mais eficientemente quando minimizamos a geração de entropia.

Com exceção da energia nuclear, o sol no fundo é a fonte de quase toda a potência mecânica e elétrica utilizada pelo homem. A energia alcança a terra como radiação solar a uma alta taxa, excedendo em ordens de grandeza as taxas totais atuais de seu uso pelo homem. É claro que a mesma quantidade de energia é irradiada para o espaço a partir da terra, de tal forma que a temperatura da terra permanece aproximadamente constante. Entretanto, a radiação solar incidente tem uma temperatura efetiva próxima a 6000 K, vinte vezes a temperatura da terra. Essa grande diferença de temperaturas possibilita que a maior parte da radiação solar incidente, em princípio, seja convertida em potência elétrica ou mecânica. Naturalmente, um papel fundamental da luz solar é garantir o crescimento da vegetação. Ao longo de milhões de anos, uma fração dessa matéria orgânica foi transformada em depósitos de carvão, óleo e gás natural. A combustão desses combustíveis fósseis forneceu a potência necessária para a Revolução Industrial e a transformação da civilização. As usinas de potência de grande porte distribuídas ao longo da paisagem dependem da combustão desses combustíveis, e em menor extensão da fissão nuclear, para a transferência de calor para o fluido de trabalho (H_2O) em plantas de potência operando com vapor d'água. Elas são máquinas térmicas de grande porte que convertem parte do calor em energia mecânica. Como consequência da Segunda Lei, as eficiências térmicas dessas plantas raramente excedem 35 %.

A água evaporada pela luz do sol e transportada sobre a terra pelo vento é a fonte de precipitação que, em última análise, produz potência hidroelétrica em uma escala significativa. A radiação solar também energiza ventos atmosféricos, que, em locais favoráveis, são cada vez mais utilizados para impulsionarem grandes turbinas eólicas para a produção de potência. Como os combustíveis fósseis estão se tornando menos prontamente disponíveis e mais caros, e com uma preocupação crescente sobre a poluição atmosférica e o aquecimento global, o desenvolvimento de fontes alternativas de energia tornou-se urgente. Um aproveitamento especialmente atraente da energia solar é através de células fotovoltaicas, que convertem a radiação diretamente em eletricidade. Elas são seguras, simples, duráveis e operam na temperatura ambiente, mas o preço limitou, em grande parte, sua utilização em aplicações específicas, em pequena escala. A sua utilização futura em uma escala muito maior parece inevitável e a indústria fotovoltaica está crescendo em um ritmo acelerado. Uma alternativa para o aproveitamento da energia solar em larga escala é a tecnologia solar-térmica, na qual a luz do sol é direcionada com espelhos para aquecer um fluido de trabalho que aciona uma máquina térmica.

Um dispositivo simples para a conversão direta de energia química (molecular) em energia elétrica, sem a geração intermediária de calor, é a célula eletroquímica, isto é, uma bateria. Um dispositivo a ela relacionado é a *célula combustível*, na qual os reagentes são continuamente fornecidos aos eletrodos. O protótipo é uma célula na qual o hidrogênio reage com o oxigênio para produzir água por meio de conversão eletroquímica. A eficiência de conversão de energia química para energia elétrica vem sendo consideravelmente melhorada em relação aos processos que primeiro convertem a energia química em calor pela combustão. Esta tecnologia tem aplicação potencial no transporte e pode encontrar outras utilizações.

O motor de combustão *interna* é também uma máquina térmica, na qual altas temperaturas são atingidas pela conversão direta da energia química de um combustível em energia interna no interior do dispositivo de produção de trabalho. Como exemplos temos os motores Otto, Diesel e a turbina a gás.[1]

Neste capítulo, analisaremos brevemente:

- As plantas de potência a vapor em relação aos ciclos de Carnot, de Rankine e regenerativo.
- Os motores de combustão interna em relação aos ciclos Otto, Diesel e Brayton.
- Os motores a jato e de foguetes.

8.1 A PLANTA DE POTÊNCIA A VAPOR

A Figura 8.1 mostra um processo cíclico simples com escoamento em regime estacionário, no qual o vapor d'água gerado em uma caldeira é expandido em uma turbina adiabática para produzir trabalho. A corrente de descarga da turbina passa para um condensador, a partir do qual ela é bombeada adiabaticamente de volta para a caldeira. Os processos que ocorrem na medida em que o fluido de trabalho escoa ao redor do ciclo são representados por linhas no diagrama *TS* da Figura 8.2. A sequência dessas linhas se adapta a um ciclo de Carnot, conforme descrito no Capítulo 5. A operação representada é reversível e constituída por duas etapas isotérmicas conectadas por duas etapas adiabáticas.

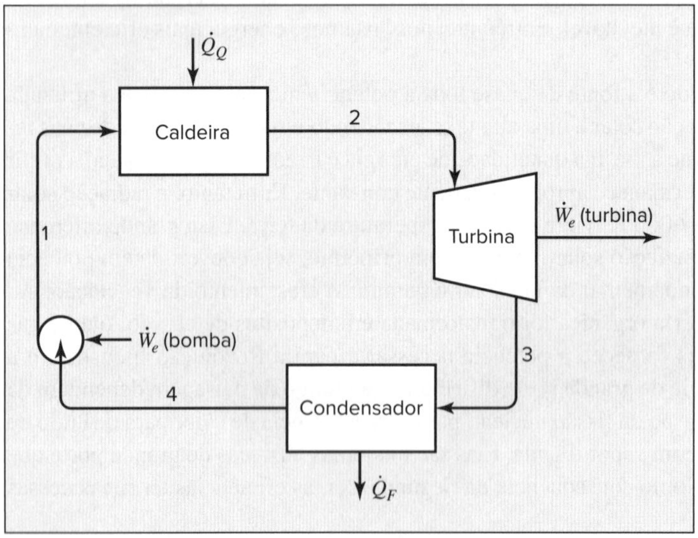

Figura 8.1 Planta de potência a vapor simples.

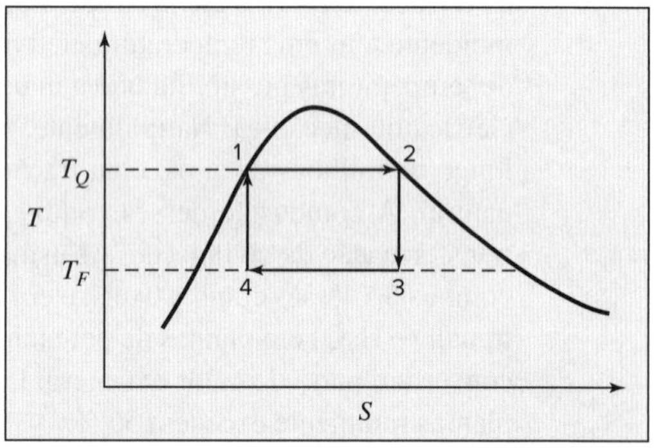

Figura 8.2 O Ciclo de Carnot em um diagrama *TS*.

A etapa 1 → 2 é a vaporização isotérmica que ocorre na caldeira a uma temperatura T_Q, na qual o calor é transferido para a água líquida saturada a uma taxa $\dot{Q}_Q$, produzindo vapor saturado. A etapa 2 → 3 é uma expansão adiabática e reversível do vapor saturado em uma turbina para produzir uma mistura bifásica de líquido e vapor saturados a T_F. Essa expansão isentrópica é representada por uma linha vertical. A etapa 3 → 4 é um processo de condensação parcial isotérmica, a uma temperatura mais baixa T_F, no qual o calor é transferido para as vizinhanças a uma taxa $\dot{Q}_F$. A etapa 4 → 1 é uma compressão isentrópica em uma bomba. Representada por uma linha vertical, ela leva o ciclo de volta à sua origem, produzindo água líquida saturada no ponto 1. A potência produzida pela turbina $\dot{W}_{\text{turbina}}$

[1] Detalhes sobre plantas de potência que utilizam vapor d'água e motores de combustão interna podem ser encontrados em E. B. Woodruff, H. B. Lammers e T. S. Lammers, *Steam Plant Operation*, 9ª ed., McGraw-Hill, New York, 2011; C. F. Taylor, *The Internal Combustion Engine in Theory and Practice: Thermodynamics, Fluid Flow, Performance*, 2ª ed., MIT Press, Boston, 1984; e J. Heywood, *Internal Combustion Engine Fundamentals*, McGraw-Hill, New York, 1988.

é muito superior àquela requerida pela bomba $\dot{W}_{bomba}$. A produção líquida de potência é igual à diferença entre a taxa de adição de calor na caldeira e a taxa de descarte de calor no condensador.

A eficiência térmica deste ciclo é:

$$\eta_{Carnot} = 1 - \frac{T_F}{T_Q} \tag{5.7}$$

Claramente, η aumenta na medida em que T_Q aumenta e T_F diminui. Embora as eficiências das máquinas térmicas reais sejam diminuídas por irreversibilidades, ainda continua sendo verdade que suas eficiências aumentam quando a temperatura média na qual o calor é absorvido é aumentada e quando a temperatura média na qual o calor é descartado é diminuída.

O Ciclo de Rankine

A eficiência térmica do ciclo de Carnot descrita anteriormente e fornecida pela Eq. (5.7) poderia servir como um padrão de comparação para plantas de potência a vapor reais. Contudo, dificuldades práticas severas estão presentes na operação dos equipamentos destinados a efetuar as etapas 2 → 3 e 4 → 1. Turbinas alimentadas por vapor saturado produzem uma corrente de saída com alta quantidade de líquido, fato que causa problemas de erosão significativos.[2] Ainda mais difícil é o projeto de uma bomba alimentada por uma mistura de líquido e vapor (ponto 4) que descarrega um líquido saturado (ponto 1). Em razão disso, um ciclo alternativo é tomado como o padrão, pelo menos para plantas de potência que queimam combustíveis fósseis. Ele é chamado de *ciclo de Rankine* e se diferencia do ciclo da Figura 8.2 em dois aspectos importantes. Em primeiro lugar, a etapa de aquecimento 1 → 2 é conduzida além da vaporização, de modo a produzir um vapor superaquecido, e, em segundo lugar, a etapa de resfriamento 3 → 4 leva a uma condensação completa, produzindo um líquido saturado para ser bombeado para a caldeira. Consequentemente, o ciclo de Rankine é constituído pelas quatro etapas mostradas na Figura 8.3, as quais são descritas a seguir:

- 1 → 2 Um processo de aquecimento a pressão constante em uma caldeira. A etapa encontra-se ao longo de uma isóbara (a pressão da caldeira) e é formada por três seções: aquecimento de água líquida sub-resfriada até sua temperatura de saturação, vaporização a temperatura e pressão constantes, e superaquecimento do vapor até uma temperatura bem acima da sua temperatura de saturação.
- 2 → 3 Expansão adiabática e reversível (isentrópica) do vapor em uma turbina até a pressão do condensador. Essa etapa normalmente cruza a curva de saturação, produzindo uma exaustão úmida. Entretanto, o superaquecimento efetuado na etapa 1 → 2 desloca a linha vertical na Figura 8.3 para a direita de modo suficiente para a quantidade de umidade não ser muito grande.
- 3 → 4 Um processo a temperatura e pressão constantes em um condensador para produzir líquido saturado no ponto 4.
- 4 → 1 Bombeamento adiabático e reversível (isentrópico) do líquido saturado até a pressão da caldeira, produzindo líquido comprimido (sub-resfriado). A linha vertical (cujo comprimento encontra-se ampliado na Figura 8.3) é muito curta, porque o aumento de temperatura associado à compressão de um líquido é pequeno.

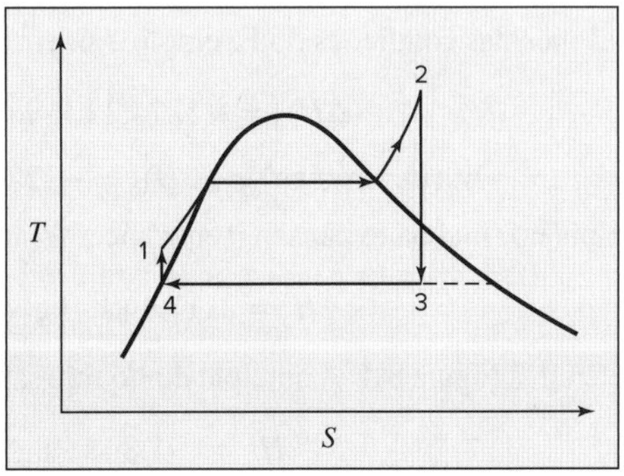

Figura 8.3 O ciclo de Rankine em um diagrama *TS*.

[2]Mesmo assim, plantas de geração de energia nucleares geram vapor d'água saturado e operam com turbinas projetadas para ejetar líquido em vários estágios de expansão.

Plantas de potência na realidade operam em um ciclo que se afasta do ciclo de Rankine em função das irreversibilidades das etapas de compressão e expansão. A Figura 8.4 ilustra os efeitos dessas irreversibilidades nas etapas 2 → 3 e 4 → 1. As linhas não são mais verticais, tendendo para o aumento da entropia. A exaustão da turbina normalmente ainda é úmida, mas com um conteúdo de umidade suficientemente pequeno, de modo que os problemas de erosão não são sérios. Um leve sub-resfriamento do condensado pode ocorrer no condensador, porém o efeito não tem importância.

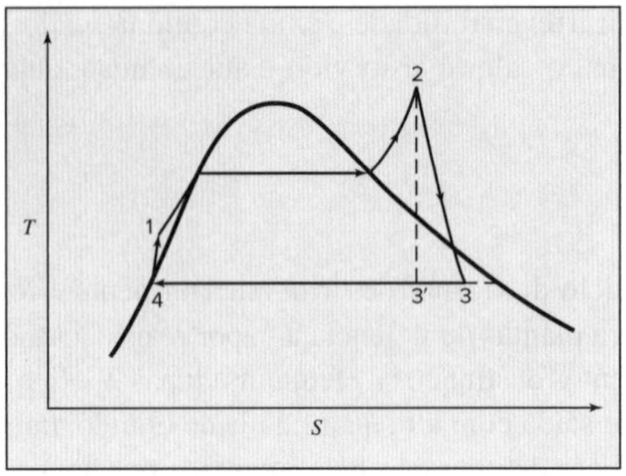

Figura 8.4 Ciclo de potência real simples.

A caldeira serve para transferir calor do combustível queimado (ou do reator nuclear, ou mesmo de uma fonte de calor térmico-solar) para o ciclo, e o condensador transfere calor do ciclo para a vizinhança. Desprezando as variações nas energias cinética e potencial, as relações de energia, Eqs. (2.30) e (2.31), são simplificadas para:

$\dot{Q} = \dot{m}\Delta H \quad (8.1)$	$Q = \Delta H \quad (8.2)$

Os cálculos de turbinas e bombas são tratados em detalhes nas Seções 7.2 e 7.3.

■ Exemplo 8.1

O vapor d'água gerado em uma planta de geração de energia, na pressão de 8600 kPa e na temperatura de 500 °C, é alimentado em uma turbina. Ao sair da turbina, ele entra em um condensador a 10 kPa, onde é condensado, tornando-se líquido saturado, o qual é então bombeado para a caldeira.

(*a*) Qual é a eficiência térmica de um ciclo de Rankine operando nessas condições?

(*b*) Qual é a eficiência térmica de um ciclo real operando nessas condições, se as eficiências da turbina e da bomba forem ambas iguais a 0,75?

(*c*) Se a potência do ciclo da parte (*b*) for igual a 80.000 kW, qual é a vazão de vapor e quais são as taxas de transferência de calor na caldeira e no condensador?

Solução 8.1

(*a*) A turbina opera nas mesmas condições do Exemplo 7.6, em que, na base de 1 kg de vapor d'água:

$$(\Delta H)_S = -1274{,}2 \text{ kJ} \cdot \text{kg}^{-1}$$

Assim, $$W_e(\text{isentrópico}) = (\Delta H)_S = -1274{,}2 \text{ kJ} \cdot \text{kg}^{-1}$$

Além disto, a entalpia no final da expansão isentrópica, H'_2 no Exemplo 7.6, aqui é:

$$H'_3 = 2117{,}4 \text{ kJ} \cdot \text{kg}^{-1}$$

Os subscritos se referem à Figura 8.4. A entalpia do líquido saturado condensado a 10 kPa (e $t^{sat} = 45{,}83$ °C) é:

$$H_4 = 191{,}8 \text{ kJ} \cdot \text{kg}^{-1}$$

Dessa forma, com a Eq. (8.2) aplicada ao condensador,

$$Q(\text{condensador}) = H_4 - H'_3 = 191{,}8 - 2117{,}4 = -1925{,}6 \text{ kJ} \cdot \text{kg}^{-1}$$

na qual o sinal de menos significa que o calor escoa para fora do sistema.

A bomba opera sob as mesmas condições da bomba do Exemplo 7.10, em que:

$$W_e(\text{isentrópico}) = (\Delta H)_S = 8{,}7 \text{ kJ} \cdot \text{kg}^{-1}$$

e $H_1 = H_4 + (\Delta H)_S = 191{,}8 + 8{,}7 = 200{,}5 \text{ kJ} \cdot \text{kg}^{-1}$

A entalpia do vapor d'água superaquecido a 8600 kPa e 500 °C é:

$$H_2 = 3391{,}6 \text{ kJ} \cdot \text{kg}^{-1}$$

Com a Eq. (8.2) aplicada à caldeira,

$$Q(\text{caldeira}) = H_2 - H_1 = 3391{,}6 - 200{,}5 = 3191{,}1 \text{ kJ} \cdot \text{kg}^{-1}$$

O trabalho líquido do ciclo de Rankine é a soma do trabalho da turbina com o trabalho na bomba:

$$W_e(\text{Rankine}) = -1274{,}2 + 8{,}7 = -1265{,}5 \text{ kJ} \cdot \text{kg}^{-1}$$

Naturalmente, esse resultado é também:

$$W_e(\text{Rankine}) = -Q(\text{caldeira}) - Q(\text{condensador})$$
$$= -3191{,}1 + 1925{,}6 = -1265{,}5 \text{ kJ} \cdot \text{kg}^{-1}$$

A eficiência térmica do ciclo é:

$$\eta = \frac{-W_e(\text{Rankine})}{Q} = \frac{1265{,}5}{3191{,}1} = 0{,}3966$$

(*b*) Com uma eficiência da turbina de 0,75, então, também a partir do Exemplo 7.6:

$$W_e(\text{turbina}) = \Delta H = -955{,}6 \text{ kJ} \cdot \text{kg}^{-1}$$

e $H_3 = H_2 + \Delta H = 3391{,}6 - 955{,}6 = 2436{,}0 \text{ kJ} \cdot \text{kg}^{-1}$

Para o condensador,

$$Q(\text{condensador}) = H_4 - H_3 = 191{,}8 - 2436{,}0 = -2244{,}2 \text{ kJ} \cdot \text{kg}^{-1}$$

Com base no Exemplo 7.10 para a bomba,

$$W_e(\text{bomba}) = \Delta H = 11{,}6 \text{ kJ} \cdot \text{kg}^{-1}$$

Consequentemente, o trabalho líquido do ciclo é:

$$W_e(\text{líquido}) = -955{,}6 + 11{,}6 = -944{,}0 \text{ kJ} \cdot \text{kg}^{-1}$$

e $$H_1 = H_4 + \Delta H = 191{,}8 + 11{,}6 = 203{,}4 \text{ kJ} \cdot \text{kg}^{-1}$$

Então, $$Q(\text{caldeira}) = H_2 - H_1 = 3391{,}6 - 203{,}4 = 3188{,}2 \text{ kJ} \cdot \text{kg}^{-1}$$

Com isso, a eficiência térmica do ciclo é:

$$\eta = \frac{-W_e(\text{líquido})}{Q(\text{caldeira})} = \frac{944{,}0}{3188{,}2} = 0{,}2961$$

que pode ser comparada ao resultado da parte (*a*).

(*c*) Para uma potência de 80.000 kW:

$$\dot{W}_e(\text{líquido}) = \dot{m} W_e(\text{líquido})$$

ou $$\dot{m} = \frac{\dot{W}_e(\text{líquido})}{W_e(\text{líquido})} = \frac{-80.000 \text{ kJ} \cdot \text{s}^{-1}}{-944{,}0 \text{ kJ} \cdot \text{kg}^{-1}} = 84{,}75 \text{ kg} \cdot \text{s}^{-1}$$

Então, pela Eq. (8.1),

$$\dot{Q}(\text{caldeira}) = (84{,}75)(3188{,}2) = 270{,}2 \times 10^3 \text{ kJ} \cdot \text{s}^{-1}$$
$$\dot{Q}(\text{condensador}) = (84{,}75)(-2244{,}2) = -190{,}2 \times 10^3 \text{ kJ} \cdot \text{s}^{-1}$$

Note que

$$\dot{Q}\,(\text{caldeira}) + \dot{Q}\,(\text{condensador}) = -\dot{W}_e\,(\text{líquido})$$

O Ciclo Regenerativo

A eficiência térmica de um ciclo de potência a vapor se eleva quando a pressão e, em consequência, a temperatura de vaporização na caldeira é aumentada. Ela também é elevada pelo aumento do superaquecimento na caldeira. Assim, altas pressões e temperaturas na caldeira favorecem altas eficiências. Contudo, essas mesmas condições aumentam o investimento de capital na planta, porque eles requerem equipamentos mais pesados e materiais de construção mais caros. Além disso, tais custos aumentam consideravelmente na medida em que condições mais severas são impostas. Dessa forma, na prática, plantas de geração de energia (potência) raramente operam a pressões muito acima de 10.000 kPa ou temperaturas muito acima de 600 °C. A eficiência térmica de uma planta de potência aumenta com a diminuição da pressão e, consequentemente, da temperatura no condensador. Entretanto, a temperatura de condensação deve ser maior do que a do meio refrigerante, que normalmente é água, e esta condição é controlada pelas condições climáticas e geográficas locais. Universalmente, as plantas de potência operam com pressões no condensador no limite inferior permitido pela prática.

Plantas de potência mais modernas operam com uma modificação do ciclo de Rankine que incorpora aquecedores para a água de alimentação. A água que sai do condensador, ao invés de ser bombeada diretamente de volta para a caldeira, é primeiramente aquecida pelo vapor extraído da turbina. Isto costuma ser feito com o vapor retirado da turbina em vários estágios intermediários de expansão. Um esquema com quatro aquecedores de água de alimentação é mostrado na Figura 8.5. As condições operacionais indicadas nesta figura e descritas nos próximos parágrafos são típicas e são a base para os cálculos ilustrativos no Exemplo 8.2.

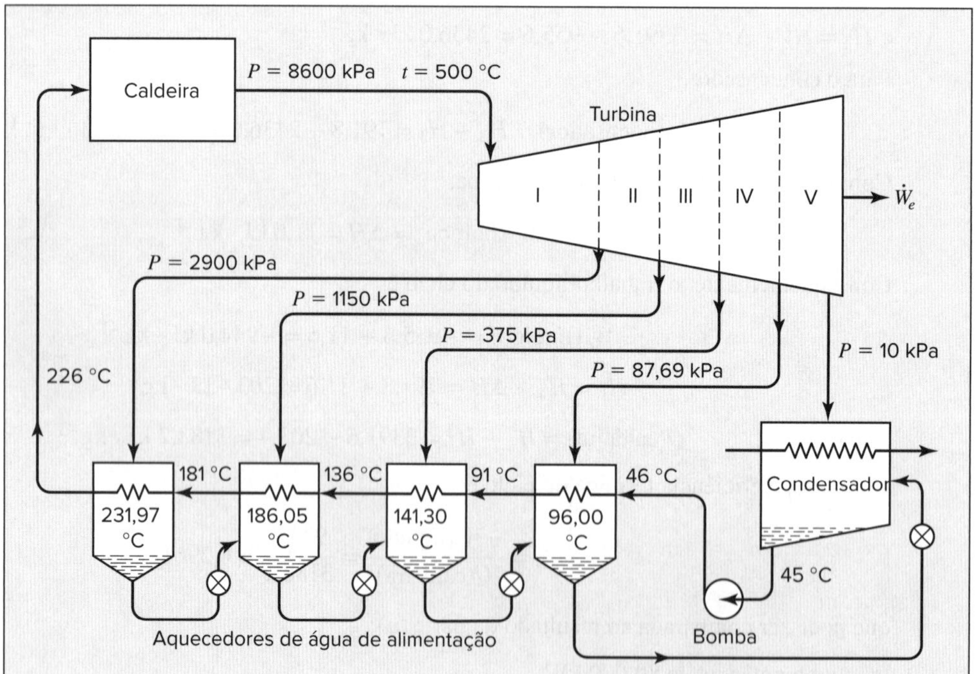

Figura 8.5 Planta de potência a vapor com aquecimento da água de alimentação.

As condições de geração do vapor d'água na caldeira são as mesmas do Exemplo 8.1: 8600 kPa e 500 °C. A pressão na exaustão da turbina, 10 kPa, também é a mesma. Consequentemente, a temperatura de saturação do vapor na exaustão da turbina é igual a 45,83 °C. Permitindo um pequeno sub-resfriamento do condensado, nós especificamos em 45 °C a temperatura da água líquida que sai do condensador. A bomba da água de alimentação, que opera exatamente nas mesmas condições da bomba do Exemplo 7.10, causa um aumento de temperatura de aproximadamente 1 °C, fazendo com que a temperatura da água de alimentação ao entrar na série de aquecedores seja igual a 46 °C.

A temperatura de saturação do vapor d'água na pressão da caldeira de 8600 kPa é de 300,06 °C e, certamente, a temperatura até a qual a água de alimentação pode ser aquecida nos aquecedores é menor. Esta temperatura é uma variável de projeto, que é fixada com base em considerações econômicas. No entanto, um valor deve ser escolhido antes que qualquer cálculo termodinâmico possa ser efetuado. Consequentemente, especificamos arbitrariamente uma temperatura de 226 °C para a corrente de água de alimentação na entrada da caldeira. Também especificamos que haja, em cada um dos quatro aquecedores de água de alimentação, o mesmo aumento de temperatura. Dessa forma, o aumento total de temperatura de 226 – 46 = 180 °C é dividido em quatro incrementos de 45 °C. Isso estabelece todos os valores das temperaturas intermediárias da água de alimentação mostrados na Figura 8.5.

O vapor fornecido a determinado aquecedor de água de alimentação tem de estar a uma pressão suficientemente alta para garantir que sua temperatura de saturação seja superior à temperatura da corrente de água de alimentação que deixa o aquecedor. Aqui, é suposta uma diferença mínima de temperaturas para a transferência de calor de não menos que 5 °C e escolhemos as pressões para extração do vapor de tal forma que os valores de t^{sat} mostrados em cada aquecedor de água sejam no mínimo 5 °C superiores à temperatura de saída da corrente de água de alimentação. O condensado, que sai de cada aquecedor, passa por um "*flash*" através de uma válvula de estrangulamento, sendo então alimentado no próximo aquecedor, que opera em uma pressão inferior, e o condensado coletado no último aquecedor da série passa por um "*flash*" para dentro do condensador. Dessa forma, todo o condensado retorna do condensador para a caldeira passando pelos aquecedores de água de alimentação.

O propósito de aquecer a água de alimentação dessa maneira é aumentar a temperatura média na qual o calor é adicionado na água na caldeira. Isto aumenta a eficiência térmica da planta, que opera em um *ciclo regenerativo*.

▪ Exemplo 8.2

Determine a eficiência térmica da planta de potência mostrada na Figura 8.5, considerando as eficiências da turbina e da bomba igual a 0,75. Para uma operação com potência de 80.000 kW, qual é a vazão de vapor que sai da caldeira e quais são as taxas de transferência de calor na caldeira e no condensador?

Solução 8.2

Os cálculos iniciais são efetuados tomando como base 1 kg de vapor d'água alimentado na turbina após sair da caldeira. De fato, a turbina está dividida em cinco seções, conforme indicado na Figura 8.5. Como o vapor é extraído ao final de cada seção, a vazão na turbina diminui de uma seção para a seguinte. As quantidades de vapor extraídas das quatro primeiras seções são determinadas por meio de balanços de energia.

Estes requerem as entalpias das correntes de água de alimentação, que se encontram comprimidas. O efeito da pressão a temperatura constante em um líquido é dado pela Eq. (7.25):

$$\Delta H = V(1 - \beta T)\Delta P \qquad (T \text{ const})$$

Para a água líquida saturada a 226 °C(499,15 K), as tabelas de vapor fornecem:

$$P^{sat} = 2598{,}2 \text{ kPa} \quad H = 971{,}5 \text{ kJ} \cdot \text{kg}^{-1} \quad V = 1201 \text{ cm}^3 \cdot \text{kg}^{-1}$$

Além disso, nesta temperatura,

$$\beta = 1{,}582 \times 10^{-3} \text{ K}^{-1}$$

Assim, para uma variação de pressão, da pressão de saturação até 8600 kPa:

$$\Delta H = 1201[1 - (1{,}528 \times 10^{-3})(499{,}15)]\frac{(8600 - 2598{,}2)}{10^6} = 1{,}5 \text{ kJ} \cdot \text{kg}^{-1}$$

e

$$H = H\,(\text{líq. sat.}) + \Delta H = 971{,}5 + 1{,}5 = 973{,}0 \text{ kJ} \cdot \text{kg}^{-1}$$

Cálculos similares fornecem as entalpias da água de alimentação em outras temperaturas. Todos os valores pertinentes são fornecidos na tabela a seguir.

t/°C	226	181	136	91	46
H/kJ · kg^{-1} para água a t e P = 8600 kPa	973,0	771,3	577,4	387,5	200,0

A primeira seção da turbina e o primeiro aquecedor de água de alimentação são mostrados na Figura 8.6. A entalpia e a entropia do vapor d'água entrando na turbina são encontradas nas tabelas de vapor superaquecido. A hipótese de expansão isentrópica do vapor na seção I da turbina até 2900 kPa leva ao seguinte resultado:

$$(\Delta H)_S = -320{,}5 \text{ kJ} \cdot \text{kg}^{-1}$$

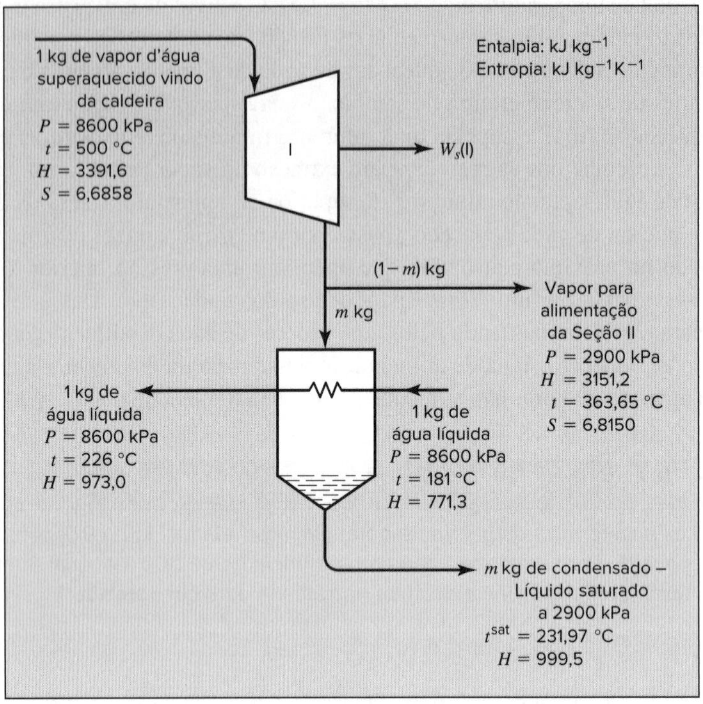

Figura 8.6 Seção I da turbina e primeiro aquecedor de água de alimentação.

Se considerarmos que a eficiência da turbina é independente da pressão para a qual o vapor se expande, a Eq. (7.16) fornece:

$$\Delta H = \eta(\Delta H)_S = (0{,}75)(-320{,}5) = -240{,}4 \text{ kJ} \cdot \text{kg}^{-1}$$

Pela Eq. (7.14),

$$W_e(\text{I}) = \Delta H = -240{,}4 \text{ kJ}$$

Além disso, a entalpia do vapor descarregado dessa seção da turbina é:

$$H = 3391{,}6 - 240{,}4 = 3151{,}2 \text{ kJ} \cdot \text{kg}^{-1}$$

Um simples balanço de energia no aquecedor de água de alimentação resulta da hipótese das variações nas energias cinética e potencial serem desprezíveis e das afirmações, $\dot{Q} = -\dot{W}_e = 0$. Então, a Eq. (2.29) se reduz a:

$$\Delta(\dot{m}H)_{\text{cor}} = 0$$

Assim, com base em 1 kg de vapor alimentado na turbina (Fig. 8.6):

$$m(999{,}5 - 3151{,}2) + (1)(973{,}0 - 771{,}3) = 0$$

Em que, $\quad m = 0{,}09374 \text{ kg} \quad$ e $\quad 1 - m = 0{,}90626 \text{ kg}$

Para cada quilograma de vapor alimentado na turbina, $1 - m$ é a massa de vapor que escoa para a seção II da turbina.

A seção II da turbina e o segundo aquecedor de água de alimentação são mostrados na Figura 8.7. Ao fazer os mesmos cálculos efetuados na seção I, admitimos que cada quilograma de vapor que deixa a seção II se expande do seu estado *na alimentação da turbina* até a saída da seção II com uma eficiência de 0,75 em relação à expansão isentrópica. A entalpia do vapor ao deixar a seção II, encontrada desta forma, é:

$$H = 2987{,}8 \text{ kJ} \cdot \text{kg}^{-1}$$

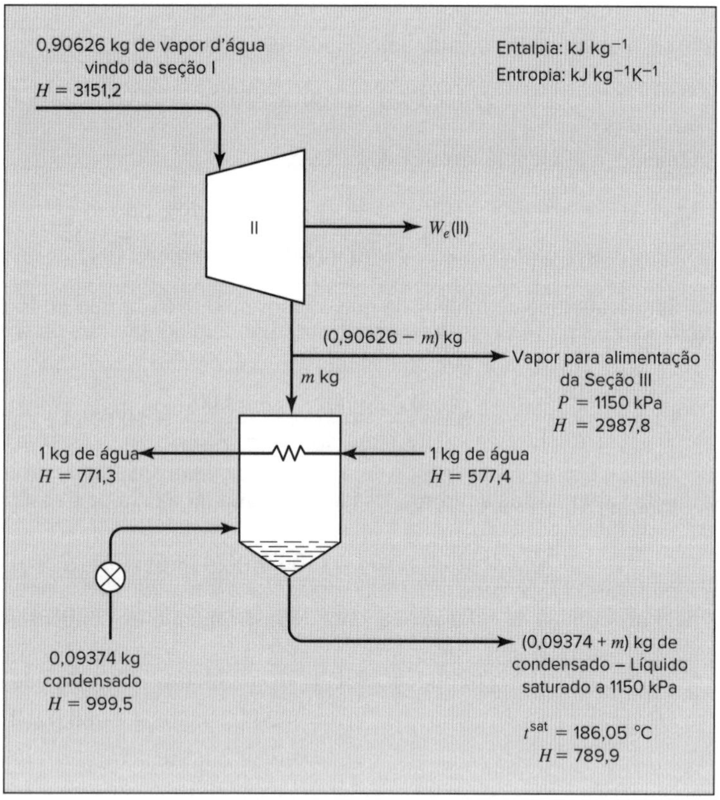

Figura 8.7 Seção II da turbina e segundo aquecedor de água de alimentação.

Então, na base de 1 kg de vapor alimentado na turbina,

$$W_e(\text{II}) = (2987{,}8 - 3151{,}2)(0{,}90626) = -148{,}08 \text{ kJ}$$

Um balanço de energia no aquecedor de água de alimentação (Fig. 8.7) fornece:

$$(0{,}09374 + m)(789{,}9) - (0{,}09374)(999{,}5) - m(2987{,}8) + 1(771{,}3 - 577{,}4) = 0$$

e $$m = 0{,}07971 \text{ kg}$$

Note que a passagem da corrente de condensado pela válvula de estrangulamento não causa variação em sua entalpia.

Estes resultados e os obtidos em cálculos análogos nas seções restantes da turbina são listados na tabela a seguir. A partir dos resultados mostrados,

$$\sum W_e = -804{,}0 \text{ kJ} \qquad \text{e} \qquad \sum m = 0{,}3055 \text{ kg}$$

	H/kJ · kg^{-1} na saída da seção	W_e/kJ na seção	t/°C na saída da seção	Estado	m/kg de vapor extraído
Seção I	3151,2	−240,40	363,65	Vapor superaquecido	0,09374
Seção II	2987,8	−148,08	272,48	Vapor superaquecido	0,07928
Seção III	2827,4	−132,65	183,84	Vapor superaquecido	0,06993
Seção IV	2651,3	−133,32	96,00	Vapor úmido $x = 0{,}9919$	0,06257
Seção V	2435,9	−149,59	45,83	Vapor úmido $x = 0{,}9378$	

Assim, para cada quilograma de vapor d'água alimentado na turbina, o trabalho produzido é de 804,0 kJ e 0,3055 kg de vapor são extraídos da turbina para os aquecedores de água de alimentação. O trabalho requerido pela bomba é exatamente o trabalho calculado para a bomba do Exemplo 7.10, ou seja, 11,6 kJ. Consequentemente, o trabalho líquido do ciclo na base de 1 kg de vapor d'água produzido na caldeira é:

$$W_e(\text{líquido}) = -804{,}0 + 11{,}6 = -792{,}4 \text{ kJ}$$

Na mesma base, a quantidade de calor adicionada na caldeira é:

$$Q(\text{caldeira}) = \Delta H = 3391{,}6 - 973{,}0 = 2418{,}6 \text{ kJ}$$

Consequentemente, a eficiência térmica do ciclo é:

$$\eta = \frac{-W_e(\text{líquido})}{Q(\text{caldeira})} = \frac{792{,}4}{2418{,}6} = 0{,}3276$$

Este valor é significativamente melhor do que o valor de 0,2961 obtido no Exemplo 8.1.

Como $\dot{W}_e$ (líquido) $= -80.000$ kJ $\cdot$ s^{-1},

$$\dot{m} = \frac{\dot{W}_e(\text{líquido})}{W_e(\text{líquido})} = \frac{-80.000}{-792{,}4} = 100{,}96 \text{ kg} \cdot \text{s}^{-1}$$

Esta é a vazão de vapor levada à turbina, usada para calcular a taxa de transferência de calor na caldeira:

$$\dot{Q}(\text{caldeira}) = \dot{m}\Delta H = (100{,}96)(2418{,}6) = 244{,}2 \times 10^3 \text{ kJ} \cdot \text{s}^{-1}$$

A taxa de transferência de calor para a água de resfriamento no condensador é:

$$\begin{aligned}\dot{Q}(\text{condensador}) &= -\dot{Q}(\text{caldeira}) - \dot{W}_e(\text{líquido}) \\ &= -244{,}2 \times 10^3 - (-80{,}0 \times 10^3) \\ &= -164{,}2 \times 10^3 \text{ kJ} \cdot \text{s}^{-1}\end{aligned}$$

Embora a taxa de geração de vapor seja superior à taxa encontrada no Exemplo 8.1, as taxas de transferência de calor na caldeira e no condensador são apreciavelmente menores, pois parte de suas funções é desempenhada pelos aquecedores de água de alimentação.

8.2 MOTORES DE COMBUSTÃO INTERNA

Na planta de potência a vapor, o vapor é um meio inerte para o qual o calor é transferido a partir de uma fonte externa (por exemplo, da queima de um combustível). Consequentemente, ela é caracterizada por grandes superfícies de transferência de calor: (1) para a absorção de calor pelo vapor na caldeira a uma alta temperatura e (2) para a liberação de calor do vapor no condensador a uma temperatura relativamente baixa. A desvantagem é que, quando o calor deveria ser transferido através de paredes (como através das paredes de metal dos tubos da caldeira), a capacidade das paredes de suportarem altas temperaturas e pressões impõe um limite na temperatura de absorção do calor. Por outro lado, em um motor de combustão interna, um combustível é queimado dentro do próprio motor e os produtos da combustão servem como o fluido de trabalho, agindo, por exemplo, sobre um pistão no interior de um cilindro. As altas temperaturas são internas e não envolvem superfícies de transferência de calor.

A queima do combustível no interior do motor de combustão interna complica a análise termodinâmica. Além do mais, o combustível e o ar escoam, em estado estacionário, para dentro de um motor de combustão interna e os produtos da combustão escoam, também em estado estacionário, para fora; não há um fluido de trabalho que passe por um processo cíclico conforme ocorre com o vapor d'água em uma planta de potência a vapor. Contudo, para efetuar análises simplificadas, imagina-se motores cíclicos, com o ar como fluido de trabalho, que são equivalentes em performance aos motores de combustão interna reais. Além disso, a etapa da combustão é substituída pela adição ao ar de uma quantidade equivalente de calor. A seguir, cada motor de combustão interna é apresentado por uma descrição qualitativa. Esta apresentação é seguida por uma análise quantitativa de um ciclo ideal no qual o ar, em seu estado de gás ideal com capacidades caloríficas constantes, é o fluido de trabalho.

O Motor Otto

O motor de combustão interna mais comum, em função de sua utilização em carros, é o motor Otto.[3] O seu ciclo é constituído por quatro etapas e inicia com uma de alimentação, essencialmente a pressão constante, durante a qual um pistão, ao se afastar do ponto de alimentação, suga uma mistura combustível/ar para dentro de um cilindro. Ela está representada pela linha 0 → 1 na Figura 8.8. Durante a segunda etapa (1 → 2 → 3), todas as válvulas estão fechadas e a mistura combustível/ar é comprimida, aproximadamente de forma adiabática, ao longo do segmento 1 → 2; há, então, a ignição da mistura com o uso de uma fagulha e a combustão é tão rápida que o volume permanece praticamente constante enquanto a pressão sobe ao longo da linha 2 → 3. É durante a terceira etapa (3 → 4 → 1) que o trabalho é produzido. Os produtos da combustão, a alta temperatura e a alta pressão, se expandem, aproximadamente de forma adiabática, ao longo da linha 3 → 4; há então a abertura da válvula de descarga e a pressão cai rapidamente, aproximadamente a volume constante, ao longo da linha 4 → 1. Durante a quarta etapa ou etapa de exaustão (linha 1 → 0), o pistão empurra os gases de combustão remanescentes (com a exceção do conteúdo do espaço morto) para fora do cilindro. O volume apresentado no gráfico da Figura 8.8 é o volume total de gás contido no interior do motor entre o pistão e a cabeça do cilindro.

O efeito de aumentar a razão de compressão – a razão entre os volumes no início e no final da etapa de compressão, do ponto 1 ao ponto 2 – é de elevar a eficiência do motor, isto é, aumentar o trabalho produzido por uma quantidade unitária de combustível. Isso é demonstrado para um ciclo idealizado, chamado de ciclo Otto padrão para o ar, mostrado na Figura 8.9. Ele é constituído por duas etapas adiabáticas e duas a volume constante, que formam um ciclo de máquina térmica, no qual o ar, em seu estado de gás ideal e com capacidades caloríficas constantes, é o fluido de trabalho. A etapa *CD*, uma compressão adiabática reversível, é seguida da etapa *DA*, na qual uma quantidade de calor suficiente é adicionada ao ar, a volume constante, para elevar sua temperatura e pressão até os valores resultantes da combustão em um motor Otto real. Então o ar é expandido adiabaticamente e reversivelmente (etapa *AB*), e resfriado a volume constante (etapa *BC*) até o estado inicial em *C* pelo calor transferido para a vizinhança.

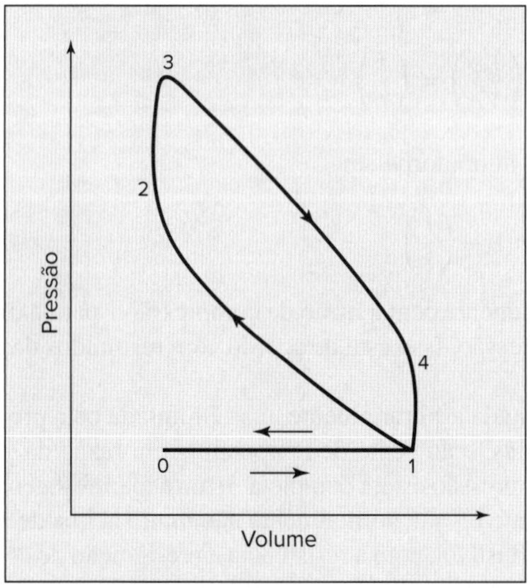

Figura 8.8 Ciclo do motor Otto.

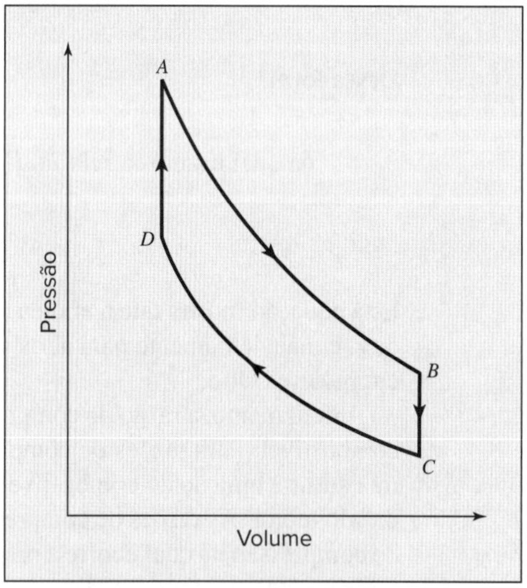

Figura 8.9 Ciclo Otto padrão para o ar.

A eficiência térmica η do ciclo padrão para o ar mostrado na Figura 8.9 é simplesmente:

$$\eta = \frac{-W(\text{líquido})}{Q_{DA}} = \frac{Q_{DA} + Q_{BC}}{Q_{DA}} \tag{8.3}$$

Para 1 mol de ar com capacidades caloríficas constantes,

$$Q_{DA} = C_V^{gi}(T_A - T_D) \quad \text{e} \quad Q_{BC} = C_V^{gi}(T_C - T_B)$$

[3] Nome em homenagem a Nikolaus August Otto, engenheiro alemão que apresentou na prática uma das primeiras máquinas deste tipo. Ver <http://en.wikipedia.org/wiki/Nikolaus_Otto>. Também chamado de motor de ignição a quatro tempos.

A substituição dessas expressões na Eq. (8.3) fornece:

$$\eta = \frac{C_V^{gi}(T_A - T_D) + C_V^{gi}(T_C - T_B)}{C_V^{gi}(T_A - T_D)}$$

ou

$$\eta = 1 - \frac{T_B - T_C}{T_A - T_D} \tag{8.4}$$

A eficiência térmica está relacionada, de forma simples, com a razão de compressão $r \equiv V_C^{gi}/V_D^{gi}$. Cada temperatura na Eq. (8.4) é substituída por um grupo apropriado PV^{gi}/R. Assim,

$$T_B = \frac{P_B V_B^{gi}}{R} = \frac{P_B V_C^{gi}}{R} \qquad T_C = \frac{P_C V_C^{gi}}{R}$$

$$T_A = \frac{P_A V_A^{gi}}{R} = \frac{P_A V_D^{gi}}{R} \qquad T_D = \frac{P_D V_D^{gi}}{R}$$

Substituindo na Eq. (8.4):

$$\eta = 1 - \frac{V_C^{gi}}{V_D^{gi}}\left(\frac{P_B - P_C}{P_A - P_D}\right) = 1 - r\left(\frac{P_B - P_C}{P_A - P_D}\right) \tag{8.5}$$

Para as duas etapas adiabáticas e reversíveis, PV^γ = constante. Consequentemente:

$$P_B V_C^\gamma = P_A V_D^\gamma \quad (\text{pois } V_D = V_A^{gi} \text{ e } V_C^{gi} = V_B^{gi})$$

$$P_C V_C^\gamma = P_D V_D^\gamma$$

Dividindo a primeira expressão pela segunda obtém-se:

$$\frac{P_B}{P_C} = \frac{P_A}{P_D} \quad \text{em que} \quad \frac{P_B}{P_C} - 1 = \frac{P_A}{P_D} - 1 \quad \text{ou} \quad \frac{P_B - P_C}{P_C} = \frac{P_A - P_D}{P_D}$$

Dessa forma,

$$\frac{P_B - P_C}{P_A - P_D} = \frac{P_C}{P_D} = \left(\frac{V_D}{V_C}\right)^\gamma = \left(\frac{1}{r}\right)^\gamma$$

na qual usamos a relação $P_C V_C^\gamma = P_D V_D^\gamma$. A Eq. (8.5) agora torna-se:

$$\eta = 1 - r\left(\frac{1}{r}\right)^\gamma = 1 - \left(\frac{1}{r}\right)^{\gamma - 1} \tag{8.6}$$

Esta equação mostra que a eficiência térmica aumenta rapidamente com a razão de compressão r para baixos valores de r, e mais lentamente para altos valores da razão de compressão. Isso está de acordo com resultados de testes reais em motores Otto.

Infelizmente, a razão de compressão não pode ser aumentada arbitrariamente, mas é limitada pela pré-ignição do combustível. Para razões de compressão suficientemente altas, o aumento de temperatura em razão da compressão irá causar a ignição do combustível antes que a etapa de compressão esteja completa. Isto se manifesta como a "batida" do motor. As razões de compressão em motores de automóveis são normalmente não muito acima de 10. A razão de compressão na qual ocorre a pré-ignição depende do combustível, com a resistência à pré-ignição de combustíveis indicada pela quantidade de octanas (octanagem). A gasolina com alta octanagem, na verdade, não contém mais octanos que outras gasolinas, mas ela tem aditivos, como o álcool, éteres e compostos aromáticos, que aumentam sua resistência a pré-ignição. Ao iso-octano é arbitrariamente atribuído um número de octano igual a 100, enquanto ao *n*-heptano é atribuído um número de octano igual a zero. Para outros compostos e combustíveis são atribuídos números de octano em relação a esses padrões, com base na razão de compressão na qual ocorre a sua pré-ignição. O etanol e o metanol têm um número de octano bem acima de 100. Motores de corrida, que queimam esses álcoois, podem empregar razões de compressão de 15 ou mais.

O Motor Diesel

A diferença fundamental entre o ciclo Otto e o ciclo Diesel[4] é que no ciclo Diesel a temperatura ao final da compressão é suficientemente alta para que a combustão inicie espontaneamente. Essa temperatura mais alta ocorre em

[4]Nome em homenagem a Rudolf Diesel, engenheiro alemão que desenvolveu um dos primeiros motores de ignição-compressão. Veja: <http://en.wikipedia.org/wiki/Rudolf_Diesel>.

função de uma maior razão de compressão, que leva a etapa de compressão a uma pressão maior. O combustível não é injetado até o final da etapa de compressão, quando então é adicionado de forma lenta o suficiente para que o processo de combustão ocorra aproximadamente a pressão constante.

Para a mesma razão de compressão, o motor Otto tem uma eficiência superior à do motor Diesel. Como a pré-ignição limita a razão de compressão que pode ser obtida em um motor Otto, o motor Diesel opera com razões de compressão maiores e, dessa maneira, com eficiências mais altas. As razões de compressão podem exceder 20 no motor Diesel empregando injeção indireta de combustível.

▪ Exemplo 8.3

Esboce o ciclo Diesel padrão para o ar em um diagrama *PV* e deduza uma equação que forneça a eficiência térmica desse ciclo em função da razão de compressão *r* (razão entre os volumes no início e no final da etapa de compressão) e da razão de expansão r_e (razão entre os volumes no final e no início da etapa de expansão adiabática).

Solução 8.3

O ciclo Diesel padrão para o ar é igual ao ciclo Otto padrão para o ar, exceto pelo fato de a etapa de absorção de calor (correspondente ao processo de combustão no motor real) ocorrer a pressão constante, conforme indicado pela linha *DA* na Figura 8.10.

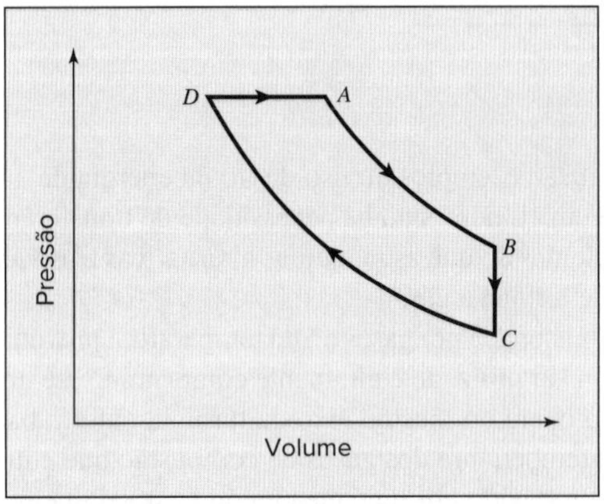

Figura 8.10 Ciclo Diesel padrão para o ar.

Na base de 1 mol de ar em seu estado de gás ideal, com capacidades caloríficas constantes, as quantidades de calor absorvida na etapa *DA* e rejeitada na etapa *BC* são:

$$Q_{DA} = C_P^{gi}(T_A - T_D) \qquad \text{e} \qquad Q_{BC} = C_V^{gi}(T_C - T_B)$$

A eficiência térmica, Eq. (8.3), é:

$$\eta = 1 + \frac{Q_{BC}}{Q_{DA}} = 1 + \frac{C_V^{gi}(T_C - T_B)}{C_P^{gi}(T_A - T_D)} = 1 - \frac{1}{\gamma}\left(\frac{T_B - T_C}{T_A - T_D}\right) \tag{A}$$

Na expansão adiabática e reversível (etapa *AB*), e na compressão adiabática e reversível (etapa *CD*), a Eq. (3.23a) pode ser utilizada:

$$T_A V_A^{\gamma-1} = T_B V_B^{\gamma-1} \qquad \text{e} \qquad T_D V_D^{\gamma-1} = T_C V_C^{\gamma-1}$$

Por definição, a razão de compressão é $r = V_C^{gi}/V_D^{gi}$ e a razão de expansão é $re \equiv V_B^{gi}/V_A^{gi}$. Assim,

$$T_B = T_A\left(\frac{1}{r_e}\right)^{\gamma-1} \quad T_C = T_D\left(\frac{1}{r}\right)^{\gamma-1}$$

A substituição dessas equações na Eq. (*A*) fornece:

$$\eta = 1 - \frac{1}{\gamma}\left[\frac{T_A(1/r_e)^{\gamma-1} - T_D(1/r)^{\gamma-1}}{T_A - T_D}\right] \tag{B}$$

Também $P_A = P_D$ e para o estado de gás ideal,

$$P_D V_D^{gi} = RT_D \qquad \text{e} \qquad P_A V_A^{gi} = RT_A$$

Além disso, $V_C^{gi} = V_B^{gi}$, e, consequentemente:

$$\frac{T_D}{T_A} = \frac{V_D^{gi}}{V_A^{gi}} = \frac{V_D^{gi}/V_C^{gi}}{V_A^{gi}/V_B^{gi}} = \frac{r_e}{r}$$

Esta relação se combina com a Eq. (*B*):

$$\eta = 1 - \frac{1}{\gamma}\left[\frac{(1/r_e)^{\gamma-1} - (r_e/r)(1/r)^{\gamma-1}}{1 - r_e/r}\right]$$

ou

$$\eta = 1 - \frac{1}{\gamma}\left[\frac{(1/r_e)^{\gamma} - (1/r)^{\gamma}}{1/r_e - 1/r}\right] \tag{8.7}$$

O Motor de Turbina a Gás

Os motores Otto e Diesel são exemplos do uso direto da energia de gases a altas temperatura e pressão atuando em um pistão no interior de um cilindro; não há necessidade de transferência de calor com uma fonte externa. Contudo, as turbinas são mais eficientes do que as máquinas alternativas e as vantagens da combustão interna são combinadas às da turbina no motor de turbina a gás.

A turbina a gás é impulsionada por gases a alta temperatura provenientes de uma câmara de combustão, conforme indicado na Figura 8.11. O ar utilizado é altamente comprimido até uma pressão de vários bars antes da combustão. O compressor centrífugo opera no mesmo eixo da turbina, cujo trabalho, em parte, serve para impulsionar o compressor. Quanto maior a temperatura dos gases de combustão que entram na turbina, maior a eficiência da unidade, isto é, maior o trabalho produzido por unidade de combustível queimado. A temperatura limite é determinada pela resistência do metal das pás da turbina e é geralmente bem menor do que a temperatura de chama teórica do combustível (Exemplo 4.7). Deve ser fornecido ar suficiente para manter a temperatura da combustão em níveis seguros.

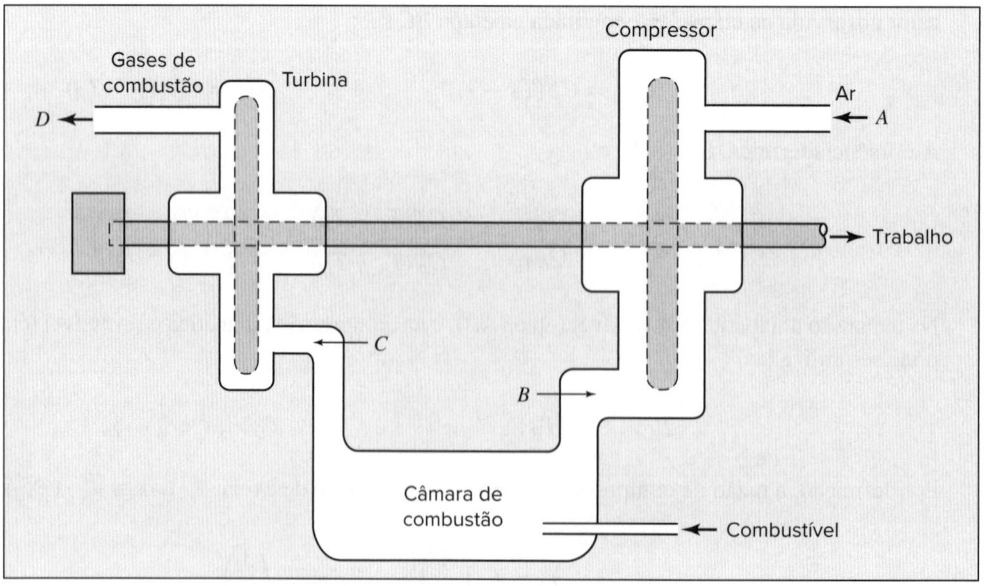

Figura 8.11 Motor de turbina a gás.

A idealização do motor de turbina a gás, chamado de ciclo de Brayton, é mostrada em um diagrama PV na Figura 8.12. O fluido de trabalho é o ar em seu estado de gás ideal com capacidades caloríficas constantes. A etapa AB é uma compressão adiabática reversível de P_A (pressão atmosférica) até P_B. Na etapa BC, o calor Q_{BC}, em substituição à combustão, é adicionado a pressão constante, aumentando a temperatura do ar. Uma expansão isentrópica do ar que produz o trabalho reduz a pressão de P_C para P_D (pressão atmosférica). A etapa DA é um processo de resfriamento a pressão constante que simplesmente completa o ciclo. A eficiência térmica do ciclo é:

$$\eta = \frac{-W(\text{líquido})}{Q_{BC}} = \frac{-(W_{CD} + W_{AB})}{Q_{BC}} \tag{8.8}$$

na qual cada quantidade de energia encontra-se baseada em 1 mol de ar.

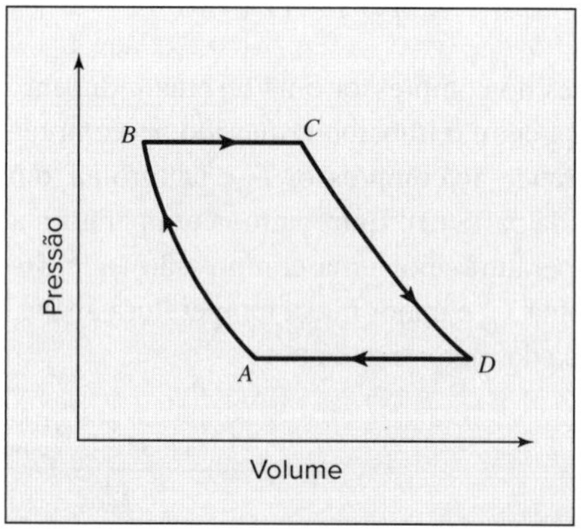

Figura 8.12 Ciclo de Brayton para um motor de turbina a gás.

O trabalho efetuado quando o ar passa pelo compressor é dado pela Eq. (7.14), e para o ar no seu estado de gás ideal com capacidades caloríficas constantes:

$$W_{AB} = H_B - H_A = C_P^{gi}(T_B - T_A)$$

Analogamente, para os processos de adição de calor e na turbina,

$$Q_{BC} = C_P^{gi}(T_C - T_B) \quad \text{e} \quad W_{CD} = C_P^{gi}(T_C - T_D)$$

A substituição dessas equações na Eq. (8.8), e posterior simplificação, levam a:

$$\eta = 1 - \frac{T_D - T_A}{T_C - T_B} \tag{8.9}$$

Como os processos AB e CD são isentrópicos, as temperaturas e as pressões estão relacionadas pela Eq. (3.23b):

$$\frac{T_A}{T_B} = \left(\frac{P_A}{P_B}\right)^{(\gamma-1)/\gamma} \tag{8.10}$$

e

$$\frac{T_D}{T_C} = \left(\frac{P_D}{P_C}\right)^{(\gamma-1)/\gamma} = \left(\frac{P_A}{P_B}\right)^{(\gamma-1)/\gamma} \tag{8.11}$$

Explicitando T_A na Eq. (8.10) e T_D na Eq. (8.11), e substituindo os resultados na Eq. (8.9), obtém-se:

$$\eta = 1 - \left(\frac{P_A}{P_B}\right)^{(\gamma-1)/\gamma} \tag{8.12}$$

■ Exemplo 8.4

Um motor de turbina a gás com uma razão de compressão $P_B/P_A = 6$ opera com ar entrando no compressor a 25 °C. Sendo a temperatura máxima permissível na turbina igual a 760 °C, determine:

(*a*) A eficiência térmica η nestas condições do ciclo de ar padrão reversível, se $\gamma = 1{,}4$.

(*b*) A eficiência térmica de um ciclo de ar padrão nas condições fornecidas, se o compressor e a turbina operarem adiabaticamente, porém irreversivelmente, com eficiências $\eta_c = 0{,}83$ e $\eta_t = 0{,}86$.

Solução 8.4

(*a*) A substituição direta na Eq. (8.12) fornece a eficiência:

$$\eta = 1 - (1/6)^{(1{,}4-1)/1{,}4} = 1 - 0{,}60 = 0{,}40$$

(*b*) As irreversibilidades no compressor e na turbina reduzem a eficiência térmica do motor, porque o trabalho líquido é a diferença entre o trabalho requerido no compressor e o trabalho produzido pela turbina. As temperaturas do ar entrando no compressor T_A e na turbina, o máximo especificado para T_C, são as mesmas das do ciclo reversível da parte (*a*). Entretanto, a temperatura após a compressão irreversível no compressor T_B é maior que a temperatura após uma compressão *isentrópica* T'_B. Também, a temperatura após a expansão irreversível na turbina T_D é maior que a temperatura após a expansão *isentrópica* T'_D.
A eficiência térmica do motor é dada por:

$$\eta = \frac{-\left(W_{\text{turbina}} + W_{\text{compressor}}\right)}{Q_{BC}}$$

As duas parcelas relacionadas com o trabalho são determinadas por expressões para trabalho isentrópico:

$$W_{\text{turbina}} = \eta_t C_P^{gi}(T'_D - T_C)$$

$$W_{\text{compressor}} = \frac{C_P^{gi}(T'_B - T_A)}{\eta_c} \qquad (A)$$

O calor absorvido para simular a combustão é:

$$Q_{BC} = C_P^{gi}(T_C - T_B)$$

Essas equações são combinadas para fornecer:

$$\eta = \frac{\eta_t(T_C - T'_D) - (1/\eta_c)(T'_B - T_A)}{T_C - T_B}$$

Uma expressão alternativa para o trabalho de compressão é:

$$W_{\text{compressor}} = C_P^{gi}(T_B - T_A) \qquad (B)$$

Igualando essa expressão com a Eq. (*A*) e utilizando o resultado para eliminar T_B da equação para η, após uma simplificação obtém-se:

$$\eta = \frac{\eta_t\eta_c(T_C/T_A - T'_D/T_A) - (T'_B/T_A - 1)}{\eta_c(T_C/T_A - 1) - (T'_B/T_A - 1)} \qquad (C)$$

A razão T_C/T_A depende das condições fornecidas. A razão T'_B/T_A está relacionada com a razão de pressões pela Eq. (8.10). Em função da Eq. (8.11), a razão T'_D/T_A pode ser escrita na forma:

$$\frac{T'_D}{T_A} = \frac{T_C T'_D}{T_A T_C} = \frac{T_C}{T_A}\left(\frac{P_A}{P_B}\right)^{(\gamma-1)/\gamma}$$

Substituindo estas expressões na Eq. (*C*), obtém-se:

$$\eta = \frac{\eta_t \eta_c (T_C/T_A)(1 - 1/\alpha) - (\alpha - 1)}{\eta_c (T_C/T_A - 1) - (\alpha - 1)} \tag{8.13}$$

sendo

$$\alpha = \left(\frac{P_B}{P_A}\right)^{(\gamma - 1)/\gamma}$$

Pode-se mostrar, com base na Eq. (8.13), que a eficiência térmica do motor de turbina a gás aumenta na medida em que aumentam a temperatura do ar na entrada da turbina (T_C) e as eficiências do compressor e da turbina η_c e η_t.

Os valores especificados para as eficiências são:

$$\eta_t = 0{,}86 \qquad \text{e} \qquad \eta_c = 0{,}83$$

Outros dados informados fornecem:

$$\frac{T_C}{T_A} = \frac{760 + 273{,}15}{25 + 273{,}15} = 3{,}47$$

e

$$\alpha = (6)^{(1{,}4-1)/1{,}4} = 1{,}67$$

Substituindo esses valores na Eq. (8.13), tem-se:

$$\eta = \frac{(0{,}86)(0{,}83)(3{,}47)(1 - 1/1{,}67) - (1{,}67 - 1)}{(0{,}83)(3{,}47 - 1) - (1{,}67 - 1)} = 0{,}235$$

Esta análise mostra que, mesmo com um compressor e uma turbina com eficiências relativamente altas, a eficiência térmica (23,5 %) é reduzida consideravelmente em relação ao valor do ciclo reversível na parte (*a*) (40 %).

8.3 MOTORES A JATO; MOTORES DE FOGUETES

Nos ciclos de potência até aqui analisados, um gás a alta temperatura e a alta pressão se expande em uma turbina (planta de potência a vapor, turbina a gás) ou nos cilindros dos motores Otto e Diesel com pistões alternativos. Em ambos os casos, a potência é disponibilizada por um eixo rotativo. Outro dispositivo para expandir gases quentes é o bocal. Neste caso, a potência é disponibilizada como energia cinética no jato dos gases de exaustão que deixam o bocal. A planta de potência completa, constituída por um dispositivo para compressão e por uma câmara de combustão, bem como por um bocal, é conhecida como um motor a jato. Como a energia cinética dos gases de exaustão está diretamente disponível para a propulsão do motor e seus acessórios, os motores a jato são normalmente mais utilizados na propulsão de aeronaves. Há vários tipos de motores de propulsão a jato baseados em diferentes maneiras de executar os processos de compressão e de expansão. Como o ar ao chocar-se com o motor possui energia cinética (em relação ao motor), sua pressão pode ser aumentada em um difusor.

O motor turbojato (normalmente chamado simplesmente de motor a jato), ilustrado na Figura 8.13, utiliza um difusor para reduzir o trabalho de compressão. O compressor de fluxo axial completa o serviço de compressão e, então, o combustível é injetado e queimado na câmara de combustão. Os gases quentes produzidos pela combustão passam primeiramente por uma turbina, onde a expansão produz potência somente o suficiente para impulsionar o compressor. A expansão restante, até a pressão de exaustão, ocorre no bocal. Nele, a velocidade dos gases em relação ao motor é aumentada até um nível acima do ar ao entrar no motor. Esse aumento fornece um impulso (força) no motor para a frente. Se os processos de compressão e expansão forem adiabáticos e reversíveis, o motor turbojato segue o ciclo de Brayton mostrado na Figura 8.12. As únicas diferenças são que, fisicamente, as etapas de compressão e expansão são conduzidas em dispositivos diferentes.

Um motor de foguete se diferencia de um motor a jato pelo fato de o agente oxidante ser carregado com o motor. Ao invés de depender do ar da vizinhança para suportar a queima do combustível, o foguete é autossuficiente, o que significa que ele pode operar no vácuo, como no espaço fora da atmosfera. Na verdade, a performance é melhor no vácuo, pois não há utilização de impulso para vencer as forças de atrito.

Em foguetes que queimam combustíveis líquidos, o agente oxidante (como, por exemplo, o oxigênio líquido ou o tetróxido de nitrogênio) é bombeado dos tanques para dentro da câmara de combustão. Simultaneamente, o combustível (como, por exemplo, o hidrogênio, a querosene ou a monometilhidrazina) é bombeado para dentro da câmara e queimado. A combustão ocorre a uma pressão alta e constante, produzindo produtos gasosos a altas temperaturas, os quais são expandidos em um bocal, conforme indicado na Figura 8.14.

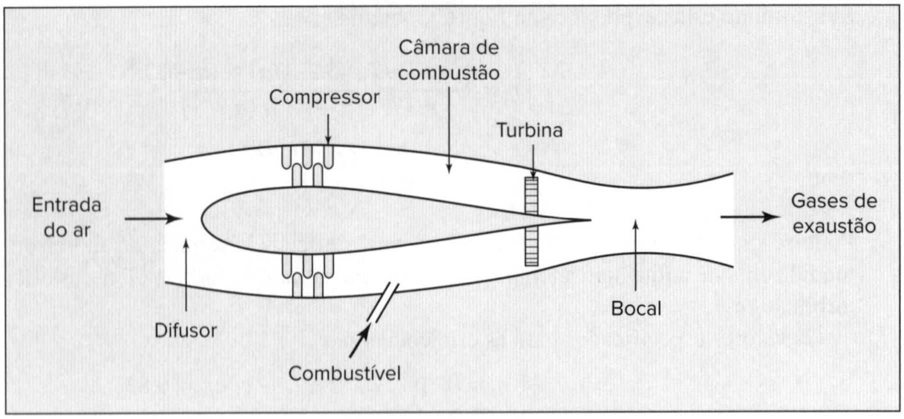

Figura 8.13 A planta de potência turbojato.

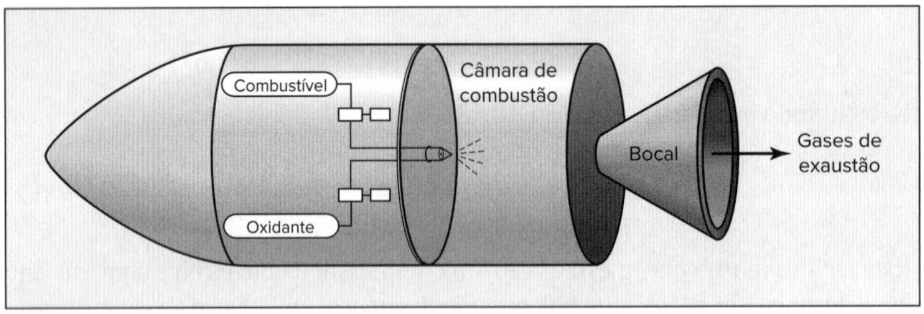

Figura 8.14 Motor de foguete com combustível líquido.

Em foguetes queimando combustíveis sólidos, o combustível (por exemplo, os polímeros orgânicos) e o oxidante (por exemplo, o perclorato de amônia) são colocados juntos em uma matriz sólida e armazenados na parte da frente da câmara de combustão. As etapas de combustão e de expansão são as mesmas do motor a jato (Fig. 8.13), embora um foguete com combustível sólido não necessite de trabalho de compressão e em um foguete com combustível líquido este trabalho seja pequeno, pois o combustível e o oxidante são bombeados como líquidos.

8.4 SINOPSE

Após estudar este capítulo, incluindo a resolução dos exemplos e dos problemas no final do capítulo, deveremos estar habilitado a:

- Descrever qualitativamente os ciclos de Carnot, Rankine, Otto, Diesel e Brayton idealizados e esboçá-los em um diagrama *PV* ou *TS*;
- Realizar uma análise termodinâmica de uma planta de potência a vapor d´água, incluindo uma planta operando em um ciclo regenerativo, como nos Exemplos 8.1 e 8.2;
- Analisar os ciclos Otto e Diesel padrões a ar para uma razão de compressão especificada;
- Calcular a eficiência e os fluxos de calor e de trabalho para o ciclo Brayton padrão a ar para um valor especificado da temperatura do combustor e das eficiências do compressor e da turbina;
- Explicar, em termos simples, como os motores a jato e de foguetes geram impulso.

8.5 PROBLEMAS

8.1. O ciclo básico para uma planta de potência é mostrado na Figura 8.1. A turbina opera adiabaticamente com o vapor d'água com alimentação a 6800 kPa e 550 °C, e o vapor de exaustão entra no condensador a 50 °C, e qualidade de 0,96. A água líquida saturada deixa o condensador e é bombeada para a caldeira. Desprezando o trabalho na bomba e as variações nas energias cinética e potencial, determine a eficiência térmica do ciclo e a eficiência da turbina.

8.2. A máquina de Carnot utilizando H_2O como fluido de trabalho opera da mesma forma que o ciclo mostrado na Figura 8.2. A vazão de circulação da H_2O é 1 kg · s^{-1}. Para $T_Q = 475$ K e $T_F = 300$ K, determine:

(*a*) As pressões nos estados 1, 2, 3 e 4.
(*b*) A qualidade x^v nos estados 3 e 4.
(*c*) A taxa de adição de calor.
(*d*) A taxa de descarte de calor.
(*e*) A potência mecânica para cada uma das quatro etapas.
(*f*) A eficiência térmica η do ciclo.

8.3. Uma planta de potência a vapor opera no ciclo da Figura 8.4. Para um dos conjuntos de condições operacionais a seguir, determine a vazão de vapor d'água, as taxas de transferência de calor na caldeira e no condensador, e a eficiência térmica da planta.

(*a*) $P_1 = P_2 = 10.000$ kPa; $T_2 = 600$ °C; $P_3 = P_4 = 10$ kPa; η(turbina) = 0,80; η(bomba) = 0,75; capacidade de potência = 80.000 kW.
(*b*) $P_1 = P_2 = 7000$ kPa; $T_2 = 550$ °C; $P_3 = P_4 = 20$ kPa; η(turbina) = 0,75; η(bomba) = 0,75; capacidade de potência = 100.000 kW.
(*c*) $P_1 = P_2 = 8500$ kPa; $T_2 = 600$ °C; $P_3 = P_4 = 10$ kPa; η(turbina) = 0,80; η(bomba) = 0,80; capacidade de potência = 70.000 kW.
(*d*) $P_1 = P_2 = 6500$ kPa; $T_2 = 525$ °C; $P_3 = P_4 = 101{,}33$ kPa; η(turbina) = 0,78; η(bomba) = 0,75; capacidade de potência = 50.000 kW.
(*e*) $P_1 = P_2 = 950$(psia); $T_2 = 1000$(°F); $P_3 = P_4 = 14{,}7$(psia); η(turbina) = 0,78; η(bomba) = 0,75; capacidade de potência = 50.000 kW.
(*f*) $P_1 = P_2 = 1125$(psia); $T_2 = 1100$(°F); $P_3 = P_4 = 1$(psia); η(turbina) = 0,80; η(bomba) = 0,75; capacidade de potência = 80.000 kW.

8.4. O vapor d'água entra na turbina de uma planta de potência, operando no ciclo Rankine (Fig. 8.3), a 3300 kPa e sai a 50 kPa. Para demonstrar o efeito do superaquecimento no desempenho do ciclo, calcule sua eficiência térmica e a qualidade do vapor na saída da turbina para temperaturas do vapor na entrada da turbina iguais a 450, 550 e 650 °C.

8.5. O vapor d'água entra na turbina de uma planta de potência, operando no ciclo Rankine (Fig. 8.3), a 600 °C e sai a 30 kPa. Para demonstrar o efeito da pressão na caldeira no desempenho do ciclo, calcule sua eficiência térmica e a qualidade do vapor na saída da turbina para pressões na caldeira de 5000, 7500 e 10.000 kPa.

8.6. Uma planta de potência a vapor possui duas turbinas adiabáticas em série. O vapor d'água entra na primeira turbina a 650 °C e 7000 kPa e sai da segunda a 20 kPa. O sistema é projetado para produção da mesma potência em ambas as turbinas, com base em uma eficiência de 78 % *em cada* uma. Determine a temperatura e a pressão do vapor no estado intermediário entre as duas turbinas. Qual é a eficiência global das duas turbinas em conjunto em relação à expansão isentrópica do vapor do estado inicial ao estado final?

8.7. Uma planta de potência a vapor opera em um ciclo regenerativo, conforme ilustrado na Figura 8.5, tendo somente um aquecedor de água de alimentação. O vapor d'água entra na turbina a 4500 kPa e 500 °C e sai a 20 kPa. O vapor para o aquecedor de água de alimentação é extraído da turbina a 350 kPa e ao condensar-se eleva a temperatura da água de alimentação em 6 °C em relação a sua temperatura de condensação a 350 kPa. Para uma eficiência da turbina e da bomba de 0,78 cada, determine a eficiência térmica do ciclo e a fração do vapor entrando na turbina que é extraída para ser utilizada no aquecedor de água de alimentação.

8.8. Uma planta de potência a vapor opera em um ciclo regenerativo, conforme ilustrado na Figura 8.5, tendo somente um aquecedor de água de alimentação. O vapor d'água entra na turbina a 650(psia) e 900(°F) e sai a 1(psia). O vapor para o aquecedor de água de alimentação é extraído da turbina a 50(psia) e, ao condensar-se, eleva a temperatura da água de alimentação em 11(°F) em relação a temperatura de condensação a 50(psia). Para uma eficiência da turbina e da bomba de 0,78, cada, determine a eficiência térmica do ciclo e a fração do vapor que entra na turbina extraída para ser utilizada no aquecedor de água de alimentação.

8.9. Uma planta de potência a vapor opera em um ciclo regenerativo, conforme ilustrado na Figura 8.5, tendo dois aquecedores de água de alimentação. O vapor d'água entra na turbina a 6500 kPa e 600 °C e sai a 20 kPa. O vapor para os aquecedores de água de alimentação é extraído da turbina a pressões de modo que a água de alimentação é aquecida até 190 °C em dois incrementos de temperatura iguais, com 5 °C de aproximação para as temperaturas de condensação do vapor em cada aquecedor. Com cada uma das eficiências da turbina e da bomba igual a 0,80, qual é a eficiência térmica do ciclo e quais são as frações extraídas do vapor alimentado na turbina para serem utilizadas em cada um dos aquecedores de água de alimentação?

8.10. Uma planta de potência opera com base na recuperação de calor dos gases de exaustão de motores de combustão interna. Ela utiliza o isobutano como fluido de trabalho em um ciclo Rankine modificado, no qual o nível de pressão superior encontra-se acima da pressão crítica do isobutano, fazendo com que ele não mude de fase quando ela absorve calor antes de ser alimentado na turbina. O vapor de isobutano é aquecido a 4800 kPa até 260 °C e, nessas condições, entra na turbina como um fluido supercrítico. A expansão isentrópica na turbina produz um vapor superaquecido a 450 kPa, que é resfriado e condensado a pressão constante. O líquido saturado resultante é alimentado em uma bomba para retornar ao aquecedor. Se a produção de potência do ciclo Rankine modificado for 1000 kW, quais são a vazão de isobutano, as taxas de transferência de calor no aquecedor e no condensador, e a eficiência térmica do ciclo? A pressão de vapor do isobutano pode ser calculada a partir de dados fornecidos na Tabela B.2 do Apêndice B.

8.11. Uma planta de potência, que opera com calor de uma fonte geotérmica, utiliza o isobutano como fluido de trabalho em um ciclo Rankine (Fig. 8.3), aquecendo-o a 3400 kPa (uma pressão um pouco menor do que a sua pressão crítica) até a temperatura de 140 °C, condições nas quais ele é alimentado na turbina. Uma expansão isentrópica na turbina produz vapor superaquecido a 450 kPa, que é resfriado e condensado, tornando-se líquido saturado, sendo então bombeado para o aquecedor/caldeira. Para uma vazão de isobutano igual a 75 kg · s^{-1}, qual é a produção de potência do ciclo Rankine e quais são as taxas de transferência de calor no aquecedor/caldeira e no resfriador/condensador? Qual é a eficiência térmica do ciclo? A pressão de vapor do isobutano é fornecida na Tabela B.2 do Apêndice B.

Repita esses cálculos para um ciclo no qual a turbina e a bomba tenham, cada uma, uma eficiência de 80 %.

8.12. Para comparar motores com ciclos Otto e Diesel:

(*a*) Mostre que a eficiência térmica do ciclo Diesel padrão a ar pode ser representada por

$$\eta = 1 - \left(\frac{1}{r}\right)^{\gamma-1} \frac{r_c^{\gamma} - 1}{\gamma(r_c - 1)}$$

sendo r a razão de compressão e r_c *a razão de corte*, definida como $r_c = V_A/V_D$. (Veja a Fig. 8.10)

(*b*) Demonstre que, para a mesma razão de compressão, a eficiência térmica do motor Otto padrão a ar é maior do que a eficiência térmica do motor Diesel padrão a ar. *Sugestão*: Mostre que a fração que multiplica $(1/r)^{\gamma-1}$ na equação anterior para η é maior do que a unidade, por meio da expansão de r_c^{γ} em uma série de Taylor, desprezando os termos de ordem superiores a primeira derivada.

(*c*) Se $\gamma = 1{,}4$, qual é a relação entre a eficiência térmica de um ciclo Otto padrão a ar com uma razão de compressão igual a 8 e a eficiência térmica de um ciclo Diesel padrão a ar com a mesma razão de compressão e uma razão de corte igual a 2? Como esta relação é modificada se a razão de corte for igual a 3?

8.13. Um ciclo Diesel padrão a ar absorve 1500 J · mol^{-1} de calor (etapa *DA* na Figura 8.10, que simula a combustão). A pressão e a temperatura no início da etapa de compressão são 1 bar e 20 °C, e a pressão ao final da etapa de compressão é de 4 bar. Considerando o ar um gás ideal com $C_P = (7/2)R$ e $C_V = (5/2)R$, quais são as razões de compressão e de expansão do ciclo?

8.14. Calcule a eficiência de um ciclo de turbina a gás padrão a ar (o ciclo Brayton) operando com uma razão de pressão igual a 3. Repita para razões de pressão de 5, 7 e 9. Considere $\gamma = 1{,}35$.

8.15. Um ciclo de turbina a gás padrão a ar é modificado pela instalação de um trocador de calor regenerativo para transferir energia do ar que deixa a turbina para o ar que deixa o compressor. Com um trocador de calor ótimo operando em contracorrente, a temperatura do ar que deixa o compressor é aumentada até a temperatura do ponto *D* na Figura 8.12, e a temperatura do gás que deixa a turbina é diminuída até a temperatura do ponto *B* na Figura 8.12. Mostre que a eficiência térmica desse ciclo é dada por

$$\eta = 1 - \frac{T_A}{T_C}\left(\frac{P_B}{P_A}\right)^{(\gamma-1)/\gamma}$$

8.16. Considere um ciclo-padrão a ar para a planta de potência turbojato mostrada na Figura 8.13. A temperatura e a pressão do ar que entra no compressor são 1 bar e 30 °C. A razão de pressão no compressor é de 6,5 e a temperatura na entrada da turbina é de 1100 °C. Se a expansão no bocal for isentrópica e se a pressão na exaustão do bocal for 1 bar, qual será a pressão na entrada do bocal (exaustão da turbina) e a velocidade do ar na saída do bocal?

8.17. O ar entra em um motor de turbina a gás (ver Figura 8.11) a 305 K e 1,05 bar, e é comprimido para 7,5 bar. O combustível é metano a 300 K e 7,5 bar; as eficiências da turbina e do compressor são, cada uma, iguais a 80 %. Para um dos valores das temperaturas de entrada da turbina T_C dados a seguir, determine: a razão molar entre o combustível e o ar, a potência mecânica *líquida* produzida por mol de combustível, e a temperatura na exaustão da turbina T_D. Considere que a combustão do metano seja completa e que a expansão na turbina é para 1(atm).

(*a*) $T_C = 1000$ K (*b*) $T_C = 1250$ K (*c*) $T_C = 1500$ K

8.18. A maior parte da energia elétrica nos Estados Unidos é gerada em ciclos de potência de grande escala pela conversão de energia térmica em energia mecânica, que é então convertida em energia elétrica. Considere uma eficiência térmica de 0,35 para a conversão de energia térmica para energia mecânica e uma eficiência de 0,95 para a conversão de energia mecânica para energia elétrica. As perdas nas linhas do sistema de distribuição chegam a uma proporção de 20 %. Sendo o custo do combustível para o ciclo de potência de \$4,00 GJ^{-1}, estime o custo da eletricidade distribuída para o consumidor em \$ por kWh. Despreze custos de operação, lucros e taxas. Compare este número com o que vem em uma conta comum de eletricidade.

8.19. O gás natural liquefeito (GNL) é transportado em navios-tanque muito grandes, armazenado como líquido em equilíbrio com o seu vapor a uma pressão, aproximadamente, igual à atmosférica. Se o GNL for essencialmente metano puro, então a temperatura de estocagem é cerca de 111,4 K, o ponto normal de ebulição do metano. A enorme quantidade de líquido frio pode, em princípio, servir como um sumidouro de calor para uma máquina térmica a bordo. A energia cedida para o GNL serve para sua vaporização. Sendo a fonte de calor, o ar ambiente a 300 K e a eficiência da máquina térmica 60 % do valor da eficiência do ciclo de Carnot, estime a taxa de vaporização, em moles vaporizados por kJ de potência produzida. Para o metano, $\Delta H_n^{lv} = 8{,}206 \text{ kJ} \cdot \text{mol}^{-1}$.

8.20. Os oceanos nos trópicos têm grandes gradientes de temperatura na água a partir de sua superfície. Dependendo da localização, diferenças de temperaturas relativamente constantes entre 15 e 25 °C são observadas para profundezas de 500 a 1000 m. Isto oferece a oportunidade para usar a água (profunda) fria como um sumidouro de calor, e água (superficial) morna como uma fonte de calor para um ciclo de potência. Essa tecnologia é conhecida como "OTEC" (*Ocean Thermal Energy Conversion*), isto é, Conversão de Energia Térmica do Oceano.

(*a*) Considere uma localização onde a temperatura na superfície é de 27 °C e a temperatura na profundeza de 750 m é de 6 °C. Qual é a eficiência de uma máquina de Carnot operando nesses níveis de temperaturas?

(*b*) Parte da produção de um ciclo de potência tem de ser usada para bombear a água fria para a superfície, onde os equipamentos do ciclo estão instalados. Se a eficiência inerente de um ciclo real for igual a 0,6 do valor de um ciclo de Carnot e se 1/3 da potência gerada for usada para deslocar a água fria para a superfície, qual será a eficiência real do ciclo?

(*c*) A escolha do fluido de trabalho para o ciclo é crítica. Sugira algumas possibilidades. Aqui, possivelmente você necessitará consultar um *handbook*, tal como *Perry's Chemical Engineers' Handbook*.

8.21. Os ciclos de potência padrões a ar são convencionalmente mostrados em diagramas *PV*, tendo como alternativa os diagramas *PT*. Esboce ciclos-padrões a ar em diagramas *PT* para os seguintes casos:

(*a*) Ciclo de Carnot;
(*b*) Ciclo Otto;
(*c*) Ciclo Diesel;
(*d*) Ciclo Brayton.

Por que um diagrama *PT* não ajudaria na análise de ciclos de potência envolvendo mudança de fases líquido/vapor?

8.22. Uma planta a vapor d'água opera no ciclo mostrado na Figura 8.4. Os níveis de pressão são 10 kPa e 6000 kPa, e o vapor d'água deixa a turbina como vapor saturado. A eficiência da bomba é 0,70 e a eficiência da turbina é 0,75. Determine a eficiência térmica da planta.

8.23. Proponha uma estratégia geral para analisar ciclos de potência padrões a ar com quatro etapas. Modele cada etapa do ciclo como um processo politrópico descrito por

$PV^{\delta} =$ constante
o qual implica que
$TP^{(1-\delta)/\delta} =$ constante

com um valor especificado de δ. Decida quais são os estados que devem ser fixados, parcialmente ou completamente, pelos valores de *T* e/ou *P*. Análise, aqui, significa determinação de: *T* e *P* para os estados inicial e final de cada etapa; *Q* e *W* para cada etapa; e a eficiência térmica do ciclo. A análise deve também incluir um esboço do ciclo em um diagrama *PT*.

CAPÍTULO

9

Refrigeração e Liquefação

A palavra *refrigeração* implica na manutenção de uma temperatura mais baixa do que a da vizinhança. A refrigeração é bem conhecida em função da sua utilização no condicionamento do ar em edificações, na preservação de alimentos e na refrigeração de bebidas. Como exemplos de processos comerciais de grande escala que requerem refrigeração temos as produções de gelo e de CO_2 sólido, a desidratação e liquefação de gases, e a separação do ar em oxigênio e nitrogênio.

Neste livro, nossa proposta não é tratar com detalhes o projeto de equipamentos, que é deixado para livros especializados.[1] Nele, consideraremos:

- O modelo de refrigerador que opere em um ciclo reverso de Carnot;
- A refrigeração via o ciclo de compressão de vapor, como no refrigerador e no condicionador de ar caseiros;
- A escolha do refrigerante, com base em suas propriedades;
- A refrigeração baseada na absorção de vapor, uma alternativa para a compressão do vapor;
- O aquecimento ou resfriamento por bombas de calor com extração de calor a partir da vizinhança ou rejeição de calor para a vizinhança;
- A liquefação de gases por refrigeração.

9.1 O REFRIGERADOR DE CARNOT

Como indicado na Seção 5.2, um refrigerador é uma bomba de calor que absorve calor de uma região a uma temperatura mais baixa do que a da vizinhança e rejeita calor para a vizinhança. Ele opera com a eficiência mais alta possível em um ciclo de refrigeração de Carnot, a máquina térmica de Carnot invertida, conforme mostrado pela Figura 5.1(*b*). Nas duas etapas isotérmicas ocorrem absorção de calor Q_F na temperatura mais baixa T_F e rejeição de calor Q_Q na temperatura maior T_Q. O ciclo é completado por duas etapas adiabáticas entre essas duas temperaturas. O ciclo requer a adição de uma quantidade líquida de trabalho W para o sistema. Como todas as etapas do ciclo são reversíveis, ele fornece o trabalho mínimo possível para um determinado efeito de refrigeração.

O fluido de trabalho opera em um ciclo para o qual ΔU é zero. Por isso, a Primeira Lei para o ciclo é escrita:

$$W = -(Q_F + Q_Q) \tag{9.1}$$

na qual se nota que Q_F é um número positivo e Q_Q (maior em valor absoluto) é negativo. A medida da efetividade de um refrigerador é o seu *coeficiente de performance* ω, definido como:

$$\omega \equiv \frac{\text{calor absorvido na menor temperatura}}{\text{trabalho líquido}} = \frac{Q_F}{W} \tag{9.2}$$

[1] *ASHRAE Handbook: Refrigeration*, 2014; *Fundamentals*, 2013; *HVAC Systems and Equipment*, 2016; *HVAC Applications*, 2015; American Society of Heating, Refrigerating, and Air-Conditioning Engineers, Inc., Atlanta; Shan K. Wang, *Handbook of Air Conditioning and Refrigeration*, 2ª Ed., McGraw-Hill, New York, 2000.

A Eq. (9.1) pode ser dividida por Q_F e depois combinada com a Eq. (5.4):

$$-\frac{W}{Q_F} = 1 + \frac{Q_Q}{Q_F} \qquad \frac{-W}{Q_F} = 1 - \frac{T_Q}{T_F} = \frac{T_F - T_Q}{T_F}$$

A Eq. (9.2) torna-se:

$$\boxed{\omega = \frac{T_F}{T_Q - T_F}} \tag{9.3}$$

Por exemplo, para refrigeração a 5 °C em uma vizinhança a 30 °C, fornece:

$$\omega = \frac{5 + 273{,}15}{(30 + 273{,}15) - (5 + 273{,}15)} = 11{,}13$$

A Eq. (9.3) se aplica somente em um refrigerador operando em um ciclo de Carnot, que fornece o valor máximo possível de ω para um refrigerador operando entre valores especificados de T_Q e T_F.

Ela mostra claramente que o efeito de refrigeração por unidade de trabalho diminui na medida em que a temperatura T_F da absorção de calor diminui e a temperatura T_Q da rejeição de calor aumenta.

9.2 O CICLO DE COMPRESSÃO DE VAPOR

O ciclo de refrigeração com compressão de vapor é representado na Figura 9.1 no diagrama *TS* mostrando as quatro etapas do processo. Um líquido evaporando a *T* e *P* constantes absorve calor (linha 1 → 2), produzindo o efeito de refrigeração. O vapor produzido é comprimido via linha tracejada 2 → 3′ para a compressão isentrópica (Fig. 7.6), e via linha 2 → 3, representando o processo de compressão real, se inclina na direção do aumento da entropia, refletindo irreversibilidades inerentes. Nestas *T* e *P* mais altas, ele é resfriado e condensado (linha 3 → 4) com rejeição de calor para a vizinhança. O líquido que sai do condensador expande (linha 4 → 1) para sua pressão original. Em princípio, é possível realizar essa expansão em uma turbina, onde pode ser obtido o trabalho. Entretanto, por razões práticas, normalmente, ela é conduzida por um estrangulamento através de uma válvula de controle parcialmente aberta. A queda de pressão, neste processo irreversível, resulta em função do atrito do fluido na válvula. Como mostrado na Seção 7.1, o processo de estrangulamento ocorre a entalpia constante.

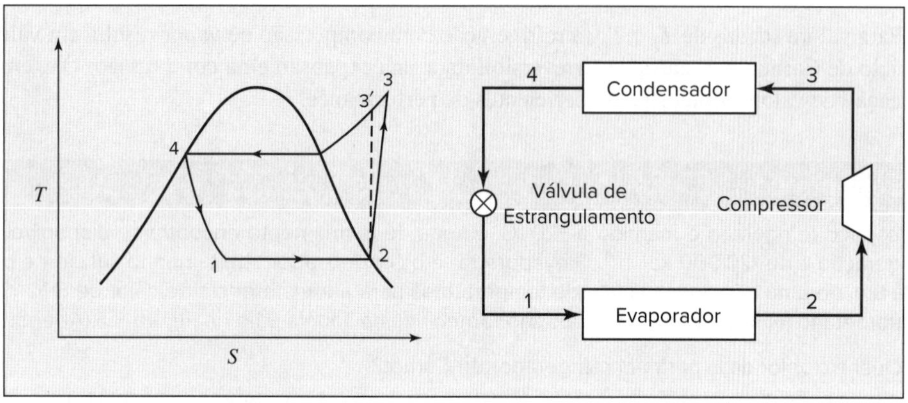

Figura 9.1 Ciclo de refrigeração com compressão de vapor.

Na base de uma unidade de massa do fluido, as equações para o calor absorvido no evaporador e para o calor rejeitado no condensador são:

$$Q_F = H_2 - H_1 \qquad \text{e} \qquad Q_Q = H_4 - H_3$$

Estas equações são obtidas a partir da Eq. (2.31), quando as pequenas variações nas energias cinética e potencial são desprezadas. O trabalho de compressão é simplesmente: $W = H_3 - H_2$, e, pela Eq. (9.2), o coeficiente de performance é:

$$\omega = \frac{H_2 - H_1}{H_3 - H_2} \tag{9.4}$$

Para projetar o evaporador, o compressor, o condensador e os equipamentos auxiliares deve-se conhecer a vazão de circulação do refrigerante $\dot{m}$. Ela é determinada a partir da taxa na qual o calor é absorvido no evaporador[2] pela equação:

$$\dot{m} = \frac{\dot{Q}_F}{H_2 - H_1} \tag{9.5}$$

O ciclo de compressão de vapor da Figura 9.1 é mostrado em um diagrama PH na Figura 9.2, um diagrama usado na descrição de processos de refrigeração, porque ele mostra diretamente as entalpias necessárias. Embora os processos de evaporação e de condensação sejam representados por trajetórias com pressão constante, pequenas quedas de pressão ocorrem em função do atrito no fluido.

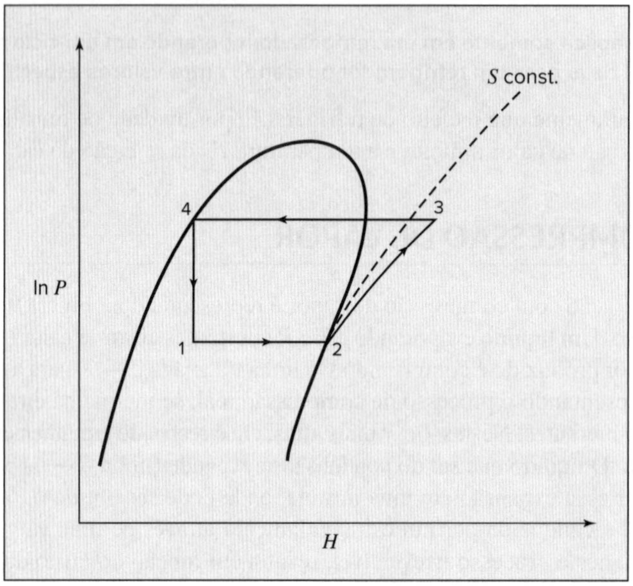

Figura 9.2 Ciclo de refrigeração com compressão de vapor em um diagrama *PH*.

Para valores dados de T_F e T_Q, a refrigeração com compressão de vapor resulta em valores menores de ω do que no ciclo de Carnot, por causa das irreversibilidades na expansão e na compressão. O exemplo a seguir fornece uma indicação de valores típicos para coeficientes de performance.

■ Exemplo 9.1

Um espaço refrigerado é mantido a −20 °C, e água de resfriamento encontra-se disponível a 21 °C. A capacidade de refrigeração é de 120.000 kJ · h^{-1}. O evaporador e o condensador têm tamanho suficiente para permitir a adoção, em cada um, de uma diferença mínima de temperaturas para a transferência de calor de 5 °C. O refrigerante é o 1,1,1,2-tetrafluoroetano (HFC-134a), cujos dados são fornecidos na Tabela 9.1 e na Figura F.2 (Apêndice F).

(*a*) Qual é o valor de ω para um refrigerador de Carnot?

(*b*) Calcule ω e $\dot{m}$ para o ciclo de compressão de vapor (Fig. 9.2), sendo a eficiência do compressor igual a 0,80.

Solução 9.1

(*a*) Permitindo que a diferença de temperaturas seja 5 °C, a temperatura no evaporador é −25 °C = 248,15 K e a temperatura no condensador é 26 °C = 299,15 K. Assim, pela Eq. (9.3) para um refrigerador de Carnot,

$$\omega = \frac{248{,}15}{299{,}15 - 248{,}15} = 4{,}87$$

[2]Nos Estados Unidos os equipamentos de refrigeração têm sua capacidade comumente indicada em *tons of refrigeration* (*toneladas de refrigeração*); uma tonelada de refrigeração é definida como a absorção de calor a uma taxa de 12.000(BTU)$(h)^{-1}$ ou 12.660 kJ por hora. Isto corresponde, aproximadamente, à taxa de remoção de calor necessária para congelar 1(ton) de água, inicialmente a 32(°F) por dia.

(*b*) Com o HFC-134a como o refrigerante, as entalpias dos estados 2 e 4 da Figura 9.2 são lidas diretamente na Tabela 9.1. A entrada a −25 °C indica que o HFC-134a vaporiza no evaporador a uma pressão de 1,064 bar. Suas propriedades como um vapor saturado nestas condições são:

$$H_2 = 383{,}45 \text{ kJ} \cdot \text{kg}^{-1} \qquad S_2 = 1{,}746 \text{ kJ} \cdot \text{kg}^{-1} \cdot \text{K}^{-1}$$

A consulta a 26 °C na Tabela 9.1 mostra que o HFC-134a condensa a 6,854 bar; sua entalpia como um líquido saturado nessas condições é:

$$H_4 = 235{,}97 \text{ kJ} \cdot \text{kg}^{-1}$$

Se a etapa de compressão de vapor saturado no estado 2 para vapor superaquecido no estado 3′ for reversível e adiabática (isentrópica),

$$S_3' = S_2 = 1{,}746 \text{ kJ} \cdot \text{kg}^{-1} \cdot \text{K}^{-1}$$

Este valor de entropia e a pressão do condensador de 6,854 bar são suficientes para especificar o estado termodinâmico no ponto 3′. Seria possível encontrar as outras propriedades desse estado usando a Figura F.2, seguindo uma curva de entropia constante a partir da curva de saturação até a pressão do condensador. Entretanto, resultados mais precisos podem ser obtidos utilizando uma fonte eletrônica, tal como o livro eletrônico NIST. Ao variar a temperatura, na pressão fixa de 6,854 bar, mostra-se que a entropia é 1,746 kJ · kg^{-1} · K^{-1} na $T = 308{,}1$ K. A entalpia correspondente é:

$$H_3' = 421{,}97 \text{ kJ} \cdot \text{kg}^{-1}$$

e a variação de entalpia é:

$$(\Delta H)_S = H_3' - H_2 = 421{,}97 - 383{,}45 = 38{,}52 \text{ kJ} \cdot \text{kg}^{-1}$$

Pela Eq. (7.17), para uma eficiência do compressor de 0,80; a variação real de entalpia na etapa 2 → 3 é:

$$H_3 - H_2 = \frac{(\Delta H)_S}{\eta} = \frac{38{,}52}{0{,}80} = 48{,}15 \text{ kJ} \cdot \text{kg}^{-1}$$

Como o processo de estrangulamento na etapa 1 → 4 é isentálpico, $H_1 = H_4$. Consequentemente, o coeficiente de performance, conforme fornecido pela Eq. (9.4), torna-se:

$$\omega = \frac{H_2 - H_4}{H_3 - H_2} = \frac{383{,}45 - 235{,}97}{48{,}15} = 3{,}06$$

e a vazão de circulação do HFC-134a é dada pela Eq. (9.5):

$$\dot{m} = \frac{\dot{Q}_F}{H_2 - H_4} = \frac{120.000}{383{,}45 - 235{,}97} = 814 \text{ kg} \cdot \text{h}^{-1}$$

9.3 A ESCOLHA DO REFRIGERANTE

Conforme mostrado na Seção 5.2, a eficiência de uma máquina térmica de Carnot independe do fluido de trabalho utilizado na máquina. Analogamente, o coeficiente de performance de um refrigerador de Carnot é independente do refrigerante. As irreversibilidades inerentes ao ciclo de compressão de vapor causam um certo grau de dependência do coeficiente de performance de refrigeradores reais em relação ao refrigerante. Todavia, propriedades como toxidez, flamabilidade, custo, propriedades de corrosão e pressão de vapor são de grande importância na escolha do refrigerante. Além disso, preocupações ambientais restringem fortemente o conjunto de compostos que podem ser considerados para uso como refrigerantes. Como o ar não pode penetrar no sistema de refrigeração, a pressão de vapor do refrigerante na temperatura do evaporador deve ser maior do que a pressão atmosférica. Por outro lado, a pressão de vapor na temperatura do condensador não deve ser excessivamente alta, em função do custo inicial e dos gastos operacionais dos equipamentos de alta pressão. Essas várias exigências limitam a escolha do refrigerante a relativamente poucos fluidos.

TABELA 9.1 Propriedades do 1,1,1,2-Tetrafluoroetano Saturado(R134A)†

		Volume $m^3 \cdot kg^{-1}$		Entalpia $kJ \cdot kg^{-1}$		Entropia $kJ \cdot kg^{-1} \cdot K^{-1}$	
T(°C)	P (bar)	V^l	V^v	H^l	H^v	S^l	S^v
−40	0,512	0,000705	0,361080	148,14	374,00	0,796	1,764
−35	0,661	0,000713	0,284020	154,44	377,17	0,822	1,758
−30	0,844	0,000720	0,225940	160,79	380,32	0,849	1,752
−25	1,064	0,000728	0,181620	167,19	383,45	0,875	1,746
−20	1,327	0,000736	0,147390	173,64	386,55	0,900	1,741
−18	1,446	0,000740	0,135920	176,23	387,79	0,910	1,740
−16	1,573	0,000743	0,125510	178,83	389,02	0,921	1,738
−14	1,708	0,000746	0,116050	181,44	390,24	0,931	1,736
−12	1,852	0,000750	0,107440	184,07	391,46	0,941	1,735
−10	2,006	0,000754	0,099590	186,70	392,66	0,951	1,733
−8	2,169	0,000757	0,092422	189,34	393,87	0,961	1,732
−6	2,343	0,000761	0,085867	191,99	395,06	0,971	1,731
−4	2,527	0,000765	0,079866	194,65	396,25	0,980	1,729
−2	2,722	0,000768	0,074362	197,32	397,43	0,990	1,728
0	2,928	0,000772	0,069309	200,00	398,60	1,000	1,727
2	3,146	0,000776	0,064663	202,69	399,77	1,010	1,726
4	3,377	0,000780	0,060385	205,40	400,92	1,020	1,725
6	3,620	0,000785	0,056443	208,11	402,06	1,029	1,724
8	3,876	0,000789	0,052804	210,84	403,20	1,039	1,723
10	4,146	0,000793	0,049442	213,58	404,32	1,049	1,722
12	4,430	0,000797	0,046332	216,33	405,43	1,058	1,721
14	4,729	0,000802	0,043451	219,09	406,53	1,068	1,720
16	5,043	0,000807	0,040780	221,87	407,61	1,077	1,720
18	5,372	0,000811	0,038301	224,66	408,69	1,087	1,719
20	5,717	0,000816	0,035997	227,47	409,75	1,096	1,718
22	6,079	0,000821	0,033854	230,29	410,79	1,106	1,717
24	6,458	0,000826	0,031858	233,12	411,82	1,115	1,717
26	6,854	0,000831	0,029998	235,97	412,84	1,125	1,716
28	7,269	0,000837	0,028263	238,84	413,84	1,134	1,715
30	7,702	0,000842	0,026642	241,72	414,82	1,144	1,715
35	8,870	0,000857	0,023033	249,01	417,19	1,167	1,713
40	10,166	0,000872	0,019966	256,41	419,43	1,191	1,711
45	11,599	0,000889	0,017344	263,94	421,52	1,214	1,709
50	13,179	0,000907	0,015089	271,62	423,44	1,238	1,70
55	14,915	0,000927	0,013140	279,47	425,15	1,261	1,705
60	16,818	0,000950	0,011444	287,50	426,63	1,285	1,702
65	18,898	0,000975	0,009960	295,76	427,82	1,309	1,699
70	21,168	0,001004	0,008653	304,28	428,65	1,333	1,696
75	23,641	0,001037	0,007491	313,13	429,03	1,358	1,691
80	26,332	0,001077	0,006448	322,39	428,81	1,384	1,685

† Os dados nesta tabela são obtidos de E. W. Lemmon, M. O. McLinden e D. G. Friend, "Thermophysical Properties of Fluid Systems" no Livro eletrônico NIST Chemistry, NIST Standard Reference Database Número 69, Eds. P. J. Linstrom e W G. Mallard, National Institute of Standards and Technology, Gaithersburg MD, 20899, <http://webbook.nist.gov>.

Amônia, cloreto de metila, dióxido de carbono, propano e outros hidrocarbonetos podem servir como refrigerantes, particularmente em aplicações industriais. O uso de hidrocarbonetos halogenados como refrigerantes tornou-se comum na década de trinta. Clorofluorocarbonetos totalmente halogenados foram os refrigerantes mais comuns por várias décadas. Entretanto, verificou-se que essas moléculas estáveis persistiam na atmosfera por muitos anos, permitindo que atingissem a estratosfera antes de finalmente se decomporem por reações que consomem o ozônio estratosférico. Como resultado, sua produção e utilização hoje está banida. Certos hidrocarbonetos não tão halogenados, que causam bem menos efeito no consumo de ozônio, e hidrofluorocarbonetos, que não consomem ozônio, agora servem como substitutos em muitas aplicações. Um exemplo importante é o 1,1,1,2-tetrafluoroetano (HFC-134a).[3] Infelizmente, esses refrigerantes têm um potencial extremamente alto para o aquecimento global, centenas a milhares de vezes maior do que o CO_2 e, por essa razão, agora estão sendo banidos em diversos países. Novos refrigerantes a base de hidrofluorocarbonetos com potencial menor para o aquecimento global, tal como o 2,3,3,3-tetrafluorpropeno (HFO-1234yf), estão começando a substituir os hidrofluorcarbonetos, refrigerantes de primeira geração, tal como R134a.

Um diagrama pressão/entalpia para o 1,1,1,2-tetrafluoroetano (HFC-134a) é mostrado na Figura F.2 do Apêndice F; a Tabela 9.1 fornece dados da saturação desse mesmo refrigerante. Tabelas e diagramas para uma variedade de outros refrigerantes são facilmente encontrados.[4]

Ciclos em Cascata

Os limites impostos nas pressões de operação do evaporador e do condensador de um sistema de refrigeração também limitam a diferença de temperaturas $T_Q - T_F$, na qual um ciclo de compressão de vapor simples pode operar. Com T_Q fixada pela temperatura da vizinhança, um limite inferior é imposto ao nível da temperatura de refrigeração. Isto pode ser contornado pela operação de dois ou mais ciclos de refrigeração, empregando diferentes refrigerantes em uma *cascata*. Uma cascata com dois estágios é mostrada na Figura 9.3.

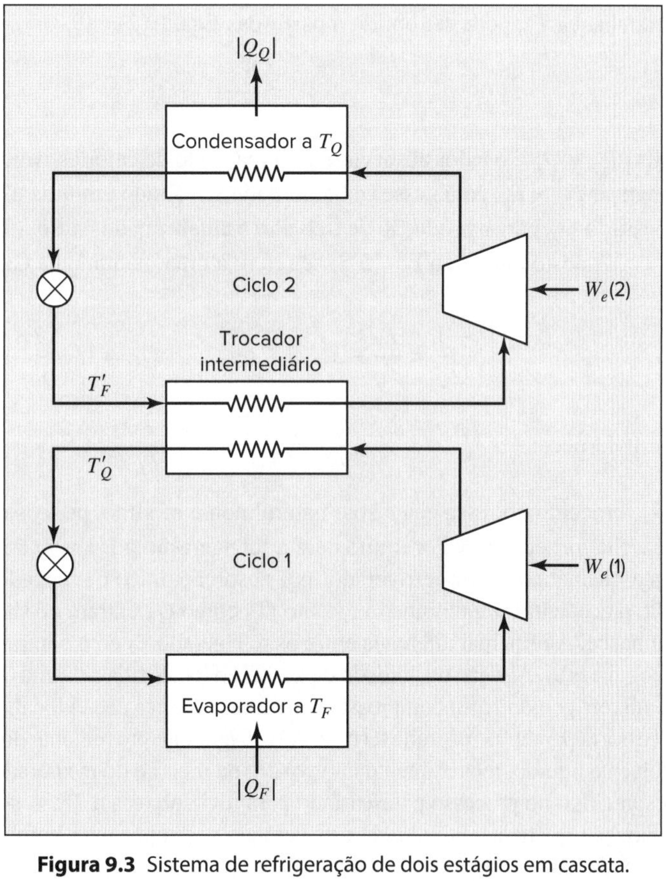

Figura 9.3 Sistema de refrigeração de dois estágios em cascata.

Neste caso, os dois ciclos operam de tal forma que o calor absorvido no trocador intermediário pelo refrigerante do ciclo de maior temperatura (ciclo 2) serve para condensar o refrigerante do ciclo de menor temperatura (ciclo 1). Os dois refrigerantes são escolhidos de forma que cada ciclo opera com pressões aceitáveis. Por exemplo, supondo as seguintes temperaturas de operação (Fig. 9.3):

$$T_Q = 30\ °C \qquad T'_F = -16\ °C \qquad T'_Q = -10\ °C \qquad T_F = -50\ °C$$

[3] A designação abreviada é nomenclatura da American Society of Heating, Refrigerating, and Air-Conditioning Engineers.

[4] *ASHRAE Handbook: Fundamentals*, Cap. 30, 2013; R. H. Perry e D. Green, *Perry's Chemical Engineers' Handbook*, 8ª ed., Seção 2.20, 2008. "Thermophysical Properties of Fluid Systems" no livro eletrônico NIST Chemistry, <http://webboook.nist.gov>.

Se o tetrafluoroetano (HFC-134a) for o refrigerante do ciclo 2, as pressões na entrada e na saída do compressor são de aproximadamente 1,6 bar e 7,7 bar, e a razão de pressão é de aproximadamente 4,9. Se o difluorometano (R32) é o refrigerante do ciclo 1, essas pressões são em torno de 1,1 e 5,8 bar, e a razão de pressão de aproximadamente 5,3. Esses valores são todos razoáveis. Por outro lado, para um único ciclo operando entre −50 °C e 30 °C com o HFC-134a como refrigerante, a pressão na entrada do compressor é de 0,29 bar, bem abaixo da pressão atmosférica. Além disso, para uma pressão na descarga de aproximadamente 7,7 bar, a razão de pressão é de 26, muito alta para ser conseguida em um compressor de único estágio.

9.4 REFRIGERAÇÃO POR ABSORÇÃO

Na refrigeração com compressão de vapor o trabalho de compressão é normalmente fornecido por um motor elétrico. Porém, a fonte da energia elétrica alimentada no motor é provavelmente uma máquina térmica (planta de potência), utilizada para impulsionar um gerador. Dessa forma, em última análise, o trabalho para a refrigeração vem de uma máquina térmica, o que sugere uma combinação de ciclos na qual o trabalho produzido em um ciclo da máquina é utilizado internamente pelo ciclo de refrigeração acoplado em um dispositivo que recebe calor tanto na temperatura elevada T_Q quanto na temperatura T_F, e rejeita calor para a vizinhança na temperatura T_V. Antes de considerar os processos práticos de absorção-refrigeração, tratamos primeiro de uma combinação de ciclos de Carnot que produz este efeito.

O trabalho requerido por um refrigerador de Carnot, absorvendo calor a temperatura T_F e rejeitando calor na temperatura da vizinhança T_V, pode ser obtido a partir das Eqs. (9.2) e (9.3):

$$W = \frac{T_V - T_F}{T_F} Q_F$$

na qual T_V substitui T_Q, e Q_F é o calor absorvido. Se uma fonte de calor estiver disponível a uma temperatura acima daquela da vizinhança, $T_Q > T_V$, então esse trabalho pode ser obtido em uma máquina de Carnot operando entre T_Q e T_V. O calor necessário Q_Q para a produção de trabalho é determinado na Eq. (5.5), na qual substituímos T_F por T_V e trocamos o sinal de W, posto que W na Eq. (5.5) se refere a uma máquina de Carnot, porém, aqui, se refere ao refrigerador:

$$\frac{-W}{Q_Q} = \frac{T_V}{T_Q} - 1 \qquad \text{ou} \qquad Q_Q = W \frac{T_Q}{T_Q - T_V}$$

A substituição de W fornece:

$$\frac{Q_Q}{Q_F} = \frac{T_Q}{T_Q - T_V} \frac{T_V - T_F}{T_F} \tag{9.6}$$

O valor de Q_Q/Q_F fornecido por essa equação é naturalmente mínimo, pois os ciclos de Carnot não podem ser executados na prática. Ela fornece um valor limite para a refrigeração por absorção.

Um diagrama esquemático de um refrigerador por absorção típico é mostrado na Figura 9.4. Note que justamente como na derivação precedente, W é eliminado e, tanto Q_Q como Q_F entram no sistema com o calor sendo rejeitado somente para a vizinhança. A principal diferença entre os refrigeradores com compressão de vapor e por absorção está na forma de fazer a compressão. A seção da unidade de absorção localizada à direita da linha tracejada na Figura 9.4 é igual à correspondente no refrigerador com compressão de vapor, porém a seção localizada à esquerda realiza a compressão na quantidade necessária para uma máquina térmica. O refrigerante proveniente do evaporador, na forma de vapor, é absorvido em um solvente líquido, relativamente não volátil, na pressão do evaporador e a uma temperatura relativamente baixa. O calor desprendido no processo é descartado para a vizinhança a T_V. A solução líquida, que sai do absorvedor e tem uma concentração relativamente alta de refrigerante, passa por uma bomba que eleva sua pressão a mesma do condensador. O calor da fonte de temperatura mais alta, a T_Q, é transferido para a solução líquida comprimida, elevando sua temperatura e causando a evaporação (separação) do refrigerante contido no solvente. O vapor passa do regenerador para o condensador, e o solvente, que neste ponto apresenta uma concentração de refrigerante relativamente baixa, retorna para o absorvedor, passando por um trocador de calor. Este trocador serve para economizar energia e ajustar as temperaturas das correntes para valores ótimos. O vapor de baixa pressão é a fonte usual de calor para o regenerador.

O sistema de refrigeração por absorção mais utilizado opera com água como refrigerante e uma solução de brometo de lítio como absorvente. Obviamente, este sistema está limitado a temperaturas de refrigeração acima do ponto de congelamento da água. Ele é apresentado em detalhes por Perry e Green.[5] Para temperaturas mais baixas, a amônia pode servir como refrigerante com água como o solvente. Um sistema alternativo usa metanol como refrigerante e poliglicoleteres como absorventes.

[5] R. H. Perry e D. Green, *op. cit.*, pp. 11-88 - 11-89.

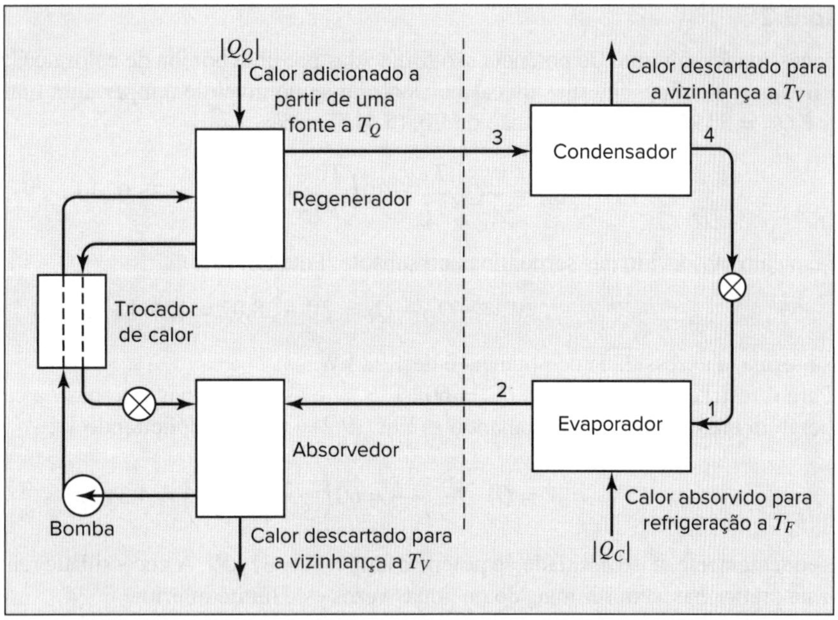

Figura 9.4 Diagrama esquemático de uma unidade de refrigeração por absorção.

Considere a refrigeração a um nível de temperatura de −10 °C (T_F = 263,15 K) com uma fonte de calor formada por vapor d'água condensando a pressão atmosférica (T_Q = 373,15 K). Para uma temperatura na vizinhança de 30 °C (T_V = 303,15 K), o valor mínimo possível de Q_Q/Q_F é encontrado a partir da Eq. (9.6):

$$\frac{Q_Q}{Q_F} = \left(\frac{373{,}15}{373{,}15 - 303{,}15}\right)\left(\frac{303{,}15 - 263{,}15}{263{,}15}\right) = 0{,}81$$

Em um refrigerador por absorção real, o valor seria na ordem de três vezes maior do que este resultado.

9.5 A BOMBA DE CALOR

A bomba de calor, uma máquina térmica invertida, é um dispositivo para aquecimento de casas e prédios comerciais durante o inverno e seu resfriamento durante o verão. No inverno ela opera absorvendo calor da vizinhança e rejeitando-o no interior das construções. Um refrigerante evapora em serpentinas localizadas no subsolo ou no ambiente externo; a compressão do vapor é seguida pela sua condensação, com o calor sendo transferido para o ar ou a água utilizados para aquecer os ambientes internos. A compressão tem de ter pressão suficiente para que a temperatura de condensação do refrigerante seja superior ao nível de temperatura requerido no ambiente da edificação. O custo de operação da instalação é o custo da energia elétrica para acionar o compressor. Se a unidade tiver um coeficiente de performance, $Q_F/W = 4$, o calor disponível para aquecer a casa Q_Q é igual a cinco vezes a energia alimentada no compressor. Qualquer vantagem econômica da bomba de calor como um dispositivo de aquecimento depende da comparação do custo da eletricidade com o custo de combustíveis, como o óleo e o gás natural.

A bomba de calor também serve para o condicionamento de ambientes no verão. O escoamento do refrigerante é simplesmente invertido e o calor é absorvido do ambiente interno e rejeitado através de serpentinas no subsolo ou para o ar exterior.

■ Exemplo 9.2

Uma casa tem uma necessidade de aquecimento durante o inverno de 30 kJ · s^{-1} e de resfriamento no verão de 60 kJ · s^{-1}. Considere a instalação de uma bomba de calor para manter a temperatura no interior da casa a 20 °C no inverno e a 25 °C no verão. Isso requer que a circulação do refrigerante através de serpentinas no interior da casa a 30 °C no inverno e a 5 °C no verão. Serpentinas no subsolo fornecem a fonte de calor no inverno e o sumidouro de calor no verão. Para uma temperatura média do solo de 15 °C ao longo do ano, as características de transferência de calor dessas serpentinas indicam a necessidade de temperaturas do refrigerante no seu interior de 10 °C no inverno e 25 °C no verão. Quais são as necessidades mínimas de potência para o aquecimento no inverno e o resfriamento no verão?

Solução 9.2

As necessidades mínimas de potência são fornecidas por uma bomba de calor de Carnot. Para o aquecimento no inverno, as serpentinas internas da casa encontram-se no nível de temperatura mais alto T_Q e a necessidade de calor é $Q_Q = 30$ kJ · s^{-1}. A utilização da Eq. (5.4) fornece:

$$Q_F = -Q_Q \frac{T_F}{T_Q} = 30\left(\frac{10 + 273{,}15}{30 + 273{,}15}\right) = 28{,}02 \text{ kJ} \cdot \text{s}^{-1}$$

Este é o calor absorvido nas serpentinas no subsolo. Pela Eq. (9.1),

$$W = -Q_Q - Q_F = 30 - 28{,}02 = 1{,}98 \text{ kJ} \cdot \text{s}^{-1}$$

Dessa forma, a necessidade de potência é de 1,98 kW.

Para o resfriamento no verão, $Q_F = 60$ kJ · s^{-1}, e as serpentinas internas da casa encontram-se no nível de temperatura mais baixo T_F. Combinando as Eqs. (9.2) e (9.3) e explicitando W:

$$W = Q_F \frac{T_Q - T_F}{T_F} = 60\left(\frac{25 - 5}{5 + 273{,}15}\right) = 4{,}31 \text{ kJ} \cdot \text{s}^{-1}$$

Consequentemente, a necessidade de potência aqui é de 4,31 kW. A necessidade real de potência para bombas de calor na prática parecem ser mais do que duas vezes este limite inferior.

9.6 PROCESSOS DE LIQUEFAÇÃO

Gases liquefeitos são utilizados para vários propósitos. Por exemplo, o propano líquido em cilindros serve como combustível doméstico, o oxigênio líquido é transportado em foguetes, o gás natural é liquefeito para ser transportado por via marítima e o nitrogênio liquefeito é usado para refrigeração a baixas temperaturas. As misturas gasosas (por exemplo, o ar) são liquefeitas com o objetivo de separar seus diversos componentes por destilação.

A liquefação ocorre quando um gás é resfriado até uma temperatura na região bifásica, o que pode ser executado das seguintes maneiras:

1. Por transferência de calor a pressão constante.
2. Por um processo de expansão no qual o trabalho é obtido.
3. Por um processo de estrangulamento.

O primeiro método requer um sumidouro de calor a uma temperatura inferior àquela para a qual o gás é resfriado; ele é mais utilizado para pré-resfriar um gás antes de sua liquefação por meio dos outros dois métodos. Um refrigerador externo é necessário para uma temperatura do gás inferior à temperatura da vizinhança.

Os três métodos estão ilustrados na Figura 9.5. O processo a pressão constante (1) se aproxima da região bifásica (e da liquefação) para determinada queda de temperatura. O processo de estrangulamento (3) não resulta em liquefação, a não ser que o estado inicial esteja a uma temperatura baixa o suficiente e que a pressão esteja alta o suficiente para que o processo a entalpia constante corte a região bifásica. Isto é, na verdade, a situação para um estado inicial a A', mas não a A, no qual a temperatura é a mesma, porém a pressão é menor do que em A. A mudança do estado de A para A' pode ser realizada pela compressão do gás até a pressão em B, seguida de um resfriamento a pressão constante até A'. Tomando como referência um diagrama PH para o ar,[6] este mostra que a uma temperatura de 160 K a pressão tem de ser maior do que aproximadamente 80 bar para que ocorra alguma liquefação ao longo de uma trajetória de entalpia constante. Assim, se o ar for comprimido até pelo menos 80 bar e resfriado abaixo de 160 K, ele pode ser parcialmente liquefeito por estrangulamento. Um processo eficiente para o resfriamento do gás é através da troca de calor em contracorrente com a porção do gás que não se liquefaz no processo de estrangulamento.

A liquefação por expansão isentrópica ao longo do processo (2) ocorre a partir de pressões inferiores (para determinada temperatura) pelo processo de estrangulamento. Por exemplo, a continuação do processo (2) a partir do estado inicial A resultará, finalmente, em liquefação.

O processo de estrangulamento (3) é normalmente utilizado em plantas comerciais de liquefação de pequena escala. A temperatura do gás tem de diminuir durante a expansão e isto, na verdade, ocorre com a maioria dos gases em condições usuais de temperatura e pressão. As exceções são o hidrogênio e o hélio, que aumentam de temperatura ao passar por um estrangulamento, a não ser que a temperatura inicial seja inferior a aproximadamente 100 K para o hidrogênio e 20 K para o hélio. A liquefação desses gases por estrangulamento requer um resfriamento inicial a temperaturas inferiores às obtidas pelo método 1 ou 2.

[6] R. H. Perry e D. Green, *op. cit.*, Figura 2-5, p. 2-215.

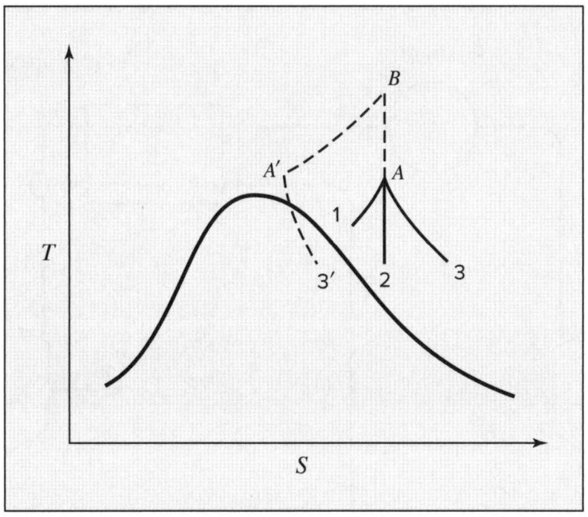

Figura 9.5 Processos de resfriamento em um diagrama *TS*.

O processo de liquefação Linde, que depende somente de uma expansão por estrangulamento, é mostrado na Figura 9.6. Após a compressão, o gás é pré-resfriado até a temperatura ambiente. Ele pode ser ainda mais resfriado através de refrigeração. Quanto menor a temperatura do gás ao entrar na válvula de estrangulamento, maior será sua fração liquefeita. Por exemplo, um refrigerante evaporando no resfriador a −40 °C fornece uma temperatura menor na válvula do que quando a água, a 20 °C, é o meio refrigerante.

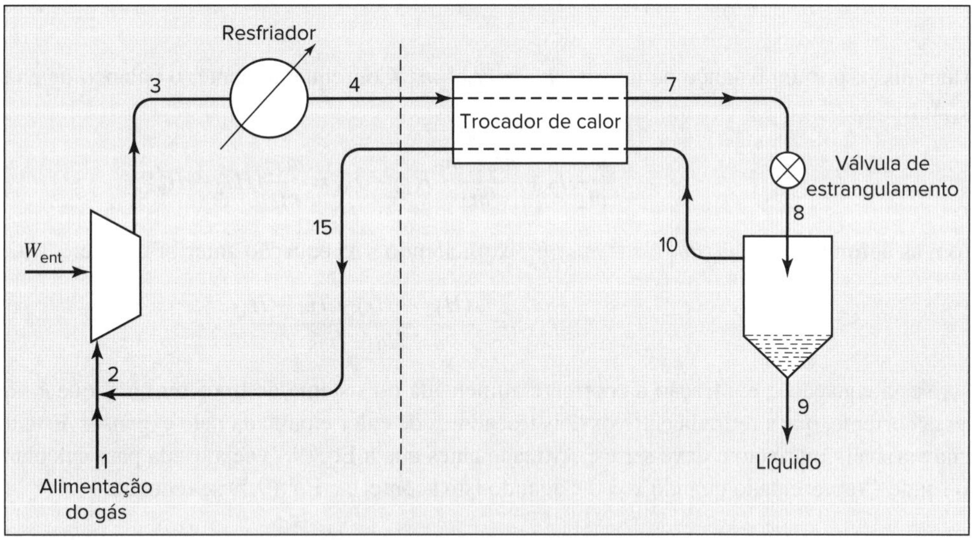

Figura 9.6 Processo de liquefação Linde.

Um processo de liquefação mais eficiente substituiria a válvula de estrangulamento por um expansor, porém a operação de tal equipamento na região bifásica é impraticável. O processo Claude, mostrado na Figura 9.7, é fundamentado em parte nessa ideia. O gás, a uma temperatura intermediária, é extraído do sistema de troca térmica e passa através de um expansor, deixando-o como vapor saturado ou levemente superaquecido. O gás restante recebe mais resfriamento e é estrangulado em uma válvula para produzir liquefação, conforme no processo Linde. A porção não liquefeita, que é o vapor saturado, é misturada à exaustão do expansor e retorna, sendo reciclada, através do sistema de troca térmica.

Um balanço de energia, Eq. (2.30), aplicado na parte do processo localizada à direita da linha vertical tracejada, fornece:

$$\dot{m}_9 H_9 + \dot{m}_{15} H_{15} - \dot{m}_4 H_4 = \dot{W}_{sai}$$

Se o expansor operar adiabaticamente, $\dot{W}_{sai}$, conforme dado pela Eq. (7.13), é:

$$\dot{W}_{sai} = \dot{m}_{12}(H_{12} - H_5)$$

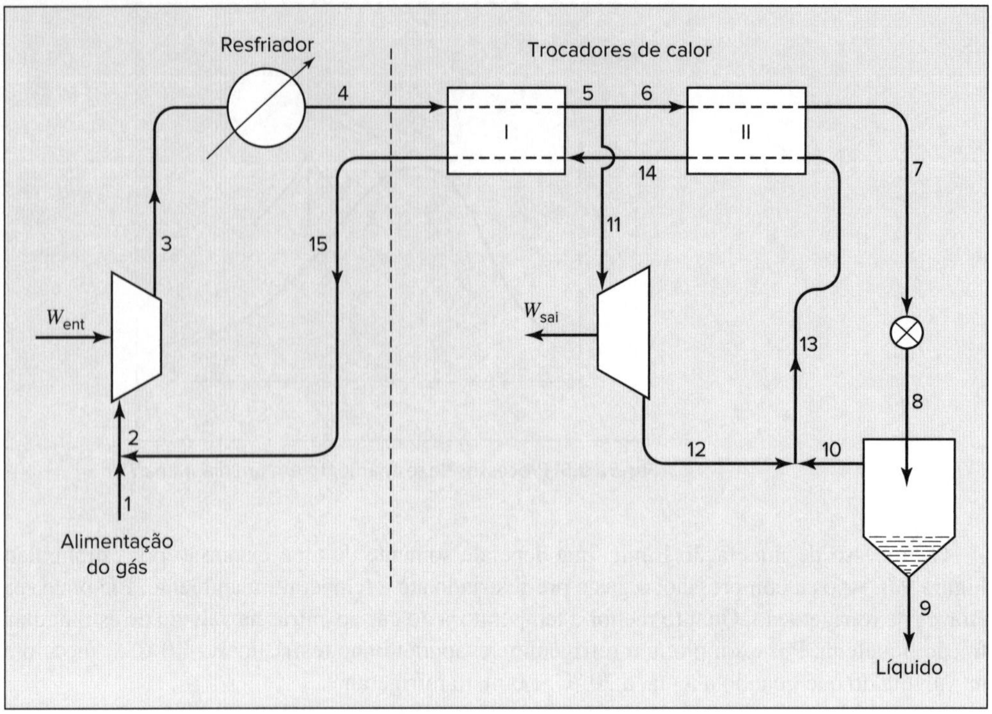

Figura 9.7 Processo de liquefação Claude.

Além disso, por um balanço de massa, $\dot{m}_{15} = \dot{m}_4 - \dot{m}_9$. Consequentemente, o balanço de energia, após divisão por $\dot{m}_4$, torna-se:

$$\frac{\dot{m}_9}{\dot{m}_4}H_9 + \frac{\dot{m}_4 - \dot{m}_9}{\dot{m}_4}H_{15} - H_4 = \frac{\dot{m}_{12}}{\dot{m}_4}(H_{12} - H_5)$$

Com as definições, $z \equiv \dot{m}_9/\dot{m}_4$ e $x \equiv \dot{m}_{12}/\dot{m}_4$, explicitando z na equação anterior tem-se:

$$z = \frac{x(H_{12} - H_5) + H_4 - H_{15}}{H_9 - H_{15}} \tag{9.7}$$

Nesta equação, z é a fração da corrente alimentada no sistema de troca térmica, que é liquefeita, e x é a fração dessa corrente, que é retirada entre os dois trocadores de calor e passada pelo expansor. Esta última quantidade (x) é uma variável de projeto e deve ser especificada antes que a Eq. (9.7) seja usada para calcular z. Note que o processo Linde é representado quando $x = 0$ e quando isto acontece a Eq. (9.7) se reduz a:

$$z = \frac{H_4 - H_{15}}{H_9 - H_{15}} \tag{9.8}$$

Assim, o processo Linde é um caso limite do processo Claude, atingido quando nenhum gás da corrente a alta pressão é enviado para o expansor.

Hipoteticamente, nas Eqs. (9.7) e (9.8) nenhum calor entra no sistema vindo da vizinhança. Porém, isto nunca pode ser tomado como verdade, pois o ganho de calor pode ser significativo quando as temperaturas são muito baixas, mesmo com equipamentos bem isolados termicamente.

■ Exemplo 9.3

O gás natural, aqui sendo o metano puro, é liquefeito em um processo Claude. A compressão vai até 60 bar e o pré-resfriamento até 300 K. O expansor e a válvula de estrangulamento descarregam em uma pressão de 1 bar. O metano reciclado nesta pressão deixa o sistema de troca térmica (ponto 15, Figura 9.7) a 295 K. Considere que não ocorra entrada de calor no sistema que vem do ambiente, uma eficiência no expansor de 75 % e que na exaustão do expansor haja vapor saturado. Qual fração z do metano é liquefeita e qual é a temperatura da corrente a alta pressão que entra na válvula de estrangulamento para uma retirada do sistema de troca térmica para o expansor de 25 % do metano nele alimentado (x = 0,25)?

Solução 9.3

Dados para o metano são fornecidos no livro eletrônico NIST,[7] de onde os seguintes valores foram obtidos:

$$H_4 = 855{,}3 \text{ kJ} \cdot \text{kg}^{-1} \qquad \text{(a 300 K e 60 bar)}$$
$$H_{15} = 903{,}0 \text{ kJ} \cdot \text{kg}^{-1} \qquad \text{(a 295 K e 1 bar)}$$

Para o líquido e o vapor saturados, na pressão de 1 bar:

$$T^{sat} = 111{,}5 \text{ K}$$
$$H_9 = -0{,}6 \text{ kJ} \cdot \text{kg}^{-1} \qquad \text{(líquido saturado)}$$
$$H_{12} = 510{,}6 \text{ kJ} \cdot \text{kg}^{-1} \qquad \text{(vapor saturado)}$$
$$S_{12} = 4{,}579 \text{ kJ} \cdot \text{kg}^{-1} \cdot \text{K}^{-1} \qquad \text{(vapor saturado)}$$

A entalpia no ponto de retirada entre os trocadores I e II, H_5, é necessária para a solução da Eq. (9.7). A eficiência do expansor η é conhecida, assim como o H_{12}, a entalpia na exaustão do expansor. O cálculo de H_5 ($= H_{11}$), a entalpia na entrada do expansor, é menos direto do que o cálculo usual da entalpia na exaustão a partir da entalpia na entrada. A equação definindo a eficiência do expansor pode ser escrita da seguinte maneira:

$$\Delta H = H_{12} - H_5 = \eta\,(\Delta H)_S = \eta(H'_{12} - H_5)$$

Explicitando H_{12}:

$$H_{12} = H_5 + \eta(H'_{12} - H_5) \qquad (A)$$

na qual H'_{12} é a entalpia a 1 bar, resultante da expansão *isentrópica* a partir do ponto 5. Esta entalpia é facilmente determinada com o conhecimento das condições no ponto 5. Assim, um procedimento de cálculo por tentativas é indicado, no qual a primeira etapa é estimar a temperatura T_5. Isto permite a determinação de valores para H_5 e S_5, a partir dos quais H'_{12} pode ser calculada. Todas as quantidades na Eq. (*A*) são então conhecidas e a sua substituição nesta equação permite verificar se ela é satisfeita ou não. Se não for, um novo valor para T_5 deve ser usado e o processo continua até a Eq. (*A*) ser satisfeita. Por exemplo, a 60 bar e 260 K, a entalpia e a entropia têm os valores 745,27 kJ · kg^{-1} e 4,033 kJ · kg^{-1} · K^{-1}, respectivamente. O líquido e o vapor saturados a 1 bar têm $S^l = -0{,}005$ e $S^v = 4{,}579$, respectivamente. A partir desses valores, a expansão isentrópica de 260 K e 60 bar para 1 bar daria uma fração de vapor igual a 0,8808. Esse procedimento leva a :

$$H'_{12} = H_9 + 0{,}8808(H_{12} - H_9) = 449{,}6 \text{ kJ} \cdot \text{kg}^{-1}$$

Utilizando esses valores na Eq. (*A*) tem-se $H_{12} = 508{,}8$ kJ · kg^{-1}, que é menor do que o valor conhecido de $H_{12} = 510{,}6$ kJ · kg^{-1}. Então, T_5 deve ser maior do que o valor considerado de 260 K. Repetindo esse processo (em uma versão automatizada em uma planilha de cálculo) para outros valores de T_5, percebe-se que a Eq. (*A*) é satisfeita para:

$$T_5 = 261{,}2 \text{ K} \quad H_5 = 748{,}8 \text{ kJ} \cdot \text{kg}^{-1} \quad \text{(a 60 bar)}$$

A substituição dos valores na Eq. (9.7) agora fornece:

$$z = \frac{0{,}25(510{,}6 - 748{,}8) + 855{,}3 - 903{,}0}{-0{,}6 - 903{,}0} = 0{,}1187$$

Assim, 11,9 % do metano que entra no sistema de troca térmica é liquefeito.

A temperatura no ponto 7 depende de sua entalpia, que é encontrada a partir de balanços de energia no sistema de troca térmica. Portanto, para o trocador I,

$$\dot{m}_4(H_5 - H_4) + \dot{m}_{15}(H_{15} - H_{14}) = 0$$

Com $\dot{m}_{15} = \dot{m}_4 - \dot{m}_9$ e $\dot{m}_9/\dot{m}_4 = z$, a equação pode ser rearrumada para fornecer:

$$H_{14} = \frac{H_5 - H_4}{1 - z} + H_{15} = \frac{748{,}8 - 855{,}3}{1 - 0{,}1187} + 903{,}0$$

[7] E. W. Lemmon, M. G. McLinden e D. G. Friend, *op. cit.*, <http://webbook.nist.gov>.

Então,

$$H_{14} = 782{,}2 \text{ kJ} \cdot \text{kg}^{-1} \quad T_{14} = 239{,}4 \text{ K(a 1 bar)}$$

com T_{14} encontrada pela avaliação de H para o metano a 1 bar e variando a temperatura para encontrar o valor conhecido de H_{14}.

Para o trocador II,

$$\dot{m}_7(H_7 - H_5) + \dot{m}_{14}(H_{14} - H_{12}) = 0$$

Com $\dot{m}_7 = \dot{m}_4 - \dot{m}_{12}$ e $\dot{m}_{14} = \dot{m}_4 - \dot{m}_9$ e com as definições de z e x, esta equação, após ser rearrumada, torna-se:

$$H_7 = H_5 - \frac{1-z}{1-x}(H_{14} - H_{12}) = 748{,}8 - \frac{1 - 0{,}1187}{1 - 0{,}25}(782{,}2 - 510{,}6)$$

Então,

$$H_7 = 429{,}7 \text{ kJ} \cdot \text{kg}^{-1} \quad T_7 = 199{,}1 \text{ K(a 60 bar)}$$

Na medida em que o valor de x aumenta, T_7 diminui, eventualmente atingindo a temperatura de saturação no separador e então requerendo uma área infinita para o trocador II. Dessa forma, x é limitado no valor superior pelo custo do sistema de troca térmica.

O outro limite é $x = 0$, o sistema de Linde, para o qual, pela Eq. (9.8),

$$z = \frac{855{,}3 - 903{,}0}{-0{,}6 - 903{,}0} = 0{,}0528$$

Neste caso, somente 5,3 % do gás que entra na válvula de estrangulamento sai como líquido. A temperatura do gás no ponto 7 é novamente encontrada a partir de sua entalpia, calculada pelo balanço de energia:

$$H_7 = H_4 - (1 - z)(H_{15} - H_{10})$$

A substituição dos valores conhecidos fornece:

$$H_7 = 855{,}3 - (1 - 0{,}0528)(903{,}0 - 510{,}6) = 483{,}6 \text{ kJ} \cdot \text{kg}^{-1}$$

A temperatura correspondente do metano que entra na válvula de estrangulamento é $T_7 = 202{,}1$ K.

9.7 SINOPSE

Após estudar este capítulo, incluindo os exemplos e os problemas no fim do mesmo, devemos estar habilitado a:

- Calcular o coeficiente de performance (desempenho) para um ciclo de refrigeração de Carnot e reconhecer que ele representa o limite superior para qualquer processo de refrigeração real;
- Executar uma análise termodinâmica de um ciclo de refrigeração com compressão de vapor como aquela ilustrada na Figura 9.1;
- Descrever um processo real de refrigeração por absorção e explicar por que sua utilização pode ter vantagens;
- Esboçar um sistema de refrigeração em cascata, explicar por que poderíamos usar este sistema e entender como conduzir a seleção de refrigerantes para esse tipo de sistema;
- Executar uma análise termodinâmica dos processos de liquefação Linde ou Claude, tal como a apresentada no Exemplo 9.3.

9.8 PROBLEMAS

9.1. Uma forma fácil de organizar definições de performance de ciclos é pensar neles como:

$$\text{Medida de performance} = \frac{\text{O que você obtém}}{\text{O que você paga por}}$$

Dessa maneira, para uma máquina, a eficiência térmica é $\eta = |W|/|Q_Q|$; para um refrigerador, o coeficiente de performance é $\omega = |Q_F|/|W|$. Defina um coeficiente de performance ϕ para uma bomba de calor. Qual é ϕ para uma bomba de calor de *Carnot*?

9.2. O conteúdo do congelador de um refrigerador doméstico é mantido na temperatura de −20 °C. A temperatura da cozinha é de 20 °C. Considerando que o calor entra no refrigerador em uma quantidade de 125.000 kJ por dia e que o custo da eletricidade é de \$0,08/kWh, estime o custo anual para manter ligado o refrigerador. Considere um coeficiente de performance igual a 60 % do valor de Carnot.

9.3. Considere a partida de um refrigerador. Inicialmente, seu conteúdo está na mesma temperatura da vizinhança, $T_{F0} = T_Q$, sendo T_Q a temperatura (constante) da vizinhança. Com o passar do tempo, por causa do trabalho fornecido, a temperatura do conteúdo é reduzida de T_{F0} para seu valor de projeto T_F. Modelando o processo como um refrigerador de Carnot operando entre um reservatório de calor infinito e um reservatório frio *finito*, com a capacidade calorífica total C^t, determine uma expressão para o trabalho mínimo necessário para diminuir a temperatura do conteúdo de T_{F0} para T_F.

9.4. Um refrigerador de Carnot utiliza como fluido de trabalho o tetrafluoretano. O ciclo é o mesmo mostrado na Figura 8.2, exceto que os sentidos são invertidos. Para $T_F = -12$ °C e $T_Q = 40$ °C, determine:

(*a*) As pressões nos estados 1, 2, 3 e 4.
(*b*) A qualidade x^v nos estados 3 e 4.
(*c*) O calor adicionado por kg de fluido.
(*d*) O calor rejeitado por kg de fluido.
(*e*) A potência mecânica por kg de fluido para cada uma das quatro etapas.
(*f*) O coeficiente de performance ω para o ciclo.

9.5. Qual é a forma mais efetiva de aumentar o coeficiente de performance de um refrigerador de Carnot: aumentar T_F com T_Q constante, ou diminuir T_Q com T_F constante? Para um refrigerador real, essas estratégias fazem sentido?

9.6. Na comparação da performance de um ciclo real com a de um ciclo de Carnot, deve-se, em princípio, escolher as temperaturas para usar nos cálculos do ciclo de Carnot. Considere um ciclo de refrigeração por compressão de vapor no qual as temperaturas médias dos fluidos no condensador e no evaporador são T_Q e T_F, respectivamente. De acordo com T_Q e T_F, a transferência de calor ocorre em relação à vizinhança nas temperaturas $T_{\sigma Q}$ e $T_{\sigma F}$. O que fornece uma estimativa mais conservativa de ω_{Carnot}: um cálculo baseado em T_Q e T_F, ou um baseado em $T_{\sigma Q}$ e $T_{\sigma F}$?

9.7. Uma máquina de Carnot encontra-se acoplada a um refrigerador de Carnot de tal forma que todo o trabalho produzido pela máquina é utilizado pelo refrigerador na extração de calor de um reservatório de calor a 0 °C a uma taxa de 35 kJ · s^{-1}. A fonte de energia para a máquina de Carnot é um reservatório a 250 °C. Se ambos os dispositivos descartam calor para a vizinhança a 25 °C, que quantidade de calor é absorvida pela máquina a partir do seu reservatório de calor?

Se o coeficiente de performance real do refrigerador for $\omega = 0{,}6\ \omega_{\text{Carnot}}$ e a eficiência térmica da máquina for $\eta = 0{,}6\ \eta_{\text{Carnot}}$, qual será a quantidade de calor que a máquina absorverá do seu reservatório de calor?

9.8. Um sistema de refrigeração requer 1,5 kW de potência para uma taxa de refrigeração de 4 kJ · s^{-1}.

(*a*) Qual é o coeficiente de performance?
(*b*) Qual é a quantidade de calor rejeitada no condensador?
(*c*) Se a rejeição do calor ocorrer a 40 °C, qual será a menor temperatura que possivelmente o sistema terá capacidade de manter?

9.9. Um sistema de refrigeração por compressão de vapor opera com o ciclo da Figura 9.1. O refrigerante é o tetrafluoroetano (Tabela 9.1, Figura F.2). Para um dos conjuntos de condições operacionais, determine a vazão de circulação do refrigerante, a taxa de transferência de calor no condensador, a potência necessária, o coeficiente de performance do ciclo e o coeficiente de performance de um ciclo de refrigeração de Carnot operando entre os mesmos níveis de temperatura.

(*a*) Evaporação $T = 0$ °C; condensação $T = 26$ °C; η(compressor) = 0,79; taxa de refrigeração = 600 kJ · s^{-1}.
(*b*) Evaporação $T = 6$ °C; condensação $T = 26$ °C; η(compressor) = 0,78; taxa de refrigeração = 500 kJ · s^{-1}.
(*c*) Evaporação $T = -12$ °C; condensação $T = 26$ °C; η(compressor) = 0,77; taxa de refrigeração = 400 kJ · s^{-1}.
(*d*) Evaporação $T = -18$ °C; condensação $T = 26$ °C; η(compressor) = 0,76; taxa de refrigeração = 300 kJ · s^{-1}.
(*e*) Evaporação $T = -25$ °C; condensação $T = 26$ °C; η(compressor) = 0,75; taxa de refrigeração = 200 kJ · s^{-1}.

9.10. Um sistema de refrigeração por compressão de vapor opera com o ciclo da Figura 9.1. O refrigerante é a água. Sabendo-se que a evaporação ocorre a $T = 4$ °C, a condensação a $T = 34$ °C; η(compressor) = 0,76 e a taxa de refrigeração = 1200 kJ · s^{-1}, determine a vazão de circulação do refrigerante, a taxa de transferência de calor no condensador, a potência necessária, o coeficiente de performance do ciclo e o coeficiente de performance de um ciclo de refrigeração de Carnot operando entre os mesmos níveis de temperatura.

9.11. Um refrigerador, com tetrafluoroetano (Tabela 9.1, Figura F.2) como refrigerante, opera com uma temperatura de evaporação igual a −25 °C e uma temperatura de condensação igual a 26 °C. O refrigerante líquido saturado que sai do condensador escoa para o evaporador passando através de uma válvula de expansão. Posteriormente, ele sai do evaporador como vapor saturado.

(*a*) Para uma taxa de resfriamento de 5 kJ · s^{-1}, qual é a vazão de circulação do refrigerante?
(*b*) De quanto deveria ser reduzida a vazão de circulação, se a válvula de estrangulamento (expansão) fosse substituída por uma turbina na qual o refrigerante se expandisse isentropicamente?
(*c*) Suponha que o ciclo do item (*a*) seja modificado por causa da inclusão de um trocador de calor em contracorrente entre o condensador e a válvula de estrangulamento, no qual o calor é transferido para o vapor que retorna do evaporador. Se o líquido que sai do condensador entrar no trocador a 26 °C e o vapor que sai do evaporador entrar no trocador a −25 °C e sair a 20 °C, qual será a vazão de circulação do refrigerante?
(*d*) Para os itens (*a*), (*b*) e (*c*), determine o coeficiente de performance supondo compressão isentrópica do vapor.

9.12. Um sistema de refrigeração por compressão de vapor é convencional, exceto pela existência de um trocador de calor em contracorrente que subresfria o líquido que sai do condensador através da troca de calor com a corrente de vapor que sai do evaporador. A diferença mínima de temperaturas para a transferência de calor é de 5 °C. O refrigerante, que é o tetrafluoroetano (Tabela 9.1, Figura F.2), evapora a −6 °C e condensa a 26 °C. A carga térmica no evaporador é de 2000 kJ · s^{-1}. Se a eficiência do compressor for igual a 75 %, qual será a potência necessária? Compare este resultado com a necessidade de potência no compressor, se o sistema operar sem o trocador de calor. Qual é a relação entre as vazões de circulação do refrigerante nos dois casos?

9.13. Considere o ciclo de refrigeração com compressão de vapor da Figura 9.1 com tetrafluoroetano como refrigerante (Tabela 9.1, Figura F.2). Para uma temperatura de evaporação de −12 °C, mostre o efeito da temperatura de condensação no coeficiente de performance, fazendo cálculos para temperaturas de condensação iguais a 16, 28, e 40 °C.

(*a*) Suponha compressão do vapor isentrópica.
(*b*) Suponha uma eficiência do compressor igual a 75 %.

9.14. Uma bomba de calor é utilizada para aquecer uma casa no inverno e resfriá-la no verão. Durante o inverno, o ar exterior serve como uma fonte de calor a baixa temperatura; durante o verão ele funciona como um sumidouro de calor a alta temperatura. A taxa de transferência de calor através das paredes e do teto da casa é de 0,75 kJ · s^{-1} para cada °C de diferença de temperaturas entre o interior e o exterior da casa, no verão e no inverno. O motor da bomba de calor tem potência nominal de 1,5 kW. Determine a temperatura exterior mínima para a qual o interior da casa pode ser mantido a 20 °C durante o inverno e a temperatura exterior máxima para a qual a casa pode ser mantida a 25 °C durante o verão.

9.15. O metano seco é fornecido por um sistema compressor/pré-resfriador para o resfriador de um sistema Linde de metano líquido (Fig. 9.6), a 180 bar e 300 K. O metano a baixa pressão deixa o resfriador a uma temperatura 6 °C abaixo da temperatura da corrente de metano a alta pressão nele alimentada. O separador opera a 1 bar e o produto é líquido saturado nesta pressão. Qual é a fração máxima do metano alimentado no resfriador que pode ser liquefeita? A fonte de dados para o metano é o *e-book* NIST Chemistry: <http://webbook.nist.gov/chemistry/fluid/>.

9.16. Refaça o problema anterior para o metano fornecido a 200 bar e pré-resfriado até 240 K por refrigeração externa.

9.17. Um anúncio de uma unidade para estábulos de gado leiteiro, que combina um resfriador de leite com um aquecedor de água, é apresentado em um jornal da zona rural. Naturalmente, o leite deve ser resfriado e a água quente é necessária para o serviço de limpeza. Os estábulos são normalmente equipados com um resfriador elétrico convencional, resfriado a ar, e um aquecedor de água com resistência elétrica. O anúncio diz que a nova unidade fornece tanto a refrigeração necessária quanto a água quente requerida com um custo de eletricidade aproximadamente igual ao custo para se manter operando somente o resfriador na instalação convencional. Para avaliar essa afirmação, compare duas unidades de refrigeração: a unidade anunciada, que retira 15 kJ · s^{-1} do resfriador de leite a −2 °C e descarta calor através de um condensador a 65 °C, aumentando a temperatura da água de 13 para 63 °C, e a unidade convencional, que retira a mesma quantidade de calor do mesmo resfriador de leite a −2 °C e descarta calor em um condensador resfriado a ar a 50 °C. Além disso, a mesma quantidade de água é aquecida eletricamente de 13 para 63 °C. Estime as necessidades *totais* de potência elétrica para os dois casos, supondo que o trabalho real em ambos é 50 % superior ao requerido por refrigeradores de Carnot operando entre as temperaturas fornecidas.

9.18. Um sistema de refrigeração com dois estágios em cascata (veja Figura 9.3) opera entre $T_F = 210$ K e $T_Q = 305$ K. As temperaturas intermediárias são $T'_F = 255$ K e $T'_Q = 260$ K. Os coeficientes de performance ω para cada estágio são 65 % dos valores correspondentes para o refrigerador de Carnot. Determine ω para a cascata real e compare esse valor com o do refrigerador de Carnot operando entre T_F e T_Q.

9.19. Faça um estudo paramétrico do processo de liquefação Claude tratado na Seção 9.6 e no Exemplo 9.3. Em particular, mostre numericamente o efeito da variação na razão de retirada x sobre as outras variáveis do processo. A fonte de dados para o metano é o *e-book* NIST Chemistry: <http://webbook.nist.gov/chemistry/fluid/>.

9.20. O condensador de um refrigerador doméstico normalmente se localiza embaixo do refrigerador. Dessa forma, o refrigerante ao condensar troca calor com o ar no ambiente interno, que tem uma temperatura média de cerca de 21 °C. A proposta é reconfigurar um refrigerador de forma que o condensador seja deslocado para o *lado de fora* da casa, onde a temperatura média anual é cerca de 10 °C. Discuta os prós e os contras dessa proposta, considerando uma temperatura no congelador de −18 °C e um coeficiente de performance real igual a 60 % daquele de um refrigerador de Carnot.

9.21. Um engano comum é que o coeficiente de performance de um refrigerador tem de ser menor do que a unidade. Na verdade, este caso é raro. Para ver a razão, considere um refrigerador real para o qual $\omega = 0{,}6\ \omega_{\text{Carnot}}$. Que condição deve ser satisfeita para que $\omega < 1$? Considere que T_Q tem um valor fixo.

9.22. Uma fornalha de aquecimento para de funcionar em uma casa no inverno. Milagrosamente, a energia elétrica permanece funcionando. O engenheiro residente diz à sua esposa para não se preocupar, pois eles irão para a cozinha, onde o calor rejeitado do refrigerador pode propiciar temporariamente um espaço confortável para ficarem. Entretanto (o engenheiro é alertado), a cozinha perde calor para o lado de fora da casa. Utilize os dados a seguir para determinar o valor tolerável da taxa de calor perdida (kW) da cozinha para o exterior para que a proposta do engenheiro faça sentido.

Dados: Temperatura desejada na cozinha: 290 K.
Temperatura do congelador do refrigerador = 250 K.
Potência mecânica média alimentada no refrigerador = 0,40 kW.
Performance: Real ω = 65 % do ω de Carnot.

9.23. Cinquenta (50) kmol · h^{-1} de tolueno líquido a 1,2 bar são resfriados de 100 para 20 °C. Um ciclo de refrigeração por compressão de vapor é usado para esse propósito. A amônia é o fluido de trabalho. A condensação no ciclo é efetuada em um resfriador a ar aletado (*air-cooler*), com ventilador, no qual a temperatura do ar pode ser considerada constante e igual a 20 °C. Determine:

(*a*) Os níveis de pressão alto e baixo (bar) no ciclo de refrigeração.
(*b*) A vazão de circulação da amônia (mol · s^{-1}).

Considere a diferença mínima de temperaturas para a troca térmica no trocador de calor igual a 10 °C. Dados para a amônia:

$$\Delta H_n^{lv} = 23{,}34 \text{ kJ mol}^{-1}$$

$$\ln P^{\text{sat}} = 45{,}327 - \frac{4104{,}67}{T} - 5{,}146 \ln T + 615{,}0 \frac{P^{\text{sat}}}{T^2}$$

com P^{sat} em bars e T em kelvins.

CAPÍTULO

10

A Estrutura da Termodinâmica de Soluções

Neste capítulo, nosso propósito é ordenar os fundamentos teóricos para a aplicação da Termodinâmica em misturas gasosas e em soluções líquidas. Nas indústrias químicas, de energia, de microeletrônica, de cuidados pessoais e farmacêuticas, misturas fluidas multicomponentes passam por mudanças de composição causadas por processos de mistura e de separação, pela transferência de espécies de uma fase para a outra e por reações químicas. Dessa forma, medidas de composição se tornam variáveis essenciais, juntamente com a temperatura e a pressão, que já foram consideradas em detalhes no Capítulo 6. Isto aumenta substancialmente a complexidade na tabulação e correlação de propriedades termodinâmicas e leva à introdução de um conjunto de novas variáveis e de relações entre elas. A aplicação dessas relações em problemas práticos, tal como o cálculo do equilíbrio de fases, necessita que primeiro mapeemos este "zoológico termodinâmico". Por isso, no presente capítulo:

- Desenvolveremos uma *relação fundamental entre propriedades* que seja aplicável em fases abertas de composição variável;
- Definiremos o *potencial químico*, uma propriedade fundamental nova que facilita o tratamento dos equilíbrios de fases e em reações químicas;
- Apresentaremos as *propriedades parciais*, uma classe de propriedades termodinâmicas definida matematicamente para distribuir as propriedades de mistura totais entre as espécies individuais, de acordo com suas presenças em uma mistura. Elas são dependentes da composição e diferentes das propriedades molares de espécies puras;
- Desenvolveremos as relações de propriedades para misturas no estado de gás ideal, que fornecem a base para o tratamento de misturas de gases reais;
- Definiremos, ainda, outra propriedade útil, a *fugacidade*. Relacionada com o potencial químico, ela se presta à formulação matemática de problemas tanto de equilíbrio de fases quanto de equilíbrio em reações químicas;
- Apresentaremos uma classe útil de propriedades de solução, conhecidas como *propriedades em excesso*, em conjunto com uma idealização do comportamento de soluções chamado de *modelo de solução ideal*, que serve como uma referência para o comportamento de soluções reais.

Medidas de Composição

As três medidas de composição mais comuns na Termodinâmica são a fração mássica, a fração molar e a concentração molar. A fração mássica ou molar é definida como a razão entre a massa, ou o número de mols, de uma espécie química particular em uma mistura e a massa total, ou número de mols, total da mistura:

$$x_i \equiv \frac{m_i}{m} = \frac{\dot{m}_i}{\dot{m}} \qquad \text{ou} \qquad x_i \equiv \frac{n_i}{n} = \frac{\dot{n}_i}{\dot{n}}$$

A concentração molar é definida como a razão entre a fração molar de uma espécie química particular na mistura ou solução e o volume molar da mistura ou da solução:

$$C_i \equiv \frac{x_i}{V}$$

Esta grandeza tem a unidade de mols de i por unidade de volume. Para processos com escoamento, a conveniência sugere sua representação como uma razão entre taxas (vazões). Multiplicando e dividindo pela vazão molar $\dot{n}$ obtém-se:

$$C_i \equiv \frac{\dot{n}_i}{q}$$

sendo $\dot{n}_i$ a vazão molar da espécie i e q a vazão volumétrica.

A massa molar de uma mistura ou solução é, por definição, o somatório das massas molares de todas as espécies presentes na mistura ou solução, cada uma multiplicada pela sua fração molar na mistura ou solução:

$$\mathcal{M} \equiv \sum_i x_i \mathcal{M}_i$$

No presente capítulo, desenvolveremos a estrutura da termodinâmica de soluções utilizando frações molares como variáveis de composição. Para sistemas sem reações químicas, praticamente todos os desenvolvimentos podem ser realizados utilizando fração mássica, fornecendo definições e equações idênticas. Então, podemos considerar que x_i representa tanto uma fração molar quanto uma fração mássica em sistemas sem reações químicas. Em sistemas com reações químicas, costuma melhor trabalhar em termos de frações molares.

10.1 RELAÇÕES FUNDAMENTAIS ENTRE PROPRIEDADES

A Eq. (6.7) relaciona a energia de Gibbs total de qualquer sistema fechado a suas variáveis *canônicas*, temperatura e pressão:

$$d(nG) = (nV)dP - (nS)dT \tag{6.7}$$

sendo n o número total de mols do sistema. Esta equação se aplica para um fluido monofásico em um sistema fechado, no qual não há reação química e a composição é necessariamente constante. Consequentemente:

$$\left[\frac{\partial(nG)}{\partial P}\right]_{T,n} = nV \qquad \text{e} \qquad \left[\frac{\partial(nG)}{\partial T}\right]_{P,n} = -nS$$

O subscrito n indica que os números de mols de *todas* as espécies químicas são mantidos constantes.

Para o caso mais geral de um sistema monofásico e *aberto*, a matéria pode entrar e sair do sistema, e nG se torna uma função do número de mols das espécies químicas presentes. Como ela ainda é uma função de T e P, podemos escrever a relação funcional:

$$nG = g(P, T, n_1, n_2, \ldots, n_i, \ldots)$$

sendo n_i o número de mols da espécie i, o diferencial total de nG é:

$$d(nG) = \left[\frac{\partial(nG)}{\partial P}\right]_{T,n} dP + \left[\frac{\partial(nG)}{\partial T}\right]_{P,n} dT + \sum_i \left[\frac{\partial(nG)}{\partial n_i}\right]_{P,T,n_j} dn_i$$

O somatório é sobre todas as espécies presentes e o subscrito n_j indica que todos os números de mols, exceto o i-nésimo, são mantidos constantes. A derivada na última parcela recebe um símbolo próprio e um nome. Assim, por **definição**, o *potencial químico* da espécie i na mistura é:

$$\mu_i \equiv \left[\frac{\partial(nG)}{\partial n_i}\right]_{P,T,n_j} \tag{10.1}$$

Com esta definição e com as duas primeiras derivadas parciais substituídas por (nV) e $-(nS)$, a equação anterior torna-se:

$$\boxed{d(nG) = (nV)dP - (nS)dT + \sum_i \mu_i \, dn_i} \tag{10.2}$$

A Eq. (10.2) é a relação fundamental entre propriedades para sistemas de fluidos monofásicos com massa e composição variáveis. Ela é a base sobre a qual a estrutura da termodinâmica de soluções encontra-se construída. Para o caso particular de um mol de solução, $n = 1$ e $n_i = x_i$:

$$dG = VdP - SdT + \sum_i \mu_i dx_i \tag{10.3}$$

Implícita nesta equação está a relação funcional da energia de Gibbs molar com suas variáveis *canônicas*, T, P e $\{x_i\}$:

$$G = G(T, P, x_1, x_2, \ldots, x_i, \ldots)$$

A Eq. (6.11) para uma solução com composição constante é um caso particular da Eq. (10.3). Embora os números de mols n_i da Eq. (10.2) sejam variáveis independentes, as frações molares x_i na Eq. (10.3) não o são, porque $\sum_i x_i = 1$. Isto impede certas operações matemáticas que dependem da independência das variáveis. Ainda assim, a Eq. (10.3) implica em:

$V = \left(\frac{\partial G}{\partial P}\right)_{T,x}$ (10.4)	$S = -\left(\frac{\partial G}{\partial T}\right)_{P,x}$ (10.5)

Outras propriedades de soluções vêm de definições: por exemplo, a entalpia de $H = G + TS$. Com isso, pela Eq. (10.5),

$$H = G - T\left(\frac{\partial G}{\partial T}\right)_{P,x}$$

Quando a energia de Gibbs é representada como uma função de suas variáveis canônicas, ela assume o papel de uma *função de geração*, fornecendo os meios para o cálculo de todas as outras propriedades termodinâmicas por intermédio de operações matemáticas simples (diferenciação e álgebra elementar), e implicitamente representa uma informação *completa* sobre propriedades.

Este é um enunciado mais geral da conclusão mostrada na Seção 6.1, agora estendida para sistemas de composição variável.

10.2 O POTENCIAL QUÍMICO E EQUILÍBRIO

As aplicações práticas do potencial químico se tornarão mais claras nos próximos capítulos, que tratam dos equilíbrios de fases e químico. Entretanto, neste ponto já é possível avaliar o seu papel nessas análises. Para um sistema *PVT*, de uma só fase, *fechado*, contendo espécies quimicamente reativas, as Eqs. (6.7) e (10.2) devem ser válidas, a primeira porque simplesmente o sistema é fechado e a segunda em função de sua generalidade. Somado a isso, para um sistema fechado, todas as diferenciais dn_i na Eq. (10.2) devem resultar das reações químicas. A comparação dessas duas equações mostra que elas podem ser válidas somente se:

$$\sum_i \mu_i \, dn_i = 0$$

Por isso, esta equação representa um critério geral para o equilíbrio de reação química em um sistema *PVT* fechado com apenas uma fase, e é a base para o desenvolvimento de equações de trabalho para a solução de problemas de equilíbrio de reações químicas.

Em relação ao equilíbrio de fases, observamos que para um sistema *fechado*, sem reações químicas, constituído por duas fases em equilíbrio, cada fase individual está *aberta* para a outra, podendo ocorrer transferência de massa entre elas. A Eq. (10.2) se aplica separadamente para cada uma das fases:

$$d(nG)^\alpha = (nV)^\alpha dP - (nS)^\alpha dT + \sum_i \mu_i^\alpha dn_i^\alpha$$
$$d(nG)^\beta = (nV)^\beta dP - (nS)^\beta dT + \sum_i \mu_i^\beta dn_i^\beta$$

nas quais os sobrescritos α e β identificam as fases. Para o sistema estar em equilíbrio térmico e mecânico, T e P têm de ser uniformes.

A variação na energia de Gibbs total do sistema bifásico é a soma dessas equações para as fases separadas. Quando cada propriedade total do sistema é representada por uma equação com a forma,

$$nM = (nM)^\alpha + (nM)^\beta$$

a soma é: $$d(nG) = (nV)dP - (nS)dT + \sum_i \mu_i^\alpha dn_i^\alpha + \sum_i \mu_i^\beta dn_i^\beta$$

Como o sistema bifásico é fechado, a Eq. (6.7) é também válida. A comparação entre as duas equações mostra que no equilíbrio:

$$\sum_i \mu_i^\alpha dn_i^\alpha + \sum_i \mu_i^\beta dn_i^\beta = 0$$

As variações dn_i^α e dn_i^β resultam da transferência de massa entre as fases; consequentemente, a conservação da massa requer que:

$$dn_i^\alpha = -dn_i^\beta \qquad \text{e} \qquad \sum_i (\mu_i^\alpha - \mu_i^\beta) dn_i^\alpha = 0$$

As grandezas dn_i^α são independentes e arbitrárias, e a única maneira de o lado esquerdo da segunda equação ser consensualmente nulo é se cada termo entre parênteses separadamente for zero. Assim,

$$\mu_i^\alpha = \mu_i^\beta \qquad (i = 1, 2, \ldots, N)$$

sendo N o número de espécies presentes no sistema. A utilização sucessiva desse resultado em pares de fases permite sua generalização para múltiplas fases; para π fases:

$$\boxed{\mu_i^\alpha = \mu_i^\beta = \cdots = \mu_i^\pi} \qquad (i = 1, 2, \ldots, N) \tag{10.6}$$

Uma dedução similar, mas mais abrangente, mostra (conforme suposto) que para que ocorra o equilíbrio, T e P têm que ser os mesmos em todas as fases.

Assim, múltiplas fases nas mesmas T e P estão em equilíbrio quando o potencial químico de cada espécie for o mesmo em todas as fases.

A utilização da Eq. (10.6) nos próximos capítulos em problemas específicos de equilíbrio de fases requer o uso de *modelos* para o comportamento de soluções, que fornecem expressões para G e μ_i como funções da temperatura, da pressão e da composição. Os modelos mais simples, a mistura de gases no estado de gás ideal e a solução ideal, são tratados nas Seções 10.4 e 10.8, respectivamente.

10.3 PROPRIEDADES PARCIAIS

A definição do potencial químico por meio da Eq. (10.1) como a derivada de nG em relação ao número de mols sugere que outras derivadas desse tipo possam se mostrar úteis na termodinâmica de soluções. Assim, **definimos** a propriedade parcial molar $\bar{M}_i$ da espécie i na solução como:

$$\boxed{\bar{M}_i \equiv \left[\frac{\partial(nM)}{\partial n_i}\right]_{P,T,n_j}} \tag{10.7}$$

Algumas vezes denominada *função resposta*, ela é uma *medida* da resposta da propriedade total nM à adição, a T e P constantes, de uma quantidade infinitesimal da espécie i à uma quantidade finita de solução.

Os símbolos genéricos M e $\bar{M}_i$ podem expressar propriedades de solução com base em uma unidade de massa, assim como em base molar. A Eq. (10.7) mantém a mesma forma, com n, o número de mols, substituído por m, representando massa e fornecendo propriedades parciais *específicas* ao invés de propriedades parciais *molares*. Para abranger ambas, pode-se falar simplesmente de propriedades parciais.

O interesse aqui está centrado nas soluções, para as quais as propriedades molares (ou na base mássica) são representadas pelo símbolo M. As propriedades parciais são representadas por uma barra sobrescrita, com um subscrito para identificar a espécie; portanto, o símbolo é $\bar{M}_i$. Além disso, as propriedades das espécies individuais como elas existem no *estado puro nas T e P da solução* são identificadas somente por um subscrito, sendo o símbolo M_i. Em resumo, os três tipos de propriedades usadas na termodinâmica de soluções são distinguidos pelo simbolismo a seguir:

Propriedades de solução	M,	por exemplo: V, U, H, S, G
Propriedades parciais	$\bar{M}_i$,	por exemplo: $\bar{V}_i, \bar{U}_i, \bar{H}_i, \bar{S}_i, \bar{G}_i$
Propriedades da espécie pura	M_i,	por exemplo: V_i, U_i, H_i, S_i, G_i

A comparação da Eq. (10.1) com a Eq. (10.7) escrita para a energia de Gibbs mostra que o potencial químico e a energia de Gibbs parcial molar são idênticos; isto é,

$$\mu_i \equiv \bar{G}_i \tag{10.8}$$

■ Exemplo 10.1

O volume parcial molar é definido como:

$$\bar{V}_i \equiv \left[\frac{\partial(nV)}{\partial n_i}\right]_{P,\,T,\,n_j} \tag{A}$$

Qual interpretação física pode ser dada a esta equação?

Solução 10.1

Um bécher aberto, contendo uma mistura equimolar de álcool e água, ocupa um volume total nV na temperatura do ambiente T e na pressão atmosférica P. Adicione a essa solução uma gota de água pura, também a T e P, contendo Δn_a mols e a misture totalmente na solução, deixando tempo suficiente para que haja transferência de calor e o conteúdo do bécher retorne à temperatura inicial. É possível que o volume da solução aumente em uma quantidade igual a do volume da água adicionada, isto é, em $V_a\, \Delta n_a$, sendo V_a o volume molar da água pura a T e P. Se isso for verdade, a variação do volume total seria:

$$\Delta(nV) = V_a\, \Delta n_a$$

Entretanto, observações experimentais mostram que a variação real do volume é um pouco menor. Evidentemente, o volume molar *efetivo* da água na solução final é menor do que o volume molar da água pura nas mesmas T e P. Consequentemente, devemos escrever:

$$\Delta(nV) = \tilde{V}_a\, \Delta n_a \tag{B}$$

na qual $\tilde{V}_a$ representa o volume molar efetivo da água na solução final. O seu valor experimental é dado por:

$$\tilde{V}_a = \frac{\Delta(nV)}{\Delta n_a} \tag{C}$$

No processo descrito, uma gota de água é misturada com uma grande quantidade de solução e o resultado é uma pequena, mas mensurável, variação na composição da solução. Para o volume molar efetivo da água ser considerado uma propriedade da solução equimolar original, o processo tem que ser levado ao limite de uma gota infinitesimal. Em que, $\Delta n_a \to 0$ e a Eq. (C) torna-se:

$$\tilde{V}_a = \lim_{\Delta n_a \to 0} \frac{\Delta(nV)}{\Delta n_a} = \frac{d(nV)}{dn_a}$$

Como T, P e n_{al} (o número de mols de álcool) são constantes, esta equação é escrita mais apropriadamente na forma:

$$\tilde{V}_a = \left[\frac{\partial(nV)}{\partial n_a}\right]_{P,\,T,\,n_{al}}$$

Uma comparação com a Eq. (A) mostra que neste limite $\tilde{V}_a$ é o volume parcial molar $\bar{V}_a$ da água na solução equimolar, isto é, a taxa de variação do volume total da solução em relação a n_a, a T, P e n_{al} constantes, para uma composição específica. Escrita para a adição de dn_a mols de água à solução, a Eq. (B) tem então a forma:

$$d(nV) = \bar{V}_a dn_a \tag{D}$$

Quando $\bar{V}_a$ é considerado a propriedade molar da água na forma em que ela está presente na solução, a variação do volume total $d(nV)$ é simplesmente esta propriedade molar multiplicada pelo número de mols dn_a da água adicionada.

Se dn_a mols de água forem adicionados a um volume de água *pura*, temos todos os motivos para esperar que a variação do volume do sistema seja:

$$d(nV) = V_a dn_a \tag{E}$$

sendo V_a o volume molar da água pura a T e P. A comparação das Eqs. (D) e (E) indica que $\bar{V}_a = V_a$ quando a "solução" é água pura.

Equações Relacionando Propriedades Molares e Parciais Molares

A definição de uma propriedade parcial molar, Eq. (10.7), fornece os meios para o cálculo de propriedades parciais a partir de dados de propriedades de soluções. Implícita nesta definição está outra equação, igualmente importante, que permite o inverso, ou seja, o cálculo de propriedades de soluções a partir do conhecimento das propriedades parciais. A dedução dessa equação inicia com a observação de que as propriedades termodinâmicas totais de uma fase homogênea são funções de T, P e do número de mols das espécies individuais que compõem a fase.[1] Assim, para a propriedade M, podemos escrever nM como uma função que poderíamos chamar de $\mathbb{M}$:

$$nM = \mathbb{M}(T, P, n_1, n_2, \ldots, n_i, \ldots)$$

O diferencial total de nM é:

$$d(nM) = \left[\frac{\partial(nM)}{\partial P}\right]_{T,n} dP + \left[\frac{\partial(nM)}{\partial T}\right]_{P,n} dT + \sum_i \left[\frac{\partial(nM)}{\partial n_i}\right]_{P,T,n_j} dn_i$$

com o subscrito n indicando que *todos* os números de mols são mantidos constantes, e o subscrito n_j que todos os números de mols, *exceto* n_i, são mantidos constantes. Em função das duas primeiras derivadas parciais na direita serem avaliadas a n constante e da derivada parcial da última parcela ser dada pela Eq. (10.7), esta equação tem a forma mais simples:

$$d(nM) = n\left(\frac{\partial M}{\partial P}\right)_{T,x} dP + n\left(\frac{\partial M}{\partial T}\right)_{P,x} dT + \sum_i \bar{M}_i\, dn_i \tag{10.9}$$

com o subscrito x indicando diferenciação a composição constante. Como $n_i = x_i n$,

$$dn_i = x_i\, dn + n\, dx_i$$

Além disso,

$$d(nM) = n\, dM + M\, dn$$

Quando dn_i e $d(nM)$ são substituídos na Eq. (10.9), ela se torna:

$$n\, dM + M\, dn = n\left(\frac{\partial M}{\partial P}\right)_{T,x} dP + n\left(\frac{\partial M}{\partial T}\right)_{P,x} dT + \sum_i \bar{M}_i(x_i\, dn + n\, dx_i)$$

Os termos contendo n são agrupados e separados dos que contêm dn, fornecendo:

$$\left[dM - \left(\frac{\partial M}{\partial P}\right)_{T,x} dP - \left(\frac{\partial M}{\partial T}\right)_{P,x} dT - \sum_i \bar{M}_i dx_i\right] n + \left[M - \sum_i x_i \bar{M}_i\right] dn = 0$$

Na prática, estamos livres para escolher um sistema de qualquer tamanho, representado por n, e para trabalhar com qualquer variação no seu tamanho, representada por dn. Assim, n e dn são independentes e arbitrários. Então, a única maneira de o lado esquerdo dessa equação ser, em geral, igual a zero se *cada* termo entre colchetes for zero. Consequentemente,

$$dM = \left(\frac{\partial M}{\partial P}\right)_{T,x} dP + \left(\frac{\partial M}{\partial T}\right)_{P,x} dT + \sum_i \bar{M}_i dx_i \tag{10.10}$$

e

$$\boxed{M = \sum_i x_i \bar{M}_i} \tag{10.11}$$

A multiplicação da Eq. (10.11) por n fornece a expressão alternativa:

$$\boxed{nM = \sum_i n_i \bar{M}_i} \tag{10.12}$$

A Eq. (10.10) é, na verdade, apenas uma questão específica da Eq. (10.9), obtida ao se especificar $n = 1$, o que também transforma $n_i = x_i$. Por outro lado, as Eqs. (10.11) e (10.12) são novas e indispensáveis. Conhecidas como

[1] Uma mera funcionalidade não transforma um conjunto de variáveis em variáveis *canônicas*. Estas são as variáveis canônicas somente para $M \equiv G$.

relações de soma, elas permitem o cálculo de propriedades de mistura a partir de propriedades parciais, desempenhando um papel oposto ao da Eq. (10.7), que permite o cálculo das propriedades parciais a partir das propriedades de mistura.

Uma equação ainda mais importante surge diretamente a partir das Eqs. (10.10) e (10.11). A diferenciação da Eq. (10.11), uma expressão geral para M, fornece uma expressão geral para dM:

$$dM = \sum_i x_i d\bar{M}_i + \sum_i \bar{M}_i dx_i$$

A combinação dessa equação com a Eq. (10.10) fornece a *equação de Gibbs/Duhem*:[2]

$$\boxed{\left(\frac{\partial M}{\partial P}\right)_{T,x} dP + \left(\frac{\partial M}{\partial T}\right)_{P,x} dT - \sum_i x_i\, d\bar{M}_i = 0} \qquad (10.13)$$

Esta equação tem que ser satisfeita para todas as variações ocorrendo em uma fase homogênea. Para o importante caso particular de variações na composição, a T e P constantes, ela se simplifica para:

$$\boxed{\sum_i x_i d\bar{M}_i = 0} \qquad (T, P \text{ const}) \qquad (10.14)$$

A Eq. (10.14) mostra que as propriedades parciais molares não podem variar independentemente. Esta restrição é análoga à das frações molares, que não são todas independentes porque seu somatório é igual a um. De forma similar, o somatório das propriedades parciais molares, ponderado pelas respectivas frações molares, deve fornecer a propriedade da solução global correspondente [Eq. (10.11)], e isso restringe a variação das propriedades parciais molares com a composição.

Uma Base Racional para Propriedades Parciais

Central para a termodinâmica de soluções aplicada, o conceito de propriedade parcial implica que a propriedade de solução representa um "todo", isto é, a soma de suas partes representadas como propriedades parciais $\bar{M}_i$ das espécies constituintes da solução. Isto implica na Eq. (10.11) e é uma interpretação própria desde que se entenda que a equação de definição para $\bar{M}_i$, Eq. (10.7), é uma fórmula de partição que especifica *arbitrariamente*, para cada espécie i, sua parcela na propriedade de solução.[3]

Os constituintes de uma solução estão na realidade intimamente misturados e, devido às interações moleculares, não podem ter propriedades privadas voltadas para si próprios. Todavia, as propriedades parciais, conforme definidas pela Eq. (10.7), têm todas as características de propriedades das espécies individuais como elas existem na solução. Sendo assim, com objetivos práticos, elas podem ser *especificadas* como valores de propriedades para as espécies individuais.

As propriedades parciais, como propriedades de solução, são funções da composição. No limite, quando a solução se torna pura na espécie i, tanto M como $\bar{M}_i$ se aproximam da propriedade da espécie pura M_i. Matematicamente,

$$\lim_{x_i \to 1} M = \lim_{x_i \to 1} \bar{M}_i = M_i$$

Para uma propriedade parcial de uma espécie que se aproxima de seu limite de diluição infinita, isto é, o valor de uma propriedade parcial de uma espécie quando sua fração molar se aproxima de zero, não podemos fazer enunciados gerais. Valores vêm de experimentos ou a partir de modelos para o comportamento de soluções. Como ela é uma grandeza importante, daremos para ela um símbolo e escrevemos, por definição:

$$\bar{M}_i^\infty \equiv \lim_{x_i \to 0} \bar{M}_i$$

As equações essenciais desta seção são resumidas a seguir:

Definição: $$\bar{M}_i \equiv \left[\frac{\partial(nM)}{\partial n_i}\right]_{P,T,n_j} \qquad (10.7)$$

que fornece propriedades parciais a partir das propriedades totais.

[2] Pierre-Maurice-Marie Duhem (1861-1916), físico francês. Veja: <http:/en.wikipedia.org/wiki/Pierre Duhem>.

[3] Outras equações de partição, que fazem diferentes divisões da propriedade de solução, são possíveis e, a princípio, igualmente válidas.

Soma:
$$M = \sum_i x_i \bar{M}_i \tag{10.11}$$

que fornece propriedades totais a partir das propriedades parciais.

Gibbs/Duhem:
$$\sum_i x_i d\bar{M}_i = \left(\frac{\partial M}{\partial P}\right)_{T,x} dP + \left(\frac{\partial M}{\partial T}\right)_{P,x} dT \tag{10.13}$$

que mostra que as propriedades parciais das espécies que constituem uma solução *não* são independentes uma da outra.

Propriedades Parciais em Soluções Binárias

Uma equação para uma propriedade parcial como uma função de composição sempre pode ser deduzida a partir de uma equação para a propriedade da solução por meio da aplicação direta da Eq. (10.7). Para sistemas binários, contudo, um procedimento alternativo pode ser mais conveniente. Escrita para uma solução binária, a relação de soma, Eq. (10.11), torna-se:

$$M = x_1 \bar{M}_1 + x_2 \bar{M}_2 \tag{A}$$

Em que,
$$dM = x_1 d\bar{M}_1 + \bar{M}_1 dx_1 + x_2 d\bar{M}_2 + \bar{M}_2 dx_2 \tag{B}$$

Quando M é conhecida como uma função de x_1, a T e P constantes, a forma apropriada da equação de Gibbs/Duhem é a Eq. (10.14), escrita aqui na forma:

$$x_1\, d\bar{M}_1 + x_2\, d\bar{M}_2 = 0 \tag{C}$$

Como $x_1 + x_2 = 1$, tem-se que $dx_1 = -dx_2$. Eliminando dx_2 na Eq. (*B*) em favor de dx_1 e combinando o resultado com a Eq. (*C*), obtém-se:

$$\frac{dM}{dx_1} = \bar{M}_1 - \bar{M}_2 \tag{D}$$

Duas formas equivalentes da Eq. (*A*) resultam da eliminação de x_1 ou de x_2 separadamente:

$$M = \bar{M}_1 - x_2(\bar{M}_1 - \bar{M}_2) \quad \text{e} \quad M = x_1(\bar{M}_1 - \bar{M}_2) + \bar{M}_2$$

Combinando com a Eq. (*D*), estas equações se tornam:

$\bar{M}_1 = M + x_2 \dfrac{dM}{dx_1}$ (10.15)	$\bar{M}_2 = M - x_1 \dfrac{dM}{dx_1}$ (10.16)

Desta forma, para sistemas binários, as propriedades parciais são facilmente calculadas diretamente a partir de uma expressão para a propriedade da solução como uma função da composição, a T e P constantes. As equações correspondentes para sistemas multicomponentes são muito mais complexas. Elas são dadas em detalhes em Van Ness e Abbott.[4]

A Eq. (*C*), equação de Gibbs/Duhem, pode ser escrita em forma de derivadas:

$x_1 \dfrac{d\bar{M}_1}{dx_1} + x_2 \dfrac{d\bar{M}_2}{dx_1} = 0$ (*E*)	$\dfrac{d\bar{M}_1}{dx_1} = -\dfrac{x_2}{x_1}\dfrac{d\bar{M}_2}{dx_1}$ (*F*)

Claramente, quando $\bar{M}_1$ e $\bar{M}_2$ são representados graficamente em função de x_1, as inclinações devem ter sinais opostos. Além disso,

$$\lim_{x_1 \to 1} \frac{d\bar{M}_1}{dx_1} = 0 \quad \text{(Desde que } \lim_{x_1 \to 1} \frac{d\bar{M}_2}{dx_1} \text{ seja finito)}$$

[4] H. C. Van Ness e M. M. Abbott, *Classical Thermodynamics of Nonelectrolyte Solutions: With Applications to Phase Equilibria*, pp. 46-54, McGraw-Hill, New York, 1982.

Similarmente,

$$\lim_{x_2 \to 1} \frac{d\bar{M}_2}{dx_1} = 0 \quad \text{(Desde que } \lim_{x_2 \to 1} \frac{d\bar{M}_1}{dx_1} \text{ seja finito)}$$

Dessa forma, um gráfico de $\bar{M}_1$ e $\bar{M}_2$ *versus* x_1 torna-se horizontal quando cada espécie se aproxima de tornar-se pura.

Finalmente, dada uma expressão para $\bar{M}_1(x_1)$, a integração da Eq. (E) ou da Eq. (F) fornece uma expressão para $\bar{M}_2(x_1)$, que satisfaz a equação de Gibbs/Duhem. Isso significa que expressões para $\bar{M}_1(x_1)$, e $\bar{M}_2(x_1)$, não podem ser especificadas independentemente.

■ Exemplo 10.2

Descreva uma interpretação gráfica das Eqs. (10.15) e (10.16).

Solução 10.2

A Figura 10.1(*a*) mostra uma representação gráfica de M *versus* x_1 para um sistema binário. A linha tangente mostrada se estende ao longo da figura, tocando as extremidades (em $x_1 = 1$ e $x_1 = 0$) nos pontos identificados por I_1 e I_2. Como fica evidente na figura, é possível escrever duas expressões equivalentes para a inclinação dessa linha:

$$\frac{dM}{dx_1} = \frac{M - I_2}{x_1} \qquad \text{e} \qquad \frac{dM}{dx_1} = I_1 - I_2$$

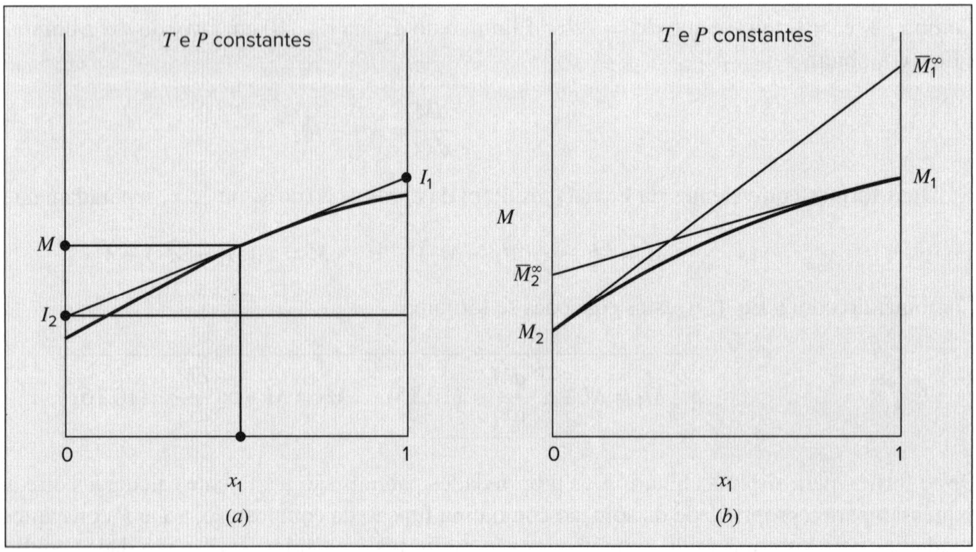

Figura 10.1 (*a*) Ilustração gráfica do Exemplo 10.2. (*b*) Valores em diluição infinita das propriedades parciais.

I_2 é explicitado na primeira equação e a sua substituição na segunda fornece uma expressão para I_1:

$$I_2 = M - x_1 \frac{dM}{dx_1} \qquad \text{e} \qquad I_1 = M + (1 - x_1)\frac{dM}{dx_1}$$

A comparação dessas expressões com as Eqs. (10.16) e (10.15) mostra que:

$$I_1 = \bar{M}_1 \qquad \text{e} \qquad I_2 = \bar{M}_2$$

Assim, os pontos de interseção da tangente fornecem diretamente os valores das duas propriedades parciais. Naturalmente, essas interseções se deslocam na medida em que o ponto de tangência se move ao longo da curva e os valores limites são indicados pela montagem mostrada na Figura 10.1(*b*). Para a tangente traçada em $x_1 = 0$ (espécie 2 pura), $\bar{M}_2 = M_2$, e na interseção oposta, $\bar{M}_1 = \bar{M}_1^\infty$. Comentários análogos se aplicam à tangente traçada em $x_1 = 1$ (espécie 1 pura). Neste caso, $\bar{M}_1 = M_1$ e $\bar{M}_2 = \bar{M}_2^\infty$.

■ Exemplo 10.3

Em um laboratório, necessita-se de 2000 cm³ de uma solução anticongelante constituída por uma solução 30 % molar de metanol em água. Quais volumes de metanol puro e de água pura a 25 °C devem ser misturados para formarem os 2000 cm³ de anticongelante, também a 25 °C? Os volumes parciais molares do metanol e da água em uma solução 30 % molar de metanol e os volumes molares das espécies puras, todos a 25 °C, são:

Metanol(1): $\bar{V}_1 = 38{,}632 \text{ cm}^3\cdot\text{mol}^{-1}$ $\quad V_1 = 40{,}727 \text{ cm}^3\cdot\text{mol}^{-1}$

Água(2): $\bar{V}_2 = 17{,}765 \text{ cm}^3\cdot\text{mol}^{-1}$ $\quad V_2 = 18{,}068 \text{ cm}^3\cdot\text{mol}^{-1}$

Solução 10.3

A relação da soma, Eq. (10.11), é escrita para o volume molar da solução binária anticongelante e os valores conhecidos das frações molares e dos volumes parciais são substituídos:

$$V = x_1\bar{V}_1 + x_2\bar{V}_2 = (0{,}3)(38{,}632) + (0{,}7)(17{,}765) = 24{,}025 \text{ cm}^3 \cdot \text{mol}^{-1}$$

Como o volume total de solução requerido é $V^t = 2000 \text{ cm}^3$, o número total de mols necessário é:

$$n = \frac{V^t}{V} = \frac{2000}{24{,}025} = 83{,}246 \text{ mol}$$

Destes, 30 % são metanol e 70 % são água:

$$n_1 = (0{,}3)(83{,}246) = 24{,}974 \qquad n_2 = (0{,}7)(83{,}246) = 58{,}272 \text{ mol}$$

O volume de cada espécie pura é $V_i^t = n_i V_i$; então,

$$V_1^t = (24{,}974)(40{,}727) = 1017 \text{ cm}^3 \qquad V_2^t = (58{,}272)(18{,}068) = 1053 \text{ cm}^3$$

■ Exemplo 10.4

A entalpia de um sistema líquido binário formado pelas espécies 1 e 2, a T e P fixas, é representada pela equação:

$$H = 400x_1 + 600x_2 + x_1x_2(40x_1 + 20x_2)$$

na qual H está em J · mol⁻¹. Determine as expressões para $\bar{H}_1$ e $\bar{H}_2$ como funções de x_1, valores numéricos para as entalpias das espécies puras H_1 e H_2, e valores numéricos para as entalpias parciais em diluição infinita $\bar{H}_1^\infty$ e $\bar{H}_2^\infty$.

Solução 10.4

Substituindo x_2 por $(1 - x_1)$ na equação dada para H e simplificando:

$$H = 600 - 180x_1 - 20x_1^3 \qquad (A)$$

e

$$\frac{dH}{dx_1} = -180 - 60x_1^2$$

Pela Eq. (10.15),

$$\bar{H}_1 = H + x_2\frac{dH}{dx_1}$$

Então,

$$\bar{H}_1 = 600 - 180x_1 - 20x_1^3 - 180x_2 - 60x_1^2x_2$$

Substituindo x_2 por $(1 - x_1)$ e simplificando:

$$\bar{H}_1 = 420 - 60x_1^2 + 40x_1^3 \qquad (B)$$

Pela Eq. (10.16),

$$\bar{H}_2 = H - x_1\frac{dH}{dx_1} = 600 - 180x_1 - 20x_1^3 + 180x_1 + 60x_1^3$$

ou

$$\bar{H}_2 = 600 + 40x_1^3 \qquad (C)$$

Pode-se, da mesma maneira, iniciar pela equação dada para H. Como dH/dx_1 é uma derivada *total*, x_2 não é uma constante. Também, $x_2 = 1 - x_1$; consequentemente, $dx_2/dx_1 = -1$. Assim, a derivada da equação dada para H fornece:

$$\frac{dH}{dx_1} = 400 - 600 + x_1x_2(40 - 20) + (40x_1 + 20x_2)(-x_1 + x_2)$$

A substituição de x_2 por $(1 - x_1)$ reproduz a expressão obtida anteriormente.

Um valor numérico para H_1 resulta da substituição de $x_1 = 1$ na Eq. (*A*) ou na (*B*). Ambas as equações fornecem $H_1 = 400\ \text{J} \cdot \text{mol}^{-1}$. Analogamente, H_2 é encontrado por meio das Eqs. (*A*) ou (*C*), quando $x_1 = 0$. O resultado é $H_2 = 600\ \text{J} \cdot \text{mol}^{-1}$. Os valores em diluição infinita $\bar{H}_1^\infty$ e $\bar{H}_2^\infty$ são encontrados a partir das Eqs. (*B*) e (*C*), quando $x_1 = 0$ na Eq. (*B*) e $x_1 = 1$ na Eq. (*C*). Os resultados são: $\bar{H}_1^\infty = 420\ \text{J} \cdot \text{mol}^{-1}$ e $\bar{H}_2^\infty = 640\ \text{J} \cdot \text{mol}^{-1}$.

Exercício: Mostre que as propriedades parciais, conforme dadas pelas Eqs. (*B*) e (*C*), combinam-se pela soma para fornecer a Eq. (*A*) e satisfazem a todos os requisitos da equação de Gibbs/Duhem.

Relações entre Propriedades Parciais

Derivaremos agora várias relações úteis adicionais entre propriedades parciais. Pela Eq. (10.8), $\mu_i \equiv \bar{G}_i$, e a Eq. (10.2) pode ser escrita na forma:

$$d(nG) = (nV)dP - (nS)dT + \sum_i \bar{G}_i dn_i \qquad (10.17)$$

A utilização do critério de exatidão, Eq. (6.13), fornece a relação de Maxwell,

$$\left(\frac{\partial V}{\partial T}\right)_{P,n} = -\left(\frac{\partial S}{\partial P}\right)_{T,n} \qquad (6.17)$$

acompanhada de duas equações adicionais:

$$\left(\frac{\partial \bar{G}_i}{\partial P}\right)_{T,n} = \left[\frac{\partial(nV)}{\partial n_i}\right]_{P,T,n_j} \qquad \left(\frac{\partial \bar{G}_i}{\partial T}\right)_{P,n} = -\left[\frac{\partial(nS)}{\partial n_i}\right]_{P,T,n_j}$$

nas quais o subscrito n indica a manutenção, em valores constantes, de todos os n_i e, consequentemente, da composição, e o subscrito n_j indica que todos os números de mols, exceto o i-nésimo são mantidos constantes. Reconhecemos os termos do lado direito dessas equações como o volume parcial e a entropia parcial, e então elas podem ser escritas de maneira mais simples:

$\left(\frac{\partial \bar{G}_i}{\partial P}\right)_{T,x} = \bar{V}_i$ (10.18)	$\left(\frac{\partial \bar{G}_i}{\partial T}\right)_{P,x} = -\bar{S}_i$ (10.19)

Estas equações nos permitem o cálculo dos efeitos de P e T na energia de Gibbs parcial (ou no potencial químico). Elas são versões em propriedades parciais análogas às Eqs. (10.4) e (10.5). Muitas outras relações adicionais entre propriedades parciais molares podem ser derivadas da mesma forma que as relações entre as propriedades das espécies puras, que foram derivadas em capítulos anteriores. De uma forma mais geral, pode-se provar o seguinte:

Toda equação que fornece uma relação *linear* entre propriedades termodinâmicas de uma solução com *composição constante* tem como sua correlata uma equação conectando as propriedades parciais correspondentes de cada espécie na solução.

Um exemplo é baseado na equação que define a entalpia: $H = U + PV$. Para n mols,

$$nH = nU + P(nV)$$

Sua derivação em relação à n_i, com T, P e n_j mantidos constantes, fornece:

$$\left[\frac{\partial(nH)}{\partial n_i}\right]_{P,T,n_j} = \left[\frac{\partial(nU)}{\partial n_i}\right]_{P,T,n_j} + P\left[\frac{\partial(nV)}{\partial n_i}\right]_{P,T,n_j}$$

Pela definição de propriedades parciais, Eq. (10.7), tem-se:

$$\bar{H}_i = \bar{U}_i + P\bar{V}_i$$

que é a propriedade parcial análoga à Eq. (2.10).

Em uma solução com composição constante, $\bar{G}_i$ é uma função de P e T, e consequentemente:

$$d\bar{G}_i = \left(\frac{\partial \bar{G}_i}{\partial T}\right)_{P,x} dT + \left(\frac{\partial \bar{G}_i}{\partial P}\right)_{T,x} dP$$

Pelas Eqs. (10.18) e (10.19),

$$d\bar{G}_i = -\bar{S}_i dT + \bar{V}_i dP$$

Esta relação pode ser comparada à Eq. (6.11). Esses exemplos ilustram o paralelismo que existe entre as equações para uma solução com composição constante e equações correspondentes para as propriedades parciais das espécies na solução. Consequentemente, podemos escrever simplesmente por analogia muitas equações que relacionam as propriedades parciais.

10.4 O MODELO DE MISTURA NO ESTADO DE GÁS IDEAL

Apesar de sua capacidade limitada para descrever o comportamento de misturas reais, o modelo de mistura no estado de gás ideal fornece uma base conceitual sobre a qual se pode construir a estrutura da termodinâmica de soluções. Ele é um modelo de propriedade útil porque:

- Tem uma base molecular.
- Aproxima a realidade no limite bem definido da pressão zero.
- É analiticamente simples.

No nível molecular, o estado de gás ideal representa uma coleção de moléculas que não interagem e ocupam um volume nulo. Esta idealização é aproximada para moléculas reais no limite de pressão igual a zero (que implica em densidade igual a zero), porque as energias de interações intermoleculares e a fração de volume ocupada pelas moléculas tende a zero com o aumento da separação entre as moléculas. Apesar de não interagirem entre si, as moléculas no estado de gás ideal têm uma *estrutura* interna; são as diferenças na estrutura molecular que dão origem às diferenças nas capacidades caloríficas no estado de gás ideal (Seção 4.1), nas entalpias, nas entropias e em outras propriedades.

Os volumes molares no estado de gás ideal é $V^{gi} = RT/P$ [Eq. (3.7)], qualquer que seja a natureza do gás. Dessa forma, para o estado de gás ideal, se o os gases são puros ou misturados, o volume molar é o mesmo para dadas T e P. O volume parcial molar da espécie i em uma mistura no estado de gás ideal é determinado pela Eq. (10.7) aplicada ao volume; o sobrescrito *gi* indica o estado de gás ideal:

$$\bar{V}_i^{gi} = \left[\frac{\partial(nV^{gi})}{\partial n_i}\right]_{T,P,n_j} = \left[\frac{\partial(nRT/P)}{\partial n_i}\right]_{T,P,n_j} = \frac{RT}{P}\left(\frac{\partial n}{\partial n_i}\right)_{n_j} = \frac{RT}{P}$$

na qual a última igualdade depende da equação $n = n_i + \Sigma_j n_j$. Esse resultado significa que para o estado de gás ideal, a T e P dadas, o volume parcial molar, o volume molar da espécie pura e o volume molar da mistura são idênticos:

$$\bar{V}_i^{gi} = V_i^{gi} = V^{gi} = \frac{RT}{P} \tag{10.20}$$

Definimos a *pressão parcial* da espécie i em uma mistura no estado de gás ideal (p_i) como a pressão que a espécie i exerceria se ela sozinha ocupasse o volume molar da mistura. Assim,[5]

$$p_i \equiv \frac{y_i RT}{V^{gi}} = y_i P \quad (i = 1, 2, \ldots, N)$$

na qual y_i é a fração molar da espécie i. As pressões parciais obviamente se somam para fornecer a pressão total.

[5] Note que esta definição *não* torna a pressão parcial uma propriedade parcial molar.

Como o modelo de mistura no estado de gás ideal supõe moléculas com volume zero que não interagem, as propriedades termodinâmicas (outras que não seja o volume molar) das espécies constituintes são independentes uma das outras e cada espécie tem o seu próprio conjunto de propriedades particulares. Isto é a base para o enunciado a seguir do *teorema de Gibbs*:

Uma propriedade parcial molar (que não seja o volume) de uma espécie presente em uma mistura no estado de gás ideal é igual a propriedade molar correspondente da espécie pura no estado de gás ideal na temperatura da mistura, porém a uma pressão igual a sua pressão parcial na mistura.

Isto é expresso matematicamente para uma propriedade parcial genérica ($\bar{M}_i^{gi} \neq \bar{V}_i^{gi}$) pela equação:

$$\bar{M}_i^{gi}(T,P) = M_i^{gi}(T,p_i) \tag{10.21}$$

A entalpia no estado de gás ideal é independente da pressão; consequentemente,

$$\bar{H}_i^{gi}(T,P) = H_i^{gi}(T,p_i) = H_i^{gi}(T,P)$$

Simplificando,

$$\bar{H}_i^{gi} = H_i^{gi} \tag{10.22}$$

sendo H_i^{gi} o valor para a espécie pura na *T da mistura*. Uma equação análoga se aplica para U^{gi} e outras propriedades que são *independentes da pressão*.

A entropia no estado de gás ideal *depende* da pressão e, pela Eq. (6.24), restrita a temperatura constante:

$$dS_i^{gi} = -Rd\ln P \qquad (T\text{ const.})$$

Esta fornece a base para o cálculo da diferença de entropias entre um gás na sua pressão parcial na mistura e na pressão total da mistura. A integração de p_i a P fornece:

$$S_i^{gi}(T,P) - S_i^{gi}(T,p_i) = -R\ln\frac{P}{p_i} = -R\ln\frac{P}{y_iP} = R\ln y_i$$

Em que,

$$S_i^{gi}(T,p_i) = S_i^{gi}(T,P) - R\ln y_i$$

Comparando essa equação com a Eq. (10.21), escrita para a entropia, tem-se:

$$\bar{S}_i^{gi}(T,P) = S_i^{gi}(T,P) - R\ln y_i$$

ou

$$\bar{S}_i^{gi} = S_i^{gi} - R\ln y_i \tag{10.23}$$

na qual S_i^{gi} é o valor para a espécie pura nas T e P da mistura.

Para a energia de Gibbs de uma mistura de gases ideais, $G^{gi} = H^{gi} - TS^{gi}$; a relação correspondente para as propriedades parciais é:

$$\bar{G}_i^{gi} = \bar{H}_i^{gi} - T\bar{S}_i^{gi}$$

Em combinação com as Eqs. (10.22) e (10.23), ela se torna:

$$\bar{G}_i^{gi} = H_i^{gi} - TS_i^{gi} + RT\ln y_i$$

ou

$$\mu_i^{gi} \equiv \bar{G}_i^{gi} = G_i^{gi} + RT\ln y_i \tag{10.24}$$

A diferenciação desta equação de acordo com as Eqs. (10.18) e (10.19) confirma os resultados representados pelas Eqs. (10.20) e (10.23).

A relação de soma, Eq. (10.11), com as Eqs. (10.22), (10.23) e (10.24) fornece:

$$\boxed{H^{gi} = \sum_i y_iH_i^{gi}} \tag{10.25}$$

$$\boxed{S^{gi} = \sum_i y_iS_i^{gi} - R\sum_i y_i\ln y_i} \tag{10.26}$$

$$G^{gi} = \sum_i y_i G_i^{gi} + RT \sum_i y_i \ln y_i \tag{10.27}$$

As equações análogas à Eq. (10.25) podem ser escritas para C_P^{gi} e V^{gi}. A primeira aparece como a Eq. (4.7), mas a segunda se reduz a uma identidade em função da Eq. (10.20).

Quando a Eq. (10.25) é escrita na forma,

$$H^{gi} - \sum_i y_i H_i^{gi} = 0$$

a diferença na esquerda é a variação de entalpia associada a um processo no qual quantidades apropriadas das espécies puras a T e P são misturadas para formar um mol de mistura nas mesmas T e P. Para o estado de gás ideal, esta *variação de entalpia de mistura* é zero.

Quando a Eq. (10.26) é escrita na forma:

$$S^{gi} - \sum_i y_i S_i^{gi} = R \sum_i y_i \ln \frac{1}{y_i}$$

o lado esquerdo é a *variação de entropia de mistura* para o estado de gás ideal. Como $1/y_i > 1$, esta grandeza é sempre positiva, em concordância com a Segunda Lei. O processo de mistura é inerentemente irreversível, então ele deve aumentar a entropia total do sistema e das vizinhanças em conjunto. Para a mistura no estado de gás ideal a T e P constantes, o uso da Eq. (10.25) com um balanço de energia mostra que não ocorrerá transferência de calor entre o sistema e as vizinhanças. Por isso, a variação da entropia total do sistema e da vizinhança é somente a variação de entropia da mistura.

Uma expressão alternativa para o potencial químico μ_i^{gi} é obtida quando G_i^{gi} na Eq. (10.24) é substituída por uma expressão representando sua dependência com T e P. Esta vem da Eq. (6.11) escrita para o estado de gás ideal a T constante:

$$dG_i^{gi} = V_i^{gi} dP = \frac{RT}{P} dP = RT\, d \ln P \qquad (T \text{ const.})$$

A integração fornece:

$$G_i^{gi} = \Gamma_i(T) + RT \ln P \tag{10.28}$$

na qual $\Gamma_i(T)$, a constante de integração a T constante, é uma função da espécie somente dependente da temperatura.[6] A Eq. (10.24) é agora escrita na forma:

$$\mu_i^{gi} \equiv \bar{G}_i^{gi} = \Gamma_i(T) + RT \ln(y_i P) \tag{10.29}$$

sendo o argumento do logaritmo a pressão parcial. A aplicação da relação de soma, Eq. (10.11), produz uma expressão para a energia de Gibbs para uma mistura no estado de gás ideal:

$$G^{gi} \equiv \sum_i y_i \Gamma_i(T) + RT \sum_i y_i \ln(y_i P) \tag{10.30}$$

Essas equações, marcantes em sua simplicidade, fornecem uma descrição completa do comportamento do estado de gás ideal. Como T, P e $\{y_i\}$ são as variáveis canônicas para a energia de Gibbs, todas as outras propriedades termodinâmicas para o modelo de gás ideal podem ser geradas a partir delas.

10.5 FUGACIDADE E COEFICIENTE DE FUGACIDADE: ESPÉCIES PURAS

Como encontra-se evidente a partir da Eq. (10.6), o potencial químico μ_i fornece o critério fundamental para o equilíbrio de fases, o mesmo acontecendo para o equilíbrio de reações químicas. Entretanto, ele exibe características que desencorajam sua utilização direta. A energia de Gibbs, e consequentemente o μ_i, é definida em relação à energia

[6] Uma ambiguidade dimensional encontra-se evidente na Eq. (10.28) e nas equações análogas que seguem, nas quais P possui unidades, enquanto *ln P* deve ser adimensional. Esta dificuldade é mais aparente do que real, pois a energia de Gibbs é sempre expressa em uma escala relativa, com os valores absolutos desconhecidos. Assim, em aplicações somente aparecem *diferenças* da energia de Gibbs, levando a *razões* de quantidades com unidades de pressão no argumento do logaritmo. A única exigência é que seja mantida a consistência das unidades de pressão.

interna e à entropia. Como os valores absolutos da energia interna são desconhecidos, o mesmo é verdade para o μ_i. Além disso, a Eq. (10.29) mostra que μ_i^{gi} tende a menos infinito quando P ou y_i se aproxima de zero. Isto é verdade não somente para o estado de gás ideal, mas para qualquer gás. Embora estas características não impeçam o uso de potenciais químicos, a aplicação de critérios de equilíbrio é facilitada pela introdução da *fugacidade*,[7] uma propriedade que toma o lugar do μ_i, mas não apresenta suas características menos desejáveis.

A origem do conceito de fugacidade está na Eq. (10.28), válida somente para uma espécie pura i no estado de gás ideal. Para um fluido real, escrevemos uma equação análoga que **define** f_i, a *fugacidade* da espécie pura i:

$$G_i \equiv \Gamma_i(T) + RT \ln f_i \tag{10.31}$$

Esta nova propriedade f_i, com unidades de pressão, substitui P na Eq. (10.28). Claramente, se a Eq. (10.28) for vista como um caso particular da Eq. (10.31), então:

$$f_i^{gi} = P \tag{10.32}$$

e a fugacidade da espécie pura i no estado de gás ideal é necessariamente igual a sua pressão. A subtração da Eq. (10.28) da Eq. (10.31), ambas escritas para as mesmas T e P, fornece:

$$G_i - G_i^{gi} = RT \ln \frac{f_i}{P}$$

Pela definição da Eq. (6.41), $G_i - G_i^{gi}$ é a *energia de Gibbs residual*, G_i^R, assim,

$$\boxed{G_i^R = RT \ln \frac{f_i}{P} = RT \ln \phi_i} \tag{10.33}$$

na qual a razão adimensional f_i/P foi **definida** como uma nova propriedade, o *coeficiente de fugacidade*, que recebe o símbolo ϕ_i:

$$\boxed{\phi_i \equiv \frac{f_i}{P}} \tag{10.34}$$

Essas equações se aplicam para a espécie pura i em qualquer fase sob qualquer condição. Contudo, como um caso particular, ela deve ser válida para o estado de gás ideal, para o qual $G_i^R = 0$, $\phi_i = 1$ e a Eq. (10.28) é recuperada a partir da Eq. (10.31). Além disso, podemos escrever a Eq. (10.33) para $P = 0$ e combiná-la com a Eq. (6.45):

$$\lim_{P\to 0} \left(\frac{G_i^R}{RT}\right) = \lim_{P\to 0} \ln \phi_i = J$$

Conforme explicado em relação à Eq. (6.48), o valor de J não é relevante e é especificado igual a zero. Em que

$$\lim_{P\to 0} \ln \phi_i = \lim_{P\to 0} \ln \left(\frac{f_i}{P}\right) = 0$$

e

$$\lim_{P\to 0} \phi_i = \lim_{P\to 0} \frac{f_i}{P} = 1$$

A identificação do ln ϕ_i com G_i^R/RT pela Eq. (10.33) permite sua avaliação pela integral da Eq. (6.49):

$$\boxed{\ln \phi_i = \int_0^P (Z_i - 1)\frac{dP}{P} \qquad (T \text{ const.})} \tag{10.35}$$

Os coeficientes de fugacidade (e, consequentemente, as fugacidades) para gases puros são avaliados por esta equação a partir de dados PVT ou a partir de uma equação de estado explícita no volume.

[7] Esta grandeza origina-se do trabalho de Gilbert Newton Lewis (1875-1946), físico-químico americano, que também desenvolveu os conceitos de propriedade parcial e de solução ideal. Veja: <http://en.wikipedia.org/wiki/Gilbert N. Lewis>.

Por exemplo, quando o fator de compressibilidade é dado pela Eq. (3.36), escrita aqui com subscritos para indicar que é aplicada a uma substância pura:

$$Z_i - 1 = \frac{B_{ii}P}{RT}$$

Como o segundo coeficiente virial B_{ii} é uma função da temperatura somente para uma espécie pura, a substituição na Eq. (10.35) fornece:

$$\ln \phi_i = \frac{B_{ii}}{RT}\int_0^P dP \quad (T \text{ const.})$$

e

$$\ln \phi_i = \frac{B_{ii}P}{RT} \tag{10.36}$$

Equilíbrio Líquido/Vapor para Espécies Puras

A Eq. (10.31), que define a fugacidade de uma espécie pura *i*, pode ser escrita para a espécie *i* como um vapor saturado e como um líquido saturado, na mesma temperatura:

$$G_i^v = \Gamma_i(T) + RT \ln f_i^v \quad (10.37) \qquad G_i^l = \Gamma_i(T) + RT \ln f_i^l \quad (10.38)$$

Por diferença,

$$G_i^v - G_i^l = RT \ln \frac{f_i^v}{f_i^l}$$

Esta equação se aplica à mudança de estado de líquido saturado para vapor saturado, na temperatura *T* e na pressão de vapor P_i^{sat}. De acordo com a Eq. (6.83), $G_i^v - G_i^l = 0$; consequentemente:

$$f_i^v = f_i^l = f_i^{sat} \tag{10.39}$$

na qual f_i^{sat} indica o valor para o líquido saturado ou para o vapor saturado. Fases coexistindo de líquido saturado e de vapor saturado estão em equilíbrio; consequentemente, a Eq. (10.39) expressa um princípio fundamental:

Para uma espécie pura, fases líquida e vapor coexistindo em equilíbrio têm as mesmas temperatura, pressão e fugacidade.[8]

Uma formulação alternativa está baseada no coeficiente de fugacidade correspondente:

$$\phi_i^{sat} = \frac{f_i^{sat}}{P_i^{sat}} \tag{10.40}$$

Em que,

$$\phi_i^v = \phi_i^l = \phi_i^{sat} \tag{10.41}$$

Esta equação, representando a igualdade de coeficientes de fugacidade, é um critério igualmente válido de equilíbrio líquido/vapor para espécies puras.

Fugacidade de um Líquido Puro

A fugacidade da espécie pura *i*, como um líquido comprimido (sub-resfriado), pode ser calculada como o produto da pressão de saturação com três razões que são relativamente fáceis de serem avaliadas:

$$f_i^l(P) = \underbrace{\frac{f_i^v(P_i^{sat})}{P_i^{sat}}}_{(A)} \underbrace{\frac{f_i^l(P_i^{sat})}{f_i^v(P_i^{sat})}}_{(B)} \underbrace{\frac{f_i^l(P)}{f_i^l(P_i^{sat})}}_{(C)} P_i^{sat}$$

[8] A palavra *fugacidade* está baseada em uma raiz latina que significa abandonar ou escapar, que também é a base para a palavra *fugitivo*. Dessa forma, fugacidade tem sido interpretada como "tendência para escapar". Quando elas estão em equilíbrio, a tendência para escapar é a mesma nas duas fases. Quando a tendência para escapar de uma espécie é maior em uma fase do que na outra, esta espécie tenderá a se transferir para a fase na qual a fugacidade é menor.

Todos os termos estão na temperatura de interesse. Uma inspeção revela que a eliminação de numeradores e denominadores equivalentes produz uma identidade matemática.

A razão (*A*) é o coeficiente de fugacidade da fase vapor, do vapor puro *i* na sua pressão de saturação líquido/vapor, designado por ϕ_i^{sat}. Ele é dado pela Eq. (10.35), escrita na forma:

$$\ln \phi_i^{sat} = \int_0^{P_i^{sat}} (Z_i^v - 1)\frac{dP}{P} \qquad (T \text{ const.}) \tag{10.42}$$

Conforme mostrado pela Eq. (10.39), expressando a igualdade entre as fugacidades do líquido e do vapor no equilíbrio, a razão (*B*) é unitária. A razão (*C*) reflete o efeito da pressão na fugacidade do líquido puro *i*. Esse efeito é geralmente pequeno. A base para seu cálculo é a Eq. (6.11), integrada a *T* constante para fornecer:

$$G_i - G_i^{sat} = \int_{P_i^{sat}}^{P} V_i^l \, dP$$

Outra expressão para esta diferença resulta quando a Eq. (10.31) é escrita para G_i e para G_i^{sat}; então, a subtração fornece:

$$G_i - G_i^{sat} = RT \ln \frac{f_i}{f_i^{sat}}$$

Igualando as duas expressões para $G_i - G_i^{sat}$:

$$\ln \frac{f_i}{f_i^{sat}} = \frac{1}{RT}\int_{P_i^{sat}}^{P} V_i^l \, dP$$

A razão (*C*) é, então:

$$\frac{f_i^l(P)}{f_i^l(P_i^{sat})} = \exp\left(\frac{1}{RT}\int_{P_i^{sat}}^{P} V_i^l \, dP\right)$$

A substituição das três razões na equação inicial fornece:

$$f_i = \phi_i^{sat} P_i^{sat} \exp\left(\frac{1}{RT}\int_{P_i^{sat}}^{P} V_i^l \, dP\right) \tag{10.43}$$

Como V_i^l, o volume molar da fase líquida, é uma função muito fraca em relação à *P* em temperaturas bem abaixo da T_c, uma aproximação excelente é frequentemente obtida quando V_i^l é considerado constante com valor igual ao do líquido saturado. Neste caso,

$$f_i = \phi_i^{sat} P_i^{sat} \exp \frac{V_i^l (P - P_i^{sat})}{RT} \tag{10.44}$$

A exponencial é conhecida como um fator de Poynting.[9] Para avaliar a fugacidade de um líquido comprimido a partir da Eq. (10.44), os seguintes dados são necessários:

- Valores de Z_i^v para o cálculo de ϕ_i^{sat} com a Eq. (10.42). Estes valores podem vir de uma equação de estado, a partir de experimentos ou de correlações generalizadas.
- O volume molar da fase líquida V_i^l, normalmente o valor do líquido saturado.
- Um valor para P_i^{sat}.

Se Z_i^v for dado pela Eq. (3.36), a forma mais simples da equação virial, então:

$$Z_i^v - 1 = \frac{B_{ii} P}{RT} \qquad \text{e} \qquad \phi_i^{sat} = \exp \frac{B_{ii} P_i^{sat}}{RT}$$

[9] John Henry Poynting (1852-1914), físico britânico. Veja: <http://en.wikipedia.org/wiki/John Henry Poynting>.

e a Eq. (10.44) torna-se:

$$f_i = P_i^{\text{sat}} \exp \frac{B_{ii} P_i^{\text{sat}} + V_i^l (P - P_i^{\text{sat}})}{RT} \qquad (10.45)$$

No exemplo a seguir, os dados das tabelas de vapor formam a base para o cálculo da fugacidade e do coeficiente de fugacidade da água líquida e vapor como uma função da pressão.

▪ Exemplo 10.5

Para H_2O a uma temperatura de 300 °C e pressões de até 10.000 kPa (100 bar), calcule os valores de f_i e ϕ_i a partir de dados nas tabelas de vapor e represente graficamente esses valores em relação a *P*.

Solução 10.5

A Eq. (10.31) é escrita duas vezes: primeiro, para um estado a pressão *P*; segundo, para um estado de referência a baixa pressão, identificado por *, ambos na temperatura *T*:

$$G_i = \Gamma_i(T) + RT \ln f_i \qquad \text{e} \qquad G_i^* = \Gamma_i(T) + RT \ln f_i^*$$

A subtração elimina $\Gamma_i(T)$ e fornece:

$$\ln \frac{f_i}{f_i^*} = \frac{1}{RT}(G_i - G_i^*)$$

Por definição, $G_i = H_i - TS_i$ e $G_i^* = H_i^* - TS_i^*$; substituindo tem-se:

$$\ln \frac{f_i}{f_i^*} = \frac{1}{R}\left[\frac{H_i - H_i^*}{T} - (S_i - S_i^*)\right] \qquad (A)$$

A menor pressão na qual os dados a 300 °C são fornecidos nas tabelas de vapor é 1 kPa. Para fins práticos, o vapor d'água nessas condições está no seu estado de gás ideal, para o qual $f_i^* = P^* = 1$ kPa. Dados para este estado fornecem os seguintes valores de referência:

$$H_i^* = 3076{,}8 \text{ J} \cdot \text{g}^{-1} \qquad S_i^* = 10{,}3450 \text{ J} \cdot \text{g}^{-1} \cdot \text{K}^{-1}$$

Agora, a Eq. (*A*) pode ser aplicada nos estados de vapor superaquecido a 300 °C em vários valores de *P* de 1 kPa até a pressão de saturação de 8592,7 kPa. Por exemplo, a *P* = 4000 kPa e 300 °C:

$$H_i = 2962{,}0 \text{ J} \cdot \text{g}^{-1} \qquad S_i = 6{,}3642 \text{ J} \cdot \text{g}^{-1} \cdot \text{K}^{-1}$$

Os valores de *H* e *S* devem ser multiplicados pela massa molar da água (18,015 g · mol^{-1}) para colocá-los em uma base molar para substituição na Eq. (*A*):

$$\ln \frac{f_i}{f^*} = \frac{18{,}015}{8{,}314}\left[\frac{2962{,}0 - 3076{,}8}{573{,}15} - (6{,}3642 - 10{,}3450)\right] = 8{,}1917$$

e

$$f_i/f^* = 3611{,}0$$
$$f_i = (3611{,}0)(f^*) = (3611{,}0)(1 \text{ kPa}) = 3611{,}0 \text{ kPa}$$

Dessa forma, o coeficiente de fugacidade a 4000 kPa é:

$$\phi_i = \frac{f_i}{P} = \frac{3611{,}0}{4000} = 0{,}9028$$

Cálculos similares em outras pressões levam aos valores apresentados na Figura 10.2 para pressões até a pressão de saturação $P_i^{\text{sat}} = 8592{,}7$ kPa. Nessa pressão,

$$\phi_i^{\text{sat}} = 0{,}7843 \qquad \text{e} \qquad f_i^{\text{sat}} = 6738{,}9 \text{ kPa}$$

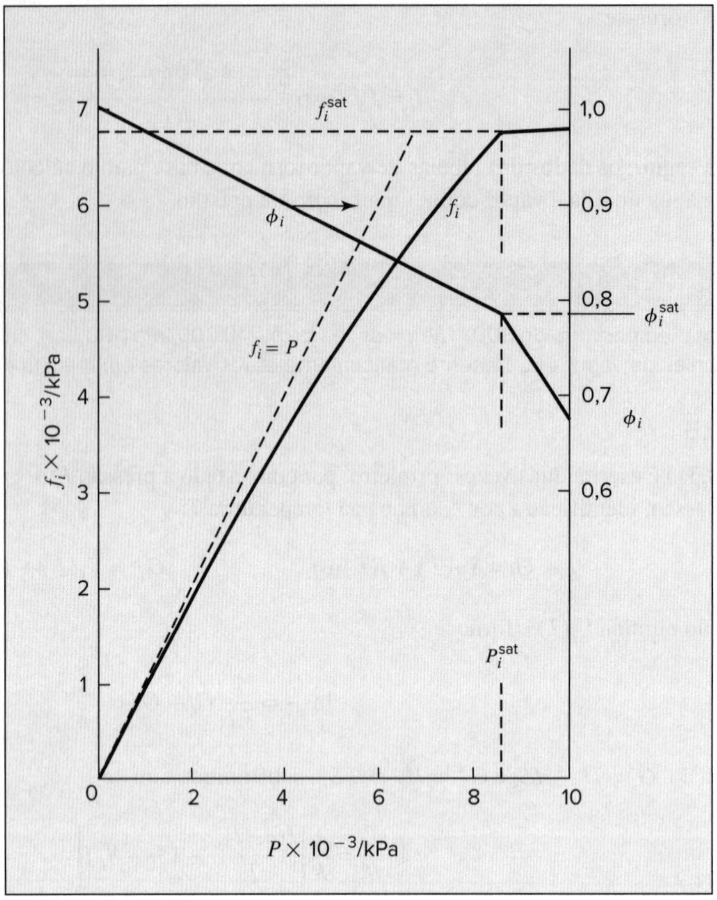

Figura 10.2 Fugacidade e coeficiente de fugacidade do vapor d'água a 300 °C.

De acordo com as Eqs. (10.39) e (10.41), os valores da saturação não se modificam com a condensação. Embora as curvas sejam consequentemente contínuas, elas apresentam descontinuidade em sua inclinação. Os valores de f_i e ϕ_i para a água líquida a pressões maiores são encontrados utilizando-se a Eq. (10.44), com V_i^l igual ao volume molar da água líquida saturada a 300 °C:

$$V_i^l = (1{,}403)(18{,}015) = 25{,}28 \text{ cm}^3 \cdot \text{mol}^{-1}$$

Por exemplo, a 10.000 kPa, a Eq. (10.44) se torna:

$$f_i = (0{,}7843)(8592{,}7) \exp \frac{(25{,}28)(10.000 - 8592{,}7)}{(8314)(573{,}15)} = 6789{,}8 \text{ kPa}$$

O coeficiente de fugacidade da água líquida nessas condições é:

$$\phi_i = f_i/P = 6789{,}8/10.000 = 0{,}6790$$

Estes cálculos permitem a complementação da Figura 10.2, em que as linhas contínuas mostram como f_i e ϕ_i variam com a pressão.

A curva para f_i parte da origem e se afasta progressivamente, com o aumento da pressão, da curva tracejada para o estado de gás ideal ($f_i^{gi} = P$). Na P_i^{sat} há uma descontinuidade na inclinação e então a curva passa a subir muito lentamente com o aumento da pressão, indicando que a fugacidade da água líquida a 300 °C é uma função fraca da pressão. Este comportamento é característico de um líquido a uma temperatura bem abaixo de sua temperatura crítica. Na medida em que a pressão aumenta, o coeficiente de fugacidade ϕ_i diminui constantemente a partir do seu valor unitário a pressão zero. Sua rápida diminuição na região líquida é uma consequência da fugacidade ser praticamente constante.

10.6 FUGACIDADE E COEFICIENTE DE FUGACIDADE: ESPÉCIES EM SOLUÇÃO

A definição da fugacidade de uma espécie em solução é semelhante à definição da fugacidade de espécies puras. Para a espécie i em uma mistura de gases reais ou em uma solução de líquidos, a equação análoga à Eq. (10.29), a expressão para o estado de gás ideal, é:

$$\mu_i \equiv \Gamma_i(T) + RT \ln \hat{f}_i \quad (10.46)$$

na qual $\hat{f}_i$ é a fugacidade da espécie i na solução, substituindo a pressão parcial y_iP. Esta definição de $\hat{f}_i$ não a torna uma propriedade parcial molar; consequentemente, ela é identificada por um acento circunflexo ao invés de uma barra.

Uma aplicação direta dessa definição indica sua potencial utilidade. A Eq. (10.6), a igualdade de μ_i em todas as fases, é o critério fundamental para o equilíbrio de fases. Como todas as fases em equilíbrio estão na mesma temperatura, um critério alternativo e igualmente geral vem imediatamente da Eq. (10.46):

$$\boxed{\hat{f}_i^\alpha = \hat{f}_i^\beta = \cdots = \hat{f}_i^\pi} \qquad (i = 1, 2, \ldots, N) \quad (10.47)$$

Assim, múltiplas fases nas mesmas *T* e *P* estão em equilíbrio quando a fugacidade de cada espécie constituinte é a mesma em todas as fases.

Este é o critério de equilíbrio mais frequentemente utilizado na solução de problemas envolvendo equilíbrio de fases.

Para o caso específico de um equilíbrio líquido/vapor multicomponente, a Eq. (10.47) torna-se:

$$\hat{f}_i^l = \hat{f}_i^v \ (i = 1, 2, \ldots, N) \quad (10.48)$$

A Eq. (10.39) resulta em um caso particular, quando esta relação é aplicada no equilíbrio líquido-vapor de uma espécie *pura i*.

A definição de uma propriedade residual é dada na Seção 6.2:

$$M^R \equiv M - M^{gi} \quad (6.41)$$

sendo M o valor molar (ou na base mássica) de uma propriedade termodinâmica e M^{gi} o valor que essa propriedade teria no seu estado de gás ideal com a mesma composição, nas mesmas T e P. A equação de definição para uma *propriedade parcial residual* $\bar{M}_i^R$ vem dessa equação. Multiplicada por n mol da mistura, ela se torna:

$$nM^R = nM - nM^{gi}$$

Diferenciando em relação à n_i a T, P e n_j constantes, tem-se:

$$\left[\frac{\partial(nM^R)}{\partial n_i}\right]_{P,T,n_j} = \left[\frac{\partial(nM)}{\partial n_i}\right]_{P,T,n_j} - \left[\frac{\partial(nM^{gi})}{\partial n_i}\right]_{P,T,n_j}$$

Com base na Eq. (10.7), verifica-se que cada termo possui a forma de uma propriedade parcial molar. Assim,

$$\bar{M}_i^R = \bar{M}_i - \bar{M}_i^{gi} \quad (10.49)$$

Como propriedades residuais medem afastamentos dos valores no estado de gás ideal, seu uso comum e principalmente lógico é como propriedades da fase gás, mas elas também são válidas na descrição de propriedades da fase líquida. Escrita para a energia de Gibbs residual, a Eq. (10.49) torna-se:

$$\boxed{\bar{G}_i^R = \bar{G}_i - \bar{G}_i^{gi}} \quad (10.50)$$

uma equação que define a *energia de Gibbs parcial residual*.

A subtração da Eq. (10.29) da Eq. (10.46), ambas escritas para as mesmas T e P, fornece:

$$\mu_i - \mu_i^{gi} = RT \ln \frac{\hat{f}_i}{y_iP}$$

Este resultado combinado com a Eq. (10.50) e com a identidade $\mu_i \equiv \bar{G}_i$ fornece:

$$\boxed{\bar{G}_i^R = RT \ln \hat{\phi}_i} \tag{10.51}$$

em que, por **definição**,

$$\boxed{\hat{\phi}_i \equiv \frac{\hat{f}_i}{y_i P}} \tag{10.52}$$

A razão adimensional $\hat{\phi}_i$ é chamada de *coeficiente de fugacidade da espécie i em solução*. Embora mais usualmente utilizado para gases, o coeficiente de fugacidade pode também ser usado para líquidos e, neste caso, a fração molar y_i é substituída por x_i, o símbolo tradicionalmente utilizado para representar frações molares na fase líquida. Como a Eq. (10.29) para o estado de gás ideal é um caso particular da Eq. (10.46), então:

$$\hat{f}_i^{gi} = y_i P \tag{10.53}$$

Assim, a fugacidade da espécie *i* em uma mistura no estado de gás ideal é igual a sua pressão parcial. Além disso, $\hat{\phi}_i^{ig} = 1$ e para o estado de gás ideal $\bar{G}_i^R = 0$.

A Relação Fundamental de Propriedades Residuais

A relação fundamental de propriedades dada pela Eq. (10.2) é colocada em uma forma alternativa por uma identidade matemática (também utilizada para gerar a Eq. (6.37)):

$$d\left(\frac{nG}{RT}\right) \equiv \frac{1}{RT} d(nG) - \frac{nG}{RT^2} dT$$

Nesta equação $d(nG)$ é substituído pela Eq. (10.2) e G por sua definição, $H - TS$. O resultado, após uma redução algébrica, é:

$$\boxed{d\left(\frac{nG}{RT}\right) = \frac{nV}{RT} dP - \frac{nH}{RT^2} dT + \sum_i \frac{\bar{G}_i}{RT} dn_i} \tag{10.54}$$

Todos os termos na Eq. (10.54) têm a unidade de mol; além disso, em contraste com a Eq. (10.2), a entalpia ao invés da entropia aparece no lado direito. A Eq. (10.54) é uma relação geral representando nG/RT como uma função de *todas* as suas variáveis canônicas, T, P e o número de mols. Ela se reduz à Eq. (6.37) para o caso particular de 1 mol de uma fase com composição constante. As Eqs. (6.38) e (6.39) originam-se de qualquer uma dessas duas equações, e as equações para as outras propriedades termodinâmicas vêm daquelas com definição apropriadas. O conhecimento de G/RT como uma função de variáveis canônicas permite a avaliação de todas as outras propriedades termodinâmicas e, consequentemente, contém implicitamente informações completas de propriedades. Infelizmente, não temos meios experimentais para explorar esta característica. Isto é, nós não podemos medir diretamente G/RT como uma função de T, P e composição. Entretanto, podemos obter informações termodinâmicas completas com a combinação de dados volumétricos e calorimétricos. Nesse caso, uma equação análoga relacionando propriedades residuais se mostra útil.

Como a Eq. (10.54) é geral, ela pode ser escrita para o caso particular do estado de gás ideal:

$$d\left(\frac{nG^{gi}}{RT}\right) = \frac{nV^{gi}}{RT} dP - \frac{nH^{gi}}{RT^2} dT + \sum_i \frac{\bar{G}_i^{gi}}{RT} dn_i$$

Com base nas definições de propriedades residuais [Eqs. (6.41) e (10.50)], a subtração desta equação da Eq. (10.54) fornece:

$$\boxed{d\left(\frac{nG^R}{RT}\right) = \frac{nV^R}{RT} dP - \frac{nH^R}{RT^2} dT + \sum_i \frac{\bar{G}_i^R}{RT} dn_i} \tag{10.55}$$

A Eq. (10.55) é a *relação fundamental de propriedades residuais*. Sua dedução a partir da Eq. (10.2) é semelhante a dedução no Capítulo 6 que leva da Eq. (6.11) à Eq. (6.42). Na verdade, as Eqs. (6.11) e (6.42) são casos particulares das Eqs. (10.2) e (10.55), válidas para 1 mol de um fluido com uma composição constante. Uma forma alternativa da Eq. (10.55) vem da introdução do coeficiente de fugacidade conforme dado pela Eq. (10.51):

$$d\left(\frac{nG^R}{RT}\right) = \frac{nV^R}{RT}dP - \frac{nH^R}{RT^2}dT + \sum_i \ln\hat{\phi}_i dn_i \qquad (10.56)$$

Equações tão gerais como as Eqs. (10.55) e (10.56) são mais úteis em aplicações práticas em suas formas restritas. A divisão das Eqs. (10.55) e (10.56), em primeiro lugar, por dP com a restrição de T e composição constantes, e depois, por dT com a restrição de P e composição constantes, leva a:

$$\frac{V^R}{RT} = \left[\frac{\partial(G^R/RT)}{\partial P}\right]_{T,x} \qquad (10.57) \qquad\qquad \frac{H^R}{RT} = -T\left[\frac{\partial(G^R/RT)}{\partial T}\right]_{P,x} \qquad (10.58)$$

Essas equações são novas formas das Eqs. (6.43) e (6.44), nas quais a restrição das derivadas a composição constante é mostrada explicitamente. Elas levam às Eqs. (6.46), (6.48) e (6.49) para o cálculo de propriedades residuais a partir de dados volumétricos. Além disso, a Eq. (10.57) é a base para a dedução direta da Eq. (10.35), que fornece coeficientes de fugacidade a partir de dados volumétricos. É através das propriedades residuais que este tipo de informação experimental entra nas aplicações práticas da Termodinâmica.

Adicionalmente, a partir da Eq. (10.56),

$$\ln\hat{\phi}_i = \left[\frac{\partial(nG^R/RT)}{\partial n_i}\right]_{P,T,n_j} \qquad (10.59)$$

Esta equação demonstra que o logaritmo do coeficiente de fugacidade de uma espécie na solução é uma propriedade parcial em relação à G^R/RT.

▪ Exemplo 10.6

Deduza uma equação geral para calcular valores de ln $\hat{\phi}_i$ a partir de dados do fator de compressibilidade.

Solução 10.6

Para n mol de uma mistura com composição constante, a Eq. (6.49) torna-se:

$$\frac{nG^R}{RT} = \int_0^P (nZ - n)\frac{dP}{P}$$

De acordo com a Eq. (10.59), esta equação pode ser derivada em relação à n_i, com T, P e n_j constantes, para gerar:

$$\ln\hat{\phi}_i = \int_0^P \left[\frac{\partial(nZ - n)}{\partial n_i}\right]_{P,T,n_j} \frac{dP}{P}$$

Como $\partial(nZ)/\partial n_i = \bar{Z}_i$ e $\partial n/\partial n_i = 1$, esta equação se reduz a:

$$\ln\hat{\phi}_i = \int_0^P (\bar{Z}_i - 1)\frac{dP}{P} \qquad (10.60)$$

na qual a integração é a temperatura e a composição constantes. Esta equação é a análoga em propriedades parciais a Eq. (10.35). Ela permite o cálculo de valores de $\hat{\phi}_i$ a partir de dados PVT.

Coeficientes de Fugacidade a partir da Equação de Estado Virial

Valores de $\hat{\phi}_i$ para a espécie i em solução são facilmente obtidos a partir de equações de estado. A forma mais simples da equação virial fornece um exemplo útil. Escrita para uma mistura gasosa, ela é exatamente a mesma que a para uma espécie pura:

$$Z = 1 + \frac{BP}{RT} \tag{3.36}$$

O segundo coeficiente virial da mistura B é uma função da temperatura e da composição. Sua dependência *exata* em relação à composição é dada pela Mecânica Estatística, fato que marca uma proeminência da equação virial entre as equações de estado nas condições nas quais ela se aplica, isto é, em gases em pressões baixas a moderadas. A equação que fornece esta dependência com a composição é:

$$\boxed{B = \sum_i \sum_j y_i y_j B_{ij}} \tag{10.61}$$

na qual y_i e y_j representam frações molares em uma mistura gasosa. Os índices i e j identificam espécies e ambos varrem todas as espécies presentes na mistura. O coeficiente virial B_{ij} caracteriza interações bimoleculares entre moléculas das espécies i e j, e, consequentemente, $B_{ij} = B_{ji}$. O somatório duplo leva em conta todas as interações bimoleculares possíveis.

Para uma mistura binária $i = 1, 2$ e $j = 1, 2$; a expansão da Eq. (10.61) fornece, então:

$$B = y_1 y_1 B_{11} + y_1 y_2 B_{12} + y_2 y_1 B_{21} + y_2 y_2 B_{22}$$

ou

$$B = y_1^2 B_{11} + 2y_1 y_2 B_{12} + y_2^2 B_{22} \tag{10.62}$$

Dois tipos de coeficientes virial apareceram: B_{11} e B_{22}, nos quais os subscritos sucessivos são iguais, e B_{12}, no qual os dois subscritos são diferentes. O primeiro tipo é um coeficiente virial de uma espécie pura; o segundo é uma propriedade de mistura, conhecido como um *coeficiente cruzado*. Ambos são funções somente da temperatura. Expressões como as Eqs. (10.61) e (10.62) relacionam coeficientes de mistura com coeficientes de espécies puras e coeficientes cruzados. Elas são chamadas *regras de mistura*.

A Eq. (10.62) nos permite encontrar expressões para ln $\hat{\phi}_1$ e ln $\hat{\phi}_2$ para uma mistura gasosa binária que segue a Eq. (3.36). Escrita para n mol da mistura gasosa, ela se torna:

$$nZ = n + \frac{nBP}{RT}$$

Sua derivação em relação à n_1 fornece:

$$\bar{Z}_1 \equiv \left[\frac{\partial(nZ)}{\partial n_1}\right]_{P,T,n_2} = 1 + \frac{P}{RT}\left[\frac{\partial(nB)}{\partial n_1}\right]_{T,n_2}$$

A substituição dessa expressão para $\bar{Z}_1$ na Eq. (10.60) fornece:

$$\ln \hat{\phi}_1 = \frac{1}{RT}\int_0^P \left[\frac{\partial(nB)}{\partial n_1}\right]_{T,n_2} dP = \frac{P}{RT}\left[\frac{\partial(nB)}{\partial n_1}\right]_{T,n_2}$$

na qual a integração é elementar, pois B não é uma função da pressão. Tudo o que resta é a avaliação da derivada.

A Eq. (10.62) para o segundo coeficiente virial pode ser escrita da seguinte maneira:

$$\begin{aligned} B &= y_1(1 - y_2)B_{11} + 2y_1 y_2 B_{12} + y_2(1 - y_1)B_{22} \\ &= y_1 B_{11} - y_1 y_2 B_{11} + 2y_1 y_2 B_{12} + y_2 B_{22} - y_1 y_2 B_{22} \end{aligned}$$

ou

$$B = y_1 B_{11} + y_2 B_{22} + y_1 y_2 \delta_{12} \quad \text{com} \quad \delta_{12} \equiv 2B_{12} - B_{11} - B_{22}$$

A multiplicação por n e a substituição de $y_i = n_i/n$ fornecem,

$$nB = n_1 B_{11} + n_2 B_{22} + \frac{n_1 n_2}{n}\delta_{12}$$

Por diferenciação,

$$\left[\frac{\partial(nB)}{\partial n_1}\right]_{T,n_2} = B_{11} + \left(\frac{1}{n} - \frac{n_1}{n^2}\right) n_2 \delta_{12}$$

$$= B_{11} + (1 - y_1) y_2 \delta_{12} = B_{11} + y_2^2 \delta_{12}$$

Consequentemente,

$$\ln \hat{\phi}_1 = \frac{P}{RT}(B_{11} + y_2^2 \delta_{12}) \tag{10.63a}$$

Similarmente,

$$\ln \hat{\phi}_2 = \frac{P}{RT}(B_{22} + y_1^2 \delta_{12}) \tag{10.63b}$$

As Eqs. (10.63) são facilmente estendidas para utilização em misturas gasosas multicomponentes; a equação geral é:[10]

$$\ln \hat{\phi}_k = \frac{P}{RT}\left[B_{kk} + \frac{1}{2}\sum_i \sum_j y_i y_j (2\delta_{ik} - \delta_{ij})\right] \tag{10.64}$$

na qual os índices mudos i e j varrem todas as espécies, e

$$\delta_{ik} \equiv 2B_{ik} - B_{ii} - B_{kk} \qquad \delta_{ij} \equiv 2B_{ij} - B_{ii} - B_{jj}$$

com

$$\delta_{ii} = 0, \delta_{kk} = 0 \text{ etc.,} \qquad \text{e } \delta_{ki} = \delta_{ik}, \text{ etc.}$$

▪ Exemplo 10.7

Determine os coeficientes de fugacidade, usando as Eqs. (10.63), para o nitrogênio e o metano em uma mistura $N_2(1)/CH_4(2)$, a 200 K e 30 bar, se a mistura contiver 40 % em base molar de N_2. Dados experimentais para os coeficientes virial são apresentados a seguir:

$$B_{11} = -35{,}2 \quad B_{22} = -105{,}0 \quad B_{12} = -59{,}8 \text{ cm}^3 \cdot \text{mol}^{-1}$$

Solução 10.7

Por definição, $\delta_{12} = 2B_{12} - B_{11} - B_{22}$. Em que,

$$\delta_{12} = 2(-59{,}8) + 35{,}2 + 105{,}0 = 20{,}6 \text{ cm}^3 \cdot \text{mol}^{-1}$$

A substituição dos valores numéricos nas Eqs. (10.63) fornece:

$$\ln \hat{\phi}_1 = \frac{30}{(83{,}14)(200)}[-35{,}2 + (0{,}6)^2(20{,}6)] = -0{,}0501$$

$$\ln \hat{\phi}_2 = \frac{30}{(83{,}14)(200)}[-105{,}0 + (0{,}4)^2(20{,}6)] = -0{,}1835$$

Em que,

$$\hat{\phi}_1 = 0{,}9511 \qquad \text{e} \qquad \hat{\phi}_2 = 0{,}8324$$

Note que o segundo coeficiente virial da mistura, conforme dado pela Eq. (10.62), é $B = -72{,}14 \text{ cm}^3 \cdot \text{mol}^{-1}$ e que a sua substituição na Eq. (3.36) fornece um fator de compressibilidade da mistura, $Z = 0{,}870$.

---

[10] H. C. Van Ness e M. M. Abbott, *Classical Thermodynamics of Nonelectrolyte Solutions: With Applications to Phase Equilibria*, pp. 135-140, McGraw-Hill, New York, 1982.

10.7 CORRELAÇÕES GENERALIZADAS PARA O COEFICIENTE DE FUGACIDADE

Coeficientes de Fugacidade para Espécies Puras

Os métodos generalizados desenvolvidos na Seção 3.7 para o fator de compressibilidade Z e na Seção 6.4 para as entalpia e entropia residuais de gases puros são aqui aplicados para o coeficiente de fugacidade. A Eq. (10.35) é colocada na forma generalizada através da substituição das relações,

$$P = P_c P_r \qquad dP = P_c dP_r$$

Assim,

$$\ln \phi_i = \int_0^{Pr} (Z_i - 1)\frac{dP_r}{P_r} \tag{10.65}$$

na qual a integração é a T_r constante. A substituição da expressão para Z_i representada pela Eq. (3.53) fornece:

$$\ln \phi = \int_0^{P_r} (Z^0 - 1)\frac{dP_r}{P_r} + \omega \int_0^{P_r} Z^1 \frac{dP_r}{P_r}$$

na qual, para simplificar, o subscrito i é omitido. Esta equação pode ser escrita de maneira alternativa:

$$\ln \phi = \ln \phi^0 + \omega \ln \phi^1 \tag{10.66}$$

na qual

$$\ln \phi^0 \equiv \int_0^{Pr} (Z^0 - 1)\frac{dP_r}{P_r} \qquad \text{e} \qquad \ln \phi^1 \equiv \int_0^{Pr} Z^1 \frac{dP_r}{P_r}$$

As integrais nessas equações podem ser avaliadas numericamente ou graficamente para vários valores de T_r e P_r, a partir de dados para Z^0 e Z^1 apresentados nas Tabelas D.1 a D.4 (Apêndice D). Outro método, o qual foi adotado por Lee e Kesler para estender a correlação deles para coeficientes de fugacidade, está baseado em uma equação de estado.

Como a Eq. (10.66) pode também ser escrita na forma,

$$\phi = (\phi^0)(\phi^1)^{\omega} \tag{10.67}$$

e temos a opção de fornecer correlações para ϕ^0 e ϕ^1 ao invés de correlações para os seus logaritmos. Esta é a escolha feita aqui e as Tabelas D.13 a D.16 apresentam valores para essas grandezas, confirme obtidas da correlação de Lee/Kesler como funções de T_r e P_r, fornecendo então uma correlação generalizada a três parâmetros para coeficientes de fugacidade. As Tabelas D.13 e D.15 para ϕ^0 podem ser utilizadas sozinhas como uma correlação a dois parâmetros, que não incorpora o refinamento introduzido pelo fator acêntrico.

▪ Exemplo 10.8

A partir da Eq. (10.67), estime um valor para a fugacidade do vapor de 1-buteno a 200 °C e 70 bar.

Solução 10.8

Nestas condições, com $T_c = 420{,}0$ K, $P_c = 40{,}43$ bar a partir da Tabela B.1, tem-se:

$$T_r = 1{,}127 \quad P_r = 1{,}731 \quad \omega = 0{,}191$$

Por interpolação nas Tabelas D.15 e D.16 nestas condições,

$$\phi^0 = 0{,}627 \qquad \text{e} \qquad \phi^1 = 1{,}096$$

Então, a Eq. (10.67) fornece:

$$\phi = (0{,}627)(1{,}096)^{0{,}191} = 0{,}638$$

e

$$f = \phi P = (0{,}638)(70) = 44{,}7 \text{ bar}$$

Uma correlação generalizada útil para ln ϕ aparece quando a forma mais simples da equação virial é válida. As Eqs. (3.57) e (3.59) se combinam para fornecer:

$$Z - 1 = \frac{P_r}{T_r}(B^0 + \omega B^1)$$

A substituição na Eq. (10.65) e a integração fornecem:

$$\ln \phi = \frac{P_r}{T_r}(B^0 + \omega B^1)$$

ou

$$\phi = \exp\left[\frac{P_r}{T_r}(B^0 + \omega B^1)\right] \tag{10.68}$$

Esta equação, utilizada em conjunto com as Eqs. (3.61) e (3.62), fornece valores confiáveis de ϕ para qualquer gás apolar ou fracamente polar, quando aplicada em condições nas quais Z é aproximadamente linear com a pressão. Novamente, a Figura 3.13 serve como um indicador de sua aplicabilidade.

As funções chamadas de HRB(TR,PR,OMEGA) e SRB(TR,PR,OMEGA), para a avaliação de H^R/RT_c e de S^R/R através da correlação generalizada do coeficiente virial, foram descritas na Seção 6.4. Analogamente, aqui apresentamos uma função chamada PHIB(TR,PR,OMEGA) para o cálculos de ϕ:

$$\phi = \text{PHIB(TR,PR,OMEGA)}$$

Ela combina a Eq. (10.68) com as Eqs. (3.61) e (3.62) para avaliar o coeficiente de fugacidade para valores especificados da temperatura reduzida, da pressão reduzida e do fator acêntrico. Por exemplo, o valor de ϕ para o dióxido de carbono nas condições do Exemplo 6.4, Etapa 3, é denotado:

$$\text{PHIB}(0{,}963,\ 0{,}203,\ 0{,}224) = 0{,}923$$

Extensão para Misturas

A correlação generalizada descrita anteriormente é somente para gases *puros*. O restante dessa seção mostra como a equação virial pode ser generalizada para permitir o cálculo de coeficientes de fugacidade $\hat{\phi}_i$ para espécies em *misturas* de gases.

A expressão geral para calcular ln $\hat{\phi}_k$ a partir dos dados para o segundo coeficiente virial é dada pela Eq. (10.64). Os valores dos coeficientes virial para espécies puras B_{kk}, B_{ii} etc. são encontrados com a correlação generalizada representada pelas Eqs. (3.58), (3.59), (3.61) e (3.62). Os coeficientes cruzados B_{ik}, B_{ij} etc. são encontrados a partir de uma extensão da mesma correlação. Para este objetivo, a Eq. (3.59) pode ser rescrita em uma forma mais geral:[11]

$$\hat{B}_{ij} = B^0 + \omega_{ij} B^1 \tag{10.69a}$$

em que

$$\hat{B}_{ij} \equiv \frac{B_{ij} P_{cij}}{RT_{cij}} \tag{10.69b}$$

e B^0 e B^1 são as mesmas funções de T_r, conforme dadas pelas Eqs.(3.61) e (3.62). As regras de combinação propostas por Prausnitz *et al.* para o cálculo de ω_{ij}, T_{cij} e P_{cij} são:

$$\omega_{ij} = \frac{\omega_i + \omega_j}{2} \tag{10.70}$$

$$T_{cij} = (T_{ci} T_{cj})^{1/2}(1 - k_{ij}) \tag{10.71}$$

$$P_{cij} = \frac{Z_{cij} R T_{cij}}{V_{cij}} \tag{10.72}$$

$$Z_{cij} = \frac{Z_{ci} + Z_{cj}}{2} \tag{10.73}$$

$$V_{cij} = \left(\frac{V_{ci}^{1/3} + V_{cj}^{1/3}}{2}\right)^3 \tag{10.74}$$

[11] J. M. Prausnitz, R. N. Lichtenthaler e E. G. de Azevedo, *Molecular Thermodynamics of Fluid-Phase Equilibria*, 3. ed., pp. 133 e 160, Prentice-Hall, Englewood Cliffs, NJ, 1998.

Na Eq. (10.71), k_{ij} é um parâmetro de interação empírico específico para dado par de moléculas $i - j$. Quando $i = j$ e para espécies quimicamente similares, $k_{ij} = 0$. Nos outros casos, ele é um número pequeno e positivo determinado a partir de poucos dados *PVT*, ou, na ausência desses dados, ele é igual a zero. Quando $i = j$, todas as equações se reduzem à forma apropriada para uma espécie pura. Quando $i \neq j$, essas equações definem um conjunto de parâmetros de interação que, mesmo não tendo nenhum significado físico fundamental, fornecem estimativas úteis de coeficientes de fugacidade para misturas gasosas moderadamente não ideais. A temperatura reduzida é dada para cada par *ij* por $T_{rij} \equiv T/T_{cij}$. Para uma mistura, os valores de B_{ij} obtidos com a Eq. (10.69b) e substituídos na Eq. (10.61) fornecem o segundo coeficiente virial da mistura *B*, e, ao serem substituídos na Eq. (10.64) [Eqs. (10.63) para uma mistura binária], fornecem valores de ln $\hat{\phi}_i$.

A principal virtude da correlação generalizada para os segundos coeficientes virial aqui apresentada é a simplicidade; correlações mais precisas, porém mais complexas, estão disponíveis na literatura.[12]

▪ Exemplo 10.9

Estime $\hat{\phi}_1$ e $\hat{\phi}_2$, utilizando as Eqs. (10.63), para uma mistura equimolar de metil-etil-cetona(1)/tolueno(2), a 50 °C e 25 kPa. Especifique todos os $k_{ij} = 0$.

Solução 10.9

Os dados necessários encontram-se a seguir:

ij	T_{cij} K	P_{cij} bar	V_{cij} $cm^3 \cdot mol^{-1}$	Z_{cij}	ω_{ij}
11	535,5	41,5	267,	0,249	0,323
22	591,8	41,1	316,	0,264	0,262
12	563,0	41,3	291,	0,256	0,293

na qual os valores da última linha foram calculados com as Eqs. (10.70) a (10.74). Os valores de T_{rij}, assim como os de B^0, B^1 e B_{ij} calculados para cada par *ij* pelas Eqs. (3.65), (3.66) e (10.69), são os seguintes:

ij	T_{rij}	B^0	B^1	B_{ij} $cm^3 \cdot mol^{-1}$
11	0,603	−0,865	−1,300	−1387,
22	0,546	−1,028	−2,045	−1860,
12	0,574	−0,943	−1,632	−1611,

Calculando de δ_{12} de acordo com sua definição tem-se:

$$\delta_{12} = 2B_{12} - B_{11} - B_{22} = (2)(-1611) + 1387 + 1860 = 25 \text{ cm}^3 \cdot \text{mol}^{-1}$$

A Eq. (10.63) fornece, então:

$$\ln \hat{\phi}_1 = \frac{P}{RT}(B_{11} + y_2^2\delta_{12}) = \frac{25}{(8314)(323{,}15)}[-1387 + (0{,}5)^2(25)] = -0{,}0128$$

$$\ln \hat{\phi}_2 = \frac{P}{RT}(B_{22} + y_1^2\delta_{12}) = \frac{25}{(8314)(323{,}15)}[-1860 + (0{,}5)^2(25)] = -0{,}0172$$

Em que,

$$\hat{\phi}_1 = 0{,}987 \qquad \text{e} \qquad \hat{\phi}_2 = 0{,}983$$

Estes resultados são representativos dos valores obtidos para fases de vapor em condições típicas de equilíbrio líquido/vapor a baixas pressões.

[12] C. Tsonopoulos, *AIChE J.*, vol. 20, pp. 263-272, 1974, vol. 21, pp. 827-829, 1975, vol. 24, pp. 1112-1115, 1978; C. Tsonopoulos, *Adv. in Chemistry Series* 182, pp. 143-162, 1979; J. G. Hayden e J. P. O'Connell, *Ind. Eng. Chem. Proc. Des. Dev.*, vol. 14, pp. 209-216, 1975; D. W. McCann e R. P. Danner, *Ibid.*, vol. 23, pp. 529-533, 1984; J. A. Abusleme e J. H. Vera, *AIChE J.*, vol. 35, pp. 481-489, 1989; L. Meng, Y. Y. Duan e X. D. Wang, *Fluid Phase Equilibria*, vol. 260, pp. 354-358, 2007.

10.8 O MODELO DA SOLUÇÃO IDEAL

O potencial químico, conforme dado pelo modelo de mistura no estado de gás ideal,

$$\boxed{\mu_i^{gi} \equiv \bar{G}_i^{gi} = G_i^{gi}(T, P) + RT \ln y_i} \tag{10.24}$$

contém uma parcela final que confere a ele a forma mais simples de dependência com a composição. Na verdade, essa forma funcional poderia servir razoavelmente para a dependência da composição do potencial químico para gases densos e líquidos. Nestes, a dependência da composição surge somente do aumento de entropia por causa da intermistura randômica de moléculas de diferentes espécies. Esse aumento de entropia em razão da mistura é o mesmo em qualquer mistura randômica, podendo estar, portanto, presente em líquidos e em gases densos. Contudo, o comportamento de espécie pura implícito pela parcela $G_i^{gi}(T, P)$ não é real, valendo somente para o estado de gás ideal. Consequentemente, uma extensão natural da Eq. (10.24) substitui $G_i^{gi}(T, P)$ por $G_i(T, P)$, a energia de Gibbs da espécie pura i no seu *estado físico real* de gás, líquido ou sólido. Assim, **definimos** uma solução *ideal* como aquela para a qual:

$$\boxed{\mu_i^{id} \equiv \bar{G}_i^{id} = G_i(T,P) + RT \ln x_i} \tag{10.75}$$

na qual o sobrescrito *id* indica uma propriedade de solução ideal. Aqui a fração molar é representada por x_i para refletir o fato desta abordagem ser mais frequente para líquidos. Contudo, uma consequência dessa definição é que uma mistura no estado de gás ideal é um caso particular, nomeadamente, uma solução ideal de gases no estado de gás ideal, para a qual x_i na Eq. (10.75) é substituído por y_i.

Todas as outras propriedades termodinâmicas para uma solução ideal derivam da Eq. (10.75). De acordo com a Eq. (10.18), o volume parcial vem da diferenciação em relação à pressão, a composição e temperatura constantes:

$$\bar{V}_i^{id} = \left(\frac{\partial \bar{G}_i^{id}}{\partial P}\right)_{T,x} = \left(\frac{\partial G_i}{\partial P}\right)_T$$

Pela Eq. (10.4), $(\partial G_i/\partial P)_T = V_i$; em que,

$$\boxed{\bar{V}_i^{id} = V_i} \tag{10.76}$$

Analogamente, como resultado da Eq. (10.19),

$$\bar{S}_i^{id} = -\left(\frac{\partial \bar{G}_i^{id}}{\partial T}\right)_{P,x} = -\left(\frac{\partial G_i}{\partial T}\right)_P - R \ln x_i$$

Pela Eq. (10.5),

$$\boxed{\bar{S}_i^{id} = S_i - R \ln x_i} \tag{10.77}$$

Como $\bar{H}_i^{id} = \bar{G}_i^{id} + T\bar{S}_i^{id}$, substituições usando as Eqs. (10.75) e (10.77) fornecem:

$$\bar{H}_i^{id} = G_i + RT \ln x_i + TS_i - RT \ln x_i$$

ou

$$\boxed{\bar{H}_i^{id} = H_i} \tag{10.78}$$

A relação de soma, Eq. (10.11), utilizada no caso particular de uma solução ideal, é escrita na forma

$$M^{id} = \sum_i x_i \bar{M}_i^{id}$$

Sua aplicação nas Eqs. (10.75) a (10.78) fornece:

$G^{id} = \sum_i x_i G_i + RT \sum_i x_i \ln x_i$ (10.79)	$S^{id} = \sum_i x_i S_i - R \sum_i x_i \ln x_i$ (10.80)

$V^{id} = \sum_i x_i V_i$ (10.81)	$H^{id} = \sum_i x_i H_i$ (10.82)

Note a similaridade dessas equações com as Eqs. (10.25), (10.26) e (10.27) para misturas no estado de gás ideal. Para todas as propriedades de uma solução ideal, a dependência com a composição é, por definição, a mesma que nas misturas no estado de gás ideal, para as quais tal dependência está bem definida e surge inteiramente do aumento de entropia da mistura randômica. Entretanto, as dependências da temperatura e da pressão não são as dos gases ideais, sendo fornecidas por médias ponderadas pela fração molar das propriedades das espécies puras.

Se no Exemplo 10.3 a solução formada pela mistura de metanol(1) e água(2) fosse considerada ideal, o volume final seria dado pela Eq. (10.81) e a relação V *versus* x_1 seria uma linha reta unindo os volumes das espécies puras, V_2 em $x_1 = 0$ a V_1 em $x_1 = 1$. Para o cálculo efetuado em $x_1 = 0{,}3$; o uso de V_1 e V_2 no lugar dos volumes parciais fornece:

$$V_1^t = 983 \qquad V_2^t = 1017 \text{ cm}^3$$

Ambos os valores são aproximadamente 3,4 % inferiores.

A Regra de Lewis/Randall

A dependência da composição da fugacidade de uma espécie em uma solução ideal é particularmente simples. Lembre-se das Eqs. (10.46) e (10.31):

$\mu_i \equiv \Gamma_i(T) + RT \ln \hat{f}_i$ (10.46)	$G_i \equiv \Gamma_i(T) + RT \ln f_i$ (10.31)

Uma subtração fornece a equação *geral*:

$$\mu_i = G_i + RT \ln(\hat{f}_i/f_i)$$

Para o caso particular de uma solução ideal:

$$\mu_i^{id} \equiv \bar{G}_i^{id} = G_i + RT \ln(\hat{f}_i^{id}/f_i)$$

Comparando com a Eq. (10.75), tem-se:

$$\boxed{\hat{f}_i^{id} = x_i f_i} \tag{10.83}$$

Essa equação, conhecida como *regra de Lewis/Randall*, aplica-se a cada espécie em uma solução ideal em todas as condições de temperatura, pressão e composição. Ela mostra que a fugacidade de cada espécie em uma solução ideal é proporcional à sua fração molar; a constante de proporcionalidade é a fugacidade da espécie *pura* i no mesmo estado físico da solução e nas mesmas T e P. A divisão de ambos os lados da Eq. (10.83) por Px_i e as substituições de $\hat{\phi}_i^{id}$ por $\hat{f}_i^{id}/x_i P_i$ [Eq. (10.52)] e de ϕ_i por f_i/P [Eq. (10.34)] fornecem uma forma alternativa:

$$\hat{\phi}_i^{id} = \phi_i \tag{10.84}$$

Assim, o coeficiente de fugacidade da espécie i em uma solução ideal é igual ao coeficiente de fugacidade da espécie *pura* i no mesmo estado físico da solução e nas mesmas T e P. As fases constituídas por líquidos cujas moléculas são similares no tamanho e têm natureza química também similar se aproximam das soluções ideais. As misturas de isômeros satisfazem muito bem estas condições, bem como as misturas de membros adjacentes em séries homólogas.

10.9 PROPRIEDADES EM EXCESSO

A energia de Gibbs residual e o coeficiente de fugacidade são diretamente relacionados com os dados experimentais *PVT* por meio das Eqs. (6.49), (10.35) e (10.60). Em situações nas quais tais dados podem ser adequadamente correlacionados com as equações de estado, informações de propriedades termodinâmicas são prontamente fornecidas por propriedades residuais. Entretanto, frequentemente as soluções *líquidas* são mais facilmente tratadas por meio de propriedades que medem seu afastamento, não do comportamento do estado de gás ideal, mas sim do comportamento de solução ideal. Dessa forma, o formalismo matemático das propriedades em *excesso* é análogo ao das propriedades residuais, porém tendo o comportamento de solução ideal e não o do estado de gás ideal como base.

Se M representar o valor molar (ou por unidade de massa) de qualquer propriedade termodinâmica extensiva (por exemplo, V, U, H, S, G etc.), então uma propriedade em excesso M^E é **definida** como a diferença entre o valor real da propriedade de uma solução e o valor que ela teria em uma solução ideal nas mesmas temperatura, pressão e composição. Assim,

$$\boxed{M^E \equiv M - M^{id}} \tag{10.85}$$

Por exemplo,

$$G^E \equiv G - G^{id} \qquad H^E \equiv H - H^{id} \qquad S^E \equiv S - S^{id}$$

Além disso,

$$G^E = H^E - TS^E \tag{10.86}$$

que vêm da Eq. (10.85) e Eq. (6.4), a definição de G.

A definição de M^E é análoga à definição de uma propriedade residual, conforme dada pela Eq. (6.41). Na realidade, as propriedades em excesso têm uma simples relação com propriedades residuais, encontrada com a subtração da Eq. (6.41) da Eq. (10.85):

$$M^E - M^R = -(M^{id} - M^{gi})$$

Conforme já destacado, misturas no estado de gás ideal são soluções ideais de gases puros no estado de gás ideal. Consequentemente, as Eqs. (10.79) a (10.82) tornam-se expressões para M^{gi} quando M_i é substituído por M_i^{gi}. A Eq. (10.82) torna-se a Eq. (10.25), a Eq. (10.80) torna-se a Eq. (10.26) e a Eq. (10.79) torna-se a Eq. (10.27). Assim, os dois conjuntos de equações, para M^{id} e para M^{gi}, fornecem uma relação geral para a diferença:

$$M^{id} - M^{gi} = \sum_i x_i M_i - \sum_i x_i M_i^{gi} = \sum_i x_i M_i^R$$

Isto leva imediatamente à:

$$M^E = M^R - \sum_i x_i M_i^R \tag{10.87}$$

Note que propriedades em excesso não têm significado para espécies puras, enquanto propriedades residuais existem para espécies puras assim como para misturas.

A relação de propriedades parciais análoga à Eq. (10.49) é:

$$\bar{M}_i^E = \bar{M}_i - \bar{M}_i^{id} \tag{10.88}$$

na qual $\bar{M}_i^E$ é uma propriedade parcial em excesso. A relação fundamental de propriedades em excesso é obtida exatamente da mesma forma que a relação fundamental de propriedades residuais e leva a resultados análogos. A Eq. (10.54), escrita especificamente para o caso de uma solução ideal, é subtraída da própria Eq. (10.54), fornecendo:

$$\boxed{d\left(\frac{nG^E}{RT}\right) = \frac{nV^E}{RT}dP - \frac{nH^E}{RT^2}dT + \sum_i \frac{\bar{G}_i^E}{RT}dn_i} \tag{10.89}$$

Esta é a *relação fundamental de propriedades em excesso*, análoga à Eq. (10.55), a relação fundamental de propriedades residuais.

A analogia exata que existe entre as propriedades M, as propriedades residuais M^R e as propriedades em excesso M^E está indicada na Tabela 10.1. Todas as equações que lá são apresentadas são relações básicas entre propriedades, embora somente as Eqs. (10.4) e (10.5) já tenham sido explicitamente mostradas anteriormente.

■ Exemplo 10.10

(*a*) Sendo C_P^E uma constante, independente de T, encontre expressões para G^E, S^E e H^E como funções de T.

(*b*) Com as equações desenvolvidas na parte (*a*), encontre os valores para G^E, S^E e H^E para uma solução equimolar de benzeno(1)/*n*-hexano(2) a 323,15 K, a partir dos dados a seguir de propriedades em excesso para a solução equimolar a 298,15 K:

$$C_P^E = -2{,}86\ \text{J} \cdot \text{mol}^{-1} \cdot \text{K}^{-1} \qquad H^E = 897{,}9\ \text{J} \cdot \text{mol}^{-1} \qquad G^E = 384{,}5\ \text{J} \cdot \text{mol}^{-1}$$

TABELA 10.1 Resumo de Equações para a Energia de Gibbs e Propriedades Relacionadas

M em Relação à G	M^R em Relação à G^R	M^E em Relação à G^E
$V = (\partial G/\partial P)_{T,x}$ (10.4)	$V^R = (\partial G^R/\partial P)_{T,x}$	$V^E = (\partial G^E/\partial P)_{T,x}$
$S = -(\partial G/\partial T)_{P,x}$ (10.5)	$S^R = -(\partial G^R/\partial T)_{P,x}$	$S^E = -(\partial G^E/\partial T)_{P,x}$
$H = G + TS$ $= G - T(\partial G/\partial T)_{P,x}$ $= -RT^2\left[\frac{\partial(G/RT)}{\partial T}\right]_{P,x}$	$H^R = G^R + TS^R$ $= G^R - T(\partial G^R/\partial T)_{P,x}$ $= -RT^2\left[\frac{\partial(G^R/RT)}{\partial T}\right]_{P,x}$	$H^E = G^E + TS^E$ $= G^E - T(\partial G^E/\partial T)_{P,x}$ $= -RT^2\left[\frac{\partial(G^E/RT)}{\partial T}\right]_{P,x}$
$C_P = (\partial H/\partial T)_{P,x}$ $= -T(\partial^2 G/\partial T^2)_{P,x}$	$C_P^R = (\partial H^R/\partial T)_{P,x}$ $= -T(\partial^2 G^R/\partial T^2)_{P,x}$	$C_P^E = (\partial H^E/\partial T)_{P,x}$ $= -T(\partial^2 G^E/\partial T^2)_{P,x}$

Solução 10.10

(*a*) Considere $C_P^E = a$, sendo a uma constante. Da última coluna da Tabela 10.1:

$$C_P^E = -T\left(\frac{\partial^2 G^E}{\partial T^2}\right)_{P,x} \quad \text{em que} \quad \left(\frac{\partial^2 G^E}{\partial T^2}\right)_{P,x} = -\frac{a}{T}$$

A integração fornece:

$$\left(\frac{\partial G^E}{\partial T}\right)_{P,x} = -a\ln T + b$$

sendo b uma constante de integração. Uma segunda integração fornece:

$$G^E = -a(T\ln T - T) + bT + c \qquad (A)$$

sendo c outra constante de integração. Com $S^E = -(\partial G^E/\partial T)_{P,x}$ (Tabela 10.1),

$$S^E = a\ln T - b \qquad (B)$$

Como $H^E = G^E + TS^E$, a combinação das Eqs. (*A*) e (*B*) fornece:

$$H^E = aT + c \qquad (C)$$

(*b*) Com $C_{P_0}^E$, H_0^E, e G_0^E representando os valores dados a T_0 = 298,15 K e lembrando que C_P^E é constante, tem-se, consequentemente, que $a = C_{P_0}^E = -2{,}86$ J mol^{-1} · K^{-1}.
Da Eq. (*C*),

$$c = H_0^E - aT_0 = 1750{,}6$$

Da Eq. (*A*),

$$b = \frac{G_0^E + a(T_0\ln T_0 - T_0) - c}{T_0} = -18{,}0171$$

A substituição dos valores conhecidos nas Eqs. (*A*), (*B*) e (*C*), para T = 323,15 K, fornece:

$G^E = 344{,}4$ J · mol^{-1} $\quad$ $S^E = 1{,}492$ J · mol^{-1} · K^{-1} $\quad$ $H^E = 826{,}4$ J · mol^{-1}

A Natureza das Propriedades em Excesso

Peculiaridades do comportamento de misturas líquidas são mais enfaticamente reveladas nas propriedades em excesso. As de principal interesse são G^E, H^E e S^E. A energia de Gibbs em excesso é obtida a partir de experimentos por tratamento de dados do equilíbrio líquido/vapor (Capítulo 13) e H^E é determinada por experimentos de mistura (Capítulo 11). A entropia em excesso não é medida diretamente, mas é encontrada a partir da Eq. (10.86), escrita na forma:

$$S^E = \frac{H^E - G^E}{T}$$

Propriedades em excesso são frequentemente fortes funções da temperatura, mas em temperaturas normais não são fortemente influenciadas pela pressão. Sua dependência em relação à composição é ilustrada na Figura 10.3 para seis misturas líquidas binárias a 50 °C e aproximadamente na pressão atmosférica. Para apresentar S^E com a mesma unidade e na mesma escala que H^E e G^E, o produto TS^E é mostrado ao invés de S^E. Embora os sistemas exibam uma diversidade de comportamentos, eles têm características comuns:

1. Todas as propriedades em excesso tornam-se nulas quando qualquer espécie tende a ficar pura.
2. Embora G^E *versus* x_1 tenha forma aproximadamente parabólica, H^E e TS^E exibem dependências com a composição individuais.
3. Quando uma propriedade em excesso M^E tem apenas um único sinal (como o G^E em todos os seis casos), o valor extremo de M^E (máximo ou mínimo) frequentemente ocorre próximo à composição equimolar.

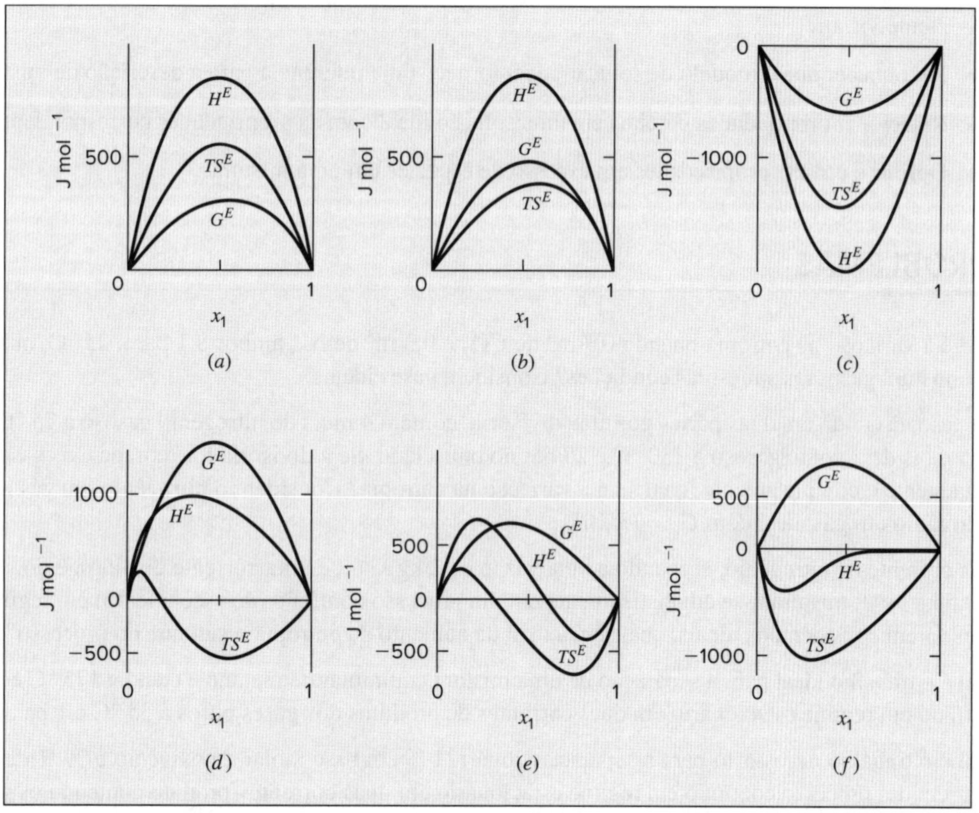

Figura 10.3 Propriedades em excesso a 50 °C para seis sistemas líquidos binários: (*a*) clorofórmio(1)/*n*-heptano(2); (*b*) acetona(1)/metanol(2); (*c*) acetona(1)/clorofórmio(2); (*d*) etanol(1)/*n*-heptano(2); (*e*) etanol(1)/clorofórmio(2); (*f*) etanol(1)/água(2).

A característica 1 é uma consequência da definição de uma propriedade em excesso, Eq. (10.85); na medida em que qualquer x_i se aproxima da unidade, M e M^{id} se aproximam de M_i, a propriedade correspondente da espécie i pura. As características 2 e 3 são generalizações baseadas na observação e admitem exceções (note, por exemplo, o comportamento de H^E no sistema etanol/água).

10.10 SINOPSE

Após estudar este capítulo, incluídos os problemas no seu final, devemos ser capazes de:

- Definir, em palavras e em símbolos, o potencial químico e as propriedades parciais;
- Calcular propriedades parciais a partir de propriedades das misturas;
- Relembrar que duas fases estão em equilíbrio, em valores fixos de T e P, quando o potencial químico de cada espécie é o mesmo nas duas fases;
- Aplicar a relação da soma para calcular propriedades de mistura a partir de propriedades parciais;
- Reconhecer que propriedades parciais não podem variar independentemente, mas estão restritas pela equação de Gibbs/Duhem;
- Entender que todas as relações lineares entre propriedades termodinâmicas de espécies puras também se aplicam às propriedades parciais das espécies em uma mistura;
- Calcular propriedades parciais de uma mistura em estado de gás ideal;
- Definir e utilizar fugacidade e coeficientes de fugacidade para espécies puras e espécies em uma mistura, e reconhecer que elas são definidas por conveniência na solução de problemas de equilíbrio de fases;
- Calcular fugacidades e coeficientes de fugacidade de espécies puras a partir de dados *PVT* ou correlações generalizadas;
- Estimar coeficientes de fugacidade de espécies em uma mistura gasosa utilizando correlações do segundo coeficiente virial;
- Reconhecer que o modelo de solução ideal fornece uma referência para a descrição de misturas líquidas;
- Relacionar propriedades parciais em uma solução ideal com as propriedades correspondentes das espécies puras;
- Definir e utilizar propriedades em excesso de espécies em uma mistura.

10.11 PROBLEMAS

10.1. Qual é a variação na entropia quando 0,7 m^3 de CO_2 e 0,3 m^3 de N_2, ambos a 1 bar e 25 °C, misturam-se para formar uma mistura gasosa nas mesmas condições? Considere gases ideais.

10.2. Um vaso, dividido em duas partes por uma divisória, contém 4 mols de nitrogênio gasoso a 75 °C e 30 bar em um lado e 2,5 mols de argônio gasoso a 130 °C e 20 bar no outro lado. Se a divisória for retirada e os gases se misturarem adiabaticamente e completamente, qual será a variação na entropia? Considere o nitrogênio um gás ideal com $C_V = (5/2)R$ e o argônio um gás ideal com $C_V = (3/2)R$.

10.3. Uma corrente de nitrogênio, escoando a uma vazão de 2 kg · s^{-1}, e uma corrente de hidrogênio, escoando a uma vazão de 0,5 kg · s^{-1}, misturam-se adiabaticamente em um processo contínuo (de escoamento) em regime estacionário. Se os gases forem considerados ideais, qual será a taxa de aumento da entropia resultante do processo?

10.4. Qual é o trabalho ideal para a separação de uma mistura equimolar de metano e etano a 175 °C e 3 bar em um processo contínuo em regime estacionário em duas correntes de produtos dos gases puros a 35 °C e 1 bar, sendo $T_\sigma = 300$ K?

10.5. Qual é o trabalho necessário para a separação do ar (21 % em base molar de oxigênio e 79 % de nitrogênio) a 25 °C e 1 bar em um processo contínuo em regime estacionário em duas correntes-produto contendo os gases puros oxigênio e nitrogênio, também a 25 °C e 1 bar, se a eficiência termodinâmica do processo for de 5 % e se $T_\sigma = 300$ K?

10.6. O que é a temperatura parcial molar? O que é a pressão parcial molar? Expresse os resultados em relação as T e P da mistura.

10.7. Mostre que:

(*a*) A "massa parcial molar" de uma espécie em uma solução é igual a sua própria massa molar.
(*b*) Uma propriedade parcial *específica* de uma espécie em solução é obtida pela divisão da propriedade parcial *molar* pela massa molar da espécie.

10.8. Se a densidade molar de uma mistura binária é dada pela expressão empírica:

$$\rho = a_0 + a_1 x_1 + a_2 x_1^2$$

encontre as expressões correspondentes para $\bar{V}_1$ e $\bar{V}_2$.

10.9. Para uma solução ternária a T e P constantes, a dependência com a composição da propriedade molar M é dada por:

$$M = x_1 M_1 + x_2 M_2 + x_3 M_3 + x_1 x_2 x_3 C$$

na qual M_1, M_2 e M_3 são os valores de M para as espécies puras 1, 2 e 3, e C é um parâmetro independente da composição. Determine as expressões para $\bar{M}_1$, $\bar{M}_2$ e $\bar{M}_3$ pela aplicação da Eq. (10.7). Como forma de checar parcialmente seus resultados, verifique se eles satisfazem a relação da soma, a Eq. (10.11). Para essa equação de correlação, quais são os $\bar{M}_i$ na diluição infinita?

10.10. Uma *pressão do componente puro* p_i da espécie i em uma mistura gasosa pode ser definida como a pressão que a espécie i exerceria se ela ocupasse sozinha o volume da mistura. Assim,

$$p_i \equiv \frac{y_i Z_i RT}{V}$$

na qual y_i é a fração molar da espécie i na mistura gasosa, Z_i é calculado em p_i e T, e V é o volume molar da mistura gasosa. Note que p_i, conforme aqui definida, não é uma pressão parcial $y_i P$, exceto para um gás ideal. A "lei" de Dalton das pressões aditivas enuncia que a pressão total exercida pela mistura gasosa é igual à soma das pressões dos componentes puros de suas espécies constituintes: $P = \Sigma_i p_i$. Mostre que a "lei" de Dalton implica em $Z = \Sigma_i y_i Z_i$, sendo Z_i o fator de compressibilidade da espécie pura i calculado na temperatura da mistura, mas em sua pressão de componente puro.

10.11. Se para uma solução binária iniciarmos com uma expressão para M (ou M^R ou M^E) enquanto uma função de x_1, aplicarmos as Eqs. (10.15) e (10.16) para encontrar $\bar{M}_1$ e $\bar{M}_2$ (ou $\bar{M}_1^R$ e $\bar{M}_2^R$ ou $\bar{M}_1^E$ e $\bar{M}_2^E$), e depois combinarmos essas expressões, por meio da Eq. (10.11), a expressão inicial para M será regenerada. Por outro lado, se iniciarmos com expressões para $\bar{M}_1$ e $\bar{M}_2$, as combinarmos de acordo com a Eq. (10.11), e então aplicarmos as Eqs. (10.15) e (10.16), as expressões iniciais para $\bar{M}_1$ e $\bar{M}_2$ serão regeneradas se, e somente se, as expressões iniciais para essas grandezas satisfizerem uma condição específica. Qual é essa condição?

10.12. Com relação ao Ex. 10.4,

(*a*) Aplique a Eq. (10.7) na Eq. (*A*) para verificar as Eqs. (*B*) e (*C*).
(*b*) Mostre que as Eqs. (*B*) e (*C*) se combinam de acordo com a Eq. (10.11) para regenerar a Eq. (*A*).
(*c*) Mostre que as Eqs. (*B*) e (C) satisfazem a Eq. (10.14), a equação Gibbs/Duhem.
(*d*) Mostre que a T e P constantes

$$(d\bar{H}_1/dx_1)_{x_1=1} = (d\bar{H}_2/dx_1)_{x_1=0} = 0$$

(*e*) Faça um gráfico dos valores de H, $\bar{H}_1$ e $\bar{H}_2$, calculados pelas Eqs. (*A*), (*B*) e (*C*), *versus* x_1. Indique os pontos H_1, H_2, $\bar{H}_1^\infty$ e $\bar{H}_2^\infty$, e mostre seus valores.

10.13. O volume molar ($cm^3 \cdot mol^{-1}$) de uma mistura líquida binária a T e P é dado por:

$$V = 120x_1 + 70x_2 + (15x_1 + 8x_2)x_1 x_2$$

(*a*) Encontre as expressões para os volumes parciais molares das espécies 1 e 2 a T e P.
(*b*) Mostre que quando essas expressões são combinadas de acordo com a Eq. (10.11), a equação dada para V é regenerada.
(*c*) Mostre que essas expressões satisfazem a Eq. (10.14), a equação Gibbs/Duhem.
(*d*) Mostre que $(d\bar{V}_1/dx_1)_{x_1=1} = (d\bar{V}_2/dx_1)_{x_1=0} = 0$.
(*e*) Faça um gráfico dos valores de V, $\bar{V}_1$ e $\bar{V}_2$, calculados pela equação dada para V e pelas equações desenvolvidas em (*a*), *versus* x_1. Indique os pontos V_1, V_2, $\bar{V}_1^\infty$ e $\bar{V}_2^\infty$ e mostre seus valores.

10.14. Para uma solução líquida binária particular, a T e P constantes, as entalpias molares das misturas são representadas pela equação:

$$H = x_1(a_1 + b_1 x_1) + x_2(a_2 + b_2 x_2)$$

na qual a_i e b_i são constantes. Como a equação tem a forma da Eq. (10.11), poderia ser que $\bar{H}_i = a_i + b_i x_i$. Mostre se isso é verdade.

10.15. Análoga à propriedade parcial molar convencional $\bar{M}_i$, pode-se definir uma propriedade parcial $\tilde{M}_i$ a T e V constantes:

$$\tilde{M}_i \equiv \left[\frac{\partial(nM)}{\partial n_i}\right]_{T,\,V,\,n_j}$$

Mostre que $\bar{M}_i$ e $\tilde{M}_i$ estão relacionadas pela equação:

$$\tilde{M}_i = \bar{M}_i + (V - \bar{V}_i)\left(\frac{\partial M}{\partial V}\right)_{T,\,x}$$

Demonstre que a $\tilde{M}_i$ satisfaz a relação de soma, $M = \sum_i x_i \tilde{M}_i$.

10.16. A partir dos dados a seguir para o fator de compressibilidade do CO_2 a 150 °C, prepare as representações gráficas da fugacidade e do coeficiente de fugacidade do CO_2 *versus* P para pressões de até 500 bar. Compare as curvas resultantes com as que foram determinadas com a utilização da correlação generalizada representada pela Eq. (10.68).

P/bar	Z
10	0,985
20	0,970
40	0,942
60	0,913
80	0,885
100	0,869
200	0,765
300	0,762
400	0,824
500	0,910

10.17. Para o SO_2 a 600 K e 300 bar, determine boas estimativas para a fugacidade e para G^R/RT.

10.18. Estime a fugacidade do isobutileno como um gás:

(*a*) a 280 °C e 20 bar.
(*b*) a 280 °C e 100 bar.

10.19. Estime a fugacidade de um dos seguintes casos:

(*a*) Ciclopentano a 110 °C e 275 bar. A 110 °C, a pressão de vapor do ciclopentano é de 5,267 bar.
(*b*) 1-Buteno a 120 °C e 34 bar. A 120 °C, a pressão de vapor do 1-buteno é de 25,83 bar.

10.20. Justifique as seguintes equações:

$$\left(\frac{\partial \ln \hat{\phi}_i}{\partial P}\right)_{T,\,x} = \frac{\bar{V}_i^R}{RT} \qquad \left(\frac{\partial \ln \hat{\phi}_i}{\partial T}\right)_{P,\,x} = -\frac{\bar{H}_i^R}{RT^2}$$

$$\frac{G^R}{RT} = \sum_i x_i \ln \hat{\phi}_i \qquad \sum_i x_i d \ln \hat{\phi}_i = 0 \quad (T \text{ e } P \text{ const.})$$

10.21. Com base nos dados das tabelas de vapor, determine uma boa estimativa para f/f^{sat} da água líquida a 150 °C e 150 bar, sendo f^{sat} a fugacidade do líquido saturado a 150 °C.

10.22. Para um dos casos a seguir, determine a razão entre as fugacidades no estado final e no estado inicial para o vapor d'água passando por uma mudança de estado isotérmica:

(*a*) De 9000 kPa e 400 °C para uma pressão de 300 kPa.
(*b*) De 1000(psia) e 800(°F) para uma pressão de 50(psia).

10.23. Estime a fugacidade de um dos seguintes líquidos na temperatura do seu ponto normal de ebulição e 200 bar:
(*a*) *n*-Pentano;
(*b*) Isobutileno;
(*c*) 1-Buteno.

10.24. Considere que a Eq. (10.68) seja válida para a fase vapor e que o volume molar do líquido saturado seja dado pela Eq. (3.68). Prepare gráficos de f *versus* P e ϕ *versus* P para um dos seguintes casos:

(*a*) Clorofórmio a 200 °C, em uma faixa de pressão de 0 a 40 bar. A 200 °C, a pressão de vapor do clorofórmio é de 22,27 bar.

(*b*) Isobutano a 40 °C, em uma faixa de pressão de 0 a 10 bar. A 40 °C, a pressão de vapor do isobutano é de 5,28 bar.

10.25. Para o sistema etileno(1)/propileno(2) como um gás, estime $\hat{f}_1$, $\hat{f}_2$, $\hat{\phi}_1$ e $\hat{\phi}_2$ a t = 150 °C, P = 30 bar e y_1 = 0,35:

(*a*) Por meio da aplicação das Eqs. (10.63).

(*b*) Considerando que a mistura é uma solução ideal.

10.26. Demonstre a seguinte expressão para estimar o coeficiente de fugacidade, válida em pressões suficientemente baixas: $\ln \phi \approx Z - 1$.

10.27. Para o sistema gasoso metano(1)/etano(2)/propano(3), estime $\hat{f}_1$, $\hat{f}_2$, $\hat{f}_3$, $\hat{\phi}_1$, $\hat{\phi}_2$ e $\hat{\phi}_3$ a t = 100 °C, P = 35 bar, y_1 = 0,21 e y_2 = 0,43:

(*a*) Por meio da utilização da Eq. (10.64).

(*b*) Supondo que a mistura é uma solução ideal.

10.28. Abaixo são fornecidos os valores de G^E em J · mol^{-1}, H^E em J · mol^{-1} e C_P^E em J · mol^{-1} · K^{-1} para algumas misturas binárias líquidas equimolares a 298,15 K. Estime os valores de G^E, H^E e S^E a 328,15 K para uma das misturas equimolares usando dois procedimentos: (I) Utilize todos os dados; (II) Considere $C_P^E = 0$. Compare e discuta os resultados obtidos pelos dois procedimentos.

(*a*) Acetona/clorofórmio: $G^E = -622$, $H^E = -1920$, $C_P^E = 4{,}2$.

(*b*) Acetona/*n*-hexano: $G^E = 1095$, $H^E = 1595$, $C_P^E = 3{,}3$.

(*c*) Benzeno/isoctano: $G^E = 407$, $H^E = 984$, $C_P^E = -2{,}7$.

(*d*) Clorofórmio/etanol: $G^E = 632$, $H^E = -208$, $C_P^E = 23{,}0$.

(*e*) Etanol/*n*-heptano: $G^E = 1445$, $H^E = 605$, $C_P^E = 11{,}0$.

(*f*) Etanol/água: $G^E = 734$, $H^E = -416$, $C_P^E = 11{,}0$.

(*g*) Acetato de etila/*n*-heptano: $G^E = 759$, $H^E = 1465$, $C_P^E = -8{,}0$.

10.29. Os dados na Tabela 10.2 são valores experimentais de V^E para misturas líquidas binárias de 1,3-dioxolano(1) e isoctano(2), a 298,15 K e 1 (atm).

TABELA 10.2 Volumes em Excesso para 1,3-Dioxolano(1)/ Isoctano(2) a 298,15 K

x_1	V^E /10^{-3} cm^3 · mol^{-1}
0,02715	87,5
0,09329	265,6
0,17490	417,4
0,32760	534,5
0,40244	531,7
0,56689	421,1
0,63128	347,1
0,66233	321,7
0,69984	276,4
0,72792	252,9
0,77514	190,7
0,79243	178,1
0,82954	138,4
0,86835	98,4
0,93287	37,6
0,98233	10,0

R. Francesconi *et al.*, *Int. DATA Ser., Ser. A*, vol. 25, n. 3, p. 229, 1997.

(a) Determine a partir dos dados os valores numéricos dos parâmetros a, b e c na equação de correlação:

$$V^E = x_1 x_2 (a + b x_1 + c x_1^2)$$

(b) Determine a partir dos resultados do item (a) o valor máximo de V^E. Em qual valor de x_1 isto ocorre?

(c) Determine a partir dos resultados do item (a) as expressões para $\bar{V}_1^E$ e $\bar{V}_2^E$. Prepare um gráfico dessas grandezas *versus* x_1 e discuta suas características.

10.30. Para uma mistura vapor equimolar de propano(1) e n-pentano(2) a 75 °C e 2 bar, estime Z, H^R e S^R. Os segundos coeficientes virial são, em $cm^3 \cdot mol^{-1}$:

t/°C	B_{11}	B_{22}	B_{12}
50	−331	−980	−558
75	−276	−809	−466
100	−235	−684	−399

As Eqs. (3.36), (6.55), (6.56) e (10.62) são pertinentes.

10.31. Utilize os dados do Problema 10.30 para determinar $\hat{\phi}_1$ e $\hat{\phi}_2$ como funções da composição para misturas de vapor binárias de propano(1) e n-pentano(2) a 75 °C e 2 bar. Faça um gráfico com os resultados. Discuta as características desse gráfico.

10.32. Para uma mistura gasosa binária descrita pelas Eqs. (3.36) e (10.62), prove que:

$$G^E = \delta_{12} P y_1 y_2 \qquad S^E = -\frac{d\delta_{12}}{dT} P y_1 y_2$$

$$H^E = \left(\delta_{12} - T\frac{d\delta_{12}}{dT}\right) P y_1 y_2 \qquad C_P^E = -T\frac{d^2\delta_{12}}{dT^2} P y_1 y_2$$

Verifique também a Eq. (10.87) e note que $\delta_{12} = 2B_{12} - B_{11} - B_{22}$.

10.33. Os dados na Tabela 10.3 são valores experimentais de H^E para misturas líquidas binárias de 1,2-dicloroetano(1) e dimetil carbonato(2) a 313,15 K e 1(atm).

TABELA 10.3 Valores de H^E para 1,2-Dicloroetano(1)/Dimetil Carbonato(2) a 313,15 K

x_1	H^E/J · mol^{-1}
0,0426	−23,3
0,0817	−45,7
0,1177	−66,5
0,1510	−86,6
0,2107	−118,2
0,2624	−144,6
0,3472	−176,6
0,4158	−195,7
0,5163	−204,2
0,6156	−191,7
0,6810	−174,1
0,7621	−141,0
0,8181	−116,8
0,8650	−85,6
0,9276	−43,5
0,9624	−22,6

R. Francesconi *et al.*, *Int. DATA Ser., Ser. A*, Vol.25, n. 3, p. 225, 1997.

(*a*) Determine a partir dos dados os valores numéricos dos parâmetros *a*, *b* e *c* na equação de correlação:

$$H^E = x_1 x_2 (a + b x_1 + c x_1^2)$$

(*b*) Determine a partir dos resultados do item (*a*) o valor mínimo de H^E. Em qual valor de x_1 isto ocorre?

(*c*) Determine a partir dos resultados da parte (*a*) as expressões para $\bar{H}_1^E$ e $\bar{H}_2^E$. Prepare um gráfico dessas grandezas *versus* x_1 e discuta suas características.

10.34. Utilize as Eqs. (3.36), (3.61), (3.62), (6.54), (6.55), (6.56), (6.70), (6.71), (10.62) e (10.69)–(10.74) para estimar *V*, H^R, S^R e G^R para uma das seguintes misturas vapor binárias:

(*a*) Acetona(1)/1,3-butadieno(2) com frações molares $y_1 = 0{,}28$ e $y_2 = 0{,}72$ a $t = 60$ °C e $P = 170$ kPa.
(*b*) Acetonitrila(1)/dietil éter(2) com frações molares $y_1 = 0{,}37$ e $y_2 = 0{,}63$ a $t = 50$ °C e $P = 120$ kPa.
(*c*) Cloreto de metila(1)/cloreto de etila(2) com frações molares $y_1 = 0{,}45$ e $y_2 = 0{,}55$ a $t = 25$ °C e $P = 100$ kPa.
(*d*) Nitrogênio(1)/amônia(2) com frações molares $y_1 = 0{,}83$ e $y_2 = 0{,}17$ a $t = 20$ °C e $P = 300$ kPa.
(*e*) Dióxido de enxofre(1)/etileno(2) com frações molares $y_1 = 0{,}32$ e $y_2 = 0{,}68$ a $t = 25$ °C e $P = 420$ kPa.

Nota: Considere $k_{ij} = 0$ na Eq. (10.71).

10.35. O laboratório A reporta os seguintes resultados para valores equimolares de G^E para misturas líquidas de benzeno(1) e 1-hexanol(2):

$$G^E = 805 \text{ J} \cdot \text{mol}^{-1} \text{ a } T = 298 \text{ K} \qquad G^E = 785 \text{ J} \cdot \text{mol}^{-1} \text{ a } T = 323 \text{ K}$$

O laboratório B reporta os seguintes resultados para os valores equimolares de H^E para o mesmo sistema:

$$H^E = 1060 \text{ J} \cdot \text{mol}^{-1} \text{ a } T = 313 \text{ K}$$

Os resultados dos dois laboratórios são termodinamicamente consistentes entre si? Explique.

10.36. As seguintes expressões foram propostas para as propriedades parciais molares de uma mistura binária específica:

$$\bar{M}_1 = M_1 + A x_2 \qquad \bar{M}_2 = M_2 + A x_1$$

Aqui, o parâmetro *A* é uma constante. Estas expressões podem estar corretas? Explique.

10.37. Dois (2) kmol · h^{-1} de *n*-octano líquido (espécie 1) são continuamente misturados com 4 kmol · h^{-1} de *iso*ctano líquido (espécie 2). O processo de mistura ocorre a *T* e *P* constantes; a necessidade de potência mecânica é desprezível.

(*a*) Utilize um balanço de energia para determinar a taxa de transferência de calor.
(*b*) Utilize um balanço de entropia para determinar a taxa de geração de entropia (W · K^{-1}).

Enuncie e justifique todas as considerações.

10.38. Cinquenta (50) mol · s^{-1} de ar enriquecido (50 % molar de N_2, 50 % molar de O_2) são produzidos pela combinação contínua de ar (79 % molar de N_2, 21 % molar de O_2) com uma corrente de oxigênio puro. Todas as correntes estão nas condições constantes de $T = 25$ °C e $P = 1{,}2$(atm). Não existem partes móveis.

(*a*) Determine as vazões de ar e de oxigênio (mol · s^{-1}).
(*b*) Qual é a taxa de transferência de calor para o processo?
(*c*) Qual é a taxa de geração de entropia $\dot{S}_G$ (W · K^{-1})?

Enuncie todas as considerações.
Sugestão: Trate o processo global como uma combinação de etapas de separação e de mistura.

10.39. Uma expressão simples para M^E de um sistema binário *simétrico* é $M^E = A x_1 x_2$. Entretanto, um incontável número de outras expressões empíricas que exibem simetria pode ser proposto. As duas expressões que seguem são adequadas para aplicações em geral?

(*a*) $M^E = A x_1^2 x_2^2$;
(*b*) $M^E = A \operatorname{sen}(\pi x_1)$

Sugestão: Verifique as propriedades parciais correspondentes $\bar{M}_1^E$ e $\bar{M}_2^E$.

10.40. Para uma mistura multicomponente contendo qualquer número de espécies, prove que

$$\bar{M}_i = M + \left(\frac{\partial M}{\partial x_i}\right)_{T,P} - \sum_k x_k \left(\frac{\partial M}{\partial x_k}\right)_{T,P}$$

na qual a soma é sobre *todas* as espécies. Mostre que para uma mistura binária esse resultado se reduz às Eqs. (10.15) e (10.16).

10.41. A seguinte expressão empírica com dois parâmetros foi proposta para correlacionar as propriedades em excesso de misturas líquidas simétricas:

$$M^E = Ax_1x_2\left(\frac{1}{x_1 + Bx_2} + \frac{1}{x_2 + Bx_1}\right)$$

Aqui, as grandezas A e B são parâmetros que dependem principalmente de T.

(*a*) Determine a partir da equação dada as expressões correspondentes para $\bar{M}_1^E$ e $\bar{M}_2^E$.

(*b*) Mostre que os resultados do item (*a*) satisfazem a **todas** as restrições necessárias para as propriedades em excesso parciais.

(*c*) Determine a partir dos resultados do item (*a*) as expressões para $(\bar{M}_1^E)^\infty$ e $(\bar{M}_2^E)^\infty$.

10.42. Normalmente, se M^E para um sistema binário tem um único sinal, então as propriedades parciais $\bar{M}_1^E$ e $\bar{M}_2^E$ têm o mesmo sinal que M^E em toda a faixa de composição. Existem ocasiões, entretanto, nas quais o $\bar{M}_1^E$ pode mudar de sinal mesmo com M^E tendo um único sinal. Na realidade, é a *forma* da curva de M^E *versus* x_1 que determina se o $\bar{M}_i^E$ muda de sinal. Mostre que uma condição suficiente para $\bar{M}_1^E$ e $\bar{M}_2^E$ terem sinais únicos é que a *curvatura* de M^E *versus* x_1 tenha um sinal único em toda a faixa de composição.

10.43. Um engenheiro afirma que a expansividade do volume de uma solução ideal é dada por

$$\beta^{id} = \sum_i x_i \beta_i$$

Esta afirmação é válida? Se sim, mostre por quê. Caso contrário, encontre uma expressão correta para β^{id}.

10.44. Dados para G^E e H^E (ambos em $J \cdot mol^{-1}$) de misturas equimolares dos mesmos líquidos orgânicos são fornecidos a seguir. Utilize *todos* os dados para estimar os valores de G^E, H^E e TS^E para a mistura equimolar a 25 °C.

- T = 10 °C: G^E = 544,0, H^E = 932,1
- T = 30 °C: G^E = 513,2, H^E = 893,4
- T = 50 °C: G^E = 494,2, H^E = 845,9

Sugestão: Considere C_P^E constante e utilize o material desenvolvido no Exemplo 10.10.

CAPÍTULO

11

Processos de Mistura

Misturas homogêneas de diferentes espécies químicas, particularmente líquidos, são formadas de várias formas em processos industriais e naturais. Além disso, os processos inversos à mistura, "desmisturar", são necessários para a separação das misturas em suas espécies constituintes e para a purificação de produtos químicos. As propriedades termodinâmicas das misturas são necessárias para a análise desses processos de mistura e "desmistura". Em vista disso, nossa proposta neste breve capítulo é:

- Definir um processo de mistura *padrão* e desenvolver as variações das propriedades que o acompanham;
- Relacionar as propriedades de uma mistura com as de seus constituintes como espécies puras;
- Relacionar variações de propriedades de mistura às propriedades em excesso;
- Tratar em detalhes os efeitos térmicos nos processos de mistura e "desmistura".

11.1 VARIAÇÃO DE PROPRIEDADES DE MISTURA

Os processos de misturas são realizados de muitas maneiras e cada um deles resulta em uma mudança específica de estado, dependendo das condições inicial e final de temperatura e pressão. Para o estudo racional de misturas, devemos definir um processo de mistura *padrão*, da mesma forma que fizemos para variações de propriedades padrão de reações químicas. A viabilidade experimental sugere que a mistura seja realizada a T e P constantes. Assim, consideramos como um processo de mistura padrão aquele no qual quantidades apropriadas de espécies químicas puras a T e P são combinadas para fornecer uma mistura uniforme de composição especificada, também nas mesmas T e P. Considera-se que as espécies puras estão em seus *estados-padrões* e que suas propriedades nesse estado são as das espécies puras V_i, H_i, S_i etc.

O processo de mistura padrão está representado esquematicamente na Figura 11.1 para a mistura das espécies puras 1 e 2.[1] Nesse dispositivo hipotético, n_1 mols da espécie pura 1 são misturados com n_2 mols da espécie pura 2 para formar uma solução homogênea de composição $x_1 = n_1/(n_1 + n_2)$. Os fenômenos observáveis que acompanham o processo de mistura são expansão (ou contração) e uma variação de temperatura. A expansão é acomodada pela movimentação do pistão, de modo a manter a pressão P, e variação de temperatura é compensada pela transferência de calor para restaurar a temperatura T.

Quando a mistura se completa, a variação do volume total do sistema (medida pelo deslocamento d do pistão) é:

$$\Delta V^t = (n_1 + n_2)V - n_1V_1 - n_2V_2$$

Como o processo ocorre a pressão constante, a transferência de calor Q é igual à variação da entalpia total do sistema:

$$Q = \Delta H^t = (n_1 + n_2)H - n_1H_1 - n_2H_2$$

[1] Esta ilustração conceitual não é um dispositivo prático para fazer tais medidas. Na realidade, a variação de volume com a mistura pode ser medida diretamente utilizando recipientes calibrados de vidro (por exemplo, cilindros graduados) e os calores de misturas são medidos em calorímetros.

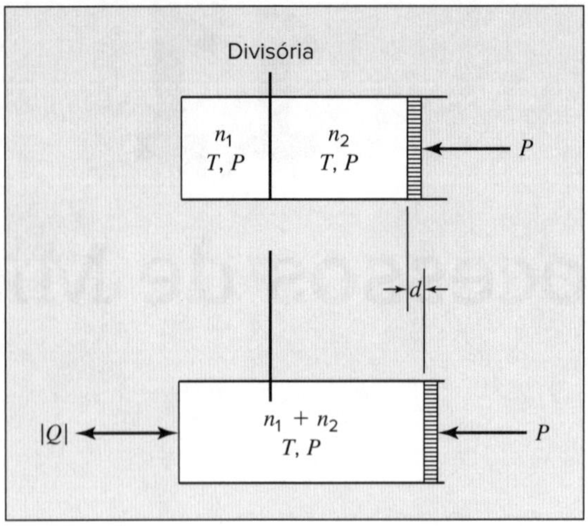

Figura 11.1 Diagrama esquemático de um processo experimental de mistura binária. Duas espécies puras, ambas a *T* e *P*, estão inicialmente separadas por uma divisória, cuja retirada permite a mistura. Enquanto esta ocorre, a expansão ou a contração do sistema são acompanhadas pelo movimento do pistão de tal forma que a pressão é constante.

A divisão dessas equações por $n_1 + n_2$ fornece:

$$\Delta V \equiv V - x_1 V_1 - x_2 V_2 = \frac{\Delta V^t}{n_1 + n_2}$$

e

$$\Delta H \equiv H - x_1 H_1 - x_2 H_2 = \frac{Q}{n_1 + n_2}$$

Assim, *a variação de volume com a mistura* (*volume de mistura*) ΔV e *a variação da entalpia com a mistura* (*entalpia de mistura*) ΔH são encontrados a partir das grandezas medidas ΔV^t e Q. Em função de sua associação experimental com Q, ΔH costuma ser chamada de *calor de mistura*.

Equações similares àquelas para ΔV e ΔH podem ser escritas para qualquer propriedade e também ser generalizadas para aplicação na mistura de qualquer número de espécies:

$$\boxed{\Delta M \equiv M - \sum_i x_i M_i} \tag{11.1}$$

com M podendo representar qualquer propriedade termodinâmica intensiva da mistura, por exemplo, U, C_P, S, G ou Z. A Eq. (11.1) é, portanto, a equação para a **definição** de uma classe de propriedades termodinâmicas, conhecidas como *variações de propriedades com a mistura*, ou simplesmente, *propriedades de mistura*.

As variações das propriedades de mistura são funções de T, P e composição e estão diretamente relacionadas com as propriedades em excesso. Este resultado vem da combinação da Eq. (10.85) com cada uma das Eq. (10.79) a (10.82), que fornece expressões para as propriedades de uma solução ideal:

$$M^E \equiv M - M^{id} \tag{10.85}$$

$$V^E = V - \sum_i x_i V_i \tag{11.2}$$

$$H^E = H - \sum_i x_i H_i \tag{11.3}$$

$$S^E = S - \sum_i x_i S_i + R \sum_i x_i \ln x_i \tag{11.4}$$

$$G^E = G - \sum_i x_i G_i - RT \sum_i x_i \ln x_i \tag{11.5}$$

As primeiras duas parcelas no lado direito de cada equação representam uma variação de propriedade de mistura de acordo com a Eq. (11.1). Consequentemente, as Eqs. (11.2) a (11.5) podem ser escritas conforme segue:

$V^E = \Delta V$	(11.6)	$H^E = \Delta H$	(11.7)
$S^E = \Delta S + R\sum_i x_i \ln x_i$	(11.8)	$G^E = \Delta G - RT\sum_i x_i \ln x_i$	(11.9)

Para o caso particular de uma solução ideal, cada propriedade em excesso é nula e essas equações se transformam em:

$\Delta V^{id} = 0$	(11.10)	$\Delta H^{id} = 0$	(11.11)
$\Delta S^{id} = -R\sum_i x_i \ln x_i$	(11.12)	$\Delta G^{id} = RT\sum_i x_i \ln x_i$	(11.13)

Tais equações são formas alternativas das Eqs. (10.79) a (10.82). Elas se aplicam tanto às misturas no estado de gás ideal quanto ao caso particular de uma solução ideal.

As Eqs. (11.6) a (11.9) mostram que as propriedades em excesso e as propriedades de mistura são facilmente calculadas a partir uma da outra. Embora historicamente as propriedades de mistura tenham aparecido primeiro, em função da sua relação direta com os experimentos, as propriedades em excesso se adaptam melhor à estrutura teórica da termodinâmica de soluções. Em função de sua medida direta, ΔV e a ΔH são as propriedades de mistura de maior interesse. Além disso, elas são idênticas às propriedades em excesso correspondentes, V^E e H^E.

A Figura 11.2 apresenta entalpias em excesso H^E para o sistema etanol/água, como função da composição, para várias temperaturas entre 30 e 110 °C. Em temperaturas mais baixas o comportamento é *exotérmico*, com a necessidade de remover calor para que o ocorra a mistura isotérmica. Em temperaturas mais altas, o comportamento é *endotérmico*, com a necessidade de adição de calor para que ocorra a mistura isotérmica. Em temperaturas intermediárias, regiões com ambos os comportamentos, exotérmico e endotérmico, aparecem. Dados desse tipo são frequentemente representados por equações polinomiais da fração molar, multiplicada por x_1x_2 para assegurar que a propriedade em excesso tenda a zero para ambos os componentes puros.

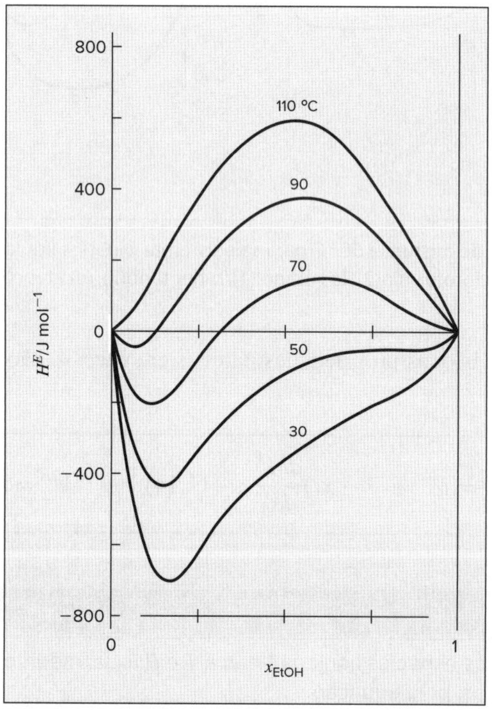

Figura 11.2 Entalpias em excesso para o sistema etanol/água. Para este sistema, H^E varia rapidamente com a temperatura, indo de valores negativos em temperaturas mais baixas para valores positivos em temperaturas mais altas, exibindo uma faixa completa de comportamento para dados de propriedade em excesso.

A Figura 11.3 mostra a dependência com a composição de ΔG, ΔH e $T\Delta S$ para seis sistemas binários líquidos a 50 °C e pressão atmosférica. As grandezas relacionadas G^E, H^E e TS^E são mostradas para os mesmos sistemas na Figura 10.3. Da mesma forma que as propriedades em excesso, as propriedades de mistura exibem um comportamento diversificado, mas a maioria dos sistemas possuem características comuns:

1. Cada ΔM é zero para uma espécie pura.
2. A energia de Gibbs de mistura ΔG é sempre negativa.
3. A entropia de mistura ΔS é positiva.

A característica 1 vem da Eq. (11.1). A característica 2 é uma consequência da exigência de que a energia de Gibbs seja um mínimo para um estado de equilíbrio a T e P especificados, como discutido na Seção 12.4. A característica 3 reflete o fato de que as entropias de mistura negativas *não são comuns*; ela *não* é uma consequência da Segunda Lei da Termodinâmica, que somente proíbe entropias de mistura negativas para sistemas *isolados* de sua vizinhança. Quando T e P *são* constantes, observa-se que ΔS é negativa para certas classes especiais de misturas, nenhuma das quais está representada na Figura 11.3.

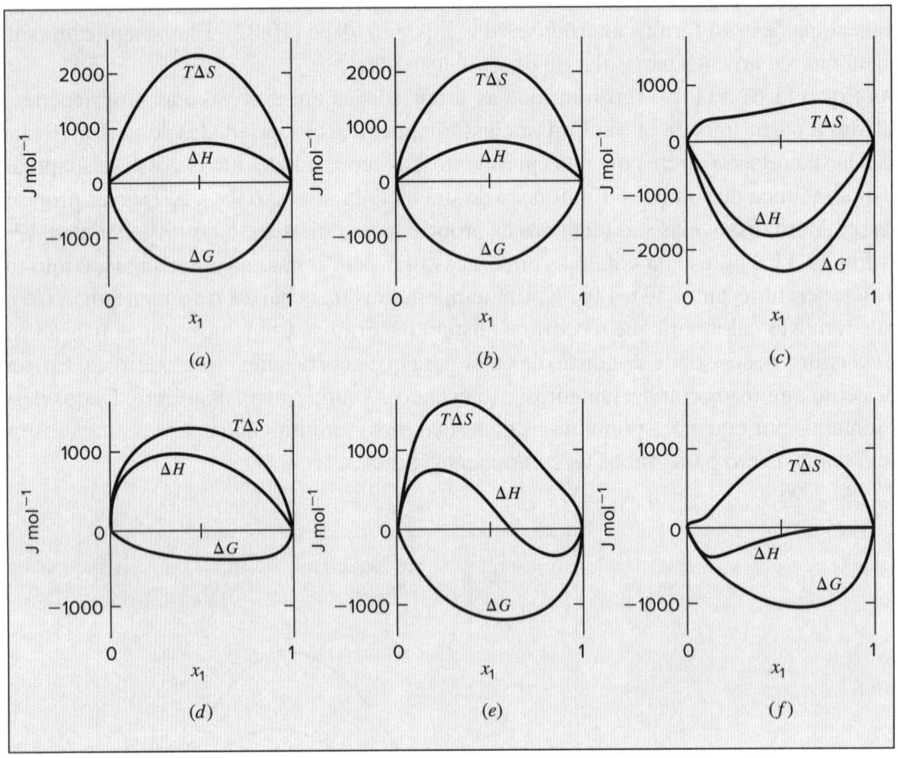

Figura 11.3 Propriedades de mistura a 50 °C para seis sistemas binários líquidos: (*a*) clorofórmio(1)/*n*-heptano(2); (*b*) acetona(1)/metanol(2); (*c*) acetona(1)/clorofórmio(2); (*d*) etanol(1)/*n*-heptano(2); (*e*) etanol(1)/clorofórmio(2); (*f*) etanol(1)/água(2).

Para um sistema binário, as propriedades parciais em excesso são fornecidas pelas Eqs. (10.15) e (10.16), com $M = M^E$. Então,

$$\bar{M}_1^E = M^E + (1 - x_1)\frac{dM^E}{dx_1} \quad (11.14)$$	$$\bar{M}_2^E = M^E - x_1\frac{dM^E}{dx_1} \quad (11.15)$$

■ Exemplo 11.1

O calor de mistura para as espécies líquidas 1 e 2, a T e P fixas, medido calorimetricamente, é representado, em algumas unidades apropriadas, pela equação:

$$\Delta H = x_1 x_2 (40x_1 + 20x_2)$$

Determine as expressões para $\bar{H}_1^E$ e $\bar{H}_2^E$ como funções de x_1.

Solução 11.1

Primeiro reconhecemos que o calor de mistura é igual a entalpia em excesso da mistura [Eq. (11.7)], então temos

$$H^E = x_1 x_2 (40x_1 + 20x_2)$$

A retirada de x_2 em favor de x_1 e a derivação do resultado fornecem as duas equações:

$H^E = 20x_1 - 20x_1^3 \qquad (A)$	$\dfrac{dH^E}{dx_1} = 20 - 60x_1^2 \qquad (B)$

A substituição em ambas Eqs. (11.14) e (11.15) com H^E no lugar de M^E leva a:

$$\bar{H}_1^E = 20 - 60x_1^2 + 40x_1^3 \quad \text{e} \quad \bar{H}_2^E = 40x_1^3$$

■ Exemplo 11.2

As propriedades de mistura e as propriedades em excesso estão relacionadas. Mostre como as Figuras 10.3 e 11.3 são geradas a partir da regressão de dados para $\Delta H(x)$ e $G^E(x)$.

Solução 11.2

Dados $\Delta H(x)$ e $G^E(x)$, as Eqs. (11.7) e (10.86) fornecem:

$$H^E = \Delta H \quad \text{e} \quad S^E = \frac{H^E - G^E}{T}$$

Tais equações permitem a conclusão da Figura 10.3. As propriedades de mistura ΔS e ΔG são obtidas a partir de S^E e G^E por meio da utilização das Eqs. (11.8) e (11.9):

$$\Delta S = S^E - R\sum_i x_i \ln x_i \qquad \Delta G = G^E + RT\sum_i x_i \ln x_i$$

Elas permitem a conclusão da Figura 11.3.

11.2 EFEITOS TÉRMICOS EM PROCESSOS DE MISTURA

O calor de mistura, definido de acordo com a Eq. (11.1), é:

$$\Delta H = H - \sum_i x_i H_i \tag{11.16}$$

A Eq. (11.16) fornece a variação de entalpia quando espécies puras são misturadas, a T e P constantes, para formar um mol (ou uma unidade de massa) de solução. Os dados costumam ser disponibilizados para os sistemas binários, para os quais a Eq. (11.16) resolvida em H torna-se:

$$H = x_1 H_1 + x_2 H_2 + \Delta H \tag{11.17}$$

Esta equação permite o cálculo das entalpias de misturas binárias a partir de dados das entalpias das espécies 1 e 2 puras e dos calores de mistura.

Dados de calores de mistura estão normalmente disponíveis para um número limitado de temperaturas. Se as capacidades caloríficas das espécies puras e da mistura forem conhecidas, os calores de misturas são calculados para outras temperaturas por meio de um método análogo ao utilizado no cálculo dos calores de reação padrões a elevadas temperaturas a partir de 25 °C.

Calores de mistura são similares aos calores de reação em muitos aspectos. Quando uma reação química ocorre, a energia dos produtos é diferente da energia dos reagentes, nas mesmas T e P, em função da reorganização química dos átomos presentes. Quando uma mistura é formada, uma variação de energia análoga ocorre por causa da variação nas interações entre as moléculas. Isto é, calores de reação surgem a partir das variações nas *interações intramoleculares*, enquanto calores de mistura surgem a partir de variações em *interações intermoleculares*. As interações intramoleculares (ligações químicas) são geralmente muito mais fortes que as intermoleculares (que surgem das interações eletrostáticas, forças de van der Waals etc.) e, como resultado, os calores de reação são normalmente muito maiores do que os de mistura. Valores grandes de calores de mistura são observados quando as interações intermoleculares na solução são muito diferentes das interações dos componentes puros. Entre os exemplos estão os sistemas com interações de ligações de hidrogênio e sistemas contendo eletrólitos que se dissociam em solução.

Diagramas Entalpia/Concentração

Um *diagrama entalpia/concentração* (*H-x*) é uma forma conveniente para representar os dados de entalpia de soluções binárias. Ele representa a entalpia como uma função da composição (fração molar ou fração mássica de uma espécie), para uma série de isotermas, todas a uma pressão fixa (normalmente 1 atmosfera-padrão). A Eq. (11.17) explícita para H é diretamente aplicável para cada isoterma:

$$H = x_1 H_1 + x_2 H_2 + \Delta H$$

Os valores de H para a solução não dependem somente dos calores de mistura, mas também das entalpias H_1 e H_2 das espécies puras. Uma vez conhecidos esses valores para cada isoterma, H está especificada para todas as soluções, porque ΔH possui um único e mensurável valor para todas as composições e temperaturas. Como as entalpias absolutas são desconhecidas, as condições arbitrárias para valores iguais a zero são escolhidas para as entalpias das espécies puras, o que estabelece a *base* do diagrama. A preparação de um diagrama completo *H-x* com muitas isotermas é tarefa trabalhosa e relativamente poucos estudos foram publicados.[2] A Figura 11.4 apresenta um diagrama simplificado *H-x* para a mistura ácido sulfúrico(1)/água(2) com somente três isotermas.[3] A base para esse diagrama é $H = 0$ para as espécies puras a 298,15 K, e a composição e a entalpia estão em base mássica.

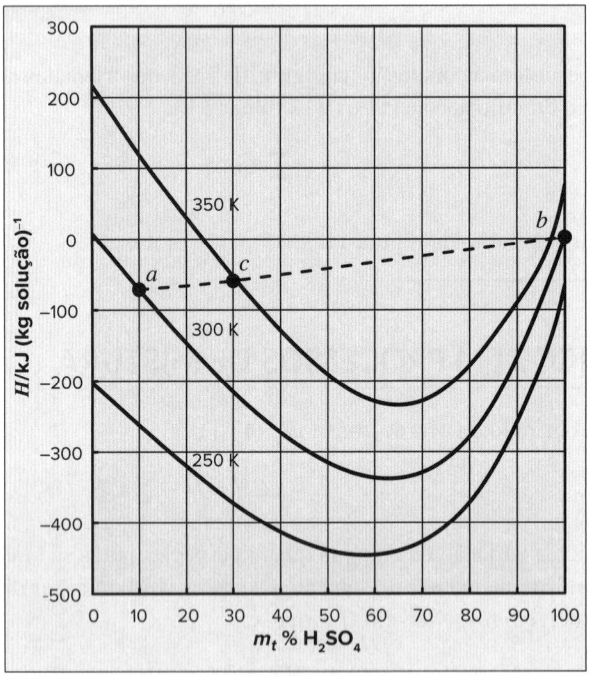

Figura 11.4 Diagrama *H-x* para $H_2SO_4(1)/H_2O(2)$. A base para o diagrama é $H = 0$ para as espécies puras a 298,15 K.

Uma característica útil do diagrama entalpia-concentração é que todas as soluções formadas por mistura adiabática de outras duas soluções são representadas por pontos dispostos em uma linha reta que une os pontos que representam as soluções originais. Isto é mostrado a seguir.

[2] Para exemplos, ver D. Green e R. H. Perry, eds., *Perry's Chemical Engineers'Handbook*, 8ª ed., pp. 2-220, 2-267, 20-285, 2-323, 2-403, 2-409, McGraw-Hill, New York, 2008. Somente o primeiro é em unidades SI.

[3] Construído utilizando dados de F. Zeleznik, *J. Phys. Chem. Ref. Data*, vol. 20, pp. 1157-1200, 1991. Note que muito da isoterma de 250 K está realmente abaixo da curva de congelamento e por isso representa uma solução líquida metaestável.

Considere que os subscritos a e b representem duas soluções binárias iniciais, constituídas, respectivamente, por n_a e n_b mols ou unidades de massa, respectivamente. Considere que o subscrito c indica a solução final obtida pela mistura das soluções a e b em um processo adiabático para o qual $\Delta H^t = Q = 0$, e o balanço de energia total é:

$$(n_a + n_b)H_c = n_a H_a + n_b H_b$$

Em um diagrama entalpia/concentração essas soluções são representadas pelos pontos designados por a, b e c e nosso objetivo é mostrar que o ponto c está sobre uma linha reta que passa pelos pontos a e b. Para uma linha que passa pelos pontos a e b,

$$H_a = mx_{1a} + k \qquad \text{e} \qquad H_b = mx_{1b} + k$$

Substituindo essas expressões no balanço de energia anterior, obtém-se:

$$\begin{aligned}(n_a + n_b)H_c &= n_a(mx_{1a} + k) + n_b(mx_{1b} + k)\\ &= m(n_a x_{1a} + n_b x_{1b}) + (n_a + n_b)k\end{aligned}$$

Pelo balanço de massa para a espécie 1,

$$(n_a + n_b)x_{1c} = n_a x_{1a} + n_b x_{1b}$$

Combinando essa equação com a equação anterior tem-se, após redução:

$$H_c = mx_{1c} + k$$

mostrando que o ponto c se encontra sobre a mesma linha reta que os pontos a e b. Essa característica pode ser utilizada para estimar graficamente a temperatura final quando duas soluções são misturadas adiabaticamente. Tal estimativa gráfica está ilustrada na Figura 11.4 para um processo de mistura de 10 % em massa de H_2SO_4 a 300 K (ponto a) com H_2SO_4 puro a 300 K (ponto b), em uma razão 3,5:1, para fornecer uma solução de H_2SO_4 com 30 % em massa (ponto c). A construção gráfica mostra que, após a mistura adiabática, a temperatura estará próxima a 350 K.

Como as entalpias das espécies puras H_1 e H_2 são arbitrárias, quando somente uma isoterma é considerada, elas podem ser consideradas iguais a zero e, neste caso, a Eq. (11.17) torna-se:

$$H = \Delta H = H^E$$

Então, um diagrama H^E-x serve como um diagrama entalpia-concentração para uma única temperatura. Existem muitos desses diagramas a uma temperatura na literatura e normalmente eles são acompanhados por uma equação que representa a curva. Um exemplo é o diagrama da Figura 11.5, mostrando dados para ácido sulfúrico/água a 25 °C. Novamente, $x_{H_2SO_4}$ é a fração *mássica* do ácido sulfúrico e H^E está em uma *base mássica*.

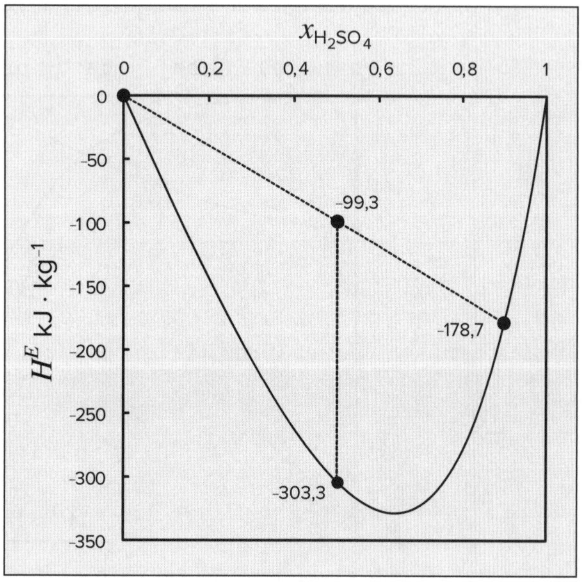

Figura 11.5 Entalpias em excesso para $H_2SO_4(1)/H_2O(2)$ a 25 °C.

A isoterma mostrada na Figura 11.5 é representada pela equação:

$$H^E = \left(-735{,}3 - 824{,}5x_1 + 195{,}2x_1^2 - 914{,}6x_1^3\right)x_1(1 - x_1) \qquad (A)$$

Os números adjacentes aos pontos no gráfico vêm dessa equação. Sua forma é típica de modelos para propriedades em excesso: uma polinomial em composição multiplicada por x_1 e x_2. O produto x_1x_2 assegura que a propriedade em excesso torna-se zero para ambos os componentes puros. Sozinha, ela tomaria a forma de uma parábola simétrica com um máximo ou um mínimo em $x_1 = 0{,}5$. A multiplicação por uma polinomial em x_1 escalona e gera vieses na parábola simétrica.

Um problema simples é encontrar a quantidade de calor que deve ser removida para restaurar a temperatura inicial (25 °C) quando a água pura é misturada continuamente com uma solução aquosa de ácido sulfúrico a 90 % para dilui-la para 50 %. O cálculo pode ser realizado com os balanços de massa e de energia usuais. Tomamos como base 1 kg de ácido a 50 % produzido. Se m_{ac} é a massa de ácido a 90 %, um balanço de massa para o ácido é 0,9 m_{ac} = 0,5, do qual se obtém m_{ac} = 0,5556. O balanço de energia para esse processo, considerando desprezível a variação das energias cinética e potencial, é a diferença entre as entalpias final e inicial:

$$Q = H_f^E - (H_{ac}^E)(m_{ac}) = -303{,}3 - (-178{,}7)(0{,}5556) = -204{,}0 \text{ kJ}$$

Os valores de entalpia usados estão mostrados na Figura 11.5.

Um procedimento alternativo é representado pelas duas linhas retas na Figura 11.5, a primeira para mistura adiabática de água pura com solução aquosa de ácido a 90 % para formar uma solução a 50 %. A entalpia dessa solução encontra-se em $x_{H_2SO_4}$ = 0,5 sobre a linha conectando os pontos representando as espécies não misturadas. Essa linha é uma proporcionalidade direta, da qual $H^E = (-178{,}7/0{,}9)(0{,}5) = -99{,}3$. A temperatura nesse ponto é bem acima de 25 °C e a linha vertical representa o resfriamento para 25 °C, para a qual $Q = \Delta H^E = -303{,}3 - (-99{,}3) = -204{,}0$ kJ. Como a etapa inicial é adiabática, esta etapa de resfriamento fornece a transferência de calor total para o processo, indicando que 204 kJ · kg^{-1} são removidos do sistema. O aumento de temperatura com a mistura adiabática não pode ser obtido diretamente de um diagrama como esse com somente uma isoterma, mas ele pode ser estimado se a capacidade calorífica aproximada da solução final for conhecida.

A Equação (*A*) pode ser utilizada nas Eqs. (11.14) e (11.15) para gerar valores das entalpias parciais em excesso $\bar{H}^E_{H_2SO_4}$ e $\bar{H}^E_{H_2O}$ a 25 °C. Isto produz os resultados mostrados na Figura 11.6, na qual todos os valores estão em uma base mássica. As duas curvas estão longe de serem simétricas, uma consequência da natureza distorcida da curva H^E. Em altas concentrações de H_2SO_4, $\bar{H}^E_{H_2O}$ alcança altos valores. Na realidade, o valor a diluição infinita aproxima-se do calor latente da água. Essa é a razão para que, quando água é adicionada ao ácido sulfúrico puro, uma taxa muito alta de remoção de calor seja necessária para a mistura isotérmica. Em circunstâncias normais, a taxa de transferência de calor é longe de ser adequada e o aumento da temperatura resultante causa ebulição local e pulverização. Esse problema não surge quando o ácido é adicionado à água, porque $\bar{H}^E_{H_2SO_4}$ é menor do que um terço do valor da água a diluição infinita.

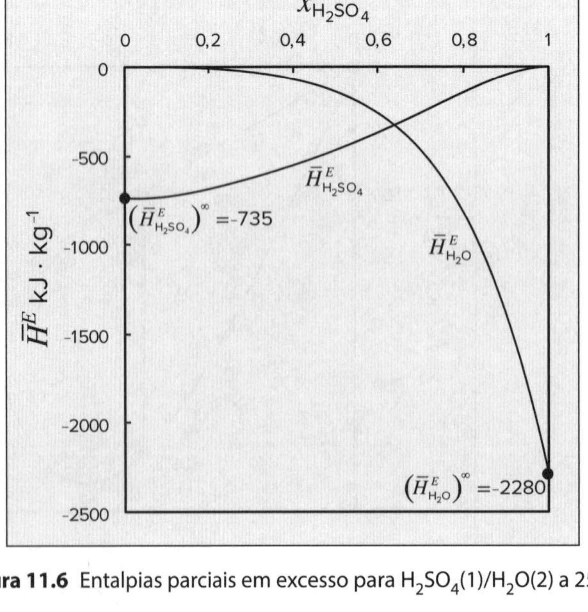

Figura 11.6 Entalpias parciais em excesso para $H_2SO_4(1)/H_2O(2)$ a 25 °C.

Calores de Solução

Quando sólidos ou gases são dissolvidos em líquidos, o efeito térmico é chamado um *calor de solução*, e é baseado na dissolução de *1 mol de soluto*. Se a espécie 1 é o soluto, então x_1 representa os mols de soluto por mol de solução. Como ΔH é o efeito térmico por mol de solução, $\Delta H/x_1$ é o efeito térmico por mol de soluto. Assim,

$$\widetilde{\Delta H} = \frac{\Delta H}{x_1}$$

sendo $\widetilde{\Delta H}$ o calor de solução na base de um mol de *soluto*.

Os processos de solução (dissolução) são representados convenientemente por equações de *transformação física* análogas às equações de reação química. Quando 1 mol de LiCl(*s*) é misturado com 12 mols de H_2O, o processo é representado por:

$$\mathrm{LiCl}(s) + 12\mathrm{H_2O}(l) \rightarrow \mathrm{LiCl}(12\mathrm{H_2O})$$

A designação $\mathrm{LiCl}(12\mathrm{H_2O})$ representa uma solução de 1 mol de LiCl dissolvido em 12 mols de H_2O. O calor da solução para esse processo a 25 °C e 1 bar é $\widetilde{\Delta H} = -33.614$ J. Isso significa que, a entalpia de 1 mol de LiCl em 12 mols de H_2O é 33.614 J menor que as entalpias combinadas de 1 mol de LiCl(*s*) puro e 12 mols de $H_2O(l)$ pura. As equações para transformações físicas como essa são facilmente combinadas com equações para reações químicas, conforme ilustrado no exemplo a seguir, que incorpora o processo de dissolução descrito.

▪ Exemplo 11.3

Calcule o calor de formação do LiCl em 12 mols de H_2O, a 25 °C.

Solução 11.3

O processo implícito no enunciado do problema resulta na formação, a partir dos seus elementos constituintes, 1 mol de LiCl *em solução* com 12 mols de H_2O. A equação que representa esse processo é obtida como a seguir:

$$\begin{array}{rl} \mathrm{Li} + \tfrac{1}{2}\mathrm{Cl_2} \rightarrow \mathrm{LiCl}(s) & \Delta H^\circ_{298} = -408.610\ \mathrm{J} \\ \mathrm{LiCl}(s) + 12\mathrm{H_2O}(l) \rightarrow \mathrm{LiCl}(12\mathrm{H_2O}) & \widetilde{\Delta H}_{298} = -33.614\ \mathrm{J} \\ \hline \mathrm{Li} + \tfrac{1}{2}\mathrm{Cl_2} + 12\mathrm{H_2O}(l) \rightarrow \mathrm{LiCl}(12\mathrm{H_2O}) & \Delta H^\circ_{298} = -442.224\ \mathrm{J} \end{array}$$

A primeira reação descreve uma transformação química resultando na formação de LiCl(*s*) a partir dos seus elementos e a variação de entalpia que acompanha esta reação é o calor de formação padrão do LiCl(*s*) a 25 °C. A segunda reação representa a transformação física que resulta na dissolução de 1 mol de LiCl(*s*) em 12 mols de $H_2O(l)$ e a variação de entalpia é um calor de solução. A variação de entalpia global, −442.224 J, é o calor de formação do LiCl *em* 12 mols de H_2O. Esse número *não* inclui o calor de formação da H_2O.

Frequentemente os calores de solução não são informados diretamente e devem ser calculados a partir dos calores de formação por meio de cálculos no sentido oposto ao anteriormente mostrado. Dados típicos para os calores de formação de 1 mol de LiCl são:[4]

LiCl(*s*)	−408.610 J
$\mathrm{LiCl \cdot H_2O}(s)$	−712.580 J
$\mathrm{LiCl \cdot 2H_2O}(s)$	−1.012.650 J
$\mathrm{LiCl \cdot 3H_2O}(s)$	−1.311.300 J
LiCl em 3 mol H_2O	− 429.366 J
LiCl em 5 mol H_2O	−436.805 J
LiCl em 8 mol H_2O	−440.529 J
LiCl em 10 mol H_2O	−441.579 J
LiCl em 12 mol H_2O	−442.224 J
LiCl em 15 mol H_2O	−442.835 J

[4] "The NBS Tables of Chemical Thermodynamics Properties", *J. Phys. Chem. Ref. Data*, vol. 11, suppl. 2, pp. 2-291 e 2-292, 1982.

A partir desses dados, os calores de solução são facilmente calculados. A reação representando a dissolução de 1 mol de LiCl(*s*) em 5 mols de $H_2O(l)$ é obtida como a seguir:

$$\begin{array}{rl} \text{Li} + \frac{1}{2}\text{Cl}_2 + 5\text{H}_2\text{O}(l) \rightarrow \text{LiCl}(5\text{H}_2\text{O}) & \Delta H^\circ_{298} = -436.805 \text{ J} \\ \text{LiCl}(s) \rightarrow \text{Li} + \frac{1}{2}\text{Cl}_2 & \Delta H^\circ_{298} = 408.610 \text{ J} \\ \hline \text{LiCl}(s) + 5\text{H}_2\text{O}(l) \rightarrow \text{LiCl}(5\text{H}_2\text{O}) & \widetilde{\Delta H}_{298} = -28.195 \text{ J} \end{array}$$

Este cálculo pode ser efetuado para cada quantidade de H_2O para a qual os dados são fornecidos. Os resultados são então convenientemente apresentados graficamente por uma representação de $\widetilde{\Delta H}$, o calor de solução por mol de soluto, *versus* $\tilde{n}$ os mols de solvente por mol de soluto. A variável de composição, $\tilde{n} \equiv n_2/n_1$, está relacionada com x_1:

$$\tilde{n} = \frac{x_2(n_1 + n_2)}{x_1(n_1 + n_2)} = \frac{1 - x_1}{x_1} \qquad \text{em que} \quad x_1 = \frac{1}{1 + \tilde{n}}$$

Consequentemente, as equações a seguir relacionam ΔH, o calor de mistura baseado em 1 mol de solução, com $\widetilde{\Delta H}$, o calor de solução baseado em 1 mol de soluto:

$$\widetilde{\Delta H} = \frac{\Delta H}{x_1} = \Delta H(1 + \tilde{n}) \quad \text{ou} \quad \Delta H = \frac{\widetilde{\Delta H}}{1 + \tilde{n}}$$

A Figura 11.7 mostra graficamente $\widetilde{\Delta H}$ *versus* $\tilde{n}$ para LiCl(*s*) e HCl(*g*) dissolvidos em água a 25 °C. Dados nesta forma de apresentação são facilmente utilizados na resolução de problemas práticos.

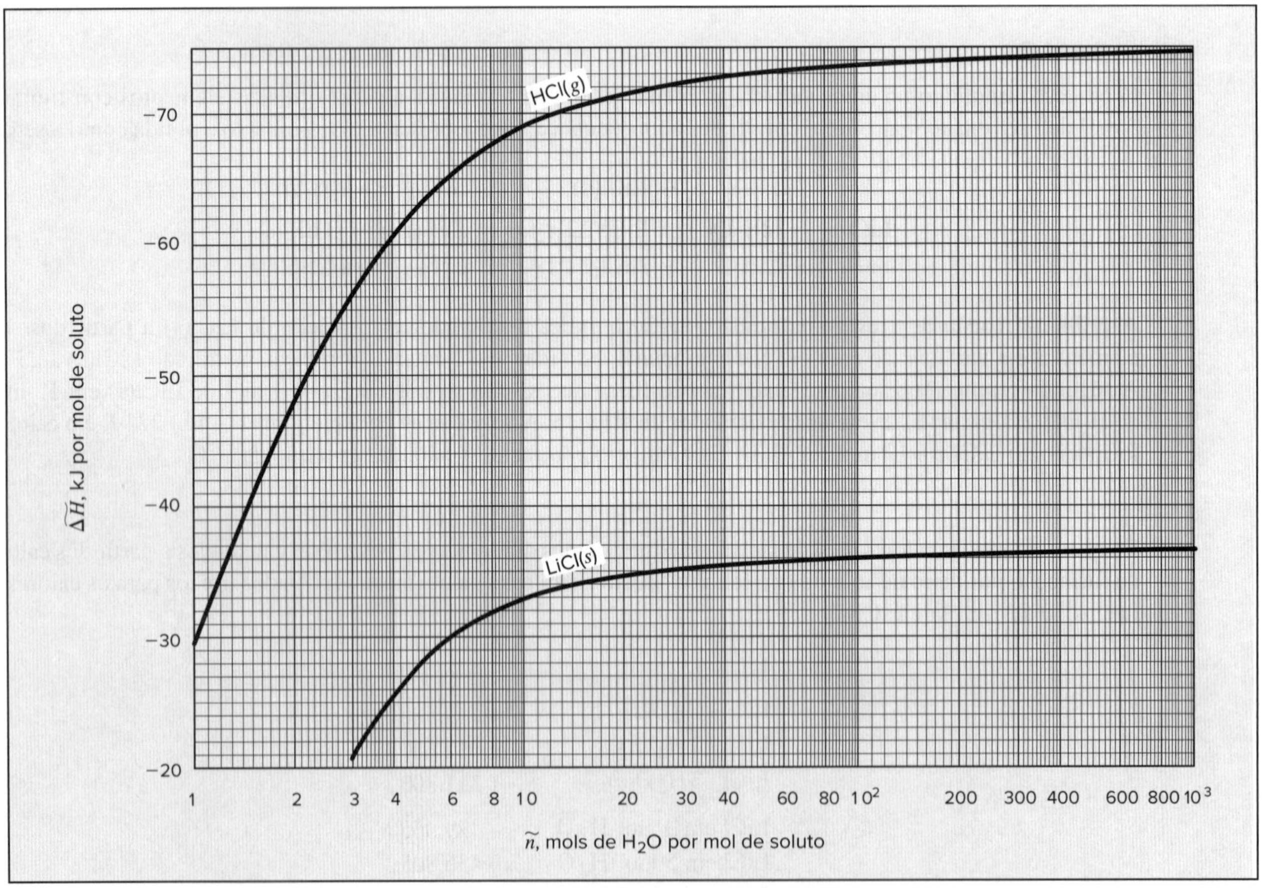

Figura 11.7 Calores de solução a 25 °C. (Baseados em dados do "The NBS Tables of Chemical Thermodynamics Properties", *J. Phys. Chem. Ref. Data*, vol. 11, suppl. 2, 1982.)

Como a água de hidratação em sólidos é uma parte integrante de um composto químico, o calor de formação de um sal hidratado inclui o calor de formação da água de hidratação. A dissolução de 1 mol de $LiCl \cdot 2H_2O(s)$ em

8 mols de H_2O produz uma solução contendo 1 mol de LiCl em 10 mols de H_2O, representada por $LiCl(10H_2O)$. As equações que se somam para representar este processo são:

$$
\begin{array}{rl}
Li + \frac{1}{2}Cl_2 + 10H_2O(l) \rightarrow LiCl(10H_2O) & \Delta H^\circ_{298} = -441.579 \text{ J} \\
LiCl \cdot 2H_2O(s) \rightarrow Li + \frac{1}{2}Cl_2 + 2H_2 + O_2 & \Delta H^\circ_{298} = 1.012.650 \text{ J} \\
2H_2 + O_2 \rightarrow 2H_2O(l) & \Delta H^\circ_{298} = (2)(-285.830) \text{ J} \\
\hline
LiCl \cdot 2H_2O(s) + 8H_2O(l) \rightarrow LiCl(10H_2O) & \Delta \widetilde{H}_{298} = -589 \text{ J}
\end{array}
$$

■ Exemplo 11.4

Um evaporador de simples efeito, operando a pressão atmosférica, concentra uma solução 15 % (em peso) de LiCl até 40 %. A alimentação entra no evaporador a uma vazão de 2 kg · s^{-1} a 25 °C. O ponto normal de ebulição de uma solução 40 % de LiCl é aproximadamente 132 °C e o seu calor específico é estimado em 2,72 kJ · kg^{-1} · $°C^{-1}$. Qual é a taxa de transferência de calor no evaporador?

Solução 11.4

Os 2 kg de solução 15 % de LiCl que entram no evaporador a cada segundo são constituídos por 0,30 kg de LiCl e 1,70 kg de H_2O. Um balanço material mostra que 1,25 kg de H_2O são evaporados e que 0,75 kg de solução 40 % de LiCl são produzidos. O processo é ilustrado na Figura 11.8.

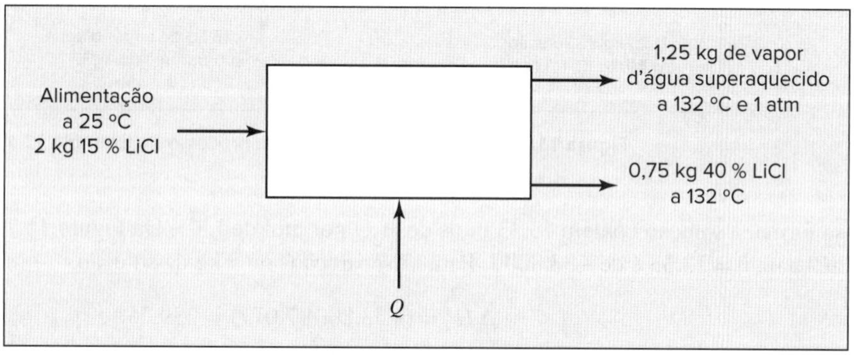

Figura 11.8 Processo do Exemplo 11.4.

O balanço de energia neste processo contínuo (com escoamento) fornece $\Delta H^t = Q$, sendo ΔH^t a entalpia total das correntes de produtos menos a entalpia total da corrente de alimentação. Assim, o problema se reduz à determinação de ΔH^t a partir dos dados disponíveis. Como a entalpia é uma função de estado, a trajetória utilizada para o cálculo de ΔH^t é imaginária e é selecionada por conveniência e sem relação com a trajetória real seguida no evaporador. Os dados disponíveis são calores de solução do LiCl em H_2O a 25 °C (Figura 11.7) e a trajetória para o cálculo, mostrada na Figura 11.9, permite seu uso direto.

As variações de entalpia em cada etapa da trajetória mostrada na Figura 11.9 devem ser somadas para determinar a variação de entalpia total:

$$\Delta H^t = \Delta H^t_a + \Delta H^t_b + \Delta H^t_c + \Delta H^t_d$$

As variações de entalpia em cada etapa são determinadas a seguir.

- ΔH^t_a: Esta etapa envolve a separação de 2 kg de uma solução 15 % de LiCl em seus constituintes puros a 25 °C. Este processo de "separação" tem o mesmo efeito térmico que o do processo de mistura correspondente, porém com o sinal oposto. Para 2 kg de solução de LiCl 15 %, os mols de material entrando são:

$$\frac{(0{,}15)(2000)}{42{,}39} = 7{,}077 \text{ mol LiCl} \qquad \frac{(0{,}85)(2000)}{18{,}015} = 94{,}366 \text{ mol } H_2O$$

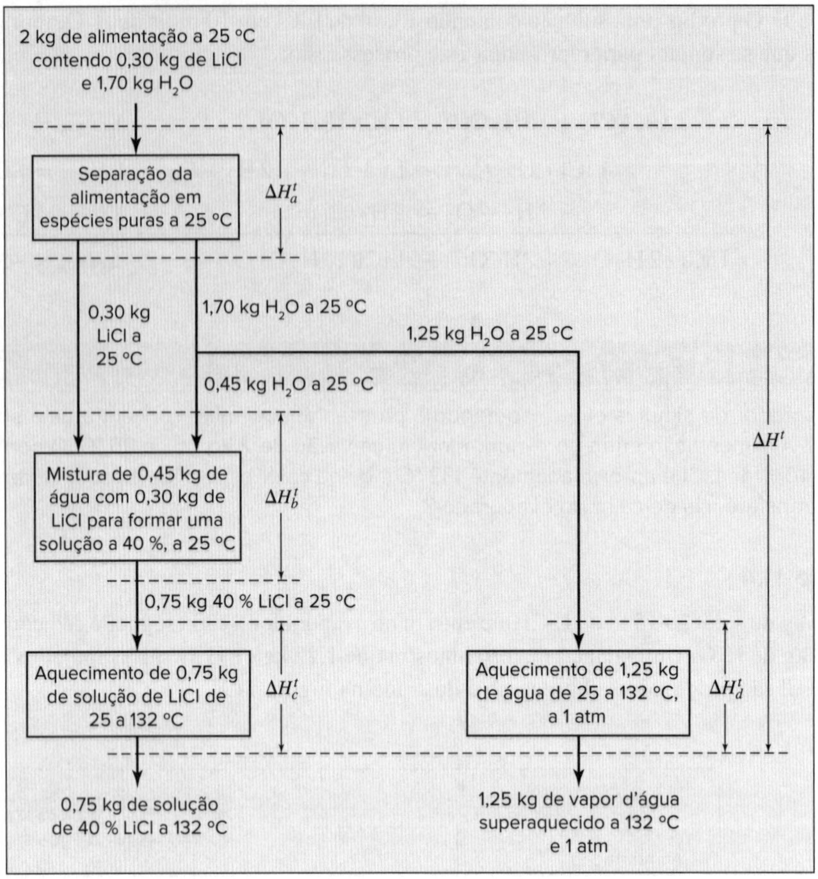

Figura 11.9 Trajetória de cálculo para o processo do Exemplo 11.4.

Dessa forma, a solução contém 13,33 mols de H_2O por mol de LiCl. Da Figura 11.7, o calor de solução por mol de LiCl para $\tilde{n}$ = 13,33 é de −33.800 J. Para a "separação" de 2 kg de solução,

$$\Delta H_a^t = (+33.800)(7{,}077) = 239.250 \text{ J}$$

- ΔH_b^t: Esta etapa resulta na mistura de 0,45 kg de água com 0,30 kg de LiCl(s) para formar uma solução a 40 % a 25 °C. Essa solução é formada por:

$$0{,}30 \text{ kg} \rightarrow 7{,}077 \text{ mol LiCl} \qquad \text{e} \qquad 0{,}45 \text{ kg} \rightarrow 24{,}979 \text{ mol } H_2O$$

Assim, a solução final contém 3,53 mols de H_2O por mol de LiCl. Da Figura 11.7, o calor de solução por mol de LiCl para $\tilde{n}$ = 3,53 é de −23.260 J. Consequentemente,

$$\Delta H_b^t = (-23.260)(7{,}077) = -164.630 \text{ J}$$

- ΔH_c^t: Nesta etapa 0,75 kg de solução de LiCl 40 % são aquecidos de 25 a 132 °C. Sendo C_P constante, $\Delta H_c^t = m\, C_P\, \Delta T$,

$$\Delta H_c^t = (0{,}75)(2{,}72)(132 - 25) = 218{,}28 \text{ kJ} = 218.280 \text{ J}$$

- ΔH_d^t: Nesta etapa a água líquida é vaporizada e aquecida até 132 °C. A variação de entalpia é obtida nas tabelas de vapor:

$$\Delta H_d^t = (1{,}25)(2740{,}3 - 104{,}8) = 3294{,}4 \text{ kJ} = 3.294.400 \text{ J}$$

A soma de todas as variações de entalpias fornece:

$$\begin{aligned}\Delta H &= \Delta H_a^t + \Delta H_b^t + \Delta H_c^t + \Delta H_d^t \\ &= 239.250 - 164.630 + 218.280 + 3.294.400 = 3.587.300 \text{ J}\end{aligned}$$

Consequentemente, a taxa de transferência de calor requerida é de 3587,3 kJ · s^{-1}. Embora a entalpia de vaporização da água domine a necessidade global de calor, o efeito térmico associado com a diferença no calor da solução na concentração final e inicial não é desprezível.

11.3 SINOPSE

Após estudar este capítulo, incluindo a solução dos problemas no seu final, devemos estar aptos a:

- Definir, em palavras e em equações, a variação de propriedades de mistura padrões (propriedades de mistura padrões);
- Calcular as propriedades em excesso e as propriedades parciais em excesso a partir da variação de propriedades de mistura correspondentes;
- Interpretar e aplicar diagramas entalpia-concentração;
- Entender as convenções para a tabulação de calores de solução e usá-los para calcular os efeitos térmicos dos processos de mistura e dissolução.

11.4 PROBLEMAS

11.1. A 25 °C e pressão atmosférica, a variação de volume na mistura de misturas binárias líquidas das espécies 1 e 2 é fornecida pela equação:

$$\Delta V = x_1 x_2 (45 x_1 + 25 x_2)$$

na qual ΔV está em $cm^3 \cdot mol^{-1}$. Nessas condições, $V_1 = 110$ e $V_2 = 90\ cm^3 \cdot mol^{-1}$. Determine os volumes parciais molares $\bar{V}_1$ e $\bar{V}_2$ em uma mistura contendo 40 % na base molar da espécie 1 nas condições dadas.

11.2. A variação de volume na mistura ($cm^3 \cdot mol^{-1}$) para o sistema etanol(1)/éter metil-butílico(2), a 25 °C, é dada pela equação:

$$\Delta V = x_1 x_2 [-1{,}026 + 0{,}0220(x_1 - x_2)]$$

Com $V_1 = 58{,}63$ e $V_2 = 118{,}46\ cm^3 \cdot mol^{-1}$ fornecidos, qual é o volume da mistura formada quando 750 cm^3 da espécie 1 pura são misturados com 1500 cm^3 da espécie 2, a 25 °C? Qual seria o volume se uma solução ideal fosse formada?

11.3. Se $LiCl \cdot 2H_2O(s)$ e $H_2O(l)$ são misturados isotermicamente a 25 °C para formar uma solução contendo 10 mols de água para cada mol de LiCl, qual é o efeito térmico por mol de solução?

11.4. Se uma solução líquida de HCl em água, contendo 1 mol de HCl e 4,5 mol de H_2O, absorver 1 mol adicional de HCl(*g*) na temperatura constante de 25 °C, qual será o efeito térmico?

11.5. Qual é o efeito térmico quando 20 kg de LiCl(*s*) são adicionados a 125 kg de uma solução aquosa contendo 10 % em massa de LiCl em um processo isotérmico a 25 °C?

11.6. Uma solução de $LiCl/H_2O$ a 25 °C é formada misturando *adiabaticamente* água fria a 10 °C com uma solução 20 % molar $LiCl/H_2O$ a 25 °C. Qual é a composição da solução formada?

11.7. Uma solução 20 % molar $LiCl/H_2O$ a 25 °C é formada misturando uma solução 25 % molar $LiCl/H_2O$ a 25 °C com água fria a 5 °C. Qual é o efeito térmico em joules por mol da solução final?

11.8. Uma solução 20 % molar de $LiCl/H_2O$ 20 % é formada usando seis processos de mistura diferentes:

(*a*) Mistura de LiCl(*s*) com $H_2O(l)$.
(*b*) Mistura de $H_2O(l)$ com uma solução $LiCl/H_2O$, 25 % na base molar.
(*c*) Mistura de $LiCl \cdot H_2O(s)$ com $H_2O(l)$.
(*d*) Mistura de LiCl(*s*) com uma solução $LiCl/H_2O$, 10 % na base molar.
(*e*) Mistura de uma solução $LiCl/H_2O$, 25 % na base molar, com uma solução $LiCl/H_2O$, 10 % na base molar.
(*f*) Mistura de $LiCl \cdot H_2O(s)$ com uma solução $LiCl/H_2O$, 10 % na base molar.

A mistura em todos os casos é isotérmica, a 25 °C. Em cada item, determine o efeito térmico em J · mol^{-1} da solução final.

11.9. Uma corrente com vazão mássica de 12 kg · s^{-1} de $Cu(NO_3)_2 \cdot 6H_2O$ e uma corrente com vazão de 15 kg · s^{-1} de água, ambas a 25 °C, são alimentadas em um tanque onde a mistura ocorre. A solução resultante atravessa um trocador de calor que ajusta sua temperatura para 25 °C. Qual é a taxa de transferência de calor no trocador?

- Para o $Cu(NO_3)_2$, $\Delta H^\circ_{f_{298}} = -302{,}9$ kJ.
- Para o $Cu(NO_3)_2 \cdot 6H_2O$, $\Delta H^\circ_{f_{298}} = -2110{,}8$ kJ.
- O calor de solução de 1 mol de $Cu(NO_3)_2$ em água a 25 °C é de −47,84 kJ, independente de $\tilde{n}$ para as concentrações de interesse neste problema.

11.10. Uma solução líquida de LiCl em água a 25 °C contém 1 mol de LiCl e 7 mols de água. Se 1 mol de $LiCl \cdot 3H_2O(s)$ for dissolvido isotermicamente nesta solução, qual será o efeito térmico?

11.11. Você precisa produzir uma solução aquosa de LiCl por meio da mistura de $LiCl \cdot 2H_2O(s)$ com água. A mistura ocorre adiabaticamente e sem mudança de temperatura, a 25 °C. Determine a fração molar de LiCl na solução final.

11.12. Dados do Bureau of Standards (*J. Phys. Chem. Ref. Data*, vol. 11, suppl. 2, 1982) incluem os seguintes calores de formação para 1 mol de $CaCl_2$ em água a 25 °C:

$CaCl_2$ em 10 mol H_2O	−862,74 kJ
$CaCl_2$ em 15 mol H_2O	−867,85 kJ
$CaCl_2$ em 20 mol H_2O	−870,06 kJ
$CaCl_2$ em 25 mol H_2O	−871,07 kJ
$CaCl_2$ em 50 mol H_2O	−872,91 kJ
$CaCl_2$ em 100 mol H_2O	−873,82 kJ
$CaCl_2$ em 300 mol H_2O	−874,79 kJ
$CaCl_2$ em 500 mol H_2O	−875,13 kJ
$CaCl_2$ em 1000 mol H_2O	−875,54 kJ

Com esses dados, prepare um gráfico de $\widetilde{\Delta H}$, o calor de solução a 25 °C do $CaCl_2$ em água, *versus* $\tilde{n}$, a razão entre os números de mols de água e de $CaCl_2$.

11.13. Uma solução líquida contém 1 mol de $CaCl_2$ e 25 mol de água. Utilizando os dados do Problema 11.12, determine o efeito térmico quando 1 mol adicional de $CaCl_2$ é dissolvido isotermicamente nessa solução.

11.14. $CaCl_2 \cdot 6H_2O$ sólido e água líquida a 25 °C são misturados *adiabaticamente* em um processo contínuo para formar uma salmoura com 15 % em massa de $CaCl_2$. Usando os dados do Problema 11.12, determine a temperatura da salmoura formada. O calor específico de uma solução aquosa a 15 % em massa de $CaCl_2$ a 25 °C é de 3,28 kJ · kg^{-1} · $°C^{-1}$.

11.15. Considere uma representação gráfica de $\widetilde{\Delta H}$, o calor de solução baseado em um mol de soluto (espécie 1), *versus* $\tilde{n}$, mols de solvente por mols de soluto, a T e P constantes. A Figura 14 é um exemplo de tal gráfico, exceto pelo fato de que o gráfico a ser construído aqui possui uma escala linear na abcissa ao invés de uma escala logarítmica. Trace uma tangente à curva $\widetilde{\Delta H}$ *versus* $\tilde{n}$ que intercepta a ordenada no ponto I.

(*a*) Prove que a inclinação da tangente em um ponto particular é igual a entalpia parcial em excesso do solvente em uma solução com a composição representada por $\tilde{n}$; isto é, prove que:

$$\frac{d\widetilde{\Delta H}}{d\tilde{n}} = \bar{H}_2^E$$

(*b*) Prove que o ponto de interseção I é igual a entalpia parcial em excesso do soluto na mesma solução, isto é, prove que:

$$I = \bar{H}_1^E$$

11.16. Suponha que ΔH para um sistema particular soluto(1)/solvente(2) é representada pela equação:

$$\Delta H = x_1 x_2 (A_{21} x_1 + A_{12} x_2) \qquad (A)$$

Relacione o comportamento de um gráfico de $\widetilde{\Delta H}$ *versus* $\tilde{n}$ com as características dessa equação. Especificamente, reescreva a Eq. (*A*) na forma $\widetilde{\Delta H}(\tilde{n})$ e depois mostre que:

(*a*) $\lim_{\tilde{n} \to 0} \widetilde{\Delta H} = 0$

(*b*) $\lim_{\tilde{n}\to\infty} \widetilde{\Delta H} = A_{12}$

(*c*) $\lim_{\tilde{n}\to 0} d\widetilde{\Delta H}/d\tilde{n} = A_{21}$

11.17. Se o calor de mistura a uma temperatura t_0 é ΔH_0 e se o calor de mistura da mesma solução a temperatura t é ΔH, mostre que os dois calores estão relacionados por

$$\Delta H = \Delta H_0 + \int_{t_0}^{t} \Delta C_P \, dt$$

sendo ΔC_P a variação da capacidade calorífica com a mistura, definida pela Eq. (11.1).

Dados dos calores de solução para os Problemas 11.18 a 11.30 podem ser obtidos na Figura 11.4.

11.18. Qual é o efeito térmico quando 75 kg de H_2SO_4 são misturados com 175 kg de uma solução aquosa contendo 25 % em massa de H_2SO_4 em um processo isotérmico a 300 K?

11.19. Para uma solução aquosa 50 % em massa de H_2SO_4 a 350 K, qual é a entalpia em excesso H^E em kJ · kg^{-1}?

11.20. Um evaporador de simples efeito concentra uma solução aquosa 20 % em massa de H_2SO_4 até 70 %. A taxa de alimentação é de 15 kg · s^{-1} e a temperatura da alimentação é de 300 K. O evaporador é mantido a uma pressão absoluta de 10 kPa. Nessa pressão, o ponto de ebulição da solução 70 % de H_2SO_4 é 102 °C. Qual é a taxa de transferência de calor no evaporador?

11.21. Qual é o efeito térmico quando uma quantidade suficiente de $SO_3(l)$, a 25 °C, é reagida com H_2O, a 25 °C, de modo a fornecer uma solução 50 % em massa de H_2SO_4 a 60 °C?

11.22. Uma massa de 70 kg de uma solução 15 % em massa de H_2SO_4 em água, a 70 °C, é misturada, a pressão atmosférica, com 110 kg de uma solução 80 % em massa de H_2SO_4 a 38 °C. Durante o processo, uma quantidade de calor de 20.000 kJ é retirada do sistema. Determine a temperatura da solução produzida.

11.23. Um tanque isolado, aberto para a atmosfera, contém 750 kg de ácido sulfúrico 40 % em massa a 290 K. Ele é aquecido até 350 K pela injeção de vapor saturado a 1 bar, que condensa totalmente no processo. Qual é a quantidade de vapor necessária e qual é a concentração final do H_2SO_4 no tanque?

11.24. O vapor d'água saturado a 3 bar é expandido até 1 bar e misturado adiabaticamente (e condensado) com ácido sulfúrico 45 % em massa a 300 K em um processo contínuo, que eleva a temperatura do ácido até 350 K. Quanto de vapor é necessário para cada libra *massa* de ácido alimentado e qual é a concentração do ácido aquecido?

11.25. Para uma solução aquosa de H_2SO_4, 35 % em massa a 300 K, qual é o calor de mistura ΔH em kJ · kg^{-1}?

11.26. Se H_2SO_4 puro e líquido, a 300 K, for adicionado adiabaticamente a água pura e líquida, a 300 K, para formar uma solução 40 % em massa, qual é a temperatura final da solução?

11.27. Uma solução líquida, contendo 1 kg mol de H_2SO_4 e 7 kg mol de H_2O a 300 K, absorve 0,5 kg mol de $SO_3(g)$, também a 300 K, para formar uma solução de ácido sulfúrico mais concentrada. Se o processo ocorrer isotermicamente, determine a quantidade de calor transferida.

11.28. Determine o calor de mistura ΔH do ácido sulfúrico em água e as entalpias parciais específicas do H_2SO_4 e da H_2O para uma solução contendo 65 % em massa de H_2SO_4 a 300 K.

11.29. É proposto o resfriamento de uma corrente de uma solução de ácido sulfúrico 75 % em massa e a 330 K, através de sua diluição com água refrigerada a 280 K. Determine a quantidade de água que deve ser adicionada a 1 kg de ácido 75 % antes que um resfriamento para temperaturas inferiores a 330 K efetivamente ocorra.

11.30. Os líquidos a seguir, todos a pressão atmosférica e 300 K, são misturados: 25 kg de água pura, 40 kg de ácido sulfúrico puro e 75 kg de ácido sulfúrico 25 % em massa.

(*a*) Qual é a quantidade de calor liberada, se a mistura for isotérmica a 300 K?

(*b*) O processo de mistura é conduzido em duas etapas: primeiro, o ácido sulfúrico puro e a solução 25 % são misturados e a quantidade total de calor da parte (*a*) é extraída; segundo, a água pura é adicionada adiabaticamente. Qual é a temperatura da solução intermediária formada ao final da primeira etapa?

11.31. Uma grande quantidade de uma solução muito diluída de NaOH é neutralizada pela adição da quantidade estequiométrica de uma solução aquosa 10 % molar de HCl. Estime o efeito térmico por mol de NaOH neutralizado se o tanque for mantido a 25 °C e 1(atm), e a reação de neutralização ocorrer completamente. Dados:

- Para NaCl, $\lim_{\tilde{n}\to\infty} \widetilde{\Delta H} = 3{,}88$ kJ · mol^{-1}
- Para NaOH, $\lim_{\tilde{n}\to\infty} \widetilde{\Delta H} = -44{,}50$ kJ · mol^{-1}

11.32. Uma grande quantidade de uma solução aquosa muito diluída de HCl é neutralizada pela adição da quantidade estequiométrica de uma solução aquosa 10 % molar de NaOH. Estime o efeito térmico por mol de HCl neutralizado se o tanque for mantido a 25 °C e 1(atm), e a reação de neutralização ocorrer completamente.

- Para $NaOH(9H_2O)$, $\widetilde{\Delta H} = 45{,}26\ kJ \cdot mol^{-1}$
- Para NaCl, $\lim_{\tilde{n}\to\infty} \widetilde{\Delta H} = 3{,}88\ kJ \cdot mol^{-1}$

11.33. (*a*) Utilizando as Eqs. (10.15) e (10.16), escritas para as propriedades em excesso, mostre para um sistema binário que:

$$\bar{M}_1^E = x_2^2\left(X + x_1\frac{dX}{dx_1}\right) \quad \text{e} \quad \bar{M}_2^E = x_1^2\left(X - x_2\frac{dX}{dx_1}\right)$$

em que

$$X \equiv \frac{M^E}{x_1 x_2}$$

(*b*) Faça em um único gráfico com os valores de $H^E/(x_1 x_2)$, $\bar{H}_1^E$ e $\bar{H}_2^E$ determinados a partir dos seguintes dados de calores de mistura para o sistema $H_2SO_4(1)/H_2O(2)$ a 25 °C:

x_1	$-\Delta H/kJ \cdot kg^{-1}$
0,10	73,27
0,20	144,21
0,30	208,64
0,40	262,83
0,50	302,84
0,60	323,31
0,70	320,98
0,80	279,58
0,85	237,25
0,90	178,87
0,95	100,71

x_1 = fração mássica H_2SO_4

11.34. Uma solução aquosa a 90 % em massa de H_2SO_4 a 25 °C é adicionada durante um período de 6 horas em um tanque contendo 4000 kg de água pura também a 25 °C. A concentração final do ácido no tanque é 50 % em massa. O conteúdo do tanque é resfriado continuamente para manter a temperatura constante a 25 °C. Como o sistema de resfriamento é projetado para uma taxa de transferência de calor constante, isso requer a adição de ácido com uma taxa variável. Determine a taxa instantânea de ácido a 90 % em massa como uma função do tempo e faça o gráfico dessa taxa ($kg \cdot s^{-1}$) *versus* tempo. Os dados do problema anterior podem ser correlacionados com uma expressão cúbica de $H^E/(x_1 x_2)$ como uma função de x_1 e as equações do problema anterior, então, fornecem as expressões para $\bar{H}_1^E$ e $\bar{H}_2^E$.

11.35. Desenvolva a Eq. (11.12) para ΔS^{id} pela aplicação apropriada das Eqs. (5.36) e (5.37) para um processo de mistura.

11.36. Dez mil (10.000) $kg \cdot h^{-1}$ de uma solução 80 % em massa de H_2SO_4 em água a 300 K são continuamente diluídos com água resfriada a 280 K para produzir uma corrente contendo H_2SO_4 a 50 % em massa e a 330 K.

(*a*) Qual é a vazão mássica da água resfriada em $kg \cdot h^{-1}$?
(*b*) Qual é a taxa de transferência de calor em $kJ \cdot h^{-1}$ para o processo de mistura? O calor é adicionado ou removido?
(*c*) Se a mistura ocorrer *adiabaticamente*, qual seria a temperatura da corrente produzida? Aqui, considere as mesmas condições de entrada e a mesma composição do produto da parte (*b*).

Os dados de calores de solução estão disponíveis na Figura 11.4.

CAPÍTULO

12

Equilíbrio de Fases: Introdução

A análise do equilíbrio de fases fornece a motivação inicial para o desenvolvimento da estrutura da termodinâmica de soluções e para a criação de modelos para propriedades de misturas para serem utilizados nessa estrutura. De forma prática, a segregação preferencial de espécies químicas em uma fase particular é fundamenta a quase todos os processos industriais que fazem a separação e a purificação de materiais, desde a destilação de petróleo ou bebidas alcoólicas até a cristalização de compostos farmacêuticos e a captura de dióxido de carbono no efluente de uma usina de potência. Como resultado, a análise de problemas de equilíbrio de fases é uma das competências centrais de um engenheiro químico. O presente capítulo foca na descrição qualitativa do equilíbrio entre as fases fluidas. Posteriormente, o Capítulo 13 apresenta as ferramentas necessárias para a análise quantitativa do equilíbrio líquido/vapor. O Capítulo 15 trata outros tipos de equilíbrio de fases com maiores detalhes.

12.1 A NATUREZA DO EQUILÍBRIO

O equilíbrio é uma condição na qual não ocorre variações com o tempo das propriedades macroscópicas de um sistema isolado. Nele, todos os potenciais que podem causar variação estão exatamente equilibrados, de tal forma que não há força motriz para qualquer variação no sistema. Um sistema isolado, constituído de fases líquida e de vapor em contato direto, eventualmente atinge um estado final no qual não costumam ocorrer mudanças no seu interior. A temperatura, a pressão e a composição das fases atingem valores finais a partir dos quais permanecem fixos. O sistema está em equilíbrio. Todavia, no nível microscópico, as condições não são estáticas. As moléculas que constituem uma fase em determinado instante não são as mesmas que mais tarde ocuparão esta mesma fase. Moléculas constantemente passam de uma fase para a outra. Contudo, a taxa média de passagem de moléculas é a mesma nos dois sentidos e não há, portanto, transferência líquida de matéria entre as fases. Na prática da Engenharia, a hipótese de equilíbrio é justificada quando ela leva a resultados com precisão satisfatória. Por exemplo, no refervedor de uma coluna de destilação, o equilíbrio entre as fases líquida e vapor é normalmente considerado. Para taxas de vaporização diferentes de zero isto é uma aproximação, porém não leva a erros significativos nos cálculos de Engenharia.

12.2 A REGRA DAS FASES. TEOREMA DE DUHEM

A regra das fases para sistemas sem reações, apresentada sem prova na Seção 3.1, é resultante da aplicação de uma regra da álgebra. Assim, o número de variáveis que pode ser independentemente especificado em um sistema em equilíbrio é a diferença entre o número total de variáveis que caracteriza o estado intensivo do sistema e o número de equações independentes que pode ser escrito relacionando essas variáveis.

O estado *intensivo* de um sistema *PVT*, constituído por N espécies químicas e π fases em equilíbrio, é caracterizado por sua temperatura T, sua pressão P e por $N - 1$ frações molares[1] em cada fase. O número dessas variáveis da regra das fases é $2 + (N - 1)(\pi)$. As massas ou quantidades de matéria das fases não são variáveis da regra das fases, porque elas não têm influência no estado intensivo do sistema.

[1] Somente são necessárias $N - 1$ frações molares, pois $\Sigma_i x_i = 1$.

Como ficará claro mais tarde neste capítulo, uma equação de equilíbrio de fases independente pode ser escrita ligando variáveis intensivas para cada uma das N espécies, para cada par de fases presente. Assim, o número de equações do equilíbrio de fases independentes é $(\pi - 1)(N)$. A diferença entre o número de variáveis da regra das fases e o número de equações independentes que as relaciona é o número de variáveis que pode ser especificado de maneira independente. Chamado de grau de liberdade do sistema F, o número é:

$$F = 2 + (N - 1)(\pi) - (\pi - 1)(N)$$

Após simplificação, esta equação se torna a regra das fases:

$$\boxed{F = 2 - \pi + N} \tag{3.1}$$

O *teorema de Duhem* é outra regra, similar à regra das fases, que se aplica ao estado extensivo de um sistema fechado em equilíbrio. Quando este estado, bem como o estado intensivo, de um sistema estão especificados, o estado de tal sistema é considerado *completamente determinado* e é caracterizado não somente pelas $2 + (N - 1)\pi$ variáveis da regra das fases intensivas, mas também por π variáveis extensivas representadas pelas massas (ou número de mols) das fases. Dessa forma, o número total de variáveis é:

$$2 + (N - 1)\pi + \pi = 2 + N\pi$$

Para um sistema fechado formado por quantidades especificadas das espécies químicas presentes, uma equação do balanço de massa pode ser escrita para cada uma das N espécies químicas, fornecendo mais N equações. Estas, em adição as $(\pi - 1)N$ equações do equilíbrio de fases, representam um número de equações independentes igual a:

$$(\pi - 1)N + N = \pi N$$

Consequentemente, a diferença entre o número de variáveis e o número de equações é:

$$2 + N\pi - \pi N = 2$$

Com base nesse resultado, o teorema de Duhem é enunciado conforme segue:

Para qualquer sistema fechado formado por determinadas espécies químicas com quantidades conhecidas, o estado de equilíbrio é completamente determinado quando são fixadas quaisquer duas variáveis independentes.

As duas variáveis independentes sujeitas à especificação podem, em geral, ser tanto intensivas quanto extensivas. Contudo, o número de variáveis *intensivas independentes* é dado pela regra das fases. Assim, quando $F = 1$, no mínimo uma das duas variáveis tem de ser extensiva, e quando $F = 0$, ambas têm de ser extensivas.

12.3 EQUILÍBRIO LÍQUIDO/VAPOR: COMPORTAMENTO QUALITATIVO

O equilíbrio líquido/vapor (ELV) é o estado de coexistência das fases líquida e vapor. Nessa discussão qualitativa, limitamo-nos à análise de sistemas constituídos por duas espécies químicas, porque sistemas com maior complexidade não podem ser adequadamente representados graficamente.

Para um sistema com duas espécies químicas ($N = 2$), a regra das fases se torna $F = 4 - \pi$. Como deve existir pelo menos uma fase ($\pi = 1$), o número máximo de variáveis da regra das fases que deve ser especificado para fixar o estado intensivo do sistema é igual a *três*: P, T e uma fração molar (ou mássica). Todos os estados de equilíbrio do sistema podem, consequentemente, ser representados em um espaço tridimensional P-T-composição. Nele, os estados de *pares* de fases que coexistem em equilíbrio ($F = 4 - 2 = 2$) definem as superfícies. Um diagrama tridimensional esquemático, que ilustra essas superfícies para o ELV, é mostrado na Figura 12.1.

Esta figura mostra esquematicamente as superfícies P-T-composição que contêm os estados de equilíbrio do vapor saturado e do líquido saturado para as espécies 1 e 2 de um sistema binário. Aqui, a espécie 1 é a "mais leve" ou mais volátil. A superfície inferior contém os estados de vapor saturado; ela é a superfície P-T-y_1. A superfície superior contém os estados de líquido saturado; ela é a superfície P-T-x_1. Essas superfícies se interceptam ao longo das linhas $RKAC_1$ e $UBHC_2$, que representam as curvas pressão de vapor *versus* T para as espécies 1 e 2 puras. Além disso, as superfícies inferior e superior formam uma superfície arredondada contínua na parte superior do diagrama entre os pontos C_1 e C_2, os pontos críticos das espécies 1 e 2 puras; os pontos críticos das várias misturas das duas espécies encontram-se ao longo de uma linha no extremo arredondado da superfície entre C_1 e C_2. Esse lugar geométrico crítico é definido pelos pontos nos quais as fases líquida e vapor em equilíbrio se tornam idênticas. Por causa dessa característica geométrica de uma extremidade aberta (a T e P baixas) e três bordas fechadas formadas pelo lugar geométrico dos pontos críticos e pelas curvas de pressão de vapor dos componentes puros, o par de superfícies é frequentemente chamado de "envelope de fases". Não existe fase única estável em pontos dentro do envelope. Quando T, P e a composição global correspondem a um ponto no interior do envelope, ocorre a separação nas fases líquida e vapor. Essas fases têm composições que caem nas superfícies inferior e superior, respectivamente, nas T e P do sistema.

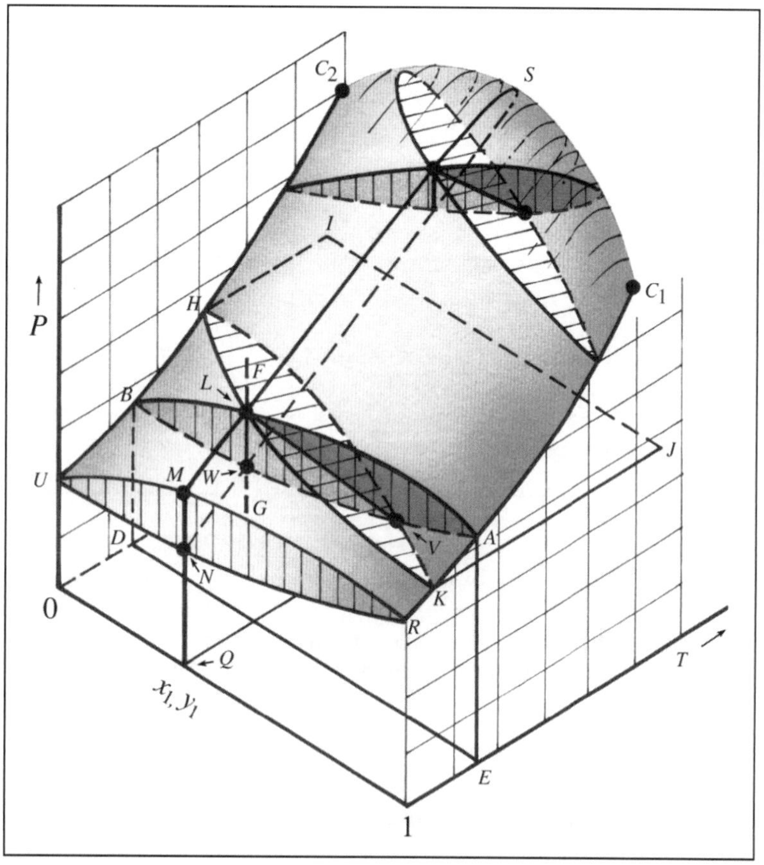

Figura 12.1 Diagrama *PTxy* para o equilíbrio líquido/vapor.

A região do líquido sub-resfriado está posicionada acima da superfície superior da Figura 12.1; a região do vapor superaquecido está abaixo da superfície inferior. O espaço interior entre as duas superfícies é a região onde coexistem as fases líquido e vapor. Se no início tem-se um líquido nas condições representadas pelo ponto F e a pressão é reduzida a temperatura e composição constantes, ao longo da linha vertical FG, a primeira bolha de vapor aparece no ponto L, o qual está sobre a superfície superior. Assim, L é denominado *ponto de bolha* e a superfície superior é a superfície dos pontos de bolha. O estado da bolha de vapor em equilíbrio com o líquido em L está representado por um ponto sobre a superfície inferior na pressão e na temperatura de L. Esse ponto é indicado por V. A linha VL é um exemplo de uma *linha de amarração*, que une pontos representando as fases em equilíbrio.

Na medida em que a pressão continua sendo reduzida ao longo da linha FG, mais líquido vaporiza até o processo se completar em W. Assim, o W se encontra sobre a superfície inferior e representa um estado de vapor saturado com a composição da mistura. Como W é o ponto no qual as últimas gotas do líquido (orvalho) desaparecem, ele é denominado *ponto de orvalho* e a superfície inferior é a superfície dos pontos de orvalho. A continuação na redução da pressão produz expansão do vapor na região de vapor superaquecido.

Em função da complexidade de diagramas tridimensionais como o da Figura 12.1, os detalhes das características do ELV binário são normalmente representados por gráficos bidimensionais que mostram o que é visto em vários planos que cortam o diagrama tridimensional. Os três planos principais, perpendicular a cada um dos eixos coordenados, estão ilustrados na Figura 12.1. Assim, um plano vertical perpendicular ao eixo das temperaturas é identificado por $AEDBLA$. As linhas neste plano formam um diagrama de fases P-x_1-y_1, a T constante. Se as linhas de vários desses planos forem projetadas em um único plano paralelo, um diagrama parecido com o da Figura 12.2(a) é obtido. Ele mostra relações P-x_1-y_1 para três temperaturas diferentes. A curva para T_a representa a seção da Figura 12.1 indicada por $AEDBLA$. As linhas horizontais são de amarração unindo as composições das fases em equilíbrio.

As temperaturas T_b e T_d estão entre as duas temperaturas críticas das duas espécies puras, identificadas por C_1 e C_2 na Figura 12.1. Consequentemente, as curvas para essas duas temperaturas não se estendem para as extremidades do diagrama. Os pontos críticos da mistura são identificados pela letra C. Cada um é um ponto de tangência no qual uma linha horizontal toca a curva. Isso acontece porque todas as linhas de amarração que unem as fases em equilíbrio, são horizontais, e a linha de amarração que une as fases *idênticas* (a definição de um ponto crítico) deve, consequentemente, ser a última destas linhas a cortar o diagrama.

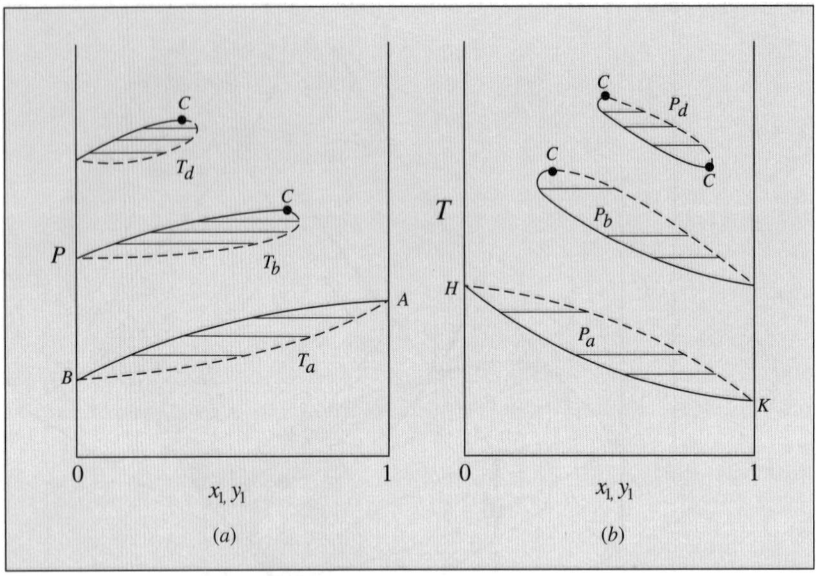

Figura 12.2 (*a*) Diagrama *Pxy* para três temperaturas. (*b*) Diagrama *Txy* para três pressões.
____ Líquido saturado (linha dos pontos de bolha) _ _ _ _ Vapor saturado (linha dos pontos de orvalho)

Um plano horizontal atravessando a Figura 12.1 perpendicular ao eixo P está identificado por *KJIHLK*. Vistas de cima, as linhas neste plano representam um diagrama T-x_1-y_1. Quando as linhas de várias pressões são projetadas sobre um plano paralelo, o diagrama resultante é aquele mostrado na Figura 12.2(*b*). Essa figura é análoga à Figura 12.2(*a*), exceto pelo fato de que ela representa o comportamento de fases para três pressões constantes, P_a, P_b e P_d. A curva para P_a representa a seção da Figura 12.1 identificada por *KJIHLK*. A pressão P_b se encontra entre as pressões críticas das duas espécies puras nos pontos C_1 e C_2. A pressão P_d está acima das pressões críticas das *duas* espécies puras; consequentemente, o diagrama T-x_1-y_1 aparece como uma "ilha". O comportamento T-x_1-y_1 similar [Figura 12.2(*a*)] não é comum. Note que no gráfico T-x_1-y_1, a curva superior representa o líquido saturado e a curva inferior representa o vapor saturado, mas para o T-x_1-y_1, a curva superior representa o vapor saturado e a curva inferior representa o líquido saturado. Para evitar confusão, devemos ter em mente o fato de que vapores se formam em altas T e baixas P.

Outros gráficos possíveis incluem a fração molar na fase vapor y_1 *versus* a fração molar na fase líquida x_1, tanto para condições a T constante da Figura 12.2(*a*) quanto para condições de pressão constante da Figura 12.2(*b*). Tais gráficos reduzem mais a dimensionalidade da representação, mostrando as fases coexistentes por intermédio de uma única curva, sem informações sobre T ou P, em vez de um par de curvas delimitando uma região bidimensional. Dessa forma, eles transmitem menos informações do que um gráfico T-x_1-y_1 ou P-x_1-y_1, mas são mais convenientes para relacionar rapidamente a composição de fases em valores fixos de T ou P.

O terceiro plano identificado na Figura 12.1, vertical e perpendicular ao eixo da composição, passa pelos pontos *SLMN* e *Q*. Quando projetadas sobre um plano paralelo, as linhas formam um diagrama a partir de vários planos, como o apresentado na Figura 12.3. Ele é um diagrama *PT*; as linhas UC_2 e RC_1 são curvas de pressões de vapor para as espécies puras, identificadas pelas mesmas letras, conforme na Figura 12.1. Cada ciclo interior representa o comportamento *PT* do líquido e do vapor saturados de um *sistema com composição global fixa*. Os diferentes ciclos estão relacionados com as composições distintas. Claramente, a relação *PT* para o líquido saturado é diferente daquela para o vapor saturado com a mesma composição. Isso é diferente do que ocorre no comportamento de uma espécie pura, para a qual as linhas dos pontos de bolha e de orvalho são coincidentes. Nos pontos *A* e *B* da Figura 12.3 há a interseção das linhas de líquido e de vapor saturados. Nesses pontos, um líquido saturado de uma composição e um vapor saturado de outra composição possuem as mesmas *T* e *P*, e, consequentemente, as duas fases estão em equilíbrio. As linhas de amarração unindo os pontos coincidentes em *A* e em *B* são perpendiculares ao plano *PT*, conforme ilustrado pela linha de amarração *LV* na Figura 12.1.

Pontos Críticos de Misturas Binárias e Condensação Retrógrada

O ponto crítico de uma mistura binária ocorre quando a extremidade (nariz) de um ciclo na Figura 12.3 é tangente à curva envelope. Colocando de outra forma, a curva envelope é o lugar geométrico dos pontos críticos. Isso pode ser verificado considerando-se dois ciclos adjacentes e constatando o que ocorre com o ponto de interseção quando sua separação se torna infinitesimal. A Figura 12.3 mostra que a localização do ponto crítico na extremidade do ciclo varia com a composição. Para uma espécie pura, o ponto crítico é a maior temperatura e a maior pressão nas quais as fases líquida e vapor podem coexistir, porém para uma mistura, em geral, não é este o comportamento. Consequentemente, sob certas condições, um processo de condensação ocorre como resultado de uma *redução* na pressão.

Considere a seção ampliada da extremidade de um único ciclo *PT* mostrada na Figura 12.4. O ponto crítico está em *C*. Os pontos de pressão e temperatura máximas estão identificados por M_P e M_T, respectivamente. As curvas tracejadas interiores indicam a fração do sistema global que está líquida em uma mistura bifásica de líquido e vapor. À esquerda do ponto crítico *C*, uma redução na pressão ao longo de uma linha como a *BD* é acompanhada da vaporização do líquido do ponto de bolha ao ponto de orvalho, como seria esperado. Entretanto, se a condição inicial corresponder ao ponto *F*, um estado de *vapor* saturado, ocorre liquefação com a redução da pressão e é atingido um máximo no ponto *G*, a partir de onde passa a ocorrer a vaporização até que o ponto de orvalho seja alcançado no ponto *H*. Este fenômeno é chamado *condensação retrógrada*, a qual pode ser importante na operação de poços profundos de gás natural, nos quais a pressão e a temperatura na formação do subsolo podem estar nas condições representadas pelo ponto *F*. Se a pressão na cabeça do poço for a do ponto *G*, a corrente de produto que sai do poço é uma mistura em equilíbrio de líquido e vapor. Como as espécies menos voláteis estão concentradas na fase líquida, ocorre uma separação significativa. No interior da formação no subsolo, a pressão tende a diminuir na medida em que o reservatório de gás é explorado. Se não evitada, isso leva à formação de uma fase líquida e uma consequente redução na produção do poço. Consequentemente, a repressurização é uma prática comum; isto é, o gás pobre (gás do qual as espécies menos voláteis foram removidas) é novamente injetado no reservatório para manter uma pressão elevada.

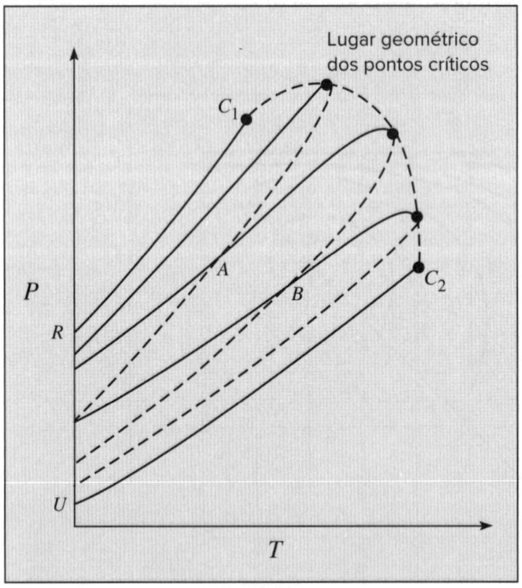

Figura 12.3 Diagrama *PT* para várias composições.

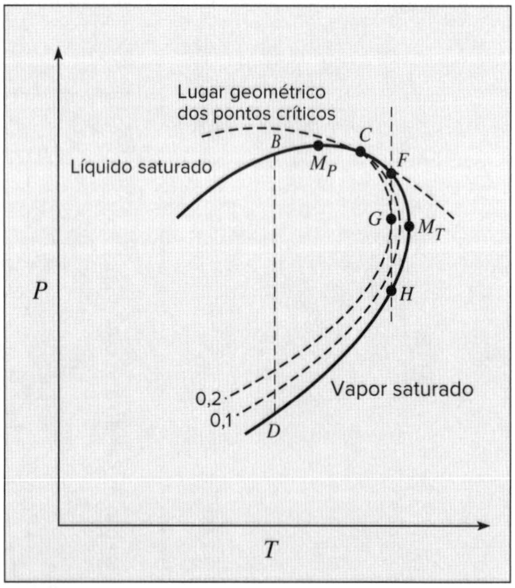

Figura 12.4 Parte do diagrama *PT* na região crítica.

Um diagrama *PT* para o sistema etano(1)/*n*-heptano(2) é mostrado na Figura 12.5 e um diagrama y_1-x_1 para o mesmo sistema e para várias pressões é apresentado na Figura 12.6. Por convenção, as frações molares y_1 e x_1 apresentadas nos gráficos são as da espécie mais volátil na mistura. As concentrações máximas e mínimas que podem ser obtidas das espécies mais voláteis a determinada pressão, pela destilação são indicadas pelos pontos de interseção da curva y_1-x_1 específica com a diagonal, pois nesses pontos o vapor e o líquido têm a mesma composição. Na verdade, eles são pontos críticos da mistura, a menos dos pontos $y_1 = x_1 = 0$ ou $y_1 = x_1 = 1$. O ponto *A* na Figura 12.6 representa as composições das fases líquida e vapor na pressão máxima na qual as fases podem coexistir no sistema etano/*n*-heptano. A composição é aproximadamente 77 % molar de etano e a pressão de aproximadamente 87,1 bar. O ponto correspondente na Figura 12.5 está identificado pela letra *M*. Um conjunto completo e consistente de diagramas de fases para este sistema foi preparado por Barr-David.[2]

[2] F. H. Barr-David, *AIChE J.*, vol. 2, p. 426, 1956.

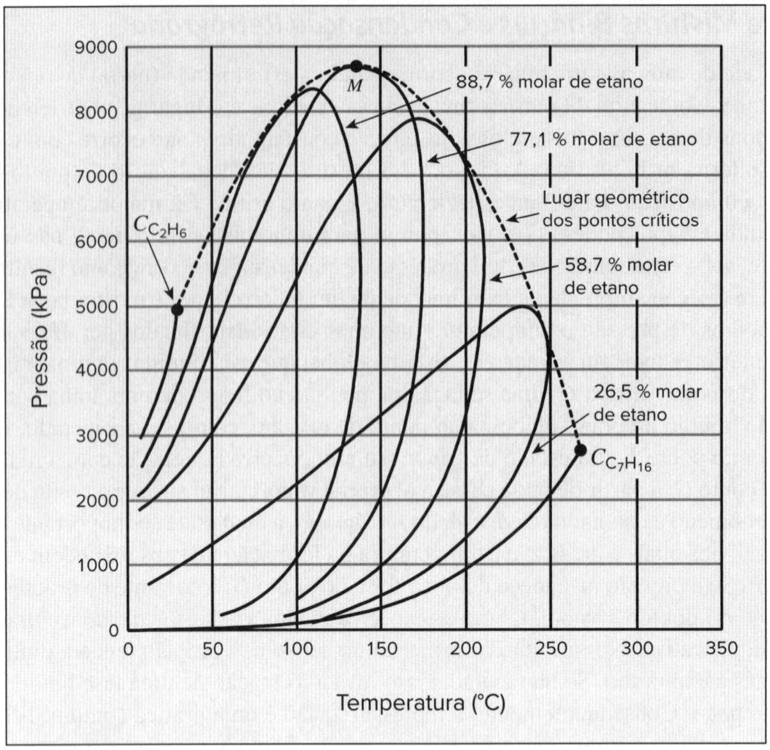

Figura 12.5 Diagrama *PT* para etano/*n*-heptano. (Adaptado de F. H. Barr-David, "Notes on phase relations of binary mixtures in the region of the critical point." *AIChE Journal*, vol. 2, edição 3, setembro de 1956, p. 426-427.)

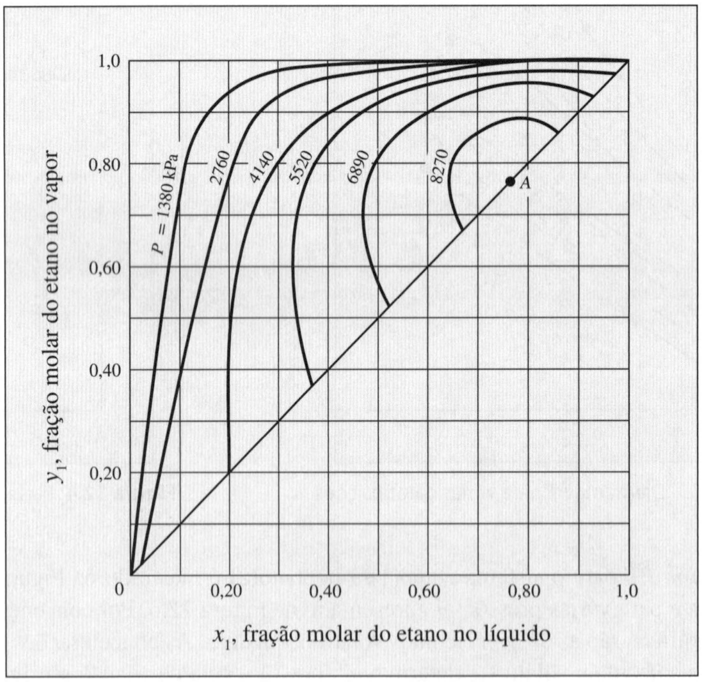

Figura 12.6 Diagrama *yx* para etano/*n*-heptano. (Adaptado de F. H. Barr-David, "Notes on phase relations of binary mixtures in the region of the critical point." *AIChE Journal*, vol. 2, edição 3, setembro de 1956, p. 426-427.)

O diagrama *PT* da Figura 12.5 é típico para misturas de substâncias apolares, como os hidrocarbonetos. Um diagrama *PT* para um tipo de sistema muito diferente, metanol(1)/benzeno(2) é mostrado na Figura 12.7. A natureza das curvas nesta figura sugere o quanto pode ser difícil prever o comportamento de fases para espécies tão diferentes como metanol e benzeno, especialmente em condições próximas as do ponto crítico da mistura.

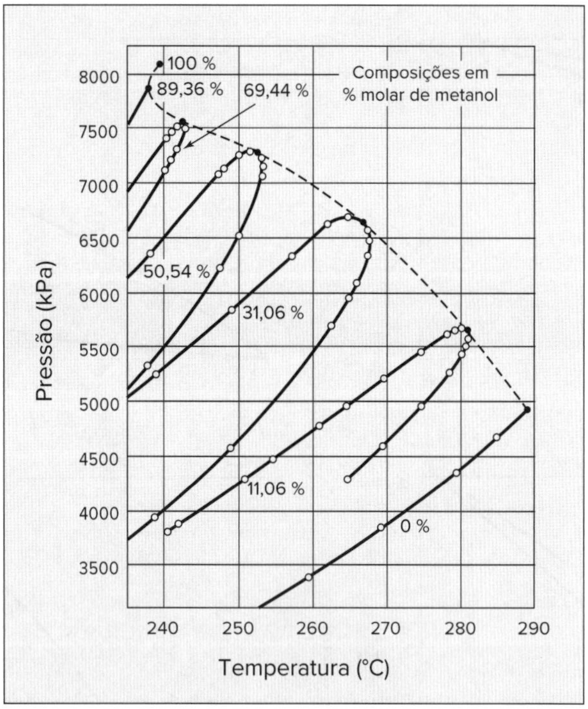

Figura 12.7 Diagrama *PT* para metanol/benzeno. (Adaptado de J. M. Skaates e W. B. Kay, "The phase relations of binary systems that form azeotropes", *Chemical Engineering Science,* vol. 19, edição 7, julho de 1964, pp. 431-444.)

Exemplos de Equilíbrio Líquido/Vapor a Baixas Pressões

Embora o ELV na região crítica seja de considerável importância nas indústrias do petróleo e de gás natural, a maioria dos processamentos químicos é efetuada em pressões bem mais baixas. As Figuras 12.8 e 12.9 mostram tipos comuns de comportamentos *Pxy* e *Txy* em condições bem afastadas da região crítica.

A Figura 12.8(*a*) apresenta os dados para o sistema tetrahidrofurano(1)/tetracloreto de carbono(2), a 30 °C. Quando a fase líquida comporta-se como uma solução ideal, conforme definido no Capítulo 10, e a fase vapor comporta-se como uma mistura no estado de gás ideal, é dito que o sistema segue a lei de Raoult. Conforme discutido no Capítulo 13, este é o modelo mais simples do equilíbrio líquido/vapor. Para um sistema que obedece a lei de Raoult, a curva P-x_1 ou curva dos pontos de bolha é uma linha reta conectando as pressões de vapor das espécies puras. Na Figura 12.8(*a*), a curva dos pontos de bolha encontra-se abaixo da relação linear P-x_1 característica da Lei de Raoult. Quando tais desvios negativos da linearidade se tornam suficientemente grandes em relação à diferença entre as pressões de vapor das duas espécies puras, a curva P-x_1 exibe um mínimo, conforme ilustrado na Figura 12.8(*b*) para o sistema clorofórmio(1)/tetra-hidrofurano(2), a 30 °C. Essa figura mostra que a curva P-y_1 também possui um mínimo no mesmo ponto. Dessa forma, no ponto onde $x_1 = y_1$, as curvas dos pontos de orvalho e de bolha são tangentes à mesma linha horizontal. Um líquido em ebulição com essa composição produz um vapor com exatamente a mesma composição e, consequentemente, o líquido não muda de composição na medida em que ele evapora. A separação de tal solução de ebulição constante não é possível por meio da destilação. O termo *azeótropo* é utilizado para descrever este estado.[3]

Os dados para furano(1)/tetracloreto de carbono(2), a 30 °C, mostrados na Figura 12.8(*c*), fornecem um exemplo de um sistema para o qual a curva P-x_1 se encontra acima da relação linear P-x_1. O sistema mostrado na Figura 12.8(*d*), etanol(1)/tolueno(2), a 65 °C, exibe desvios positivos da linearidade, suficientemente grandes para causarem um *máximo* na curva P-x_1. Esse estado é um azeótropo de máxima pressão. Da mesma forma que para o azeótropo de mínima pressão, as fases líquida e vapor em equilíbrio possuem composições idênticas.

Desvios negativos apreciáveis da linearidade P-x_1 refletem atrações intermoleculares na fase líquida mais fortes entre pares de moléculas não similares do que entre pares de moléculas similares. Por outro lado, desvios positivos apreciáveis resultam em soluções nas quais as forças intermoleculares na fase líquida entre moléculas similares são mais fortes do que entre não similares. Neste último caso, as forças entre moléculas similares podem ser tão fortes que evitem a miscibilidade completa e o sistema forme duas fases líquidas separadas ao longo de uma faixa de composições, conforme está descrito mais adiante neste capítulo.

---

[3] Uma compilação de dados para tais estados é fornecida por J. Gmehling, J. Menke, J. Krafczyk e K. Fischer, *Azeotropic Data*, 2ª ed., John Wiley & Sons, Inc. New York, 2004.

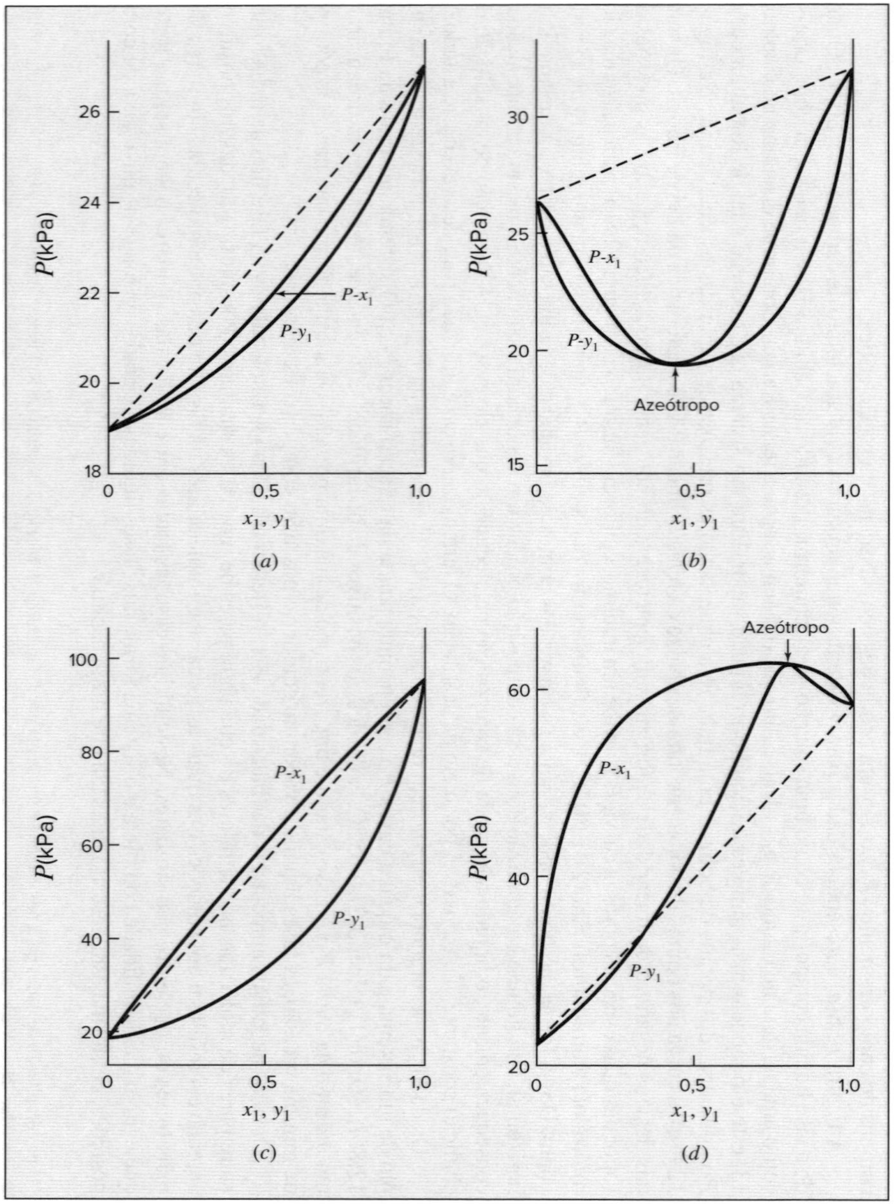

Figura 12.8 Diagramas *Pxy* a *T* constante: (*a*) tetra-hidrofurano(1)/tetracloreto de carbono(2), a 30 °C; (*b*) clorofórmio(1)/tetra-hidrofurano(2), a 30 °C; (*c*) furano(1)/tetracloreto de carbono(2), a 30 °C; (*d*) etanol(1)/tolueno(2), a 65 °C. Linhas tracejadas: Relação *Px* para a lei de Raoult.

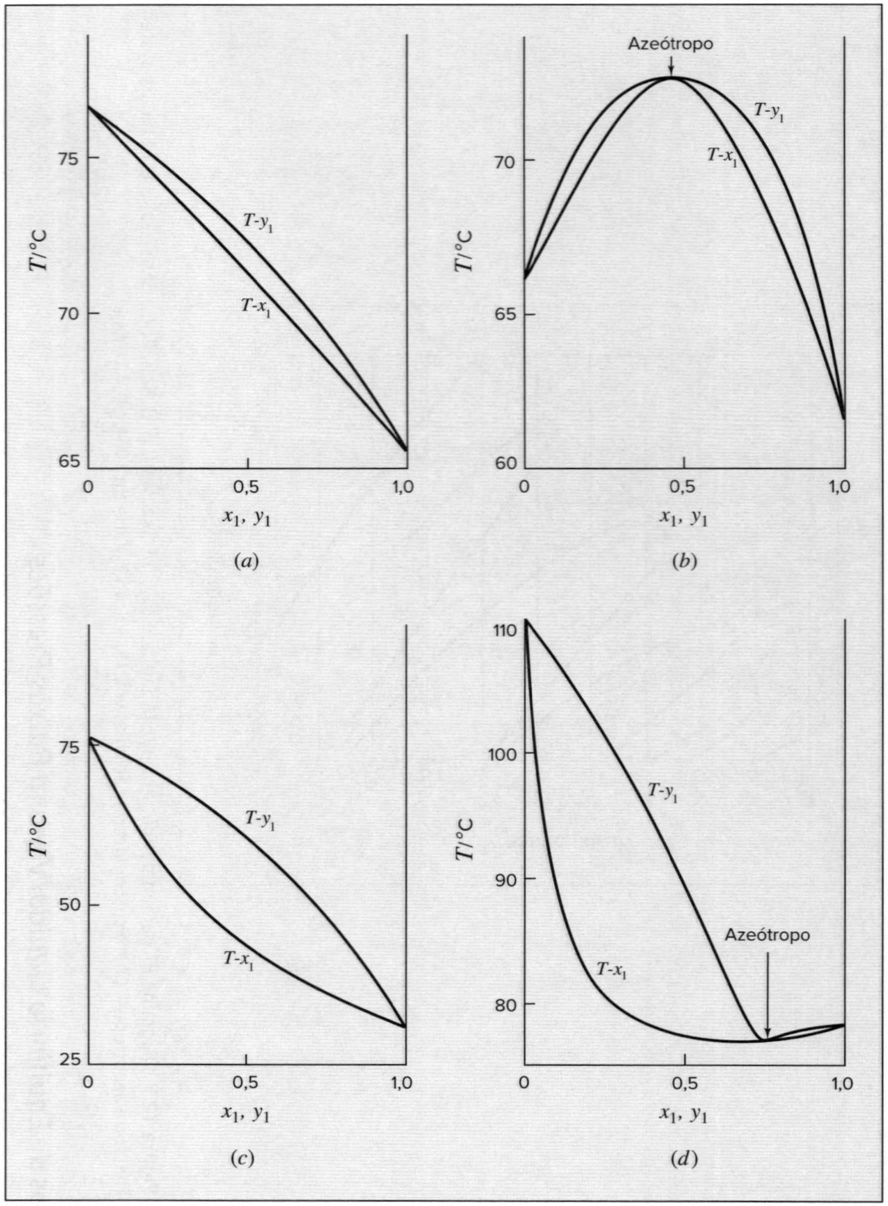

Figura 12.9 Diagramas *Txy* a 101,3 kPa: (*a*) tetra-hidrofurano(1)/tetracloreto de carbono(2); (*b*) clorofórmio(1)/tetra-hidrofurano(2); (*c*) furano(1)/ tetracloreto de carbono(2); (*d*) etanol(1)/ tolueno(2).

Como os processos de destilação são conduzidos mais próximos das condições de pressão constante do que de temperatura constante, os diagramas T-x_1-y_1 com dados a P constante têm grande interesse prático. Os quatro diagramas desse tipo correspondentes aos apresentados na Figura 12.8 são mostrados, para a pressão atmosférica, na Figura 12.9. Note que as curvas (T-y_1) dos pontos de orvalho estão posicionadas acima das curvas (T-x_1) dos pontos de bolha. Além disso, o azeótropo de mínima pressão da Figura 12.8(*b*) aparece como um azeótropo de máxima temperatura (ou ebulição máxima) na Figura 12.9(*b*). Há uma correspondência análoga entre as Figuras 12.8(*d*) e 12.9(*d*). Os diagramas y_1-x_1 a P constante para os mesmos quatro sistemas são mostrados na Figura 12.10. O ponto no qual uma curva cruza a linha diagonal do diagrama representa um azeótropo, no qual $y_1 = x_1$. Tais diagramas xy são úteis para a análise qualitativa de processos de destilação. Quanto maior a distância entre a curva xy e a linha diagonal, mais fácil a separação. O exame da Figura 12.10 imediatamente mostra que a separação completa das misturas tetra-hidrofurano/tetracloreto de carbono e furano/tetracloreto de carbono por destilação é possível e que a separação da mistura furano/tetracloreto de carbono será muito mais fácil de se realizar. Da mesma maneira, o diagrama mostra que os outros dois sistemas formam azeótropos e não podem ser completamente separados por destilação nesta pressão.

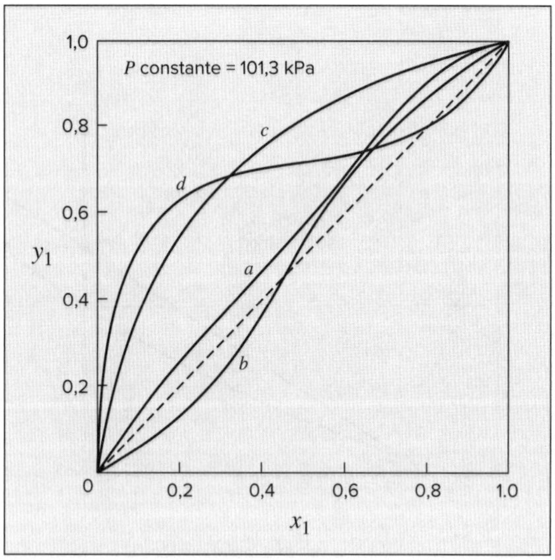

Figura 12.10 Curvas xy a 101,3 kPa: (*a*) tetra-hidrofurano(1)/tetracloreto de carbono(2); (*b*) clorofórmio(1)/tetra-hidrofurano(2); (*c*) furano(1)/tetracloreto de carbono(2); (*d*) etanol(1)/tolueno(2).

Evaporação de uma Mistura Binária a Temperatura Constante

O diagrama P-x_1-y_1 da Figura 12.11 descreve o comportamento de acetonitrila(1)/nitrometano(2) a 75 °C. A linha denominada P-x_1 representa estados de líquido saturado; a região de líquido sub-resfriado está acima dessa linha. A curva identificada por P-y_1 representa estados de vapor saturado; a região de vapor superaquecido encontra-se abaixo dessa curva. Os pontos posicionados entre as linhas de vapor saturado e de líquido saturado estão na região bifásica, onde o líquido saturado e o vapor saturado coexistem em equilíbrio. As linhas P-x_1 e P-y_1 se encontram nas extremidades do diagrama, onde o líquido saturado e o vapor saturado das espécies puras coexistem nas pressões de vapor P_1^{sat} e P_2^{sat}.

Para ilustrar a natureza do comportamento das fases neste sistema binário, percorremos a trajetória de um processo de expansão a temperatura constante no diagrama P-x_1-y_1. Imaginamos que uma mistura líquida sub-resfriada 60 % molar em acetonitrila e 40 % molar em nitrometano encontra-se no interior de um dispositivo pistão/cilindro, a 75 °C. Seu estado é representado pelo ponto *a* na Figura 12.11. Puxando o pistão devagar o suficiente para fora, a pressão é reduzida mantendo o sistema em equilíbrio a 75 °C. Como o sistema é fechado, a composição global permanece constante ao longo do processo e os estados do sistema *como um todo* se encontram sobre a linha vertical descendente a partir do ponto *a*. Quando a pressão atinge o valor no ponto *b*, o sistema é líquido saturado na eminência de vaporização. Uma minúscula diminuição adicional na pressão produz uma bolha de vapor, representada pelo ponto *b'*. Os dois pontos, *b* e *b'*, juntos representam o estado de equilíbrio. O ponto *b* é um ponto de bolha e a linha P-x_1 é o lugar geométrico dos pontos de bolha.

Na medida em que a pressão continua a ser reduzida, a quantidade de vapor aumenta e a de líquido diminui, com os estados das duas fases seguindo as trajetórias *b'c* e *bc'*, respectivamente. A linha pontilhada de *b* para *c* representa os estados *globais* do sistema bifásico. Finalmente, com a aproximação do ponto *c*, a fase líquida, representada pelo ponto *c'*, quase desapareceu, havendo a permanência de somente pequenas gotas (orvalho). Consequentemente, o ponto *c* é um ponto de orvalho e a curva P-y_1 é o lugar geométrico dos pontos de orvalho. Uma vez que o orvalho tenha evaporado, somente permanece no ponto *c* o vapor saturado, e uma redução adicional da pressão leva ao vapor superaquecido no ponto *d*.

Ao longo desse processo, o volume do sistema, de início permaneceria aproximadamente constante na região de líquido sub-resfriado do ponto *a* ao ponto *b*. Do ponto *b* ao ponto *c*, o volume aumentaria dramaticamente, mas não descontinuamente. Para uma substância pura, a transição de fase ocorreria em uma única pressão (a pressão de vapor), mas para uma mistura binária ela ocorre em uma faixa de pressões. Finalmente, do ponto *c* ao ponto *d*, o volume seria aproximadamente inversamente proporcional à pressão. De forma similar, a taxa de calor necessária para manter a temperatura constante durante a redução de pressão seria desprezível na região de líquido sub-resfriado e pequena na região de vapor superaquecido, porém seria substancial entre os pontos *b* e *c*, onde o calor latente de vaporização da mistura deve ser fornecido.

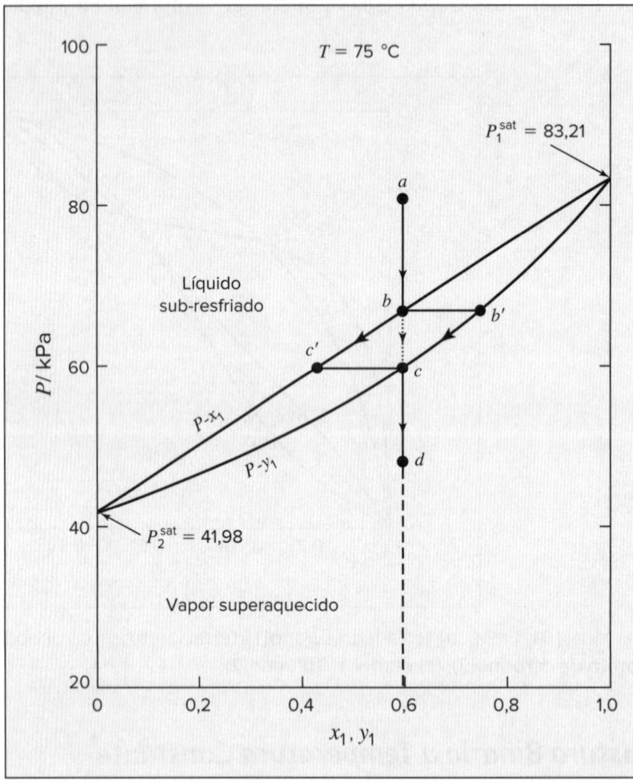

Figura 12.11 Diagrama *Pxy* para acetonitrila(1)/nitrometano(2), a 75 °C.

Evaporação de uma Mistura Binária a Pressão Constante

A Figura 12.12 é o diagrama T-x_1-y_1 para o mesmo sistema para uma pressão constante de 70 kPa. A curva T-y_1 representa estados de vapor saturado, com os estados de vapor superaquecido acima dela. A curva T-x_1 representa os estados de líquido saturado, com os estados de líquido sub-resfriado abaixo dela. A região bifásica encontra-se entre essas curvas.

Utilizando a Figura 12.12 como referência, considere um processo de aquecimento a pressão constante, levando de um estado de líquido sub-resfriado no ponto *a* até um estado de vapor superaquecido no ponto *d*. A trajetória mostrada na figura é para uma composição global constante de 60 % molar de acetonitrila. A temperatura do líquido aumenta como resultado do aquecimento do ponto *a* até o ponto *b*, onde a primeira bolha de vapor aparece. Assim, o ponto *b* é um ponto de bolha e a curva T-x_1 é o lugar geométrico dos pontos de bolha.

Na medida em que a temperatura é elevada, a quantidade de vapor aumenta e a quantidade de líquido diminui, com os estados das duas fases seguindo as trajetórias *b'c* e *bc'*, respectivamente. A linha pontilhada do ponto *b* ao ponto *c* representa os estados *globais* do sistema bifásico. Finalmente, quando o ponto *c* se aproxima, a fase líquida, representada pelo ponto *c'*, praticamente desapareceu, permanecendo somente gotas (orvalho). Com isso, o ponto *c* é um ponto de orvalho e a curva T-y_1 é o lugar geométrico dos pontos de orvalho. Tendo o orvalho evaporado, o vapor saturado permanece apenas no ponto *c* e o aquecimento adicional leva ao vapor superaquecido no ponto *d*.

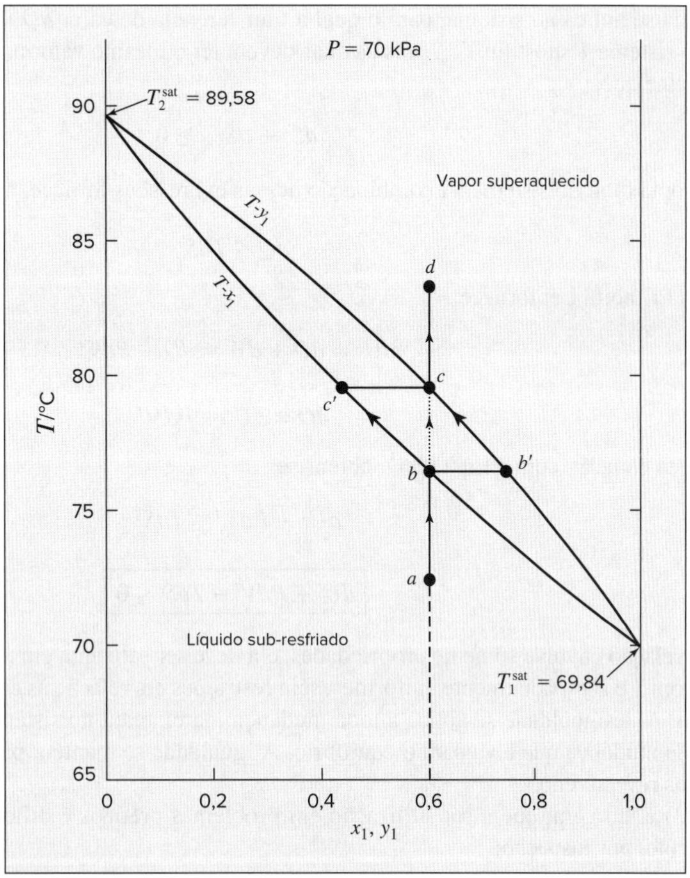

Figura 12.12 Diagrama *Txy* para acetonitrila(1)/nitrometano(2), a 70 kPa.

A variação no volume e a taxa de calor neste processo seriam similares àquelas para a evaporação em temperatura constante, descrita anteriormente, com uma variação dramática do volume quando a região de duas fases é atravessada. Acima e abaixo da região de duas fases, a taxa de calor e a variação de temperatura estariam relacionadas pelas capacidades caloríficas do vapor e do líquido, respectivamente. No interior da região de duas fases, a capacidade calorífica aparente seria muito maior, pois ele incluiria tanto um componente de calor sensível, requerido para aumentar a temperatura das duas fases, quanto um componente maior de calor latente, requerido para a transferência do material da fase líquida para a fase vapor.

12.4 EQUILÍBRIO E ESTABILIDADE DE FASES

Na discussão anterior, consideramos que apenas uma fase líquida estava presente. Nossa experiência do dia a dia nos diz que tal consideração nem é sempre válida; o molho para salada com azeite e vinagre fornece um exemplo protótipo dessa violação. Em tais casos, a energia de Gibbs é diminuída pela divisão do líquido em duas fases separadas e a fase única é considerada instável. Nesta seção, demonstramos que o estado de equilíbrio de um sistema fechado a valores fixos de T e P é aquele que minimiza a energia de Gibbs, e depois aplicamos esse critério para o problema de estabilidade de fases.

Considere um sistema fechado contendo um número arbitrário de espécies e formado por um número arbitrário de fases, no qual a temperatura e a pressão são uniformes espacialmente, mas não necessariamente no tempo. O sistema está inicialmente em um estado de não equilíbrio em relação à transferência de massa entre as fases e a reações químicas. As mudanças que ocorrem no sistema são necessariamente irreversíveis e o aproximam de um estado de equilíbrio. Imaginemos que o sistema esteja posicionado com uma vizinhança tal que ele e a vizinhança estejam sempre em equilíbrio térmico e mecânico. A transferência de calor e o trabalho de expansão são então realizados reversivelmente. Sob essas circunstâncias, a variação na entropia da vizinhança é:

$$dS_{viz} = \frac{dQ_{viz}}{T_{viz}} = -\frac{dQ}{T}$$

A última parcela se aplica ao sistema, para o qual a transferência de calor dQ tem um sinal oposto ao de dQ_{viz} e a temperatura do sistema T substitui T_{viz}, pois as duas devem ter o mesmo valor na transferência de calor reversível. A Segunda Lei exige que:

$$dS^t + dS_{viz} \geq 0$$

sendo S^t a entropia total do sistema. A combinação dessas expressões fornece, após uma manipulação algébrica:

$$dQ \leq TdS^t \tag{12.1}$$

A utilização da Primeira Lei fornece:

$$dU^t = dQ + dW = dQ - PdV^t$$

ou

$$dQ = dU^t + PdV^t$$

Combinando esta equação com a Eq. (12.1), obtém-se:

$$dU^t + PdV^t \leq TdS^t$$

ou

$$\boxed{dU^t + PdV^t - TdS^t \leq 0} \tag{12.2}$$

Como esta relação envolve somente propriedades, ela deve ser satisfeita em mudanças de estado de *qualquer* sistema fechado com T e P espacialmente uniformes, sem restrições em relação às condições de reversibilidade supostas na sua dedução. A desigualdade se aplica a toda mudança incremental no sistema entre estados de não equilíbrio e dita o sentido da mudança que leva para o equilíbrio. A igualdade se mantém para mudanças entre estados de equilíbrio (processos reversíveis).

A Eq. (12.2) é tão geral que a sua utilização em problemas práticos é difícil; versões restritas são muito mais úteis. Por exemplo, por inspeção:

$$(dU^t)_{S^t,V^t} \leq 0$$

na qual os subscritos especificam as propriedades mantidas constantes. Analogamente, para processos que ocorrem a U^t e V^t constantes,

$$(dS^t)_{U^t,V^t} \geq 0$$

Um sistema *isolado* é necessariamente restrito à energia interna e ao volume constantes, e para tal sistema tem-se diretamente da Segunda Lei que a última equação é válida.

Se um processo encontra-se restringido a ocorrer a T e P constantes, então a Eq. (12.2) pode ser escrita na forma:

$$dU^t_{T,P} + d(PV^t)_{T,P} - d(TS^t)_{T,P} \leq 0$$

ou

$$d(U^t + PV^t - TS^t)_{T,P} \leq 0$$

A partir da definição da energia de Gibbs [Eq. (6.4)],

$$G^t = H^t - TS^t = U^t + PV^t - TS^t$$

Consequentemente,

$$\boxed{(dG^t)_{T,P} \leq 0} \tag{12.3}$$

Das possíveis simplificações da Eq. (12.2), esta é a mais útil, porque T e P, que são facilmente medidos e controlados, são mais convenientes como constantes do que outros pares de variáveis como, por exemplo, U^t e V^t.[4]

A Eq. (12.3) indica que todos os processos irreversíveis, ocorrendo a T e P constantes, prosseguem em um sentido que cause uma diminuição na energia de Gibbs do sistema. Consequentemente:

O estado de equilíbrio de um sistema fechado é aquele estado no qual a energia de Gibbs total é um mínimo em relação a todas possíveis mudanças nas *T* e *P* especificadas.

[4] Embora T e P sejam mantidos constantes com maior facilidade em trabalhos experimentais, outros pares de variáveis são com frequência mais facilmente mantidos constantes em estudos de simulação molecular.

Este critério de equilíbrio fornece um método geral para a determinação de estados de equilíbrio. Escreve-se uma expressão para G^t como uma função dos números de mols das espécies nas várias fases e então se encontra o conjunto de valores de números de mols que minimiza G^t, sujeito à restrição de conservação da massa e dos elementos. Esse procedimento pode ser aplicado em problemas envolvendo equilíbrios de fases, equilíbrio de reações químicas ou equilíbrio de fases e de reações químicas combinados, sendo ele mais útil em problemas complexos de equilíbrio.

A Eq. (12.3) fornece um critério que deve ser satisfeito por qualquer fase isolada *estável* em relação à alternativa dela se dividir em duas fases. Ela impõe que a energia de Gibbs de um estado de equilíbrio seja o valor mínimo em relação a todas as possíveis mudanças, nas T e P especificadas. Assim, por exemplo, quando a mistura de dois líquidos ocorre a T e P constantes, a energia de Gibbs total deve diminuir, porque o estado misturado deve ser o de menor energia de Gibbs em relação ao estado não misturado. Como resultado:

$$G^t \equiv nG < \sum_i n_i G_i \qquad \text{do qual} \qquad G < \sum_i x_i G_i$$

ou

$$G - \sum_i x_i G_i < 0 \qquad (T, P \text{ const.})$$

De acordo com a definição da Eq. (11.1), a grandeza no lado esquerdo é a variação da energia de Gibbs com a mistura (energia de Gibbs de mistura). Consequentemente, $\Delta G < 0$. Dessa forma, conforme observado na Seção 11.1, a energia de Gibbs de mistura deve ser sempre negativa e um gráfico de G *versus* x_1 para um sistema binário deve ter a aparência de uma das curvas da Figura 12.13. Entretanto, em relação à curva II há uma consideração adicional. Se, quando a mistura ocorrer, um sistema puder atingir um menor valor da energia de Gibbs por meio da formação de *duas* fases e não de somente uma, então o sistema se divide em duas fases. Na realidade, essa é a situação representada entre os pontos α e β na curva II da Figura 12.13, porque a linha reta tracejada, ligando os pontos α e β, representa os valores globais de G para o conjunto de estados constituídos de duas fases com composições x_1^α e x_1^β em várias proporções. Assim, a curva cheia mostrada entre os pontos α e β não pode representar fases estáveis em relação à separação de fases. Os estados de equilíbrio entre α e β são constituídos por duas fases.

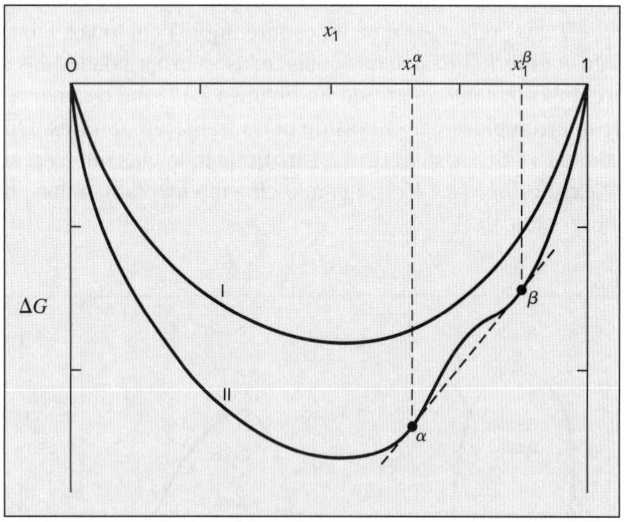

Figura 12.13 Energia de Gibbs de mistura. Curva I, miscibilidade completa; curva II, duas fases entre α e β.

Estas considerações levam ao seguinte critério de estabilidade para um sistema binário monofásico, para o qual $\Delta G \equiv G - x_1 G_1 - x_2 G_2$:

Em valores fixos de temperatura e de pressão, uma mistura binária em uma única fase é estável se, e somente se, ΔG e suas primeira e segunda derivadas forem funções contínuas de x_1 e a segunda derivada for positiva.

Desta forma,

$$\frac{d^2 \Delta G}{dx_1^2} > 0 \qquad (T, P \text{ const.})$$

e

$$\frac{d^2 (\Delta G/RT)}{dx_1^2} > 0 \qquad (T, P \text{ const.}) \tag{12.4}$$

Esta exigência tem algumas consequências. A Eq. (11.9), reordenada e escrita para um sistema binário, torna-se:

$$\frac{\Delta G}{RT} = x_1 \ln x_1 + x_2 \ln x_2 + \frac{G^E}{RT}$$

da qual

$$\frac{d(\Delta G/RT)}{dx_1} = \ln x_1 - \ln x_2 + \frac{d(G^E/RT)}{dx_1}$$

e

$$\frac{d^2(\Delta G/RT)}{dx_1^2} = \frac{1}{x_1 x_2} + \frac{d^2(G^E/RT)}{dx_1^2}$$

Portanto, a estabilidade requer que:

$$\frac{d^2\,(G^E/RT)}{dx_1^2} > -\frac{1}{x_1 x_2} \qquad (T, P \text{ const.}) \tag{12.5}$$

Equilíbrio Líquido/Líquido

Em condições de pressão constante ou quando os efeitos da pressão são desprezíveis, o equilíbrio líquido/líquido binário (ELL) é representado de forma conveniente em um *diagrama de solubilidade*, um gráfico de T *versus* x_1. A Figura 12.14 mostra diagramas de solubilidade binários de três tipos. O primeiro, Figura 12.14(*a*), mostra curvas (*curvas binodais*) que definem uma "ilha". Elas representam as composições de fases coexistentes: a curva UAL para a fase α (rica na espécie 2) e a curva UBL para a fase β (rica na espécie 1). As composições de equilíbrio x_1^α e x_1^β em uma T particular são definidas pelas interseções de uma *linha de amarração* horizontal com as curvas binodais. Em cada temperatura, essas composições são aquelas para as quais a curvatura da curva ΔG *versus* x_1 muda o sinal. Entre essas composições, a concavidade é para baixo (segunda derivada negativa) e do lado de fora, ela é côncava para cima. Nesses pontos, a curvatura é zero; eles são os pontos de inflexão na curva ΔG *versus* x_1. A temperatura T_I é uma *temperatura consoluta* inferior ou uma *temperatura crítica da solução* inferior (TCSI); a temperatura T_S é uma *temperatura consoluta* superior, ou uma *temperatura crítica da solução* superior (TCSS). Em temperaturas entre T_I e T_S, o ELL é possível; para $T < T_I$ e $T > T_S$ obtém-se uma única fase líquida em toda a faixa de composições. Os pontos consolutos são estados limites do equilíbrio bifásico nos quais todas as propriedades das duas fases em equilíbrio são idênticas.

Na realidade, o comportamento mostrado na Figura 12.14(*a*) é raramente observado; as curvas binodais do ELL são frequentemente interrompidas por curvas de outra transição de fases. Quando elas interceptam a curva de congelamento, somente uma TCSS existe [Fig. 12.14(*b*)]; quando elas interceptam a curva dos pontos de bolha do ELV, somente uma TCSI existe [Fig. 12.14(*c*)]; quando elas interceptam ambas, não há pontos consolutos e ainda outro comportamento é observado.[5]

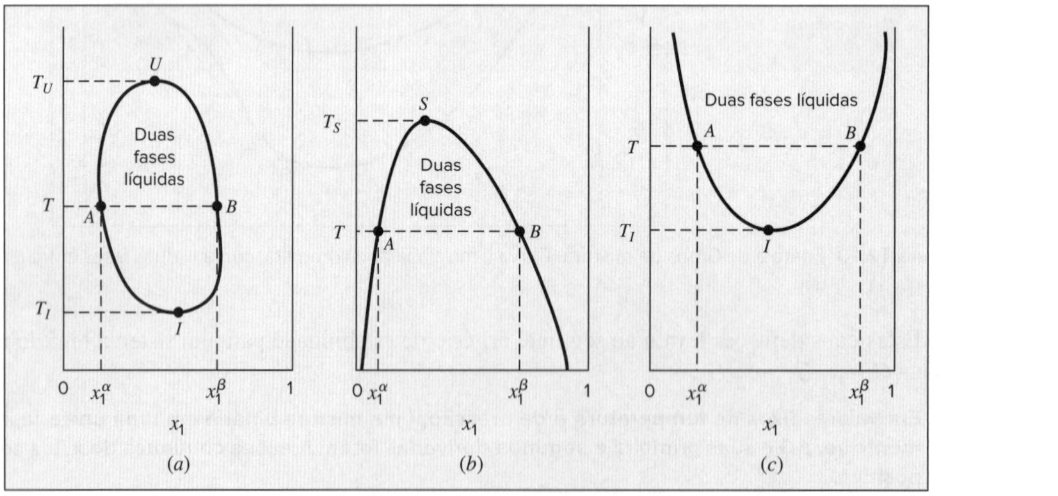

Figura 12.14 Três tipos de diagramas de solubilidade líquido/líquido a pressão constante.

[5] Um tratamento mais abrangente do ELL é apresentado por J. M. Sørensen, T. Magnussen, P. Rasmussen e Aa. Fredenslund, *Fluid Phase Equilibria*, vol. 2, pp. 297-309, 1979; vol. 3, pp. 47-82, 1979; vol. 4, pp. 151-163, 1980. Grandes compilações de dados incluem W. Arlt, M. E. A. Macedo, P. Rasmussen e J. M. Sørensen, *Liquid-Liquid Equilibrium Data Collection*, Chemistry Data Series, vol. V, Partes 1-4, DECHEMA, Frankfurt/Main, 1979-1987, e a base de dados de solubilidade IUPAC-NIST, disponível online em: <http://srdata.nist.gov/solubility>.

12.5 EQUILÍBRIO LÍQUIDO/LÍQUIDO/VAPOR

Conforme observado na seção anterior, as curvas binodais representando o ELL podem interceptar a curva dos pontos de bolha do ELV. Isto faz aparecer o fenômeno do equilíbrio líquido/líquido/vapor (ELLV). Um sistema binário constituído por duas fases líquidas e uma fase vapor em equilíbrio possui (de acordo com a regra das fases) um grau de liberdade. Consequentemente, para determinada pressão, a temperatura e as composições de todas as três fases estão especificadas. Em um diagrama temperatura/composição os pontos que representam os estados das três fases em equilíbrio estão em uma linha horizontal a T^*. Na Figura 12.15, os pontos C e D representam as duas fases líquidas e o ponto E representa a fase vapor. Se for adicionada uma quantidade de qualquer das espécies a um sistema cuja composição global esteja entre os pontos C e D, e se a pressão do equilíbrio das três fases for mantida, a regra das fases requer que a temperatura e as composições das fases permaneçam inalteradas. Entretanto, as quantidades relativas das fases se ajustam entre si para refletir a variação na composição global do sistema.

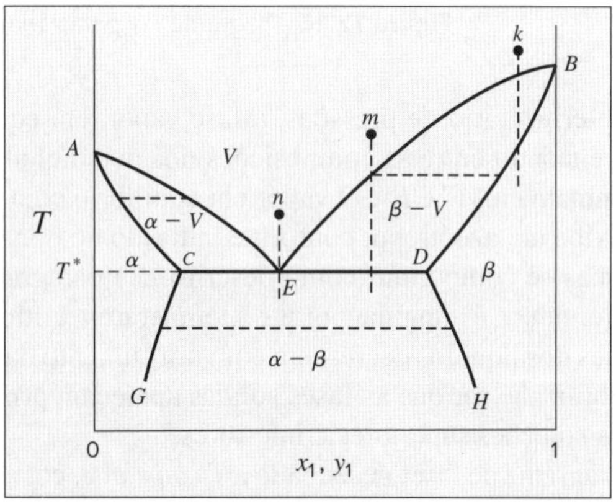

Figura 12.15 Diagrama *Txy* a *P* constante para um sistema binário exibindo ELLV.

A temperaturas acima de T^* na Figura 12.15, o sistema pode ser uma única fase líquida, duas fases (líquida e vapor) ou uma única fase vapor, dependendo da composição global. Na região α, o sistema é um único líquido, rico na espécie 2; na região β, ele é um único líquido, rico na espécie 1. Na região $\alpha - V$, líquido e vapor estão em equilíbrio. Os estados das fases individuais estão sobre as linhas AC e AE. Na região $\beta - V$ as fases líquidas e vapor, descritas pelas linhas BD e BE, e existem em equilíbrio. Finalmente, na região identificada por V, o sistema é uma única fase vapor. Abaixo da temperatura trifásica T^*, o sistema é totalmente líquido com características descritas na Seção 12.4; esta é a região do ELL.

Quando um vapor é resfriado a pressão constante, ele segue uma trajetória representada na Figura 12.15 por uma linha vertical. Algumas dessas linhas são mostradas. Se começarmos no ponto k, o vapor primeiramente atinge o seu ponto de orvalho, na linha BE, e depois o seu ponto de bolha, na linha BD, onde a condensação em uma fase líquida β única está completa. Este é o mesmo processo que ocorre quando as espécies são completamente miscíveis. Se iniciarmos no ponto n, não há condensação do vapor até que a temperatura T^* seja alcançada. Sendo ela atingida, a condensação ocorre completamente nesta temperatura, produzindo as duas fases líquidas representadas pelos pontos C e D. Se começarmos em um ponto intermediário m, o processo é uma combinação dos dois já descritos. Após atingir o ponto de orvalho, o vapor, seguindo uma trajetória ao longo da linha BE, está em equilíbrio com um líquido que percorre a trajetória definida pela linha BD. Contudo, na temperatura T^* a fase vapor está no ponto E. Consequentemente, toda a condensação restante ocorre nessa temperatura, produzindo os dois líquidos dos pontos C e D.

A Figura 12.15 é construída para uma única pressão constante; as composições das fases em equilíbrio e, consequentemente, a localização das linhas variam com a pressão, porém a natureza geral do diagrama é a mesma em uma faixa de pressões. Para a maioria dos sistemas, as espécies se tornam mais solúveis, uma na outra, na medida em que a temperatura aumenta, conforme indicado pelas linhas CG e DH na Figura 12.15. Se este diagrama for construído para pressões sucessivamente maiores, as temperaturas de equilíbrio trifásico correspondentes aumentam e as linhas CG e DH se estendem cada vez mais até que elas se encontrem no ponto consoluto líquido/líquido M, conforme mostrado na Figura 12.16.

Na medida em que a pressão aumenta, a linha CD se torna cada vez mais curta (conforme indicado na Figura 12.16 pelas linhas $C'D'$ e $C''D''$), até que no ponto M ela se restringe a um comprimento infinitesimal. Para pressões ainda mais altas (P_4) a temperatura encontra-se acima da temperatura crítica da solução e há somente uma fase líquida. Então, o diagrama representa um ELV bifásico e possui a forma da Figura 12.9(d), exibindo um azeótropo de ebulição mínimo.

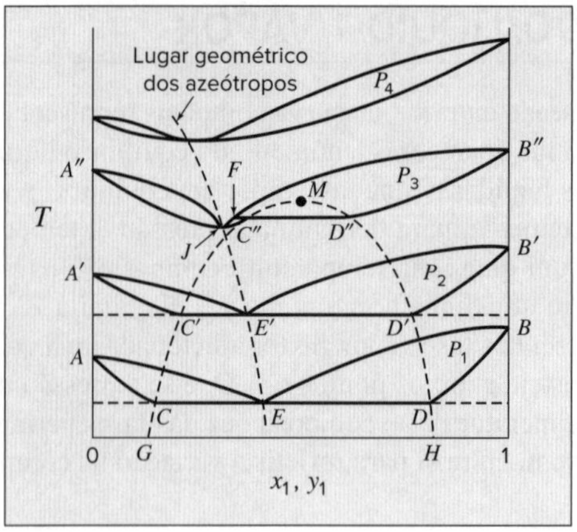

Figura 12.16 Diagrama *Txy* para várias pressões.

Para um intervalo intermediário de pressões, a fase vapor, em equilíbrio com as duas fases líquidas, tem uma composição que não se encontra entre as composições dos dois líquidos, conforme ilustrado na Figura 12.16 pelas curvas para P_3, que terminam em A'' e B''. O vapor em equilíbrio com os dois líquidos em C'' e D'' está no ponto F. Além disso, o sistema exibe um azeótropo, conforme indicado no ponto J.

Nem todos os sistemas se comportam como descrito nos parágrafos anteriores. Algumas vezes a temperatura crítica da solução superior nunca é atingida, porque a temperatura crítica líquido/vapor é alcançada primeiro. Em outros casos as solubilidades dos líquidos decrescem com um aumento da temperatura. Neste caso, há uma temperatura crítica da solução inferior, a não ser que as fases sólidas apareçam primeiro. Também existem sistemas que exibem temperaturas críticas das soluções superiores e inferiores.[6]

A Figura 12.17 é o diagrama de fases desenhado a *T constante,* correspondente ao diagrama *P* constante da Figura 12.15. Nele identificamos a pressão do equilíbrio trifásico por P^*, a composição do vapor no equilíbrio trifásico por y_1^* e as composições das duas fases líquidas, que contribuem para o estado de equilíbrio líquido/líquido/vapor, por x_1^α e x_1^β. As fronteiras das fases separando as três regiões de fases líquidas são solubilidades.

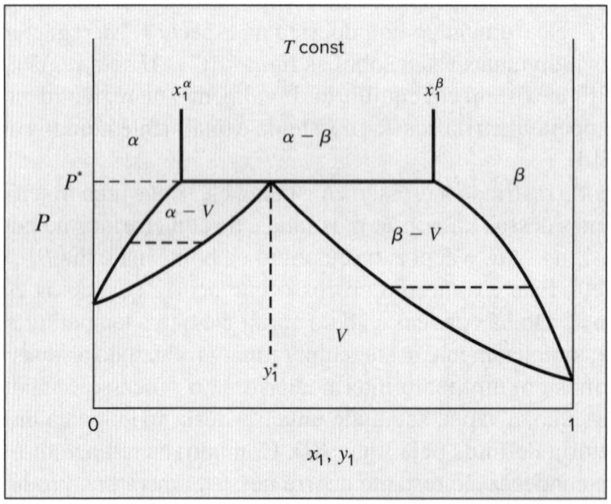

Figura 12.17 Diagrama *Pxy* a *T* constante para dois líquidos parcialmente miscíveis.

Apesar de não existir dois líquidos totalmente imiscíveis, esta condição é bem aproximada em algumas situações nas quais a consideração de completa imiscibilidade não leva a um erro apreciável para muitos objetivos de Engenharia. As características das fases de um sistema imiscível são ilustradas pelo diagrama temperatura/composição da Figura 12.18(a). Este diagrama é um caso especial da Figura 12.15, no qual a fase α é a espécie pura 2 e a fase β é a espécie pura 1. Assim, as linhas *ACG* e *BDH* da Figura 12.15 se tornam linhas verticais em $x_1 = 0$ e $x_1 = 1$ na Figura 12.18(a).

[6] Para uma discussão mais ampla do comportamento de fases fluidas binárias veja J. S. Rowlinson e F. L. Swinton, *Liquids and Liquid Mixtures*, 3ª ed., Butterworth Scientific, London, 1982.

Na região I, as fases vapor com composições representadas pela linha *BE* estão em equilíbrio com a espécie pura 1 líquida. Analogamente, na região II, as fases vapor, cujas composições encontram-se ao longo da linha *AE* estão em equilíbrio com a espécie pura 2 líquida. O equilíbrio líquido/líquido existe na região III, onde as duas fases são líquidos puros de espécies 1 e 2. Se uma mistura vapor for resfriada começando no ponto *m*, a trajetória de composição constante é representada pela linha vertical mostrada na figura. No ponto de orvalho, onde esta linha cruza a linha *BE*, a espécie 1 pura começa a condensar. Uma redução adicional na temperatura em direção a T^* causa uma condensação continuada da espécie pura 1; a composição da fase vapor progride ao longo da linha *BE* até ela alcançar o ponto *E*. Aqui, o vapor remanescente condensa a T^*, produzindo duas fases líquidas, uma da espécie pura 1 e a outra da espécie pura 2. Um processo similar, realizado para a esquerda do ponto *E*, é o mesmo, exceto que a espécie pura 2 condensa inicialmente. O diagrama de fases a temperatura constante para um sistema imiscível é representado pela Figura 12.18(*b*).

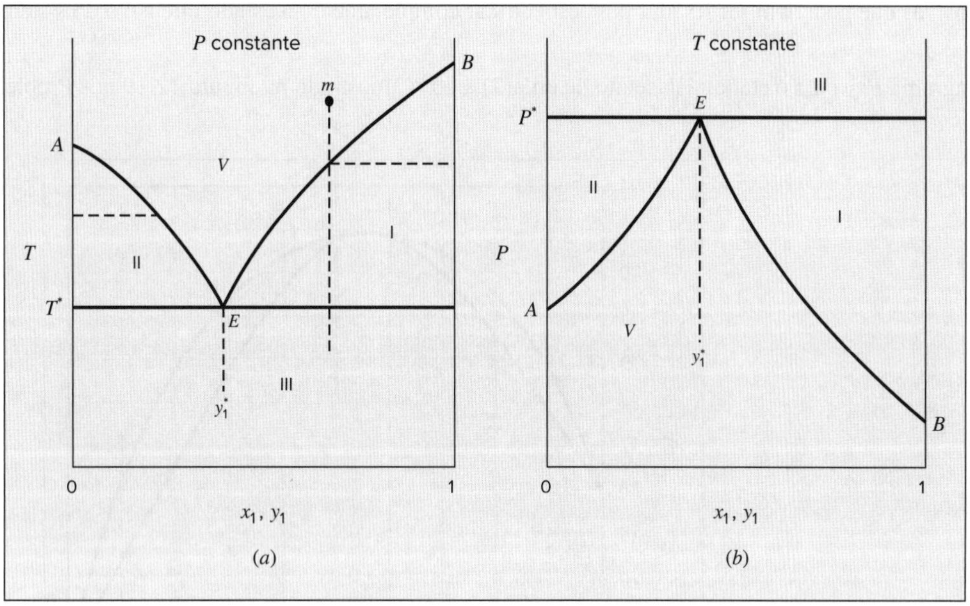

Figura 12.18 Sistema binário de líquidos imiscíveis, (*a*) Diagrama *Txy*; (*b*) Diagrama *Pxy*.

12.6 SINOPSE

Após estudar este capítulo, incluindo os problemas no seu final, devemos estar habilitados a:

- Entender que equilíbrio implica na ausência de forças motrizes para a variação líquida no estado macroscópico de um sistema;
- Enunciar e aplicar a regra das fases e o teorema de Duhem para sistemas sem reação química;
- Identificar superfícies de ponto de bolha e de orvalho, o lugar geométrico dos pontos críticos, e as curvas de pressão de vapor de espécies puras que formam um envelope de fases líquido/vapor quando mostradas em um diagrama *PTxy*, conforme na Figura 12.1;
- Interpretar e aplicar os diagramas *Pxy*, *Txy*, *PT* e *xy* representando o equilíbrio líquido/vapor de misturas binárias;
- Esboçar a trajetória de um processo de evaporação ou de condensação em um diagrama *Pxy* ou *Txy*;
- Entender que a minimização da energia de Gibbs é o critério geral para o equilíbrio de um sistema fechado com *T* e *P* fixos;
- Reconhecer que a curvatura positiva da curva ΔG *versus* x_1 é um critério para a estabilidade de fases porque a curvatura negativa implica que a energia de Gibbs total pode ser reduzida pela divisão de fases;
- Definir ponto consoluto superior, ponto consoluto inferior, azeótropo de ebulição máximo e azeótropo de ebulição mínimo;
- Interpretar e aplicar os diagramas *Pxy* e *Txy*, representando o equilíbrio líquido/líquido/vapor.

12.7 PROBLEMAS

12.1. Considere um vaso fechado com volume fixo contendo massas iguais de água, etanol e tolueno a 70 °C. Três fases (duas líquidas e uma vapor) estão presentes.

(*a*) Quantas variáveis, em adição a massa de cada componente e a temperatura, devem ser especificadas para determinar completamente o estado *intensivo* do sistema?

(*b*) Quantas variáveis, em adição a massa de cada componente e a temperatura, devem ser especificadas para determinar completamente o estado *extensivo* do sistema?

(*c*) A temperatura do sistema é aumentada para 72 °C. Qual(is) coordenada(s) intensiva ou extensiva do sistema permanece constante, se é que permanece?

12.2. Considere um sistema binário (duas espécies) em equilíbrio líquido/vapor. Enumere todas as combinações de variáveis intensivas que poderiam ser fixadas para especificar completamente o estado intensivo do sistema.

Utilize o diagrama *Pxy* para o etanol(1)/acetato de etila(2) a 70 °C mostrado na Figura 12.19 nos Problemas 12.3 a 12.8.

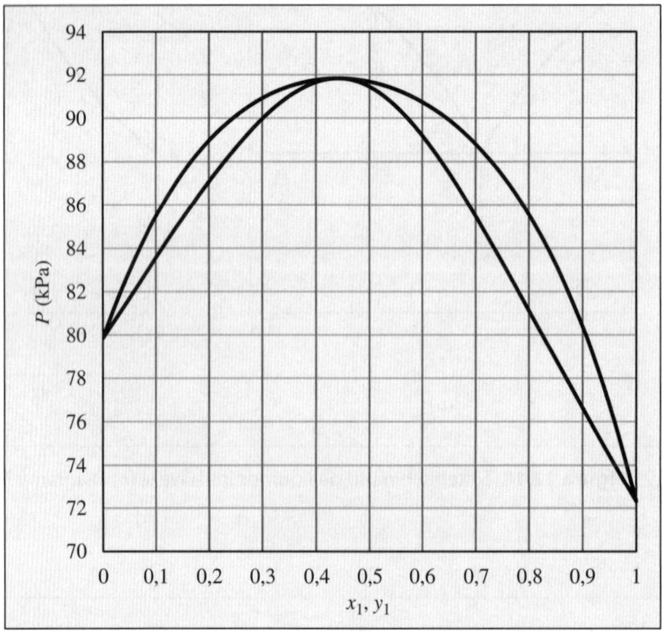

Figura 12.19 Diagrama *Pxy* para o equilíbrio líquido/vapor de etanol(1)/acetato de etila(2) a 70 °C.

12.3. A pressão acima de uma mistura de etanol e acetato etila a 70 °C é medida, sendo igual a 86 kPa. Quais são as possíveis composições das fases líquido e vapor?

12.4. A pressão acima de uma mistura de etanol e acetato etila a 70 °C é medida, sendo igual a 78 kPa. Quais são as possíveis composições das fases líquido e vapor?

12.5. Considere uma mistura de etanol(1)/acetato de etila(2) com $x_1 = 0{,}70$; inicialmente a 70 °C e 100 kPa. Descreva a evolução das fases e da composição das fases quando a pressão é reduzida gradualmente para 70 kPa.

12.6. Considere uma mistura de etanol(1)/acetato de etila(2) com $x_1 = 0{,}80$; inicialmente a 70 °C e 80 kPa. Descreva a evolução das fases e da composição das fases quando a pressão é aumentada gradualmente para 100 kPa.

12.7. Qual é a composição do azeótropo para o sistema etanol(1)/acetato de etila(2)? Esse ponto poderia ser chamado de azeótropo de ebulição máximo ou de ebulição mínimo?

12.8. Considere um vaso fechado contendo inicialmente 1 mol de acetato de etila puro a 70 °C e 86 kPa. Imagine que o etanol puro é adicionado vagarosamente a pressão e temperatura constantes até o vaso conter 1 mol de acetato de etila e 9 mols de etanol. Descreva a evolução das fases e da composição das fases durante esse processo. Comente da viabilidade prática de realizar tal processo. Qual tipo de dispositivo seria necessário? Como o volume total do sistema variaria durante este processo? Em qual composição o volume do sistema alcançaria seu valor máximo?

Utilize o diagrama *Txy* para o etanol(1)/acetato de etila(2) mostrado na Figura 12.20 nos Problemas 12.9 a 12.14.

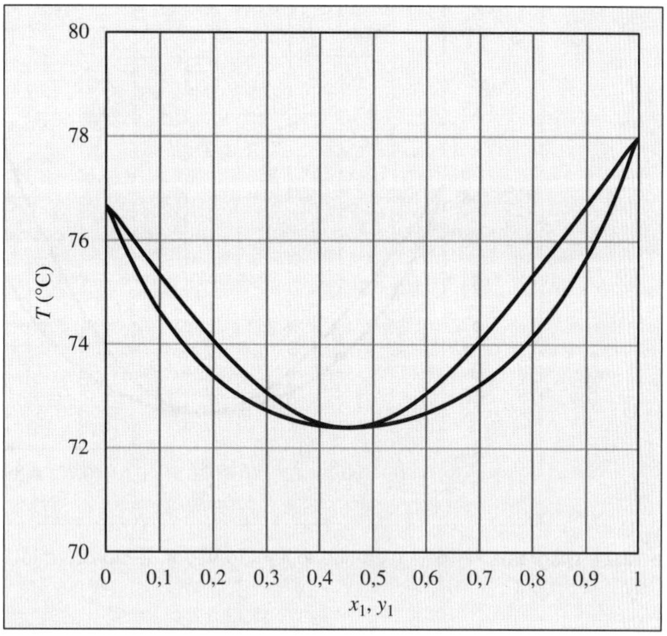

Figura 12.20 Diagrama *Txy* para o equilíbrio líquido-vapor de etanol(1)/acetato de etila(2) a 100 kPa.

12.9. Uma mistura de etanol e acetato etila é aquecida em um sistema fechado a 100 kPa até uma temperatura de 74 °C e a presença de duas fases é observada. Quais são as composições possíveis das fases líquido e vapor?

12.10. Uma mistura de etanol e acetato etila é aquecida em um sistema fechado a 100 kPa até uma temperatura de 77 °C e a presença de duas fases é observada. Quais são as composições possíveis das fases líquido e vapor?

12.11. Considere uma mistura de etanol(1)/acetato de etila(2) com x_1 = 0,70; inicialmente a 70 °C e 100 kPa. Descreva a evolução das fases e da composição das fases quando a temperatura é aumentada gradualmente para 80 °C.

12.12. Considere uma mistura de etanol(1)/acetato de etila(2) com x_1 = 0,20; inicialmente a 70 °C e 100 kPa. Descreva a evolução das fases e da composição das fases quando a temperatura é aumentada gradualmente para 80 °C.

12.13. Considere uma mistura de etanol(1)/acetato de etila(2) com x_1 = 0,20; inicialmente a 80 °C e 100 kPa. Descreva a evolução das fases e da composição das fases quando a temperatura é reduzida gradualmente para 70 °C.

12.14. Considere uma mistura de etanol(1)/acetato de etila(2) com x_1 = 0,80; inicialmente a 80 °C e 100 kPa. Descreva a evolução das fases e da composição das fases quando a temperatura é reduzida gradualmente para 70 °C.

12.15. Considere um vaso fechado contendo inicialmente 1 mol de acetato de etila puro a 74 °C e 100 kPa. Imagine que o etanol puro é adicionado vagarosamente a pressão e temperatura constantes até o vaso conter 1 mol de acetato de etila e 9 mols de etanol. Descreva a evolução das fases e da composição das fases durante este processo. Comente sobre a viabilidade prática de realizar tal processo. Qual tipo de dispositivo seria necessário? Como o volume total do sistema variaria durante este processo? Em qual composição o volume do sistema alcançaria seu valor máximo?

Utilize o diagrama *Pxy* para o clorofórmio(1)/tetra-hidrofurano(2) a 50 °C mostrado na Figura 12.21 para os Problemas 12.16 a 12.21.

12.16. A pressão acima de uma mistura de clorofórmio e tetra-hidrofurano a 50 °C é medida, sendo igual a 62 kPa. Quais são as possíveis composições das fases líquido e vapor?

12.17. A pressão acima de uma mistura de clorofórmio e tetra-hidrofurano a 50 °C é medida, sendo igual a 52 kPa. Quais são as possíveis composições das fases líquido e vapor?

12.18. Considere uma mistura de clorofórmio(1)/tetra-hidrofurano(2) com x_1 = 0,80, inicialmente a 50 °C e 70 kPa. Descreva a evolução das fases e da composição das fases quando a pressão é reduzida gradualmente para 50 kPa.

12.19. Considere uma mistura de clorofórmio(1)/tetra-hidrofurano(2) com x_1 = 0,90; inicialmente a 50 °C e 50 kPa. Descreva a evolução das fases e da composição das fases quando a pressão é aumentada gradualmente para 70 kPa.

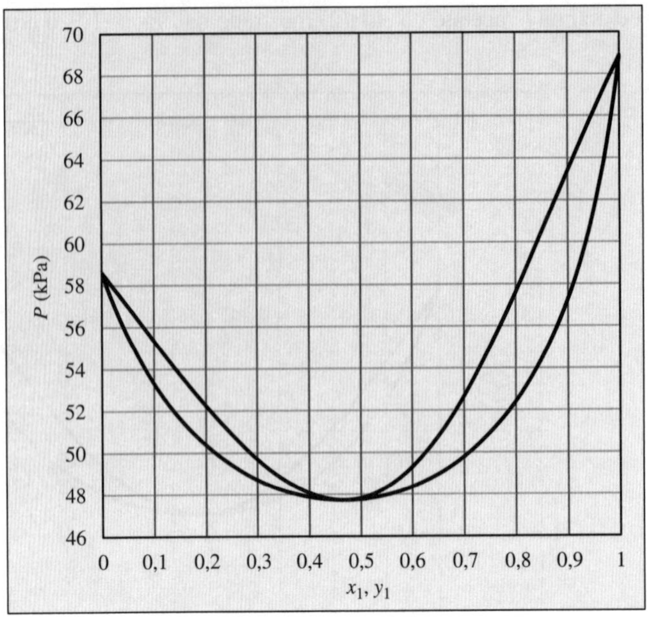

Figura 12.21 Diagrama *Pxy* para o equilíbrio líquido/vapor de clorofórmio(1)/tetra-hidrofurano(2) a 50 °C.

12.20. Qual é a composição do azeótropo para o sistema clorofórmio(1)/tetra-hidrofurano(2)? Este ponto deveria ser chamado de azeótropo de ebulição máximo ou de ebulição mínimo?

12.21. Considere um vaso fechado contendo inicialmente 1 mol de tetra-hidrofurano puro a 50 °C e 52 kPa. Imagine que clorofórmio puro é adicionado vagarosamente a pressão e temperatura constantes até o vaso conter 1 mol de tetra-hidrofurano e 9 mol de clorofórmio. Descreva a evolução das fases e da composição das fases durante este processo. Comente da viabilidade prática de realizar tal processo. Qual tipo de dispositivo seria necessário? Como o volume total do sistema variaria durante este processo? Em qual composição o volume do sistema alcançaria seu valor máximo?

Utilizar o diagrama *Txy* para o clorofórmio(1)/tetra-hidrofurano(2) a 120 kPa mostrado na Figura 12.22 para os Problemas 12.22 a 12.28.

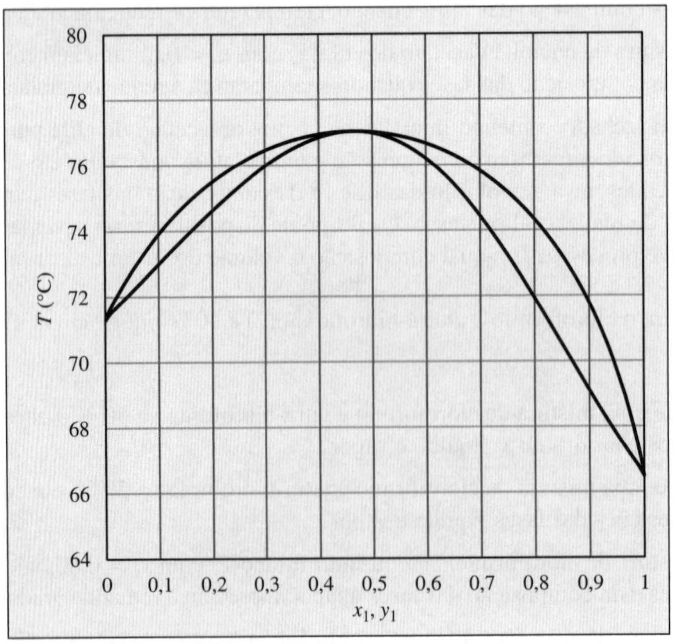

Figura 12.22 Diagrama *Txy* para o equilíbrio líquido-vapor de clorofórmio(1)/tetra-hidrofurano(2) a 120kPa.

12.22. Uma mistura de clorofórmio e tetra-hidrofurano é aquecida em um sistema fechado a 120 kPa até uma temperatura de 75 °C e é observada a presença de duas fases. Quais são as composições possíveis das fases líquido e vapor?

12.23. Uma mistura de clorofórmio e tetra-hidrofurano é aquecida em um sistema fechado a 120 kPa até uma temperatura de 70 °C e é observada a presença de duas fases. Quais são as composições possíveis das fases líquido e vapor?

12.24. Considere uma mistura de clorofórmio(1)/tetra-hidrofurano(2) com $x_1 = 0{,}80$; inicialmente a 70 °C e 120 kPa. Descreva a evolução das fases e da composição das fases quando a temperatura é aumentada gradualmente para 80 °C.

12.25. Considere uma mistura de clorofórmio(1)/tetra-hidrofurano(2) com $x_1 = 0{,}20$; inicialmente a 70 °C e 120 kPa. Descreva a evolução das fases e da composição das fases quando a temperatura é aumentada gradualmente para 80 °C.

12.26. Considere uma mistura de clorofórmio(1)/tetra-hidrofurano(2) com $x_1 = 0{,}10$; inicialmente a 80 °C e 120 kPa. Descreva a evolução das fases e da composição das fases quando a temperatura é reduzida gradualmente para 70 °C.

12.27. Considere uma mistura de clorofórmio(1)/tetra-hidrofurano(2) com $x_1 = 0{,}90$; inicialmente a 76 °C e 120 kPa. Descreva a evolução das fases e da composição das fases quando a temperatura é reduzida gradualmente para 66 °C.

12.28. Considere um vaso fechado contendo inicialmente 1 mol de tetra-hidrofurano puro a 74 °C e 120 kPa. Imagine que o clorofórmio puro é adicionado vagarosamente a pressão e temperatura constantes até o vaso conter 1 mol de tetra-hidrofurano e 9 mol de clorofórmio. Descreva a evolução das fases e da composição das fases durante este processo. Comente da viabilidade prática de realizar tal processo. Qual tipo de dispositivo seria necessário? Como o volume total do sistema variaria durante este processo? Em qual composição o volume do sistema alcançaria seu valor máximo?

Os Problemas 12.29 a 12.33 se referem ao diagrama *xy* fornecido na Figura 12.23. Este diagrama mostra curvas *xy* para etanol(1)/acetato de etila(2) e para clorofórmio(1)/tetra-hidrofurano(2), ambos a pressão constante de 1 bar. As curvas estão intencionalmente sem rótulos. Os leitores devem verificar as Figuras 12.19 a 12.22 para deduzir qual curva é de determinado par de substâncias.

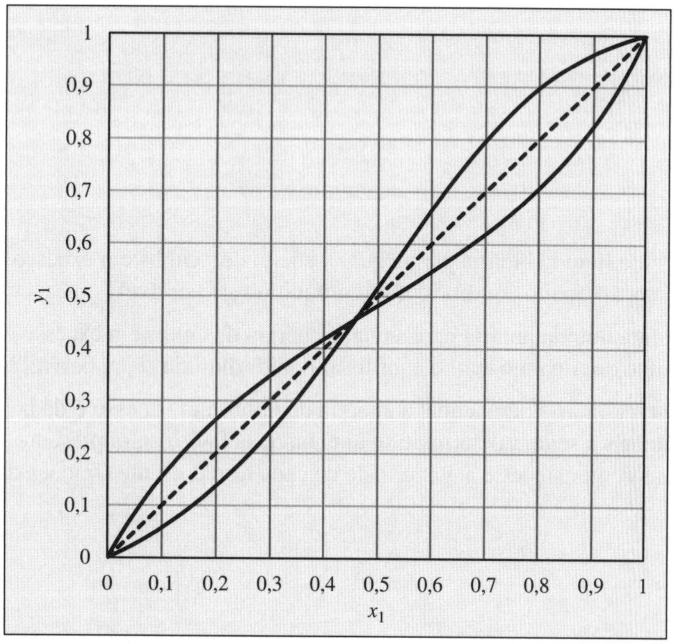

Figura 12.23 Diagrama *xy* para etanol(1)/acetato de etila(2) e para clorofórmio(1)/tetra-hidrofurano(2) na pressão constante de 1 bar. Note que as curvas estão intencionalmente sem identificação, mas elas podem ser identificadas com base nas informações apresentadas nas Figuras 12.19 a 12.22.

12.29. Qual é a composição da fase vapor em equilíbrio com a fase líquida para a mistura etanol(1)/acetato de etila(2) com as seguintes composições a $P = 1$ bar?

(*a*) $x_1 = 0{,}1$
(*b*) $x_1 = 0{,}2$
(*c*) $x_1 = 0{,}3$
(*d*) $x_1 = 0{,}45$

(*e*) $x_1 = 0{,}6$
(*f*) $x_1 = 0{,}8$
(*g*) $x_1 = 0{,}9$

12.30. Qual é a composição da fase líquida em equilíbrio com a fase vapor para a mistura etanol(1)/acetato de etila(2) com as seguintes composições a $P = 1$ bar?

(*a*) $y_1 = 0{,}1$
(*b*) $y_1 = 0{,}2$
(*c*) $y_1 = 0{,}3$
(*d*) $y_1 = 0{,}45$
(*e*) $y_1 = 0{,}6$
(*f*) $y_1 = 0{,}8$
(*g*) $y_1 = 0{,}9$

12.31. Qual é a composição da fase vapor em equilíbrio com a fase líquida para a mistura clorofórmio(1)/tetra-hidrofurano(2) com as seguintes composições a $P = 1$ bar?

(*a*) $x_1 = 0{,}1$
(*b*) $x_1 = 0{,}2$
(*c*) $x_1 = 0{,}3$
(*d*) $x_1 = 0{,}45$
(*e*) $x_1 = 0{,}6$
(*f*) $x_1 = 0{,}8$
(*g*) $x_1 = 0{,}9$

12.32. Qual é a composição da fase líquida em equilíbrio com a fase vapor para a mistura clorofórmio(1)/tetra-hidrofurano(2) com as seguintes composições a $P = 1$ bar?

(*a*) $y_1 = 0{,}1$
(*b*) $y_1 = 0{,}2$
(*c*) $y_1 = 0{,}3$
(*d*) $y_1 = 0{,}45$
(*e*) $y_1 = 0{,}6$
(*f*) $y_1 = 0{,}8$
(*g*) $y_1 = 0{,}9$

12.33. Considere uma mistura líquida binária para a qual a energia de Gibbs em excesso é dada por $G^E/RT = A\,x_1x_2$. Qual é o valor mínimo de A para o qual o equilíbrio líquido/líquido seja possível?

12.34. Considere uma mistura líquida binária para a qual a energia de Gibbs em excesso é dada por $G^E/RT = A\,x_1x_2\,(x_1 + 2x_2)$. Qual é o valor mínimo de A para o qual o equilíbrio líquido/líquido seja possível?

12.35. Considere uma mistura binária para a qual a energia de Gibbs em excesso é dada por $G^E/RT = 2{,}6\,x_1x_2$. Para cada uma das composições globais a seguir, determine se uma ou duas fases estará presente. Se duas fases líquidas estiverem presentes, encontre suas composições e a quantidade de cada fase presente (frações das fases)?

(*a*) $z_1 = 0{,}2$
(*b*) $z_1 = 0{,}3$
(*c*) $z_1 = 0{,}5$
(*d*) $z_1 = 0{,}7$
(*e*) $z_1 = 0{,}8$

12.36. Considere uma mistura binária para a qual a energia de Gibbs em excesso é dada por $G^E/RT = 2{,}1\,x_1x_2\,(x_1 + 2x_2)$. Para cada uma das composições globais a seguir, determine se uma ou duas fases estará presente. Se duas fases líquidas estiverem presentes, encontre suas composições e a quantidade de cada fase presente (frações das fases)?

(*a*) $z_1 = 0{,}2$
(*b*) $z_1 = 0{,}3$
(*c*) $z_1 = 0{,}5$
(*d*) $z_1 = 0{,}7$
(*e*) $z_1 = 0{,}8$

CAPÍTULO

13

Formulações Termodinâmicas para o Equilíbrio Líquido/Vapor

O objetivo deste capítulo é aplicar a estrutura da termodinâmica de soluções, desenvolvida no Capítulo 10, para a situação específica do equilíbrio líquido/vapor (ELV), apresentado qualitativamente no Capítulo 12. Por causa da importância prática da destilação como uma forma de separar e purificar espécies químicas, o ELV é o tipo de equilíbrio de fases mais estudado. Abordagens desenvolvidas para analisar o ELV também fornecem os fundamentos para a maioria das análises do equilíbrio líquido-líquido (ELL), do equilíbrio líquido/líquido/vapor (ELLV) e do equilíbrio químico e de fases combinados, considerado no Capítulo 15.

No presente capítulo, a análise dos problemas do ELV começa pelo desenvolvimento de uma formulação geral de tais problemas em termos dos coeficientes de fugacidade da fase vapor e dos coeficientes de atividade da fase líquida. Para o ELV a baixas pressões, quando a fase gás se aproxima do estado do gás ideal, versões simplificadas dessa formulação são aplicáveis. Para essas condições, os coeficientes de atividade podem ser obtidos diretamente a partir de dados experimentais do ELV. Esses dados então podem ser ajustados a modelos matemáticos que, finalmente, podem ser utilizados para predizer coeficientes de atividade e o comportamento do ELV para situações nas quais os experimentos não foram realizados. Dessa forma, as análises apresentadas neste capítulo permitem a correlação eficiente e a generalização do comportamento observado em sistemas físicos reais.

Neste capítulo, iremos:

- Definir coeficientes de atividade e relacioná-los com a energia de Gibbs em excesso de uma mistura;
- Formular o critério geral para o equilíbrio de fases em termos dos coeficientes de fugacidade da fase vapor e dos coeficientes de atividade da fase líquida (a formulação gama/phi do ELV);
- Mostrar como essa formulação geral é simplificada para a lei de Raoult ou uma versão dela em condições apropriadas;
- Realizar cálculos de ponto de bolha, de ponto de orvalho e de *flash* utilizando a lei de Raoult e versões modificadas;
- Ilustrar a obtenção de coeficientes de atividade e da energia de Gibbs em excesso a partir de dados experimentais do ELV a baixas pressões;
- Abordar a questão da consistência termodinâmica de coeficientes de atividade obtidos experimentalmente;
- Apresentar vários modelos para a energia de Gibbs em excesso e para os coeficientes de atividade, assim como os ajustes dos parâmetros desses modelos aos dados experimentais do ELV;
- Realizar cálculos do ELV em condições nas quais a formulação completa gama/phi é requerida;
- Mostrar que as propriedades residuais e as propriedades em excesso também podem ser obtidas a partir das equações de estado cúbicas;
- Demonstrar a formulação e solução de problemas do ELV utilizando equações de estado cúbicas.

O fundamento para os cálculos do ELV foi apresentado no Capítulo 10, no qual foi mostrado que a Eq. (10.39) se aplica no equilíbrio de espécies puras:

$$f_i^v = f_i^l = f_i^{\text{sat}} \tag{10.39}$$

e que a Eq. (10.48) se aplica no equilíbrio de espécies em misturas:

$$\hat{f}_i^v = \hat{f}_i^l \qquad (i = 1, 2, \ldots, N) \tag{10.48}$$

Lembramos, também, das definições de coeficientes de fugacidade, como dadas pelas Eqs. (10.34) e (10.52). A partir da última, podemos escrever para o coeficiente de fugacidade da espécie i em uma fase vapor:

$$\hat{f}_i^v = \hat{\phi}_i^v y_i P \tag{13.1}$$

Uma equação análoga pode ser escrita para a fase líquida, mas essa fase é, frequentemente, tratada de forma diferente.

13.1 A ENERGIA DE GIBBS EM EXCESSO E COEFICIENTES DE ATIVIDADE

Tendo em vista a Eq. (10.8), $\bar{G}_i = \mu_i$, a Eq. (10.46) pode ser escrita na forma:

$$\bar{G}_i = \Gamma_i(T) + RT \ln \hat{f}_i$$

Para uma solução ideal, de acordo com a Eq. (10.83), ela se torna:

$$\bar{G}_i^{id} = \Gamma_i(T) + RT \ln x_i f_i$$

Por diferença,

$$\bar{G}_i - \bar{G}_i^{id} = RT \ln \frac{\hat{f}_i}{x_i f_i}$$

A Eq. (10.88), escrita para a energia de Gibbs parcial, mostra que o lado esquerdo dessa equação é a energia de Gibbs parcial em excesso $\bar{G}_i^E$, a razão adimensional $\hat{f}_i/x_i f_i$, que aparece no lado direito, é o *coeficiente de atividade* da espécie i na solução, representado pelo símbolo γ_i. Dessa forma, por **definição**,

$$\boxed{\gamma_i \equiv \frac{\hat{f}_i}{x_i f_i}} \tag{13.2}$$

Em que,

$$\boxed{\bar{G}_i^E = RT \ln \gamma_i} \tag{13.3}$$

Essas equações estabelecem um fundamento termodinâmico para coeficientes de atividade. Uma comparação com a Eq. (10.51) mostra que a Eq. (13.3) relaciona ln γ_i com $\bar{G}_i^E$ da mesma forma que a Eq.(10.51) relaciona $\ln \hat{\phi}_i$ com $\bar{G}_i^R$. Para uma solução ideal, $\bar{G}_i^E = 0$ e, consequentemente, $\gamma_i^{id} = 1$.

Uma forma alternativa da Eq. (10.89) é obtida com a introdução do coeficiente de atividade pela Eq. (13.3):

$$\boxed{d\left(\frac{nG^E}{RT}\right) = \frac{nV^E}{RT}dP - \frac{nH^E}{RT^2}dT + \sum_i \ln \gamma_i \, dn_i} \tag{13.4}$$

A generalidade dessa equação impede a sua aplicação direta na prática. Em vez disso, faz-se uso de formas restritas, que são escritas por inspeção:

$$\boxed{\frac{V^E}{RT} = \left[\frac{\partial(G^E/RT)}{\partial P}\right]_{T,x}} \tag{13.5}$$

$$\boxed{\frac{H^E}{RT} = -T\left[\frac{\partial(G^E/RT)}{\partial T}\right]_{P,x}} \tag{13.6}$$

$$\boxed{\ln \gamma_i = \left[\frac{\partial(nG^E/RT)}{\partial n_i}\right]_{P,T,n_j}} \tag{13.7}$$

As Eqs. (13.5) a (13.7) são análogas às Eqs. (10.57) a (10.59) para propriedades residuais. Enquanto a relação fundamental de propriedades *residuais* encontra a sua utilidade na sua direta relação com dados experimentais *PVT* e equações de estado, a relação fundamental das propriedades *em excesso* é útil porque V^E, H^E e γ_i são todos experimentalmente acessíveis. Coeficientes de atividade são obtidos a partir de dados do equilíbrio líquido/vapor, como discutido na Seção 13.5, enquanto os valores para V^E e H^E vêm de experimentos de mistura, como discutido no Capítulo 11.

A Eq. (13.7) demonstra que ln γ_i é uma propriedade parcial em relação a G^E/RT. Ela é análoga à Eq. (10.59), que mostra a mesma relação entre $\ln\hat{\phi}_i$ e G^R/RT. As equações análogas em propriedades parciais às Eqs. (13.5) e (13.6) são:

$$\left(\frac{\partial \ln \gamma_i}{\partial P}\right)_{T,x} = \frac{\bar{V}_i^E}{RT} \quad (13.8) \qquad \left(\frac{\partial \ln \gamma_i}{\partial T}\right)_{P,x} = -\frac{\bar{H}_i^E}{RT^2} \quad (13.9)$$

Essas equações permitem o cálculo dos efeitos da pressão e da temperatura nos coeficientes de atividade.

As formas a seguir da relação de soma e da equação de Gibbs/Duhem são possíveis porque ln γ_i é uma propriedade parcial em relação à G^E/RT:

$$\frac{G^E}{RT} = \sum_i x_i \ln \gamma_i \qquad (13.10)$$

$$\sum_i x_i d \ln \gamma_i = 0 \qquad (T, P \text{ const.}) \qquad (13.11)$$

A relação fundamental de propriedades na Eq. (10.54) fornece informação completa de propriedades a partir de uma equação de estado canônica que expressa G/RT como uma função de T, P e composição. Da mesma forma, a relação fundamental de propriedades *residuais*, Eqs. (10.55) e (10.56), fornece informação completa de propriedades *residuais* a partir de uma equação de estado *PVT*, de dados *PVT* ou de correlações *PVT* generalizadas. Contudo, para informação completa de *propriedades*, são necessárias, em adição aos dados *PVT*, as capacidades caloríficas no estado de gás ideal das espécies que compõem o sistema. Em completa analogia, a relação fundamental de propriedades *em excesso*, Eq. (13.4), fornece informação completa de propriedades *em excesso*, dada uma equação para G^E/RT como uma função de suas variáveis canônicas, T, P e da composição. Entretanto, essa formulação fornece informação menos completa de propriedades do que a formulação para as propriedades residuais, porque ela não apresenta nenhuma informação sobre as propriedades das espécies químicas puras que compõem a mistura.

13.2 A FORMULAÇÃO GAMA/PHI DO ELV

Rearranjando a Eq. (13.2), a definição do coeficiente de atividade, e escrevendo-a para a espécie i na fase líquida, temos:

$$\hat{f}_i^l = x_i \gamma_i^l f_i^l$$

A substituição, na Eq. (10.48), de $\hat{f}_i^l$ dado por essa equação e de $\hat{f}_i^v$ pela Eq. (13.1) fornece:

$$y_i \hat{\phi}_i^v P = x_i \gamma_i^l f_i^l \qquad (i = 1, 2, \ldots, N) \qquad (13.12)$$

A transformação da Eq. (13.12) em uma formulação de trabalho requer o desenvolvimento de expressões adequadas para $\hat{\phi}_i^v$, γ_i^l e f_i^l. A eliminação das propriedades das espécies puras f_i^l usando a Eq. (10.44) mostra-se útil:

$$f_i^l = \phi_i^{sat} P_i^{sat} \exp \frac{V_i^l (P - P_i^{sat})}{RT} \qquad (10.44)$$

Essa equação, em combinação com a Eq. (13.12), fornece:

$$y_i \Phi_i P = x_i \gamma_i P_i^{sat} \qquad (i = 1, 2, \ldots, N) \qquad (13.13)$$

em que

$$\Phi_i \equiv \frac{\hat{\phi}_i^v}{\phi_i^{sat}} \exp\left[-\frac{V_i^l (P - P_i^{sat})}{RT}\right]$$

Na Eq. (13.13), γ_i é entendido como sendo uma propriedade da fase líquida. Como o fator de Poynting, representado pela exponencial, a pressões baixas e moderadas é diferente da unidade em somente alguns milésimos, sua omissão introduz um erro desprezível e nós adotamos esta simplificação para produzir a equação de trabalho usual:

$$\Phi_i \equiv \frac{\hat{\phi}_i^v}{\phi_i^{\text{sat}}} \tag{13.14}$$

A pressão de vapor da espécie pura i é normalmente fornecida pela Eq. (6.90), a equação de Antoine:

$$\ln P_i^{\text{sat}} = A_i - \frac{B_i}{T + C_i} \tag{13.15}$$

A formulação gama/phi do ELV aparece em diferentes variações, dependendo do tratamento dado a Φ_i e γ_i.

Um dos objetivos das aplicações da Termodinâmica nos cálculos do equilíbrio líquido/vapor é encontrar a temperatura, a pressão e as composições das fases em equilíbrio. Na verdade, a Termodinâmica fornece a estrutura matemática para a correlação, extensão, generalização, avaliação e interpretação sistemáticas de tais dados. Além disso, esse é o meio pelo qual as predições de várias teorias da Física molecular e da Mecânica Estatística podem ser aplicadas com objetivos práticos. Nada disso pode ser realizado sem *modelos* para o comportamento de sistemas no equilíbrio líquido/vapor. Os dois modelos mais simples, já considerados em capítulos anteriores, são o estado de gás ideal para a fase vapor e o modelo de solução ideal para a fase líquida. Eles são combinados no tratamento mais simples do equilíbrio líquido-vapor, que é conhecido como lei de Raoult. Ela não é de modo algum uma "lei" no sentido universal da Primeira e da Segunda Lei da Termodinâmica, mas ela se torna válida em um limite racional.

13.3 SIMPLIFICAÇÕES: LEI DE RAOULT, LEI DE RAOULT MODIFICADA E LEI DE HENRY

A Figura 13.1 mostra um vaso no qual uma mistura vapor e uma solução líquida coexistem no equilíbrio líquido/vapor. Se a fase vapor estiver no estado de gás ideal e a fase líquida for uma solução ideal, ambos Φ_i e γ_i, na Eq. (13.13), se aproximam da unidade, e essa equação se reduz à sua forma mais simples possível, a lei de Raoult:[1]

$$\boxed{y_i P = x_i P_i^{\text{sat}} \qquad (i = 1, 2, \ldots, N)} \tag{13.16}$$

na qual x_i é uma fração molar na fase líquida, y_i é uma fração molar na fase vapor e P_1^{sat} é a pressão de vapor da espécie i pura na temperatura do sistema. O produto y_iP é a *pressão parcial* da espécie pura i na fase vapor. Note que a única função termodinâmica que sobrevive aqui é a pressão de vapor da espécie pura i, sugerindo a sua importância primordial nos cálculos do ELV.

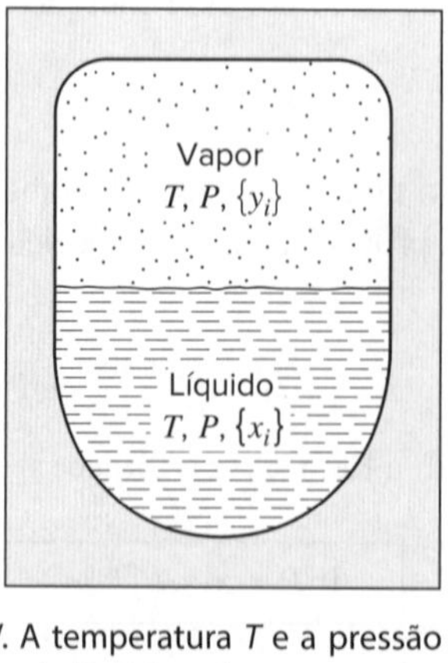

Figura 13.1 Representação esquemática do ELV. A temperatura T e a pressão P são uniformes ao longo do vaso e podem ser medidas com instrumentos apropriados. Amostras do líquido e do vapor podem ser retiradas para análises e fornecem os valores experimentais para as frações molares na fase vapor $\{y_i\}$ e na fase líquida $\{x_i\}$.

[1] François Marie Raoult (1830-1901), químico francês. Acesse: <http://en.wikipedia.org/wiki/François-Marie_Raoult>.

De acordo com a hipótese do estado de gás ideal, a aplicação da lei de Raoult a pressões baixas e moderadas é limitada. A hipótese da solução ideal implica que a lei de Raoult pode ter validade aproximada somente quando as espécies que compõem o sistema são quimicamente similares. Assim como o estado de gás ideal serve como parâmetro para o comportamento de gás real, a solução ideal serve como parâmetro para o comportamento de soluções reais. O comportamento de solução ideal na fase líquida é promovido quando as espécies moleculares não são tão diferentes em tamanho e têm a mesma natureza química. Assim, uma mistura de isômeros, como *orto-*, *meta-* e *para*xileno, tem comportamento bem próximo ao de uma solução ideal. Isso também ocorre com misturas de membros adjacentes de séries homólogas, como *n*-hexano/*n*-heptano, etanol/propanol e benzeno/tolueno. Outros exemplos são acetona/acetonitrila e acetonitrila/nitrometano. As Figuras 12.11 e 12.12 foram construídas para representar a lei de Raoult.

O modelo simples para o ELV, representado pela Eq. (13.16), fornece uma descrição realística do comportamento real de uma classe de sistemas relativamente pequena. Todavia, ela serve como um padrão de comparação para sistemas mais complexos. Uma limitação da lei de Raoult é que ela somente pode ser aplicada para espécies com pressão de vapor conhecida, e isso requer que a espécie seja "subcrítica", isto é, esteja em uma temperatura abaixo de sua temperatura crítica. A lei de Raoult não pode ser aplicada em situações nas quais a temperatura excede a temperatura crítica de uma ou mais espécies na mistura.

Cálculo dos Pontos de Orvalho e de Bolha com a Lei de Raoult

Embora os problemas envolvendo o ELV com outras combinações de variáveis sejam possíveis, o interesse da Engenharia centra-se nos cálculos de pontos de orvalho e de bolha; que podem ser divididos em três tipos:

BOL P: Cálculo de $\{y_i\}$ e P, dados $\{x_i\}$ e T

ORV P: Cálculo de $\{x_i\}$ e P, dados $\{y_i\}$ e T

BOL T: Cálculo de $\{y_i\}$ e T, dados $\{x_i\}$ e P

ORV T: Cálculo de $\{x_i\}$ e T, dados $\{y_i\}$ e P

Em cada caso, o nome indica as grandezas a serem calculadas: composições do *BOL* (vapor) ou do *ORV* (líquido) *e* P ou T. Assim, deve-se especificar a composição da fase líquida ou da fase vapor *e* P ou T, fixando, dessa forma, $1 + (N - 1)$ ou N variáveis intensivas, exatamente o número de graus de liberdade F requerido pela regra das fases [Eq. (3.1)] para o equilíbrio líquido/vapor.

Como $\sum_i y_i = 1$, a Eq. (13.16) pode ser somada sobre todas as espécies, fornecendo:

$$P = \sum_i x_i P_i^{\text{sat}} \tag{13.17}$$

Essa equação tem aplicação direta nos cálculos de pontos de bolha, nos quais a composição da fase vapor é desconhecida. Para um sistema binário com $x_2 = 1 - x_1$,

$$P = P_2^{\text{sat}} + (P_1^{\text{sat}} - P_2^{\text{sat}})x_1 \tag{13.18}$$

e uma representação gráfica de P *versus* x_1, a temperatura constante, é uma linha reta ligando P_2^{sat} em $x_1 = 0$ a P_1^{sat} em $x_1 = 1$. O diagrama *Pxy* da Figura 12.11 mostra essa relação linear para acetonitrila(1)/nitrometano(2).

Para esse sistema na temperatura de 75 °C, as pressões de vapor para as espécies puras são $P_1^{\text{sat}} = 83{,}21$ kPa e $P_2^{\text{sat}} = 41{,}98$ kPa. Cálculos *BOL P* são prontamente realizados pela substituição desses valores na Eq. (13.18) com os valores de x_1. Os resultados permitem o cálculo da relação P-x_1. Os valores correspondentes de y_1 são encontrados a partir da Eq. (13.16):

$$y_1 = \frac{x_1 P_1^{\text{sat}}}{P}$$

A tabela a seguir mostra os resultados dos cálculos. Esses são os valores utilizados para construir o diagrama P-x_1-y_1 da Figura 12.11:

x_1	y_1	P/kPa	x_1	y_1	P/kPa
0,0	0,0000	41,98	0,6	0,7483	66,72
0,2	0,3313	50,23	0,8	0,8880	74,96
0,4	0,5692	58,47	1,0	1,0000	83,21

Quando P é especificada, a temperatura varia com x_1 e y_1, e a faixa de temperatura é limitada pelas temperaturas de saturação t_i^{sat} e t_2^{sat}, nas quais as espécies puras exercem pressões de vapor iguais a P. Essas temperaturas podem ser calculadas a partir da equação de Antoine:

$$t_i^{sat} = \frac{B_i}{A_i - \ln P} - C_i$$

A Figura 12.12 para acetonitrila(1)/nitrometano(2) em P = 70 kPa mostra estes valores: t_i^{sat} = 69,84 °C e t_2^{sat} = 89,58 °C.

A construção da Figura 12.12 para esse sistema está baseada em cálculos *BOL T*, que são menos diretos que os cálculos *BOL P*. Não se pode resolver diretamente para a temperatura porque ela está confinada nas equações da pressão de vapor. Um procedimento iterativo ou de tentativa e erro é necessário para esse caso. Para um sistema binário e para um valor especificado de x_1, a Eq. (13.18) deve fornecer a pressão especificada quando as pressões de vapor são avaliadas na temperatura correta. O procedimento mais intuitivo é simplesmente realizar cálculos com valores tentativas de T até o valor correto de P ser gerado. A *meta* é obter o valor conhecido de P na Eq. (13.18), que é encontrado variando T. Trabalhar com uma estratégia conveniente para alcançar a resposta final correta utilizando uma calculadora manual não é difícil. A função da planilha Microsft EXCEL *Goal Seek* também realiza o trabalho tão efetivamente quanto variar T para encontrar o valor desejado de P. A função *Solver* permite que isso seja realizado simultaneamente para muitas composições.

Lei de Raoult Modificada

A lei de Raoult é obtida quando Φ_i e γ_i são considerados iguais à unidade na Eq. (13.13). Para pressões baixas e moderadas, essas considerações são normalmente razoáveis. Entretanto, a modificação da lei de Raoult visa avaliar apropriadamente o coeficiente de atividade γ_i e assim levar em consideração os desvios da fase líquida em relação ao comportamento da solução ideal, produzindo uma descrição do comportamento do ELV muito mais razoável e mais abrangente na sua aplicabilidade:

$$\boxed{y_i P = x_i \gamma_i P_i^{sat} \qquad (i = 1, 2, \ldots, N)} \tag{13.19}$$

Essa equação fornece uma representação inteiramente satisfatória do comportamento do ELV de uma grande variedade de sistemas em pressões baixas e moderadas.

Como $\sum_i y_i = 1$, a Eq. (13.19) pode ser somada sobre todas as espécies para fornecer:

$$P = \sum_i x_i \gamma_i P_i^{sat} \tag{13.20}$$

Alternativamente, x_i pode ser explicitado na Eq. (13.19) e, com o somatório sobre todas as espécies, tem-se:

$$P = \frac{1}{\sum_i y_i / \gamma_i P_i^{sat}} \tag{13.21}$$

Os cálculos do ponto de bolha e do ponto de orvalho utilizando a lei de Raoult modificada são somente um pouco mais complexos do que os mesmos cálculos realizados com a lei de Raoult. Em particular, os cálculos da pressão do ponto de bolha são diretos porque, com a composição do líquido especificada, pode-se calcular de forma imediata os coeficientes de atividade. Os cálculos da pressão do ponto de orvalho necessitam de um processo iterativo porque a composição da fase líquida desconhecida é necessária para avaliar os coeficientes de atividade. Os cálculos da temperatura nos pontos de bolha e de orvalho são mais complicados em razão da dependência dos coeficientes de atividade à temperatura, somada à dependência das pressões de vapor à temperatura, mas o mesmo procedimento iterativo ou por tentativa e erro utilizado para os cálculos com a lei de Raoult pode também ser empregado.

▪ Exemplo 13.1

Para o sistema metanol(1)/acetato de metila(2), as equações a seguir fornecem uma correlação razoável para os coeficientes de atividade:

$$\ln \gamma_1 = Ax_2^2 \qquad \ln \gamma_2 = Ax_1^2 \qquad \text{com} \qquad A = 2{,}771 - 0{,}00523T$$

Além disso, as equações de Antoine a seguir fornecem as pressões de vapor:

$$\ln P_1^{sat} = 16{,}59158 - \frac{3643{,}31}{T - 33{,}424} \qquad \ln P_2^{sat} = 14{,}25326 - \frac{2665{,}54}{T - 53{,}424}$$

nas quais T está em kelvin e as pressões de vapor estão em kPa. Considerando válida a Eq. (13.19), calcule:

(*a*) P e $\{y_i\}$, para T = 318,15 K e x_1 = 0,25.

(*b*) P e $\{x_i\}$, para T = 318,15 K e y_1 = 0,60.

(c) T e $\{y_i\}$, para P = 101,33 kPa e x_1 = 0,85.

(*d*) T e $\{x_i\}$, para P = 101,33 kPa e y_1 = 0,40.

(e) A pressão azeotrópica e a composição azeotrópica para T = 318,15 K.

Solução 13.1

Nos cálculos dos pontos de bolha e de orvalho das partes (*a*) até (*d*), a chave está na dependência dos coeficientes de atividade a T e x_1. Em (*a*), os dois valores são fornecidos e a solução é direta. Em (*b*), somente T é fornecida e a solução é por tentativa, com x_1 variando para reproduzir o valor especificado de y_1. Em (*c*), somente x_1 é fornecido e T é variado para reproduzir o valor especificado de P. Em (*d*), nem T nem x_1 são fornecidos e ambos são variados alternadamente, T para fornecer P, e x_1 para fornecer y_1. Nas partes (*a*) a (*d*), os cálculos por tentativa e erro são facilmente automatizados utilizando a função Microsoft EXCEL *Goal Seek*.

(*a*) Um cálculo *BOL P*. Para T = 318,15 K, as equações de Antoine fornecem P_1^{sat} = 44,51 e P_2^{sat} = 65,64 kPa. A correlação para o coeficiente de atividade fornece A = 1,107; γ_1 = 1,864 e γ_2 = 1,072. Pela Eq. (13.20), P = 73,50 kPa e, pela Eq. (13.19), y_1 = 0,282.

(*b*) Um cálculo *ORV P*. Com T inalterada em relação ao item (*a*), os valores de P_1^{sat}, P_2^{sat} e A permanecem inalterados. A composição da fase líquida desconhecida é variada em um procedimento de tentativa e erro que avalia os coeficientes de atividade, P pela Eq. (13.21) e y_1 pela Eq. (13.19), com a meta de reproduzir o valor especificado y_1 = 0,6. Isso nos leva aos valores finais:

$$P = 62{,}59 \text{ kPa} \qquad x_1 = 0{,}8169 \qquad \gamma_1 = 1{,}0378 \qquad \gamma_2 = 2{,}0935$$

(*c*) Um cálculo *BOL T*. Aqui, por tentativa, varia-se T até o valor especificado de P ser reproduzido. Um valor inicial razoável para a temperatura T é encontrado a partir das temperaturas de saturação das espécies puras na pressão conhecida. A equação de Antoine, explícita em T, se torna:

$$T_i^{sat} = \frac{B_i}{A_i - \ln P} - C_i$$

Usando P = 101,33 kPa, obtém-se: T_1^{sat} = 337,71 e T_2^{sat} = 330,08 K. A média desses valores serve como uma T inicial, e cada valor arbitrário de T leva imediatamente a valores para os coeficientes de atividade e a um valor para P usando a Eq. (13.20). O valor conhecido de P = 101,33 kPa é reproduzido quando:

$$T = 331{,}20 \text{ K} \qquad P_1^{sat} = 77{,}99 \text{ kPa} \qquad P_2^{sat} = 105{,}35 \text{ kPa}$$
$$A = 1{,}0388 \qquad \gamma_1 = 1{,}0236 \qquad \gamma_2 = 2{,}1182$$

As frações molares na fase vapor são dadas por:

$$y_1 = \frac{x_1 \gamma_1 P_1^{sat}}{P} = 0{,}670 \qquad \text{e} \qquad y_2 = 1 - y_1 = 0{,}330$$

(*d*) Um cálculo *ORV T*. Como P = 101,33 kPa, as temperaturas de saturação são iguais às da parte (*c*), e um valor médio novamente serve como valor inicial para T. Como a composição da fase líquida é desconhecida, os coeficientes de atividade são, inicialmente, $\gamma_1 = \gamma_2$ = 1,0. Cálculos por tentativa e erro variam alternadamente T para reproduzir o valor dado de P, e então variam x_1 para reproduzir os valores conhecidos de y_1. O processo fornece os valores finais a seguir:

$$T = 326{,}70 \text{ K} \qquad P_1^{sat} = 64{,}63 \text{ kPa} \qquad P_2^{sat} = 89{,}94 \text{ kPa}$$
$$A = 1{,}0624 \qquad \gamma_1 = 1{,}3628 \qquad \gamma_2 = 1{,}2523$$
$$x_1 = 0{,}4602 \qquad x_2 = 0{,}5398$$

(*e*) Em primeiro lugar, determine se existe ou não um azeótropo na temperatura fornecida. Este cálculo é facilitado pela definição de uma grandeza chamada *volatilidade relativa*:

$$\boxed{\alpha_{12} \equiv \frac{y_1/x_1}{y_2/x_2}} \tag{13.22}$$

em um azeótropo $y_1 = x_1$, $y_2 = x_2$ e $\alpha_{12} = 1$. Em geral, pela Eq. (13.19),

$$\frac{y_i}{x_i} = \frac{\gamma_i P_i^{sat}}{P}$$

Consequentemente,

$$\alpha_{12} = \frac{\gamma_i P_1^{sat}}{\gamma_2 P_2^{sat}} \tag{13.23}$$

as equações de correlação para os coeficientes de atividade mostram que, quando $x_1 = 0$, $\gamma_2 = 1$ e $\gamma_1 = \exp(A)$; e, quando $x_1 = 1$, $\gamma_1 = 1$ e $\gamma_2 = \exp(A)$. Dessa forma, nestes limites,

$$(\alpha_{12})_{x_1=0} = \frac{P_1^{sat}\exp(A)}{P_2^{sat}} \qquad \text{e} \qquad (\alpha_{12})_{x_1=1} = \frac{P_1^{sat}}{P_2^{sat}\exp(A)}$$

Os valores de P_1^{sat}, P_2^{sat} e A são dados na parte (*a*) para a temperatura de interesse. Consequentemente, os valores limites para α_{12} são $(\alpha_{12})_{x1=0} = 2{,}052$ e $(\alpha_{12})_{x1=1} = 0{,}224$. O valor em um limite é maior do que 1, enquanto o valor no outro limite é menor do que 1. Assim, existe um azeótropo, porque α_{12} é uma função contínua de x_1 e tem de passar pelo valor igual a 1 em alguma composição intermediária.

Para o azeótropo, $\alpha_{12} = 1$ e a Eq. (13.23) se torna:

$$\frac{\gamma_1^{az}}{\gamma_2^{az}} = \frac{P_2^{sat}}{P_1^{sat}} = \frac{65{,}65}{44{,}51} = 1{,}4747$$

A diferença entre as equações de correlação para $\ln \gamma_1$ e $\ln \gamma_2$ fornece a relação geral:

$$\ln\frac{\gamma_1}{\gamma_2} = Ax_2^2 - Ax_1^2 = A(x_2 - x_1)(x_2 + x_1) = A(x_2 - x_1) = A(1 - 2x_1)$$

Assim, o azeótropo ocorre no valor de x_1 para o qual essa equação é satisfeita, quando a razão dos coeficientes de atividade assume o seu valor azeotrópico de 1,4747; isto é, quando:

$$\ln\frac{\gamma_1}{\gamma_2} = \ln 1{,}4747 = 0{,}388$$

A solução obtida fornece $x_1^{az} = 0{,}325$. Para esse valor de x_1, $\gamma_1^{az} = 1{,}657$. Com $x_1^{az} = y_1^{az}$, a Eq. (13.19) se torna:

$$P^{az} = \gamma_1^{az} P_1^{sat} = (1{,}657)(44{,}51)$$

Assim, $$P^{az} = 73{,}76 \text{ kPa} \qquad x_1^{az} = y_1^{az} = 0{,}325$$

Os coeficientes de atividade são funções de temperatura e da composição da fase líquida; e, em última análise, as correlações para os coeficientes de atividade são baseadas em experimentos. Dessa forma, o exame de um conjunto de dados experimentais do ELV e dos coeficientes de atividade, que estão implícitos nesses dados, é instrutivo. A Tabela 13.1 apresenta um desses conjuntos de dados.

O critério para o equilíbrio líquido/vapor é que a fugacidade da espécie *i* seja a mesma em ambas as fases. Se a fase vapor estiver no seu estado de gás ideal, então a fugacidade se iguala à pressão parcial, e

$$\hat{f}_i^l = \hat{f}_i^v = y_i P$$

TABELA 13.1 Dados do ELV de Metil Etil Cetona(1)/Tolueno(2) a 50 °C

P/kPa	x_1	y_1	$\hat{f}_1^l = y_1 P$	$\hat{f}_2^l = y_2 P$	γ_1	γ_2
12,30 (P_2^{sat})	0,0000	0,0000	0,000	12,300 (P_2^{sat})		1,000
15,51	0,0895	0,2716	4,212	11,298	1,304	1,009
18,61	0,1981	0,4565	8,496	10,114	1,188	1,026
21,63	0,3193	0,5934	12,835	8,795	1,114	1,050
24,01	0,4232	0,6815	16,363	7,697	1,071	1,078
25,92	0,5119	0,7440	19,284	6,636	1,044	1,105
27,96	0,6096	0,8050	22,508	5,542	1,023	1,135
30,12	0,7135	0,8639	26,021	4,099	1,010	1,163
31,75	0,7934	0,9048	28,727	3,023	1,003	1,189
34,15	0,9102	0,9590	32,750	1,400	0,997	1,268
36,09 (P_1^{sat})	1,0000	1,0000	36,090 (P_1^{sat})	0,000	1,000	

A fugacidade na fase líquida da espécie i aumenta de zero a diluição infinita ($x_i = y_i \to 0$) até a P_i^{sat} para a espécie pura i. Isso é ilustrado pelos dados da Tabela 13.1 para o sistema metil-etil-cetona(1)/tolueno(2) a 50 °C.[2] As três primeiras colunas listam dados experimentais P-x_1-y_1, e as colunas 4 e 5 mostram $\hat{f}_1^l = y_1 P$ e $\hat{f}_2^l = y_2 P$. As fugacidades são representadas na Figura 13.2 como linhas sólidas. A linha reta tracejada representa a Eq. (10.83), a regra de Lewis-Randall, que expressa a dependência das fugacidades dos constituintes à composição em uma solução ideal:

$$\hat{f}_i^{id} = x_i f_i^l \qquad (10.83)$$

Embora derivada de um conjunto particular de dados, a Figura 13.2 ilustra a natureza geral das relações $\hat{f}_1^l$ e $\hat{f}_2^l$ *versus* x_1 para uma solução líquida binária a T constante. A pressão de equilíbrio P varia com a composição, mas sua influência sobre os valores de $\hat{f}_1^l$ e $\hat{f}_2^l$ na fase líquida é desprezível. Assim, um gráfico a P e T constantes seria idêntico, como mostrado na Figura 13.3 para a espécie i (i = 1, 2) em uma solução binária a P e T constantes.

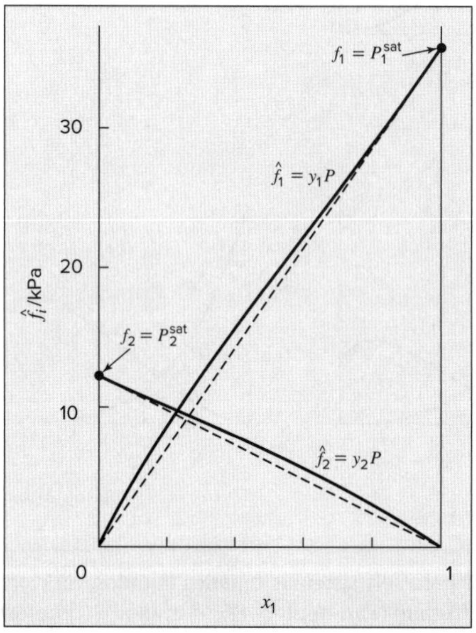

Figura 13.2 Fugacidades para metil-etil-cetona(1)/tolueno(2) a 50 °C. As linhas tracejadas representam a regra de Lewis/Randall.

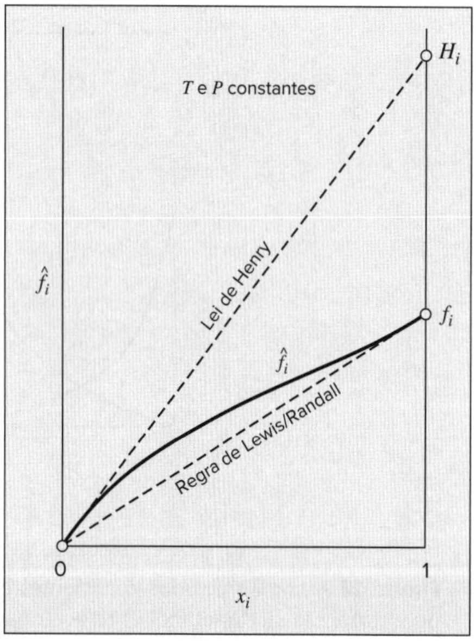

Figura 13.3 Dependência com a composição das fugacidades na fase líquida para a espécie i em uma solução binária.

[2] M. Diaz Peña, A. Crespo Colin, e A. Compostizo, *J. Chem. Thermodyn.*, vol. 10, pp. 337-341, 1978.

A linha tracejada mais abaixo, na Figura 13.3, representando a regra de Lewis-Randall, é característica do comportamento de solução ideal. Ela fornece o modelo mais simples possível para a dependência de $\hat{f}_i^l$ à composição, representando um padrão ao qual o comportamento real pode ser comparado. Na verdade, o coeficiente de atividade, como definido pela Eq. (13.2), formaliza essa comparação:

$$\gamma_i \equiv \frac{\hat{f}_i^l}{x_i f_i^l} = \frac{\hat{f}_i^l}{\hat{f}_i^{id}}$$

Assim, o coeficiente de atividade de uma espécie na solução é a razão entre sua fugacidade real e o valor fornecido pela regra de Lewis-Randall nas mesmas T, P e composição. Para o cálculo de valores experimentais de γ_i, ambos $\hat{f}_i^l$ e $\hat{f}_i^{id}$ são eliminadas em favor das grandezas mensuráveis.

$$\gamma_i = \frac{y_i P}{x_i f_i^l} = \frac{y_i P}{x_i P_i^{\text{sat}}} \qquad (i = 1, 2, \ldots, N) \tag{13.24}$$

Essa é uma reformulação da Eq. (13.19), a lei de Raoult modificada, e é adequada para os propósitos presentes, permitindo cálculos fáceis de coeficientes de atividade a partir de dados experimentais do ELV a baixas pressões. Valores a partir dessas equações são apresentados nas duas últimas colunas da Tabela 13.1.

A Figura 13.4 mostra o gráfico de ln γ_i baseado em medidas experimentais para seis sistemas binários a 50 °C, ilustrando a variedade de comportamentos que é observada. Note em cada caso que, quando $x_i \to 1$, ln $\gamma_i \to 0$ com inclinação zero. Normalmente (mas não sempre) o coeficiente de atividade a diluição infinita é um valor extremo. A comparação desses gráficos com aqueles da Figura 10.3 indica que ln γ_i geralmente tem o mesmo sinal de G^E. Isto é, G^E positivo implica coeficientes de atividade maiores que a unidade, e G^E negativo implica coeficientes de atividade menores que a unidade, pelo menos na maior parte da faixa de composição.

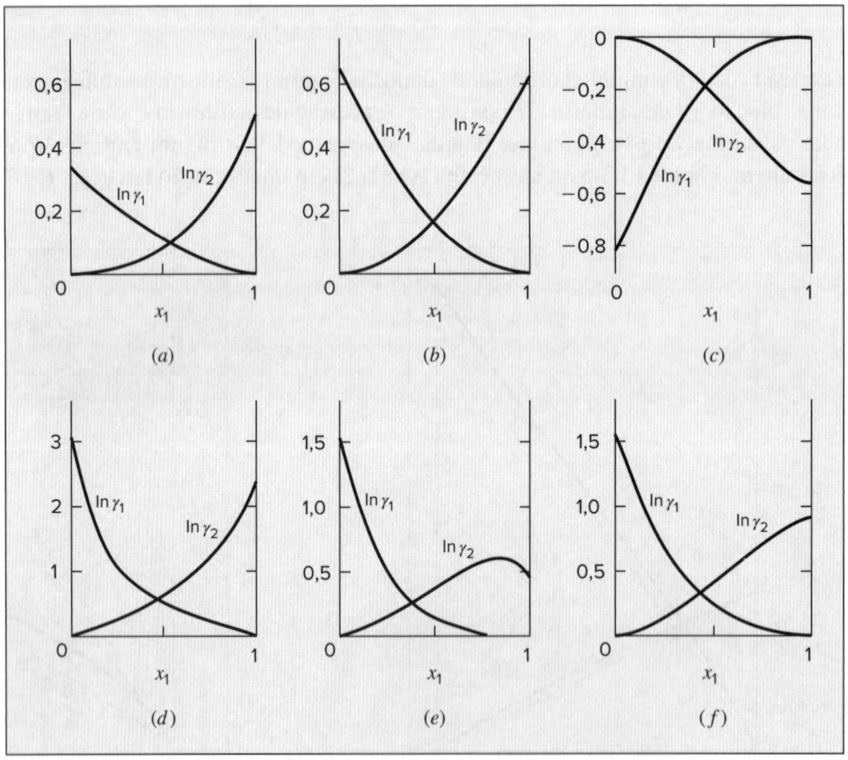

Figura 13.4 Logaritmos dos coeficientes de atividade a 50 °C para seis sistemas binários líquidos: (*a*) clorofórmio(1)/*n*-heptano(2); (*b*) acetona(1)/metanol(2); (*c*) acetona(1)/clorofórmio(2); (*d*) etanol(1)/*n*-heptano(2); (*e*) etanol(1)/clorofórmio(2); (*f*) etanol(1)/água(2).

Lei de Henry

As linhas sólidas nas Figuras 13.2 e 13.3 representam valores experimentais de $\hat{f}_i^l$ e tornam-se tangentes à linha da regra Lewis-Randall em $x_i = 1$. Essa é uma consequência da equação Gibbs/Duhem, como será aqui mostrado.

No outro limite, $x_i \to 0$, $\hat{f}_i^l$ torna-se zero. Então, a razão $\hat{f}_i^l/x_i$ é indeterminada nesse limite, e, aplicando a regra de l'Hôpital, tem-se:

$$\lim_{x \to 0} \frac{\hat{f}_i^l}{x_i} = \left(\frac{d\hat{f}_i^l}{dx_i}\right)_{x_i = 0} \equiv \mathcal{H}_i \tag{13.25}$$

A Eq. (13.25) define a *constante de Henry* $\mathcal{H}_i$ como a inclinação-limite da curva $\hat{f}_i^l$ *versus* x_i em $x_i = 0$. Como mostrado pela Figura 13.3, essa é a inclinação de uma linha traçada tangente à curva em $x_i = 0$. A equação dessa linha tangente expressa a *lei de Henry*.

$$\boxed{\hat{f}_i^l = x_i \mathcal{H}_i} \tag{13.26}$$

Aplicável no limite, quando $x_i \to 0$, ela também tem validade aproximada para pequenos valores de x_i.

Para um sistema de ar em equilíbrio com água líquida, a fração molar do vapor d'água no ar é encontrada com a lei de Raoult aplicada à água, considerando-a essencialmente pura. Dessa forma, a lei de Raoult para a água (espécie 2) se torna $y_2 P = P_2^{sat}$. A 25 °C e pressão atmosférica, essa equação fornece:

$$y_2 = \frac{P_2^{sat}}{P} = \frac{3{,}166}{101{,}33} = 0{,}0312$$

com as pressões em kPa e P_2^{sat} obtida nas tabelas de vapor.

O cálculo da fração molar do ar dissolvido na água é realizado com a lei de Henry, aplicada aqui a pressões pequenas o suficiente para que a fase vapor se encontre no estado de gás ideal. Os valores de $\mathcal{H}_i$ vêm de experimentos, e a Tabela 13.2 lista valores a 25 °C para alguns gases dissolvidos em água. Para o sistema ar/água a 25 °C e a pressão atmosférica, a lei de Henry aplicada ao ar (espécie 1), com $y_1 = 1 - 0{,}0312 = 0{,}9688$, fornece:

$$x_1 = \frac{y_1 P}{\mathcal{H}_1} = \frac{(0{,}9688)(1{,}0133)}{72.950} = 1{,}35 \times 10^{-5}$$

Esse valor justifica a hipótese de que a água se aproxima da pureza.

TABELA 13.2 Constantes de Henry para Gases Dissolvidos em Água a 25 °C

Gás	$\mathcal{H}$/bar
Acetileno	1.350
Ar	72.950
Dióxido de carbono	1.670
Monóxido de carbono	54.600
Etano	30.600
Etileno	11.550
Hélio	126.600
Hidrogênio	71.600
Sulfeto de hidrogênio	550
Metano	41.850
Nitrogênio	87.650
Oxigênio	44.380

■ Exemplo 13.2

Considerando que água carbonatada contenha somente CO_2(1) e H_2O(2), determine as composições das fases líquida e vapor em uma lata fechada de "soda" a 25 °C, sendo a pressão dentro da lata igual a 5 bar.

Solução 13.2

Na expectativa de que a fase líquida será aproximadamente água pura e a fase vapor será aproximadamente CO_2 puro, aplicamos a lei de Henry para o CO_2 (espécie 1) e a lei de Raoult para a água (espécie 2):

$$y_1 P = x_1 \mathcal{H}_1 \qquad\qquad y_2 P = x_2 P_2^{\text{sat}}$$

Com a fase vapor consistindo praticamente em CO_2 puro, obtemos a fração molar de CO_2 na fase líquida como

$$x_1 = \frac{y_1 P}{\mathcal{H}_1} \approx \frac{P}{\mathcal{H}_1} = \frac{5}{1670} = 0{,}0030$$

Analogamente, com a fase líquida consistindo praticamente em água pura, temos:

$$y_2 = \frac{x_2 P_2^{\text{sat}}}{P} \approx \frac{P_2^{\text{sat}}}{P}$$

A partir das tabelas de vapor, a pressão de vapor da água a 25 °C é de 3,166 kPa ou 0,0317 bar. Assim, $y_2 = 0{,}0317/5 = 0{,}0063$. Consistente com nossa expectativa, o líquido é 99,7 % água e o vapor é 99,4 % CO_2.

A lei de Henry é relacionada com a regra de Lewis/Randall por meio da equação de Gibbs/Duhem, expressa pela Eq. (10.14). Escrita para uma solução líquida binária com a substituição de $\bar{M}_i$ por $\bar{G}_i^l = \mu_i^l$, ela se torna

$$x_1 d\mu_1^l + x_2 d\mu_2^l = 0 \qquad (T, P \text{ const.})$$

A diferenciação da Eq. (10.46) a T e P constantes fornece: $d\mu_i^l = RTd\ln \hat{f}_i^l$. A equação anterior se torna, então:

$$x_1 d\ln \hat{f}_1^l + x_2 d\ln \hat{f}_2^l = 0 \qquad (T, P \text{ const.})$$

Após a divisão por dx_i

$$\boxed{x_1 \frac{d\ln \hat{f}_1^l}{dx_1} + x_2 \frac{d\ln \hat{f}_2^l}{dx_1} = 0 \quad (T, P \text{ const.})} \tag{13.27}$$

Essa é uma forma particular da equação de Gibbs/Duhem. A substituição de $-dx_2$ por dx_1 na segunda parcela fornece:

$$x_1 \frac{d\ln \hat{f}_1^l}{dx_1} = x_2 \frac{d\ln \hat{f}_2^l}{dx_2} \qquad \text{ou} \qquad \frac{d\hat{f}_1^l/dx_1}{\hat{f}_1^l/x_1} = \frac{d\hat{f}_2^l/dx_2}{\hat{f}_2^l/x_2}$$

No limite quando $x_1 \to 1$ e $x_2 \to 0$,

$$\lim_{x_1\to 1} \frac{d\hat{f}_1^l/dx_1}{\hat{f}_1^l/x_1} = \lim_{x_2\to 0} \frac{d\hat{f}_2^l/dx_2}{\hat{f}_2^l/x_2}$$

Como $\hat{f}_1^l = f_1^l$ quando $x_1 = 1$, essa equação pode ser reescrita na forma

$$\frac{1}{f_1^l}\left(\frac{d\hat{f}_1^l}{dx_1}\right)_{x_1=1} = \frac{\left(d\hat{f}_2^l/dx_2\right)_{x_2=0}}{\lim\limits_{x_2\to 0}\left(\hat{f}_2^l/x_2\right)}$$

De acordo com a Eq. (13.25), o numerador e o denominador no lado direito dessa equação são iguais, e por isso

$$\left(\frac{d\hat{f}_1^l}{dx_1}\right)_{x_1=1} = f_1^l \tag{13.28}$$

Essa equação é a expressão exata da regra de Lewis/Randall quando aplicada em soluções reais. Isso também implica que a Eq. (10.83) fornece valores aproximadamente corretos de $\hat{f}_i^l$ quando $x_i \approx 1$: $f_1^l \approx \hat{f}_i^{id} = x_i f_i^l$.

A lei de Henry aplica-se para uma espécie quando ela se aproxima da diluição infinita em uma solução binária, e a equação de Gibbs/Duhem assegura a validade da regra de Lewis/Randall para a outra espécie quando ela se aproxima da pureza.

A fugacidade mostrada na Figura 13.3 é para uma espécie com desvios positivos da idealidade proposta na regra de Lewis/Randall. Desvios negativos são menos comuns, mas são também observados: a curva $\hat{f}_i^l$ *versus* x_i, então, encontra-se abaixo da linha de Lewis/Randall. Na Figura 13.5, a fugacidade da acetona é mostrada como uma função da composição para duas diferentes soluções líquidas binárias a 50 °C. Quando a segunda espécie é o metanol, a acetona exibe desvios positivos da idealidade. Quando a segunda espécie é o clorofórmio, os desvios são negativos. A fugacidade da acetona pura f_{acetona} é a mesma, independentemente da identidade da segunda espécie. Entretanto, as constantes de Henry, representadas pelas inclinações das duas linhas pontilhadas, são muito diferentes para os dois casos.

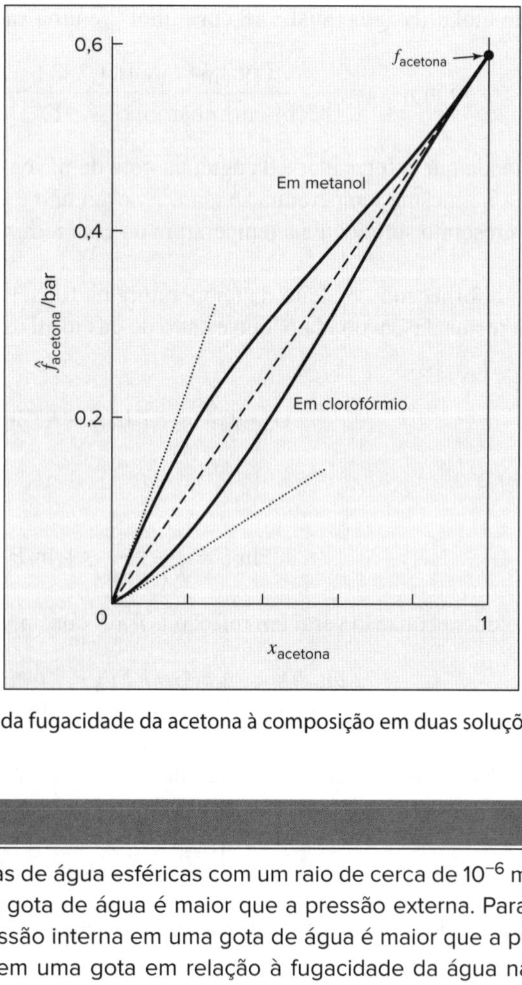

Figura 13.5 Dependência da fugacidade da acetona à composição em duas soluções binárias líquidas a 50 °C.

■ Exemplo 13.3

Uma névoa é constituída por gotas de água esféricas com um raio de cerca de 10^{-6} m. Por causa da tensão superficial, a pressão interna dentro de uma gota de água é maior que a pressão externa. Para um raio da gota igual a r e uma tensão superficial igual a σ, a pressão interna em uma gota de água é maior que a pressão externa por $\delta P = 2\sigma/r$. Isso aumenta a fugacidade da água em uma gota em relação à fugacidade da água nas mesmas condições. Então ela tende a causar a evaporação na névoa. Entretanto, o aumento da fugacidade pode ser rebatido por uma diminuição na temperatura ou pela dissolução de poluentes atmosféricos. Para estabilizar a névoa em relação à água em volta da gota na mesma temperatura, determine:

(*a*) O decréscimo mínimo necessário na temperatura.

(*b*) A concentração mínima de poluentes atmosféricos requerida na gota de névoa.

Solução 13.3

(*a*) A 25 °C, a tensão superficial da água pura é 0,0694 N · m^{-1}, e

$$\delta P = \frac{(2)(0{,}0694)}{10^{-6}} = 0{,}1338 \times 10^6 \text{ Pa} \quad \text{ou} \quad 1{,}388 \text{ bar}$$

Duas equações gerais aplicam-se à variação isotérmica da energia de Gibbs resultante da variação da pressão. A primeira resulta da diferenciação da Eq. (10.31), a equação que define a fugacidade, e a segunda da restrição da Eq. (6.11) a temperatura constante:

$$dG_i = RTd\ln f_i \quad (T \text{ const.}) \qquad \text{e} \qquad dG_i = V_i dP \quad (T \text{ const.})$$

Combinando essas equações, obtém-se:

$$d\ln f_i = \frac{V_i}{RT}dP \quad (T \text{ const.})$$

Como o volume molar da água não é afetado, praticamente, pela pressão, a integração fornece:

$$\delta \ln f_{H_2O} = \frac{V_{H_2O}}{RT}\delta P \quad (T \text{ const.})$$

Para um volume molar da água igual a 18 $cm^3 \cdot mol^{-1}$ e uma variação de pressão igual a 1,388 bar,

$$\delta \ln f_{H_2O} = \frac{(18 \text{ cm}^3 \cdot \text{mol})(1{,}388 \text{ bar})}{(83{,}14 \text{ cm}^3 \cdot \text{bar} \cdot \text{mol}^{-1} \cdot \text{K}^{-1})(298 \text{ K})} = 0{,}00101$$

Essa é a quantidade que a fugacidade da água na gota da névoa excede em relação à fugacidade da água ao redor desta gota na mesma temperatura. Assim, a névoa não é estável e ela se dissipa por evaporação. Entretanto, um decréscimo suficiente na temperatura da gota reduz sua fugacidade o bastante para estabilizar a névoa.

Uma equação fornecendo o efeito da temperatura na fugacidade é desenvolvida a partir da Eq. (10.31), subtraindo-a da forma desenvolvida para o estado de gás ideal da mesma equação (para a qual $f_i = P$). Dessa forma,

$$G_i - G_i^{gi} = RT\ln f_i - RT\ln P$$

Explicitando $\ln f_i$:

$$\ln f_i = \frac{G_i}{RT} - \frac{G_i^{gi}}{RT} + \ln P$$

A diferenciação dessa equação geral em relação a T a P constante fornece:

$$\left(\frac{\partial \ln f_i}{\partial T}\right)_P = \left(\frac{\partial (G_i/RT)}{\partial T}\right)_P - \left(\frac{\partial G_i^{gi}/RT}{\partial T}\right)_P$$

Substituindo as derivadas parciais no lado direito pela Eq. (6.39), obtém-se:

$$\left(\frac{\partial \ln f_i}{\partial T}\right)_P = \frac{-H_i}{RT^2} + \frac{H_i^{gi}}{RT^2} = \frac{-H_i^R}{RT^2}$$

Aqui, a entalpia residual é aproximadamente o valor negativo do calor latente de vaporização da água a 25 °C; assim

$$-H_i^R = 2442{,}3 \text{ J} \cdot \text{g}^{-1} \times 18 \text{ g} \cdot \text{mol}^{-1} = 43.960 \text{ J} \cdot \text{mol}^{-1}. \text{ Então}$$

$$\left(\frac{\partial \ln f_{H_2O}}{\partial T}\right)_P = \frac{43.960 \text{ J} \cdot \text{mol}^{-1}}{(8{,}314 \text{ J} \cdot \text{mol}^{-1} \cdot \text{K}^{-1})(298 \text{ K})^2} = 0{,}0595 \text{ K}^{-1}$$

Para uma pequena diferença em temperatura, $\delta \ln f_{H_2O} \approx 0{,}0595\, \delta T$. Para encontrar o δT que rebate o aumento de fugacidade induzido pela pressão na gota de água, estabelecemos o valor de −0,00101 para essa diferença de fugacidade, que corresponde ao valor *negativo* do aumento da fugacidade. Assim

$$0{,}0595\, \delta T = -0{,}00101 \qquad \text{e} \qquad \delta T = -0{,}017 \text{ K}$$

Esse é o decréscimo mínimo de temperatura na névoa requerido para estabilizá-la em relação à água ao redor da gota.

(*b*) A fugacidade da água nas gotas da névoa diminui, também, pela dissolução de impurezas, tais como os poluentes atmosféricos. As gotas tornam-se então soluções, tendo a água como maior constituinte, e sua fugacidade é $\hat{f}_{H_2O}$. Como a fração molar da água é próxima da unidade, a regra de Lewis/Randall fornece uma aproximação excelente, $\hat{f}_{H_2O} = f_{H_2O}x_{H_2O}$. Então, a variação de fugacidade da água resultante da dissolução de impurezas é:

$$\delta f_{H_2O} = \hat{f}_{H_2O} - f_{H_2O} = f_{H_2O}x_{H_2O} - f_{H_2O} = f_{H_2O}(x_{H_2O} - 1) = -f_{H_2O}x_{\text{impureza}}$$

ou

$$x_{\text{impureza}} = \frac{-\delta f_{H_2O}}{f_{H_2O}} \approx -\delta \ln f_{H_2O}$$

Novamente, essa grandeza é o valor negativo do aumento causado pela tensão superficial. Dessa forma,

$$x_{\text{impureza}} = 0{,}00101$$

e impurezas de apenas 0,1 % estabilizam a névoa em relação à água ao redor.

13.4 CORRELAÇÕES PARA O COEFICIENTE DE ATIVIDADE DA FASE LÍQUIDA

Os coeficientes de atividade na fase líquida γ_i desempenham um papel vital na formulação gama/phi do ELV. Eles estão diretamente relacionados com a energia de Gibbs em excesso. Em geral, G^E/RT é uma função de T, P e da composição, porém, para líquidos em pressões baixas e moderadas, é uma função muito fraca de P. Consequentemente, sua dependência à pressão é normalmente desprezada e, em aplicações a *T constante*, a energia de Gibbs em excesso é tratada como uma função apenas da composição:

$$\frac{G^E}{RT} = g(x_1, x_2, \ldots, x_n) \qquad (T \text{ const.})$$

A Expansão Redlich/Kister

Em sistemas binários (espécies 1 e 2) a grandeza mais frequentemente selecionada para ser representada por uma equação é $G \equiv G^E/(x_1x_2RT)$, que pode ser escrita como uma série de potências de x_1:

$$Y \equiv \frac{G^E}{x_1x_2RT} = a + bx_1 + cx_1^2 + \cdots \qquad (T \text{ const.})$$

Como $x_2 = 1 - x_1$; a fração molar x_1 serve como a única variável independente. Uma série de potências equivalente com algumas vantagens é conhecida como expansão de Redlich/Kister:[3]

$$Y = A_0 + \sum_{n=1}^{a} A_n z^n \qquad (13.29)$$

na qual, por definição, $z \equiv x_1 - x_2 = 2x_1 - 1$, a é a ordem da série de potências e os parâmetros A_n são funções de temperatura.

As expressões para os coeficientes de atividade são encontradas a partir das Eqs. (10.15) e (10.16), com G^E/RT substituindo M^E.

$\frac{\bar{G}_1^E}{RT} = \frac{G^E}{RT} + x_2 \frac{d(G^E/RT)}{dx_1}$ (13.30)	$\frac{\bar{G}_2^E}{RT} = \frac{G^E}{RT} - x_1 \frac{d(G^E/RT)}{dx_1}$ (13.31)

Pela Eq. (13.3), $\ln \gamma_i = \bar{G}_i^E/RT$. Além disso, $G^E/RT = x_1x_2Y$, e

$$\frac{d(G^E/RT)}{dx_1} = x_1x_2\frac{dY}{dx_1} + Y(x_2 - x_1)$$

[3] O. Redlich, A. T. Kister e C. E. Turnquist, *Chem. Eng. Progr. Symp. Ser.* n. 2, vol. 48, pp. 49-61, 1952.

Fazendo essas substituições nas Eqs. (13.30) e (13.31), chega-se a:

$\ln \gamma_1 = x_2^2\left(Y + x_1\frac{dY}{dx_1}\right)$ (13.32)	$\ln \gamma_2 = x_1^2\left(Y - x_2\frac{dY}{dx_1}\right)$ (13.33)

sendo Y dado pela Eq. (13.29) e

$$\frac{dY}{dx_1} = \sum_{n=1}^{a} nA_n z^{n-1} \tag{13.34}$$

Para valores a diluição infinita, as Eqs. (13.32) e (13.33) fornecem:

$$\ln \gamma_1^\infty = Y(x_1 = 0, x_2 = 1, z = -1) = A_0 + \sum_{n=1}^{a} A_n(-1)^n \tag{13.35}$$

$$\ln \gamma_2^\infty = Y(x_1 = 1, x_2 = 0, z = 1) = A_0 + \sum_{n=1}^{a} A_n \tag{13.36}$$

Em aplicações, diferentes truncamentos dessa série são apropriados e truncamentos com $a \leq 5$ são frequentes na literatura.

Quando todos os parâmetros são 0, $\ln \gamma_1 = 0$, $\ln \gamma_2 = 0$, $\gamma_1 = \gamma_2 = 1$. Esses são os valores para uma solução ideal e eles representam o caso-limite no qual a energia de Gibbs em excesso é zero.

Se todos os parâmetros, exceto A_0, forem zero, $Y = A_0$ e as Eqs. (13.32) e (13.33) se reduzem a:

$\ln \gamma_1 = A_0 x_2^2$ (13.37)	$\ln \gamma_2 = A_0 x_1^2$ (13.38)

A natureza simétrica dessas relações é evidente. Os valores dos coeficientes de atividade a diluição infinita são $\ln \gamma_1^\infty = \ln \gamma_2^\infty = A_0$.

Mais frequentemente encontrado é o truncamento em dois parâmetros:

$$Y = A_0 + A_1(x_1 - x_2) = A_0 + A_1(2x_1 - 1)$$

na qual Y é linear em x_1. Uma forma alternativa dessa equação resulta das definições $A_0 + A_1 = A_{21}$ e $A_0 - A_1 = A_{12}$. Eliminando os parâmetros A_0 e A_1 em favor dos parâmetros A_{21} e A_{12}, obtemos

$$\frac{G^E}{RT} = (A_{21}x_1 + A_{12}x_2)x_1x_2 \tag{13.39}$$

$$\boxed{\ln \gamma_1 = x_2^2[A_{12} + 2(A_{21} - A_{12})x_1]} \tag{13.40}$$

$$\boxed{\ln \gamma_2 = x_1^2[A_{21} + 2(A_{12} - A_{21})x_2]} \tag{14.41}$$

Essas equações são conhecidas como as **equações de Margules**.[4] Para as condições limítrofes da diluição infinita, elas implicam

$$\ln \gamma_1^\infty = A_{12} \qquad \text{e} \qquad \ln \gamma_2^\infty = A_{21}$$

A Equação de van Laar

Outra equação bem conhecida é obtida quando a expressão inversa x_1x_2RT/G^E é representada como uma função linear de x_1:

$$\frac{x_1x_2}{G^E/RT} = A' + B'(x_1 - x_2) = A' + B'(2x_1 - 1)$$

[4] Max Margules (1856-1920), físico e meteorologista austríaco; acesse: <http://en.wikipedia.org/wiki/Max_Margules>.

Essa expressão também pode ser escrita na forma:

$$\frac{x_1 x_2}{G^E/RT} = A'(x_1 + x_2) + B'(x_1 - x_2) = (A' + B')x_1 + (A' - B')x_2$$

Quando novos parâmetros são definidos pelas equações, $A' + B' = 1/A'_{21}$ e $A' - B' = 1/A'_{12}$, uma forma equivalente é obtida:

$$\frac{x_1 x_2}{G^E/RT} = \frac{x_1}{A'_{21}} + \frac{x_2}{A'_{12}} = \frac{A'_{12}x_1 + A'_{21}x_2}{A'_{12}A'_{21}}$$

ou

$$\frac{G^E}{x_1 x_2 RT} = \frac{A'_{12}A'_{21}}{A'_{12}x_1 + A'_{21}x_2} \qquad (13.42)$$

Os coeficientes de atividade implícitos por essa equação são:

$\ln \gamma_1 = A'_{12}\left(1 + \frac{A'_{12}x_1}{A'_{21}x_2}\right)^{-2}$ (13.43)	$\ln \gamma_2 = A'_{21}\left(1 + \frac{A'_{21}x_2}{A'_{12}x_1}\right)^{-2}$ (13.44)

Essas equações são conhecidas como as equações de van Laar.[5] Quando $x_1 = 0$, $\ln\gamma_1^\infty = A'_{12}$; quando $x_2 = 0$, $\ln\gamma_2^\infty = A'_{21}$.

A expansão de Redlich/Kister e as equações de van Laar são casos particulares de um tratamento geral baseado em funções racionais, isto é, em equações para $G^E/(x_1x_2RT)$ dadas por razões de polinômiais.[6] Elas oferecem grande flexibilidade no ajuste de dados do ELV em sistemas binários. Entretanto, elas possuem fundamentação teórica limitada e, consequentemente, falham em fornecer uma base racional para a extensão em sistemas multicomponentes. Além disso, elas não incorporam uma dependência explícita de seus parâmetros em relação à temperatura, embora isso possa ser provido em uma base *ad hoc*.

Modelos de Composição Local

Desenvolvimentos teóricos na termodinâmica molecular do comportamento de soluções líquidas estão frequentemente baseados no conceito de *composição local*. No interior de uma solução líquida, composições locais, diferentes da composição global da mistura, são supostamente responsáveis pelas orientações moleculares de curto alcance e não aleatórias que resultam de diferenças no tamanho molecular e nas forças intermoleculares. O conceito foi introduzido por G. M. Wilson em 1964, com a publicação de um modelo para o comportamento de soluções, desde então conhecido como a equação de Wilson.[7] O sucesso dessa equação na correlação de dados do ELV incitou o desenvolvimento de modelos de composição local alternativos, mais notadamente a equação NRTL (*Non-**R**andom-**T**wo-**L**iquid*) de Renon e Prausnitz[8] e a equação UNIQUAC (***UNI**versal **QUA**si-**C**hemical*) de Abrams e Prausnitz.[9] Um desenvolvimento posterior significativo, baseado na equação UNIQUAC, é o método UNIFAC,[10] no qual os coeficientes de atividade são calculados a partir de contribuições de vários grupos que formam as moléculas de uma solução.

Equação de Wilson. Da mesma forma que as equações de Margules e de van Laar, a equação de Wilson contém somente dois parâmetros para um sistema binário (Λ_{12} e Λ_{21}). Ela é escrita na forma:

$$\frac{G^E}{RT} = -x_1 \ln(x_1 + x_2\Lambda_{12}) - x_2 \ln(x_2 + x_1\Lambda_{21}) \qquad (13.45)$$

$$\ln \gamma_1 = -\ln(x_1 + x_2\Lambda_{12}) + x_2\left(\frac{\Lambda_{12}}{x_1 + x_2\Lambda_{12}} - \frac{\Lambda_{21}}{x_2 + x_1\Lambda_{21}}\right) \qquad (13.46)$$

[5] Johannes Jacobus van Laar (1860-1938), físico-químico holandês; acesse: <http://en.wikipedia.org/wiki/Johannes_van_Laar>.

[6] H. C. Van Ness e M. M. Abbott, *Classical Thermodynamics of Nonelectrolyte Solutions: With Applications to Phase Equilibria*, Seção 5-7, McGraw-Hill, New York, 1982.

[7] G. M. Wilson, *J. Am. Chem. Soc.*, vol. 86, pp. 127-130, 1964.

[8] H. Renon e J. M. Prausnitz, *AIChE J.*, vol. 14, pp. 135-144, 1968.

[9] D. S. Abrams e J. M. Prausnitz, *AIChE J.*, vol. 21, pp. 116-128, 1975.

[10] UNIQUAC Funcional-Group Activity Coefficients; proposto por Aa. Fredenslund, R. L. Jones e J. M. Prausnitz, *AIChE J.*, vol. 21, pp. 1086-1099, 1975; um tratamento detalhado é fornecido na monografia: Aa. Fredenslund, J. Gmehling e P. Rasmussen, *Vapor-Liquid Equilibrium Using UNIFAC*, Elsevier, Amsterdam, 1977.

$$\ln \gamma_2 = -\ln(x_2 + x_1\Lambda_{21}) - x_1\left(\frac{\Lambda_{12}}{x_1 + x_2\Lambda_{12}} - \frac{\Lambda_{21}}{x_2 + x_1\Lambda_{21}}\right) \tag{13.47}$$

Em diluição infinita, essas equações se tornam:

$$\ln \gamma_1^\infty = -\ln \Lambda_{12} + 1 - \Lambda_{21} \quad \text{e} \quad \ln \gamma_2^\infty = -\ln \Lambda_{21} + 1 - \Lambda_{12}$$

Note que Λ_{12} e Λ_{21} devem ser sempre números positivos.

Equação NRTL. Essa equação contém três parâmetros para um sistema binário e é escrita:

$$\frac{G^E}{x_1x_2RT} = \frac{G_{21}\tau_{21}}{x_1 + x_2G_{21}} + \frac{G_{12}\tau_{12}}{x_2 + x_1G_{12}} \tag{13.48}$$

$$\ln \gamma_1 = x_2^2\left[\tau_{21}\left(\frac{G_{21}}{x_1 + x_2G_{21}}\right)^2 + \frac{G_{12}\tau_{12}}{(x_2 + x_1G_{12})^2}\right] \tag{13.49}$$

$$\ln \gamma_2 = x_1^2\left[\tau_{12}\left(\frac{G_{12}}{x_2 + x_1G_{12}}\right)^2 + \frac{G_{21}\tau_{21}}{(x_1 + x_2G_{21})^2}\right] \tag{13.50}$$

Aqui, $$G_{12} = \exp(-\alpha\tau_{12}) \qquad G_{21} = \exp(-\alpha\tau_{21})$$

e $$\tau_{12} = \frac{b_{12}}{RT} \qquad \tau_{21} = \frac{b_{21}}{RT}$$

sendo α, b_{12} e b_{21}, parâmetros específicos para um par particular de espécies, independentes da composição e da temperatura. Os valores a diluição infinita dos coeficientes de atividade são dados pelas equações:

$$\ln \gamma_1^\infty = \tau_{21} + \tau_{12}\exp(-\alpha\tau_{12}) \quad \text{e} \quad \ln \gamma_2^\infty = \tau_{12} + \tau_{21}\exp(-\alpha\tau_{21})$$

A equação UNIQUAC e o método UNIFAC são modelos com maior complexidade e são tratados no Apêndice G.

Sistemas Multicomponentes

Os modelos de composição local possuem flexibilidade limitada no ajuste de dados, porém, são adequados para a maioria dos objetivos da Engenharia. Além disso, eles são implicitamente passíveis de generalização para sistemas multicomponentes sem a introdução de qualquer parâmetro além dos necessários na descrição dos sistemas binários constituintes. Por exemplo, a equação de Wilson para sistemas multicomponentes é:

$$\frac{G^E}{RT} = -\sum_i x_i \ln\left(\sum_j x_j\Lambda_{ij}\right) \tag{13.51}$$

$$\ln \gamma_i = 1 - \ln\left(\sum_j x_j\Lambda_{ij}\right) - \sum_k \frac{x_k\Lambda_{ki}}{\sum_j x_j\Lambda_{kj}} \tag{13.52}$$

sendo $\Lambda_{ij} = 1$ para $i = j$ etc. Todos os índices se referem à mesma espécie e os somatórios abrangem *todas* as espécies. Para cada par ij, há dois parâmetros, porque $\Lambda_{ij} \neq \Lambda_{ji}$. Para um sistema ternário, os três pares ij estão associados aos parâmetros Λ_{12}, Λ_{21}; Λ_{13}, Λ_{31}; e Λ_{23}, Λ_{32}.

A dependência dos parâmetros à temperatura é dada por:

$$\Lambda_{ij} = \frac{V_j}{V_i}\exp\frac{-a_{ij}}{RT} \qquad (i \neq j) \tag{13.53}$$

sendo V_j e V_i os volumes molares na temperatura T dos líquidos puros j e i, e a_{ij} uma constante independente da composição e da temperatura. Dessa forma, a equação de Wilson, como todos os outros modelos de composição local, construiu dentro dela mesmo uma dependência *aproximada* dos parâmetros com a temperatura. Além disso, todos os parâmetros são encontrados a partir de dados de sistemas binários (e não multicomponentes). Essa característica faz da determinação de parâmetros para modelos de composição local uma tarefa de proporções tratáveis.

13.5 AJUSTE DE MODELOS DO COEFICIENTE DE ATIVIDADE AOS DADOS DO ELV

Na Tabela 13.3, as primeiras três colunas repetem os dados P-x_1-y_1 da Tabela 13.1 para o sistema metil-etil-cetona(1)/tolueno(2). Esses pontos experimentais também são mostrados na Figura 13.6(*a*) como círculos. Nas colunas 4 e 5, são listados valores de $\ln \gamma_1$ e $\ln \gamma_2$, que são representados pelos quadrados e triângulos na Figura 13.6(*b*). Eles são combinados para um sistema binário de acordo com a Eq. (13.10):

$$\frac{G^E}{RT} = x_1 \ln \gamma_1 + x_2 \ln \gamma_2 \qquad (13.54)$$

Os valores de G^E/RT assim calculados são então divididos por x_1x_2 para fornecer valores de $G^E/(x_1x_2RT)$; os dois conjuntos de números são listados nas colunas 6 e 7 da Tabela 13.3 e aparecem como círculos cheios na Figura 13.6(*b*).

TABELA 13.3 Dados do ELV de Metil-Etil-Cetona(1)/Tolueno(2), a 50 °C

P/kPa	x_1	y_1	$\ln \gamma_1$	$\ln \gamma_2$	G^E/RT	$G^E/(x_1x_2RT)$
12,30 (P_2^{sat})	0,0000	0,0000		0,000	0,000	
15,51	0,0895	0,2716	0,266	0,009	0,032	0,389
18,61	0,1981	0,4565	0,172	0,025	0,054	0,342
21,63	0,3193	0,5934	0,108	0,049	0,068	0,312
24,01	0,4232	0,6815	0,069	0,075	0,072	0,297
25,92	0,5119	0,7440	0,043	0,100	0,071	0,283
27,96	0,6096	0,8050	0,023	0,127	0,063	0,267
30,12	0,7135	0,8639	0,010	0,151	0,051	0,248
31,75	0,7934	0,9048	0,003	0,173	0,038	0,234
34,15	0,9102	0,9590	−0,003	0,237	0,019	0,227
36,09 (P_1^{sat})	1,0000	1,0000	0,000		0,000	

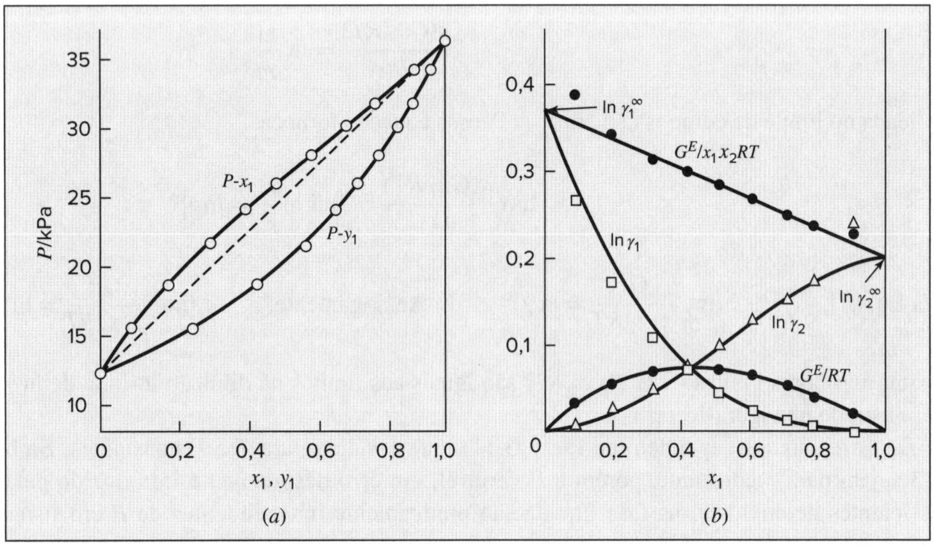

Figura 13.6 O sistema metil-etil-cetona(1)/tolueno(2) a 50 °C. (*a*) Dados *Pxy* e sua correlação. (*b*) Propriedades da fase líquida e sua correlação.

As quatro funções termodinâmicas, $\ln \gamma_1$, $\ln \gamma_2$, G^E/RT e $G^E/(x_1x_2RT)$, são propriedades da fase líquida. A Figura 13.6(*b*) mostra como seus valores experimentais variam com a composição para um sistema binário particular a uma dada temperatura. Essa figura é característica de sistemas nos quais:

$$\gamma_i \geq 1 \qquad \text{e} \qquad \ln \gamma_i \geq 0 \quad (i = 1, 2)$$

Nesses casos, a fase líquida apresenta *desvios positivos* em relação ao comportamento da lei de Raoult. Isso também é visto na Figura 13.6(*a*), na qual todos os pontos P-x_1 encontram-se acima da linha reta tracejada, que representa a lei de Raoult.

Como o coeficiente de atividade de uma espécie em solução se torna unitário na medida em que a espécie se torna pura, cada $\ln \gamma_i$ ($i = 1{,}2$) tende a zero quando $x_i \to 1$. Isso é evidente na Figura 13.6(*b*). No outro limite, quando $x_i \to 0$ e a espécie i se torna infinitamente diluída, $\ln \gamma_i$ tende para um valor finito, identificado por $\ln \gamma_i^\infty$. No limite em que $x_1 \to 0$, a energia de Gibbs em excesso adimensional G^E/RT, como descrita pela Eq. (13.54), torna-se:

$$\lim_{x_1 \to 0} \frac{G^E}{RT} = (0) \ln \gamma_1^\infty + (1)(0) = 0$$

O mesmo resultado é obtido quando $x_2 \to 0$ ($x_1 \to 1$). Consequentemente, o valor de G^E/RT(e G^E) é zero tanto em $x_1 = 0$ quanto em $x_1 = 1$.

A grandeza $G^E/(x_1x_2RT)$ se torna indeterminada tanto para $x_1 = 0$ quanto para $x_1 = 1$, porque G^E é zero em ambos os limites, da mesma forma que o produto $x_1\, x_2$. Para $x_1 \to 0$, a regra de l'Hôpital fornece:

$$\lim_{x_1 \to 0} \frac{G^E}{x_1 x_2 RT} = \lim_{x_1 \to 0} \frac{G^E/RT}{x_1} = \lim_{x_1 \to 0} \frac{d(G^E/RT)}{dx_1} \tag{A}$$

A diferenciação da Eq. (13.54) em relação a x_1 fornece a derivada da última parcela:

$$\frac{d(G^E/RT)}{dx_1} = x_1 \frac{d \ln \gamma_1}{dx_1} + \ln \gamma_1 + x_2 \frac{d \ln \gamma_2}{dx_1} - \ln \gamma_2 \tag{B}$$

O sinal de menos precedendo a última parcela vem de $dx_2/dx_1 = -1$, uma consequência da equação $x_1 + x_2 = 1$. A equação de Gibbs/Duhem, Eq. (13.11), escrita para um sistema binário, é dividida por dx_1 para fornecer:

$$\boxed{x_1 \frac{d \ln \gamma_1}{dx_1} + x_2 \frac{d \ln \gamma_2}{dx_1} = 0 \qquad (T, P \text{ const.})} \tag{13.55}$$

A sua substituição na Eq. (*B*) a transforma em:

$$\frac{d(G^E/RT)}{dx_1} = \ln \frac{\gamma_1}{\gamma_2} \tag{13.56}$$

Aplicada no limite de composição em $x_1 = 0$, essa equação fornece:

$$\lim_{x_1 \to 0} \frac{d(G^E/RT)}{dx_1} = \lim_{x_1 \to 0} \ln \frac{\gamma_1}{\gamma_2} = \ln \gamma_1^\infty$$

Pela Eq. (*A*), $\displaystyle\lim_{x_1 \to 0} \frac{G^E}{x_1 x_2 RT} = \ln \gamma_1^\infty$ Analogamente, $\displaystyle\lim_{x_1 \to 1} \frac{G^E}{x_1 x_2 RT} = \ln \gamma_2^\infty$

Assim, os valores limites de $G^E/(x_1x_2RT)$ são iguais aos limites na diluição infinita de $\ln \gamma_1$ e $\ln \gamma_2$. Esse resultado está ilustrado na Figura 13.6(*b*).

Esses resultados dependem da Eq. (13.11), que é válida para T e P constantes. Embora os dados da Tabela 13.3 sejam para T constante, porém a P variável, um erro desprezível é introduzido pela Eq. (13.11), porque os coeficientes de atividade na fase líquida são praticamente independentes de P em sistemas a pressões baixas e moderadas.

A Eq. (13.11) tem mais influência sobre a natureza da Figura 13.6(*b*). Escrita novamente como

$$\frac{d \ln \gamma_1}{dx_1} = -\frac{x_2}{x_1} \frac{d \ln \gamma_2}{dx_1}$$

ela requer que a inclinação da curva $\ln \gamma_1$ seja, em qualquer ponto, de sinal contrário ao da inclinação da curva $\ln \gamma_2$. Além disso, quando $x_2 \to 0$ (e $x_1 \to 1$), a inclinação da curva $\ln \gamma_1$ é zero. Analogamente, quando $x_1 \to 0$, a inclinação da curva $\ln \gamma_2$ é zero. Dessa forma, cada curva $\ln \gamma_i$ ($i = 1, 2$) termina em zero com inclinação nula em $x_i = 1$.

Regressão de Dados

Dos conjuntos de pontos mostrados na Figura 13.6(*b*), os para $G^E/(x_1x_2RT)$ se ajustam melhor a uma relação matemática simples. Assim, uma linha reta fornece uma aproximação razoável desse conjunto de pontos, e uma expressão matemática é proposta para essa relação linear pela equação:

$$\frac{G^E}{x_1x_2RT} = A_{21}x_1 + A_{12}x_2$$

sendo A_{21} e A_{12} constantes em qualquer aplicação específica. Essa é a equação de Margules como dada pela Eq. (13.39), com expressões correspondentes para os coeficientes de atividade fornecidos pelas Eqs. (13.40) e (13.41).

Para o sistema metil-etil-cetona/tolueno aqui considerado, as curvas na Figura 13.6(*b*) para G^E/RT, ln γ_1 e ln γ_2 são descritas pelas Eqs. (13.39), (13.40) e (13.41) com:

$$A_{12} = 0{,}372 \qquad \text{e} \qquad A_{21} = 0{,}198$$

Esses são os valores, nos pontos $x_1 = 0$ e $x_1 = 1$, nos quais a linha reta traçada para representar os dados $G^E/(x_1x_2RT)$ intercepta os respectivos eixos coordenados.

Um conjunto de dados do ELV foi aqui *regredido* com uma equação matemática simples para a energia de Gibbs em excesso adimensional:

$$\frac{G^E}{RT} = (0{,}198x_1 + 0{,}372x_2)x_1x_2$$

Essa equação armazena de forma concisa a informação do conjunto de dados. Na verdade, as equações de Margules para ln γ_1 e ln γ_2 permitem a montagem de uma correlação do conjunto original de dados P-x_1-y_1. A Eq. (13.19) é escrita para as espécies 1 e 2 de um sistema binário como:

$$y_1P = x_1\gamma_1P_1^{\text{sat}} \qquad \text{e} \qquad y_2P = x_2\gamma_2P_2^{\text{sat}}$$

A adição fornece,

$$\boxed{P = x_1\gamma_1P_1^{\text{sat}} + x_2\gamma_2P_2^{\text{sat}}} \tag{13.57}$$

Em que,

$$\boxed{y_1 = \frac{x_1\gamma_1P_1^{\text{sat}}}{x_1\gamma_1P_1^{\text{sat}} + x_2\gamma_2P_2^{\text{sat}}}} \tag{13.58}$$

Os valores de γ_1 e γ_2 obtidos pelas Eqs. (13.40) e (13.41) com A_{12} e A_{21} determinados para o sistema metil-etil-cetona(1)/tolueno(2) são combinados com os valores experimentais de P_1^{sat} e P_2^{sat} para calcular P e y_1 por meio das Eqs. (13.57) e (13.58) em vários valores de x_1. Os resultados são mostrados pelas linhas cheias na Figura 13.6(*a*), que representam as relações P-x_1 e P-y_1 calculadas. Elas evidentemente fornecem uma correlação adequada dos pontos experimentais.

Um segundo conjunto de dados P-x_1-y_1 para clorofórmio(1)/1,4-dioxano(2) a 50 °C[11] é apresentado na Tabela 13.4 juntamente a valores de funções termodinâmicas pertinentes. As Figuras 13.7(*a*) e 13.7(*b*) mostram em forma de pontos todos os valores experimentais. Esse sistema apresenta desvios negativos em relação ao comportamento da lei de Raoult; γ_1 e γ_2 são menores do que a unidade e os valores de ln γ_1, ln γ_2, G^E/RT e $G^E/(x_1x_2RT)$ são negativos. Além disso, todos os dados de P-x_1 na Figura 13.7(*a*) encontram-se abaixo da linha tracejada, que representa o comportamento da lei de Raoult. Novamente, os dados para $G^E/(x_1x_2RT)$ são razoavelmente bem correlacionados pela equação de Margules, aqui com os seguintes parâmetros:

$$A_{12} = -0{,}72 \qquad \text{e} \qquad A_{21} = -1{,}27$$

Valores de G^E/RT, ln γ_1, ln γ_2, P e y_1 calculados pelas Eqs. (13.39), (13.40), (13.41), (13.57) e (13.58) fornecem as curvas mostradas para essas grandezas nas Figuras 13.7(*a*) e 13.7(*b*). Mais uma vez, os dados experimentais P-x_1-y_1 são adequadamente correlacionados. Embora as correlações fornecidas pelas equações de Margules para os dois conjuntos de dados do ELV aqui apresentados sejam satisfatórias, elas não são perfeitas. As duas razões possíveis são: primeira, as equações de Margules não se ajustam perfeitamente ao conjunto de dados; segunda, os próprios dados P-x_1-y_1 estão sistematicamente errados, por exemplo, não se enquadrando nas exigências da equação de Gibbs/Duhem.

[11] M. L. McGlashan e R. P. Rastogi, *Trans. Faraday Soc.*, vol. 54, p. 496, 1958.

TABELA 13.4 Dados do ELV de Clorofórmio(1)/1,4-Dioxano(2), a 50 °C

P/kPa	x_1	y_1	$\ln \gamma_1$	$\ln \gamma_2$	G^E/RT	$G^E/(x_1x_2RT)$
15,79 (P_2^{sat})	0,0000	0,0000		0,000	0,000	
17,51	0,0932	0,1794	−0,722	0,004	−0,064	−0,758
18,15	0,1248	0,2383	−0,694	−0,000	−0,086	−0,790
19,30	0,1757	0,3302	−0,648	−0,007	−0,120	−0,825
19,89	0,2000	0,3691	−0,636	−0,007	−0,133	−0,828
21,37	0,2626	0,4628	−0,611	−0,014	−0,171	−0,882
24,95	0,3615	0,6184	−0,486	−0,057	−0,212	−0,919
29,82	0,4750	0,7552	−0,380	−0,127	−0,248	−0,992
34,80	0,5555	0,8378	−0,279	−0,218	−0,252	−1,019
42,10	0,6718	0,9137	−0,192	−0,355	−0,245	−1,113
60,38	0,8780	0,9860	−0,023	−0,824	−0,120	−1,124
65,39	0,9398	0,9945	−0,002	−0,972	−0,061	−1,074
69,36 (P_1^{sat})	1,0000	1,0000	0,000		0,000	

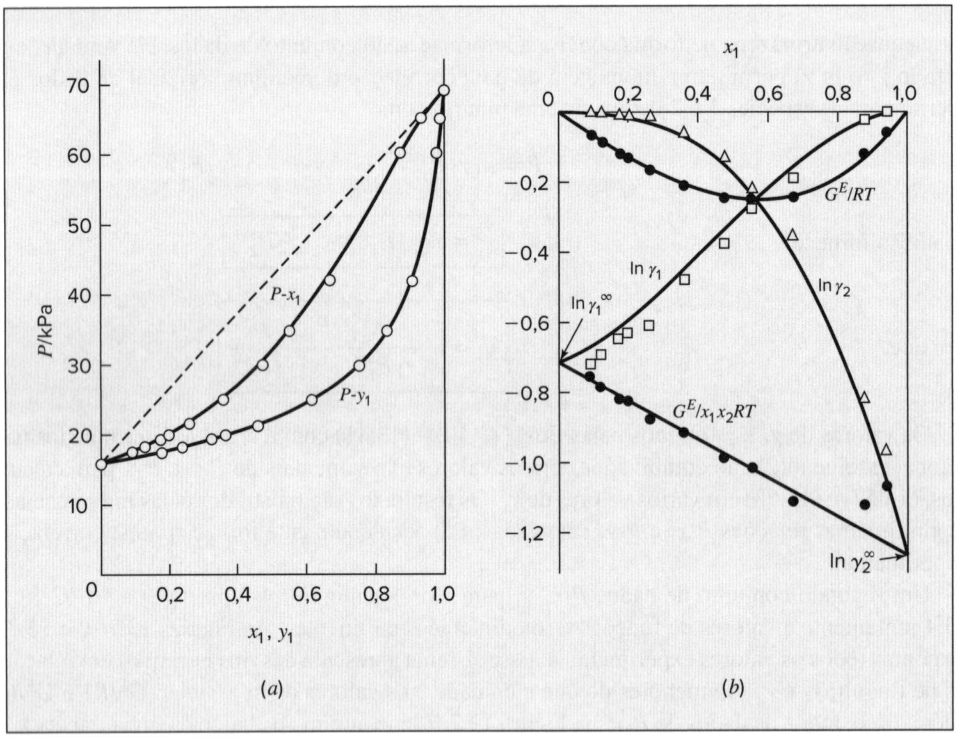

Figura 13.7 O sistema clorofórmio(1)/1,4-dioxano(2), a 50 °C. (*a*) Dados *Pxy* e sua correlação. (*b*) Propriedades da fase líquida e sua correlação.

Na utilização das equações de Margules, supusemos que os desvios dos pontos experimentais para $G^E/(x_1x_2RT)$ em relação às linhas retas traçadas para representá-los resultam de erros aleatórios nos dados. Na verdade, as linhas retas fornecem correlações excelentes para a maioria dos pontos. Somente próximo aos extremos de um diagrama há desvios significativos, que foram descontados, pois as margens de erro aumentam rapidamente à medida que os extremos do diagrama se aproximam. Nos limites em que $x_1 \to 0$ e $x_1 \to 1$, $G^E/(x_1x_2RT)$ se torna indeterminado; experimentalmente, isso significa que os valores estão sujeitos a erros ilimitados e não são mensuráveis. Entretanto, há a possibilidade de que a correlação seja melhorada com os pontos para $G^E/(x_1x_2RT)$ sendo representados por uma curva apropriada, em vez de uma linha reta. Encontrar a correlação que melhor representa os dados é um procedimento de tentativas.

Consistência Termodinâmica

A equação de Gibbs/Duhem, Eq. (13.55), impõe uma restrição aos coeficientes de atividade que pode não ser satisfeita por um conjunto de valores experimentais obtidos de dados P-x_1-y_1. Os valores experimentais de ln γ_1 e ln γ_2 são usados para calcular G^E/RT por meio da Eq. (13.54). Esse processo de adição é independente da equação de Gibbs/Duhem. Por outro lado, a equação de Gibbs/Duhem está implícita na Eq. (13.7), e os coeficientes de atividade oriundos dessa equação obedecem necessariamente à equação de Gibbs/Duhem. Esses coeficientes de atividade derivados podem não ser consistentes com os valores experimentais, a não ser que os valores experimentais também satisfaçam a equação de Gibbs/Duhem. Além do mais, uma correlação P-x_1-y_1 calculada pelas Eqs. (13.57) e (13.58) pode não ser consistente com valores experimentais. Se os dados experimentais são inconsistentes em relação à equação de Gibbs/Duhem, eles são necessariamente incorretos em função da existência de um erro sistemático nos dados. Como as equações de correlação para G^E/RT impõem consistência aos coeficientes de atividade obtidos, não há equação desse tipo que possa reproduzir precisamente dados P-x_1-y_1 que sejam inconsistentes.

Agora o nosso propósito é desenvolver um teste simples para a *consistência* em relação à equação de Gibbs/Duhem de um conjunto de dados P-x_1-y_1. A Eq. (13.54) é escrita com valores experimentais, calculados pela Eq. (13.24) e identificados por um asterisco:

$$\left(\frac{G^E}{RT}\right)^* = x_1 \ln \gamma_1^* + x_2 \ln \gamma_2^*$$

Diferenciando, obtém-se:

$$\frac{d(G^E/RT)^*}{dx_1} = x_1 \frac{d \ln \gamma_1^*}{dx_1} + \ln \gamma_1^* + x_2 \frac{d \ln \gamma_2^*}{dx_1} - \ln \gamma_2^*$$

ou

$$\frac{d(G^E/RT)^*}{dx_1} = \ln \frac{\gamma_1^*}{\gamma_2^*} + x_1 \frac{d \ln \gamma_1^*}{dx_1} + x_2 \frac{d \ln \gamma_2^*}{dx_1}$$

Essa equação é subtraída da Eq. (13.56), escrita para valores das propriedades *derivados*, isto é, valores dados por correlação, como as de Margules:

$$\frac{d(G^E/RT)}{dx_1} - \frac{d(G^E/RT)^*}{dx_1} = \ln \frac{\gamma_1}{\gamma_2} - \ln \frac{\gamma_1^*}{\gamma_2^*} - \left(x_1 \frac{d \ln \gamma_1^*}{dx_1} + x_2 \frac{d \ln \gamma_2^*}{dx_1} \right)$$

As diferenças entre os termos semelhantes são *resíduos*, que podem ser identificados por um δ. Então, a equação anterior se torna:

$$\frac{d\,\delta(G^E/RT)}{dx_1} = \delta \ln \frac{\gamma_1}{\gamma_2} - \left(x_1 \frac{d \ln \gamma_1^*}{dx_1} + x_2 \frac{d \ln \gamma_2^*}{dx_1} \right)$$

Se um conjunto de dados for correlacionado de tal forma que os resíduos em G^E/RT se distribuam ao redor do zero, então a derivada $d\delta(G^E/RT)/dx_1$ é efetivamente zero, simplificando a equação anterior para:

$$\boxed{\delta \ln \frac{\gamma_1}{\gamma_2} = x_1 \frac{d \ln \gamma_1^*}{dx_1} + x_2 \frac{d \ln \gamma_2^*}{dx_1}} \qquad (13.59)$$

O lado direito dessa equação é exatamente a grandeza que a Eq. (13.55), a equação de Gibbs/Duhem, exige que seja zero para dados consistentes. Consequentemente, o resíduo no lado esquerdo fornece uma medida direta do desvio em relação à equação de Gibbs/Duhem. O afastamento do conjunto de dados em relação à consistência é medido pelo grau em que esses resíduos deixam de se distribur ao redor do zero.[12]

▪ Exemplo 13.4

Dados do ELV para dietil-cetona(1)/*n*-hexano(2) a 65 °C, reportados por Maripuri e Ratcliff,[13] são apresentados nas três primeiras colunas da Tabela 13.5. Efetue uma regressão desse conjunto de dados.

[12] Esse teste e outros aspectos da regressão de dados do ELV são tratados por H. C. Van Ness, *J. Chem. Thermodyn.*, vol. 27, pp. 113-134, 1995; *Pure & Appl. Chem.*, vol. 67, pp. 859-872, 1995. Veja também, P. T. Eubank, B. G. Lamonte e J. F. Javier Alvarado, *J. Chem. Eng. Data*, vol. 45, pp. 1040-1048, 2000.

[13] V. C. Maripuri e G. A. Ratcliff, *J. Appl. Chem. Biotechnol.*, vol. 22, pp. 899-903, 1972.

TABELA 13.5 Dados do ELV de Dietil-Cetona(1)/n-Hexano(2) a 65 °C

P/kPa	x_1	y_1	$\ln\gamma_1^*$	$\ln\gamma_2^*$	$\left(\dfrac{G^E}{x_1x_2RT}\right)^*$
90,15 (P_2^{sat})	0,000	0,000		0,000	
91,78	0,063	0,049	0,901	0,033	1,481
88,01	0,248	0,131	0,472	0,121	1,114
81,67	0,372	0,182	0,321	0,166	0,955
78,89	0,443	0,215	0,278	0,210	0,972
76,82	0,508	0,248	0,257	0,264	1,043
73,39	0,561	0,268	0,190	0,306	0,977
66,45	0,640	0,316	0,123	0,337	0,869
62,95	0,702	0,368	0,129	0,393	0,993
57,70	0,763	0,412	0,072	0,462	0,909
50,16	0,834	0,490	0,016	0,536	0,740
45,70	0,874	0,570	0,027	0,548	0,844
29,00 (P_1^{sat})	1,000	1,000	0,000		

Solução 13.4

As três últimas colunas da Tabela 13.5 apresentam os valores experimentais, ln γ_1^*, ln γ_2^* e $(G^E/(x_1x_2RT))^*$, calculados a partir dos dados das Eqs. (13.24) e (13.54). Todos os valores são mostrados como pontos nas Figuras 13.8(a) e 13.8(b). Aqui, o objetivo é encontrar uma equação para G^E/RT que forneça uma correlação adequada dos dados. Embora os pontos da Figura 13.8(b) para $(G^E/(x_1x_2RT))^*$ se mostrem dispersos, eles são adequados para definir uma linha reta:

$$\frac{G^E}{x_1x_2RT} = 0{,}70x_1 + 1{,}35x_2$$

Essa é a equação de Margules com $A_{21} = 0{,}70$ e $A_{12} = 1{,}35$. Os valores derivados para ln γ_1 e ln γ_2 são calculados pelas Eqs. (13.40) e (13.41), e os valores derivados de P e y_1 vêm das Eqs. (13.57) e (13.58). Esses resultados, representados como linhas cheias nas Figuras 13.8(a) e 3.8(b), claramente não representam uma boa correlação dos dados.

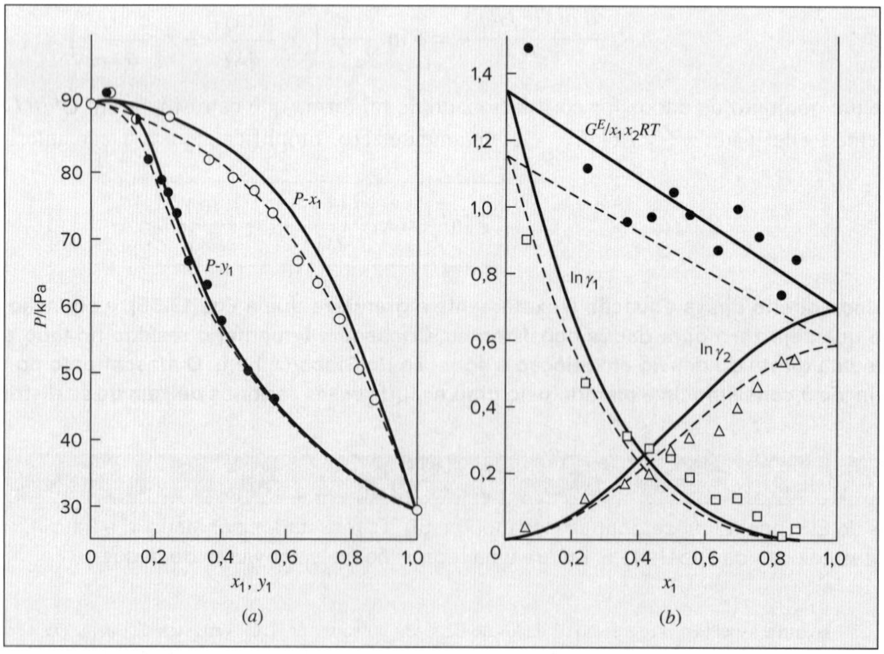

Figura 13.8 O sistema dietil-cetona(1)/n-hexano(2) a 65°C. (a) Dados Pxy e sua correlação. (b) Propriedades da fase líquida e sua correlação.

A dificuldade é que os dados não são *consistentes* com a equação de Gibbs/Duhem. Isto é, o conjunto de valores experimentais, ln γ_1^* e ln γ_2^*, mostrado na Tabela 13.5 não está de acordo com a Eq. (13.55). Contudo, os valores de ln γ_1 e ln γ_2 derivados a partir da correlação obedecem necessariamente a essa equação; consequentemente, os valores experimentais e derivados não podem ser coincidentes e a correlação resultante não pode fornecer uma representação precisa do conjunto completo de dados P-x_1-y_1.

A aplicação do teste de consistência representado pela Eq. (13.59) requer o cálculo dos resíduos $\delta(G^E/RT)$ e δ ln(γ_1/γ_2), cujos valores estão representados em relação a x_1 na Figura 13.9. Os resíduos $\delta(G^E/RT)$ se distribuem ao redor do zero,[14] como é exigido pelo teste, porém, os resíduos δ ln(γ_1/γ_2), que mostram a extensão da dificuldade de os dados satisfazerem a equação de Gibbs/Duhem, evidentemente não o fazem. Valores absolutos médios desses resíduos menores do que 0,03 indicam dados com um alto grau de consistência; valores absolutos médios menores do que 0,10 são provavelmente aceitáveis. O conjunto de dados aqui analisado mostra um desvio absoluto médio de aproximadamente 0,15 e deve, consequentemente, conter erros significativos. Embora não se possa precisar qual é o erro, os valores de y_1 são normalmente os mais suspeitos.

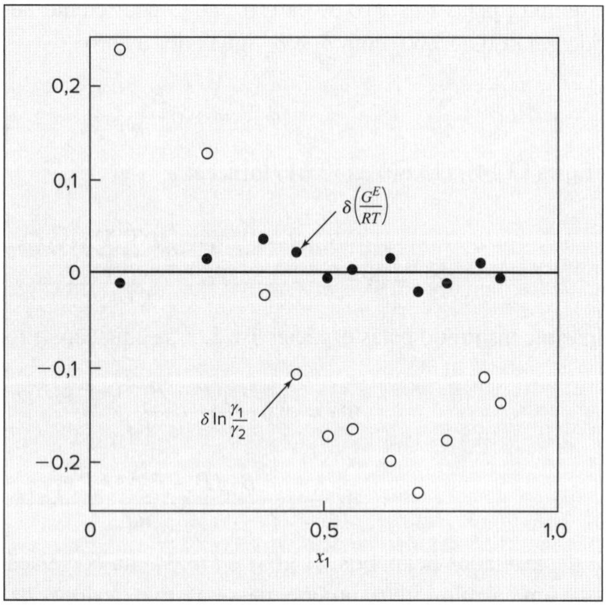

Figura 13.9 Teste de consistência dos dados para dietil-cetona(1)/*n*-hexano(2) a 65°C.

O método anteriormente descrito produz uma correlação que não necessariamente é divergente dos valores experimentais. Uma alternativa é processar somente os dados P-x_1; isso é possível porque o conjunto de dados P-x_1-y_1 fornece mais informações do que as necessárias. O procedimento requer um computador, mas em princípio é simples o suficiente. Admitindo que a equação de Margules é apropriada aos dados, simplesmente procura-se por valores dos parâmetros A_{12} e A_{21} que forneçam pressões, por meio da Eq. (13.57), que estejam o mais próximo possível dos valores medidos. O método se aplica a qualquer que seja a equação de correlação admitida e é conhecido como *método de Barker*.[15] Aplicado ao presente conjunto de dados, ele fornece os parâmetros:

$$A_{21} = 0{,}596 \quad \text{e} \quad A_{12} = 1{,}153$$

O uso desses parâmetros nas Eqs. (13.39), (13.40), (13.41), (13.57) e (13.58) produz os resultados descritos pelas linhas tracejadas nas Figuras 13.8(*a*) e 13.8(*b*). A correlação pode não ser precisa, mas ela claramente fornece uma melhor representação global dos dados P-x_1-y_1 experimentais. Note, entretanto, que ela necessariamente fornece um ajuste pior para os dados derivados experimentalmente ln γ_1, ln γ_2, e $(G^E/(x_1x_2RT))$. Esse procedimento de ajuste ignora os dados de composição da fase vapor dos quais aqueles coeficientes de atividade derivados experimentalmente foram determinados.

[14] O procedimento simples utilizado aqui para encontrar uma correlação para G^E/RT poderia ser melhorado por um procedimento de regressão que determine os valores de A_{21} e A_{12} que minimizam a soma dos quadrados dos *resíduos* $\delta(G^E/RT)$.

[15] J. A. Barker, *Austral. J. Chem.*, vol. 6, pp. 207-210, 1953.

Incorporação do Coeficiente de Fugacidade da Fase Vapor

A restrição a baixas pressões, nas quais a fase vapor pode ser considerada no estado de gás ideal, nem sempre é possível ou mesmo desejável. Frequentemente, os processos práticos são operados em elevadas pressões para aumentar a vazão processada ou a capacidade. Nesse caso, dados experimentais devem ser obtidos em pressões elevadas para aumentar a sua relevância para as condições do processo.

Em pressões moderadas, a Eq. (3.36), a expansão virial em P com dois termos, é normalmente adequada para o cálculo de propriedades. Os coeficientes de fugacidade requeridos na Eq. (13.14) são então dados pela Eq. (10.64), aqui escrita na forma:

$$\hat{\phi}_i^v = \exp\frac{P}{RT}\left[B_{ii} + \frac{1}{2}\sum_j\sum_k y_j y_k(2\delta_{ji} - \delta_{jk})\right] \tag{13.60}$$

em que $\qquad \delta_{ji} \equiv 2B_{ji} - B_{jj} - B_{ii} \qquad \delta_{jk} \equiv 2B_{jk} - B_{jj} - B_{kk}$

com $\delta_{ii} = 0$, $\delta_{jj} = 0$ etc., e $\delta_{ij} = \delta_{ji}$ etc. Valores dos coeficientes virial vêm de uma correlação generalizada, como representada, por exemplo, pelas Eqs. (10.69) a (10.74). O coeficiente de fugacidade para i pura como um vapor saturado ϕ_i^{sat} é obtido pela Eq. (13.60) com δ_{ji} e δ_{jk} igualados a zero:

$$\phi_i^{sat} = \exp\frac{B_{ii}P_i^{sat}}{RT} \tag{13.61}$$

A combinação das Eqs. (13.14), (13.60) e (13.61) fornece:

$$\Phi_i = \exp\frac{B_{ii}(P - P_i^{sat}) + \frac{1}{2}P\sum_j\sum_k y_j y_k(2\delta_{ji} - \delta_{jk})}{RT} \tag{13.62}$$

Para um sistema binário constituído pelas espécies 1 e 2, essa equação se torna:

$$\Phi_1 = \exp\frac{B_{11}(P - P_1^{sat}) + Py_2^2\delta_{12}}{RT} \tag{13.63}$$

$$\Phi_2 = \exp\frac{B_{22}(P - P_2^{sat}) + Py_1^2\delta_{12}}{RT} \tag{13.64}$$

A inclusão de Φ_1 e Φ_2 avaliados pelas Eqs. (13.63) e (13.64) na correlação de um conjunto de dados do ELV em pressões moderadas é um cálculo direto, porque, nesse caso, os valores de T, P e y_i, em cada ponto dos dados são conhecidos. Após avaliar Φ_i em cada ponto, os coeficientes de atividade são calculados por:

$$\gamma_i = \frac{y_i\Phi_i P}{x_i P_i^{sat}} \tag{13.65}$$

Então, esses coeficientes de atividade derivados experimentalmente são combinados via Eq. (13.54), e o ajuste a um modelo de energia de Gibbs em excesso é normalmente efetuado.

Por outro lado, a inclusão dos coeficientes de fugacidade da fase vapor introduz novas complicações significativas nos cálculos do ponto de bolha e de *flash*, porque, nesses casos, a composição da fase vapor é desconhecida. Quando os coeficientes de fugacidade da fase vapor não estão incluídos, os cálculos da pressão no ponto de bolha podem ser realizados diretamente, sem necessidade de qualquer procedimento iterativo. Entretanto, com a inclusão dos coeficientes de fugacidade da fase vapor, todos os tipos de cálculo de ponto de bolha, de ponto de orvalho e de *flash* requerem uma solução iterativa.

Extrapolação de Dados para Altas Temperaturas

Um vasto conjunto de dados experimentais de propriedades em excesso na fase líquida em sistemas binários, a temperaturas próximas a 30 °C e um pouco superiores, está disponível na literatura. O uso efetivo desses dados para estender as correlações de G^E para temperaturas mais altas é fundamental para empregá-las em cálculos de projetos de Engenharia. As principais relações para a dependência das propriedades em excesso à temperatura são encontradas na Eq. (10.89), escrita para P e x constantes desta forma:

$$d\left(\frac{G^E}{RT}\right) = -\frac{H^E}{RT^2}dT \qquad (P, x \text{ const.})$$

e a equação análoga à Eq. (2.20) para propriedades em excesso:

$$dH^E = C_P^E dT \qquad (P, x \text{ const.})$$

A integração da primeira dessas equações de T_0 a T fornece:

$$\frac{G^E}{RT} = \left(\frac{G^E}{RT}\right)_{T_0} - \int_{T_0}^{T} \frac{H^E}{RT^2} dT \tag{13.66}$$

Analogamente, a segunda equação pode ser integrada de T_1 a T:

$$H^E = H_1^E + \int_{T_1}^{T} C_P^E dT \tag{13.67}$$

Em adição,

$$dC_P^E = \left(\frac{\partial C_P^E}{\partial T}\right)_{P,x} dT$$

A integração de T_2 a T fornece:

$$C_P^E = C_{P_2}^E + \int_{T_2}^{T} \left(\frac{\partial C_P^E}{\partial T}\right)_{P,x} dT$$

A combinação dessa equação com as Eqs. (13.66) e (13.67) leva a:

$$\frac{G^E}{RT} = \left(\frac{G^E}{RT}\right)_{T_0} - \left(\frac{H^E}{RT}\right)_{T_1}\left(\frac{T}{T_0} - 1\right)\frac{T_1}{T} - \frac{C_{P_2}^E}{R}\left[\ln\frac{T}{T_0} - \left(\frac{T}{T_0} - 1\right)\frac{T_1}{T}\right] - J \tag{13.68}$$

em que

$$J \equiv \int_{T_0}^{T} \frac{1}{RT^2} \int_{T_1}^{T} \int_{T_2}^{T} \left(\frac{\partial C_P^E}{\partial T}\right)_{P,x} dT\, dT\, dT$$

Essa equação geral utiliza dados da energia de Gibbs em excesso na temperatura T_0, dados da entalpia em excesso (calor de mistura) a T_1 e dados da capacidade calorífica em excesso a T_2.

A determinação da integral J requer a informação da dependência de C_P^E à temperatura. Por causa da relativa escassez de dados de capacidade calorífica em excesso, a hipótese usual é que essa propriedade seja constante, independente de T. Desse modo, a integral J é igual a zero e, quanto mais próximas forem T_0 e T_1 de T, menor será a influência dessa hipótese. Quando não há informação disponível com relação à C_P^E, e os dados de entalpias em excesso estão disponíveis somente a uma única temperatura, a capacidade calorífica em excesso deve ser considerada igual a zero. Nesse caso, somente as duas primeiras parcelas no lado direito da Eq. (13.68) são mantidas e ela se torna imprecisa rapidamente à medida que T aumenta.

Como os parâmetros das correlações a dois parâmetros para dados de G^E são diretamente relacionados aos valores a diluição infinita dos coeficientes de atividade, nosso principal interesse na Eq. (13.68) é a sua aplicação em sistemas binários com uma das espécies constituintes em diluição infinita. Com esse objetivo, dividimos a Eq. (13.68) pelo produto $x_1 x_2$. Para C_P^E independente de T (e, assim, com $J = 0$), ela se transforma em:

$$\frac{G^E}{x_1x_2RT} = \left(\frac{G^E}{x_1x_2RT}\right)_{T_0} - \left(\frac{H^E}{x_1x_2RT}\right)_{T_1}\left(\frac{T}{T_0} - 1\right)\frac{T_1}{T} - \frac{C_P^E}{x_1x_2R}\left[\ln\frac{T}{T_0} - \left(\frac{T}{T_0} - 1\right)\frac{T_1}{T}\right]$$

Como mostrado na Seção 13.5,

$$\left(\frac{G^E}{x_1x_2RT}\right)_{x_i=0} = \ln \gamma_i^\infty$$

A equação anterior aplicada à espécie i em diluição infinita pode consequentemente ser escrita na forma:

$$\ln \gamma_i^\infty = (\ln \gamma_i^\infty)_{T_0} - \left(\frac{H^E}{x_1x_2RT}\right)_{T_1, x_i=0}\left(\frac{T}{T_0} - 1\right)\frac{T_1}{T} - \left(\frac{C_P^E}{x_1x_2R}\right)_{x_i=0}\left[\ln\frac{T}{T_0} - \left(\frac{T}{T_0} - 1\right)\frac{T_1}{T}\right] \tag{13.69}$$

Dados para o sistema binário etanol(1)/água(2) fornecem uma ilustração específica. A uma temperatura base T_0 igual a 363,15 K (90 °C), os dados do ELV de Pemberton e Mash[16] fornecem valores precisos para os coeficientes de atividade em diluição infinita:

$$(\ln \gamma_1^\infty)_{T_0} = 1{,}7720 \quad \text{e} \quad (\ln \gamma_2^\infty)_{T_0} = 0{,}9042$$

A correlação dos dados de entalpia em excesso de J. A. Larkin[17] a 110 °C fornece os valores:

$$\left(\frac{H^E}{x_1 x_2 RT}\right)_{T_1, x_1 = 0} = -0{,}0598 \quad \text{e} \quad \left(\frac{H^E}{x_1 x_2 RT}\right)_{T_1, x_2 = 0} = 0{,}6735$$

Correlações da entalpia em excesso para a faixa de temperaturas de 50 a 110 °C levam a valores em diluição infinita de $C_P^E/(x_1x_2R)$ que são praticamente constantes e iguais a

$$\left(\frac{C_P^E}{x_1 x_2 R}\right)_{x_1 = 0} = 13{,}8 \quad \text{e} \quad \left(\frac{C_P^E}{x_1 x_2 R}\right)_{x_2 = 0} = 7{,}2$$

A Eq. (13.69) pode ser diretamente utilizada com esses dados para determinar $\ln \gamma_1^\infty$ e $\ln \gamma_2^\infty$ para temperaturas maiores do que 90 °C. Aqui, as equações de van Laar [Eqs. (13.43) e (13.44)] são apropriadas, com os parâmetros diretamente relacionados aos coeficientes de atividade a diluição infinita:

$$A'_{12} = \ln \gamma_1^\infty \qquad \text{e} \qquad A'_{21} = \ln \gamma_2^\infty$$

Esses dados permitem a previsão do ELV por meio de uma equação de estado a 90 °C e em duas temperaturas mais altas, 423,15 e 473,15 K (150 e 200 °C), para as quais os dados medidos do ELV são fornecidos por Barr-David e Dodge.[18] Pemberton e Mash informam as pressões de vapor das espécies puras a 90 °C para o etanol e a água, mas os dados de Barr-David e Dodge (a 150 e 200 °C) não incluem esses valores. Consequentemente, eles são calculados com correlações confiáveis. Resultados de cálculos baseados na equação de estado de Peng/Robinson são mostrados na Tabela 13.6. São mostrados, para as três temperaturas, valores dos parâmetros de van Laar A'_{12} e A'_{21}, das pressões de vapor das espécies puras P_1^{sat} e P_2^{sat}, dos parâmetros da equação de estado b_i e q_i, e dos desvios quadráticos médios (DQM) entre os valores calculados e os experimentais para P e y_1.

TABELA 13.6 Resultados do ELV para Etanol(1)/Água(2)

T °C	A'_{12}	A'_{21}	P_1^{sat} bar	P_2^{sat} bar	q_1	q_2	DQM % δP	DQM δy_1
90	1,7720	0,9042	1,5789	0,7012	12,0364	15,4551	0,29	*****
150	1,7356	0,7796	9,825	4,760	8,8905	12,2158	2,54	0,005
200	1,5204	0,6001	29,861	15,547	7,0268	10,2080	1,40	0,005
			$b_1 = 54{,}0645$	$b_2 = 18{,}9772$				

***** Composição da fase vapor não medida.

O pequeno valor do DQM % δP mostrado para 90 °C indica tanto a adequação da equação de van Laar para a correlação dos dados do ELV quanto a capacidade da equação de estado de reproduzir os dados. Um ajuste direto desses dados com a equação de van Laar por meio do procedimento gama/phi fornece DQM % δP = 0,19.[19] Os resultados a 150 e 200 °C estão baseados somente em dados da pressão de vapor para as espécies puras e em dados da mistura a temperaturas mais baixas. A qualidade da previsão é indicada pelo diagrama *Pxy* da Figura 13.13, que também reflete a incerteza dos dados.

[16] R. C. Pemberton e C. J. Mash, *Int. DATA Series, Ser. B*, vol. 1, p. 66, 1978.

[17] Como informado em *Heats of Mixing Data Collection*, Chemistry Data Series, vol. III, parte 1, pp. 457-459, DECHEMA, Frankfurt/Main, 1984.

[18] F. H. Barr-David e B. F. Dodge, *J. Chem. Eng. Data*, vol. 4, pp. 107-121, 1959.

[19] Como informado em *Vapor-Liquid Equilibrium Data Collection*, Chemistry Data Series, vol. 1, parte 1a, p. 145, DECHEMA, Frankfurt/Main, 1981.

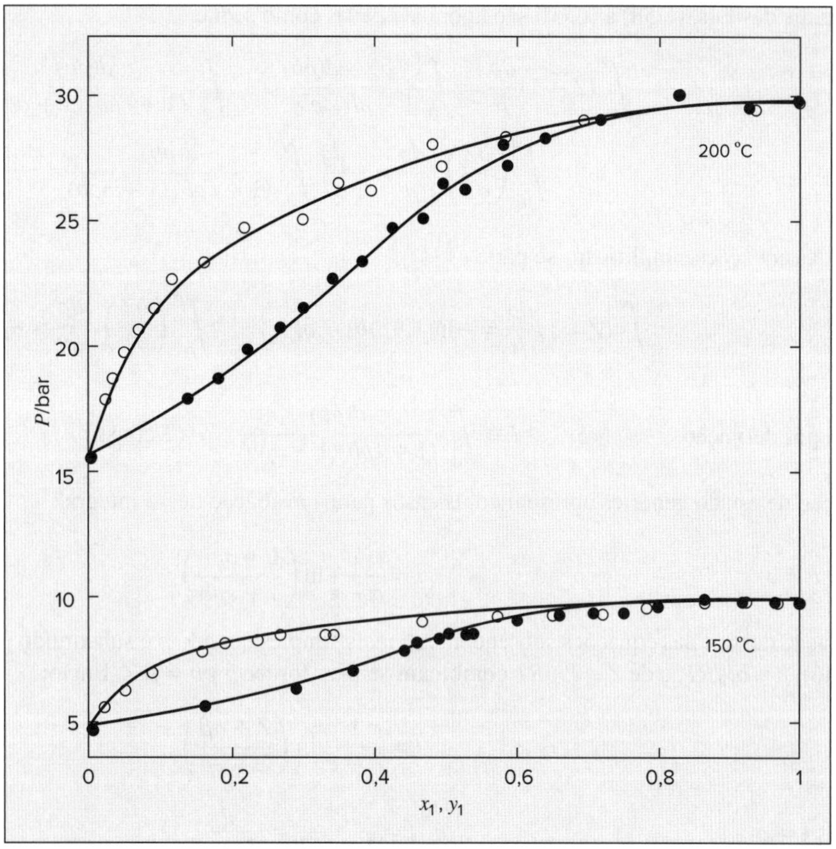

Figura 13.10 Diagrama *Pxy* para etanol(1)/água(2). As linhas representam valores preditos; os pontos são valores experimentais.

13.6 PROPRIEDADES RESIDUAIS UTILIZANDO EQUAÇÕES DE ESTADO CÚBICAS

Na Seção 6.3, nós tratamos os cálculos das propriedades residuais usando as equações de estado virial e as correlações generalizadas, mas não estendemos o tratamento para as equações de estado cúbicas naquele momento. A característica importante que diferencia as equações de estado cúbicas é a sua habilidade de tratar as propriedades de ambas as fases, vapor e líquida. Essa capacidade é mais valiosa no contexto dos cálculos do ELV, como considerado no presente capítulo. Dessa forma, nesta seção, nós primeiro trataremos do cálculo de propriedades residuais a partir das equações de estado cúbicas e, então, na Seção 13.7, mostraremos como isso pode ser utilizado para os cálculos do equilíbrio de fases.

Resultados com certa generalidade são obtidos a partir da utilização da equação de estado cúbica genérica:

$$P = \frac{RT}{V - b} - \frac{a(T)}{(V + \varepsilon b)(V + \sigma b)} \tag{3.41}$$

As Eqs. (6.58) a (6.60) são compatíveis com as equações de estado explícitas com relação à pressão. Nós precisamos somente reescrever a Eq. (3.41) para fornecer Z com a densidade ρ como variável independente. Consequentemente, dividimos a Eq. (3.41) por ρRT e substituímos $V = 1/\rho$. Com q dado pela Eq. (3.47), $q \equiv a(T)/bRT$, o resultado após a manipulação algébrica é:

$$Z = \frac{1}{1 - \rho b} - q\frac{\rho b}{(1 + \varepsilon\rho b)(1 + \sigma\rho b)}$$

As duas grandezas necessárias para a avaliação das integrais nas Eqs. (6.58) a (6.60), $Z - 1$ e $(\partial Z/\partial T)_\rho$, são facilmente encontradas a partir das equações:

$$Z - 1 = \frac{\rho b}{1 - \rho b} - q\frac{\rho b}{(1 + \varepsilon\rho b)(1 + \sigma\rho b)}$$
$$\left(\frac{\partial Z}{\partial T}\right)_\rho = -\left(\frac{dq}{dT}\right)\frac{\rho b}{(1 + \varepsilon\rho b)(1 + \sigma\rho b)} \tag{13.70}$$

As integrais das Eqs. (6.58) a (6.60) são agora avaliadas como segue:

$$\int_0^\rho (Z-1)\frac{d\rho}{\rho} = \int_0^\rho \frac{\rho b}{1-\rho b}\frac{d(\rho b)}{\rho b} - q\int_0^\rho \frac{d(\rho b)}{(1+\varepsilon\rho b)(1+\sigma\rho b)}$$

$$\int_0^\rho \left(\frac{\partial Z}{\partial T}\right)_\rho \frac{d\rho}{\rho} = -\frac{dq}{dT}\int_0^\rho \frac{d(\rho b)}{(1+\varepsilon\rho b)(1+\sigma\rho b)}$$

Essas duas equações simplificam-se para:

$$\int_0^\rho (Z-1)\frac{d\rho}{\rho} = -\ln(1-\rho b) - qI \qquad \int_0^\rho \left(\frac{\partial Z}{\partial T}\right)_\rho \frac{d\rho}{\rho} = -\frac{dq}{dT}I$$

na qual, por definição,
$$I \equiv \int_0^\rho \frac{d(\rho b)}{(1+\varepsilon\rho b)(1+\sigma\rho b)} \qquad (T \text{ const.})$$

A equação de estado genérica apresenta dois casos para a avaliação dessa integral:

Caso I: $\varepsilon \neq \sigma$
$$I = \frac{1}{\sigma-\varepsilon}\ln\left(\frac{1+\sigma\rho b}{1+\varepsilon\rho b}\right) \tag{13.71}$$

A utilização dessa e das equações subsequentes é mais simples quando ρ é substituído por Z. As definições de β pela Eq. (3.46), $\beta \equiv bP/RT$, e de $Z \equiv P/\rho RT$ combinam-se para fornecer $\rho b = \beta/Z$. Então:

$$I = \frac{1}{\sigma-\varepsilon}\ln\left(\frac{Z+\sigma\beta}{Z+\varepsilon\beta}\right) \tag{13.72}$$

Caso II: $\varepsilon = \sigma$
$$I = \frac{\rho b}{1+\varepsilon\rho b} = \frac{\beta}{Z+\varepsilon\beta}$$

A equação de van der Waals é a única aqui considerada para a qual o Caso II se aplica; e essa equação, com $\varepsilon = 0$, se reduz a $I = \beta/Z$.

Com a avaliação das integrais, as Eqs. (6.58) a (6.60) se reduzem a:

$$\frac{G^R}{RT} = Z - 1 - \ln[(1-\rho b)Z] - qI \tag{13.73}$$

ou

$$\boxed{\frac{G^R}{RT} = Z - 1 - \ln(Z-\beta) - qI} \tag{13.74}$$

$$\frac{H^R}{RT} = Z - 1 + T\left(\frac{dq}{dT}\right)I = Z - 1 + T_r\left(\frac{dq}{dT_r}\right)I$$

e

$$\frac{S^R}{R} = \ln(Z-\beta) + \left(q + T_r\frac{dq}{dT_r}\right)I$$

A grandeza $T_r(dq/dT_r)$ é facilmente determinada a partir da Eq. (3.51):

$$T_r\frac{dq}{dT_r} = \left[\frac{d\ln\alpha(T_r)}{d\ln T_r} - 1\right]q$$

A substituição dessa grandeza nas duas equações anteriores fornece:

$$\boxed{\frac{H^R}{RT} = Z - 1 + \left[\frac{d\ln\alpha(T_r)}{d\ln T_r} - 1\right]qI} \tag{13.75}$$

$$\boxed{\frac{S^R}{R} = \ln(Z-\beta) + \frac{d\ln\alpha(T_r)}{d\ln T_r}qI} \tag{13.76}$$

Antes de utilizar essas equações, tem-se que determinar Z por meio da solução da própria equação de estado, tipicamente escrita na forma da Eq. (3.48) ou (3.49) para a fase vapor ou líquida, respectivamente.

Exemplo 13.5

Determine valores para a entalpia residual H^R e a entropia residual S^R do *n*-butano gasoso, a 500 K e 50 bar, utilizando a equação de Redlich/Kwong.

Solução 13.5

Para as condições dadas:

$$T_r = \frac{500}{425{,}1} = 1{,}176 \qquad P_r = \frac{50}{37{,}96} = 1{,}317$$

Pela Eq. (3.50), com Ω para a equação de Redlich/Kwong obtido na Tabela 3.1,

$$\beta = \Omega \frac{P_r}{T_r} = \frac{(0{,}08664)(1{,}317)}{1{,}176} = 0{,}09703$$

Com os valores para Ψ e Ω, e com a expressão $\alpha(T_r) = T_r^{-1/2}$ a partir da Tabela 3.1, a Eq. (3.51) fornece:

$$q = \frac{\Psi\alpha(T_r)}{\Omega T_r} = \frac{0{,}42748}{(0{,}08664)(1{,}176)^{1{,}5}} = 3{,}8689$$

A substituição desses valores de β e q, com $\varepsilon = 0$ e $\sigma = 1$ na Eq. (3.48), a reduz para:

$$Z = 1 + 0{,}09703 - (3{,}8689)(0{,}09703)\frac{Z - 0{,}09703}{Z(Z + 0{,}09703)}$$

Resolvendo essa equação iterativamente, obtém-se $Z = 0{,}6850$. Então:

$$I = \ln\frac{Z + \beta}{Z} = 0{,}13247$$

Com $\ln\alpha(T_r) = -\frac{1}{2}\ln T_r$, temos $\frac{d\ln\alpha(T_r)}{d\ln T_r} = -\frac{1}{2}$, e as Eqs. (13.75) e (13.76) se tornam:

$$\frac{H^R}{RT} = 0{,}6850 - 1 + (-0{,}5 - 1)(3{,}8689)(0{,}13247) = -1{,}0838$$

$$\frac{S^R}{R} = \ln(0{,}6850 - 0{,}09703) - (0{,}5)(3{,}8689)(0{,}13247) = -0{,}78735$$

$$H^R = (8{,}314)(500)(-1{,}0838) = -4505 \text{ J} \cdot \text{mol}^{-1}$$

Em que,

$$S^R = (8{,}314)(-0{,}78735) = -6{,}546 \text{ J} \cdot \text{mol}^{-1} \cdot \text{K}^{-1}$$

Esses resultados são comparados a outros obtidos com outros cálculos na Tabela 13.7.

TABELA 13.7 Valores para Z, H^R e S^R para o *n*-Butano a 500 K e 50 bar

Método	Z	H^R J · mol^{-1}	S^R J · mol^{-1} · K^{-1}
Eq. vdW	0,6608	–3937	–5,424
Eq. RK	0,6850	–4505	–6,546
Eq. SRK	0,7222	–4824	–7,413
Eq. PR	0,6907	–4988	–7,426
Lee/Kesler†	0,6988	–4966	–7,632
Handbook††	0,7060	–4760	–7,170

† Descrita na Seção 6.7.

†† Valores obtidos a partir dos números na Tabela 2-240, pp. 2-223, *Chemical Engineers' Handbook*, 7ª ed., D. Green e R. H. Perry (eds.), McGraw-Hill, New York, 1997.

13.7 ELV A PARTIR DE EQUAÇÕES DE ESTADO CÚBICAS

Conforme mostrado na Seção 10.6, fases nas mesmas T e P estão em equilíbrio quando a fugacidade de cada espécie é a mesma em todas as fases. Para o ELV, essa exigência é escrita:

$$\hat{f}_i^v = \hat{f}_i^l \qquad (i = 1, 2, \ldots, N) \tag{10.48}$$

Uma forma alternativa resulta da introdução do coeficiente de fugacidade, definido pela Eq. (10.52):

$$y_i \hat{\phi}_i^v P = x_i \hat{\phi}_i^l P$$

ou

$$\boxed{y_i \hat{\phi}_i^v = x_i \hat{\phi}_i^l \qquad (i = 1, 2, \ldots, N)} \tag{13.77}$$

As aplicações dessa equação com os coeficientes de fugacidade avaliados a partir das equações de estado cúbicas são apresentadas nas próximas subseções.

Pressões de Vapor de uma Espécie Pura

Embora pressões de vapor de uma espécie pura P_i^{sat} estejam sujeitas a medidas experimentais, elas também estão implícitas em uma equação de estado cúbica. Na realidade, a aplicação mais simples de equações de estado nos cálculos do ELV é achar a pressão de vapor de uma espécie pura a uma dada temperatura T.

A isoterma PV subcrítica da Figura 3.9, identificada por $T_2 < T_c$, é reproduzida aqui na Figura 13.11. Gerada por uma equação de estado cúbica, ela é constituída por três segmentos. O segmento muito inclinado à esquerda (rs) é característico dos líquidos; no limite em que $P \to \infty$, o volume molar V se aproxima da constante b [Eq. (3.41)]. O segmento à direita (tu), com uma inclinação suave para baixo, é característico dos vapores; no limite em que $P \to 0$, o volume molar V se aproxima de infinito. O segmento central (st), contendo tanto um mínimo (note que, nesse ponto, $P < 0$) quanto um máximo, fornece uma transição suave do líquido para o vapor, mas não tem significado físico. A transição real do líquido para o vapor ocorre na pressão de vapor ao longo de uma linha horizontal, como a que une os pontos M e W.

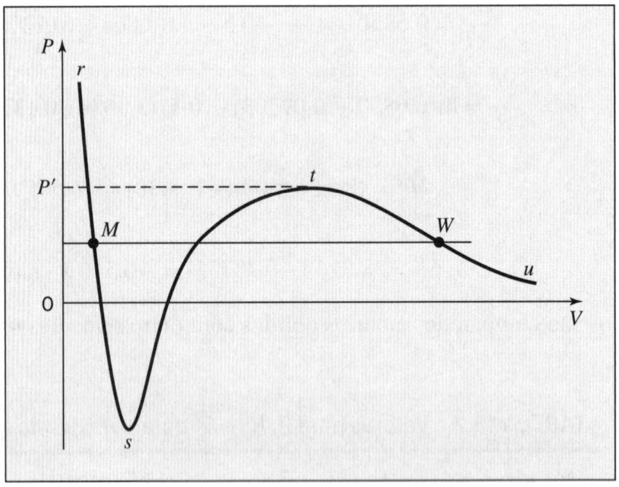

Figura 13.11 Isoterma para $T < T_c$ em um diagrama PV de um fluido puro.

Para a espécie pura i, a Eq. (13.77) se reduz à Eq. (10.41), $\phi_i^v = \phi_i^l$, que pode ser escrita na forma:

$$\ln \phi_i^l - \ln \phi_i^v = 0 \tag{13.78}$$

O coeficiente de fugacidade de um líquido puro ou de um vapor puro é uma função de sua temperatura e de sua pressão. Para um líquido ou vapor *saturado*, a pressão no equilíbrio é P_i^{sat}, e a Eq. (13.78) expressa implicitamente a relação funcional

$$g(T, P_i^{\text{sat}}) = 0 \qquad \text{ou} \qquad P_i^{\text{sat}} = f(T)$$

Uma isoterma gerada por uma equação de estado cúbica, como é representado na Figura 13.11, tem três raízes no volume para uma pressão específica entre $P = 0$ e $P = P'$. A menor raiz se encontra no segmento de linha à esquerda e é um volume do tipo líquido, por exemplo, no ponto M. A maior raiz se encontra no segmento de linha à direita e é um volume do tipo vapor, por exemplo, no ponto W.

Se esses pontos estiverem situados na pressão de vapor, então *M* representa líquido *saturado*, *W* representa vapor *saturado* e eles existem em equilíbrio de fases.

A raiz situada na linha no centro não tem significado físico.

Duas equações de estado cúbicas amplamente utilizadas, desenvolvidas especificamente para cálculos do ELV, são a equação de Soave/Redlich/Kwong (SRK)[20] e a equação de Peng/Robinson (PR).[21] Ambas são casos particulares da equação de estado cúbica genérica, Eq. (3.41). Os parâmetros das equações de estado são independentes da fase; e, de acordo com as Eqs. (3.44) a (3.47), eles são dados por:

$a_i(T) = \Psi \dfrac{\alpha(T_{r_i}) R^2 T_{c_i}^2}{P_{c_i}}$ (13.79)	$b_i = \Omega \dfrac{RT_{c_i}}{P_{c_i}}$ (13.80)
$\beta_i \equiv \dfrac{b_i P}{RT}$ (13.81)	$q_i \equiv \dfrac{a_i(T)}{b_i RT}$ (13.82)

Escrita para uma espécie i pura como um vapor, a Eq. (3.48) se torna:

$$Z_i^v = 1 + \beta_i - q_i \beta_i \frac{Z_i^v - \beta_i}{\left(Z_i^v + \varepsilon\beta_i\right)\left(Z_i^v + \sigma\beta_i\right)} \tag{13.83}$$

Para a espécie i pura como um líquido, a Eq. (3.49) é escrita na forma:

$$Z_i^l = \beta_i + \left(Z_i^l + \varepsilon\beta_i\right)\left(Z_i^l + \sigma\beta_i\right)\left(\frac{1 + \beta_i - Z_i^l}{q_i \beta_i}\right) \tag{13.84}$$

Os números ε, σ, Ψ, Ω e as expressões para $\alpha(T_{ri})$ são específicos da equação de estado e são dados na Tabela 3.1 para vários prototípicos de equações de estado cúbicas.

Na Seção 13.6 e na Seção 10.5, nós desenvolvemos as duas relações a seguir:

$$\frac{G_i^R}{RT} = Z_i - 1 - \ln(Z_i - \beta_i) - q_i I_i \tag{13.74}$$

$$\frac{G_i^R}{RT} = \ln \phi_i \tag{10.33}$$

Em conjunto, elas fornecem:

$$\ln \phi_i = Z_i - 1 - \ln(Z_i - \beta_i) - q_i I_i \tag{13.85}$$

Portanto, os valores para $\ln \phi_i$ são implícitos pela equação de estado. Na Eq. (13.85), q_i é dado pela Eq. (13.82) e I_i pela Eq. (13.72). Para dados T e P, o valor da fase vapor Z_i^v no ponto W da Figura 13.11 é dado pela Eq. (13.83), e o valor da fase líquida Z_i^l no ponto M é dado pela Eq. (13.84). Valores para $\ln \phi_i^l$ e $\ln \phi_i^v$ são então encontrados com a Eq. (13.85). Se eles satisfizerem a Eq. (13.77), então P é a pressão de vapor P_i^{sat} na temperatura T, e M e W representam os estados de líquido e vapor saturados implícitos pela equação de estado. A solução pode ser encontrada por tentativa, por meio de iteração ou por um algoritmo de solução apropriado para equações algébricas não lineares. As oito equações e oito incógnitas estão listadas na Tabela 13.8.

O cálculo de pressões de vapor de espécies puras como aqui descrito pode ser invertido para permitir a determinação de um parâmetro da equação de estado a partir de uma pressão de vapor conhecida P_i^{sat} na temperatura T. Assim, a Eq. (13.85) pode ser escrita para cada fase da espécie pura i e combinada de acordo com a Eq. (13.77). Explicitando q_i na expressão resultante, tem-se:

$$q_i = \frac{Z_i^v - Z_i^l + \ln \dfrac{Z_i^l - \beta_i}{Z_i^v - \beta_i}}{I_i^v - I_i^l} \tag{13.86}$$

[20] G. Soave, *Chem. Eng. Sci.*, vol. 27, pp. 1197-1203, 1972.

[21] D. Y. Peng e D. B. Robinson, *Ind. Eng. Chem. Fundam.*, vol. 15, pp. 59-64, 1976.

TABELA 13.8 Equações para o Cálculo de Pressões de Vapor

As incógnitas são: P_i^{sat}, β_i, Z_i^l, Z_i^v, I_i^l, I_i^v, $\ln \phi_i^l$, e $\ln \phi_i^v$
$$\beta_i \equiv \frac{b_i P_i^{sat}}{RT}$$ $$Z_i^l = \beta_i + (Z_i^l + \epsilon\beta_i)(Z_i^l + \sigma\beta_i)\left(\frac{1+\beta_i - Z_i^l}{q_i\beta_i}\right)$$ $$Z_i^v = 1 + \beta_i - q_i\beta_i \frac{Z_i^v - \beta_i}{(Z_i^v + \epsilon\beta_i)(Z_i^v + \sigma\beta_i)}$$ $$I_i^l = \frac{1}{\sigma - \epsilon}\ln\frac{Z_i^l + \sigma\beta_i}{Z_i^l + \epsilon\beta_i} \qquad I_i^v = \frac{1}{\sigma - \epsilon}\ln\frac{Z_i^v + \sigma\beta_i}{Z_i^v + \epsilon\beta_i}$$ $$\ln\phi_i^l = Z_i^l - 1 - \ln(Z_i^l - \beta_i) - q_i I_i^l$$ $$\ln\phi_i^v = Z_i^v - 1 - \ln(Z_i^v - \beta_i) - q_i I_i^v$$ $$\ln\phi_i^v = \ln\phi_i^l$$

na qual $\beta_i \equiv b_i P_i^{sat}/RT$. Para as equações PR e SRK, I_i é dado pela Eq. (13.72) escrita para a espécie pura i:

$$I_i = \frac{1}{\sigma - \epsilon}\ln\frac{Z_i + \sigma\beta_i}{Z_i + \epsilon\beta_i}$$

Essa equação fornece I_i^v com Z_i^v obtido pela Eq. (13.83) e I_i^l com Z_i^l obtido pela Eq. (13.79). Contudo, as equações para Z_i^l e Z_i^v contêm q_i, a grandeza a ser determinada. Assim, para a solução, é necessário um procedimento que forneça valores para as oito incógnitas, dadas oito equações. Um valor inicial de q_i é fornecido pela correlação generalizada das Eqs. (13.79), (13.80) e (13.82).

ELV de Misturas

A hipótese fundamental quando uma equação de estado é escrita para misturas é que ela tem exatamente a mesma forma de quando escrita para espécies puras. Assim, para misturas, as Eqs. (13.83) e (13.84), escritas sem subscritos, tornam-se:

Vapor:
$$Z^v = 1 + \beta^v - q^v\beta^v \frac{Z^v - \beta^v}{(Z^v + \epsilon\beta^v)(Z^v + \sigma\beta^v)} \tag{13.87}$$

Líquido:
$$Z^l = \beta^l + (Z^l + \epsilon\beta^l)(Z^l + \sigma\beta^l)\left(\frac{1+\beta^l - Z^l}{q^l\beta^l}\right) \tag{13.88}$$

Aqui, β^l, β^v, q^l e q^v são para misturas, com as definições:

$\beta^p \equiv \dfrac{b^p P}{RT}$ $(p = l, v)$ (13.89)	$q^p \equiv \dfrac{a^p}{b^p RT}$ $(p = l, v)$ (13.90)

A complicação é que os parâmetros de *mistura* a^p e b^p, e consequentemente β^p e q^p, são *funções da composição*. Sistemas no equilíbrio líquido/vapor são constituídos em geral por duas fases com diferentes composições. As isotermas PV geradas por uma equação de estado para essas duas composições fixas estão representadas na Figura 13.12 por duas linhas similares: a linha cheia para a composição da fase líquida e a linha tracejada para a composição da fase vapor. Elas são deslocadas entre si porque os parâmetros da equação de estado são diferentes para as duas

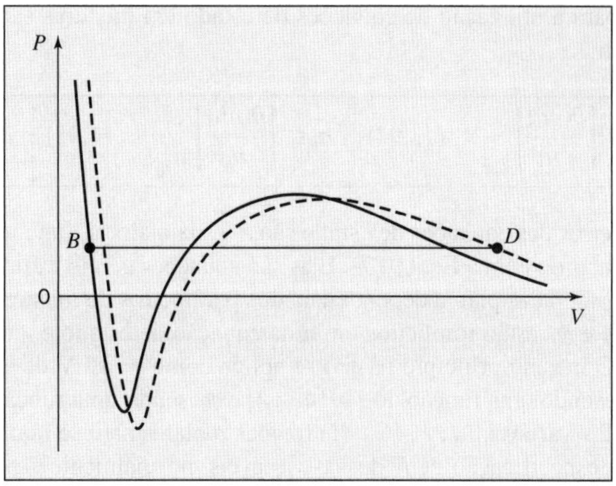

Figura 13.12 Duas isotermas *PV* na mesma *T* para misturas de duas composições diferentes. A linha cheia é para uma composição da fase líquida; a linha tracejada é para uma composição da fase vapor. Ponto *B* representa um ponto de bolha com a composição da fase líquida; ponto *D* representa um ponto de orvalho com uma composição de fase vapor. Quando esses pontos estão posicionados na mesma pressão (como mostrado), eles representam fases em equilíbrio.

composições. Contudo, cada linha apresenta três *segmentos*, como descrito em relação à isoterma da Figura 13.11. Dessa forma, distinguimos a *composição*, que caracteriza uma linha completa, das *fases*, todas com a mesma composição, que estão associadas aos segmentos de uma isoterma.

Cada linha contém um ponto de bolha no seu segmento à esquerda, que representa líquido *saturado*, e um ponto de orvalho com a mesma composição no seu segmento à direita, que representa vapor *saturado*.[22] Como esses pontos de uma dada linha são para a mesma composição, eles não representam fases em equilíbrio e não estão na mesma pressão. (Veja a Figura 12.3, na qual, para um dado ciclo de composição constante e uma dada *T*, líquido saturado e vapor saturado estão em pressões diferentes.)

Para um cálculo *BOL P*, a temperatura e a composição do líquido são conhecidas e isso fixa a localização da isoterma *PV* para a composição da fase líquida (linha cheia). Então o cálculo *BOL P* encontra a composição para uma segunda (tracejada) linha que contém um ponto de orvalho *D* no seu segmento vapor, que se encontra na pressão do ponto de bolha *B* no segmento líquido da linha cheia. Essa pressão é então a pressão do equilíbrio de fases e a composição para a linha tracejada é aquela do vapor em equilíbrio. Essa condição de equilíbrio é mostrada pela Figura 13.12, na qual o ponto de bolha *B* e o ponto de orvalho *D* estão na mesma pressão *P* em isotermas para a mesma *T*, mas representando as diferentes composições do líquido e do vapor em equilíbrio.

Como nenhuma teoria estabelecida prescreve a forma da dependência com a composição dos parâmetros das equações de estado, *regras de mistura* empíricas têm sido propostas para relacionar os parâmetros da mistura aos parâmetros das espécies puras. As expressões realísticas mais simples são uma regra de mistura linear para o parâmetro b e uma regra de mistura quadrática para o parâmetro a:

$b = \sum_i x_i b_i$ (13.91)	$a = \sum_i \sum_j x_i x_j a_{ij}$ (13.92)

com $a_{ij} = a_{ji}$. A variável geral fração molar x_i é aqui usada, visto que estas regras de mistura são aplicadas tanto em misturas vapor quanto em misturas líquidas. Os a_{ij} são de dois tipos: parâmetros de espécies puras (subscritos iguais, por exemplo, a_{11}) e parâmetros de interação (subscritos diferentes, por exemplo, a_{12}). O parâmetro b_i é para a espécie pura i. Os parâmetros de interação a_{ij} são frequentemente determinados a partir dos parâmetros das espécies puras dados pelas *regras de combinação*, por exemplo, uma regra de média geométrica:

$$a_{ij} = (a_i a_j)^{1/2} \tag{13.93}$$

Essas equações, conhecidas como prescrições de van der Waals, permitem a determinação de parâmetros de mistura a partir de somente parâmetros das espécies constituintes puras. Embora sejam satisfatórias somente para misturas constituídas por moléculas simples e quimicamente similares, elas permitem cálculos diretos que ilustram como problemas complexos do ELV podem ser resolvidos.

[22] Note que o ponto de bolha *B* e o ponto de orvalho *D* na Figura 13.12 estão sobre linhas *diferentes*.

Também úteis para a utilização de equações de estado em misturas são os parâmetros *parciais* de equações de estado, definidos por:

$\bar{a}_i \equiv \left[\frac{\partial(na)}{\partial n_i}\right]_{T,n_j}$ (13.94)	$\bar{b}_i \equiv \left[\frac{\partial(nb)}{\partial n_i}\right]_{T,n_j}$ (13.95)	$\bar{q}_i \equiv \left[\frac{\partial(nq)}{\partial n_i}\right]_{T,n_j}$ (13.96)

Como os parâmetros das equações de estado são, na sua maioria, funções da temperatura e da composição, essas definições estão de acordo com a Eq. (10.7). Elas são equações gerais, válidas quaisquer que sejam as regras de mistura ou combinação adotadas para a dependência dos parâmetros de mistura à composição.

Os valores de $\hat{\phi}_i^l$ e $\hat{\phi}_i^v$ estão implícitos em uma equação de estado e, com a Eq. (13.77), permitem o cálculo do ELV em *misturas*. O mesmo princípio básico se aplica como no ELV de espécies puras, mas os cálculos são mais complexos. Com $\hat{\phi}_i^l$ sendo uma função de T, P e $\{x_i\}$, e $\hat{\phi}_i^v$ sendo uma função de T, P e $\{y_i\}$, a Eq. (13.72) representa N relações entre as $2N$ variáveis: T, P, $(N - 1)$ frações molares na fase líquida (x_i) e $(N - 1)$ frações molares na fase vapor (y_i). Assim, a especificação de N dessas variáveis, normalmente *T ou P e* a composição da fase vapor ou da fase líquida, permite-nos determinar as N variáveis restantes por meio de cálculos *BOL P*, *ORV P*, *BOL T* e *ORV T*.

Coeficientes de Fugacidade a Partir de Equações de Estado Genéricas

Equações de estado cúbicas fornecem Z como uma função das variáveis independentes T e ρ (ou V). Para cálculos do ELV, expressões para o coeficiente de fugacidade $\hat{\phi}_i$ devem ser fornecidas por uma equação adequada a essas variáveis. A dedução de tal equação inicia com a Eq. (10.56), escrita para uma mistura com V^R substituído pela Eq. (6.40), $V^R = RT(Z - 1)/P$:

$$d\left(\frac{nG^R}{RT}\right) = \frac{n(Z-1)}{P}dP - \frac{nH^R}{RT^2}dT + \sum_i \ln\hat{\phi}_i dn_i$$

A divisão por dn_i e a restrição de T, n/ρ $(= nV)$ e n_j $(j \neq i)$ constantes levam a:

$$\ln\hat{\phi}_i = \left[\frac{\partial(nG^R/RT)}{\partial n_i}\right]_{T,\,n/\rho,\,n_j} - \frac{n(Z-1)}{P}\left(\frac{\partial P}{\partial n_i}\right)_{T,\,n/\rho,\,n_j} \tag{13.97}$$

Para simplificar a notação, as derivadas parciais no desenvolvimento a seguir são escritas sem subscritos e consideradas a T, n/ρ $(= nV)$ e n_j constantes. Dessa forma, com $P = (nZ)RT/(n/\rho)$,

$$\frac{\partial P}{\partial n_i} = \frac{RT}{n/\rho}\frac{\partial(nZ)}{\partial n_i} = \frac{P}{nZ}\frac{\partial(nZ)}{\partial n_i} \tag{13.98}$$

A combinação das Eqs. (13.97) e (13.98) fornece:

$$\ln\hat{\phi}_i = \frac{\partial(nG^R/RT)}{\partial n_i} - \left(\frac{Z-1}{Z}\right)\frac{\partial(nZ)}{\partial n_i} = \frac{\partial(nG^R/RT)}{\partial n_i} - \frac{\partial(nZ)}{\partial n_i} + \frac{1}{Z}\left(n\frac{\partial Z}{\partial n_i} + Z\right)$$

A Eq. (13.73), escrita para a mistura e multiplicada por n, é diferenciada para fornecer a primeira parcela na direita:

$$\frac{nG^R}{RT} = nZ - n - n\ln[(1-\rho b)Z] - (nq)I$$

$$\frac{\partial(nG^R/RT)}{\partial n_i} = \frac{\partial(nZ)}{\partial n_i} - 1 - \ln[(1-\rho b)Z] - n\left[\frac{\partial\ln(1-\rho b)}{\partial n_i} + \frac{\partial\ln Z}{\partial n_i}\right] - nq\frac{\partial I}{\partial n_i} - I\bar{q}_i$$

na qual a Eq. (13.96) foi usada. A equação para $\ln\hat{\phi}_i$ agora se torna:

$$\ln\hat{\phi}_i = \frac{\partial(nZ)}{\partial n_i} - 1 - \ln[(1-\rho b)Z] - n\frac{\partial\ln(1-\rho b)}{\partial n_i}$$
$$-\frac{n}{Z}\frac{\partial Z}{\partial n_i} - nq\frac{\partial I}{\partial n_i} - I\bar{q}_i - \frac{\partial(nZ)}{\partial n_i} + \frac{1}{Z}\left(n\frac{\partial Z}{\partial n_i} + Z\right)$$

Essa se reduz a:

$$\ln\hat{\phi}_i = \frac{n}{1-\rho b}\frac{\partial(\rho b)}{\partial n_i} - nq\frac{\partial I}{\partial n_i} - \ln[(1-\rho b)Z] - \bar{q}_i I$$

Tudo o que resta é a determinação das duas derivadas parciais. A primeira é:

$$\frac{\partial(\rho b)}{\partial n_i} = \frac{\partial\left(\dfrac{nb}{n/\rho}\right)}{\partial n_i} = \frac{\rho}{n}\bar{b}_i$$

A segunda vem da diferenciação da Eq. (13.71). Após a redução algébrica, ela fornece:

$$\frac{\partial I}{\partial n_i} = \frac{\partial(\rho b)}{\partial n_i}\frac{1}{(1+\sigma\rho b)(1+\varepsilon\rho b)} = \frac{\bar{b}_i}{nb}\frac{\rho b}{(1+\sigma\rho b)(1+\varepsilon\rho b)}$$

A substituição dessas derivadas para $\ln\hat{\phi}_i$ na equação anterior a reduz para:

$$\ln\hat{\phi}_i = \frac{\bar{b}_i}{b}\left[\frac{\rho b}{1-\rho b} - q\frac{\rho b}{(1+\varepsilon\rho b)(1+\sigma\rho b)}\right] - \ln\left[(1-\rho b)Z\right] - \bar{q}_i I$$

Uma análise da Eq. (13.70) revela que o termo no primeiro conjunto de colchetes é $(Z-1)$. Consequentemente,

$$\ln\hat{\phi}_i = \frac{\bar{b}_i}{b}(Z-1) - \ln[(1-\rho b)Z] - \bar{q}_i I$$

Além disso, $\beta \equiv \dfrac{bP}{RT}$ e $Z \equiv \dfrac{P}{\rho RT}$; em que $\rho b = \dfrac{\beta}{Z}$

Assim, $$\ln\hat{\phi}_i = \frac{\bar{b}_i}{b}(Z-1) - \ln(Z-\beta) - \bar{q}_i I$$

Como a experiência mostrou que a Eq. (13.91) é uma regra de mistura aceitável para o parâmetro b, ela é aqui adotada. Assim,

$$nb = \sum_i n_i b_i$$

e $$\bar{b}_i \equiv \left[\frac{\partial(nb)}{\partial n_i}\right]_{T,n_j} = \left[\frac{\partial(n_i b_i)}{\partial n_i}\right]_{T,n_j} + \sum_j \left[\frac{\partial(n_j b_j)}{\partial n_i}\right]_{T,n_j} = b_i$$

Consequentemente, a equação para $\ln\hat{\phi}_i$ é escrita na forma:

$$\boxed{\ln\hat{\phi}_i = \frac{b_i}{b}(Z-1) - \ln(Z-\beta) - \bar{q}_i I} \qquad (13.99)$$

sendo I determinado pela Eq. (13.72). Para o caso particular da espécie pura i, ela se torna:

$$\boxed{\ln\phi_i = Z_i - 1 - \ln(Z_i - \beta_i) - q_i I_i} \qquad (13.100)$$

A utilização dessas equações requer a determinação anterior de Z nas condições de interesse com uma equação de estado.

O parâmetro q é definido em relação aos parâmetros a e b pela Eq. (13.90). A relação do parâmetro parcial $\bar{q}_i$ com $\bar{a}_i$ e $\bar{b}_i$ é encontrada pela derivação dessa equação, escrita na forma:

$$nq = \frac{n(na)}{RT(nb)}$$

Em que, $$\bar{q}_i \equiv \left[\frac{\partial(nq)}{\partial n_i}\right]_{T,n_j} = q\left(1 + \frac{\bar{a}_i}{a} - \frac{\bar{b}_i}{b}\right) = q\left(1 + \frac{\bar{a}_i}{a} - \frac{b_i}{b}\right) \qquad (13.101)$$

Quaisquer dois dos três parâmetros parciais formam um par independente e qualquer um deles pode ser encontrado a partir dos outros dois.[23]

[23] Como q, a e b não são relacionados linearmente, $\bar{q}_i \neq \bar{a}_i/\bar{b}_i RT$.

■ Exemplo 13.6

Uma mistura vapor de N_2(1) e CH_4(2), a 200 K e 30 bar, contém 40 % na base molar de N_2. Determine os coeficientes de fugacidade do nitrogênio e do metano na mistura a partir da Eq. (13.99) e da equação de estado de Redlich/Kwong.

Solução 13.6

Para a equação de Redlich/Kwong, $\varepsilon = 0$ e $\sigma = 1$, e a Eq. (13.87) se torna:

$$Z = 1 + \beta - q\beta \frac{Z - \beta}{Z(Z + \beta)} \tag{A}$$

sendo β e q dados pelas Eqs. (13.89) e (13.90). Os sobrescritos são aqui omitidos, porque todos os cálculos são para a fase vapor. As regras de mistura mais usadas com a equação de Redlich/Kwong para os parâmetros $a(T)$ e b são fornecidas pelas Eqs. (13.91) até (13.93). Para uma mistura binária, elas se tornam:

$$a = y_1^2 a_1 + 2y_1 y_2 \sqrt{a_1 a_2} + y_2^2 a_2 \tag{B}$$

$$b = y_1 b_1 + y_2 b_2 \tag{C}$$

Na Eq. (*B*), a_1 e a_2 são parâmetros de espécie pura dados pela Eq. (13.79) escrita para a equação de Redlich/Kwong:

$$a_i = 0{,}42748 \frac{T_{r_i}^{-1/2} (83{,}14)^2 T_{c_i}^2}{P_{c_i}} \text{ bar} \cdot \text{cm}^6 \cdot \text{mol}^{-2} \tag{D}$$

Na Eq.(*C*), b_1 e b_2 são parâmetros de espécie pura dados pela Eq. (13.80):

$$b_i = 0{,}08664 \frac{83{,}14 T_{c_i}}{P_{c_i}} \text{ cm}^3 \cdot \text{mol}^{-1} \tag{E}$$

As constantes críticas para o nitrogênio e para o metano, retiradas da Tabela B.1 do Apêndice B, e os valores calculados de b_i e a_i pelas Eqs. (*D*) e (*E*) são:

	T_{c_i}/K	T_{r_i}	P_{c_i}/bar	b_i	$10^{-5}a_i$
N_2(1)	126,2	1,5848	34,00	26,737	10,995
CH_4(2)	190,6	1,0493	45,99	29,853	22,786

Os parâmetros da mistura determinados com as Eqs. (*B*), (*C*) e (13.90) são:

$$a = 17{,}560 \times 10^5 \text{ bar} \cdot \text{cm}^6 \cdot \text{mol}^{-2} \qquad b = 28{,}607 \text{ cm}^3 \cdot \text{mol}^{-1} \qquad q = 3{,}6916$$

A Eq. (*A*) se torna:

$$Z = 1 + \beta - 3{,}6916 \frac{\beta(Z - \beta)}{Z(Z + \beta)} \qquad \text{com} \qquad \beta = 0{,}051612$$

na qual β vem da Eq. (13.89). A solução fornece $Z = 0{,}85393$. Além disso, a Eq. (13.72) se reduz a:

$$I = \ln \frac{Z + \beta}{Z} = 0{,}05868$$

A utilização da Eq. (13.94) na Eq. (*B*) fornece:

$$\bar{a}_1 = \left[\frac{\partial(na)}{\partial n_1}\right]_{T,n_2} = 2y_1 a_1 + 2y_2 \sqrt{a_1 a_2} - a$$

$$\bar{a}_2 = \left[\frac{\partial(na)}{\partial n_2}\right]_{T,n_1} = 2y_2 a_2 + 2y_1 \sqrt{a_1 a_2} - a$$

Com a Eq. (13.95) aplicada na Eq. (C),

$$\bar{b}_1 = \left[\frac{\partial(nb)}{\partial n_1}\right]_{T,n_2} = b_1 \qquad \bar{b}_2 = \left[\frac{\partial(nb)}{\partial n_2}\right]_{T,n_1} = b_2$$

Em que, pela Eq. (13.101):

$$\bar{q}_1 = q\left(\frac{2y_1 a_1 + 2y_2\sqrt{a_1 a_2}}{a} - \frac{b_1}{b}\right) \qquad (F)$$

$$\bar{q}_2 = q\left(\frac{2y_2 a_2 + 2y_1\sqrt{a_1 a_2}}{a} - \frac{b_2}{b}\right) \qquad (G)$$

A substituição dos valores numéricos nessas equações e na Eq. (13.99) leva aos seguintes resultados:

	$\bar{q}_i$	$\ln \hat{\phi}_i$	$\hat{\phi}_i$
N_2(1)	2,39194	−0,05664	0,94493
CH_4(2)	4,55795	−0,19966	0,81901

Os valores de $\hat{\phi}_i$ coincidem razoavelmente bem com aqueles encontrados no Exemplo 10.7.

As Eqs. (13.77) e (13.99) fornecem os meios para os cálculos do ELV em misturas, mas incorporam um número de parâmetros de mistura (por exemplo, a^l e b^v) e funções termodinâmicas (por exemplo, Z^l e Z^v) que podem ser, inicialmente, desconhecidos. Portanto, a solução torna-se a resolução de equações simultâneas iguais em número ao número de incógnitas. As equações disponíveis caem em várias classes: regras de combinação e de mistura, equações dos parâmetros para a fase líquida, as mesmas equações para a fase vapor, e as equações de equilíbrio e relacionadas. Todas essas equações e parâmetros já foram apresentados, mas são classificados, por conveniência, na Tabela 13.9. A hipótese é que todos os parâmetros para as espécies puras (por exemplo, a_i e b_i) são conhecidos e que também a temperatura T *ou* a pressão P e a composição da fase líquida *ou* da fase vapor são especificadas. Em adição às N incógnitas primárias (T ou P e também a composição da fase líquida ou vapor), a Tabela 13.9 enumera 12 + 4N variáveis auxiliares e um total de 12 + 5N incógnitas.

Um procedimento de solução intuitivo e direto pode ser realizado com a Eq. (13.77), reescrita como $y_i = K_i x_i$. Como $\sum_i y_i = 1$,

$$\sum_i K_i x_i = 1 \qquad (13.102)$$

sendo K_i, o valor-K, dado por:

$$K_i = \frac{\hat{\phi}_i^l}{\hat{\phi}_i^v} \qquad (13.103)$$

Assim, para cálculos de pontos de bolha, nos quais a composição da fase líquida é conhecida, o problema é encontrar o conjunto de valores-K que satisfazem a Eq. (13.102).

▪ Exemplo 13.7

Desenvolva o diagrama *Pxy*, a 37,78 °C, para o sistema binário metano(1)/*n*-butano(2). Use como base para os cálculos a equação de Soave/Redlich/Kwong com as regras de mistura dadas pelas Eqs. (13.91) a (13.93). Para comparação, dados experimentais nessa temperatura são fornecidos por Sage *et al.*[24]

Solução 13.7

O procedimento aqui é fazer um cálculo *BOL P* para cada ponto experimental. Para cada cálculo, há necessidade de estimar valores de P e y_1 para iniciar a iteração. Essas estimativas aqui são fornecidas pelos dados experimentais. Quando tais dados não estiverem disponíveis, algumas tentativas podem ser necessárias para encontrar valores para os quais o procedimento iterativo converge.

[24] B. H. Sage, B. L. Hicks e W. N. Lacey, *Industrial and Engineering Chemistry*, vol. 32, pp. 1085-1092, 1940.

TABELA 13.9 Cálculos do ELV com Base em Equações de Estado

A. Regras de combinação e de mistura. Fase líquida.

$$a^l = \sum_i \sum_j x_i x_j (a_i a_j)^{1/2}$$

$$b^l = \sum_i x_i b_i$$

2 equações; 2 variáveis: a^l, b^l

B. Regras de combinação e de mistura. Fase vapor.

$$a^v = \sum_i \sum_j y_i y_j (a_i a_j)^{1/2}$$

$$b^v = \sum_i y_i b_i$$

2 equações; 2 variáveis: a^v, b^v

C. Parâmetros adimensionais. Fase líquida.

$$\beta^l = b^l P/(RT) \qquad q^l = a^l/(b^l RT)$$

$$\bar{q}_i^l = q^l\left(1 + \frac{\bar{a}_i^l}{a^l} - \frac{b_i}{b^l}\right) \qquad (i = 1, 2, \ldots, N)$$

2 + *N* equações: 2 + *N* variáveis: b^l, q^l, $\{\bar{q}_i^l\}$

D. Parâmetros adimensionais. Fase vapor

$$\beta^v = b^v P/(RT) \qquad q^v = a^v/(b^v RT)$$

$$\bar{q}_i^v = q^v\left(1 + \frac{\bar{a}_i^v}{a^v} - \frac{b_i}{b^v}\right) \qquad (i = 1, 2, \ldots, N)$$

2 + *N* equações: 2 + *N* variáveis: b^v, q^v, $\{\bar{q}_i^v\}$

E. Equações de equilíbrio e relacionadas

$$y_i \hat{\phi}_i^v = x_i \hat{\phi}_i^l \qquad (i = 1, 2, \ldots, N)$$

$$\ln \hat{\phi}_i^l = \frac{b_i}{b^l}(Z^l - 1) - \ln(Z^l - \beta^l) - \bar{q}_i^l I^l \qquad (i = 1, 2, \ldots, N)$$

$$\ln \hat{\phi}_i^v = \frac{b_i}{b^v}(Z^v - 1) - \ln(Z^v - \beta^v) - \bar{q}_i^v I^v \qquad (i = 1, 2, \ldots, N)$$

$$Z^p = 1 + \beta^p - q^p \beta^p \frac{Z^p - \beta^p}{(Z + \varepsilon\beta^p)(Z + \sigma\beta^p)} \qquad (p = v, l)$$

$$I^p = \frac{1}{\sigma - \varepsilon} \ln\left(\frac{Z^p + \sigma\beta^p}{Z^p + \varepsilon\beta^p}\right) \qquad (p = v, l)$$

4 + 3*N* equações; 4 + 2*N* variáveis: $\{\hat{\phi}_i^v\}$, $\{\hat{\phi}_i^l\}$, I^l, Z^l, I^v, Z^v

Os parâmetros das espécies puras a_i e b_i são encontrados usando as Eqs. (13.79) e (13.80), com constantes e uma expressão para $\alpha(T_r)$ vindas da Tabela 3.1. Para uma temperatura de 310,93 K [37,78 °C], e com as constantes críticas e ω_i vindas da Tabela B.1, os cálculos fornecem os seguintes valores para as espécies puras:

	T_{c_i}/K	T_{r_i}	ω_i	$\alpha(T_r)$	P_{c_i}/bar	b_i	$10^{-6}a_i$
$CH_4(1)$	190,6	1,6313	0,012	0,7425	45,99	29,853	1,7331
n-$C_4H_{10}(2)$	425,1	0,7314	0,200	1,2411	37,96	80,667	17,458

As unidades de b_i são $cm^3 \cdot mol^{-1}$ e de a_i são $bar \cdot cm^6 \cdot mol^{-2}$.

Note que a temperatura de interesse é superior à temperatura crítica do metano. Consequentemente, o diagrama *Pxy* será do tipo mostrado na Figura 12.2(*a*) para a temperatura T_b. As equações para $\alpha(T_r)$, dadas na Tabela 3.1, são baseadas em dados de pressão de vapor, os quais se estendem somente até a temperatura crítica. Entretanto, elas podem ser usadas em temperaturas um pouco acima da temperatura crítica.

As regras de mistura aqui adotadas são as mesmas do Exemplo 13.6, nas quais as Eqs. (*B*), (*C*), (*F*) e (*G*) fornecem parâmetros de mistura para a fase vapor. Quando aplicadas na fase líquida, x_i substitui y_i como a variável fração molar:

$$a^l = x_1^2 a_1 + 2x_1 x_2 \sqrt{a_1 a_2} + x_2^2 a_2 \qquad b^l = x_1 b_1 + x_2 b_2$$

$$\bar{q}_1^l = q^l\left(\frac{2x_1 a_1 + 2x_2\sqrt{a_1 a_2}}{a^l} - \frac{b_1}{b^l}\right) \qquad \bar{q}_2^l = q^l\left(\frac{2x_2 a_2 + 2x_1\sqrt{a_1 a_2}}{a^l} - \frac{b_2}{b^l}\right)$$

com q^l dado pela Eq. (13.90).

Para a equação SRK, $\varepsilon = 0$ e $\sigma = 1$; as Eqs. (13.83) e (13.84) se reduzem a:

$$Z^l = \beta^l + Z^l(Z^l + \beta^l)\left(\frac{1 + \beta^l - Z^l}{q^l \beta^l}\right) \qquad Z^v = 1 + \beta^v - q^v \beta^v \frac{Z^v - \beta^v}{Z^v(Z^v + \beta^v)}$$

com β^l, β^v, q^l e q^v dados pelas Eqs. (13.89) e (13.90). O primeiro conjunto de cálculos *BOL P* é feito para a pressão considerada. Com a composição da fase líquida dada e a composição da fase vapor considerada, valores para Z^l e Z^v são determinados pelas equações anteriores, e, então, os coeficientes de fugacidade $\hat{\phi}_i^l$ e $\hat{\phi}_i^v$ são calculados pela Eq. (13.99). Valores de K_1 e K_2 vêm da Eq. (13.103). A restrição $y_1 + y_2 = 1$ não foi imposta e é improvável que a Eq. (13.102) seja satisfeita. Nesse caso, $K_1 x_1 + K_2 x_2 \neq 1$, e uma nova composição do vapor para a próxima iteração é dada pela equação de normalização:

$$y_1 = \frac{K_1 x_1}{K_1 x_1 + K_2 x_2} \quad \text{com} \quad y_2 = 1 - y_1$$

Essa nova composição do vapor permite determinar novamente $\{\hat{\phi}_i^v\}$ $\{K_i\}$ e $\{K_i x_i\}$. Se a soma $K_1 x_1 + K_2 x_2$ mudou, uma nova composição do vapor é encontrada e a sequência de cálculos é repetida. A continuação da iteração leva a valores estáveis de todas as grandezas. Se a soma $K_1 x_1 + K_2 x_2$ não for igual a um, a pressão considerada está incorreta e deve ser ajustada de acordo com algum esquema racional. Quando $\sum K_i x_i > 1$, *P* é muito baixa; quando $\sum K_i x_i < 1$, *P* é muito alta. O procedimento iterativo completo é então repetido com uma nova pressão *P*. Os últimos valores calculados para y_i são usados como estimativa inicial de $\{y_i\}$. O processo continua até $K_1 x_1 + K_2 x_2 = 1$. É claro que o mesmo resultado pode ser obtido por outro método capaz de resolver o conjunto de equações fornecido na Tabela 13.9, com *P*, y_1 e y_2 como as incógnitas.

Os resultados de todos os cálculos são mostrados pelas linhas cheias na Figura 13.13. Os valores experimentais são apresentados como pontos. O desvio quadrado médio percentual das diferenças entre as pressões experimentais e calculadas é de 3,9 %, e o desvio quadrado médio entre os valores experimentais e calculados para os valores de *y* é de 0,013. Esses resultados, baseados em regras de mistura simples dadas pelas Eqs. (13.91) e (13.92), são representativos para sistemas que exibem desvios pequenos e bem comportados em relação ao comportamento de solução ideal, por exemplo, para sistemas compostos por hidrocarbonetos e fluidos criogênicos.

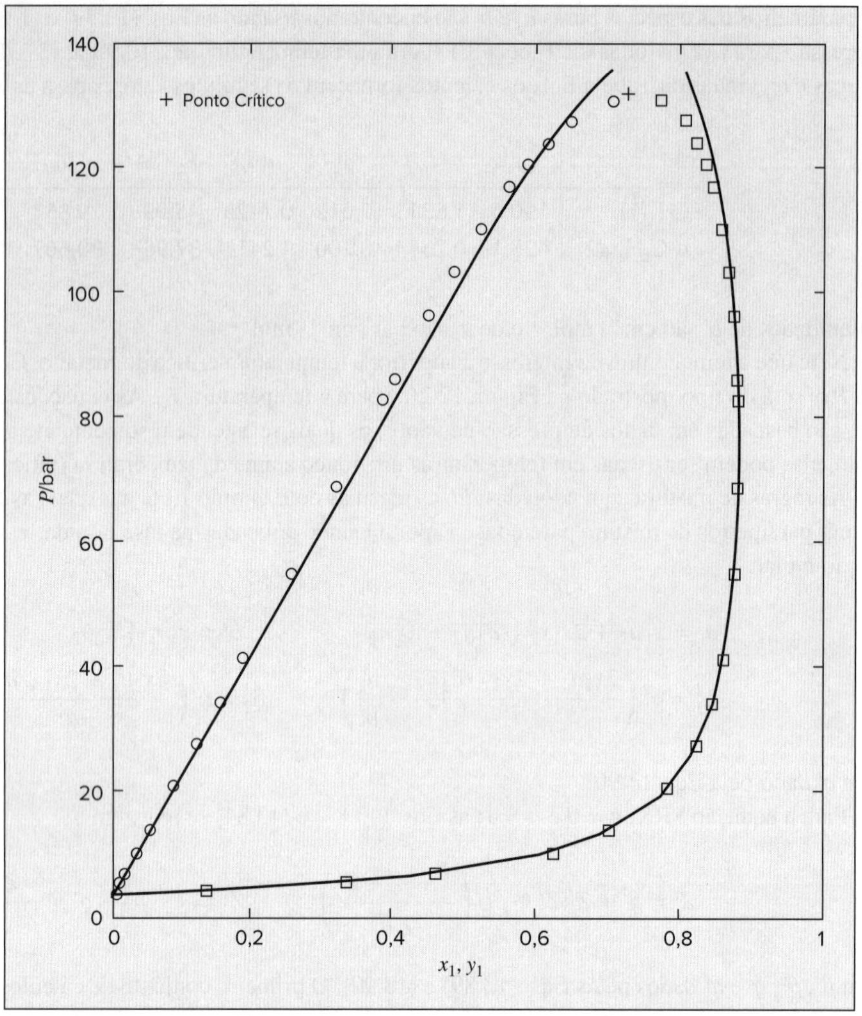

Figura 13.13 Diagrama *Pxy* para metano(1)/*n*-butano(2), a 37,8 °C (100 °F). Linhas representam valores obtidos em cálculos *BOL P* com a equação SRK; os pontos são valores experimentais.

13.8 CÁLCULO DE *FLASH*

Nas seções anteriores, o foco foi o cálculo do ponto de bolha e do ponto de orvalho, que são cálculos comuns na prática e que fornecem a base para a construção do diagrama de fases para o ELV. Talvez uma aplicação mais importante no ELV seja o cálculo do *flash*. O nome tem origem no fato de que um líquido a uma pressão igual ou maior do que sua pressão do ponto de bolha "flasheia" ou evapora parcialmente quando a pressão é reduzida abaixo da sua pressão no ponto de bolha, produzindo um sistema de duas fases de vapor e líquido em equilíbrio. Aqui, só consideraremos o *flash-P, T* que se refere a qualquer cálculo das quantidades e das composições das fases líquida e vapor que formam o sistema de duas fases em equilíbrio nas *T*, *P* e composição global conhecidas. Isso coloca um problema conhecido a ser determinado com base no teorema de Duhem, porque duas variáveis independentes (*T* e *P*) são especificadas para um sistema de composição global fixa, isto é, um sistema formado por massas conhecidas de espécies químicas que não reagem.

Considere um sistema contendo um mol de espécies químicas que não reagem com uma composição global representada por um conjunto de frações molares $\{z_i\}$. Considere $\mathcal{L}$ o número de moles do líquido, com frações molares $\{x_i\}$, e $\mathcal{V}$ o número de moles do vapor, com frações molares $\{y_i\}$. As equações de balanço de massa são:

$$\mathcal{L} + \mathcal{V} = 1$$

$$z_i = x_i\mathcal{L} + y_i\mathcal{V} \qquad (i = 1, 2, \ldots, N)$$

Combinando essas equações para eliminar $\mathcal{L}$, obtém-se:

$$z_i = x_i(1 - \mathcal{V}) + y_i\mathcal{V} \tag{13.104}$$

O valor-K, como definido na seção anterior, ($K_i \equiv y_i/x_i$), é uma construção conveniente para uso em cálculos de *flash*. Substituindo $x_i = y_i/K_i$ na Eq. (13.104) e explicitando y_i, obtém-se:

$$y_i = \frac{z_i K_i}{1 + \mathcal{V}(K_i - 1)} \qquad (i = 1, 2, \ldots, N) \tag{13.105}$$

Como $\sum_i y_i = 1$, somando essa expressão para todas as espécies químicas, obtém-se uma única equação na qual, para valores conhecidos do valor-K, a única incógnita é $\mathcal{V}$:

$$\sum_i \frac{z_i K_i}{1 + \mathcal{V}(K_i - 1)} = 1 \tag{13.106}$$

Uma abordagem geral para resolver um problema *flash-P, T* é achar o valor de $\mathcal{V}$, entre 0 e 1, que satisfaz essa equação. Note que $\mathcal{V} = 1$ é sempre uma solução trivial para essa equação. Tendo feito isso, as frações molares da fase vapor são, então, obtidas com a Eq. (13.105), as frações molares da fase líquida são obtidas por $x_i = y_i/K_i$ e $\mathcal{L}$ é dado por $\mathcal{L} = 1 - \mathcal{V}$. Quando a lei de Raoult pode ser usada, os valores-K são constantes e esse é um cálculo direto, como mostra no exemplo a seguir. Historicamente, os valores-K para hidrocarbonetos leves foram, frequentemente, obtidos a partir de um conjunto de gráficos construído por DePriester, por isso chamados de gráficos de DePriester. Esses gráficos, de forma similar, fornecem um conjunto de valores-K constantes para serem utilizados nos cálculos anteriores.[25]

■ Exemplo 13.8

O sistema acetona(1)/acetonitrila(2)/nitrometano(3) a 80 °C e 110 kPa tem a composição global $z_1 = 0{,}45$, $z_2 = 0{,}35$ e $z_3 = 0{,}20$. Considerando que a lei de Raoult é apropriada para este sistema, determine $\mathcal{L}$, $\mathcal{V}$, $\{x_i\}$ e $\{y_i\}$. As pressões de vapor das espécies puras a 80 °C são:

$$P_1^{sat} = 195{,}75 \qquad P_2^{sat} = 97{,}84 \qquad P_3^{sat} = 50{,}32 \text{ kPa}$$

Solução 13.8

Primeiro, realize um cálculo *BOL P* com $\{z_i\} = \{x_i\}$ para determinar P_{bolha}:

$$P_{bolha} = x_1 P_1^{sat} + x_2 P_2^{sat} + x_3 P_3^{sat}$$
$$P_{bolha} = (0{,}45)(195{,}75) + (0{,}35)(97{,}84) + (0{,}20)(50{,}32) = 132{,}40 \text{ kPa}$$

Depois, resolva um cálculo *ORV P* com $\{z_i\} = \{y_i\}$ para encontrar $P_{orvalho}$:

$$P_{orvalho} = \frac{1}{y_1/P_1^{sat} + y_2/P_2^{sat} + y_3/P_3^{sat}} = 101{,}52 \text{ kPa}$$

Como a pressão especificada encontra-se entre P_{bolha} e $P_{orvalho}$, o sistema está na região de duas fases e o cálculo de *flash* é possível.

A partir da lei de Raoult, a Eq. (13.16), nós temos $K_i \equiv y_i/x_i = P_i^{sat}/P$, da qual:

$$K_1 = 1{,}7795 \qquad K_2 = 0{,}8895 \qquad K_3 = 0{,}4575$$

Substituindo os valores conhecidos na Eq. (13.106), temos:

$$\frac{(0{,}45)(0{,}7795)}{1 + 0{,}7795\mathcal{V}} + \frac{(0{,}35)(0{,}8895)}{1 - 0{,}1105\mathcal{V}} + \frac{(0{,}20)(0{,}4575)}{1 - 0{,}5425\mathcal{V}} = 1$$

Um procedimento iterativo ou de tentativa e erro para $\mathcal{V}$, seguido da avaliação das outras incógnitas, fornece:

$$\mathcal{V} = 0{,}7364 \text{ mol} \qquad \mathcal{L} = 1 - \mathcal{V} = 0{,}2636 \text{ mol}$$

$$y_1 = \frac{(0{,}45)(1{,}7795)}{1 + (0{,}7795)(0{,}7634)} = 0{,}5087 \qquad y_2 = 0{,}3389 \qquad y_3 = 0{,}1524$$

$$x_1 = \frac{y_1}{K_1} = \frac{0{,}5087}{1{,}7795} = 0{,}2859 \qquad x_2 = 0{,}3810 \qquad x_3 = 0{,}3331$$

Tranquilizadoramente, $\sum_i x_i = \sum_i y_i = 1$.

---

[25] C. L. DePriester, *Chem. Eng. Progr. Symp.* Ser. n. 7, vol. 49, p. 42, 1953.

O procedimento do exemplo anterior é aplicável independentemente do número de espécies presentes. Entretanto, para o caso simples do cálculo de um *flash* para um sistema binário usando a lei de Raoult, uma solução explícita é possível. Nesse caso, nós temos:

$$P = x_1 P_1^{sat} + x_2 P_2^{sat} = x_1 P_1^{sat} + (1 - x_1) P_2^{sat}$$

Explicitando x_1, obtém-se:

$$x_1 = \frac{P - P_2^{sat}}{P_1^{sat} - P_2^{sat}}$$

Com x_1 conhecido, as variáveis remanescentes são obtidas imediatamente pela lei de Raoult [Eq. (13.16)] e pelo balanço de massa global [Eq. (13.104)].

Quando os valores-*K* não são constantes, a abordagem geral permanece a mesma do Exemplo 13.8, mas um nível adicional na solução iterativa é necessário. No tratamento anterior, nós explicitamos y_i para obter a Eq. (13.105). Se, de outra forma, eliminarmos y_i utilizando $y_i = K_i x_i$, obtemos uma expressão alternativa:

$$x_i = \frac{z_i}{1 + \mathcal{V}(K_i - 1)} \qquad (i = 1, 2, \ldots, N) \tag{13.107}$$

Porque ambos os conjuntos de frações molares devem ter somatório igual à unidade, $\sum_i x_i = \sum_i y_i = 1$. Assim, se somarmos a Eq. (13.105) sobre todas as espécies e subtrairmos uma unidade dessa soma, a diferença F_y é zero:

$$F_y = \sum_i \frac{z_i K_i}{1 + \mathcal{V}(K_i - 1)} - 1 = 0 \tag{13.108}$$

O tratamento análogo da Eq. (13.107) fornece a diferença F_x, que também é igual a zero:

$$F_x = \sum_i \frac{z_i}{1 + \mathcal{V}(K_i - 1)} - 1 = 0 \tag{13.109}$$

Um problema de *flash-P, T* pode ser resolvido achando-se um valor para $\mathcal{V}$ que torna uma das funções F_y *ou* F_x igual a zero, para dadas *T*, *P* e composição global. Uma função mais conveniente para um procedimento *geral* de solução[26] é a diferença $F \equiv F_y - F_x$:

$$F = \sum_i \frac{z_i(K_i - 1)}{1 + \mathcal{V}(K_i - 1)} = 0 \tag{13.110}$$

A vantagem dessa função aparece ao analisarmos a sua derivada:

$$\frac{dF}{d\mathcal{V}} = -\sum_i \frac{z_i(K_i - 1)\,2}{[1 + \mathcal{V}(K_i - 1)]^2} \tag{13.111}$$

Como $dF/d\mathcal{V}$ é sempre negativa, a relação *F versus* $\mathcal{V}$ é monotônica. Isso, por sua vez, torna essa forma de equação excepcionalmente adequada para ser resolvida pelo método de Newton (Apêndice H). A Eq. (H.1) para a *n*-ésima iteração do método de Newton se torna:

$$F + \left(\frac{dF}{d\mathcal{V}}\right)\Delta\mathcal{V} = 0 \tag{13.112}$$

na qual $\Delta\mathcal{V} \equiv \mathcal{V}_{n+1} - \mathcal{V}_n$, e *F* e $(dF/d\mathcal{V})$ são determinados pelas Eqs. (13.110) e (13.111). Nessas equações, para a formulação geral gama/phi do ELV, os valores-*K* vêm da Eq. (13.13) escrita na forma:

$$K_i = \frac{y_i}{x_i} = \frac{\gamma_i P_i^{sat}}{\Phi_i P} \qquad (i = 1, 2, \ldots, N) \tag{13.113}$$

com Φ_i dado pela Eq. (13.14). Os valores-*K* contêm toda a informação termodinâmica e estão relacionados de uma forma complexa com *T*, *P*, $\{y_i\}$ e $\{x_i\}$. Como se quer determinar $\{y_i\}$ e $\{x_i\}$, o cálculo de *flash-P,T* inevitavelmente requer uma solução iterativa. Isso se aplica mesmo a baixas pressões, nas quais podemos considerar $\Phi_i = 1$, porque os coeficientes de atividade ainda dependem das incógnitas $\{x_i\}$.

[26] H. H. Rachford, Jr. e J. D. Rice, *J. Petrol. Technol.*, vol. 4(10), Seção 1, p. 19 e Seção 2, p. 3, Outubro, 1952.

Um procedimento típico é realizar um cálculo *BOL P* e um cálculo *ORV P* antes do cálculo de *flash*. Se a pressão dada for menor do que P_{orvalho} para determinados T e $\{z_i\}$, então o sistema existe na forma de vapor superaquecido e o cálculo de *flash* não é possível. Analogamente, se a pressão dada for maior do que P_{bolha} para determinados T e $\{z_i\}$, então o sistema é um líquido sub-resfriado e o cálculo de *flash* não é possível. Se a pressão dada estiver entre as pressões P_{orvalho} e P_{bolha} para determinados T e $\{z_i\}$, então o sistema é uma mistura em equilíbrio de vapor e líquido, e podemos continuar o cálculo de *flash*. Os resultados dos cálculos *ORV P* e *BOL P* preliminares então fornecem boas estimativas iniciais para $\{\gamma_i\}$, $\{\hat{\phi}_i\}$ e $\mathcal{V}$. Para o ponto de orvalho, $\mathcal{V} = 1$, com os valores calculados de P_{orvalho}, $\gamma_{i,\text{orvalho}}$ e $\hat{\phi}_{i,\text{orvalho}}$; para o ponto de bolha, $\mathcal{V} = 0$, com os valores calculados de P_{bolha}, $\gamma_{i,\text{bolha}}$ e $\hat{\phi}_{i,\text{bolha}}$. O procedimento mais simples é interpolar linearmente entre os pontos de orvalho e de bolha em relação a P:

$$\mathcal{V} = \frac{P_{\text{bolha}} - P}{P_{\text{bolha}} - P_{\text{orvalho}}}$$

$$\gamma_i = \gamma_{i,\text{orvalho}} + (\gamma_{i,\text{bolha}} - \gamma_{i,\text{orvalho}})\frac{P - P_{\text{orvalho}}}{P_{\text{bolha}} - P_{\text{orvalho}}}$$

$$\hat{\phi}_i = \hat{\phi}_{i,\text{orvalho}} + (\hat{\phi}_{i,\text{bolha}} - \hat{\phi}_{i,\text{orvalho}})\frac{P - P_{\text{orvalho}}}{P_{\text{bolha}} - P_{\text{orvalho}}}$$

Com esses valores iniciais de γ_i e de $\hat{\phi}_i$ os valores iniciais dos K_i podem ser calculados por meio da Eq. (13.113). Utilizando esses valores com as Eqs. (13.110) e (13.111), aplica-se o método de Newton, com iteração na Eq. (13.112) para obter uma solução para $\mathcal{V}$. Em seguida, procedemos como no Exemplo 13.8 para calcular $\mathcal{L}$, $\{y_i\}$ e $\{x_i\}$. As composições calculadas são utilizadas para obter novas estimativas para $\{\gamma_i\}$ e $\{\hat{\phi}_i\}$, com as quais novos valores-*K* são recalculados. O procedimento é repetido até as variações em $\{y_i\}$ e $\{x_i\}$ de uma iteração para a outra sejam desprezíveis. O mesmo procedimento básico pode ser aplicado com os valores-*K* calculados pela aplicação de uma equação de estado cúbica em ambas as fases, como exemplificado pela Eq. (13.103).

13.9 SINOPSE

Após estudar este capítulo, incluindo os problemas no final do capítulo, deve-se estar habilitado a:

- Entender a relação entre a energia de Gibbs em excesso e os coeficientes de atividade;
- Explicar e interpretar cada um dos cinco tipos de cálculo ELV a seguir:
  - Cálculos da pressão no ponto de bolha (BOL P);
  - Cálculos da pressão no ponto de orvalho (ORV P);
  - Cálculos da temperatura no ponto de bolha (BOL T);
  - Cálculos da temperatura no ponto de orvalho (ORV T);
  - Cálculos *flash P, T.*
- Executar cada um dos cinco tipos de cálculos do ELV utilizando cada uma das seguintes formulações do ELV:
  - Lei de Raoult;
  - Lei de Raoult Modificada, com coeficientes de atividade;
  - Formulação gama/phi completa;
  - Equação de estado cúbica aplicada para ambas as fases, líquido e vapor.
- Enunciar e aplicar a lei de Henry;
- Calcular as fugacidades da fase líquida, os coeficientes de atividade e a energia de Gibbs em excesso a partir de dados de ELV;
- Ajustar energia de Gibbs em excesso aos modelos, incluindo a equação de Margules, a equação de van Laar e a equação de Wilson;
- Avaliar a consistência termodinâmica de um conjunto de dados binários de ELV a baixas pressões;
- Ajustar os modelos de coeficientes de atividade, incluindo a equação de Margules, a equação de van Laar e a equação de Wilson diretamente aos dados P *versus* x_1;

- Calcular coeficientes de atividade e propriedades em excesso a partir:
  - Das equações de Margules;
  - Da equação de van Laar;
  - Da equação de Wilson;
  - Da equação NRTL.
- Calcular propriedades residuais e fugacidades para espécies puras e misturas usando uma equação de estado cúbica e usá-las em cálculos envolvendo o ELV.

13.10 PROBLEMAS

Soluções de alguns problemas do presente capítulo requerem pressões de vapor como funções da temperatura. A Tabela B.2, Apêndice B, lista os valores dos parâmetros para a equação de Antoine, a partir da qual as pressões de vapor podem ser calculadas.

13.1. Considerando a validade da lei de Raoult, faça os seguintes cálculos para o sistema benzeno(1)/tolueno(2):

(*a*) Dados $x_1 = 0{,}33$ e $T = 100$ °C, encontre y_1 e P.
(*b*) Dados $y_1 = 0{,}33$ e $T = 100$ °C, encontre x_1 e P.
(*c*) Dados $x_1 = 0{,}33$ e $P = 120$ kPa, encontre y_1 e T.
(*d*) Dados $y_1 = 0{,}33$ e $P = 120$ kPa, encontre x_1 e T.
(*e*) Dados $T = 105$ °C e $P = 120$ kPa, encontre x_1 e y_1.
(*f*) Para a parte (*e*), se a fração molar global do benzeno for $z_i = 0{,}33$, qual fração molar do sistema bifásico é vapor?
(*g*) Por que a lei de Raoult parece ser um excelente modelo para o ELV nesse sistema e nas condições consideradas (calculadas)?

13.2. Considerando a lei de Raoult válida, prepare um diagrama *Pxy* para uma temperatura de 90 °C e um diagrama *txy* para uma pressão de 90 kPa para um dos sistemas a seguir:

(*a*) Benzeno(1)/etilbenzeno(2)
(*b*) 1-Clorobutano(1)/clorobenzeno(2)

13.3. Considerando que a lei de Raoult se aplica ao sistema *n*-pentano(1)/*n*-heptano(2):

(*a*) Quais são os valores de x_1 e y_1 para $t = 55$ °C e $P = 1/2(P_1^{sat} + P_2^{sat})$? Nessas condições, faça um gráfico da fração do sistema que é vapor $\mathcal{V}$ *versus* a composição global z_1.
(*b*) Para $t = 55$ °C e $z_1 = 0{,}5$, represente graficamente P, x_1 e y_1 *versus* $\mathcal{V}$.

13.4. Refaça o Problema 13.3 para uma das seguintes condições:

(*a*) $t = 65$ °C; (*b*) $t = 75$ °C; (*c*) $t = 85$ °C; (*d*) $t = 95$ °C.

13.5. Prove: Um sistema no equilíbrio líquido/vapor descrito pela lei de Raoult não pode exibir um azeótropo.

13.6. Dos sistemas binários líquido/vapor a seguir, quais podem ser aproximadamente modelados pela lei de Raoult? Para aqueles que não podem, por que não? A Tabela B.1 (Apêndice B) pode ser útil.

(*a*) Benzeno/tolueno a 1(atm).
(*b*) *n*-Hexano/*n*-pentano a 25 bar.
(*c*) Hidrogênio/propano a 200 K.
(*d*) Iso-octano/*n*-octano a 100 °C.
(*e*) Água/*n*-decano a 1 bar.

13.7. Uma separação líquido-vapor de um estágio para o sistema benzeno(1)/etilbenzeno(2) deve produzir fases com as composições de equilíbrio a seguir. Para um desses conjuntos de dados, determine T e P no separador. Qual informação adicional é necessária para calcular as quantidades relativas de líquido e vapor deixando o separador? Considere que a lei de Raoult possa ser usada.

(*a*) $x_1 = 0{,}35$, $y_1 = 0{,}70$.
(*b*) $x_1 = 0{,}35$, $y_1 = 0{,}725$.
(*c*) $x_1 = 0{,}35$, $y_1 = 0{,}75$.
(*d*) $x_1 = 0{,}35$, $y_1 = 0{,}775$.

13.8. Resolva os quatro itens do Problema 13.7 e compare os resultados. As temperaturas e pressões necessárias variam significativamente. Discuta possíveis implicações do processamento dos vários níveis de temperatura e pressão.

13.9. Uma mistura contendo quantidades equimolares de benzeno(1), tolueno(2) e etilbenzeno(3) é "flasheada" para as condições de T e P. Para uma das condições a seguir, determine as frações molares $\{x_i\}$ e $\{y_i\}$, no equilíbrio, das fases líquido e vapor, e a fração molar $\mathcal{V}$ do vapor formado. Considere que a lei de Raoult se aplica.

(*a*) $T = 110$ °C, $P = 90$ kPa.
(*b*) $T = 110$ °C, $P = 100$ kPa.
(*c*) $T = 110$ °C, $P = 110$ kPa.
(*d*) $T = 110$ °C, $P = 120$ kPa.

13.10. Resolva os quatro itens do Problema 13.9 e compare os resultados. Discuta qualquer tendência que ocorra.

13.11. Uma mistura binária de fração molar z_1 é "flasheada" para as condições T e P. Para uma das condições a seguir, determine as frações molares no equilíbrio x_1 e y_1 das fases líquido e vapor formadas, a fração molar $\mathcal{V}$ de vapor formada e a recuperação fracionária $\mathcal{R}$ da espécie 1 na fase vapor (definida como a razão entre o número de moles da espécie 1 na fase vapor e o número de moles na alimentação). Considere válida a lei de Raoult.

(*a*) Acetona(1)/acetonitrila(2), $z_1 = 0{,}75$, $T = 340$ K, $P = 115$ kPa.
(*b*) Benzeno(1)/etilbenzeno(2), $z_1 = 0{,}50$, $T = 100$ °C, $P = 0{,}75$(atm).
(*c*) Etanol(1)/1-propanol(2), $z_1 = 0{,}25$, $T = 360$ K, $P = 0{,}80$(atm).
(*d*) 1-Clorobutano(1)/clorobenzeno(1), $z_1 = 0{,}50$, $T = 125$ °C, $P = 1{,}75$ bar.

13.12. A umidade, relacionada com a quantidade de água presente no ar atmosférico, é fornecida precisamente por equações deduzidas a partir da lei dos gases ideais e da lei de Raoult para a H_2O.

(*a*) A *umidade absoluta* h é definida como a massa de vapor d'água em uma unidade de massa de ar seco. Mostre que isso é dado por:

$$h = \frac{\mathcal{M}_{H_2O}}{\mathcal{M}_{ar}} \frac{p_{H_2O}}{P - p_{H_2O}}$$

na qual $\mathcal{M}$ representa uma massa molar e p_{H_2O} é a pressão parcial do vapor d'água, isto é, $p_{H_2O} = y_{H_2O} P$.

(*b*) A *umidade de saturação* h^{sat} é definida como o valor de h quando o ar se encontra em equilíbrio com um grande corpo de água pura. Mostre que ela é dada por:

$$h^{sat} = \frac{\mathcal{M}_{H_2O}}{\mathcal{M}_{ar}} \frac{p^{sat}_{H_2O}}{P - p^{sat}_{H_2O}}$$

sendo $p^{sat}_{H_2O}$ a pressão de vapor da água a temperatura ambiente.

(*c*) A umidade percentual é definida como a razão entre h e o seu valor de saturação, representada como uma percentagem. Por outro lado, a umidade relativa é definida como a razão entre a pressão parcial do vapor d'água no ar e a sua pressão de vapor, representada por uma percentagem. Qual é a relação entre essas duas grandezas?

13.13. Uma solução binária concentrada contendo principalmente a espécie 2 (porém $x_2 \neq 1$) encontra-se em equilíbrio com uma fase vapor contendo as espécies 1 e 2. A pressão desse sistema bifásico é 1 bar; a temperatura é de 25 °C. Nessa temperatura, $\mathcal{H}_1 = 200$ bar e $P_2^{sat} = 0{,}10$ bar. Determine boas estimativas para x_1 e y_1. Enuncie e justifique todas as considerações.

13.14. Ar, mais do que o dióxido de carbono, é barato e atóxico. Por que ele não é o gás escolhido para fazer água com gás e bebidas efervescentes? A Tabela 13.2 pode fornecer dados úteis.

13.15. Gases contendo hélio são utilizados por mergulhadores para respirar em águas profundas. Por quê? A Tabela 13.2 pode fornecer dados úteis.

13.16. Um sistema binário formado pelas espécies 1 e 2 apresenta fases líquida e vapor em equilíbrio na temperatura T. A fração molar *global* da espécie 1 no sistema é $z_1 = 0{,}65$. Na temperatura T, $\ln \gamma_1 = 0{,}67\, x_2^2$, $\ln \gamma_2 = 0{,}67\, x_1^2$, $P_1^{sat} = 32{,}27$ kPa e $P_2^{sat} = 73{,}14$ kPa. Considere válida a Eq. (13.19),

(*a*) Em qual faixa de pressões pode esse sistema permanecer bifásico nas T e z_1 dadas?
(*b*) Para uma fração molar na fase líquida $x_1 = 0{,}75$; qual é a pressão P e qual fração molar do sistema $\mathcal{V}$ se encontra na fase vapor?
(*c*) Mostre se o sistema apresenta ou não um azeótropo.

13.17. Para o sistema acetato de etila(1)/*n*-heptano(2) a 343,15 K, $\ln \gamma_1 = 0{,}95\, x_2^2$, $\ln \gamma_2 = 0{,}95\, x_1^2$, $P_1^{sat} = 79{,}80$ kPa, $P_2^{sat} = 40{,}50$ kPa. Considerando válida a Eq. (13.19),

(*a*) Faça um cálculo *BOL P* para $T = 343{,}15$ K e $x_1 = 0{,}05$.

(*b*) Faça um cálculo *ORV P* para $T = 343{,}15$ K e $y_1 = 0{,}05$.
(*c*) Quais são a composição e a pressão do azeótropo a $T = 343{,}15$ K?

13.18. Uma mistura líquida de ciclo-hexanona(1)/fenol(2), com $x_1 = 0{,}6$, está em equilíbrio com o seu vapor a 144 °C. Determine a pressão do equilíbrio P e a composição da fase vapor y_1 a partir das informações a seguir:

- $\ln \gamma_1 = Ax_2^2 \qquad \ln \gamma_2 = Ax_1^2$.
- A 144 °C, $P_1^{sat} = 75{,}20$ kPa e $P_2^{sat} = 31{,}66$ kPa.
- O sistema forma um azeótropo a 144 °C, no qual $x_1^{az} = y_1^{az} = 0{,}294$.

13.19. Um sistema binário formado pelas espécies 1 e 2 apresenta as fases líquida e vapor em equilíbrio a temperatura T, na qual $\ln \gamma_1 = 1{,}8\, x_2^2$, $\ln \gamma_2 = 1{,}8\, x_1^2$, $P_1^{sat} = 1{,}24$ bar, $P_2^{sat} = 40{,}50$ bar. Considere que a Eq. (13.19) seja válida.

(*a*) Em qual faixa de valores da fração molar global z_1 pode esse sistema bifásico existir com uma fração molar de $x_1 = 0{,}65$ na fase líquida?
(*b*) Quais são a pressão P e a fração molar na fase vapor y_1 nessa faixa?
(c) Quais são a pressão e a composição do azeótropo na temperatura T?

13.20. Para o sistema acetona(1)/metanol(2), uma mistura vapor com $z_1 = 0{,}25$ e $z_2 = 0{,}75$ é resfriada até a temperatura T na região bifásica e escoa para uma câmara de separação em uma pressão de 1 bar. A composição do produto líquido deve ser $x_1 = 0{,}175$. Qual o valor necessário de T e qual é o valor de y_1? Para misturas líquidas desse sistema, com uma boa aproximação, $\ln \gamma_1 = 0{,}64\, x_2^2$ e $\ln \gamma_2 = 0{,}64\, x_1^2$

13.21. A seguir encontra-se uma regra prática: Para um sistema binário em ELV a baixa pressão, a fração molar y_1 do equilíbrio na fase vapor correspondente a uma mistura líquida equimolar é, aproximadamente,

$$y_1 = \frac{P_1^{sat}}{P_1^{sat} + P_2^{sat}}$$

sendo P_i^{sat} a pressão de vapor das espécies puras. Claramente, essa equação é válida se a lei de Raoult se aplica. Prove que ela também é válida para o ELV descrito pela Eq. (13.19), com $\ln \gamma_1 = Ax_2^2$ e $\ln \gamma_2 = Ax_1^2$.

13.22. Uma corrente de processos contém uma espécie leve 1 e uma espécie pesada 2. Uma corrente relativamente pura contendo na sua maioria 2 é desejada, a ser obtida em um separador líquido/vapor de um estágio. As especificações da composição de equilíbrio são: $x_1 = 0{,}002$ e $y_1 = 0{,}950$. Utilize os dados abaixo para determinar T (K) e P (bar) para o separador. Considere que a Eq. (13.19) se aplica; o P calculado deve ser utilizado para validar essa consideração. Dados: Para a fase líquida,

$$\ln \gamma_1 = 0{,}93 x_2^2$$
$$\ln \gamma_2 = 0{,}93 x_1^2$$
$$\ln P_i^{sat}/\text{bar} = A_i - \frac{B_i}{T/\text{K}}$$

$A_1 = 10{,}08$; $B_1 = 2572{,}0$; $A_2 = 11{,}63$; $B_2 = 6254{,}0$.

13.23. Se um sistema exibe ELV, pelo menos um dos valores-K deve ser maior do que 1,0 e no mínimo um deles deve ser menor do que 1,0. Mostre uma prova para essa observação.

13.24. Cálculos de *flash* são mais simples para sistemas binários do que para o caso multicomponente geral, porque as composições de equilíbrio para um binário são independentes da composição global. Mostre que, para um sistema binário no ELV,

$$x_1 = \frac{1 - K_2}{K_1 - K_2} \qquad y_1 = \frac{K_1(1 - K_2)}{K_1 - K_2}$$
$$\mathcal{V} = \frac{z_1(K_1 - K_2) - (1 - K_2)}{(K_1 - 1)(1 - K_2)}$$

13.25. O WebBook [livro digital] NIST Chemistry reporta constantes de Henry criteriosamente avaliadas para compostos químicos selecionados em água a 25 °C. As constantes de Henry a partir dessa fonte, identificadas aqui por k_H, aparecem na equação do ELV escrita para o soluto na forma:

$$m_i = k_{Hi} y_i P$$

sendo m_i a molalidade na fase líquida da espécie soluto i, expressa em mol i/kg de solvente.

(*a*) Determine a relação algébrica conectando k_{Hi} com a constante de Henry $\mathcal{H}_i$ na Eq. (13.26). Considere que x_i é "pequeno".

(*b*) O WebBook [livro digital] NIST Chemistry fornece um valor de 0,034 mol · kg^{-1} · bar^{-1} para o k_{Hi} do CO_2 na H_2O a 25 °C. Qual é o valor implícito de $\mathcal{H}_i$ em bar? Compare esse valor com o fornecido na Tabela 13.2, que veio de uma fonte diferente.

13.26. (*a*) Uma alimentação contendo uma quantidade equimolar de acetona(1) e acetonitrila(2) é estrangulada para uma pressão P e temperatura T. Para qual faixa de pressão (atm) duas fases líquido-vapor serão formadas para T = 50 °C? Considere que a lei de Raoult se aplica.

(*b*) Uma alimentação contendo uma quantidade equimolar de acetona(1) e acetonitrila(2) é estrangulada para uma pressão P e temperatura T. Para qual faixa de temperatura (°C) duas fases líquido-vapor serão formadas para P = 0,5 (atm)? Considere que a lei de Raoult se aplica.

13.27. Uma mistura binária de benzeno(1) e tolueno(2) é "flasheada" para 75 kPa e 90 °C. Análises das correntes líquido e vapor efluentes do separador fornecem: x_1 = 0,1604 e y_1 = 0,2919. Um operador observa que o produto está fora da especificação e você é chamado para fazer um diagnóstico do problema.

(*a*) Verifique se as correntes de saída não estão no equilíbrio binário.

(*b*) Verifique se o vazamento de ar para dentro do separador pode ser a causa.

13.28. Dez (10) kmol · h^{-1} de gás sulfeto de hidrogênio são queimados com uma quantidade estequiométrica de oxigênio puro em uma unidade especial. Os reagentes entram como gases a 25 °C e 1(atm). Os produtos saem como duas correntes em equilíbrio a 70 °C e 1(atm): uma fase de água líquida pura e outra como uma corrente de vapor saturado contendo H_2O e SO_2.

(*a*) Qual é a composição (frações molares) da corrente-produto vapor?

(*b*) Quais são as vazões (kmol · h^{-1}) das correntes-produto?

13.29. Estudos fisiológicos mostram que o nível de conforto neutro (NCN) do ar úmido corresponde à umidade absoluta de aproximadamente 0,01 kg de H_2O por kg de ar seco.

(*a*) Qual é a fração molar na fase vapor da H_2O no NCN?

(*b*) Qual é a pressão parcial da H_2O no NCN? Aqui, e na parte (*c*), considere P = 1,01325 bar.

(*c*) Qual é a temperatura de orvalho (°F) no NCN?

13.30. Um desumidificador industrial recebe 50 kmol · h^{-1} de ar úmido com um ponto de orvalho igual a 20 °C. Ar condicionado deixando o desumidificador tem uma temperatura no ponto de orvalho de 10 °C. Em que vazão (kg · h^{-1}) a água líquida é removida nesse processo com escoamento em regime estacionário? Considere que P é constante e igual a 1(atm).

13.31. Azeotropia no equilíbrio líquido/vapor é impossível para sistemas binários rigorosamente descritos pela lei de Raoult. Para sistemas reais (aqueles com $\gamma_i \neq 1$), azeotropia é inevitável em temperaturas nas quais as P_i^{sat} são iguais. Tais temperaturas são chamadas de *ponto de Bancroft*. Nem todos os sistemas binários exibem tal ponto. Com a Tabela B.2 do Apêndice B como uma fonte, identifique três sistemas binários com ponto de Brancroft e determine as suas coordenadas T e P. *Regra básica*: Um ponto de Brancroft tem de estar nas faixas de temperatura de validade da equação de Antoine.

13.32. A seguir é apresentado um conjunto de dados do ELV para o sistema metanol(1)/água(2) a 333,15 K.

P/kPa	x_1	y_1	P/kPa	x_1	y_1
19,953	0,0000	0,0000	60,614	0,5282	0,8085
39,223	0,1686	0,5714	63,998	0,6044	0,8383
42,984	0,2167	0,6268	67,924	0,6804	0,8733
48,852	0,3039	0,6943	70,229	0,7255	0,8922
52,784	0,3681	0,7345	72,832	0,7776	0,9141
56,652	0,4461	0,7742	84,562	1,0000	1,0000

Extraído de K. Kurihara *et al.*, *J. Chem. Eng. Data*, vol. 40, pp. 679-684, 1995.

(*a*) Tomando como base para os cálculos a Eq. (13.24), encontre os valores dos parâmetros para a equação de Margules que fornecem o melhor ajuste dos dados para G^E/RT e prepare um diagrama Pxy que permita a comparação dos pontos experimentais com curvas determinadas a partir da correlação.

(*b*) Repita (*a*) para a equação de van Laar.
(*c*) Repita (*a*) para a equação de Wilson.
(*d*) Utilizando o método de Barker, encontre os valores dos parâmetros da equação de Margules que fornecem o melhor ajuste dos dados P-x_1. Prepare um diagrama mostrando os resíduos δP e δy_1 *versus* x_1.
(*e*) Repita (*d*) para a equação de van Laar.
(*f*) Repita (*d*) para a equação de Wilson.

13.33. Se a Eq. (13.24) for válida para ELV isotérmico em um sistema binário, mostre que:

$$\left(\frac{dP}{dx_1}\right)_{x_1=0} \geq -P_2^{\text{sat}} \qquad \left(\frac{dP}{dx_1}\right)_{x_1=1} \leq P_1^{\text{sat}}$$

13.34. A seguir é apresentado um conjunto de dados do ELV para o sistema acetona(1)/metanol(2), a 55 °C.

P/kPa	x_1	y_1	P/kPa	x_1	y_1
68,728	0,0000	0,0000	97,646	0,5052	0,5844
72,278	0,0287	0,0647	98,462	0,5432	0,6174
75,279	0,0570	0,1295	99,811	0,6332	0,6772
77,524	0,0858	0,1848	99,950	0,6605	0,6926
78,951	0,1046	0,2190	100,278	0,6945	0,7124
82,528	0,1452	0,2694	100,467	0,7327	0,7383
86,762	0,2173	0,3633	100,999	0,7752	0,7729
90,088	0,2787	0,4184	101,059	0,7922	0,7876
93,206	0,3579	0,4779	99,877	0,9080	0,8959
95,017	0,4050	0,5135	99,799	0,9448	0,9336
96,365	0,4480	0,5512	96,885	1,0000	1,0000

Extraído de D. C. Freshwater e K. A. Pike, *J. Chem. Eng. Data*, vol. 12, pp. 179-183, 1967.

(*a*) Tomando como base para os cálculos a Eq. (13.24), encontre os valores dos parâmetros para a equação de Margules que fornecem o melhor ajuste dos dados para G^E/RT e prepare um diagrama *Pxy* que permita a comparação dos pontos experimentais com curvas determinadas a partir da correlação.
(*b*) Repita (*a*) para a equação de van Laar.
(*c*) Repita (*a*) para a equação de Wilson.
(*d*) Utilizando o método de Barker, encontre os valores dos parâmetros da equação de Margules que fornecem o melhor ajuste dos dados P-x_1. Prepare um diagrama mostrando os resíduos δP e δy_1 *versus* x_1.
(*e*) Repita (*d*) para a equação de van Laar.
(*f*) Repita (*d*) para a equação de Wilson.

13.35. A energia de Gibbs em excesso para sistemas binários constituídos por líquidos não muito dissimilares na natureza química é representada com razoável aproximação pela equação:

$$G^E/RT = Ax_1x_2$$

sendo A uma função da temperatura somente. Para tais sistemas, observa-se frequentemente que a razão das pressões de vapor das espécies puras é aproximadamente constante em uma faixa considerável de temperaturas. Considere essa razão igual a r e determine a faixa de valores de A, expressa em função de r, na qual não pode existir azeótropo. Admita que a fase vapor seja um gás ideal.

13.36. Para o sistema etanol(1)/clorofórmio(2) a 50 °C, os coeficientes de atividade mostram extremos no interior do intervalo de composição [veja Figura 13.4(*e*)].

(*a*) Prove que a equação de van Laar não pode representar esse comportamento.
(*b*) A equação de Margules a dois parâmetros pode representar esse comportamento, mas somente para faixas específicas da razão A_{21}/A_{12}. Quais são elas?

13.37. A seguir são apresentados dados do ELV do sistema éter metil *tert*-butílico(1)/diclorometano(2) a 308,15 K:

P/kPa	x_1	y_1	P/kPa	x_1	y_1
85,265	0,0000	0,0000	59,651	0,5036	0,3686
83,402	0,0330	0,0141	56,833	0,5749	0,4564
82,202	0,0579	0,0253	53,689	0,6736	0,5882
80,481	0,0924	0,0416	51,620	0,7676	0,7176
76,719	0,1665	0,0804	50,455	0,8476	0,8238
72,422	0,2482	0,1314	49,926	0,9093	0,9002
68,005	0,3322	0,1975	49,720	0,9529	0,9502
65,096	0,3880	0,2457	49,624	1,0000	1,0000

Extraído de F. A. Mato, C. Berro e A. Péneloux, *J. Chem. Eng. Data*, vol. 36, pp. 259-262, 1991.

Os dados são bem correlacionados pela equação de Margules com três parâmetros [uma extensão da Eq. (13.39)]:

$$\frac{G^E}{RT} = (A_{21}x_1 + A_{12}x_2 - Cx_1x_2)x_1x_2$$

As equações a seguir são implícitas a partir da equação anterior:

$$\ln \gamma_1 = x_2^2\left[A_{12} + 2(A_{21} - A_{12} - C)x_1 + 3Cx_1^2\right]$$
$$\ln \gamma_2 = x_1^2\left[A_{21} + 2(A_{12} - A_{21} - C)x_2 + 3Cx_2^2\right]$$

(*a*) Tomando como base para os cálculos a Eq. (13.24), encontre os valores dos parâmetros A_{12}, A_{21} e C que fornecem o melhor ajuste de G^E/RT aos dados.
(*b*) Prepare um gráfico de $\ln \gamma_1$, $\ln \gamma_2$ e $G^E/(x_1x_2RT)$ *versus* x_1, mostrando os valores da correlação e os experimentais.
(*c*) Prepare um diagrama *Pxy* [veja Figura 13.8(*a*)] que permita a comparação dos dados experimentais com os da correlação determinada no item (*a*).
(*d*) Prepare um diagrama similar ao da Figura 13.9 para o teste de consistência.
(*e*) Utilizando o método de Barker, encontre os valores dos parâmetros A_{12}, A_{21} e C que melhor ajustam os dados P-x_1. Prepare um diagrama mostrando os resíduos δP e δy_1 *versus* x_1.

13.38. Equações análogas às Eqs. (10.15) e (10.16) se aplicam para propriedades em excesso. Como $\ln \gamma_i$ é uma propriedade parcial em relação a G^E/RT, essas equações análogas podem ser escritas para $\ln \gamma_1$ e $\ln \gamma_2$ em um sistema binário.

(*a*) Escreva essas equações e as aplique na Eq. (13.42) para mostrar que as Eqs. (13.43) e (13.44) são realmente obtidas.
(*b*) O procedimento alternativo é utilizar a Eq. (13.7). Mostre que, agindo dessa forma, as Eqs. (13.43) e (13.44) são novamente reproduzidas.

13.39. A seguir é apresentado um conjunto de dados de coeficientes de atividade para um sistema binário líquido determinados a partir de dados do ELV:

x_1	γ_1	γ_2	x_1	γ_1	γ_2
0,0523	1,202	1,002	0,5637	1,120	1,102
0,1299	1,307	1,004	0,6469	1,076	1,170
0,2233	1,295	1,006	0,7832	1,032	1,298
0,2764	1,228	1,024	0,8576	1,016	1,393
0,3482	1,234	1,022	0,9388	1,001	1,600
0,4187	1,180	1,049	0,9813	1,003	1,404
0,5001	1,129	1,092			

A inspeção desses valores experimentais sugere que eles estão *com ruídos*, porém a questão é se eles são *consistentes* e, consequentemente, possivelmente corretos na média.

(*a*) Encontre valores experimentais para G^E/RT e represente-os em conjunto com os valores experimentais de $\ln \gamma_1$ e $\ln \gamma_2$ em um único gráfico.

(*b*) Desenvolva uma correlação válida para a dependência com a composição de G^E/RT e mostre linhas no gráfico do item (*a*) que representem essa correlação para todas as três grandezas lá apresentadas.

(*c*) Aplique o teste de consistência descrito no Exemplo 13.4 nesses dados e apresente uma conclusão com relação ao resultado desse teste.

13.40. A seguir são apresentados dados do ELV para o sistema acetonitrila(1)/benzeno(2), a 45 °C:

P/kPa	x_1	y_1	P/kPa	x_1	y_1
29,819	0,0000	0,0000	36,978	0,5458	0,5098
31,957	0,0455	0,1056	36,778	0,5946	0,5375
33,553	0,0940	0,1818	35,792	0,7206	0,6157
35,285	0,1829	0,2783	34,372	0,8145	0,6913
36,457	0,2909	0,3607	32,331	0,8972	0,7869
36,996	0,3980	0,4274	30,038	0,9573	0,8916
37,068	0,5069	0,4885	27,778	1,0000	1,0000

Extraído de I. Brown e F. Smith, *Austral. J. Chem.*, vol. 8, p. 62, 1955.

Os dados são bem correlacionados pela equação de Margules a três parâmetros (veja o Problema 13.37).

(*a*) Tomando como base para os cálculos a Eq. (13.24), encontre os valores dos parâmetros A_{12}, A_{21} e C que fornecem o melhor ajuste de G^E/RT para os dados.

(*b*) Prepare um gráfico de $\ln \gamma_1$, $\ln \gamma_2$ e $G^E/(x_1x_2RT)$ *versus* x_1 mostrando os valores da correlação e os experimentais.

(*c*) Prepare um diagrama Pxy [veja Figura 13.8(*a*)] que permita a comparação dos dados experimentais com os da correlação determinada no item (*a*).

(*d*) Prepare um diagrama similar ao da Figura 13.9 para o teste de consistência.

(*e*) Utilizando o método de Barker, encontre os valores dos parâmetros A_{12}, A_{21} e C que melhor ajustam os dados P-x_1. Prepare um diagrama mostrando os resíduos δP e δy_1 *versus* x_1.

13.41. Um tipo não usual de comportamento do ELV a baixa pressão é quando aparece um *azeótropo duplo*, no qual as curvas de bolha e de orvalho são na forma de S, assim fornecendo em diferentes composições os azeótropos de pressão mínima e de pressão máxima. Considerando que a Eq. (13.57) se aplica, determine em que circunstâncias o azeótropo duplo ocorrerá.

13.42. Demonstre a seguinte regra prática, apropriada para uma mistura líquida binária *equimolar*:

$$\frac{G^E}{RT}(\text{equimolar}) \approx \frac{1}{8}\ln(\gamma_1^\infty \gamma_2^\infty)$$

Os Problemas 13.43 até 13.54 necessitam dos valores dos parâmetros das equações de Wilson ou NRTL para os coeficientes de atividade na fase líquida. A Tabela 13.10 fornece valores desses parâmetros para as duas equações. Equações de Antoine para a pressão de vapor estão na Tabela B.2, no Apêndice B.

TABELA 13.10 Valores dos Parâmetros das Equações de Wilson e NRTL

Os parâmetros a_{12}, a_{21}, b_{12} e b_{21} têm unidades de cal · mol^{-1}; e V_1 e V_2 têm unidades de cm^3 · mol^{-1}.

Sistema	V_1 V_2	Equação de Wilson a_{12}	a_{21}	Equação NRTL b_{12}	b_{21}	α
Acetona(1) Água(2)	74,05 18,07	291,27	1448,01	631,05	1197,41	0,5343
Metanol(1) Água(2)	40,73 18,07	107,38	469,55	−253,88	845,21	0,2994
1-Propanol(1) Água(2)	75,14 18,07	775,48	1351,90	500,40	1636,57	0,5081

(*continua*)

TABELA 13.10 Valores dos Parâmetros das Equações de Wilson e NRTL (*continuação*)

Os parâmetros a_{12}, a_{21}, b_{12} e b_{21} têm unidades de cal · mol^{-1}; e V_1 e V_2 têm unidades de cm^3 · mol^{-1}.

	V_1	Equação de Wilson		Equação NRTL		
Sistema	V_2	a_{12}	a_{21}	b_{12}	b_{21}	α
Água(1) 1,4-Dioxano(2)	18,07 85,71	1696,98	−219,39	715,96	548,90	0,2920
Metanol(1) Acetonitrila(2)	40,73 66,30	504,31	196,75	343,70	314,59	0,2981
Acetona(1) Metanol(2)	74,05 40,73	−161,88	583,11	184,70	222,64	0,3084
Acetato de Metila(1) Metanol(2)	79,84 40,73	−31,19	813,18	381,46	346,54	0,2965
Metanol(1) Benzeno(2)	40,73 89,41	1734,42	183,04	730,09	1175,41	0,4743
Etanol(1) Tolueno(2)	58,68 106,85	1556,45	210,52	713,57	1147,86	0,5292

Os valores são os recomendados por Gmehling *et al.*, *Vapor-Liquid Equilibrium Data Collection*, Chemistry Data Series, vol. I, partes 1a, 1b, 2c e 2e, DECHEMA, Frankfurt/Main, 1981-1988.

13.43. Para um dos sistemas binários listados na Tabela 13.10, com base na Eq. (13.19) e na equação de Wilson, prepare um diagrama *Pxy* para $t = 60$ °C.

13.44. Para um dos sistemas binários listados na Tabela 13.10, com base na Eq. (13.19) e na equação de Wilson, prepare um diagrama *txy* para $P = 101{,}33$ kPa.

13.45. Para um dos sistemas binários listados na Tabela 13.10, com base na Eq. (13.19) e na equação NRTL, prepare um diagrama *Pxy* para $t = 60$ °C.

13.46. Para um dos sistemas binários listados na Tabela 13.10, com base na Eq. (13.19) e na equação NRTL, prepare um diagrama *txy* para $P = 101{,}33$ kPa.

13.47. Para um dos sistemas binários listados na Tabela 13.10, com base na Eq. (13.19) e na equação de Wilson, efetue os seguintes cálculos:

(*a*) *BOL P*: $t = 60$ °C; $x_1 = 0{,}3$.
(*b*) *ORV P*: $t = 60$ °C; $y_1 = 0{,}3$.
(*c*) *Flash-P, T*: $t = 60$ °C; $P = \frac{1}{2}(P_{\text{bol}} + P_{\text{orv}})$; $z_1 = 0{,}3$.
(*d*) Se houver um azeótropo em $t = 60$ °C, encontre P^{az} e $x_1^{\text{az}} = y_1^{\text{az}}$.

13.48. Faça o Problema 13.47 usando a equação NRTL.

13.49. Para um dos sistemas binários listados na Tabela 13.10, com base na Eq. (13.19) e na equação de Wilson, efetue os seguintes cálculos:

(*a*) *BOL T*: $P = 101{,}33$ kPa; $x_1 = 0{,}3$.
(*b*) *ORV T*: $P = 101{,}33$ kPa; $y_1 = 0{,}3$.
(*c*) *Flash-P, T*: $P = 101{,}33$ kPa; $P = \frac{1}{2}(P_{\text{bol}} + P_{\text{orv}})$; $z_1 = 0{,}3$.
(*d*) Se houver um azeótropo em $P = 101{,}33$ kPa, encontre T^{az} e $x_1^{\text{az}} = y_1^{\text{az}}$.

13.50. Faça o Problema 13.49 usando a equação NRTL.

13.51. Para o sistema acetona(1)/metanol(2)/água(3), com base na Eq. (13.19) e na equação de Wilson, efetue os seguintes cálculos:

(*a*) *BOL P*: $t = 65$ °C; $x_1 = 0{,}3$; $x_2 = 0{,}4$.
(*b*) *ORV P*: $t = 65$ °C; $y_1 = 0{,}3$; $y_2 = 0{,}4$.
(*c*) *Flash-P, T*: $t = 65$ °C; $P = \frac{1}{2}(P_{\text{bol}} + P_{\text{orv}})$; $z_1 = 0{,}3$; $z_2 = 0{,}4$.

13.52. Faça o Problema 13.51 usando a equação NRTL.

13.53. Para o sistema acetona(1)/metanol(2)/água(3), com base na Eq. (13.19) e na equação de Wilson, efetue os seguintes cálculos:

(*a*) *BOL T*:$P = 101{,}33$ kPa; $x_1 = 0{,}3$; $x_2 = 0{,}4$.
(*b*) *ORV T*:$P = 101{,}33$ kPa; $y_1 = 0{,}3$; $y_2 = 0{,}4$.
(*c*) *Flash-P, T*: $P = 101{,}33$ kPa; $T = \frac{1}{2}(T_{bol} + T_{orv})$; $z_1 = 0{,}3$; $z_2 = 0{,}2$.

13.54. Faça o Problema 13.53 usando a equação NRTL.

13.55. As expressões a seguir foram reportadas para o cálculo dos coeficientes de atividade das espécies 1 e 2 em uma mistura líquida binária, a T e P dados:

$$\ln \gamma_1 = x_2^2(0{,}273 + 0{,}096\,x_1) \qquad \ln \gamma_2 = x_1^2(0{,}273 - 0{,}096x_2)$$

(*a*) Determine a expressão correspondente para G^E/RT.
(*b*) *Gere* expressões para $\ln \gamma_1$ e $\ln \gamma_2$ a partir do resultado do item (*a*).
(*c*) Compare os resultados de (*b*) com as expressões reportadas para $\ln \gamma_1$ e $\ln \gamma_2$. Discuta qualquer discrepância. É possível que as expressões reportadas estejam corretas?

13.56. Possíveis equações de correlação para $\ln \gamma_1$ em um sistema líquido binário são dadas a seguir. Para um desses casos, determine por integração da equação Gibbs/Duhem [Eq. (13.11)] a equação correspondente para $\ln \gamma_2$. Qual é a equação correspondente para G^E/RT? Note que, pelas suas definições, $\gamma_i = 1$ para $x_i = 1$.

(*a*) $\ln \gamma_1 = Ax_2^2$;

(*b*) $\ln \gamma_1 = x_2^2(A + Bx_2)$;

(*c*) $\ln \gamma_1 = x_2^2\left(A + Bx_2 + Cx_2^2\right)$.

13.57. Um tanque de armazenamento contém um líquido orgânico pesado. A análise química mostra que o líquido contém 600 ppm (base molar) de água. É proposto reduzir a concentração de água no tanque para 50 ppm, promovendo a ebulição do conteúdo do tanque a pressão atmosférica constante. Como a água é mais leve que a substância orgânica, o vapor será mais rico em água; a remoção contínua do vapor serve para reduzir o conteúdo de água do sistema. Determine a percentagem de perda da substância orgânica (base molar) no processo de ebulição. Comente se a proposta é razoável.

Sugestão: Considere o sistema água(1)/orgânico(2) e faça um balanço de massa não estacionário para a água e para água + orgânico. Enuncie todas as hipóteses.

Dados: T_{n2} = ponto de ebulição normal do orgânico = 130 °C.
$\gamma_1^\infty = 5{,}8$ para água na fase líquida a 130 °C.

13.58. Os dados do ELV binário são normalmente medidos a T constante ou a P constante. Os dados isotérmicos são *mais* preferidos para a determinação de uma correlação para G^E para a fase líquida. Por quê?

13.59. Considere o seguinte modelo para G^E/RT de uma mistura binária:

$$\frac{G^E}{x_1 x_2 RT} = \left(x_1 A_{21}^k + x_2 A_{12}^k\right)^{1/k}$$

Essa equação, na realidade, representa uma *família* de expressões a dois parâmetros para G^E/RT; a especificação de k deixa A_{12} e A_{21} como os parâmetros livres.

(*a*) Encontre expressões gerais para $\ln \gamma_1$ e $\ln \gamma_2$, para qualquer k.
(*b*) Mostre que $\ln \gamma_1^\infty = A_{12}$ e $\ln \gamma_2^\infty = A_{21}$, para qualquer k.
(*c*) Simplifique o modelo para os casos nos quais k é igual a $-\infty$, -1, 0, $+1$ e $+\infty$. Dois desses casos geram resultados familiares. Quais são?

13.60. Um analisador de respiração mede % volumétrica de etanol nos gases exalados dos pulmões. Uma calibração relaciona esses dados com a % volumétrica de etanol na corrente sanguínea. Utilize conceitos do ELV para desenvolver uma relação aproximada entre essas duas quantidades. Numerosas considerações são necessárias; enuncie e justifique essas considerações quando necessário.

13.61. A Tabela 13.10 fornece valores dos parâmetros para a equação de Wilson para o sistema acetona(1)/metanol(2). Determine valores de $\ln \gamma_1^\infty$ e $\ln \gamma_2^\infty$ a 50 °C. Compare com os valores sugeridos pela Figura 13.4(*b*). Repita o exercício com a equação NRTL.

13.62. Para um sistema binário, deduza a expressão para H^E implicada pela equação de Wilson para G^E/RT. Mostre que a capacidade calorífica em excesso correspondente C_P^E é necessariamente *positiva*. Lembre que os parâmetros da equação de Wilson dependem de T, de acordo com a Eq. (13.53).

13.63. Um único dado P-x_1-y_1 está disponível para um sistema binário a 25 °C. Estime a partir desse dado:

(*a*) A pressão total e a composição da fase vapor a 25 °C para uma mistura líquida equimolar.
(*b*) Há possibilidade de azeótropo a 25 °C.

Dados: A 25 °C, $P_1^{\text{sat}} = 183{,}4$ e $P_2^{\text{sat}} = 96{,}7$ kPa.

Para $x_1 = 0{,}253$, $y_1 = 0{,}456$ e $P = 139{,}1$ kPa.

13.64. Um único dado P-x_1 está disponível para um sistema binário a 35 °C. Estime a partir desse dado:

(*a*) O valor correspondente de y_1.
(*b*) A pressão total a 35 °C para uma mistura líquida equimolar.
(*c*) Há possibilidade de azeótropo a 35 °C.

Dados: A 35 °C, $P_1^{\text{sat}} = 120{,}2$ e $P_2^{\text{sat}} = 73{,}9$ kPa.

Para $x_1 = 0{,}389$; $P = 108{,}6$ kPa.

13.65. A energia de Gibbs em excesso para o sistema clorofórmio(1)/etanol(2) a 55 °C é bem representada pela equação de Margules, $G^E/RT = (1{,}42\,x_1 + 0{,}59\,x_2)\,x_1\,x_2$. As pressões de vapor do clorofórmio e do etanol a 55 °C são $P_1^{\text{sat}} = 82{,}37$ kPa e $P_2^{\text{sat}} = 37{,}31$ kPa.

(*a*) Considerando que a Eq. (13.19) seja válida, efetue cálculos *BOL P*, a 55 °C, para frações molares na fase líquida de 0,25; 0,50 e 0,75.
(*b*) Para comparação, repita os cálculos utilizando as Eqs. (13.13) e (13.14) com os seguintes coeficientes virial: $B_{11} = -963$ cm$^3 \cdot$ mol^{-1}; $B_{22} = -1523$ cm$^3 \cdot$ mol^{-1}; e $B_{12} = 52$ cm$^3 \cdot$ mol^{-1}.

13.66. Encontre expressões para $\hat{\phi}_1$ e $\hat{\phi}_2$ para uma mistura gasosa binária descrita pela Eq. (3.38). A regra de mistura para B é dada pela Eq. (10.62). A regra de mistura para C é dada pela equação geral:

$$C = \sum_i \sum_j \sum_k y_i y_j y_k C_{ijk}$$

na qual Cs com os mesmos subscritos, sem levar em consideração a ordem, são iguais. Para uma mistura binária, ela se torna:

$$C = y_1^3 C_{111} + 3y_1^2 y_2 C_{112} + 3y_1 y_2^2 C_{122} + y_2^3 C_{222}$$

13.67. Um sistema formado por metano(1) e um óleo leve(2), a 200 K e 30 bar, é formado por uma fase vapor contendo 95 % em base molar de metano e uma fase líquida contendo óleo e metano dissolvido. A fugacidade do metano é dada pela lei de Henry, e, na temperatura de interesse, a constante de Henry é $\mathcal{H}_1 = 200$ bar. Enunciando quaisquer hipóteses, estime a fração molar no equilíbrio do metano na fase líquida. O segundo coeficiente virial do metano puro a 200 K é igual a -105 cm$^3 \cdot$ mol^{-1}.

13.68. Utilize a Eq. (13.13) para fazer a regressão do conjunto de dados isotérmicos identificados a seguir e compare o resultado com aquele obtido pela aplicação da Eq. (13.19). Relembre que regressão significa o desenvolvimento de uma expressão numérica para G^E/RT como uma função da composição.

(*a*) Etil metil cetona(1)/tolueno(2) a 50 °C: Tabela 13.1.
(*b*) Acetona(1)/metanol(2) a 55 °C: Problema 13.34.
(*c*) Metil *tert*-butil éter(1)/diclorometano(2) a 35 °C: Problema 13.37.
(*d*) Acetonitrila(1)/benzeno(2) a 45 °C: Problema 13.40.

São estes os dados para o segundo coeficiente virial:

	Parte (*a*)	Parte (*b*)	Parte (*c*)	Parte (*d*)
B_{11}/cm$^3 \cdot$ mol^{-1}	−1840	−1440	−2060	−4500
B_{12}/cm$^3 \cdot$ mol^{-1}	−1800	−1150	−860	−1300
B_{22}/cm$^3 \cdot$ mol^{-1}	−1150	−1040	−790	−1000

13.69. Para uma das substâncias listadas a seguir, determine P^{sat}, em bar, a partir da equação de Redlich/Kwong em duas temperaturas: $T = T_n$ (o ponto normal de ebulição) e $T = 0{,}85T_c$. Para a segunda temperatura, compare o seu resultado com o valor obtido na literatura (por exemplo, *Perry's Chemical Engineers' Handbook*). Discuta seus resultados.

(*a*) Acetileno.
(*b*) Argônio.
(*c*) Benzeno.
(*d*) *n*-Butano.
(*e*) Monóxido de carbono.
(*f*) *n*-Decano.
(*g*) Etileno.
(*h*) *n*-Heptano.
(*i*) Metano.
(*j*) Nitrogênio.

13.70. Refaça o Problema 13.69 para uma das seguintes equações:

(*a*) Equação de Soave/Redlich/Kwong.
(*b*) Equação de Peng/Robinson.

13.71. Os desvios da lei de Raoult ocorrem, em primeiro lugar, em razão das não idealidades na fase líquida ($\gamma_i \neq 1$). Porém as não idealidades na fase vapor ($\hat{\phi}_i \neq 1$) também contribuem. Considere o caso particular no qual a fase líquida é uma solução ideal e a fase vapor é uma mistura de gases não ideais descrita pela Eq. (3.36). Mostre que os desvios da lei de Raoult, a temperatura constante, são geralmente negativos. Enuncie claramente qualquer consideração ou aproximação.

13.72. Determine um valor numérico para o fator acêntrico ω fornecido pela:

(*a*) Equação de van der Waals.
(*b*) Equação Redlich/Kwong.

13.73. A volatilidade relativa α_{12} é normalmente usada em aplicações envolvendo o ELV binário. Ela serve, especificamente (ver Exemplo 13.1), como uma base para avaliar a possibilidade de um azeótropo binário.

(*a*) Desenvolva uma expressão para α_{12} baseada nas Eqs. (13.13) e (13.14).
(*b*) Simplifique a expressão para as composições-limite $x_1 = y_1 = 0$ e $x_1 = y_1 = 1$. Compare com o resultado obtido a partir da lei de Raoult modificada, Eq. (13.19). A diferença entre os resultados reflete os efeitos das não idealidades na fase vapor.
(*c*) Faça simplificações adicionais nos resultados do item (*b*) considerando que a fase vapor seja uma solução ideal de gases reais.

13.74. Embora os dados do ELV isotérmico sejam preferidos para a obtenção de coeficientes de atividade, um grande conjunto de bons dados isobáricos existe na literatura. Para um conjunto de dados binários isobáricos T-x_1-y_1, pode-se obter valores pontuais de γ_i via a Eq. (13.13):

$$\gamma_i(x, T_k) = \frac{y_i \Phi_i(T_k, P, y)P}{x_i P_i^{\text{sat}}(T_k)}$$

Aqui, a lista de variáveis para γ_i reconhece uma dependência primária de x e T; a dependência da pressão é normalmente desprezível. A notação T_k enfatiza que a temperatura varia com os dados para os pontos através da faixa de composições, e os coeficientes de atividade calculados estão em temperaturas diferentes. Entretanto, o objetivo usual da regressão e correlação de dados do ELV é desenvolver uma expressão apropriada para G^E/RT em uma única temperatura T. Um procedimento é necessário para corrigir cada coeficiente de atividade para uma T escolhida próxima da média para o conjunto de dados. Se uma correlação para $H^E(x)$ está disponível nessa T ou próximo a ela, mostre que os valores de γ_i corrigidos para T podem ser estimados pela expressão:

$$\gamma_i(x, T) = \gamma_i(x, T_k)\exp\left[\frac{-\bar{H}_i^E}{RT}\left(\frac{T}{T_k} - 1\right)\right]$$

13.75. Quais são as contribuições relativas dos vários termos em uma expressão gama/phi para o ELV? Uma forma de encarar essa questão é por meio do cálculo dos coeficientes de atividade para um único ponto do ELV binário pela Eq. (13.19):

$$\gamma_i = \underbrace{\frac{y_i P}{x_i P_i^{\text{sat}}}}_{\text{(A)}} \cdot \underbrace{\frac{\hat{\phi}_i}{\phi_i^{\text{sat}}}}_{\text{(B)}} \cdot \underbrace{\frac{f_i^{\text{sat}}}{f_i}}_{\text{(C)}}$$

O termo (A) é o valor que viria da lei de Raoult modificada; o termo (B) leva em consideração as não idealidades da fase vapor; o termo (C) é o fator de Poynting [ver Eq. (10.44)]. Utilize o único ponto dado abaixo para o sistema butanonitrila(1)/benzeno(2) a 318,15 K e avalie todos os termos para $i = 1$ e $i = 2$. Discuta os resultados.

Dado do ELV: $P = 0{,}20941$ bar, $x_1 = 0{,}4819$, $y_1 = 0{,}1813$.

Dados auxiliares: $P_1^{sat} = 0{,}07287$ e $P_2^{sat} = 0{,}29871$ bar

$B_{11} = -7993$, $B_{22} = -1247$, $B_{12} = -2089$ cm$^3 \cdot$ mol^{-1}

$V_1^l = 90$, $V_2^l = 92$ cm$^3 \cdot$ mol^{-1}

13.76. Gere diagramas P-x_1-y_1 a 100 °C para um dos sistemas identificados a seguir. Tome como base para os coeficientes de atividade a equação de Wilson, Eqs. (13.45) a (13.47). Utilize dois procedimentos: (i) lei de Raoult modificada, Eq. (13.19), e (ii) a abordagem gama/phi, Eq. (13.13), com Φ_i dado pela Eq. (13.14). Represente em um mesmo gráfico os resultados dos dois procedimentos. Compare e discuta esses resultados.

Fontes de dados: Para P_i^{sat} utilize a Tabela B.2. Para não idealidades na fase vapor, utilize o material do Capítulo 3; considere que a fase vapor é (aproximadamente) uma solução ideal. Os parâmetros estimados para a equação de Wilson são dados para cada sistema.

(*a*) Benzeno(1)/Tetracloreto de carbono(2): $\Lambda_{12} = 1{,}0372$, $\Lambda_{21} = 0{,}8637$.
(*b*) Benzeno(1)/Ciclo-hexano(2): $\Lambda_{12} = 1{,}0773$, $\Lambda_{21} = 0{,}7100$.
(*c*) Benzeno(1)/*n*-Heptano(2): $\Lambda_{12} = 1{,}2908$, $\Lambda_{21} = 0{,}5011$.
(*d*) Benzeno(1)/*n*-Hexano(2): $\Lambda_{12} = 1{,}3684$, $\Lambda_{21} = 0{,}4530$.
(*e*) Tetracloreto de carbono(1)/Ciclo-hexano(2): $\Lambda_{12} = 1{,}1619$, $\Lambda_{21} = 0{,}7757$.
(*f*) Tetracloreto de carbono(1)/*n*-Heptano(2): $\Lambda_{12} = 1{,}5410$, $\Lambda_{21} = 0{,}5197$.
(*g*) Tetracloreto de carbono(1)/*n*-Hexano(2): $\Lambda_{12} = 1{,}2839$, $\Lambda_{21} = 0{,}6011$.
(*h*) Ciclohexano(1)/*n*-Heptano(2): $\Lambda_{12} = 1{,}2996$, $\Lambda_{21} = 0{,}7046$.
(*i*) Ciclohexano(1)/*n*-Hexano(2): $\Lambda_{12} = 1{,}4187$, $\Lambda_{21} = 0{,}5901$.

CAPÍTULO

14

Equilíbrio em Reações Químicas – Equilíbrio Químico

A transformação de matérias-primas em produtos de maior valor por meio de reações químicas é uma atividade industrial importante. Uma grande variedade de produtos comerciais é obtida por síntese química. Ácido sulfúrico, amônia, etileno, propileno, ácido fosfórico, cloro, ácido nítrico, ureia, benzeno, metanol, etanol e etilenoglicol são exemplos de substâncias químicas das quais são produzidos bilhões de quilogramas a cada ano ao redor do mundo. Essas substâncias são, por sua vez, utilizadas na produção em grande escala de fibras, tintas, detergentes, plásticos, borrachas, papel e fertilizantes, para se ter uma ideia. Outros produtos derivados de reações químicas incluem desde fármacos até uma miríade de materiais inorgânicos que sustentam as indústrias de microeletrônicos e telecomunicações. Embora esses derivados sejam produzidos em um volume muito menor que as *commodities* químicas citadas, seus impactos econômicos e sociais também são enormes. O engenheiro químico certamente precisa estar familiarizado com o projeto, a análise e a operação de reatores químicos.

Tanto a taxa como a conversão no equilíbrio de uma reação química dependem da temperatura, da pressão e da composição dos reagentes. Geralmente, uma taxa de reação aceitável só é atingida com um catalisador adequado. Por exemplo, a taxa de oxidação do dióxido de enxofre em trióxido de enxofre, conduzida com um catalisador de pentóxido de vanádio, torna-se satisfatória a aproximadamente 300 °C e aumenta em temperaturas superiores. Com base somente na taxa, em termos práticos, o reator seria operado na mais alta temperatura possível. Entretanto, a conversão no equilíbrio do dióxido de enxofre em trióxido de enxofre cai com o aumento da temperatura, diminuindo de aproximadamente 90 % a 520 °C para 50 % a 680 °C. Esses valores representam as conversões máximas possíveis, quaisquer que sejam o catalisador e a taxa de reação. É evidente que tanto o equilíbrio como a taxa devem ser levados em consideração no uso de reações químicas com objetivos comerciais. Embora as *taxas* de reação não sejam passíveis de tratamento termodinâmico, os *equilíbrios* nas reações o são. Consequentemente, o objetivo principal deste capítulo é relacionar a composição no equilíbrio de sistemas de reação às suas temperaturas, pressão e composição inicial.

Muitas reações industriais não são conduzidas até o equilíbrio. O projeto do reator é frequentemente baseado na taxa de reação ou em outras considerações tais como taxas de transferência de calor e de massa. Contudo, a escolha das condições operacionais pode ainda ser influenciada por considerações do equilíbrio. Além disso, o estado de equilíbrio oferece um parâmetro para a avaliação de melhoras em um processo. Analogamente, considerações sobre o equilíbrio químico com frequência determinam se vale a pena estudar um novo processo. Por exemplo, se a análise termodinâmica indica que somente 20 % de rendimento pode ser obtido no equilíbrio químico, quando um rendimento de no mínimo 50 % é necessário para o processo ser economicamente atrativo, não faz sentido se prolongar na análise. Por outro lado, se o rendimento no equilíbrio for de 80 %, um estudo aprofundado das taxas de reação e de outros aspectos do processo pode ser justificado.

A estequiometria de reações é tratada na Seção 14.1, na qual relacionamos a composição de uma mistura que reage a uma única variável coordenada de reação para cada reação química que ocorre. O critério para o equilíbrio de reações químicas é, então, introduzido na Seção 14.2. A constante de equilíbrio é definida na Seção 14.3, e sua dependência à temperatura e avaliação são consideradas nas Seções 14.4 e 14.5. A conexão entre a constante de equilíbrio e a composição é desenvolvida na Seção 14.6. O cálculo de conversões de equilíbrio para reações simples é estudado na Seção 14.7. Na Seção 14.8, a regra das fases é reconsiderada no contexto dos sistemas reativos.

O equilíbrio envolvendo múltiplas reações é tratado na Seção 14.9.[1] Finalmente, na Seção 14.10, é realizada uma abordagem introdutória das células de combustível.

14.1 A COORDENADA DE REAÇÃO

A reação química geral, como escrita na Seção 4.6, é:

$$|\nu_1|A_1 + |\nu_2|A_2 + \cdots \rightarrow |\nu_3|A_3 + |\nu_4|A_4 + \cdots \tag{14.1}$$

na qual $|\nu_i|$ é um coeficiente estequiométrico e A_i representa uma fórmula química. O símbolo ν_i é chamado de *número* estequiométrico e, pela convenção de sinais da Seção 4.6, ele é:

positivo (+) para um produto e negativo (–) para um reagente

Dessa forma, para a reação, $CH_4 + H_2O \rightarrow CO + 3H_2$

os números estequiométricos são:

$$\nu_{CH_4} = -1 \qquad \nu_{H_2O} = -1 \qquad \nu_{CO} = 1 \qquad \nu_{H_2} = 3$$

O número estequiométrico para uma espécie que não participa da reação, isto é, uma espécie inerte, é zero.

As *variações* nos números de mols das espécies presentes, à medida que a reação representada pela Eq. (14.1) progride, estão em proporção direta com os números estequiométricos. Dessa forma, para a reação apresentada, se 0,5 mol de CH_4 e 0,5 mol de H_2O desaparecerem em função da reação, 0,5 mol de CO e 1,5 mol de H_2 são formados simultaneamente. Aplicado a uma quantidade infinitesimal de reação, esse princípio fornece as equações:

$$\frac{dn_2}{\nu_2} = \frac{dn_1}{\nu_1} \qquad \frac{dn_3}{\nu_3} = \frac{dn_1}{\nu_1} \qquad \text{etc.}$$

A lista se estende até incluir todas as espécies. A comparação dessas equações fornece:

$$\frac{dn_1}{\nu_1} = \frac{dn_2}{\nu_2} = \frac{dn_3}{\nu_3} = \frac{dn_4}{\nu_4} = \cdots$$

Uma vez que todos os termos são iguais, eles podem ser identificados coletivamente por uma única grandeza representando a quantidade de reação. Assim $d\varepsilon$, uma variável única que representa a extensão da reação, é **definida** pela equação:

$$\boxed{\frac{dn_1}{\nu_1} = \frac{dn_2}{\nu_2} = \frac{dn_3}{\nu_3} = \frac{dn_4}{\nu_4} = \cdots \equiv d\varepsilon} \tag{14.2}$$

Consequentemente, a relação geral que liga a variação infinitesimal dn_i com $d\varepsilon$ é:

$$\boxed{dn_i = \nu_i \, d\varepsilon \qquad (i = 1, 2, \ldots, N)} \tag{14.3}$$

Essa nova variável ε, chamada de *coordenada de reação*, representa a extensão ou grau até o qual a equação ocorreu.[2] Somente *variações* em ε, no que diz respeito a variações em um número de mols, são definidas pela Eq. (14.3). Para uma dada aplicação, a definição de ε só é possível se fixarmos seu valor em *zero* para o estado inicial do sistema, antes da reação. Assim, a integração da Eq. (14.3) de um estado inicial, sem reação, no qual $\varepsilon = 0$ e $n_i = n_{i_0}$, ao estado alcançado depois de uma quantidade arbitrária de reação fornece:

$$\int_{n_{i_0}}^{n_i} dn_i = \nu_i \int_0^{\varepsilon} d\varepsilon$$

ou

$$n_i = n_{i_0} + \nu_i \varepsilon \qquad (i = 1, 2, \ldots, N) \tag{14.4}$$

[1] Para um estudo mais abrangente do equilíbrio de reações químicas, veja: W. R. Smith e R. W. Missen, *Chemical Reaction Equilibrium Analysis*, John Wiley & Sons, New York, 1982.

[2] São dados vários nomes para a coordenada de reação ε, a saber: grau de avanço, grau de reação, extensão da reação e variável de progresso.

A soma de todas as espécies fornece:

$$n = \sum_i n_i = \sum_i n_{i_0} + \varepsilon \sum_i \nu_i$$

ou

$$n = n_0 + \nu\varepsilon$$

sendo

$$n \equiv \sum_i n_i \qquad n_0 \equiv \sum_i n_{i_0} \qquad \nu \equiv \sum_i \nu_i$$

Dessa forma, as frações molares y_i das espécies presentes estão relacionadas com ε por:

$$\boxed{y_i = \frac{n_i}{n} = \frac{n_{i_0} + \nu_i\varepsilon}{n_0 + \nu\varepsilon}} \tag{14.5}$$

A utilização dessa equação é ilustrada nos exemplos a seguir.

▪ Exemplo 14.1

A reação a seguir ocorre em um sistema inicialmente constituído por 2 mols de CH_4, 1 mol de H_2O, 1 mol de CO e 4 mols de H_2:

$$CH_4 + H_2O \rightarrow CO + 3H_2$$

Determine expressões para as frações molares y_i como funções de ε.

Solução 14.1

Para a reação,

$$\nu = \sum_i \nu_i = -1 - 1 + 1 + 3 = 2$$

Para os números de mols das espécies inicialmente presentes fornecidos,

$$n_0 = \sum_i n_{i_0} = 2 + 1 + 1 + 4 = 8$$

A Eq. (14.5) fornece agora:

$$y_{CH_4} = \frac{2 - \varepsilon}{8 + 2\varepsilon} \qquad y_{H_2O} = \frac{1 - \varepsilon}{8 + 2\varepsilon}$$

$$y_{CO} = \frac{1 + \varepsilon}{8 + 2\varepsilon} \qquad y_{H_2} = \frac{4 + 3\varepsilon}{8 + 2\varepsilon}$$

▪ Exemplo 14.2

Considere um vaso que inicialmente contenha somente n_0 mol de vapor d'água. Se a decomposição ocorrer de acordo com a reação:

$$H_2O \rightarrow H_2 + \tfrac{1}{2}O_2$$

determine expressões que relacionem o número de mols e a fração molar de cada espécie química com a coordenada de reação ε.

Solução 14.2

Para a reação dada, $\nu = -1 + 1 + 1/2 = 1/2$. A utilização das Eqs. (14.4) e (14.5) fornece:

$$n_{H_2O} = n_0 - \varepsilon \qquad y_{H_2O} = \frac{n_0 - \varepsilon}{n_0 + \frac{1}{2}\varepsilon}$$

$$n_{H_2} = \varepsilon \qquad y_{H_2} = \frac{\varepsilon}{n_0 + \frac{1}{2}\varepsilon}$$

$$n_{O_2} = \tfrac{1}{2}\varepsilon \qquad y_{O_2} = \frac{\frac{1}{2}\varepsilon}{n_0 + \frac{1}{2}\varepsilon}$$

A fração decomposta do vapor d'água é:

$$\frac{n_0 - n_{H_2O}}{n_0} = \frac{n_0 - (n_0 - \varepsilon)}{n_0} = \frac{\varepsilon}{n_0}$$

Dessa forma, quando $n_0 = 1$, ε está diretamente relacionada com a fração decomposta do vapor d'água.

Os ν_i são números sem unidades; consequentemente, a Eq. (14.3) requer que ε seja expresso em mols. Isso leva ao conceito de *mol de reação*, que implica uma variação em ε de 1 mol. Quando $\Delta\varepsilon = 1$ mol, a reação avança de tal modo que a variação no número de mols de cada reagente e de cada produto é igual ao seu número estequiométrico.

Estequiometria com Múltiplas Reações

Quando duas ou mais reações independentes ocorrem simultaneamente, um segundo subscrito, aqui indicado por j, serve como índice da reação. Então uma coordenada de reação distinta ε_j se aplica a cada reação. Os números estequiométricos recebem dois subscritos para identificar a sua associação a uma espécie e a uma reação. Assim, $\nu_{i,j}$ representa o número estequiométrico da espécie i na reação j. Como o número de mols de uma espécie n_i pode variar em função de várias reações, a equação geral análoga à Eq. (14.3) contém uma soma:

$$dn_i = \sum_j \nu_{i,j} d\varepsilon_j \qquad (i = 1, 2, \ldots, N)$$

A integração de $n_i = n_{i_0}$ e $\varepsilon_j = 0$ até n_i e ε_j arbitrários fornece:

$$n_i = n_{i_0} + \sum_j \nu_{i,j}\varepsilon_j \qquad (i = 1, 2, \ldots, N) \tag{14.6}$$

Somando todas as espécies:

$$n = \sum_i n_{i_0} + \sum_i \sum_j \nu_{i,j}\varepsilon_j = n_0 + \sum_j \left(\sum_i \nu_{i,j}\right)\varepsilon_j$$

A definição de um número estequiométrico total $\nu \left(\equiv \sum_i \nu_i\right)$ para uma única reação tem sua contrapartida na definição:

$$\nu_j \equiv \sum_i \nu_{i,j} \qquad \text{donde} \qquad n = n_0 + \sum_j \nu_j \varepsilon_j$$

A combinação da última equação com a Eq. (14.6) fornece a fração molar:

$$\boxed{y_i = \frac{n_{i_0} + \sum_j \nu_{i,j}\varepsilon_j}{n_0 + \sum_j \nu_j \varepsilon_j} \qquad (i = 1, 2, \ldots, N)} \tag{14.7}$$

▪ Exemplo 14.3

Considere um sistema no qual as seguintes reações ocorrem:

$$CH_4 + H_2O \rightarrow CO + 3H_2 \quad (1)$$

$$CH_4 + 2H_2O \rightarrow CO_2 + 4H_2 \quad (2)$$

nas quais os números (1) e (2) indicam o valor de j, o índice da reação. Se estiverem presentes inicialmente 2 mols de CH_4 e 3 mols de H_2O, determine expressões para os y_i como funções de ε_1 e ε_2.

Solução 14.3

Os números estequiométricos $\nu_{i,j}$ podem ser ordenados como segue:

$i =$	CH_4	H_2O	CO	CO_2	H_2	
j						ν_j
1	−1	−1	1	0	3	2
2	−1	−2	0	1	4	2

Agora, a aplicação da Eq. (14.7) fornece:

$$y_{CH_4} = \frac{2 - \varepsilon_1 - \varepsilon_2}{5 + 2\varepsilon_1 + 2\varepsilon_2} \qquad y_{CO} = \frac{\varepsilon_1}{5 + 2\varepsilon_1 + 2\varepsilon_2}$$

$$y_{H_2O} = \frac{3 - \varepsilon_1 - 2\varepsilon_2}{5 + 2\varepsilon_1 + 2\varepsilon_2} \qquad y_{CO_2} = \frac{\varepsilon_2}{5 + 2\varepsilon_1 + 2\varepsilon_2}$$

$$y_{H_2} = \frac{3\varepsilon_1 + 4\varepsilon_2}{5 + 2\varepsilon_1 + 2\varepsilon_2}$$

A composição do sistema é uma função das variáveis independentes ε_1 e ε_2.

14.2 APLICAÇÃO DOS CRITÉRIOS DE EQUILÍBRIO PARA AS REAÇÕES QUÍMICAS

Na Seção 12.4, provamos que a energia de Gibbs total de um sistema fechado, a T e P constantes, deve diminuir em um processo irreversível e que a condição para o equilíbrio é atingida quando G^t alcança seu valor mínimo. Nesse estado de equilíbrio,

$$(dG^t)_{T,P} = 0 \tag{12.3}$$

Assim, se uma mistura de espécies químicas não está em equilíbrio químico, qualquer reação que ocorra a T e P constantes deve levar a uma diminuição na energia de Gibbs total do sistema. O significado disso para uma única reação química é visto na Figura 14.1, que mostra um diagrama esquemático de G^t *versus* ε, a coordenada de reação. Como ε é a única variável que representa a extensão da reação e, consequentemente, a composição do sistema, a energia de Gibbs total, a T e P constantes, é determinada por ε. As setas ao longo da curva na Figura 14.1 indicam as direções das variações em $(G^t)_{T,P}$ que são possíveis em função da reação. A coordenada de reação tem o seu valor no equilíbrio ε_e no mínimo da curva. A Eq. (12.3) mostra que deslocamentos infinitesimais da reação química podem ocorrer no estado de equilíbrio sem causar variações na energia de Gibbs total do sistema.

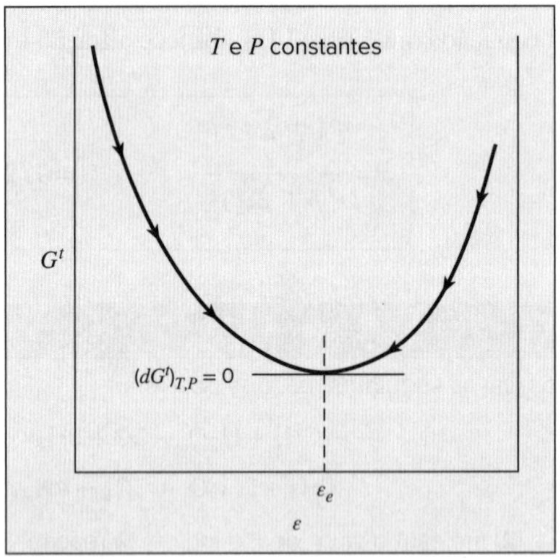

Figura 14.1 Representação esquemática da energia de Gibbs total como uma função da coordenada de reação.

A Figura 14.1 indica as duas características próprias do estado de equilíbrio, para T e P fornecidos:

- A energia de Gibbs total G^t é um mínimo.
- A sua diferencial é zero.

Cada uma dessas características pode servir como um critério de equilíbrio. Dessa forma, podemos escrever uma expressão para G^t como função de ε e procurar o valor de ε que minimiza G^t, ou podemos diferenciar a expressão, igualá-la a zero e resolvê-la para determinar ε. O último procedimento é quase sempre utilizado para reações isoladas

(Figura 14.1) e leva ao método das constantes de equilíbrio, como descrito nas seções a seguir. Embora o método das constantes de equilíbrio possa ser aplicado em múltiplas reações, a minimização direta de G^t é com frequência mais conveniente. A abordagem da minimização direta é considerada na Seção 14.9.

Embora as expressões para o equilíbrio sejam *desenvolvidas* para sistemas fechados a T e P constantes, elas não têm sua *aplicação* restrita aos sistemas que são realmente fechados e atingem estados de equilíbrio ao longo de trajetórias a T e P constantes. Uma vez que um estado de equilíbrio é atingido, não há mudanças posteriores e o sistema continua a existir nesse estado a T e P fixos. Não importa como esse estado foi efetivamente atingido. Sabendo-se que um estado de equilíbrio existe a T e P especificados, os critérios se aplicam.

14.3 A VARIAÇÃO DA ENERGIA DE GIBBS PADRÃO E A CONSTANTE DE EQUILÍBRIO

A próxima etapa na aplicação do critério de equilíbrio para reações químicas é relacionar a energia de Gibbs, que é minimizada no equilíbrio, com as coordenadas da reação. A relação fundamental de propriedades para sistemas de uma fase, Eq. (10.2), fornece uma expressão para o diferencial total da energia de Gibbs:

$$d(nG) = (nV)dP - (nS)dT + \sum_i \mu_i \, dn_i \tag{10.2}$$

Se ocorrerem variações nos números de mols n_i como resultado de uma única reação química em um sistema fechado, então, pela Eq. (14.3), cada dn_i pode ser substituído pelo produto $\nu_i d\varepsilon$. Então a Eq. (10.2) se torna:

$$d(nG) = (nV)dP - (nS)dT + \sum_i \nu_i \mu_i d\varepsilon$$

Como nG é uma função de estado, o lado direito dessa equação é uma expressão diferencial exata; em que

$$\sum_i \nu_i \mu_i = \left[\frac{\partial(nG)}{\partial\varepsilon}\right]_{T,P} = \left[\frac{\partial(G^t)}{\partial\varepsilon}\right]_{T,P}$$

Dessa forma, a grandeza $\sum_i \nu_i \mu_i$ representa, em geral, a taxa de variação da energia de Gibbs total do sistema em relação à coordenada de reação a T e P constantes. A Figura 14.1 mostra que essa grandeza é zero no estado de equilíbrio. Consequentemente, um critério de equilíbrio em reações químicas é:

$$\boxed{\sum_i \nu_i \mu_i = 0} \tag{14.8}$$

Lembre-se da definição de fugacidade de uma espécie em solução:

$$\mu_i = \Gamma_i(T) + RT \ln \hat{f}_i \tag{10.46}$$

Além disso, a Eq. (10.31) pode ser escrita para a espécie pura i no seu *estado-padrão*[3] na mesma temperatura:

$$G_i^\circ = \Gamma_i(T) + RT \ln f_i^\circ$$

A diferença entre essas duas equações é:

$$\mu_i - G_i^\circ = RT \ln \frac{\hat{f}_i}{f_i^\circ} \tag{14.9}$$

A combinação da Eq. (14.8) com a Eq. (14.9) para eliminar μ_i fornece para o estado de equilíbrio de uma reação química:

$$\sum_i \nu_i [G_i^\circ + RT \ln(\hat{f}_i / f_i^\circ)] = 0$$

ou

$$\sum_i \nu_i G_i^\circ + RT \sum_i \ln(\hat{f}_i / f_i^\circ)^{\nu_i} = 0$$

ou

$$\ln \prod_i (\hat{f}_i / f_i^\circ)^{\nu_i} = \frac{-\sum_i \nu_i G_i^\circ}{RT}$$

[3] Estados-padrão são apresentados e discutidos na Seção 4.3.

com Π_i representando o produto de todas as espécies i. Na forma exponencial, essa equação se transforma em:

$$\boxed{\prod_i (\hat{f}_i / f_i^\circ)^{\nu_i} = K} \tag{14.10}$$

com a **definição** de K e seu logaritmo dada por:

$K \equiv \exp\left(\dfrac{-\Delta G^\circ}{RT}\right)$ (14.11a)	$\ln K = \dfrac{-\Delta G^\circ}{RT}$ (14.11b)

Também, por **definição**,
$$\Delta G^\circ \equiv \sum_i \nu_i G_i^\circ \tag{14.12}$$

Como G_i° é uma propriedade da espécie pura i no seu estado-padrão a uma pressão fixa, ela depende somente da temperatura. Assim, a Eq.(14.12) implica que ΔG_i° e, consequentemente, K são também funções somente da temperatura.

Apesar de sua dependência à temperatura, K é chamada de *constante de equilíbrio* da reação; ΔG° é chamada de *variação da energia de Gibbs padrão da reação*.

As razões de fugacidades na Eq. (14.10) fornecem a conexão entre o estado de *equilíbrio* de interesse e os estados-padrão das espécies individuais, para as quais se considera que haja dados disponíveis, conforme discutido na Seção 14.5. Os estados-padrão são arbitrários, mas devem sempre estar na temperatura de equilíbrio T. Os estados-padrão selecionados não precisam ser os mesmos para todas as espécies que participam da reação. Contudo, para uma espécie particular, o estado-padrão representado por G_i° deve ser o mesmo estado da fugacidade da espécie f_i°.

A função $\Delta G^\circ \equiv \sum_i \nu_i G_i^\circ$ na Eq. (14.12) é a diferença entre as energias de Gibbs dos produtos e dos reagentes (ponderadas por seus coeficientes estequiométricos) quando cada uma está no seu estado-padrão, como substâncias puras à pressão do estado-padrão, mas à temperatura do *sistema*. Assim, o valor de ΔG° é estabelecido para uma dada reação uma vez que a temperatura é conhecida, e ele é independente da pressão e da composição. Outras *variações de propriedades padrões da reação* são definidas de forma similar. Dessa forma, para a propriedade geral M:

$$\Delta M^\circ \equiv \sum_i \nu_i M_i^\circ$$

De acordo com essa expressão, ΔH° é definida pela Eq. (4.15) e ΔC_P° pela Eq. (4.17). Para uma dada reação, essas grandezas são funções somente da temperatura e estão relacionadas entre si por equações análogas às relações de propriedades para espécies puras.

Por exemplo, a relação entre o calor de reação padrão e a variação da energia de Gibbs padrão da reação pode ser deduzida a partir da Eq. (6.39) escrita para a espécie i no seu estado-padrão:

$$H_i^\circ = -RT^2 \frac{d(G_i^\circ / RT)}{dT}$$

Aqui, as derivadas totais são apropriadas porque as propriedades no estado-padrão são funções somente da temperatura. Multiplicando ambos os lados dessa equação por ν_i e somando todas as espécies, obtém-se:

$$\sum_i \nu_i H_i^\circ = -RT^2 \frac{d\left(\sum_i \nu_i G_i^\circ / RT\right)}{dT}$$

Com base nas definições representadas pelas Eqs. (4.15) e (14.12), pode-se escrever:

$$\Delta H^\circ = -RT^2 \frac{d(\Delta G^\circ / RT)}{dT} \tag{14.13}$$

14.4 EFEITO DA TEMPERATURA NA CONSTANTE DE EQUILÍBRIO

Como a temperatura do estado-padrão é aquela da mistura em equilíbrio, as variações das propriedades padrões de reação, como ΔG° e ΔH°, são funções da temperatura de equilíbrio. A dependência de ΔG° à T é dada pela Eq. (14.13), que pode ser reescrita na forma:

$$\frac{d\left(\Delta G^\circ / RT\right)}{dT} = \frac{-\Delta H^\circ}{RT^2}$$

De acordo com a Eq. (14.11b), ela se torna:

$$\boxed{\frac{d\ln K}{dT} = \frac{\Delta H^\circ}{RT^2}} \tag{14.14}$$

A Eq. (14.14) descreve o efeito da temperatura sobre a constante de equilíbrio e, consequentemente, sobre a conversão no equilíbrio. Se ΔH° for negativo, isto é, se a reação for exotérmica, a constante de equilíbrio diminui com o aumento da temperatura. Inversamente, em uma reação endotérmica, K aumenta com T.

Se ΔH°, a variação da entalpia padrão (calor) de reação, for independente de T, a integração da Eq. (14.14) de uma temperatura particular T' a uma temperatura arbitrária T leva ao seguinte resultado simples:

$$\ln\frac{K}{K'} = -\frac{\Delta H^\circ}{R}\left(\frac{1}{T} - \frac{1}{T'}\right) \tag{14.15}$$

Essa equação aproximada implica que uma representação gráfica de ln K *versus* o inverso da temperatura absoluta é uma linha reta. A Figura 14.2, um gráfico de ln K *versus* $1/T$ para algumas reações comuns, ilustra a proximidade dessa linearidade. Assim, a Eq. (14.15) fornece uma relação razoavelmente precisa para a interpolação e a extrapolação de dados de constantes de equilíbrio.

A dedução *rigorosa* do efeito da temperatura na constante de equilíbrio está baseada na definição da energia de Gibbs escrita para uma espécie química em seu estado-padrão:

$$G_i^\circ = H_i^\circ - TS_i^\circ$$

Multiplicando por ν_i e somando todas as espécies, tem-se:

$$\sum_i \nu_i G_i^\circ = \sum_i \nu_i H_i^\circ - T\sum_i \nu_i S_i^\circ$$

Empregando a definição de uma variação de propriedade padrão de reação, essa expressão é escrita na forma:

$$\Delta G^\circ = \Delta H^\circ - T\Delta S^\circ \tag{14.16}$$

O calor de reação padrão é relacionado com a temperatura:

$$\Delta H^\circ = \Delta H_0^\circ + R\int_{T_0}^{T} \frac{\Delta C_P^\circ}{R} dT \tag{4.19}$$

A dependência da variação da entropia padrão de reação à temperatura é deduzida de forma similar. A Eq. (6.22) é escrita para a entropia no estado-padrão da espécie i, à pressão do estado-padrão P° constante:

$$dS_i^\circ = C_{P_i}^\circ \frac{dT}{T}$$

A multiplicação por ν_i, a soma de todas as espécies e a utilização da definição da variação de propriedade padrão de reação fornecem:

$$d\Delta S^\circ = \Delta C_P^\circ \frac{dT}{T}$$

Integrando, obtém-se:

$$\Delta S^\circ = \Delta S_0^\circ + R\int_{T_0}^{T} \frac{\Delta C_P^\circ}{R}\frac{dT}{T} \tag{14.17}$$

sendo ΔS° e ΔS_0° variações da entropia padrão de reação à temperatura T e à temperatura de referência T_0, respectivamente. As Eqs. (14.16), (4.19) e (14.17) são combinadas para fornecer:

$$\Delta G^\circ = \Delta H_0^\circ + R\int_{T_0}^{T} \frac{\Delta C_P^\circ}{R} dT - T\Delta S_0^\circ - RT\int_{T_0}^{T} \frac{\Delta C_P^\circ}{R}\frac{dT}{T}$$

Podemos eliminar ΔS_0° dessa equação por meio da relação:

$$\Delta S_0^\circ = \frac{\Delta H_0^\circ - \Delta G_0^\circ}{T_0}$$

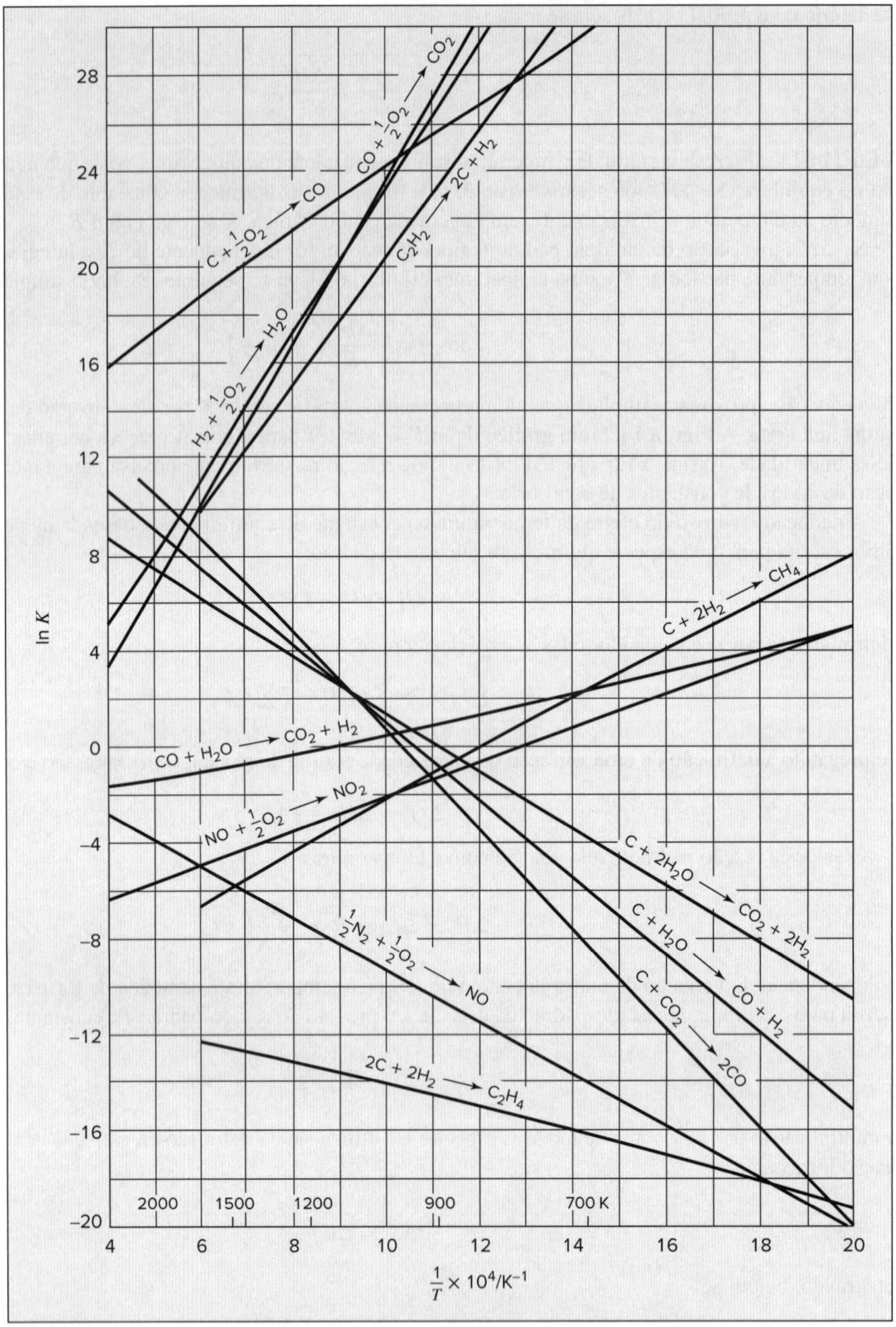

Figura 14.2 Constantes de equilíbrio em função da temperatura.

Fazendo isso, chega-se à expressão a seguir:

$$\Delta G^\circ = \Delta H_0^\circ - \frac{T}{T_0}(\Delta H_0^\circ - \Delta G_0^\circ) + R\int_{T_0}^{T} \frac{\Delta C_P^\circ}{R}\,dT - RT\int_{T_0}^{T} \frac{\Delta C_P^\circ}{R}\frac{dT}{T}$$

Finalmente, a divisão por RT fornece:

$$\frac{\Delta G^\circ}{RT} = \frac{\Delta G_0^\circ - \Delta H_0^\circ}{RT_0} + \frac{\Delta H_0^\circ}{RT} + \frac{1}{T}\int_{T_0}^{T} \frac{\Delta C_P^\circ}{R}\,dT - \int_{T_0}^{T} \frac{\Delta C_P^\circ}{R}\frac{dT}{T} \tag{14.18}$$

Lembre que, pela Eq. (14.11b), $\ln K = -\Delta G^\circ/RT$.

Quando a dependência da capacidade calorífica de cada espécie à temperatura é fornecida pela Eq. (4.4), a primeira integral no lado direito da Eq. (14.18) é dada pela Eq. (4.19), representada com objetivos computacionais por:

$$\int_{T_0}^{T} \frac{\Delta C_P^\circ}{R} dT = \text{IDCPH(T0, T;DA, DB, DC, DD)}$$

com "D" representando "Δ". De forma similar, a segunda integral é dada por uma expressão análoga à Eq. (5.11):

$$\int_{T_0}^{T} \frac{\Delta C_P^\circ}{R} \frac{dT}{T} = \Delta A \ln \frac{T}{T_0} + \left[\Delta B + \left(\Delta C + \frac{\Delta D}{T_0^2 T^2}\right)\left(\frac{T+T_0}{2}\right)\right](T - T_0) \tag{14.19}$$

A integral é avaliada por uma função com exatamente a mesma forma da Eq. (5.11), e, consequentemente, o mesmo programa computacional serve para a avaliação das duas integrais. A única diferença está no nome da função, que aqui é: IDCPS(T0, T; DA, DB,DC, DD). Por definição:

$$\int_{T_0}^{T} \frac{\Delta C_P^\circ}{R} \frac{dT}{T} = \text{IDCPS(T0, T; DA, DB, DC, DD)}$$

Dessa forma, $\Delta G^\circ/RT\,(= -\ln K)$, na forma dada pela Eq. (14.18), é facilmente calculada a qualquer temperatura a partir do calor de reação padrão e da variação da energia de Gibbs padrão de reação a uma temperatura de referência (normalmente 298,15 K); e a partir de duas funções que podem ser avaliadas por procedimentos computacionais padrões.

As equações anteriores podem ser reorganizadas de tal forma que o fator K seja representado pela multiplicação de três termos, cada um representando uma contribuição básica para o seu valor:

$$K = K_0 K_1 K_2 \tag{14.20}$$

O primeiro fator K_0 representa a constante de equilíbrio na temperatura de referência T_0:

$$K_0 \equiv \exp\left(\frac{-\Delta G_0^\circ}{RT_0}\right) \tag{14.21}$$

O segundo fator K_1 é um multiplicador que leva em consideração o importante efeito da temperatura, de tal forma que o produto $K_0 K_1$ é a constante de equilíbrio na temperatura T quando o calor de reação é considerado independente da temperatura:

$$K_1 \equiv \exp\left[\frac{\Delta H_0^\circ}{RT_0}\left(1 - \frac{T_0}{T}\right)\right] \tag{14.22}$$

O terceiro fator K_2 leva em consideração a influência bem menor da temperatura resultante da variação de ΔH° com a temperatura:

$$K_2 \equiv \exp\left(-\frac{1}{T}\int_{T_0}^{T} \frac{\Delta C_P^\circ}{R} dT + \int_{T_0}^{T} \frac{\Delta C_P^\circ}{R} \frac{dT}{T}\right) \tag{14.23}$$

Com as capacidades caloríficas dadas pela Eq. (4.4), a expressão para K_2 pode ser simplificada para:

$$K_2 = \exp\left\{\Delta A\left[\ln\frac{T}{T_0} - \frac{T - T_0}{T}\right] + \frac{1}{2}\Delta B\frac{(T-T_0)^2}{T} + \frac{1}{6}\Delta C\frac{(T-T_0)^2(T+2T_0)}{T} + \frac{1}{2}\Delta D\frac{(T-T_0)^2}{T^2 T_0^2}\right\} \tag{14.24}$$

14.5 AVALIAÇÃO DAS CONSTANTES DE EQUILÍBRIO

Os valores de ΔG° para várias *reações de formação* são apresentados em referências-padrão.[4] Os valores informados de ΔG_f° não são medidos experimentalmente, e sim calculados pela Eq. (14.16).

[4] Por exemplo, "TRC Thermodynamic Tables - Hydrocarbons" e "TRC Thermodynamic Tables - Non-hydrocarbons", publicação em série do Thermodynamics Research Center, Texas A & M Univ. System, College Station, Texas; "The NBS Tables of Chemical Thermodynamics Properties", *J. Physical and Chemical Reference Data*, vol. 11, supp. 2, 1982.

A determinação de ΔS_f° pode ser baseada na Terceira Lei da Termodinâmica, discutida na Seção 5.9. A combinação dos valores provenientes da Eq. (5.35) para as entropias absolutas das espécies que participam da reação fornece o valor de ΔS_f°. As entropias (e capacidades caloríficas) geralmente também são determinadas com a aplicação da Mecânica Estatística aos dados da estrutura molecular obtidos de medidas espectroscópicas ou a partir de métodos da química quântica computacional.[5]

Na Tabela C.4 do Apêndice C são listados valores de $\Delta G_{f_{298}}^\circ$ para um número limitado de compostos químicos. Eles são para a temperatura de 298,15 K, como também o são os valores de $\Delta H_{f_{298}}^\circ$ apresentados na mesma tabela. Valores de ΔG° para outras reações são calculados a partir dos valores para as reações de formação, exatamente como os valores de ΔH° para outras reações são determinados a partir de valores para reações de formação (Seção 4.4). Nos conjuntos de dados mais extensos, valores de ΔG_f° e ΔH_f° são fornecidos para uma faixa de temperaturas, em vez de somente para 298,15 K. Quando não há disponibilidade de dados, estão disponíveis métodos para sua estimativa, que foram revistos por Poling, Prausnitz e O'Connell.[6]

■ Exemplo 14.4

Calcule a constante de equilíbrio para a hidratação do etileno na fase vapor a 145 °C e a 320 °C a partir dos dados fornecidos no Apêndice C.

Solução 14.4

Em primeiro lugar, determine os valores de ΔA, ΔB, ΔC e ΔD para a reação:

$$C_2H_4(g) + H_2O(g) \rightarrow C_2H_5OH(g)$$

O significado de Δ é indicado por: $\Delta = (C_2H_5OH) - (C_2H_4) - (H_2O)$. Assim, a partir dos dados de capacidades caloríficas da Tabela C.1:

$$\Delta A = 3{,}518 - 1{,}424 - 3{,}470 = -1{,}376$$
$$\Delta B = (20{,}001 - 14{,}394 - 1{,}450) \times 10^{-3} = 4{,}157 \times 10^{-3}$$
$$\Delta C = (-6{,}002 + 4{,}392 - 0{,}000) \times 10^{-6} = -1{,}610 \times 10^{-6}$$
$$\Delta D = (-0{,}000 - 0{,}000 - 0{,}121) \times 10^{5} = -0{,}121 \times 10^{5}$$

Valores de $\Delta H_{f_{298}}^\circ$ e $\Delta G_{f_{298}}^\circ$ a 298,15 K para a reação de hidratação são encontrados a partir dos dados dos calores de formação e das energias de Gibbs de formação na Tabela C.4:

$$\Delta H_{298}^\circ = -235.100 - 52.510 - (-241.818) = -45.792 \text{ J} \cdot \text{mol}^{-1}$$
$$\Delta G_{298}^\circ = -168.490 - 68.460 - (-228.572) = -8378 \text{ J} \cdot \text{mol}^{-1}$$

Para $T = 145 + 273{,}15 = 418{,}15$ K, os valores das integrais na Eq. (14.18) são:

IDCPH(298.15, 418.15; –1.376, 4.157E-3, –1.610E-6, –0.121E+5) = –23.121

IDCPS(298.15, 418.15; –1.376, 4.157E-3, –1.610E-6, –0.121E+5) = –0.0692

A substituição dos valores na Eq. (14.18), para uma temperatura de referência de 298,15 K, fornece:

$$\frac{\Delta G_{418}^\circ}{RT} = \frac{-8378 + 45.792}{(8{,}314)(298{,}15)} + \frac{-45.792}{(8{,}314)(418{,}15)} + \frac{-23{,}121}{418{,}15} + 0{,}0692 = 1{,}9356$$

Para $T = 320 + 273{,}15 = 593{,}15$ K,

IDCPH(298.15, 593.15; –1.376, 4.157E-3, –1.610E-6, –0.121E+5) = 22.632

IDCPS (298.15, 593.15; –1.376, 4.157E-3, –1.610E-6, –0.121E+5) = 0.0173

Em que,

$$\frac{\Delta G_{593}^\circ}{RT} = \frac{-8378 + 45.792}{(8{,}314)(298{,}15)} + \frac{-45.792}{(8{,}314)(593{,}15)} + \frac{22{,}632}{593{,}15} - 0{,}0173 = 5{,}8286$$

[5] K. S. Pitzer, *Thermodynamics*, 3ª ed., Cap. 5, McGraw-Hill, New York, 1995.

[6] B. E. Poling, J. M. Prausnitz, e J. P. O'Connell, *The Properties of Gases and Liquids*, 5ª ed., Cap. 3, McGraw-Hill, New York, 2001.

Finalmente,

$$@\ 418{,}15\ \text{K:}\quad \ln K = -1{,}9356 \quad \text{e} \quad K = 1{,}443 \times 10^{-1}$$

$$@\ 593{,}15\ \text{K:}\quad \ln K = -5{,}8286 \quad \text{e} \quad K = 2{,}942 \times 10^{-3}$$

A utilização das Eqs. (14.21), (14.22) e (14.24) fornece uma solução alternativa para esse exemplo. Pela Eq. (14.21),

$$K_0 = \exp\frac{8378}{(8{,}314)(298{,}15)} = 29{,}366$$

Além disso, $$\frac{\Delta H_0^\circ}{RT_0} = \frac{-45.792}{(8{,}314)(298{,}15)} = -18{,}473$$

Com esses valores, os resultados a seguir são prontamente obtidos:

T/K	K_0	K_1	K_2	K
298,15	29,366	1	1	29,366
418,15	29,366	$4{,}985 \times 10^{-3}$	0,9860	$1{,}443 \times 10^{-1}$
593,15	29,366	$1{,}023 \times 10^{-4}$	0,9794	$2{,}942 \times 10^{-3}$

Claramente, a influência de K_1 é muito maior do que a de K_2. Esse é um resultado típico e está consistente com a observação de que todas as linhas na Figura 14.2 são quase lineares.

14.6 RELAÇÃO DAS CONSTANTES DE EQUILÍBRIO COM A COMPOSIÇÃO

Reações em Fase Gasosa

O estado-padrão para um gás é o estado de gás ideal do gás puro na pressão do estado-padrão P° de 1 bar. Como a fugacidade de um gás ideal é igual à sua pressão, $f_i^\circ = P^\circ$ para cada espécie i. Dessa forma, para reações em fase gasosa $\hat{f}_i/f_i^\circ = \hat{f}_i/P^\circ$ e a Eq. (14.10) se torna:

$$\prod_i \left(\frac{\hat{f}_i}{P^\circ}\right)^{\nu_i} = K \tag{14.25}$$

A constante de equilíbrio K depende somente de temperatura, mas as fugacidades são funções de pressão e também de composição. A Eq. (14.25) relaciona K às fugacidades das espécies que participam da reação como elas existem na mistura real em equilíbrio. Essas fugacidades refletem as não idealidades da mistura em equilíbrio e são funções da temperatura, da pressão e da composição. Isso significa que, para uma dada temperatura, a composição no equilíbrio deve variar com a pressão de tal forma que $\prod_i (\hat{f}_i/P^\circ)^{\nu_i}$ permaneça constante.

A fugacidade está relacionada com o coeficiente de fugacidade pela Eq. (10.52):

$$\hat{f}_i = \hat{\phi}_i y_i P$$

A substituição dessa equação na Eq. (14.25) fornece uma expressão para o equilíbrio que mostra a dependência da pressão e da composição mais explicitamente:

$$\boxed{\prod_i (y_i\hat{\phi}_i)^{\nu_i} = \left(\frac{P}{P^\circ}\right)^{-\nu} K} \tag{14.26}$$

na qual $\nu \equiv \sum_i \nu_i$ e P° é a pressão do estado-padrão de 1 bar, *expressa nas mesmas unidades utilizadas para P*. Os $\{y_i\}$ podem ser eliminados, sendo substituídos pelo valor da coordenada de reação no equilíbrio ε_e. Então, para uma dada temperatura, a Eq. (14.26) relaciona ε_e com P. Em princípio, a especificação da pressão permite a determinação de ε_e. Entretanto, o problema pode ser complicado pela dependência de $\hat{\phi}_i$ à composição, isto é, a ε_e. Os métodos das

Seções 10.6 e 10.7 podem ser utilizados para o cálculo dos valores de $\hat{\phi}_i$ por exemplo, pela Eq. (10.64). Em função da complexidade desses cálculos, um procedimento iterativo, iniciado pela especificação de $\hat{\phi}_i = 1$ e formulado para solução computacional, é indicado. Uma vez calculado o conjunto inicial $\{y_i\}$, o conjunto $\{\hat{\phi}_i\}$ é determinado e o procedimento é repetido até a convergência.

Se a hipótese de que a mistura em equilíbrio é uma *solução ideal* é aceitável, então cada $\hat{\phi}_i$ se torna ϕ_i, o coeficiente de fugacidade da espécie pura i a T e P [Eq. (10.84)]. Nesse caso, a Eq. (14.26) se torna:

$$\prod_i (y_i\phi_i)^{\nu_i} = \left(\frac{P}{P^\circ}\right)^{-\nu} K \tag{14.27}$$

O ϕ_i de cada espécie pura pode ser avaliado a partir de uma correlação generalizada, uma vez que sejam dados T e P do equilíbrio.

Para pressões suficientemente baixas ou temperaturas suficientemente altas, a mistura no equilíbrio se comporta essencialmente como um gás ideal. Com isso, cada $\hat{\phi}_i = 1$, e a Eq. (14.26) se reduz a:

$$\prod_i (y_i)^{\nu_i} = \left(\frac{P}{P^\circ}\right)^{-\nu} K \tag{14.28}$$

Nessa equação, os termos que representam as dependências à temperatura, à pressão e à composição são distintos e separados, e a determinação é direta para qualquer um entre ε_e, T ou P, desde que os outros dois sejam fornecidos.

Embora a Eq. (14.28) seja válida apenas para reações que envolvam misturas no estado de gás ideal, podemos fazer algumas conclusões a partir dela, que são em geral verdadeiras:

- De acordo com a Eq. (14.14), o efeito da temperatura na constante de equilíbrio K é determinado pelo sinal de ΔH°. Assim, quando ΔH° é positivo, isto é, quando a reação-padrão é *endotérmica*, um aumento em T resulta em um aumento em K. A Eq. (14.28) mostra que um aumento em K, a pressão constante, resulta em um aumento em $\prod_i (y_i)^{\nu_i}$; isso implica um deslocamento do equilíbrio da reação no sentido dos produtos e assim um aumento em ε_e. Inversamente, quando ΔH° é negativo, isto é, quando a reação-padrão é *exotérmica*, um aumento em T causa uma diminuição em K e em $\prod_i (y_i)^{\nu_i}$, a P constante. Isso implica um deslocamento do equilíbrio da reação no sentido dos reagentes e uma diminuição em ε_e.
- A Eq. (14.28) mostra que, quando o número estequiométrico total $\nu \left(\equiv \sum_i \nu_i\right)$ for negativo, um aumento em P, a T constante, causa um aumento em $\prod_i (y_i)^{\nu_i}$, implicando um deslocamento do equilíbrio da reação no sentido dos produtos e um aumento de ε_e. Se ν for positivo, um aumento em P, a T constante, causa uma diminuição em $\prod_i (y_i)^{\nu_i}$, um deslocamento do equilíbrio da reação no sentido dos reagentes e uma diminuição em ε_e.

Reações em Fase Líquida

Para uma reação ocorrendo na fase líquida, retornamos para:

$$\prod_i (\hat{f}_i/f_i^\circ)^{\nu_i} = K \tag{14.10}$$

O estado-padrão para líquidos é o líquido puro i na temperatura do sistema e a 1 bar, para o qual a fugacidade é f_i°.

De acordo com a Eq. (13.2), que define o coeficiente de atividade,

$$\hat{f}_i = \gamma_i x_i f_i$$

sendo f_i a fugacidade do líquido puro i na temperatura *e pressão* da mistura em equilíbrio. A razão de fugacidades pode aqui ser escrita na forma:

$$\frac{\hat{f}_i}{f_i^\circ} = \frac{\gamma_i x_i f_i}{f_i^\circ} = \gamma_i x_i \left(\frac{f_i}{f_i^\circ}\right) \tag{14.29}$$

Como as fugacidades de líquidos são funções fracas da pressão, frequentemente a razão f_i/f_i° é considerada unitária. Contudo, ela pode ser avaliada facilmente. Para o líquido puro i, a Eq. (10.31) é escrita duas vezes, a primeira para a temperatura T e pressão P, e então para a mesma temperatura T, porém na pressão do estado-padrão P°. A diferença entre essas duas equações é:

$$G_i - G_i^\circ = RT \ln \frac{f_i}{f_i^\circ}$$

A integração da Eq. (6.11), a T constante, para a mudança de estado do líquido puro i de $P°$ para P fornece:

$$G_i - G_i^\circ = \int_{P^\circ}^{P} V_i\, dP$$

Em que,

$$RT \ln \frac{f_i}{f_i^\circ} = \int_{P^\circ}^{P} V_i\, dP$$

Como V_i de líquidos (e sólidos) varia pouco com a pressão, a integração de $P°$ para P considerando V_i constante é geralmente uma excelente aproximação. Essa integração fornece:

$$\ln \frac{f_i}{f_i^\circ} = \frac{V_i(P - P^\circ)}{RT} \tag{14.30}$$

Usando as Eqs. (14.29) e (14.30), a Eq. (14.10) pode agora ser escrita na forma:

$$\boxed{\prod_i (x_i \gamma_i)^{\nu_i} = K \exp\left[\frac{(P^\circ - P)}{RT} \sum_i (\nu_i V_i)\right]} \tag{14.31}$$

Com exceção das altas pressões, o termo exponencial é próximo da unidade e pode ser omitido. Nesse caso,

$$\prod_i (x_i \gamma_i)^{\nu_i} = K \tag{14.32}$$

e o único problema é a determinação dos coeficientes de atividade. Pode-se usar uma equação como a equação de Wilson [Eq. (13.45)] ou o método UNIFAC [Apêndice G], e as composições podem ser encontradas a partir da Eq. (14.32), utilizando um programa computacional iterativo complexo. Entretanto, a relativa facilidade das investigações experimentais envolvendo misturas líquidas tem trabalhado contra a aplicação da Eq. (14.32).

Se a mistura em equilíbrio for uma solução ideal, então os γ_i são unitários, e a Eq. (14.32) se torna:

$$\prod_i (x_i)^{\nu_i} = K \tag{14.33}$$

Essa relação simples é conhecida como a *lei da ação das massas*. Como os líquidos frequentemente formam soluções não ideais, na maioria dos casos pode-se esperar que a Eq. (14.33) forneça resultados ruins.

Para espécies presentes em altas concentrações, a equação $\hat{f}_i/f_i = x_i$ é geral e aproximadamente correta. A razão, como discutido na Seção 13.3, é que a regra de Lewis/Randall [Eq. (10.83)] sempre se torna válida para uma espécie à medida que sua concentração se aproxima de $x_i = 1$. Para espécies em baixas concentrações em soluções aquosas, um procedimento diferente tem sido muito adotado, porque, nesse caso, a igualdade entre $\hat{f}_i/f_i$ e x_i está normalmente longe de ser correta. O método está baseado no uso de um estado-padrão fictício ou hipotético para o soluto, tomado como o estado que existiria se o soluto obedecesse à lei de Henry até uma *molalidade m* unitária.[7] Nesse caso, a lei de Henry é expressa na forma:

$$\hat{f}_i = k_i m_i \tag{14.34}$$

e ela é sempre válida para uma espécie cuja concentração é próxima de zero. Esse estado hipotético é ilustrado na Figura 14.3. A linha tracejada, tangente à curva na origem, representa a lei de Henry e é válida, no caso mostrado, para uma molalidade muito abaixo de um. Entretanto, podem-se calcular as propriedades que o soluto teria se ele obedecesse a lei de Henry até uma concentração 1 molal, e esse estado hipotético sempre serve como um estado-padrão conveniente para solutos.

A fugacidade no estado-padrão é

$$\hat{f}_i^\circ = k_i m_i^\circ = k_i \times 1 = k_i$$

Consequentemente, para qualquer espécie em uma concentração baixa o suficiente para a lei de Henry ser válida,

$$\hat{f}_i = k_i m_i = \hat{f}_i^\circ m_i$$

e

$$\frac{\hat{f}_i}{\hat{f}_i^\circ} = m_i \tag{14.35}$$

[7] Molalidade é uma medida de concentração do soluto expressa como mols de soluto por quilograma de solvente.

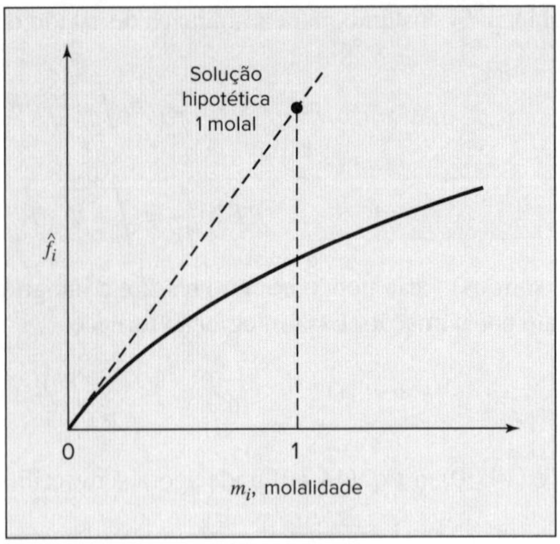

Figura 14.3 Ilustração esquemática de um estado-padrão alternativo para soluções aquosas diluídas.

A vantagem desse estado-padrão é que ele fornece uma relação muito simples entre fugacidade e concentração para situações nas quais a lei de Henry é, pelo menos, aproximadamente válida. O seu alcance normalmente não se estende até uma concentração 1 molal. Nos casos raros em que isso ocorre, o estado-padrão é um estado real do soluto. Esse estado-padrão é útil somente quando os dados de $\Delta G°$ estão disponíveis para o estado-padrão de uma solução 1 molal. Em outro caso, a constante de equilíbrio não pode ser avaliada pela Eq.(14.11).

14.7 CONVERSÕES DE EQUILÍBRIO EM REAÇÕES ÚNICAS

Admita uma única reação ocorrendo em um sistema *homogêneo* e suponha que a constante de equilíbrio seja conhecida. Nesse caso, o cálculo da composição da fase no equilíbrio é direto se a fase estiver no estado de gás ideal [Eq. (14.28)] ou se puder ser tratada como uma solução ideal [Eq. (14.27) ou (14.33)]. Quando uma hipótese de idealidade não é aceitável, o problema é ainda tratável para reações em fase gasosa pela utilização de uma equação de estado e por solução computacional. Para sistemas *heterogêneos*, nos quais estão presentes mais de uma fase, o problema é mais complicado e requer a superposição do critério de equilíbrio de fases desenvolvido na Seção 10.6. No equilíbrio, não pode haver tendência para a ocorrência de mudanças, mesmo na transferência de massa entre fases ou por reações químicas. Apresentamos a seguir, principalmente por exemplos, procedimentos úteis para realizar cálculos de equilíbrio; em primeiro lugar, para reações monofásicas e em segundo, para reações heterogêneas.

Reações Monofásicas

Os exemplos a seguir ilustram a aplicação das equações desenvolvidas nas seções anteriores.

▪ Exemplo 14.5

A reação de deslocamento (*water-gas-shift*),

$$CO(g) + H_2O(g) \rightarrow CO_2(g) + H_2(g)$$

é conduzida nas diferentes condições descritas a seguir. Calcule a fração de vapor d'água que reage em cada caso. Admita que a mistura se comporte como um gás ideal.

(*a*) Os reagentes são constituídos por 1 mol de H_2O vapor e 1 mol de CO. A temperatura é de 1100 K e a pressão, 1 bar.

(*b*) As mesmas do item (*a*), porém com uma pressão de 10 bar.

(*c*) As mesmas do item (*a*), porém são adicionados 2 mols de N_2 aos reagentes.

(*d*) Os reagentes são 2 mols de H_2O e 1 mol de CO. As outras condições são as mesmas do item (*a*).

(*e*) Os reagentes são 1 mol de H_2O e 2 mols de CO. As outras condições são as mesmas do item (*a*).

(*f*) A mistura inicial é constituída por 1 mol de H_2O, 1 mol de CO e 1 mol de CO_2. As outras condições são as mesmas do item (*a*).

(*g*) As mesmas do item (*a*), porém a temperatura é de 1650 K.

Solução 14.5

(a) Para a reação dada a 1100 K, $10^4/T = 9{,}05$ e a partir da Figura 14.2, ln $K = 0$ ou $K = 1$. Para esta reação, $\nu = \sum_i \nu_i = 1 + 1 - 1 - 1 = 0$. Como a mistura reacional pode ser considerada um gás ideal, a Eq. (14.28) se aplica e aqui se torna:

$$\frac{y_{H_2}y_{CO_2}}{y_{CO}y_{H_2O}} = K = 1 \qquad (A)$$

Pela Eq. (14.5),

$$y_{CO} = \frac{1-\varepsilon_e}{2} \qquad y_{H_2O} = \frac{1-\varepsilon_e}{2} \qquad y_{CO_2} = \frac{\varepsilon_e}{2} \qquad y_{H_2} = \frac{\varepsilon_e}{2}$$

A substituição desses valores na Eq. (A) fornece:

$$\frac{\varepsilon_e^2}{(1-\varepsilon_e)^2} = 1 \qquad \text{da qual} \qquad \varepsilon_e = 0{,}5$$

Consequentemente, a fração de vapor d'água que reage é igual a 0,5.

(b) Como $\nu = 0$, o aumento da pressão não tem efeito na reação de gás ideal e ε_e continua igual a 0,5.

(c) O N_2 não participa da reação e atua somente como um diluente. Ele aumenta o número inicial de mols n_0 de 2 para 4 e as frações molares são todas reduzidas por um fator igual a 2. Entretanto, a Eq. (A) não é modificada e se reduz à mesma expressão anterior. Consequentemente, ε_e é novamente 0,5.

(d) Nesse caso, as frações molares no equilíbrio são:

$$y_{CO} = \frac{1-\varepsilon_e}{3} \qquad y_{H_2O} = \frac{2-\varepsilon_e}{3} \qquad y_{CO_2} = \frac{\varepsilon_e}{3} \qquad y_{H_2} = \frac{\varepsilon_e}{3}$$

e a Eq. (A) se torna:

$$\frac{\varepsilon_e^2}{(1-\varepsilon_e)(2-\varepsilon_e)} = 1 \qquad \text{da qual} \qquad \varepsilon_e = 0{,}667$$

A fração de vapor d'água que reage é então $0{,}667/2 = 0{,}333$.

(e) Aqui, as expressões para y_{CO} e y_{H_2O} permanecem inalteradas, porém isso deixa a equação de equilíbrio igual à do item (d). Consequentemente, $\varepsilon_e = 0{,}667$ e a fração de vapor d'água que reage é de 0,667.

(f) Nesse caso, a Eq. (A) se torna:

$$\frac{\varepsilon_e(1+\varepsilon_e)}{(1-\varepsilon_e)^2} = 1 \qquad \text{da qual} \qquad \varepsilon_e = 0{,}333$$

A fração de vapor d'água que reage é igual a 0,333.

(g) A 1650 K, $10^4/T = 6{,}06$ e, a partir da Figura 14.2, ln $K = -1{,}15$ ou $K = 0{,}316$. Consequentemente, a Eq. (A) se torna:

$$\frac{\varepsilon_e^2}{(1-\varepsilon_e)^2} = 0{,}316 \qquad \text{da qual} \qquad \varepsilon_e = 0{,}36$$

A reação é exotérmica e a extensão da reação diminui com o aumento da temperatura.

■ Exemplo 14.6

Estime a conversão máxima do etileno para o etanol por meio da hidratação em fase vapor a 250 °C e 35 bar, para uma razão molar inicial vapor d'água/etileno igual a 5.

Solução 14.6

O cálculo de K para essa reação é mostrado no Exemplo 14.4. Para uma temperatura de 250 °C ou 523,15 K, o cálculo fornece:

$$K = 10{,}02 \times 10^{-3}$$

A expressão de equilíbrio apropriada é a Eq. (14.26). Essa equação requer o cálculo dos coeficientes de fugacidade das espécies presentes na mistura em equilíbrio. Isso pode ser efetuado com a Eq. (10.64). Contudo, os cálculos envolvem iteração, porque os coeficientes de fugacidade são funções da composição. Para demonstração, nós supomos aqui que a mistura reacional possa ser tratada como uma solução ideal, o que elimina a necessidade de iteração. Esse cálculo poderia servir como a primeira iteração de um cálculo mais rigoroso, usando coeficientes de fugacidade a partir da Eq. (10.64). Com a hipótese de comportamento de solução ideal, a Eq. (14.26) se reduz à Eq. (14.27), que requer os coeficientes de fugacidade dos gases *puros* da mistura reacional, nas T e P do equilíbrio. Como $\nu = \sum_i \nu_i = -1$, essa equação se torna:

$$\frac{y_{\text{EtOH}}\phi_{\text{EtOH}}}{y_{C_2H_4}\phi_{C_2H_4}y_{H_2O}\phi_{H_2O}} = \left(\frac{P}{P^\circ}\right)(10{,}02 \times 10^{-3}) \qquad (A)$$

Os cálculos baseados na Eq. (10.68), em conjunto com as Eqs. (3.61) e (3.62), fornecem valores representados por:

$$\text{PHIB(TR,PR,OMEGA)} = \phi_i$$

Os resultados desses cálculos encontram-se resumidos na tabela a seguir:

	T_{c_i}/K	P_{c_i}/bar	ω_i	T_{r_i}	P_{r_i}	B^0	B^1	ϕ_i
C_2H_4	282,3	50,40	0,087	1,853	0,694	−0,074	0,126	0,977
H_2O	647,1	220,55	0,345	0,808	0,159	−0,511	−0,281	0,887
EtOH	513,9	61,48	0,645	1,018	0,569	−0,327	−0,021	0,827

Os dados críticos e os valores de ω_i são oriundos do Apêndice B. A temperatura e a pressão em todos os casos são 523,15 K e 35 bar. A substituição dos valores para ϕ_i e para (P/P°) na Eq. (A) fornece:

$$\frac{y_{\text{EtOH}}}{y_{C_2H_4}y_{H_2O}} = \frac{(0{,}977)(0{,}887)}{(0{,}827)}(35)(10{,}02 \times 10^{-3}) = 0{,}367 \qquad (B)$$

Pela Eq. (14.5),

$$y_{C_2H_4} = \frac{1-\varepsilon_e}{6-\varepsilon_e} \qquad y_{H_2O} = \frac{5-\varepsilon_e}{6-\varepsilon_e} \qquad y_{\text{EtOH}} = \frac{\varepsilon_e}{6-\varepsilon_e}$$

Substituindo essas expressões na Eq. (B), obtém-se:

$$\frac{\varepsilon_e(6-\varepsilon_e)}{(5-\varepsilon_e)(1-\varepsilon_e)} = 0{,}367 \qquad \text{ou} \qquad \varepsilon_e^2 - 6{,}000\varepsilon_e + 1{,}342 = 0$$

A solução dessa equação quadrática para a menor raiz é $\varepsilon_e = 0{,}233$. Como a maior raiz é superior à unidade e por isso corresponderia a uma fração molar negativa do etileno, ela não representa um resultado fisicamente possível. Sob as condições especificadas, a máxima conversão do etileno para o etanol é, consequentemente, de 23,3 %. Para realizar um cálculo mais rigoroso, sem considerar que os gases formam uma solução ideal, avaliaríamos a seguir os coeficientes de fugacidade da mistura com a Eq. (10.64), usaríamos os valores resultantes na Eq. (B) e calcularíamos um novo valor de ε_e. Então repetiríamos os cálculos até o valor de ε_e parar de variar. Entretanto, na prática, isso raramente é necessário.

Nessa reação, o aumento da temperatura diminui K e, consequentemente, a conversão. O aumento da pressão aumenta a conversão. Assim, as considerações sobre o equilíbrio sugerem que a pressão de operação seja a mais alta possível (limitada pela condensação) e que a temperatura seja a mais baixa possível. Contudo, mesmo com o melhor catalisador conhecido, a temperatura mínima para uma taxa de reação aceitável é de aproximadamente 150 °C. Esse é um exemplo no qual o equilíbrio e a taxa de reação influenciam a viabilidade comercial de um processo com reação.

A conversão de equilíbrio é uma função da temperatura, T, da pressão, P, e da razão vapor d'água/etileno na alimentação, a. Os efeitos de todas as três variáveis são mostrados na Figura 14.4. As curvas nessa figura vêm de cálculos iguais aos apresentados neste exemplo, exceto pela utilização de uma relação menos precisa para K em função de T. A comparação das famílias de curvas para diferentes pressões e das curvas para diferentes razões vapor d'água/etileno a uma dada pressão ilustra como o aumento de P ou de a viabiliza uma dada conversão do etileno no equilíbrio em temperaturas maiores.

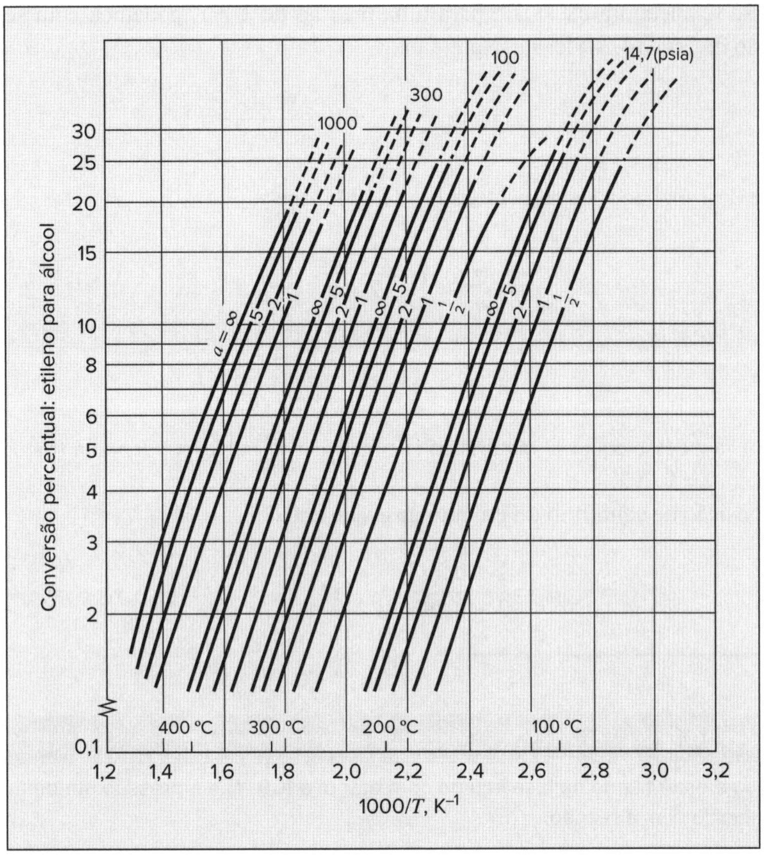

Figura 14.4 Conversão do etileno para o álcool etílico no equilíbrio na fase vapor. Aqui, a = mols de água/mols de etileno. Linhas tracejadas indicam condições de condensação da água. Dados baseados na equação: ln $K = 5200/T - 15{,}0$.

■ Exemplo 14.7

Em uma pesquisa em laboratório, acetileno é hidrogenado cataliticamente a etileno, a 1120 °C e 1 bar. Sendo a alimentação uma mistura equimolar de acetileno e hidrogênio, qual é a composição da corrente de produto no equilíbrio?

Solução 14.7

A reação requerida é obtida pela adição das duas reações de formação escritas a seguir:

$$C_2H_2 \rightarrow 2C + H_2 \quad \text{(I)}$$

$$2C + 2H_2 \rightarrow C_2H_4 \quad \text{(II)}$$

A soma das reações (I) e (II) é a reação de hidrogenação:

$$C_2H_2 + H_2 \rightarrow C_2H_4$$

Também, $$\Delta G^\circ = \Delta G^\circ_{\text{I}} + \Delta G^\circ_{\text{II}}$$

Pela Eq. (14.11b),

$$-RT \ln K = -RT \ln K_{\text{I}} - RT \ln K_{\text{II}} \qquad \text{ou} \qquad K = K_{\text{I}} K_{\text{II}}$$

Os dados para as reações (I) e (II) são fornecidos na Figura 14.2. Para 1120 °C (1393,15 K), $10^4/T = 7{,}18$; os seguintes valores são lidos no gráfico:

$$\ln K_{\text{I}} = 12{,}9 \qquad K_{\text{I}} = 4{,}0 \times 10^5$$

$$\ln K_{\text{II}} = -12{,}9 \qquad K_{\text{II}} = 2{,}5 \times 10^{-6}$$

Consequentemente, $$K = K_{\text{I}} K_{\text{II}} = 1{,}0$$

Nessa temperatura elevada e para uma pressão de 1 bar, podemos com segurança admitir gases ideais. A aplicação da Eq. (14.28) leva à expressão:

$$\frac{y_{C_2H_4}}{y_{H_2}y_{C_2H_2}} = 1$$

Na base de 1 mol de cada reagente, a Eq. (14.5) fornece:

$$y_{H_2} = y_{C_2H_2} = \frac{1-\varepsilon_e}{2-\varepsilon_e} \qquad \text{e} \qquad y_{C_2H_4} = \frac{\varepsilon_e}{2-\varepsilon_e}$$

Por isso,

$$\frac{\varepsilon_e(2-\varepsilon_e)}{(1-\varepsilon_e)^2} = 1$$

A menor raiz dessa equação quadrática (a maior é > 1, correspondendo a frações molares negativas para os reagentes) é: $\varepsilon_e = 0{,}293$.

A composição de equilíbrio do produto gasoso é então:

$$y_{H_2} = y_{C_2H_2} = \frac{1-0{,}293}{2-0{,}293} = 0{,}414 \qquad \text{e} \qquad y_{C_2H_4} = \frac{0{,}293}{2-0{,}293} = 0{,}172$$

■ Exemplo 14.8

Ácido acético é esterificado na fase líquida com etanol a 100 °C e à pressão atmosférica para produzir acetato de etila e água de acordo com a reação:

$$CH_3COOH(l) + C_2H_5OH(l) \rightarrow CH_3COOC_2H_5(l) + H_2O(l)$$

Considerando que, inicialmente, há 1 mol de ácido acético e um 1 de etanol, estime a fração molar de acetato de etila na mistura reacional no equilíbrio.

Solução 14.8

Os dados para $\Delta H^\circ_{f_{298}}$ e $\Delta G^\circ_{f_{298}}$ do ácido acético, do etanol e da água, todos líquidos, são fornecidos na Tabela C.4. Para o acetato de etila líquido, os valores correspondentes são:

$$\Delta H^\circ_{f_{298}} = -480.000\,\text{J} \qquad \text{e} \qquad \Delta G^\circ_{f_{298}} = -332.200\ \text{J}$$

Consequentemente, os valores de $\Delta H^\circ_{f_{298}}$ e $\Delta G^\circ_{f_{298}}$ para a reação são:

$$\Delta H^\circ_{298} = -480.000 - 285.830 + 484.500 + 277.690 = -3640\ \text{J}$$

$$\Delta G^\circ_{298} = -332.200 - 237.130 + 389.900 + 174.780 = -4650\ \text{J}$$

Pela Eq. (14.11b),

$$\ln K_{298} = \frac{-\Delta G^\circ_{298}}{RT} = \frac{4650}{(8{,}314)(298{,}15)} = 1{,}8759 \qquad \text{ou} \qquad K_{298} = 6{,}5266$$

Para a pequena variação de temperatura de 298,15 para 373,15 K, a Eq. (14.15) é adequada para a estimativa de K. Dessa forma,

$$\ln\frac{K_{373}}{K_{298}} = \frac{-\Delta H^\circ_{298}}{R}\left(\frac{1}{373{,}15} - \frac{1}{298{,}15}\right)$$

ou

$$\ln\frac{K_{373}}{6{,}5266} = \frac{3640}{8{,}314}\left(\frac{1}{373{,}15} - \frac{1}{298{,}15}\right) = -0{,}2951$$

e

$$K_{373} = (6{,}5266)(0{,}7444) = 4{,}8586$$

Para a reação dada, a Eq. (14.5), com x no lugar de y, fornece:

$$x_{AcH} = x_{EtOH} = \frac{1 - \varepsilon_e}{2} \qquad x_{EtAc} = x_{H_2O} = \frac{\varepsilon_e}{2}$$

Como a pressão é baixa, a Eq. (14.32) pode ser utilizada. Na ausência de dados para os coeficientes de atividade nesse sistema complexo, consideramos que as espécies em reação formam uma solução ideal. Nesse caso, a Eq. (14.33) é utilizada, fornecendo:

$$K = \frac{x_{EtAc} x_{H_2O}}{x_{AcH} x_{EtOH}}$$

Assim,

$$4{,}8586 = \left(\frac{\varepsilon_e}{1 - \varepsilon_e}\right)^2$$

A solução fornece:

$$\varepsilon_e = 0{,}6879 \qquad \text{e} \qquad x_{EtAc} = 0{,}6879/2 = 0{,}344$$

Esse resultado apresenta uma boa concordância com o valor experimental, ainda que a hipótese de solução ideal possa ser irreal. Conduzida em laboratório, a reação produz uma fração molar de acetato de etila no equilíbrio medida de aproximadamente 0,33.

■ Exemplo 14.9

A oxidação em fase gasosa do SO_2 a SO_3 é conduzida a uma pressão de 1 bar com 20 % de excesso de ar em um reator adiabático. Considerando que os reagentes são alimentados a 25 °C e que o equilíbrio é alcançado na saída, determine a composição e a temperatura da corrente de produtos que sai do reator.

Solução 14.9

A reação é:

$$SO_2 + \tfrac{1}{2}O_2 \rightarrow SO_3$$

para a qual,

$$\Delta H^\circ_{298} = -98.890 \qquad \Delta G^\circ_{298} = -70.866 \text{ J mol}^{-1}$$

Na base de 1 mol de SO_2 entrando no reator,

$$\text{Mols de } O_2 \text{ entrando} = (0{,}5)(1{,}2) = 0{,}6$$
$$\text{Mols de } N_2 \text{ entrando} = (0{,}6)(79/21) = 2{,}257$$

O uso da Eq. (14.4) fornece as quantidades das espécies na corrente de produtos:

$$\text{Mols } SO_2 = 1 - \varepsilon_e$$
$$\text{Mols } O_2 = 0{,}6 - 0{,}5\varepsilon_e$$
$$\text{Mols } SO_3 = \varepsilon_e$$
$$\text{Mols } N_2 = 2{,}257$$
$$\text{Total de Mols} = 3{,}857 - 0{,}5\varepsilon_e$$

Duas equações têm de ser escritas para determinar ε_e e a temperatura. Elas são um balanço de energia e uma equação de equilíbrio. Para o balanço de energia, procedemos como no Exemplo 4.7:

$$\Delta H^\circ_{298}\, \varepsilon_e + \Delta H^\circ_P = \Delta H = 0 \qquad (A)$$

na qual todas as entalpias estão na base de 1 mol de SO_2 alimentado no reator. A variação da entalpia dos produtos com o seu aquecimento de 298,15 K até T é:

$$\Delta H^\circ_P = \langle C^\circ_P \rangle_H (T - 298{,}15) \qquad (B)$$

considerando $\langle C^\circ_P \rangle$ a capacidade calorífica *total* média da corrente de produtos:

$$\langle C^\circ_P \rangle_H \equiv \sum_i n_i \langle C^\circ_{P_i} \rangle_H$$

Dados obtidos na Tabela C.1 fornecem valores de $\langle C^\circ_{P_i}\rangle$:

SO_2: MCPH(298.15, *T*; 5.699, 0.801E-3, 0.0,-1.015E+5)
O_2: MCPH(298.15, *T*; 3.639, 0.506E-3, 0.0,-0.227E+5)
SO_3: MCPH(298.15, *T*; 8.060, 1.056E-3, 0.0,-2.028E+5)
N_2: MCPH(298.15, *T*; 3.280, 0.593E-3, 0.0,0.040E+5)

As Eqs. (*A*) e (*B*) são combinadas, fornecendo:

$$\Delta H^\circ_{298}\,\varepsilon_e + \langle C^\circ_P\rangle_H\,(T - 298{,}15) = 0$$

Explicitando *T*, tem-se:

$$T = \frac{-\Delta H^\circ_{298}\,\varepsilon_e}{\langle C^\circ_P\rangle_H} + 298{,}15 \qquad (C)$$

Nas condições de temperatura e pressão do estado de equilíbrio, a hipótese de gases ideais é plenamente justificada e, consequentemente, a constante de equilíbrio é dada pela Eq. (14.28), que aqui se torna:

$$K = \left(\frac{\varepsilon_e}{1-\varepsilon_e}\right)\left(\frac{3{,}857 - 0{,}5\varepsilon_e}{0{,}6 - 0{,}5\varepsilon_e}\right)^{0{,}5} \qquad (D)$$

Como $-\ln K = \Delta G^\circ/RT$, a Eq. (14.18) pode ser escrita na forma:

$$-\ln K = \frac{\Delta G^\circ_0 - \Delta H^\circ_0}{RT_0} + \frac{\Delta H^\circ_0}{RT} + \frac{1}{T}\int_{T_0}^{T}\frac{\Delta C^\circ_P}{R}dT - \int_{T_0}^{T}\frac{\Delta C^\circ_P}{R}\frac{dT}{T}$$

A substituição dos valores numéricos fornece:

$$\ln K = -11{,}3054 + \frac{11.894{,}4}{T} - \frac{1}{T}(\mathsf{IDCPH}) + \mathsf{IDCPS} \qquad (E)$$

IDCPH = IDCPH(298.15, *T*; 0.5415, 0.002E-3, 0.0, -0.8995E+5)

IDCPS = IDCPS(298.15, *T*; 0.5415, 0.002E-3, 0.0, -0.8995E+5)

Essas expressões para os valores calculados das integrais mostram os parâmetros ΔA, ΔB, ΔC e ΔD em correspondência com os dados da Tabela C.1.

Um procedimento iterativo para a solução dessas equações para ε_e e *T* que converge rapidamente é apresentado a seguir:

1. Suponha um valor inicial para *T*.
2. Avalie IDCPH e IDCPS nesse valor de *T*.
3. Resolva a Eq. (*E*) para determinar *K* e a Eq. (*D*) para encontrar ε_e, provavelmente por tentativas.
4. Determine $\langle C^\circ_P\rangle_H$ e resolva a Eq. (*C*) para encontrar o valor de *T*.
5. Encontre um novo valor para *T* igual à média aritmética entre o valor calculado e o valor inicialmente suposto; retorne para a etapa 2.

Esse procedimento converge nos valores $\varepsilon_e = 0{,}77$ e $T = 855{,}7$ K. Para a corrente de produtos,

$$y_{SO_2} = \frac{1 - 0{,}77}{3{,}857 - (0{,}5)(0{,}77)} = \frac{0{,}23}{3{,}472} = 0{,}0662$$

$$y_{O_2} = \frac{0{,}6 - (0{,}5)(0{,}77)}{3{,}472} = \frac{0{,}215}{3{,}472} = 0{,}0619$$

$$y_{SO_3} = \frac{0{,}77}{3{,}472} = 0{,}2218 \qquad y_{N_2} = \frac{2{,}257}{3{,}472} = 0{,}6501$$

Reações em Sistemas Heterogêneos

Quando as fases gás e líquido estão presentes em uma mistura em equilíbrio com espécies que reagem, a Eq. (10.48), um critério de equilíbrio líquido/vapor, deve ser satisfeita em conjunto com a equação do equilíbrio da reação química. Suponha, por exemplo, que o gás *A* reaja com a água líquida *B* para formar a solução aquosa *C*. Há muitos métodos para lidar com tais casos. Pode-se considerar que a reação ocorra na fase gás, com transferência de matéria entre as fases para manter o equilíbrio. Nesse caso, a constante de equilíbrio é calculada a partir de dados de $\Delta G°$ baseados em estados-padrão para as espécies na fase gás, isto é, os estados de gás ideal a 1 bar e na temperatura da reação. Alternativamente, pode-se considerar que a reação ocorra na fase líquida, caso no qual o $\Delta G°$ é baseado nos estados-padrão para as espécies na fase líquida. Finalmente, a reação pode ser escrita:

$$A(g) + B(l) \rightarrow C(aq)$$

sendo o valor de $\Delta G°$ para estados-padrão misturados: C como um soluto em solução ideal aquosa 1 molal, B como líquido puro a 1 bar e A como gás ideal puro a 1 bar. Para essa escolha de estados-padrão, a relação entre a composição e a constante de equilíbrio fornecida pela Eq. (14.10) torna-se:

$$\frac{\hat{f}_C/f_C^\circ}{(\hat{f}_B/f_B^\circ)(\hat{f}_A/f_A^\circ)} = \frac{m_C}{(\gamma_B x_B)(\hat{f}_A/P^\circ)} = K$$

O segundo termo vem da Eq. (14.35) aplicada à espécie C, da Eq. (14.29) aplicada à espécie B com $f_B/f_B^\circ = 1$ e do fato de que $f_A^\circ = P°$ para a espécie A na fase gás. Como K depende dos estados-padrão, esse valor de K não é igual ao obtido quando os estados-padrão são escolhidos de forma diferente. Contudo, outras escolhas de estados-padrão levariam à mesma composição de equilíbrio, desde que a lei de Henry aplicada à espécie C em solução seja válida. Na prática, determinada escolha de estados-padrão pode simplificar os cálculos ou fornecer resultados mais precisos, porque ela utiliza melhor os dados disponíveis. A natureza dos cálculos necessários para reações heterogêneas é ilustrada no exemplo a seguir.

▪ Exemplo 14.10

Estime a composição das fases líquida e vapor quando etileno reage com água para formar etanol a 200 °C e 34,5 bar, condições que asseguram a presença das fases líquida e vapor. O vaso de reação é mantido a 34,5 bar por meio da conexão a uma fonte de etileno a essa pressão. Suponha que não ocorram outras reações.

Solução 14.10

De acordo com a regra das fases (Seção 14.8), o sistema tem dois graus de liberdade. Consequentemente, a especificação da temperatura e da pressão determina o estado intensivo do sistema, independentemente das quantidades iniciais dos reagentes. As equações do balanço de massa não são relevantes e não podemos fazer uso das equações que relacionam as composições à coordenada de reação. Como alternativa, as relações do equilíbrio de fases devem fornecer um número de equações suficiente para permitir a determinação das composições desconhecidas.

A abordagem mais conveniente para esse problema é considerar que a reação química ocorra na fase vapor. Assim,

$$C_2H_4(g) + H_2O(g) \rightarrow C_2H_5OH(g)$$

e os estados-padrão são aqueles dos gases ideais puros a 1 bar. Para esses estados padrão, a expressão do equilíbrio é a Eq. (14.25), que, nesse caso, se torna:

$$K = \frac{\hat{f}_{EtOH}}{\hat{f}_{C_2H_4}\hat{f}_{H_2O}} P° \qquad (A)$$

sendo a pressão do estado-padrão $P°$ igual a 1 bar (expressa em unidades apropriadas). Uma expressão geral para $\ln K$ como função de T é fornecida pelos resultados do Exemplo 14.4. Para 200 °C (473,15 K), essa equação fornece:

$$\ln K = -3{,}473 \qquad K = 0{,}0310$$

A tarefa agora é incorporar as equações do equilíbrio de fases, $\hat{f}_i^v = \hat{f}_i^l$, na Eq. ($A$) e relacionar as fugacidades às composições de tal forma que as equações possam ser facilmente resolvidas. A Eq. (A) pode ser escrita:

$$K = \frac{\hat{f}^v_{EtOH}}{\hat{f}^v_{C_2H_4}\hat{f}^v_{H_2O}} P° = \frac{\hat{f}^l_{EtOH}}{\hat{f}^v_{C_2H_4}\hat{f}^l_{H_2O}} P° \qquad (B)$$

As fugacidades na fase líquida estão relacionadas com os coeficientes de atividade pela Eq. (13.2), e as fugacidades na fase vapor estão relacionadas com os coeficientes de fugacidade pela Eq. (10.52):

$\hat{f}_i^l = x_i \gamma_i f_i^l \quad (C)$	$\hat{f}_i^v = y_i \hat{\phi}_i P \quad (D)$

A eliminação das fugacidades na Eq. (*B*) por meio das Eqs. (*C*) e (*D*) fornece:

$$K = \frac{x_{EtOH}\gamma_{EtOH} f_{EtOH}^l P^\circ}{(y_{C_2H_4}\hat{\phi}_{C_2H_4} P)(x_{H_2O}\gamma_{H_2O} f_{H_2O}^l)} \qquad (E)$$

A fugacidade f_i^l é para o líquido puro *i* às temperatura e pressão do sistema. Entretanto, a pressão tem pequeno efeito na fugacidade de um líquido e, com uma boa aproximação, $f_i^l = f_i^{sat}$; em que, pela Eq. (10.40),

$$f_i^l = \phi_i^{sat} P_i^{sat} \qquad (F)$$

Nessa equação, ϕ_i^{sat} é o coeficiente de fugacidade do líquido ou vapor puro e saturado avaliado a *T* do sistema e a P_i^{sat}, a pressão de vapor da espécie *i* pura. A hipótese de que a fase vapor é uma solução ideal permite a utilização de $\phi_{C_2H_4}$ no lugar de $\hat{\phi}_{C_2H_4}$, sendo $\phi_{C_2H_4}$ o coeficiente de fugacidade do etileno puro às *T* e *P* do sistema. Com essa substituição e aquela da Eq. (*F*), a Eq. (*E*) se torna:

$$K = \frac{x_{EtOH}\gamma_{EtOH}\phi_{EtOH}^{sat} P_{EtOH}^{sat} P^\circ}{(y_{C_2H_4}\hat{\phi}_{C_2H_4} P)(x_{H_2O}\gamma_{H_2O}\phi_{H_2O}^{sat} P_{H_2O}^{sat})} \qquad (G)$$

com a pressão do estado-padrão P° igual a 1 bar, expressa nas unidades utilizadas para *P*.

Além da Eq. (*G*), as expressões a seguir podem ser escritas. Como $\sum_i y_i = 1$,

$$y_{C_2H_4} = 1 - y_{EtOH} - y_{H_2O} \qquad (H)$$

Elimine y_{EtOH} e y_{H_2O} da Eq. (*H*) e coloque x_{EtOH} e x_{H_2O} utilizando a relação de equilíbrio líquido/vapor, $\hat{f}_i^v = \hat{f}_i^l$. A combinação com as Eqs. (*C*), (*D*) e (*F*) fornece:

$$y_i = \frac{\gamma_i x_i \phi_i^{sat} P_i^{sat}}{\phi_i P} \qquad (I)$$

com ϕ_i substituindo $\hat{\phi}_i$, considerando que a fase vapor seja uma solução ideal. As Eqs. (*H*) e (*I*) fornecem:

$$y_{C_2H_4} = 1 - \frac{x_{EtOH}\gamma_{EtOH}\phi_{EtOH}^{sat} P_{EtOH}^{sat}}{\phi_{EtOH} P} - \frac{x_{H_2O}\gamma_{H_2O}\phi_{H_2O}^{sat} P_{H_2O}^{sat}}{\phi_i P} \qquad (J)$$

Como o etileno é muito mais volátil do que o etanol ou a água, podemos admitir, com uma boa aproximação, que $x_{C_2H_4} = 0$. Então,

$$x_{H_2O} = 1 - x_{EtOH} \qquad (K)$$

As Eqs. (*G*), (*J*) e (*K*) são a base para a solução do problema. As variáveis primárias nessas equações são: x_{H_2O}, y_{EtOH} e $y_{C_2H_4}$. As outras grandezas são dadas ou determinadas a partir de correlações de dados. Os valores de P_i^{sat} são:

$$P_{H_2O}^{sat} = 15{,}55 \qquad P_{EtOH}^{sat} = 30{,}22 \text{ bar}$$

As grandezas ϕ_i^{sat} e ϕ_i são determinadas a partir da correlação generalizada representada pela Eq. (10.68), com B^0 e B^1 dados pelas Eqs. (3.61) e (3.62). Os resultados obtidos computacionalmente são representados por PHIB(TR,PR,OMEGA). Com $T = 473{,}15$ K e $P = 34{,}5$ bar, e com os dados críticos e os fatores acêntricos disponíveis no Apêndice B, os cálculos fornecem:

	T_{c_i}/K	P_{c_i}/bar	ω_i	T_{r_i}	P_{r_i}	$P_{r_i}^{sat}$	B^0	B^1	ϕ_i	ϕ_i^{sat}
EtOH	513,9	61,48	0,645	0,921	0,561	0,492	−0,399	−0,104	0,753	0,780
H_2O	647,1	220,55	0,345	0,731	0,156	0,071	−0,613	−0,502	0,846	0,926
C_2H_4	282,3	50,40	0,087	1,676	0,685		−0,102	0,119	0,963	

A substituição dos valores até aqui determinados nas Eqs. (*G*), (*J*) e (*K*) reduz essas três equações a:

$$K = \frac{0{,}0493 x_{EtOH}\gamma_{EtOH}}{y_{C_2H_4} x_{H_2O}\gamma_{H_2O}} \qquad (L)$$

$$y_{C_2H_4} = 1 - 0{,}907 x_{EtOH}\gamma_{EtOH} - 0{,}493 x_{H_2O}\gamma_{H_2O} \qquad (M)$$

$$x_{H_2O} = 1 - x_{EtOH} \qquad (K)$$

As únicas propriedades termodinâmicas que permanecem indeterminadas são γ_{H_2O} e γ_{EtOH}. Em função do comportamento altamente não ideal de uma solução líquida de etanol e água, eles devem ser determinados a partir de dados experimentais. Os dados necessários, encontrados em medições do ELV, são apresentados por Otsuki e Williams.[8] A partir dos dados desses autores para o sistema etanol/água, pode-se estimar os valores de γ_{H_2O} e γ_{EtOH} a 200 °C. (A pressão tem pequena influência sobre os coeficientes de atividade de líquidos).

Um procedimento para a solução das três equações anteriores é apresentado a seguir:

1. Suponha um valor para x_{EtOH} e calcule x_{H_2O} com a Eq. (*K*).
2. Determine γ_{H_2O} e γ_{EtOH} a partir dos dados apresentados na referência citada.
3. Calcule $y_{C_2H_4}$ com a Eq. (*M*).
4. Calcule *K* utilizando a Eq. (*L*) e compare com o valor de 0,0310 observado nos dados da reação-padrão.
5. Se os dois valores apresentam concordância aceitável, o valor suposto para x_{EtOH} está correto. Se não há concordância, suponha um novo valor para x_{EtOH} e repita o procedimento.

Se $x_{EtOH} = 0{,}06$, então, pela Eq. (*K*), $x_{H_2O} = 0{,}94$; e, da referência citada,

$$\gamma_{EtOH} = 3{,}34 \qquad \text{e} \qquad \gamma_{H_2O} = 1{,}00$$

Pela Eq. (*M*),

$$y_{C_2H_4} = 1 - (0{,}907)(3{,}34)(0{,}06) - (0{,}493)(1{,}00)(0{,}94) = 0{,}355$$

O valor de *K* fornecido pela Eq. (*L*) é então:

$$K = \frac{(0{,}0493)(0{,}06)(3{,}34)}{(0{,}355)(0{,}94)(1{,}00)} = 0{,}0296$$

Esse resultado é próximo o suficiente do valor encontrado nos dados da reação-padrão, 0,0310, para tornar cálculos posteriores sem sentido. A composição da fase líquida é essencialmente a suposta ($x_{EtOH} = 0{,}06$; $x_{H_2O} = 0{,}94$). A composição da fase vapor ainda indeterminada ($y_{C_2H_4}$ já foi determinado, sendo igual a 0,356) é encontrada solucionando a Eq. (*I*) para y_{H_2O} ou y_{EtOH}. Todos os resultados estão resumidos na tabela a seguir.

	x_i	y_i
EtOH	0,060	0,180
H_2O	0,940	0,464
C_2H_4	0,000	0,356
	$\sum_i x_i = 1{,}000$	$\sum_i y_i = 1{,}000$

Esses resultados fornecem estimativas aceitáveis dos valores reais, desde que não ocorram outras reações.

14.8 REGRA DAS FASES E TEOREMA DE DUHEM PARA SISTEMAS REACIONAIS

A regra das fases (aplicável a propriedades intensivas), discutida nas Seções 3.1 e 12.2 para sistemas sem reações, com π fases e *N* espécies químicas, é:

$$F = 2 - \pi + N$$

[8] H. Otsuki e F. C. Williams, *Chem. Engr. Progr. Symp. Series nº 6*, vol. 49, pp. 55-67, 1953.

Ela deve ser modificada para aplicação em sistemas com reações químicas. As variáveis da regra das fases permanecem inalteradas: temperatura, pressão e $N - 1$ frações molares em cada fase. O número total dessas variáveis é $2 + (N - 1)(\pi)$. As mesmas equações para o equilíbrio de fases são utilizáveis e o seu número é $(\pi - 1)(N)$. Contudo, a Eq. (14.8) fornece, para cada reação independente, uma relação adicional que deve ser satisfeita no equilíbrio. Como os μ_i's são funções da temperatura, da pressão e da composição das fases, a Eq. (14.8) representa uma relação que conecta variáveis da regra das fases. Se existem r reações químicas independentes em equilíbrio no sistema, então há um total de $(\pi - 1)(N) + r$ equações independentes relacionando as variáveis da regra das fases. Fazendo a diferença entre o número de variáveis e o número de equações, obtém-se:

$$F = [2 + (N - 1)(\pi)] - [(\pi - 1)(N) + r]$$

ou

$$\boxed{F = 2 - \pi + N - r} \tag{14.36}$$

Essa é a regra das fases para sistemas com reações.

O único problema que permanece para a sua aplicação é a determinação do número de reações químicas independentes. Isso pode ser feito sistematicamente desta forma:

- Escreva equações químicas para a formação, a partir dos *elementos constituintes*, de cada composto químico presente no sistema.
- Combine essas equações de forma a eliminar todas as espécies químicas que não estão presentes *como elementos* no sistema. Um procedimento sistemático é selecionar uma equação e combiná-la com cada uma das outras do conjunto, tendo como objetivo eliminar certo elemento. O processo é então repetido para eliminar outro elemento do novo conjunto de equações. Isso é feito para cada elemento a ser eliminado [veja no Exemplo 14.11(*d*)] e, normalmente, retira do conjunto uma equação para cada elemento eliminado. Entretanto, a eliminação simultânea de dois ou mais elementos pode ocorrer.

O conjunto de r equações resultante desse procedimento de redução é um conjunto completo de reações independentes para as N espécies presentes no sistema. Mais de um conjunto como esse é possível, dependendo de como o processo de redução é conduzido, mas todos os conjuntos têm r equações e são equivalentes. O procedimento de redução também garante a seguinte relação:

$r \geq$ número de compostos presentes no sistema –
– número de elementos constituintes que não estão presentes *como elementos*

No tratamento apresentado a seguir, as equações do equilíbrio de fases e do equilíbrio de reações químicas são as únicas consideradas na inter-relação das variáveis da regra das fases. Contudo, em certas situações, *restrições especiais* podem ser impostas ao sistema, restrições que permitam que equações adicionais sejam escritas além e acima daquelas consideradas na dedução da Eq. (14.36). Se o número de equações resultantes de restrições especiais for s, então a Eq. (14.36) deve ser modificada para levar em consideração essas s equações adicionais. A forma ainda mais genérica da regra das fases resultante é:

$$\boxed{F = 2 - \pi + N - r - s} \tag{14.37}$$

O Exemplo 14.11 mostra como as Eqs. (14.36) e (14.37) podem ser aplicadas em sistemas específicos.

■ Exemplo 14.11

Determine o número de graus de liberdade F para cada um dos sistemas a seguir.

(*a*) Um sistema de duas espécies miscíveis que não reagem e existem como um azeótropo no equilíbrio líquido/vapor.
(*b*) Um sistema preparado com $CaCO_3$ em um espaço onde há vácuo.
(*c*) Um sistema preparado com NH_4Cl decompondo-se parcialmente em um espaço onde há vácuo.
(*d*) Um sistema constituído pelos gases CO, CO_2, H_2, H_2O e CH_4 em equilíbrio químico.

Solução 14.11

(*a*) O sistema é constituído por duas espécies que não reagem, havendo duas fases. Se não houvesse o azeótropo, a Eq. (14.36) poderia ser usada:

$$F = 2 - \pi + N - r = 2 - 2 + 2 - 0 = 2$$

Esse é o resultado normal para o ELV binário. Entretanto, uma restrição especial é imposta ao sistema: ele é um azeótropo. Isso fornece uma equação, $x_1 = y_1$, não considerada na dedução da Eq. (14.36). Assim, a Eq. (14.37), com $s = 1$, fornece $F = 1$. Se o sistema é um azeótropo, então somente uma variável da regra das fases – T, P ou $x_1(= y_1)$ – pode ser arbitrariamente especificada.

(*b*) Aqui, há uma única reação química:

$$CaCO_3(s) \rightarrow CaO(s) + CO_2(g)$$

e $r = 1$. Três espécies químicas e três fases estão presentes – $CaCO_3$ sólido, CaO sólido e CO_2 gasoso. Pode-se pensar que uma restrição especial foi imposta pela exigência de que o sistema seja preparado de uma forma específica – por $CaCO_3$ em decomposição. Não é o caso, porque nenhuma equação relacionando as variáveis da regra das fases pode ser escrita como um resultado dessa restrição. Consequentemente,

$$F = 2 - \pi + N - r - s = 2 - 3 + 3 - 1 - 0 = 1$$

e há um único grau de liberdade. Dessa forma, o $CaCO_3$ exerce uma pressão de decomposição fixa a determinada T.

(*c*) Nesse caso, a reação química é:

$$NH_4Cl(s) \rightarrow NH_3(g) + HCl(g)$$

Três espécies, mas somente duas fases, estão presentes nesse caso: NH_4Cl sólido e uma mistura gasosa de NH_3 e HCl. Além disso, uma restrição especial é imposta pela exigência de que o sistema seja formado pela decomposição do NH_4Cl. Isso significa que a fase gás é equimolar em NH_3 e HCl. Dessa forma, uma equação específica, $y_{NH_3} = y_{HCl}$ (= 0,5), relacionando as variáveis da regra das fases pode ser escrita. A utilização da Eq. (14.37) fornece:

$$F = 2 - \pi + N - r - s = 2 - 2 + 3 - 1 - 1 = 1$$

e o sistema possui somente um grau de liberdade. Esse resultado é igual ao obtido na parte (*b*) e é um fato constatado experimentalmente que o NH_4Cl tem uma dada pressão de decomposição para determinada temperatura. Chega-se a essa conclusão de forma bem diferente nesses dois casos.

(*d*) Esse sistema contém cinco espécies, todas em uma única fase gasosa. Não há restrições especiais. Resta somente r para ser determinado. As reações de formação para os compostos presentes são:

$C + \frac{1}{2}O_2 \rightarrow CO$	(*A*)	$C + O_2 \rightarrow CO_2$	(*B*)
$H_2 + \frac{1}{2}O_2 \rightarrow H_2O$	(*C*)	$C + 2H_2 \rightarrow CH_4$	(*D*)

A eliminação sistemática de C e O_2, os elementos ausentes no sistema, leva a duas equações obtidas da seguinte maneira: elimina-se C do conjunto de equações pela combinação da Eq. (*B*) primeiro com a Eq. (*A*) e depois com a Eq. (*D*). As duas reações resultantes são:

$$\text{De } (B) \text{ e } (A): \quad CO + \tfrac{1}{2}O_2 \rightarrow CO_2 \qquad (E)$$

$$\text{De } (B) \text{ e } (D): \quad CH_4 + O_2 \rightarrow 2H_2 + CO_2 \qquad (F)$$

As Eqs. (*C*), (*E*) e (*F*) formam o novo conjunto e agora se elimina o O_2 pela combinação da Eq. (*C*) primeiro com a Eq. (*E*) e depois com a Eq. (*F*). Isso fornece:

$$\text{De } (C) \text{ e } (E): \quad CO_2 + H_2 \rightarrow CO + H_2O \qquad (G)$$

$$\text{De } (C) \text{ e } (F): \quad CH_4 + 2H_2O \rightarrow CO_2 + 4H_2 \qquad (H)$$

As Eqs. (*G*) e (*H*) são um conjunto independente e indicam que $r = 2$. A adoção de procedimentos de eliminação diferentes produz outros pares de equações, mas sempre somente duas equações.

O uso da Eq. (14.37) fornece:

$$F = 2 - \pi + N - r - s = 2 - 1 + 5 - 2 - 0 = 4$$

Esse resultado significa que há liberdade para especificação de quatro variáveis da regra das fases, por exemplo, T, P e duas frações molares, em uma mistura dessas cinco espécies químicas em equilíbrio, desde que nada mais seja arbitrariamente especificado. Em outras palavras, não pode haver restrições especiais, como a exigência de que o sistema seja preparado com quantidades conhecidas de CH_4 e H_2O. Isso impõe restrições especiais em razão dos balanços de massa que reduzem o grau de liberdade a dois. (Teorema de Duhem; veja os parágrafos a seguir.)

O teorema de Duhem para sistemas sem reação foi desenvolvido na Seção 12.2. Ele enuncia que, para qualquer sistema fechado formado inicialmente a partir de massas conhecidas de espécies químicas especificadas, o estado de equilíbrio é *completamente determinado* (propriedades extensivas e intensivas) pela especificação de quaisquer duas variáveis independentes. Esse teorema fornece a diferença entre o número de variáveis independentes que determinam completamente o estado de um sistema e o número de equações independentes que podem ser escritas conectando essas variáveis:

$$[2 + (N - 1)(\pi) + \pi] - [(\pi - 1)(N) + N] = 2$$

Quando ocorrem reações químicas, uma nova variável ε_j é introduzida nas equações do balanço de massa para cada reação independente. Ainda mais, uma nova relação de equilíbrio [Eq. (14.8)] pode ser escrita para cada reação independente. Consequentemente, quando o equilíbrio de reações químicas é imposto acima do equilíbrio de fases, r novas variáveis aparecem e r novas equações podem ser escritas. Dessa forma, a diferença entre o número de variáveis e o número de equações permanece inalterada e o teorema de Duhem, como originalmente enunciado, é válido tanto para sistemas com reações como para sistemas sem reações.

A maioria dos problemas de equilíbrio de reações químicas é colocada de tal forma que o teorema de Duhem a torna determinada. O problema mais frequente é encontrar a composição de um sistema que alcança o equilíbrio a partir de um estado inicial com *quantidades preestabelecidas das espécies reagentes* quando as *duas* variáveis T e P são especificadas.

14.9 EQUILÍBRIO ENVOLVENDO MÚLTIPLAS REAÇÕES

Quando o estado de equilíbrio em um sistema reacional depende de duas ou mais reações químicas independentes, a composição do equilíbrio pode ser encontrada pela extensão direta dos métodos desenvolvidos para uma única reação. Determina-se primeiramente um conjunto de reações independentes, conforme discutido na Seção 14.8. A cada reação independente está associada uma coordenada de reação de acordo com a análise da Seção 14.1. Além disso, uma constante de equilíbrio distinta é calculada para cada reação j, e a Eq. (14.10) se torna:

$$\prod_i \left(\frac{\hat{f}_i}{f_i^\circ} \right)^{\nu_{i,j}} = K_j \tag{14.38}$$

com

$$K_j \equiv \exp\left(\frac{-\Delta G_j^\circ}{RT} \right) \qquad (j = 1, 2, \ldots, r)$$

Para uma reação na fase gasosa, a Eq. (14.38) adquire a forma:

$$\prod_i \left(\frac{\hat{f}_i}{P^\circ} \right)^{\nu_{i,j}} = K_j \tag{14.39}$$

Se a mistura em equilíbrio está no estado de gás ideal,

$$\prod_i (y_i)^{\nu_{i,j}} = \left(\frac{P}{P^\circ} \right)^{-\nu_j} K_j \tag{14.40}$$

Para r reações independentes, há r diferentes equações desse tipo, e o $\{y_i\}$ pode ser eliminado pela Eq. (14.7), pelas r coordenadas de reação ε_j. O conjunto de equações é então resolvido simultaneamente para as r coordenadas de reação, conforme ilustrado nos exemplos a seguir.

■ Exemplo 14.12

Uma corrente de *n*-butano puro é "craqueada", a 750 K e 1,2 bar, para produzir olefinas. Nessas condições, somente duas reações têm conversões favoráveis no equilíbrio:

$$C_4H_{10} \rightarrow C_2H_4 + C_2H_6 \quad \text{(I)}$$

$$C_4H_{10} \rightarrow C_3H_6 + CH_4 \quad \text{(II)}$$

Se essas duas equações atingirem o equilíbrio, qual será a composição do produto?

Com os dados do Apêndice C e os procedimentos ilustrados no Exemplo 14.4, as constantes de equilíbrio a 750 K podem ser determinadas, apresentando os valores:

$$K_I = 3{,}856 \qquad \text{e} \qquad K_{II} = 268{,}4$$

Solução 14.12

Equações relacionando a composição do produto às coordenadas de reação são desenvolvidas como no Exemplo 14.3. Com uma base de 1 mol de *n*-butano alimentado, elas se tornam:

$$y_{C_4H_{10}} = \frac{1 - \varepsilon_I - \varepsilon_{II}}{1 + \varepsilon_I + \varepsilon_{II}}$$

$$y_{C_2H_4} = y_{C_2H_6} = \frac{\varepsilon_I}{1 + \varepsilon_I + \varepsilon_{II}} \qquad y_{C_3H_6} = y_{CH_4} = \frac{\varepsilon_{II}}{1 + \varepsilon_I + \varepsilon_{II}}$$

Da Eq. (14.40), as relações de equilíbrio são:

$$\frac{y_{C_2H_4} y_{C_2H_6}}{y_{C_4H_{10}}} = \left(\frac{P}{P^\circ}\right)^{-1} K_I \qquad \frac{y_{C_3H_6} y_{CH_4}}{y_{C_4H_{10}}} = \left(\frac{P}{P^\circ}\right)^{-1} K_{II}$$

Combinando essas equações do equilíbrio com as equações das frações molares, obtém-se:

$$\frac{\varepsilon_I^2}{(1 - \varepsilon_I - \varepsilon_{II})(1 + \varepsilon_I + \varepsilon_{II})} = \left(\frac{P}{P^\circ}\right)^{-1} K_I \qquad (A)$$

$$\frac{\varepsilon_{II}^2}{(1 - \varepsilon_I - \varepsilon_{II})(1 + \varepsilon_I + \varepsilon_{II})} = \left(\frac{P}{P^\circ}\right)^{-1} K_{II} \qquad (B)$$

Dividindo a Eq. (*B*) pela Eq. (*A*) e explicitando ε_{II}:

$$\varepsilon_{II} = \kappa \varepsilon_I \qquad (C)$$

em que

$$\kappa \equiv \left(\frac{K_{II}}{K_I}\right)^{1/2} \qquad (D)$$

Combinando as Eqs. (*A*) e (*C*) para eliminar ε_{II} e, então, explicitando ε_I, tem-se:

$$\varepsilon_I = \left[\frac{K_I(P^\circ/P)}{1 + K_I(P^\circ/P)(\kappa + 1)^2}\right]^{1/2} \qquad (E)$$

A substituição dos valores numéricos nas Eqs. (*D*), (*E*) e (*C*) fornece:

$$\kappa = \left(\frac{268{,}4}{3{,}856}\right)^{1/2} = 8{,}343$$

$$\varepsilon_I = \left[\frac{(3{,}856)(1/1{,}2)}{1 + (3{,}856)(1/1{,}2)(9{,}343)^2}\right]^{1/2} = 0{,}1068$$

$$\varepsilon_{II} = (8{,}343)(0{,}1068) = 0{,}8914$$

A composição do produto gasoso para essas coordenadas de reação é então:

$$y_{C_4H_{10}} = 0{,}0010 \qquad y_{C_2H_4} = y_{C_2H_6} = 0{,}0534 \qquad y_{C_3H_6} = y_{CH_4} = 0{,}4461$$

Para esse sistema reacional simples, uma solução analítica é possível. Entretanto, isso não é comum. Na maioria dos casos, a solução de problemas de equilíbrio com múltiplas reações requer técnicas numéricas.

▪ Exemplo 14.13

Um leito de carvão (suposto ser formado de carbono puro) em um gaseificador de carvão é alimentado com vapor d'água e ar, e produz uma corrente gasosa contendo H_2, CO, O_2, H_2O, CO_2 e N_2. Para uma alimentação do gaseificador formada por 1 mol de vapor d'água e 2,38 mols de ar, calcule a composição do equilíbrio da corrente gasosa produzida a P = 20 bar para as temperaturas de 1000; 1100; 1200; 1300; 1400 e 1500 K. Os dados disponíveis estão listados na tabela a seguir.

	ΔG_f°/J · mol^{-1}		
T/K	H_2O	CO	CO_2
1000	−192.420	−200.240	−395.790
1100	−187.000	−209.110	−395.960
1200	−181.380	−217.830	−396.020
1300	−175.720	−226.530	−396.080
1400	−170.020	−235.130	−396.130
1500	−164.310	−243.740	−396.160

Solução 14.13

A corrente de alimentação no leito de carvão é constituída por 1 mol de vapor d'água e 2,38 mols de ar, contendo:

$$O_2\text{: } (0{,}21)(2{,}38) = 0{,}5 \text{ mol} \qquad N_2\text{: } (0{,}79)(2{,}38) = 1{,}88 \text{ mol}$$

As espécies presentes no equilíbrio são C, H_2, CO, O_2, H_2O, CO_2 e N_2. As reações de formação para os compostos presentes são:

$$H_2 + \tfrac{1}{2}O_2 \rightarrow H_2O \quad \text{(I)}$$

$$C + \tfrac{1}{2}O_2 \rightarrow CO \quad \text{(II)}$$

$$C + O_2 \rightarrow CO_2 \quad \text{(III)}$$

Como se considera que os elementos hidrogênio, oxigênio e carbono estejam presentes no sistema, esse conjunto de três equações independentes é um conjunto completo.

Todas as espécies estão presentes na forma de gases, exceto o carbono, que é uma fase sólida pura. Na expressão do equilíbrio, Eq. (14.38), a razão de fugacidades do carbono puro é $\hat{f}_C/f_C^\circ = f_C/f_C^\circ$, a fugacidade do carbono a 20 bar dividida pela fugacidade do carbono a 1 bar. Como o efeito da pressão na fugacidade de um sólido é muito pequeno, um erro desprezível é introduzido pela hipótese de que essa razão é unitária. A razão de fugacidades para o carbono é então $\hat{f}_C/f_C^\circ = 1$ e pode ser omitida na expressão do equilíbrio. Com a hipótese de que as espécies restantes são gases ideais, a Eq. (14.40) é escrita somente para a fase gás e fornece as seguintes expressões de equilíbrio para as reações de (I) a (III):

$$K_I = \frac{y_{H_2O}}{y_{O_2}^{1/2} y_{H_2}} \left(\frac{P}{P^\circ}\right)^{-1/2} \qquad K_{II} = \frac{y_{CO}}{y_{O_2}^{1/2}} \left(\frac{P}{P^\circ}\right)^{-1/2} \qquad K_{III} = \frac{y_{CO_2}}{y_{O_2}}$$

As coordenadas de reação para as três reações são designadas por ε_I, ε_{II} e ε_{III}. Para o estado inicial,

$$n_{H_2} = n_{CO} = n_{CO_2} = 0 \qquad n_{H_2O} = 1 \qquad n_{O_2} = 0{,}5 \qquad n_{N_2} = 1{,}88$$

Além disso, como somente as espécies na fase gasosa são consideradas,

$$\nu_{\text{I}} = -\frac{1}{2} \qquad \nu_{\text{II}} = \frac{1}{2} \qquad \nu_{\text{III}} = 0$$

Escrevendo a Eq. (14.7) para cada espécie, obtém-se:

$$y_{H_2} = \frac{-\varepsilon_{\text{I}}}{3{,}38 + (\varepsilon_{\text{II}} - \varepsilon_{\text{I}})/2} \qquad y_{CO} = \frac{\varepsilon_{\text{II}}}{3{,}38 + (\varepsilon_{\text{II}} - \varepsilon_{\text{I}})/2}$$

$$y_{O_2} = \frac{\frac{1}{2}(1 - \varepsilon_{\text{I}} - \varepsilon_{\text{II}}) - \varepsilon_{\text{III}}}{3{,}38 + (\varepsilon_{\text{II}} - \varepsilon_{\text{I}})/2} \qquad y_{H_2O} = \frac{1 + \varepsilon_{\text{I}}}{3{,}38 + (\varepsilon_{\text{II}} - \varepsilon_{\text{I}})/2}$$

$$y_{CO_2} = \frac{\varepsilon_{\text{III}}}{3{,}38 + (\varepsilon_{\text{II}} - \varepsilon_{\text{I}})/2} \qquad y_{N_2} = \frac{1{,}88}{3{,}38 + (\varepsilon_{\text{II}} - \varepsilon_{\text{I}})/2}$$

A substituição dessas expressões para y_i nas equações de equilíbrio fornece:

$$K_{\text{I}} = \frac{(1 + \varepsilon_{\text{I}})(2n)^{1/2}(P/P^\circ)^{-1/2}}{(1 - \varepsilon_{\text{I}} - \varepsilon_{\text{II}} - 2\varepsilon_{\text{III}})^{1/2}(-\varepsilon_{\text{I}})}$$

$$K_{\text{II}} = \frac{\sqrt{2}\varepsilon_{\text{II}}(P/P^\circ)^{1/2}}{(1 - \varepsilon_{\text{I}} - \varepsilon_{\text{II}} - 2\varepsilon_{\text{III}})^{1/2} n^{1/2}}$$

$$K_{\text{III}} = \frac{2\varepsilon_{\text{III}}}{(1 - \varepsilon_{\text{I}} - \varepsilon_{\text{II}} - 2\varepsilon_{\text{III}})}$$

em que

$$n \equiv 3{,}38 + \frac{\varepsilon_{\text{II}} - \varepsilon_{\text{I}}}{2}$$

Verifica-se que os valores numéricos dos K_j calculados pela Eq. (14.11) são muito grandes. Por exemplo, a 1500 K,

$$\ln K_{\text{I}} = \frac{-\Delta G_{\text{I}}^\circ}{RT} = \frac{164.310}{(8{,}314)(1500)} = 13{,}2 \qquad K_{\text{I}} \sim 10^6$$

$$\ln K_{\text{II}} = \frac{-\Delta G_{\text{II}}^\circ}{RT} = \frac{243.740}{(8{,}314)(1500)} = 19{,}6 \qquad K_{\text{II}} \sim 10^8$$

$$\ln K_{\text{III}} = \frac{-\Delta G_{\text{III}}^\circ}{RT} = \frac{396.160}{(8{,}314)(1500)} = 31{,}8 \qquad K_{\text{III}} \sim 10^{14}$$

Com cada K_j tão grande, a expressão $1 - \varepsilon_{\text{I}} - \varepsilon_{\text{II}} - 2\varepsilon_{\text{III}}$ no denominador de cada equação de equilíbrio deve ser próxima de zero. Isso significa que a fração molar do oxigênio na mistura em equilíbrio é muito pequena. Com objetivos práticos, não há presença de oxigênio.

Consequentemente, nós reformulamos o problema com a eliminação do O_2 das reações de formação. Para isso, a Eq. (I) é combinada primeiro com a Eq. (II) e depois com a Eq. (III). Isso fornece duas equações:

$$C + CO_2 \rightarrow 2CO \qquad (a)$$

$$H_2O + C \rightarrow H_2 + CO \qquad (b)$$

As equações de equilíbrio correspondentes são:

$$K_a = \frac{y_{CO}^2}{y_{CO_2}}\left(\frac{P}{P^\circ}\right) \qquad K_b = \frac{y_{H_2}y_{CO}}{y_{H_2O}}\left(\frac{P}{P^\circ}\right)$$

A corrente de alimentação tem a composição especificada de 1 mol de H_2; 0,5 mol de O_2 e 1,88 mol de N_2. Como o O_2 foi eliminado do conjunto de equações de reação, substituímos o 0,5 mol de O_2 na alimentação por 0,5 mol de CO_2. A suposição é de que essa quantidade de CO_2 tenha se formado por uma reação anterior do 0,5 mol de

O_2 com carbono. Assim, a corrente de alimentação equivalente contém 1 mol de H_2; 0,5 mol de CO_2 e 1,88 mol de N_2, e a aplicação da Eq. (14.7) nas Eqs. (*a*) e (*b*) fornece:

$$y_{H_2} = \frac{\varepsilon_b}{3{,}38 + \varepsilon_a + \varepsilon_b} \qquad y_{CO} = \frac{2\varepsilon_a + \varepsilon_b}{3{,}38 + \varepsilon_a + \varepsilon_b}$$

$$y_{H_2O} = \frac{1 - \varepsilon_b}{3{,}38 + \varepsilon_a + \varepsilon_b} \qquad y_{CO_2} = \frac{0{,}5 - \varepsilon_a}{3{,}38 + \varepsilon_a + \varepsilon_b}$$

$$y_{N_2} = \frac{1{,}88}{3{,}38 + \varepsilon_a + \varepsilon_b}$$

Como os valores de y_i devem estar entre zero e a unidade, as duas expressões na esquerda e as duas na direita mostram que:

$$0 \le \varepsilon_b \le 1 \qquad -0{,}5 \le \varepsilon_a \le 0{,}5$$

Combinando as expressões para os y_i com as equações de equilíbrio, obtemos:

$$K_a = \frac{(2\varepsilon_a + \varepsilon_b)^2}{(0{,}5 - \varepsilon)(3{,}38 + \varepsilon_a + \varepsilon_b)} \left(\frac{P}{P^\circ}\right) \qquad (A)$$

$$K_b = \frac{\varepsilon_b(2\varepsilon_a + \varepsilon_b)}{(1 - \varepsilon_b)(3{,}38 + \varepsilon_a + \varepsilon_b)} \left(\frac{P}{P^\circ}\right) \qquad (B)$$

Para a reação (*a*) a 1000 K,

$$\Delta G^\circ_{1000} = 2(-200.240) - (-395.790) = -4690 \text{ J} \cdot \text{mol}^{-1}$$

e pela Eq. (14.11),

$$\ln K_a = \frac{4690}{(8{,}314)(1000)} = 0{,}5641 \qquad K_a = 1{,}758$$

De forma similar, para a reação (*b*),

$$\Delta G^\circ_{1000} = (-200.240) - (-192.420) = -7820 \text{ J} \cdot \text{mol}^{-1}$$

e

$$\ln K_b = \frac{7820}{(8{,}314)(1000)} = 0{,}9406 \qquad K_b = 2{,}561$$

As Eqs. (*A*) e (*B*), com esses valores de K_a e K_b e com $(P/P^\circ) = 20$, são duas equações não lineares nas incógnitas ε_a e ε_b. Uma solução por meio do esquema de iteração *ad hoc* pode ser planejada, porém é vantajosa para a solução de sistemas de equações algébricas não lineares a utilização do método de Newton. Ele é descrito no Apêndice H e utilizado neste exemplo. Os resultados dos cálculos para todas as temperaturas são mostrados na tabela a seguir.

T/K	K_a	K_b	ε_a	ε_b
1000	1,758	2,561	−0,0506	0,5336
1100	11,405	11,219	0,1210	0,7124
1200	53,155	38,609	0,3168	0,8551
1300	194,430	110,064	0,4301	0,9357
1400	584,85	268,76	0,4739	0,9713
1500	1514,12	583,58	0,4896	0,9863

Os valores das frações molares y_i das espécies na mistura em equilíbrio são calculados com as equações já fornecidas. Os resultados de todos esses cálculos aparecem na tabela a seguir e são mostrados graficamente na Figura 14.5.

T/K	y_{H_2}	y_{CO}	y_{H_2O}	y_{CO_2}	y_{N_2}
1000	0,138	0,112	0,121	0,143	0,486
1100	0,169	0,226	0,068	0,090	0,447
1200	0,188	0,327	0,032	0,040	0,413
1300	0,197	0,378	0,014	0,015	0,396
1400	0,201	0,398	0,006	0,005	0,390
1500	0,203	0,405	0,003	0,002	0,387

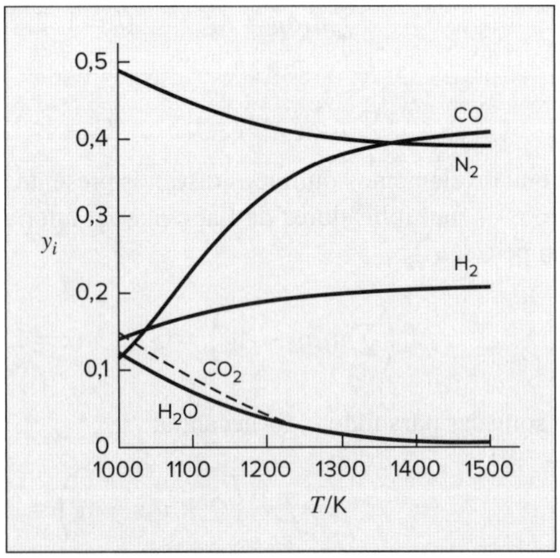

Figura 14.5 Composições no equilíbrio do produto gasoso no Exemplo 14.13.

Nas temperaturas mais altas, os valores de ε_a e ε_b se aproximam de seus valores-limite superiores de 0,5 e 1,0, indicando que as reações (a) e (b) estão próximas de ocorrer por completo. Nesse limite, que é cada vez mais aproximado à medida que a temperatura cresce, as frações molares de CO_2 e de H_2O se aproximam de zero e, para as espécies no produto,

$$y_{H_2} = \frac{1}{3{,}38 + 0{,}5 + 1{,}0} = 0{,}205$$

$$y_{CO} = \frac{1 + 1}{3{,}38 + 0{,}5 + 1{,}0} = 0{,}410$$

$$y_{N_2} = \frac{1{,}88}{3{,}38 + 0{,}5 + 1{,}0} = 0{,}385$$

Admitimos nesse exemplo uma profundidade do leito de carvão suficiente para os gases alcançarem o equilíbrio enquanto em contato com o carbono incandescente. Isso não necessariamente é verdade. Se o oxigênio e o vapor d'água forem alimentados com uma vazão muito grande, as reações podem não atingir o equilíbrio ou podem alcançar o equilíbrio após terem deixado o leito de carvão. Nesse caso, o carbono não está presente no equilíbrio e o problema deve novamente ser reformulado.

Embora as Eqs. (A) e (B) do exemplo anterior sejam facilmente resolvidas, o método das constantes de equilíbrio não permite uma padronização de modo a possibilitar que um programa *geral* seja escrito para solução computacional. Um critério alternativo de equilíbrio, mencionado na Seção 14.2, está baseado no fato de que, no equilíbrio, a energia de Gibbs total do sistema possui seu valor mínimo, como ilustrado para uma única reação na Figura 14.1. Aplicado a múltiplas reações, esse critério é a base de um procedimento geral para uma solução computacional do equilíbrio com múltiplas reações.

A energia de Gibbs total de um sistema monofásico, como visto pela Eq. (10.2), mostra que:

$$(G^t)_{T,P} = g(n_1, n_2, n_3, \ldots n_N)$$

O problema é encontrar o conjunto $\{n_i\}$ que minimiza G^t com T e P especificadas, sujeitas às restrições dos balanços de massa. A solução mais comum para esse tipo de problema se baseia no método dos multiplicadores de Lagrange. O procedimento para reações na fase gasosa é descrito a seguir.

1. A primeira etapa é formular as equações das restrições, isto é, os balanços de massa. Embora as espécies moleculares que participam de uma reação não se conservem em um sistema fechado, o número total de átomos de cada *elemento* é constante. Faça o subscrito k identificar um átomo particular. Então defina A_k como o número total de massas atômicas do k-ésimo elemento no sistema, conforme determinado pela constituição inicial do sistema. Além disso, faça a_{ik} ser o número de átomos do k-ésimo elemento presente em cada molécula da espécie química i. O balanço de massa de cada elemento k pode então ser escrito:

$$\boxed{\sum_i n_i a_{ik} = A_k \qquad (k = 1, 2, \ldots, w)} \tag{14.41}$$

ou
$$\sum_i n_i a_{ik} - A_k = 0 \qquad (k = 1, 2, \ldots, w)$$
sendo w o número total de elementos químicos distintos presentes no sistema.

2. A seguir, introduzimos os multiplicadores de Lagrange λ_k, um para cada elemento, pela multiplicação de cada balanço de elemento pelo seu λ_k:

$$\lambda_k\left(\sum_i n_i a_{ik} - A_k\right) = 0 \qquad (k = 1, 2, \ldots, w)$$

Essas equações são somadas para todo k, fornecendo:

$$\sum_k \lambda_k\left(\sum_i n_i a_{ik} - A_k\right) = 0$$

3. Uma nova função F é então formada pela adição desse último somatório a G^t. Assim,

$$F = G^t + \sum_k \lambda_k\left(\sum_i n_i a_{ik} - A_k\right)$$

Essa nova função é idêntica a G^t, pois o termo do somatório é igual a zero. Contudo, as derivadas parciais de F e G^t em relação a n_i são diferentes, porque a função F incorpora as restrições dos balanços de massa.

4. O valor mínimo de F (e G^t) ocorre quando todas as derivadas parciais $(\partial F/\partial n_i)_{T,P,n_j}$ são zero. Consequentemente, derivamos a equação anterior e igualamos a expressão resultante a zero:

$$\left(\frac{\partial F}{\partial n_i}\right)_{T,P,n_j} = \left(\frac{\partial G^t}{\partial n_i}\right)_{T,P,n_j} + \sum_k \lambda_k a_{ik} = 0 \qquad (i = 1, 2, \ldots, N)$$

Como a primeira parcela no lado direito é a definição do potencial químico [veja Eq. (10.1)], essa equação pode ser escrita na forma:

$$\mu_i + \sum_k \lambda_k a_{ik} = 0 \qquad (i = 1, 2, \ldots, N) \tag{14.42}$$

O potencial químico é dado em termos da fugacidade pela Eq. (14.9):

$$\mu_i = G_i^\circ + RT \ln(\hat{f}_i/f_i^\circ)$$

Para reações em fase gasosa e estados-padrão como gases ideais puros a 1 bar:

$$\mu_i = G_i^\circ + RT \ln(\hat{f}_i/P^\circ)$$

Se G_i° for arbitrariamente igualada a zero para todos os *elementos* nos seus estados-padrão, então para os compostos $G_i^\circ = \Delta G_{f_i}^\circ$, a variação da energia de Gibbs padrão na formação da espécie i. Além disso, a fugacidade é eliminada pelo coeficiente de fugacidade, utilizando a Eq. (10.52), $\hat{f}_i = f_i\hat{\phi}_i P$. Com essas substituições, a equação para μ_i se torna:

$$\mu_i = \Delta G_{f_i}^\circ + RT \ln\left(\frac{y_i\hat{\phi}_i P}{P^\circ}\right)$$

A combinação com a Eq. (14.42) fornece:

$$\Delta G_{fi}^{\circ} + RT\ln\left(\frac{y_i\hat{\phi}_i P}{P^{\circ}}\right) + \sum_k \lambda_k a_{ik} = 0 \qquad (i = 1, 2, \ldots, N) \tag{14.43}$$

Note que P° é 1 bar, expressa nas unidades utilizadas para pressão. Se a espécie i for um elemento, ΔG_{fi}° é igual a zero.

A Eq. (14.43) representa N equações de equilíbrio, uma para cada espécie química, e a Eq. (14.41) representa w equações de balanços de massa, uma para cada elemento – um total de $N + w$ equações. As incógnitas são os n_i (note que $y_i = n_i/\Sigma_i n_i$), que são em número de N, e o $\{\lambda_k\}$, que são w – um total de $N + w$ incógnitas. Dessa forma, o número de equações é suficiente para a determinação de todas as incógnitas.

A discussão anterior considerou que os $\hat{\phi}_i$ são conhecidos. Se a fase for um gás ideal, então, para cada espécie, $\hat{\phi}_i = 1$. Se a fase for uma solução ideal, $\hat{\phi}_i = \phi_i$, e os valores podem ser, no mínimo, estimados. Para gases reais, $\hat{\phi}_i$ é uma função do conjunto $\{y_i\}$, que está sendo calculado. Dessa forma, um procedimento iterativo é indicado. Os cálculos são iniciados com $\hat{\phi}_i = 1$ para todas as i. A solução das equações fornece então um conjunto preliminar de $\{y_i\}$. Para baixas pressões ou altas temperaturas, esse resultado é normalmente adequado. Quando ele não é satisfatório, uma equação de estado é utilizada, em conjunto com o $\{y_i\}$ calculado, para fornecer um novo e mais correto conjunto $\{\hat{\phi}_i\}$ a ser utilizado na Eq. (14.43). Então um novo conjunto $\{y_i\}$ é determinado. O processo é repetido até que sucessivas iterações não produzam variações significativas em $\{y_i\}$. Todos os cálculos são adequados a uma solução computacional, incluindo o cálculo de $\{\hat{\phi}_i\}$ por equações como a Eq. (10.64).

No procedimento que acaba de ser descrito, a pergunta de quais reações químicas estão envolvidas nunca entra diretamente em quaisquer das equações. Entretanto, a escolha de um conjunto de espécies é inteiramente equivalente à escolha de um conjunto de reações independentes entre as espécies. Em qualquer situação, um conjunto de espécies ou um conjunto equivalente de reações independentes deve sempre ser suposto, e diferentes suposições produzem resultados diferentes.

■ Exemplo 14.14

Calcule as composições do equilíbrio, a 1000 K e 1 bar, de um sistema na fase gasosa contendo as espécies CH_4, H_2O, CO, CO_2 e H_2. No estado inicial sem reação estão presentes 2 mols de CH_4 e 3 mols de H_2O. Os valores de $\Delta G_{f_i}^{\circ}$, a 1000 K, são:

$$\Delta G_{f_{CH_4}}^{\circ} = 19.720 \text{ J} \cdot \text{mol}^{-1} \qquad \Delta G_{f_{H_2O}}^{\circ} = -192.420 \text{ J} \cdot \text{mol}^{-1}$$

$$\Delta G_{f_{CO}}^{\circ} = -200.240 \text{ J} \cdot \text{mol}^{-1} \qquad \Delta G_{f_{CO_2}}^{\circ} = -395.790 \text{ J} \cdot \text{mol}^{-1}$$

Solução 14.14

Os valores necessários de A_k são determinados a partir dos números de mols iniciais, e os valores dos a_{ik} vêm diretamente das fórmulas químicas das espécies. Eles são mostrados na tabela a seguir.

	Elemento k		
	Carbono	Oxigênio	Hidrogênio
	A_k = nº de massas atômicas de k no sistema		
	$A_C = 2$	$A_O = 3$	$A_H = 14$
Espécie i	a_{ik} = nº de átomos de k por molécula de i		
CH_4	$a_{CH_4,C} = 1$	$a_{CH_4,O} = 0$	$a_{CH_4,H} = 4$
H_2O	$a_{H_2O,C} = 0$	$a_{H_2O,O} = 1$	$a_{H_2O,H} = 2$
CO	$a_{CO,C} = 1$	$a_{CO,O} = 1$	$a_{CO,H} = 0$
CO_2	$a_{CO_2,C} = 1$	$a_{CO_2,O} = 2$	$a_{CO_2,H} = 0$
H_2	$a_{H_2,C} = 0$	$a_{H_2,O} = 0$	$a_{H_2,H} = 2$

A 1 bar e 1000 K, a suposição de gases ideais se justifica e cada $\hat{\phi}_i$ é igual à unidade. Como P = 1 bar, P/P° = 1, e a Eq. (14.43) pode ser utilizada na forma:

$$\frac{\Delta G_{f_i}^\circ}{RT} + \ln \frac{n_i}{\sum_i n_i} + \sum_k \frac{\lambda_k}{RT} a_{ik} = 0$$

Então as cinco equações para as cinco espécies se tornam:

$$CH_4: \quad \frac{19.720}{RT} + \ln \frac{n_{CH_4}}{\sum_i n_i} + \frac{\lambda_C}{RT} + \frac{4\lambda_H}{RT} = 0$$

$$H_2O: \quad \frac{-192.420}{RT} + \ln \frac{n_{H_2O}}{\sum_i n_i} + \frac{2\lambda_H}{RT} + \frac{\lambda_O}{RT} = 0$$

$$CO: \quad \frac{-200.240}{RT} + \ln \frac{n_{CO}}{\sum_i n_i} + \frac{\lambda_C}{RT} + \frac{\lambda_O}{RT} = 0$$

$$CO_2: \quad \frac{-395.790}{RT} + \ln \frac{n_{CO_2}}{\sum_i n_i} + \frac{\lambda_C}{RT} + \frac{2\lambda_O}{RT} = 0$$

$$H_2: \quad \ln \frac{n_{H_2}}{\sum_i n_i} + \frac{2\lambda_H}{RT} = 0$$

As três equações dos balanços de átomos [Eq. (14.41)] e a equação para $\Sigma_i n_i$ são:

$$C: \quad n_{CH_4} + n_{CO} + n_{CO_2} = 2$$

$$H: \quad 4n_{CH_4} + 2n_{H_2O} + 2n_{H_2} = 14$$

$$O: \quad n_{H_2O} + n_{CO} + 2n_{CO_2} = 3$$

$$\sum_i n_i = n_{CH_4} + n_{H_2O} + n_{CO} + n_{CO_2} + n_{H_2}$$

Com $RT = 8314$ J · mol^{-1}, a solução computacional simultânea dessas nove equações produz os seguintes resultados ($y_i = n_i/\Sigma_i n_i$):

$$y_{CH_4} = 0{,}0196$$

$$y_{H_2O} = 0{,}0980 \qquad \frac{\lambda_C}{RT} = 0{,}7635$$

$$y_{CO} = 0{,}1743 \qquad \frac{\lambda_O}{RT} = 25{,}068$$

$$y_{CO_2} = 0{,}0371 \qquad \frac{\lambda_H}{RT} = 0{,}1994$$

$$y_{H_2} = 0{,}6710$$

Os valores de λ_k/RT não têm importância, mas são incluídos para completar as informações.

14.10 CÉLULAS COMBUSTÍVEL

Uma célula combustível é um dispositivo no qual um combustível é oxidado eletroquimicamente para produzir potência elétrica. Por ter dois eletrodos separados por um eletrólito, ela tem algumas características de baterias. Contudo, os reagentes não estão armazenados na célula, e sim são alimentados nela continuamente, e os produtos da reação são retirados também continuamente. Dessa forma, a célula combustível não recebe uma carga elétrica inicial e, em operação, ela não perde carga elétrica. Ela opera como um sistema de escoamento contínuo com o combustível e o oxigênio sendo fornecidos e produz uma corrente elétrica estacionária. Comparado com o processo convencional de queima de combustível e extração de trabalho mecânico por máquinas térmicas para alimentar geradores, as células combustível oferecem um meio mais eficiente para converter a energia química disponível, a partir da oxidação de combustíveis em energia elétrica. No contexto do presente capítulo, elas fornecem um exemplo interessante de equilíbrio de reação química influenciado por uma restrição externa – o circuito elétrico acionado pela célula combustível.

Em uma célula combustível, este, por exemplo, hidrogênio, metano, butano, metanol etc. tem contato direto com um ânodo ou eletrodo do combustível, e oxigênio (normalmente no ar) faz contato direto com um cátodo ou eletrodo do oxigênio. Semirreações ocorrem em cada eletrodo e a soma das semirreações em cada eletrodo é a reação global. Existem vários tipos de células combustível, cada uma caracterizada por certo tipo de eletrólito.[9]

Células operando com hidrogênio como combustível são os dispositivos mais simples desse tipo e servem para ilustrar os princípios básicos. Diagramas esquemáticos de células combustível hidrogênio/oxigênio podem ser vistos na Figura 14.6. Quando o eletrólito é ácido [Figura 14.6(*a*)], a semirreação da célula ocorrendo no eletrodo do hidrogênio (ânodo) é:

$$H_2 \rightarrow 2H^+ + 2e^-$$

e a do eletrodo do oxigênio (cátodo) é:

$$\tfrac{1}{2}O_2 + 2e^- + 2H^+ \rightarrow H_2O(g)$$

Quando o eletrólito é alcalino [Figura 14.6(*b*)], a semirreação da célula no ânodo é:

$$H_2 + 2OH^- \rightarrow 2H_2O(g) + 2e^-$$

e no cátodo:

$$\tfrac{1}{2}O_2 + 2e^- + H_2O(g) \rightarrow 2OH^-$$

Em ambos os casos, a soma das semirreações da célula é a reação global da célula:

$$H_2 + \tfrac{1}{2}O_2 \rightarrow H_2O(g)$$

Essa é, obviamente, a *reação de combustão* do hidrogênio, porém a combustão no sentido convencional, de queima, não ocorre na célula.

Em ambas as células, elétrons com carga negativa (e^-) são liberados no ânodo, produzindo uma corrente elétrica em um circuito externo, e são capturados pela reação ocorrendo no cátodo. O eletrólito não permite a passagem de elétrons, mas fornece um caminho para a migração de um íon de um eletrodo para o outro. Com um eletrólito ácido, prótons (H^+) migram do ânodo para o cátodo, enquanto íons hidroxila (OH^-) migram do cátodo para o ânodo com um eletrólito alcalino.

Para muitas aplicações práticas, a célula a combustível hidrogênio/oxigênio mais satisfatória é construída ao redor de um polímero sólido que serve como um eletrólito ácido. Como ele é muito fino e conduz íons H^+ ou prótons, é conhecido como uma membrana de troca de prótons. Cada lado da membrana é ligado a um eletrodo poroso impregnado com um eletrocatalisador como platina finamente dividida. Os eletrodos porosos disponibilizam uma área superficial muito grande para a reação e favorecem a difusão para dentro da célula do hidrogênio e do oxigênio, e para fora da célula do vapor d'água. Células podem ser empilhadas e conectadas em série, viabilizando unidades muito compactas com uma desejada fem (força eletromotriz) final. Tipicamente, elas operam em temperaturas próximas a 60 °C.

Como a operação das células combustível é um processo com escoamento em estado estacionário, a Primeira Lei assume a forma:

$$\Delta H = Q + W_{\text{elét}}$$

com os termos das energias potencial e cinética desprezados e omitidos, o trabalho de eixo foi substituído por trabalho elétrico. Se a célula operar *reversível* e *isotermicamente*,

$$Q = T\Delta S \qquad \text{e} \qquad \Delta H = T\Delta S + W_{\text{elét}}$$

Consequentemente, o trabalho elétrico de uma célula reversível é:

$$W_{\text{elét}} = \Delta H - T\Delta S = \Delta G \tag{14.44}$$

[9] Detalhes da construção dos vários tipos de células de combustível e amplas explanações de suas operações são dados por J. Larminie e A. Dicks, *Fuel Cell Systems Explained*, 2ª ed., Wiley, 2003. Veja também R. O'Hayre, S.-W. Cha, W. Colella e F. B. Prinz, *Fuel Cell Fundamentals*, 3ª ed., Wiley, 2016.

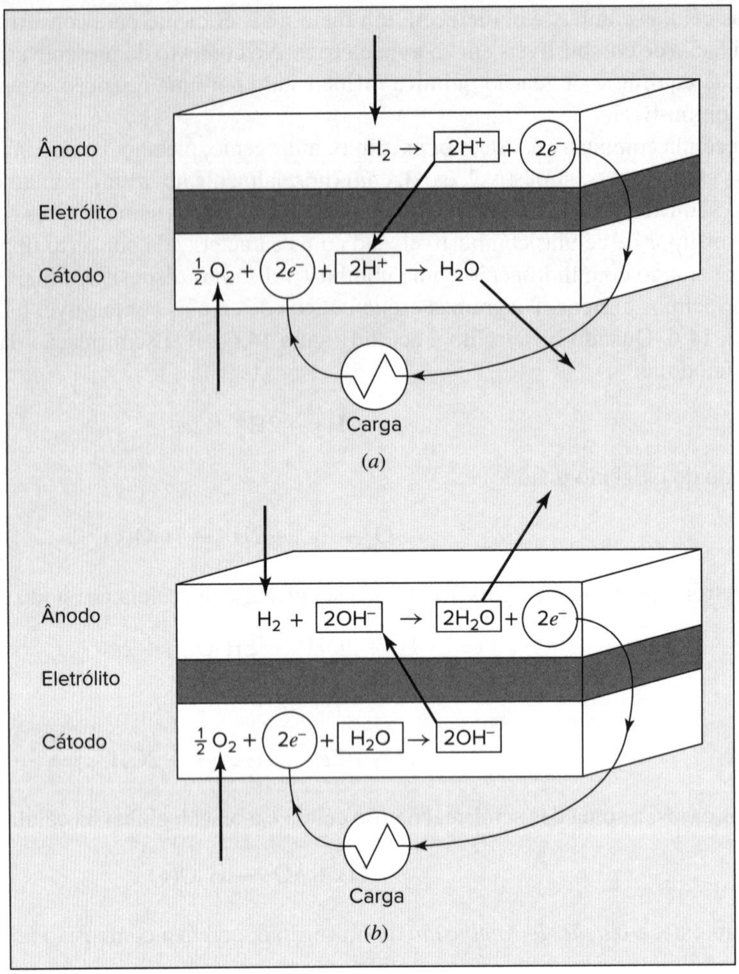

Figura 14.6 Diagramas esquemáticos de células de combustível. (*a*) Eletrólito ácido; (*b*) Eletrólito alcalino.

na qual Δ representa uma variação de propriedade de reação. A transferência de calor para a vizinhança requerida para a operação isotérmica é:

$$Q = \Delta H - \Delta G \tag{14.45}$$

Com referência à Figura 14.6(*a*), note que, para cada molécula de hidrogênio consumida, 2 elétrons passam para o circuito externo. Na base de 1 mol de H_2, a carga (q) transferida entre os eletrodos é:

$$q = 2N_A(-e) \text{ coulomb}$$

sendo $-e$ a carga em cada elétron, e N_A, o número de Avogadro. Como o produto $N_A e$ é a constante de Faraday F, $q = -2F$.[10] O trabalho elétrico é então o produto da carga transferida e da fem (E, representada em volts) da célula:

$$W_{\text{elét}} = -2FE \text{ joule}$$

Consequentemente, a fem de uma célula reversível é:

$$E = \frac{-W_{\text{elét}}}{2F} = \frac{-\Delta G}{2F} \tag{14.46}$$

Essas equações podem ser usadas em uma célula combustível hidrogênio/oxigênio operando a 25 °C e 1 bar com H_2 puro e O_2 puro como reagentes e vapor de H_2O puro como produto. Se considerarmos essas espécies gases ideais, então a reação que está ocorrendo é a reação-padrão de formação da H_2O(g) a 298,15 K, para a qual os valores da Tabela C.4 são:

$$\Delta H = \Delta H^\circ_{f_{298}} = -241.818 \text{ J} \cdot \text{mol}^{-1} \qquad \text{e} \qquad \Delta G = \Delta G^\circ_{f_{298}} = -228.572 \text{ J} \cdot \text{mol}^{-1}$$

[10] A constante de Faraday é igual a 96.485 C · mol^{-1}.

As Eqs. de (14.44) a (14.46) então fornecem:

$$W_{\text{elét}} = -228.572 \text{ J} \cdot \text{mol}^{-1} \qquad Q = -13.246 \text{ J} \cdot \text{mol}^{-1} \qquad E = 1{,}184 \text{ volts}$$

Se, como é o caso mais comum, ar for a fonte de oxigênio, a célula recebe O_2 a sua pressão parcial no ar. Como a entalpia de gases ideais é independente da pressão, a entalpia de reação na célula permanece inalterada. Entretanto, a energia de Gibbs de reação é afetada. Pela Eq. (10.24),

$$G_i^{gi} - \bar{G}_i^{gi} = -RT \ln y_i$$

Consequentemente, na base de 1 mol de H_2O formado,

$$\begin{aligned}\Delta G &= \Delta G_{f_{298}}^{\circ} + (0{,}5)\left(G_{O_2}^{gi} - \bar{G}_{O_2}^{gi}\right)\\ &= \Delta G_{f_{298}}^{\circ} + 0{,}5RT \ln y_{O_2}\\ &= 228.572 - (0{,}5)(8{,}314)(298{,}15)(\ln 0{,}21) = -226.638 \text{ J} \cdot \text{mol}^{-1}\end{aligned}$$

As Eqs. (14.44) a (14.46) agora fornecem:

$$W_{\text{elét}} = -226.638 \text{ J} \cdot \text{mol}^{-1} \qquad Q = -15.180 \text{ J} \cdot \text{mol}^{-1} \qquad E = 1{,}174 \text{ volts}$$

O uso de ar em vez de oxigênio puro não reduz significativamente a fem ou a produção de trabalho de uma célula reversível.

As entalpia e energia de Gibbs de reação são dadas como funções da temperatura pelas Eqs. (4.19) e (14.18). Para uma temperatura na célula de 60 °C (333,15 K), as integrais nessas equações são calculadas como:

$$\int_{298,15}^{333,15} \frac{\Delta C_P^{\circ}}{R} dT = \text{IDCPH(298.15, 333.15; -1.5985, 0.775E-3, 0.0, 0.1515E+5)}$$
$$= -42{,}0472$$

$$\int_{298,15}^{333,15} \frac{\Delta C_P^{\circ}}{R} \frac{dT}{T} = \text{IDCPS(298.15, 333.15; -1.5985, 0.775E-3, 0.0, 0.1515E+5)}$$
$$= -0{,}13334$$

Então, as Eqs. (4.19) e (14.18) fornecem:

$$\Delta H_{f_{333}}^{\circ} = -242.168 \text{ J} \cdot \text{mol}^{-1} \qquad \text{e} \qquad \Delta G_{f_{333}}^{\circ} = -226.997 \text{ J} \cdot \text{mol}^{-1}$$

Com a operação da célula a 1 bar e o oxigênio extraído do ar, $\Delta H = \Delta G_{f_{333}}^{\circ}$, e

$$\Delta G = -226.997 - (0{,}5)(8{,}314)(333{,}15)(\ln 0{,}21) = -224.836 \text{ J} \cdot \text{mol}^{-1}$$

As Eqs. (14.44) a (14.46) agora fornecem:

$$W_{\text{elét}} = -224.836 \text{ J·mol}^{-1} \qquad Q = -17.332 \text{ J·mol}^{-1} \qquad E = 1{,}165 \text{ volts}$$

Assim, a operação da célula a 60 °C em vez de a 25 °C reduz a voltagem e o trabalho produzido em uma célula reversível somente em um pequeno valor.

Esses cálculos mostram que, para uma célula reversível, o trabalho elétrico produzido é superior a 90 % do calor que seria liberado (ΔH) pela combustão real do combustível. Se esse calor fosse fornecido a uma máquina de Carnot operando em níveis de temperatura usuais, uma fração muito menor seria convertida em trabalho. A operação reversível de uma célula combustível implica que o circuito externo equilibra exatamente sua fem, tornando desprezível a corrente produzida. Na operação real, sob carga razoável, irreversibilidades internas inevitavelmente reduzem a fem da célula e diminuem sua produção de trabalho elétrico, ao passo que aumentam a quantidade de calor transferida para a vizinhança. A fem operacional de uma célula combustível hidrogênio/oxigênio é frequentemente 0,6 – 0,7 volts, e o trabalho produzido corresponde aproximadamente a 50 % do valor do poder calorífico do combustível. Todavia, as irreversibilidades de uma célula combustível são muito menores do que aquelas inerentes na combustão de um combustível e na produção de trabalho por máquinas térmicas reais. Uma célula combustível tem as vantagens adicionais da simplicidade, da operação limpa e silenciosa, e da produção direta da eletricidade. Outros combustíveis além do hidrogênio também podem ser usados em células combustível, mas requerem o desenvolvimento de catalisadores efetivos. Por exemplo, o metanol reage no ânodo de uma célula combustível com membrana de troca de prótons de acordo com a equação:

$$CH_3OH + H_2O \rightarrow 6H^+ + 6e^- + CO_2$$

A reação usual do oxigênio formando vapor d'água ocorre no cátodo.

14.11 SINOPSE

Após estudar este capítulo, inclusive os problemas no seu final, devemos estar habilitados a:

- Definir a coordenada de reação para uma única reação ou múltiplas coordenadas de reação para reações múltiplas e escrever as concentrações das espécies em termos da(s) coordenada(s) de reação;
- Entender que a minimização da energia de Gibbs em relação a possíveis variações é um critério geral para o equilíbrio de reações químicas;
- Definir a energia de Gibbs padrão de reação e a constante de equilíbrio;
- Calcular a energia de Gibbs padrão de reação e a constante de equilíbrio a partir de tabelas de dados termodinâmicos;
- Entender que a maior contribuição para a dependência da temperatura do equilíbrio de reação é dada por $d(\ln K)/dT = -\Delta H°/(RT^2)$, o que implica que os gráficos de ln *K versus* 1/*T* são aproximadamente lineares;
- Calcular a constante de equilíbrio para uma reação em uma temperatura arbitrária utilizando integrais de capacidade calorífica com entalpias-padrão de formação e energias de Gibbs de formação (ou entropias-padrão);
- Determinar a composição no equilíbrio de uma mistura de gases com uma ou mais reações químicas:
  - No estado de gás ideal;
  - Utilizando os coeficientes de fugacidade para o componente puro para desvios moderados do estado de gás ideal;
  - Utilizando os coeficientes de fugacidade de misturas para condições nas quais os desvios do estado de gás ideal são mais significativos.
- Determinar a composição de equilíbrio de uma mistura líquida com uma ou mais reações químicas, incluindo soluções não ideais, nas quais o tratamento deve incluir coeficientes de atividade;
- Empregar o método dos multiplicadores de Lagrange para tratar o equilíbrio de múltiplas reações químicas;
- Estabelecer as equações para problemas de equilíbrios de reações e de fases combinados e entender conceitualmente como encaminhar uma solução para o problema;
- Explicar a operação de uma célula combustível e calcular a fem e o trabalho produzido máximos possíveis para uma dada combinação combustível/oxidante.

14.12 PROBLEMAS

14.1. Deduza expressões para as frações molares das espécies no meio reacional como funções da coordenada de reação para:

(*a*) Um sistema contendo inicialmente 2 mols de NH_3 e 5 mols de O_2, no qual ocorre a reação:

$$4NH_3(g) + 5O_2(g) \rightarrow 4NO(g) + 6H_2O(g)$$

(*b*) Um sistema contendo inicialmente 3 mols de H_2S e 5 mols de O_2, no qual ocorre a reação:

$$2H_2S(g) + 3O_2(g) \rightarrow 2H_2O(g) + 2SO_2(g)$$

(*c*) Um sistema contendo inicialmente 3 mols de NO_2, 4 mols de NH_3 e 1 mol de N_2, no qual ocorre a reação:

$$6NO_2(g) + 8NH_3(g) \rightarrow 7N_2(g) + 12H_2O(g)$$

14.2. Em um sistema contendo inicialmente 2 mols de C_2H_4 e 3 mols de O_2, ocorrem as seguintes reações:

$$C_2H_4(g) + \tfrac{1}{2}O_2(g) \rightarrow \langle(CH_2)_2\rangle O(g)$$

$$C_2H_4(g) + 3O_2(g) \rightarrow 2CO_2(g) + 2H_2O(g)$$

Deduza expressões para as frações molares das espécies no meio reacional como funções das coordenadas de reação das duas reações.

14.3. Em um sistema formado inicialmente por 2 mols de CO_2, 5 mols de H_2 e 1 mol de CO, ocorrem as seguintes reações:

$$CO_2(g) + 3H_2(g) \rightarrow CH_3OH(g) + H_2O(g)$$

$$CO_2(g) + H_2(g) \rightarrow CO(g) + H_2O(g)$$

Deduza expressões para as frações molares das espécies no meio reacional como funções das coordenadas de reação das duas reações.

14.4. Considere a reação de deslocamento (*water-gas-shift*):

$$H_2(g) + CO_2(g) \rightarrow H_2O(g) + CO(g)$$

Em altas temperaturas e baixas a moderadas pressões, as espécies no meio reacional formam uma mistura de gases ideais. Pela Eq. (10.27):

$$G = \sum_i y_i G_i + RT \sum_i y_i \ln y_i$$

Quando as energias de Gibbs dos elementos nos seus estados-padrão são iguais a zero, $G_i = \Delta G^\circ_{f_i}$ para cada espécie, e então:

$$G = \sum_i y_i \Delta G^\circ_{f_i} + RT \sum_i y_i \ln y_i \qquad (A)$$

No início da Seção 14.2, ressaltamos que a Eq. (12.3) é um critério de equilíbrio. Aplicada à reação de deslocamento em tela, com o entendimento de que T e P são constantes, essa equação se torna:

$$dG^t = d(nG) = ndG + Gdn = 0 \qquad n\frac{dG}{d\varepsilon} + G\frac{dn}{d\varepsilon} = 0$$

Aqui, entretanto, $dn/d\varepsilon = 0$. Consequentemente, o critério de equilíbrio se torna:

$$\frac{dG}{d\varepsilon} = 0 \qquad (B)$$

Com os y_i eliminados por ε, a Eq. (A) relaciona G com ε. Dados de $\Delta G^\circ_{f_i}$ para os compostos de interesse são fornecidos no Exemplo 14.13. Para uma temperatura de 1000 K (a reação não sofre influência de P) e uma alimentação de 1 mol de H_2 e 1 mol de CO_2:

(*a*) Determine o valor de ε no equilíbrio, utilizando a Eq. (B).
(*b*) Represente graficamente G *versus* ε, indicando a localização do valor de equilíbrio de ε determinado no item (*a*).

14.5. Refaça o Problema 14.4 para uma temperatura de:

(*a*) 1100 K.
(*b*) 1200 K.
(*c*) 1300 K.

14.6. Utilize o método das constantes de equilíbrio para verificar o valor de ε encontrado como resposta em um dos seguintes casos:

(*a*) Problema 14.4.
(*b*) Problema 14.5(*a*).
(*c*) Problema 14.5(*b*).
(*d*) Problema 14.5(*c*).

14.7. Deduza uma equação geral para a energia de Gibbs padrão de reação ΔG° como função da temperatura para uma das reações dadas nos itens (*a*), (*f*), (*i*), (*n*), (*r*), (*t*), (*u*), (*x*) ou (*y*) do Problema 4.23.

14.8. Para gases ideais, expressões matemáticas exatas podem ser desenvolvidas para o efeito de T e P em ε_e. Com o objetivo de resumir a notação, considere $\prod_i (y_i)^{\nu_i} \equiv K_y$. Então:

$$\left(\frac{\partial \varepsilon_e}{\partial T}\right)_P = \left(\frac{\partial K_y}{\partial T}\right)_P \frac{d\varepsilon_e}{dK_y} \quad \text{e} \quad \left(\frac{\partial \varepsilon_e}{\partial P}\right)_T = \left(\frac{\partial K_y}{\partial P}\right)_T \frac{d\varepsilon_e}{dK_y}$$

Utilize as Eqs. (14.28) e (14.14) para mostrar que:

(*a*) $\left(\frac{\partial \varepsilon_e}{\partial T}\right)_P = \frac{K}{RT^2}\frac{d\varepsilon_e}{dK_y}\Delta H^\circ$

(*b*) $\left(\frac{\partial \varepsilon_e}{\partial P}\right)_T = \frac{K_y}{P}\frac{d\varepsilon_e}{dK_y}(-\nu)$

(*c*) $d\varepsilon_e/dK_y$ é sempre positiva. (*Nota*: É igualmente válido e, possivelmente, mais fácil de provar que o inverso é positivo.)

14.9. Para a reação de síntese da amônia escrita na forma:

$$\tfrac{1}{2}N_2(g) + \tfrac{3}{2}H_2(g) \rightarrow NH_3(g)$$

com 0,5 mol de N_2 e 1,5 mol de H_2 como as quantidades iniciais dos reagentes e com a hipótese de que a mistura em equilíbrio seja um gás ideal, mostre que:

$$\varepsilon_e = 1 - \left(1 + 1{,}299K\frac{P}{P^\circ}\right)^{-1/2}$$

14.10. Pedro, Paulo e Maria, alunos de uma turma de Termodinâmica, foram solicitados a encontrar a composição no equilíbrio, a determinadas T e P e com as quantidades iniciais dos reagentes preestabelecidas, da seguinte reação em fase gasosa:

$$2NH_3 + 3NO \rightarrow 3H_2O + \tfrac{5}{2}N_2 \qquad (A)$$

Cada um resolveu o problema corretamente, porém de uma forma diferente. Maria baseou sua solução na reação (*A*) exatamente como está escrita. Paulo, que prefere números inteiros, multiplicou a reação (*A*) por 2:

$$4NH_3 + 6NO \rightarrow 6H_2O + 5N_2 \qquad (B)$$

Pedro, que normalmente lida com as coisas de trás para frente, trabalhou com a reação:

$$3H_2O + \tfrac{5}{2}N_2 \rightarrow 2NH_3 + 3NO \qquad (C)$$

Escreva as equações do equilíbrio químico para as três reações, indique como as constantes de equilíbrio estão relacionadas e mostre por que Pedro, Paulo e Maria obtiveram o mesmo resultado.

14.11. A reação a seguir atinge o equilíbrio a 500 °C e 2 bar:

$$4HCl(g) + O_2(g) \rightarrow 2H_2O(g) + 2Cl_2(g)$$

Se o sistema inicialmente contém 5 mols de HCl para cada mol de oxigênio, qual será sua composição no equilíbrio? Considere gases ideais.

14.12. A reação a seguir atinge o equilíbrio a 650 °C e na pressão atmosférica:

$$N_2(g) + C_2H_2(g) \rightarrow 2HCN(g)$$

Se o sistema inicialmente é uma mistura equimolar de nitrogênio e acetileno, qual é sua composição no equilíbrio? Qual seria o efeito ao dobrar-se o valor da pressão? Considere gases ideais.

14.13. A reação a seguir atinge o equilíbrio a 350 °C e 3 bar:

$$CH_3CHO(g) + H_2(g) \rightarrow C_2H_5OH(g)$$

Se o sistema inicialmente contiver 1,5 mol de H_2 para cada mol de acetaldeído, qual será a sua composição no equilíbrio? Qual seria o efeito de reduzir a pressão para 1 bar? Considere gases ideais.

14.14. A reação a seguir, hidrogenação de estireno para etilbenzeno, atinge o equilíbrio a 650 °C e à pressão atmosférica:

$$C_6H_5CH{:}CH_2(g) + H_2(g) \rightarrow C_6H_5.C_2H_5(g)$$

Se o sistema inicialmente contiver 1,5 mol de H_2 para cada mol de estireno ($C_6H_5CH{:}CH_2$), qual será sua composição no equilíbrio? Considere gases ideais.

14.15. A corrente gasosa oriunda de um queimador de enxofre é composta, em base molar, por 15 % de SO_2, 20 % de O_2 e 65 % de N_2. Essa corrente gasosa, a 1 bar e 480 °C, é alimentada em um conversor catalítico, no qual o SO_2 é oxidado para SO_3. Considerando que a reação atinja o equilíbrio, qual é a quantidade de calor que deve ser retirada do conversor de modo a manter condições isotérmicas? Tome com base para sua resposta 1 mol de gás que é alimentado.

14.16. Para a reação de craqueamento,

$$C_3H_8(g) \rightarrow C_2H_4(g) + CH_4(g)$$

a conversão de equilíbrio é desprezível a 300 K, porém se torna considerável a temperaturas acima de 500 K. Para uma pressão de 1 bar, determine:

(*a*) A conversão do propano a 625 K.
(*b*) A temperatura na qual a conversão é de 85 %.

14.17. Etileno é produzido pela desidrogenação do etano. Se a alimentação contém 0,5 mol de vapor d'água (um diluente inerte) por mol de etano e a reação alcança o equilíbrio a 1100 K e 1 bar, qual será a composição do produto gasoso em uma base livre de água?

14.18. A produção de 1,3-butadieno pode ser conduzida através da desidrogenação de 1-buteno:

$$C_2H_5CH{:}CH_2(g) \rightarrow H_2C{:}CHHC{:}CH_2(g) + H_2(g)$$

Reações secundárias são inibidas pela introdução de vapor d'água. Se o equilíbrio é atingido a 950 K e 1 bar e o produto do reator contém, em base molar, 10 % de 1,3-butadieno, determine:

(*a*) As frações molares das outras espécies no produto gasoso.
(*b*) A fração molar de vapor d'água necessária na alimentação.

14.19. A produção de 1,3-butadieno pode ser conduzida através da desidrogenação de *n*-butano:

$$C_4H_{10}(g) \rightarrow H_2C{:}CHHC{:}CH_2(g) + 2H_2(g)$$

Reações secundárias são inibidas pela introdução de vapor d'água. Se o equilíbrio é atingido a 925 K e 1 bar e o produto do reator contém, em base molar, 12 % de 1,3-butadieno, determine:

(*a*) As frações molares das outras espécies no produto gasoso.
(*b*) A fração molar de vapor d'água necessária na alimentação.

14.20. Na reação de síntese da amônia,

$$\tfrac{1}{2}N_2(g) + \tfrac{3}{2}H_2 \rightarrow NH_3(g)$$

a conversão de equilíbrio para a amônia é alta a 300 K, porém diminui rapidamente com o aumento de T. Entretanto, as taxas de reação se tornam apreciáveis somente a temperaturas mais altas. Para uma mistura na alimentação composta por hidrogênio e nitrogênio em proporções estequiométricas,

(*a*) Qual é a fração molar da amônia na mistura em equilíbrio a 1 bar e 300 K?
(*b*) Em qual temperatura, na pressão de 1 bar, a fração molar da amônia no equilíbrio fica igual a 0,50?
(*c*) Em qual temperatura, na pressão de 100 bar, a fração molar da amônia no equilíbrio fica igual a 0,50, considerando a mistura em equilíbrio um gás ideal?
(*d*) Em qual temperatura, na pressão de 100 bar, a fração molar da amônia no equilíbrio fica igual a 0,50; considerando a mistura em equilíbrio uma solução ideal de gases?

14.21. Para a reação de síntese do metanol,

$$CO(g) + 2H_2(g) \rightarrow CH_3OH(g)$$

a conversão de equilíbrio para o metanol é alta a 300 K, porém diminui rapidamente com o aumento de T. Entretanto, as taxas de reação se tornam apreciáveis somente em temperaturas mais altas. Para uma mistura na alimentação composta por monóxido de carbono e hidrogênio em proporções estequiométricas,

(*a*) Qual é a fração molar do metanol na mistura em equilíbrio a 1 bar e 300 K?

(*b*) Em qual temperatura, na pressão de 1 bar, a fração molar do metanol no equilíbrio fica igual a 0,50?

(*c*) Em qual temperatura, na pressão de 100 bar, a fração molar do metanol no equilíbrio fica igual a 0,50; considerando a mistura em equilíbrio um gás ideal?

(*d*) Em qual temperatura, na pressão de 100 bar, a fração molar do metanol no equilíbrio fica igual a 0,50; considerando a mistura em equilíbrio uma solução ideal de gases?

14.22. Calcário ($CaCO_3$) se decompõe com o aquecimento, formando cal viva (CaO) e dióxido de carbono. Em qual temperatura a pressão de decomposição do calcário é igual a 1(atm)?

14.23. Cloreto de amônia [$NH_4Cl(s)$] se decompõe com o aquecimento, formando uma mistura gasosa de amônia e ácido clorídrico. Em qual temperatura o cloreto de amônia exerce uma pressão de decomposição de 1,5 bar? Para o $NH_4Cl(s)$, $\Delta H^\circ_{f_{298}} = -314.430 \text{ J} \cdot \text{mol}^{-1}$ e $\Delta G^\circ_{f_{298}} = -202.870 \text{ J} \cdot \text{mol}^{-1}$.

14.24. Um sistema quimicamente reativo é constituído pelas seguintes espécies na fase gasosa: NH_3, NO, NO_2, O_2 e H_2O. Determine um conjunto completo de reações independentes para esse sistema. Quantos graus de liberdade tem o sistema?

14.25. A relação entre as concentrações dos poluentes NO e NO_2 no ar é governada pela reação:

$$NO + \tfrac{1}{2}O_2 \rightarrow NO_2$$

Para o ar contendo, em base molar, 21 % de O_2, a 25 °C e 1,0133 bar, qual é a concentração de NO, em partes por milhão, se a concentração total dos dois óxidos de nitrogênio é igual a 5 ppm?

14.26. Considere a oxidação, em fase gasosa, do etileno para óxido de etileno a uma pressão de 1 bar e com um excesso de ar de 25 %. Supondo que os reagentes alimentados no processo estejam a 25 °C, que a reação se desenvolva adiabaticamente até o equilíbrio e que não haja reações paralelas, determine a composição e a temperatura da corrente de produto que sai do reator.

14.27. Carbono sólido é produzido pela decomposição do metano:

$$CH_4(g) \rightarrow C(s) + 2H_2(g)$$

Para o equilíbrio a 650 °C e 1 bar,

(*a*) Qual é a composição da fase gás, se o reator é alimentado com metano puro, e qual a fração do metano que se decompõe?

(*b*) Repita a parte (*a*) considerando a alimentação uma mistura equimolar de metano e nitrogênio.

14.28. Sejam as reações,

$$\tfrac{1}{2}N_2(g) + \tfrac{1}{2}O_2(g) \rightarrow NO(g)$$

$$\tfrac{1}{2}N_2(g) + O_2(g) \rightarrow NO_2(g)$$

Considerando que essas reações atinjam o equilíbrio após a combustão em um motor de combustão interna a 2000 K e 200 bar, estime as frações molares de NO e NO_2 presentes no produto de combustão quando as frações molares do nitrogênio e do oxigênio forem, respectivamente, iguais a 0,70 e 0,05.

14.29. As refinarias de petróleo devem com frequência descartar H_2S e SO_2. A reação a seguir sugere um meio para eliminar ambos de uma só vez:

$$2H_2S(g) + SO_2(g) \rightarrow 3S(s) + 2H_2O(g)$$

Para cada reagente em proporções estequiométricas, estime a conversão percentual se a reação atingir o equilíbrio a 450 °C e 8 bar.

14.30. As espécies N_2O_4 e NO_2 na forma gasosa entram em equilíbrio segundo a reação: $N_2O_4 \rightarrow 2\,NO_2$.

(*a*) Para T = 350 K e P = 5 bar, calcule as frações molares dessas espécies na mistura em equilíbrio. Suponha gases ideais.

(*b*) Se uma mistura em equilíbrio de N_2O_4 e NO_2, nas condições do item (*a*), escoar através de uma válvula de estrangulamento atingindo uma pressão de 1 bar e, então, atravessar um trocador de calor no qual sua temperatura inicial é restaurada, qual a quantidade de calor trocada, supondo que o equilíbrio químico é novamente restabelecido no estado final? Tome como base para sua resposta uma quantidade de mistura equivalente a 1 mol de N_2O_4, isto é, como se todo o NO_2 presente estivesse na forma de N_2O_4.

14.31. A reação de isomerização a seguir ocorre em fase *líquida*: A → B, sendo A e B líquidos miscíveis para os quais: $G^E/RT = 0{,}1\, x_A\, x_B$. Para $\Delta G^\circ_{f298} = -1000$ J, qual é a composição de equilíbrio da mistura a 25 °C? Qual é o erro introduzido se for considerado que A e B formam uma solução ideal?

14.32. Gás hidrogênio é produzido pela reação do vapor d'água com "gás de água", uma mistura equimolar de H_2 e CO obtida pela reação do vapor d'água com carvão. Uma corrente de "gás de água", misturada com vapor d'água, entra em contato com um catalisador para converter o CO em CO_2 por meio da reação:

$$H_2O(g) + CO(g) \rightarrow H_2(g) + CO_2(g)$$

Posteriormente, a água não reagida é condensada e o dióxido de carbono é absorvido, deixando um produto formado principalmente por hidrogênio. As condições do equilíbrio são 1 bar e 800 K.

(*a*) Há alguma vantagem ao se conduzir a reação a pressões acima de 1 bar?
(*b*) Se a temperatura do equilíbrio fosse elevada, a conversão do CO aumentaria?
(*c*) Para as condições de equilíbrio fornecidas, determine a razão molar entre o vapor d'água e o "gás de água" (H_2 + CO) necessária para obter um *produto* gás contendo somente 2 % de CO, em base molar, após o seu resfriamento até 20 °C, condição na qual praticamente toda a água não reagida estará condensada.
(*d*) Nas condições de equilíbrio, há algum perigo de haver a formação de carbono sólido por meio da reação

$$2CO(g) \rightarrow CO_2(g) + C(s)$$

14.33. O gás alimentado em um reator de síntese de metanol é composto, em base molar, por 75 % de H_2, 15 % de CO, 5 % de CO_2 e 5 % de N_2. O sistema alcança o equilíbrio, com base nas reações a seguir, a 550 K e 100 bar:

$$2H_2(g) + CO(g) \rightarrow CH_3OH(g) \qquad H_2(g) + CO_2(g) \rightarrow CO(g) + H_2O(g)$$

Supondo que sejam gases ideais, determine a composição da mistura em equilíbrio.

14.34. Um método para produzir "gás de síntese" é por meio da reforma catalítica do metano com vapor d'água. As reações são:

$$CH_4(g) + H_2O(g) \rightarrow CO(g) + 3H_2(g) \qquad CO(g) + H_2O(g) \rightarrow CO_2(g) + H_2(g)$$

Suponha que o equilíbrio seja atingido para ambas as reações a 1 bar e 1300 K.

(*a*) Seria melhor conduzir a reação a pressões acima de 1 bar?
(*b*) Seria melhor conduzir a reação a temperaturas abaixo de 1300 K?
(*c*) Estime a razão molar entre o hidrogênio e o monóxido de carbono no gás de síntese se a alimentação for constituída por uma mistura equimolar de vapor d'água e metano.
(*d*) Repita a parte (*c*) para uma razão molar vapor d'água/metano na alimentação igual a 2.
(*e*) Como poderia ser alterada a composição da alimentação de modo a produzir uma menor razão molar hidrogênio/monóxido de carbono no gás de síntese quando comparada à obtida na parte (*c*)?
(*f*) Nas condições da parte (*c*), há algum perigo de haver deposição de carbono na reação 2CO → C + CO_2? E da parte (*d*)? Se houver, como a alimentação poderia ser alterada para evitar a deposição do carbono?

14.35. Considere a reação de isomerização em fase gasosa: A → B.

(*a*) Considerando que sejam gases ideais, desenvolva a partir da Eq. (14.28) a equação do equilíbrio da reação química para o sistema.
(*b*) O resultado da parte (*a*) poderia sugerir que há *um* grau de liberdade para o estado de equilíbrio. Após verificar que a regra das fases menciona *dois* graus de liberdade, explique a discrepância.

14.36. Uma reação de isomerização em fase gasosa, A → B, em baixas pressões, ocorre em condições tais que as fases vapor e líquida estão presentes.

(*a*) Prove que o estado de equilíbrio é univariante.
(*b*) Considere que T seja conhecida. Mostre como calcular x_A, y_A e P. Enuncie detalhadamente e justifique cada suposição.

14.37. Escreva as equações necessárias para a solução do Exemplo 14.14 pelo método das constantes de equilíbrio. Verifique se suas equações fornecem as mesmas composições de equilíbrio dadas no exemplo.

14.38. Cálculos do equilíbrio de reações podem ser úteis para a estimativa de composições de reservatórios de hidrocarbonetos. Em determinado reservatório, está disponível um gás a baixa pressão e a 500 K, que é identificado como "C8 aromático". Ele poderia em princípio conter os isômeros C_8H_{10}: *o*-xileno (OX), *m*-xileno (MX), *p*-xileno (PX) e etilbenzeno (EB).

Estime que quantidade de cada espécie está presente, considerando que a mistura gasosa atingiu o equilíbrio a 500 K e baixa pressão. A seguir é apresentado um conjunto de reações independentes (por quê?):

OX → MX (I)	OX → PX (II)	OX → EB (III)

(*a*) Escreva as equações de equilíbrio de reação para cada equação do conjunto. Enuncie claramente cada consideração.
(*b*) Resolva o conjunto de equações para obter expressões algébricas para as frações molares no equilíbrio, na fase vapor, das quatro espécies em relação às constantes de equilíbrio K_I, K_{II}, K_{III}.
(*c*) Utilize os dados a seguir para determinar valores numéricos para as constantes de equilíbrio a 500 K. Enuncie claramente cada consideração.
(*d*) Determine os valores numéricos para as frações molares das quatro espécies.

Espécie	$\Delta H^\circ_{f_{298}}$/J · mol^{-1}	$\Delta G^\circ_{f_{298}}$/J · mol^{-1}
OX(*g*)	19.000	122.200
MX(*g*)	17.250	118.900
PX(*g*)	17.960	121.200
EB(*g*)	29.920	130.890

14.39. Óxido de etileno na fase vapor e água na fase líquida, ambos a 25 °C e 101,33 kPa, reagem para formar uma solução líquida contendo etileno glicol (1,2-etanodiol) nas mesmas condições:

$$\langle(CH_2)_2\rangle O + H_2O \rightarrow CH_2OH.CH_2OH$$

Para a razão molar inicial entre o óxido de etileno e a água igual a 3,0, estime a conversão do equilíbrio do óxido de etileno em etileno glicol.

No equilíbrio, o sistema é constituído por líquido e vapor em equilíbrio e seu estado intensivo é definido pela especificação das T e P. Consequentemente, deve-se, em primeiro lugar, determinar a composição das fases, independente da razão entre reagentes. Esses resultados podem então ser utilizados nas equações de balanço de massa para encontrar a conversão de equilíbrio.

Escolha como estados-padrão para a água e o etileno glicol os líquidos puros a 1 bar e, para o óxido de etileno, o gás ideal puro a 1 bar. Considere que qualquer água presente na fase líquida tenha um coeficiente de atividade igual à unidade e que a fase vapor seja um gás ideal. A pressão parcial do óxido de etileno sobre a fase líquida é dada por

$$p_i/\text{kPa} = 415 x_i$$

A pressão de vapor do etileno glicol a 25 °C é tão pequena que a sua concentração na fase vapor é desprezível.

14.40. Na engenharia de reações químicas, medidas especiais da distribuição de produtos são algumas vezes utilizadas quando ocorrem múltiplas reações. Duas dessas medidas são o *rendimento* Y_j e a *seletividade* $S_{j/k}$. Nós adotamos as seguintes definições:[11]

$$Y_j \equiv \frac{\text{mols formados do produto desejado } j}{\text{mols de } j \text{ que seriam formados sem a existência de reações secundárias e com o consumo completo do reagente limite}}$$

$$S_{j/k} \equiv \frac{\text{mols formados do produto desejado } j}{\text{mols formados do produto indesejado } k}$$

Para qualquer aplicação particular, o rendimento e a seletividade podem ser relacionados com as vazões dos componentes e com as coordenadas de reação. Para esquemas de duas reações, as duas coordenadas de reação podem ser obtidas a partir de Y_j e $S_{j/k}$, permitindo que as equações de balanço de massa usuais sejam escritas.

Considere as reações em fase gasosa:

$$A + B \rightarrow C \quad \text{(I)} \qquad\qquad A + C \rightarrow D \quad \text{(II)}$$

[11] R. M. Felder, R. W. Rosseau e L. G. Bullard, *Elementary Principles of Chemical Processes*, 4ª ed., Sec. 4.6d, Wiley, New York, 2015.

Aqui, C é o produto desejado e D é o subproduto indesejado. Se a alimentação para um reator com escoamento contínuo, em regime estacionário, contém 10 kmol · h^{-1} de A e 15 kmol · h^{-1} de B, e se Y_C = 0,40 e $S_{C/D}$ = 2,0, determine as vazões dos componentes e a composição do produto (frações molares) utilizando as coordenadas de reação.

14.41. Os problemas que seguem, envolvendo estequiometria de reações químicas, devem ser resolvidos utilizando coordenadas de reação.

(*a*) A alimentação de um reator em fase gasosa contém 50 kmol · h^{-1} da espécie A e 50 kmol · h^{-1} da espécie B. Duas reações independentes ocorrem:

$$A + B \rightarrow C \quad \text{(I)} \qquad\qquad A + C \rightarrow D \quad \text{(II)}$$

Uma análise do efluente gasoso mostra as seguintes frações molares: y_A = 0,05 e y_B = 0,10.

(i) Qual é o valor da vazão do efluente do reator em kmol · h^{-1}?

(ii) Quais são os valores das frações molares y_C e y_D no efluente?

(*b*) A alimentação de um reator em fase gasosa contém 40 kmol · h^{-1} da espécie A e 40 kmol · h^{-1} da espécie B. Duas reações independentes ocorrem:

$$A + B \rightarrow C \quad \text{(I)} \qquad\qquad A + 2B \rightarrow D \quad \text{(II)}$$

Uma análise do efluente gasoso mostra as seguintes frações molares: y_C = 0,52 e y_D = 0,04. Determine as vazões (kmol · h^{-1}) de todas as espécies na corrente efluente.

(*c*) A alimentação de um reator em fase gasosa é de 100 kmol · h^{-1} da espécie A pura. Duas reações independentes ocorrem:

$$A \rightarrow B + C \quad \text{(I)} \qquad\qquad A + B \rightarrow D \quad \text{(II)}$$

A reação (I) produz a espécie valiosa C e o coproduto B. A reação paralela (II) produz o subproduto D. Uma análise do efluente gasoso mostra as seguintes frações molares: y_C = 0,30 e y_D = 0,10. Determine as vazões (kmol · h^{-1}) de todas as espécies na corrente efluente.

(*d*) A alimentação de um reator em fase gasosa é de 100 kmol · h^{-1}, contendo, em base molar, 40 % da espécie A e 60 % da espécie B. Duas reações independentes ocorrem:

$$A + B \rightarrow C \quad \text{(I)} \qquad\qquad A + B \rightarrow D + E \quad \text{(II)}$$

Uma análise do efluente gasoso mostra as seguintes frações molares: y_C = 0,25 e y_D = 0,20. Determine:

(i) As vazões de todas as espécies na corrente efluente, em kmol · h^{-1}.

(ii) As frações molares de todas as espécies na corrente efluente.

14.42. Esta é uma regra heurística da segurança industrial: compostos com valores altos e positivos de ΔG_f° devem ser manuseados e estocados cuidadosamente. Explique.

14.43. Duas classes importantes de reações são as reações de *oxidação* e reações de *craqueamento*. Uma classe é invariavelmente endotérmica; a outra, exotérmica. Qual é cada uma? Para qual classe de reações (oxidação ou craqueamento) a conversão de equilíbrio aumenta com o aumento de *T*?

14.44. O calor de reação padrão ΔH° para reações em fase gasosa é independente da escolha da pressão P° no estado-padrão. (Por quê?) Contudo, o valor numérico de ΔG° para tais reações depende de P°. Duas escolhas de P° são convencionais: 1 bar (a base adotada neste texto) e 1,01325 bar. Mostre como converter ΔG° para reações em fase gasosa a partir de valores baseados em P° = 1 bar para aqueles com base em P° = 1,01325 bar.

14.45. Etanol é produzido a partir de etileno por meio da reação em fase gasosa:

$$C_2H_4(g) + H_2O(g) \rightarrow C_2H_5OH(g)$$

As condições da reação são 400 K e 2 bar.

(*a*) Determine um valor numérico para a constante de equilíbrio *K* para essa reação a 298,15 K.

(*b*) Determine um valor numérico para *K* para essa reação a 400 K.

(*c*) Determine a composição da mistura de gás em *equilíbrio* para uma alimentação equimolar contendo somente etileno e H_2O. Enuncie todas as considerações.

(*d*) Para a mesma alimentação do item (*c*), porém com *P* = 1 bar, a fração molar do etanol no equilíbrio seria maior ou menor? Explique.

14.46. Uma boa fonte de dados de formação para os compostos é a página NIST Chemistry WebBook. Os valores de ΔH_f°, mas não os de ΔG_f°, são reportados. Alternativamente, os valores de entropias-padrão absolutas S° são listados para compostos e elementos. Para ilustrar a utilização dos dados do NIST, tomemos H_2O_2 como o composto de interesse. Os valores fornecidos pelo Chemistry WebBook são:

- $\Delta H_f^\circ[H_2O_2(g)] = 136{,}1064 \text{ J} \cdot \text{mol}^{-1}$
- $S^\circ[H_2O_2(g)] = 232{,}95 \text{ J} \cdot \text{mol}^{-1} \cdot \text{K}^{-1}$
- $S^\circ[H_2(g)] = 130{,}680 \text{ J} \cdot \text{mol}^{-1} \cdot \text{K}^{-1}$
- $S^\circ[O_2(g)] = 205{,}152 \text{ J} \cdot \text{mol}^{-1} \cdot \text{K}^{-1}$

Todos os dados são para o estado de gás ideal a 298,15 K e 1 bar. Determine um valor de $\Delta G_{f_{298}}^\circ$ para H_2O_2(g).

14.47. Reagentes para laboratórios, em fase líquida, frequentemente contêm impurezas como isômeros do composto indicado no rótulo. Isso gera como consequência um efeito na pressão de vapor. Isso pode ser quantificado pela análise do equilíbrio químico e de fases. Considere um sistema contendo os isômeros A e B em equilíbrio líquido/vapor e também em equilíbrio em relação à reação química A → B, em pressões relativamente baixas.

(*a*) Para a reação na fase líquida, determine uma expressão para P (a "pressão de vapor da mistura") em função de P_A^{sat}, P_B^{sat} e K^l, a constante de equilíbrio da reação. Verifique o resultado para os limites $K^l = 0$ e $K^l = \infty$.
(*b*) Para a reação em fase vapor, repita o item (*a*). Aqui, a constante de equilíbrio da reação relevante é K^v.
(*c*) Se o equilíbrio prevalece, não importa em que fase a reação ocorre. Assim, os resultados dos itens (*a*) e (*b*) devem ser equivalentes. Utilize essa ideia para mostrar a conexão entre K^l e K^v a partir das pressões de vapor das espécies puras.
(*d*) Por que a consideração de gases ideais e soluções ideais são ambas razoáveis e prudentes?
(*e*) Os resultados dos itens (*a*) e (*b*) deveriam sugerir que P depende somente de T. Mostre que isso está de acordo com a regra das fases.

14.48. O craqueamento de propano é uma rota para a produção de olefinas leves. Suponha que *duas* reações de craqueamento ocorram em um reator com escoamento contínuo em regime estacionário:

$$C_3H_8(g) \rightarrow C_3H_6(g) + H_2(g) \quad \text{(I)}$$

$$C_3H_8(g) \rightarrow C_2H_4(g) + CH_4(g) \quad \text{(II)}$$

Calcule a composição do produto se as duas reações alcançam o equilíbrio a 1,2 bar e

(*a*) 750 K; (*b*) 1000 K; (*c*) 1250 K

14.49. O equilíbrio é estabelecido a 425 K e 15 bar para a reação de isomerização em fase gasosa:

$$n\text{-}C_4H_{10}(g) \rightarrow iso\text{-}C_4H_{10}(g)$$

Estime a composição da mistura no equilíbrio por dois procedimentos:

(*a*) Considere a mistura um gás ideal.
(*b*) Considere uma solução ideal com a equação de estado dada pela Eq. (3.36).

Compare e discuta os resultados.

Dados: Para *iso*butano, $\Delta H_{f_{298}}^\circ = -134.180 \text{ J} \cdot \text{mol}^{-1}$; $\Delta G_{f_{298}}^\circ = -20.760 \text{ J} \cdot \text{mol}^{-1}$

CAPÍTULO

15

Tópicos em Equilíbrios de Fases

Nos Capítulos 12 e 13, introduzimos o conceito de equilíbrio de fases de uma forma geral, mas focamos principalmente no equilíbrio líquido/vapor. O ELV tem sido considerado o mais importante tipo de equilíbrio de fases para os engenheiros químicos, pela importância da destilação como método de separação na indústria química. Entretanto, uma larga variedade de outros tipos de equilíbrio de fases tem importância na Engenharia Química. Este capítulo lida de uma forma mais geral com o equilíbrio de fases, com considerações feitas em seções separadas sobre equilíbrios líquido/líquido, líquido/líquido/vapor, sólido/líquido, sólido/vapor, equilíbrio na adsorção e equilíbrio osmótico. Em cada um dos casos, objetiva-se apresentar uma introdução qualitativa e uma estrutura quantitativa de maneira suficiente para começar a tratar os problemas práticos e que forneça os fundamentos para estudos mais especializados sobre esses tópicos.

15.1 EQUILÍBRIO LÍQUIDO/LÍQUIDO (ELL)

O critério para a estabilidade de uma única fase líquida e as características gerais do equilíbrio líquido/líquido foram apresentados na Seção 12.4. Um resultado-chave dessa seção é o critério de estabilidade para um sistema binário de uma única fase para o qual a variação na energia de Gibbs após mistura é $\Delta G \equiv G - x_1G_1 - x_2G_2$, conforme segue:

Em temperatura e pressão fixas, uma mistura binária de uma única fase é estável se, e somente se, ΔG e suas primeira e segunda derivadas forem funções contínuas de x_1 e a segunda derivada for positiva.

Então,

$$\frac{d^2\Delta G}{dx_1^2} > 0 \qquad (T, P \text{ const.})$$

e

$$\boxed{\frac{d^2(\Delta G/RT)}{dx_1^2} > 0 \qquad (T, P \text{ const.})} \tag{12.4}$$

Este critério pode ser mais facilmente aplicado no contexto de uma formulação com o coeficiente de atividade da energia de Gibbs em excesso. Para uma mistura binária a Eq. (13.10) é:

$$\frac{G^E}{RT} = x_1 \ln\gamma_1 + x_2 \ln\gamma_2$$

e

$$\frac{d(G^E/RT)}{dx_1} = \ln\gamma_1 - \ln\gamma_2 + x_1\frac{d\ln\gamma_1}{dx_1} + x_2\frac{d\ln\gamma_2}{dx_1}$$

De acordo com a Eq. (13.11), a forma do coeficiente de atividade da equação de Gibbs/Duhem, as duas últimas somam zero, por isto:

$$\frac{d(G^E/RT)}{dx_1} = \ln\gamma_1 - \ln\gamma_2$$

Uma segunda diferenciação e uma segunda aplicação da equação de Gibbs/Duhem fornece:

$$\frac{d^2(G^E/RT)}{dx_1^2} = \frac{d\ln\gamma_1}{dx_1} - \frac{d\ln\gamma_2}{dx_1} = \frac{1}{x_2}\frac{d\ln\gamma_1}{dx_1}$$

Essa equação em combinação com a Eq. (12.5) fornece:

$$\frac{d\ln\gamma_1}{dx_1} > -\frac{1}{x_1} \qquad (T, P \text{ const.})$$

que é, também, outra condição para estabilidade. Ela é equivalente à Eq. (12.4), da qual, em última análise, é derivada. Outro critério de estabilidade segue diretamente, por exemplo,

$$\frac{d\hat{f}_1}{dx_1} > 0 \qquad \frac{d\mu_1}{dx_1} > 0 \qquad (T, P \text{ const.})$$

As três últimas condições de estabilidade podem ser escritas igualmente para a espécie 2; então, para *cada* espécie em uma mistura binária:

$$\boxed{\frac{d\ln\gamma_i}{dx_i} > -\frac{1}{x_i} \qquad (T, P \text{ const.})} \tag{15.1}$$

$$\frac{d\hat{f}_i}{dx_i} > 0 \qquad (T, P \text{ const.}) \qquad (15.2)$$

$$\frac{d\mu_i}{dx_i} > 0 \qquad (T, P \text{ const.}) \qquad (15.3)$$

■ Exemplo 15.1

O critério de estabilidade aplica-se para uma fase *particular*. Entretanto, não existem impedimentos para sua aplicação em problemas com equilíbrio de fases, onde a fase de interesse (por exemplo, uma mistura líquida) está em equilíbrio com outra fase (por exemplo, uma mistura vapor). Considere o equilíbrio líquido/vapor isotérmico e binário em uma pressão baixa o suficiente para que a fase vapor possa ser considerada uma mistura gás ideal. Quais são as implicações da estabilidade da fase líquida em relação às características dos diagramas isotérmicos *Pxy*, como as na Figura 12.8?

Solução 15.1

O foco será inicialmente na fase *líquida*. Pela Eq. (15.2) aplicada para a espécie 1,

$$\frac{d\hat{f}_1}{dx_1} = \hat{f}_1\frac{d\ln\hat{f}_1}{dx_1} > 0$$

em que, como $\hat{f}_1$ não pode ser negativa,

$$\frac{d\ln\hat{f}_1}{dx_1} > 0$$

Analogamente, com a Eq. (15.2) aplicada para a espécie 2 e $dx_2 = -dx_1$:

$$\frac{d\ln\hat{f}_2}{dx_1} < 0$$

Combinando as duas últimas desigualdades obtém-se:

$$\frac{d\ln\hat{f}_1}{dx_1} - \frac{d\ln\hat{f}_2}{dx_1} > 0 \qquad (T, P \text{ const.}) \tag{A}$$

que é a base para a primeira parte dessa análise. Como $\hat{f}_i^v = y_i P$ para um mistura de gás ideal e $\hat{f}_i^v = \hat{f}_i^l$ para o ELV, o lado esquerdo da Eq. (*A*) pode ser escrito na forma:

$$\frac{d \ln \hat{f}_1}{dx_1} - \frac{d \ln \hat{f}_2}{dx_1} = \frac{d \ln y_1 P}{dx_1} - \frac{d \ln y_2 P}{dx_1} = \frac{d \ln y_1}{dx_1} - \frac{d \ln y_2}{dx_1}$$

$$= \frac{1}{y_1}\frac{dy_1}{dx_1} - \frac{1}{y_2}\frac{dy_2}{dx_1} = \frac{1}{y_1}\frac{dy_1}{dx_1} + \frac{1}{y_2}\frac{dy_1}{dx_1} = \frac{1}{y_1 y_2}\frac{dy_1}{dx_1}$$

Então, a Eq. (*A*) fornece

$$\frac{dy_1}{dx_1} > 0 \qquad (B)$$

que é a característica essencial do ELV binário. Note que, apesar de *P* não ser constante para o ELV isotérmico, a Eq. (*A*) é ainda aproximadamente válida, porque sua implicação é para a fase *líquida*, na qual as propriedades são insensíveis à pressão.

A próxima etapa dessa análise é apresentada com a forma da fugacidade da equação de Gibbs/Duhem, Eq. (13.27), aplicada, novamente, na fase *líquida*:

$$x_1 \frac{d \ln \hat{f}_1}{dx_1} + x_2 \frac{d \ln \hat{f}_2}{dx_1} = 0 \qquad (T, P \text{ const.}) \qquad (13.27)$$

Note, novamente, que a restrição aqui para *P* constante não é significativa, em função da insensibilidade das propriedades da fase líquida em relação à pressão. Com $\hat{f}_i = y_i P$ para o ELV a baixas pressões:

$$x_1 \frac{d \ln y_1 P}{dx_1} + x_2 \frac{d \ln y_2 P}{dx_1} = 0$$

$$\frac{1}{P}\frac{dP}{dx_1} = \frac{(y_1 - x_1)}{y_1 y_2}\frac{dy_1}{dx_1} \qquad (C)$$

Como pela Eq. (*B*) $dy_1/dx_1 > 0$, a Eq. (*C*) afirma que o sinal de dP/dx_1 é o mesmo sinal da grandeza $y_1 - x_1$.

A última parte dessa análise está baseada somente na matemática, de acordo com a qual, a *T* constante,

$$\frac{dP}{dy_1} = \frac{dP/dx_1}{dy_1/dx_1} \qquad (D)$$

Mas pela Eq. (*B*), $dy_1/dx_1 > 0$. Então dP/dy_1 tem o mesmo sinal de dP/dx_1.

Em resumo, o requisito de estabilidade implica o seguinte para o ELV em sistemas binários a temperatura constante:

$$\boxed{\frac{dy_1}{dx_1} > 0 \qquad \frac{dP}{dx_1}, \frac{dP}{dy_1}, \text{ e } (y_1 - x_1) \text{ têm o mesmo sinal}}$$

Em um azeótropo, em que $y_1 = x_1$,

$$\frac{dP}{dx_1} = 0 \qquad \text{e} \qquad \frac{dP}{dy_1} = 0$$

Apesar de derivados para condições de baixa pressão, esses resultados são de validade geral, conforme ilustrado pelos dados do ELV mostrados na Figura 12.8.

Muitos pares de espécies químicas, quando misturados em certa faixa de composições para formar uma única fase líquida, podem não satisfazer o critério de estabilidade da Eq. (12.4). Consequentemente, nessa faixa de composições, tais sistemas se dividem em duas fases líquidas com composições diferentes. Se as fases estiverem em equilíbrio termodinâmico, o fenômeno é um exemplo de *equilíbrio líquido/líquido* (ELL), que é importante em operações industriais como a extração com solventes.

Os critérios de equilíbrio para o ELL são os mesmos do ELV, especificamente, uniformidade de *T*, *P* e da fugacidade $\hat{f}_i$ de cada espécie química ao longo de ambas as fases. Para o ELL em um sistema com *N* espécies a *T* e *P* uniformes, identificamos as fases líquidas pelos sobrescritos α e β, e escrevemos os critérios de equilíbrio como:

$$\hat{f}_i^\alpha = \hat{f}_i^\beta \qquad (i = 1, 2, \ldots, N)$$

Com a introdução dos coeficientes de atividade, isso se torna:

$$x_i^\alpha \gamma_i^\alpha f_i^\alpha = x_i^\beta \gamma_i^\beta f_i^\beta$$

Se cada espécie pura existe como líquido na temperatura do sistema, $f_i^\alpha = f_i^\beta = f_i$; em que,

$$\boxed{x_i^\alpha \gamma_i^\alpha = x_i^\beta \gamma_i^\beta \qquad (i = 1, 2, \ldots, N)} \tag{15.4}$$

Na Eq. (15.4), os coeficientes de atividade γ_i^α e γ_i^β vêm da *mesma função* G^E/RT; sendo assim, eles são funcionalmente idênticos, distinguidos matematicamente somente pelas frações molares das quais são funções. Para um sistema líquido/líquido contendo N espécies químicas:

$$\gamma_i^\alpha = \gamma_i(x_1^\alpha, x_2^\alpha, \ldots, x_{N-1}^\alpha, T, P) \tag{15.5a}$$

$$\gamma_i^\beta = \gamma_i(x_1^\beta, x_2^\beta, \ldots, x_{N-1}^\beta, T, P) \tag{15.5b}$$

De acordo com as Eqs. (15.4) e (15.5), pode-se escrever N equações de equilíbrio com $2N$ variáveis intensivas (T, P e $N - 1$ frações molares independentes em cada fase). Consequentemente, a resolução das equações de equilíbrio para o ELL requer a especificação anterior de valores numéricos de N das variáveis intensivas, o que está de acordo com a regra das fases, Eq. (3.1), na qual $F = 2 - \pi + N = 2 - 2 + N = N$. O mesmo resultado é obtido para o ELV sem restrições especiais sobre o estado de equilíbrio.

Na descrição geral do ELL, qualquer número de espécies pode ser considerado e a pressão pode ser uma variável importante. Tratamos aqui de um caso particular mais simples (porém importante) do ELL *binário* a pressão constante ou em condições nas quais o efeito da pressão nos coeficientes de atividade pode ser ignorado. Com somente uma fração molar independente por fase, a Eq. (15.4) fornece:

$x_1^\alpha \gamma_1^\alpha = x_1^\beta \gamma_1^\beta$ (15.6a)	$(1 - x_1^\alpha)\gamma_2^\alpha = \left(1 - x_1^\beta\right)\gamma_2^\beta$ (15.6b)

Nas quais

$\gamma_i^\alpha = \gamma_i(x_1^\alpha, T)$ (15.7a)	$\gamma_i^\beta = \gamma_i(x_1^\beta, T)$ (15.7b)

Com duas equações e três variáveis (x_1^α, x_1^β e T), a especificação de uma das variáveis permite a resolução das Eqs. (15.6) para as duas variáveis restantes. Como $\ln \gamma_i$, ao invés de γ_i, é uma função termodinâmica mais utilizada, a aplicação das Eqs. (15.6) frequentemente ocorre a partir das transformações:

$\ln \dfrac{\gamma_1^\alpha}{\gamma_1^\beta} = \ln \dfrac{x_1^\beta}{x_1^\alpha}$ (15.8a)	$\ln \dfrac{\gamma_2^\alpha}{\gamma_2^\beta} = \ln \dfrac{1 - x_1^\beta}{1 - x_1^\alpha}$ (15.8b)

■ Exemplo 15.2

Desenvolva as equações que possam ser usadas no caso limite do ELL binário no qual a fase α é muito diluída na espécie 1 e a fase β é muito diluída na espécie 2.

Solução 15.2

Para o caso descrito, com uma boa aproximação:

$$\gamma_1^\alpha \simeq \gamma_1^\infty \qquad \gamma_2^\alpha \simeq 1 \qquad \gamma_1^\beta \simeq 1 \qquad \gamma_2^\beta \simeq \gamma_2^\infty$$

A substituição nas equações do equilíbrio, Eqs. (15.6), fornece:

$$x_1^\alpha \gamma_1^\infty \simeq x_1^\beta \qquad \text{e} \qquad 1 - x_1^\alpha \simeq \left(1 - x_1^\beta\right)\gamma_2^\infty$$

e a explicitação das frações molares fornece as seguintes expressões aproximadas:

$x_1^\alpha = \dfrac{\gamma_2^\infty - 1}{\gamma_1^\infty \gamma_2^\infty - 1}$ (*A*)	$x_1^\beta = \dfrac{\gamma_1^\infty(\gamma_2^\infty - 1)}{\gamma_1^\infty \gamma_2^\infty - 1}$ (*B*)

Alternativamente, a explicitação dos coeficientes de atividade a diluição infinita fornece:

$\gamma_1^\infty = \dfrac{x_1^\beta}{x_1^\alpha}$ (*C*)	$\gamma_2^\infty = \dfrac{1 - x_1^\alpha}{1 - x_1^\beta}$ (*D*)

As Eqs. (*A*) e (*B*) fornecem estimativas da ordem de grandeza das composições do equilíbrio a partir de expressões para G^E/RT a dois parâmetros, nas quais γ_i^∞ está normalmente relacionado com os parâmetros de uma forma simples. As Eqs. (*C*) e (*D*) desempenham função oposta; elas fornecem expressões explícitas simples para γ_i^∞ em termos de composições do equilíbrio mensuráveis. As Eqs. (*C*) e (*D*) mostram que desvios positivos do comportamento de solução ideal favorecem o ELL:

$$\gamma_1^\infty \simeq \frac{1}{x_1^\alpha} > 1 \quad \text{e} \quad \gamma_2^\infty \simeq \frac{1}{x_2^\beta} > 1$$

O exemplo extremo do ELL binário é o de *completa imiscibilidade* das duas espécies. Quando $x_1^\alpha = x_2^\beta = 0$, γ_1^β e γ_2^α são unitários e, consequentemente, as Eqs. (15.6) requerem que:

$$\gamma_1^\alpha = \gamma_2^\beta = \infty$$

Falando rigorosamente, não há par de líquidos completamente imiscíveis. Entretanto, as solubilidades reais podem ser tão pequenas (por exemplo, em alguns sistemas hidrocarbonetos/água) que as idealizações $x_1^\alpha = x_2^\beta = 0$ forneçam aproximações adequadas para cálculos práticos (Exemplo 15.7).

■ Exemplo 15.3

A expressão mais simples para G^E/RT capaz de prever o ELL é:

$$\frac{G^E}{RT} = Ax_1x_2 \qquad (A)$$

Deduza as equações resultantes da aplicação dessa equação no ELL.

Solução 15.3

Os coeficientes de atividade inferidos pela equação dada são:

$$\ln\gamma_1 = Ax_2^2 = A(1 - x_1)^2 \qquad \text{e} \qquad \ln\gamma_2 = Ax_1^2$$

Especificando essas duas expressões para as fases α e β e as combinando com a Eq. (15.8), obtém-se:

$$A\left[(1 - x_1^\alpha)^2 - (1 - x_1^\beta)^2\right] = \ln\frac{x_1^\beta}{x_1^\alpha} \qquad (B)$$

$$A\left[(x_1^\alpha)^2 - (x_1^\beta)^2\right] = \ln\frac{1 - x_1^\beta}{1 - x_1^\alpha} \qquad (C)$$

Dado um valor para o parâmetro A, encontram-se as composições do equilíbrio x_1^α e x_1^β como a solução das Eqs. (*B*) e (*C*).

As curvas de solubilidade originadas a partir da Eq. (*A*) são simétricas em relação a $x_1 = 0{,}5$. Isso pode ser inferido a partir do fato de que x_1^α e x_1^β aparecem da mesma forma nas Eqs. (*B*) e (*C*). Tal simetria pode ser expressa pela relação,

$$x_1^\beta = 1 - x_1^\alpha \qquad (D)$$

A substituição da Eq. (*D*) nas Eqs. (*B*) e (*C*) as reduzem a *mesma* equação:

$$A(1 - 2x_1) = \ln \frac{1 - x_1}{x_1} \tag{E}$$

Isso implica que a simetria inferida ao redor de $x_1 = 0{,}5$ é correta. Quando $A > 2$, essa equação tem três raízes reais: $x_1 = 1/2$; $x_1 = r$ e $x_1 = 1 - r$; com $0 < r < 1/2$. As duas últimas raízes são as composições do *equilíbrio* (x_1^α e x_1^β) enquanto a primeira raiz é uma solução trivial. Para $A < 2$ somente existe a solução trivial; o valor $A = 2$ corresponde a um ponto consoluto, no qual as três raízes convergem para o valor 0,5. A Tabela 15.1 mostra valores de A calculados pela Eq. (*E*) para vários valores de x_1^α ($= 1 - x_1^\beta$). Particularmente, note a sensibilidade de x_1^α em relação aos pequenos aumentos de A a partir do seu valor limite igual a 2.

TABELA 15.1 Composições do Equilíbrio Líquido-Líquido a partir da Eq. (A)

A	x_1^α	A	x_1^α
2,0000	0,50	2,4780	0,15
2,0067	0,45	2,7465	0,10
2,0273	0,40	3,2716	0,05
2,0635	0,35	4,6889	0,01
2,1182	0,30	5,3468	0,005
2,1972	0,25	6,9206	0,001
2,3105	0,20	7,6080	0,0005

A *forma* real de uma curva de solubilidade é determinada pela dependência com a temperatura de G^E/RT. Considere a seguinte dependência com T do parâmetro A na Eq. (*A*):

$$A = \frac{a}{T} + b - c \ln T \tag{F}$$

com a, b e c sendo constantes. A partir da Tabela 10.1, tem-se

$$H^E = -RT^2 \left[\frac{\partial(G^E/RT)}{\partial T}\right]_{P,x}$$

A aplicação dessa equação na Eq. (*A*) mostra que a dependência com a temperatura da Eq. (*F*) torna a entalpia em excesso H^E linear em T e que a capacidade calorífica em excesso C_P^E independe de T:

$$H^E = R(a + cT)x_1x_2 \tag{G}$$

$$C_P^E = \left(\frac{\partial H^E}{\partial T}\right)_{P,x} = Rcx_1x_2 \tag{H}$$

A entalpia em excesso e a dependência de A com a temperatura estão diretamente relacionadas.

Da Eq. (*F*),

$$\frac{dA}{dT} = -\frac{1}{T^2}(a + cT)$$

A combinação desta equação com a Eq. (*G*) fornece:

$$\frac{dA}{dT} = -\frac{H^E}{x_1x_2RT^2}$$

Assim, dA/dT é negativa em um sistema endotérmico (H^E positiva) e positiva em um sistema exotérmico (H^E negativa). Um valor negativo de dA/dT em um ponto consoluto implica uma TCSS, porque A diminui até 2,0 na medida em que *T aumenta*. Inversamente, um valor positivo implica uma TCSI, porque *A* diminui até 2,0 na medida em que *T diminui*. Em consequência, um sistema descrito pelas Eqs. (*A*) e (*F*) exibe uma TCSS se o sistema for endotérmico no ponto consoluto e uma TCSI se for exotérmico no ponto consoluto. A Eq. (*F*) escrita para um ponto consoluto ($A = 2$) torna-se:

$$T \ln T = \frac{a}{c} - \left(\frac{2-b}{c}\right)T \qquad (I)$$

Dependendo dos valores de *a*, *b* e *c*, essa equação tem zero, uma ou duas raízes de temperatura.

Considere os sistemas binários hipotéticos descritos pelas Eqs. (*A*) e (*F*), para os quais o ELL é obtido na faixa de temperaturas de 250 a 450 K. A especificação de $c = 3{,}0$ faz a capacidade calorífica em excesso positiva, independente de *T*, para a qual, pela Eq. (*H*), o máximo valor (em $x_1 = x_2 = 0{,}5$) é de 6,24 J · mol^{-1} · K^{-1}. Seja, para o primeiro caso,

$$A = \frac{-975}{T} + 22{,}4 - 3 \ln T$$

Aqui, a Eq. (*I*) possui duas raízes, correspondentes a uma TCSI e a uma TCSS:

$$T_I = 272{,}9 \qquad \text{e} \qquad T_S = 391{,}2 \text{ K}$$

Os valores de *A* estão colocados em um gráfico *versus T* na Figura 15.1(*a*) e a curva de solubilidade [a partir da Eq. (*E*)] é mostrada na Figura 15.1(*b*). Esse caso – com um ciclo de solubilidade fechado – é igual ao mostrado na Figura 12.14(*a*). Ele requer que H^E *mude de sinal* no intervalo de temperaturas em que o ELL é possível.

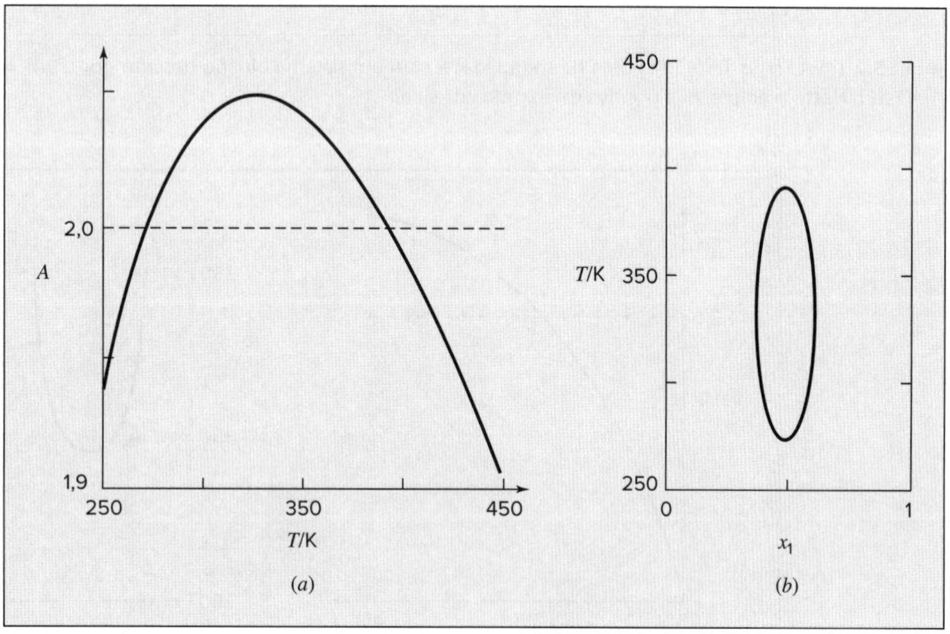

Figura 15.1 (*a*) *A versus T*; (*b*) Diagrama de solubilidade para um sistema binário descrito por $G^E/RT = Ax_1x_2$ com $A = -975/T + 22{,}4 - 3 \ln T$. Este é um exemplo no qual H^E muda de sinal.

Como um segundo caso, faça

$$A = \frac{-540}{T} + 21{,}1 - 3 \ln T$$

Aqui, a Eq. (*I*) possui somente *uma* raiz no intervalo de temperaturas de 250 a 450 K. Ela é uma TCSS, $T_S = 346{,}0$ K, porque a Eq. (*G*) fornece uma H^E positiva nessa temperatura. Os valores de *A* e a curva de solubilidade correspondente são fornecidos na Figura 15.2.

Finalmente, faça

$$A = \frac{-1500}{T} + 23{,}9 - 3 \ln T$$

Este caso é similar ao segundo, havendo somente uma T (339,7 K) que satisfaz a Eq. (I) no intervalo de temperaturas considerado. Entretanto, ela é uma TCSI, porque H^E agora é negativa. Os valores de A e a curva de solubilidade são mostrados na Figura 15.3.

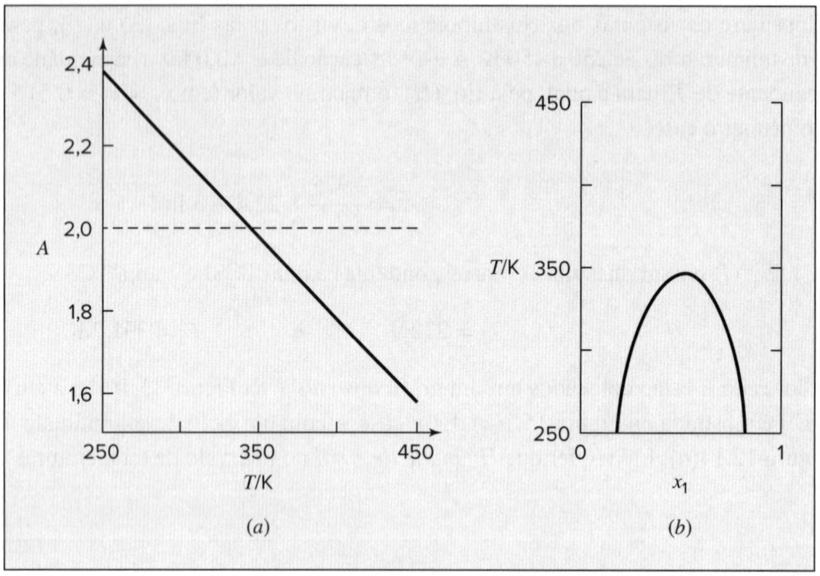

Figura 15.2 (*a*) *A versus T*; (*b*) Diagrama de solubilidade para um sistema binário descrito por $G^E/RT = Ax_1x_2$ com $A = -540/T + 21{,}1 - 3 \ln T$. Neste exemplo, H^E é positiva e não muda de sinal.

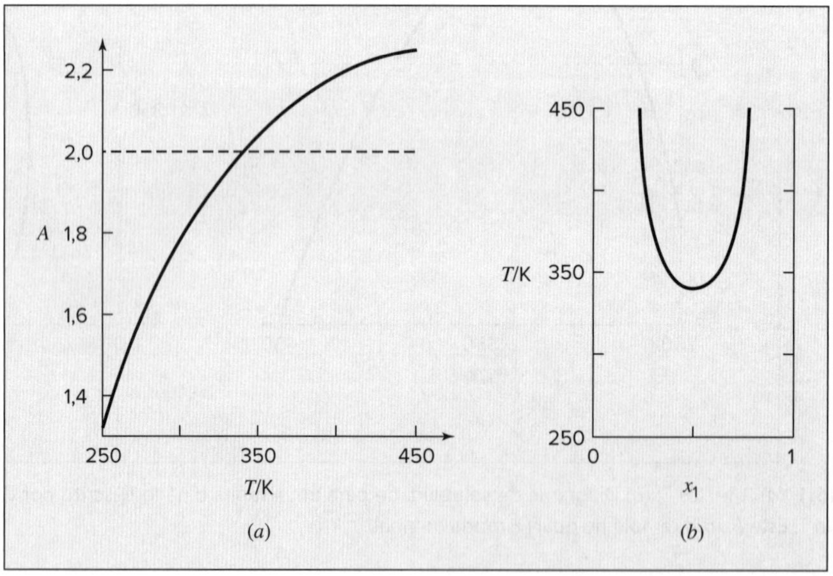

Figura 15.3 (*a*) *A versus T*; (*b*) Diagrama de solubilidade para um sistema binário descrito por $G^E/RT = Ax_1x_2$ com $A = -1500/T + 23{,}9 - 3 \ln T$. Neste caso, H^E é negativa e não muda de sinal.

O Exemplo 15.3 demonstra, por meio de um método de "força bruta", que o ELL não pode ser previsto pela expressão $G^E/RT = Ax_1x_2$ para valores de $A < 2$. Se o objetivo for somente determinar sob quais condições o ELL pode ocorrer e não encontrar as composições das fases coexistentes, pode-se então, alternativamente, utilizar os critérios de estabilidade da Seção 12.4 e determinar sob quais condições elas são satisfeitas.

■ Exemplo 15.4

Se $G^E/RT = Ax_1x_2$ para uma fase líquida, mostre por meio de uma análise de estabilidade que o ELL é predito para $A \geq 2$.

Solução 15.4

A aplicação do critério de estabilidade requer a avaliação da derivada:

$$\frac{d^2(G^E/RT)}{dx_1^2} = \frac{d^2(Ax_1x_2)}{dx_1^2} = -2A$$

Então, a estabilidade requer:

$$2A < \frac{1}{x_1x_2}$$

Quando $x_1 = x_2 = 1/2$, o valor mínimo do lado direito dessa inequação é igual a 4; dessa forma, $A < 2$ fornece estabilidade de misturas unifásicas em toda a faixa de composições. Inversamente, se $A > 2$, as misturas binárias descritas por $G^E/RT = Ax_1x_2$ formam duas fases líquidas em alguma parte da faixa de composições.

■ Exemplo 15.5

Algumas expressões para G^E/RT são incapazes de representar o ELL. Um exemplo é a equação de Wilson:

$$\frac{G^E}{RT} = -x_1 \ln(x_1 + x_2\Lambda_{12}) - x_2 \ln(x_2 + x_1\Lambda_{21}) \tag{13.45}$$

Mostre que os critérios de estabilidade são satisfeitos para todos os valores de Λ_{12}, Λ_{21} e x_1.

Solução 15.5

Uma forma equivalente da inequação (15.1) para a espécie 1 é:

$$\frac{d \ln(x_1\gamma_1)}{dx_1} > 0 \tag{A}$$

Para a equação de Wilson, ln γ_1 é dado pela Eq. (13.46). A adição de ln x_1 em cada lado dessa equação fornece:

$$\ln(x_1\gamma_1) = -\ln\left(1 + \frac{x_2}{x_1}\Lambda_{12}\right) + x_2\left(\frac{\Lambda_{12}}{x_1 + x_2\Lambda_{12}} - \frac{\Lambda_{21}}{x_2 + x_1\Lambda_{21}}\right)$$

a partir da qual:

$$\frac{d \ln(x_1\gamma_1)}{dx_1} = \frac{x_2\Lambda_{21}^2}{x_1(x_1 + x_2\Lambda_{12})^2} + \frac{\Lambda_{21}^2}{(x_2 + x_1\Lambda_{21})^2}$$

Todas as grandezas no lado direito dessa equação são positivas e, consequentemente, a Eq. (*A*) é satisfeita para todo x_1 e para todos Λ_{12} e Λ_{21} não nulos.[1] Dessa forma, a inequação (15.1) é sempre satisfeita e o ELL não pode ser representado pela equação de Wilson.

15.2 EQUILÍBRIO LÍQUIDO/LÍQUIDO/VAPOR (ELLV)

Conforme observado na Seção 12.4, as curvas binodais representando o ELL podem interceptar a curva dos pontos de bolha do ELV. Isso faz aparecer o fenômeno do equilíbrio líquido/líquido/vapor (ELLV), como ilustrado nas Figuras 12.15 a 12.18. Para um sistema binário com três fases em equilíbrio, a regra das fases nos diz que permanece somente um grau de liberdade. Então, dada *T*, duas fases líquidas binárias em equilíbrio têm uma pressão de vapor fixa, e, para determinada pressão *P*, elas têm uma temperatura de ebulição fixa.

As composições das fases líquidas e vapor em equilíbrio nos sistemas parcialmente miscíveis são calculadas da mesma forma que nos sistemas miscíveis. Nas regiões onde apenas um líquido está em equilíbrio com o seu vapor, os cálculos do ELV são realizados conforme explicado no Capítulo 13. Como a miscibilidade limitada implica em um comportamento altamente não ideal, qualquer consideração geral de idealidade na fase líquida está excluída. Mesmo uma combinação da lei de Henry (válida para uma espécie a diluição infinita) com a lei de Raoult (válida

---

[1] Λ_{12} e Λ_{21} são positivos *definidos*, porque Λ_{12} e $\Lambda_{21} = 0$ fornece infinitos valores para γ_1^∞ e γ_2^∞.

para uma espécie quando se aproxima da pureza), não é muito útil, porque cada uma delas se aproxima do comportamento real em somente um intervalo muito pequeno de composições. Dessa forma, G^E é grande e sua dependência com a composição é frequentemente representada de forma inadequada por equações simples. Todavia, as equações NRTL e UNIQUAC, e o método UNIFAC (Apêndice G) frequentemente fornecem correlações adequadas para os coeficientes de atividade.

■ Exemplo 15.6

Medidas cuidadosas do equilíbrio para o sistema éter dietílico(1)/água(2), a 35 °C, são apresentadas na literatura.[2] Discuta a correlação e o comportamento dos dados do equilíbrio de fases deste sistema.

Solução 15.6

O comportamento *Pxy* desse sistema é mostrado na Figura 15.4, em que está evidente a rápida elevação da pressão com o aumento da concentração do éter na fase líquida, na região de éter diluído. A pressão trifásica $P^* = 104{,}6$ kPa é atingida em uma fração molar do éter de somente 0,0117. Aqui, y_1 também aumenta muito rapidamente até seu valor trifásico de $y_1^* = 0{,}946$. Por outro lado, na região diluída em água, as taxas de variação são bem menores, conforme mostrado, em uma escala expandida, na Figura 15.4(*b*).

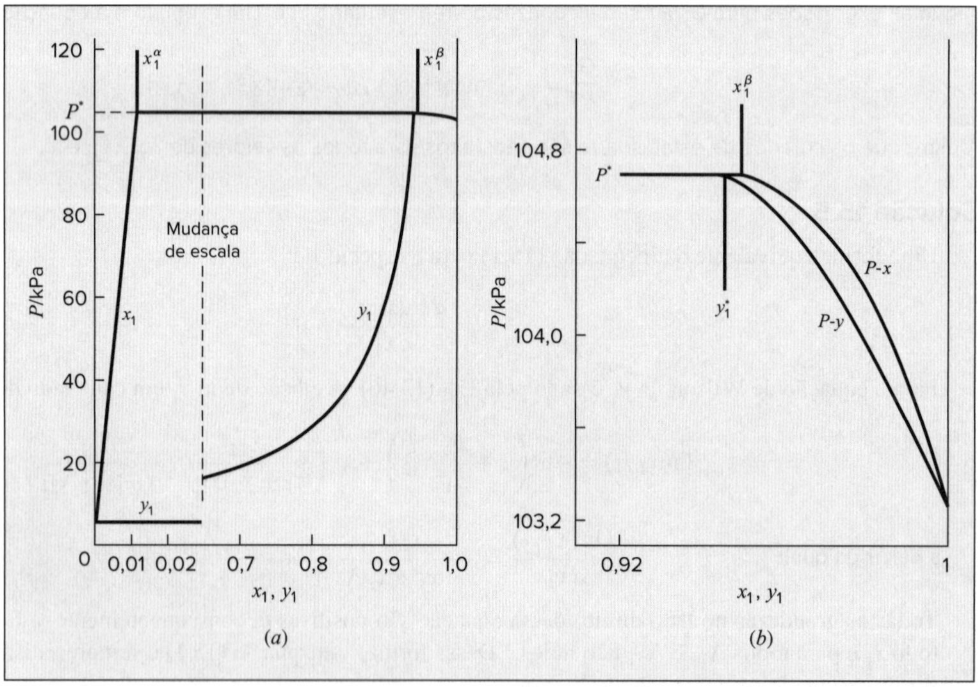

Figura 15.4 (*a*) Diagrama *Pxy*, a 35 °C, para éter dietílico(1)/água(2); (*b*) Detalhe da região rica em éter.

As curvas na Figura 15.4 fornecem uma excelente correlação dos dados do ELV. Elas são resultantes de cálculos *BOL P* efetuados com a energia de Gibbs em excesso e os coeficientes de atividade a partir da equação de Margules modificada a 4 parâmetros:

$$\frac{G^E}{x_1 x_2 RT} = A_{21}x_1 + A_{12}x_2 - Q$$

$$\ln \gamma_1 = x_2^2\left[A_{12} + 2(A_{21} - A_{12})x_1 - Q - x_1\frac{dQ}{dx_1}\right]$$

$$\ln \gamma_2 = x_1^2\left[A_{21} + 2(A_{12} - A_{21})x_2 - Q + x_2\frac{dQ}{dx_1}\right]$$

[2] M. A. Villamañán, A. J. Allawi e H. C. Van Ness, *J. Chem. Eng. Data*, vol. 29, pp. 431-435, 1984.

$$Q = \frac{\alpha_{12}x_1\alpha_{21}x_2}{\alpha_{12}x_1 + \alpha_{21}x_2} \qquad \frac{dQ}{dx_1} = \frac{\alpha_{12}\alpha_{21}\left(\alpha_{21}x_2^2 - \alpha_{12}x_1^2\right)}{(\alpha_{12}x_1 + \alpha_{21}x_2)^2}$$

$$A_{21} = 3{,}35629 \qquad A_{12} = 4{,}62424 \qquad \alpha_{12} = 3{,}78608 \qquad \alpha_{21} = 1{,}81775$$

O cálculo *BOL P* também requer valores de Φ_1 e Φ_2, que vêm das Eqs. (13.63) e (13.64) com os seguintes coeficientes virial:

$$B_{11} = -996 \qquad B_{22} = -1245 \qquad B_{12} = -567 \text{ cm}^3 \cdot \text{mol}^{-1}$$

Além disso, as pressões de vapor das espécies puras, a 35 °C, são:

$$P_1^{\text{sat}} = 103{,}264 \qquad P_2^{\text{sat}} = 5{,}633 \text{ kPa}$$

O alto grau de não idealidade da fase líquida é indicado pelos valores dos coeficientes de atividade das espécies diluídas, que, para o éter dietílico, variam de $\gamma_1 = 81{,}8$ em $x_1^\alpha = 0{,}0117$ até $\gamma_1^\infty = 101{,}9$ em $x_1 = 0$; e, para a água, variam de $\gamma_2 = 19{,}8$ em $x_1^\beta = 0{,}9500$ até $\gamma_2^\infty = 28{,}7$ em $x_1 = 1$.

Uma visão termodinâmica do fenômeno do ELLV a baixa pressão é fornecida por uma expressão da lei de Raoult modificada, Eq. (13.19). Na temperatura *T* e na pressão do equilíbrio trifásico P^*, a lei de Raoult modificada se aplica em cada fase líquida:

$$x_i^\alpha \gamma_i^\alpha P_i^{\text{sat}} = y_i^* P^* \qquad \text{e} \qquad x_i^\beta \gamma_i^\beta P_i^{\text{sat}} = y_i^* P^*$$

Está implícita nessas equações a exigência do ELL representada pela Eq. (15.4). Assim, para um sistema binário podem ser escritas quatro equações:

$x_1^\alpha \gamma_1^\alpha P_1^{\text{sat}} = y_1^* P^* \quad (A)$	$x_1^\beta \gamma_1^\beta P_1^{\text{sat}} = y_1^* P^* \quad (B)$
$x_2^\alpha \gamma_2^\alpha P_2^{\text{sat}} = y_2^* P^* \quad (C)$	$x_2^\beta \gamma_2^\beta P_2^{\text{sat}} = y_2^* P^* \quad (D)$

Todas elas são corretas, porém duas são preferíveis em relação às outras. Considere as expressões para $y_1^*P^*$:

$$x_1^\alpha \gamma_1^\alpha P_1^{\text{sat}} = x_1^\beta \gamma_1^\beta P_1^{\text{sat}} = y_1^* P^*$$

No caso de duas espécies que se aproximam da completa imiscibilidade,

$$x_1^\alpha \to 0 \qquad \gamma_1^\alpha \to \gamma_1^\infty \qquad x_1^\beta \to 1 \qquad \gamma_1^\beta \to 1$$

Assim, $$(0)(\gamma_1^\infty) P_1^{\text{sat}} = P_1^{\text{sat}} = y_1^* P^*$$

Essa equação implica que $\gamma_1^\infty \to \infty$; uma dedução análoga mostra que $\gamma_2^\infty \to \infty$. Assim, as Eqs. (*B*) e (*C*), nas quais não aparecem γ_1^α e γ_2^β, são escolhidas como as expressões mais úteis. Elas podem ser somadas para fornecer a pressão trifásica:

$$P^* = x_1^\beta \gamma_1^\beta P_1^{\text{sat}} + x_2^\alpha \gamma_2^\alpha P_2^{\text{sat}} \tag{15.9}$$

Além disso, a composição do vapor no sistema trifásico é dada pela Eq. (*B*):

$$y_1^* = \frac{x_1^\beta \gamma_1^\beta P_1^{\text{sat}}}{P^*} \tag{15.10}$$

Para o sistema éter dietílico(1)/água(2), a 35 °C (Exemplo 15.6), a correlação para G^E/RT fornece os valores:

$$\gamma_1^\beta = 1{,}0095 \qquad \gamma_2^\alpha = 1{,}0013$$

Isso permite o cálculo de P^* e de y_1^* usando as Eqs. (15.9) e (15.10):

$$P^* = (0{,}9500)(1{,}0095)(103{,}264) + (0{,}9883)(1{,}0013)(5{,}633) = 104{,}6 \text{ kPa}$$

e

$$y_1^* = \frac{(0{,}9500)(1{,}0095)(103{,}264)}{104{,}6} = 0{,}946$$

Embora nenhum par de líquidos seja totalmente imiscível, essa condição é algumas vezes tão próxima da realidade que a hipótese de completa imiscibilidade não leva a erros consideráveis. As características das fases em um sistema imiscível foram ilustradas no diagrama temperatura/composição da Figura 12.18. Os cálculos numéricos para sistemas imiscíveis são particularmente simples em função das seguintes identidades:

$$x_2^\alpha = 1 \qquad \gamma_2^\alpha = 1 \qquad x_1^\beta = 1 \qquad \gamma_1^\beta = 1$$

Consequentemente, a pressão do equilíbrio trifásico P^*, fornecida pela Eq. (15.9), é:

$$P^* = P_1^{sat} + P_2^{sat}$$

A substituição dessa equação e de $x_1^\beta = \gamma_1^\beta = 1$ na Eq. (15.10) fornece:

$$y_1^* = \frac{P_1^{sat}}{P_1^{sat} + P_2^{sat}}$$

Para a região I, onde o vapor está em equilíbrio com o líquido 1 puro, a Eq. (13.19) torna-se:

$$y_1(\text{I})P = P_1^{sat} \qquad \text{ou} \qquad y_1(\text{I}) = \frac{P_1^{sat}}{P}$$

Analogamente, para a região II, onde o vapor está em equilíbrio com o líquido 2 puro,

$$y_2(\text{II})P = [1 - y_1(\text{II})]P = P_2^{sat} \qquad \text{ou} \qquad y_1(\text{II}) = 1 - \frac{P_2^{sat}}{P}$$

▪ Exemplo 15.7

Prepare uma tabela de dados temperatura/composição para o sistema benzeno(1)/água(2) a uma pressão de 101,33 kPa (1 atm) a partir dos dados de pressões de vapor na tabela apresentada.

t/°C	P_1^{sat}/kPa	P_2^{sat}/kPa	$P_1^{sat} + P_2^{sat}$
60	52,22	19,92	72,14
70	73,47	31,16	104,63
75	86,40	38,55	124,95
80	101,05	47,36	148,41
80,1	101,33	47,56	148,89
90	136,14	70,11	206,25
100,0	180,04	101,33	281,37

Solução 15.7

Considere que o benzeno e a água são completamente imiscíveis como líquidos. Então, a temperatura do equilíbrio trifásico t^* é estimada pela equação:

$$P(t^*) = P_1^{sat} + P_2^{sat} = 101{,}33 \text{ kPa}$$

A última coluna da tabela de pressões de vapor mostra que t^* está entre 60 e 70 °C, e uma interpolação fornece $t^* = 69$ °C. Nesta temperatura, novamente por interpolação: $P_1^{sat}(t^*) = 71{,}31$ kPa. Dessa forma,

$$y_1^* = \frac{P_1^{sat}}{P_1^{sat} + P_2^{sat}} = \frac{71{,}31}{101{,}33} = 0{,}704$$

Para as duas regiões de equilíbrio líquido/vapor, conforme registrado na parte (*a*) da Figura 12.18.

$$y_1(\mathrm{I}) = \frac{P_1^{\mathrm{sat}}}{P} = \frac{P_1^{\mathrm{sat}}}{101{,}33}$$

e
$$y_1(\mathrm{II}) = 1 - \frac{P_2^{\mathrm{sat}}}{P} = 1 - \frac{P_2^{\mathrm{sat}}}{101{,}33}$$

A utilização dessas equações em uma quantidade de temperaturas fornece os resultados resumidos na tabela a seguir.

t/°C	y_1(II)	y_1(I)
100	0,000	-
90	0,308	-
80,1	0,531	1,000
80	0,533	0,997
75	0,620	0,853
70	0,693	0,725
69.0	0,704	0,704

15.3 EQUILÍBRIO SÓLIDO/LÍQUIDO (ESL)

O comportamento de fases envolvendo os estados líquido e sólido é a base de importantes processos de separação (por exemplo, cristalização) em muitas facetas das Engenharias Química e de Materiais. Na verdade, uma grande variedade de comportamentos de fases envolvendo sistemas binários é observada em sistemas apresentando equilíbrios sólido/sólido, sólido/líquido e sólido/sólido/líquido. Desenvolvemos aqui uma formulação rigorosa do equilíbrio sólido/líquido (ESL) e apresentamos, como aplicações, análises de dois casos limites de comportamento. Tratamentos mais abrangentes podem ser encontrados na literatura.[3]

A base para representar o ESL é:

$$\hat{f}_i^l = \hat{f}_i^s \quad \text{(todos } i\text{)}$$

na qual a uniformidade de T e P está entendida. Como no ELL, cada $\hat{f}_i$ é eliminado em favor de um coeficiente de atividade. Assim,

$$x_i \gamma_i^l f_i^l = z_i \gamma_i^s f_i^s \quad \text{(todos } i\text{)}$$

sendo x_i e z_i, respectivamente, as frações molares da espécie i nas soluções líquida e sólida. De forma equivalente,

$$x_i \gamma_i^l = z_i \gamma_i^s \psi_i \quad \text{(todos } i\text{)} \tag{15.11}$$

em que
$$\psi_i \equiv f_i^s / f_i^l \tag{15.12}$$

O lado direito dessa equação, que define ψ_i como a razão entre as fugacidades nas T e P do sistema, pode ser escrito em uma forma expandida:

$$\frac{f_i^s(T, P)}{f_i^l(T, P)} = \frac{f_i^s(T, P)}{f_i^s(T_{m_i}, P)} \cdot \frac{f_i^s(T_{m_i}, P)}{f_i^l(T_{m_i}, P)} \cdot \frac{f_i^l(T_{m_i}, P)}{f_i^l(T, P)}$$

sendo T_{m_i} a temperatura de fusão ("ponto de congelamento") da espécie i pura, isto é, a temperatura na qual se obtém o ESL da espécie pura. Dessa forma, a segunda razão no lado direito é *unitária* porque $f_i^l = f_i^s$ no ponto de fusão da espécie i pura. Consequentemente,

$$\psi_i = \frac{f_i^s(T, P)}{f_i^s(T_{m_i}, P)} \cdot \frac{f_i^l(T_{m_i}, P)}{f_i^l(T, P)} \tag{15.13}$$

[3] Veja, por exemplo, R. T. DeHoff, *Thermodynamics in Materials Science*, Caps. 9 e 10, McGraw-Hill, New York, 1993. Uma coletânea de dados é apresentada por H. Knapp, M. Teller e R. Langhorst, *Solid-Liquid Equilibrium Data Collection*, Chemistry Data Series, vol. VIII, DECHEMA, Frankfurt/Main, 1987.

De acordo com a Eq. (15.13), a avaliação de ψ_i requer expressões para o efeito da temperatura sobre a fugacidade. Pela Eq. (10.33), com $\phi_i = f_i/P$,

$$\ln \frac{f_i}{P} = \frac{G_i^R}{RT} \qquad \ln f_i = \frac{G_i^R}{RT} + \ln P$$

Em que,

$$\left(\frac{\partial \ln f_i}{\partial T}\right)_P = \left[\frac{\partial (G_i^R/RT)}{\partial T}\right]_P = -\frac{H_i^R}{RT^2}$$

com a segunda igualdade vindo da Eq. (10.58). A integração dessa equação para uma *fase* de T_{m_i} até T fornece:

$$\frac{f_i(T, P)}{f_i(T_{m_i}, P)} = \exp \int_{T_{m_i}}^{T} -\frac{H_i^R}{RT^2} dT \tag{15.14}$$

A Eq. (15.14) é usada separadamente para as fases sólida e líquida. As expressões resultantes são substituídas na Eq. (15.13), que é então simplificada pela identidade:

$$-(H_i^{R,s} - H_i^{R,l}) = -[(H_i^s - H_i^{gi}) - (H_i^l - H_i^{gi})] = H_i^l - H_i^s$$

Isto fornece a expressão exata:

$$\psi_i = \exp \int_{T_{m_i}}^{T} \frac{H_i^l - H_i^s}{RT^2} dT \tag{15.15}$$

A determinação da integral é feita como segue:

$$H_i(T) = H_i(T_{m_i}) + \int_{T_{m_i}}^{T} C_{P_i} dT$$

e

$$C_{P_i}(T) = C_{P_i}(T_{m_i}) + \int_{T_{m_i}}^{T} \left(\frac{\partial C_{P_i}}{\partial T}\right)_P dT$$

Consequentemente, para uma *fase*,

$$H_i(T) = H_i(T_{m_i}) + C_{P_i}(T_{m_i})(T - T_{m_i}) + \int_{T_{m_i}}^{T}\int_{T_{m_i}}^{T} \left(\frac{\partial C_{P_i}}{\partial T}\right)_P dT dT \tag{15.16}$$

Aplicando a Eq. (15.16) separadamente nas fases sólida e líquida, e efetuando a integral indicada na Eq. (15.15), obtém-se:

$$\int_{T_{m_i}}^{T} \frac{H_i^l - H_i^s}{RT^2} dT = \frac{\Delta H_i^{sl}}{RT_{m_i}}\left(\frac{T - T_{m_i}}{T}\right) + \frac{\Delta C_{P_i}^{sl}}{R}\left[\ln\frac{T}{T_{m_i}} - \left(\frac{T - T_{m_i}}{T}\right)\right] + I \tag{15.17}$$

com a integral I definida por:

$$I \equiv \int_{T_{m_i}}^{T} \frac{1}{RT^2} \int_{T_{m_i}}^{T}\int_{T_{m_i}}^{T} \left[\frac{\partial (C_{P_i}^l - C_{P_i}^s)}{\partial T}\right]_P dT\, dT\, dT$$

Na Eq. (15.17), ΔH_i^{sl} é a variação de entalpia na fusão ("calor de fusão") e $\Delta C_{P_i}^{sl}$ é a variação da capacidade calorífica com a fusão. Essas duas grandezas são avaliadas na temperatura de fusão T_{m_i}.

As Eqs. (15.11), (15.15) e (15.17) fornecem uma base formal para a solução de problemas envolvendo o equilíbrio sólido/líquido. O rigor completo da Eq. (15.17) é raramente mantido. Tendo como objetivo a dedução, a pressão foi tratada como uma variável termodinâmica. Contudo, seu efeito é raramente incluído em aplicações de engenharia. A integral tripla representada por I é uma contribuição de segunda ordem e costuma ser desprezada. A variação da capacidade calorífica com a fusão pode ser significativa, porém ela não está sempre disponível; além disso, a inclusão do termo envolvendo $\Delta C_{P_i}^{sl}$ contribui pouco para o entendimento qualitativo do ESL. Com as hipóteses de I e $\Delta C_{P_i}^{sl}$ desprezíveis, as Eqs. (15.15) e (15.17) juntas fornecem:

$$\psi_i = \exp \frac{\Delta H_i^{sl}}{RT_{m_i}}\left(\frac{T - T_{m_i}}{T}\right) \tag{15.18}$$

Com ψ_i dada pela Eq. (15.18), tudo o que é necessário para a formulação de um problema ESL é um conjunto de expressões sobre a dependência dos coeficientes de atividade γ_i^l e γ_i^s com a temperatura e a composição. Em geral, isso requer expressões algébricas para $G^E(T$, composição) para as soluções líquida e sólida. Considere dois casos particulares limites:

I. Admita o comportamento de solução ideal em ambas as fases, isto é, faça $\gamma_i^l = 1$ e $\gamma_i^s = 1$ para todas T e composições.

II. Admita o comportamento de solução ideal na fase líquida ($\gamma_i^l = 1$) e completa imiscibilidade para todas as espécies no estado sólido (isto é, faça $z_i\gamma_i^s = 1$).

Esses dois casos, restritos aos sistemas binários, são considerados a seguir.

Caso I

As duas equações de equilíbrio, que se originam da Eq. (15.11), são:

$x_1 = z_1\psi_1$ (15.19a)	$x_2 = z_2\psi_2$ (15.19a)

sendo ψ_1 e ψ_2 dadas pela Eq. (15.18) com $i = 1, 2$. Como $x_2 = 1 - x_1$ e $z_2 = 1 - z_1$, as Eqs. (15.19) podem ser resolvidas para fornecer x_1 e z_1 como funções explícitas dos ψ_i's e assim de T:

$x_1 = \dfrac{\psi_1(1-\psi_2)}{\psi_1 - \psi_2}$ (15.20)	$z_1 = \dfrac{1-\psi_2}{\psi_1 - \psi_2}$ (15.21)

com

$\psi_1 = \exp\dfrac{\Delta H_1^{sl}}{RT_{m_1}}\left(\dfrac{T - T_{m_1}}{T}\right)$ (15.22a)	$\psi_2 = \exp\dfrac{\Delta H_2^{sl}}{RT_{m_2}}\left(\dfrac{T - T_{m_2}}{T}\right)$ (15.22b)

A inspeção desses resultados mostra que $x_i = z_i$, = 1 para $T = T_{mi}$. Além disso, uma análise mostra que x_i e z_i variam monotonicamente com T. Consequentemente, os sistemas descritos pelas Eqs. (15.19) exibem diagramas do ESL em forma de lente (charuto), conforme mostrado na Figura 15.5(*a*), onde a linha superior é a curva de congelamento e a linha inferior é a curva de fusão. A região de solução líquida encontra-se acima da curva de congelamento e a região de solução sólida está abaixo da curva de fusão. Exemplos de sistemas apresentando diagramas desse tipo vão desde nitrogênio/monóxido de carbono a temperaturas criogênicas até cobre/níquel em altas temperaturas. A comparação dessa figura com a Figura 12.12 sugere que o comportamento ESL-Caso I é análogo ao comportamento do ELV quando descrito pela lei de Raoult. A comparação das hipóteses que levam às Eqs. (15.19) e (13.16) confirma a analogia. Da mesma forma que a lei de Raoult, a Eq. (15.19) raramente descreve o comportamento de sistemas reais. Contudo, ela é um caso limite importante e serve como um padrão em relação ao qual o ESL observado pode ser comparado.

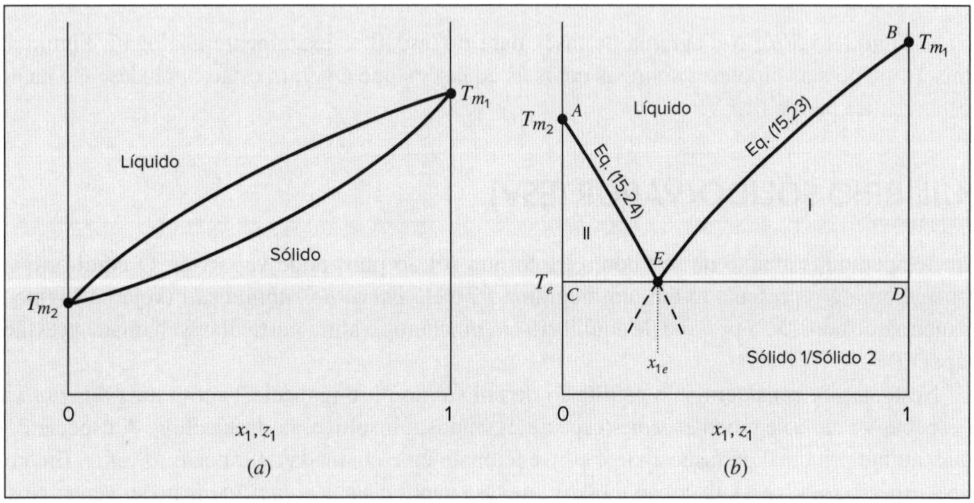

Figura 15.5 Diagramas *Txz*. (*a*) Caso I: soluções líquida e sólida ideais; (*b*) Caso II: solução líquida ideal; sólidos imiscíveis.

Caso II

Aqui as duas equações do equilíbrio resultantes da Eq. (15.11) são:

$x_1 = \psi_1$ (15.23)	$x_2 = \psi_2$ (15.24)

sendo ψ_1 e ψ_2 fornecidas como funções somente da temperatura pelas Eqs. (15.22). Assim, x_1 e x_2 são também funções somente da temperatura e as Eqs. (15.23) e (15.24) podem ser utilizadas de maneira simultânea apenas na temperatura particular na qual $\psi_1 + \psi_2 = 1$ e, por consequência, $x_1 + x_2 = 1$. Essa é a *temperatura eutética* T_e. Com isso, tem-se três situações de equilíbrio distintas: uma, na qual somente a Eq. (15.23) se aplica; outra, na qual somente a Eq. (15.24) se aplica e o caso particular no qual as duas são satisfeitas em conjunto a T_e.

- Somente a Eq. (15.23) se aplica. Por meio dela e da Eq. (15.22a),

$$x_1 = \exp\frac{\Delta H_1^{sl}}{RT_{m_1}}\left(\frac{T - T_{m_1}}{T}\right) \tag{15.25}$$

Essa equação é válida somente se $T = T_{m_1}$, em que $x_1 = 1$, até $T = T_e$, no qual $x_1 = x_{1e}$, a *composição eutética*. Consequentemente, a Eq. (15.25) se aplica quando uma solução líquida está em equilíbrio com a espécie 1 pura, na forma de uma fase sólida. Isso é representado pela Região I na Figura 15.5(*b*), onde as soluções líquidas com composições x_1 fornecidas pela linha BE estão em equilíbrio com o sólido 1 puro.

- Somente a Eq. (15.24) se aplica. Por meio dela e da Eq. (15.22b), com $x_2 = 1 - x_1$:

$$x_1 = 1 - \exp\frac{\Delta H_2^{sl}}{RT_{m_2}}\left(\frac{T - T_{m_2}}{T}\right) \tag{15.26}$$

Essa equação é válida somente se $T = T_{m_2}$, em que $x_1 = 0$, até $T = T_e$, sendo $x_1 = x_{1e}$, a composição eutética. Dessa forma, a Eq. (15.26) se aplica quando uma solução líquida encontra-se em equilíbrio com a espécie 2 pura como uma fase sólida. Isto é representado pela Região II na Figura 15.5(*b*), onde soluções líquidas com composições x_1 fornecidas pela linha AE estão em equilíbrio com o sólido 2 puro.

- As Eqs. (15.23) e (15.24) se aplicam simultaneamente e são igualadas, pois elas duas devem fornecer a composição eutética x_{1e}. A expressão resultante,

$$\exp\frac{\Delta H_1^{sl}}{RT_{m_1}}\left(\frac{T - T_{m_1}}{T}\right) = 1 - \exp\frac{\Delta H_2^{sl}}{RT_{m_2}}\left(\frac{T - T_{m_2}}{T}\right) \tag{15.27}$$

é satisfeita para a única temperatura $T = T_e$. A substituição de T_e na Eq. (15.25) ou na (15.26) fornece a composição eutética. As coordenadas T_e e x_{1e} definem um *estado eutético*, estado particular do equilíbrio trifásico, posicionado ao longo da linha CED na Figura 15.5(*b*), no qual um líquido com composição x_{1e} coexiste com o sólido 1 puro e com o sólido 2 puro. Este é um estado de equilíbrio sólido/sólido/líquido. Em temperaturas abaixo de T_e os dois sólidos puros imiscíveis coexistem.

A Figura 15.5(*b*), o diagrama de fases para o Caso II, é exatamente análoga à Figura 15.18(*a*) para líquidos imiscíveis, pois as hipóteses sobre as quais as equações que a geram estão baseadas, são análogas às hipóteses correspondentes para o ELLV.

15.4 EQUILÍBRIO SÓLIDO/VAPOR (ESV)

Em temperaturas abaixo de seu ponto triplo, um sólido puro pode vaporizar. O equilíbrio sólido/vapor para uma espécie pura é representado em um diagrama *PT* pela *curva de sublimação* (veja na Figura 3.1); aqui, da mesma maneira que no ELV, a pressão de equilíbrio em uma temperatura particular é chamada pressão de saturação (sólido/vapor) P^{sat}.

Nesta seção, considera-se o equilíbrio de um sólido puro (espécie 1) com uma *mistura* vapor binária contendo a espécie 1 e uma segunda espécie (espécie 2), suposta insolúvel na fase sólida. A espécie 2, que normalmente é o constituinte principal da fase vapor, é convencionalmente chamada de espécie *solvente*. Em consequência, a espécie 1 é a espécie *soluto* e a sua fração molar y_1 na fase vapor é a sua *solubilidade* no solvente. Nossa meta é desenvolver um procedimento para calcular y_1 como uma função de *T* e *P* em solventes na fase vapor.

Somente uma equação de equilíbrio de fases pode ser escrita para este sistema, porque a espécie 2, por hipótese, não se distribui entre as duas fases. O sólido é a espécie 1 *pura*. Assim,

$$f_1^s = \hat{f}_1^v$$

A Eq. (10.44) para um líquido puro, com pequena modificação na notação, é apropriada neste ponto:

$$f_1^s = \phi_1^{\text{sat}} P_1^{\text{sat}} \exp\frac{V_1^s(P - P_1^{\text{sat}})}{RT}$$

sendo P_1^{sat} a pressão de saturação sólido/vapor na temperatura T e V_1^s o volume molar do sólido. Para a fase vapor, pela Eq. (10.52),

$$\hat{f}_1^v = y_1 \hat{\phi}_1 P$$

A combinação das três equações anteriores e a explicitação de y_1 fornecem:

$$y_1 = \frac{P_1^{\text{sat}}}{P} F_1 \tag{15.28}$$

em que

$$F_1 \equiv \frac{\phi_1^{\text{sat}}}{\hat{\phi}_1} \exp\frac{V_1^s(P - P_1^{\text{sat}})}{RT} \tag{15.29}$$

A função F_1 reflete não idealidades na fase vapor por intermédio de ϕ_1^{sat} e $\hat{\phi}_1$, e o efeito da pressão na fugacidade do sólido pelo fator de Poynting exponencial. Em pressões suficientemente baixas, ambos os efeitos são desprezíveis e, neste caso, $F_1 \approx 1$ e $y_1 \approx P_1^{\text{sat}}/P$. Em pressões moderadas e altas, as não idealidades na fase vapor se tornam importantes e para pressões muito altas nem mesmo o fator de Poynting pode ser ignorado. Como normalmente observa-se que o fator F_1 é maior do que a unidade, ele é algumas vezes chamado "fator de enriquecimento", porque, de acordo com a Eq. (15.28), ele leva a uma solubilidade do sólido *maior* do a que seria observada na ausência desses efeitos induzidos pela pressão.

Determinação da Solubilidade de Sólidos a Altas Pressões

As solubilidades a temperaturas e pressões acima dos valores críticos do solvente possuem aplicações importantes em processos de separação supercrítica. São exemplos a extração de cafeína dos grãos de café e a separação de asfaltenos de frações pesadas de petróleo. Em um problema de equilíbrio sólido/vapor (ESV) típico, a pressão de saturação sólido/vapor P_1^{sat} é muito pequena e o vapor *saturado*, para fins práticos, é um gás ideal. Em consequência, ϕ_1^{sat} para o vapor soluto puro nessa pressão é próximo da unidade. Além disso, exceto para valores muito baixos da pressão do sistema P, a solubilidade do sólido y_1 é pequena e $\hat{\phi}_1$ pode ser aproximado por $\hat{\phi}_1^{\infty}$, o coeficiente de fugacidade do soluto na fase vapor a diluição infinita. Finalmente, como P_1^{sat} é muito pequena, a diferença de pressões $P - P_1^{\text{sat}}$ no fator de Poynting é aproximadamente igual a P em qualquer pressão na qual este fator é importante. Com essas aproximações usualmente aceitáveis, a Eq. (15.29) reduz-se a:

$$F_1 = \frac{1}{\hat{\phi}_1^{\infty}} \exp\frac{PV_1^s}{RT} \tag{15.30}$$

uma expressão adequada para muitas aplicações de engenharia. Nesta equação, P_1^{sat} e V_1^s são propriedades de espécie pura, encontradas em um manual ou estimadas com uma correlação adequada. Por outro lado, a grandeza $\hat{\phi}_1^{\infty}$ deve ser calculada a partir de uma equação de estado *PVT* adequada para misturas vapor a altas pressões.

Equações de estado cúbicas, como as de Soave/Redlich/Kwong (SRK) e de Peng/Robinson (PR), são normalmente satisfatórias para esse tipo de cálculo. A Eq. (13.99) para $\hat{\phi}_i$, desenvolvida na Seção 13.7, aplica-se aqui, porém com uma regra de mistura levemente modificada para o parâmetro de interação a_{ij} usado no cálculo de $\bar{q}_i$. Assim, a Eq. (13.93) é substituída por:

$$a_{ij} = (1 - l_{ij})(a_i a_j)^{1/2} \tag{15.31}$$

O parâmetro adicional de interação binária l_{ij} deve ser determinado para cada par ij $(i \neq j)$ a partir de dados experimentais. Por convenção, $l_{ij} = l_{ji}$ e $l_{ii} = l_{jj} = 0$.

O parâmetro parcial $\bar{a}_i$ é encontrado pela aplicação da Eq. (13.94), com a vindo da Eq. (13.92):

$$\bar{a}_i = -a + 2\sum_j y_j a_{ji}$$

A substituição dessa expressão na Eq. (13.101) fornece:

$$\bar{q}_i = q\left(\frac{2\sum_j y_j a_{ji}}{a} - \frac{b_i}{b}\right) \tag{15.32}$$

sendo b e q dados pelas Eqs. (13.91) e (13.90).

Para a espécie 1 a diluição infinita em um sistema binário, na espécie 2 a "mistura" é pura. Neste caso, as Eqs. (13.99), (15.31) e (15.32) fornecem uma expressão para $\hat{\phi}_1^\infty$:

$$\ln \hat{\phi}_1^\infty = \frac{b_1}{b_2}(Z_2 - 1) - \ln(Z_2 - \beta_2) - q_2\left[2(1 - l_{12})\left(\frac{a_1}{a_2}\right)^{1/2} - \frac{b_1}{b_2}\right]I_2 \tag{15.33}$$

na qual, pela Eq. (13.72),
$$I_2 = \frac{1}{\sigma - \epsilon}\ln\frac{Z_2 + \sigma\beta_2}{Z_2 + \epsilon\beta_2}$$

A Eq. (15.33) é usada em conjunto com as Eqs. (13.81) e (13.83), que fornecem valores de β_2 e Z_2 correspondentes a T e P especificadas.

Como exemplo, considere o cálculo da solubilidade do naftaleno(1) em dióxido de carbono(2) a 35 °C (308,15 K) e pressões de até 300 bar. Corretamente falando, isto não é um equilíbrio sólido/*vapor*, porque a temperatura crítica do CO_2 é de 31,1 °C. Entretanto, o desenvolvimento apresentado nesta seção permanece válido.

A base é a Eq. (15.30), com $\hat{\phi}_1^\infty$ determinado com a Eq. (15.33) escrita para a equação de estado SRK. Para o naftaleno sólido a 35 °C,

$$P_1^{\text{sat}} = 2{,}9 \times 10^{-4} \text{ bar} \qquad \text{e} \qquad V_1^s = 125 \text{ cm}^3 \cdot \text{mol}^{-1}$$

As Eqs. (15.33) e (13.83) se reduzem às expressões SRK com a especificação dos valores $\sigma = 1$ e $\varepsilon = 0$. A avaliação dos parâmetros a_1, a_2, b_1 e b_2 requer valores de T_c, P_c e ω, que são encontrados no Apêndice B. Assim, as Eqs. (13.79) e (13.80) fornecem:

$$a_1 = 7{,}299 \times 10^7 \text{ bar} \cdot \text{cm}^6 \cdot \text{mol}^{-2} \qquad b_1 = 133{,}1 \text{ cm}^3 \cdot \text{mol}^{-1}$$
$$a_2 = 3{,}664 \times 10^6 \text{ bar} \cdot \text{cm}^6 \cdot \text{mol}^{-2} \qquad b_2 = 29{,}68 \text{ cm}^3 \cdot \text{mol}^{-1}$$

Da Eq. (13.82),
$$q_2 = \frac{a_2}{b_2RT} = 4{,}819$$

Com esses valores, as Eqs. (15.33), (13.81) e (13.83) tornam-se:

$$\ln\hat{\phi}_1^\infty = 4{,}485(Z_2 - 1) - \ln(Z_2 - \beta_2) + [21{,}61 - 43{,}02(1 - l_{12})]\ln\frac{Z_2 + \beta_2}{Z_2} \tag{A}$$

$$\beta_2 = 1{,}1585 \times 10^{-3}P \qquad (P/\text{bar}) \tag{B}$$

$$Z_2 = 1 + \beta_2 - 4{,}819\beta_2\frac{Z_2 - \beta_2}{Z_2(Z_2 + \beta_2)} \tag{C}$$

Para determinar $\hat{\phi}_1^\infty$ para dados l_{12} e P, primeiramente determina-se β_2 com a Eq. (*B*) e resolve-se a Eq. (*C*) para Z_2. A substituição desses valores na Eq. (*A*) fornece $\hat{\phi}_1^\infty$. Por exemplo, para $P = 200$ bar e $l_{12} = 0$, a Eq. (*B*) fornece $\beta_2 = 0{,}2317$ e a solução da Eq. (*C*) fornece $Z_2 = 0{,}4426$. Pela Eq. (*A*), $\hat{\phi}_1^\infty = 4{,}74 \times 10^{-5}$. Este valor pequeno implica, com base na Eq. (15.30), em um fator de enriquecimento F_1 alto.

Tsekhanskaya *et al.*[4] apresentam dados de solubilidade do naftaleno em dióxido de carbono a 35 °C em altas pressões, mostrados na forma de círculos na Figura 15.6. O grande aumento da solubilidade na medida em que a pressão se aproxima do valor crítico (73,83 bar para o CO_2) é típica dos sistemas supercríticos. Para comparação, são mostrados resultados de cálculos baseados nas Eqs. (15.28) e (15.30) com várias hipóteses. A curva mais baixa mostra a "solubilidade ideal" P_1^{sat}/P, para a qual o fator de enriquecimento F_1 é unitário. A curva tracejada incorpora o efeito de Poynting, que é significativo em altas pressões. A curva mais acima inclui o efeito de Poynting, assim como $\hat{\phi}_1^\infty$, estimado a partir da Eq. (15.33) com as constantes de SRK e $l_{12} = 0$; este resultado completamente preditivo captura as tendências gerais dos dados, mas ele superestima a solubilidade nas pressões mais altas. A *correlação* dos dados requer um valor não nulo para o parâmetro de interação; o valor $l_{12} = 0{,}088$ produz a representação semiquantitativa mostrada na Figura 15.6 como a segunda curva de cima para baixo.

[4] Y. V. Tsekhanskaya, M. B. Iomtev e E. V. Mushkina, *Russian J. Phys. Chem.*, vol. 38, pp. 1173-1176, 1964.

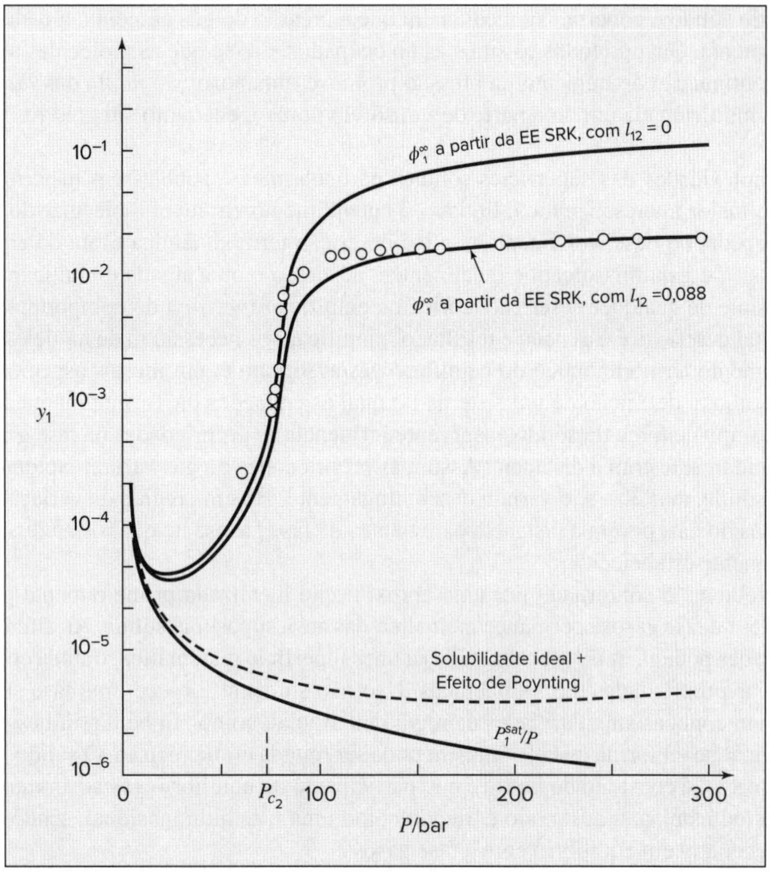

Figura 15.6 Solubilidade do naftaleno(1) em dióxido de carbono(2) a 35 °C. Os círculos são dados experimentais. As curvas são calculadas pelas Eqs. (15.28) e (15.30) com várias hipóteses, conforme indicado.

15.5 EQUILÍBRIO NA ADSORÇÃO DE GASES EM SÓLIDOS

O processo por meio do qual certos sólidos porosos se associam a grandes quantidades de moléculas em suas superfícies é conhecido como adsorção. Ele não serve somente como um processo de separação, pois trata-se também de uma etapa vital em processos envolvendo reações catalíticas. Como um processo de separação, a adsorção é mais frequentemente utilizada na remoção de impurezas e poluentes presentes em baixas concentrações em correntes fluidas. Ela também é a base da cromatografia. Em reações catalisadas em superfícies, a etapa inicial é normalmente a adsorção das espécies reagentes; a etapa final é normalmente o processo inverso, a dessorção das espécies produtos. Como a maioria das reações industriais importantes é catalítica, a adsorção assume um papel fundamental na engenharia das reações.

A natureza da superfície adsorvente é o fator determinante na adsorção. Para ser útil como um *adsorvente*, um sólido deve ter uma grande área superficial por unidade de massa (áreas superficiais específicas de até 1500 m^2 por grama não são incomuns). Isso pode ser alcançado com sólidos porosos como carvão ativado, gels de sílica, aluminas, zeólitas e estruturas organometálicas (EOMs), que possuem muitas cavidades ou poros com diâmetros tão pequenos quanto uma fração de um nanômetro. As superfícies desses sólidos são necessariamente irregulares na escala de comprimento dos átomos e moléculas, e possuem *sítios* de atração especial para as moléculas que são adsorvidas. Se os sítios são muito próximos, as moléculas adsorvidas podem interagir uma com as outras; se eles são suficientemente dispersos, as moléculas adsorvidas podem interagir somente com os sítios. Dependendo da intensidade das forças que unem as moléculas aos sítios, essas moléculas *adsorvidas* (adsorvato) podem estar móveis ou em uma posição fixa. Interações eletrostáticas e de van der Waals, relativamente fracas, favorecem a mobilidade das moléculas adsorvidas e resultam na *adsorção física*. Por outro lado, as forças quasi-químicas mais fortes podem agir na fixação das moléculas à superfície, promovendo a *quimissorção*. Embora a adsorção possa ser classificada de várias maneiras, a distinção usual é entre adsorção física e quimissorção. Com base na intensidade das forças de aderência, essa divisão é observada experimentalmente nos valores dos calores de adsorção.

Na adsorção de gases, o número de moléculas adsorvidas na superfície do sólido depende das condições na fase gasosa. Para pressões muito baixas, relativamente poucas moléculas são adsorvidas e somente uma fração da superfície do sólido é coberta. Na medida em que a pressão do gás aumenta, a dada temperatura, a cobertura da superfície aumenta. Quando todos os sítios estão ocupados, diz-se que as moléculas adsorvidas formam uma *monocamada*. A continuação do aumento da pressão promove uma adsorção *multicamada*. Em alguns casos, pode ocorrer a adsorção multicamada em uma parte de um sólido poroso, enquanto sítios livres permanecem presentes em outra parte.

As complexidades das superfícies sólidas, particularmente aquelas em materiais porosos com grande área superficial de maior interesse prático, limitam o entendimento em nível molecular do processo de adsorção. Contudo, elas não impedem o desenvolvimento de uma descrição termodinâmica exata do equilíbrio na adsorção, aplicável à adsorção física e à quimissorção, e igualmente à adsorção monocamada e multicamada. A estrutura termodinâmica é independente de qualquer descrição teórica ou empírica *específica* do comportamento do material. Entretanto, em aplicações tal descrição é essencial e resultados significativos necessitam de modelos apropriados de comportamento.

O tratamento termodinâmico do equilíbrio gás/adsorvato é, em muitos aspectos, análogo ao equilíbrio líquido/vapor. Contudo, a definição de um sistema no qual as equações da Termodinâmica se apliquem apresenta um problema. O campo de força do sólido adsorvente influencia as propriedades na fase gasosa adjacente, porém seu efeito diminui rapidamente com a distância. Assim, as propriedades do gás variam rapidamente na vizinhança imediata da superfície sólida, mas elas não variam descontinuamente. Há uma região de variação na qual existem gradientes das propriedades do gás, porém a distância para dentro da fase gasosa na qual os efeitos do sólido são sentidos não pode ser precisamente estabelecida.

Esse problema é contornado por uma aproximação idealizada primeiramente por J. W. Gibbs. Imagine que as propriedades da fase gasosa permaneçam inalteradas até a superfície sólida. As diferenças entre as propriedades reais e as inalteradas podem, então, ser atribuídas a uma superfície matemática, tratada como uma fase bidimensional com suas próprias propriedades termodinâmicas. Isso não somente fornece uma fase superficial precisamente definida para levar em conta as singularidades da região interfacial, como também retira essas singularidades da fase gasosa tridimensional de tal forma que ela também pode ser tratada com precisão. O sólido, não obstante a influência do seu campo de forças, é considerado inerte e não participante no equilíbrio gás/adsorvato. Assim, com o objetivo de uma análise termodinâmica, o adsorvato é tratado como uma fase bidimensional, sendo um sistema *aberto* por natureza porque se encontra em equilíbrio com a fase gasosa.

A relação fundamental entre propriedades para um sistema *PVT* aberto é dada pela Eq. (10.2):

$$d(nG) = (nV)dP - (nS)dT + \sum_i \mu_i \, dn_i$$

Uma equação análoga pode ser escrita para uma fase bidimensional. A diferença-chave é que, neste caso, a pressão e o volume molar não são variáveis apropriadas para uma fase bidimensional. A pressão é substituída pela *pressão de espalhamento* Π e o volume molar pela área molar a:

$$d(nG) = (na)d\Pi - (nS)dT + \sum_i \mu_i \, dn_i \tag{15.34}$$

Essa equação é escrita em uma base unitária de massa, normalmente um grama ou um quilograma, do sólido adsorvente. Assim, n é a quantidade *específica* adsorvida, isto é, o número de mols de adsorvato *por unidade de massa de adsorvente*. Além disso, a área A é definida como a área superficial específica, isto é, a área *por unidade de massa de adsorvente*, uma grandeza característica de determinado adsorvente. A área molar, $a \equiv A/n$, é a área superficial por mol de adsorvato.

A pressão de espalhamento é a análoga bidimensional da pressão, possuindo unidades de força por unidade de comprimento, similar à tensão superficial. Ela pode ser vista como a força no plano da superfície que deve ser exercida perpendicularmente a cada unidade de comprimento dos contornos para evitar que a superfície se expanda, isto é, para mantê-la em equilíbrio mecânico. Ela não está sujeita a medições experimentais diretas e deve ser calculada, complicando de forma significativa o tratamento do equilíbrio na fase adsorvida.

Como a pressão de espalhamento adiciona uma variável extra, o número de graus de liberdade para o equilíbrio gás/adsorvato é dado por uma versão alterada da regra das fases. Para o equilíbrio gás/adsorvato, $\pi = 2$; consequentemente,

$$F = N - \pi + 3 = N - 2 + 3 = N + 1$$

Assim, para a adsorção de uma espécie pura,

$$F = 1 + 1 = 2$$

e duas variáveis da regra das fases, por exemplo, T e P ou T e n, devem ser especificadas independentemente para estabelecer um estado de equilíbrio. Note que a fase sólida inerte não é contada como uma fase nem como uma espécie.

Lembre-se da relação de soma para a energia de Gibbs, que provém das Eqs. (10.8) e (10.12):

$$nG = \sum_i n_i \mu_i$$

Sua diferenciação fornece:

$$d(nG) = \sum_i \mu_i \, dn_i + \sum_i n_i \, d\mu_i$$

A comparação com a Eq. (15.34) mostra que:

$$(nS)dT - (na)d\Pi + \sum_i n_i \, d\mu_i = 0$$

ou

$$SdT - ad\Pi + \sum_i x_i d\mu_i = 0$$

Essa é a equação de Gibbs/Duhem para o adsorvato. Sua restrição à temperatura constante produz a *isoterma de adsorção de Gibbs*:

$$-a \, d\Pi + \sum_i x_i \, d\mu_i = 0 \qquad (T \text{ const.}) \tag{15.35}$$

A condição de equilíbrio entre o adsorvato e o gás supõe a mesma temperatura nas duas fases e requer que:

$$\mu_i = \mu_i^g$$

com μ_i^g representando o potencial químico da fase gás. Para uma mudança nas condições de equilíbrio,

$$d\mu_i = d\mu_i^g$$

Se a fase gás for um *gás ideal* (a hipótese usual), então a diferenciação da Eq. (10.29), a temperatura constante, fornece:

$$d\mu_i^g = RT \, d \ln (y_i P)$$

A combinação das duas últimas equações com a isoterma de adsorção de Gibbs fornece:

$$-\frac{a}{RT} d\Pi + d \ln P + \sum_i x_i \, d \ln y_i = 0 \qquad (T \text{ const.}) \tag{15.36}$$

com x_i e y_i representando, respectivamente, as frações molares no adsorvato e na fase gasosa.

Adsorção de Gases Puros

Fundamentais para o estudo experimental da adsorção de gases puros são as medidas, a temperatura constante, de n, os mols de gás adsorvidos, como uma função de P, a pressão na fase gasosa. Cada conjunto de dados representa uma *isoterma de adsorção* para o gás puro em determinado sólido adsorvente. Dados disponíveis são apresentados por Valenzuela e Myers.[5] A correlação desses dados necessita de uma relação analítica entre n e P, e tal relação deve ser consistente com a Eq. (15.36).

Escrita para uma espécie química pura, essa equação torna-se:

$$\frac{a}{RT} d\Pi = d \ln P \; (T \text{ const.}) \tag{15.37}$$

O análogo ao fator de compressibilidade para um adsorvato é definido pela equação:

$$z \equiv \frac{\Pi a}{RT} \tag{15.38}$$

Sua diferenciação a temperatura constante fornece:

$$dz = \frac{\Pi}{RT} da + \frac{a}{RT} d\Pi$$

[5] D. P. Valenzuela e A. L. Myers, *Adsorption Equilibrium Data Handbook*, Prentice Hall, Englewood Cliffs, NJ, 1989.

Substituindo a última parcela pela Eq. (15.37) e eliminando Π/RT em favor de z/a, de acordo com a Eq. (15.38), obtém-se:

$$-d \ln P = z\frac{da}{a} - dz$$

A substituição de $a = A/n$ e $da = -\,Adn/n^2$ fornece:

$$-d \ln P = -z\frac{dn}{n} - dz$$

Adicionando dn/n aos dois lados dessa equação e rearranjando,

$$d \ln\frac{n}{P} = (1 - z)\frac{dn}{n} - dz$$

A integração de $P = 0$ (em que $n = 0$ e $z = 1$) até $P = P$ e $n = n$ fornece:

$$\ln\frac{n}{P} - \ln \lim_{P\to 0} \frac{n}{P} = \int_0^n (1 - z)\frac{dn}{n} + 1 - z$$

O valor limite de n/P quando $n \to 0$ e $P \to 0$ deve ser encontrado pela extrapolação dos dados experimentais. Ao aplicar a regra de l'Hôpital a esse limite, obtém-se:

$$\lim_{P\to 0} \frac{n}{P} = \lim_{P\to 0} \frac{dn}{dP} \equiv k$$

Assim, k é definido como a inclinação limite de uma isoterma quando $P \to 0$ e é conhecido como constante de Henry para a adsorção. Ela é uma função somente da temperatura para determinado adsorvente e adsorvato, e ela é característica da interação específica entre determinado adsorvente e determinado adsorvato.

Consequentemente, as equações anteriores podem ser escritas da seguinte maneira:

$$\ln\frac{n}{kP} = \int_0^n (1 - z)\frac{dn}{n} + 1 - z$$

ou

$$n = kP \exp\left[\int_0^n (1 - z)\frac{dn}{n} + 1 - z\right] \tag{15.39}$$

Essa relação geral entre n, os mols adsorvidos, e P, a pressão da fase gás, inclui z, o fator de compressibilidade do adsorvato, que pode ser representado por uma equação de estado para o adsorvato. A equação para esse estado mais simples é análoga à do gás ideal, $z = 1$, e nesse caso a Eq. (15.39) fornece $n = kP$, que é a lei de Henry para a adsorção.

Uma equação de estado, conhecida como a equação do gás-lattice ideal,[6] foi desenvolvida especificamente para um adsorvato:

$$z = -\frac{m}{n} \ln\left(1 - \frac{n}{m}\right)$$

na qual m é uma constante. Essa equação está baseada nas hipóteses de que a superfície do adsorvente é um lattice bidimensional de sítios energeticamente equivalentes, cada um podendo capturar uma molécula do adsorvato, e de que as moléculas capturadas não interagem entre si. Consequentemente, a validade desse modelo é limitada a não mais do que uma cobertura em monocamada. A substituição dessa equação na Eq. (15.39) e a integração leva à *isoterma de Langmuir*:[7]

$$n = \left(\frac{m - n}{m}\right)kP$$

[6] Veja, por exemplo, T. L. Hill, *An Introduction to Statistical Mechanics*, Seção 7-1, Addison-Wesley, Reading, MA, 1960, reimpresso por Dover, 1987.

[7] Irving Langmuir (1881-1957), o segundo americano a receber o prêmio Nobel de Química, concedido em função de suas contribuições no campo da química de superfícies. Acesse: <http://www.nobelprize.org/nobel_prizes/chemistry/laureates/1932/ e http://en.wikipedia.org/wiki/Irving_Langmuir>.

Explicitando n:

$$n = \frac{mP}{\dfrac{m}{k} + P} \tag{15.40}$$

Alternativamente,

$$n = \frac{kbP}{b + P} \tag{15.41}$$

com $b \equiv m/k$, e k sendo a constante de Henry. Note que, quando $P \to 0$, n/P se aproxima de k como como era de se esperar. No outro extremo, quando $P \to \infty$, n se aproxima de m, o valor de *saturação* da quantidade específica adsorvida, representando uma cobertura completa em monocamada.

Com base nas mesmas hipóteses da equação do gás-lattice ideal, em 1918, Langmuir deduziu a Eq. (15.40) por meio da observação de que no equilíbrio a taxa de adsorção de moléculas do gás deve ser igual à taxa de dessorção das moléculas adsorvidas.[8] Na adsorção em monocamada, o número de sítios pode ser dividido entre a fração ocupada θ e a fração livre $1 - \theta$. Por definição,

$$\theta \equiv \frac{n}{m} \qquad \text{e} \qquad 1 - \theta = \frac{m - n}{m}$$

sendo m o valor de n para a cobertura em monocamada completa. Nas condições consideradas, a taxa de adsorção é proporcional à taxa na qual as moléculas se chocam com sítios não ocupados na superfície, que por sua vez é proporcional à pressão e à fração $1 - \theta$ dos sítios não ocupados na superfície. A taxa de dessorção é proporcional à fração θ dos sítios ocupados. Igualando as duas taxas, tem-se:

$$\kappa P \frac{m - n}{m} = \kappa' \frac{n}{m}$$

na qual κ e κ' são constantes de proporcionalidade (das taxas). Explicitando n e reorganizando, obtém-se:

$$n = \frac{\kappa m P}{\kappa P + \kappa'} = \frac{mP}{\dfrac{1}{K} + P}$$

sendo $K \equiv \kappa/\kappa'$, a razão entre as constantes das taxas de adsorção e de dessorção, a constante de equilíbrio da adsorção convencional. A segunda igualdade nessa equação é equivalente à Eq. (15.40) e indica que a constante de equilíbrio da adsorção é igual a constante de Henry dividida por m, isto é, $K = k/m$.

Como as considerações sobre as quais ela está baseada são satisfeitas a baixas coberturas da superfície, a isoterma de Langmuir é sempre válida quando $\theta \to 0$ e quando $n \to 0$. Apesar dessas considerações se afastarem da realidade em maiores coberturas, a isoterma de Langmuir pode fornecer uma representação global aproximada para correlacionar dados n *versus* P; contudo, ela não leva a valores razoáveis para m.

Substituindo $a = A/n$ na Eq. (15.37), obtém-se:

$$\frac{A\,d\Pi}{RT} = n\,d\ln P$$

A integração, a temperatura constante, de $P = 0$ (em que $\Pi = 0$) até $P = P$ e $\Pi = \Pi$ fornece:

$$\frac{\Pi A}{RT} = \int_0^P \frac{n}{P}\,dP \tag{15.42}$$

Essa equação fornece o único meio para avaliação da pressão de espalhamento. A integração pode ser efetuada numericamente ou graficamente com dados experimentais, ou os dados podem ser ajustados a uma equação para uma isoterma. Por exemplo, se o integrando n/P for representado pela Eq. (15.41), a isoterma de Langmuir, então:

$$\frac{\Pi A}{RT} = kb \ln \frac{P + b}{b} \tag{15.43}$$

uma equação válida para $n \to 0$.

Nenhuma equação de estado que leve a uma isoterma de adsorção que descreva de uma forma geral os dados experimentais ao longo do intervalo completo de n, de zero à cobertura completa em monocamada, é conhecida.

[8] I. Langmuir, *J. Am. Chem. Soc.*, vol. 40, p. 1361, 1918.

As isotermas que têm utilidade prática são em geral extensões empíricas a três parâmetros da isoterma de Langmuir. Um exemplo é a equação de Toth:[9]

$$n = \frac{mP}{(b + P^t)^{1/t}} \tag{15.44}$$

que adiciona um expoente (t) como um terceiro parâmetro e se reduz à equação de Langmuir para $t = 1$. Quando o integrando da Eq. (15.42) é representado pela equação de Toth e pela maioria das equações a três parâmetros, sua integração requer métodos numéricos. Além disso, frequentemente a característica empírica de tais equações introduz uma singularidade que as faz comportarem-se impropriamente no limite quando $P \to 0$. Assim, para a equação de Toth ($t < 1$), a segunda derivada d^2n/dP^2 tende a $-\infty$ no limite, tornando muito grandes os valores da constante de Henry calculados por essa equação. Ainda assim, a equação de Toth encontra uso prático frequente como uma isoterma de adsorção. Entretanto, ela não é sempre adequada e um número de outras isotermas de adsorção encontra-se em uso, conforme discutido por Suzuki.[10] Entre elas, a equação de Freundlich,

$$\theta = \frac{n}{m} = \alpha P^{1/\beta} \qquad (\beta > 1) \tag{15.45}$$

é uma isoterma a dois parâmetros (α e β) que frequentemente correlaciona com sucesso dados experimentais para valores de θ baixos e intermediários.

▪ Exemplo 15.8

Nakahara *et al.*[11] apresentam dados para o etileno adsorvido em uma peneira molecular de carbono (A = 650 m^2 · g^{-1}), a 50 °C. Os dados, mostrados como círculos cheios na Figura 15.7, são constituídos por pares de valores (P, n), com P sendo a pressão do gás no equilíbrio, em kPa, e n representando mols de adsorvato por kg de adsorvente. As tendências mostradas pelos dados são típicas da adsorção física sobre um adsorvente heterogêneo com coberturas de baixas a moderadas. Use esses dados para ilustrar numericamente os conceitos desenvolvidos para a adsorção de gases puros.

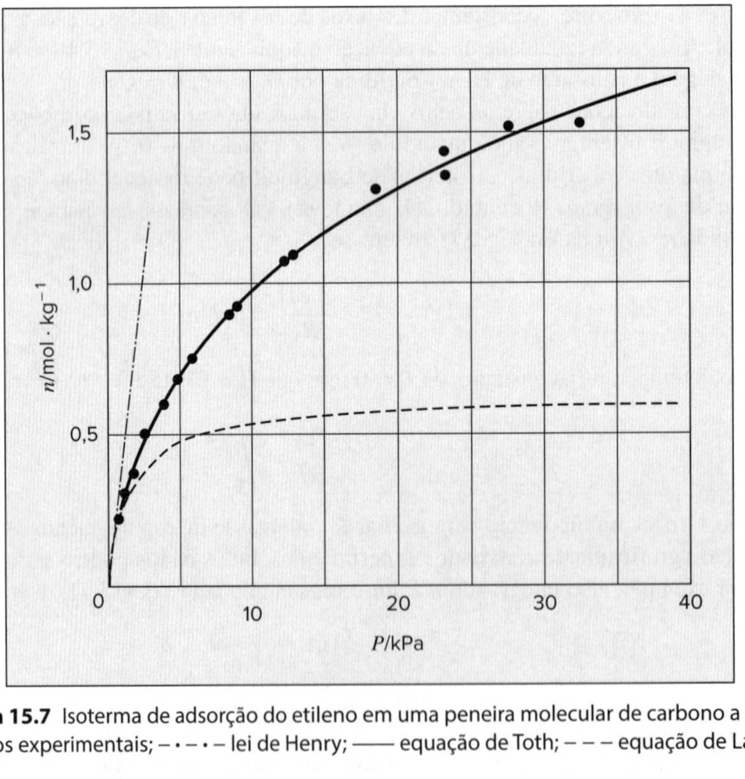

Figura 15.7 Isoterma de adsorção do etileno em uma peneira molecular de carbono a 50 °C.
Legenda: • dados experimentais; – • – • – lei de Henry; —— equação de Toth; – – – equação de Langmuir $n \to 0$.

[9] J. Toth, *Adsorption, Theory, Modelling, and Analysis*, Dekker, New York, 2002.
[10] M. Suzuki, *Adsorption Engineering*, pp. 35-51, Elsevier, Amsterdam, 1990.
[11] T. Nakahara, M. Hirata e H. Mori, *J. Chem. Eng. Data*, vol. 27, pp. 317-320, 1982.

Solução 15.8

A linha cheia na Figura 15.7 representa um ajuste dos dados por meio da Eq. (15.44), a equação de Toth, com os valores dos parâmetros apresentados por Valenzuela e Myers (*loc. cit.*):

$$m = 4{,}7087 \qquad b = 2{,}1941 \qquad t = 0{,}3984$$

Eles implicam em um valor aparente para a constante de Henry:

$$k(\text{Toth}) = \lim_{P\to\infty} \frac{n}{P} = \frac{m}{b^{1/t}} = 0{,}6551 \text{ mol} \cdot \text{kg}^{-1} \cdot \text{kPa}^{-1}$$

Embora a qualidade global do ajuste seja excelente, o valor da constante de Henry é muito grande, conforme mostraremos a seguir.

A extração da constante de Henry a partir de uma isoterma de adsorção é facilitada quando n/P (ao invés de n) é considerada a variável dependente e n (ao invés de P) a variável independente. Os dados representados graficamente são mostrados na Figura 15.8. Nele, a constante de Henry é a interseção extrapolada:

$$k = \lim_{P\to 0} \frac{n}{P} = \lim_{n\to 0} \frac{n}{P}$$

em que a segunda igualdade vem da primeira porque $n \to 0$ quando $P \to 0$. A avaliação da interseção (e consequentemente de k) foi efetuada, nesse caso, pelo ajuste de todos os dados n/P por meio de uma polinomial cúbica em n:

$$\frac{n}{P} = C_0 + C_1 n + C_2 n^2 + C_3 n^3$$

Os parâmetros determinados são:

$$C_0 = 0{,}4016 \qquad C_1 = -0{,}6471 \qquad C_2 = -0{,}4567 \qquad C_3 = -0{,}1200$$

Em que, $$k = C_0 = 0{,}4016 \text{ mol} \cdot \text{kg}^{-1} \cdot \text{kPa}^{-1}$$

A representação de n/P pela polinomial cúbica é apresentada como a curva cheia na Figura 15.8 e a interseção extrapolada ($C_0 = k = 0{,}4016$) é indicada por um círculo aberto. Para comparação, a linha pontilhada é a porção de baixos valores de n da curva n/P, fornecida pela equação de Toth. Aqui fica claro que a interseção extrapolada k(Toth), fora da escala nessa figura, é muito alta. A equação de Toth não pode fornecer uma representação precisa do comportamento da adsorção em valores muito pequenos de n ou P.

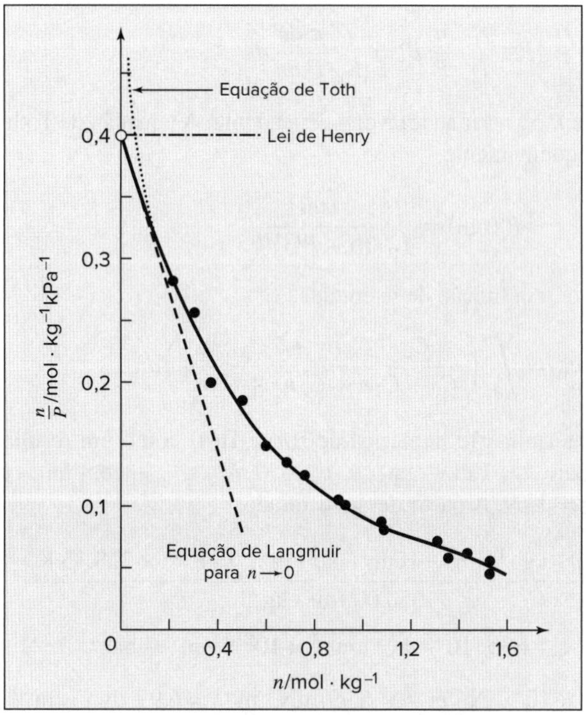

Legenda:
- dados experimentais;
—— ajuste polinomial cúbico de n/P *versus* n;
– – – equação de Langmuir $n \to 0$;
– • – • – lei de Henry;
• • • • • equação de Toth para pequenos n.

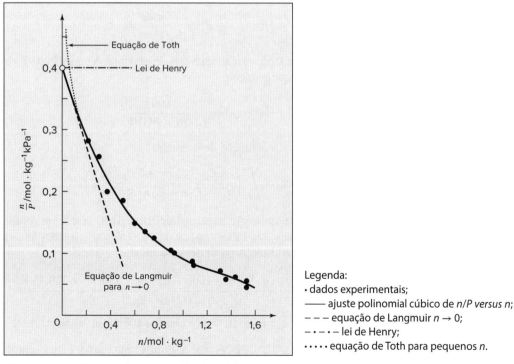

Figura 15.8 Gráfico n/P *versus* n para a adsorção de etileno em uma peneira molecular de carbono a 50 °C.

Por outro lado, a equação de Langmuir é sempre adequada para valores suficientemente baixos de n ou P. Uma reordenação da Eq. (15.41) fornece:

$$\frac{n}{P} = k - \frac{1}{b}n$$

que mostra que a equação de Langmuir implica em uma variação linear de n/P com n. Consequentemente, a tangente limite à isoterma "verdadeira" em um gráfico n/P *versus* n representa a aproximação de Langmuir da isoterma para baixos valores de n, conforme mostrado pela linha tracejada nas Figuras 15.7 e 15.8. Ela é dada pela equação:

$$\frac{n}{P} = 0{,}4016 - 0{,}6471n$$

ou, de forma equivalente, por $$n = \frac{0{,}6206P}{1{,}5454 + P}$$

As Figuras 15.7 e 15.8 mostram que, neste exemplo, a lei de Henry (representada pela linha tracejada com pontos alternados) e a forma limite da equação de Langmuir fornecem, respectivamente, os limites superior e inferior da isoterma real. A isoterma de Langmuir, quando ajustada a *todos* os pontos experimentais, fornece uma curva (não mostrada) na Figura 15.7 que representa os dados razoavelmente bem, mas não tão bem como a expressão de Toth a três parâmetros.

Nem a pressão de espalhamento, nem a equação de estado para o adsorvato são necessárias para uma correlação empírica de dados da adsorção de uma única espécie. Entretanto, um conjunto de dados (n, P) *implica* uma equação de estado para a fase adsorvida e, consequentemente, em uma relação entre a pressão de espalhamento Π e os mols adsorvidos. Pela Eq. (15.42),

$$\frac{\Pi A}{RT} = \int_0^P \frac{n}{P}dP = \int_0^n \frac{n}{P}\frac{dP}{dn}dn$$

A Eq. (15.38) pode ser escrita na forma:

$$z = \frac{\Pi A}{nRT}$$

Em que, $$z = \frac{1}{n}\int_0^P \frac{n}{P}dP = \frac{1}{n}\int_0^n \frac{n}{P}\frac{dP}{dn}dn$$

A determinação de valores numéricos para z e Π depende da avaliação da integral:

$$I \equiv \int_0^P \frac{n}{P}dP = \int_0^n \frac{n}{P}\frac{dP}{dn}dn$$

A escolha da forma depende do fato de P ou n ser a variável independente. A equação de Toth fornece o integrando n/P como uma função de P. Consequentemente,

$$I(\text{Toth}) = \int_0^P \frac{m dP}{(b + P^t)^{1/t}}$$

A polinomial cúbica fornece n/P como uma função de n, em que,

$$I(\text{cúbica}) = \int_0^n \left(\frac{C_0 - C_2n^2 - 2C_3n^3}{C_0 + C_1n + C_2n^2 + C_3n^3} \right) dn$$

Essas duas expressões permitem a determinação numérica de $z(n)$ e $\Pi(n)$ como um resultado das correlações apresentadas nesse exemplo. Assim, para $n = 1\ \text{mol} \cdot \text{kg}^{-1}$ e $A = 650\ \text{m}^2 \cdot \text{g}^{-1}$, encontramos com as equações de Toth e com a polinomial cúbica que $z = 1{,}69$. A partir desse resultado,

$$\Pi = \frac{nRT}{A}z = \frac{1\,\text{mol} \cdot \text{kg}^{-1} \times 83{,}14\,\text{cm}^3 \cdot \text{bar} \cdot \text{mol}^{-1} \cdot \text{K}^{-1} \times 323{,}15\ \text{K}}{650.000\,\text{m}^2 \cdot \text{kg}^{-1}}$$

$$\times\ 1{,}69 \times 10^{-6}\text{m}^3 \cdot \text{cm}^{-3} \times 10^5\text{N} \cdot \text{m}^{-2} \cdot \text{bar}^{-1}$$

$$= 6{,}99 \times 10^{-3}\ \text{N} \cdot \text{m}^{-1} = 6{,}99\ \text{mN} \cdot \text{m}^{-1} = 6{,}99\ \text{dyn} \cdot \text{cm}^{-1}$$

A capacidade de adsorção de um adsorvente depende diretamente da sua área superficial específica A, porém, a determinação desses valores vultosos não é uma tarefa trivial. Os meios são oferecidos pelo próprio processo de adsorção. A ideia básica é medir a quantidade de um gás adsorvida em uma cobertura em monocamada completa e multiplicar o número de moléculas adsorvidas pela área ocupada por uma única molécula. Duas dificuldades acompanham esse procedimento. A primeira é detectar o ponto da cobertura em monocamada completa. A segunda é que diferentes gases como adsorvatos resultam em diferentes valores de área. O último problema é geralmente contornado pela adoção do nitrogênio como padrão de adsorvato. O procedimento envolve a elaboração de medidas da adsorção (física) do N_2 no seu ponto normal de ebulição (−195,8 °C) em pressões que podem atingir até sua pressão de vapor de 1(atm). O resultado é uma curva que inicialmente, em baixas pressões, parece com a da Figura 15.7. Quando a cobertura em monocamada está próxima de completar-se, a adsorção em multicamada inicia e a curva muda de direção, com n crescendo ainda mais rapidamente com a pressão. Finalmente, com a pressão se aproximando de 1(atm), a pressão de vapor do adsorvato N_2, a curva se torna quase vertical porque há condensação nos poros do adsorvente. O problema é identificar o ponto na curva que representa a cobertura em monocamada completa. O procedimento usual é ajustar a equação de Brunauer/Emmett/Teller (BET), uma extensão a dois parâmetros da isoterma de Langmuir para a adsorção em multicamada, aos dados n *versus* P. A partir desse resultado, pode-se determinar um valor para m.[12] Uma vez conhecido m, a multiplicação pelo número de Avogadro e pela área ocupada por uma molécula de N_2 adsorvida (16,2 Å^2) fornece a área superficial. O método tem suas incertezas, particularmente em peneiras moleculares onde os poros podem conter moléculas não adsorvidas. Todavia, ele é uma ferramenta útil e amplamente utilizada na caracterização e na comparação de capacidades de adsorção.

Calor de Adsorção

A equação de Clapeyron, deduzida na Seção 6.5 para o calor latente de mudança de fase de espécies químicas puras, também se aplica ao equilíbrio na adsorção de um gás puro. Aqui, contudo, a pressão do equilíbrio bifásico não depende somente da temperatura, mas também da cobertura superficial ou da quantidade adsorvida. Assim, a equação análoga para a adsorção é escrita na forma

$$\left(\frac{\partial P}{\partial T}\right)_n = \frac{\Delta H^{av}}{T\Delta V^{av}} \tag{15.46}$$

na qual o subscrito n significa que a derivada é efetuada a uma quantidade adsorvida constante. O sobrescrito av indica uma variação da propriedade na dessorção, isto é, a diferença entre a propriedade da fase vapor e a propriedade da fase adsorvida. A grandeza $\Delta H^{av} \equiv H^v - H^a$ é definida como o *calor de adsorção isoestérico* e é normalmente uma grandeza positiva.[13] O calor de adsorção é uma boa indicação da intensidade das forças unindo as moléculas adsorvidas à superfície do adsorvente e, consequentemente, sua magnitude pode com frequência ser utilizada para a distinção entre adsorção física e quimissorção.

A dependência dos calores de adsorção com a cobertura superficial tem sua base na heterogeneidade energética da maioria das superfícies sólidas. Os primeiros sítios a serem ocupados em uma superfície são aqueles que atraem as moléculas de adsorvato mais fortemente e com a maior liberação de energia. Dessa forma, o calor de adsorção normalmente diminui com a cobertura superficial. Com todos os sítios ocupados e com o início da adsorção em multicamada, as forças dominantes se tornam aquelas entre as moléculas do adsorvato e para espécies em condições subcríticas a diminuição do calor de adsorção o aproxima do calor de vaporização.

A equivalência energética de todos os sítios de adsorção foi admitida na dedução da isoterma de Langmuir, o que implica que o calor de adsorção seja independente da cobertura superficial. Isso explica, em parte, a incapacidade da isoterma de Langmuir em fornecer um bom ajuste da maioria dos pontos experimentais em um amplo intervalo de coberturas superficiais. A isoterma de Freundlich, Eq. (15.45), implica em um decréscimo logarítmico do calor de adsorção com a cobertura superficial.

Como no desenvolvimento da equação de Clausius/Clapeyron (Exemplo 6.6), se considerarmos, para baixas pressões, que a fase gás seja ideal e que o volume ocupado pelo adsorvato seja desprezível em relação ao volume da fase gás, a Eq. (15.46) torna-se:

$$\left(\frac{\partial \ln P}{\partial T}\right)_n = \frac{\Delta H^{av}}{RT^2} \tag{15.47}$$

[12] J. M. Smith, *Chemical Kinetics*, 3ª ed., Seção 8-1, McGraw-Hill, New York, 1981.

[13] Outros calores de adsorção, definidos de forma diferente, também encontram-se em uso. Contudo, o calor isoestérico é o mais comum e é o necessário para balanços de energia em colunas de adsorção.

A utilização dessa equação requer a medição de isotermas, como a isoterma a 50 °C na Figura 15.7, em várias temperaturas. Desses dados podem ser extraídos conjuntos de relações P *versus* T a n constante, a partir das quais os valores da derivada parcial da Eq. (15.47) podem ser obtidos. Na quimissorção, os valores de ΔH^{av} normalmente variam de 60 a 170 kJ · mol^{-1}. Na adsorção física eles são menores. Por exemplo, os valores medidos em coberturas muito pequenas para a adsorção física de nitrogênio e n-butano sobre zeólita 5A são 18,0 e 43,1 kJ · mol^{-1}, respectivamente.[14]

Adsorção de Misturas de Gases

A adsorção de misturas de gases é tratada de forma similar à formulação gama/phi do ELV (Seção 13.2). Identificando as propriedades da fase gás pelo sobrescrito g, reescrevemos as Eqs. (10.31) e (10.46), que definem a fugacidade, na forma:

$G_i^g = \Gamma_i^g(T) + RT \ln f_i^g$ (15.48)	$\mu_i^g = \Gamma_i^g(T) + RT \ln \hat{f}_i^g$ (15.49)

Observe, como resultado das Eqs. (10.32) e (10.53), que:

$$\lim_{P\to 0} \frac{f_i^g}{P} = 1 \qquad \text{e} \qquad \lim_{P\to 0} \frac{\hat{f}_i^g}{y_i P} = 1$$

Para o adsorvato, as equações análogas são:

$G_i = \Gamma_i(T) + RT \ln f_i$ (15.50)	$\mu_i = \Gamma_i(T) + RT \ln \hat{f}_i$ (15.51)

com
$$\lim_{\Pi\to 0} \frac{f_i}{\Pi} = 1 \qquad \text{e} \qquad \lim_{\Pi\to 0} \frac{\hat{f}_i}{x_i \Pi} = 1$$

As energias de Gibbs, conforme dadas pelas Eqs. (15.48) e (15.50), podem ser igualadas para o equilíbrio adsorvato/gás puro:

$$\Gamma_i^g(T) + RT \ln f_i^g = \Gamma_i(T) + RT \ln f_i$$

Rearranjando, obtém-se:

$$\frac{f_i}{f_i^g} = \exp\left[\frac{\Gamma_i^g(T) + \Gamma_i(T)}{RT}\right] \equiv F_i(T) \tag{15.52}$$

O valor limite de f_i/f_i^g quando P e Π se aproximam de zero pode ser usado para determinar $F_i(T)$:

$$\lim_{\substack{P\to 0\\ \Pi\to 0}} \frac{f_i}{f_i^g} = \lim_{\substack{P\to 0\\ \Pi\to 0}} \frac{\Pi}{P} = \lim_{\substack{n_i\to 0\\ P\to 0}} \frac{n_i}{P} \lim_{\substack{\Pi\to 0\\ n_i\to 0}} \frac{\Pi}{n_i}$$

O primeiro limite do último membro é a constante de Henry k_i; o segundo limite é avaliado a partir da Eq. (15.48), escrita na forma $\Pi/n_i = z_i RT/A$; assim,

$$\lim_{\substack{\Pi\to 0\\ n_i\to 0}} \frac{\Pi}{n_i} = \frac{RT}{A}$$

Em conjunto com a Eq. (15.52), essas equações fornecem:

$F_i(T) = \frac{k_i RT}{A}$ (15.53)	$f_i = \frac{k_i RT}{A} f_i^g$ (15.54)

[14] N. Hashimoto e J. M. Smith, *Ind. Eng. Chem. Fund.*, vol. 12, p. 353, 1973.

Analogamente, podemos igualar as Eqs. (15.49) e (15.51), o que fornece:

$$\Gamma_i^g(T) + RT \ln \hat{f}_i^g = \Gamma_i(T) + RT \ln \hat{f}_i$$

da qual

$$\frac{\hat{f}_i}{\hat{f}_i^g} = \exp\left[\frac{\Gamma_i^g(T) + \Gamma_i(T)}{RT}\right] \equiv F_i(T)$$

Então, pela Eq. (15.53),

$$\hat{f}_i = \frac{k_i RT}{A}\hat{f}_i^g \tag{15.55}$$

Essas equações mostram que a igualdade de fugacidades não é um critério adequado para o equilíbrio adsorvato/gás. Isto também fica evidente pelo fato de que as unidades das fugacidades na fase gás serem as de pressão, enquanto as unidades das fugacidades no adsorvato são as da pressão de espalhamento. Na maioria das aplicações, as fugacidades aparecem como razões e o fator $k_i RT/A$ desaparece. Todavia, é instrutivo observar que a igualdade de potenciais químicos, e não de fugacidades, é o critério fundamental do equilíbrio de fases.

Um coeficiente de atividade para as espécies constituintes de um adsorvato formado por uma mistura de gases é definido pela equação:

$$\gamma_i \equiv \frac{\hat{f}_i}{x_i f_i^\circ}$$

sendo $\hat{f}_i$ e f_i° avaliadas na mesma T e na mesma *pressão de espalhamento* Π. O símbolo de grau (°) indica valores para o equilíbrio de adsorção de *i puro* na pressão de espalhamento da *mistura*. A substituição das fugacidades pelas Eqs. (15.54) e (15.55) fornece:

$$\gamma_i = \frac{\hat{f}_i^g(P)}{x_i f_i^g(P_i^\circ)}$$

As fugacidades são avaliadas nas pressões indicadas entre parênteses, sendo P a pressão de equilíbrio da mistura gasosa e P_i° a pressão de equilíbrio no gás puro que produz a mesma pressão de espalhamento. Se as fugacidades da fase gás forem eliminadas em favor dos coeficientes de fugacidade [Eqs. (11.34) e (10.52)], então:

$$\gamma_i = \frac{y_i \hat{\phi}_i P}{x_i \phi_i P_i^\circ}$$

ou

$$y_i \hat{\phi}_i P = x_i \phi_i P_i^\circ \gamma_i \tag{15.56}$$

A hipótese usual é que a fase gás é ideal; os coeficientes de fugacidade são, portanto, unitários:

$$y_i P = x_i P_i^\circ \gamma_i \tag{15.57}$$

Essas equações fornecem os meios para o cálculo dos coeficientes de atividade a partir de dados da adsorção de misturas gasosas. Alternativamente, se os valores de γ_i puderem ser previstos, eles permitem o cálculo da composição do adsorvato. Principalmente se o adsorvato da mistura gasosa formar uma solução ideal, então $\gamma_i = 1$ e a equação resultante for análoga, para a adsorção, à lei de Raoult:

$$y_i P = x_i P_i^\circ \tag{15.58}$$

Essa equação é sempre válida quando $P \to 0$ e no intervalo de pressões no qual a lei de Henry é uma aproximação aceitável.

A Eq. (15.42) é aplicável não somente na adsorção de gases puros, mas também na adsorção de misturas gasosas com composição constante. Utilizada no intervalo no qual a lei de Henry é válida, ela fornece:

$$\frac{\Pi A}{RT} = kP \tag{15.59}$$

sendo k a constante de Henry da mistura gasosa. Para a adsorção da espécie pura i na mesma pressão de espalhamento, ela se torna:

$$\frac{\Pi A}{RT} = k_i P_i^\circ$$

Combinando essas duas equações com a Eq. (15.58), obtém-se:

$$y_i k_i = x_i k$$

Somando em todas i,

$$k = \sum_i y_i k_i \tag{15.60}$$

A eliminação de k entre essas duas equações fornece:

$$x_i = \frac{y_i k_i}{\sum_i y_i k_i} \tag{15.61}$$

Esta equação simples, necessitando somente de dados da adsorção de gases puros, fornece composições de adsorvatos no limite quando $P \to 0$.

Para uma solução adsorvato ideal, em analogia com a Eq. (10.81) para volumes,

$$a = \sum_i x_i a_i^\circ$$

sendo a a área molar do adsorvato da mistura gasosa e a_i° a área molar do adsorvato do gás puro nas mesmas temperatura e pressão de espalhamento. Como $a = A/n$ e $a_i^\circ = A/n_i^\circ$, essa equação pode ser escrita conforme segue:

$$\frac{1}{n} = \sum_i \frac{x_i}{n_i^\circ}$$

ou

$$n = \frac{1}{\sum_i (x_i/n_i^\circ)} \tag{15.62}$$

sendo n a quantidade específica do adsorvato da mistura gasosa e n_i° a quantidade específica do adsorvato i puro na mesma pressão de espalhamento. Obviamente, a quantidade da espécie i no *adsorvato da mistura gasosa* é $n_i = x_i n$.

A previsão do equilíbrio na adsorção de misturas gasosas pela *teoria da solução adsorvida ideal*[15] está baseada nas Eqs. (15.58) e (15.62). A seguir há um breve esboço do procedimento. Como há $N + 1$ graus de liberdade, T e P, bem como a composição da fase gás, devem ser especificadas. Os resultados são a composição do adsorvato e a quantidade específica adsorvida. As isotermas de adsorção de *cada espécie pura* devem ser conhecidas no intervalo de pressões de zero até o valor que produz a pressão de espalhamento do adsorvato da mistura gasosa. Para ilustrarmos isso melhor, consideramos que a Eq. (15.41), a isoterma de Langmuir, se aplica a cada espécie pura e a escrevemos na forma:

$$n_i^\circ = \frac{k_i b_i P_i^\circ}{b_i + P_i^\circ} \tag{A}$$

O inverso da Eq. (15.43) gera uma expressão para P_i°, que fornece valores de P_i° correspondentes à pressão de espalhamento do adsorvato da mistura gasosa:

$$P_i^\circ = b_i\left(\exp\frac{\psi}{k_i b_i} - 1\right) \tag{B}$$

sendo

$$\psi \equiv \frac{\Pi A}{RT}$$

Então, as etapas a seguir constituem um procedimento de solução:

- Uma estimativa inicial de ψ é encontrada a partir das equações da lei de Henry. A combinação da definição de ψ com as Eqs. (15.59) e (15.60) fornece:

$$\psi = P \sum_i y_i k_i$$

- Com essa estimativa para ψ, calcule P_i° para cada espécie i com a Eq. (B) e n_i° de cada espécie i com a Eq. (A).
- Pode-se mostrar que o erro em ψ é aproximado por:

$$\delta\psi = \frac{P \sum_i \frac{y_i}{P_i^\circ} - 1}{P \sum_i \frac{y_i}{P_i^\circ n_i^\circ}}$$

[15] A. L. Myers e J. M. Prausnitz, *AIChE J.*, vol. 11, pp. 121-127, 1965; D. P. Valenzuela e A. L. Myers, *op. cit.*

Além disso, a aproximação se torna mais exata na medida em que $\delta\psi$ diminui. Se $\delta\psi$ for menor do que alguma tolerância pré-estabelecida (digamos $\delta\psi < \psi \times 10^{-7}$), o cálculo avança para a etapa final; se não, um novo valor, $\psi = \psi + \delta\psi$, é determinado e o cálculo retorna à etapa anterior.

- Calcule x_i para cada espécie i com a Eq. (15.58):

$$x_i = \frac{y_i P}{P_i^\circ}$$

Calcule a quantidade específica adsorvida com a Eq. (15.62).

O uso da isoterma de Langmuir fez este algoritmo computacional parecer muito simples, porque uma solução direta para P_i° (etapa 2) é possível. Entretanto, a maioria das equações para isotermas de adsorção são mais complicadas e esse cálculo deve ser efetuado numericamente. Isto aumenta significativamente o esforço computacional, mas não altera o procedimento geral.

Previsões do equilíbrio na adsorção pela teoria da solução adsorvida ideal são normalmente satisfatórias quando a quantidade específica adsorvida é menor do que um terço do valor de saturação para a cobertura monocamada. Em quantidades adsorvidas maiores, desvios apreciáveis e negativos da idealidade são promovidos pelas diferenças de tamanho das moléculas do adsorvato e pela heterogeneidade do adsorvente. Então, deve-se recorrer à Eq. (15.57). A dificuldade está na obtenção dos valores dos coeficientes de atividade, que são fortes funções da pressão de espalhamento e da temperatura. Esse comportamento não ocorre nos coeficientes de atividade em fases líquidas, os quais, na maioria das aplicações, não são influenciados pela pressão. Este tópico é tratado por Talu *et al.*[16]

15.6 EQUILÍBRIO OSMÓTICO E PRESSÃO OSMÓTICA

A maioria da água da terra está nos oceanos, como água do mar. Em algumas regiões, a água do mar é a melhor fonte de água doce para uso público e comercial. A conversão de água do mar em água doce requer a separação de água mais ou menos pura de uma solução aquosa contendo solutos como espécies dissolvidas. Historicamente, isso era realizado por meio da destilação. Entretanto, nos últimos anos, a *osmose inversa* ultrapassou a destilação e a maioria da capacidade de dessalinização ao redor do mundo consiste de instalações de osmose inversa. Os conceitos do equilíbrio osmótico e da pressão osmótica são fundamentais para um entendimento de separações osmóticas, sendo os tópicos desta seção.

Considere a situação física idealizada representada pela Figura 15.9. Uma câmara é dividida em dois compartimentos por uma divisória rígida semipermeável (membrana). O compartimento da esquerda contém uma solução líquida binária soluto(1)/solvente(2) e o lado direito contém solvente puro; a divisória é permeável somente para a espécie solvente 2. A temperatura é uniforme e constante em toda câmara, mas êmbolos móveis permitem o ajuste independente das pressões nos dois compartimentos.

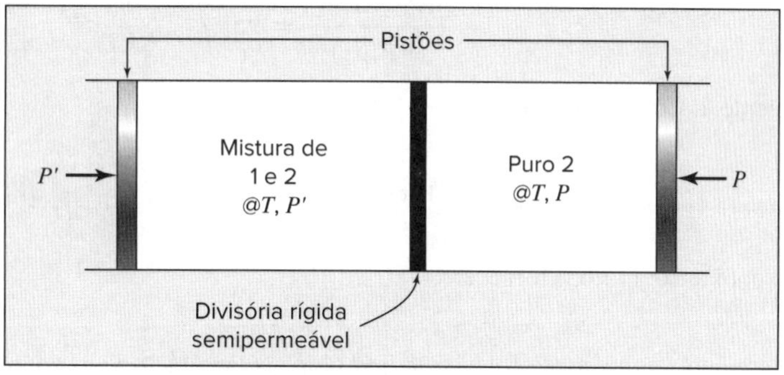

Figura 15.9 Sistema osmótico idealizado.

Suponha que a pressão seja a mesma nos dois compartimentos, $P' = P$, o que implica na desigualdade da fugacidade $\hat{f}_2$ da única espécie distribuída (o solvente), para o qual pela Eq. (15.2),

$$\frac{d\hat{f}_2}{dx_2} > 0 \qquad (T, P \text{ const.})$$

o que significa que
$$\hat{f}_2(T, P' = P, x_2 < 1) < \hat{f}_2(T, P, x_2 = 1) \equiv f_2(T, P)$$

[16]O. Talu, J. Li e A. L. Myers, *Adsorption*, vol. 1, pp. 103-112, 1995.

Assim, se $P' = P$, a fugacidade do solvente é menor no compartimento da esquerda em relação ao da direita. A diferença nas fugacidades do solvente representa uma força motriz para a transferência de massa e o solvente se difunde através da divisória, da direita para a esquerda.

O equilíbrio é estabelecido quando a pressão P' é aumentada até um valor apropriado P^*, tal que

$$\hat{f}_2(T, P' = P^*, x_2 < 1) = f_2(T, P)$$

A diferença de pressões, $\Pi \equiv P^* - P$, é a *pressão osmótica* da solução, definida implicitamente pela equação de equilíbrio para a espécie 2, que na forma abreviada é:

$$\hat{f}_2(P + \Pi, x_2) = f_2(P) \tag{15.63}$$

A Eq. (15.63) é a base para o desenvolvimento de expressões explícitas para a pressão osmótica Π. A dedução é facilitada pela identidade:

$$\hat{f}_2(P + \Pi, x_2) \equiv f_2(P) \cdot \frac{\hat{f}_2(P, x_2)}{f_2(P)} \cdot \frac{\hat{f}_2(P + \Pi, x_2)}{\hat{f}_2(P, x_2)} \tag{15.64}$$

A primeira razão na direita é, pela Eq. (13.2),

$$\frac{\hat{f}_2(P, x_2)}{f_2(P)} = x_2 \gamma_2$$

com γ_2 sendo o coeficiente de atividade do solvente na mistura a pressão P. A segunda razão é um *fator de Poynting*, representando aqui um efeito da pressão na fugacidade de uma espécie em solução. Uma expressão para esse fator é facilmente encontrada a partir da Eq. (10.46):

$$\left(\frac{\partial \ln \hat{f}_i}{\partial P}\right)_{T,x} = \frac{1}{RT}\left(\frac{\partial \mu_i}{\partial P}\right)_{T,x}$$

Pelas Eqs. (10.18) e (10.8),
$$\left(\frac{\partial \mu_i}{\partial P}\right)_{T,x} = \bar{V}_i$$

Então, para a espécie 2,
$$\left(\frac{\partial \ln \hat{f}_2}{\partial P}\right)_{T,x} = \frac{\bar{V}_2}{RT}$$

Em que,
$$\frac{\hat{f}_2(P + \Pi, x_2)}{\hat{f}_2(P, x_2)} = \exp \int_P^{P+\Pi} \frac{\bar{V}_2}{RT} dP$$

Consequentemente, a Eq. (15.64) torna-se:

$$\hat{f}(P + \Pi, x_2) = x_2 \gamma_2 \, f_2(P) \exp \int_P^{P+\Pi} \frac{\bar{V}_2}{RT} dP$$

A combinação com a Eq. (15.63) fornece:

$$x_2 \gamma_2 \exp \int_P^{P+\Pi} \frac{\bar{V}_2}{RT} dP = 1$$

ou
$$\boxed{\int_P^{P+\Pi} \frac{\bar{V}_2}{RT} dP = -\ln(x_2 \gamma_2)} \tag{15.65}$$

A Eq. (15.65) é exata; expressões de trabalho para Π vêm de aproximações razoáveis.

Se ignorarmos o efeito da pressão sobre $\bar{V}_2$, a integral torna-se $\Pi \bar{V}_2 / RT$. Então, explicitando Π, tem-se:

$$\Pi = -\frac{RT}{\bar{V}_2} \ln(x_2 \gamma_2) \tag{15.66}$$

Se, além disso, a solução for suficientemente diluída no soluto 1,

$$\bar{V}_2 \approx V_2 \qquad \gamma_2 \approx 1 \qquad \text{e} \qquad \ln(x_2\gamma_2) \approx \ln(1 - x_1) \approx -x_1$$

Com essas aproximações, a Eq. (15.66) torna-se:

$$\Pi = \frac{x_1 RT}{V_2} \tag{15.67}$$

A Eq. (15.67) é conhecida como a equação de van't Hoff.[17]

A Eq. (15.65) é válida quando a espécie 1 é um não eletrólito. Se o soluto for um eletrólito forte (completamente dissociado) contendo *m* íons, então o lado direito será:

$$-\ln(x_2^m \gamma_2)$$

e a equação de van't Hoff torna-se:

$$\Pi = \frac{m x_1 RT}{V_2}$$

A pressão osmótica pode ser bem grande, mesmo para soluções muito diluídas. Considere uma solução aquosa contendo a fração molar $x_1 = 0{,}001$ de um soluto de espécie não eletrólito, a 25 °C. Então,

$$\Pi = 0{,}001 \times \frac{1 \text{ mol}}{18{,}02 \text{ cm}^3} \times 83{,}14 \frac{\text{bar} \cdot \text{cm}^3}{\text{mol} \cdot \text{K}} \times 298{,}15 \text{ K} = 1{,}38 \text{ bar}$$

Com referência à Figura 15.9, isso significa que, para uma pressão $P = 1$ bar no solvente puro, a pressão P' na solução deve ser 2,38 bar para evitar a difusão do solvente da direita para a esquerda, isto é, para estabelecer *equilíbrio osmótico*.[18] Pressões P' superiores a esse valor tornam:

$$\hat{f}_2(P', x_2) > f_2(P)$$

e há uma força motriz para transferir água (solvente) da esquerda para a direita. Essa observação serve como motivação para o processo chamado de *osmose inversa*, no qual um solvente (normalmente água) é separado de uma solução pela aplicação de pressão suficiente para fornecer uma força motriz necessária para a transferência de solvente através de uma membrana que, para questões práticas, é permeável somente para o solvente. A diferença de pressões mínima (pressão da solução *versus* pressão do solvente puro) é a pressão osmótica Π.

Na prática, diferenças de pressões significativamente maiores do que Π são usadas para impulsionar a osmose inversa. Por exemplo, água do mar tem uma pressão osmótica de aproximadamente 25 bar, mas pressões de trabalho de 50 a 80 bar são empregadas para melhorar a taxa de recuperação da água doce. Uma característica de tais separações é que elas necessitam somente de trabalho mecânico para bombear a solução até um nível de pressão apropriado. Isto contrasta com os esquemas de destilação, nos quais o vapor d'água é a fonte usual de energia. Uma visão geral sobre osmose inversa é apresentada por Perry e Green.[19]

15.7 SINOPSE

Após estudar este capítulo, incluindo os problemas no seu final, devemos estar aptos a:

- Entender e interpretar os diagramas de fase do ELL, ELLV, ESL e ESV;
- Aplicar o critério para a estabilidade de uma fase homogênea com a finalidade de determinar se uma mistura líquida descrita por um modelo específico para a energia de Gibbs em excesso se dividirá em múltiplas fases, para uma determinada composição global;
- Resolver problemas do ELL binário utilizando modelos de coeficiente de atividade para descrever as duas fases líquidas;

[17] Jacobus Henricus van't Hoff (1852-1911). Químico holandês, que ganhou o primeiro prêmio Nobel de Química em 1901. Acesse: <htpp://www.nobleprize.org/nobel_prizes/chemistry/laureates/1901/ e http://en.wikipedia.org/wiki/Jacobus_Henricus_van_'t_Hoff>.

[18] Note que, ao contrário do equilíbrio de fases convencional, as pressões são *diferentes* no equilíbrio osmótico, por causa das restrições especiais impostas pela divisória rígida semipermeável.

[19] R. H. Perry e D. Green, *Perry's Chemical Engineers' Handbook*. 8ª ed., pp. 20-36 – 20-40 e 20-45 – 20-50, McGraw-Hill, New York, 2008.

- Avaliar se um modelo específico para a energia de Gibbs em excesso é capaz de prever o ELL e, se for, para qual faixa de valores dos parâmetros;
- Construir um diagrama de fases *Txy* para um sistema de dois líquidos imiscíveis que exibe ELLV, utilizando dados de pressão de vapor das espécies puras;
- Construir diagramas *Txz* para os casos limites do ESL binário, no qual a fase líquida forma uma solução ideal e o sólido (I) forma uma solução ideal ou (II) é constituído por dois componentes puros;
- Analisar o ESV de um componente sólido puro em equilíbrio com um vapor a alta pressão ou com uma fase fluida supercrítica para estimar a solubilidade do sólido;
- Explicar o conceito da pressão de espalhamento, no contexto da adsorção de gases em sólidos;
- Empregar e interpretar isotermas comuns para adsorção de um gás, tal como a lei de Henry para adsorção, a isoterma de Langmuir, a isoterma de Toth e a isoterma de Freundlich;
- Calcular a pressão de espalhamento para condições especificadas utilizando uma das isotermas comuns;
- Interpretar medidas de calor de adsorção e aplicá-las no contexto da equação de Clayperon para adsorção de gases;
- Reconhecer as complexidades do tratamento termodinâmico formal da adsorção de mistura de gases e resolver problemas de adsorção de misturas de gases em condições idealizadas;
- Explicar o conceito de pressão osmótica e sua relação com o processo de separação por osmose inversa;
- Calcular pressão osmótica para sistemas diluídos de eletrólitos e não eletrólitos.

15.8 PROBLEMAS

15.1. Um limite superior absoluto de G^E para a estabilidade de uma mistura binária equimolar é $G^E = RT \ln 2$. Demonstre esse resultado. Qual é o limite correspondente para uma mistura equimolar contendo *N* espécies?

15.2. Um sistema binário líquido exibe ELL a 25 °C. Determine, a partir de cada um dos seguintes conjuntos de dados de miscibilidade, as estimativas para os parâmetros A_{12} e A_{21} na equação de Margules a 25 °C:

$$(a)\, x_1^\alpha = 0{,}10,\ x_1^\beta = 0{,}90; (b)\, x_1^\alpha = 0{,}20,\ x_1^\beta = 0{,}90; (c)\, x_1^\alpha = 0{,}10,\ x_1^\beta = 0{,}80.$$

15.3. Refaça o Problema 15.2 para a equação de van Laar.

15.4. Considere uma mistura binária na fase vapor descrita pelas Eqs. (3.36) e (10.62). Em que condições (muito incomuns) seria possível esperar que houvesse a divisão da mistura em duas fases vapor imiscíveis?

15.5. As Figuras 15.1, 15.2 e 15.3 são baseadas nas Eqs. (*A*) e (*F*) do Exemplo 15.3, com C_P^E considerado *positivo* e dado por $C_P^E/R = 3x_1x_2$. Faça os gráficos para as figuras correspondentes para os seguintes casos, nos quais C_P^E é considerado *negativo*:

$$(a)\ A = \frac{975}{T} - 18{,}4 + 3 \ln T$$

$$(b)\ A = \frac{540}{T} - 17{,}1 + 3 \ln T$$

$$(c)\ A = \frac{1500}{T} - 19{,}9 + 3 \ln T$$

15.6. Vem sendo sugerido que é necessário um valor de, no mínimo, 0,5 *RT* para G^E para a divisão de fases líquido/líquido em um sistema binário. Justifique para essa afirmação.

15.7. As espécies 2 e 3, líquidos puros, são para fins práticos imiscíveis entre si. A espécie líquida 1 é solúvel no líquido 2 e no líquido 3. Um mol de cada um dos líquidos são misturados para formar uma mistura em equilíbrio com duas fases líquidas: uma fase α contendo as espécies 1 e 2, e uma fase β contendo as espécies 1 e 3. Quais são as frações molares da espécie 1 nas fases α e β, se, na temperatura do experimento, as energias de Gibbs em excesso das fases forem dadas por:

$$\frac{(G^E)^\alpha}{RT} = 0{,}4x_1^\alpha x_2^\alpha \qquad \text{e} \qquad \frac{(G^E)^\beta}{RT} = 0{,}8x_1^\beta x_3^\beta$$

15.8. É demonstrado no Exemplo 15.5 que a equação de Wilson para G^E é incapaz de representar o ELL. Mostre que a simples modificação da equação de Wilson dada por:

$$G^E/RT = -C[x_1 \ln(x_1 + x_2\Lambda_{12}) + x_2 \ln(x_2 + x_1\Lambda_{21})]$$

pode representar o ELL. Aqui, C é uma constante.

15.9. O vapor de hexafluoreto de enxofre SF_6, a pressões de aproximadamente 1600 kPa, é utilizado como um dielétrico em grandes "chaves" (para abertura) de circuitos primários em sistemas de transmissão elétrica. Como líquidos, SF_6 e H_2O são praticamente imiscíveis e, consequentemente, é necessário especificar um teor de umidade no vapor de SF_6 baixo o suficiente para que, caso haja condensação no período de frio, uma fase líquida de água não se forme primeiro no sistema. Para uma determinação preliminar, considere que a fase vapor possa ser tratada como um gás ideal e prepare o diagrama de fases (como a Figura 12.18(*a*)) para $H_2O(1)/SF_6(2)$ a 1600 kPa, na faixa de composições de até 1000 partes por milhão de água (base molar). As seguintes equações aproximadas para as pressões de vapor podem ser utilizadas:

$$\ln P_1^{sat}/\text{kPa} = 19{,}1478 - \frac{5363{,}70}{T/\text{K}} \qquad \ln P_2^{sat}/\text{kPa} = 14{,}6511 - \frac{2048{,}97}{T/\text{K}}$$

15.10. No Exemplo 15.2 foi desenvolvida uma argumentação plausível, com base nas equações do *equilíbrio* ELL, para demostrar que desvios positivos a partir do comportamento de solução ideal levam a divisão em duas fases líquidas.

(*a*) Utilize um dos critérios de estabilidade binária para chegar a essa mesma conclusão.
(*b*) *Em princípio*, é possível que um sistema que apresente desvios negativos em relação à idealidade forme duas fases líquidas?

15.11. Tolueno(1) e água (2) são praticamente imiscíveis como líquidos. Determine as temperaturas dos pontos de orvalho e as composições das primeiras gotas de líquido formadas quando misturas vapor dessas espécies, com frações molares $z_1 = 0{,}2$ e $z_1 = 0{,}7$, são resfriadas a uma pressão constante de 101,33 kPa. Quais são a temperatura do ponto de bolha e a composição da última bolha de vapor em cada caso? Veja a Tabela B.2 no Apêndice B para equações de pressão de vapor.

15.12. *n*-Heptano(1) e água(2) são praticamente imiscíveis como líquidos. Uma mistura de vapores contendo 65 % em base molar de água, a 100 °C e 101,33 kPa, é resfriada vagarosamente a pressão constante até que haja condensação completa. Desenhe um gráfico para o processo mostrando temperatura *versus* fração molar no equilíbrio do heptano no vapor residual. Veja a Tabela B.2 no Apêndice B para equações de pressão de vapor.

15.13. Considere um sistema binário formado pelas espécies 1 e 2, no qual a fase líquida apresenta miscibilidade parcial. Nas regiões de miscibilidade, a energia de Gibbs em excesso, a uma determinada temperatura, é representada pela equação,

$$G^E/RT = 2{,}25\, x_1 x_2$$

Além disso, as pressões de vapor das espécies puras são:

$$P_1^{sat} = 75 \text{ kPa} \qquad \text{e} \qquad P_2^{sat} = 110 \text{ kPa}$$

Fazendo as hipóteses usuais para o ELV a baixas pressões, prepare um diagrama *Pxy* para este sistema na temperatura dada.

15.14. A 101,33 kPa e 100 °C, o sistema água(1)/*n*-pentano(2)/*n*-heptano(3) existe como um vapor com frações molares $z_1 = 0{,}45$; $z_2 = 0{,}30$ e $z_3 = 0{,}25$. O sistema é resfriado vagarosamente a pressão constante até que condense completamente em uma fase água e uma fase de hidrocarbonetos. Supondo que as duas fases líquidas sejam imiscíveis, que a fase vapor seja um gás ideal e que os hidrocarbonetos obedeçam a lei de Raoult, determine:

(*a*) A temperatura do ponto de orvalho da mistura e a composição do primeiro condensado.
(*b*) A temperatura na qual aparece a segunda fase líquida e sua composição inicial.
(*c*) A temperatura do ponto de bolha e a composição da última bolha de vapor.

Veja a Tabela B.2, Apêndice B, para as equações de pressão de vapor.

15.15. Faça o problema anterior para as frações molares $z_1 = 0{,}32$; $z_2 = 0{,}45$ e $z_3 = 0{,}23$.

15.16. O comportamento do Caso I para o ESL (Seção 15.4) é análogo ao para o ELV. Desenvolva a analogia.

15.17. Uma afirmativa em relação ao comportamento do Caso II para o ESL (Seção 15.4) foi que a condição $z_i\gamma_i^s = 1$ corresponde à completa imiscibilidade de todas as espécies no estado sólido. Prove isso.

15.18. Utilize os resultados da Seção 15.4 para deduzir as regras práticas (aproximadas) a seguir:

(*a*) A solubilidade de um sólido em um solvente líquido aumenta com a elevação da *T*.
(*b*) A solubilidade de um sólido em um solvente líquido é independente da identidade da espécie solvente.
(*c*) Entre dois sólidos com aproximadamente o mesmo calor de fusão, aquele com o menor ponto de fusão é o mais solúvel em determinado solvente líquido a dada *T*.
(*d*) Entre dois sólidos com pontos de fusão similares, aquele sólido com o menor calor de fusão é o mais solúvel em determinado solvente líquido a dada *T*.

15.19. Estime a solubilidade do naftaleno(1) em dióxido de carbono(2) a uma temperatura de 80 °C e pressões de até 300 bar. Use o procedimento descrito na Seção 15.4, com $l_{12} = 0{,}088$. Compare os resultados com os mostrados na Figura 15.6. Discuta qualquer diferença. $P_1^{sat} = 0{,}0102$ bar a 80 °C.

15.20. Estime a solubilidade do naftaleno(1) em nitrogênio(2) a uma temperatura de 35 °C, a pressões de até 300 bar. Use o procedimento descrito na Seção 15.4, com $l_{12} = 0$. Compare os resultados com aqueles mostrados na Figura 15.6 para o sistema naftaleno/CO_2 a 35 °C com $l_{12} = 0$. Discuta qualquer diferença.

15.21. As características qualitativas do ESV a altas pressões mostradas pela Figura 15.6 são determinadas pela equação de estado para o gás. Com qual abrangência essas características podem ser representadas pela equação virial com dois termos na pressão, Eq. (3.36)?

15.22. A equação UNILAN para a adsorção de espécies puras é:

$$n = \frac{m}{2s}\ln\left(\frac{c + Pe^{s}}{c + Pe^{-s}}\right)$$

$$z = (1 - bn)^{-1}$$

sendo *m*, *s* e *c* constantes empíricas positivas.

(*a*) Mostre que a equação UNILAN se reduz à isoterma de Langmuir para $s = 0$. (*Sugestão*: Aplique a regra de l'Hôpital.)
(*b*) Mostre que a constante de Henry *k* para a equação UNILAN é:

$$k(\text{UNILAN}) = \frac{m}{cs}\sinh s$$

(*c*) Examine o comportamento *detalhado* da equação UNILAN na pressão igual a zero ($P \to 0$, $n \to 0$).

15.23. No Exemplo 15.8, a constante de Henry para a adsorção *k*, identificada como a interseção em um gráfico *n*/*P versus n*, foi determinada a partir de um ajuste polinomial da curva *n*/*P versus n*. Um procedimento alternativo está baseado em um gráfico ln(*P*/*n*) *versus n*. Suponha que a equação de estado para o adsorvato seja uma série de potências em *n*: $z = 1 + Bn + Cn^2 + \ldots$ Mostre como é possível se obter os valores de *k* e *B* a partir de um gráfico (ou de um ajuste polinomial) de ln(*P*/*n*) *versus n*. [*Sugestão*: Parta da Eq. (15.39).]

15.24. Foi considerado no desenvolvimento da Eq. (15.39) que a fase gás é *ideal*, com $Z = 1$. Suponha que para uma fase gás real $Z = Z(T, P)$. Determine a expressão análoga a Eq. (15.39) apropriada para uma fase gás real (não ideal). [*Sugestão*: Parta da Eq. (15.35).]

15.25. Use os resultados apresentados no Exemplo 15.8 para preparar gráficos de Π *versus n* e *z versus n* para o etileno adsorvido em uma peneira molecular de carbono. Discuta os gráficos.

15.26. Suponha que a equação de estado do adsorvato seja dada por $z = (1 - bn)^{-1}$, sendo *b* uma constante. Encontre a isoterma de adsorção correspondente e mostre sob quais condições ela se reduz à isoterma de Langmuir.

15.27. Suponha que a equação de estado do adsorvato seja dada por $z = 1 + \beta n$, sendo β uma função somente de *T*. Encontre a isoterma de adsorção correspondente e mostre sob quais condições ela se reduz à isoterma de Langmuir.

15.28. Deduza o resultado fornecido na terceira etapa do procedimento para prever o equilíbrio de adsorção por meio da teoria da solução adsorvida ideal ao final da Seção 15.5.

15.29. Considere um sistema ternário contendo espécies soluto 1 e uma mistura de solventes (espécie 2 e 3). Considere que:

$$\frac{G^E}{RT} = A_{12}x_1x_2 + A_{13}x_1x_3 + A_{23}x_2x_3$$

Mostre que a constante de Henry $\mathcal{H}_i$ para a espécie 1 na mistura de solventes está relacionada com as constantes de Henry $\mathcal{H}_{1,2}$ e $\mathcal{H}_{1,3}$ para a espécie 1 nos solventes puros por:

$$\ln \mathcal{H}_1 = x_2' \ln \mathcal{H}_{1,2} + x_3' \ln \mathcal{H}_{1,3} - A_{23}x_2'x_3'$$

Aqui x'_2 e x'_3 são frações molares em uma base livre de soluto:

$$x'_2 \equiv \frac{x_2}{x_2 + x_3} \qquad x'_3 \equiv \frac{x_3}{x_2 + x_3}$$

15.30. Em princípio, é possível para um sistema binário líquido mostrar mais de uma região de ELL para uma temperatura particular. Por exemplo, o diagrama de solubilidade deveria ter duas "ilhas" lado a lado de miscibilidade parcial separadas por uma fase homogênea. Neste caso, com que se pareceria o diagrama ΔG *versus* x_1, a T constante? *Sugestão*: Veja a Figura 15.13 para uma mistura mostrando um comportamento de ELL *normal*.

15.31. Com $\bar{V}_2 = V_2$, a Eq. (15.66) para a pressão osmótica pode ser representada como uma série de potências em x_1:

$$\frac{\Pi V_2}{x_1 RT} = 1 + Bx_1 + Cx_1^2 + \cdots$$

Vinda das Eqs. (3.33) e (3.34), essa série é chamada *expansão virial osmótica*. Mostre que o segundo coeficiente virial osmótico B é:

$$B = \frac{1}{2}\left[1 - \left(\frac{d^2 \ln \gamma_2}{dx_1^2}\right)_{x_1=0}\right]$$

Qual é o valor de B para uma solução ideal? Qual é o valor de B se $G^E = A\, x_1\, x_2$?

15.32. Uma corrente líquida de alimentação de um processo F contém 99 % da espécie 1, em base molar, e 1 % de impurezas da espécie 2, também em base molar. O nível de impurezas deve ser reduzido para 0,1 %, em base molar, conectando a corrente de alimentação a uma corrente S de solvente líquido puro da espécie 3, em um sistema misturador/decantador. As espécies 1 e 3 são essencialmente imiscíveis. Espera-se que, em razão da "boa química", a espécie 2 se concentrará seletivamente na fase solvente.

(*a*) Com as equações dadas a seguir, determine a razão solvente-alimentação necessária, n_S/n_F.
(*b*) Qual é a fração molar x_2 da impureza na fase solvente que deixa o sistema misturador/decantador?
(*c*) Nesta questão o que há de "bom" sobre a química? Em relação a não idealidade da fase líquida, o que seria "má" química para a operação proposta?

Dados: $G_{12}^E/RT = 1{,}5x_1x_2$ $\qquad$ $G_{23}^E/RT = -0{,}8x_2x_3$

15.33. A solubilidade do *n*-hexano em água é de 2 ppm (base molar) a 25 °C e a solubilidade da água em *n*-hexano é de 520 ppm. Calcule os coeficientes de atividade para as duas espécies nas duas fases.

15.34. Uma mistura líquida binária é apenas parcialmente miscível a 298 K. Se a mistura se torna homogênea pelo aumento da temperatura, qual deve ser o sinal de H^E?

15.35. A *curva espinodal* para um sistema binário líquido é o lugar geométrico dos estados para os quais

$$\frac{d^2(\Delta G/RT)}{dx_1^2} = 0 \ (T, P \text{ const.})$$

Assim, ela separa regiões de estabilidade de regiões de instabilidade em relação à divisão de fases líquido/líquido. Para dada T, existem normalmente duas composições espinodais (se existir alguma). Elas são as mesmas em uma temperatura consoluta. Sobre a curva II da Figura 12.13, elas são um par de composições entre x_1^α e x_1^β, correspondente à curvatura zero.

Suponha uma mistura líquida descrita pela equação simétrica

$$\frac{G^E}{RT} = A(T)x_1x_2$$

(*a*) Encontre uma expressão para as composições espinodais como uma função de $A(T)$.
(*b*) Considere que $A(T)$ seja a expressão usada para gerar a Figura 15.2. Represente em um único gráfico a curva de solubilidade e a curva espinodal. Discuta.

15.36. Dois modelos particulares para o comportamento de soluções líquidas são a *solução regular*, para a qual $S^E = 0$ em qualquer condição, e a *solução atérmica*, para a qual $H^E = 0$, em qualquer condição.

(*a*) Desprezando a dependência de G^E em relação à P, mostre que para uma solução regular,

$$\frac{G^E}{RT} = \frac{F_R(x)}{RT}$$

(*b*) Desprezando a dependência de G^E em relação à P, mostre que para uma solução atérmica,

$$\frac{G^E}{RT} = F_A(x)$$

(*c*) Suponha que G^E/RT seja descrita pela equação simétrica

$$\frac{G^E}{RT} = A(T)x_1x_2$$

Sobre itens (*a*) e (*b*) podemos concluir que

$$\frac{G^E}{RT} = \frac{\alpha}{RT}x_1x_2 \qquad \text{(regular)} \qquad (A)$$

$$\frac{G^E}{RT} = \beta x_1x_2 \qquad \text{(atérmica)} \qquad (B)$$

sendo α e β *constantes*. Quais são as implicações das Eqs. (*A*) e (*B*) em relação às formas dos diagramas de solubilidade previstos para o ELL? Encontre, a partir da Eq. (*A*), uma expressão para a temperatura consoluta e mostre que ela dever ser uma temperatura consoluta *superior*.

Sugestão: Utilize o Exemplo 15.3 como um guia numérico.

15.37. Muitos fluidos poderiam ser utilizados como espécies solventes para processos de separação supercrítica (Seção 15.4). Porém, as duas escolhas mais populares parecem ser o dióxido de carbono e a água. Por quê? Discuta os prós e contras da utilização do CO_2 *versus* H_2O como um solvente supercrítico.

CAPÍTULO

16

Análise Termodinâmica de Processos

O objetivo deste capítulo é apresentar um procedimento para a análise de processos práticos do ponto de vista da Termodinâmica. Ele é uma extensão dos conceitos de *trabalho ideal* e de *trabalho perdido* apresentados nas Seções 5.7 e 5.8.

Processos irreversíveis reais são passíveis de análise termodinâmica, cujo objetivo é determinar quão eficientemente a energia é usada ou produzida e mostrar quantitativamente o efeito das ineficiências em cada etapa de um processo. O custo da energia é uma preocupação em qualquer operação produtiva, e o primeiro passo para a redução das necessidades energéticas é a determinação de onde e com qual intensidade a energia é desperdiçada por meio das irreversibilidades no processo. Aqui, o tratamento é limitado aos processos contínuos em regime estacionário, em função de sua predominância na prática industrial.

16.1 ANÁLISE TERMODINÂMICA DE PROCESSOS CONTÍNUOS EM REGIME ESTACIONÁRIO

A maioria dos processos industriais envolvendo fluidos é constituída por processos com múltiplas etapas, sendo o cálculo do trabalho perdido efetuado para cada etapa separadamente. Pela Eq. (5.29),

$$\dot{W}_{\text{perdido}} = T_\sigma \dot{S}_G$$

Para uma única temperatura da vizinhança T_σ, a soma envolvendo todas as etapas de um processo fornece:

$$\Sigma \dot{W}_{\text{perdido}} = T_\sigma \Sigma \dot{S}_G$$

Dividindo a primeira equação pela segunda, obtém-se:

$$\frac{\dot{W}_{\text{perdido}}}{\Sigma \dot{W}_{\text{perdido}}} = \frac{\dot{S}_G}{\Sigma \dot{S}_G}$$

Assim, uma análise do trabalho perdido, efetuada por meio do cálculo da fração do trabalho perdido total, correspondente a cada termo do total, é similar a uma análise da taxa de geração de entropia, realizada pela representação individual de cada termo de geração de entropia como uma fração da soma de todos os termos de geração de entropia. Lembre-se de que todos os termos nessas equações são positivos.

Uma alternativa à análise do trabalho perdido ou da geração de entropia é uma análise de trabalho. Para ela, a Eq. (5.26) se torna:

$$\Sigma \dot{W}_{\text{perdido}} = \dot{W}_e - \dot{W}_{\text{ideal}} \qquad (16.1)$$

Em um processo que necessita de trabalho, todas essas quantidades de trabalho são positivas e $\dot{W}_e > \dot{W}_{\text{ideal}}$. A equação anterior passa a ser escrita da seguinte maneira:

$$\boxed{\dot{W}_e = \dot{W}_{\text{ideal}} + \Sigma \dot{W}_{\text{perdido}}} \tag{16.2}$$

Uma análise de trabalho representa cada um de seus termos no lado direito como uma fração de $\dot{W}_e$.

Em um processo que produz trabalho, $\dot{W}_e$ e $\dot{W}_{\text{ideal}}$ são negativos, e $|\dot{W}_{\text{ideal}}| > |\dot{W}_e|$. Consequentemente, de uma maneira mais clara, a Eq. (16.1) é escrita como:

$$\boxed{|\dot{W}_{\text{ideal}}| = |\dot{W}_e| + \Sigma \dot{W}_{\text{perdido}}} \tag{16.3}$$

Uma análise de trabalho expressa cada um de seus termos no lado direito como uma fração do $|\dot{W}_{\text{ideal}}|$. Tal análise não pode ser conduzida se um processo for tão ineficiente que $\dot{W}_{\text{ideal}}$ é negativo, indicando que o processo deveria produzir trabalho, mas $\dot{W}_e$ é positivo, indicando que na realidade o processo requer trabalho. Uma análise do trabalho perdido ou da geração de entropia é sempre possível.

▪ Exemplo 16.1

As condições operacionais de uma planta de potência a vapor são descritas no Exemplo 8.1, partes (*b*) e (*c*). Adicionalmente, o vapor d'água é gerado em uma unidade fornalha/caldeira onde o metano é queimado completamente, produzindo CO_2 e H_2O, com 25 % de excesso de ar. Os gases de combustão que deixam a fornalha encontram-se a uma temperatura de 460 K, e T_σ = 298,15 K. Faça uma análise termodinâmica da planta de potência.

Solução 16.1

Um fluxograma da planta de potência é mostrado na Figura 16.1. As condições e propriedades nos pontos-chave do ciclo do vapor, retiradas do Exemplo 8.1, são listadas a seguir.

Ponto	Estado do vapor	t/°C	P/kPa	H/kJ · kg^{-1}	S/kJ · kg^{-1} · K^{-1}
1	Líquido sub-resfriado	45,83	8600	203,4	0,6580
2	Vapor superaquecido	500	8600	3391,6	6,6858
3	Vapor úmido, x = 0,9378	45,83	10	2436,0	7,6846
4	Líquido saturado	45,83	10	191,8	0,6493

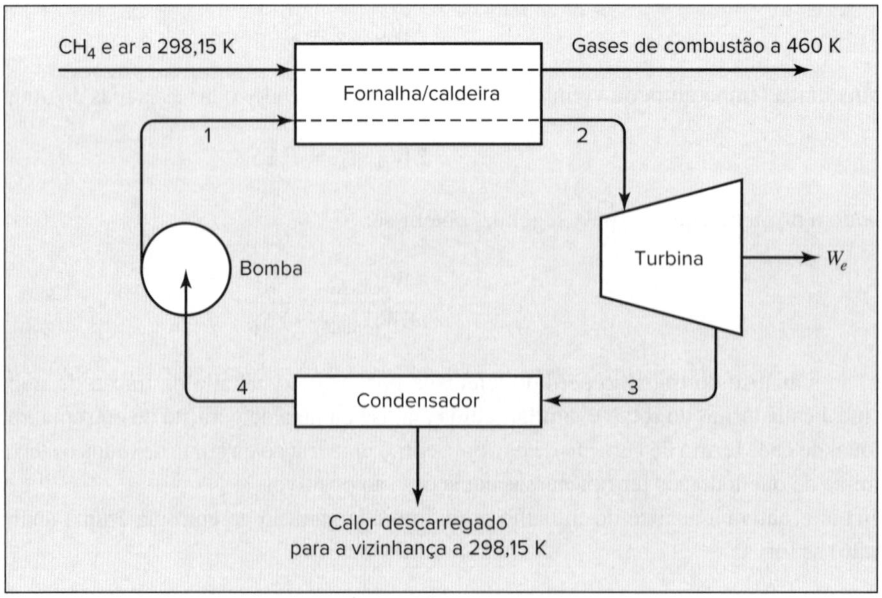

Figura 16.1 Ciclo de potência do Exemplo 16.1.

Como o vapor passa por um processo cíclico, as únicas mudanças que necessitam ser consideradas para o cálculo do trabalho ideal são aquelas dos gases que atravessam a fornalha. A reação que ocorre é:

$$CH_4 + 2O_2 \rightarrow CO_2 + 2H_2O$$

Para essa reação, os dados da Tabela C.4 fornecem:

$$\Delta H^\circ_{298} = -393.509 + (2)(-241.818) - (-74.520) = -802.625 \text{ J}$$
$$\Delta G^\circ_{298} = -394.359 + (2)(-228.572) - (-50.460) = -801.043 \text{ J}$$

Em que,
$$\Delta S^\circ_{298} = \frac{\Delta H^\circ_{298} - \Delta G^\circ_{298}}{298{,}15} = -5{,}306 \text{ J K}^{-1}$$

Com base em 1 mol de metano queimado com 25 % de excesso de ar, o ar alimentado na fornalha contém:

O_2:	(2)(1,25) = 2,5 mol
N_2:	(2,5)(79/21) = 9,405 mol
Total:	11,905 mol ar

Após a combustão completa do metano, o gás de combustão contém:

CO_2:	1 mol	$y_{CO_2} = 0{,}0775$
H_2O:	2 mol	$y_{H_2O} = 0{,}1550$
O_2:	0,5 mol	$y_{O_2} = 0{,}0387$
N_2:	9,405 mol	$y_{N_2} = 0{,}7288$
Total:	12,905 mol gás de combustão	$\sum y_i = 1{,}0000$

A mudança de estado que ocorre na fornalha é do metano e ar, na pressão atmosférica e a 298,15 K (a temperatura da vizinhança), para gás de combustão, na pressão atmosférica e a 460 K. Para essa mudança de estado, ΔH e ΔS são calculados para a trajetória mostrada na Figura 16.2. Aqui, a hipótese de gases ideais é aceitável e é a base do cálculo de ΔH e ΔS em cada uma das quatro etapas mostradas na Figura 16.2.

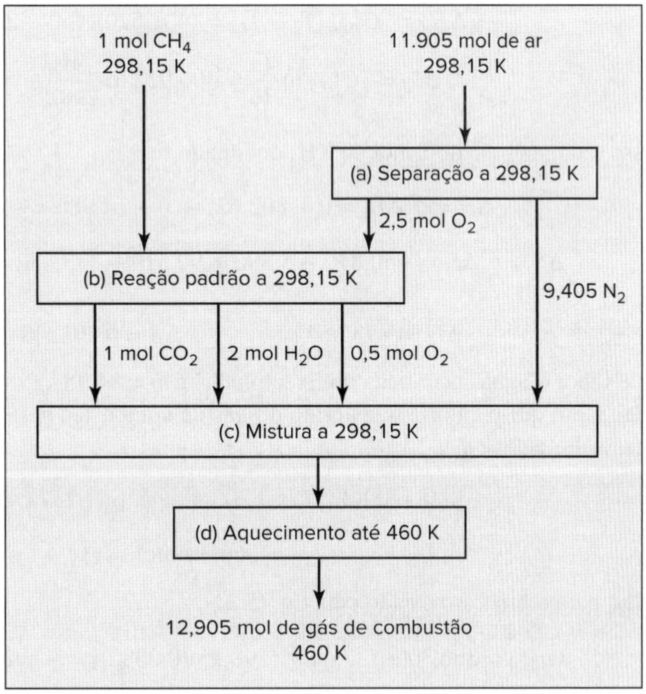

Figura 16.2 Trajetória para o cálculo do processo de combustão do Exemplo 16.1.

Etapa a: Para a *separação* do ar alimentado, as Eqs. (11.11) e (11.12) com mudanças de sinal fornecem:

$$\Delta H_a = 0$$

$$\Delta S_a = nR\sum_i y_i \ln y_i$$

$$= (11{,}905)(8{,}314)(0{,}21 \ln 0{,}21 + 0{,}79 \ln 0{,}79) = -50{,}870 \text{ J} \cdot \text{K}^{-1}$$

Etapa b: Para a reação padrão a 298,15 K,

$$\Delta H_b = \Delta H^\circ_{298} = -802.625 \text{ J} \qquad \Delta S_b = \Delta S^\circ_{298} = -5{,}306 \text{ J} \cdot \text{K}^{-1}$$

Etapa c: Para a *mistura* que forma o gás de combustão,

$$\Delta H_c = 0$$

$$\Delta S_c = -nR\sum_i y_i \ln y_i$$

$$= -(12{,}905)(8{,}314)(0{,}0775 \ln 0{,}0775 + 0{,}1550 \ln 0{,}1550 + 0{,}0387 \ln 0{,}0387 + 0{,}7288 \ln 0{,}7288) = 90{,}510 \text{ J} \cdot \text{K}^{-1}$$

Etapa d: Para a etapa de aquecimento, as capacidades caloríficas médias entre 298,15 e 460 K são calculadas pelas Eqs. (4.9) e (5.13), utilizando os dados da Tabela C.1. Os resultados, em J mol^{-1} · K^{-1}, são resumidos a seguir:

	$\langle C_p \rangle_H$	$\langle C_p \rangle_S$
CO_2	41,649	41,377
H_2O	34,153	34,106
N_2	29,381	29,360
O_2	30,473	0,997

Cada capacidade calorífica é multiplicada pelo número de mols da respectiva espécie no gás de combustão e os resultados são somados abrangendo todas as espécies. Isso fornece a capacidade calorífica média total para os 12,905 mol de mistura:

$$\langle C^t_P \rangle_H = 401{,}520 \qquad \text{e} \qquad \langle C^t_P \rangle_S = 400{,}922 \text{ J} \cdot \text{K}^{-1}$$

Então,

$$\Delta H_d = \langle C^t_P \rangle_H (T_2 - T_1) = (401{,}520)(460 - 298{,}15) = 64.986 \text{ J}$$

$$\Delta S_d = \langle C^t_P \rangle_S \ln \frac{T_2}{T_1} = 400{,}922 \ln \frac{460}{298{,}15} = 173{,}852 \text{ J} \cdot \text{K}^{-1}$$

Para o processo total, na base de 1 mol de CH_4 queimado,

$$\Delta H = \sum_i \Delta H_i = 0 - 802.625 + 0 + 64.986 = -737.639 \text{ J}$$

$$\Delta S = \sum_i \Delta S_i = -50{,}870 - 5{,}306 + 90{,}510 + 173{,}852 = 208{,}186 \text{ J} \cdot \text{K}^{-1}$$

Assim, $\qquad \Delta H = -737{,}64 \text{ kJ} \qquad \Delta S = 0{,}2082 \text{ kJ} \cdot \text{K}^{-1}$

A vazão de vapor d'água encontrada no Exemplo 8.1 é $\dot{m} = 84{,}75$ kg · s^{-1}. Um balanço de energia na unidade fornalha/caldeira, em que o calor é transferido do gás de combustão para o vapor d'água, permite o cálculo da vazão de metano alimentada $\dot{n}_{CH_4}$:

$$(84{,}75)(3391{,}6 - 203{,}4) + \dot{n}_{CH_4}(-737{,}64) = 0$$

em que, $\qquad \dot{n}_{CH_4} = 366{,}30 \text{ mol} \cdot \text{s}^{-1}$

O trabalho ideal para o processo é dado pela Eq. (5.21):

$$\dot{W}_{\text{ideal}} = 366{,}30[-737{,}64 - (298{,}15)(0{,}2082)] = -292{,}94 \times 10^3 \text{ kJ} \cdot \text{s}^{-1}$$

ou $\qquad \dot{W}_{\text{ideal}} = -292{,}94 \times 10^3 \text{ kW}$

A taxa de geração de entropia em cada uma das quatro unidades da planta de potência é calculada pela Eq. (5.17) e o trabalho perdido é então fornecido pela Eq. (5.29).

- *Fornalha/caldeira*: Supondo a inexistência de transferência de calor da fornalha/caldeira para a vizinhança, $\dot{Q} = 0$. O termo $\Delta(S\dot{m})_{ce}$ é simplesmente a soma das variações das entropias das duas correntes multiplicadas pelas respectivas vazões:

$$\dot{S}_G = (366{,}30)(0{,}2082) + (84{,}75)(6{,}6858 - 0{,}6580) = 587{,}12 \text{ kJ} \cdot \text{s}^{-1} \cdot \text{K}^{-1}$$

ou
$$\dot{S}_G = 587{,}12 \text{ kW} \cdot \text{K}^{-1}$$

e
$$\dot{W}_{\text{perdido}} = T_\sigma \dot{S}_G = (298{,}15)(587{,}12) = 175{,}05 \times 10^3 \text{ kW}$$

- *Turbina*: Para a operação adiabática,

$$\dot{S}_G = (84{,}75)(7{,}6846 - 6{,}6858) = 84{,}65 \text{ kW} \cdot \text{K}^{-1}$$

e
$$\dot{W}_{\text{perdido}} = (298{,}15)(84{,}65) = 25{,}24 \times 10^3 \text{ kW}$$

- *Condensador*: No condensador há transferência de calor do vapor condensando para a vizinhança a 298,15 K em quantidade determinada no Exemplo 8.1:

$$\dot{Q}(\text{condensador}) = -190{,}2 \times 10^3 \text{ kJ} \cdot \text{s}^{-1}$$

Assim
$$\dot{S}_G = (84{,}75)(0{,}6493 - 7{,}6846) + \frac{190.200}{298{,}15} = 41{,}69 \text{ kW} \cdot \text{K}^{-1}$$

e
$$\dot{W}_{\text{perdido}} = (298{,}15)(41{,}69) = 12{,}32 \times 10^3 \text{ kW}$$

- *Bomba*: Como a bomba opera adiabaticamente,

$$\dot{S}_G = (84{,}75)(0{,}6580 - 0{,}6493) = 0{,}74 \text{ kW} \cdot \text{K}^{-1}$$

e
$$\dot{W}_{\text{perdido}} = (298{,}15)(0{,}74) = 0{,}22 \times 10^3 \text{ kW}$$

A análise de geração de entropia é:

	$\text{kW} \cdot \text{K}^{-1}$	Porcentagem do $\sum \dot{S}_G$
$\dot{S}_G$(fornalha/caldeira)	587,12	82,2
$\dot{S}_G$(turbina)	84,65	11,9
$\dot{S}_G$(condensador)	41,69	5,8
$\dot{S}_G$(bomba)	0,74	0,1
$\sum \dot{S}_G$	714,20	100,0

Uma análise de trabalho é conduzida de acordo com a Eq. (16.3):

$$|\dot{W}_{\text{ideal}}| = |\dot{W}_e| + \Sigma \dot{W}_{\text{perdido}}$$

Os resultados dessa análise são:

	kW	Porcentagem do $\lvert\dot{W}_{\text{ideal}}\rvert$
$\lvert\dot{W}_s\rvert$ (do Exemplo 8.1)	$80{,}00 \times 10^3$	27,3($=\eta_t$)
$\dot{W}_{\text{perdido}}$ (fornalha/caldeira)	$175{,}05 \times 10^3$	59,8
$\dot{W}_{\text{perdido}}$ (turbina)	$25{,}24 \times 10^3$	8,6
$\dot{W}_{\text{perdido}}$ (condensador)	$12{,}43 \times 10^3$	4,2
$\dot{W}_{\text{perdido}}$ (bomba)	$0{,}22 \times 10^3$	0,1
$\lvert\dot{W}_{\text{ideal}}\rvert$	$292{,}94 \times 10^3$	100,0

A eficiência termodinâmica da planta de potência é de 27,3 % e a maior fonte de ineficiência é a fornalha/caldeira. O processo de combustão em si responde pela maior parcela da geração de entropia nessa unidade e a parcela restante é resultado da transferência de calor entre diferenças de temperaturas que não tendem a zero.

▪ Exemplo 16.2

O metano é liquefeito em um sistema Linde simples, conforme mostrado na Figura 16.3. O gás entra no compressor a 1 bar e 300 K, e após compressão até 60 bar é resfriado, atingindo novamente os 300 K. O produto é metano líquido saturado a 1 bar. O metano não liquefeito, também a 1 bar, é posto de volta através de um trocador de calor no qual é aquecido até 295 K pelo metano a alta pressão. Considere que há, no trocador de calor, um ganho ("fuga") de calor de 5 kJ por quilograma de metano alimentado no compressor e que "fugas" térmicas para outras partes do processo de liquefação são consideradas desprezíveis. Efetue uma análise termodinâmica do processo para uma temperatura na vizinhança de $T_\sigma = 300$ K.

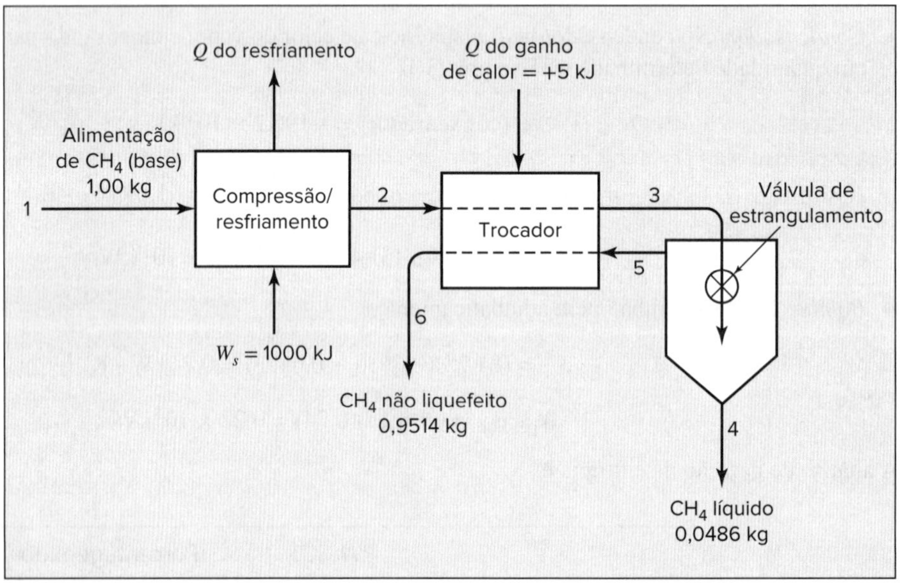

Figura 16.3 Sistema de liquefação Linde para o Exemplo 16.2.

Solução 16.2

A compressão do metano de 1 a 60 bar é supostamente conduzida em uma máquina de três estágios, com resfriamento inter e após estágio final até atingir 300 K, com eficiência no compressor de 75 %. O trabalho real dessa compressão é estimado em 1000 kJ por quilograma de metano. A fração do metano z que é liquefeita é calculada por meio de um balanço de energia:

$$H_4 z + H_6(1 - z) - H_2 = Q$$

no qual Q é a "fuga" térmica proveniente da vizinhança. Explicitando z, obtém-se:

$$z = \frac{H_6 - H_2 - Q}{H_6 - H_4} = \frac{1188{,}9 - 1140{,}0 - 5}{1188{,}9 - 285{,}4} = 0{,}0486$$

Esse resultado pode ser comparado com o valor de 0,0541 obtido no Exemplo 9.3 para as mesmas condições operacionais, porém sem a "fuga" de calor.

As propriedades nos vários pontos-chave do processo, fornecidas na tabela a seguir, encontram-se disponíveis na literatura ou são calculadas por métodos-padrão. Os dados aqui utilizados foram retirados de Perry e Green.[1] A base de todos os cálculos é 1 kg de metano alimentado no processo e todas as vazões estão representadas nessa base.

[1] R. H. Perry e D. Green, *Perry's Chemical Engineers' Handbook*, 7ª ed,, McGraw-Hill, New York, 1997, pp. 2-251 e 2-253.

Ponto	Estado do CH_4	T/K	P/bar	H/kJ · kg^{-1}	S/kJ · kg^{-1} · K^{-1}
1	Vapor superaquecido	300,0	1	1198,8	11,629
2	Vapor superaquecido	300,0	60	1140,0	9,359
3	Vapor superaquecido	207,1	60	772,0	7,798
4	Líquido saturado	111,5	1	285,4	4,962
5	Vapor saturado	111,5	1	796,9	9,523
6	Vapor superaquecido	295,0	1	1188,9	11,589

O trabalho ideal depende das mudanças globais no metano ao atravessar o processo de liquefação. A aplicação da Eq. (5.21) fornece:

$$\begin{aligned}\dot{W}_{\text{ideal}} &= \Delta(H\dot{m})_{\text{ce}} - T_\sigma \Delta(S\dot{m})_{\text{ce}} \\ &= [(0{,}0486)(285{,}4) + (0{,}9514)(1188{,}9) - 1198{,}8] \\ &\quad -(300)[(0{,}0486)(4{,}962) + (0{,}9514)(11{,}589) - 11{,}629] = 53{,}8 \text{ kJ}\end{aligned}$$

A taxa de geração de entropia e o trabalho perdido para cada etapa do processo são calculados pelas Eqs. (5.28) e (5.29).

- *Compressão/resfriamento*: A transferência de calor nessa etapa é dada por um balanço de energia:

$$\begin{aligned}\dot{Q} &= \Delta H - \dot{W}_e = (H_2 - H_1) - \dot{W}_e \\ &= (1140{,}0 - 1999{,}8) - 1000 \\ &= -1059{,}8 \text{ kJ}\end{aligned}$$

Então,

$$\begin{aligned}\dot{S}_G &= S_2 - S_1 - \frac{\dot{Q}}{T_\sigma} \\ &= 9{,}359 - 11{,}629 + \frac{1059{,}8}{300} \\ &= 1{,}2627 \text{ kJ} \cdot \text{kg}^{-1} \cdot \text{K}^{-1} \\ \dot{W}_{\text{perdido}} &= (300)(1{,}2627) = 378{,}8 \text{ kJ} \cdot \text{kg}^{-1}\end{aligned}$$

- *Trocador*: Com $\dot{Q}$ igual à "fuga" térmica,

$$\dot{S}_G = (S_6 - S_5)(1 - z) + (S_3 - S_2)(1) - \frac{\dot{Q}}{T_\sigma}$$

Então,

$$\begin{aligned}\dot{S}_G &= (11{,}589 - 9{,}523)(0{,}9514) + (7{,}798 - 9{,}359) - \frac{5}{300} \\ &= 0{,}3879 \text{ kJ} \cdot \text{kg}^{-1} \cdot \text{K}^{-1} \\ \dot{W}_{\text{perdido}} &= (300)(0{,}3879) = 116{,}4 \text{ kJ} \cdot \text{kg}^{-1}\end{aligned}$$

- *Estrangulamento*: Para a operação adiabática da válvula de estrangulamento e do separador,

$$\begin{aligned}\dot{S}_G &= S_4 z + S_5(1 - z) - S_3 \\ &= (4{,}962)(0{,}0486) + (9{,}523)(0{,}9514) - 7{,}798 \\ &= 1{,}5033 \text{kJ} \cdot \text{kg}^{-1} \cdot \text{K}^{-1} \\ \dot{W}_{\text{perdido}} &= (300)(1{,}5033) = 451{,}0 \text{kJ} \cdot \text{kg}^{-1}\end{aligned}$$

A análise de geração de entropia é:

	kJ · kg^{-1} · K^{-1}	Porcentagem de $\sum \dot{S}_G$
$\dot{S}_G$ (compressão/resfriamento)	1,2627	40,0
$\dot{S}_G$ (trocador)	0,3879	12,3
$\dot{S}_G$ (válvula de estrangulamento)	1,5033	47,7
$\sum \dot{S}_G$	3,1539	100,0

A análise de trabalho, baseada na Eq. (16.2), é:

	$kW \cdot kg^{-1}$	Porcentagem de $\dot{W}_e$
$\dot{W}_{ideal}$	53,8	5,4($=\eta_t$)
$\dot{W}_{perdido}$ (compressão/resfriamento)	378,8	37,9
$\dot{W}_{perdido}$ (trocador)	116,4	11,6
$\dot{W}_{perdido}$ (válvula de estrangulamento)	451,0	45,1
$\dot{W}_s$	1000,0	100,0

A maior perda ocorre na etapa de estrangulamento. A substituição desse processo altamente irreversível por uma turbina resulta em um aumento considerável na eficiência. Obviamente, isso resultaria em um aumento considerável no custo de capital do equipamento.

Do ponto de vista da conservação de energia, a eficiência termodinâmica de um processo deveria ser a mais alta possível e a geração de entropia ou o trabalho perdido o menor possível. O projeto final depende fortemente de considerações econômicas, e o custo da energia é um fator importante. A análise termodinâmica de um processo específico mostra os locais das maiores ineficiências e, consequentemente, as partes dos equipamentos ou as etapas em um processo que poderiam ser alteradas ou substituídas para melhorá-lo. Entretanto, esse tipo de análise não fornece pistas da natureza das modificações que poderiam ser efetuadas. Ele simplesmente mostra que o projeto analisado desperdiça energia e que há espaço para melhoras. Uma função do engenheiro químico é tentar imaginar um processo melhor e usar o talento para manter baixos custos operacionais, bem como gastos de capital. Naturalmente, cada novo processo proposto pode ser analisado, determinando-se, assim, quais os melhoramentos obtidos.

16.2 SINOPSE

Após estudar este capítulo, inclusive os problemas no seu final, devemos estar habilitados a:

- Realizar uma análise termodinâmica passo a passo de um processo contínuo em estado estacionário, como aqueles ilustrados nos Exemplos 16.1 e 16.2;
- Identificar as contribuições de cada etapa do processo para a taxa global da geração de entropia;
- Atribuir a contribuição de cada etapa do processo ao trabalho perdido total, para melhor identificar as oportunidades de aperfeiçoar a eficiência termodinâmica do processo global.

16.3 PROBLEMAS

16.1. Uma planta coleta água a 21 °C, resfria esta água até 0 °C e a congela nesta temperatura, produzindo 0,5 $kg \cdot s^{-1}$ de gelo. A descarga de calor é efetuada a 21 °C. O calor de fusão da água é igual a 333,5 $kJ \cdot kg^{-1}$.

(*a*) Qual é o $\dot{W}_{ideal}$ do processo?

(*b*) Qual é a potência requerida por uma única bomba de calor de Carnot operando entre 0 e 21 °C? Qual é a eficiência termodinâmica deste processo? Qual é a característica de sua irreversibilidade?

(*c*) Qual é a potência requerida se um ciclo de refrigeração ideal com compressão de vapor, utilizando tetrafluoroetano, for usado? Aqui, *ideal* implica em compressão isentrópica, vazão de água de refrigeração infinita no condensador e forças motrizes mínimas para a transferência de calor no evaporador e no condensador de 0 °C. Qual é a eficiência termodinâmica desse processo? Quais são as características de suas irreversibilidades?

(*d*) Qual é a potência requerida em um ciclo com compressão de vapor, utilizando tetrafluoroetano, no qual a eficiência do compressor é de 75 %, as diferenças de temperaturas mínimas no evaporador e no condensador são de 5 °C e a elevação da temperatura da água de refrigeração no condensador é de 10 °C? Faça uma análise termodinâmica desse processo.

16.2. Considere um processo contínuo em regime estacionário no qual a reação a seguir ocorre em fase gasosa: $CO + 1/2\ O_2 \rightarrow CO_2$. A vizinhança encontra-se a 300 K.

(*a*) Qual é o W_{ideal}, quando os reagentes são alimentados no processo como monóxido de carbono puro e ar, contendo a quantidade estequiométrica de oxigênio, ambos a 25 °C e 1 bar, e os produtos da combustão completa deixam o processo nestas mesmas condições?

(*b*) O processo global é exatamente o mesmo do item (*a*), mas agora o CO é queimado em um reator adiabático a 1 bar. Qual é o W_{ideal} para o processo de resfriamento dos gases de combustão até 25 °C? Qual é a característica irreversível do processo global? Qual é sua eficiência termodinâmica? O que aumentou na entropia e em qual quantidade?

16.3. Em uma planta química há disponibilidade de vapor d'água saturado a 2700 kPa, porém são poucas as oportunidades para seu uso. Por outro lado, há necessidade de vapor a 1000 kPa. Encontra-se também disponível o vapor d'água saturado a 275 kPa. Uma sugestão indica a compressão desse vapor a 275 kPa até 1000 kPa, usando o trabalho de expansão do vapor a 2700 kPa para 1000 kPa. As duas correntes a 1000 kPa seriam então misturadas. Determine as vazões nas quais os vapores nas duas pressões iniciais devem ser fornecidos de modo a obter-se uma quantidade de vapor a 1000 kPa, suficiente para que, ao haver condensação com formação de líquido saturado, haja a liberação de uma quantidade de calor igual a 300 $kJ \cdot s^{-1}$,

(*a*) Se o processo for conduzido de uma forma completamente reversível.

(*b*) Se o vapor de mais alta pressão se expandir em uma turbina com eficiência de 78 % e o vapor de baixa pressão for comprimido em uma máquina com eficiência de 75 %. Efetue uma análise termodinâmica deste processo.

16.4. Faça uma análise termodinâmica do ciclo de refrigeração do Exemplo 9.1(*b*).

16.5. Faça uma análise termodinâmica do ciclo de refrigeração descrito em uma das partes do Problema 9.9. Considere que o efeito da refrigeração mantém um reservatório de calor a uma temperatura 5 °C acima da temperatura de evaporação e que T_σ é 5 °C menor do que a temperatura de condensação.

16.6. Faça uma análise termodinâmica do ciclo de refrigeração descrito no primeiro parágrafo do Problema 9.12. Considere que o efeito da refrigeração mantém um reservatório de calor a uma temperatura 5 °C acima da temperatura de evaporação e que T_σ é 5 °C menor do que a temperatura de condensação.

16.7. Uma solução coloidal entra em um evaporador de simples efeito a 100 °C. A água da solução é vaporizada, produzindo uma solução mais concentrada e 0,5 $kg \cdot s^{-1}$ de vapor a 100 °C. Esse vapor é comprimido e enviado às serpentinas de aquecimento do evaporador para fornecer o calor necessário para sua operação. Qual é o estado da corrente que sai das serpentinas de aquecimento do evaporador, considerando uma força motriz mínima igual a 10 °C na transferência de calor através das paredes das serpentinas do evaporador, para uma eficiência do compressor de 75 % e para uma operação adiabática? Para uma temperatura da vizinhança igual a 300 K, faça uma análise termodinâmica do processo.

16.8. Faça uma análise termodinâmica do processo descrito no Problema 8.9. $T_\sigma = 27$ °C.

16.9. Faça uma análise termodinâmica do processo descrito no Problema 9.3. $T_\sigma = 295$ K.

APÊNDICE

A

Fatores de Conversão e Valores da Constante dos Gases

Como os livros de referência costumam apresentar os dados em diversas unidades, incluímos as Tabelas A.1 e A.2 para auxiliar a conversão dos valores de um conjunto de unidades para outro. As unidades que não apresentam associação com o sistema SI são apresentadas entre parênteses. As seguintes definições são registradas:

(ft) ≡ pé definido nos Estados Unidos ≡ 0,3048 m

(in) ≡ polegada definida nos Estados Unidos ≡ 0,0254 m

(gal) ≡ galão de líquido nos Estados Unidos ≡ 231 $(\text{in})^3$

(lb_m) ≡ libra *massa* definida nos Estados Unidos (avoirdupois)

≡ 0,45359237 kg

(lb_f) ≡ força para acelerar $1(\text{lb}_m)$ em $32{,}1740(\text{ft})\text{s}^{-2}$

(atm) ≡ pressão atmosférica padrão ≡ 101.325 Pa

(psia) ≡ pressão absoluta em libras *força* por polegada quadrada

(torr) ≡ pressão exercida por 1 mm de mercúrio a 0 °C e na gravidade-padrão

(cal) ≡ caloria termoquímica

(Btu) ≡ unidade térmica britânica – tabela de vapor internacional

(lb mol) ≡ massa em libras *massa* com valor numérico igual a massa molar

(R) ≡ temperatura absoluta em Rankines

Os fatores de conversão da Tabela A.1 estão referenciados a uma unidade básica ou derivada do sistema SI. Conversões entre outros pares de unidades para dada grandeza são efetuadas conforme o exemplo a seguir:

$$1 \text{ bar} = 0{,}986923 \text{ (atm)} = 750{,}061 \text{ (torr)}$$

Portanto

$$1 \text{ (atm)} = \frac{750{,}061}{0{,}986923} = 760{,}00 \text{ (torr)}$$

TABELA A.1 Fatores de Conversão

Grandeza	Conversão
Comprimento	$1 \text{ m} = 100 \text{ cm}$ $= 3{,}28084 \text{ (ft)} = 39{,}3701 \text{ (in)}$
Massa	$1 \text{ kg} = 10^3 \text{ g}$ $= 2{,}20462 \text{ (lb}_m)$
Força	$1 \text{ N} = 1 \text{ kg} \cdot \text{m} \cdot \text{s}^{-2}$ $= 10^5 \text{ (dina)}$ $= 0{,}224809 \text{ (1 bf)}$
Pressão	$1 \text{ bar} = 10^5 \text{ kg} \cdot \text{m}^{-1} \cdot \text{s}^{-2} = 10^5 \text{ N} \cdot \text{m}^{-2}$ $= 10^5 \text{ Pa} = 10^2 \text{ kPa}$ $= 10^6 \text{ (dina)} \cdot \text{cm}^{-2}$ $= 0{,}986923 \text{ (atm)}$ $= 14{,}5038 \text{ (psia)}$ $= 750{,}061 \text{ (torr)}$
Volume	$1 \text{ m}^3 = 10^6 \text{ cm}^3 = 10^3 \text{ litros}$ $= 35{,}3147 \text{ (ft)}^3$ $= 264{,}172 \text{ (gal)}$
Massa Específica	$1 \text{ g} \cdot \text{cm}^{-3} = 10^3 \text{ kg} \cdot \text{m}^{-3}$ $= 62{,}4278 \text{ (lb}_m)\text{(ft)}^{-3}$
Energia	$1 \text{ J} = 1 \text{ kg} \cdot \text{m}^2 \cdot \text{s}^{-2} = 1 \text{ N} \cdot \text{m}$ $= 1 \text{ m}^3 \cdot \text{Pa} = 10^{-5} \text{ m}^3 \cdot \text{bar} = 10 \text{ cm}^3 \cdot \text{bar}$ $= 9{,}86923 \text{ cm}^3 \cdot \text{(atm)}$ $= 10^7 \text{ (dina)} \cdot \text{cm} = 10^7 \text{ (erg)}$ $= 0{,}239006 \text{ (cal)}$ $= 5{,}12197 \times 10^{-3} \text{ (ft)}^3\text{(psia)} = 0{,}737562 \text{ (ft)(lb}_f)$ $= 9{,}47831 \times 10^{-4} \text{ (Btu)} = 2{,}77778 \times 10^{-7} \text{ kW} \cdot \text{h}$
Potência	$1 \text{ kW} = 10^3 \text{ W} = 10^3 \text{ kg} \cdot \text{m}^2 \cdot \text{s}^{-3} = 10^3 \text{ J} \cdot \text{s}^{-1}$ $= 239{,}006 \text{ (cal)} \cdot \text{s}^{-1}$ $= 737{,}562 \text{ (ft)(lb}_f) \cdot \text{s}^{-1}$ $= 0{,}947831 \text{ (Btu)} \cdot \text{s}^{-1}$ $= 1{,}34102 \text{ (hp)}$

TABELA A.2 Valores da Constante Universal dos Gases

$R = 8{,}314 \text{ J} \cdot \text{mol}^{-1} \cdot \text{K}^{-1} = 8{,}314 \text{ m}^3 \cdot \text{Pa} \cdot \text{mol}^{-1} \cdot \text{K}^{-1}$
$= 83{,}14 \text{ cm}^3 \cdot \text{bar} \cdot \text{mol}^{-1} \cdot \text{K}^{-1} = 8314 \text{ cm}^3 \cdot \text{kPa} \cdot \text{mol}^{-1} \cdot \text{K}^{-1}$
$= 82{,}06 \text{ cm}^3 \cdot \text{(atm)} \cdot \text{mol}^{-1} \cdot \text{K}^{-1} = 62.356 \text{ cm}^3 \cdot \text{(torr)} \cdot \text{mol}^{-1} \cdot \text{K}^{-1}$
$= 1{,}987 \text{ (cal)} \cdot \text{mol}^{-1} \cdot \text{K}^{-1} = 1{,}986 \text{ (Btu) (lb mol)}^{-1} \text{ (R)}^{-1}$
$= 0{,}7302 \text{ (ft)}^3 \text{ (atm) (lb mol)}^{-1} \text{ (R)}^{-1} = 10{,}73 \text{ (ft)}^3 \text{ (psia) (lb mol)}^{-1} \text{ (R)}^{-1}$
$= 1545 \text{ (ft) (lb}_f) \text{ (lb mol)}^{-}1 \text{ (R)}^{-1}$

APÊNDICE

B

Propriedades de Espécies Puras

Tabela B.1 Propriedades Características de Espécies Puras

Para as diferentes espécies químicas, encontram-se listados neste Apêndice os valores para a massa molar (peso molecular), o fator acêntrico ω, a temperatura crítica T_c, a pressão crítica P_c, o fator de compressibilidade crítico Z_c, o volume molar crítico V_c e o ponto normal de ebulição T_n. Eles foram retirados do Project 801, DIPPR®, Design Institute for Physical Property Data do American Institute of Chemical Engineers, e são reproduzidos mediante permissão. A versão com o conjunto completo dos dados inclui as 34 constantes físicas e os parâmetros de equações para a dependência com a temperatura de 15 propriedades termodinâmicas e o transporte para 2278 espécies químicas, e novas espécies são adicionadas regularmente.

Tabela B.2 Constantes da Equação de Antoine para Pressões de Vapor de Espécies Puras

TABELA B.1 Propriedades Características de Espécies Puras

	Massa molar	ω	T_c/K	P_c/bar	Z_c	V_c $cm^3 \cdot mol^{-1}$	T_n/K
Metano	16,043	0,012	190,6	45,99	0,286	98,6	111,4
Etano	30,070	0,100	305,3	48,72	0,279	145,5	184,6
Propano	44,097	0,152	369,8	42,48	0,276	200,0	231,1
n-Butano	58,123	0,200	425,1	37,96	0,274	255,	272,7
n-Pentano	72,150	0,252	469,7	33,70	0,270	313,	309,2
n-Hexano	86,177	0,301	507,6	30,25	0,266	371,	341,9
n-Heptano	100,204	0,350	540,2	27,40	0,261	428,	371,6
n-Octano	114,231	0,400	568,7	24,90	0,256	486,	398,8
n-Nonano	128,258	0,444	594,6	22,90	0,252	544,	424,0
n-Decano	142,285	0,492	617,7	21,10	0,247	600,	447,3
Isobutano	58,123	0,181	408,1	36,48	0,282	262,7	261,4
Iso-octano	114,231	0,302	544,0	25,68	0,266	468,	372,4
Ciclopentano	70,134	0,196	511,8	45,02	0,273	258,	322,4
Ciclo-hexano	84,161	0,210	553,6	40,73	0,273	308,	353,9
Metilciclopentano	84,161	0,230	532,8	37,85	0,272	319,	345,0
Metilciclo-hexano	98,188	0,235	572,2	34,71	0,269	368,	374,1

(continua)

TABELA B.1 Propriedades Características de Espécies Puras (*continuação*)

	Massa molar	ω	T_c/K	P_c/bar	Z_c	V_c $cm^3 \cdot mol^{-1}$	T_n/K
Etileno	28,054	0,087	282,3	50,40	0,281	131,	169,4
Propileno	42,081	0,140	365,6	46,65	0,289	188,4	225,5
1-Buteno	56,108	0,191	420,0	40,43	0,277	239,3	266,9
cis-2-Buteno	56,108	0,205	435,6	42,43	0,273	233,8	276,9
trans-2-Buteno	56,108	0,218	428,6	41,00	0,275	237,7	274,0
1-Hexeno	84,161	0,280	504,0	31,40	0,265	354,	336,3
Isobutileno	56,108	0,194	417,9	40,00	0,275	238,9	266,3
1,3-Butadieno	54,092	0,190	425,2	42,77	0,267	220,4	268,7
Ciclo-hexeno	82,145	0,212	560,4	43,50	0,272	291,	356,1
Acetileno	26,038	0,187	308,3	61,39	0,271	113,	189,4
Benzeno	78,114	0,210	562,2	48,98	0,271	259,	353,2
Tolueno	92,141	0,262	591,8	41,06	0,264	316,	383,8
Etilbenzeno	106,167	0,303	617,2	36,06	0,263	374,	409,4
Cumeno	120,194	0,326	631,1	32,09	0,261	427,	425,6
o-Xileno	106,167	0,310	630,3	37,34	0,263	369,	417,6
m-Xileno	106,167	0,326	617,1	35,36	0,259	376,	412,3
p-Xileno	106,167	0,322	616,2	35,11	0,260	379,	411,5
Estireno	104,152	0,297	636,0	38,40	0,256	352,	418,3
Naftaleno	128,174	0,302	748,4	40,51	0,269	413,	491,2
Bifenil	154,211	0,365	789,3	38,50	0,295	502,	528,2
Formaldeído	30,026	0,282	408,0	65,90	0,223	115,	254,1
Acetaldeído	44,053	0,291	466,0	55,50	0,221	154,	294,0
Acetato de metila	74,079	0,331	506,6	47,50	0,257	228,	330,1
Acetato de etila	88,106	0,366	523,3	38,80	0,255	286,	350,2
Acetona	58,080	0,307	508,2	47,01	0,233	209,	329,4
Metiletilcetona	72,107	0,323	535,5	41,50	0,249	267,	352,8
Éter dietílico	74,123	0,281	466,7	36,40	0,263	280,	307,6
Éter metil-*t*-butílico	88,150	0,266	497,1	34,30	0,273	329,	328,4
Metanol	32,042	0,564	512,6	80,97	0,224	118,	337,9
Etanol	46,069	0,645	513,9	61,48	0,240	167,	351,4
1-Propanol	60,096	0,622	536,8	51,75	0,254	219,	370,4
1-Butanol	74,123	0,594	563,1	44,23	0,260	275,	390,8
1-Hexanol	102,177	0,579	611,4	35,10	0,263	381,	430,6
2-Propanol	60,096	0,668	508,3	47,62	0,248	220,	355,4
Fenol	94,113	0,444	694,3	61,30	0,243	229,	455,0
Etileno glicol	62,068	0,487	719,7	77,00	0,246	191,0	470,5
Ácido acético	60,053	0,467	592,0	57,86	0,211	179,7	391,1
Ácido *n*-butírico	88,106	0,681	615,7	40,64	0,232	291,7	436,4
Ácido benzoico	122,123	0,603	751,0	44,70	0,246	344,	522,4
Acetonitrila	41,053	0,338	545,5	48,30	0,184	173,	354,8
Metilamina	31,057	0,281	430,1	74,60	0,321	154,	266,8
Etilamina	45,084	0,285	456,2	56,20	0,307	207,	289,7

(*continua*)

TABELA B.1 Propriedades Características de Espécies Puras (*continuação*)

	Massa molar	ω	T_c/K	P_c/bar	Z_c	V_c cm^3 · mol^{-1}	T_n/K
Nitrometano	61,040	0,348	588,2	63,10	0,223	173,	374,4
Tetracloreto de carbono	153,822	0,193	556,4	45,60	0,272	276,	349,8
Clorofórmio	119,377	0,222	536,4	54,72	0,293	239,	334,3
Diclorometano	84,932	0,199	510,0	60,80	0,265	185,	312,9
Cloreto de metila	50,488	0,153	416,3	66,80	0,276	143,	249,1
Cloreto de etila	64,514	0,190	460,4	52,70	0,275	200,	285,4
Clorobenzeno	112,558	0,250	632,4	45,20	0,265	308,	404,9
Tetrafluoroetano	102,030	0,327	374,2	40,60	0,258	198,0	247,1
Argônio	39,948	0,000	150,9	48,98	0,291	74,6	87,3
Criptônio	83,800	0,000	209,4	55,02	0,288	91,2	119,8
Xenônio	131,30	0,000	289,7	58,40	0,286	118,0	165,0
Hélio 4	4,003	−0,390	5,2	2,28	0,302	57,3	4,2
Hidrogênio	2,016	−0,216	33,19	13,13	0,305	64,1	20,4
Oxigênio	31,999	0,022	154,6	50,43	0,288	73,4	90,2
Nitrogênio	28,014	0,038	126,2	34,00	0,289	89,2	77,3
Ar†	28,851	0,035	132,2	37,45	0,289	84,8	
Cloro	70,905	0,069	417,2	77,10	0,265	124,	239,1
Monóxido de carbono	28,010	0,048	132,9	34,99	0,299	93,4	81,7
Dióxido de carbono	44,010	0,224	304,2	73,83	0,274	94,0	
Dissulfeto de carbono	76,143	0,111	552,0	79,00	0,275	160,	319,4
Sulfeto de hidrogênio	34,082	0,094	373,5	89,63	0,284	98,5	212,8
Dióxido de enxofre	64,065	0,245	430,8	78,84	0,269	122,	263,1
Trióxido de enxofre	80,064	0,424	490,9	82,10	0,255	127,	317,9
Óxido nítrico (NO)	30,006	0,583	180,2	64,80	0,251	58,0	121,4
Óxido nitroso (N_2O)	44,013	0,141	309,6	72,45	0,274	97,4	184,7
Cloreto de hidrogênio	36,461	0,132	324,7	83,10	0,249	81,	188,2
Cianeto de hidrogênio	27,026	0,410	456,7	53,90	0,197	139,	298,9
Água	18,015	0,345	647,1	220,55	0,229	55,9	373,2
Amônia	17,031	0,253	405,7	112,80	0,242	72,5	239,7
Ácido nítrico	63,013	0,714	520,0	68,90	0,231	145,	356,2
Ácido sulfúrico	98,080	. . .	924,0	64,00	0,147	177,	610,0

† Pseudoparâmetros para $y_{N_2} = 0{,}79$ e $y_{O_2} = 0{,}21$. Veja Eqs. (6.78)-(6.80).

TABELA B.2 Constantes da Equação de Antoine para Pressões de Vapor de Espécies Puras

$$\ln P^{sat}/\text{kPa} = A - \frac{B}{t/°\text{C} + C}$$

Calor latente de vaporização no ponto normal de ebulição (ΔH_n) e ponto normal de ebulição (t_n)

		Parâmetros para Eq. de Antoine			Faixa de Temp.	ΔH_n	
Nome	Fórmula	A†	B	C	°C	kJ/mol	t_n/°C
Acetona	C_3H_6O	14,3145	2756,22	228,060	−26—77	29,10	56,2
Ácido acético	$C_2H_4O_2$	15,0717	3580,80	224,650	24—142	23,70	117,9
Acetonitrila*	C_2H_3N	14,8950	3413,10	250,523	−27—81	30,19	81,6
Benzeno	C_6H_6	13,7819	2726,81	217,572	6—104	30,72	80,0
iso-Butano	C_4H_{10}	13,8254	2181,79	248,870	−83—7	21,30	−11,9
n-Butano	C_4H_{10}	13,6608	2154,70	238,789	−73—19	22,44	−0,5
1-Butanol	$C_4H_{10}O$	15,3144	3212,43	182,739	37—138	43,29	117,6
2-Butanol*	$C_4H_{10}O$	15,1989	3026,03	186,500	25—120	40,75	99,5
iso-Butanol	$C_4H_{10}O$	14,6047	2740,95	166,670	30—128	41,82	107,8
tert-Butanol	$C_4H_{10}O$	14,8445	2658,29	177,650	10—101	39,07	82,3
Tetracloreto de carbono	CCl_4	14,0572	2914,23	232,148	−14—101	29,82	76,6
Clorobenzeno	C_6H_5Cl	13,8635	3174,78	211,700	29—159	35,19	131,7
1-Clorobutano	C_4H_9Cl	13,7965	2723,73	218,265	−17—79	30,39	78,5
Clorofórmio	$CHCl_3$	13,7324	2548,74	218,552	−23—84	29,24	61,1
Ciclo-hexano	C_6H_{12}	13,6568	2723,44	220,618	9—105	29,97	80,7
Ciclopentano	C_5H_{10}	13,9727	2653,90	234,510	−35—71	27,30	49,2
n-Decano	$C_{10}H_{22}$	13,9748	3442,76	193,858	65—203	38,75	174,1
Diclorometano	CH_2Cl_2	13,9891	2463,93	223,240	−38—60	28,06	39,7
Éter dietílico	$C_4H_{10}O$	14,0735	2511,29	231,200	−43—55	26,52	34,4
1,4-Dioxano	$C_4H_8O_2$	15,0967	3579,78	240,337	20—105	34,16	101,3
n-Eicosano	$C_{20}H_{42}$	14,4575	4680,46	132,100	208—379	57,49	343,6
Etanol	C_2H_6O	16,8958	3795,17	230,918	3—96	38,56	78,2
Etilbenzeno	C_8H_{10}	13,9726	3259,93	212,300	33—163	35,57	136,2
Etileno glicol*	$C_2H_6O_2$	15,7567	4187,46	178,650	100—222	50,73	197,3
n-Heptano	C_7H_{16}	13,8622	2910,26	216,432	4—123	31,77	98,4
n-Hexano	C_6H_{14}	13,8193	2696,04	224,317	−19—92	28,85	68,7
Metanol	CH_4O	16,5785	3638,27	239,500	−11—83	35,21	64,7
Acetato de etila	$C_3H_6O_2$	14,2456	2662,78	219,690	−23—78	30,32	56,9
Metiletilcetona	C_4H_8O	14,1334	2838,24	218,690	−8—103	31,30	79,6
Nitrometano*	CH_3NO_2	14,7513	3331,70	227,600	56—146	33,99	101,2
n-Nonano	C_9H_{20}	13,9854	3311,19	202,694	46—178	36,91	150,8
iso-Octano	C_8H_{18}	13,6703	2896,31	220,767	2—125	30,79	99,2
n-Octano	C_8H_{18}	13,9346	3123,13	209,635	26—152	34,41	125,6
n-Pentano	C_5H_{12}	13,7667	2451,88	232,014	−45—58	25,79	36,0
Fenol	C_6H_6O	14,4387	3507,80	175,400	80—208	46,18	181,8
1-Propanol	C_3H_8O	16,1154	3483,67	205,807	20—116	41,44	97,2
2-Propanol	C_3H_8O	16,6796	3640,20	219,610	8—100	39,85	82,2
Tolueno	C_7H_8	13,9320	3056,96	217,625	13—136	33,18	110,6
Água	H_2O	16,3872	3885,70	230,170	0—200	40,66	100,0
o-Xileno	C_8H_{10}	14,0415	3358,79	212,041	40—172	36,24	144,4
m-Xileno	C_8H_{10}	14,1387	3381,81	216,120	35—166	35,66	139,1
p-Xileno	C_8H_{10}	14,0579	3331,45	214,627	35—166	35,67	138,3

Baseado principalmente nos dados apresentados por B. E. Poling, J. M. Prausnitz e J. P. O'Connell, *The Properties of Gases and Liquids*, 5ª ed., Apêndice A, McGraw-Hill, New York, 2001.

*Parâmetros de Antoine adaptados de J. Gmehling, U. Onken e W. Arlt, *Vapor-Liquid Equilibrium data Collection*, Chemistry Data Series, vol. 1, partes 1-8, DECHEMA, Frankfurt/Main, 1974-1990.

† Parâmetros de Antoine *A* estão ajustados para que ocorra a reprodução dos valores apresentados para t_n.

APÊNDICE

C

Capacidades Caloríficas e Propriedades de Formação

TABELA C.1 Capacidades Caloríficas de Gases no Estado de Gás Ideal†

Constantes da equação $C_P^{gi}/R = A + BT + CT^2 + DT^{-2}$ T (kelvins), de 298 K até $T_{máx}$

Espécies químicas		$T_{máx}$	C_{P298}^{gi}/R	A	$10^3\ B$	$10^6\ C$	$10^{-5}\ D$
Parafinas:							
Metano	CH_4	1500	4,217	1,702	9,081	−2,164	......
Etano	C_2H_6	1500	6,369	1,131	19,225	−5,561	......
Propano	C_3H_8	1500	9,011	1,213	28,785	−8,824	......
n-Butano	C_4H_{10}	1500	11,928	1,935	36,915	−11,402	......
iso-Butano	C_4H_{10}	1500	11,901	1,677	37,853	−11,945	......
n-Pentano	C_5H_{12}	1500	14,731	2,464	45,351	−14,111	......
n-Hexano	C_6H_{14}	1500	17,550	3,025	53,722	−16,791	......
n-Heptano	C_7H_{16}	1500	20,361	3,570	62,127	−19,486	......
n-Octano	C_8H_{18}	1500	23,174	4,108	70,567	−22,208	......
1-Alquenos:							
Etileno	C_2H_4	1500	5,325	1,424	14,394	−4,392	......
Proprileno	C_3H_6	1500	7,792	1,637	22,706	−6,915	......
1-Buteno	C_4H_8	1500	10,520	1,967	31,630	−9,873	......
1-Penteno	C_5H_{10}	1500	13,437	2,691	39,753	−12,447	......
1-Hexeno	C_6H_{12}	1500	16,240	3,220	48,189	−15,157	......
1-Hepteno	C_7H_{14}	1500	19,053	3,768	56,588	−17,847	......
1-Octeno	C_8H_{16}	1500	21,868	4,324	64,960	−20,521	......
Vários orgânicos:							
Acetaldeído	C_2H_4O	1000	6,506	1,693	17,978	−6,158	......
Acetileno	C_2H_2	1500	5,253	6,132	1,952	......	−1,299
Benzeno	C_6H_6	1500	10,259	−0,206	39,064	−13,301	......
1,3-Butadieno	C_4H_6	1500	10,720	2,734	26,786	−8,882	......
Ciclo-hexano	C_6H_{12}	1500	13,121	−3,876	63,249	−20,928	......
Etanol	C_2H_6O	1500	8,948	3,518	20,001	−6,002	......
Etilbenzeno	C_8H_{10}	1500	15,993	1,124	55,380	−18,476	......
Óxido de etileno	C_2H_4O	1000	5,784	−0,385	23,463	−9,296	......
Formaldeído	CH_2O	1500	4,191	2,264	7,022	−1,877	......
Metanol	CH_4O	1500	5,547	2,211	12,216	−3,450	......
Estireno	C_8H_8	1500	15,534	2,050	50,192	−16,662	......
Tolueno	C_7H_8	1500	12,922	0,290	47,052	−15,716	......
Vários inorgânicos:							
Ar		2000	3,509	3,355	0,575	......	−0,016
Amônia	NH_3	1800	4,269	3,578	3,020	......	−0,186
Bromo	Br_2	3000	4,337	4,493	0,056	......	−0,154
Monóxido de carbono	CO	2500	3,507	3,376	0,557	......	−0,031
Dióxido de carbono	CO_2	2000	4,467	5,457	1,045	......	−1,157
Dissulfeto de carbono	CS_2	1800	5,532	6,311	0,805	......	−0,906
Cloro	Cl_2	3000	4,082	4,442	0,089	......	−0,344
Hidrogênio	H_2	3000	3,468	3,249	0,422	......	0,083
Dissulfeto de hidrogênio	H_2S	2300	4,114	3,931	1,490	......	−0,232
Cloreto de hidrogênio	HCl	2000	3,512	3,156	0,623	......	0,151
Cianeto de hidrogênio	HCN	2500	4,326	4,736	1,359	......	−0,725
Nitrogênio	N_2	2000	3,502	3,280	0,593	......	0,040
Óxido nitroso	N_2O	2000	4,646	5,328	1,214	......	−0,928
Óxido nítrico	NO	2000	3,590	3,387	0,629	......	0,014
Dióxido de nitrogênio	NO_2	2000	4,447	4,982	1,195	......	−0,792
Tetraóxido de dinitrogênio	N_2O_4	2000	9,198	11,660	2,257	......	−2,787
Oxigênio	O_2	2000	3,535	3,639	0,506	......	−0,227
Dióxido de enxofre	SO_2	2000	4,796	5,699	0,801	......	−1,015
Trióxido de enxofre	SO_3	2000	6,094	8,060	1,056	......	−2,028
Água	H_2O	2000	4,038	3,470	1,450	......	0,121

† Retirados de H. M. Spencer, *Ind. Eng. Chem.*, vol. 40, pp. 2152-2154, 1948; K. K. Kelley, *U.S. Bur. Mines Bull. 584*, 1960; L. B. Pankratz, *U.S. Bur. Mines Bull. 672*, 1982.

TABELA C.2 Capacidades Caloríficas de Sólidos†

Constantes da equação $C_P/R = A + BT + DT^{-2}$ T (kelvins), de 298 K até $T_{máx}$

Espécie química	$T_{máx}$	C^{gi}_{P298}/R	A	$10^3\ B$	$10^{-5}\ D$
CaO	2000	5,058	6,104	0,443	−1,047
$CaCO_3$	1200	9,848	12,572	2,637	−3,120
$Ca(OH)_2$	700	11,217	9,597	5,435	......
CaC_2	720	7,508	8,254	1,429	−1,042
$CaCl_2$	1055	8,762	8,646	1,530	−0,302
C (grafite)	2000	1,026	1,771	0,771	−0,867
Cu	1357	2,959	2,677	0,815	0,035
CuO	1400	5,087	5,780	0,973	−0,874
Fe(α)	1043	3,005	−0,111	6,111	1,150
Fe_2O_3	960	12,480	11,812	9,697	−1,976
Fe_3O_4	850	18,138	9,594	27,112	0,409
FeS	411	6,573	2,612	13,286	......
I_2	386,8	6,929	6,481	1,502	......
LiCl	800	5,778	5,257	2,476	−0,193
NH_4Cl	458	10,741	5,939	16,105	......
Na	371	3,386	1,988	4,688	......
NaCl	1073	6,111	5,526	1,963	......
NaOH	566	7,177	0,121	16,316	1,948
$NaHCO_3$	400	10,539	5,128	18,148	......
S (rômbico)	368,3	3,748	4,114	−1,728	−0,783
SiO_2 (quartzo)	847	5,345	4,871	5,365	−1,001

† Retirados de K. K. Kelley, *U.S. Bur. Mines Bull. 584*, 1960; L. B. Pankratz, *U.S. Bur. Mines Bull. 672*, 1982.

TABELA C.3 Capacidades Caloríficas de Líquidos†

Constantes da equação $C_P/R = A + BT + CT^2$ T (kelvins), de 273,15 K até 373,15 K

Espécie química	C^{gi}_{P298}/R	A	$10^3\ B$	$10^6\ C$
Amônia	9,718	22,626	−100,75	192,71
Anilina	23,070	15,819	29,03	−15,80
Benzeno	16,157	−0,747	67,96	−37,78
1,3-Butadieno	14,779	22,711	−87,96	205,79
Tetracloreto de carbono	15,751	21,155	−48,28	101,14
Clorobenzeno	18,240	11,278	32,86	−31,90
Clorofórmio	13,806	19,215	−42,89	83,01
Ciclo-hexano	18,737	−9,048	141,38	−161,62
Etanol	13,444	33,866	−172,60	349,17
Óxido de etileno	10,590	21,039	−86,41	172,28
Metanol	9,798	13,431	−51,28	131,13
n-Propanol	16,921	41,653	−210,32	427,20
Trióxido de enxofre	30,408	−2,930	137,08	−84,73
Tolueno	18,611	15,133	6,79	16,35
Água	9,069	8,712	1,25	−0,18

† Baseado nas correlações apresentadas por J. W. Miller, Jr., G. R. Schorr e C. L. Yaws, *Chem. Eng.*, vol. 83(23), p. 129, 1976.

TABELA C.4 Entalpias e Energias de Gibbs de Formação Padrões, a 298,15 K†

Joules por mol de substância formada

Espécie química		Estado (Nota 2)	$\Delta H^\circ_{f_{298}}$ (Nota 1)	$\Delta G^\circ_{f_{298}}$ (Nota 1)
Parafinas:				
Metano	CH_4	(*g*)	−74.520	−50.460
Etano	C_2H_6	(*g*)	−83.820	−31.855
Propano	C_3H_8	(*g*)	−104.680	−24.290
n-Butano	C_4H_{10}	(*g*)	−125.790	−16.570
n-Pentano	C_5H_{12}	(*g*)	−146.760	−8.650
n-Hexano	C_6H_{14}	(*g*)	−166.920	150
n-Heptano	C_7H_{16}	(*g*)	−187.780	8.260
n-Octano	C_8H_{18}	(*g*)	−208.750	16.260
1-*Alquenos:*				
Etileno	C_2H_4	(*g*)	52.510	68.460
Proprileno	C_3H_6	(*g*)	19.710	62.205
1-Buteno	C_4H_8	(*g*)	−540	70.340
1-Penteno	C_5H_{10}	(*g*)	−21.280	78.410
1-Hexeno	C_6H_{12}	(*g*)	−41.950	86.830
1-Hepteno	C_7H_{14}	(*g*)	−62.760	
Vários orgânicos:				
Acetaldeído	C_2H_4O	(*g*)	−166.190	−128.860
Ácido acético	$C_2H_4O_2$	(*l*)	−484.500	−389.900
Acetileno	C_2H_2	(*g*)	227.480	209.970
Benzeno	C_6H_6	(*g*)	82.930	129.665
Benzeno	C_6H_6	(*l*)	49.080	124.520
1,3-Butadieno	C_4H_6	(*g*)	109.240	149.795
Ciclo-hexano	C_6H_{12}	(*g*)	−123.140	31.920
Ciclo-hexano	C_6H_{12}	(*l*)	−156.230	26.850
1,2-Etanodiol	$C_2H_6O_2$	(*l*)	−454.800	−323.080
Etanol	C_2H_6O	(*g*)	−235.100	−168.490
Etanol	C_2H_6O	(*l*)	−277.690	−174.780
Etilbenzeno	C_8H_{10}	(*g*)	29.920	130.890
Óxido de etileno	C_2H_4O	(*g*)	−52.630	−13.010
Formaldeído	CH_2O	(*g*)	−108.570	−102.530
Metanol	CH_4O	(*g*)	−200.660	−161.960
Metanol	CH_4O	(*l*)	−238.660	−166.270
Metilciclo-hexano	C_7H_{14}	(*g*)	−154.770	27.480
Metilciclo-hexano	C_7H_{14}	(*l*)	−190.160	20.560
Estireno	C_8H_8	(*g*)	147.360	213.900
Tolueno	C_7H_8	(*g*)	50.170	122.050
Tolueno	C_7H_8	(*l*)	12.180	113.630
Vários inorgânicos:				
Amônia	NH_3	(*g*)	−46.110	−16.400
Amônia	NH_3	(*aq*)		−26.500
Carbeto de cálcio	CaC_2	(*s*)	−59.800	−64.900
Carbonato de cálcio	$CaCO_3$	(*s*)	−1.206.920	−1.128.790
Cloreto de cálcio	$CaCl_2$	(*s*)	−795.800	−748.100
Cloreto de cálcio	$CaCl_2$	(*aq*)		−8.101.900

(continua)

TABELA C.4 Entalpias e Energias de Gibbs de Formação Padrões, a 298,15 K† (*continuação*)

Joules por mol de substância formada				
Espécie química		Estado (Nota 2)	$\Delta H^\circ_{f_{298}}$ (Nota 1)	$\Delta G^\circ_{f_{298}}$ (Nota 1)
Cloreto de cálcio	$CaCl_2{\cdot}6H_2O$	(*s*)	−2.607.900	
Hidróxido de cálcio	$Ca(OH)_2$	(*s*)	−986.090	−898.490
Hidróxido de cálcio	$Ca(OH)_2$	(*aq*)		−868.070
Óxido de cálcio	CaO	(*s*)	−635.090	−604.030
Dióxido de carbono	CO_2	(*g*)	−393.509	−394.359
Monóxido de carbono	CO	(*g*)	−110.525	−137.169
Ácido hidroclorídrico	HCl	(*g*)	−92.307	−95.299
Cianeto de hidrogênio	HCN	(*g*)	135.100	124.700
Sulfeto de hidrogênio	H_2S	(*g*)	−20.630	−33.560
Óxido de ferro	FeO	(*s*)	−272.000	
Óxido de ferro (hematita)	Fe_2O_3	(*s*)	−824.200	−742.200
Óxido de ferro (magnetita)	Fe_3O_4	(*s*)	−1.118.400	−1.015.400
Sulfeto de ferro (pirita)	FeS_2	(*s*)	−178.200	−166.900
Cloreto de lítio	$LiCl$	(*s*)	−408.610	
Cloreto de lítio	$LiCl{\cdot}H_2O$	(*s*)	−712.580	
Cloreto de lítio	$LiCl{\cdot}2H_2O$	(*s*)	−1.012.650	
Cloreto de lítio	$LiCl{\cdot}3H_2O$	(*s*)	−1.311.300	
Ácido nítrico	HNO_3	(*l*)	−174.100	−80.710
Ácido nítrico	HNO_3	(*aq*)		−111.250
Óxidos de nitrogênio	NO	(*g*)	90.250	86.550
	NO_2	(*g*)	33.180	51.310
	N_2O	(*g*)	82.050	104.200
	N_2O_4	(*g*)	9.160	97.540
Carbonato de sódio	Na_2CO_3	(*s*)	−1.130.680	−1.044.440
Carbonato de sódio	$Na_2CO_3{\cdot}10H_2O$	(*s*)	−4.081.320	
Cloreto de sódio	$NaCl$	(*s*)	−411.153	−384.138
Cloreto de sódio	$NaCl$	(*aq*)		−393.133
Hidróxido de sódio	$NaOH$	(*s*)	−425.609	−379.494
Hidróxido de sódio	$NaOH$	(*aq*)		−419.150
Dióxido de enxofre	SO_2	(*g*)	−296.830	−300.194
Trióxido de enxofre	SO_3	(*g*)	−395.720	−371.060
Trióxido de enxofre	SO_3	(*l*)	−441.040	
Ácido sulfúrico	H_2SO_4	(*l*)	−813.989	−690.003
Ácido sulfúrico	H_2SO_4	(*aq*)		−744.530
Água	H_2O	(*g*)	−241.818	−228.572
Água	H_2O	(*l*)	−285.830	−237.129

† Retirados de *TRC Thermodynamic Tables – Hidrocarbons*, Thermodynamic Research Center, Texas A&M Univ. System, College Station, Texas; "The NBS Tables of Chemical Thermodynamic Properties", *J. Phys. and Chem. Reference Data*, vol. 11, supp. 2, 1982.

Notas

1. As propriedades de formação padrão $H^\circ_{f_{298}}$ e $G^\circ_{f_{298}}$ são as variações que ocorrem quando 1 mol do composto listado é formado a partir dos seus elementos, com cada substância no seu estado-padrão a 298,15 K (25 °C).

2. Estados-padrão: (*a*) Gases (*g*): gás ideal puro a 1 bar e 25 °C. (*b*) Líquidos (*l*) e sólidos (*s*): substância pura a 1 bar e 25 °C. (*c*) Solutos em soluções aquosas (*aq*): Solução ideal hipotética 1 molal do soluto em água a 1 bar e 25 °C.

TABELA C.5 Entalpias e Energias de Gibbs de Formação Padrões, a 298,15 K para Substâncias em Solução Diluída Aquosa a Zero de Força Iônica†

Joules por mol de substância formada			
Espécie química		$\Delta H^\circ_{f_{298}}$	$\Delta G^\circ_{f_{298}}$
Acetaldeído	C_2H_4O	−212,2	−139,0
Acetato	$C_2H_2O_2^-$	−486,0	−369,3
Ácido acético	$C_2H_3O_2$	−485,8	−396,5
Acetona	C_3H_6O	−221,7	−159,7
Adenosina	$C_{10}H_{13}N_5O_4$	−621,3	−194,5
Cátion adenosina	$C_{10}H_{14}N_5O_4^+$	−637,7	−214,3
5'difosfato de adenosina (ADP)	$C_{10}H_{12}N_5O_{10}P_2^{3-}$	−2626,5	−1906,1
	$C_{10}H_{13}N_5O_{10}P_2^{2-}$	−2620,9	−1947,1
	$C_{10}H_{14}N_5O_{10}P_2^-$	−2638,5	−1972,0
5'monofosfato de adenosina (AMP)	$C_{10}H_{12}N_5O_{10}P^{2-}$	−1635,4	−1040,5
	$C_{10}H_{13}N_5O_{10}P^-$	−1630,0	−1078,9
	$C_{10}H_{14}N_5O_7P$	−1648,1	−1101,6
5'trifosfato de adenosina (ATP)	$C_{10}H_{12}N_5O_{13}P_3^{4-}$	−3619,2	−2768,1
	$C_{10}H_{13}N_5O_{13}P_3^{3-}$	−3612,9	−2811,5
	$C_{10}H_{14}N_5O_{13}P_3^{2-}$	−3627,9	−2838,2
Alanina	$C_3H_7NO_2$	−554,8	−371,0
Amônia	NH_3	−80,3	−26,5
Amônio	NH_4^+	−132,5	−79,3
D-arabinose	$C_5H_{10}O_5$	−1043,8	−742,2
L-asparagina	$C_4H_8N_2O_3$	−766,1	−525,9
L-aspartato	$C_4H_7NO_4$	−943,4	−695,9
Citrato	$C_6H_5O_7^{3-}$	−1515,1	−1162,7
	$C_6H_6O_7^{2-}$	−1518,5	−1199,2
	$C_6H_7O_7^-$	−1520,9	−1226,3
Dióxido de carbono	CO_2	−413,8	−386,0
Carbonato	CO_3^{-2}	−677,1	−527,8
Bicarbonato	CHO_3^-	−692,0	−586,8
Ácido carbônico	CH_2O_3	−694,9	−606,3
Monóxido de carbono	CO	−121,0	−119,9
Etanol	C_2H_6O	−288,3	−181,6
Acetato de etila	$C_4H_8O_2$	−482,0	−337,7
Formato	CHO_2^-	−425,6	−351,0
D-frutose	$C_6H_{12}O_6$	−1259,4	−915,5
6-fosfato D-frutose	$C_6H_{11}O_9P^{2-}$	−2267,7*	−1760,8
	$C_6H_{12}O_9P^-$	−2265,9*	−1796,6

(continua)

TABELA C.5 Entalpias e Energias de Gibbs de Formação Padrões, a 298,15 K para Substâncias em Solução Diluída Aquosa a Zero de Força Iônica† (*continuação*)

Joules por mol de substância formada			
Espécie química		$\Delta H^\circ_{f_{298}}$	$\Delta G^\circ_{f_{298}}$
1,6-bifosfato D-frutose	$C_6H_{11}O_{12}P_2^{3-}$	−3320,1*	−2639,4
	$C_6H_{12}O_{12}P_2^{2-}$	−3318,3*	−2673,9
Fumarato	$C_4H_2O_4^{2-}$	−777,4	−601,9
	$C_4H_3O_4^-$	−774,5	−628,1
	$C_4H_4O_4$	−774,9	−645,8
D-galactose	$C_6H_{12}O_6$	−1255,2	−908,9
D-glucose	$C_6H_{12}O_6$	−1262,2	−915,9
6-fosfato D-glucose	$C_6H_{11}O_9P^{2-}$	−2276,4	−1763,9
	$C_6H_{12}O_9P^-$	−2274,6	−1800,6
L-glutamato	$C_5H_8NO_4^-$	−979,9	−697,5
L-glutamina	$C_5H_{10}N_2O_3$	−805,0	−528,0
Glicerol	$C_3H_8O_3$	−676,6	−497,5
Glicina	$C_2H_5NO_2$	−523,0	−379,9
Glicilglicina	$C_4H_8N_2O_3$	−734,3	−520,2
Hidrogênio	H_2	−4,2	17,6
Peróxido de hidrogênio	H_2O_2	−191,2	−134,0
Íon de hidrogênio (Nota 2)	H^+	0,0	0,0
Indole	C_8H_7N	97,5	223,8
Lactato	$C_3H_5O_3^-$	−686,6	−516,7
Lactose	$C_{12}H_{22}O_{11}$	−2233,1	−1567,3
L-leucina	$C_6H_{13}NO_2$	−643,4	−352,3
Maltose	$C_{12}H_{22}O_{11}$	−2238,1	−1574,7
D-manose	$C_6H_{12}O_6$	−1258,7	−910,0
Metano	CH_4	−89,0	−34,3
Metanol	CH_4O	−245,9	−175,3
Amônio de metila	CH_6N^+	−124,9	−39,9
Nitrogênio	N_2	−10,5	18,7
Dinucleotídeo nicotinamida-adenina (ox) (Nota 2)	NAD^+ (Note 2)	0,0	0,0
Dinucleotídeo nicotinamida-adenina (red) (Nota 2)	NADH (Note 2)	−31,9	22,7
Fosfato dinucleotídeo nicotinamida-adenina (ox) (Nota 2)	$NADP^+$ (Note 2)	0,0	−835,2
Fosfato dinucleotídeo nicotinamida-adenina (red)	NADPH (Note 2)	−29,2	−809,2
Oxigênio	O_2	−11,7	16,4
Oxalato	$C_2O_4^{2-}$	−825,1	−673,9
Fosfato de hidrogênio	HPO_4^{2-}	−1299,0	−1096,1
Fosfato de dihidrogênio	$H_2PO_4^-$	−1302,6	−1137,3

(*continua*)

TABELA C.5 Entalpias e Energias de Gibbs de Formação Padrões, a 298,15 K para Substâncias em Solução Diluída Aquosa a Zero de Força Iônica† (*continuação*)

		Joules por mol de substância formada	
Espécie química		$\Delta H^\circ_{f_{298}}$	$\Delta G^\circ_{f_{298}}$
2-propanol	C_3H_8O	−330,8	−185,2
Pirofosfato	$P_2O_7^{4-}$	−2293,5	−1919,9
	$HP_2O_7^{3-}$	−2294,9	−1973,9
	$H_2P_2O_7^{2-}$	−2295,4	−2012,2
	$H_3P_2O_7^-$	−2290,4	−2025,1
	$H_4P_2O_7$	−2281,2	−2029,9
Piruvato	$C_3H_3O_3^-$	−596,2	−472,3
D-ribulose	$C_5H_{10}O_5$	−1034,0	−738,8
5-fosfato D-ribose	$C_5H_9O_8P^{2-}$	−2041,5	−1582,6
	$C_5H_{10}O_8P^-$	−2030,2	−1620,8
D-ribulose	$C_5H_{10}O_5$	−1023,0	−735,9
L-sorbose	$C_6H_{12}O_6$	−1263,3	−912,0
Sucinato	$C_4H_4O_4^{2-}$	−908,7	−690,4
	$C_4H_5O_4^-$	−908,8	−722,6
	$C_4H_6O_4$	−912,2	−746,6
Sucrose	$C_{12}H_{22}O_{11}$	−2199,9	−1564,7
L-triptofan	$C_{11}H_{12}N_2O_2$	−405,2	−114,7
Ureia	CH_4N_2O	−317,7	−202,8
L-valina	$C_5H_{11}NO_2$	−612,0	−358,7
D-xilose	$C_5H_{10}O_5$	−1045,9	−750,5
D-xilulose	$C_5H_{10}O_5$	−1029,7	−746,2

*Estimado utilizando dados de R. N. Goldberg, Y. B. Tewari e T. N. Bhat, *Thermodynamics of Enzyme Catlyzed Reactions*, Banco de Dados NIST Standard Reference Database 74, <http://xpdb.nist.gov/enzyme_thermodynamics>.
†A partir de Robert A. Alberty, *Thermodynamics of Biochemical Reactions*, Wiley-Interscience, Hoboken, NJ, USA, 2003, Tabela 3.2, pp. 52-55 e Tabela 8.2, p. 151.

Notas

1. A variação das propriedades de formação padrão ΔH°_{f298} e ΔG°_{f298} são as variações que ocorrem quando 1 mol do componente listado é formado a partir de seus elementos com cada substância em seu estado-padrão a 298,15 K (25 °C), exceto como nas notas Nota 2.

2. As convenções utilizadas nesta tabela são que $\Delta G^\circ_{f298} = \Delta H^\circ_{f298} = 0$ para H^+ e para a dinucleotídeo nicotina-mida-adenina oxidada (NAD^-_{OX}). Para essa última, e as outras espécies NAD, não é fornecida uma fórmula molecular porque as propriedades são calculadas em relação a esta convenção em vez dos elementos em seus estados-padrão.

APÊNDICE

D

Tabelas da Correlação Generalizada de Lee/Kesler

As tabelas de Lee/Kesler estão adaptadas e publicadas com permissão de "A Generalized Thermodynamic Correlation Based on Three-Parameter Corresponding States", de Byung Ik Lee e Michael G. Kesler, *AIChE J.*, **21**, 510-527(1975). Os números impressos em itálico são propriedades da fase líquida.

TABELAS

Tabelas D.1 – D.4	Correlação para o fator de compressibilidade
Tabelas D.5 – D.8	Correlação para a entalpia residual
Tabelas D.9 – D.12	Correlação para a entropia residual
Tabelas D.13 – D.16	Correlação para o coeficiente de fugacidade

TABELA D.1 Valores de Z^0

$P_r =$	0,0100	0,0500	0,1000	0,2000	0,4000	0,6000	0,8000	1,0000
T_r								
0,30	*0,0029*	*0,0145*	*0,0290*	*0,0579*	*0,1158*	*0,1737*	*0,2315*	0,2892
0,35	*0,0026*	*0,0130*	*0,0261*	*0,0522*	*0,1043*	*0,1564*	*0,2084*	0,2604
0,40	*0,0024*	*0,0119*	*0,0239*	*0,0477*	*0,0953*	*0,1429*	*0,1904*	0,2379
0,45	*0,0022*	*0,0110*	*0,0221*	*0,0442*	*0,0882*	*0,1322*	*0,1762*	0,2200
0,50	*0,0021*	*0,0103*	*0,0207*	*0,0413*	*0,0825*	*0,1236*	*0,1647*	0,2056
0,55	0,9804	*0,0098*	*0,0195*	*0,0390*	*0,0778*	*0,1166*	*0,1553*	0,1939
0,60	0,9849	*0,0093*	*0,0186*	*0,0371*	*0,0741*	*0,1109*	*0,1476*	0,1842
0,65	0,9881	0,9377	*0,0178*	*0,0356*	*0,0710*	*0,1063*	*0,1415*	0,1765
0,70	0,9904	0,9504	0,8958	*0,0344*	*0,0687*	*0,1027*	*0,1366*	0,1703
0,75	0,9922	0,9598	0,9165	*0,0336*	*0,0670*	*0,1001*	*0,1330*	0,1656
0,80	0,9935	0,9669	0,9319	0,8539	*0,0661*	*0,0985*	*0,1307*	0,1626
0,85	0,9946	0,9725	0,9436	0,8810	*0,0661*	*0,0983*	*0,1301*	0,1614
0,90	0,9954	0,9768	0,9528	0,9015	0,7800	*0,1006*	*0,1321*	0,1630
0,93	0,9959	0,9790	0,9573	0,9115	0,8059	0,6635	*0,1359*	0,1664
0,95	0,9961	0,9803	0,9600	0,9174	0,8206	0,6967	*0,1410*	0,1705
0,97	0,9963	0,9815	0,9625	0,9227	0,8338	0,7240	0,5580	0,1779
0,98	0,9965	0,9821	0,9637	0,9253	0,8398	0,7360	0,5887	0,1844
0,99	0,9966	0,9826	0,9648	0,9277	0,8455	0,7471	0,6138	0,1959
1,00	0,9967	0,9832	0,9659	0,9300	0,8509	0,7574	0,6355	0,2901
1,01	0,9968	0,9837	0,9669	0,9322	0,8561	0,7671	0,6542	0,4648
1,02	0,9969	0,9842	0,9679	0,9343	0,8610	0,7761	0,6710	0,5146
1,05	0,9971	0,9855	0,9707	0,9401	0,8743	0,8002	0,7130	0,6026
1,10	0,9975	0,9874	0,9747	0,9485	0,8930	0,8323	0,7649	0,6880
1,15	0,9978	0,9891	0,9780	0,9554	0,9081	0,8576	0,8032	0,7443
1,20	0,9981	0,9904	0,9808	0,9611	0,9205	0,8779	0,8330	0,7858
1,30	0,9985	0,9926	0,9852	0,9702	0,9396	0,9083	0,8764	0,8438
1,40	0,9988	0,9942	0,9884	0,9768	0,9534	0,9298	0,9062	0,8827
1,50	0,9991	0,9954	0,9909	0,9818	0,9636	0,9456	0,9278	0,9103
1,60	0,9993	0,9964	0,9928	0,9856	0,9714	0,9575	0,9439	0,9308
1,70	0,9994	0,9971	0,9943	0,9886	0,9775	0,9667	0,9563	0,9463
1,80	0,9995	0,9977	0,9955	0,9910	0,9823	0,9739	0,9659	0,9583
1,90	0,9996	0,9982	0,9964	0,9929	0,9861	0,9796	0,9735	0,9678
2,00	0,9997	0,9986	0,9972	0,9944	0,9892	0,9842	0,9796	0,9754
2,20	0,9998	0,9992	0,9983	0,9967	0,9937	0,9910	0,9886	0,9865
2,40	0,9999	0,9996	0,9991	0,9983	0,9969	0,9957	0,9948	0,9941
2,60	1,0000	0,9998	0,9997	0,9994	0,9991	0,9990	0,9990	0,9993
2,80	1,0000	1,0000	1,0001	1,0002	1,0007	1,0013	1,0021	1,0031
3,00	1,0000	1,0002	1,0004	1,0008	1,0018	1,0030	1,0043	1,0057
3,50	1,0001	1,0004	1,0008	1,0017	1,0035	1,0055	1,0075	1,0097
4,00	1,0001	1,0005	1,0010	1,0021	1,0043	1,0066	1,0090	1,0115

TABELA D.2 Valores de Z^1

$P_r =$ T_r	0,0100	0,0500	0,1000	0,2000	0,4000	0,6000	0,8000	1,0000
0,30	*−0,0008*	*−0,0040*	*−0,0081*	*−0,0161*	*−0,0323*	*−0,0484*	*−0,0645*	−0,0806
0,35	*−0,0009*	*−0,0046*	*−0,0093*	*−0,0185*	*−0,0370*	*−0,0554*	*−0,0738*	−0,0921
0,40	*−0,0010*	*−0,0048*	*−0,0095*	*−0,0190*	*−0,0380*	*−0,0570*	*−0,0758*	−0,0946
0,45	*−0,0009*	*−0,0047*	*−0,0094*	*−0,0187*	*−0,0374*	*−0,0560*	*−0,0745*	−0,0929
0,50	*−0,0009*	*−0,0045*	*−0,0090*	*−0,0181*	*−0,0360*	*−0,0539*	*−0,0716*	−0,0893
0,55	−0,0314	*−0,0043*	*−0,0086*	*−0,0172*	*−0,0343*	*−0,0513*	*−0,0682*	−0,0849
0,60	−0,0205	*−0,0041*	*−0,0082*	*−0,0164*	*−0,0326*	*−0,0487*	*−0,0646*	−0,0803
0,65	−0,0137	−0,0772	*−0,0078*	*−0,0156*	*−0,0309*	*−0,0461*	*−0,0611*	−0,0759
0,70	−0,0093	−0,0507	−0,1161	*−0,0148*	*−0,0294*	*−0,0438*	*−0,0579*	−0,0718
0,75	−0,0064	−0,0339	−0,0744	*−0,0143*	*−0,0282*	*−0,0417*	*−0,0550*	−0,0681
0,80	−0,0044	−0,0228	−0,0487	−0,1160	*−0,0272*	*−0,0401*	*−0,0526*	−0,0648
0,85	−0,0029	−0,0152	−0,0319	−0,0715	*−0,0268*	*−0,0391*	*−0,0509*	−0,0622
0,90	−0,0019	−0,0099	−0,0205	−0,0442	−0,1118	*−0,0396*	*−0,0503*	−0,0604
0,93	−0,0015	−0,0075	−0,0154	−0,0326	−0,0763	−0,1662	*−0,0514*	−0,0602
0,95	−0,0012	−0,0062	−0,0126	−0,0262	−0,0589	−0,1110	*−0,0540*	−0,0607
0,97	−0,0010	−0,0050	−0,0101	−0,0208	−0,0450	−0,0770	−0,1647	−0,0623
0,98	−0,0009	−0,0044	−0,0090	−0,0184	−0,0390	−0,0641	−0,1100	−0,0641
0,99	−0,0008	−0,0039	−0,0079	−0,0161	−0,0335	−0,0531	−0,0796	−0,0680
1,00	−0,0007	−0,0034	−0,0069	−0,0140	−0,0285	−0,0435	−0,0588	−0,0879
1,01	−0,0006	−0,0030	−0,0060	−0,0120	−0,0240	−0,0351	−0,0429	−0,0223
1,02	−0,0005	−0,0026	−0,0051	−0,0102	−0,0198	−0,0277	−0,0303	−0,0062
1,05	−0,0003	−0,0015	−0,0029	−0,0054	−0,0092	−0,0097	−0,0032	0,0220
1,10	0,0000	0,0000	0,0001	0,0007	0,0038	0,0106	0,0236	0,0476
1,15	0,0002	0,0011	0,0023	0,0052	0,0127	0,0237	0,0396	0,0625
1,20	0,0004	0,0019	0,0039	0,0084	0,0190	0,0326	0,0499	0,0719
1,30	0,0006	0,0030	0,0061	0,0125	0,0267	0,0429	0,0612	0,0819
1,40	0,0007	0,0036	0,0072	0,0147	0,0306	0,0477	0,0661	0,0857
1,50	0,0008	0,0039	0,0078	0,0158	0,0323	0,0497	0,0677	0,0864
1,60	0,0008	0,0040	0,0080	0,0162	0,0330	0,0501	0,0677	0,0855
1,70	0,0008	0,0040	0,0081	0,0163	0,0329	0,0497	0,0667	0,0838
1,80	0,0008	0,0040	0,0081	0,0162	0,0325	0,0488	0,0652	0,0814
1,90	0,0008	0,0040	0,0079	0,0159	0,0318	0,0477	0,0635	0,0792
2,00	0,0008	0,0039	0,0078	0,0155	0,0310	0,0464	0,0617	0,0767
2,20	0,0007	0,0037	0,0074	0,0147	0,0293	0,0437	0,0579	0,0719
2,40	0,0007	0,0035	0,0070	0,0139	0,0276	0,0411	0,0544	0,0675
2,60	0,0007	0,0033	0,0066	0,0131	0,0260	0,0387	0,0512	0,0634
2,80	0,0006	0,0031	0,0062	0,0124	0,0245	0,0365	0,0483	0,0598
3,00	0,0006	0,0029	0,0059	0,0117	0,0232	0,0345	0,0456	0,0565
3,50	0,0005	0,0026	0,0052	0,0103	0,0204	0,0303	0,0401	0,0497
4,00	0,0005	0,0023	0,0046	0,0091	0,0182	0,0270	0,0357	0,0443

TABELA D.3 Valores de Z^0

$P_r =$	1,0000	1,2000	1,5000	2,0000	3,0000	5,0000	7,0000	10,000
T_r								
0,30	0,2892	0,3479	0,4335	0,5775	0,8648	1,4366	2,0048	2,8507
0,35	0,2604	0,3123	0,3901	0,5195	0,7775	1,2902	1,7987	2,5539
0,40	0,2379	0,2853	0,3563	0,4744	0,7095	1,1758	1,6373	2,3211
0,45	0,2200	0,2638	0,3294	0,4384	0,6551	1,0841	1,5077	2,1338
0,50	0,2056	0,2465	0,3077	0,4092	0,6110	1,0094	1,4017	1,9801
0,55	0,1939	0,2323	0,2899	0,3853	0,5747	0,9475	1,3137	1,8520
0,60	0,1842	0,2207	0,2753	0,3657	0,5446	0,8959	1,2398	1,7440
0,65	0,1765	0,2113	0,2634	0,3495	0,5197	0,8526	1,1773	1,6519
0,70	0,1703	0,2038	0,2538	0,3364	0,4991	0,8161	1,1341	1,5729
0,75	0,1656	0,1981	0,2464	0,3260	0,4823	0,7854	1,0787	1,5047
0,80	0,1626	0,1942	0,2411	0,3182	0,4690	0,7598	1,0400	1,4456
0,85	0,1614	0,1924	0,2382	0,3132	0,4591	0,7388	1,0071	1,3943
0,90	0,1630	0,1935	0,2383	0,3114	0,4527	0,7220	0,9793	1,3496
0,93	0,1664	0,1963	0,2405	0,3122	0,4507	0,7138	0,9648	1,3257
0,95	0,1705	0,1998	0,2432	0,3138	0,4501	0,7092	0,9561	1,3108
0,97	0,1779	0,2055	0,2474	0,3164	0,4504	0,7052	0,9480	1,2968
0,98	0,1844	0,2097	0,2503	0,3182	0,4508	0,7035	0,9442	1,2901
0,99	0,1959	0,2154	0,2538	0,3204	0,4514	0,7018	0,9406	1,2835
1,00	0,2901	0,2237	0,2583	0,3229	0,4522	0,7004	0,9372	1,2772
1,01	0,4648	0,2370	0,2640	0,3260	0,4533	0,6991	0,9339	1,2710
1,02	0,5146	0,2629	0,2715	0,3297	0,4547	0,6980	0,9307	1,2650
1,05	0,6026	0,4437	0,3131	0,3452	0,4604	0,6956	0,9222	1,2481
1,10	0,6880	0,5984	0,4580	0,3953	0,4770	0,6950	0,9110	1,2232
1,15	0,7443	0,6803	0,5798	0,4760	0,5042	0,6987	0,9033	1,2021
1,20	0,7858	0,7363	0,6605	0,5605	0,5425	0,7069	0,8990	1,1844
1,30	0,8438	0,8111	0,7624	0,6908	0,6344	0,7358	0,8998	1,1580
1,40	0,8827	0,8595	0,8256	0,7753	0,7202	0,7761	0,9112	1,1419
1,50	0,9103	0,8933	0,8689	0,8328	0,7887	0,8200	0,9297	1,1339
1,60	0,9308	0,9180	0,9000	0,8738	0,8410	0,8617	0,9518	1,1320
1,70	0,9463	0,9367	0,9234	0,9043	0,8809	0,8984	0,9745	1,1343
1,80	0,9583	0,9511	0,9413	0,9275	0,9118	0,9297	0,9961	1,1391
1,90	0,9678	0,9624	0,9552	0,9456	0,9359	0,9557	1,0157	1,1452
2,00	0,9754	0,9715	0,9664	0,9599	0,9550	0,9772	1,0328	1,1516
2,20	0,9856	0,9847	0,9826	0,9806	0,9827	1,0094	1,0600	1,1635
2,40	0,9941	0,9936	0,9935	0,9945	1,0011	1,0313	1,0793	1,1728
2,60	0,9993	0,9998	1,0010	1,0040	1,0137	1,0463	1,0926	1,1792
2,80	1,0031	1,0042	1,0063	1,0106	1,0223	1,0565	1,1016	1,1830
3,00	1,0057	1,0074	1,0101	1,0153	1,0284	1,0635	1,1075	1,1848
3,50	1,0097	1,0120	1,0156	1,0221	1,0368	1,0723	1,1138	1,1834
4,00	1,0115	1,0140	1,0179	1,0249	1,0401	1,0747	1,1136	1,1773

TABELA D.4 Valores de Z^1

P_r =	1,0000	1,2000	1,5000	2,0000	3,0000	5,0000	7,0000	10,000
T_r								
0,30	−0,0806	−0,0966	−0,1207	−0,1608	−0,2407	−0,3996	−0,5572	−0,7915
0,35	−0,0921	−0,1105	−0,1379	−0,1834	−0,2738	−0,4523	−0,6279	−0,8863
0,40	−0,0946	−0,1134	−0,1414	−0,1879	−0,2799	−0,4603	−0,6365	−0,8936
0,45	−0,0929	−0,1113	−0,1387	−0,1840	−0,2734	−0,4475	−0,6162	−0,8608
0,50	−0,0893	−0,1069	−0,1330	−0,1762	−0,2611	−0,4253	−0,5831	−0,8099
0,55	−0,0849	−0,1015	−0,1263	−0,1669	−0,2465	−0,3991	−0,5446	−0,7521
0,60	−0,0803	−0,0960	−0,1192	−0,1572	−0,2312	−0,3718	−0,5047	−0,6928
0,65	−0,0759	−0,0906	−0,1122	−0,1476	−0,2160	−0,3447	−0,4653	−0,6346
0,70	−0,0718	−0,0855	−0,1057	−0,1385	−0,2013	−0,3184	−0,4270	−0,5785
0,75	−0,0681	−0,0808	−0,0996	−0,1298	−0,1872	−0,2929	−0,3901	−0,5250
0,80	−0,0648	−0,0767	−0,0940	−0,1217	−0,1736	−0,2682	−0,3545	−0,4740
0,85	−0,0622	−0,0731	−0,0888	−0,1138	−0,1602	−0,2439	−0,3201	−0,4254
0,90	−0,0604	−0,0701	−0,0840	−0,1059	−0,1463	−0,2195	−0,2862	−0,3788
0,93	−0,0602	−0,0687	−0,0810	−0,1007	−0,1374	−0,2045	−0,2661	−0,3516
0,95	−0,0607	−0,0678	−0,0788	−0,0967	−0,1310	−0,1943	−0,2526	−0,3339
0,97	−0,0623	−0,0669	−0,0759	−0,0921	−0,1240	−0,1837	−0,2391	−0,3163
0,98	−0,0641	−0,0661	−0,0740	−0,0893	−0,1202	−0,1783	−0,2322	−0,3075
0,99	−0,0680	−0,0646	−0,0715	−0,0861	−0,1162	−0,1728	−0,2254	−0,2989
1,00	−0,0879	−0,0609	−0,0678	−0,0824	−0,1118	−0,1672	−0,2185	−0,2902
1,01	−0,0223	−0,0473	−0,0621	−0,0778	−0,1072	−0,1615	−0,2116	−0,2816
1,02	−0,0062	−0,0227	−0,0524	−0,0722	−0,1021	−0,1556	−0,2047	−0,2731
1,05	0,0220	0,1059	0,0451	−0,0432	−0,0838	−0,1370	−0,1835	−0,2476
1,10	0,0476	0,0897	0,1630	0,0698	−0,0373	−0,1021	−0,1469	−0,2056
1,15	0,0625	0,0943	0,1548	0,1667	0,0332	−0,0611	−0,1084	−0,1642
1,20	0,0719	0,0991	0,1477	0,1990	0,1095	−0,0141	−0,0678	−0,1231
1,30	0,0819	0,1048	0,1420	0,1991	0,2079	0,0875	0,0176	−0,0423
1,40	0,0857	0,1063	0,1383	0,1894	0,2397	0,1737	0,1008	0,0350
1,50	0,0854	0,1055	0,1345	0,1806	0,2433	0,2309	0,1717	0,1058
1,60	0,0855	0,1035	0,1303	0,1729	0,2381	0,2631	0,2255	0,1673
1,70	0,0838	0,1008	0,1259	0,1658	0,2305	0,2788	0,2628	0,2179
1,80	0,0816	0,0978	0,1216	0,1593	0,2224	0,2846	0,2871	0,2576
1,90	0,0792	0,0947	0,1173	0,1532	0,2144	0,2848	0,3017	0,2876
2,00	0,0767	0,0916	0,1133	0,1476	0,2069	0,2819	0,3097	0,3096
2,20	0,0719	0,0857	0,1057	0,1374	0,1932	0,2720	0,3135	0,3355
2,40	0,0675	0,0803	0,0989	0,1285	0,1812	0,2602	0,3089	0,3459
2,60	0,0634	0,0754	0,0929	0,1207	0,1706	0,2484	0,3009	0,3475
2,80	0,0598	0,0711	0,0876	0,1138	0,1613	0,2372	0,2915	0,3443
3,00	0,0535	0,0672	0,0828	0,1076	0,1529	0,2268	0,2817	0,3385
3,50	0,0497	0,0591	0,0728	0,0949	0,1356	0,2042	0,2584	0,3194
4,00	0,0443	0,0527	0,0651	0,0849	0,1219	0,1857	0,2378	0,2994

TABELA D.5 Valores de $(H^R)^0/RT_c$

P_r =	0,0100	0,0500	0,1000	0,2000	0,4000	0,6000	0,8000	1,0000
T_r								
0,30	−6,045	−6,043	−6,040	−6,034	−6,022	−6,011	−5,999	−5,987
0,35	−5,906	−5,904	−5,901	−5,895	−5,882	−5,870	−5,858	−5,845
0,40	−5,763	−5,761	−5,757	−5,751	−5,738	−5,726	−5,713	−5,700
0,45	−5,615	−5,612	−5,609	−5,603	−5,590	−5,577	−5,564	−5,551
0,50	−5,465	−5,463	−5,459	−5,453	−5,440	−5,427	−5,414	−5,401
0,55	−0,032	−5,312	−5,309	−5,303	−5,290	−5,278	−5,265	−5,252
0,60	−0,027	−5,162	−5,159	−5,153	−5,141	−5,129	−5,116	−5,104
0,65	−0,023	−0,118	−5,008	−5,002	−4,991	−4,980	−4,968	−4,956
0,70	−0,020	−0,101	−0,213	−4,848	−4,838	−4,828	−4,818	−4,808
0,75	−0,017	−0,088	−0,183	−4,687	−4,679	−4,672	−4,664	−4,655
0,80	−0,015	−0,078	−0,160	−0,345	−4,507	−4,504	−4,499	−4,494
0,85	−0,014	−0,069	−0,141	−0,300	−4,309	−4,313	−4,316	−4,316
0,90	−0,012	−0,062	−0,126	−0,264	−0,596	−4,074	−4,094	−4,108
0,93	−0,011	−0,058	−0,118	−0,246	−0,545	−0,960	−3,920	−3,953
0,95	−0,011	−0,056	−0,113	−0,235	−0,516	−0,885	−3,763	−3,825
0,97	−0,011	−0,054	−0,109	−0,225	−0,490	−0,824	−1,356	−3,658
0,98	−0,010	−0,053	−0,107	−0,221	−0,478	−0,797	−1,273	−3,544
0,99	−0,010	−0,052	−0,105	−0,216	−0,466	−0,773	−1,206	−3,376
1,00	−0,010	−0,051	−0,103	−0,212	−0,455	−0,750	−1,151	−2,584
1,01	−0,010	−0,050	−0,101	−0,208	−0,445	−0,721	−1,102	−1,796
1,02	−0,010	−0,049	−0,099	−0,203	−0,434	−0,708	−1,060	−1,627
1,05	−0,009	−0,046	−0,094	−0,192	−0,407	−0,654	−0,955	−1,359
1,10	−0,008	−0,042	−0,086	−0,175	−0,367	−0,581	−0,827	−1,120
1,15	−0,008	−0,039	−0,079	−0,160	−0,334	−0,523	−0,732	−0,968
1,20	−0,007	−0,036	−0,073	−0,148	−0,305	−0,474	−0,657	−0,857
1,30	−0,006	−0,031	−0,063	−0,127	−0,259	−0,399	−0,545	−0,698
1,40	−0,005	−0,027	−0,055	−0,110	−0,224	−0,341	−0,463	−0,588
1,50	−0,005	−0,024	−0,048	−0,097	−0,196	−0,297	−0,400	−0,505
1,60	−0,004	−0,021	−0,043	−0,086	−0,173	−0,261	−0,350	−0,440
1,70	−0,004	−0,019	−0,038	−0,076	−0,153	−0,231	−0,309	−0,387
1,80	−0,003	−0,017	−0,034	−0,068	−0,137	−0,206	−0,275	−0,344
1,90	−0,003	−0,015	−0,031	−0,062	−0,123	−0,185	−0,246	−0,307
2,00	−0,003	−0,014	−0,028	−0,056	−0,111	−0,167	−0,222	−0,276
2,20	−0,002	−0,012	−0,023	−0,046	−0,092	−0,137	−0,182	−0,226
2,40	−0,002	−0,010	−0,019	−0,038	−0,076	−0,114	−0,150	−0,187
2,60	−0,002	−0,008	−0,016	−0,032	−0,064	−0,095	−0,125	−0,155
2,80	−0,001	−0,007	−0,014	−0,027	−0,054	−0,080	−0,105	−0,130
3,00	−0,001	−0,006	−0,011	−0,023	−0,045	−0,067	−0,088	−0,109
3,50	−0,001	−0,004	−0,007	−0,015	−0,029	−0,043	−0,056	−0,069
4,00	−0,000	−0,002	−0,005	−0,009	−0,017	−0,026	−0,033	−0,041

TABELA D.6 Valores de $(H^R)^1/RT_c$

$P_r =$ / T_r	0,0100	0,0500	0,1000	0,2000	0,4000	0,6000	0,8000	1,0000
0,30	*−11,098*	*−11,096*	*−11,095*	*−11,091*	*−11,083*	*−11,076*	*−11,069*	−11,062
0,35	*−10,656*	*−10,655*	*−10,654*	*−10,653*	*−10,650*	*−10,646*	*−10,643*	−10,640
0,40	*−10,121*	*−10,121*	*−10,121*	*−10,120*	*−10,121*	*−10,121*	*−10,121*	−10,121
0,45	*−9,515*	*−9,515*	*−9,516*	*−9,517*	*−9,519*	*−9,521*	*−9,523*	−9,525
0,50	*−8,868*	*−8,869*	*−8,870*	*−8,872*	*−8,876*	*−8,880*	*−8,884*	−8,888
0,55	−0,080	*−8,211*	*−8,212*	*−8,215*	*−8,221*	*−8,226*	*−8,232*	−8,238
0,60	−0,059	*−7,568*	*−7,570*	*−7,573*	*−7,579*	*−7,585*	*−7,591*	−7,596
0,65	−0,045	−0,247	*−6,949*	*−6,952*	*−6,959*	*−6,966*	*−6,973*	−6,980
0,70	−0,034	−0,185	−0,415	*−6,360*	*−6,367*	*−6,373*	*−6,381*	−6,388
0,75	−0,027	−0,142	−0,306	*−5,796*	*−5,802*	*−5,809*	*−5,816*	−5,824
0,80	−0,021	−0,110	−0,234	−0,542	*−5,266*	*−5,271*	*−5,278*	−5,285
0,85	−0,017	−0,087	−0,182	−0,401	*−4,753*	*−4,754*	*−4,758*	−4,763
0,90	−0,014	−0,070	−0,144	−0,308	−0,751	*−4,254*	*−4,248*	−4,249
0,93	−0,012	−0,061	−0,126	−0,265	−0,612	−1,236	*−3,942*	−3,934
0,95	−0,011	−0,056	−0,115	−0,241	−0,542	−0,994	*−3,737*	−3,712
0,97	−0,010	−0,052	−0,105	−0,219	−0,483	−0,837	−1,616	−3,470
0,98	−0,010	−0,050	−0,101	−0,209	−0,457	−0,776	−1,324	−3,332
0,99	−0,009	−0,048	−0,097	−0,200	−0,433	−0,722	−1,154	−3,164
1,00	−0,009	−0,046	−0,093	−0,191	−0,410	−0,675	−1,034	−2,471
1,01	−0,009	−0,044	−0,089	−0,183	−0,389	−0,632	−0,940	−1,375
1,02	−0,008	−0,042	−0,085	−0,175	−0,370	−0,594	−0,863	−1,180
1,05	−0,007	−0,037	−0,075	−0,153	−0,318	−0,498	−0,691	−0,877
1,10	−0,006	−0,030	−0,061	−0,123	−0,251	−0,381	−0,507	−0,617
1,15	−0,005	−0,025	−0,050	−0,099	−0,199	−0,296	−0,385	−0,459
1,20	−0,004	−0,020	−0,040	−0,080	−0,158	−0,232	−0,297	−0,349
1,30	−0,003	−0,013	−0,026	−0,052	−0,100	−0,142	−0,177	−0,203
1,40	−0,002	−0,008	−0,016	−0,032	−0,060	−0,083	−0,100	−0,111
1,50	−0,001	−0,005	−0,009	−0,018	−0,032	−0,042	−0,048	−0,049
1,60	−0,000	−0,002	−0,004	−0,007	−0,012	−0,013	−0,011	−0,005
1,70	−0,000	−0,000	−0,000	−0,000	0,003	0,009	0,017	0,027
1,80	0,000	0,001	0,003	0,006	0,015	0,025	0,037	0,051
1,90	0,001	0,003	0,005	0,011	0,023	0,037	0,053	0,070
2,00	0,001	0,003	0,007	0,015	0,030	0,047	0,065	0,085
2,20	0,001	0,005	0,010	0,020	0,040	0,062	0,083	0,106
2,40	0,001	0,006	0,012	0,023	0,047	0,071	0,095	0,120
2,60	0,001	0,006	0,013	0,026	0,052	0,078	0,104	0,130
2,80	0,001	0,007	0,014	0,028	0,055	0,082	0,110	0,137
3,00	0,001	0,007	0,014	0,029	0,058	0,086	0,114	0,142
3,50	0,002	0,008	0,016	0,031	0,062	0,092	0,122	0,152
4,00	0,002	0,008	0,016	0,032	0,064	0,096	0,127	0,158

TABELA D.7 Valores de $(H^R)^0/RT_c$

$P_r =$	1,0000	1,2000	1,5000	2,0000	3,0000	5,0000	7,0000	10,000
T_r								
0,30	−5,987	−5,975	−5,957	−5,927	−5,868	−5,748	−5,628	−5,446
0,35	−5,845	−5,833	−5,814	−5,783	−5,721	−5,595	−5,469	−5,278
0,40	−5,700	−5,687	−5,668	−5,636	−5,572	−5,442	−5,311	−5,113
0,45	−5,551	−5,538	−5,519	−5,486	−5,421	−5,288	−5,154	−5,950
0,50	−5,401	−5,388	−5,369	−5,336	−5,279	−5,135	−4,999	−4,791
0,55	−5,252	−5,239	−5,220	−5,187	−5,121	−4,986	−4,849	−4,638
0,60	−5,104	−5,091	−5,073	−5,041	−4,976	−4,842	−4,794	−4,492
0,65	−4,956	−4,949	−4,927	−4,896	−4,833	−4,702	−4,565	−4,353
0,70	−4,808	−4,797	−4,781	−4,752	−4,693	−4,566	−4,432	−4,221
0,75	−4,655	−4,646	−4,632	−4,607	−4,554	−4,434	−4,393	−4,095
0,80	−4,494	−4,488	−4,478	−4,459	−4,413	−4,303	−4,178	−3,974
0,85	−4,316	−4,316	−4,312	−4,302	−4,269	−4,173	−4,056	−3,857
0,90	−4,108	−4,118	−4,127	−4,132	−4,119	−4,043	−3,935	−3,744
0,93	−3,953	−3,976	−4,000	−4,020	−4,024	−3,963	−3,863	−3,678
0,95	−3,825	−3,865	−3,904	−3,940	−3,958	−3,910	−3,815	−3,634
0,97	−3,658	−3,732	−3,796	−3,853	−3,890	−3,856	−3,767	−3,591
0,98	−3,544	−3,652	−3,736	−3,806	−3,854	−3,829	−3,743	−3,569
0,99	−3,376	−3,558	−3,670	−3,758	−3,818	−3,801	−3,719	−3,548
1,00	−2,584	−3,441	−3,598	−3,706	−3,782	−3,774	−3,695	−3,526
1,01	−1,796	−3,283	−3,516	−3,652	−3,744	−3,746	−3,671	−3,505
1,02	−1,627	−3,039	−3,422	−3,595	−3,705	−3,718	−3,647	−3,484
1,05	−1,359	−2,034	−3,030	−3,398	−3,583	−3,632	−3,575	−3,420
1,10	−1,120	−1,487	−2,203	−2,965	−3,353	−3,484	−3,453	−3,315
1,15	−0,968	−1,239	−1,719	−2,479	−3,091	−3,329	−3,329	−3,211
1,20	−0,857	−1,076	−1,443	−2,079	−2,801	−3,166	−3,202	−3,107
1,30	−0,698	−0,860	−1,116	−1,560	−2,274	−2,825	−2,942	−2,899
1,40	−0,588	−0,716	−0,915	−1,253	−1,857	−2,486	−2,679	−2,692
1,50	−0,505	−0,611	−0,774	−1,046	−1,549	−2,175	−2,421	−2,486
1,60	−0,440	−0,531	−0,667	−0,894	−1,318	−1,904	−2,177	−2,285
1,70	−0,387	−0,446	−0,583	−0,777	−1,139	−1,672	−1,953	−2,091
1,80	−0,344	−0,413	−0,515	−0,683	−0,996	−1,476	−1,751	−1,908
1,90	−0,307	−0,368	−0,458	−0,606	−0,880	−1,309	−1,571	−1,736
2,00	−0,276	−0,330	−0,411	−0,541	−0,782	−1,167	−1,411	−1,577
2,20	−0,226	−0,269	−0,334	−0,437	−0,629	−0,937	−1,143	−1,295
2,40	−0,187	−0,222	−0,275	−0,359	−0,513	−0,761	−0,929	−1,058
2,60	−0,155	−0,185	−0,228	−0,297	−0,422	−0,621	−0,756	−0,858
2,80	−0,130	−0,154	−0,190	−0,246	−0,348	−0,508	−0,614	−0,689
3,00	−0,109	−0,129	−0,159	−0,205	−0,288	−0,415	−0,495	−0,545
3,50	−0,069	−0,081	−0,099	−0,127	−0,174	−0,239	−0,270	−0,264
4,00	−0,041	−0,048	−0,058	−0,072	−0,095	−0,116	−0,110	−0,061

TABELA D.8 Valores de $(H^R)^1/RT_c$

$P_r =$	1,0000	1,2000	1,5000	2,0000	3,0000	5,0000	7,0000	10,000
T_r								
0,30	−11,062	−11,055	−11,044	−11,027	−10,992	−10,935	−10,872	−10,781
0,35	−10,640	−10,637	−10,632	−10,624	−10,609	−10,581	−10,554	−10,529
0,40	−10,121	−10,121	−10,121	−10,122	−10,123	−10,128	−10,135	−10,150
0,45	−9,525	−9,527	−9,531	−9,537	−9,549	−9,576	−9,611	−9,663
0,50	−8,888	−8,892	−8,899	−8,909	−8,932	−8,978	−9,030	−9,111
0,55	−8,238	−8,243	−8,252	−8,267	−8,298	−8,360	−8,425	−8,531
0,60	−7,596	−7,603	−7,614	−7,632	−7,669	−7,745	−7,824	−7,950
0,65	−6,980	−6,987	−6,997	−7,017	−7,059	−7,147	−7,239	−7,381
0,70	−6,388	−6,395	−6,407	−6,429	−6,475	−6,574	−6,677	−6,837
0,75	−5,824	−5,832	−5,845	−5,868	−5,918	−6,027	−6,142	−6,318
0,80	−5,285	−5,293	−5,306	−5,330	−5,385	−5,506	−5,632	−5,824
0,85	−4,763	−4,771	−4,784	−4,810	−4,872	−5,000	−5,149	−5,358
0,90	−4,249	−4,255	−4,268	−4,298	−4,371	−4,530	−4,688	−4,916
0,93	−3,934	−3,937	−3,951	−3,987	−4,073	−4,251	−4,422	−4,662
0,95	−3,712	−3,713	−3,730	−3,773	−3,873	−4,068	−4,248	−4,497
0,97	−3,470	−3,467	−3,492	−3,551	−3,670	−3,885	−4,077	−4,336
0,98	−3,332	−3,327	−3,363	−3,434	−3,568	−3,795	−3,992	−4,257
0,99	−3,164	−3,164	−3,223	−3,313	−3,464	−3,705	−3,909	−4,178
1,00	−2,471	−2,952	−3,065	−3,186	−3,358	−3,615	−3,825	−4,100
1,01	−1,375	−2,595	−2,880	−3,051	−3,251	−3,525	−3,742	−4,023
1,02	−1,180	−1,723	−2,650	−2,906	−3,142	−3,435	−3,661	−3,947
1,05	−0,877	−0,878	−1,496	−2,381	−2,800	−3,167	−3,418	−3,722
1,10	−0,617	−0,673	−0,617	−1,261	−2,167	−2,720	−3,023	−3,362
1,15	−0,459	−0,503	−0,487	−0,604	−1,497	−2,275	−2,641	−3,019
1,20	−0,349	−0,381	−0,381	−0,361	−0,934	−1,840	−2,273	−2,692
1,30	−0,203	−0,218	−0,218	−0,178	−0,300	−1,066	−1,592	−2,086
1,40	−0,111	−0,115	−0,128	−0,070	−0,044	−0,504	−1,012	−1,547
1,50	−0,049	−0,046	−0,032	0,008	0,078	−0,142	−0,556	−1,080
1,60	−0,005	0,004	0,023	0,065	0,151	0,082	−0,217	−0,689
1,70	0,027	0,040	0,063	0,109	0,202	0,223	0,028	−0,369
1,80	0,051	0,067	0,094	0,143	0,241	0,317	0,203	−0,112
1,90	0,070	0,088	0,117	0,169	0,271	0,381	0,330	0,092
2,00	0,085	0,105	0,136	0,190	0,295	0,428	0,424	0,255
2,20	0,106	0,128	0,163	0,221	0,331	0,493	0,551	0,489
2,40	0,120	0,144	0,181	0,242	0,356	0,535	0,631	0,645
2,60	0,130	0,156	0,194	0,257	0,376	0,567	0,687	0,754
2,80	0,137	0,164	0,204	0,269	0,391	0,591	0,729	0,836
3,00	0,142	0,170	0,211	0,278	0,403	0,611	0,763	0,899
3,50	0,152	0,181	0,224	0,294	0,425	0,650	0,827	1,015
4,00	0,158	0,188	0,233	0,306	0,442	0,680	0,874	1,097

TABELA D.9 Valores de $(S^R)^0/R$

$P_r =$	0,0100	0,0500	0,1000	0,2000	0,4000	0,6000	0,8000	1,0000
T_r								
0,30	*−11,614*	*−10,008*	*−9,319*	*−8,635*	*−7,961*	*−7,574*	*−7,304*	−7,099
0,35	*−11,185*	*−9,579*	*−8,890*	*−8,205*	*−7,529*	*−7,140*	*−6,869*	−6,663
0,40	*−10,802*	*−9,196*	*−8,506*	*−7,821*	*−7,144*	*−6,755*	*−6,483*	−6,275
0,45	*−10,453*	*−8,847*	*−8,157*	*−7,472*	*−6,794*	*−6,404*	*−6,132*	−5,924
0,50	*−10,137*	*−8,531*	*−7,841*	*−7,156*	*−6,479*	−6,089	*−5,816*	−5,608
0,55	−0,038	*−8,245*	*−7,555*	*−6,870*	*−6,193*	*−5,803*	*−5,531*	−5,324
0,60	−0,029	*−7,983*	*−7,294*	*−6,610*	*−5,933*	*−5,544*	*−5,273*	−5,066
0,65	−0,023	−0,122	*−7,052*	*−6,368*	*−5,694*	*−5,306*	*−5,036*	−4,830
0,70	−0,018	−0,096	−0,206	*−6,140*	*−5,467*	*−5,082*	*−4,814*	−4,610
0,75	−0,015	−0,078	−0,164	*−5,917*	*−5,248*	*−4,866*	*−4,600*	−4,399
0,80	−0,013	−0,064	−0,134	−0,294	*−5,026*	*−4,694*	*−4,388*	−4,191
0,85	−0,011	−0,054	−0,111	−0,239	*−4,785*	*−4,418*	*−4,166*	−3,976
0,90	−0,009	−0,046	−0,094	−0,199	−0,463	*−4,145*	*−3,912*	−3,738
0,93	−0,008	−0,042	−0,085	−0,179	−0,408	−0,750	*−3,723*	−3,569
0,95	−0,008	−0,039	−0,080	−0,168	−0,377	−0,671	*−3,556*	−3,433
0,97	−0,007	−0,037	−0,075	−0,157	−0,350	−0,607	−1,056	−3,259
0,98	−0,007	−0,036	−0,073	−0,153	−0,337	−0,580	−0,971	−3,142
0,99	−0,007	−0,035	−0,071	−0,148	−0,326	−0,555	−0,903	−2,972
1,00	−0,007	−0,034	−0,069	−0,144	−0,315	−0,532	−0,847	−2,178
1,01	−0,007	−0,033	−0,067	−0,139	−0,304	−0,510	−0,799	−1,391
1,02	−0,006	−0,032	−0,065	−0,135	−0,294	−0,491	−0,757	−1,225
1,05	−0,006	−0,030	−0,060	−0,124	−0,267	−0,439	−0,656	−0,965
1,10	−0,005	−0,026	−0,053	−0,108	−0,230	−0,371	−0,537	−0,742
1,15	−0,005	−0,023	−0,047	−0,096	−0,201	−0,319	−0,452	−0,607
1,20	−0,004	−0,021	−0,042	−0,085	−0,177	−0,277	−0,389	−0,512
1,30	−0,003	−0,017	−0,033	−0,068	−0,140	−0,217	−0,298	−0,385
1,40	−0,003	−0,014	−0,027	−0,056	−0,114	−0,174	−0,237	−0,303
1,50	−0,002	−0,011	−0,023	−0,046	−0,094	−0,143	−0,194	−0,246
1,60	−0,002	−0,010	−0,019	−0,039	−0,079	−0,120	−0,162	−0,204
1,70	−0,002	−0,008	−0,017	−0,033	−0,067	−0,102	−0,137	−0,172
1,80	−0,001	−0,007	−0,014	−0,029	−0,058	−0,088	−0,117	−0,147
1,90	−0,001	−0,006	−0,013	−0,025	−0,051	−0,076	−0,102	−0,127
2,00	−0,001	−0,006	−0,011	−0,022	−0,044	−0,067	−0,089	−0,111
2,20	−0,001	−0,004	−0,009	−0,018	−0,035	−0,053	−0,070	−0,087
2,40	−0,001	−0,004	−0,007	−0,014	−0,028	−0,042	−0,056	−0,070
2,60	−0,001	−0,003	−0,006	−0,012	−0,023	−0,035	−0,046	−0,058
2,80	−0,000	−0,002	−0,005	−0,010	−0,020	−0,029	−0,039	−0,048
3,00	−0,000	−0,002	−0,004	−0,008	−0,017	−0,025	−0,033	−0,041
3,50	−0,000	−0,001	−0,003	−0,006	−0,012	−0,017	−0,023	−0,029
4,00	−0,000	−0,001	−0,002	−0,004	−0,009	−0,013	−0,017	−0,021

TABELA D.10 Valores de $(S^R)^1/R$

$P_r =$	0,0100	0,0500	0,1000	0,2000	0,4000	0,6000	0,8000	1,0000
T_r								
0,30	*−16,782*	*−16,774*	*−16,764*	*−16,744*	*−16,705*	*−16,665*	*−16,626*	−16,586
0,35	*−15,413*	*−15,408*	*−15,401*	*−15,387*	*−15,359*	*−15,333*	*−15,305*	−15,278
0,40	*−13,990*	*−13,986*	*−13,981*	*−13,972*	*−13,953*	*−13,934*	*−13,915*	−13,896
0,45	*−12,564*	*−12,561*	*−12,558*	*−12,551*	*−12,537*	*−12,523*	*−12,509*	−12,496
0,50	*−11,202*	*−11,200*	*−11,197*	*−11,092*	*−11,082*	*−11,172*	*−11,162*	−11,153
0,55	−0,115	*−9,948*	*−9,946*	*−9,942*	*−9,935*	*−9,928*	*−9,921*	−9,914
0,60	−0,078	*−8,828*	*−8,826*	*−8,823*	*−8,817*	*−8,811*	*−8,806*	−8,799
0,65	−0,055	−0,309	*−7,832*	*−7,829*	*−7,824*	*−7,819*	*−7,815*	−7,510
0,70	−0,040	−0,216	−0,491	*−6,951*	*−6,945*	*−6,941*	*−6,937*	−6,933
0,75	−0,029	−0,156	−0,340	*−6,173*	*−6,167*	*−6,162*	*−6,158*	−6,155
0,80	−0,022	−0,116	−0,246	−0,578	*−5,475*	*−5,468*	*−5,462*	−5,458
0,85	−0,017	−0,088	−0,183	−0,400	*−4,853*	*−4,841*	*−4,832*	−4,826
0,90	−0,013	−0,068	−0,140	−0,301	−0,744	*−4,269*	*−4,249*	−4,238
0,93	−0,011	−0,058	−0,120	−0,254	−0,593	−1,219	*−3,914*	−3,894
0,95	−0,010	−0,053	−0,109	−0,228	−0,517	−0,961	*−3,697*	−3,658
0,97	−0,010	−0,048	−0,099	−0,206	−0,456	−0,797	−1,570	−3,406
0,98	−0,009	−0,046	−0,094	−0,196	−0,429	−0,734	−1,270	−3,264
0,99	−0,009	−0,044	−0,090	−0,186	−0,405	−0,680	−1,098	−3,093
1,00	−0,008	−0,042	−0,086	−0,177	−0,382	−0,632	−0,977	−2,399
1,01	−0,008	−0,040	−0,082	−0,169	−0,361	−0,590	−0,883	−1,306
1,02	−0,008	−0,039	−0,078	−0,161	−0,342	−0,552	−0,807	−1,113
1,05	−0,007	−0,034	−0,069	−0,140	−0,292	−0,460	−0,642	−0,820
1,10	−0,005	−0,028	−0,055	−0,112	−0,229	−0,350	−0,470	−0,577
1,15	−0,005	−0,023	−0,045	−0,091	−0,183	−0,275	−0,361	−0,437
1,20	−0,004	−0,019	−0,037	−0,075	−0,149	−0,220	−0,286	−0,343
1,30	−0,003	−0,013	−0,026	−0,052	−0,102	−0,148	−0,190	−0,226
1,40	−0,002	−0,010	−0,019	−0,037	−0,072	−0,104	−0,133	−0,158
1,50	−0,001	−0,007	−0,014	−0,027	−0,053	−0,076	−0,097	−0,115
1,60	−0,001	−0,005	−0,011	−0,021	−0,040	−0,057	−0,073	−0,086
1,70	−0,001	−0,004	−0,008	−0,016	−0,031	−0,044	−0,056	−0,067
1,80	−0,001	−0,003	−0,006	−0,013	−0,024	−0,035	−0,044	−0,053
1,90	−0,001	−0,003	−0,005	−0,010	−0,019	−0,028	−0,036	−0,043
2,00	−0,000	−0,002	−0,004	−0,008	−0,016	−0,023	−0,029	−0,035
2,20	−0,000	−0,001	−0,003	−0,006	−0,011	−0,016	−0,021	−0,025
2,40	−0,000	−0,001	−0,002	−0,004	−0,008	−0,012	−0,015	−0,019
2,60	−0,000	−0,001	−0,002	−0,003	−0,006	−0,009	−0,012	−0,015
2,80	−0,000	−0,001	−0,001	−0,003	−0,005	−0,008	−0,010	−0,012
3,00	−0,000	−0,001	−0,001	−0,002	−0,004	−0,006	−0,008	−0,010
3,50	−0,000	−0,000	−0,001	−0,001	−0,003	−0,004	−0,006	−0,007
4,00	−0,000	−0,000	−0,001	−0,001	−0,002	−0,003	−0,005	−0,006

TABELA D.11 Valores de $(S^R)^0/R$

$P_r=$	1,0000	1,2000	1,5000	2,0000	3,0000	5,0000	7,0000	10,000
T_r								
0,30	−7,099	−6,935	−6,740	−6,497	−6,180	−5,847	−5,683	−5,578
0,35	−6,663	−6,497	−6,299	−6,052	−5,728	−5,376	−5,194	−5,060
0,40	−6,275	−6,109	−5,909	−5,660	−5,330	−4,967	−4,772	−4,619
0,45	−5,924	−5,757	−5,557	−5,306	−4,974	−4,603	−4,401	−4,234
0,50	−5,608	−5,441	−5,240	−4,989	−4,656	−4,282	−4,074	−3,899
0,55	−5,324	−5,157	−4,956	−4,706	−4,373	−3,998	−3,788	−3,607
0,60	−5,066	−4,900	−4,700	−4,451	−4,120	−3,747	−3,537	−3,353
0,65	−4,830	−4,665	−4,467	−4,220	−3,892	−3,523	−3,315	−3,131
0,70	−4,610	−4,446	−4,250	−4,007	−3,684	−3,322	−3,117	−2,935
0,75	−4,399	−4,238	−4,045	−3,807	−3,491	−3,138	−2,939	−2,761
0,80	−4,191	−4,034	−3,846	−3,615	−3,310	−2,970	−2,777	−2,605
0,85	−3,976	−3,825	−3,646	−3,425	−3,135	−2,812	−2,629	−2,463
0,90	−3,738	−3,599	−3,434	−3,231	−2,964	−2,663	−2,491	−2,334
0,93	−3,569	−3,444	−3,295	−3,108	−2,860	−2,577	−2,412	−2,262
0,95	−3,433	−3,326	−3,193	−3,023	−2,790	−2,520	−2,362	−2,215
0,97	−3,259	−3,188	−3,081	−2,932	−2,719	−2,463	−2,312	−2,170
0,98	−3,142	−3,106	−3,019	−2,884	−2,682	−2,436	−2,287	−2,148
0,99	−2,972	−3,010	−2,953	−2,835	−2,646	−2,408	−2,263	−2,126
1,00	−2,178	−2,893	−2,879	−2,784	−2,609	−2,380	−2,239	−2,105
1,01	−1,391	−2,736	−2,798	−2,730	−2,571	−2,352	−2,215	−2,083
1,02	−1,225	−2,495	−2,706	−2,673	−2,533	−2,325	−2,191	−2,062
1,05	−0,965	−1,523	−2,328	−2,483	−2,415	−2,242	−2,121	−2,001
1,10	−0,742	−1,012	−1,557	−2,081	−2,202	−2,104	−2,007	−1,903
1,15	−0,607	−0,790	−1,126	−1,649	−1,968	−1,966	−1,897	−1,810
1,20	−0,512	−0,651	−0,890	−1,308	−1,727	−1,827	−1,789	−1,722
1,30	−0,385	−0,478	−0,628	−0,891	−1,299	−1,554	−1,581	−1,556
1,40	−0,303	−0,375	−0,478	−0,663	−0,990	−1,303	−1,386	−1,402
1,50	−0,246	−0,299	−0,381	−0,520	−0,777	−1,088	−1,208	−1,260
1,60	−0,204	−0,247	−0,312	−0,421	−0,628	−0,913	−1,050	−1,130
1,70	−0,172	−0,208	−0,261	−0,350	−0,519	−0,773	−0,915	−1,013
1,80	−0,147	−0,177	−0,222	−0,296	−0,438	−0,661	−0,799	−0,908
1,90	−0,127	−0,153	−0,191	−0,255	−0,375	−0,570	−0,702	−0,815
2,00	−0,111	−0,134	−0,167	−0,221	−0,625	−0,497	−0,620	−0,733
2,20	−0,087	−0,105	−0,130	−0,172	−0,251	−0,388	−0,492	−0,599
2,40	−0,070	−0,084	−0,104	−0,138	−0,201	−0,311	−0,399	−0,496
2,60	−0,058	−0,069	−0,086	−0,113	−0,164	−0,255	−0,329	−0,416
2,80	−0,048	−0,058	−0,072	−0,094	−0,137	−0,213	−0,277	−0,353
3,00	−0,041	−0,049	−0,061	−0,080	−0,116	−0,181	−0,236	−0,303
3,50	−0,029	−0,034	−0,042	−0,056	−0,081	−0,126	−0,166	−0,216
4,00	−0,021	−0,025	−0,031	−0,041	−0,059	−0,093	−0,123	−0,162

TABELA D.12 Valores de $(S^R)^1/R$

P_r =	1,0000	1,2000	1,5000	2,0000	3,0000	5,0000	7,0000	10,000
T_r								
0,30	−16,586	−16,547	−16,488	−16,390	−16,195	−15,837	−15,468	−14,925
0,35	−15,278	−15,251	−15,211	−15,144	−15,011	−14,751	−14,496	−14,153
0,40	−13,896	−13,877	−13,849	−13,803	−13,714	−13,541	−13,376	−13,144
0,45	−12,496	−12,482	−12,462	−12,430	−12,367	−12,248	−12,145	−11,999
0,50	−11,153	−11,143	−11,129	−11,107	−11,063	−10,985	−10,920	−10,836
0,55	−9,914	−9,907	−9,897	−9,882	−9,853	−9,806	−9,769	−9,732
0,60	−8,799	−8,794	−8,787	−8,777	−8,760	−8,736	−8,723	−8,720
0,65	−7,810	−7,807	−7,801	−7,794	−7,784	−7,779	−7,785	−7,811
0,70	−6,933	−6,930	−6,926	−6,922	−6,919	−6,929	−6,952	−7,002
0,75	−6,155	−6,152	−6,149	−6,147	−6,149	−6,174	−6,213	−6,285
0,80	−5,458	−5,455	−5,453	−5,452	−5,461	−5,501	−5,555	−5,648
0,85	−4,826	−4,822	−4,820	−4,822	−4,839	−4,898	−4,969	−5,082
0,90	−4,238	−4,232	−4,230	−4,236	−4,267	−4,351	−4,442	−4,578
0,93	−3,894	−3,885	−3,884	−3,896	−3,941	−4,046	−4,151	−4,300
0,95	−3,658	−3,647	−3,648	−3,669	−3,728	−3,851	−3,966	−4,125
0,97	−3,406	−3,391	−3,401	−3,437	−3,517	−3,661	−3,788	−3,957
0,98	−3,264	−3,247	−3,268	−3,318	−3,412	−3,569	−3,701	−3,875
0,99	−3,093	−3,082	−3,126	−3,195	−3,306	−3,477	−3,616	−3,796
1,00	−2,399	−2,868	−2,967	−3,067	−3,200	−3,387	−3,532	−3,717
1,01	−1,306	−2,513	−2,784	−2,933	−3,094	−3,297	−3,450	−3,640
1,02	−1,113	−1,655	−2,557	−2,790	−2,986	−3,209	−3,369	−3,565
1,05	−0,820	−0,831	−1,443	−2,283	−2,655	−2,949	−3,134	−3,348
1,10	−0,577	−0,640	−0,618	−1,241	−2,067	−2,534	−2,767	−3,013
1,15	−0,437	−0,489	−0,502	−0,654	−1,471	−2,138	−2,428	−2,708
1,20	−0,343	−0,385	−0,412	−0,447	−0,991	−1,767	−2,115	−2,430
1,30	−0,226	−0,254	−0,282	−0,300	−0,481	−1,147	−1,569	−1,944
1,40	−0,158	−0,178	−0,200	−0,220	−0,290	−0,730	−1,138	−1,544
1,50	−0,115	−0,130	−0,147	−0,166	−0,206	−0,479	−0,823	−1,222
1,60	−0,086	−0,098	−0,112	−0,129	−0,159	−0,334	−0,604	−0,969
1,70	−0,067	−0,076	−0,087	−0,102	−0,127	−0,248	−0,456	−0,775
1,80	−0,053	−0,060	−0,070	−0,083	−0,105	−0,195	−0,355	−0,628
1,90	−0,043	−0,049	−0,057	−0,069	−0,089	−0,160	−0,286	−0,518
2,00	−0,035	−0,040	−0,048	−0,058	−0,077	−0,136	−0,238	−0,434
2,20	−0,025	−0,029	−0,035	−0,043	−0,060	−0,105	−0,178	−0,322
2,40	−0,019	−0,022	−0,027	−0,034	−0,048	−0,086	−0,143	−0,254
2,60	−0,015	−0,018	−0,021	−0,028	−0,041	−0,074	−0,120	−0,210
2,80	−0,012	−0,014	−0,018	−0,023	−0,025	−0,065	−0,104	−0,180
3,00	−0,010	−0,012	−0,015	−0,020	−0,031	−0,058	−0,093	−0,158
3,50	−0,007	−0,009	−0,011	−0,015	−0,024	−0,046	−0,073	−0,122
4,00	−0,006	−0,007	−0,009	−0,012	−0,020	−0,038	−0,060	−0,100

TABELA D.13 Valores de ϕ^0

$P_r =$	0,0100	0,0500	0,1000	0,2000	0,4000	0,6000	0,8000	1,0000
T_r								
0,30	*0,0002*	*0,0000*	*0,0000*	*0,0000*	*0,0000*	*0,0000*	*0,0000*	0,0000
0,35	*0,0034*	*0,0007*	*0,0003*	*0,0002*	*0,0001*	*0,0001*	*0,0001*	0,0000
0,40	*0,0272*	*0,0055*	*0,0028*	*0,0014*	*0,0007*	*0,0005*	*0,0004*	0,0003
0,45	*0,1321*	*0,0266*	*0,0135*	*0,0069*	*0,0036*	*0,0025*	*0,0020*	0,0016
0,50	*0,4529*	*0,0912*	*0,0461*	*0,0235*	*0,0122*	*0,0085*	*0,0067*	0,0055
0,55	0,9817	*0,2432*	*0,1227*	*0,0625*	*0,0325*	*0,0225*	*0,0176*	0,0146
0,60	0,9840	*0,5383*	*0,2716*	*0,1384*	*0,0718*	*0,0497*	*0,0386*	0,0321
0,65	0,9886	0,9419	*0,5212*	*0,2655*	*0,1374*	*0,0948*	*0,0738*	0,0611
0,70	0,9908	0,9528	0,9057	*0,4560*	*0,2360*	*0,1626*	*0,1262*	0,1045
0,75	0,9931	0,9616	0,9226	*0,7178*	*0,3715*	*0,2559*	*0,1982*	0,1641
0,80	0,9931	0,9683	0,9354	0,8730	*0,5445*	*0,3750*	*0,2904*	0,2404
0,85	0,9954	0,9727	0,9462	0,8933	*0,7534*	*0,5188*	*0,4018*	0,3319
0,90	0,9954	0,9772	0,9550	0,9099	0,8204	*0,6823*	*0,5297*	0,4375
0,93	0,9954	0,9795	0,9594	0,9183	0,8375	0,7551	*0,6109*	0,5058
0,95	0,9954	0,9817	0,9616	0,9226	0,8472	0,7709	*0,6668*	0,5521
0,97	0,9954	0,9817	0,9638	0,9268	0,8570	0,7852	0,7112	0,5984
0,98	0,9954	0,9817	0,9638	0,9290	0,8610	0,7925	0,7211	0,6223
0,99	0,9977	0,9840	0,9661	0,9311	0,8650	0,7980	0,7295	0,6442
1,00	0,9977	0,9840	0,9661	0,9333	0,8690	0,8035	0,7379	0,6668
1,01	0,9977	0,9840	0,9683	0,9354	0,8730	0,8110	0,7464	0,6792
1,02	0,9977	0,9840	0,9683	0,9376	0,8770	0,8166	0,7551	0,6902
1,05	0,9977	0,9863	0,9705	0,9441	0,8872	0,8318	0,7762	0,7194
1,10	0,9977	0,9886	0,9750	0,9506	0,9016	0,8531	0,8072	0,7586
1,15	0,9977	0,9886	0,9795	0,9572	0,9141	0,8730	0,8318	0,7907
1,20	0,9977	0,9908	0,9817	0,9616	0,9247	0,8892	0,8531	0,8166
1,30	0,9977	0,9931	0,9863	0,9705	0,9419	0,9141	0,8872	0,8590
1,40	0,9977	0,9931	0,9886	0,9772	0,9550	0,9333	0,9120	0,8892
1,50	1,0000	0,9954	0,9908	0,9817	0,9638	0,9462	0,9290	0,9141
1,60	1,0000	0,9954	0,9931	0,9863	0,9727	0,9572	0,9441	0,9311
1,70	1,0000	0,9977	0,9954	0,9886	0,9772	0,9661	0,9550	0,9462
1,80	1,0000	0,9977	0,9954	0,9908	0,9817	0,9727	0,9661	0,9572
1,90	1,0000	0,9977	0,9954	0,9931	0,9863	0,9795	0,9727	0,9661
2,00	1,0000	0,9977	0,9977	0,9954	0,9886	0,9840	0,9795	0,9727
2,20	1,0000	1,0000	0,9977	0,9977	0,9931	0,9908	0,9886	0,9840
2,40	1,0000	1,0000	1,0000	0,9977	0,9977	0,9954	0,9931	0,9931
2,60	1,0000	1,0000	1,0000	1,0000	1,0000	0,9977	0,9977	0,9977
2,80	1,0000	1,0000	1,0000	1,0000	1,0000	1,0000	1,0023	1,0023
3,00	1,0000	1,0000	1,0000	1,0000	1,0023	1,0023	1,0046	1,0046
3,50	1,0000	1,0000	1,0000	1,0023	1,0023	1,0046	1,0069	1,0093
4,00	1,0000	1,0000	1,0000	1,0023	1,0046	1,0069	1,0093	1,0116

TABELA D.14 Valores de ϕ[1]

$P_r =$	0,0100	0,0500	0,1000	0,2000	0,4000	0,6000	0,8000	1,0000
T_r								
0,30	*0,0000*	*0,0000*	*0,0000*	*0,0000*	*0,0000*	*0,0000*	*0,0000*	0,0000
0,35	*0,0000*	*0,0000*	*0,0000*	*0,0000*	*0,0000*	*0,0000*	*0,0000*	0,0000
0,40	*0,0000*	*0,0000*	*0,0000*	*0,0000*	*0,0000*	*0,0000*	*0,0000*	0,0000
0,45	*0,0002*	*0,0002*	*0,0002*	*0,0002*	*0,0002*	*0,0002*	*0,0002*	0,0002
0,50	*0,0014*	*0,0014*	*0,0014*	*0,0014*	*0,0014*	*0,0014*	*0,0013*	0,0013
0,55	0,9705	*0,0069*	*0,0068*	*0,0068*	*0,0066*	*0,0065*	*0,0064*	0,0063
0,60	0,9795	*0,0227*	*0,0226*	*0,0223*	*0,0220*	*0,0216*	*0,0213*	0,0210
0,65	0,9863	0,9311	*0,0572*	*0,0568*	*0,0559*	*0,0551*	*0,0543*	0,0535
0,70	0,9908	0,9528	0,9036	*0,1182*	*0,1163*	*0,1147*	*0,1131*	0,1116
0,75	0,9931	0,9683	0,9332	*0,2112*	*0,2078*	*0,2050*	*0,2022*	0,1994
0,80	0,9954	0,9772	0,9550	0,9057	*0,3302*	*0,3257*	*0,3212*	0,3168
0,85	0,9977	0,9863	0,9705	0,9375	*0,4774*	*0,4708*	*0,4654*	0,4590
0,90	0,9977	0,9908	0,9795	0,9594	0,9141	*0,6323*	*0,6250*	0,6165
0,93	0,9977	0,9931	0,9840	0,9705	0,9354	0,8953	*0,7227*	0,7144
0,95	0,9977	0,9931	0,9885	0,9750	0,9484	0,9183	*0,7888*	0,7797
0,97	1,0000	0,9954	0,9908	0,9795	0,9594	0,9354	0,9078	0,8413
0,98	1,0000	0,9954	0,9908	0,9817	0,9638	0,9440	0,9225	0,8729
0,99	1,0000	0,9954	0,9931	0,9840	0,9683	0,9528	0,9332	0,9036
1,00	1,0000	0,9977	0,9931	0,9863	0,9727	0,9594	0,9440	0,9311
1,01	1,0000	0,9977	0,9931	0,9885	0,9772	0,9638	0,9528	0,9462
1,02	1,0000	0,9977	0,9954	0,9908	0,9795	0,9705	0,9616	0,9572
1,05	1,0000	0,9977	0,9977	0,9954	0,9885	0,9863	0,9840	0,9840
1,10	1,0000	1,0000	1,0000	1,0000	1,0023	1,0046	1,0093	1,0163
1,15	1,0000	1,0000	1,0023	1,0046	1,0116	1,0186	1,0257	1,0375
1,20	1,0000	1,0023	1,0046	1,0069	1,0163	1,0280	1,0399	1,0544
1,30	1,0000	1,0023	1,0069	1,0116	1,0257	1,0399	1,0544	1,0716
1,40	1,0000	1,0046	1,0069	1,0139	1,0304	1,0471	1,0642	1,0815
1,50	1,0000	1,0046	1,0069	1,0163	1,0328	1,0496	1,0666	1,0865
1,60	1,0000	1,0046	1,0069	1,0163	1,0328	1,0496	1,0691	1,0865
1,70	1,0000	1,0046	1,0093	1,0163	1,0328	1,0496	1,0691	1,0865
1,80	1,0000	1,0046	1,0069	1,0163	1,0328	1,0496	1,0666	1,0840
1,90	1,0000	1,0046	1,0069	1,0163	1,0328	1,0496	1,0666	1,0815
2,00	1,0000	1,0046	1,0069	1,0163	1,0304	1,0471	1,0642	1,0815
2,20	1,0000	1,0046	1,0069	1,0139	1,0304	1,0447	1,0593	1,0765
2,40	1,0000	1,0046	1,0069	1,0139	1,0280	1,0423	1,0568	1,0716
2,60	1,0000	1,0023	1,0069	1,0139	1,0257	1,0399	1,0544	1,0666
2,80	1,0000	1,0023	1,0069	1,0116	1,0257	1,0375	1,0496	1,0642
3,00	1,0000	1,0023	1,0069	1,0116	1,0233	1,0352	1,0471	1,0593
3,50	1,0000	1,0023	1,0046	1,0023	1,0209	1,0304	1,0423	1,0520
4,00	1,0000	1,0023	1,0046	1,0093	1,0186	1,0280	1,0375	1,0471

TABELA D.15 Valores de ϕ^0

$P_r =$	1,0000	1,2000	1,5000	2,0000	3,0000	5,0000	7,0000	10,000
T_r								
0,30	0,0000	0,0000	0,0000	0,0000	0,0000	0,0000	0,0000	0,0000
0,35	0,0000	0,0000	0,0000	0,0000	0,0000	0,0000	0,0000	0,0000
0,40	0,0003	0,0003	0,0003	0,0002	0,0002	0,0002	0,0002	0,0003
0,45	0,0016	0,0014	0,0012	0,0010	0,0008	0,0008	0,0009	0,0012
0,50	0,0055	0,0048	0,0041	0,0034	0,0028	0,0025	0,0027	0,0034
0,55	0,0146	0,0127	0,0107	0,0089	0,0072	0,0063	0,0066	0,0080
0,60	0,0321	0,0277	0,0234	0,0193	0,0154	0,0132	0,0135	0,0160
0,65	0,0611	0,0527	0,0445	0,0364	0,0289	0,0244	0,0245	0,0282
0,70	0,1045	0,0902	0,0759	0,0619	0,0488	0,0406	0,0402	0,0453
0,75	0,1641	0,1413	0,1188	0,0966	0,0757	0,0625	0,0610	0,0673
0,80	0,2404	0,2065	0,1738	0,1409	0,1102	0,0899	0,0867	0,0942
0,85	0,3319	0,2858	0,2399	0,1945	0,1517	0,1227	0,1175	0,1256
0,90	0,4375	0,3767	0,3162	0,2564	0,1995	0,1607	0,1524	0,1611
0,93	0,5058	0,4355	0,3656	0,2972	0,2307	0,1854	0,1754	0,1841
0,95	0,5521	0,4764	0,3999	0,3251	0,2523	0,2028	0,1910	0,2000
0,97	0,5984	0,5164	0,4345	0,3532	0,2748	0,2203	0,2075	0,2163
0,98	0,6223	0,5370	0,4529	0,3681	0,2864	0,2296	0,2158	0,2244
0,99	0,6442	0,5572	0,4699	0,3828	0,2978	0,2388	0,2244	0,2328
1,00	0,6668	0,5781	0,4875	0,3972	0,3097	0,2483	0,2328	0,2415
1,01	0,6792	0,5970	0,5047	0,4121	0,3214	0,2576	0,2415	0,2500
1,02	0,6902	0,6166	0,5224	0,4266	0,3334	0,2673	0,2506	0,2582
1,05	0,7194	0,6607	0,5728	0,4710	0,3690	0,2958	0,2773	0,2844
1,10	0,7586	0,7112	0,6412	0,5408	0,4285	0,3451	0,3228	0,3296
1,15	0,7907	0,7499	0,6918	0,6026	0,4875	0,3954	0,3690	0,3750
1,20	0,8166	0,7834	0,7328	0,6546	0,5420	0,4446	0,4150	0,4198
1,30	0,8590	0,8318	0,7943	0,7345	0,6383	0,5383	0,5058	0,5093
1,40	0,8892	0,8690	0,8395	0,7925	0,7145	0,6237	0,5902	0,5943
1,50	0,9141	0,8974	0,8730	0,8375	0,7745	0,6966	0,6668	0,6714
1,60	0,9311	0,9183	0,8995	0,8710	0,8222	0,7586	0,7328	0,7430
1,70	0,9462	0,9354	0,9204	0,8995	0,8610	0,8091	0,7907	0,8054
1,80	0,9572	0,9484	0,9376	0,9204	0,8913	0,8531	0,8414	0,8590
1,90	0,9661	0,9594	0,9506	0,9376	0,9162	0,8872	0,8831	0,9057
2,00	0,9727	0,9683	0,9616	0,9528	0,9354	0,9183	0,9183	0,9462
2,20	0,9840	0,9817	0,9795	0,9727	0,9661	0,9616	0,9727	1,0093
2,40	0,9931	0,9908	0,9908	0,9886	0,9863	0,9931	1,0116	1,0568
2,60	0,9977	0,9977	0,9977	0,9977	1,0023	1,0162	1,0399	1,0889
2,80	1,0023	1,0023	1,0046	1,0069	1,0116	1,0328	1,0593	1,1117
3,00	1,0046	1,0069	1,0069	1,0116	1,0209	1,0423	1,0740	1,1298
3,50	1,0093	1,0116	1,0139	1,0186	1,0304	1,0593	1,0914	1,1508
4,00	1,0116	1,0139	1,0162	1,0233	1,0375	1,0666	1,0990	1,1588

TABELA D.16 Valores de ϕ[1]

T_r \ P_r =	1,0000	1,2000	1,5000	2,0000	3,0000	5,0000	7,0000	10,000
0,30	0,0000	0,0000	0,0000	0,0000	0,0000	0,0000	0,0000	0,0000
0,35	0,0000	0,0000	0,0000	0,0000	0,0000	0,0000	0,0000	0,0000
0,40	0,0000	0,0000	0,0000	0,0000	0,0000	0,0000	0,0000	0,0000
0,45	0,0002	0,0002	0,0002	0,0002	0,0001	0,0001	0,0001	0,0001
0,50	0,0013	0,0013	0,0013	0,0012	0,0011	0,0009	0,0008	0,0006
0,55	0,0063	0,0062	0,0061	0,0058	0,0053	0,0045	0,0039	0,0031
0,60	0,0210	0,0207	0,0202	0,0194	0,0179	0,0154	0,0133	0,0108
0,65	0,0536	0,0527	0,0516	0,0497	0,0461	0,0401	0,0350	0,0289
0,70	0,1117	0,1102	0,1079	0,1040	0,0970	0,0851	0,0752	0,0629
0,75	0,1995	0,1972	0,1932	0,1871	0,1754	0,1552	0,1387	0,1178
0,80	0,3170	0,3133	0,3076	0,2978	0,2812	0,2512	0,2265	0,1954
0,85	0,4592	0,4539	0,4457	0,4325	0,4093	0,3698	0,3365	0,2951
0,90	0,6166	0,6095	0,5998	0,5834	0,5546	0,5058	0,4645	0,4130
0,93	0,7145	0,7063	0,6950	0,6761	0,6457	0,5916	0,5470	0,4898
0,95	0,7798	0,7691	0,7568	0,7379	0,7063	0,6501	0,6026	0,5432
0,97	0,8414	0,8318	0,8185	0,7998	0,7656	0,7096	0,6607	0,5984
0,98	0,8730	0,8630	0,8492	0,8298	0,7962	0,7379	0,6887	0,6266
0,99	0,9036	0,8913	0,8790	0,8590	0,8241	0,7674	0,7178	0,6546
1,00	0,9311	0,9204	0,9078	0,8872	0,8531	0,7962	0,7464	0,6823
1,01	0,9462	0,9462	0,9333	0,9162	0,8831	0,8241	0,7745	0,7096
1,02	0,9572	0,9661	0,9594	0,9419	0,9099	0,8531	0,8035	0,7379
1,05	0,9840	0,9954	1,0186	1,0162	0,9886	0,9354	0,8872	0,8222
1,10	1,0162	1,0280	1,0593	1,0990	1,1015	1,0617	1,0186	0,9572
1,15	1,0375	1,0520	1,0814	1,1376	1,1858	1,1722	1,1403	1,0864
1,20	1,0544	1,0691	1,0990	1,1588	1,2388	1,2647	1,2474	1,2050
1,30	1,0715	1,0914	1,1194	1,1776	1,2853	1,3868	1,4125	1,4061
1,40	1,0814	1,0990	1,1298	1,1858	1,2942	1,4488	1,5171	1,5524
1,50	1,0864	1,1041	1,1350	1,1858	1,2942	1,4689	1,5740	1,6520
1,60	1,0864	1,1041	1,1350	1,1858	1,2883	1,4689	1,5996	1,7140
1,70	1,0864	1,1041	1,1324	1,1803	1,2794	1,4622	1,6033	1,7458
1,80	1,0839	1,1015	1,1298	1,1749	1,2706	1,4488	1,5959	1,7620
1,90	1,0814	1,0990	1,1272	1,1695	1,2618	1,4355	1,5849	1,7620
2,00	1,0814	1,0965	1,1220	1,1641	1,2503	1,4191	1,5704	1,7539
2,20	1,0765	1,0914	1,1143	1,1535	1,2331	1,3900	1,5346	1,7219
2,40	1,0715	1,0864	1,1066	1,1429	1,2190	1,3614	1,4997	1,6866
2,60	1,0666	1,0814	1,1015	1,1350	1,2023	1,3397	1,4689	1,6482
2,80	1,0641	1,0765	1,0940	1,1272	1,1912	1,3183	1,4388	1,6144
3,00	1,0593	1,0715	1,0889	1,1194	1,1803	1,3002	1,4158	1,5813
3,50	1,0520	1,0617	1,0789	1,1041	1,1561	1,2618	1,3614	1,5101
4,00	1,0471	1,0544	1,0691	1,0914	1,1403	1,2303	1,3213	1,4555

APÊNDICE

E

Tabelas de Vapor

INTERPOLAÇÃO

Quando se quer um valor da tabela em condições que estão entre os valores listados, a interpolação faz-se necessária. Se M, a grandeza procurada, é uma função de uma única variável independente X e se a interpolação linear é apropriada, como nas tabelas para vapor d'água saturado, então existe uma proporcionalidade direta entre diferenças correspondentes em M e em X. Quando M, o valor em X, está entre os dois valores dados, M_1 em X_1 e M_2 em X_2, então:

$$M = \left(\frac{X_2 - X}{X_2 - X_1}\right)M_1 + \left(\frac{X - X_1}{X_2 - X_1}\right)M_2 \tag{E.1}$$

Por exemplo, a entalpia do vapor d'água saturado a 140,8 °C está entre os seguintes dois valores retirados da Tabela E.1:

t	H
$t_1 = 140$ °C	$H_1 = 2733{,}1$ kJ · kg^{-1}
$t = 140{,}8$ °C	$H = ?$
$t_2 = 142$ °C	$H_2 = 2735{,}6$ kJ · kg^{-1}

A substituição de valores na Eq. (E.1), com $M = H$ e $t = X$, fornece:

$$H = \frac{1{,}2}{2}(2733{,}1) + \frac{0{,}8}{2}(2735{,}6) = 2734{,}1 \text{ kJ} \cdot \text{kg}^{-1}$$

Quando M é uma função de duas variáveis independentes X e Y e se a interpolação linear é apropriada, como nas tabelas de vapor d'água superaquecido, então uma interpolação linear dupla é necessária. Dados para a grandeza M em valores das variáveis independentes X e Y adjacentes aos valores dados são representados conforme segue:

	X_1	X	X_2
Y_1	$M_{1,1}$		$M_{1,2}$
Y		$M = ?$	
Y_2	$M_{2,1}$		$M_{2,2}$

A interpolação linear dupla entre os dois valores dados de M é representada por:

$$M = \left[\left(\frac{X_2 - X}{X_2 - X_1}\right)M_{1,1} + \left(\frac{X - X_1}{X_2 - X_1}\right)M_{1,2}\right]\frac{Y_2 - Y}{Y_2 - Y_1} + \left[\left(\frac{X_2 - X}{X_2 - X_1}\right)M_{2,1} + \left(\frac{X - X_1}{X_2 - X_1}\right)M_{2,2}\right]\frac{Y - Y_1}{Y_2 - Y_1} \tag{E.2}$$

▪ Exemplo E.1

A partir dos dados das tabelas de vapor d'água, encontre:

(*a*) O volume específico do vapor superaquecido a 816 kPa e 512 °C.

(*b*) A temperatura e a entropia específica do vapor superaquecido a P = 2950 kPa e H = 3150,6 kJ · kg^{-1}.

Solução E.1

(*a*) A tabela a seguir mostra volumes específicos retirados da Tabela E.2 para o vapor superaquecido em condições adjacentes às especificadas:

P/kPa	t = 500 °C	t = 512 °C	t = 550 °C
800	443,17		472,49
816		V = ?	
825	429,65		458,10

A substituição dos valores na Eq. (E.2) com $M = V$, $X = t$ e $Y = P$, fornece:

$$V = \left[\frac{38}{50}(443{,}17) + \frac{12}{50}(472{,}49)\right]\frac{9}{25} + \left[\frac{38}{50}(429{,}65) + \frac{12}{50}(458{,}10)\right]\frac{16}{25} = 441{,}42 \text{ cm}^3 \cdot \text{g}^{-1}$$

(*b*) A tabela a seguir mostra dados de entalpia retirados da Tabela E.2 para o vapor superaquecido em condições adjacentes às especificadas:

P/kPa	t_1 = 350 °C	t = ?	t_2 = 375 °C
2900	3119,7		3177,4
2950	H_{t_1}	H = 3150,6	H_{t_2}
3000	3117,5		3175,6

Aqui, o uso da Eq. (E.2) não é conveniente. Alternativamente, para P = 2950 kPa, interpole linearmente em t_1 = 350 °C para H_{t_1} e em t_2 = 375 °C para H_{t_2}, usando a Eq. (E.1) duas vezes, primeiro em t_1 e depois em t_2, com $M = H$ e $X = P$:

$$H_{t_1} = \frac{50}{100}(3119{,}7) + \frac{50}{100}(3117{,}5) = 3118{,}6$$

$$H_{t_2} = \frac{50}{100}(3177{,}4) + \frac{50}{100}(3175{,}6) = 3176{,}5$$

Uma terceira interpolação linear entre esses valores com $M = t$ e $X = H$ na Eq. (E.1) fornece:

$$t = \frac{3176{,}5 - 3150{,}6}{3176{,}5 - 3118{,}6}(350) + \frac{3150{,}6 - 3118{,}6}{3176{,}5 - 3118{,}6}(375) = 363{,}82\ °\text{C}$$

Dada esta temperatura, uma tabela de valores de entropia pode então ser construída:

P/kPa	t = 350 °C	t = 363,82 °C	t = 375 °C
2900	6,7654		6,8563
2950		S = ?	
3000	6,7471		6,8385

A utilização da Eq. (E.2) com $M = S$, $X = t$ e $Y = P$ fornece:

$$S = \left[\frac{11{,}18}{25}(6{,}7654) + \frac{13{,}82}{25}(6{,}8563)\right]\frac{50}{100} + \left[\frac{11{,}18}{25}(6{,}7471) + \frac{13{,}82}{25}(6{,}8385)\right]\frac{50}{100} = 6{,}8066 \text{ kJ} \cdot \text{mol}^{-1}$$

Ao verificar, é possível aplicar a Eq. (E.2) com $M = H$, $X = t$ e $Y = P$, confirmando que assim produz-se H = 3150,6 kJ · kg^{-1}.

TABELAS DE VAPOR

Todas as tabelas foram geradas por computador com programas[1] baseados em "The 1976 International Formulation Committee Formulation for Industrial Use: A Formulation of the Thermodynamic Properties of Ordinary Water Substance", como publicado em *ASME Steam Tables*, 4ª ed., App. I, pp. 11-29, The Am. Soc. Mech. Engrs., New York, 1979. Essas tabelas serviram como padrão em todo o mundo por 30 anos e são inteiramente adequadas para atividades de instrução. Entretanto, elas foram substituídas pela "International Association for the Properties of Water and Steam Formulation 1997 for the Thermodynamic Properties of Water and Steam for Industrial Use". Essas e outras tabelas mais novas são discutidas por A. H. Harvey e W. T. Parry, "Keep Your Steam Tables Up to Date", *Chemical Engineering Progress*, vol. 95, n. 11, p. 45, Nov. 1999.

[1] Nós reconhecidamente agradecemos as contribuições do Professor Charles Muckenfuss, de Debra L. Sauke e de Eugene N. Dorsi, que produziram os programas computacionais a partir dos quais estas tabelas são geradas.

TABELA E.1 Vapor d'Água Saturado

V = VOLUME ESPECÍFICO $cm^3 \cdot g^{-1}$
U = ENERGIA INTERNA ESPECÍFICA $kJ \cdot kg^{-1}$
H = ENTALPIA ESPECÍFICA $kJ \cdot kg^{-1}$
S = ENTROPIA ESPECÍFICA $kJ \cdot kg^{-1} \cdot K^{-1}$

			VOLUME ESPECÍFICO *V*			ENERGIA INTERNA *U*			ENTALPIA *H*			ENTROPIA *S*		
t (°C)	*T* (K)	*P* (kPa)	líq. sat.	evap.	vap. sat.	líq. sat.	evap.	vap. sat.	líq. sat.	evap.	vap. sat.	líq. sat.	evap.	vap. sat.
0	273,15	0,611	1,000	206300,	206300,	−0,04	2375,7	2375,6	−0,04	2501,7	2501,6	0,0000	9,1578	9,1578
0.01	273,16	0,611	1,000	206200,	206200,	0,00	2375,6	2375,6	0,00	2501,6	2501,6	0,0000	9,1575	9,1575
1	274,15	0,657	1,000	192600,	192600,	4,17	2372,7	2376,9	4,17	2499,2	2503,4	0,0153	9,1158	9,1311
2	275,15	0,705	1,000	179900,	179900,	8,39	2369,9	2378,3	8,39	2496,8	2505,2	0,0306	9,0741	9,1047
3	276,15	0,757	1,000	168200,	168200,	12,60	2367,1	2379,7	12,60	2494,5	2507,1	0,0459	9,0326	9,0785
4	277,15	0,813	1,000	157300,	157300,	16,80	2364,3	2381,1	16,80	2492,1	2508,9	0,0611	8,9915	9,0526
5	278,15	0,872	1,000	147200,	147200,	21,01	2361,4	2382,4	21,01	2489,7	2510,7	0,0762	8,9507	9,0269
6	279,15	0,935	1,000	137800,	137800,	25,21	2358,6	2383,8	25,21	2487,4	2512,6	0,0913	8,9102	9,0014
7	280,15	1,001	1,000	129100,	129100,	29,41	2355,8	2385,2	29,41	2485,0	2514,4	0,1063	8,8699	8,9762
8	281,15	1,072	1,000	121000,	121000,	33,60	2353,0	2386,6	33,60	2482,6	2516,2	0,1213	8,8300	8,9513
9	282,15	1,147	1,000	113400,	113400,	37,80	2350,1	2387,9	37,80	2480,3	2518,1	0,1362	8,7903	8,9265
10	283,15	1,227	1,000	106400,	106400,	41,99	2347,3	2389,3	41,99	2477,9	2519,9	0,1510	8,7510	8,9020
11	284,15	1,312	1,000	99910,	99910,	46,18	2344,5	2390,7	46,19	2475,5	2521,7	0,1658	8,7119	8,8776
12	285,15	1,401	1,000	93830,	93840,	50,38	2341,7	2392,1	50,38	2473,2	2523,6	0,1805	8,6731	8,8536
13	286,15	1,497	1,001	88180,	88180,	54,56	2338,9	2393,4	54,57	2470,8	2525,4	0,1952	8,6345	8,8297
14	287,15	1,597	1,001	82900,	82900,	58,75	2336,1	2394,8	58,75	2468,5	2527,2	0,2098	8,5963	8,8060
15	288,15	1,704	1,001	77980,	77980,	62,94	2333,2	2396,2	62,94	2466,1	2529,1	0,2243	8,5582	8,7826
16	289,15	1,817	1,001	73380,	73380,	67,12	2330,4	2397,6	67,13	2463,8	2530,9	0,2388	8,5205	8,7593
17	290,15	1,936	1,001	69090,	69090,	71,31	2327,6	2398,9	71,31	2461,4	2532,7	0,2533	8,4830	8,7363
18	291,15	2,062	1,001	65090,	65090,	75,49	2324,8	2400,3	75,50	2459,0	2534,5	0,2677	8,4458	8,7135
19	292,15	2,196	1,002	61340,	61340,	79,68	2322,0	2401,7	79,68	2456,7	2536,4	0,2820	8,4088	8,6908
20	293,15	2,337	1,002	57840,	57840,	83,86	2319,2	2403,0	83,86	2454,3	2538,2	0,2963	8,3721	8,6684
21	294,15	2,485	1,002	54560,	54560,	88,04	2316,4	2404,4	88,04	2452,0	2540,0	0,3105	8,3356	8,6462
22	295,15	2,642	1,002	51490,	51490,	92,22	2313,6	2405,8	92,23	2449,6	2541,8	0,3247	8,2994	8,6241
23	296,15	2,808	1,002	48620,	48620,	96,40	2310,7	2407,1	96,41	2447,2	2543,6	0,3389	8,2634	8,6023
24	297,15	2,982	1,003	45920,	45930,	100,6	2307,9	2408,5	100,6	2444,9	2545,5	0,3530	8,2277	8,5806
25	298,15	3,166	1,003	43400,	43400,	104,8	2305,1	2409,9	104,8	2442,5	2547,3	0,3670	8,1922	8,5592
26	299,15	3,360	1,003	41030,	41030,	108,9	2302,3	2411,2	108,9	2440,2	2549,1	0,3810	8,1569	8,5379
27	300,15	3,564	1,003	38810,	38810,	113,1	2299,5	2412,6	113,1	2437,8	2550,9	0,3949	8,1218	8,5168
28	301,15	3,778	1,004	36730,	36730,	117,3	2296,7	2414,0	117,3	2435,4	2552,7	0,4088	8,0870	8,4959
29	302,15	4,004	1,004	34770,	34770,	121,5	2293,8	2415,3	121,5	2433,1	2554,5	0,4227	8,0524	8,4751
30	303,15	4,241	1,004	32930,	32930,	125,7	2291,0	2416,7	125,7	2430,7	2556,4	0,4365	8,0180	8,4546
31	304,15	4,491	1,005	31200,	31200,	129,8	2288,2	2418,0	129,8	2428,3	2558,2	0,4503	7,9839	8,4342
32	305,15	4,753	1,005	29570,	29570,	134,0	2285,4	2419,4	134,0	2425,9	2560,0	0,4640	7,9500	8,4140
33	306,15	5,029	1,005	28040,	28040,	138,2	2282,6	2420,8	138,2	2423,6	2561,8	0,4777	7,9163	8,3939
34	307,15	5,318	1,006	26600,	26600,	142,4	2279,7	2422,1	142,4	2421,2	2563,6	0,4913	7,8828	8,3740
35	308,15	5,622	1,006	25240,	25240,	146,6	2276,9	2423,5	146,6	2418,8	2565,4	0,5049	7,8495	8,3543
36	309,15	5,940	1,006	23970,	23970,	150,7	2274,1	2424,8	150,7	2416,4	2567,2	0,5184	7,8164	8,3348
37	310,15	6,274	1,007	22760,	22760,	154,9	2271,3	2426,2	154,9	2414,1	2569,0	0,5319	7,7835	8,3154
38	311,15	6,624	1,007	21630,	21630,	159,1	2268,4	2427,5	159,1	2411,7	2570,8	0,5453	7,7509	8,2962
39	312,15	6,991	1,007	20560,	20560,	163,3	2265,6	2428,9	163,3	2409,3	2572,6	0,5588	7,7184	8,2772
40	313,15	7,375	1,008	19550,	19550,	167,4	2262,8	2430,2	167,5	2406,9	2574,4	0,5721	7,6861	8,2583
41	314,15	7,777	1,008	18590,	18590,	171,6	2259,9	2431,6	171,6	2404,5	2576,2	0,5854	7,6541	8,2395
42	315,15	8,198	1,009	17690,	17690,	175,8	2257,1	2432,9	175,8	2402,1	2577,9	0,5987	7,6222	8,2209
43	316,15	8,639	1,009	16840,	16840,	180,0	2254,3	2434,2	180,0	2399,7	2579,7	0,6120	7,5905	8,2025
44	317,15	9,100	1,009	16040,	16040,	184,2	2251,4	2435,6	184,2	2397,3	2581,5	0,6252	7,5590	8,1842
45	318,15	9,582	1,010	15280,	15280,	188,3	2248,6	2436,9	188,4	2394,9	2583,3	0,6383	7,5277	8,1661
46	319,15	10,09	1,010	14560,	14560,	192,5	2245,7	2438,3	192,5	2392,5	2585,1	0,6514	7,4966	8,1481
47	320,15	10,61	1,011	13880,	13880,	196,7	2242,9	2439,6	196,7	2390,1	2586,9	0,6645	7,4657	8,1302
48	321,15	11,16	1,011	13230,	13230,	200,9	2240,0	2440,9	200,9	2387,7	2588,6	0,6776	7,4350	8,1125
49	322,15	11,74	1,012	12620,	12620,	205,1	2237,2	2442,3	205,1	2385,3	2590,4	0,6906	7,4044	8,0950

(continua)

TABELA E.1 Vapor d'Água Saturado (*continuação*)

			VOLUME ESPECÍFICO *V*			ENERGIA INTERNA *U*			ENTALPIA *H*			ENTROPIA *S*		
t (°C)	*T* (K)	*P* (kPa)	líq. sat.	evap.	vap. sat.	líq. sat.	evap.	vap. sat.	líq. sat.	evap.	vap. sat.	líq. sat.	evap.	vap. sat.
50	323,15	12,34	1,012	12040,	12050,	209,2	2234,3	2443,6	209,3	2382,9	2592,2	0,7035	7,3741	8,0776
51	324,15	12,96	1,013	11500,	11500,	213,4	2231,5	2444,9	213,4	2380,5	2593,9	0,7164	7,3439	8,0603
52	325,15	13,61	1,013	10980,	10980,	217,6	2228,6	2446,2	217,6	2378,1	2595,7	0,7293	7,3138	8,0432
53	326,15	14,29	1,014	10490,	10490,	221,8	2225,8	2447,6	221,8	2375,7	2597,5	0,7422	7,2840	8,0262
54	327,15	15,00	1,014	10020,	10020,	226,0	2222,9	2448,9	226,0	2373,2	2599,2	0,7550	7,2543	8,0093
55	328,15	15,74	1,015	9577,9	9578,9	230,2	2220,0	2450,2	230,2	2370,8	2601,0	0,7677	7,2248	7,9925
56	329,15	16,51	1,015	9157,7	9158,7	234,3	2217,2	2451,5	234,4	2368,4	2602,7	0,7804	7,1955	7,9759
57	330,15	17,31	1,016	8758,7	8759,8	238,5	2214,3	2452,8	238,5	2365,9	2604,5	0,7931	7,1663	7,9595
58	331,15	18,15	1,016	8379,8	8380,8	242,7	2211,4	2454,1	242,7	2363,5	2606,2	0,8058	7,1373	7,9431
59	332,15	19,02	1,017	8019,7	8020,8	246,9	2208,6	2455,4	246,9	2361,1	2608,0	0,8184	7,1085	7,9269
60	333,15	19,92	1,017	7677,5	7678,5	251,1	2205,7	2456,8	251,1	2358,6	2609,7	0,8310	7,0798	7,9108
61	334,15	20,86	1,018	7352,1	7353,2	255,3	2202,8	2458,1	255,3	2356,2	2611,4	0,8435	7,0513	7,8948
62	335,15	21,84	1,018	7042,7	7043,7	259,4	2199,9	2459,4	259,5	2353,7	2613,2	0,8560	7,0230	7,8790
63	336,15	22,86	1,019	6748,2	6749,3	263,6	2197,0	2460,7	263,6	2351,3	2614,9	0,8685	6,9948	7,8633
64	337,15	23,91	1,019	6468,0	6469,0	267,8	2194,1	2462,0	267,8	2348,8	2616,6	0,8809	6,9667	7,8477
65	338,15	25,01	1,020	6201,3	6202,3	272,0	2191,2	2463,2	272,0	2346,3	2618,4	0,8933	6,9388	7,8322
66	339,15	26,15	1,020	5947,2	5948,2	276,2	2188,3	2464,5	276,2	2343,9	2620,1	0,9057	6,9111	7,8168
67	340,15	27,33	1,021	5705,2	5706,2	280,4	2185,4	2465,8	280,4	2341,4	2621,8	0,9180	6,8835	7,8015
68	341,15	28,56	1,022	5474,6	5475,6	284,6	2182,5	2467,1	284,6	2338,9	2623,5	0,9303	6,8561	7,7864
69	342,15	29,84	1,022	5254,8	5255,8	288,8	2179,6	2468,4	288,8	2336,4	2625,2	0,9426	6,8288	7,7714
70	343,15	31,16	1,023	5045,2	5046,3	292,9	2176,7	2469,7	293,0	2334,0	2626,9	0,9548	6,8017	7,7565
71	344,15	32,53	1,023	4845,4	4846,4	297,1	2173,8	2470,9	297,2	2331,5	2628,6	0,9670	6,7747	7,7417
72	345,15	33,96	1,024	4654,7	4655,7	301,3	2170,9	2472,2	301,4	2329,0	2630,3	0,9792	6,7478	7,7270
73	346,15	35,43	1,025	4472,7	4473,7	305,5	2168,0	2473,5	305,5	2326,5	2632,0	0,9913	6,7211	7,7124
74	347,15	36,96	1,025	4299,0	4300,0	309,7	2165,1	2474,8	309,7	2324,0	2633,7	1,0034	6,6945	7,6979
75	348,15	38,55	1,026	4133,1	4134,1	313,9	2162,1	2476,0	313,9	2321,5	2635,4	1,0154	6,6681	7,6835
76	349,15	40,19	1,027	3974,6	3975,7	318,1	2159,2	2477,3	318,1	2318,9	2637,1	1,0275	6,6418	7,6693
77	350,15	41,89	1,027	3823,3	3824,3	322,3	2156,3	2478,5	322,3	2316,4	2638,7	1,0395	6,6156	7,6551
78	351,15	43,65	1,028	3678,6	3679,6	326,5	2153,3	2479,8	326,5	2313,9	2640,4	1,0514	6,5896	7,6410
79	352,15	45,47	1,029	3540,3	3541,3	330,7	2150,4	2481,1	330,7	2311,4	2642,1	1,0634	6,5637	7,6271
80	353,15	47,36	1,029	3408,1	3409,1	334,9	2147,4	2482,3	334,9	2308,8	2643,8	1,0753	6,5380	7,6132
81	354,15	49,31	1,030	3281,6	3282,6	339,1	2144,5	2483,5	339,1	2306,3	2645,4	1,0871	6,5123	7,5995
82	355,15	51,33	1,031	3160,6	3161,6	343,3	2141,5	2484,8	343,3	2303,8	2647,1	1,0990	6,4868	7,5858
83	356,15	53,42	1,031	3044,8	3045,8	347,5	2138,6	2486,0	347,5	2301,2	2648,7	1,1108	6,4615	7,5722
84	357,15	55,57	1,032	2933,9	2935,0	351,7	2135,6	2487,3	351,7	2298,6	2650,4	1,1225	6,4362	7,5587
85	358,15	57,80	1,033	2827,8	2828,8	355,9	2132,6	2488,5	355,9	2296,1	2652,0	1,1343	6,4111	7,5454
86	359,15	60,11	1,033	2726,1	2727,2	360,1	2129,7	2489,7	360,1	2293,5	2653,6	1,1460	6,3861	7,5321
87	360,15	62,49	1,034	2628,8	2629,8	364,3	2126,7	2490,9	364,3	2290,9	2655,3	1,1577	6,3612	7,5189
88	361,15	64,95	1,035	2535,4	2536,5	368,5	2123,7	2492,2	368,5	2288,4	2656,9	1,1693	6,3365	7,5058
89	362,15	67,49	1,035	2446,0	2447,0	372,7	2120,7	2493,4	372,7	2285,8	2658,5	1,1809	6,3119	7,4928
90	363,15	70,11	1,036	2360,3	2361,3	376,9	2117,7	2494,6	376,9	2283,2	2660,1	1,1925	6,2873	7,4799
91	364,15	72,81	1,037	2278,0	2279,1	381,1	2114,7	2495,8	381,1	2280,6	2661,7	1,2041	6,2629	7,4670
92	365,15	75,61	1,038	2199,2	2200,2	385,3	2111,7	2497,0	385,4	2278,0	2663,4	1,2156	6,2387	7,4543
93	366,15	78,49	1,038	2123,5	2124,5	389,5	2108,7	2498,2	389,6	2275,4	2665,0	1,2271	6,2145	7,4416
94	367,15	81,46	1,039	2050,9	2051,9	393,7	2105,7	2499,4	393,8	2272,8	2666,6	1,2386	6,1905	7,4291
95	368,15	84,53	1,040	1981,2	1982,2	397,9	2102,7	2500,6	398,0	2270,2	2668,1	1,2501	6,1665	7,4166
96	369,15	87,69	1,041	1914,3	1915,3	402,1	2099,7	2501,8	402,2	2267,5	2669,7	1,2615	6,1427	7,4042
97	370,15	90,94	1,041	1850,0	1851,0	406,3	2096,6	2503,0	406,4	2264,9	2671,3	1,2729	6,1190	7,3919
98	371,15	94,30	1,042	1788,3	1789,3	410,5	2093,6	2504,1	410,6	2262,2	2672,9	1,2842	6,0954	7,3796
99	372,15	97,76	1,043	1729,0	1730,0	414,7	2090,6	2505,3	414,8	2259,6	2674,4	1,2956	6,0719	7,3675
100	373,15	101,33	1,044	1672,0	1673,0	419,0	2087,5	2506,5	419,1	2256,9	2676,0	1,3069	6,0485	7,3554
102	375,15	108,78	1,045	1564,5	1565,5	427,4	2081,4	2508,8	427,5	2251,6	2679,1	1,3294	6,0021	7,3315
104	377,15	116,68	1,047	1465,1	1466,2	435,8	2075,3	2511,1	435,9	2246,3	2682,2	1,3518	5,9560	7,3078
106	379,15	125,04	1,049	1373,1	1374,2	444,3	2069,2	2513,4	444,4	2240,9	2685,3	1,3742	5,9104	7,2845
108	381,15	133,90	1,050	1287,9	1288,9	452,7	2063,0	2515,7	452,9	2235,4	2688,3	1,3964	5,8651	7,2615

(*continua*)

TABELA E.1 Vapor d'Água Saturado (*continuação*)

			VOLUME ESPECÍFICO *V*			ENERGIA INTERNA *U*			ENTALPIA *H*			ENTROPIA *S*		
t (°C)	*T* (K)	*P* (kPa)	líq. sat.	evap.	vap. sat.	líq. sat.	evap.	vap. sat.	líq. sat.	evap.	vap. sat.	líq. sat.	evap.	vap. sat.
110	383,15	143,27	1,052	1208,9	1209,9	461,2	2056,8	2518,0	461,3	2230,0	2691,3	1,4185	5,8203	7,2388
112	385,15	153,16	1,054	1135,6	1136,6	469,6	2050,6	2520,2	469,8	2224,5	2694,3	1,4405	5,7758	7,2164
114	387,15	163,62	1,055	1067,5	1068,5	478,1	2044,3	2522,4	478,3	2219,0	2697,2	1,4624	5,7318	7,1942
116	389,15	174,65	1,057	1004,2	1005,2	486,6	2038,1	2524,6	486,7	2213,4	2700,2	1,4842	5,6881	7,1723
118	391,15	186,28	1,059	945,3	946,3	495,0	2031,8	2526,8	495,2	2207,9	2703,1	1,5060	5,6447	7,1507
120	393,15	198,54	1,061	890,5	891,5	503,5	2025,4	2529,0	503,7	2202,2	2706,0	1,5276	5,6017	7,1293
122	395,15	211,45	1,062	839,4	840,5	512,0	2019,1	2531,1	512,2	2196,6	2708,8	1,5491	5,5590	7,1082
124	397,15	225,04	1,064	791,8	792,8	520,5	2012,7	2533,2	520,7	2190,9	2711,6	1,5706	5,5167	7,0873
126	399,15	239,33	1,066	747,3	748,4	529,0	2006,3	2535,3	529,2	2185,2	2714,4	1,5919	5,4747	7,0666
128	401,15	254,35	1,068	705,8	706,9	537,5	1999,9	2537,4	537,8	2179,4	2717,2	1,6132	5,4330	7,0462
130	403,15	270,13	1,070	667,1	668,1	546,0	1993,4	2539,4	546,3	2173,6	2719,9	1,6344	5,3917	7,0261
132	405,15	286,70	1,072	630,8	631,9	554,5	1986,9	2541,4	554,8	2167,8	2722,6	1,6555	5,3507	7,0061
134	407,15	304,07	1,074	596,9	598,0	563,1	1980,4	2543,4	563,4	2161,9	2725,3	1,6765	5,3099	6,9864
136	409,15	322,29	1,076	565,1	566,2	571,6	1973,8	2545,4	572,0	2155,9	2727,9	1,6974	5,2695	6,9669
138	411,15	341,38	1,078	535,3	536,4	580,2	1967,2	2547,4	580,5	2150,0	2730,5	1,7182	5,2293	6,9475
140	413,15	361,38	1,080	507,4	508,5	588,7	1960,6	2549,3	589,1	2144,0	2733,1	1,7390	5,1894	6,9284
142	415,15	382,31	1,082	481,2	482,3	597,3	1953,9	2551,2	597,7	2137,9	2735,6	1,7597	5,1499	6,9095
144	417,15	404,20	1,084	456,6	457,7	605,9	1947,2	2553,1	606,3	2131,8	2738,1	1,7803	5,1105	6,8908
146	419,15	427,09	1,086	433,5	434,6	614,4	1940,5	2554,9	614,9	2125,7	2740,6	1,8008	5,0715	6,8723
148	421,15	451,01	1,089	411,8	412,9	623,0	1933,7	2556,8	623,5	2119,5	2743,0	1,8213	5,0327	6,8539
150	423,15	476,00	1,091	391,4	392,4	631,6	1926,9	2558,6	632,1	2113,2	2745,4	1,8416	4,9941	6,8358
152	425,15	502,08	1,093	372,1	373,2	640,2	1920,1	2560,3	640,8	2106,9	2747,7	1,8619	4,9558	6,8178
154	427,15	529,29	1,095	354,0	355,1	648,9	1913,2	2562,1	649,4	2100,6	2750,0	1,8822	4,9178	6,8000
156	429,15	557,67	1,098	336,9	338,0	657,5	1906,3	2563,8	658,1	2094,2	2752,3	1,9023	4,8800	6,7823
158	431,15	587,25	1,100	320,8	321,9	666,1	1899,3	2565,5	666,8	2087,7	2754,5	1,9224	4,8424	6,7648
160	433,15	618,06	1,102	305,7	306,8	674,8	1892,3	2567,1	675,5	2081,3	2756,7	1,9425	4,8050	6,7475
162	435,15	650,16	1,105	291,3	292,4	683,5	1885,3	2568,8	684,2	2074,7	2758,9	1,9624	4,7679	6,7303
164	437,15	683,56	1,107	277,8	278,9	692,1	1878,2	2570,4	692,9	2068,1	2761,0	1,9823	4,7309	6,7133
166	439,15	718,31	1,109	265,0	266,1	700,8	1871,1	2571,9	701,6	2061,4	2763,1	2,0022	4,6942	6,6964
168	441,15	754,45	1,112	252,9	254,0	709,5	1863,9	2573,4	710,4	2054,7	2765,1	2,0219	4,6577	6,6796
170	443,15	792,02	1,114	241,4	242,6	718,2	1856,7	2574,9	719,1	2047,9	2767,1	2,0416	4,6214	6,6630
172	445,15	831,06	1,117	230,6	231,7	727,0	1849,5	2576,4	727,9	2041,1	2769,0	2,0613	4,5853	6,6465
174	447,15	871,60	1,120	220,3	221,5	735,7	1842,2	2577,8	736,7	2034,2	2770,9	2,0809	4,5493	6,6302
176	449,15	913,68	1,122	210,6	211,7	744,4	1834,8	2579,3	745,5	2027,3	2772,7	2,1004	4,5136	6,6140
178	451,15	957,36	1,125	201,4	202,5	753,2	1827,4	2580,6	754,3	2020,2	2774,5	2,1199	4,4780	6,5979
180	453,15	1002,7	1,128	192,7	193,8	762,0	1820,0	2581,9	763,1	2013,1	2776,3	2,1393	4,4426	6,5819
182	455,15	1049,6	1,130	184,4	185,5	770,8	1812,5	2583,2	772,0	2006,0	2778,0	2,1587	4,4074	6,5660
184	457,15	1098,3	1,133	176,5	177,6	779,6	1804,9	2584,5	780,8	1998,8	2779,6	2,1780	4,3723	6,5503
186	459,15	1148,8	1,136	169,0	170,2	788,4	1797,3	2585,7	789,7	1991,5	2781,2	2,1972	4,3374	6,5346
188	461,15	1201,0	1,139	161,9	163,1	797,2	1789,7	2586,9	798,6	1984,2	2782,8	2,2164	4,3026	6,5191
190	463,15	1255,1	1,142	155,2	156,3	806,1	1782,0	2588,1	807,5	1976,7	2784,3	2,2356	4,2680	6,5036
192	465,15	1311,1	1,144	148,8	149,9	814,9	1774,2	2589,2	816,5	1969,3	2785,7	2,2547	4,2336	6,4883
194	467,15	1369,0	1,147	142,6	143,8	823,8	1766,4	2590,2	825,4	1961,7	2787,1	2,2738	4,1993	6,4730
196	469,15	1428,9	1,150	136,8	138,0	832,7	1758,6	2591,3	834,4	1954,1	2788,4	2,2928	4,1651	6,4578
198	471,15	1490,9	1,153	131,3	132,4	841,6	1750,6	2592,3	843,4	1946,4	2789,7	2,3117	4,1310	6,4428
200	473,15	1554,9	1,156	126,0	127,2	850,6	1742,6	2593,2	852,4	1938,6	2790,9	2,3307	4,0971	6,4278
202	475,15	1621,0	1,160	121,0	122,1	859,5	1734,6	2594,1	861,4	1930,7	2792,1	2,3495	4,0633	6,4128
204	477,15	1689,3	1,163	116,2	117,3	868,5	1726,5	2595,0	870,5	1922,8	2793,2	2,3684	4,0296	6,3980
206	479,15	1759,8	1,166	111,6	112,8	877,5	1718,3	2595,8	879,5	1914,7	2794,3	2,3872	3,9961	6,3832
208	481,15	1832,6	1,169	107,2	108,4	886,5	1710,1	2596,6	888,6	1906,6	2795,3	2,4059	3,9626	6,3686
210	483,15	1907,7	1,173	103,1	104,2	895,5	1701,8	2597,3	897,7	1898,5	2796,2	2,4247	3,9293	6,3539
212	485,15	1985,2	1,176	99,09	100,26	904,5	1693,5	2598,0	906,9	1890,2	2797,1	2,4434	3,8960	6,3394
214	487,15	2065,1	1,179	95,28	96,46	913,6	1685,1	2598,7	916,0	1881,8	2797,9	2,4620	3,8629	6,3249
216	489,15	2147,5	1,183	91,65	92,83	922,7	1676,6	2599,3	925,2	1873,4	2798,6	2,4806	3,8298	6,3104
218	491,15	2232,4	1,186	88,17	89,36	931,8	1668,0	2599,8	934,4	1864,9	2799,3	2,4992	3,7968	6,2960

(*continua*)

TABELA E.1 Vapor d'Água Saturado (*continuação*)

			VOLUME ESPECÍFICO *V*			ENERGIA INTERNA *U*			ENTALPIA *H*			ENTROPIA *S*		
t (°C)	*T* (K)	*P* (kPa)	líq. sat.	evap.	vap. sat.	líq. sat.	evap.	vap. sat.	líq. sat.	evap.	vap. sat.	líq. sat.	evap.	vap. sat.
220	493,15	2319,8	1,190	84,85	86,04	940,9	1659,4	2600,3	943,7	1856,2	2799,9	2,5178	3,7639	6,2817
222	495,15	2409,9	1,194	81,67	82,86	950,1	1650,7	2600,8	952,9	1847,5	2800,5	2,5363	3,7311	6,2674
224	497,15	2502,7	1,197	78,62	79,82	959,2	1642,0	2601,2	962,2	1838,7	2800,9	2,5548	3,6984	6,2532
226	499,15	2598,2	1,201	75,71	76,91	968,4	1633,1	2601,5	971,5	1829,8	2801,4	2,5733	3,6657	6,2390
228	501,15	2696,5	1,205	72,92	74,12	977,6	1624,2	2601,8	980,9	1820,8	2801,7	2,5917	3,6331	6,2249
230	503,15	2797,6	1,209	70,24	71,45	986,9	1615,2	2602,1	990,3	1811,7	2802,0	2,6102	3,6006	6,2107
232	505,15	2901,6	1,213	67,68	68,89	996,2	1606,1	2602,3	999,7	1802,5	2802,2	2,6286	3,5681	6,1967
234	507,15	3008,6	1,217	65,22	66,43	1005,4	1597,0	2602,4	1009,1	1793,2	2802,3	2,6470	3,5356	6,1826
236	509,15	3118,6	1,221	62,86	64,08	1014,8	1587,7	2602,5	1018,6	1783,8	2802,3	2,6653	3,5033	6,1686
238	511,15	3231,7	1,225	60,60	61,82	1024,1	1578,4	2602,5	1028,1	1774,2	2802,3	2,6837	3,4709	6,1546
240	513,15	3347,8	1,229	58,43	59,65	1033,5	1569,0	2602,5	1037,6	1764,6	2802,2	2,7020	3,4386	6,1406
242	515,15	3467,2	1,233	56,34	57,57	1042,9	1559,5	2602,4	1047,2	1754,9	2802,0	2,7203	3,4063	6,1266
244	517,15	3589,8	1,238	54,34	55,58	1052,3	1549,9	2602,2	1056,8	1745,0	2801,8	2,7386	3,3740	6,1127
246	519,15	3715,7	1,242	52,41	53,66	1061,8	1540,2	2602,0	1066,4	1735,0	2801,4	2,7569	3,3418	6,0987
248	521,15	3844,9	1,247	50,56	51,81	1071,3	1530,5	2601,8	1076,1	1724,9	2801,0	2,7752	3,3096	6,0848
250	523,15	3977,6	1,251	48,79	50,04	1080,8	1520,6	2601,4	1085,8	1714,7	2800,4	2,7935	3,2773	6,0708
252	525,15	4113,7	1,256	47,08	48,33	1090,4	1510,6	2601,0	1095,5	1704,3	2799,8	2,8118	3,2451	6,0569
254	527,15	4253,4	1,261	45,43	46,69	1100,0	1500,5	2600,5	1105,3	1693,8	2799,1	2,8300	3,2129	6,0429
256	529,15	4396,7	1,266	43,85	45,11	1109,6	1490,4	2600,0	1115,2	1683,2	2798,3	2,8483	3,1807	6,0290
258	531,15	4543,7	1,271	42,33	43,60	1119,3	1480,1	2599,3	1125,0	1672,4	2797,4	2,8666	3,1484	6,0150
260	533,15	4694,3	1,276	40,86	42,13	1129,0	1469,7	2598,6	1134,9	1661,5	2796,4	2,8848	3,1161	6,0010
262	535,15	4848,8	1,281	39,44	40,73	1138,7	1459,2	2597,8	1144,9	1650,4	2795,3	2,9031	3,0838	5,9869
264	537,15	5007,1	1,286	38,08	39,37	1148,5	1448,5	2597,0	1154,9	1639,2	2794,1	2,9214	3,0515	5,9729
266	539,15	5169,3	1,291	36,77	38,06	1158,3	1437,8	2596,1	1165,0	1627,8	2792,8	2,9397	3,0191	5,9588
268	541,15	5335,5	1,297	35,51	36,80	1168,2	1426,9	2595,0	1175,1	1616,3	2791,4	2,9580	2,9866	5,9446
270	543,15	5505,8	1,303	34,29	35,59	1178,1	1415,9	2593,9	1185,2	1604,6	2789,9	2,9763	2,9541	5,9304
272	545,15	5680,2	1,308	33,11	34,42	1188,0	1404,7	2592,7	1195,4	1592,8	2788,2	2,9947	2,9215	5,9162
274	547,15	5858,7	1,314	31,97	33,29	1198,0	1393,4	2591,4	1205,7	1580,8	2786,5	3,0131	2,8889	5,9019
276	549,15	6041,5	1,320	30,88	32,20	1208,0	1382,0	2590,1	1216,0	1568,5	2784,6	3,0314	2,8561	5,8876
278	551,15	6228,7	1,326	29,82	31,14	1218,1	1370,4	2588,6	1226,4	1556,2	2782,6	3,0499	2,8233	5,8731
280	553,15	6420,2	1,332	28,79	30,13	1228,3	1358,7	2587,0	1236,8	1543,6	2780,4	3,0683	2,7903	5,8586
282	555,15	6616,1	1,339	27,81	29,14	1238,5	1346,8	2585,3	1247,3	1530,8	2778,1	3,0868	2,7573	5,8440
284	557,15	6816,6	1,345	26,85	28,20	1248,7	1334,8	2583,5	1257,9	1517,8	2775,7	3,1053	2,7241	5,8294
286	559,15	7021,8	1,352	25,93	27,28	1259,0	1322,6	2581,6	1268,5	1504,6	2773,2	3,1238	2,6908	5,8146
288	561,15	7231,5	1,359	25,03	26,39	1269,4	1310,2	2579,6	1279,2	1491,2	2770,5	3,1424	2,6573	5,7997
290	563,15	7446,1	1,366	24,17	25,54	1279,8	1297,7	2577,5	1290,0	1477,6	2767,6	3,1611	2,6237	5,7848
292	565,15	7665,4	1,373	23,33	24,71	1290,3	1284,9	2575,3	1300,9	1463,8	2764,6	3,1798	2,5899	5,7697
294	567,15	7889,7	1,381	22,52	23,90	1300,9	1272,0	2572,9	1311,8	1449,7	2761,5	3,1985	2,5560	5,7545
296	569,15	8118,9	1,388	21,74	23,13	1311,5	1258,9	2570,4	1322,8	1435,4	2758,2	3,2173	2,5218	5,7392
298	571,15	8353,2	1,396	20,98	22,38	1322,2	1245,6	2567,8	1333,9	1420,8	2754,7	3,2362	2,4875	5,7237
300	573,15	8592,7	1,404	20,24	21,65	1333,0	1232,0	2565,0	1345,1	1406,0	2751,0	3,2552	2,4529	5,7081
302	575,15	8837,4	1,412	19,53	20,94	1343,8	1218,3	2562,1	1356,3	1390,9	2747,2	3,2742	2,4182	5,6924
304	577,15	9087,3	1,421	18,84	20,26	1354,8	1204,3	2559,1	1367,7	1375,5	2743,2	3,2933	2,3832	5,6765
306	579,15	9342,7	1,430	18,17	19,60	1365,8	1190,1	2555,9	1379,1	1359,8	2739,0	3,3125	2,3479	5,6604
308	581,15	9603,6	1,439	17,52	18,96	1376,9	1175,6	2552,5	1390,7	1343,9	2734,6	3,3318	2,3124	5,6442
310	583,15	9870,0	1,448	16,89	18,33	1388,1	1161,0	2549,1	1402,4	1327,6	2730,0	3,3512	2,2766	5,6278
312	585,15	10142,1	1,458	16,27	17,73	1399,4	1146,0	2545,4	1414,2	1311,0	2725,2	3,3707	2,2404	5,6111
314	587,15	10420,0	1,468	15,68	17,14	1410,8	1130,8	2541,6	1426,1	1294,1	2720,2	3,3903	2,2040	5,5943
316	589,15	10703,0	1,478	15,09	16,57	1422,3	1115,2	2537,5	1438,1	1276,8	2714,9	3,4101	2,1672	5,5772
318	591,15	10993,4	1,488	14,53	16,02	1433,9	1099,4	2533,3	1450,3	1259,1	2709,4	3,4300	2,1300	5,5599
320	593,15	11289,1	1,500	13,98	15,48	1445,7	1083,2	2528,9	1462,6	1241,1	2703,7	3,4500	2,0923	5,5423
322	595,15	11591,0	1,511	13,44	14,96	1457,5	1066,7	2524,3	1475,1	1222,6	2697,6	3,4702	2,0542	5,5244
324	597,15	11899,2	1,523	12,92	14,45	1469,5	1049,9	2519,4	1487,7	1203,6	2691,3	3,4906	2,0156	5,5062
326	599,15	12213,7	1,535	12,41	13,95	1481,7	1032,6	2514,3	1500,4	1184,2	2684,6	3,5111	1,9764	5,4876
328	601,15	12534,8	1,548	11,91	13,46	1494,0	1014,8	2508,8	1513,4	1164,2	2677,6	3,5319	1,9367	5,4685

(*continua*)

TABELA E.1 Vapor d'Água Saturado (*continuação*)

			VOLUME ESPECÍFICO *V*			ENERGIA INTERNA *U*			ENTALPIA *H*			ENTROPIA *S*		
t (°C)	*T* (K)	*P* (kPa)	líq. sat.	evap.	vap. sat.	líq. sat.	evap.	vap. sat.	líq. sat.	evap.	vap. sat.	líq. sat.	evap.	vap. sat.
330	603,15	12862,5	1,561	11,43	12,99	1506,4	996,7	2503,1	1526,5	1143,6	2670,2	3,5528	1,8962	5,4490
332	605,15	13197,0	1,575	10,95	12,53	1519,1	978,0	2497,0	1539,9	1122,5	2662,3	3,5740	1,8550	5,4290
334	607,15	13538,3	1,590	10,49	12,08	1531,9	958,7	2490,6	1553,4	1100,7	2654,1	3,5955	1,8129	5,4084
336	609,15	13886,7	1,606	10,03	11,63	1544,9	938,9	2483,7	1567,2	1078,1	2645,3	3,6172	1,7700	5,3872
338	611,15	14242,3	1,622	9,58	11,20	1558,1	918,4	2476,4	1581,2	1054,8	2636,0	3,6392	1,7261	5,3653
340	613,15	14605,2	1,639	9,14	10,78	1571,5	897,2	2468,7	1595,5	1030,7	2626,2	3,6616	1,6811	5,3427
342	615,15	14975,5	1,657	8,71	10,37	1585,2	875,2	2460,5	1610,0	1005,7	2615,7	3,6844	1,6350	5,3194
344	617,15	15353,5	1,676	8,286	9,962	1599,2	852,5	2451,7	1624,9	979,7	2604,7	3,7075	1,5877	5,2952
346	619,15	15739,3	1,696	7,870	9,566	1613,5	828,9	2442,4	1640,2	952,8	2593,0	3,7311	1,5391	5,2702
348	621,15	16133,1	1,718	7,461	9,178	1628,1	804,5	2432,6	1655,8	924,8	2580,7	3,7553	1,4891	5,2444
350	623,15	16535,1	1,741	7,058	8,799	1643,0	779,2	2422,2	1671,8	895,9	2567,7	3,7801	1,4375	5,2177
352	625,15	16945,5	1,766	6,654	8,420	1659,4	751,5	2410,8	1689,3	864,2	2553,5	3,8071	1,3822	5,1893
354	627,15	17364,4	1,794	6,252	8,045	1676,3	722,4	2398,7	1707,5	830,9	2538,4	3,8349	1,3247	5,1596
356	629,15	17792,2	1,824	5,850	7,674	1693,4	692,2	2385,6	1725,9	796,2	2522,1	3,8629	1,2654	5,1283
358	631,15	18229,0	1,858	5,448	7,306	1710,8	660,5	2371,4	1744,7	759,9	2504,6	3,8915	1,2037	5,0953
360	633,15	18675,1	1,896	5,044	6,940	1728,8	627,1	2355,8	1764,2	721,3	2485,4	3,9210	1,1390	5,0600
361	634,15	18901,7	1,917	4,840	6,757	1738,0	609,5	2347,5	1774,2	701,0	2475,2	3,9362	1,1052	5,0414
362	635,15	19130,7	1,939	4,634	6,573	1747,5	591,2	2338,7	1784,6	679,8	2464,4	3,9518	1,0702	5,0220
363	636,15	19362,1	1,963	4,425	6,388	1757,3	572,1	2329,3	1795,3	657,8	2453,0	3,9679	1,0338	5,0017
364	637,15	19596,1	1,988	4,213	6,201	1767,4	552,0	2319,4	1806,4	634,6	2440,9	3,9846	0,9958	4,9804
365	638,15	19832,6	2,016	3,996	6,012	1778,0	530,8	2308,8	1818,0	610,0	2428,0	4,0021	0,9558	4,9579
366	639,15	20071,6	2,046	3,772	5,819	1789,1	508,2	2297,3	1830,2	583,9	2414,1	4,0205	0,9134	4,9339
367	640,15	20313,2	2,080	3,540	5,621	1801,0	483,8	2284,8	1843,2	555,7	2399,0	4,0401	0,8680	4,9081
368	641,15	20557,5	2,118	3,298	5,416	1813,8	457,3	2271,1	1857,3	525,1	2382,4	4,0613	0,8189	4,8801
369	642,15	20804,4	2,162	3,039	5,201	1827,8	427,9	2255,7	1872,8	491,1	2363,9	4,0846	0,7647	4,8492
370	643,15	21054,0	2,214	2,759	4,973	1843,6	394,5	2238,1	1890,2	452,6	2342,8	4,1108	0,7036	4,8144
371	644,15	21306,4	2,278	2,446	4,723	1862,0	355,3	2217,3	1910,5	407,4	2317,9	4,1414	0,6324	4,7738
372	645,15	21561,6	2,364	2,075	4,439	1884,6	306,6	2191,2	1935,6	351,4	2287,0	4,1794	0,5446	4,7240
373	646,15	21819,7	2,496	1,588	4,084	1916,0	238,9	2154,9	1970,5	273,5	2244,0	4,2325	0,4233	4,6559
374	647,15	22080,5	2,843	0,623	3,466	1983,9	95,7	2079,7	2046,7	109,5	2156,2	4,3493	0,1692	4,5185
374,15	647,30	22120,0	3,170	0,000	3,170	2037,3	0,0	2037,3	2107,4	0,0	2107,4	4,4429	0,0000	4,4429

TABELA E.2 Vapor d'Água Superaquecido

				TEMPERATURA: t °C (TEMPERATURA: T kelvins)							
P/kPa (t^{sat}/°C)		líq. sat.	vap. sat.	75 (348,15)	100 (373,15)	125 (398,15)	150 (423,15)	175 (448,15)	200 (473,15)	225 (498,15)	250 (523,15)
1 (6,98)	V	1,000	129200,	160640,	172180,	183720,	195270,	206810,	218350,	229890,	241430,
	U	29,334	2385,2	2480,8	2516,4	2552,3	2588,5	2624,9	2661,7	2698,8	2736,3
	H	29,335	2514,4	2641,5	2688,6	2736,0	2783,7	2831,7	2880,1	2928,7	2977,7
	S	0,1060	8,9767	9,3828	9,5136	9,6365	9,7527	9,8629	9,9679	10,0681	10,1641
10 (45,83)	V	1,010	14670,	16030,	17190,	18350,	19510,	20660,	21820,	22980,	24130,
	U	191,822	2438,0	2479,7	2515,6	2551,6	2588,0	2624,5	2661,4	2698,6	2736,1
	H	191,832	2584,8	2640,0	2687,5	2735,2	2783,1	2831,2	2879,6	2928,4	2977,4
	S	0,6493	8,1511	8,3168	8,4486	8,5722	8,6888	8,7994	8,9045	9,0049	9,1010
20 (60,09)	V	1,017	7649,8	8000,0	8584,7	9167,1	9748,0	10320,	10900,	11480,	12060,
	U	251,432	2456,9	2478,4	2514,6	2550,9	2587,4	2624,1	2661,0	2698,3	2735,8
	H	251,453	2609,9	2638,4	2686,3	2734,2	2782,3	2830,6	2879,2	2928,0	2977,1
	S	0,8321	7,9094	7,9933	8,1261	8,2504	8,3676	8,4785	8,5839	8,6844	8,7806
30 (69,12)	V	1,022	5229,3	5322,0	5714,4	6104,6	6493,2	6880,8	7267,5	7653,8	8039,7
	U	289,271	2468,6	2477,1	2513,6	2550,2	2586,8	2623,6	2660,7	2698,0	2735,6
	H	289,302	2625,4	2636,8	2685,1	2733,3	2781,6	2830,0	2878,7	2927,6	2976,8
	S	0,9441	7,7695	7,8024	7,9363	8,0614	8,1791	8,2903	8,3960	8,4967	8,5930
40 (75,89)	V	1,027	3993,4	......	4279,2	4573,3	4865,8	5157,2	5447,8	5738,0	6027,7
	U	317,609	2477,1	......	2512,6	2549,4	2586,2	2623,2	2660,3	2697,7	2735,4
	H	317,650	2636,9	......	2683,8	2732,3	2780,9	2829,5	2878,2	2927,2	2976,5
	S	1,0261	7,6709	......	7,8009	7,9268	8,0450	8,1566	8,2624	8,3633	8,4598
50 (81,35)	V	1,030	3240,2	......	3418,1	3654,5	3889,3	4123,0	4356,0	4588,5	4820,5
	U	340,513	2484,0	......	2511,7	2548,6	2585,6	2622,7	2659,9	2697,4	2735,1
	H	340,564	2646,0	......	2682,6	2731,4	2780,1	2828,9	2877,7	2926,8	2976,1
	S	1,0912	7,5947	......	7,6953	7,8219	7,9406	8,0526	8,1587	8,2598	8,3564
75 (91,79)	V	1,037	2216,9	......	2269,8	2429,4	2587,3	2744,2	2900,2	3055,8	3210,9
	U	384,374	2496,7	......	2509,2	2546,7	2584,2	2621,6	2659,0	2696,7	2734,5
	H	384,451	2663,0	......	2679,4	2728,9	2778,2	2827,4	2876,6	2925,8	2975,3
	S	1,2131	7,4570	......	7,5014	7,6300	7,7500	7,8629	7,9697	8,0712	8,1681
100 (99,63)	V	1,043	1693,7	......	1695,5	1816,7	1936,3	2054,7	2172,3	2289,4	2406,1
	U	417,406	2506,1	......	2506,6	2544,8	2582,7	2620,4	2658,1	2695,9	2733,9
	H	417,511	2675,4	......	2676,2	2726,5	2776,3	2825,9	2875,4	2924,9	2974,5
	S	1,3027	7,3598	......	7,3618	7,4923	7,6137	7,7275	7,8349	7,9369	8,0342
101,325 (100,00)	V	1,044	1673,0	......	1673,0	1792,7	1910,7	2027,7	2143,8	2259,3	2374,5
	U	418,959	2506,5	......	2506,5	2544,7	2582,6	2620,4	2658,1	2695,9	2733,9
	H	419,064	2676,0	......	2676,0	2726,4	2776,2	2825,8	2875,3	2924,8	2974,5
	S	1,3069	7,3554	......	7,3554	7,4860	7,6075	7,7213	7,8288	7,9308	8,0280
125 (105,99)	V	1,049	1374,6	......	......	1449,1	1545,6	1641,0	1735,6	1829,6	1923,2
	U	444,224	2513,4	......	......	2542,9	2581,2	2619,3	2657,2	2695,2	2733,3
	H	444,356	2685,2	......	......	2724,0	2774,4	2824,4	2874,2	2923,9	2973,7
	S	1,3740	7,2847	......	......	7,3844	7,5072	7,6219	7,7300	7,8324	7,9300
150 (111,37)	V	1,053	1159,0	......	......	1204,0	1285,2	1365,2	1444,4	1523,0	1601,3
	U	466,968	2519,5	......	......	2540,9	2579,7	2618,1	2656,3	2694,4	2732,7
	H	467,126	2693,4	......	......	2721,5	2772,5	2822,9	2872,9	2922,9	2972,9
	S	1,4336	7,2234	......	......	7,2953	7,4194	7,5352	7,6439	7,7468	7,8447
175 (116,06)	V	1,057	1003,34	......	......	1028,8	1099,1	1168,2	1236,4	1304,1	1371,3
	U	486,815	2524,7	......	......	2538,9	2578,2	2616,9	2655,3	2693,7	2732,1
	H	487,000	2700,3	......	......	2719,0	2770,5	2821,3	2871,7	2921,9	2972,0
	S	1,4849	7,1716	......	......	7,2191	7,3447	7,4614	7,5708	7,6741	7,7724
200 (120,23)	V	1,061	885,44	......	......	897,47	959,54	1020,4	1080,4	1139,8	1198,9
	U	504,489	2529,2	......	......	2536,9	2576,6	2615,7	2654,4	2692,9	2731,4
	H	504,701	2706,3	......	......	2716,4	2768,5	2819,8	2870,5	2920,9	2971,2
	S	1,5301	7,1268	......	......	7,1523	7,2794	7,3971	7,5072	7,6110	7,7096
225 (123,99)	V	1,064	792,97	......	......	795,25	850,97	905,44	959,06	1012,1	1064,7
	U	520,465	2533,2	......	......	2534,8	2575,1	2614,5	2653,5	2692,2	2730,8
	H	520,705	2711,6	......	......	2713,8	2766,5	2818,2	2869,3	2919,9	2970,4
	S	1,5705	7,0873	......	......	7,0928	7,2213	7,3400	7,4508	7,5551	7,6540
250 (127,43)	V	1,068	718,44	......	......	......	764,09	813,47	861,98	909,91	957,41
	U	535,077	2536,8	......	......	......	2573,5	2613,3	2652,5	2691,4	2730,2
	H	535,343	2716,4	......	......	......	2764,5	2816,7	2868,0	2918,9	2969,6
	S	1,6071	7,0520	......	......	......	7,1689	7,2886	7,4001	7,5050	7,6042
275 (130,60)	V	1,071	657,04	......	......	......	693,00	738,21	782,55	826,29	869,61
	U	548,564	2540,0	......	......	......	2571,9	2612,1	2651,6	2690,7	2729,6
	H	548,858	2720,7	......	......	......	2762,5	2815,1	2866,8	2917,9	2968,7
	S	1,6407	7,0201	......	......	......	7,1211	7,2419	7,3541	7,4594	7,5590
300 (133.54)	V	1,073	605,56	......	......	......	633,74	675,49	716,35	756,60	796,44
	U	561,107	2543,0	......	......	......	2570,3	2610,8	2650,6	2689,9	2729,0
	H	561,429	2724,7	......	......	......	2760,4	2813,5	2865,5	2916,9	2967,9
	S	1,6716	6,9909	......	......	......	7,0771	7,1990	7,3119	7,4177	7,5176

TABELA E.2 Vapor d'Água Superaquecido (*continuação*)

P/kPa (t^{sat}/°C)		líq. sat.	vap. sat.	TEMPERATURA: t °C (TEMPERATURA: T kelvins) 300 (573,15)	350 (623,15)	400 (673,15)	450 (723,15)	500 (773,15)	550 (823,15)	600 (873,15)	650 (923,15)
	V	1,000	129200,	264500,	287580,	310660,	333730,	356810,	379880,	402960,	426040,
1	U	29,334	2385,2	2812,3	2889,9	2969,1	3049,9	3132,4	3216,7	3302,6	3390,3
(6,98)	H	29,335	2514,4	3076,8	3177,5	3279,7	3383,6	3489,2	3596,5	3705,6	3816,4
	S	0,1060	8,9767	10,3450	10,5133	10,6711	10,8200	10,9612	11,0957	11,2243	11,3476
	V	1,010	14670,	26440,	28750,	31060,	33370,	35670,	37980,	40290,	42600,
10	U	191,822	2438,0	2812,2	2889,8	2969,0	3049,8	3132,3	3216,6	3302,6	3390,3
(45,83)	H	191,832	2584,8	3076,6	3177,3	3279,6	3383,5	3489,1	3596,5	3705,5	3816,3
	S	0,6493	8,1511	9,2820	9,4504	9,6083	9,7572	9,8984	10,0329	10,1616	10,2849
	V	1,017	7649,8	13210,	14370,	15520,	16680,	17830,	18990,	20140,	21300,
20	U	251,432	2456,9	2812,0	2889,6	2968,9	3049,7	3132,3	3216,5	3302,5	3390,2
(60,09)	H	251,453	2609,9	3076,4	3177,1	3279,4	3383,4	3489,0	3596,4	3705,4	3816,2
	S	0,8321	7,9094	8,9618	9,1303	9,2882	9,4372	9,5784	9,7130	9,8416	9,9650
	V	1,022	5229,3	8810,8	9581,2	10350,	11120,	11890,	12660,	13430,	14190,
30	U	289,271	2468,6	2811,8	2889,5	2968,7	3049,6	3132,2	3216,5	3302,5	3390,2
(69,12)	H	289,302	2625,4	3076,1	3176,9	3279,3	3383,3	3488,9	3596,3	3705,4	3816,2
	S	0,9441	7,7695	8,7744	8,9430	9,1010	9,2499	9,3912	9,5257	9,6544	9,7778
	V	1,027	3993,4	6606,5	7184,6	7762,5	8340,1	8917,6	9494,9	10070,	10640,
40	U	317,609	2477,1	2811,6	2889,4	2968,6	3049,5	3132,1	3216,4	3302,4	3390,1
(75,89)	H	317,650	2636,9	3075,9	3176,8	3279,1	3383,1	3488,8	3596,2	3705,3	3816,1
	S	1,0261	7,6709	8,6413	8,8100	8,9680	9,1170	9,2583	9,3929	9,5216	9,6450
	V	1,030	3240,2	5283,9	5746,7	6209,1	6671,4	7133,5	7595,5	8057,4	8519,2
50	U	340,513	2484,0	2811,5	2889,2	2968,5	3049,4	3132,0	3216,3	3302,3	3390,1
(81,35)	H	340,564	2646,0	3075,7	3176,6	3279,0	3383,0	3488,7	3596,1	3705,2	3816,0
	S	1,0912	7,5947	8,5380	8,7068	8,8649	9,0139	9,1552	9,2898	9,4185	9,5419
	V	1,037	2216,9	3520,5	3829,4	4138,0	4446,4	4754,7	5062,8	5370,9	5678,9
75	U	384,374	2496,7	2811,0	2888,9	2968,2	3049,2	3131,8	3216,1	3302,2	3389,9
(91,79)	H	384,451	2663,0	3075,1	3176,1	3278,6	3382,7	3488,4	3595,8	3705,0	3815,9
	S	1,2131	7,4570	8,3502	8,5191	8,6773	8,8265	8,9678	9,1025	9,2312	9,3546
	V	1,043	1693,7	2638,7	2870,8	3102,5	3334,0	3565,3	3796,5	4027,7	4258,8
100	U	417,406	2506,1	2810,6	2888,6	2968,0	3049,0	3131,6	3216,0	3302,0	3389,8
(99,63)	H	417,511	2675,4	3074,5	3175,6	3278,2	3382,4	3488,1	3595,6	3704,8	3815,7
	S	1,3027	7,3598	8,2166	8,3858	8,5442	8,6934	8,8348	8,9695	9,0982	9,2217
	V	1,044	1673,0	2604,2	2833,2	3061,9	3290,3	3518,7	3746,9	3975,0	4203,1
101,325	U	418,959	2506,5	2810,6	2888,5	2968,0	3048,9	3131,6	3215,9	3302,0	3389,8
(100,00)	H	419,064	2676,0	3074,4	3175,6	3278,2	3382,3	3488,1	3595,6	3704,8	3815,7
	S	1,3069	7,3554	8,2105	8,3797	8,5381	8,6873	8,8287	8,9634	9,0922	9,2156
	V	1,049	1374,6	2109,7	2295,6	2481,2	2666,5	2851,7	3036,8	3221,8	3406,7
125	U	444,224	2513,4	2810,2	2888,2	2967,7	3048,7	3131,4	3215,8	3301,9	3389,7
(105,99)	H	444,356	2685,2	3073,9	3175,2	3277,8	3382,0	3487,9	3595,4	3704,6	3815,5
	S	1,3740	7,2847	8,1129	8,2823	8,4408	8,5901	8,7316	8,8663	8,9951	9,1186
	V	1,053	1159,0	1757,0	1912,2	2066,9	2221,5	2375,9	2530,2	2684,5	2838,6
150	U	466,968	2519,5	2809,7	2887,9	2967,4	3048,5	3131,2	3215,6	3301,7	3389,5
(111,37)	H	467,126	2693,4	3073,3	3174,7	3277,5	3381,7	3487,6	3595,1	3704,4	3815,3
	S	1,4336	7,2234	8,0280	8,1976	8,3562	8,5056	8,6472	8,7819	8,9108	9,0343
	V	1,057	1003,34	1505,1	1638,3	1771,1	1903,7	2036,1	2168,4	2300,7	2432,9
175	U	486,815	2524,7	2809,3	2887,5	2967,1	3048,3	3131,0	3215,4	3301,6	3389,4
(116,06)	H	487,000	2700,3	3072,7	3174,2	3277,1	3381,4	3487,3	3594,9	3704,2	3815,1
	S	1,4849	7,1716	7,9561	8,1259	8,2847	8,4341	8,5758	8,7106	8,8394	8,9630
	V	1,061	885,44	1316,2	1432,8	1549,2	1665,3	1781,2	1897,1	2012,9	2128,6
200	U	504,489	2529,2	2808,8	2887,2	2966,9	3048,0	3130,8	3215,3	3301,4	3389,2
(120,23)	H	504,701	2706,3	3072,1	3173,8	3276,7	3381,1	3487,0	3594,7	3704,0	3815,0
	S	1,5301	7,1268	7,8937	8,0638	8,2226	8,3722	8,5139	8,6487	8,7776	8,9012
	V	1,064	792,97	1169,2	1273,1	1376,6	1479,9	1583,0	1686,0	1789,0	1891,9
225	U	520,465	2533,2	2808,4	2886,9	2966,6	3047,8	3130,6	3215,1	3301,2	3389,1
(123,99)	H	520,705	2711,6	3071,5	3173,3	3276,3	3380,8	3486,8	3594,4	3703,8	3814,8
	S	1,5705	7,0873	7,8385	8,0088	8,1679	8,3175	8,4593	8,5942	8,7231	8,8467
	V	1,068	718,44	1051,6	1145,2	1238,5	1331,5	1424,4	1517,2	1609,9	1702,5
250	U	535,077	2536,8	2808,0	2886,5	2966,3	3047,6	3130,4	3214,9	3301,1	3389,0
(127,43)	H	535,343	2716,4	3070,9	3172,8	3275,9	3380,4	3486,5	3594,2	3703,6	3814,6
	S	1,6071	7,0520	7,7891	7,9597	8,1188	8,2686	8,4104	8,5453	8,6743	8,7980
	V	1,071	657,04	955,45	1040,7	1125,5	1210,2	1294,7	1379,0	1463,3	1547,6
275	U	548,564	2540,0	2807,5	2886,2	2966,0	3047,3	3130,2	3214,7	3300,9	3388,8
(130,60)	H	548,858	2720,7	3070,3	3172,4	3275,5	3380,1	3486,2	3594,0	3703,4	3814,4
	S	1,6407	7,0201	7,7444	7,9151	8,0744	8,2243	8,3661	8,5011	8,6301	8,7538
	V	1,073	605,56	875,29	953,52	1031,4	1109,0	1186,5	1263,9	1341,2	1418,5
300	U	561,107	2543,0	2807,1	2885,8	2965,8	3047,1	3130,0	3214,5	3300,8	3388,7
(133,54)	H	561,429	2724,7	3069,7	3171,9	3275,2	3379,8	3486,0	3593,7	3703,2	3814,2
	S	1,6716	6,9909	7,7034	7,8744	8,0338	8,1838	8,3257	8,4608	8,5898	8,7135

TABELA E.2 Vapor d'Água Superaquecido (*continuação*)

				TEMPERATURA: t °C (TEMPERATURA: T kelvins)							
P/kPa (t^{sat}/°C)		líq. sat.	vap. sat.	150 (423,15)	175 (448,15)	200 (473,15)	220 (493,15)	240 (513,15)	260 (533,15)	280 (553,15)	300 (573,15)
325 (136,29)	V	1,076	561,75	583,58	622,41	660,33	690,22	719,81	749,18	778,39	807,47
	U	572,847	2545,7	2568,7	2609,6	2649,6	2681,2	2712,7	2744,0	2775,3	2806,6
	H	573,197	2728,3	2758,4	2811,9	2864,2	2905,6	2946,6	2987,5	3028,2	3069,0
	S	1,7004	6,9640	7,0363	7,1592	7,2729	7,3585	7,4400	7,5181	7,5933	7,6657
350 (138,87)	V	1,079	524,00	540,58	576,90	612,31	640,18	667,75	695,09	722,27	749,33
	U	583,892	2548,2	2567,1	2608,3	2648,6	2680,4	2712,0	2743,4	2774,8	2806,2
	H	584,270	2731,6	2756,3	2810,3	2863,0	2904,5	2945,7	2986,7	3027,6	3068,4
	S	1,7273	6,9392	6,9982	7,1222	7,2366	7,3226	7,4045	7,4828	7,5581	7,6307
375 (141,31)	V	1,081	491,13	503,29	537,46	570,69	596,81	622,62	648,22	673,64	698,94
	U	594,332	2550,6	2565,4	2607,1	2647,7	2679,6	2711,3	2742,8	2774,3	2805,7
	H	594,737	2734,7	2754,1	2808,6	2861,7	2903,4	2944,8	2985,9	3026,9	3067,8
	S	1,7526	6,9160	6,9624	7,0875	7,2027	7,2891	7,3713	7,4499	7,5254	7,5981
400 (143,62)	V	1,084	462,22	470,66	502,93	534,26	558,85	583,14	607,20	631,09	654,85
	U	604,237	2552,7	2563,7	2605,8	2646,7	2678,8	2710,6	2742,2	2773,7	2805,3
	H	604,670	2737,6	2752,0	2807,0	2860,4	2902,3	2943,9	2985,1	3026,2	3067,2
	S	1,7764	6,8943	6,9285	7,0548	7,1708	7,2576	7,3402	7,4190	7,4947	7,5675
425 (145,82)	V	1,086	436,61	441,85	472,47	502,12	525,36	548,30	571,01	593,54	615,95
	U	613,667	2554,8	2562,0	2604,5	2645,7	2678,0	2709,9	2741,6	2773,2	2804,8
	H	614,128	2740,3	2749,8	2805,3	2859,1	2901,2	2942,9	2984,3	3025,5	3066,6
	S	1,7990	6,8739	6,8965	7,0239	7,1407	7,2280	7,3108	7,3899	7,4657	7,5388
450 (147,92)	V	1,088	413,75	416,24	445,38	473,55	495,59	517,33	538,83	560,17	581,37
	U	622,672	2556,7	2560,3	2603,2	2644,7	2677,1	2709,2	2741,0	2772,7	2804,4
	H	623,162	2742,9	2747,7	2803,7	2857,8	2900,2	2942,0	2983,5	3024,8	3066,0
	S	1,8204	6,8547	6,8660	6,9946	7,1121	7,1999	7,2831	7,3624	7,4384	7,5116
475 (149,92)	V	1,091	393,22	393,31	421,14	447,97	468,95	489,62	510,05	530,30	550,43
	U	631,294	2558,5	2558,6	2601,9	2643,7	2676,3	2708,5	2740,4	2772,2	2803,9
	H	631,812	2745,3	2745,5	2802,0	2856,5	2899,1	2941,1	2982,7	3024,1	3065,4
	S	1,8408	6,8365	6,8369	6,9667	7,0850	7,1732	7,2567	7,3363	7,4125	7,4858
500 (151,84)	V	1,093	374,68	......	399,31	424,96	444,97	464,67	484,14	503,43	522,58
	U	639,569	2560,2	......	2600,6	2642,7	2675,5	2707,8	2739,8	2771,7	2803,5
	H	640,116	2747,5	......	2800,3	2855,1	2898,0	2940,1	2981,9	3023,4	3064,8
	S	1,8604	6,8192	......	6,9400	7,0592	7,1478	7,2317	7,3115	7,3879	7,4614
525 (153,69)	V	1,095	357,84	......	379,56	404,13	423,28	442,11	460,70	479,11	497,38
	U	647,528	2561,8	......	2599,3	2641,6	2674,6	2707,1	2739,2	2771,2	2803,0
	H	648,103	2749,7	......	2798,6	2853,8	2896,8	2939,2	2981,1	3022,7	3064,1
	S	1,8790	6,8027	......	6,9145	7,0345	7,1236	7,2078	7,2879	7,3645	7,4381
550 (155,47)	V	1,097	342,48	......	361,60	385,19	403,55	421,59	439,38	457,00	474,48
	U	655,199	2563,3	......	2598,0	2640,6	2673,8	2706,4	2738,6	2770,6	2802,6
	H	655,802	27517	......	2796,8	2852,5	2895,7	2938,3	2980,3	3022,0	3063,5
	S	1,8970	6,7870	......	6,8900	7,0108	7,1004	7,1849	7,2653	7,3421	7,4158
575 (157,18)	V	1,099	328,41	......	345,20	367,90	385,54	402,85	419,92	436,81	453,56
	U	662,603	2564,8	......	2596,6	2639,6	2672,9	2705,7	2738,0	2770,1	2802,1
	H	663,235	2753,6	......	2795,1	2851,1	2894,6	2937,3	2979,5	3021,3	3062,9
	S	1,9142	6,7720	......	6,8664	6,9880	7,0781	7,1630	7,2436	7,3206	7,3945
600 (158,84)	V	1,101	315,47	......	330,16	352,04	369,03	385,68	402,08	418,31	434,39
	U	669,762	2566,2	......	2595,3	2638,5	2672,1	2705,0	2737,4	2769,6	2801,6
	H	670,423	2755,5	......	2793,3	2849,7	2893,5	2936,4	2978,7	3020,6	3062,3
	S	1,9308	6,7575	......	6,8437	6,9662	7,0567	7,1419	7,2228	7,3000	7,3740
625 (160,44)	V	1,103	303,54	......	316,31	337,45	353,83	369,87	385,67	401,28	416,75
	U	676,695	2567,5	......	2593,9	2637,5	2671,2	2704,2	2736,8	2769,1	2801,2
	H	677,384	2757,2	......	2791,6	2848,4	2892,3	2935,4	2977,8	3019,9	3061,7
	S	1,9469	6,7437	......	6,8217	6,9451	7,0361	7,1217	7,2028	7,2802	7,3544
650 (161,99)	V	1,105	292,49	......	303,53	323,98	339,80	355,29	370,52	385,56	400,47
	U	683,417	2568,7	......	2592,5	2636,4	2670,3	2703,5	2736,2	2768,5	2800,7
	H	684,135	2758,9	......	2789,8	2847,0	2891,2	2934,4	2977,0	3019,2	3061,0
	S	1,9623	6,7304	......	6,8004	6,9247	7,0162	7,1021	7,1835	7,2611	7,3355
675 (163,49)	V	1,106	282,23	......	291,69	311,51	326,81	341,78	356,49	371,01	385,39
	U	689,943	2570,0	......	2591,1	2635,4	2669,5	2702,8	2735,6	2768,0	2800,3
	H	690,689	2760,5	......	2788,0	2845,6	2890,1	2933,5	2976,2	3018,5	3060,4
	S	1,9773	6,7176	......	6,7798	6,9050	6,9970	7,0833	7,1650	7,2428	7,3173
700 (164,96)	V	1,108	272,68	......	280,69	299,92	314,75	329,23	343,46	357,50	371,39
	U	696,285	2571,1	......	2589,7	2634,3	2668,6	2702,1	2735,0	2767,5	2799,8
	H	697,061	2762,0	......	2786,2	2844,2	2888,9	2932,5	2975,4	3017,7	3059,8
	S	1,9918	6,7052	......	6,7598	6,8859	6,9784	7,0651	7,1470	7,2250	7,2997
725 (166,38)	V	1,110	263,77	......	270,45	289,13	303,51	317,55	331,33	344,92	358,36
	U	702,457	2572,2	......	2588,3	2633,2	2667,7	2701,3	2734,3	2767,0	2799,3
	H	703,261	2763,4	......	2784,4	2842,8	2887,7	2931,5	2974,6	3017,0	3059,1
	S	2,0059	6,6932	......	6,7404	6,8673	6,9604	7,0474	7,1296	7,2078	7,2827

TABELA E.2 Vapor d'Água Superaquecido (*continuação*)

P/kPa (t^{sat}/°C)		líq. sat.	vap. sat.	TEMPERATURA: *t* °C (TEMPERATURA: *T* kelvins) 325 (598,15)	350 (623,15)	400 (673,15)	450 (723,15)	500 (773,15)	550 (823,15)	600 (873,15)	650 (923,15)
325 (136,29)	*V*	1,076	561,75	843,68	879,78	951,73	1023,5	1095,0	1166,5	1237,9	1309,2
	U	572,847	2545,7	2845,9	2885,5	2965,5	3046,9	3129,8	3214,4	3300,6	3388,6
	H	573,197	2728,3	3120,1	3171,4	3274,8	3379,5	3485,7	3593,5	3702,9	3814,1
	S	1,7004	6,9640	7,7530	7,8369	7,9965	8,1465	8,2885	8,4236	8,5527	8,6764
350 (138,87)	*V*	1,079	524,00	783,01	816,57	883,45	950,11	1016,6	1083,0	1149,3	1215,6
	U	583,892	2548,2	2845,6	2885,1	2965,2	3046,6	3129,6	3214,2	3300,5	3388,4
	H	584,270	2731,6	3119,6	3170,9	3274,4	3379,2	3485,4	3593,3	3702,7	3813,9
	S	1,7273	6,9392	7,7181	7,8022	7,9619	8,1120	8,2540	8,3892	8,5183	8,6421
375 (141,31)	*V*	1,081	491,13	730,42	761,79	824,28	886,54	948,66	1010,7	1072,6	1134,5
	U	594,332	2550,6	2845,2	2884,8	2964,9	3046,4	3129,4	3214,0	3300,3	3388,3
	H	594,737	2734,7	3119,1	3170,5	3274,0	3378,8	3485,1	3593,0	3702,5	3813,7
	S	1,7526	6,9160	7,6856	7,7698	7,9296	8,0798	8,2219	8,3571	8,4863	8,6101
400 (143,62)	*V*	1,084	462,22	684,41	713,85	772,50	830,92	889,19	947,35	1005,4	1063,4
	U	604,237	2552,7	2844,8	2884,5	2964,6	3046,2	3129,2	3213,8	3300,2	3388,2
	H	604,670	2737,6	3118,5	3170,0	3273,6	3378,5	3484,9	3592,8	3702,3	3813,5
	S	1,7764	6,8943	7,6552	7,7395	7,8994	8,0497	8,1919	8,3271	8,4563	8,5802
425 (145,82)	*V*	1,086	436,61	643,81	671,56	726,81	781,84	836,72	891,49	946,17	1000,8
	U	613,667	2554,8	2844,4	2884,1	2964,4	3045,9	3129,0	3213,7	3300,0	3388,0
	H	614,128	2740,3	3118,0	3169,5	3273,3	3378,2	3484,6	3592,5	3702,1	3813,4
	S	1,7990	6,8739	7,6265	7,7109	7,8710	8,0214	8,1636	8,2989	8,4282	8,5520
450 (147,92)	*V*	1,088	413,75	607,73	633,97	686,20	738,21	790,07	841,83	893,50	945,10
	U	622,672	2556,7	2844,0	2883,8	2964,1	3045,7	3128,8	3213,5	3299,8	3387,9
	H	623,162	2742,9	3117,5	3169,1	3272,9	3377,9	3484,3	3592,3	3701,9	3813,2
	S	1,8204	6,8547	7,5995	7,6840	7,8442	7,9947	8,1370	8,2723	8,4016	8,5255
475 (149,92)	*V*	1,091	393,22	575,44	600,33	649,87	699,18	748,34	797,40	846,37	895,27
	U	631,294	2558,5	2843,6	2883,4	2963,8	3045,4	3128,6	3213,3	3299,7	3387,7
	H	631,812	2745,3	3116,9	3168,6	3272,5	3377,6	3484,0	3592,1	3701,7	3813,0
	S	1,8408	6,8365	7,5739	7,6585	7,8189	7,9694	8,1118	8,2472	8,3765	8,5004
500 (151,84)	*V*	1,093	374,68	546,38	570,05	617,16	664,05	710,78	757,41	803,95	850,42
	U	639,569	2560,2	2843,2	2883,1	2963,5	3045,2	3128,4	3213,1	3299,5	3387,6
	H	640,116	2747,5	3116,4	3168,1	3272,1	3377,2	3483,8	3591,8	3701,5	3812,8
	S	1,8604	6,8192	7,5496	7,6343	7,7948	7,9454	8,0879	8,2233	8,3526	8,4766
525 (153,69)	*V*	1,095	357,84	520,08	542,66	587,58	632,26	676,80	721,23	765,57	809,85
	U	647,528	2561,8	2842,8	2882,7	2963,2	3045,0	3128,2	3213,0	3299,4	3387,5
	H	648,103	2749,7	3115,9	3167,6	3271,7	3376,9	3483,5	3591,6	3701,3	3812,6
	S	1,8790	6,8027	7,5264	7,6112	7,7719	7,9226	8,0651	8,2006	8,3299	8,4539
550 (155,47)	*V*	1,097	342,48	496,18	517,76	560,68	603,37	645,91	688,34	730,68	772,96
	U	655,199	2563,3	2842,4	2882,4	2963,0	3044,7	3128,0	3212,8	3299,2	3387,3
	H	655,802	2751,7	3115,3	3167,2	3271,3	3376,6	3483,2	3591,4	3701,1	3812,5
	S	1,8970	6,7870	7,5043	7,5892	7,7500	7,9008	8,0433	8,1789	8,3083	8,4323
575 (157,18)	*V*	1,099	328,41	474,36	495,03	536,12	576,98	617,70	658,30	698,83	739,28
	U	662,603	2564,8	2842,0	2882,1	2962,7	3044,5	3127,8	3212,6	3299,1	3387,2
	H	663,235	2753,6	3114,8	3166,7	3271,0	3376,3	3482,9	3591,1	3700,9	3812,3
	S	1,9142	6,7720	7,4831	7,5681	7,7290	7,8799	8,0226	8,1581	8,2876	8,4116
600 (158,84)	*V*	1,101	315,47	454,35	474,19	513,61	552,80	591,84	630,78	669,63	708,41
	U	669,762	2566,2	2841,6	2881,7	2962,4	3044,3	3127,6	3212,4	3298,9	3387,1
	H	670,423	2755,5	3114,3	3166,2	3270,6	3376,0	3482,7	3590,9	3700,7	3812,1
	S	1,9308	6,7575	7,4628	7,5479	7,7090	7,8600	8,0027	8,1383	8,2678	8,3919
625 (160,44)	*V*	1,103	303,54	435,94	455,01	492,89	530,55	568,05	605,45	642,76	680,01
	U	676,695	2567,5	2841,2	2881,4	2962,1	3044,0	3127,4	3212,2	3298,8	3386,9
	H	677,384	2757,2	3113,7	3165,7	3270,2	3375,6	3482,4	3590,7	3700,5	3811,9
	S	1,9469	6,7437	7,4433	7,5285	7,6897	7,8408	7,9836	8,1192	8,2488	8,3729
650 (161,99)	*V*	1,105	292,49	418,95	437,31	473,78	510,01	546,10	582,07	617,96	653,79
	U	683,417	2568,7	2840,9	2881,0	2961,8	3043,8	3127,2	3212,1	3298,6	3386,8
	H	684,135	2758,9	3113,2	3165,3	3269,8	3375,3	3482,1	3590,4	3700,3	3811,8
	S	1,9623	6,7304	7,4245	7,5099	7,6712	7,8224	7,9652	8,1009	8,2305	8,3546
675 (163,49)	*V*	1,106	282,23	403,22	420,92	456,07	491,00	525,77	560,43	595,00	629,51
	U	689,943	2570,0	2840,5	2880,7	2961,6	3043,6	3127,0	3211,9	3298,5	3386,7
	H	690,689	2760,5	3112,6	3164,8	3269,4	3375,0	3481,8	3590,2	3700,1	3811,6
	S	1,9773	6,7176	7,4064	7,4919	7,6534	7,8046	7,9475	8,0833	8,2129	8,3371
700 (164,96)	*V*	1,108	272,68	388,61	405,71	439,64	473,34	506,89	540,33	573,68	606,97
	U	696,285	2571,1	2840,1	2880,3	2961,3	3043,3	3126,8	3211,7	3298,3	3386,5
	H	697,061	2762,0	3112,1	3164,3	3269,0	3374,7	3481,6	3589,9	3699,9	3811,4
	S	1,9918	6,7052	7,3890	7,4745	7,6362	7,7875	7,9305	8,0663	8,1959	8,3201
725 (166,38)	*V*	1,110	263,77	375,01	391,54	424,33	456,90	489,31	521,61	553,83	585,99
	U	702,457	2572,2	2839,7	2880,0	2961,0	3043,1	3126,6	3211,5	3298,1	3386,4
	H	703,261	2763,4	3111,5	3163,8	3268,7	3374,3	3481,3	3589,7	3699,7	3811,2
	S	2,0059	6,6932	7,3721	7,4578	7,6196	7,7710	7,9140	8,0499	8,1796	8,3038

TABELA E.2 Vapor d'Água Superaquecido (*continuação*)

				TEMPERATURA: *t* °C (TEMPERATURA: *T* kelvins)							
P/kPa (t^{sat}/°C)		líq. sat.	vap. sat.	175 (448,15)	200 (473,15)	220 (493,15)	240 (513,15)	260 (533,15)	280 (553,15)	300 (573,15)	325 (598,15)
	V	1,112	255,43	260,88	279,05	293,03	306,65	320,01	333,17	346,19	362,32
750	*U*	708,467	2573,3	2586,9	2632,1	2666,8	2700,6	2733,7	2766,4	2798,9	2839,3
(167,76)	*H*	709,301	2764,8	2782,5	2841,4	2886,6	2930,6	2973,7	3016,3	3058,5	3111,0
	S	2,0195	6,6817	6,7215	6,8494	6,9429	7,0303	7,1128	7,1912	7,2662	7,3558
	V	1,113	247,61	251,93	269,63	283,22	296,45	309,41	322,19	334,81	350,44
775	*U*	714,326	2574,3	2585,4	2631,0	2665,9	2699,8	2733,1	2765,9	2798,4	2838,9
(169,10)	*H*	715,189	2766,2	2780,7	2840,0	2885,4	2929,6	2972,9	3015,6	3057,9	3110,5
	S	2,0328	6,6705	6,7031	6,8319	6,9259	7,0137	7,0965	7,1751	7,2502	7,3400
	V	1,115	240,26	243,53	260,79	274,02	286,88	299,48	311,89	324,14	339,31
800	*U*	720,043	2575,3	2584,0	2629,9	2665,0	2699,1	2732,5	2765,4	2797,9	2838,5
(170,41)	*H*	720,935	2767,5	2778,8	2838,6	2884,2	2928,6	2972,1	3014,9	3057,3	3109,9
	S	2,0457	6,6596	6,6851	6,8148	6,9094	6,9976	7,0807	7,1595	7,2348	7,3247
	V	1,117	233,34	235,64	252,48	265,37	277,90	290,15	302,21	314,12	328,85
825	*U*	725,625	2576,2	2582,5	2628,8	2664,1	2698,4	2731,8	2764,8	2797,5	2838,1
(171,69)	*H*	726,547	2768,7	2776,9	2837,1	2883,1	2927,6	2971,2	3014,1	3056,6	3109,4
	S	2,0583	6,6491	6,6675	6,7982	6,8933	6,9819	7,0653	7,1443	7,2197	7,3098
	V	1,118	226,81	228,21	244,66	257,24	269,44	281,37	293,10	304,68	319,00
850	*U*	731,080	2577,1	2581,1	2627,7	2663,2	2697,6	2731,2	2764,3	2797,0	2837,7
(172,94)	*H*	732,031	2769,9	2775,1	2835,7	2881,9	2926,6	2970,4	3013,4	3056,0	3108,8
	S	2,0705	6,6388	6,6504	6,7820	6,8777	6,9666	7,0503	7,1295	7,2051	7,2954
	V	1,120	220,65	221,20	237,29	249,56	261,46	273,09	284,51	295,79	309,72
875	*U*	736,415	2578,0	2579,6	2626,6	2662,3	2696,8	2730,6	2763,7	2796,5	2837,3
(174,16)	*H*	737,394	2771,0	2773,1	2834,2	2880,7	2925,6	2969,5	3012,7	3055,3	3108,3
	S	2,0825	6,6289	6,6336	6,7662	6,8624	6,9518	7,0357	7,1152	7,1909	7,2813
	V	1,121	214,81	......	230,32	242,31	253,93	265,27	276,40	287,39	300,96
900	*U*	741,635	2578,8	......	2625,5	2661,4	2696,1	2729,9	2763,2	2796,1	2836,9
(175,36)	*H*	742,644	2772,1	......	2832,7	2879,5	2924,6	2968,7	3012,0	3054,7	3107,7
	S	2,0941	6,6192	......	6,7508	6,8475	6,9373	7,0215	7,1012	7,1771	7,2676
	V	1,123	209,28	......	223,73	235,46	246,80	257,87	268,73	279,44	292,66
925	*U*	746,746	2579,6	......	2624,3	2660,5	2695,3	2729,3	2762,6	2795,6	2836,5
(176,53)	*H*	747,784	2773,2	......	2831,3	2878,3	2923,6	2967,8	3011,2	3054,1	3107,2
	S	2,1055	6,6097	......	6,7357	6,8329	6,9231	7,0076	7,0875	7,1636	7,2543
	V	1,124	204,03	......	217,48	228,96	240,05	250,86	261,46	271,91	284,81
950	*U*	751,754	2580,4	......	2623,2	2659,5	2694,6	2728,7	2762,1	2795,1	2836,0
(177,67)	*H*	752,822	2774,2	......	2829,8	2877,0	2922,6	2967,0	3010,5	3053,4	3106,6
	S	2,1166	6,6005	......	6,7209	6,8187	6,9093	6,9941	7,0742	7,1505	7,2413
	V	1,126	199,04	......	211,55	222,79	233,64	244,20	254,56	264,76	277,35
975	*U*	756,663	2581,1	......	2622,0	2658,6	2693,8	2728,0	2761,5	2794,6	2835,6
(178,79)	*H*	757,761	2775,2	......	2828,3	2875,8	2921,6	2966,1	3009,7	3052,8	3106,1
	S	2,1275	6,5916	......	6,7064	6,8048	6,8958	6,9809	7,0612	7,1377	7,2286
	V	1,127	194,29	......	205,92	216,93	227,55	237,89	248,01	257,98	270,27
1000	*U*	761,478	25819	......	2620,9	2657,7	2693,0	2727,4	2761,0	2794,2	2835,2
(179,88)	*H*	762,605	2776,2	......	2826,8	2874,6	2920,6	2965,2	3009,0	3052,1	3105,5
	S	2,1382	6,5828	......	6,6922	6,7911	6,8825	6,9680	7,0485	7,1251	7,2163
	V	1,130	185,45	......	195,45	206,04	216,24	226,15	235,84	245,37	257,12
1050	*U*	770,843	2583,3	......	2618,5	2655,8	2691,5	2726,1	2759,9	2793,2	2834,4
(182,02)	*H*	772,029	2778,0	......	2823,8	2872,1	2918,5	2963,5	3007,5	3050,8	3104,4
	S	2,1588	6,5659	......	6,6645	6,7647	6,8569	6,9430	7,0240	7,1009	7,1924
	V	1,133	177,38	......	185,92	196,14	205,96	215,47	224,77	233,91	245,16
1100	*U*	779,878	2584,5	......	2616,2	2653,9	2689,9	2724,7	2758,8	2792,2	2833,6
(184,07)	*H*	781,124	2779,7	......	2820,7	2869,6	2916,4	2961,8	3006,0	3049,6	3103,3
	S	2,1786	6,5497	......	6,6379	6,7392	6,8323	6,9190	7,0005	7,0778	7,1695
	V	1,136	169,99	......	177,22	187,10	196,56	205,73	214,67	223,44	234,25
1150	*U*	788,611	2585,8	......	2613,8	2651,9	2688,3	2723,4	2757,7	2791,3	2832,8
(186,05)	*H*	789,917	2781,3	......	2817,6	2867,1	2914,4	2960,0	3004,5	3048,2	3102,2
	S	2,1977	6,5342	......	6,6122	6,7147	6,8086	6,8959	6,9779	7,0556	7,1476
	V	1,139	163,20	......	169,23	178,80	187,95	196,79	205,40	213,85	224,24
1200	*U*	797,064	2586,9	......	2611,3	2650,0	2686,7	2722,1	2756,5	2790,3	2832,0
(187,96)	*H*	798,430	2782,7	......	2814,4	2864,5	2912,2	2958,2	3003,0	3046,9	3101,0
	S	2,2161	6,5194	......	6,5872	6,6909	6,7858	6,8738	6,9562	7,0342	7,1266
	V	1,141	156,93	......	161,88	171,17	180,02	188,56	196,88	205,02	215,03
1250	*U*	805,259	2588,0	......	2608,9	2648,0	2685,1	2720,8	2755,4	2789,3	2831,1
(189,81)	*H*	806,685	2784,1	......	2811,2	2861,9	2910,1	2956,5	3001,5	3045,6	3099,9
	S	2,2338	6,5050	......	6,5630	6,6680	6,7637	6,8523	6,9353	7,0136	7,1064
	V	1,144	151,13	......	155,09	164,11	172,70	180,97	189,01	196,87	206,53
1300	*U*	813,213	2589,0	......	2606,4	2646,0	2683,5	2719,4	2754,3	2788,4	2830,3
(191,61)	*H*	814,700	2785,4	......	2808,0	2859,3	2908,0	2954,7	3000,0	3044,3	3098,8
	S	2,2510	6,4913	......	6,5394	6,6457	6,7424	6,8316	6,9151	6,9938	7,0869

TABELA E.2 Vapor d'Água Superaquecido (*continuação*)

P/kPa (t^{sat}/°C)		líq. sat.	vap. sat.	TEMPERATURA: *t* °C (TEMPERATURA: *T* kelvins) 350 (623,15)	375 (648,15)	400 (673,15)	450 (723,15)	500 (773,15)	550 (833,15)	600 (873,15)	650 (923,15)
	V	1,112	255,43	378,31	394,22	410,05	441,55	472,90	504,15	535,30	566,40
750	*U*	708,467	2573,3	2879,6	2920,1	2960,7	3042,9	3126,3	3211,4	3298,0	3386,2
(167,76)	*H*	709,301	2764,8	3163,4	3215,7	3268,3	3374,0	3481,0	3589,5	3699,5	3811,0
	S	2,0195	6,6817	7,4416	7,5240	7,6035	7,7550	7,8981	8,0340	8,1637	8,2880
	V	1,113	247,61	365,94	381,35	396,69	427,20	457,56	487,81	517,97	548,07
775	*U*	714,326	2574,3	2879,3	2919,8	2960,4	3042,6	3126,1	3211,2	3297,8	3386,1
(169,10)	*H*	715,189	2766,2	3162,9	3215,3	3267,9	3373,7	3480,8	3589,2	3699,3	3810,9
	S	2,0328	6,6705	7,4259	7,5084	7,5880	7,7396	7,8827	8,0187	8,1484	8,2727
	V	1,115	240,26	354,34	369,29	384,16	413,74	443,17	472,49	501,72	530,89
800	*U*	720,043	2575,3	2878,9	2919,5	2960,2	3042,4	3125,9	3211,0	3297,7	3386,0
(170,41)	*H*	720,935	2767,5	3162,4	3214,9	3267,5	3373,4	3480,5	3589,0	3699,1	3810,7
	S	2,0457	6,6596	7,4107	7,4932	7,5729	7,7246	7,8678	8,0038	8,1336	8,2579
	V	1,117	233,34	343,45	357,96	372,39	401,10	429,65	458,10	486,46	514,76
825	*U*	725,625	2576,2	2878,6	2919,1	2959,9	3042,2	3125,7	3210,8	3297,5	3385,8
(171,69)	*H*	726,547	2768,7	3161,9	3214,5	3267,1	3373,1	3480,2	3588,8	3698,8	3810,5
	S	2,0583	6,6491	7,3959	7,4786	7,5583	7,7101	7,8533	7,9894	8,1192	8,2436
	V	1,118	226,81	333,20	347,29	361,31	389,20	416,93	444,56	472,09	499,57
850	*U*	731,080	2577,1	2878,2	2918,8	2959,6	3041,9	3125,5	3210,7	3297,4	3385,7
(172,94)	*H*	732,031	2769,9	3161,4	3214,0	3266,7	3372,7	3479,9	3588,5	3698,6	3810,3
	S	2,0705	6,6388	7,3815	7,4643	7,5441	7,6960	7,8393	7,9754	8,1053	8,2296
	V	1,120	220,65	323,53	337,24	350,87	377,98	404,94	431,79	458,55	485,25
875	*U*	736,415	2578,0	2877,9	2918,5	2959,3	3041,7	3125,3	3210,5	3297,2	3385,6
(174,16)	*H*	737,394	2771,0	3161,0	3213,6	3266,3	3372,4	3479,7	3588,3	3698,4	3810,2
	S	2,0825	6,6289	7,3676	7,4504	7,5303	7,6823	7,8257	7,9618	8,0917	8,2161
	V	1,121	214,81	314,40	327,74	341,01	367,39	393,61	419,73	445,76	471,72
900	*U*	741,635	2578,8	2877,5	2918,2	2959,0	3041,4	3125,1	3210,3	3297,1	3385,4
(175,36)	*H*	742,644	2772,1	3160,5	3213,2	3266,0	3372,1	3479,4	3588,1	3698,2	3810,0
	S	2,0941	6,6192	7,3540	7,4370	7,5169	7,6689	7,8124	7,9486	8,0785	8,2030
	V	1,123	209,28	305,76	318,75	331,68	357,36	382,90	408,32	433,66	458,93
925	*U*	746,746	2579,6	2877,2	2917,9	2958,8	3041,2	3124,9	3210,1	3296,9	3385,3
(176,53)	*H*	747,784	2773,2	3160,0	3212,7	3265,6	3371,8	3479,1	3587,8	3698,0	3809,8
	S	2,1055	6,6097	7,3408	7,4238	7,5038	7,6560	7,7995	7,9357	8,0657	8,1902
	V	1,124	204,03	297,57	310,24	322,84	347,87	372,74	397,51	422,19	446,81
950	*U*	751,754	2580,4	2876,8	2917,6	2958,5	3041,0	3124,7	3209,9	3296,7	3385,1
(177,67)	*H*	752,822	2774,2	3159,5	3212,3	3265,2	3371,5	3478,8	3587,6	3697,8	3809,6
	S	2,1166	6,6005	7,3279	7,4110	7,4911	7,6433	7,7869	7,9232	8,0532	8,1777
	V	1,126	199,04	289,81	302,17	314,45	338,86	363,11	387,26	411,32	435,31
975	*U*	756,663	2581,1	2876,5	2917,3	2958,2	3040,7	3124,5	3209,8	3296,6	3385,0
(178,79)	*H*	757,761	2775,2	3159,0	3211,9	3264,8	3371,1	3478,6	3587,3	3697,6	3809,4
	S	2,1275	6,5916	7,3154	7,3986	7,4787	7,6310	7,7747	7,9110	8,0410	8,1656
	V	1,127	194,29	282,43	294,50	306,49	330,30	353,96	377,52	400,98	424,38
1000	*U*	761,478	2581,9	2876,1	2917,0	2957,9	3040,5	3124,3	3209,6	3296,4	3384,9
(179,88)	*H*	762,605	2776,2	3158,5	3211,5	3264,4	3370,8	3478,3	3587,1	3697,4	3809,3
	S	2,1382	6,5828	7,3031	7,3864	7,4665	7,6190	7,7627	7,8991	8,0292	8,1537
	V	1,130	185,45	268,74	280,25	291,69	314,41	336,97	359,43	381,79	404,10
1050	*U*	770,843	2583,3	2875,4	2916,3	2957,4	3040,0	3123,9	3209,2	3296,1	3384,6
(182,02)	*H*	772,029	2778,0	3157,6	3210,6	3263,6	3370,2	3477,7	3586,6	3697,0	3808,9
	S	2,1588	6,5659	7,2795	7,3629	7,4432	7,5958	7,7397	7,8762	8,0063	8,1309
	V	1,133	177,38	256,28	267,30	278,24	299,96	321,53	342,98	364,35	385,65
1100	*U*	779,878	2584,5	2874,7	2915,7	2956,8	3039,6	3123,5	3208,9	3295,8	3384,3
(184,07)	*H*	781,124	2779,7	3156,6	3209,7	3262,9	3369,5	3477,2	3586,2	3696,6	3808,5
	S	2,1786	6,5497	7,2569	7,3405	7,4209	7,5737	7,7177	7,8543	7,9845	8,1092
	V	1,136	169,99	244,91	255,47	265,96	286,77	307,42	327,97	348,42	368,81
1150	*U*	788,611	2585,8	2874,0	2915,1	2956,2	3039,1	3123,1	3208,5	3295,5	3384,1
(186,05)	*H*	789,917	2781,3	3155,6	3208,9	3262,1	3368,9	3476,6	3585,7	3696,2	3808,2
	S	2,1977	6,5342	7,2352	7,3190	7,3995	7,5525	7,6966	7,8333	7,9636	8,0883
	V	1,139	163,20	234,49	244,63	254,70	274,68	294,50	314,20	333,82	353,38
1200	*U*	797,064	2586,9	2873,3	2914,4	2955,7	3038,6	3122,7	3208,2	3295,2	3383,8
(187,96)	*H*	798,430	2782,7	3154,6	3208,0	3261,3	3368,2	3476,1	3585,2	3695,8	3807,8
	S	2,2161	6,5194	7,2144	7,2983	7,3790	7,5323	7,6765	7,8132	7,9436	8,0684
	V	1,141	156,93	224,90	234,66	244,35	263,55	282,60	301,54	320,39	339,18
1250	*U*	805,259	2588,0	2872,5	2913,8	2955,1	3038,1	3122,3	3207,8	3294,9	3383,5
(189,81)	*H*	806,685	2784,1	3153,7	3207,1	3260,5	3367,6	3475,5	3584,7	3695,4	3807,5
	S	2,2338	6,5050	7,1944	7,2785	7,3593	7,5128	7,6571	7,7940	7,9244	8,0493
	V	1,144	151,13	216,05	225,46	234,79	253,28	271,62	289,85	307,99	326,07
1300	*U*	813,213	2589,0	2871,8	2913,2	2954,5	3037,7	3121,9	3207,5	3294,6	3383,2
(191,61)	*H*	814,700	2785,4	3152,7	3206,3	3259,7	3366,9	3475,0	3584,3	3695,0	3807,1
	S	2,2510	6,4913	7,1751	7,2594	7,3404	7,4940	7,6385	7,7754	7,9060	8,0309

TABELA E.2 Vapor d'Água Superaquecido (*continuação*)

				TEMPERATURA: *t* °C (TEMPERATURA: *T* kelvins)							
P/kPa (t^{sat}/°C)		líq, sat,	vap, sat,	200 (473,15)	225 (498,15)	250 (523,15)	275 (548,15)	300 (573,15)	325 (598,15)	350 (623,15)	375 (648,15)
	V	1,146	145,74	148,79	159,70	169,96	179,79	189,33	198,66	207,85	216,93
1350	*U*	820,944	2589,9	2603,9	2653,6	2700,1	2744,4	2787,4	2829,5	2871,1	2912,5
(193,35)	*H*	822,491	2786,6	2804,7	2869,2	2929,5	2987,1	3043,0	3097,7	3151,7	3205,4
	S	2,2676	6,4780	6,5165	6,6493	6,7675	6,8750	6,9746	7,0681	7,1566	7,2410
	V	1,149	140,72	142,94	153,57	163,55	173,08	182,32	191,35	200,24	209,02
1400	*U*	828,465	2590,8	2601,3	2651,7	2698,6	2743,2	2786,4	2828,6	2870,4	2911,9
(195,04)	*H*	830,074	2787,8	2801,4	2866,7	2927,6	2985,5	3041,6	3096,5	3150,7	3204,5
	S	2,2837	6,4651	6,4941	6,6285	6,7477	6,8560	6,9561	7,0499	7,1386	7,2233
	V	1,151	136,04	137,48	147,86	157,57	166,83	175,79	184,54	193,15	201,65
1450	*U*	835,791	2591,6	2598,7	2649,7	2697,1	2742,0	2785,4	2827,8	2869,7	2911,3
(196,69)	*H*	837,460	2788,9	2798,1	2864,1	2925,5	2983,9	3040,3	3095,4	3149,7	3203,6
	S	2,2993	6,4526	6,4722	6,6082	6,7286	6,8376	6,9381	7,0322	7,1212	7,2061
	V	1,154	131,66	132,38	142,53	151,99	161,00	169,70	178,19	186,53	194,77
1500	*U*	842,933	2592,4	2596,1	2647,7	2695,5	2740,8	2784,4	2826,9	2868,9	2910,6
(198,29)	*H*	844,663	2789,9	2794,7	2861,5	2923,5	2982,3	3038,9	3094,2	3148,7	3202,8
	S	2,3145	6,4406	6,4508	6,5885	6,7099	6,8196	6,9207	7,0152	7,1044	7,1894
	V	1,156	127,55	127,61	137,54	146,77	155,54	164,00	172,25	180,34	188,33
1550	*U*	849,901	2593,2	2593,5	2645,8	2694,0	2739,5	2783,4	2826,1	2868,2	2910,0
(199,85)	*H*	851,694	2790,8	2791,3	2858,9	2921,5	2980,6	3037,6	3093,1	3147,7	3201,9
	S	2,3292	6,4289	6,4298	6,5692	6,6917	6,8022	6,9038	6,9986	7,0881	7,1733
	V	1,159	123,69	,,,,,,	132,85	141,87	150,42	158,66	166,68	174,54	182,30
1600	*U*	856,707	2593,8	,,,,,,	2643,7	2692,4	2738,3	2782,4	2825,2	2867,5	2909,3
(201,37)	*H*	858,561	2791,7	,,,,,,	2856,3	2919,4	2979,0	3036,2	3091,9	3146,7	3201,0
	S	2,3436	6,4175	,,,,,,	6,5503	6,6740	6,7852	6,8873	6,9825	7,0723	7,1577
	V	1,161	120,05	,,,,,,	128,45	137,27	145,61	153,64	161,44	169,09	176,63
1650	*U*	863,359	2594,5	,,,,,,	2641,7	2690,9	2737,1	2781,3	2824,4	2866,7	2908,7
(202,86)	*H*	865,275	2792,6	,,,,,,	2853,6	2917,4	2977,3	3034,8	3090,8	3145,7	3200,1
	S	2,3576	6,4065	,,,,,,	6,5319	6,6567	6,7687	6,8713	6,9669	7,0569	7,1425
	V	1,163	116,62	,,,,,,	124,31	132,94	141,09	148,91	156,51	163,96	171,30
1700	*U*	869,866	2595,1	,,,,,,	2639,6	2689,3	2735,8	2780,3	2823,5	2866,0	2908,0
(204,31)	*H*	871,843	2793,4	,,,,,,	2851,0	2915,3	2975,6	3033,5	3089,6	3144,7	3199,2
	S	2,3713	6,3957	,,,,,,	6,5138	6,6398	6,7526	6,8557	6,9516	7,0419	7,1277
	V	1,166	113,38	,,,,,,	120,39	128,85	136,82	144,45	151,87	159,12	166,27
1750	*U*	876,234	2595,7	,,,,,,	2637,6	2687,7	2734,5	2779,3	2822,7	2865,3	2907,4
(205,72)	*H*	878,274	2794,1	,,,,,,	2848,2	2913,2	2974,0	3032,1	3088,4	3143,7	3198,4
	S	2,3846	6,3853	,,,,,,	6,4961	6,6233	6,7368	6,8405	6,9368	7,0273	7,1133
	V	1,168	110,32	,,,,,,	116,69	124,99	132,78	140,24	147,48	154,55	161,51
1800	*U*	882,472	2596,3	,,,,,,	2635,5	2686,1	2733,3	2778,2	2821,8	2864,5	2906,7
(207,11)	*H*	884,574	2794,8	,,,,,,	2845,5	2911,0	2972,3	3030,7	3087,3	3142,7	3197,5
	S	2,3976	6,3751	,,,,,,	6,4787	6,6071	6,7214	6,8257	6,9223	7,0131	7,0993
	V	1,170	107,41	,,,,,,	113,19	121,33	128,96	136,26	143,33	150,23	157,02
1850	*U*	888,585	2596,8	,,,,,,	2633,3	2684,4	2732,0	2777,2	2820,9	2863,8	2906,1
(208,47)	*H*	890,750	2795,5	,,,,,,	2842,8	2908,9	2970,6	3029,3	3086,1	3141,7	3196,6
	S	2,4103	6,3651	,,,,,,	6,4616	6,5912	6,7064	6,8112	6,9082	6,9993	7,0856
	V	1,172	104,65	,,,,,,	109,87	117,87	125,35	132,49	139,39	146,14	152,76
1900	*U*	894,580	2597,3	,,,,,,	2631,2	2682,8	2730,7	2776,2	2820,1	2863,0	2905,4
(209,80)	*H*	896,807	2796,1	,,,,,,	2840,0	2906,7	2968,8	3027,9	3084,9	3140,7	3195,7
	S	2,4228	6,3554	,,,,,,	6,4448	6,5757	6,6917	6,7970	6,8944	6,9857	7,0723
	V	1,174	102,031	,,,,,,	106,72	114,58	121,91	128,90	135,66	142,25	148,72
1950	*U*	900,461	2597,7	,,,,,,	2629,0	2681,1	2729,4	2775,1	2819,2	2862,3	2904,8
(211,10)	*H*	902,752	2796,7	,,,,,,	2837,1	2904,6	2967,1	3026,5	3083,7	3139,7	3194,8
	S	2,4349	6,3459	,,,,,,	6,4283	6,5604	6,6772	6,7831	6,8809	6,9725	7,0593
	V	1,177	99,536	,,,,,,	103,72	111,45	118,65	125,50	132,11	138,56	144,89
2000	*U*	906,236	2598,2	,,,,,,	2626,9	2679,5	2728,1	2774,0	2818,3	2861,5	2904,1
(212,37)	*H*	908,589	2797,2	,,,,,,	2834,3	2902,4	2965,4	3025,0	3082,5	3138,6	3193,9
	S	2,4469	6,3366	,,,,,,	6,4120	6,5454	6,6631	6,7696	6,8677	6,9596	7,0466
	V	1,181	94,890	,,,,,,	98,147	105,64	112,59	119,18	125,53	131,70	137,76
2100	*U*	917,479	2598,9	,,,,,,	2622,4	2676,1	2725,4	2771,9	2816,5	2860,0	2902,8
(214,85)	*H*	919,959	2798,2	,,,,,,	2828,5	2897,9	2961,9	3022,2	3080,1	3136,6	3192,1
	S	2,4700	6,3187	,,,,,,	6,3802	6,5162	6,6356	6,7432	6,8422	6,9347	7,0220
	V	1,185	90,652	,,,,,,	93,067	100,35	107,07	113,43	119,53	125,47	131,28
2200	*U*	928,346	2599,6	,,,,,,	2617,9	2672,7	2722,7	2769,7	2814,7	2858,5	2901,5
(217,24)	*H*	930,953	2799,1	,,,,,,	2822,7	2893,4	2958,3	3019,3	3077,7	3134,5	3190,3
	S	2,4922	6,3015	,,,,,,	6,3492	6,4879	6,6091	6,7179	6,8177	6,9107	6,9985
	V	1,189	86,769	,,,,,,	88,420	95,513	102,03	108,18	114,06	119,77	125,36
2300	*U*	938,866	2600,2	,,,,,,	2613,3	2669,2	2720,0	2767,6	2812,9	2857,0	2900,2
(219,55)	*H*	941,601	2799,8	,,,,,,	2816,7	2888,9	2954,7	3016,4	3075,3	3132,4	3188,5
	S	2,5136	6,2849	,,,,,,	6,3190	6,4605	6,5835	6,6935	6,7941	6,8877	6,9759

TABELA E.2 Vapor d'Água Superaquecido (*continuação*)

P/kPa (t^{sat}/°C)		líq. sat.	vap. sat.	TEMPERATURA: t °C (TEMPERATURA: T kelvins) 400 (673,15)	425 (698,15)	450 (723,15)	475 (748,15)	500 (773,15)	550 (823,15)	600 (873,15)	650 (923,15)
	V	1,146	145,74	225,94	234,88	243,78	252,63	261,46	279,03	296,51	313,93
1350	U	820,944	2589,9	2953,9	2995,5	3037,2	3079,2	3121,5	3207,1	3294,3	3383,0
(193,35)	H	822,491	2786,6	3259,0	3312,6	3366,3	3420,2	3474,4	3583,8	3694,5	3806,8
	S	2,2676	6,4780	7,3221	7,4003	7,4759	7,5493	7,6205	7,7576	7,8882	8,0132
	V	1,149	140,72	217,72	226,35	234,95	243,50	252,02	268,98	285,85	302,66
1400	U	828,465	2590,8	2953,4	2994,9	3036,7	3078,7	3121,1	3206,8	3293,9	3382,7
(195,04)	H	830,074	2787,8	3258,2	3311,8	3365,6	3419,6	3473,9	3583,3	3694,1	3806,4
	S	2,2837	6,4651	7,3045	7,3828	7,4585	7,5319	7,6032	7,7404	7,8710	7,9961
	V	1,151	136,04	210,06	218,42	226,72	234,99	243,23	259,62	275,93	292,16
1450	U	835,791	2591,6	2952,8	2994,4	3036,2	3078,3	3120,7	3206,4	3293,6	3382,4
(196,69)	H	837,460	2788,9	3257,4	3311,1	3365,0	3419,0	3473,3	3582,9	3693,7	3806,1
	S	2,2993	6,4526	7,2874	7,3658	7,4416	7,5151	7,5865	7,7237	7,8545	7,9796
	V	1,154	131,66	202,92	211,01	219,05	227,06	235,03	250,89	266,66	282,37
1500	U	842,933	2592,4	2952,2	2993,9	3035,8	3077,9	3120,3	3206,0	3293,3	3382,1
(198,29)	H	844,663	2789,9	3256,6	3310,4	3364,3	3418,4	3472,8	3582,4	3693,3	3805,7
	S	2,3145	6,4406	7,2709	7,3494	7,4253	7,4989	7,5703	7,7077	7,8385	7,9636
	V	1,156	127,55	196,24	204,08	211,87	219,63	227,35	242,72	258,00	273,21
1550	U	849,901	2593,2	2951,7	2993,4	3035,3	3077,4	3119,8	3205,7	3293,0	3381,9
(199,85)	H	851,694	2790,8	3255,8	3309,7	3363,7	3417,8	3472,2	3581,9	3692,9	3805,3
	S	2,3292	6,4289	7,2550	7,3336	7,4095	7,4832	7,5547	7,6921	7,8230	7,9482
	V	1,159	123,69	189,97	197,58	205,15	212,67	220,16	235,06	249,87	264,62
1600	U	856,707	2593,8	2951,1	2992,9	3034,8	3077,0	3119,4	3205,3	3292,7	3381,6
(201,37)	H	858,561	2791,7	3255,0	3309,0	3363,0	3417,2	3471,7	3581,4	3692,5	3805,0
	S	2,3436	6,4175	7,2394	7,3182	7,3942	7,4679	7,5395	7,6770	7,8080	7,9333
	V	1,161	120,05	184,09	191,48	198,82	206,13	213,40	227,86	242,24	256,55
1650	U	863,359	2594,5	2950,5	2992,3	3034,3	3076,5	3119,0	3205,0	3292,4	3381,3
(202,86)	H	865,275	2792,6	3254,2	3308,3	3362,4	3416,7	3471,1	3581,0	3692,1	3804,6
	S	2,3576	6,4065	7,2244	7,3032	7,3794	7,4531	7,5248	7,6624	7,7934	7,9188
	V	1,163	116,62	178,55	185,74	192,87	199,97	207,04	221,09	235,06	248,96
1700	U	869,866	2595,1	2949,9	2991,8	3033,9	3076,1	3118,6	3204,6	3292,1	3381,0
(204,31)	H	871,843	2793,4	3253,5	3307,6	3361,7	3416,1	3470,6	3580,5	3691,7	3804,3
	S	2,3713	6,3957	7,2098	7,2887	7,3649	7,4388	7,5105	7,6482	7,7793	7,9047
	V	1,166	113,38	173,32	180,32	187,26	194,17	201,04	214,71	228,28	241,80
1750	U	876,234	2595,7	2949,3	2991,3	3033,4	3075,7	3118,2	3204,3	3291,8	3380,8
(205,72)	H	878,274	2794,1	3252,7	3306,9	3361,1	3415,5	3470,0	3580,0	3691,3	3803,9
	S	2,3846	6,3853	7,1955	7,2746	7,3509	7,4248	7,4965	7,6344	7,7656	7,8910
	V	1,168	110,32	168,39	175,20	181,97	188,69	195,38	208,68	221,89	235,03
1800	U	882,472	2596,3	2948,8	2990,8	3032,9	3075,2	3117,8	3203,9	3291,5	3380,5
(207,11)	H	884,574	2794,8	3251,9	3306,1	3360,4	3414,9	3469,5	3579,5	3690,9	3803,6
	S	2,3976	6,3751	7,1816	7,2608	7,3372	7,4112	7,4830	7,6209	7,7522	7,8777
	V	1,170	107,41	163,73	170,37	176,96	183,50	190,02	202,97	215,84	228,64
1850	U	888,585	2596,8	2948,2	2990,3	3032,4	3074,8	3117,4	3203,6	3291,1	3380,2
(208,47)	H	890,750	2795,5	3251,1	3305,4	3359,8	3414,3	3468,9	3579,1	3690,4	3803,2
	S	2,4103	6,3651	7,1681	7,2474	7,3239	7,3980	7,4698	7,6079	7,7392	7,8648
	V	1,172	104,65	159,30	165,78	172,21	178,59	184,94	197,57	210,11	222,58
1900	U	894,580	2597,3	2947,6	2989,7	3031,9	3074,3	3117,0	3203,2	3290,8	3380,0
(209,80)	H	896,807	2796,1	3250,3	3304,7	3359,1	3413,7	3468,4	3578,6	3690,0	3802,8
	S	2,4228	6,3554	7,1550	7,2344	7,3109	7,3851	7,4570	7,5951	7,7265	7,8522
	V	1,174	102,031	155,11	161,43	167,70	173,93	180,13	192,44	204,67	216,83
1950	U	900,461	2597,7	2947,0	2989,2	3031,5	3073,9	3116,6	3202,9	3290,5	3379,7
(211,10)	H	902,752	2796,7	3249,5	3304,0	3358,5	3413,1	3467,8	3578,1	3689,6	3802,5
	S	2,4349	6,3459	7,1421	7,2216	7,2983	7,3725	7,4445	7,5827	7,7142	7,8399
	V	1,177	99,536	151,13	157,30	163,42	169,51	175,55	187,57	199,50	211,36
2000	U	906,236	2598,2	2946,4	2988,7	3031,0	3073,5	3116,2	3202,5	3290,2	3379,4
(212,37)	H	908,589	2797,2	3248,7	3303,3	3357,8	3412,5	3467,3	3577,6	3689,2	3802,1
	S	2,4469	6,3366	7,1296	7,2092	7,2859	7,3602	7,4323	7,5706	7,7022	7,8279
	V	1,181	94,890	143,73	149,63	155,48	161,28	167,06	178,53	189,91	201,22
2100	U	917,479	2598,9	2945,3	2987,6	3030,0	3072,6	3115,3	3201,8	3289,6	3378,9
(214,85)	H	919,959	2798,2	3247,1	3301,8	3356,5	3411,3	3466,2	3576,7	3688,4	3801,4
	S	2,4700	6,3187	7,1053	7,1851	7,2621	7,3365	7,4087	7,5472	7,6789	7,8048
	V	1,185	90,652	137,00	142,65	148,25	153,81	159,34	170,30	181,19	192,00
2200	U	928,346	2599,6	2944,1	2986,6	3029,1	3071,7	3114,5	3201,1	3289,0	3378,3
(217,24)	H	930,953	2799,1	3245,5	3300,4	3355,2	3410,1	3465,1	3575,7	3687,6	3800,7
	S	2,4922	6,3015	7,0821	7,1621	7,2393	7,3139	7,3862	7,5249	7,6568	7,7827
	V	1,189	86,769	130,85	136,28	141,65	146,99	152,28	162,80	173,22	183,58
2300	U	938,866	2600,2	2942,9	2985,5	3028,1	3070,8	3113,7	3200,4	3288,3	3377,8
(219,55)	H	941,601	2799,8	3243,9	3299,0	3353,9	3408,9	3464,0	3574,8	3686,7	3800,0
	S	2,5136	6,2849	7,0598	7,1401	7,2174	7,2922	7,3646	7,5035	7,6355	7,7616

TABELA E.2 Vapor d'Água Superaquecido (*continuação*)

				TEMPERATURA: *t* °C (TEMPERATURA: *T* kelvins)							
P/kPa (t^{sat}/°C)		líq. sat.	vap. sat.	225 (498,15)	250 (523,15)	275 (548,15)	300 (573,15)	325 (598,15)	350 (623,15)	375 (648,15)	400 (673,15)
	V	1,193	83,199	84,149	91,075	97,411	103,36	109,05	114,55	119,93	125,22
2400	*U*	949,066	2600,7	2608,6	2665,6	2717,3	2765,4	2811,1	2855,4	2898,8	2941,7
(221,78)	*H*	951,929	2800,4	2810,6	2884,2	2951,1	3013,4	3072,8	3130,4	3186,7	3242,3
	S	2,5343	6,2690	6,2894	6,4338	6,5586	6,6699	6,7714	6,8656	6,9542	7,0384
	V	1,197	79,905	80,210	86,985	93,154	98,925	104,43	109,75	114,94	120,04
2500	*U*	958,969	2601,2	2603,8	2662,0	2714,5	2763,1	2809,3	2853,9	2897,5	2940,6
(223,94)	*H*	961,962	2800,9	2804,3	2879,5	2947,4	3010,4	3070,4	3128,2	3184,8	3240,7
	S	2,5543	6,2536	6,2604	6,4077	6,5345	6,6470	6,7494	6,8442	6,9333	7,0178
	V	1,201	76,856	......	83,205	89,220	94,830	100,17	105,32	110,33	115,26
2600	*U*	968,597	2601,5	......	2658,4	2711,7	2760,9	2807,4	2852,3	2896,1	2939,4
(226,04)	*H*	971,720	2801,4	......	2874,7	2943,6	3007,4	3067,9	3126,1	3183,0	3239,0
	S	2,5736	6,2387	......	6,3823	6,5110	6,6249	6,7281	6,8236	6,9131	6,9979
	V	1,205	74,025	......	79,698	85,575	91,036	96,218	101,21	106,07	110,83
2700	*U*	977,968	2601,8	......	2654,7	2708,8	2758,6	2805,6	2850,7	2894,8	2938,2
(228,07)	*H*	981,222	2801,7	......	2869,9	2939,8	3004,4	3065,4	3124,0	3181,2	3237,4
	S	2,5924	6,2244	......	6,3575	6,4882	6,6034	6,7075	6,8036	6,8935	6,9787
	V	1,209	71,389	......	76,437	82,187	87,510	92,550	97,395	102,10	106,71
2800	*U*	987,100	2602,1	......	2650,9	2705,9	2756,3	2803,7	2849,2	2893,4	2937,0
(230,05)	*H*	990,485	2802,0	......	2864,9	2936,0	3001,3	3062,8	3121,9	3179,3	3235,8
	S	2,6106	6,2104	......	6,3331	6,4659	6,5824	6,6875	6,7842	6,8746	6,9601
	V	1,213	68,928	......	73,395	79,029	84,226	89,133	93,843	98,414	102,88
2900	*U*	996,008	2602,3	......	2647,1	2702,9	2754,0	2801,8	2847,6	2892,0	2935,8
(231,97)	*H*	999,524	2802,2	......	2859,9	2932,1	2998,2	3060,3	3119,7	3177,4	3234,1
	S	2,6283	6,1969	......	6,3092	6,4441	6,5621	6,6681	6,7654	6,8563	6,9421
	V	1,216	66,626	......	70,551	76,078	81,159	85,943	90,526	94,969	99,310
3000	*U*	1004,7	2602,4	......	2643,2	2700,0	2751,6	2799,9	2846,0	2890,7	2934,6
(233,84)	*H*	1008,4	2802,3	......	2854,8	2928,2	2995,1	3057,7	3117,5	3175,6	3232,5
	S	2,6455	6,1837	......	6,2857	6,4228	6,5422	6,6491	6,7471	6,8385	6,9246
	V	1,220	64,467	......	67,885	73,315	78,287	82,958	87,423	91,745	95,965
3100	*U*	1013,2	2602,5	......	2639,2	2697,0	2749,2	2797,9	2844,3	2889,3	2933,4
(235,67)	*H*	1017,0	2802,3	......	2849,6	2924,2	2991,9	3055,1	3115,4	3173,7	3230,8
	S	2,6623	6,1709	......	6,2626	6,4019	6,5227	6,6307	6,7294	6,8212	6,9077
	V	1,224	62,439	......	65,380	70,721	75,593	80,158	84,513	88,723	92,829
3200	*U*	1021,5	2602,5	......	2635,2	2693,9	2746,8	2796,0	2842,7	2887,9	2932,1
(237,45)	*H*	1025,4	2802,3	......	2844,4	2920,2	2988,7	3052,5	3113,2	3171,8	3229,2
	S	2,6786	6,1585	......	6,2398	6,3815	6,5037	6,6127	6,7120	6,8043	6,8912
	V	1,227	60,529	......	63,021	68,282	73,061	77,526	81,778	85,883	89,883
3300	*U*	1029,7	2602,5	......	2631,1	2690,8	2744,4	2794,0	2841,1	2886,5	2930,9
(239,18)	*H*	1033,7	2802,3	......	2839,0	2916,1	2985,5	3049,9	3110,9	3169,9	3227,5
	S	2,6945	6,1463	......	6,2173	6,3614	6,4851	6,5951	6,6952	6,7879	6,8752
	V	1,231	58,728	......	60,796	65,982	70,675	75,048	79,204	83,210	87,110
3400	*U*	1037,6	2602,5	......	2626,9	2687,7	2741,9	2792,0	2839,4	2885,1	2929,7
(240,88)	*H*	1041,8	2802,1	......	2833,6	2912,0	2982,2	3047,2	3108,7	3168,0	3225,9
	S	2,7101	6,1344	......	61951	6,3416	6,4669	6,5779	6,6787	6,7719	6,8595
	V	1,235	57,025	......	58,693	63,812	68,424	72,710	76,776	80,689	84,494
3500	*U*	1045,4	2602,4	......	2622,7	2684,5	2739,5	2790,0	2837,8	2883,7	2928,4
(242,54)	*H*	1049,8	2802,0	......	2828,1	2907,8	2979,0	3044,5	3106,5	3166,1	3224,2
	S	2,7253	6,1228	......	6,1732	6,3221	6,4491	6,5611	6,6626	6,7563	6,8443
	V	1,238	55,415	......	56,702	61,759	66,297	70,501	74,482	78,308	82,024
3600	*U*	1053,1	2602,2	......	2618,4	2681,3	2737,0	2788,0	2836,1	2882,3	2927,2
(244,16)	*H*	1057,6	28017	......	2822,5	2903,6	2975,6	3041,8	3104,2	3164,2	3222,5
	S	2,7401	6,1115	......	61514	6,3030	6,4315	6,5446	6,6468	6,7411	6,8294
	V	1,242	53,888	......	54,812	59,814	64,282	68,410	72,311	76,055	79,687
3700	*U*	1060,6	2602,1	......	2614,0	2678,0	2734,4	2786,0	2834,4	2880,8	2926,0
(245,75)	*H*	1065,2	2801,4	......	2816,8	2899,3	2972,3	3039,1	3102,0	3162,2	3220,8
	S	2,7547	6,1004	......	6,1299	6,2841	6,4143	6,5284	6,6314	6,7262	6,8149
	V	1,245	52,438	......	53,017	57,968	62,372	66,429	70,254	73,920	77,473
3800	*U*	1068,0	2601,9	......	2609,5	2674,7	2731,9	2783,9	2832,7	2879,4	2924,7
(247,31)	*H*	1072,7	2801,1	......	2811,0	2895,0	2968,9	3036,4	3099,7	3160,3	3219,1
	S	2,7689	6,0896	......	6,1085	6,2654	6,3973	6,5126	6,6163	6,7117	6,8007
	V	1,249	51,061	......	51,308	56,215	60,558	64,547	68,302	71,894	75,372
3900	*U*	1075,3	2601,6	......	2605,0	2671,4	2729,3	2781,9	2831,0	2877,9	2923,5
(248,84)	*H*	1080,1	2800,8	......	2805,1	2890,6	2965,5	3033,6	3097,4	3158,3	3217,4
	S	2,7828	6,0789	......	6,0872	6,2470	6,3806	6,4970	6,6015	6,6974	6,7868
	V	1,252	49,749	......	54,546	58,833	62,759	66,446	69,969	73,376	
4000	*U*	1082,4	2601,3	......	2668,0	2726,7	2779,8	2829,3	2876,5	2922,2	
(250,33)	*H*	1087,4	2800,3	......	2886,1	2962,0	3030,8	3095,1	3156,4	3215,7	
	S	2,7965	6,0685	......	6,2288	6,3642	6,4817	6,5870	6,6834	6,7733	

TABELA E.2 Vapor d'Água Superaquecido (*continuação*)

				TEMPERATURA: t °C (TEMPERATURA: T kelvins)							
P/kPa (t^{sat}/°C)		líq. sat.	vap. sat.	425 (698.15)	450 (723.15)	475 (748.15)	500 (773.15)	525 (798.15)	550 (823.15)	600 (873.15)	650 (923.15)
2400 (221,78)	V	1,193	83,199	130,44	135,61	140,73	145,82	150,88	155,91	165,92	175,86
	U	949,066	2600,7	2984,5	3027,1	3069,9	3112,9	3156,1	3199,6	3287,7	3377,2
	H	951,929	2800,4	3297,5	3352,6	3407,7	3462,9	3518,2	3573,8	3685,9	3799,3
	S	2,5343	6,2690	7,1189	7,1964	7,2713	7,3439	7,4144	7,4830	7,6152	7,7414
2500 (223,94)	V	1,197	79,905	125,07	130,04	134,97	139,87	144,74	149,58	159,21	168,76
	U	958,969	2601,2	2983,4	3026,2	3069,0	3112,1	3155,4	3198,9	3287,1	3376,7
	H	961,962	2800,9	3296,1	3351,3	3406,5	3461,7	3517,2	3572,9	3685,1	3798,6
	S	2,5543	6,2536	7,0986	7,1763	7,2513	7,3240	7,3946	7,4633	7,5956	7,7220
2600 (226,04)	V	1,201	76,856	120,11	124,91	129,66	134,38	139,07	143,74	153,01	162,21
	U	968,597	2601,5	2982,3	3025,2	3068,1	3111,2	3154,6	3198,2	3286,5	3376,1
	H	971,720	2801,4	3294,6	3349,9	3405,3	3460,6	3516,2	3571,9	3684,3	3797,9
	S	2,5736	6,2387	7,0789	7,1568	7,2320	7,3048	7,3755	7,4443	7,5768	7,7033
2700 (228,07)	V	1,205	74,025	115,52	120,15	124,74	129,30	133,82	138,33	147,27	156,14
	U	977,968	2601,8	2981,2	3024,2	3067,2	3110,4	3153,8	3197,5	3285,8	3375,6
	H	981,222	2801,7	3293,1	3348,6	3404,0	3459,5	3515,2	3571,0	3683,5	3797,1
	S	2,5924	6,2244	7,0600	7,1381	7,2134	7,2863	7,3571	7,4260	7,5587	7,6853
2800 (230,05)	V	1,209	71,389	111,25	115,74	120,17	124,58	128,95	133,30	141,94	150,50
	U	987,100	2602,1	2980,2	3023,2	3066,3	3109,6	3153,1	3196,8	3285,2	3375,0
	H	990,485	2802,0	3291,7	3347,3	3402,8	3458,4	3514,1	3570,0	3682,6	3796,4
	S	2,6106	6,2104	7,0416	7,1199	7,1954	7,2685	7,3394	7,4084	7,5412	7,6679
2900 (231,97)	V	1,213	68,928	107,28	111,62	115,92	120,18	124,42	128,62	136,97	145,26
	U	996,008	2602,3	2979,1	3022,3	3065,5	3108,8	3152,3	3196,1	3284,6	3374,5
	H	999,524	2802,2	3290,2	3346,0	3401,6	3457,3	3513,1	3569,1	3681,8	3795,7
	S	2,6283	6,1969	7,0239	7,1024	7,1780	7,2512	7,3222	7,3913	7,5243	7,6511
3000 (233,84)	V	1,216	66,626	103,58	107,79	111,95	116,08	120,18	124,26	132,34	140,36
	U	1004,7	2602,4	2978,0	3021,3	3064,6	3107,9	3151,5	3195,4	3284,0	3373,9
	H	1008,4	2802,3	3288,7	3344,6	3400,4	3456,2	3512,1	3568,1	3681,0	3795,0
	S	2,6455	6,1837	7,0067	7,0854	7,1612	7,2345	7,3056	7,3748	7,5079	7,6349
3100 (235,67)	V	1,220	64,467	100,11	104,20	108,24	112,24	116,22	120,17	128,01	135,78
	U	1013,2	2602,5	2976,9	3020,3	3063,7	3107,1	3150,8	3194,7	3283,3	3373,4
	H	1017,0	2802,3	3287,3	3343,3	3399,2	3455,1	3511,0	3567,2	3680,2	3794,3
	S	2,6623	6,1709	6,9900	7,0689	7,1448	7,2183	7,2895	7,3588	7,4920	7,6191
3200 (237,45)	V	1,224	62,439	96,859	100,83	104,76	108,65	112,51	116,34	123,95	131,48
	U	1021,5	2602,5	2975,9	3019,3	3062,8	3106,3	3150,0	3193,9	3282,7	3372,8
	H	1025,4	2802,3	3285,8	3342,0	3398,0	3454,0	3510,0	3566,2	3679,3	3793,6
	S	2,6786	6,1585	6,9738	7,0528	7,1290	7,2026	7,2739	7,3433	7,4767	7,6039
3300 (239,18)	V	1,227	60,529	93,805	97,668	101,49	105,27	109,02	112,74	120,13	127,45
	U	1029,7	2602,5	2974,8	3018,3	3061,9	3105,5	3149,2	3193,2	3282,1	3372,3
	H	1033,7	2802,3	3284,3	3340,6	3396,8	3452,8	3509,0	3565,3	3678,5	3792,9
	S	2,6945	6,1463	6,9580	7,0373	7,1136	7,1873	7,2588	7,3282	7,4618	7,5891
3400 (240,88)	V	1,231	58,728	90,930	94,692	98,408	102,09	105,74	109,36	116,54	123,65
	U	1037,6	2602,5	2973,7	3017,4	3061,0	3104,6	3148,4	3192,5	3281,5	3371,7
	H	1041,8	2802,1	3282,8	3339,3	3395,5	3451,7	3507,9	3564,3	3677,7	3792,1
	S	2,7101	6,1344	6,9426	7,0221	7,0986	7,1724	7,2440	7,3136	7,4473	7,5747
3500 (242,54)	V	1,235	57,025	88,220	91,886	95,505	99,088	102,64	106,17	113,15	120,07
	U	1045,4	2602,4	2972,6	3016,4	3060,1	3103,8	3147,7	3191,8	3280,8	3371,2
	H	1049,8	2802,0	3281,3	3338,0	3394,3	3450,6	3506,9	3563,4	3676,9	3791,4
	S	2,7253	6,1228	6,9277	7,0074	7,0840	7,1580	7,2297	7,2993	7,4332	7,5607
3600 (244,16)	V	1,238	55,415	85,660	89,236	92,764	96,255	99,716	103,15	109,96	116,69
	U	1053,1	2602,2	2971,5	3015,4	3059,2	3103,0	3146,9	3191,1	3280,2	3370,6
	H	1057,6	2801,7	3279,8	3336,6	3393,1	3449,5	3505,9	3562,4	3676,1	3790,7
	S	2,7401	6,1115	6,9131	6,9930	7,0698	7,1439	7,2157	7,2854	7,4195	7,5471
3700 (245,75)	V	1,242	53,888	83,238	86,728	90,171	93,576	96,950	100,30	106,93	113,49
	U	1060,6	2602,1	2970,4	3014,4	3058,2	3102,1	3146,1	3190,4	3279,6	3370,1
	H	1065,2	2801,4	3278,4	3335,3	3391,9	3448,4	3504,9	3561,5	3675,2	3790,0
	S	2,7547	6,1004	6,8989	6,9790	7,0559	7,1302	7,2021	7,2719	7,4061	7,5339
3800 (247,31)	V	1,245	52,438	80,944	84,353	87,714	91,038	94,330	97,596	104,06	110,46
	U	1068,0	2601,9	2969,3	3013,4	3057,3	3101,3	3145,4	3189,6	3279,0	3369,5
	H	1072,7	2801,1	3276,8	3333,9	3390,7	3447,2	3503,8	3560,5	3674,4	3789,3
	S	2,7689	6,0896	6,8849	6,9653	7,0424	7,1168	7,1888	7,2587	7,3931	7,5210
3900 (248,84)	V	1,249	51,061	78,767	82,099	85,383	88,629	91,844	95,033	101,35	107,59
	U	1075,3	2601,6	2968,2	3012,4	3056,4	3100,5	3144,6	3188,9	3278,3	3369,0
	H	1080,1	2800,8	3275,3	3332,6	3389,4	3446,1	3502,8	3559,5	3673,6	3788,6
	S	2,7828	6,0789	6,8713	6,9519	7,0292	7,1037	7,1759	7,2459	7,3804	7,5084
4000 (250,33)	V	1,252	49,749	76,698	79,958	83,169	86,341	89,483	92,598	98,763	104,86
	U	1082,4	2601,3	2967,0	3011,4	3055,5	3099,6	3143,8	3188,2	3277,7	3368,4
	H	1087,4	2800,3	3273,8	3331,2	3388,2	3445,0	3501,7	3558,6	3672,8	3787,9
	S	2,7965	6,0685	6,8581	6,9388	7,0163	7,0909	7,1632	7,2333	7,3680	7,4961

TABELA E.2 Vapor d'Água Superaquecido (*continuação*)

P/kPa (t^{sat}/°C)		sat. liq.	sat. vap.	TEMPERATURA: *t* °C (TEMPERATURA: *T* kelvins) 260 (533,15)	275 (548,15)	300 (573,15)	325 (598,15)	350 (623,15)	375 (648,15)	400 (673,15)	425 (698,15)
	V	1,256	48,500	50,150	52,955	57,191	61,057	64,680	68,137	71,476	74,730
4100	*U*	1089,4	2601,0	2624,6	2664,5	2724,0	2777,7	2827,6	2875,0	2920,9	2965,9
(251,80)	*H*	1094,6	2799,9	2830,3	2881,6	2958,5	3028,0	3092,8	3154,4	3214,0	3272,3
	S	2,8099	6,0583	6,1157	6,2107	6,3480	6,4667	6,5727	6,6697	6,7600	6,8450
	V	1,259	47,307	48,654	51,438	55,625	59,435	62,998	66,392	69,667	72,856
4200	*U*	1096,3	2600,7	2620,4	2661,0	2721,4	2775,6	2825,8	2873,6	2919,7	2964,8
(253,24)	*H*	1101,6	2799,4	2824,8	2877,1	2955,0	3025,2	3090,4	3152,4	3212,3	3270,8
	S	2,8231	6,0482	6,0962	6,1929	6,3320	6,4519	6,5587	6,6563	6,7469	6,8323
	V	1,262	46,168	47,223	49,988	54,130	57,887	61,393	64,728	67,942	71,069
4300	*U*	1103,1	2600,3	2616,2	2657,5	2718,7	2773,4	2824,1	2872,1	2918,4	2963,7
(254,66)	*H*	1108,5	2798,9	2819,2	2872,4	2951,4	3022,3	3088,1	3150,4	3210,5	3269,3
	S	2,8360	6,0383	6,0768	6,1752	6,3162	6,4373	6,5450	6,6431	6,7341	6,8198
	V	1,266	45,079	45,853	48,601	52,702	56,409	59,861	63,139	66,295	69,363
4400	*U*	1109,8	2599,9	2611,8	2653,9	2716,0	2771,3	2822,3	2870,6	2917,1	2962,5
(256,05)	*H*	1115,4	2798,3	2813,6	2867,8	2947,8	3019,5	3085,7	3148,4	3208,8	3267,7
	S	2,8487	6,0286	6,0575	6,1577	6,3006	6,4230	6,5315	6,6301	6,7216	6,8076
	V	1,269	44,037	44,540	47,273	51,336	54,996	58,396	61,620	64,721	67,732
4500	*U*	1116,4	2599,5	2607,4	2650,3	2713,2	2769,1	2820,5	2869,1	2915,8	2961,4
(257,41)	*H*	1122,1	2797,7	2807,9	2863,0	2944,2	3016,6	3083,3	3146,4	3207,1	3266,2
	S	2,8612	6,0191	6,0382	6,1403	6,2852	6,4088	6,5182	6,6174	6,7093	6,7955
	V	1,272	43,038	43,278	46,000	50,027	53,643	56,994	60,167	63,215	66,172
4600	*U*	1122,9	2599,1	2602,9	2646,6	2710,4	2766,9	2818,7	2867,6	2914,5	2960,3
(258,75)	*H*	1128,8	2797,0	2802,0	2858,2	2940,5	3013,7	3080,9	3144,4	3205,3	3264,7
	S	2,8735	6,0097	6,0190	6,1230	6,2700	6,3949	6,5050	6,6049	6,6972	6,7838
	V	1,276	42,081	......	44,778	48,772	52,346	55,651	58,775	61,773	64,679
4700	*U*	1129,3	2598,6	......	2642,9	2707,6	2764,7	2816,9	2866,1	2913,2	2959,1
(260,07)	*H*	1135,3	2796,4	......	2853,3	2936,8	3010,7	3078,5	3142,3	3203,6	3263,1
	S	2,8855	6,0004	......	6,1058	6,2549	6,3811	6,4921	6,5926	6,6853	6,7722
	V	1,279	41,161	......	43,604	47,569	51,103	54,364	57,441	60,390	63,247
4800	*U*	1135,6	2598,1	......	2639,1	2704,8	2762,5	2815,1	2864,6	2911,9	2958,0
(261,37)	*H*	1141,8	2795,7	......	2848,4	2933,1	3007,8	3076,1	3140,3	3201,8	3261,6
	S	2,8974	5,9913	......	6,0887	6,2399	6,3675	6,4794	6,5805	6,6736	6,7608
	V	1,282	40,278	......	42,475	46,412	49,909	53,128	56,161	59,064	61,874
4900	*U*	1141,9	2597,6	......	2635,2	2701,9	2760,2	2813,3	2863,0	2910,6	2956,9
(262,65)	*H*	1148,2	2794,9	......	2843,3	2929,3	3004,8	3073,6	3138,2	3200,0	3260,0
	S	2,9091	5,9823	......	6,0717	6,2252	6,3541	6,4669	6,5685	6,6621	6,7496
	V	1,286	39,429	......	41,388	45,301	48,762	51,941	54,932	57,791	60,555
5000	*U*	1148,0	2597,0	......	2631,3	2699,0	2758,0	2811,5	2861,5	2909,3	2955,7
(263,91)	*H*	1154,5	2794,2	......	2838,2	2925,5	3001,8	3071,2	3136,2	3198,3	3258,5
	S	2,9206	5,9735	......	6,0547	6,2105	6,3408	6,4545	6,5568	6,6508	6,7386
	V	1,289	38,611	......	40,340	44,231	47,660	50,801	53,750	56,567	59,288
5100	*U*	1154,1	2596,5	......	2627,3	2696,1	2755,7	2809,6	2860,0	2908,0	2954,5
(265,15)	*H*	1160,7	2793,4	......	2833,1	2921,7	2998,7	3068,7	3134,1	3196,5	3256,9
	S	2,9319	5,9648	......	6,0378	6,1960	6,3277	6,4423	6,5452	6,6396	6,7278
	V	1,292	37,824	......	39,330	43,201	46,599	49,703	52,614	55,390	58,070
5200	*U*	1160,1	2595,9	......	2623,3	2693,1	2753,4	2807,8	2858,4	2906,7	2953,4
(266,37)	*H*	1166,8	2792,6	......	2827,8	2917,8	2995,7	3066,2	3132,0	3194,7	3255,4
	S	2,9431	5,9561	......	6,0210	6,1815	6,3147	6,4302	6,5338	6,6287	6,7172
	V	1,296	37,066	......	38,354	42,209	45,577	48,647	51,520	54,257	56,897
5300	*U*	1166,1	2595,3	......	2619,2	2690,1	2751,0	2805,9	2856,9	2905,3	2952,2
(267,58)	*H*	1172,9	2791,7	......	2822,5	2913,8	2992,6	3063,7	3129,9	3192,9	3253,8
	S	2,9541	5,9476	......	6,0041	6,1672	6,3018	6,4183	6,5225	6,6179	6,7067
	V	1,299	36,334	......	37,411	41,251	44,591	47,628	50,466	53,166	55,768
5400	*U*	1171,9	2594,6	......	2615,0	2687,1	2748,7	2804,0	2855,3	2904,0	2951,1
(268,76)	*H*	1178,9	2790,8	......	2817,0	2909,8	2989,5	3061,2	3127,8	3191,1	3252,2
	S	2,9650	5,9392	......	5,9873	6,1530	6,2891	6,4066	6,5114	6,6072	6,6963
	V	1,302	35,628	......	36,499	40,327	43,641	46,647	49,450	52,115	54,679
5500	*U*	1177,7	2594,0	......	2610,8	2684,0	2746,3	2802,1	2853,7	2902,7	2949,9
(269,93)	*H*	1184,9	2789,9	......	2811,5	2905,8	2986,4	3058,7	3125,7	3189,3	3250,6
	S	2,9757	5,9309	......	5,9705	6,1388	6,2765	6,3949	6,5004	6,5967	6,6862
	V	1,306	34,946	......	35,617	39,434	42,724	45,700	48,470	51,100	53,630
5600	*U*	1183,5	2593,3	......	2606,5	2680,9	2744,0	2800,2	2852,1	2901,3	2948,7
(271,09)	*H*	1190,8	2789,0	......	2805,9	2901,7	2983,2	3056,1	3123,6	3187,5	3249,0
	S	2,9863	5,9227	......	5,9537	6,1248	6,2640	6,3834	6,4896	6,5863	6,6761
	V	1,309	34,288	......	34,761	38,571	41,838	44,785	47,525	50,121	52,617
5700	*U*	1189,1	2592,6	......	2602,1	2677,8	2741,6	2798,3	2850,5	2899,9	2947,5
(272.22)	*H*	1196,6	2788,0	......	2800,2	2897,6	2980,0	3053,5	3121,4	3185,6	3247,5
	S	2,9968	5,9146	......	5,9369	6,1108	6,2516	6,3720	6,4789	6,5761	6,6663

TABELA E.2 Vapor d'Água Superaquecido (*continuação*)

				TEMPERATURA: *t* °C (TEMPERATURA: *T* kelvins)							
P/kPa (t^{sat}/°C)		líq. sat.	vap. sat.	450 (723,15)	475 (748,15)	500 (773,15)	525 (798,15)	550 (823,15)	575 (848,15)	600 (873,15)	650 (923,15)
	V	1,256	48,500	77,921	81,062	84,165	87,236	90,281	93,303	96,306	102,26
4100	*U*	1089,4	2601,0	3010,4	3054,6	3098,8	3143,0	3187,5	3232,1	3277,1	3367,9
(251,80)	*H*	1094,6	2799,9	3329,9	3387,0	3443,9	3500,7	3557,6	3614,7	3671,9	3787,1
	S	2,8099	6,0583	6,9260	7,0037	7,0785	7,1508	7,2210	7,2893	7,3558	7,4842
	V	1,259	47,307	75,981	79,056	82,092	85,097	88,075	91,030	93,966	99,787
4200	*U*	1096,3	2600,7	3009,4	3053,7	3097,9	3142,3	3186,8	3231,5	3276,5	3367,3
(253,24)	*H*	1101,6	2799,4	3328,5	3385,7	3442,7	3499,7	3556,7	3613,8	3671,1	3786,4
	S	2,8231	6,0482	6,9135	6,9913	7,0662	7,1387	7,2090	7,2774	7,3440	7,4724
	V	1,262	46,168	74,131	77,143	80,116	83,057	85,971	88,863	91,735	97,428
4300	*U*	1103,1	2600,3	3008,4	3052,8	3097,1	3141,5	3186,0	3230,8	3275,8	3366,8
(254,66)	*H*	1108,5	2798,9	3327,1	3384,5	3441,6	3498,6	3555,7	3612,9	3670,3	3785,7
	S	2,8360	6,0383	6,9012	6,9792	7,0543	7,1269	7,1973	7,2658	7,3324	7,4610
	V	1,266	45,079	72,365	75,317	78,229	81,110	83,963	86,794	89,605	95,177
4400	*U*	1109,8	2599,9	3007,4	3051,9	3096,3	3140,7	3185,3	3230,1	3275,2	3366,2
(256,05)	*H*	1115,4	2798,3	3325,8	3383,3	3440,5	3497,6	3554,7	3612,0	3669,5	3785,0
	S	2,8487	6,0286	6,8892	6,9674	7,0426	7,1153	7,1858	7,2544	7,3211	7,4498
	V	1,269	44,037	70,677	73,572	76,427	79,249	82,044	84,817	87,570	93,025
4500	*U*	1116,4	2599,5	3006,3	3050,9	3095,4	3139,9	3184,6	3229,5	3274,6	3365,7
(257,41)	*H*	1122,1	2797,7	3324,4	3382,0	3439,3	3496,6	3553,8	3611,1	3668,6	3784,3
	S	2,8612	6,0191	6,8774	6,9558	7,0311	7,1040	7,1746	7,2432	7,3100	7,4388
	V	1,272	43,038	69,063	71,903	74,702	77,469	80,209	82,926	85,623	90,967
4600	*U*	1122,9	2599,1	3005,3	3050,0	3094,6	3139,2	3183,9	3228,8	3273,9	3365,1
(258,75)	*H*	1128,8	2797,0	3323,0	3380,8	3438,2	3495,5	3552,8	3610,2	3667,8	3783,6
	S	2,8735	6,0097	6,8659	6,9444	7,0199	7,0928	7,1636	7,2323	7,2991	7,4281
	V	1,276	42,081	67,517	70,304	73,051	75,765	78,452	81,116	83,760	88,997
4700	*U*	1129,3	2598,6	3004,3	3049,1	3093,7	3138,4	3183,1	3228,1	3273,3	3364,6
(260,07)	*H*	1135,3	2796,4	3321,6	3379,5	3437,1	3494,5	3551,9	3609,3	3667,0	3782,9
	S	2,8855	6,0004	6,8545	6,9332	7,0089	7,0819	7,1527	7,2215	7,2885	7,4176
	V	1,279	41,161	66,036	68,773	71,469	74,132	76,768	79,381	81,973	87,109
4800	*U*	1135,6	2598,1	3003,3	3048,2	3092,9	3137,6	3182,4	3227,4	3272,7	3364,0
(261,37)	*H*	1141,8	2795,7	3320,3	3378,3	3435,9	3493,4	3550,9	3608,5	3666,2	3782,1
	S	2,8974	5,9913	6,8434	6,9223	6,9981	7,0712	7,1422	7,2110	7,2781	7,4072
	V	1,282	40,278	64,615	67,303	69,951	72,565	75,152	77,716	80,260	85,298
4900	*U*	1141,9	2597,6	3002,3	3047,2	3092,0	3136,8	3181,7	3226,8	3272,0	3363,5
(262,65)	*H*	1148,2	2794,9	3318,9	3377,0	3434,8	3492,4	3549,9	3607,6	3665,3	3781,4
	S	2,9091	5,9823	6,8324	6,9115	6,9874	7,0607	7,1318	7,2007	7,2678	7,3971
	V	1,286	39,429	63,250	65,893	68,494	71,061	73,602	76,119	78,616	83,559
5000	*U*	1148,0	2597,0	3001,2	3046,3	3091,2	3136,0	3181,0	3226,1	3271,4	3362,9
(263,91)	*H*	1154,5	2794,2	3317,5	3375,8	3433,7	3491,3	3549,0	3606,7	3664,5	3780,7
	S	2,9206	5,9735	6,8217	6,9009	6,9770	7,0504	7,1215	7,1906	7,2578	7,3872
	V	1,289	38,611	61,940	64,537	67,094	69,616	72,112	74,584	77,035	81,888
5100	*U*	1154,1	2596,5	3000,2	3045,4	3090,3	3135,3	3180,2	3225,4	3270,8	3362,4
(265,15)	*H*	1160,7	2793,4	3316,1	3374,5	3432,5	3490,3	3548,0	3605,8	3663,7	3780,0
	S	2,9319	5,9648	6,8111	6,8905	6,9668	7,0403	7,1115	7,1807	7,2479	7,3775
	V	1,292	37,824	60,679	63,234	65,747	68,227	70,679	73,108	75,516	80,282
5200	*U*	1160,1	2595,9	2999,2	3044,5	3089,5	3134,5	3179,5	3224,7	3270,2	3361,8
(266,37)	*H*	1166,8	2792,6	3314,7	3373,3	3431,4	3489,3	3547,1	3604,9	3662,8	3779,3
	S	2,9431	5,9561	6,8007	6,8803	6,9567	7,0304	7,1017	7,1709	7,2382	7,3679
	V	1,296	37,066	59,466	61,980	64,452	66,890	69,300	71,687	74,054	78,736
5300	*U*	1166,1	2595,3	2998,2	3043,5	3088,6	3133,7	3178,8	3224,1	3269,5	3361,3
(267,58)	*H*	1172,9	2791,7	3313,3	3372,0	3430,2	3488,2	3546,1	3604,0	3662,0	3778,6
	S	2,9541	5,9476	6,7905	6,8703	6,9468	7,0206	7,0920	7,1613	7,2287	7,3585
	V	1,299	36,334	58,297	60,772	63,204	65,603	67,973	70,320	72,646	77,248
5400	*U*	1171,9	2594,6	2997,1	3042,6	3087,8	3132,9	3178,1	3223,4	3268,9	3360,7
(268,93)	*H*	1178,9	2790,8	3311,9	3370,8	3429,1	3487,2	3545,1	3603,1	3661,2	3777,8
	S	2,9650	5,9392	6,7804	6,8604	6,9371	7,0110	7,0825	7,1519	7,2194	7,3493
	V	1,302	35,628	57,171	59,608	62,002	64,362	66,694	69,002	71,289	75,814
5500	*U*	1177,7	2594,0	2996,1	3041,7	3086,9	3132,1	3177,3	3222,7	3268,3	3360,2
(269,93)	*H*	1184,9	2789,9	3310,5	3369,5	3427,9	3486,1	3544,2	3602,2	3660,4	3777,1
	S	2,9757	5,9309	6,7705	6,8507	6,9275	7,0015	7,0731	7,1426	7,2102	7,3402
	V	1,306	34,946	56,085	58,486	60,843	63,165	65,460	67,731	69,981	74,431
5600	*U*	1183,5	2593,3	2995,0	3040,7	3086,1	3131,3	3176,6	3222,0	3267,6	3359,6
(271,09)	*H*	1190,8	2789,0	3309,1	3368,2	3426,8	3485,1	3543,2	3601,3	3659,5	3776,4
	S	2,9863	5,9227	6,7607	6,8411	6,9181	6,9922	7,0639	7,1335	7,2011	7,3313
	V	1,309	34,288	55,038	57,403	59,724	62,011	64,270	66,504	68,719	73,096
5700	*U*	1189,1	2592,6	2994,0	3039,8	3085,2	3130,5	3175,9	3221,3	3267,0	3359,1
(272,22)	*H*	1196,6	2788,0	3307,7	3367,0	3425,6	3484,0	3542,2	3600,4	3658,7	3775,7
	S	2,9968	5,9146	6,7511	6,8316	6,9088	6,9831	7,0549	7,1245	7,1923	7,3226

TABELA E.2 Vapor d'Água Superaquecido (*continuação*)

P/kPa (t^{sat}/°C)		líq. sat.	vap. sat.	TEMPERATURA: *t* °C (TEMPERATURA: *T* kelvins) 280 (553,15)	290 (563,15)	300 (573,15)	325 (598,15)	350 (623,15)	375 (648,15)	400 (673,15)	425 (698,15)
5800 (273,35)	*V*	1,312	33,651	34,756	36,301	37,736	40,982	43,902	46,611	49,176	51,638
	U	1194,7	2591,9	2614,4	2645,7	2674,6	2739,1	2796,3	2848,9	2898,6	2946,4
	H	1202,3	2787,0	2816,0	2856,3	2893,5	2976,8	3051,0	3119,3	3183,8	3245,9
	S	3,0071	5,9066	5,9592	6,0314	6,0969	6,2393	6,3608	6,4683	6,5660	6,6565
5900 (274,46)	*V*	1,315	33,034	33,953	35,497	36,928	40,154	43,048	45,728	48,262	50,693
	U	1200,3	2591,1	2610,2	2642,1	2671,4	2736,7	2794,4	2847,3	2897,2	2945,2
	H	1208,0	2786,0	2810,5	2851,5	2889,3	2973,6	3048,4	3117,1	3182,0	3244,3
	S	3,0172	5,8986	5,9431	6,0166	6,0830	6,2272	6,3496	6,4578	6,5560	6,6469
6000 (275,55)	*V*	1,319	32,438	33,173	34,718	36,145	39,353	42,222	44,874	47,379	49,779
	U	1205,8	2590,4	2605,9	2638,4	2668,1	2734,2	2792,4	2845,7	2895,8	2944,0
	H	1213,7	2785,0	2804,9	2846,7	2885,0	2970,4	3045,8	3115,0	3180,1	3242,6
	S	3,0273	5,8908	5,9270	6,0017	6,0692	6,2151	6,3386	6,4475	6,5462	6,6374
6100 (276,63)	*V*	1,322	31,860	32,415	33,962	35,386	38,577	41,422	44,048	46,524	48,895
	U	1211,2	2589,6	2601,5	2634,6	2664,8	2731,7	2790,4	2844,1	2894,5	2942,8
	H	1219,3	2783,9	2799,3	2841,8	2880,7	2967,1	3043,1	3112,8	3178,3	3241,0
	S	3,0372	5,8830	5,9108	5,9869	6,0555	6,2031	6,3277	6,4373	6,5364	6,6280
6200 (277,70)	*V*	1,325	31,300	31,679	33,227	34,650	37,825	40,648	43,248	45,697	48,039
	U	1216,6	2588,8	2597,1	2630,8	2661,5	2729,2	2788,5	2842,4	2893,1	2941,6
	H	1224,8	2782,9	2793,5	2836,8	2876,3	2963,8	3040,5	3110,6	3176,4	3239,4
	S	3,0471	5,8753	5,8946	5,9721	6,0418	6,1911	6,3168	6,4272	6,5268	6,6188
6300 (278,75)	*V*	1,328	30,757	30,962	32,514	33,935	37,097	39,898	42,473	44,895	47,210
	U	1221,9	2588,0	2592,6	2626,9	2658,1	2726,7	2786,5	2840,8	2891,7	2940,4
	H	1230,3	2781,8	2787,6	2831,7	2871,9	2960,4	3037,8	3108,4	3174,5	3237,8
	S	3,0568	5,8677	5,8783	5,9573	6,0281	6,1793	6,3061	6,4172	6,5173	6,6096
6400 (279,79)	*V*	1,332	30,230	30,265	31,821	33,241	36,390	39,170	41,722	44,119	46,407
	U	1227,2	2587,2	2587,9	2623,0	2654,7	2724,2	2784,4	2839,1	2890,3	2939,2
	H	1235,7	2780,6	2781,6	2826,6	2867,5	2957,1	3035,1	3106,2	3172,7	3236,2
	S	3,0664	5,8601	5,8619	5,9425	6,0144	6,1675	6,2955	6,4072	6,5079	6,6006
6500 (280,82)	*V*	1,335	29,719	......	31,146	32,567	35,704	38,465	40,994	43,366	45,629
	U	1232,5	2586,3	......	2619,0	2651,2	2721,6	2782,4	2837,5	2888,9	2938,0
	H	1241,1	2779,5	......	2821,4	2862,9	2953,7	3032,4	3103,9	3170,8	3234,5
	S	3,0759	5,8527	......	5,9277	6,0008	6,1558	6,2849	6,3974	6,4986	6,5917
6600 (281,84)	*V*	1,338	29,223	......	30,490	31,911	35,038	37,781	40,287	42,636	44,874
	U	1237,6	2585,5	......	2614,9	2647,7	2719,0	2780,4	2835,8	2887,5	2936,7
	H	1246,5	2778,3	......	2816,1	2858,4	2950,2	3029,7	3101,7	3168,9	3232,9
	S	3,0853	5,8452	......	5,9129	5,9872	6,1442	6,2744	6,3877	6,4894	6,5828
6700 (282,84)	*V*	1,342	28,741	......	29,850	31,273	34,391	37,116	39,601	41,927	44,141
	U	1242,8	2584,6	......	2610,8	2644,2	2716,4	2778,3	2834,1	2886,1	2935,5
	H	1251,8	2777,1	......	2810,8	2853,7	2946,8	3027,0	3099,5	3167,0	3231,3
	S	3,0946	5,8379	......	5,8980	5,9736	6,1326	6,2640	6,3781	6,4803	6,5741
6800 (283,84)	*V*	1,345	28,272	......	29,226	30,652	33,762	36,470	38,935	41,239	43,430
	U	1247,9	2583,7	......	2606,6	2640,6	2713,7	2776,2	2832,4	2884,7	2934,3
	H	1257,0	2775,9	......	2805,3	2849,0	2943,3	3024,2	3097,2	3165,1	3229,6
	S	3,1038	5,8306	......	5,8830	5,9599	6,1211	6,2537	6,3686	6,4713	6,5655
7000 (285,79)	*V*	1,351	27,373	......	28,024	29,457	32,556	35,233	37,660	39,922	42,068
	U	1258,0	2581,8	......	2597,9	2633,2	2708,4	2772,1	2829,0	2881,8	2931,8
	H	1267,4	2773,5	......	2794,1	2839,4	2936,3	3018,7	3092,7	3161,2	3226,3
	S	3,1219	5,8162	......	5,8530	5,9327	6,0982	6,2333	6,3497	6,4536	6,5485
7200 (287,70)	*V*	1,358	26,522	......	26,878	28,321	31,413	34,063	36,454	38,676	40,781
	U	1267,9	2579,9	......	2589,0	2625,6	2702,9	2767,8	2825,6	2878,9	2929,4
	H	1277,6	2770,9	......	2782,5	2829,5	2929,1	3013,1	3088,1	3157,4	3223,0
	S	3,1397	5,8020	......	5,8226	5,9054	6,0755	6,2132	6,3312	6,4362	6,5319
7400 (289,57)	*V*	1,364	25,715	......	25,781	27,238	30,328	32,954	35,312	37,497	39,564
	U	1277,6	2578,0	......	2579,7	2617,8	2697,3	2763,5	2822,1	2876,0	2926,9
	H	1287,7	2768,3	......	2770,5	2819,3	2921,8	3007,4	3083,4	3153,5	3219,6
	S	3,1571	5,7880	......	5,7919	5,8779	6,0530	6,1933	6,3130	6,4190	6,5156
7600 (291,41)	*V*	1,371	24,949	......	......	26,204	29,297	31,901	34,229	36,380	38,409
	U	1287,2	2575,9	......	......	2609,7	2691,7	2759,2	2818,6	2873,1	2924,3
	H	1297,6	2765,5	......	......	2808,8	2914,3	3001,6	3078,7	3149,6	3216,3
	S	3,1742	5,7742	......	......	5,8503	6,0306	6,1737	6,2950	6,4022	6,4996
7800 (293,21)	*V*	1,378	24,220	......	......	25,214	28,315	30,900	33,200	35,319	37,314
	U	1296,7	2573,8	......	......	2601,3	2685,9	2754,8	2815,1	2870,1	2921,8
	H	1307,4	2762,8	......	......	2798,0	2906,7	2995,8	3074,0	3145,6	3212,9
	S	3,1911	5,7605	......	......	5,8224	6,0082	6,1542	6,2773	6,3857	6,4839
8000 (294,97)	*V*	1,384	23,525	......	......	24,264	27,378	29,948	32,222	34,310	36,273
	U	1306,0	2571,7	......	......	2592,7	2679,9	2750,3	2811,5	2867,1	2919,3
	H	1317,1	2759,9	......	......	2786,8	2899,0	2989,9	3069,2	3141,6	3209,5
	S	3,2076	5,7471	......	......	5,7942	5,9860	6,1349	6,2599	6,3694	6,4684

TABELA E.2 Vapor d'Água Superaquecido (*continuação*)

P/kPa (t^{sat}/°C)		líq. sat.	vap. sat.	TEMPERATURA: *t* °C (TEMPERATURA: *T* kelvins) 450 (723,15)	475 (748,15)	500 (773,15)	525 (798,15)	550 (823,15)	575 (848,15)	600 (873,15)	650 (923,15)
5800 (273,35)	*V*	1,312	33,651	54,026	56,357	58,644	60,896	63,120	65,320	67,500	71,807
	U	1194,7	2591,9	2992,9	3038,8	3084,4	3129,8	3175,2	3220,7	3266,4	3358,5
	H	1202,3	2787,0	3306,3	3365,7	3424,5	3483,0	3541,2	3599,5	3657,9	3775,0
	S	3,0071	5,9066	6,7416	6,8223	6,8996	6,9740	7,0460	7,1157	7,1835	7,3139
5900 (274,46)	*V*	1,315	33,034	53,048	55,346	57,600	59,819	62,010	64,176	66,322	70,563
	U	1200,3	2591,1	2991,9	3037,9	3083,5	3129,0	3174,4	3220,0	3265,7	3357,9
	H	1208,0	2786,0	3304,9	3364,4	3423,3	3481,9	3540,3	3598,6	3657,0	3774,3
	S	3,0172	5,8986	6,7322	6,8132	6,8906	6,9652	7,0372	7,1070	7,1749	7,3054
6000 (275,55)	*V*	1,319	32,438	52,103	54,369	56,592	58,778	60,937	63,071	65,184	69,359
	U	1205,8	2590,4	2990,8	3036,9	3082,6	3128,2	3173,7	3219,3	3265,1	3357,4
	H	1213,7	2785,0	3303,5	3363,2	3422,2	3480,8	3539,3	3597,7	3656,2	3773,5
	S	3,0273	5,8908	6,7230	6,8041	6,8818	6,9564	7,0285	7,0985	7,1664	7,2971
6100 (276,63)	*V*	1,322	31,860	51,189	53,424	55,616	57,771	59,898	62,001	64,083	68,196
	U	1211,2	2589,6	2989,8	3036,0	3081,8	3127,4	3173,0	3218,6	3264,5	3356,8
	H	1219,3	2783,9	3302,0	3361,9	3421,0	3479,8	3538,3	3596,8	3655,4	3772,8
	S	3,0372	5,8830	6,7139	6,7952	6,8730	6,9478	7,0200	7,0900	7,1581	7,2889
6200 (277,70)	*V*	1,325	31,300	50,304	52,510	54,671	56,797	58,894	60,966	63,018	67,069
	U	1216,6	2588,8	2988,7	3035,0	3080,9	3126,6	3172,2	3218,0	3263,8	3356,3
	H	1224,8	2782,9	3300,6	3360,6	3419,9	3478,7	3537,4	3595,9	3654,5	3772,1
	S	3,0471	5,8753	6,7049	6,7864	6,8644	6,9393	7,0116	7,0817	7,1498	7,2808
6300 (278,75)	*V*	1,328	30,757	49,447	51,624	53,757	55,853	57,921	59,964	61,986	65,979
	U	1221,9	2588,0	2987,7	3034,1	3080,1	3125,8	3171,5	3217,3	3263,2	3355,7
	H	1230,3	2781,8	3299,2	3359,3	3418,7	3477,7	3536,4	3595,0	3653,7	3771,4
	S	3,0568	5,8677	6,6960	6,7778	6,8559	6,9309	7,0034	7,0735	7,1417	7,2728
6400 (279,79)	*V*	1,332	30,230	48,617	50,767	52,871	54,939	56,978	58,993	60,987	64,922
	U	1227,2	2587,2	2986,6	3033,1	3079,2	3125,0	3170,8	3216,6	3262,6	3355,2
	H	1235,7	2780,6	3297,7	3358,0	3417,6	3476,6	3535,4	3594,1	3652,9	3770,7
	S	3,0664	5,8601	6,6872	6,7692	6,8475	6,9226	6,9952	7,0655	7,1337	7,2649
6500 (280,82)	*V*	1,335	29,719	47,812	49,935	52,012	54,053	56,065	58,052	60,018	63,898
	U	1232,5	2586,3	2985,5	3032,2	3078,3	3124,2	3170,0	3215,9	3261,9	3354,6
	H	1241,1	2779,5	3296,3	3356,8	3416,4	3475,6	3534,4	3593,2	3652,1	3770,0
	S	3,0759	5,8527	6,6786	6,7608	6,8392	6,9145	6,9871	7,0575	7,1258	7,2572
6600 (281,84)	*V*	1,338	29,223	47,031	49,129	51,180	53,194	55,179	57,139	59,079	62,905
	U	1237,6	2585,5	2984,5	3031,2	3077,4	3123,4	3169,3	3215,2	3261,3	3354,1
	H	1246,5	2778,3	3294,9	3355,5	3415,2	3474,5	3533,5	3592,3	3651,2	3769,2
	S	3,0853	5,8452	6,6700	6,7524	6,8310	6,9064	6,9792	7,0497	7,1181	7,2495
6700 (282,84)	*V*	1,342	28,741	46,274	48,346	50,372	52,361	54,320	56,254	58,168	61,942
	U	1242,8	2584,6	2983,4	3030,3	3076,6	3122,6	3168,6	3214,5	3260,7	3353,5
	H	1251,8	2777,1	3293,4	3354,2	3414,1	3473,4	3532,5	3591,4	3650,4	3768,5
	S	3,0946	5,8379	6,6616	6,7442	6,8229	6,8985	6,9714	7,0419	7,1104	7,2420
6800 (283,84)	*V*	1,345	28,272	45,539	47,587	49,588	51,552	53,486	55,395	57,283	61,007
	U	1247,9	2583,7	2982,3	3029,3	3075,7	3121,8	3167,8	3213,9	3260,0	3353,0
	H	1257,0	2775,9	3292,0	3352,9	3412,9	3472,4	3531,5	3590,5	3649,6	3767,8
	S	3,1038	5,8306	6,6532	6,7361	6,8150	6,8907	6,9636	7,0343	7,1028	7,2345
7000 (285,79)	*V*	1,351	27,373	44,131	46,133	48,086	50,003	51,889	53,750	55,590	59,217
	U	1258,0	2581,8	2980,1	3027,4	3074,0	3120,2	3166,3	3212,5	3258,8	3351,9
	H	1267,4	2773,5	3289,1	3350,3	3410,6	3470,2	3529,6	3588,7	3647,9	3766,4
	S	3,1219	5,8162	6,6368	6,7201	6,7993	6,8753	6,9485	7,0193	7,0880	7,2200
7200 (287,70)	*V*	1,358	26,522	42,802	44,759	46,668	48,540	50,381	52,197	53,991	57,527
	U	1267,9	2579,9	2978,0	3025,4	3072,2	3118,6	3164,9	3211,1	3257,5	3350,7
	H	1277,6	2770,9	3286,1	3347,7	3408,2	3468,1	3527,6	3586,9	3646,2	3764,9
	S	3,1397	5,8020	6,6208	6,7044	6,7840	6,8602	6,9337	7,0047	7,0735	7,2058
7400 (289,57)	*V*	1,364	25,715	41,544	43,460	45,327	47,156	48,954	50,727	52,478	55,928
	U	1277,6	2578,0	2975,8	3023,5	3070,4	3117,0	3163,4	3209,8	3256,2	3349,6
	H	1287,7	2768,3	3283,2	3345,1	3405,9	3466,0	3525,7	3585,1	3644,5	3763,5
	S	3,1571	5,7880	6,6050	6,6892	6,7691	6,8456	6,9192	6,9904	7,0594	7,1919
7600 (291,41)	*V*	1,371	24,949	40,351	42,228	44,056	45,845	47,603	49,335	51,045	54,413
	U	1287,2	2575,9	2973,6	3021,5	3068,7	3115,4	3161,9	3208,4	3254,9	3348,5
	H	1297,6	2765,5	3280,3	3342,5	3403,5	3463,8	3523,7	3583,3	3642,9	3762,1
	S	3,1742	5,7742	6,5896	6,6742	6,7545	6,8312	6,9051	6,9765	7,0457	7,1784
7800 (293,21)	*V*	1,378	24,220	39,220	41,060	42,850	44,601	46,320	48,014	49,686	52,976
	U	1296,7	2573,8	2971,4	3019,6	3066,9	3113,8	3160,4	3207,0	3253,7	3347,4
	H	1307,4	2762,8	3277,3	3339,8	3401,1	3461,7	3521,7	3581,5	3641,2	3760,6
	S	3,1911	5,7605	6,5745	6,6596	6,7402	6,8172	6,8913	6,9629	7,0322	7,1652
8000 (294,97)	*V*	1,384	23,525	38,145	39,950	41,704	43,419	45,102	46,759	48,394	51,611
	U	1306,0	2571,7	2969,2	3017,6	3065,1	3112,2	3158,9	3205,6	3252,4	3346,3
	H	1317,1	2759,9	3274,3	3337,2	3398,8	3459,5	3519,7	3579,7	3639,5	3759,2
	S	3,2076	5,7471	6,5597	6,6452	6,7262	6,8035	6,8778	6,9496	7,0191	7,1523

TABELA E.2 Vapor d'Água Superaquecido (*continuação*)

P/kPa (t^{sat}/°C)		líq. sat.	vap. sat.	TEMPERATURA: *t* °C (TEMPERATURA: *T* kelvins) 300 (573,15)	320 (593,15)	340 (613,15)	360 (633,15)	380 (653,15)	400 (673,15)	425 (698,15)	450 (723,15)
8200 (296,70)	*V*	1,391	22,863	23,350	25,916	28,064	29,968	31,715	33,350	35,282	37,121
	U	1315,2	2569,5	2583,7	2657,7	2718,5	2771,5	2819,5	2864,1	2916,7	2966,9
	H	1326,6	2757,0	2775,2	2870,2	2948,6	3017,2	3079,5	3137,6	3206,0	3271,3
	S	3,2239	5,7338	5,7656	5,9288	6,0588	6,1689	6,2659	6,3534	6,4532	6,5452
8400 (298,39)	*V*	1,398	22,231	22,469	25,058	27,203	29,094	30,821	32,435	34,337	36,147
	U	1324,3	2567,2	2574,4	2651,1	2713,4	2767,3	2816,0	2861,1	2914,1	2964,7
	H	1336,1	2754,0	2763,1	2861,6	2941,9	3011,7	3074,8	3133,5	3202,6	3268,3
	S	3,2399	5,7207	5,7366	5,9056	6,0388	6,1509	6,2491	6,3376	6,4383	6,5309
8600 (300,06)	*V*	1,404	21,627	......	24,236	26,380	28,258	29,968	31,561	33,437	35,217
	U	1333,3	2564,9	......	2644,3	2708,1	2763,1	2812,4	2858,0	2911,5	2962,4
	H	1345,4	2750,9	......	2852,7	2935,0	3006,1	3070,1	3129,4	3199,1	3265,3
	S	3,2557	5,7076	......	5,8823	6,0189	6,1330	6,2326	6,3220	6,4236	6,5168
8800 (301,70)	*V*	1,411	21,049	......	23,446	25,592	27,459	29,153	30,727	32,576	34,329
	U	1342,2	2562,6	......	2637,3	2702,8	2758,8	2808,8	2854,9	2908,9	2960,1
	H	1354,6	2747,8	......	2843,6	2928,0	3000,4	3065,3	3125,3	3195,6	3262,2
	S	3,2713	5,6948	......	5,8590	5,9990	6,1152	6,2162	6,3067	6,4092	6,5030
9000 (303,31)	*V*	1,418	20,495	......	22,685	24,836	26,694	28,372	29,929	31,754	33,480
	U	1351,0	2560,1	......	2630,1	2697,4	2754,4	2805,2	2851,8	2906,3	2957,8
	H	1363,7	2744,6	......	2834,3	2920,9	2994,7	3060,5	3121,2	3192,0	3259,2
	S	3,2867	5,6820	......	5,8355	5,9792	6,0976	6,2000	6,2915	6,3949	6,4894
9200 (304,89)	*V*	1,425	19,964	......	21,952	24,110	25,961	27,625	29,165	30,966	32,668
	U	1359,7	2557,7	......	2622,7	2691,9	2750,0	2801,5	2848,7	2903,6	2955,5
	H	1372,8	2741,3	......	2824,7	2913,7	2988,9	3055,7	3117,0	3188,5	3256,1
	S	3,3018	5,6694	......	5,8118	5,9594	6,0801	6,1840	6,2765	6,3808	6,4760
9400 (306,44)	*V*	1,432	19,455	......	21,245	23,412	25,257	26,909	28,433	30,212	31,891
	U	1368,2	2555,2	......	2615,1	2686,3	2745,6	2797,8	2845,5	2900,9	2953,2
	H	1381,7	2738,0	......	2814,8	2906,3	2983,0	3050,7	3112,8	3184,9	3253,0
	S	3,3168	5,6568	......	5,7879	5,9397	6,0627	6,1681	6,2617	6,3669	6,4628
9600 (307,97)	*V*	1,439	18,965	......	20,561	22,740	24,581	26,221	27,731	29,489	31,145
	U	1376,7	2552,6	......	2607,3	2680,5	2741,0	2794,1	2842,3	2898,2	2950,9
	H	1390,6	2734,7	......	2804,7	2898,8	2977,0	3045,8	3108,5	3181,3	3249,9
	S	3,3315	5,6444	......	5,7637	5,9199	6,0454	6,1524	6,2470	6,3532	6,4498
9800 (309,48)	*V*	1,446	18,494	......	19,899	22,093	23,931	25,561	27,056	28,795	30,429
	U	1385,2	2550,0	......	2599,2	2674,7	2736,4	2790,3	2839,1	2895,5	2948,6
	H	1399,3	2731,2	......	2794,3	2891,2	2971,0	3040,8	3104,2	3177,7	3246,8
	S	3,3461	5,6321	......	5,7393	5,9001	6,0282	6,1368	6,2325	6,3397	6,4369
10000 (310,96)	*V*	1,453	18,041	......	19,256	21,468	23,305	24,926	26,408	28,128	29,742
	U	1393,5	2547,3	......	2590,9	2668,7	2731,8	2786,4	2835,8	2892,8	2946,2
	H	1408,0	2727,7	......	2783,5	2883,4	2964,8	3035,7	3099,9	3174,1	3243,6
	S	3,3605	5,6198	......	5,7145	5,8803	6,0110	6,1213	6,2182	6,3264	6,4243
10200 (312,42)	*V*	1,460	17,605	......	18,632	20,865	22,702	24,315	25,785	27,487	29,081
	U	1401,8	2544,6	......	2582,3	2662,6	2727,0	2782,6	2832,6	2890,0	2943,9
	H	1416,7	2724,2	......	2772,3	2875,4	2958,6	3030,6	3095,6	3170,4	3240,5
	S	3,3748	5,6076	......	5,6894	5,8604	5,9940	6,1059	6,2040	6,3131	6,4118
10400 (313,86)	*V*	1,467	17184	......	18,024	20,282	22,121	23,726	25,185	26,870	28,446
	U	1410,0	25418	......	2573,4	2656,3	2722,2	2778,7	2829,3	2887,3	2941,5
	H	1425,2	2720,6	......	2760,8	2867,2	2952,3	3025,4	3091,2	3166,7	3237,3
	S	3,3889	5,5955	......	5,6638	5,8404	5,9769	6,0907	6,1899	6,3001	6,3994
10600 (315,27)	*V*	1,474	16,778	......	17,432	19,717	21,560	23,159	24,607	26,276	27,834
	U	1418,1	2539,0	......	2564,1	2649,9	2717,4	2774,7	2825,9	2884,5	2939,1
	H	1433,7	2716,9	......	2748,9	2858,9	2945,9	3020,2	3086,8	3163,0	3234,1
	S	3,4029	5,5835	......	5,6376	5,8203	5,9599	6,0755	6,1759	6,2872	6,3872
10800 (316,67)	*V*	1,481	16,385	......	16,852	19,170	21,018	22,612	24,050	25,703	27,245
	U	1426,2	2536,2	......	2554,5	2643,4	2712,4	2770,7	2822,6	2881,7	2936,7
	H	1442,2	2713,1	......	2736,5	2850,4	2939,4	3014,9	3082,3	3159,3	3230,9
	S	3,4167	5,5715	......	5,6109	5,8000	5,9429	6,0604	6,1621	6,2744	6,3752
11000 (318,05)	*V*	1,489	16,006	......	16,285	18,639	20,494	22,083	23,512	25,151	26,676
	U	1434,2	2533,2	......	2544,4	2636,7	2707,4	2766,7	2819,2	2878,9	2934,3
	H	1450,6	2709,3	......	2723,5	2841,7	2932,8	3009,6	3077,8	3155,5	3227,7
	S	3,4304	5,5595	......	5,5835	5,7797	5,9259	6,0454	6,1483	6,2617	6,3633
11200 (319,40)	*V*	1,496	15,639	......	15,726	18,124	19,987	21,573	22,993	24,619	26,128
	U	1442,1	2530,3	......	2533,8	2629,8	2702,2	2762,6	2815,8	2876,0	2931,8
	H	1458,9	2705,4	......	2710,0	2832,8	2926,1	3004,2	3073,3	3151,7	3224,5
	S	3,4440	5,5476	......	5,5553	5,7591	5,9090	6,0305	6,1347	6,2491	6,3515
11400 (320,74)	*V*	1,504	15,284	......	,,,,,,	17,622	19,495	21,079	22,492	24,104	25,599
	U	1450,0	2527,2	......	,,,,,,	2622,7	2697,0	2758,4	2812,3	2873,1	2929,4
	H	1467,2	2701,5	......	,,,,,,	2823,6	2919,3	2998,7	3068,7	3147,9	3221,2
	S	3,4575	5,5357	......	,,,,,,	5,7383	5,8920	6,0156	6,1211	6,2367	6,3399

TABELA E.2 Vapor d'Água Superaquecido (*continuação*)

P/kPa (t^{sat}/°C)		líq. sat.	vap. sat.	TEMPERATURA: *t* °C (TEMPERATURA: *T* kelvins) 475 (748,15)	500 (773,15)	525 (798,15)	550 (823,15)	575 (848,15)	600 (873,15)	625 (898,15)	650 (923,15)
	V	1,391	22,863	38,893	40,614	42,295	43,943	45,566	47,166	48,747	50,313
8200	*U*	1315,2	2569,5	3015,6	3063,3	3110,5	3157,4	3204,3	3251,1	3298,1	3345,2
(296,70)	*H*	1326,6	2757,0	3334,5	3396,4	3457,3	3517,8	3577,9	3637,9	3697,8	3757,7
	S	3,2239	5,7338	6,6311	6,7124	6,7900	6,8646	6,9365	7,0062	7,0739	7,1397
	V	1,398	22,231	37,887	39,576	41,224	42,839	44,429	45,996	47,544	49,076
8400	*U*	1324,3	2567,2	3013,6	3061,6	3108,9	3155,9	3202,9	3249,8	3296,9	3344,1
(298,39)	*H*	1336,1	2754,0	3331,9	3394,0	3455,2	3515,8	3576,1	3636,2	3696,2	3756,3
	S	3,2399	5,7207	6,6173	6,6990	6,7769	6,8516	6,9238	6,9936	7,0614	7,1274
	V	1,404	21,627	36,928	38,586	40,202	41,787	43,345	44,880	46,397	47,897
8600	*U*	1333,3	2564,9	3011,6	3059,8	3107,3	3154,4	3201,5	3248,5	3295,7	3342,9
(300,06)	*H*	1345,4	2750,9	3329,2	3391,6	3453,0	3513,8	3574,3	3634,5	3694,7	3754,9
	S	3,2557	5,7076	6,6037	6,6858	6,7639	6,8390	6,9113	6,9813	7,0492	7,1153
	V	1,411	21,049	36,011	37,640	39,228	40,782	42,310	43,815	45,301	46,771
8800	*U*	1342,2	2562,6	3009,6	3058,0	3105,6	3152,9	3200,1	3247,2	3294,5	3341,8
(301,70)	*H*	1354,6	2747,8	3326,5	3389,2	3450,8	3511,8	3572,4	3632,8	3693,1	3753,4
	S	3,2713	5,6948	6,5904	6,6728	6,7513	6,8265	6,8990	6,9692	7,0373	7,1035
	V	1,418	20,495	35,136	36,737	38,296	39,822	41,321	42,798	44,255	45,695
9000	*U*	1351,0	2560,1	3007,6	3056,1	3104,0	3151,4	3198,7	3246,0	3293,3	3340,7
(303,31)	*H*	1363,7	2744,6	3323,8	3386,8	3448,7	3509,8	3570,6	3631,1	3691,6	3752,0
	S	3,2867	5,6820	6,5773	6,6600	6,7388	6,8143	6,8870	6,9574	7,0256	7,0919
	V	1,425	19,964	34,298	35,872	37,405	38,904	40,375	41,824	43,254	44,667
9200	*U*	1359,7	2557,7	3005,6	3054,3	3102,3	3149,9	3197,3	3244,7	3292,1	3339,6
(304,89)	*H*	1372,8	2741,3	3321,1	3384,4	3446,5	3507,8	3568,8	3629,5	3690,0	3750,5
	S	3,3018	5,6694	6,5644	6,6475	6,7266	6,8023	6,8752	6,9457	7,0141	7,0806
	V	1,432	19,455	33,495	35,045	36,552	38,024	39,470	40,892	42,295	43,682
9400	*U*	1368,2	2555,2	3003,5	3052,5	3100,7	3148,4	3195,9	3243,4	3290,9	3338,5
(306,44)	*H*	1381,7	2738,0	3318,4	3381,9	3444,3	3505,9	3566,9	3627,8	3688,4	3749,1
	S	3,3168	5,6568	6,5517	6,6352	6,7146	6,7906	6,8637	6,9343	7,0029	7,0695
	V	1,439	18,965	32,726	34,252	35,734	37,182	38,602	39,999	41,377	42,738
9600	*U*	1376,7	2552,6	3001,5	3050,7	3099,0	3146,9	3194,5	3242,1	3289,7	3337,4
(307,97)	*H*	1390,6	2734,7	3315,6	3379,5	3442,1	3503,9	3565,1	3626,1	3686,9	3747,6
	S	3,3315	5,6444	6,5392	6,6231	6,7028	6,7790	6,8523	6,9231	6,9918	7,0585
	V	1,446	18,494	31,988	33,491	34,949	36,373	37,769	39,142	40,496	41,832
9800	*U*	1385,2	2550,0	2999,4	3048,8	3097,4	3145,4	3193,1	3240,8	3288,5	3336,2
(309,48)	*H*	1399,3	2731,2	3312,9	3377,0	3439,9	3501,9	3563,3	3624,4	3685,3	3746,2
	S	3,3461	5,6321	6,5268	6,6112	6,6912	6,7676	6,8411	6,9121	6,9810	7,0478
	V	1,453	18,041	31,280	32,760	34,196	35,597	36,970	38,320	39,650	40,963
10000	*U*	1393,5	2547,3	2997,4	3047,0	3095,7	3143,9	3191,7	3239,5	3287,3	3335,1
(310,96)	*H*	1408,0	2727,7	3310,1	3374,6	3437,7	3499,8	3561,4	3622,7	3683,8	3744,7
	S	3,3605	5,6198	6,5147	6,5994	6,6797	6,7564	6,8302	6,9013	6,9703	7,0373
	V	1,460	17,605	30,599	32,058	33,472	34,851	36,202	37,530	38,837	40,128
10200	*U*	1401,8	2544,6	2995,3	3045,2	3094,0	3142,3	3190,3	3238,2	3286,1	3334,0
(312,42)	*H*	1416,7	2724,2	3307,4	3372,1	3435,5	3497,8	3559,6	3621,0	3682,2	3743,3
	S	3,3748	5,6076	6,5027	6,5879	6,6685	6,7454	6,8194	6,8907	6,9598	7,0269
	V	1,467	17,184	29,943	31,382	32,776	34,134	35,464	36,770	38,056	39,325
10400	*U*	1410,0	2541,8	2993,2	3043,3	3092,4	3140,8	3188,9	3236,9	3284,8	3332,9
(313,86)	*H*	1425,2	2720,6	3304,6	3369,7	3433,2	3495,8	3557,8	3619,3	3680,6	3741,8
	S	3,3889	5,5955	6,4909	6,5765	6,6574	6,7346	6,8087	6,8803	6,9495	7,0167
	V	1,474	16,778	29,313	30,732	32,106	33,444	34,753	36,039	37,304	38,552
10600	*U*	1418,1	2539,0	2991,1	3041,4	3090,7	3139,3	3187,5	3235,6	3283,6	3331,7
(315,27)	*H*	1433,7	2716,9	3301,8	3367,2	3431,0	3493,8	3555,9	3617,6	3679,1	3740,4
	S	3,4029	5,5835	6,4793	6,5652	6,6465	6,7239	6,7983	6,8700	6,9394	7,0067
	V	1,481	16,385	28,706	30,106	31,461	32,779	34,069	35,335	36,580	37,808
10800	*U*	1426,2	2536,2	2989,0	3039,6	3089,0	3137,8	3186,1	3234,3	3282,4	3330,6
(316,67)	*H*	1442,2	2713,1	3299,0	3364,7	3428,8	3491,8	3554,1	3615,9	3677,5	3738,9
	S	3,4167	5,5715	6,4678	6,5542	6,6357	6,7134	6,7880	6,8599	6,9294	6,9969
	V	1,489	16,006	28,120	29,503	30,839	32,139	33,410	34,656	35,882	37,091
11000	*U*	1434,2	2533,2	2986,9	3037,7	3087,3	3136,2	3184,7	3233,0	3281,2	3329,5
(318,05)	*H*	1450,6	2709,3	3296,2	3362,2	3426,5	3489,7	3552,2	3614,2	3675,9	3737,5
	S	3,4304	5,5595	6,4564	6,5432	6,6251	6,7031	6,7779	6,8499	6,9196	6,9872
	V	1,496	15,639	27,555	28,921	30,240	31,521	32,774	34,002	35,210	36,400
11200	*U*	1442,1	2530,3	2984,8	3035,8	3085,6	3134,7	3183,3	3231,7	3280,0	3328,4
(319,40)	*H*	1458,9	2705,4	3293,4	3359,7	3424,3	3487,7	3550,4	3612,5	3674,4	3736,0
	S	3,4440	5,5476	6,4452	6,5324	6,6147	6,6929	6,7679	6,8401	6,9099	6,9777
	V	1,504	15,284	27,010	28,359	29,661	30,925	32,160	33,370	34,560	35,733
11400	*U*	1450,0	2527,2	2982,6	3033,9	3083,9	3133,1	3181,9	3230,4	3278,8	3327,2
(320,74)	*H*	1467,2	2701,5	3290,5	3357,2	3422,1	3485,7	3548,5	3610,8	3672,8	3734,6
	S	3,4575	5,5357	6,4341	6,5218	6,6043	6,6828	6,7580	6,8304	6,9004	6,9683

APÊNDICE

F

Diagramas Termodinâmicos

Figura F.1 Metano

Figura F.2 1,1,1,2-tetrafluoroetano (HFC-134a)

Figura F.3 Diagrama de Mollier (*HS*) para vapor

Tabelas mais completas para estas três substâncias e mais de 70 fluidos puros adicionais, incluindo os gases permanentes, refrigerantes e hidrocarbonetos leves estão disponíveis no NIST Chemistry Webbook em: <http://webbook.nist.gov/chemistry/fluid>. Tais dados fornecem a base para a construção de diagramas, conforme os mostrados nesta seção.

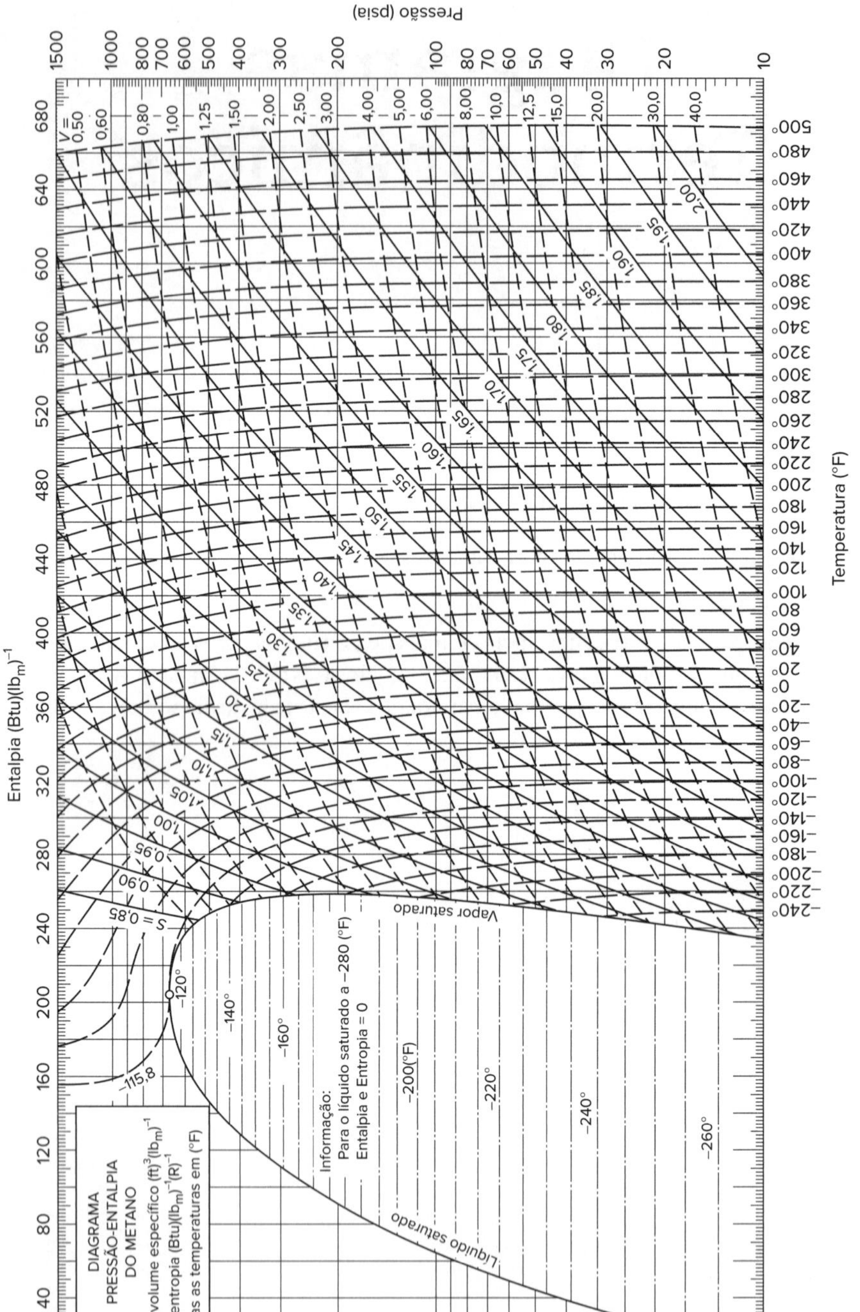

Fonte: C. S. Matthews e C. O. Hurd, *Trans. AIChE*, vol. 42, 1946, pp. 55-78.

Figura F.1 Diagrama *PH* do metano.

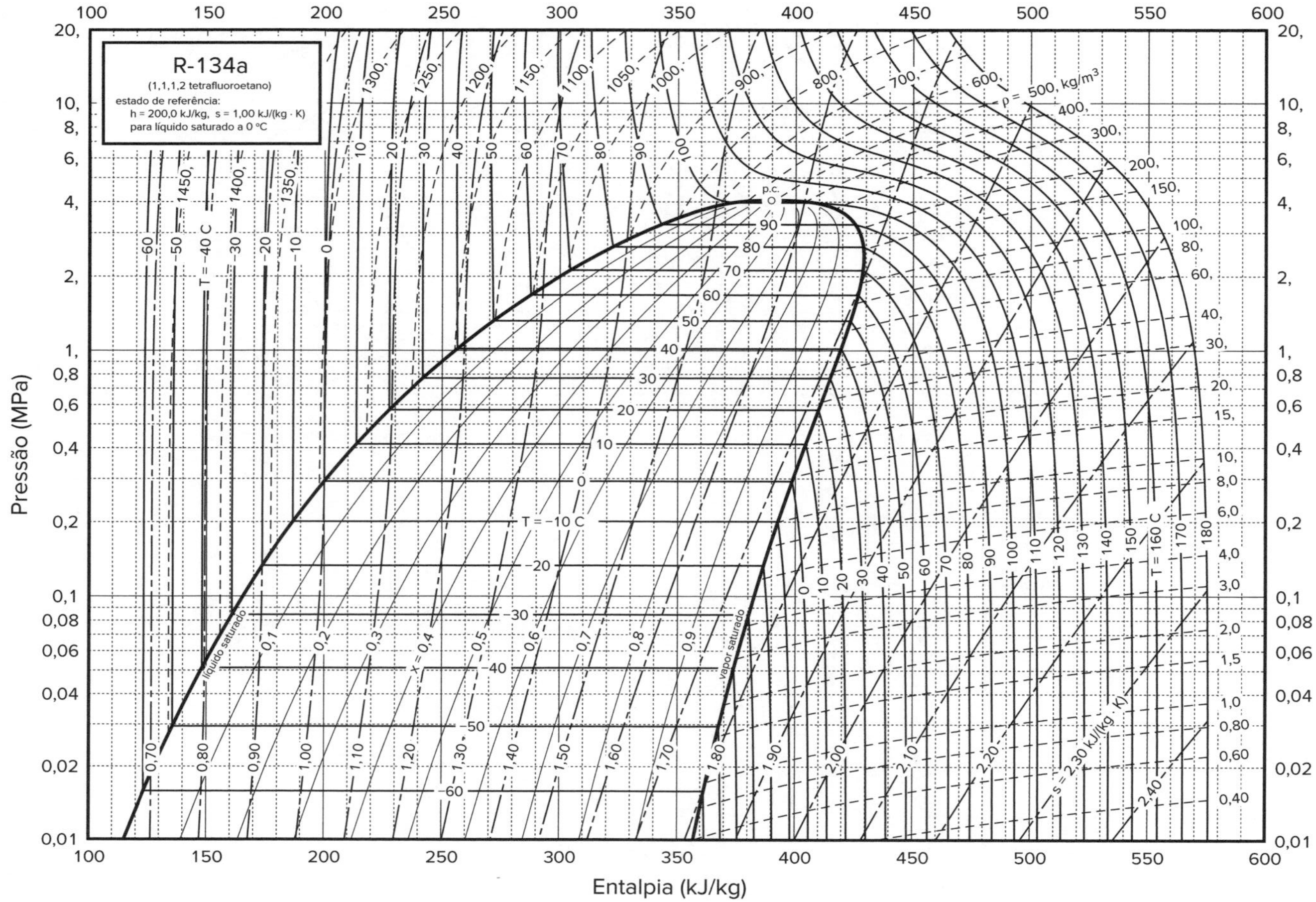

Reproduzido a partir de: Green, Don. W., e Perry, Robert H. Perry's Chemical engineers Handbook (8ª ed.) Blacklick, OH, USA: McGraw-Hill Professional Publishing, 2007. Copyright © 2007. McGraw-Hill Professional Publishing. Todos os direitos reservados.

Figura F.2 Diagrama *PH* para o tetrafluoroetano (HEC-134a).

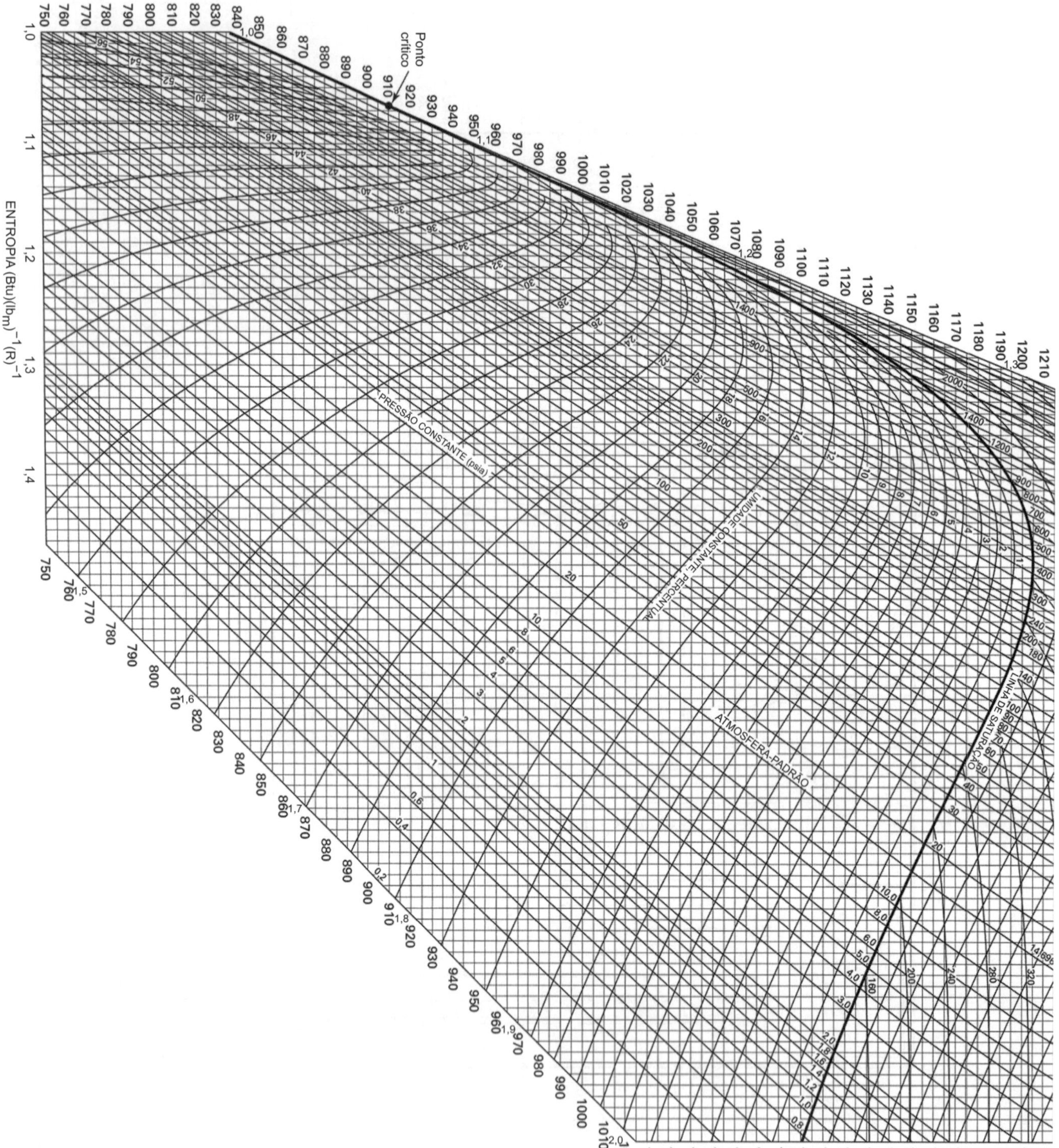

Figura F.3 Diagrama de Mollier (*HS*) para o vapor.

Diagrama de Mollier para o vapor

(Reproduzido com a permissão a partir de
"Steam Tables: Properties of Saturated and Superheated Steam."
Copyright 1940. Combustion Engineering, Inc.)

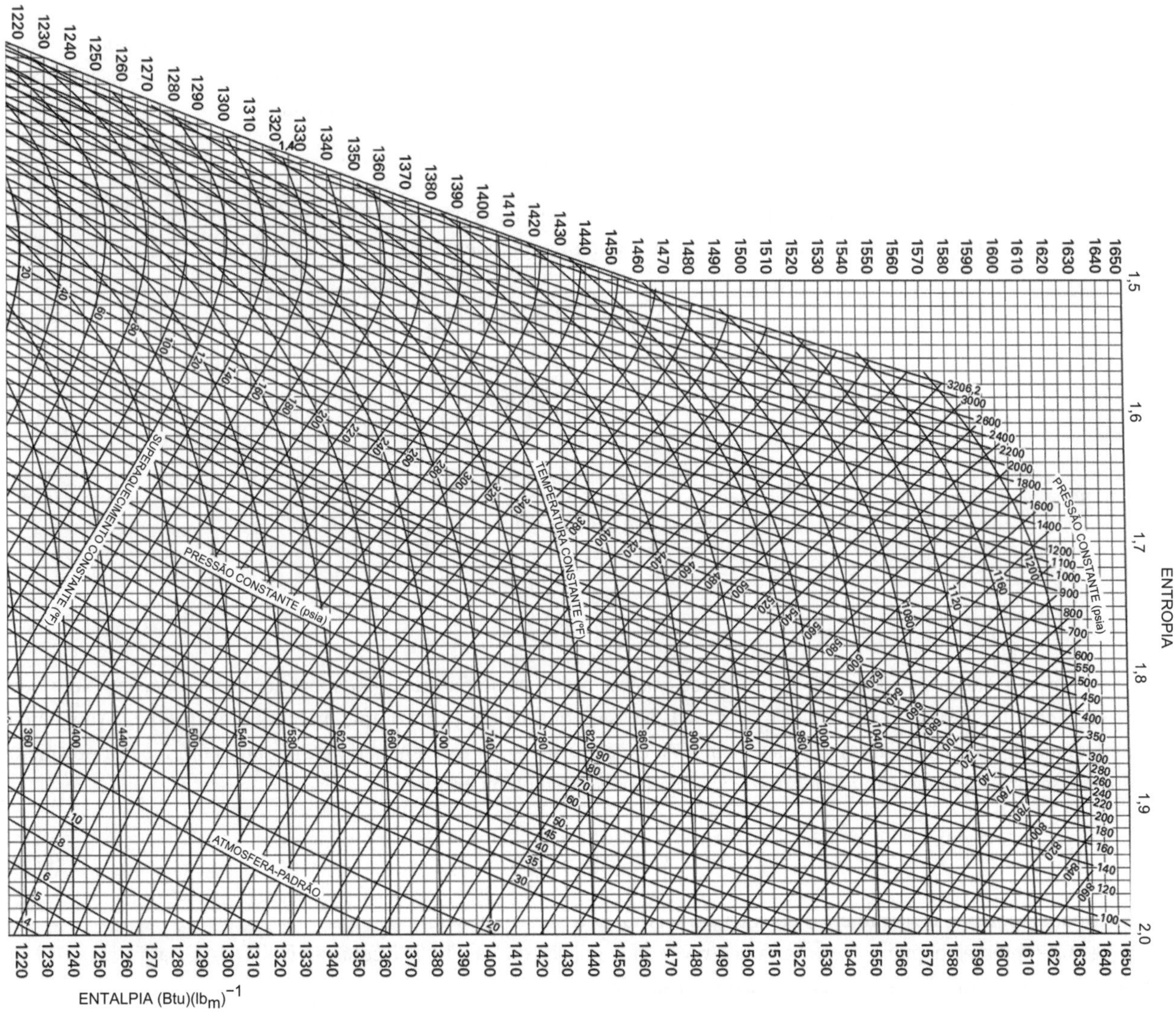

APÊNDICE

G

O Método UNIFAC

A equação UNIQUAC[1] trata $g \equiv G^E/RT$ como formado por duas partes aditivas, um termo *combinatorial* g^C para levar em conta as diferenças de tamanho e de forma das moléculas, e um termo *residual* g^R (não é uma propriedade residual como definida na Seção 6.2), que leva em consideração as interações moleculares:

$$g \equiv g^C + g^R \tag{G.1}$$

A função g^C contém somente parâmetros de espécies puras, enquanto a função g^R incorpora dois parâmetros *binários* para cada par de moléculas. Para um sistema multicomponente,

$$g^C = \sum_i x_i \ln \frac{\Phi_i}{x_i} + 5\sum_i q_i x_i \ln \frac{\theta_i}{\Phi_i} \tag{G.2}$$

$$g^R = -\sum_i q_i x_i \ln\left(\sum_j \theta_j \tau_{ji}\right) \tag{G.3}$$

em que

$$\Phi_i \equiv \frac{x_i r_i}{\sum_j x_j r_j} \tag{G.4}$$

$$\theta_i \equiv \frac{x_i q_i}{\sum_j x_j q_j} \tag{G.5}$$

O subscrito i indica a espécie e j é um índice mudo;* todos os somatórios são sobre todas as espécies. Note que $\tau_{ji} \neq \tau_{ij}$; contudo, quando $i = j$, então $\tau_{ii} = \tau_{jj} = 1$. Nessas equações, r_i (um volume molecular relativo) e q_i (uma área molecular superficial relativa) são parâmetros de espécies puras. A influência da temperatura em g entra por meio dos parâmetros de interação τ_{ji} da Eq. (G.3), que dependem da temperatura:

$$\tau_{ji} = \exp\frac{-(u_{ji} - u_{ii})}{RT} \tag{G.6}$$

Consequentemente, os parâmetros da equação UNIQUAC são valores de $(u_{ji} - u_{ii})$.

Uma expressão para $\ln \gamma_i$ é encontrada através da aplicação da Eq. (13.7) à equação UNIQUAC para g [Eqs. (G.1) até (G.3)]. O resultado é dado pelas equações a seguir:

$$\ln \gamma_i = \ln \gamma_i^C + \ln \gamma_i^R \tag{G.7}$$

[1] D.S. Abrams e J.M. Prausnitz, *AIChE J.*, vol. 21, pp. 116-128, 1975.

* Os índices mudos também representam espécies, são utilizadas letras distintas para não haver confusão com a espécie *i*. (N.T.)

$$\ln \gamma_i^C = 1 - J_i + \ln J_i - 5q_i\left(1 - \frac{J_i}{L_i} + \ln\frac{J_i}{L_i}\right) \tag{G.8}$$

$$\ln \gamma_i^R = q_i\left(1 - \ln s_i - \sum_j \theta_j \frac{\tau_{ij}}{s_j}\right) \tag{G.9}$$

em que, além das Eqs. (G.5) e (G.6),

$$J_i = \frac{r_i}{\sum_j r_j x_j} \tag{G.10}$$

$$L_i = \frac{q_i}{\sum_j q_j x_j} \tag{G.11}$$

$$S_i = \tau_{li} \sum_l \theta_l \tag{G.12}$$

Novamente, o subscrito i identifica espécies e j e l são índices mudos. Todos os somatórios são sobre todas as espécies e $\tau_{ij} = 1$ para $i = j$. Os valores para os parâmetros $(u_{ij} - u_{jj})$ são encontrados através da regressão de dados do ELV binário e são fornecidos por Gmehling et al.[2]

O método UNIFAC para a estimação de coeficientes de atividade[3] depende do conceito de que uma mistura líquida pode ser considerada uma solução das unidades estruturais a partir das quais as moléculas são formadas ao invés de uma solução das próprias moléculas. Essas unidades estruturais são chamadas *subgrupos* e alguns poucos subgrupos são listados na segunda coluna da Tabela G.1. Um número, definido como k, identifica cada subgrupo. O volume relativo R_k e a área superficial relativa Q_k são propriedades dos subgrupos e seus valores são listados nas colunas 4 e 5 da Tabela G.1. Também são mostrados exemplos (colunas 6 e 7) da composição de espécies moleculares utilizando-se os subgrupos constituintes. Quando é possível construir uma molécula com mais de um conjunto de subgrupos, o conjunto composto pelo menor número de *diferentes* subgrupos é o correto. A grande vantagem do método UNIFAC é que um número relativamente pequeno de subgrupos se combina para formar um número muito grande de moléculas.

Os coeficientes de atividade não dependem somente das propriedades dos subgrupos R_k e Q_k, mas também de interações entre os subgrupos. Os subgrupos similares estão relacionados com um grupo principal, conforme mostrado nas duas primeiras colunas da Tabela G.1. As designações de grupos principais, como o "CH_2", o "ACH" etc. são somente descritivas. Todos os subgrupos que pertencem ao mesmo grupo principal são considerados idênticos em relação às interações entre grupos. Consequentemente, os parâmetros que caracterizam as interações entre os grupos são identificados com pares dos grupos *principais*. Os valores do parâmetro a_{mk} para alguns desses pares são fornecidos na Tabela G.2.

O método UNIFAC está baseado na equação UNIQUAC, para a qual os coeficientes de atividade são dados pela Eq. (G.7). Quando aplicadas a uma solução de grupos, as Eqs. (G.8) e (G.9) são escritas na forma:

$$\ln \gamma_i^C = 1 - J_i + \ln J_i - 5q_i\left(1 - \frac{J_i}{L_i} + \ln\frac{J_i}{L_i}\right) \tag{G.13}$$

$$\ln \gamma_i^R = q_i\left[1 - \sum_k \left(\theta_k \frac{\beta_{ik}}{s_k} - e_{ki} \ln\frac{\beta_{ik}}{s_k}\right)\right] \tag{G.14}$$

As grandezas J e L continuam fornecidas pelas Eqs. (G.10) e (G.11). Além disso, as definições a seguir se aplicam:

$$r_i = \sum_k \nu_k^{(i)} R_k \tag{G.15}$$

$$q_i = \sum_k \nu_k^{(i)} Q_k \tag{G.16}$$

$$e_{ki} = \frac{\nu_k^{(i)} Q_k}{q_i} \tag{G.17}$$

$$\beta_{ik} = \sum_m e_{mi} \tau_{mk} \tag{G.18}$$

[2] J. Gmehling, U. Onken e W. Arlt, *Vapor-Liquid Equilibrium Data Collection*, Chemistry Data Series, vol. I, parts 1-8, DECHEMA, Frankfurt/Main, 1974-1999.

[3] Aa. Fredenslund, R.L. Jones e J.M. Prausnitz, *AIChE J.*, vol. 21, pp. 1086-1099, 1975.

TABELA G.1 Parâmetros UNIFAC-ELV de Subgrupos†

Grupo principal	Subgrupo	k	R_k	Q_k	Exemplos de moléculas e seus grupos constituintes	
1 "CH_2"	CH_3	1	0,9011	0,848	*n*-Butano:	$2CH_3$, $2CH_2$
	CH_2	2	0,6744	0,540	Isobutano:	$3CH_3$, 1CH
	CH	3	0,4469	0,228	2,2-Dimetilpropano:	$4CH_3$, 1C
	C	4	0,2195	0,000		
3 "ACH" (AC = carbono aromático)	ACH	10	0,5313	0,400	Benzeno:	6ACH
4 "$ACCH_2$"	$ACCH_3$	12	1,2663	0,968	Tolueno:	5ACH, $1ACCH_3$
	$ACCH_2$	13	1,0396	0,660	Etilbenzeno:	$1CH_3$, 5ACH, $1ACCH_2$
5 "OH"	OH	15	1,0000	1,200	Etanol:	$1CH_3$, $1CH_2$, 1OH
7 "H_2O"	H_2O	17	0,9200	1,400	Água:	$1H_2O$
9 "CH_2CO"	CH_3CO	19	1,6724	1,488	Acetona:	$1CH_3CO$, $1CH_3$
	CH_2CO	20	1,4457	1,180	3-Pentanona:	$2CH_3$, $1CH_2CO$, $1CH_2$
13 "CH_2O"	CH_3O	25	1,1450	1,088	Éter dimetílico:	$1CH_3$, $1CH_3O$
	CH_2O	26	0,9183	0,780	Éter dietílico:	$2CH_3$, $1CH_2$, $1CH_2O$
	CH–O	27	0,6908	0,468	Éter di-isopropílico:	$4CH_3$, 1CH, 1CH–O
15 "CNH"	CH_3NH	32	1,4337	1,244	Dimetilamina:	$1CH_3$, $1CH_3NH$
	CH_2NH	33	1,2070	0,936	Dietilamina:	$2CH_3$, $1CH_2$, $1CH_2NH$
	CHNH	34	0,9795	0,624	Di-isopropilamina:	$4CH_3$, 1CH, 1CHNH
19 "CCN"	CH_3CN	41	1,8701	1,724	Acetonitrila:	$1CH_3CN$
	CH_2CN	42	1,6434	1,416	Propionitrila:	$1CH_3$, $1CH_2CN$

†H. K. Hansen, P. Rasmussen, Aa. Fredenslund, M. Schiller e J. Gmehling, *IEC Research*, vol. 30, pp. 2352-2355, 1991.

TABELA G.2 Parâmetros de Interação UNIFAC-ELV, a_{mk}, em kelvins†

		1	3	4	5	7	9	13	15	19
1	CH2	0,00	61,13	76,50	986,50	1318,00	476,40	251,50	255,70	597,00
3	ACH	−11,12	0,00	167,00	636,10	903,80	25,77	32,14	122,80	212,50
4	ACCH2	−69,70	−146,80	0,00	803,20	5695,00	−52,10	213,10	−49,29	6096,00
5	OH	156,40	89,60	25,82	0,00	353,50	84,00	28,06	42,70	6,712
7	H2O	300,00	362,30	377,60	−229,10	0,00	−195,40	540,50	168,00	112,60
9	CH2CO	26,76	140,10	365,80	164,50	472,50	0,00	−103,60	−174,20	481,70
13	CH2O	83,36	52,13	65,69	237,70	−314,70	191,10	0,00	251,50	−18,51
15	CNH	65,33	−22,31	223,00	−150,00	−448,20	394,60	−56,08	0,00	147,10
19	CCN	24,82	−22,97	−138,40	185,40	242,80	−287,50	38,81	−108,50	0,00

†H. K. Hansen, P. Rasmussen, Aa. Fredenslund, M. Schiller e J. Gmehling, *IEC Research*, vol. 30, pp. 2352-2355, 1991.

$$\theta_k = \frac{\sum_i x_i q_i e_{ki}}{\sum_j x_j q_j} \tag{G.19}$$

$$s_k = \sum_m \theta_m \tau_{mk} \tag{G.20}$$

$$\tau_{mk} = \exp\frac{-a_{mk}}{T} \tag{G.21}$$

O subscrito i identifica as espécies e j é um índice mudo que percorre todas as espécies. O subscrito k identifica os subgrupos e m é um índice mudo que percorre todos os subgrupos. A grandeza $\nu_k^{(i)}$ é o número de subgrupos do tipo k em uma molécula da espécie i. Os valores dos parâmetros dos subgrupos R_k e Q_k, e dos parâmetros de interação entre grupos a_{mk} são obtidos na literatura. As Tabelas G.1 e G.2 apresentam alguns valores dos parâmetros; os números identificadores utilizados nas tabelas completas são mantidos.[4]

As equações do método UNIFAC são aqui apresentadas em uma forma conveniente para a sua programação. No exemplo a seguir, utilizamos um conjunto de cálculos efetuados sem computador para demonstrar a aplicação dessas equações.

▪ Exemplo G.1

Para o sistema binário dietilamina(1)/*n*-heptano(2), a 308,15 K; determine γ_1 e γ_2 quando $x_1 = 0{,}4$ e $x_2 = 0{,}6$.

Solução G.1

Os subgrupos envolvidos são indicados pelas fórmulas químicas:

$$CH_3 - CH_2NH - CH_2 - CH_3\ (1) / CH_3 - (CH_2)_5 - CH_3\ (2)$$

A tabela a seguir mostra os subgrupos, seus números de identificação k, os valores dos parâmetros R_k e Q_k (da Tabela G.1), e o número de cada subgrupo em cada molécula:

	k	R_k	Q_k	$\nu_k^{(1)}$	$\nu_k^{(2)}$
CH_3	1	0,9011	0,848	2	2
CH_2	2	0,6744	0,540	1	5
CH_2NH	33	1,2070	0,936	1	0

Pela Eq. (G.15),

$$r_1 = (2)(0{,}9011) + (1)(0{,}6744) + (1)(1{,}2070) = 3{,}6836$$

Analogamente,

$$r_2 = (2)(0{,}9011) + (5)(0{,}6744) = 5{,}1742$$

De forma similar, pela Eq. (G.16),

$$q_1 = 3{,}1720 \qquad \text{e} \qquad q_2 = 4{,}3960$$

Os valores de r_i e q_i são propriedades moleculares, independentes da composição. A substituição dos valores conhecidos na Eq. (G.17) gera a tabela a seguir para e_{ki}:

	e_{ki}	
k	$i = 1$	$i = 2$
1	0,5347	0,3858
2	0,1702	0,6142
33	0,2951	0,0000

Os parâmetros de interação a seguir são retirados da Tabela G.2:

$$a_{1,1} = a_{1,2} = a_{2,1} = a_{2,2} = a_{33,33} = 0\ \text{K}$$
$$a_{1,33} = a_{2,33} = 255{,}7\ \text{K}$$
$$a_{33,1} = a_{33,2} = 65{,}33\ \text{K}$$

[4] H. K. Hansen, P. Rasmussen, Aa. Fredenslund, M. Schiller e J. Gmehling, *IEC Research*, vol. 30, pp. 2352-2355, 1991.

A substituição desses valores na Eq. (G.21), com $T = 308{,}15$ K, fornece

$$\tau_{1,1} = \tau_{1,2} = \tau_{2,1} = \tau_{2,2} = \tau_{33,33} = 1$$
$$\tau_{1,33} = \tau_{2,33} = 0{,}4361$$
$$\tau_{33,1} = \tau_{33,2} = 0{,}8090$$

A utilização da Eq. (G.18) leva aos valores de β_{ik} apresentados na tabela a seguir:

	β_{ik}		
i	$k = 1$	$k = 2$	$k = 33$
1	0,9436	0,9436	0,6024
2	1,0000	1,0000	0,4360

A substituição desses resultados na Eq. (G.19) fornece:

$$\theta_1 = 0{,}4342 \qquad \theta_2 = 0{,}4700 \qquad \theta_{33} = 0{,}0958$$

e pela Eq. (G.20),

$$s_1 = 0{,}9817 \qquad s_2 = 0{,}9817 \qquad s_{33} = 0{,}4901$$

Agora, os coeficientes de atividade podem ser calculados. Pela Eq. (G.13),

$$\ln \gamma_1^C = -0{,}0213 \qquad \text{e} \qquad \ln \gamma_2^C = -0{,}0076$$

e pela Eq. (G.14),

$$\ln \gamma_1^R = 0{,}1463 \qquad \text{e} \qquad \ln \gamma_2^R = 0{,}0537$$

Finalmente, a Eq. (G.7) fornece:

$$\gamma_1 = 1{,}133 \qquad \text{e} \qquad \gamma_2 = 1{,}047$$

APÊNDICE

H

O Método de Newton

O método de Newton é um procedimento para a solução numérica de equações algébricas, aplicável a qualquer número M de tais equações escritas como funções de M variáveis.

Em primeiro lugar, considere uma única equação $f(X) = 0$, na qual $f(X)$ é uma função de uma única variável X. Nosso objetivo é encontrar uma raiz dessa equação, isto é, o valor de X para o qual a função é zero. Uma função simples é ilustrada na Figura H.1; ela exibe uma única raiz no ponto onde a curva cruza o eixo X. Quando não é possível explicitar a variável para determinar a raiz,[1] um procedimento numérico, como o método de Newton, é empregado.

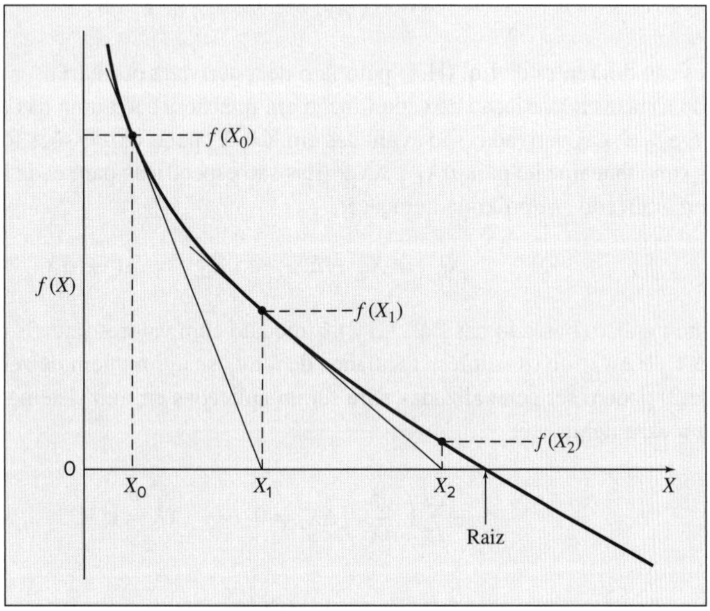

Figura H.1 Método de Newton aplicado a uma única função.

A aplicação do método de Newton é ilustrada na Figura H.1. Na vizinhança de qualquer valor arbitrário $X = X_0$ a função $f(X)$ pode ser aproximada pela linha tangente traçada em $X = X_0$. A equação da linha tangente é dada pela relação linear

$$g(X) = f(X_0) + \left[\frac{df(X)}{dX}\right]_{X=X_0}(X - X_0)$$

[1] Por exemplo, quando $e^X + X^2 + 10 = 0$.

em que $g(X)$ é o valor da ordenada em X, conforme mostrado na Figura H.1. A raiz dessa equação é encontrada, especificando $g(X) = 0$ e resolvendo para X; conforme mostrado na Figura H.1, o valor é X_1. Como a função real não é linear, esta não é a raiz de $f(X)$. Entretanto, esse valor se encontra mais próximo da raiz do que o valor inicial X_0. A função $f(X)$ é agora aproximada por uma segunda linha, traçada tangente à curva em $X = X_1$, e o procedimento é repetido, levando a uma raiz para essa aproximação linear em X_2, um valor ainda mais próximo da raiz de $f(X)$. Essa raiz real pode ser aproximada o quanto for desejado por aproximações lineares sucessivas da função original.

A fórmula geral para a iteração é:

$$f(X_n) + \left[\frac{df(X)}{dX}\right]_{X=X_n} \Delta X_n = 0 \tag{H.1}$$

com

$$\Delta X_n \equiv X_{n+1} - X_n \qquad \text{ou} \qquad X_{n+1} = X_n + \Delta X_n$$

A Eq. (H.1), escrita para sucessivas iterações ($n = 0, 1, 2, ...$), produz valores sucessivos para ΔX_n e valores sucessivos de $f(X_n)$. O processo inicia com um valor inicial X_0 e continua até que ΔX_n ou $f(X_n)$ se aproxime de zero dentro de uma tolerância pré-estabelecida.

O método de Newton é facilmente estendido para a solução de equações simultâneas. Para o caso de duas equações com duas incógnitas, com $f_I \equiv f_I(X_I, X_{II})$ e $f_{II} \equiv f_{II}(X_I, X_{II})$ representando duas funções, cujos valores dependem das duas variáveis X_I e X_{II}. Nosso objetivo é encontrar os valores de X_I e X_{II} nos quais ambas as funções sejam zero. Em analogia a Eq. (H.1), escrevemos:

$$f_I + \left(\frac{\partial f_I}{\partial X_I}\right)\Delta X_I + \left(\frac{\partial f_I}{\partial X_{II}}\right)\Delta X_{II} = 0 \tag{H.2a}$$

$$f_{II} + \left(\frac{\partial f_{II}}{\partial X_I}\right)\Delta X_I + \left(\frac{\partial f_{II}}{\partial X_{II}}\right)\Delta X_{II} = 0 \tag{H.2b}$$

Essas equações são diferentes da Eq. (H.1) pelo fato de a derivada ordinária ser substituída por duas derivadas parciais, refletindo as taxas de variação de cada função em relação à cada uma das duas variáveis. Para a iteração n, as duas funções f_I e f_{II} e suas derivadas são avaliadas em $X = X_n$ pelas expressões fornecidas, e as Eqs. (H.2a) e (H.2b) são resolvidas simultaneamente para ΔX_I e ΔX_{II}. Elas são específicas para cada iteração e levam a novos valores de X_I e X_{II}, a serem utilizados na próxima iteração:

$$X_{I_{n+1}} = X_{I_n} + \Delta X_{I_n} \quad \text{e} \quad X_{II_{n+1}} = X_{II_n} + \Delta X_{II_n}$$

O procedimento iterativo baseado nas Eqs. (H.2) é iniciado com valores iniciais para X_I e X_{II}, continuado até que os incrementos ΔX_{In} e ΔX_{IIn} ou os valores calculados de f_I e f_{II} se aproximem de zero.

As Eqs. (H.2) podem ser generalizadas para serem aplicadas em um sistema de M equações com M incógnitas; o resultado para cada iteração é:

$$f_k + \sum_{J=I}^{M}\left(\frac{\partial f_k}{\partial X_J}\right)\Delta X_J = 0 \qquad (K = I, II, \ldots, M) \tag{H.3}$$

com

$$X_{J_{n+1}} = X_{J_n} + \Delta X_{J_n} \qquad (J = I, II, \ldots, M)$$

O método de Newton é adequado para a aplicação no equilíbrio envolvendo múltiplas reações. Para ilustrar, resolvemos as Eqs. (A) e (B) do Exemplo 14.13 para o caso de $T = 1000$ K. A partir dessas equações, com os valores lá fornecidos para K_a e K_b, a 1000 K, e com $P/P° = 20$, encontramos as funções:

$$f_a = 4{,}0879\, \varepsilon_b^2 + \varepsilon_b^2 + 4{,}0879\, \varepsilon_a\varepsilon_b + 0{,}2532\, \varepsilon_a - 0{,}0439\, \varepsilon_b - 0{,}1486 \tag{A}$$

e

$$f_b = 1{,}2805\, \varepsilon_b^2 + 2{,}12805\, \varepsilon_a\varepsilon_b - 0{,}12805\, \varepsilon_a + 0{,}3048\, \varepsilon_b - 0{,}4328 \tag{B}$$

As Eqs. (H.2) são aqui escritas da seguinte maneira:

$$f_a + \left(\frac{\partial f_a}{\partial \varepsilon_a}\right)\Delta\varepsilon_a + \left(\frac{\partial f_a}{\partial \varepsilon_b}\right)\Delta\varepsilon_b = 0 \qquad (C)$$

$$f_b + \left(\frac{\partial f_b}{\partial \varepsilon_a}\right)\Delta\varepsilon_a + \left(\frac{\partial f_b}{\partial \varepsilon_b}\right)\Delta\varepsilon_b = 0 \qquad (D)$$

O procedimento de solução é iniciado com uma escolha dos valores iniciais para ε_a e ε_b. Os valores numéricos de f_a e f_b e de suas derivadas são obtidos a partir das Eqs. (*A*) e (*B*). A substituição desses valores nas Eqs. (*C*) e (*D*) fornece duas equações lineares que são facilmente resolvidas, determinando os valores das incógnitas $\Delta\varepsilon_a$ e $\Delta\varepsilon_b$. Isto gera novos valores para ε_a e ε_b, com os quais é conduzida a segunda iteração. O processo continua até que $\Delta\varepsilon_a$ e $\Delta\varepsilon_b$ ou f_a e f_b se aproximem de zero.

Especificando $\varepsilon_a = 0{,}1$ e $\varepsilon_b = 0{,}7$ como valores iniciais,[2] encontramos os valores iniciais de f_a e f_b e de suas derivadas a partir das Eqs. (*A*) e (*B*):

$$f_a = 0{,}6630 \qquad \left(\frac{\partial f_a}{\partial \varepsilon_a}\right) = 3{,}9230 \qquad \left(\frac{\partial f_b}{\partial \varepsilon_b}\right) = 1{,}7648$$

$$f_b = 0{,}4695 \qquad \left(\frac{\partial f_b}{\partial \varepsilon_a}\right) = 1{,}3616 \qquad \left(\frac{\partial f_b}{\partial \varepsilon_b}\right) = 2{,}0956$$

Esses valores são substituídos nas Eqs. (*C*) e (*D*) para fornecer:

$$0{,}6630 + 3{,}9230\Delta\varepsilon_a + 1{,}7648\Delta\varepsilon_b = 0$$
$$0{,}4695 + 1{,}3616\Delta\varepsilon_a + 2{,}0956\Delta\varepsilon_b = 0$$

Os valores dos incrementos que satisfazem essas equações são:

$$\Delta\varepsilon_a = -0{,}0962 \qquad \text{e} \qquad \Delta\varepsilon_b = -0{,}1614$$

a partir dos quais,

$$\varepsilon_a = 0{,}1 - 0{,}0962 = 0{,}0038 \qquad \text{e} \qquad \varepsilon_b = 0{,}7 - 0{,}1614 = 0{,}5386$$

Esses valores são a base para a segunda iteração e o processo continua, e gera os resultados a seguir:

n	ε_a	ε_b	$\Delta\varepsilon_a$	$\Delta\varepsilon_b$
0	0,1000	0,7000	−0,0962	−0,1614
1	0,0038	0,5386	−0,0472	−0,0094
2	−0,0434	0,5292	−0,0071	0,0043
3	−0,0505	0,5335	−0,0001	0,0001
4	−0,0506	0,5336	0,0000	0,0000

Verifica-se a rápida convergência. Além disso, quaisquer valores iniciais razoáveis levam à convergência nas mesmas respostas.

Os problemas de convergência podem aparecer com o método de Newton quando uma ou mais das funções exibem extremos. Isto está ilustrado, para o caso de uma única equação, na Figura H.2. A função possui duas raízes, nos pontos *A* e *B*. Se o método de Newton for aplicado com um valor inicial de *X* menor do que *a*, um intervalo de valores de *X* muito pequeno leva a convergência para cada raiz, porém para a maioria dos valores ele não converge e nenhuma raiz é encontrada. Com um valor inicial de *X* entre *a* e *b*, o método converge para a raiz *A* somente se o valor inicial for suficientemente próximo de *A*. Com um valor inicial de *X* à direita de *b*, o método converge para a raiz *B*. Em casos como esse, um valor inicial apropriado pode ser encontrado por tentativas ou por meio da representação gráfica da função para determinar seu comportamento.

[2] Eles estão bem nos limites $-0{,}5 \le \varepsilon_a \le 0{,}5$ e $0 \le \varepsilon_b \le 1{,}0$; observados no Exemplo 14.13.

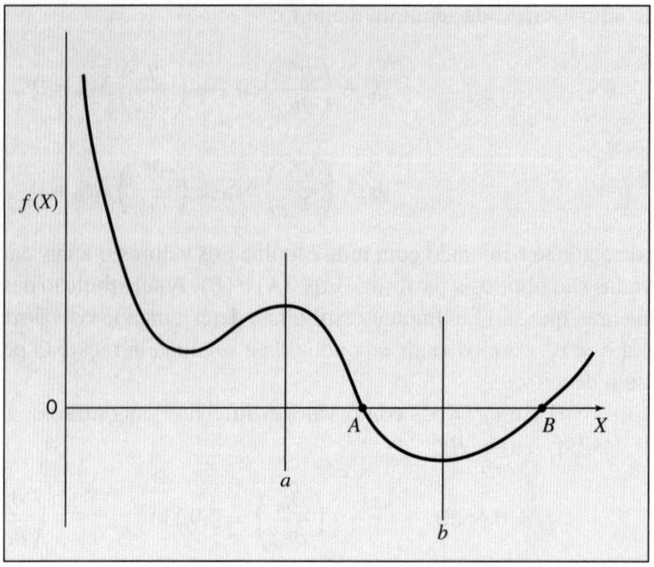

Figura H.2 Encontrando as raízes de uma função que possui extremos.

Índice

Pré-impressão, impressão e acabamento

GRÁFICA
SANTUÁRIO

grafica@editorasantuario.com.br
www.graficasantuario.com.br
Aparecida-SP

10 1 2 3 4 5 6 7 8 9
2020